现代黄金冶炼技术

张亦飞　等编著

北京
冶金工业出版社
2014

内 容 简 介

本书对金的性质、用途、金矿资源的分布及生产情况进行了介绍；并从金矿预处理、氰化提金、非氰化提金、金矿提取回收、金矿粗炼及精炼等角度对黄金冶炼技术进行了系统论述；对我国金矿分布最多的金矿伴生铜、金矿伴生铅锌的提取工艺以及广泛应用的烟气制酸技术进行了总结；对国外黄金冶炼技术进行相关介绍，并结合现有生产工艺，对黄金冶炼过程中的气体、水体、固体废弃物、噪声污染的末端治理技术进行了总结和评价，并提出了相应的综合治理技术；针对黄金冶炼过程的有害废气、重金属废水、重金属废渣总结出相关源头减排技术，并介绍了典型环境管理实例。

本书主要读者为黄金冶炼行业技术人员、相关科研人员以及环保工作者、高校师生等。

图书在版编目(CIP)数据

现代黄金冶炼技术/张亦飞等编著.—北京：冶金工业出版社，2014.10

ISBN 978-7-5024-6694-7

Ⅰ.①现…　Ⅱ.①张…　Ⅲ.①炼金　Ⅳ.①TF831

中国版本图书馆 CIP 数据核字(2014)第 236902 号

出 版 人　谭学余
地　　址　北京市东城区嵩祝院北巷 39 号　邮编　100009　电话　(010)64027926
网　　址　www.cnmip.com.cn　电子信箱　yjcbs@cnmip.com.cn
责任编辑　杨盈园　陈慰萍　美术编辑　吕欣童　版式设计　孙跃红
责任校对　石　静　责任印制　李玉山
ISBN 978-7-5024-6694-7
冶金工业出版社出版发行；各地新华书店经销；北京百善印刷厂印刷
2014 年 10 月第 1 版，2014 年 10 月第 1 次印刷
787mm×1092mm　1/16；47.25 印张；1145 千字；738 页
170.00 元

冶金工业出版社　投稿电话　(010)64027932　投稿信箱　tougao@cnmip.com.cn
冶金工业出版社营销中心　电话　(010)64044283　传真　(010)64027893
冶金书店　地址　北京市东四西大街 46 号(100010)　电话　(010)65289081(兼传真)
冶金工业出版社天猫旗舰店　yjgy.tmall.com

前　言

近年来，随着世界经济的快速发展，黄金冶炼行业的生产规模大幅提高，生产技术不断进步。2013 年，全球矿产黄金为 3022t，其中我国黄金产量已达 428.163t，连续 7 年居世界第一位。同时，易处理与富金矿资源日渐贫乏，复杂难处理金矿成为黄金冶炼的主要资源。采用传统黄金冶炼技术，生产成本高、资源利用率低、环境污染严重等瓶颈问题制约黄金冶炼行业的可持续发展。因此，对难处理复杂金矿利用以及黄金冶炼污染治理新技术的研发成为黄金生产行业必须解决的重要问题。近年来，在难处理贫矿、尾矿与废矿的低成本预处理或浸出、复杂矿的资源高效综合利用，以及黄金冶炼行业的废水与废渣的资源化综合利用或无害化处置等方向均取得了显著的技术进步，从各种电子废弃物等二次资源中回收黄金等贵金属的综合利用技术也日趋成熟，同时，更多的无毒或低毒非氰化黄金冶炼新技术实现了工业化应用。

中国科学院过程研究所在“十一五”至“十二五”期间承担国家环保部“黄金冶炼行业清洁生产与污染防治技术”项目时，系统调研了我国黄金冶炼行业的生产与污染防治技术，现根据公开文献与资料归纳整理编写了《现代黄金冶炼技术》一书。全书从系统性、先进性和实用性出发，全面阐述了黄金的性质、用途、金矿工艺学，以及从选矿到生产合格黄金产品的全部工序的各种生产方法，包括非氰化浸出技术，难处理矿、复杂矿的资源高效利用，从电子废弃物与其他含金废料中回收黄金，以及黄金冶炼行业的污染防治等技术的最新进展。同时在主要技术篇章后介绍了先进的典型应用实例，并附有主要工艺技术与设备的大量图表，以阐明其工艺与设备关键技术，便于参考应用。因此，本书对黄金冶炼工业的生产与技术研发，以及冶金相关专业的教学与科学研究具有重要的参考与指导意义。

全书共分五篇 21 章，由张亦飞统稿，执笔人分别为邓立聪（第 12、15、

18～21章），张芳芳（第1～4、10章），江小舵（第9章），游韶玮（第7～8章），郭涛（第11章），秦士跃（第13～14章），殷保稳（第16～17章）与薄婧（第5～6章），陈芳芳参与了第五篇初稿的编写。由于编者的水平所限，不妥之处在所难免，敬请广大同行与读者朋友批评指正。在进行黄金冶炼行业技术调研以及本书的编写出版过程中，得到了我国主要黄金冶炼企业以及国家环保部水专项的大力支持，在此表示衷心的感谢！

编　者

2014年8月于北京

目　录

第一篇　概　述

第二篇 金矿选矿及预处理

第五篇　黄金冶炼过程污染治理技术

第一篇 概 述

1 金的性质及用途

1.1 金的基本性质

1.1.1 金的物理性质

金（Au）的原子序数为 79，属于ⅠB 族，相对原子质量为 196.967，原子半径为 0.1442nm，与银、钌、铑、钯、锇、铱、铂等统称为贵金属。

金的密度为 19.32g/cm^3（20℃），直径仅为 46mm 的金球，其重量就有 1kg。这里的密度指的是化学上纯金的密度，自然界中并不存在这样的纯金。在不同的温度下金的密度也略有差异，例如 18℃时为 19.31g/cm^3，1063℃开始融化时为 17.3g/cm^3、凝固状态时为 18.2g/cm^3。

金的颜色随所含杂质的变化而改变，如加入银、铂可使金的颜色变浅，加入铜时颜色则变深。金的颜色同时也取决于金属块的厚度及其聚集状态，例如，金破碎成粉末或碾成金箔时，其颜色可呈青紫色、红色、紫色乃至深褐色至黑色；很薄的金箔对着亮光看是发绿色的；熔化的金也是这种颜色，而未熔化的金则呈黄绿色；细粒分散金一般为深红色或暗紫色，自然金有时会覆盖一层铁的氧化物薄膜，在这种情况下，黄金的颜色可能呈褐色、深褐色甚至黑色。

金在所有的金属中延展性最好，1g 纯金可拉成长达 420m 以上的细丝，可加工成厚度仅为 0.23×10^{-3}mm 的金箔，并且这样薄的金箔在显微镜下观察仍然致密。金的拉长极限强度为 11.95kg/mm^2，伸长率为 68% ~73%。金的横断面面积收缩率为 90% ~94%，在现有的加工条件下可拉长到 3420m 以上。但若金中含有铅、铋、碲、镉、锑、砷、锡等杂质，其力学性能将明显下降。例如，金中含有 0.01% 的铅时，性变脆，还有 0.05% 的铋时，甚至可用手搓碎。

金的导电性仅次于银和铜，电导率为银的 76.7%。金的电阻系数在 0℃时为 $2.065\times10^{-6}\Omega\cdot cm$，20℃时为 $2.42\times10^{-6}\Omega\cdot cm$，温度越高系数愈大。金的导热性仅次于银，热导率为银的 74%。在 25℃时，金的导热系数为 315W/(m·K)。金的熔点为 1064.43℃，沸点为 2808℃，具有常数为 0.407nm 的面心立方体晶体晶格。纯金的抗压强度为 10kg/mm^2，其抗拉强度与预处理的方法有关。

金的挥发性极小，在1100～1300℃间熔炼时，金的挥发损失为0.01%～0.025%。但熔融的液态金会随着温度的升高而挥发，金的蒸汽压如表1.1所示，“真金不怕火炼”的温度范围在1000～1300℃间才有效。金的挥发损失与炉料中挥发性杂质的含量及周围的气氛有关。例如，熔炼合金中Sb或Hg含量达5%时，金的挥发损失可达0.2%；在煤气中蒸发金的损失量为空气中的6倍，在一氧化碳中的损失量为空气中的2倍。熔炼时金的挥发损失是由于金的强吸气性而引起的。金的挥发速度和金中杂质的性质也有关系。

表1.1 金的蒸汽压

t/℃	953	1140	1403	1786	2410	2808
p/Pa	133.222×10^{-6}	133.222×10^{-4}	133.222×10^{-2}	133.222	133.222×10^{2}	7993.2

金的硬度较低，莫氏硬度为2.5，矿物学硬度为3.7。金很容易被磨损，变成极细的粉末，这也是黄金以分散状态广泛分布于自然界的原因。日常佩戴的纯金首饰会因为时间的延长而减轻分量造成不可挽回的损失。因此，大多数金首饰和金币一般都要添加银和铜，以提高硬度，并使其颜色更加绚丽多彩。

金的纯度可用试金石鉴定，称为“条痕比色”，俗称“七青，八黄、九紫、十赤”。其意思是：条痕呈青色，金含量为70%；呈黄色，金含量为80%；呈紫色，金含量为90%；呈橙红色时为纯金。

1.1.2 金的化学性质

金在化学元素周期表中和银、铜是同类元素，化学稳定性极高，与铂族金属十分接近。金的抗腐蚀能力极强，在空气中、有水分的情况下，金也不发生变化，甚至在高温条件下，金也不与氢、氧、氮、硫、碳起作用，具有极佳的抗变色和抗化学腐蚀的能力。在古代墓葬中出土的黄金随葬品，虽经历千年风雨，依然色彩艳丽如新。

金在氢、氧、氮中明显地显示出不溶性。氧不影响它的高温特性，这是金与其他所有金属最显著的不同。

1.1.2.1 金的化学活性

金和三价金间的电极电势为1.5V，因此，无论是什么浓度的盐酸、硝酸、硫酸单独使用都不能溶解它。但在盐酸中，如有氧化剂（二氧化镁、氯化铁和铜）存在或有氧存在又在高温下也可使金溶解。在有氧的情况下，金溶于碱金属或碱土金属的氰化物溶液中。此外，金还溶于碱金属硫化物、酸性硫脲、硫代硫酸盐、多硫化铵溶液，以及碱金属氯化物或溴化物存在下的铬酸、硒酸与硫酸的混合酸及任何能产生新生氯的混合溶液中。众所周知，金也易溶于王水中。

常温下，金不与碱起作用，也不与单独的无机酸和有机酸起作用。但是金可溶于混合酸，如硝酸和盐酸的混合酸、硫酸和硝酸的混合酸等。当强氧化剂存在时，金能溶于某些无机酸，如当有高碘酸（H_2IO_6）、硝酸、二氧化锰时，金溶于浓硝酸，并可溶于热的无水硒酸（H_2SeO_4）中。

与金有相互作用的试剂有：氯水、溴水、溴化氢、碘溶液、酒精碘溶液、盐酸氯化铁溶液、氰化物溶液、氯、王水、乙炔、硫代尿素、硒酸、碲酸和硫酸的混合酸等。在一定条件下，某些酸、碱、熔化的各种盐类及卤素介质也会对金产生腐蚀，具体见表1.2，金在一些溶盐中的腐蚀结果见表 1.3。

表 1.2　各种介质对金的腐蚀速度

介　质	温度/℃	试验时间/h	腐蚀速度/mg·(m^3·d)$^{-1}$
HF	室　温		0
10%的磷酸	100	5	2.4
冰醋酸	100	4	1.4
10%的硫酸铜	100	5	0
干　氯		23	7.6
湿　氯	100		865.0
饱和氯水	100	18	1510.0
干　溴	100	54	1770.0
湿　溴	100	21	672
饱和溴水		23	1750
干　碘	室　温		微　量
湿　碘	室　温		0
醇中的含碘溶液（5%的浓度）	室　温	24	12.0
王　水	22		腐蚀很快
王　水	100		腐蚀很快
湿硫化氢	室　温	1080	0

表 1.3　金在一些溶盐中的腐蚀结果

溶　盐	温度/℃	质量损失/mg·(m^3·d)$^{-1}$	溶　盐	温度/℃	质量损失/mg·(m^3·d)$^{-1}$
$KHSO_4$	440	0	KCN	700	3600
NaCN	700	984	1KCN + 2NaCN	550	480
KNO_3	350	0	$NaNO_3$	350	0
NaOH（在还原气氛中）	350	9.6	Na_2O_2	350	2000
Na_3CO_3（在还原气氛中）	920	48			

金的化学性质较稳定，除了碲、硒、氯等几种元素外，与其他金属在同样条件下不易发生化学反应，这一性质使金拥有长期暴露于空气中也不改变颜色和光彩的特性。在特定条件下，金也会与其他元素反应生成多种化合物，如：硫化物、氧化物、氰化物、氯化物、硫氰化物、硫酸盐、硝酸盐、氨合物、烷基金、芳基金、雷酸金等。金的化合物也很容易还原成金属金，还原金能力最强的金属是镁、锌、铁和铝。在氰化法提金工艺中，锌粉置换法利用的就是这一性质。

金的微粒在胶状溶液中带负电，在电解过程中，金的微粒沉积到阳极上，形成黑色膜。

金可与卤素化合，例如，在高温下即可与溴反应，加热时可与氟、氯和碘化合。金在各个介质中的行为见表1.4。

表1.4 金在各介质中的腐蚀程度

介 质	温 度	腐蚀程度	介 质	温 度	腐蚀程度
硫 酸	室 温	几乎没影响	硫化钠（有氧时）	室 温	严重腐蚀
发烟硫酸	室 温	几乎没影响	醋 酸	—	几乎没影响
硒 酸	室 温	几乎没影响	酒石酸	—	几乎没影响
70%的硝酸	室 温	几乎没影响	过二硫酸	室 温	几乎没影响
发烟硝酸	室 温	轻微腐蚀	王 水	室 温	腐蚀很快
40%氢氟酸	室 温	几乎没影响	36%的盐酸	室 温	几乎没影响
盐 酸	室 温	几乎没影响	碘氢酸	室 温	几乎没影响
氰氢酸溶液	—	严重腐蚀	磷 酸	100℃	几乎没影响
氟	室 温	几乎没影响	湿 氯	室 温	腐蚀很快
干 氯	室 温	微量腐蚀	干溴（溴液）	室 温	腐蚀很快
溴 水	室 温	腐蚀很快	碘	室 温	微量腐蚀
碘化钾中的碘溶液	室 温	腐蚀很快	醇中的碘溶液	室 温	严重腐蚀
氯化铁溶液	室 温	微量腐蚀	氰化钾	室 温	腐蚀很快
硒	100℃	几乎没影响	柠檬酸		几乎没影响
硫	100℃	几乎没影响	湿硫化氢	室 温	几乎没影响

金在化合物中常呈一价或三价状态存在，金的化合物很不稳定，在加热时容易分解，某些化合物在光照下也会分解。金的某些化合物的溶解度见表1.5。

表1.5 金的某些化合物的溶解度

金及其化合物	在100mL水中的溶解度（25℃）	在其他溶剂中的溶解度
Au	不 溶	溶于王水、KCN、热H_2SO_4；不溶于一般酸和强碱
AuBr	不 溶	在一般酸中离解；溶于NaCN
$AuBr_3$	微 溶	
AuCl	极微溶	溶于HCl、HBr
$AuCl_3$	68g	
AuCN	极微溶	溶于KCN、NH_4OH，不溶于强碱

续表 1.5

金及其化合物	在 100mL 水中的溶解度（25℃）	在其他溶剂中的溶解度
$HAu(CN_4)\cdot 3H_2O$	极易溶	
AuI	极微溶	溶于 KI
AuI_3	不　溶	溶于碘化物中
$H[Au(NO_3)_4]\cdot 3H_2O$	可溶、解离	溶于 HNO_3
Au_2O_3	不　溶	溶于 HCl、浓 HNO_3、NaCN
$Au_2O_3\cdot xH_2O$	5.7×10^{-11}g	溶于 HCl、浓 HNO_3、NaCN
Au_2P_3	不　溶	不溶于 HCl、稀 HNO_3
Au_2Se_3	不　溶	
Au_2S	不　溶	溶于王水、KCN；不溶于一般酸
Au_2S_3	不　溶	溶于 Na_2S
$AuTe_2$	不　溶	

金的化合物易被还原，所有比金更负电性的金属（如 Mg、Zn、Al 等）、某些有机酸（如甲酸、草酸、联氨等）和某些气体（如氢、一氧化碳、二氧化硫等）都可作还原剂将其还原成金属。

1.1.2.2 金的化合物

A 氧化物及氢氧化物

金和氧可形成氧化亚金（Au_2O）、氧化金（Au_2O_3）。在加热低价氢氧化金（AuOH）时，用碳酸钾或苏打加热干燥时使其分解，都可形成氧化亚金（Au_2O）。氧化亚金为紫灰色粉末，在250℃时分解成金和氧：

$$2Au_2O \xrightarrow{250℃} 4Au + O_2$$

浓盐酸可分解 Au_2O：

$$3Au_2O + 6HCl = 2AuCl_3 + 4Au + 3H_2O$$

Au_2O 在水中实际上不溶解，在湿润情况下可歧化成深栗色的 Au_2O_3：

$$3Au_2O = 4Au + Au_2O_3$$

Au_2O 溶于强碱，生成亚金酸盐。

在低温下，苛性碱水溶液与 AuCl 作用生成低价氢氧化金：

$$AuCl + KOH = AuOH + KCl$$

氢氧化金在100℃时可脱水，在110℃时便开始分解析出氧，在160℃时转化成 Au_2O，当加热到250℃便可得到金属金。

向含$[AuCl_4]^-$的溶液中加入氢氧化钠，可制得三价金的氢氧化物。这种氢氧化物脱水，首先生成 Au(O)OH，而后生成 Au_2O_3。Au_2O_3 在433K以上分解成金和氧。Au_2O_3 的颜色为深褐色粉末，可溶于碱。根据介质的碱度不同，可形成三种金酸盐。金的金酸盐和某些有机物可形成爆炸性混合物。

B 金的卤化物

在已知的氯化物中，氟可与金反应生成金的化合物，碘（I）只能生成一种金的化合物，这种与氟反应生成稳定的较高氧化态化合物不仅对金如此，对其他金属也同样。

（1）氟化金。氟化金（AuF）不稳定，会发生歧化反应生成 Au 和 AuF_3。AuF_3最初是加热 $AuF_3 \cdot AuBr_3$至573K而制得的，而 $AuF_3 \cdot AuBr_3$是将金溶于 BrF 得到的。但是用此法形成的产物会被溴污染，因此纯化合物最好用 $AuCl_3$和金粉与氟在高温下反应制备。

AuF_3可在573K的真空条件下升华，升华物为亮金黄色针状晶体；当温度达773K时，AuF_3分解为金与氟。AuF_3 是一种强氟化剂，呈橙色固体，能使苯燃烧。AuF_5 为暗红色固体，在358~361K时熔化，且在真空下升华。

（2）氯化金。较低温的氯气与纯金作用，可制得金的氯化物 AuCl 和 $AuCl_3$。

AuCl 是一种柠檬黄的粉末，在室温和大气压力条件下不挥发，不分解，也不溶于水，但在水中会慢慢分解，形成溶解的 $AuCl_3$并析出粉状金。

$$3AuCl = 2Au + AuCl_3$$

AuCl 溶于氨水中，用盐酸酸化时可从这种溶液中沉淀出 $AuNH_3Cl$。AuCl 与盐酸作用则生成亚氯氢金酸。

$$AuCl + HCl = HAuCl_2$$

金粉与氯作用生成 $AuCl_3$，$AuCl_3$溶于水生成含氧的 H_2AuCl_3O，这是水溶液氯化法提取金的理论基础。

$$2Au + 3Cl_2 = 2AuCl_3$$

$$AuCl_3 + H_2O = H_2AuCl_3O$$

$$H_2AuCl_3O + HCl = HAuCl_4 + H_2O$$

金粉溶于王水并加稀盐酸缓慢蒸发，可获得 $HAuCl_4$，故王水分解法是提金的重要方法。

$AuCl_3$为橙红色晶体，有无水和有水两种形式。无水 $AuCl_3$加热时先析出结晶水，然后分解成 AuCl，再继续加热 AuCl 分解成金属金。$AuCl_3$ 容易与其他氯化物形成复盐，$HAuCl_4$被认为是相应于这类复盐的氯金酸，它呈黄色针状晶体。

氯金酸盐的通式为 $Me[AuCl_4]$，其中 Me 为一价金属。这些盐类中最为重要的是用于照相技术的氯金酸钠，它很容易溶解和分解。

使用各种还原剂，如二氧化硫、碳、硫酸亚铁、氯化亚锡、碲、肼和草酸等，可以将 AuCl 还原成金属金。

由于三氯化金具有形成配盐的能力，因此就有可能在氯化过程中回收金。在从矿石中回收金时，有一定量水存在时就可使金的氯化顺利进行。

(3) 溴化金。AuBr 是在对溴化亚金酸 $H(AuBr_4)$ 加热至 200℃得到的，也可将 $AuBr_3$ 与浓硫酸一起加热至 200℃时制取。AuBr 为灰黄色粉末，可溶于碱金属溴化物溶液中生成络阴离子 $[AuBr_2]^-$，加热至 523K 以上时，可分解出金和溴。

$AuBr_3$ 为暗红棕色晶体，由金粉和液态溴通过放热反应生成，在水的作用下，也可由 AuBr 歧化生成。

(4) 碘化金。金的碘化物有 AuI 和 AuI_3。

AuI 可在室温下由 AuI_3 分解生成。加热时，AuI 更容易分解。相反遇水时其分解比其他卤化物要慢。当有碘离子存在时，AuI 溶解并生成络阴离子，在 HI 和 KI 水溶液中的碘对细分散金作用时，金溶液生成络阴离子：

$$2Au + I_2 + 2I^- \longequal 2AuI_2^-$$

AuI_3 可通过往碘化钾溶液中添加金氯酸制取。

$$AuCl^- + 3I^- \longequal AuI_3 + Cl^-$$

通过 AuI 与 HI 中的碘饱和溶液，也可制取 AuI_3。AuI_3 为暗绿色粉末，不溶于水。在 25℃时，粉末很快就分解为 I 和 AuI。AuI_3 可同一些有机物结合成多种化合物。

C 氰化物

最常见的金的氰化物是一价和三价形式，用盐酸或硫酸分解氰金络合物便得到一价金的氰化物。

$$KAu(CN)_2 + HCl \longequal HAu(CN)_2 + KCl$$

氧化三价金的水化物同氢氰酸反应也可制取金的氰化物。

AuCN 呈柠檬黄的粉末状，无气味，干燥的粉末在光照下不发生变化，但在潮湿状态下则受光照变为绿色。它不溶于水，加热即可分解为金和氰，在迅速高温加热时可燃烧并生成金属金。

大部分酸类即使在加热沸腾时也不能使氰化亚金发生分解。但在加热到沸腾时，氰化亚金可在硫酸和王水中缓慢溶解，也可溶于铵和硫化铵溶液中，在酸化条件下，可从后者的溶液中沉淀出硫化亚金。AuCN 与苛性碱一起加热到沸腾时便形成金的络合碱金属氰化物，并析出部分金。

一价金的氰化物可形成多种化合物，如 $NaAu(CN)_2$、$KAu(CN)_2$、$Ca[Au(CN)_2]_2$，这些络合物在金的氰化过程中是很重要的。当氧存在时，氰化物盐类可溶解金。

$$4Au + 8NaCN + O_2 + 2H_2O \longequal 4NaAu(CN)_2 + 4NaOH$$

该反应是氰化法从矿石中提取金的理论基础，用同样的方法还可使金生成氢的钾盐 $KAu(CN)_2$ 和钙盐 $Ca[Au(CN)_2]_2$。

可通过在碱金属的氰化物溶液中溶解氰化亚金，来获得碱金属的配合氰化物。

$$AuCN + NaCN \longequal NaAu(CN)_2$$

金的络氰化物在水中可很好地溶解，当将这些络盐溶于盐酸中加热至50℃时，可分解出氰化氢，并沉淀出氰化亚金。

$$NaAu(CN)_2 + HCl = HAu(CN)_2 + NaCl$$

$$HAu(CN)_2 \xlongequal{50℃} HCN + AuCN$$

硫酸亚铁对金氰络合物不起作用，但是亚硫酸和草酸可从盐溶液中沉淀出氧化亚金的氰盐。常用锌、铝等作还原剂将氰化液中的金还原出来，也可再用电解还原法将金还原析出。

D 硫化物

金可以构成单价、二价和三价硫化物：Au_2S、Au_2S_2、Au_2S_3。当 H_2S 通入 $AuCl_3$ 或 $H[AuCl_4]$ 的水溶液时，便可以得到金的硫化物。根据沉淀条件不同，可以得到 Au_2S、Au_2S_3 以及一定比例的金和游离硫的混合物。在较高温度下，H_2S 可从这些溶液中还原金。

将 H_2S 与酸化 $Au(CN)_2$ 溶液作用可以生成 Au_2S。

$$2[Au(CN)_2] + 2H_2S = Au_2S + 4HCN \cdot + K_2S$$

此反应为可逆反应，若硫化氢溶液充分饱和，即可使反应向右进行。

Au_2S 为深褐色或黑色粉末，不溶于水和硒酸，而溶于碱金属硫化物水溶液，生成络合物，这些络合物在酸介质中遭破坏，析出 Au_2S 沉淀。

$$2[AuS]^- + 2H^+ = Au_2S + H_2S$$

Au_2S_3 是用 H_2S 在10℃下处理金和钾的双氯化物时得到的。它为黑色粉末，在30~220℃时是稳定的，继续加热便发生分解，析出金和硫，在240℃时完全分解。在室温下，Au_2S_3 不溶于 HCl 和 H_2SO_4，但能溶于硝酸、王水、溴水和氰化钾溶液。水银对其作用很弱，仅能部分地使其分解并生成硫化亚汞。

硫氰化钠或钾对金作用生成碱金属硫代金酸盐 MeAuS。当温度高于50℃时，金在碱金属的硫氰化物溶液中的溶解作用大大加强。

金与硫的亲和力比较大，因此可以制得大量金与含硫有机化合物的配合物。

E 硒化物和碲化物

金的硒化物 $AuSe \cdot H_2Se$ 是在盐酸介质中用硒化氢沉淀制取的。干燥后，它在110~390℃的温度区间最稳定；当加热至535~650℃时，它可分解出金。

$Au(OH)_3$ 与亚硒酸通过磷酐相互作用，可以制得金的硒化合物。金的硒化物是柠檬黄色沉淀物，不溶于水、乙醇、苯、醋酸乙酯和丙酮，易溶于盐酸，受热时也易溶于硒酸。300℃时，H_2SeO_4 与金互相作用可生成金的硒酸盐。金的硒酸盐为黄色晶体，能溶于硫酸和硝酸，并且可溶于加热的浓硒酸，不溶于水，在盐酸中会受损坏。

碲金矿 $AuTe_2$ 和 Au_2Te_3 是金的天然化合物。加热 Au_2Te_3 可还原为 $AuTe_2$。除二元硒、碲化合物之外，已知的混合化合物还有多种。

F　金的其他化合物

乙炔与硫代硫酸金溶液反应可以得到金的碳化物 Au_2C_2，在干燥情况下，这种化合物可爆炸。

硅酸金是将氧化金和水玻璃在苛性碱溶液中搅拌时生成的，只有在有游离碱存在时，硅酸金才稳定。酸可使硅酸金分解，且分解的硅酸凝胶可带走一些分离后的金属金。硅酸金在炽热温度条件下，可被水蒸气分解，形成玫瑰红色的胶态金。用相反电荷的胶体，如氧化铁、黏土、氧化锆及其他胶状物，在最适宜的浓度条件下可使胶态金沉淀。

金、银及其盐类在硫脲中溶解可得到金银与硫脲的化合物。有氧化剂存在时，金、银及其合金可溶解于浓度较小的弱酸性硫脲溶液中。

1.2　金的用途

黄金是人类较早发现和利用的金属，具有许多优良的特性，在国民经济和人民生活中有广泛的应用。它由于稀少、特殊和珍贵，自古以来被视为五金之首，有“金属之王”的称号，享有其他金属无法比拟的盛誉。黄金历来被当做货币储备，作为金融付款基础和银行金融界的交换基础，它对稳定国民经济、抑制通货膨胀、提高国家信誉等方面有着无可替代的作用。随着社会的发展，黄金的经济地位和应用在不断地发生变化，它的货币职能在下降，在工业和高科技领域方面的应用在逐渐扩大。

我国是世界上最早使用金币的国家，古代已经开始采金，当时几乎全部用来制作神龛、碗、酒杯和各种饰物。在大约公元前 1000 年，金和银开始作为人们进行交换的媒介自由流通，在这之后，黄金长期被称为货币金属。

随着资本主义社会的发展，尤其在第一次世界大战后，金的流通和作为货币的用途大大消减。发展至今，黄金在法律上停止货币流通，形式上丧失了与货币制度的全部联系。然而，黄金仍是国家资源储备和私人积蓄的物质财富。此外，黄金在工业上的应用愈来愈广。

1.2.1　金的货币价值

黄金的用途有很多种，但最重要的是用作货币。据报道，到 20 世纪 60 年代，世界黄金总量的 60% 供作货币，其中，大部分被铸成金条、金砖等保存在世界各国银行作为货币储存，仅有一小部分铸成金币供使用。黄金之所以成为货币，是因为它质地均匀、易于分割、体积小而价值大、不易腐蚀、便于携带等特点。黄金作为货币，执行价值尺度、流通手段、贮藏手段、支付手段和世界货币职能。

金的货币价值主要有流通价值和储备价值两种。黄金用作货币源远流长，目前发现最早的金币是战国时代楚国铸造的金币。以金属货币来说，我国正式的金属货币起源于周朝，发展于春秋，盛行于战国，统一于秦朝。在唐代，黄金作为货币大量用于馈赠、奉献、赏赐、赌博、储蓄等。进入宋朝后，黄金作为货币用途更加广泛，不仅充当商品交易媒介，还用来赔偿、借贷抵押、折款纳税、回收纸币等。发展到元代，黄金不再局限于在王公贵族之间流通，开始与银一起在民间作为货币公开使用。到明朝初年，金仍作为货币流通，但禁止金银私相买卖。到了清朝，社会上还有大量黄金作为货币使用，在康熙年间，黄金还用于国际贸易。世界上金币的铸造，最早可追溯到公元前 8 世纪初，位于西亚的亚述帝国。外国货币学家和考古学家认为第一枚金币是公元前 7 世纪在吕底亚诞生，含金 73%、银 27%。

黄金用作国际储备是由它的货币商品属性决定的。黄金在包括西方主要国家等国家的国际储备中仍占有相当重要的地位。黄金用作货币金属后，曾先后采用过金银复本位制、金本位制、金块本位制和金汇兑本位制。现在世界上已经没有国家实行金本位制，都转为纸币制度。因此，黄金的作用也受到限制，但黄金作用货币商品的职能和作用不是人为力量可以消除的。

20 世纪 60 年代以后，资本主义国家黄金的储量基本是稳定的。世界黄金协会 2012 年 2 月 13 日公布的世界官方黄金储备见表 1.6。

表 1.6 世界黄金储备前 20 名的国家、地区和单位 (t)

顺 序	国家、地区和单位	黄金储备	顺 序	国家、地区和单位	黄金储备
1	美 国	8134	11	印 度	558
2	德 国	3396	12	欧洲央行	502
3	国际货币基金组织	2814	13	中国台湾	424
4	意大利	2452	14	葡萄牙	383
5	法 国	2435	15	委内瑞拉	360
6	中 国	1054	16	沙 特	323
7	瑞 士	1040	17	英 国	310
8	俄罗斯	937	18	土耳其	296
9	日 本	765	19	黎巴嫩	287
10	荷 兰	613	20	西班牙	282

1.2.2 金的装饰用途

黄金大量用于首饰、器皿和建筑装置，尤其首饰业是黄金消耗大户。世界黄金协会 2009 年 12 月 16 日表示，到目前为止，金球已开采黄金 16.3 万吨，其中有 51.3% 被用于制造首饰；各国银行或其他政府机构掌握了约 19.9% 的量；私人持有量约占 16.7%，用于工业、医疗的金只有总量的 11.45%。

(1) 首饰。黄金最早的用途之一是用于珠宝装饰，华丽的黄金饰品象征着社会地位和财富。早在唐、宋、元、明、清几个朝代，黄金首饰业就发展很快，品种最多的是发饰、领饰、面饰和冠饰，其次是首饰、带饰和配饰。我国古代历史上有很多著名的黄金首饰，如魏晋的金戒、元末的金镯、隋朝的金链、明代的璎珞、辽代的耳环、明清的耳坠、唐明的发钗、清代的凤冠等。在世界其他国家，用黄金制作首饰也源远流长，如：哥伦比亚的印第安人早在公元前 20 世纪就开始用黄金制作耳环、鼻环、项链、别针、手镯和脚镠，秘鲁的查温、莫奇卡、奇穆、比库斯等时代也已经有了金冠、金铠、金甲等金饰。

（2）器皿。黄金用作器皿的装饰非常广泛，如古代用黄金制作酒杯、刀、弓、剑、矛；现代制作表带、表壳、皮带扣、眼镜架、摆件、祭器、枪、炮、子弹等。此外黄金还可用于制造纪念品，如纪念章、奖杯的制品。

（3）建筑。金能用在建筑装饰上，是因为其具有良好的延展性。在我国主要用于做佛像的装饰，佛像贴上一层金箔，称为金身。在寺庙的屋顶也有装饰黄金，使得整个建筑金光灿灿。我国西藏的布达拉宫中的第一座灵塔殿堂塔身全部用金包裹，耗金约3724.3125kg。在国外主要用于教堂装饰，如俄国伊萨基普大教堂的圆顶屋和市内装饰，据记载，耗金量达280kg。

1.2.3　金的工业用途

金由于具有许多优良特性，所以在现代工业中也占有一席之地，但是由于它的稀少和昂贵，加之又直接或间接地起到货币的作用，因此限制了它在工业和科技部门的应用。但随着科技的进步，工业上对金的需求量也在不断增加。

金具有极高的抗腐蚀的稳定性、良好的导电性和导热性；金的原子核具有较大捕获中子的有效截面，对红外线的反射能力接近100%；金的合金具有各种触媒性质；金还有良好的工艺性，极易加工成超薄金箔、微米金丝和金粉；金很容易镀到其他金属、陶器及玻璃的表面上；在一定压力下金容易被熔焊和锻焊；金可制成超导体与有机金等。正因为有这么多优良特性，金有理由广泛用到最需要的现代高新技术产业中，如电子技术、通讯技术、宇航技术、化工技术、医疗技术等。

1.2.3.1　金在仪器仪表制造业的应用

随着科学技术的发展，各种仪器仪表的要求越来越高，金在各种精密自动化仪器上的应用也越来越重要。

工业上测量温度常采用热电偶和电阻温度计。热电偶是由两种不同成分的金属丝组成，由于测量点的冷端间的温度差引起能用毫伏计测量出的热电势，而热电偶基于温度的热电势的变化来测量温度，因此对材料的热稳性要求很严格。

金-钯合金常用作某种型号热电偶元件。金（40%）、钯和铂（10%）或铟铑配对时产生很大热电势，这种热电偶可在1000℃的空气中使用。在航空技术中控制温度，使用金（40%）钯和铑（10%）热电偶效果最好，甚至在经过1000h后它的误差只有0.1～0.2℃。用金（35%）钯合金线做负极，用钯（83%）、铂（14%）、金（3%）合金做正极，组成的热电偶用于测量涡轮喷气技术中的进口气体温度。如果用钯（55%）、铂（31%）、金（14%，此处的金必须用纯金）的合金做正极效果更好。具有很高的疲劳强度，可在900～1300℃长时间处于空气或氧化气氛下。

在测量液氢范围低温时，测量的精确度是非常重要的。在很低的温度（4K以下）范围内测量温度时，采用金-钴和金-银制造的热电偶可用于测量4～300K的温度范围。金的合金还用在水压表的测量材料上，如金-铝合金用于制作测静压下的水压计。

1.2.3.2　金在电子工业中的应用

电子工业与黄金及其他贵金属的应用是密不可分的。电子元件所要求的稳定性、导电性、韧性、延展性等，黄金和它的合金几乎都能一并达到要求。具体如电子信息、航空航天、仪表仪器、计算机、收音机、电视机、集成电路等，都是电子工业飞跃发展的结果，而黄金在电子工业上的用量占工业用金的90%以上，而且用量年年增长。

1.2.3.3 金在电触点材料上的应用

金及其合金由于具有稳定的电阻以及优良的导电性、耐蚀性、可加工性、热稳定性等优良性质，被广泛地应用于电子工业触点的制作。在长期的使用中，即使在多变的环境里，它也能保证在微弱的电流转换及很小接触压力时具有优良的接触可靠性。

金及其合金用在电触点材料的种类也在不断增多，如铆钉型复合电触点，这是以贵金属及合金为复层、铜为基本材料制造的双金属复合触点；在低压电器、仪器仪表等产品中用作小型负荷的开关、继电器等的电触点；通信设备用触点材料；金银镍合金触点材料用作滑动电触点，品种有薄板、带材、棒材和丝材；金钯合金材料，包括带材、棒材和丝材。金合金触点材料一般被制成带材、棒材和丝材。

金及其合金由于具有可镀性、高塑性及良好的加工性能，可采用压制、电镀、包覆、电沉积等方法制作各种不同类型、不同用途的电触点，如用金-铂、金-铜、金-银-铟可制作通讯设备用触点、滑动触点；用金-镓制成的电话继电器触点，耐磨并且能保证信号的传递：用金-钯可制作高强度、耐腐蚀电触点；用金-铜-钯可制作高弹性触点；金广泛用在铁磁合金制作的舌片触点（舌簧管）；采用弥散氧化物（0.05μm 弥散颗粒状氧化钍）能明显地提高金的力学性能，这种材料耐热、抗氧化并有较强的力学性能，可用于制作高温下工业用继电器触点；金-铜-锌形状合金用作特殊用途导线触头。

1.2.3.4 金在导电材料上的应用

金丝、金箔、用金粉压制成的部件、金的合金、包金合金材料（如包金玻璃、包金陶瓷、包金石英）等被作为导体材料广泛用于电子设备、半导体器材和微型电路中。如半导体集成电路的制作，半导体集成电路引线框架是用引线框架材料经高速冲床冲制而成，合格的引线框架经清洗、局部镀金（镀金层厚度不小于1μm）、装入芯片、键合引线、封装等工序才能制成半导体集成电路。金和金合金用于电子行业作内引线和外引线，如半导体器件键合金丝。

1.2.3.5 金在金基焊料上的应用

金基焊料有许多宝贵的性质，仅仅是因为金的价钱昂贵而限制了它在工业中的大量应用。随着电子工业、真空技术、原子能装置、飞机及火箭用的喷气发动机、宇航装置等新结构材料研制工作的发展，金基焊料的应用范围会变得更为宽广。

金基焊料的性质要求主要是湿润性能、焊接的强度、耐热性、耐蚀性、溅射性及工艺性能。

电子工业是金-铜焊料的主要用户，用于焊接波导管、集成电路、半导体电子管、无线电设备、真空仪表。金铜共熔型合金流动性好，充填小缝隙的能力强，对铜、铁、镍、铝、锰、钨等金属及合金都有很好的润湿性。

在半导体集成电路装配中广泛采用金基焊料做钎焊。为了改善半导体仪表导热，将其安装在金属底板上。由于半导体材料具有固定形式（N型、P型）的传导性，因此焊料也必须有同样形式的传导性。具有P型的焊接是采用ⅢA族元素配制的，如金-硼、金-铟、金-镓等。具有N型的焊料则采用ⅤA族元素配制，如金-砷、金-锑等。也有采用具有易熔共晶的传导性焊料。具有特殊传导性的金基焊料在半导体间具有良好的电接触，而低熔点保证了它在钎焊过程中的工艺性能。

1.2.3.6 金在电子浆料上的应用

1960 年兴起的集成电路发展甚快。1967 年和 1977 年先后有大规模集成电路和超大规模集成电路问世。集成电路的发展带动了贵金属粉末在微电子工业中大规模应用，使贵金属电子浆料成为微电子工业的重要基础。电子浆料常用金粉、银粉、铂粉等。各种浆料用粉粒度在 0.1 ~ 100μm，但大部分在 0.5 ~ 5μm。浆料贵金属粉末形态大多是球状、片状、鳞片状，采用化学或有机化合物的分解、化学还原法，满足高密度、高信赖度、高重现性等高品质的要求。浆料用贵金属需用量很大，例如新型片式电子元件中需要电极浆料、多层布线导体浆料、印刷电路板导体浆料、电磁屏蔽膜浆料等，按 1999 年世界片式电子元件产量估计，单是这一类元件所需贵金属粉末就达 1000t。

1.2.3.7 金在宇航工业中的应用

金在宇航工业中的应用也在不断地发展和开拓之中。金以它的抗腐性、抗热性，优良的导热、导电性，独特的化学性质在宇航领域中占有重要位置。

金在宇航工业中的应用量大、范围广。从航天器、运载工具的制造到宇航的系统控制等，成千上万的电子元件、仪表、特殊材料都离不了金。

低蒸气金基焊料用于焊接电子元件的真空密闭隙缝和熔接宇航工业中的各种部件。如用在宇航装置的燃料部件上，采用金-镍焊料钎焊了美国“阿波罗”登月飞船发动机的燃料导管，用它钎焊了 1046 条直径为 4.7 ~ 50.8mm、壁厚为 0.1 ~ 0.5mm 的不锈钢管缝。只有使用这种焊料可保证过氧化氮——火箭燃料氧化剂相互作用的稳定性。这种焊料也用在了美国“魔鬼-5”导弹的一级发动机的装配中。

金由于具有高反射率兼低辐射率的特殊性能，所以常用在防止辐射的场合。如“阿波罗”的一些宇宙飞船上的零件和宇宙飞行员的装备也是为了这一目的而镀了金。金也用在喷气发动机和火箭发动部件涂金防热罩或热遮护板中。美国一公司研制了一种在飞机发动机外壳上喷镀黄金的方法，喷镀层的厚度不超过 0.04μm，这使得这种发动机的性能大大提高。抗辐射、耐高温、不腐蚀的金铂合金常被用作喷气式发动机、火箭、超音速飞机引擎火花室等的材料。

1.2.3.8 金在润滑材料上的应用

固体润滑材料中的金属基软金属润滑材料分为基材组元、润滑组元和其他组元。而润滑组元中金及其合金以它在各方面的特性成为高级固体润滑材料软金属类的一个重要组成。在压力加工、辐照、真空和高温度等条件下，这种润滑材料具有良好的润滑效果，近代被用在航天航空工业中。软金属黏着在基材表面上，只要有零点几个微米厚的膜就能起到润滑作用。用金制成的固体润滑材料被用作在真空极限不良气氛条件下运转的机械润滑材料。

金可以通过复合电沉积法制成固体润滑的复合材料，由复合电沉积法制备的镀层有良好的综合性能。如金-铜-镍-MoS2E 四组元自润滑复合镀层具有摩擦系统耐磨性好、防冷焊、导电和耐高低温等优点。

金的固体润滑剂与其他特种固体润滑剂的出现，弥补了轴承材料的不足以及润滑脂性能的缺欠，满足了航空航天和其他新产品在苛刻条件下的润滑需要，如人造卫星上的天线系统、太阳能电池帆板机构、红外线摄像自润滑轴承、光受仪器的驱动机构、温度控制机构、星箭分离机构及卫星搭载机构、导弹防卫系统、原子能机械系统等。

1.2.3.9 金在化学工业上的应用

核化工和化学工业使用金的合金制作特殊管、板、线等材料，以达到防腐蚀、防辐射、耐高温等要求。

金-铂合金以其高耐蚀性和高强度而用于制作生产人造纤维的喷丝头；含3%钯的金合金以及含钯20%的金合金用在捕收铂的催化剂的生产上。研究证明，在超真空下制得的金膜能有特殊的催化作用，并能使氢和氘交换。金还是碳氢化合物异构化与裂解化的催化剂，某些氧参与的反应用金也可以催化，如氧化丙烯成丙烯氢化物、氧化甲醇成甲醛系。另外，金也可以改善其他金属的催化性能，通常金能减缓催化，但能提高催化反应的专属性。如将金加到铂或铱催化剂表面上，可增强其选择性，催化异丁烷的异构化，这时能降低氢解反应进行。另外，金还有强化催化剂的作用。金可用于膜催化材料、纳米催化材料、胶体催化材料及不对称催化材料等。

1.2.3.10 金在光学上的应用

金的光学性能有它独特的性质，金有吸收X射线的本领，含有其他元素的金合金能改变与波长有关的光学性质。金在光学上的应用也是其他元素代替不了的。光亮镀金作为航天器的稳控镀层，对于控制航天器内部仪器、部件的温度起到良好的效果。这主要在于它对宇宙间的红外线具有良好的散射和反射性，保护宇航人员及设备不受宇宙射线的损害。

由于金可改变金合金的波长，所以可改变各种金属元素的颜色。金被用在特殊用的光学玻璃上。例如，用金来对某种玻璃做金属处理（镀有0.13μm薄膜）所制造出的特种玻璃，可在炎热的夏季里将红外线反射回去，使室内保持凉爽。这种薄膜在反射光中呈褐色，而在入射光线中呈天蓝色。美国加利福尼亚大学研制成的汽车特殊挡风玻璃的镀金方法，镀层可以薄到对玻璃透明度毫不影响，而且冬季可以用电加温不结水气不结冰，夏季可以防止太阳晒。

1.2.3.11 金在医学方面的应用

金在医学上的应用可追溯到古代。自古以来，人们一直认为服用金可以医治百病。公元13世纪，当时人们服用的“金饮料”被称为万能药。民间有用金箔为小儿压惊。金还被用作镶牙的材料。近代由于金的化学理论的发展和医学上临床的研究，从理论到临床，金已在医学上得到应用。

金的一价巯基化合物（金诺芬）主要用于治疗风湿性关节炎。硫代苹果酸金（J）“金药”在正常处治过程的治疗浓度范围内，对根治文原体（Mycoplanma）和利斯曼原虫病引起的病变有抗菌治疗的效果。医学研究曾观察到 $[AuCl]^-$ 与脱氧核糖核酸（DNA）形成配合物。显然，这是DNA中嘌呤碱与密啶碱的氮原子配位；Au(Ⅲ)的类似配合物，原则上能抑制细胞分裂，表明Au(Ⅲ)配合物可能具有抗癌特性；人们也知道硫代苹果酸金（Ⅰ）能阻止绵羊淋巴细胞中DNA的合成。金在这一新的领域中大有希望，有可能在生命科学上取得惊人的成就。

金的放射性同位素在放射疗法中被应用。金能以颗粒形式或胶体形式被放在照射区中。胶体金（^{198}Au）用于放射治疗胸膜或腹膜的渗出物和膀胱癌，即用在需要不溶性放射药物均匀照射不规则的表面时；胶体金也被用于各种诊断目的，例如骨髓扫描或肝脏与肺脏造影，即将胶体金装满要研究的器官后，再用闪烁照相法进行观察；金箔用于烧伤皮肤的治疗；金蒸气激光用于胃癌、肺癌的治疗。

金在近代的前沿科学上有了突破性的进展，如金在生物传感器上的应用。我国科研工作者唐芳琼等人采用酶与金的纳米颗粒简单混合，通过戊二醛与聚丙烯醇缩丁醛（PVB）发生交联，然后把一根半径 0.5mm 的铂丝浸到这种溶液（凝胶溶液）中作为电极，发现含有金属纳米金颗粒的生物传感器的电流应用得到大大提高。这种生物传感器在临床医学、信息产业等方面都有极其重要的用途，是当前前沿科学研究的热点之一。金的溶液也可使细胞内部染色，借以观察细胞在动物器官中的情况。

2 金矿资源及其生产

2.1 金矿资源与矿床

2.1.1 世界金矿资源

据统计，截至2007年，世界金矿存量为157000t，主要为脉金、砂金和多金属伴生金矿，其中，砂金矿占5%，脉金矿占70%，伴生金矿占25%。

脉金矿中，世界上最大储量和产量的矿床类型是含金铀砾岩矿床（亦称兰德型），其储量占世界黄金储量的60%，主要分布在南非。其次为太古代绿岩带中以含金石英脉为主的金矿，元古代含铁硅质建造中的金矿（亦称霍姆斯塔克型），碳酸盐建造中的微细浸染型金矿（亦称卡林型），穆龙陶型金矿，与中、新生代火山岩、次火山岩有关的金矿等。

砂金矿床中，有工业意义的残积、坡积、冲积、湖成和海成等砂金中，尤以冲积砂金矿分布广、储量大。

伴生金矿多分为含铜、镍、铅、锌、银等多种有色金属和贱金属的复杂矿床，金主要作为副产品加以回收。

从黄金生产来看，1980年以前，世界黄金生产以开采砂金矿为主，砂金产量约占黄金总产量的98%。脉金从20世纪初才开始大量开采，但发展很快，至20世纪20年代脉金总产量占世界总产量的比值已上升到80%。1950年以后，由于采金船及其他采掘设备的广泛应用，砂金产量比例又有所增加。目前，脉金产量占65%～75%，砂金及伴生金产量占25%～35%。

但是，砂金在一些国家仍是金的主要来源，如俄罗斯约70%的黄金是从砂金矿中采出的。

随着黄金生产的发展和世界对黄金的需求，伴生金矿在许多主要产金国的储量和产量中占有重要地位。此外，低品位的各种含金二次资源也越来越受到各国的重视，成为黄金生产的重要原料之一。

金矿主要分布在南非、俄罗斯、美国、加拿大、巴西等国，其储量占世界总储量的84.3%，其中，南非黄金储量居世界首位，其次是俄罗斯、加拿大、美国、中国等。

2.1.2 世界金矿床的类型

金主要从金矿的开采和冶炼中获得，或作为其他金属，如铜、镍、铅、锌、银矿石的副产品回收。含金脉或金矿床可以任何形式产于任何矿床，其来源也是错综复杂的。

目前，世界上已发现了多种类型的金矿床。原生金可存在于后来发生剪切和破裂作用从而形成的包括矿脉、网状脉和交代矿脉的火成岩体内，也可存在于某些碳酸盐体、伟晶岩、矽卡岩、沉积岩和砂岩内。

在深生矿脉、矿配、网状脉、层状脉以及其他类似矿床中，金往往强烈富集，这类矿床是世界上金产量的主要来源之一。

但是，储量和产量最大的金矿是石英卵石砾岩中的金矿，这种矿床有的还掺铀、稀土和少量铂族金属。

许多世纪以来，人们一直从古砂矿和现代砂矿中大量采金，近代以来占主要地位的方法则是从原生脉金和伴生金矿床中开采金。

随着科技的进步与发展，金也将越来越多地作为许多其他类型的金属矿床，包括与基性岩伴生的块状和浸染状 Ni-Cu 硫化物矿床、火山岩区和沉积岩区中的块状 Pb-Zn-Cu 硫化物矿床、各类型的多金属矿床和斑岩型 Cu-Mo 矿床中的副产品回收。

随着成矿理论的进展，金矿已由传统的石英脉型和砂矿扩展为十余种类型。尽管目前对金矿床还没有统一公认的分类方案，但对太古宙绿岩带型金矿、卡林型金矿、变质碎屑岩型金矿、火山岩型金矿、侵入岩内外接触带型金矿、含金剪切带型金矿、古砾岩型金矿以及条带状建造中的金矿和热泉型金矿等类型普遍受到重视。自 20 世纪 80 年代以来，世界上发现了多种重要类型的金矿，如：太古宙绿岩带型金矿，有建安大的赫姆洛、澳大利亚的特尔弗、扎伊尔的基洛莫托等；卡林型金矿，有美国的金坑金矿、朗德山金矿等；火山型金矿，有巴布亚新几内亚的利希尔金矿和波格拉金矿、日本的菱刈金矿、美国的麦克劳林金矿和加拿大的多姆金矿；石英卵石砾岩中的金矿，有加拿大的金—铀砾岩金矿。这些金矿都属于大型或超大型金矿。

由于金矿床类型繁多，对于金矿床的分类，从不同角度出发，可划分为各种类型。如按照工业意义可划分为金矿床、共生金矿床和伴生金矿床；按照找矿勘探及开采特点可划分为岩金矿床和砂金矿床；按照矿床成因可划分为各种成因类型；按照矿床地质特点，结合工业利用情况，可划分为各种工业类型等。

2.1.2.1 国外金矿床分类

由于分类的目的不同或学术观点和分类准则的不同，分类方案有很大差异。国内外学者对金矿床的分类已提出了多种分类方案，有按矿床成因进行分类的、有按成矿物质来源进行分类的、有按成矿大地构造背景进行分类的、有按容矿岩石进行分类的、有按元素组合进行分类的、有按矿石建造进行分类的、有按矿体产出形态或矿化类型进行分类的、有按工业类型进行分类的。不同的学者对金矿的分类不同，这里列举了不同国家学者对黄金矿床的分类，具体见表 2.1。

表 2.1 国外金矿床分类列举

<table>
<tr><th>Launay（1913）</th><th>W. Emmons（1937）</th><th>B. N. 斯米尔诺夫（1959）</th></tr>
<tr><td rowspan="3">1. 在各类火成岩中呈包体出现的矿床
2. 由分异作用形成的矿床，存在于主岩和接触带中的矿床
3. 来自深部源与花岗岩化变质作用有关的浸染型矿床
4. 细小复脉脉状矿床
5. 第三纪山链中大小脉和网脉状矿脉
6. 产于石灰岩中的矿床
7. 含金砾岩</td><td>1. 岩浆分凝矿床
2. 伟晶岩矿床
3. 热液交代金矿床
4. 高、中、低温热液金矿床
5. 气水热液金矿床
6. 沉积金矿床</td><td rowspan="3">1. 石英-金热液矿床
（1）含金石英脉
（2）含金石英-碳酸盐矿脉
（3）含金石英-重晶石矿脉
（4）含金石英-电气石矿脉
2. 金银-碲热液矿床
3. 黄铁矿-金热液矿床
4. 含金围岩交代热液矿床
5. 受变质含金砾岩
6. 砂矿</td></tr>
<tr><td>Raguin（1961）与 Emmons</td></tr>
<tr><td>1. 高温热液金矿床
2. 中温热液金矿床
3. 低温热液金矿床
4. 砂矿和含金砾岩</td></tr>
</table>

续表 2.1

Routhier (1963)	M. B. 博罗达耶夫斯卡娅 (1974)	J. H. 塔奇 (1975)
1. 与深成岩体没有明显关系的沉积岩中的矿床 2. 与花岗岩深成侵入体有关的矿床，包括分布在深成侵入体内或周围两种 3. 多为火山成因的基性和超基性岩中矿床 4. 主要与第三纪造山运动期后的钙碱性火山活动有关的矿床 5. 与深成侵入体没有明显关系的变质岩中的矿床	1. 内生 (1) 近地表矿床 (2) 中深矿床 (3) 浅成矿床 2. 外生 (1) 风化壳型 (2) 机械沉积型 3. 变质-变成型	1. 太古宇大陆地盾区金矿床 2. 元古宇古地台变质砾岩型金矿床 3. 老褶皱带基性杂岩体内 Au-Cu-Ni-Pt 矿床 4. 古生代冒地槽坳陷内与花岗岩类伴生金矿床 5. 火山带优地槽造山带中金矿床 6. 构造活动已固结区中金矿床 7. 与中生代构造岩浆活动有关的金（银）矿床 8. 与现代火山活动带伴生的金矿床
谢尔巴科夫 (1974)	R. W. 博伊尔 (1979)	Bache (1980)
1. 铬铁矿-铂族含金矿石建造 2. 金滑石菱镁片岩建造 3. 含铜黄铁矿建造 4. 金-硫化物-石英矿石建造 5. 金-硫化物-矽卡岩建造 6. 金-氧化物-铁矿建造 7. 黄铁矿型多金属建造 8. 金-石英脉岩建造 9. 金-石英-硫化物细脉浸染矿石建造 10. 金-石英脉建造 11. 含金砾岩建造 12. 金-银建造 13. 铜-钼建造 14. 金-石英-玉髓建造 15. 金-硫化物建造 16. 铜-镍建造	1. 含金的斑岩及含金花岗岩、伟晶岩矿床 2. 夕卡岩型金矿床 3. 火山岩中金矿床 4. 沉积岩中金矿床 5. 脉状、网脉状金矿床 6. 浸染状金矿床 7. 砾岩型金矿床 8. 砂金矿 9. 伴生金	1. 造山运动期前的火山-沉积矿床 (1) 金为副产品的多金属硫化物矿床 (2) 主要为含金的铁建造矿床 (3) 火山沉积岩系中不整合的金矿床 2. 造山运动期后的深成-火山矿床 (1) 金为副产品的斑岩铜矿型金矿床 (2) 碳酸盐岩层中的交代矿床 (3) 以侵入体为中心的细脉大脉状矿床 3. 碎屑矿床 (1) 古砂矿 (2) 现代冲积和残积砂矿

纵观上述列举的具有一定代表性的金矿床的分类方案，学者们在提出这些方案时主要考虑了 5 个因素：

(1) 矿床的成因：成矿作用、成矿物质来源。

(2) 成矿地质背景：含矿或容矿围岩条件、大地构造条件。

(3) 成矿作用的物理化学条件：成矿温度、成矿压力（或成矿深度）。

(4) 矿石的物质成分特征：矿石矿物组合、造矿元素组合。

(5) 矿石类型：大体相当于矿石工业类型。

2.1.2.2 国内金矿床分类

我国对金矿分类方法的研究，近年提出的论述较多，矿床分类的目的在于应用，便于有效地指导矿床勘查和评价。但矿床复杂的成因及其众多理论和认识上的差异，给分类工作造成很大困难。表 2.2 列举了我国 22 种的分类情况。

表 2.2 国内金矿床分类列举

朱夏 (1953)	刘祖一 (1959)	谢家荣 (1965)
内生矿床 (1) 岩浆析集金矿 (2) 含金石英脉及伟晶岩脉 (3) 接触变质金矿床 (4) 热液金矿床	1. 内生 (1) 气成 (2) 浅成热液 (3) 中深成热液 2. 外生	1. 深成 (1) 含金伟晶岩脉 (2) 气化金矿床 (3) 接触交代型 (4) 高温热液型 (5) 中温热液型 2. 火山成因 3. 古砂金 4. 近代砂金

续表 2.2

朱奉三（1972）	王鹤年（1982）	母瑞身（1982）
1. 岩浆热液金矿 （1）与中、浅成侵入体有关的金矿 （2）与火山岩、次火山岩有关的金矿 2. 混合岩化热液金矿 （1）石英脉型金矿 （2）破碎带蚀变岩型金矿 3. 变质热液金矿 （1）区域变质热液金矿 （2）接触变质热液金矿 （3）动力变质热液金矿 4. 热水溶滤金矿 5. 沉积-变质（再造）金矿 6. 古砂金或砾岩金矿 7. 砂金矿	1. 幔源型金矿床 （1）含金岩浆熔离 Cu-Ni 硫化物矿床 （2）含金黄铁矿型多金属矿床 （3）火山沉积-热液叠加含金、铜黄铁矿型矿床 2. 壳源型金矿床 （1）沉积变质（热液再生）金矿床 （2）变质热液型金矿床 （3）混合岩化热液型金矿床 （4）再生重熔岩浆热液型金矿床 （5）地下水环流作用型金矿床 3. 混合源型金矿床 4. 外生成矿作用金矿床 5. 风化壳型金矿床 6. 机械沉积型金矿床	1. 岩浆（侵入）热液型 （1）交代-重熔型 （2）同熔型 2. 火山热液型 （1）火山岩型 （2）次火山岩型 3. 渗滤热液型 4. 变质热液型 （1）中基性火山岩含金建造 （2）含碳陆源细碎屑岩建造 （3）含碳泥页岩含金建造 （4）含金碳酸盐建造 5. 沉积砾岩型 6. 砂金
郑明华（1982）	**王秀璋（1982）**	**胡伦积（1982）**
1. 成矿物质来源于上地幔硅-镁质岩浆金矿床 2. 成矿物质来源于硅铝壳重熔-再熔混浆金矿床 3. 成矿物质来源于壳内固体岩（矿）石金矿床 4. 成矿物质来源于地壳岩（矿）石的金矿床 5. 成矿物质宇宙来源金矿床 6. 叠生金矿床	1. 岩浆热液矿床 2. 火山-改造矿床 3. 沉积-岩浆气液叠加矿床 4. 变质及混合岩化后改造矿床 5. 沉积-变质-混合岩化矿床 6. 沉积-变质矿床 7. 沉积-改造矿床 8. 沉积矿床 9. 伴生金矿床	1. 岩浆分异型金矿床 2. 岩浆热液金矿床 3. 渗滤热液型金矿床 4. 变质型金矿床 5. 混合岩化热液金矿床 6. 沉积型金矿床
栾世伟（1983）	**国家储委《黄金地质规范》（1984）**	**地质学会矿床委员会贵金属组（1984）**
1. Au-Fe 型 （1）Au-Fe-Cu 亚类 （2）Au-Fe-Pb(Zn)亚类 （3）Au-Fe-Ag 亚类 2. Au-Ag 型 （1）Au-Ag-Bi 亚类 （2）Au-Ag-Sb 亚类 （3）Au-Ag-Se(Te)亚类 （4）Au-Ag-As 亚类 3. Au-Cu 型 （1）Au-Cu-Ag 亚类 （2）Au-Cu-Pb(Zn)亚类 （3）Au-Cu-Co 亚类 （4）Au-Cu-As 亚类 （5）Au-Cu-Mo 亚类 4. Au-Sb 型 （1）Au-Sb-W 亚类 （2）Au-Sb-Hg 亚类 5. Au-U 型 Au-U-Fe 亚类 6. Au-As 型 Au-As-Hg 亚类 7. Au-Co 型 Au-Co-Fe 亚类 8. Au-ΣPt 型 （1）Au-ΣPt-Cr 亚类 （2）Au-ΣPt-Ni（Cu）亚类	1. 石英脉型金矿床（单、复、网脉） 2. 破碎带蚀变岩型金矿床 3. 细脉浸染型金矿床 4. 石英-方解石脉型金矿床 **戴瑞榕（1984）** 内生金矿 1. 壳源 （1）沉积变质金矿 （2）沉积叠加热液金矿 （3）热水溶滤金矿 （4）变质热液金矿 （5）混合岩化热液金矿 2. 混源岩浆热液金矿 3. 幔源岩浆分异金矿	1. 岩浆-热液金矿床 （1）重熔岩浆热液金矿床 （2）混合岩化-重熔岩浆热液金矿床 （3）接触交代-热液金矿床 2. 火山及次火山-热液金矿床 （1）火山-热液金矿床 （2）次火山-热液金矿床 3. 沉积-变质金矿床 4. 变质热液金矿床 （1）古老绿岩系中的金矿床 （2）含碳质（火山）碎屑岩系中金矿床 5. 地下热卤水溶滤金矿床 （1）碳酸盐系中的金矿床 （2）碎屑岩系中的金矿床 6. 风化壳金矿床 （1）残余（铁帽）金矿床 （2）淋积金矿床 （3）残、坡积金矿床 7. 沉积金矿床（砂、砾岩型金矿床）

续表 2.2

陈光远（1984）	王友文（1985）	王秀璋（1987）
1. 硫型 2. 硒型 3. 碲型 4. 锑型 5. 铋型	1. 脉型金矿床 2. 蚀变岩型金矿床 3. 浸染型金矿床 4. 斑岩型金矿床 5. 砾岩型金矿床 6. 铁帽型金矿床 7. 砂金矿床	1. 重熔花岗岩型 2. 交代重熔花岗岩型 3. 火山-次火山岩型 4. 沉积-弱变质岩型 5. 浅变质岩型 6. 混合岩化中、深变质岩型 7. 砾岩型 8. 砂矿型
朱奉三（1989）	涂光炽（1990）	罗镇宽（1990）
1. 风化壳砂金 2. 现代沉积砂金 3. 砾岩金矿——古砂金 4. 沉积变质改造金矿 5. 热水溶滤金矿 6. 变质热液金矿 7. 混合岩化热液型金矿 8. 重熔（深熔）同熔岩浆热液型金矿 9. 岩浆型含金矿床	1. 沉积岩型（细碎屑岩-碳酸盐岩-硅质岩型） 2. 浅变质碎屑岩型 3. 火山岩型 4. 海相火山岩型 5. 陆相火山岩型 6. 侵入岩内外接触带型	1. 与太古宙、早元古代变质基性火山岩-角闪质岩石（绿岩）建造有关的金矿 2. 与元古宙-古生代泥质碎屑岩（浊积岩）建造有关的金矿 3. 与显生宙粉砂质泥质夹碳酸岩质沉积岩建造有关的金矿 4. 与中生代（陆相）和晚古生代（海相）钙碱系列火山岩有关的金矿 5. 与元古宙-古生代（海相）中基性火山岩、细碧角斑岩（蛇绿岩套）建造有关的金矿 6. 产于花岗岩侵入体接触带内外的金矿
吴美德（1986）	韦永福（1990）	陈纪明（1992）
1. 前寒武纪地盾、地台花岗绿岩区金矿 （1）含金石英脉、网脉、硅质剪切带中的金矿 （2）含铁硅质建造中的金矿 （3）变质碎屑岩（火山碎屑岩）中的层控浸染状金矿 （4）混合岩化破碎蚀变岩中的金矿 2. 元古宙原始地台坳陷及原始地槽坳陷区含金铀砾岩金矿 3. 古生代冒地槽优地槽褶皱区金矿 （1）弱变质的砂岩、千枚状片岩中的脉状和鞍状金矿 （2）碳酸盐、碎屑岩、泥质岩建造中的微细浸染型金矿 4. 中生-新生代与火山岩、次火山岩、小侵入体有关的金矿 （1）火山岩金矿 （2）次火山岩金矿 （3）与中酸性侵入体有关的金矿 5. 现代砂金矿床 （1）残积砂矿 （2）坡积砂矿 （3）洪积砂矿 （4）冲积砂矿 （5）滨湖砂矿 （6）滨海砂矿 （7）潜蚀-残余砂矿 （8）冰碛（水）砂矿 6. 伴生金矿	1. 太古宙含金绿岩系 （1）夹皮沟-金厂峪式金矿 （2）十八倾壕式金矿 2. 元古宙含金浅变质岩系 （1）含碳细碎屑岩系 1）沃溪式金矿 2）南岔-白云式金矿 3）河台式金矿 （2）含碳火山碎屑沉积岩系 1）金山式金矿 2）桐柏式金矿 （3）沉积-火山岩系 上宫式金矿 3. 古生-早中生代含碳碎屑岩系 （1）含碳粉屑岩系 板其-戈塘式金矿 （2）含碳火山-碎屑沉积岩系 双王式金矿 4. 中生代花岗质杂岩系 （1）交代重熔花岗岩类 1）玲珑-焦家式金矿 2）碱性花岗杂岩类 3）东坪式金矿 （2）同熔型花岗岩类 下大堡式金矿 5. 中生-新生代陆相火山岩系 （1）中性-中酸性火山岩类 刺猬沟-八宝山式金矿 （2）团结沟式金矿 6. 新生代含金砂砾岩系 （1）第三纪含金砂砾岩 黄松甸子金矿 （2）第四纪冲积砂金矿 呼玛式砂金矿	1. 产于太古宙-早元古代绿岩带型金矿 （1）石英脉型 （2）复脉带型 2. 产于元古宙变碎岩、泥质岩、碳酸盐岩金矿 （1）脉型 （2）构造蚀变岩型 3. 产于震旦纪-三叠纪粉砂 （1）岩泥质碳酸盐岩中的金矿 （2）微细浸染型脉型 （3）构造角砾岩型 4. 产于花岗岩类侵入体中的金矿 （1）石英脉型 （2）破碎蚀变岩型 （3）细脉浸染型 （4）矽卡岩型 5. 产于碱性侵入岩中的金矿 （1）石英脉型 （2）石英脉-蚀变岩型 6. 产于显生宙基性超基性岩中金矿 7. 产于基性超基性岩体中石英脉-蚀变岩型 8. 产于海相基性火山杂岩中的构造蚀变岩型 9. 产于中新生代陆相火山岩型的金矿 （1）产于火山岩中的金矿脉型 （2）断裂破碎带型 （3）构造角砾岩型 10. 产于次火山岩中的金矿 （1）斑岩型 （2）隐爆角砾岩型 11. 产于风化壳中的金矿 （1）铁帽型 （2）红土型 12. 产于砾岩中的金矿 13. 现代砂金矿

2.1.3 世界金矿床的分布

几百年来，世界上先后发现了数十个世界级金矿床，百余个大中型矿床，最令人鼓舞的是发现了十几个超大型金矿床（金储量大于1000t）。法国地质调查局的资料显示，20世纪80年代以来，全世界新增金储量7000t左右，其中亚洲1466.4t，大洋洲1968.7t，美洲2948.4～4320.9t，欧洲40.4～50.4t。世界金矿床分布情况见表2.3。20世纪80年代新增世界级金矿床见表2.4。

表2.3 世界主要金矿床一览表 (t)

序号	国别	矿床名称及类型	储量	序号	国别	矿床名称及类型	储量
1	朝鲜	片麻变质热液型金矿	200	21	加拿大	艾兰斑岩型铜金矿	162
2	印度	科拉变质热液型金矿	637	22	哥伦比亚	安蒂奥基亚砂金矿	155
3	菲律宾	圣托马斯斑岩型铜金矿	140	23	巴西	亚马逊河砂金矿	100
4	中国	玲珑石英脉-蚀变岩型金矿	>150	24		莫罗韦洛沉积变质型金矿	450
5	南非	西兰德铀金变质砾岩型金矿	3122	25	澳大利亚	戈登迈尔变质热液型金矿	1125
6		东兰德铀金变质砾岩型金矿	15412	26		奥林匹克坝沉积型铀金矿	1200
7		埃文德铀金变质砾岩型金矿	597	27		卡尼加砂金矿	199
8		卡尔额维尔变质砾岩型金矿	2632	28	巴布亚新几内亚	弗里达斑岩型铜金矿	183
9		科勒克斯多晋砾岩型铀金矿	2299	29		潘古纳斑岩型铜金矿	450
10		韦尔科姆变质砾岩型金矿	4660	30		波尔盖拉浅成热液型金矿	286
11	加纳	塔夸变质砾岩型金矿	200	31		利希尔岛热液型金矿	311
12	扎伊尔	基洛·莫托砂金矿	230	32	前苏联	叶尼塞山砂金及岩金矿	460
13	美国	霍姆斯塔克沉积变质型金矿	991	33		博尔博砂金矿及岩金矿	1200
14		金坑网脉浸染型金矿	218	34		阿尔拉赫云砂金矿及岩金矿	350
15		卡琳热水溶液浸染型金矿	109	35		雅纳·科累马砂金矿及岩金矿	600
16		诺姆砂金矿	170	36		阿穆尔砂金矿及岩金矿	5445
17		宾厄姆峡谷斑岩型金矿	110	37		穆龙陶沉积变质金矿	>1000
18		马里斯维尔砂金矿	1505	38	法国	萨尔西戈尼变质热液型金矿	100
19	加拿大	赫姆洛变质热液型金矿	525	39	西班牙	萨拉威岩浆热液型金矿	125
20		迪图尔变质热液型金矿	105	40	多米尼加	旧普韦布洛斑岩型金矿	115

表2.4 20世纪80年代新增世界级金矿床

序号	国 别	矿床名称	金储量/t	矿床类型	发现年份	品位/$g \cdot t^{-1}$	成矿主岩	年产量/t
1	南 非	埃尔斯兰德	777	古砂金矿型	1980		含金砾岩	23

续表 2.4

序号	国 别	矿床名称	金储量/t	矿床类型	发现年份	品位/g·t^{-1}	成矿主岩	年产量/t
2	南 非	朱尔根绍夫	187	古砂金矿型	1980		含金砾岩	
3	巴 西	塞拉佩拉达	>500	变质热液型	1980		含铁变质岩	10
4	日 本	菱刈	120	浅成热液型	1980	80	凝灰岩黑色页岩	6.7
5	维多利亚	中西部地区	670	砂金矿型	1980		砂岩	
6	美 国	麦克劳林	100	浅成热液型	1980	4.98	硅化凝灰岩	>5
7	美 国	金坑	258	卡林型	1981	1.3	硅化碳酸盐岩	>16
8	加拿大	赫姆洛	597	变质火山热液型	1981	7.78	黄铁绢云片岩	30
9	巴布亚新几内亚	利海尔岛	500	火山浅成热液型	1982	3.5	火山角砾岩 二长斑岩	
10	巴布亚新几内亚	波格拉	200	火山浅成热液型	1982	3.5	次火山岩	
11	美 国	通德拉	150	绿岩型	1982	6.2	凝灰岩集块岩	
12	美 国	比尔盖特	420	火山浅成热液型	1982	3.7	火山角砾岩	
13	加拿大	朗姆山金矿	260	卡林型	1983	1.8	碳酸盐岩	9.3
14	南 非	詹姆斯敦	105	火山热液型	1984	2.23	火山岩	4
15	巴布亚新几内亚	多姆	333	火山热液型	1984	7.5	火山沉积岩	4
16	澳大利亚	比阿特克斯	275	古砂金矿型	1984		碎屑岩	11.6
17	美 国	奥克蒂迪	138	火山浅成热液型	1984		斑 岩	13
18	巴布亚新几内亚	奥林匹克坝	270	铜金铀矿沉积型	1986	0.6	砂岩、砾岩	27
19	南 非	波斯特-贝茨	311	卡林型	1987	6~12	粉砂质灰岩	
20	巴布亚新几内亚	弗里达	230	火山浅成热液型	1989	0.93	粗安岩	

2.1.4 我国金矿床的主要类型

我国金矿资源丰富，采金历史悠久。据报道，目前我国黄金储量仅次于美国、南非、德国、俄罗斯和加拿大，居世界第六位。

我国金矿资源主要由砂金、岩金和伴生金三部分组成。其组成比例随着地质勘查程度的提高和各类资源发现情况而变换。根据 1985 年底统计，我国金矿资源中岩金储量占 51.76%、伴生金占 41.109%、砂金占 14.04%，由此说明，我国岩金和砂金储量增长大于伴生金，但是我国伴生金储量比率仍很高，而世界伴生金储量仅占总储量的 14.1%。

我国金矿资源分布广泛。除上海市、香港特别行政区外，在全国各个省（区、市）都有金矿产出。已探明储量的矿区有 1265 处。就省区论，以山东独立金矿床最多，金矿储量占总储量 14.37%；江西伴生金矿最多，占总储量 12.6%；黑龙江、河南、湖北、陕西、四川等省金矿资源也较丰富。金矿矿床分内生、外生两大类。

内主矿床中以岩浆—热液破碎带蚀变岩型和石英脉型为最重要，前者如山东焦家金矿，后者如小秦岭地区；沉积改造微细粒型金矿具有较大找矿潜力（如贵州黔西南金矿）；砂金矿亦占有重要地位。金矿成矿时代的跨度很大，从距今约 28 亿年左右的太古宙开始，一直到第四纪都有金矿形成。但 56% 的金矿储量集中在前寒武纪，其次为中生代和新生代金矿储量，占总储量的36%，古生代的金矿相对较少，只占5.7%。

中国最有名的金矿是山东的胶东金矿，金矿90%以上集中分布在招远—莱州市地区，最主要矿区是玲珑金矿。该矿区有悠久的开采历史，新中国成立以来引进现代采冶技术，逐渐发展壮大，产金量一度居世界第五位。属于这一类型的还有河北迁西县金厂峪金矿、河南西部小秦岭金矿等。

这里重点介绍武警黄金研究院陈纪明1992年提出的金矿床分类。

（1）产于太古宙—古元古代变中基性火山—沉积杂岩（绿岩带）中的金矿（绿岩带型金矿）。本类金矿是指赋存于变中基性火山岩系和部分沉积岩系中的金矿床，主要分布在我国华北老地台区，如乌拉山—大青山、燕辽、清原—桦甸、小秦岭与胶东地区。容矿岩系是一套中深变质的斜长角闪岩、斜长角闪片麻岩，原岩为变中基性火山—沉积杂岩（一般称为绿岩带）。它是我国金矿床的主要类型之一，极具经济意义，分布点多面广，储量与产量都很大。已知该类金矿床（点）100多处，约占全国岩金矿床总数22%，储量约占岩金总储量29%，矿床平均规模约为5.5t/个。

据矿体产出形式，本类金矿可分为两个亚类：1）石英脉（包括石英—钾长石脉）型，如吉林夹皮沟、河北小营盘、河南小秦岭、内蒙古包头金矿；2）复脉带（或片理化带），如河北金厂峪、浙江诸暨金矿床。

本类金矿主要地质特征是：

1）金主要赋存于太古宙古老基底隆起区，基底的地球化学场与金矿成矿作用关系十分密切。大多数金矿分布于深大断裂系统中。

2）金矿与古老中基性火山岩类变质而成的绿岩密切相关。容矿层位在夹皮沟地区为鞍山群三道沟组、杨家店组，燕辽地区为建平群小塔子沟组、迁西群上川组，乌拉山—大青山地区为乌拉山群、集宁群，小秦岭为太华群下部岩组，岩石变质较深，普遍遭受混合岩化作用。

3）本类金矿赋存区多有岩浆活动，矿床距中酸性侵入体一般0.5～5km，常见矿脉与岩脉伴生。

4）围岩蚀变主要有硅化、黄铁矿化、绢云母化，其次为碳酸盐化、钠化、绿泥石化等。

5）矿化体主要呈脉状，矿脉延伸较大，且延伸大于延长。

6）矿石矿物主要为黄铁矿，不等量的方铅矿、闪锌矿、黄铜矿；脉石矿物为石英、绢云母、钠长石、绿泥石及碳酸盐类等。

7）金矿物以自然金为主，其次是碲金矿、银金矿。金主要赋存于黄铁矿中。

（2）产于元古宙变碎屑岩、泥质岩、碳酸盐岩中的金矿。本类金矿泛指与元古宙变碎屑岩、千枚岩、板岩及片岩类有空间关系的金矿床，主要分布在江南古陆、辽东、内蒙古白云、阿尔泰及广东云开等地。容矿岩系为变碎屑岩、千枚岩、板岩及片岩类，原岩为碎屑岩、泥质—半泥质岩石。据统计，已知该类金矿床（点）有100多处，占全国岩金矿床总数20%，探获储量占岩金总储量14%，矿床平均规模4.3t/个，找矿远景较大。

根据矿化体产出形式，本类金矿可划分为两个亚类：1）脉型金矿，如湘西、黄金洞、四道沟、银洞坡等金矿床；2）构造蚀变岩型金矿，如猫岭、金山、河台金矿床。

本类金矿地质特征是：

1）区域性大断裂的次级断裂或层间断裂是控矿重要条件。

2）容矿层主要是辽河群、白云鄂博群、阿尔泰群、双桥山群、板溪群等。容矿岩系为中浅变质岩类的变碎屑岩、板岩、云英片岩类，并含中基、中酸性火山岩。

3）矿体多与层理一致，呈脉状、交错脉状，矿化集中在背斜轴部或其附近。

4）围岩蚀变主要有硅化、黄铁矿化，其次为绢云母化、碳酸盐化等。

5）矿石矿物主要有自然金、黄铁矿、锑金矿、辉锑矿、白钨矿等，脉石矿物有石英、绢云母和绿泥石等。

(3) 产于震旦纪—三叠纪粉砂岩、泥质岩、碳酸盐岩中的金矿。这是我国金矿中的一个新类型。自20世纪80年代以来，在广西田林、隆林、凌云、凤山、乐业、天峨及百色，贵州望谟、册亨、兴仁、兴义、安龙及云南文山等地，陆续找到一批不同规模的此类矿床，构成了滇桂黔“金三角”区。另在川西北、秦岭、湘中、鄂西南、赣西北等地也找到一批类似的金矿床（点）。这类金矿一般品位低、矿物颗粒细，但矿化均匀，储量大，埋藏浅，适于露采。因此这类金矿是一种具有重要工业意义和广阔开发远景的金矿类型。

据统计，我国已知这类金矿床约有150个，探获储量占岩金总储量的13%，矿床平均规模3.4t/个。

根据矿化体产出形式，本类金矿可分为3个亚类：1）微细浸染型金矿，如广西凤山、金牙，贵州板其、丫他、戈塘、紫木凼，四川东北寨、丘洛、毛儿盖，湖南高家坳等金矿床；2）脉型金矿，如广西叫曼金矿床；3）构造角砾岩型金矿，如陕西双王、二台子金矿床。

本类金矿具有以下特征：

1）金矿主要分布于显生宙褶皱带中，具有明显层控性，其容矿岩系为沉积—浅变质沉积岩，如粉砂岩、泥质岩及碳酸盐岩。这些地层大多含有碳质、泥质。矿化富集常产出在两种不同岩性的层间破碎带、层间裂隙、层间滑动带、背斜轴部或近轴部的有利部位。

2）含金地质体大致分为两类，一类是破碎—蚀变岩体，本身就是矿体，矿化呈微细浸染状，品位低，规模大；另一类是脉型（含金石英—方解石脉和含金黄铁矿脉），为可见金，品位较高，规模小。

3）围岩蚀变以硅化、黄铁矿化为主，其次为重晶石化、碳酸盐化等。其中硅化、黄铁矿化与金关系密切。

4）常见矿石矿物有黄铁矿、毒砂、雄黄和辉锑矿，还有少量白铁矿、雌黄、辰砂，偶见铜、铅、锌硫化物，脉石矿物主要有石英、碳酸盐矿物和泥质矿物。

5）金多呈微粒和显微粒状，矿体与围岩没有明显界线，黄铁矿和黏土类矿物为载金矿物。

6）矿区发育有中—基性、超基性岩脉，在空间上与金矿化关系密切。

7）矿床（点）或其附近往往有锑、砷、汞、黄铁矿等矿床（矿物）伴生，并有一定成因联系。

(4) 产于花岗岩类侵入体中的金矿。本类金矿指古生代以来，与岩浆热液作用有关产于花岗岩类侵入体（包括内带和外带）中的金矿床。该类金矿床（点），无论在我国北方还是南方均分布很广，尤以燕辽及胶辽地区为多。据统计，已知该类矿床（点）120余处，探获储量占岩金总储量的37%，矿床平均规模7.9t/个。

根据矿体产出形式，本类金矿可划分为4个亚类：1）石英脉型金矿，如玲珑、峪耳崖、龙水金矿床；2）破碎蚀变岩型金矿，如焦家、新城金矿床；3）细脉浸染型（也称花岗岩型）金矿，如界河金矿床；4）矽卡岩型金矿，如鸡冠嘴、鸡笼山金矿床。

本类金矿的主要地质特征是：

1）主要分布在基底隆起区的构造—岩浆活动带中，区域性深大断裂为控岩导矿构造，次级断裂为控矿构造。

2）成矿作用与重熔、同熔岩浆侵入活动有关。成矿时代有加里东期、海西期和燕山期，其中燕山期是主要的。复式岩体与成矿的关系十分密切。

3）金矿化带内通常有数条平行矿体。矿体与矿化带、矿化带与围岩呈渐变过渡，唯石英脉型与围岩界线清楚。

4）矿化类型主要是石英脉型和破碎蚀变岩型。前者规模较小，但品位丰富；后者规模大，品位偏低。

5）围岩蚀变以硅化、黄铁矿化、绢云母化、钾化为主，碳酸盐化及绿泥石化等次之。

6）矿石矿物组合较简单，金属矿物为黄铁矿、黄铜矿、方铅矿、闪锌矿等，脉石矿物主要是石英。

7）金矿物有自然金、银金矿、碲金矿等。金矿成色波动较大（454‰~950‰）。

需要指出的是：

1）破碎蚀变岩型金矿，是我国20世纪60年代后期在胶东发现的一种重要的金矿类型，矿床规模与储量都很大，具有较大的找矿潜力。

2）花岗岩中细脉浸染型金矿，继1987年招远市黄金公司首先发现于胶东界河金矿后，在邻区河东金矿、玲珑金矿、河北峪耳崖等地也发现类似的矿体，这是很值得重视的金矿新类型。

3）矽卡岩型金矿，过去金只是在勘查矽卡岩型矿床时作为伴生组分，未作为主要勘查对象。大量资料表明，我国东部地区矽卡岩型矿床分布普遍，大都含金。有的属伴生金或共生金，有的形成独立金矿，甚至大型金矿，如鄂东鸡冠嘴等金矿。因此重新认识、重视含金矽卡岩型矿床的勘查，对于扩大我国黄金储量具有重要现实意义。

（5）产于碱性侵入岩中的金矿。本类金矿是指产于碱性侵入岩体内部或近矿围岩裂隙中的金矿床。矿化类型一般为石英脉—蚀变岩型。

这类金矿于1985年首先发现于河北东坪，之后在邻区后沟及滇西也发现类似的矿床，目前正在勘探，矿床规模较大。本类金矿地质特征（以东坪金矿为例）简介如下：

1）碱性侵入岩为金矿直接围岩。岩体长33km，宽5.5~7.7km，面积215km^2。岩性复杂，主要由二长岩—石英二长岩系列、正长岩系列组成。岩体时代为燕山期。

2）岩体受区域性深大断裂控制，次级断裂构造控制矿化空间展布。岩体的围岩为太古宇变质岩系。

3）围岩蚀变主要有硅化、钾长石化、绢英岩化、碳酸盐化、重晶石化及绿泥石化等。其中硅化、钾长石化、绢英岩化与金矿化关系最密切。

4）矿体呈脉状，已发现数条。脉带长数百至千余米，矿体长数十到数百米，延深数十至数百米，呈边幕式排列产出。

5）矿体由石英单脉及其上下盘石英复脉、钾长石化带及矿化钾长石化二长岩、石英二长岩组成。金品位以石英脉为中心，向钾长石化带、矿化围岩逐渐降低。

6）矿石组分复杂，金属矿物主要为黄铁矿、磁铁矿、方铅矿、闪锌矿、碲铋矿、自然银等。脉石矿物主要为石英、钾长石、斜长石、绢云母等。

7）金矿物以自然金为主，其次为碲金矿。金矿物一般较粗，常见明金。金成色为934‰~969‰。成矿温度270~380℃。

（6）产于显生宙基性、超基性岩（包括蛇绿岩套）中的金矿。本类金矿是指金的成矿作用与基性、超基性岩有一定关系，并赋存于基性、超基性岩中或构造接触破碎带内的金矿床（蛇绿岩套型金矿）。这类金矿于20世纪70年代首先发现于云南墨江金厂，以后相继在新疆托里、青海小松树南沟、陕西煎茶岭、河北金家庄等地也发现类似金矿。全国已知有23条蛇绿岩带，过去对其中的金矿调查研究不够。

根据容矿岩系产生特点，本类金矿可划分为两个亚类：1）产于基性、超基性岩体中的石英脉—蚀变岩型金矿，如云南墨江金厂、冀北金家庄、陕西煎茶岭金矿床。2）产于显生宙海相基性火山杂岩中的构造蚀变岩型金矿，如青海小松树南沟、新疆托里金矿床。

本类金矿主要地质特征是：

1）主要分布于板块构造边缘深大断裂的次级断裂构造中。

2）金矿化产出形式有石英脉—蚀变岩型、蚀变岩型。含金石英脉呈单脉或网脉状产出。

3）围岩蚀变主要有硅化、黄铁矿化、铁锰碳酸盐化、铬水云母化、滑石及绿泥石化，其中硅化和黄铁矿化与金矿关系最为密切。

4）矿化以Au、Ag为主，常含有Pb、Zn、Cu、Ni、Pt、Se等。金常呈自然金、银金矿、硒金矿、铂金矿等微粒包裹于硫化物中。

5）矿区内常有花岗岩类侵入体。矿化富集地段一般为强硅化带、破碎带及晚期脉岩发育地段。

（7）产于中、新生代陆相火山岩（包括次火山岩）中的金矿。本类金矿是指形成与中、新生代的火山作用有关，矿体直接产于火山岩及次火山岩体内或其附近的浅成热液金矿床。这类金矿主要分布于我国东部地区，属环太平洋成矿带的外带。该带广泛发育中生代火山岩系，按其分布特点分为3个岩带：即大兴安岭—燕山火山岩带、东北东部—胶东火山岩带、东南沿海火山岩带；岩性为酸性、中酸性，部分为中基性及碱性火山岩类；时代为侏罗纪—白垩纪。

这类金矿分布很广，与上述火山岩、次火山岩带分布一致。目前已探明的有团结沟、五凤、赤卫沟、红石、奈林沟、义兴寨、洪山、祁雨沟、赵家沟、霍山、八宝山等金矿床。探获储量约占岩金总储量7%，矿床平均规模5.5t/个，仍有较大的找矿前景。

根据矿化围岩特征及矿体的产出形式，本类金矿可分为2类5个亚类：

1）产于火山岩中的金矿床。

①脉型金矿，如赤卫沟、奈林沟金矿床；②构造蚀变岩型金矿，如洪山金矿床；③构造角砾岩型金矿，如红石金矿床。

2）产于次火山岩中的金矿。

①斑岩型金矿，如团结沟金矿床；②隐爆角砾岩型金矿，如祁雨沟金矿床。

本类矿床主要地质特征是：

1）主要分布于中生代断陷盆地边缘。深大断裂既控制着断陷盆地，也控制着火山岩的展布。矿体受火山岩（次火山岩）构造控制。

2）基底地层含矿性是成矿的重要因素之一，矿床下部或其附近一般均有含金丰度较高的矿源层存在。容矿围岩为中—中酸性火山岩、火山碎屑岩、碱性火山岩以及中酸—酸性的浅成和超浅成次火山岩。

3）矿体赋存的主要部位：一是火山穹隆、破火山口周围的环状、放射状断裂系统，二是浅成—超浅成次火山岩的顶部或接触带附近。

4）围岩蚀变一般为硅化、黄铁矿化、绢云母化、碳酸盐化、冰长石化和钠长石化，其中硅化和钠长石化一般接近矿脉。矿床往往含银较高，延伸较小。

5）矿石矿物主要有自然金、银金矿、辉银矿、碲金矿、黄铁矿及少量金属矿物。脉石矿物主要有石英、方解石、绿泥石及玉髓状石英等。

6）成矿温度为160～330℃，金的成色为500‰～780‰，一般为600‰。

7）矿床往往有分带现象，一般上部以Ag、Pb、Zn矿为主，下部以Au、Cu矿为主。

（8）产于风化壳中的金矿。本类金矿是指在地表或近地表含金地质体、含金多金属的硫化物，经表生风化淋滤作用而形成的金矿床。

该类金矿多为近代形成的，其分布范围与含金地质体的出露范围基本一致。该类金矿按其形成条件和组分特征，可划分两个亚类：1）铁帽型金矿，如安徽新桥金矿床；2）红土型金矿，如云南墨江、广西上林镇墟金矿床。

据不完全统计，我国已知铁帽型金矿床（点）50多处，其中中小型矿床20余处，探获储量20多吨，如鄂乐、铜陵地区、江西武山、四川木里耳泽、宁夏金场子及湖南大坊等。

铁帽型金矿的主要地质特征是：

1）矿床的分布与原生含金地质体范围基本一致。金矿的发育程度与原生含金地质体所处构造部位、地貌条件、地下水情况有密切关系。

2）矿体呈透镜状、扁豆状、囊状，常赋存在铁帽的下部。矿床可分出氧化带、次生富集带和原生带。

3）金呈独立矿物出现，主要有自然金、银金矿及金银矿等。金的粒度较细，一般为0.0024～0.036mm，金的成色为700‰～900‰。金矿物主要赋存于褐铁矿的晶隙或裂隙中，少数分布于石英晶隙中。

4）寻找铁帽型金矿，首先应区别“真假”铁帽，由围岩中铁质经风化淋滤作用形成的假铁帽一般不含金，或不能形成金。

5）铁帽中Cu、Pb、Zn、As、Ag、Sb、Mo与Au正相关。

（9）产于砾岩中的金矿（砾岩型金矿）。本类金矿是指同生碎屑沉积，产于砾岩中的金矿床，即砾岩型金矿或古砂金矿。这类金矿分布较广，从古元古代至第三纪均有产出，我国已知含金砾岩有以下几个地质时期，10个层位，它们是：

1）古元古代二道沟群底部砾岩。

2）中—新元古代滹沱群四集庄组、长城系底部砾岩，马家店群底部与白云鄂博群层间砾岩，震旦纪南沱砂岩组、南沱冰积层底部砾岩。

3）侏罗纪大青山组底砂砾岩。

4）白垩纪固阳组（内蒙古），东井组（湘）底部砾岩。

5）第三纪土门组底部砾岩层。

其中第三纪与侏罗纪砾岩较有工业意义，如吉林春化砾岩金矿、黑龙江小金山、内蒙古余庆沟与乌兰板申砾岩型金矿，目前正在进行勘查。

该类型金矿特征概述如下：

1）金矿床主要分布于中、新生代断陷盆地边缘，山麓河流冲积相。

2）含金砾岩常产于巨厚沉积岩系中，一般出现在地层底部的砾岩中，但富集在层间砾岩或其沉积岩中的也有。

3）矿体呈似层状、透镜状。矿石品位变化较大，一般为零点几到几个 g/m^3。

4）矿化类型为单一金矿。金以自然金赋存于胶结物中。金矿物粒度较细，一般为0.03～0.08mm。金的成色较高，多在900‰以上。

（10）现代砂金矿。砂金是金的重要来源之一。我国砂金矿点多面广，北起黑龙江，南至珠江和海南岛，西自阿勒泰与雅鲁藏布江，东至胶东、皖南、福建，许多江河水系都有砂金，都有前人淘金的遗迹。据1989年统计，全国砂金矿床（点）总计3000余处，其中矿床700多处。探明储量占金矿总储量13%，产量约占全国黄金总产量12%。

砂金具有生产成本低、收效快、易采易选、便于群采等优点，同时通过砂金往往可以找到岩金矿床。因此继续开展砂金地质工作，努力扩大金矿资源，对我国发展黄金生产建设具有重要现实意义。

2.1.5 我国重要金矿的分布

金厂峪金矿在清朝末年就已成为全国的三大金矿之一，其含矿岩系属上太古界的迁西群，与成矿有关的岩浆岩是晚燕山期花岗岩，目前该矿已有日处理500t矿石的选厂。小秦岭矿金矿主要采区是文峪上官，含矿岩系属上太古界太华群，赋矿层为一套斜长角闪片麻岩，科学家们发现金矿都产在脉岩中，称作含金石英脉。迄今小秦岭金矿田已发现含金石英脉1100多条，有30多条长度在千米以上，一般长达数百米，厚0.4～1.5m。吉林省的夹皮沟金矿主要产于晚太古代—早元古代的北西向构造挤压带中的含金石英脉。该矿从19世纪初开采，20世纪60年代以来，又发现大中型金矿10余处。

中国第二大金矿类型是沉积岩型，即所谓“卡林型”或“微细浸染型”。这类矿虽然品位较低，金粒细小而且分散，但矿床的规模大，在当今采矿、选冶技术发达的情况下，可以获得很高产量。我国卡林型金矿主要分布在滇、桂黔和川、陕，其次为桂西北，也先后发现了金芽、高龙等矿床；后者以川西北地区最重要，已有松潘、南坪等5个较大金矿采区。科学家们认为，在沉积型金矿形成过程中，有机物成矿（即生物成矿）的机制不容忽视。在漫长的沉积期，许多海生植物和陆生植物以及干酪根等均能吸收或吸附并富集Au元素，形成富有机质的金源岩。以后，通过有机质的还原再使Au从各种搬运流体中沉淀富集，形成金矿床。

第三大金矿类型是火山岩型金矿。其中台湾基隆金瓜石金矿陆相火山岩型金矿最为典型。其在清光绪年间就已开采，最为鼎盛时期年产黄金2.6t、铜7000t。矿床主要分布在第三纪砂质岩所夹的安山岩中，为裂隙充填交代型。

此外还有侵入岩及外接触带型金矿床，但重要意义不如前述三种。我国黄金矿产的分布见表2.5。

表 2.5 我国金矿分布

序号	矿 山 名 称	保有储量/t	品位（岩金 g/t，砂金 g/m³）	类型	使用情况
1	山东省三山岛金矿	128.6	5.52	岩金	开采矿区
2	山东省大柳行金矿	71.22	2.90	岩金	开采矿区
3	贵州省烂泥沟金矿	61.98	5.14	岩金	未大规模开采
4	山东省新城金矿	60.42	3.89	岩金	开采矿区
5	四川省白水金矿	59.72	6.96	岩金	未大规模开采
6	安徽省黄狮涝金矿	55.88	6.17	共生金	开采矿区
7	湖北省黄石金铜矿业	52.82	5.54	岩金	未大规模开采
8	河南省祈雨沟金矿	43.40	7.33	岩金	开采矿区
9	陕西省寺耳金矿	42.00	10.0	岩金	开采矿区
10	甘肃省花牛山金矿	41.19	5.8	岩金	开采矿区

我国的主要矿床类型有：

（1）石英脉型金矿床。该类矿床主要包括单脉型、复脉型和网脉型，是我国目前最主要的金矿类型，其产量占全国总产量的46.9%，居全国首位。

（2）破碎带蚀变岩型金矿床。该类矿床具有规模大、矿体形态简单、矿化稳定、连续性好、易开采等特点，目前在我国具有重要意义。

（3）细脉浸染型金矿床。该类矿床主要分布在褶皱带内火山岩发育地区，多与中酸性浅成侵入岩、次火山岩、侵入角砾岩有关。

（4）石英—方解石脉型金矿床。该类矿床成因多与中、新生代火山岩、碳酸盐及碎屑岩有关。矿化以含金石英脉为主，亦可有方解石—石英脉或石英方解石脉，成矿温度低，矿床埋藏浅。

（5）铁帽型金矿床。该类矿床呈微细粒浸染或呈吸附态在铁帽中产出，多分布于含金硫化物矿床的氧化带，或含菱铁矿矿床的氧化带，为表生风化成因，矿床规模小。

此外，砂金矿和伴生金矿也是我国金矿床的主要类型和金的重要来源。

目前在自然界中发现的金矿物不多，约30余种。最常见的为自然金、银金矿和金银矿，其次是碲金矿和碲金银矿等。金矿物虽种类较多，分布较广，但数量不多。

由于金的外层电子受核的吸引牢固不易成为离子，与其他元素的化学亲和力极微弱，因此自然中金的离子混合物很少，多呈金属状态存在。又因金的原子半径与银、铜及铂族元素等的原子半径相近，故常与这些金属元素形成金属互化物。天然的金—银固溶体广泛分布在金的独立矿物中。金也可与某些半金属元素形成自然化合物，如碲化物、铋化物、锑化物等。

银金矿是自然金的一种，矿物中含银20%～50%、含金50%～80%，颜色为淡黄色或乳黄色，硬度2～3，相对密度是12.5～15.6。

金银矿是自然银的亚种，矿物中含银50%～80%、含金20%～50%，颜色常呈浅黄或亮黄色，金属光泽，硬度2～3，相对密度10.5～12.5。

碲金矿（$AuTe_2$），理论成分含 Au 43.5%、含 Fe 56.41%，多呈粒状集合体，颜色为黄铜色至银白色，金属光泽，似贝壳状至不平坦断口，硬度2.5~3，相对密度9.1~9.4。

载金矿物是指金矿床中某种带或含金的有用矿物或脉石矿物，如黄铜矿、黄铁矿、方铅矿、闪锌矿、磁黄铁矿、辉铜矿、辉锑矿、辉铋矿、毒砂等。这些矿物中一般含金量较高，且经常以裂隙金、晶隙金、包裹金或吸附金的形态被某种矿物所携带。因此载金矿物中金的赋存状态比较复杂。

金的矿石类型划分尚没有统一的方法和标准，现根据矿石组成的复杂性及选矿难易程度，大致分为以下几类：

（1）贫硫化物金矿石。这种矿石多为石英脉型，也有复石英脉型和细脉浸染型等，硫化物含量低（0~15%），多以黄铁矿为主，在有些情况下伴有铜、铅、锌、钨、钼等矿物。这类矿石中自然金粒度相对较大，金是唯一回收对象，其他元素或矿物无工业价值或仅能作为副产品回收。采用单一浮选或全泥氰化等简单的工艺流程便可获得较高的回收指标。

（2）多硫化物金矿石。这类矿石中黄铁矿和砷黄铁矿含量多（20%~45%），它们与金一样也是回收对象。金的品位偏低，变化不大，自然金颗粒相对较小，并多被包裹在黄铁矿和砷黄铁矿中，用浮选将金与硫化物选别出来，一般比较容易；但进而使金与硫化物分离则需要采用复杂的选冶联合流程。

（3）含多金属矿石。这类矿石除金以外，有的含有铜、铜铅、铅锌银、钨锑等几种金属矿物，它们均有单独的价值。其特点是：含有相当数量硫化物（10%~20%）；自然金除与黄铁矿密切共生外，大多与铜、铅等矿物密集共生；自然金呈粗细不均匀嵌布，粒度变化区间宽；供综合利用的矿物繁多。这些特点决定了对这类矿石一般需要采用比较复杂的选矿工艺流程进行选别。

（4）含金铜矿石。这是伴生金的主要来源，这类矿石与第三类矿石的区别在于：金的品位低，但可作为主要的综合利用的元素之一。矿石中自然金粒度中等，金与其他矿物共生关系复杂。选矿中大多将金富集在铜精矿中，在铜冶炼时回收金。

（5）含碲化金矿石。金仍然以自然金状态者为多，但有相当一部分金赋存在金的碲化物中，脉石为石英、玉髓质石英和碳酸盐矿物。由于金的碲化物在氰化物溶液中较难溶解，因为被视为异类难浸金矿。

（6）碳质金矿石。这类矿石的主要特点是含有吸附性较强的碳质数，如石墨、长链有机碳、有机质等。金被氰化浸出后，这些吸附性强的碳质又将金氰酸合物吸附至矿石中。这类矿石的另一个特点是：金通常与黄铁矿和砷黄铁矿共生，金呈微细粒浸染状嵌布于其中，成为三高（高硫、高砷、高碳）矿石，是目前为止最难处理的一类矿石。

2.2 黄金生产概况

2.2.1 世界黄金生产概况

世界生产黄金的历史相当悠久，早在公元前5000年人类就已开始生产黄金。

古代主要采金地区是古埃及、努比依、西班牙、现在的匈牙利地区、部分罗马尼亚、保加利亚和高卢、小亚细亚某些地区和高加索，美洲和亚洲（如中国）也有开采黄金的历史记载。

中世纪欧洲黄金比较缺乏，世界黄金生产技术也比较落后。

文艺复兴时代，金矿石处理方法得到某些改进。从16世纪发现美洲之后，采金工业开始发展起来，之后，世界黄金生产出现三次猛烈上升时期：一是18世纪20～70年代，主要是由于巴西发现并开采富砂金矿；二是19世纪20～50年代，由于俄国乌拉尔和西伯利亚、美国加利福尼亚、澳大利亚发现和加强开采许多砂金矿；三是19世纪90年代，由于南非发现并投产了世界上最大的含金脉矿——威特沃特斯兰德，同时印度、美国阿拉斯加和加拿大育空地区也发现和开采大型富砂金矿。西方国家1984年共新建和扩建了生产29种金属和矿物的584个矿山，其中金矿就有171个，占总数的29%以上，从而使黄金开采进入全盛时期。

1990～2011年世界产金国金产量见表2.6，数据来自美国地质勘探局。1980～1989年世界黄金产量见表2.7，数据来源于李培铮的《金银生产加工技术手册》(2003)。

表2.6　1990～2011世界上主要产金国的产金量 (t)

国家	1990	1991	1992	1993	1994	1995	1996	1997	1998	1999	2000	2001	2002	2003	2004	2005	2006	2007	2008	2009	2010	2011
南非	605	601	614	619	580	524	498	492	464	451	428	402	399	373	337	295	272	253	213	198	189	181
美国	294	294	330	331	326	320	331	362	366	341	353	335	298	277	258	256	252	238	233	223	231	234
澳大利亚	244	264	243	247	256	254	289	315	310	301	296	285	266	282	259	262	244	247	215	224	261	258
中国	100	120	140	160	160	140	125	175	178	173	180	185	192	205	215	225	245	275	285	320	345	362
俄罗斯	—	—	146	150	147	132	120	124	115	126	143	152	168	170	163	164	159	157	172	193	189	200
秘鲁	9.1	9.9	20.6	23.1	46	56.5	65	79	94	128	133	138	158	173	173	208	203	170	180	182	164	164
加拿大	169	177	161	153	146	150	164	171	166	158	156	160	152	141	129	120	104	102	95	97	91	98
印度尼西亚	11.2	16.9	38	42.1	45	62.8	65	87	124	127	125	130	142	141	92	131	164	118	64	140	106	96
乌兹别克斯坦	—	—	70	70	70	75	72	82	80	85	85	87	90	90	93	90	85	85	85	90	90	91
巴布亚新几内亚	31.9	60.8	71.2	60.6	60.3	52.6	52	45	64	61	74	74	61	68	74	68	50	58	67	68	68	66
加纳	16.8	26.3	31	39.2	44.5	52.2	50	55	73	80	72	69	69	71	63	67	66	72	73	80	76	80
坦桑尼亚	3.5	4.2	6	6	6	—	0.1	0.2	0.4	5	15	32	43	48	48	52	46	40	36	39	39	44
巴西	102	89.6	85.9	74.2	70.5	72	63	58	46	51	52	52	42	40	48	38	41	50	55	60	62	62
马里	5.2	4.9	5.7	5.5	5.5	7.8	8	16	21	24	25	40	56	51	43	49	55	49	41	42	36	36
智利	27.5	28.9	33.8	33.6	38.6	39.1	40	49	45	46	54	43	39	39	40	40	42	42	39	41	40	45
菲律宾	24.6	25.9	22.7	15.8	14.6	27.1	20	33	34	31	30	30	36	38	35	37	38	39	36	37	41	41
阿根廷	1.4	1.7	1.1	0.9	1	1.1	0.8	2	20	39	26	31	33	30	28	28	45	42	42	47	63	59
墨西哥	9.7	10.1	9.9	11.1	13.9	20.3	22	26	25	24	26	26	21	20	22	30	40	39	50	51	73	84
哥伦比亚	29.4	34.8	32.1	27.5	27.5	21.2	22	19	19	44	37	22	21	47	38	36	40	15	34	48	54	56
哈萨克斯坦	—	—	24	25	26	26	21	19	18	20	28	27	27	30	30	18	18	23	21	23	30	37
其他国家	496	420	204	215	176	216	222	241	238	245	243	250	217	226	252	256	251	236	244	287	322	366
合计	2180	2190	2290	2310	2260	2250	2250	2450	2500	2560	2580	2570	2530	2560	2440	2470	2460	2350	2280	2490	2570	2660

表 2.7 1980～1989 年世界上主要产金国的产金量 (t)

国家	1980	1981	1982	1983	1984	1985	1986	1987	1988	1989
南非	675.1	675.6	664.3	679.7	683.3	673.3	640	607	621	629
美国	30.5	44	45.3	62.6	66	79.5	108	154.9	205	267
澳大利亚	17.0	18.4	27	30.6	39.1	58.5	75	110.7	159	203.6
中国	24.3	25.2	27.3	30.6	59	59	65	72	78.2	86
前苏联	287.1	300	295.4	283	287.1	290.4	297	303.6	295	298
秘鲁	—	—	—	—	—	—	—	10.8	10.0	12.6
加拿大	51.6	53	66.5	73	86	90	107.5	120.3	134.8	160
印度尼西亚	—	—	—	—	—	—	—	12.2	12.3	10.8
乌兹别克斯坦	—	—	—	—	—	—	—	—	—	—
巴布亚新几内亚	14.3	17.2	17.8	18.4	18.7	31.3	36.1	33.9	36.3	39
加纳	—	—	—	—	—	—	—	11.7	12.1	15.3
坦桑尼亚	—	—	—	—	—	—	—	—	—	—
巴西	35	35	34.8	58.7	61.5	72.3	39.9	84.8	108	108
马里	—	—	—	—	—	—	—	—	—	—
智利	6.5	12.2	18.9	19.0	18	18.2	19.3	23.3	26.7	29.0
菲律宾	22	24.9	31	33.3	34.3	37.2	39.9	35.9	39.2	38
阿根廷	—	—	—	—	—	—	—	—	—	1.2
墨西哥	—	—	—	—	—	—	—	9.3	10.4	10.8
哥伦比亚	17.0	17.7	15.5	17.7	21.2	26.4	27.1	32.5	33.4	31.7
哈萨克斯坦	—	—	—	—	—	—	—	—	—	—
其他国家	—	—	—	—	—	—	107.9	89.6	96	135.7
合计	1180.4	1223.2	1243.8	1306.6	1374.2	1436.1	1562.7	1712.5	1877.4	2075.7

2.2.2 我国黄金生产概况

我国是世界上最早认识和开发利用黄金的国家之一，在4000多年前的商代就掌握了制造金器的技术，最早发现的黄金实物就是商代的产品。

历史上自汉代开始采金，据《宋史·食货志》记载，宋朝元封元年（公元1078年）全国年产黄金0.54t，白银10.77t。到明朝时期，“中国产金之区，大约百余处”。至清光绪年间达到鼎盛，光绪十四年（1888年）我国黄金产量达到13.45t，占当时世界黄金总产量的17%，居世界第5位，此后却一直徘徊在此水平以下。

抗日战争初期，西南金矿曾一度繁荣，但全国总产量也没有达到清代最高生产水平。

新中国成立后，我国黄金生产几经波折，依靠1957年以来党和政府采取的一系列政策，获得较大发展。自新中国成立以来，我国黄金工业发展的历史，可以概括为以下三个阶段：

（1）生产恢复阶段（1949～1957年）。这个阶段先后恢复和改造了几座老矿山，但由于地质勘查与生产开发投入较少，所以黄金产量呈下降趋势。

（2）初期发展阶段（1958～1975 年）。这个阶段先后扩建和新建了金厂峪、五龙、秦岭等一批骨干黄金矿山，但因受三年自然灾害和“文革”的影响，黄金产量呈现两个马鞍形，增长仍然比较缓慢。

（3）加快发展阶段（1976 年以后）。1975 年王震同志受周恩来总理委托抓黄金工作，使我国黄金工业有了较快发展。1976 年黄金产量达 24.15t，超过历史最高水平。20 世纪 80 年代以来，我国黄金产量每年以 10% 以上的速度递增，1989 年产量为 89.9t，是 1976 年的 3.8 倍，使我国成为世界主要产金国之一。

目前，我国的重点产金省区有山东、河南、江西、云南、内蒙古、甘肃、福建、湖南、山西、安徽等，这十省区黄金产量占全国总产量的 82.7%。2007 年我国黄金产量达到 270.5t，首次超过南非，至今已连续五年保持全球第一产金大国地位。根据中国黄金协会发布的数据，笔者整理了 1983 年至 2012 年我国黄金产量及增减率，见表 2.8。

表 2.8　1949～2012 年我国黄金产量及增长率

年份	产量/t	增减率/%	年份	产量/t	增减率/%	年份	产量/t	增减率/%
1949	4	—	1971	12.0	13.6	1993	94.5	12.5
1950	6.5	59.8	1972	13.7	14.1	1994	90.2	-4.6
1951	6.8	4.8	1973	14.7	7.8	1995	108.4	20.2
1952	6.5	-5.4	1974	12.7	-13.6	1996	120.6	11.3
1953	5.4	-15.7	1975	13.8	8.2	1997	166.4	37.9
1954	4.8	-11.5	1976	14.7	6.8	1998	177.6	6.8
1955	4.7	-1.9	1977	16.0	8.9	1999	169.1	-4.8
1956	5.5	16.7	1978	19.7	22.8	2000	176.9	4.6
1957	5.5	0.54	1979	20.9	6.1	2001	181.8	2.8
1958	6.9	24.3	1980	24.3	16.2	2002	189.8	4.4
1959	6.6	-4.3	1981	25.2	3.9	2003	200.6	5.7
1960	6.5	-1.4	1982	27.3	8.2	2004	212.3	5.9
1961	3.7	-43.8	1983	30.7	12.1	2005	224.0	5.5
1962	3.7	0	1984	33.9	11.0	2006	240.1	7.2
1963	5.0	37.5	1985	39.1	15.2	2007	270.5	12.8
1964	5.9	16.8	1986	44.4	13.7	2008	282.0	4.7
1965	7.8	33.3	1987	47.8	7.6	2009	314.0	11.3
1966	9.6	22.1	1988	49.0	2.5	2010	340.9	8.8
1967	8.8	-7.6	1989	56.4	15.1	2011	361.0	5.9
1968	5.8	-34.0	1990	66.2	17.4	2012	403.1	11.7
1969	8.4	43.3	1991	76.2	15.1			
1970	10.5	26.2	1992	84.0	10.3			

3 金的矿石类型

黄金选冶提取工艺的选择和金的生产与金的矿石类型有十分密切的关系，目前，世界已发现的金矿物和含金矿物约有98种，常见的约有四十多种，砂金矿石、含金石英脉矿石、富银金矿、氧化物金矿、含铁硫化物金矿、含铜硫化物金矿、含砷硫化物金矿、含锑硫化物金矿、多金属硫化物金矿、碲化物金矿、含碳质金矿等。金的工业矿物仅有十几种，主要是自然金和银金矿，少数矿床中有金银矿、碲金矿、针碲金银矿、硫金银矿和黑铋金矿等。

由于多种成因和蚀变作用，金矿床赋存于不同地质时代的多种类型岩石中，矿物共生组合复杂，矿石类型的合理划分相当困难，因此，目前尚无统一的方案。

人们从不同的需要和角度出发，试图对金矿石类型进行划分，有按矿化类型划分的，有按金所赋存的岩石类型划分的，有按矿物共生组合划分的，也有按矿石难处理程度划分的，等等。其中，由于矿石中影响金选冶的主要因素是矿石矿物组成和金的存在形式与状态，因此以矿石组成及可选冶性对金矿石分类有着重要的意义。

参照麦奎斯顿（F. W. McQuiston）和休梅克（R. S. Shoemaker）等人从选冶工艺角度对矿石的分类，综合其他人的分类，并根据金与矿石中主要含金矿物和对选冶工艺有影响的矿物之间的关系，金矿石可划分为以下12种类型。

（1）砂金矿石。原生金矿床的金微粒经过各种地质作用，被风化、分离、搬运和沉淀，形成各种类型的近代砂金矿床。该类矿床中的砂金矿石长期以来一直是人类从中生产金的重要资源。

该类矿石矿物组成简单，主要成分为石英，金是唯一可回收的金属。砂矿中金呈浑圆粒状，粒度一般小于50～100μm，偶尔也产生大颗粒或达几厘米的块金。这些矿石结构松散，处理时不需要进行破碎和磨矿，易采、易选、易回收，采用重选和混汞法即能回收95%以上的金。

（2）古砂金矿石。古砂金矿实际上是石化的砂矿，它由松散沉积物结成块状的岩化砾石组成，如威特瓦特斯兰德的古砂金矿石是由粗粒石英砾岩、碳夹层和黄铁矿石英岩三种主要物质组成的。金呈粒状与细粒石英、黄铁矿、云母钛矿物、铂族金属，有时还有沥青铀矿等存在于砾石胶结物中。金粒度变化较大，平均约80%为-70～100μm。矿物金品位较高，为5～15g/t。自然金中普遍含银7.5%～14.3%，平均10%。该类矿石经过破磨，将金解离到一定程度后，可通过重选和氰化有效地提取，金回收率可达95%以上。

（3）含金石英脉矿石。含金石英脉矿石是目前开采的重要金矿石，大都产于浅成低温热液脉状、复脉和网脉状矿床中。矿石组成一般较简单，主要成分为石英，金是唯一可回收的有用组分。金呈颗粒状存在，一般颗粒较粗，经磨矿金粒大都能暴露出来。金一般通过重选、混汞和氰化法能有效地回收，且工艺流程简单，金回收率较高。

但也有一种含金石英脉矿石，金呈极细小微粒浸染存在于石英基质中，经细磨也无法暴露。对这种矿石，目前尚无法利用，属极难处理的金矿石之一。

（4）氧化金矿石。氧化金矿石主要是原生的硫化物矿石经氧化和风化作用形成的，金一般呈解离状态存在，或存在于黄铁矿和其他硫化物的蚀变产物中，最常见的是铁的氧化物，如赤铁矿（Fe_2O_3）、磁铁矿（Fe_3O_4）、针铁矿（$FeO(OH)$）和褐铁矿（$FeO(OH)\cdot nH_2O$），但金也可能与锰氧化物及氢氧化物共生。该类矿石由于结构破坏，岩石透水性增强，即使矿石颗粒很粗，用原矿石堆浸也可达到很高的浸出率。

有时，因氧化作用金表面常被次生的含水氧化物膜覆盖，这将影响金的氰化作用。但这些在氰化溶液中不溶蚀的金粒，可能完全适于重选回收。

（5）富银金矿石。金矿中银常与金共存，组合成银金矿或金银矿，回收金时可回收相当量的银。此类矿石中金银常与黄铁矿密切共生，一般用浮选法富集矿物精矿，然后用氰化法回收金银或送冶炼厂综合回收金银。但值得注意的是，由于银的较大活性，浮选、氰化和回收过程将受到影响。

（6）含铁硫化物金矿石。该类矿石属于石英脉型，主要组分为石英，含有一定量的铁的硫化物矿物，如黄铁矿、白铁矿、磁黄铁矿。金可呈多种形态存在于石英和铁的硫化物矿物中。

当矿石含少量硫化物，且主要以黄铁矿形式存在时，矿石中金是唯一可回收的有用组分。自然金粒度较粗，可用简单的选矿流程得到较高的选别指标。

当矿石中含有较多硫化物时，黄铁矿可作为金的副产品回收。金可与黄铁矿呈多种结构形式共生。当金呈较粗颗粒存在于黄铁矿中时，金可通过磨矿解离出来而加以回收。但当黄铁矿呈微细粒状存在，且金被黄铁矿包裹，在黄铁矿中呈胶状微粒或固熔体时，金难以回收，此类矿石属难处理矿石之一。

此外，如有磁黄铁矿、白铁矿存在时，它们都可通过氰化作用消耗大量氰化物和氧，而磁黄铁矿中包裹的金也不能解离出来。

（7）含砷硫化物金矿石。砷黄铁矿是金矿中仅次于黄铁矿的主要含金硫化物矿物。此类矿石中含有较多的黄铁矿和砷黄铁矿，可作为副产品回收。金的品位较低，自然金粒度较细，多被包裹在黄铁矿和砷黄铁矿中，或进入选矿物晶格中，或呈固熔体存在。这类矿石一般较难处理，多采用浮选浮剂硫化物和金，然后进行处理。

（8）含铜硫化物金矿石。该类矿石中很少见到金单独与铜矿物伴生，通常总是有黄铁矿存在。铜矿物主要是黄铜矿和斑铜矿，有时也有辉铜矿和铜蓝。矿石中金品位一般较低，为综合利用组分。自然金粒度中等，但粒度变化大。处理此类矿石时，一般是用浮选法将金富集于铜精矿中，然后在冶炼过程中综合回收金。而从硫化物中分离出的含金黄铁矿精矿则可用氰化法提取。

（9）含锑硫化物金矿石。这类矿石中，无论是与含锑矿物伴生的金还是独立存在的锑矿物，都会对工艺选择和生产条件造成影响。以方锑金矿、辉锑矿等矿物形态存在的锑，常使金矿难于直接混汞或氯化，所以这类矿石可用浮选、精矿焙烧，然后氰化提取。

（10）含碲化物金矿石。金的碲化物是除了自然金和金-银矿物之外，唯一有经济意义的金矿物。金的碲化物有一系列化学成分相当复杂的同类矿物，如针状碲金矿（$(Au,Ag)Te_2$）、碲金矿（$(Au,Ag)Te_2$）、碲金银矿（$(Au,Ag)_2Te$）以及不常见的针状碲金银矿（$(Au,Ag)Te_4$）和板状金碲矿（Au_2Te_3）。金碲化合物常与自然金和硫化物矿物共生。由于含银或不含银的金碲化物在氰化溶液中溶解极慢，要获得有效的金提取率，通常需要一个预氧化阶段。

（11）含铅锌铜等多金属硫化物金矿石。矿石中，除金外，还含有相当数量（10%～20%）的铜、铅、锌、银、锑等的硫化物矿物。自然金除与黄铁矿关系密切外，还与铜、铅等矿物密切共生。自然金粒度较粗，但变化范围大，分布不均匀。此类矿石一般用浮选法将金富集于有色金属矿物精矿中，然后在冶炼过程中综合回收。硫化物矿物分离浮选出的含金黄铁矿精矿，可用氰化法回收金。含有有色金属硫化物的金精矿，也可用硫脲法提金。

（12）含碳质金矿石。含碳质金矿石是指矿石中含有活性炭、碳氢化合物、石墨等碳质物和某种形式黄铁矿的含金矿石，有时也含一定量的黏土矿物。由于碳和黏土在氰化过程中抢走吸附金氰配合物，而影响金的氰化提取率，因此该类矿石在氰化之前需要进行氧化预处理。

4 金的生产工艺及发展历史

4.1 黄金生产技术的发展

黄金是人类发现和应用最早的金属之一。根据已出土的文物和文献记载，世界黄金的生产大约始于公元前5000年的新石器时代，至今已有7000年历史。最初，是西亚的苏麦尔人在黑海附近开采砂金。到公元前约4000年，古埃及人在红海之滨开采砂金，并逐步在东部沙漠和努比亚沙漠地区建立起黄金生产基地，并从砂金生产发展到开采脉金。到公元前15世纪，年产黄金最高达50t左右，古埃及是世界上第一个产金大国。公元前约3000年前，南亚和东亚的文明古国印度和中国也开始采金。最初，人类长期都是从含天然金的河床砂金中获得黄金，只是后来当这些砂矿接近采尽时，才开始采金石英和硫化物矿床的氧化带，而且先是露天采掘，然后才转入地下巷道开采。

随着砂金的逐渐消耗，人们开始转入开采浅部岩金，先将易碎的含金矿石用石锤等简单工具破碎，在手推磨中浆化，并在原始筐筛中分级，再用淘金盘淘洗，或用倾斜的木制冲洗槽或粗制溜槽获得金。

对于有部分金存在于硫化物矿物的情况，希腊人将富选矿（即金粉、硫化物）测量、称重，放入土制釜中，并按重量比放入一定量铅、盐及少量锡、大麦皮一起搅拌混合，然后置入炉中焙烧熔炼，得到较纯净的金。

公元前1000年埃及人发明了将金与汞混合的混汞法。此后希腊、罗马人广泛应用混汞法处理一些较复杂的矿石，富含金的汞用蒸馏法排除，剩下的海绵金加助熔剂熔炼生产金锭。约在公元前700年前，土耳其人用盐从金的金属中使银生成氯化银而除去，从而生产出第一枚金币。公元前500年，埃及人已知道金银合金工艺。

从中古时期或中世纪时代（公元476~1453年），开始采用黑色火药开采矿石，但黄金生产技术未能获得明显的突破。这一时期黄金不是通过开采而是通过掠夺而获得的。

中世纪兴盛时期及其晚期，在西欧、中欧开始大力扩大金属开采，从而刺激了黄金的生产。此时期，西班牙使用了水轮机和阿基米德螺旋机，进行水力采矿。罗马人把破碎过的岩石通过装有带刺灌木的槽道进行冲洗，用带刺灌木捕集金粒。到公元1400年，混汞法和蒸馏工艺已广泛用于金的提取。从这一时期一直到19世纪的英国工业革命，欧洲普遍采用铜板混汞法回收金。但是中世纪末期的战争及各国统治者在矿山及矿业开发上的特权妨碍了矿冶的发展，致使中世纪结束时，欧洲、西亚及非洲的金、银矿业生产普遍下降。

19世纪随着世界资本主义的发展和大量金矿的发现，世界进入黄金热时代。人们逐渐开始采用蒸汽和水力带动的滚筒筛及溜槽，以及附有筛子及溜槽的摇床及长淘洗溜槽。在缺水地区，用水较少的淘金摇动槽得到采用，并辅以成浆槽以捣碎矿石中的黏土。1882年新西兰第一次使用了挖泥船，美国第一台挖泥船是1897年在蒙大拿的巴马克应用的。在黄金热时代，各地研制出多种重力选矿设备，用于处理类型广泛的大规模矿石。混汞法流程得到改进，重选法及混汞法被用于破碎回路，以便在流程中尽可能早地回收金。尽管这时重力选矿及混汞法有所改善，但这些工艺并不适合细粒金与硫化物伴生金的回收。到1774年发现了氯气，1848年普拉特耐尔提出了氯化法，对破碎矿石通入氯气以产生可溶于水的可溶性氯化金，然后从溶液中用硫酸亚铁、硫化氢或炭沉淀金。

19世纪60年代中叶，各种氯化法在美国、南非及澳大利亚得以应用，但很少直接用于金矿石处理，主要是因为处理费用高，因为氯化前必须对含砷、锑化物和大量硫化物的矿石预先氧化，尤其是处理含贱金属和碳酸盐矿石时氯气含量过高，从而影响了氯化法的推广应用。

1843年俄国学者彼得巴格拉几昂首先发现了金银能溶解于有氧存在下的氰化钾溶液中的特性，由此奠定了氰化法处理金矿石的基础。1887年到1888年间，苏格兰的麦克阿瑟与福雷斯特兄弟首先采用氰化法浸出金，随后用锌粉置换回收金，该工艺很快获得专利并发展为工业工艺。1889年，在新西兰的克朗矿建立了世界第一座氰化厂。此后该工艺迅速扩展：1891年用于南非的鲁滨逊迪普矿、美国犹他州的默克尔联合企业及加州的卡拉梅特矿；1897年用于俄国的别莱速弗矿以及科奇卡尔工厂；1900年用于墨西哥的埃尔奥罗矿；1904年用于法国的拉贝列尔矿。氰化法的出现与应用，使世界黄金生产发生了深刻的变革。直到今天，氰化法仍是世界最普遍采用的方法。

在氰化法的发展过程中，从氰化物溶液中回收贵金属引起了较大关注，初始的回收方法是锌粉沉淀置换。1894年至1899年间西门子及哈尔斯克应用电解槽处理从矿泥倾析产生的稀溶液。

19世纪90年代，开始采用在贵液中加活性炭的方法回收金。澳大利亚的氯化提金厂主要使用这种工艺。但这一时期内，炭提金工艺发展缓慢。1910~1930年间，浮选法被引入处理贱金属硫化物矿矿石，并很快被应用于含硫化物矿及游离金精矿的金回收。第二次世界大战后，研制出了颗粒状活性炭及活性炭的浆洗方法，并使其可循环使用。1949年洪都拉斯的圣安德烈亚斯柯潘建立了第一座使用颗粒炭的炭浆法工厂，1950年在北内华达州的格彻尔矿也建立了一座炭浆厂。

在此期间，美国矿务局扎德拉等人研制出了炭淋洗方法，而且能使活性炭循环再利用。淋洗过程可把金洗脱下来产生富集溶液，然后再从溶液中把金电积到钢绵阴极上。1961年该工艺首先在科罗拉多州的Gripple Creek矿使用，随后南达科他州霍姆斯特克矿冶应用了这种方法。之后，世界范围内的一些矿山也相继地采用了炭浆法和炭浸法。因为这种工艺的设备费和生产费用均较低，约是锌粉置换法的60%~90%。

自20世纪70年代以来，黄金提取技术出现了一系列重大改革，有效的炭再生法和淋洗工艺相结合使炭浆工艺更趋于成熟。1973年南达科他州的霍姆斯特克金矿用炭浆法代替常规的矿泥氰化法处理；南非英美研究实验室研制的用氰化物预浸渍去离子水淋洗的AARL法获得专利，并成为以后普遍采用的淋洗方法。1978年在莫德方舟建立了一座小厂，1980年在布朗德总统地区、兰德方舟地区级西部地区建立了3座较大工厂。1981~1984年间在南非有11座大型炭浆法及炭浸法工厂投产。美国和澳大利亚的许多厂也都以建立活性炭回收系统作为金的首选工艺方法。目前，炭浆法

（CIP）和炭浸法（CIL）已是新建金回收厂的首选方案，用它生产的金产量约占总产量的半数。

最有希望取代活性炭的是离子交换树脂法。苏联于1970年在西乌兹别克斯坦的大型穆龙陶金矿建立起第一座树脂矿浆发工厂，随后其他工厂也都采用了树脂矿浆法。1988年南非东德兰斯瓦尔的戈登必利矿建立了一座树脂矿浆法工厂。我国20世纪80年代也建成了类似的工厂。但由于目前的树脂性能还无法同活性炭竞争，从而阻碍了树脂矿浆法的应用。

黄金提取的另一新技术是堆浸法。20世纪60年代末70年代初美国矿务局开发了低品位矿石回收金的堆浸法，并于1970年在卡林矿建立了第一座大规模堆浸厂。随后美国其他地区以及世界各国都相继采用了堆浸法，使得它成为世界目前较为广泛采用的提金工艺。

20世纪80年代以来，世界黄金提取技术的研究与开发重点是"难处理"矿石的处理与利用。首先是焙烧法在难处理金矿石预处理中普遍得到了应用。许多国家或地区，如南非的费尔维尤、法国的拉贝列尔、美国的格彻尔、澳大利亚的莫根山、加拿大的坎贝尔红湖金矿等都建立了金精矿焙烧工厂。20世纪80年代后期气体洗涤净化工艺得到相当大的改进，其中循环流化床焙烧和两段氧气焙烧的出现，使得难处理金矿的焙烧将有可能由焙烧精矿转向焙烧全部矿石。1990年在大斯普斯林、杰里特峡谷及科特斯焙烧金矿石工艺试运转获得成功。

在难处理矿的预处理技术中，湿法加压氧化法在国外使用较多，主要用于处理范围广泛的难处理矿石。1985年在美国霍姆斯特克-麦克劳福林建成了第一座酸性加压氧化厂；1986在巴西圣本图也建立了同样的加压氧化厂。此后，又相继出现了十多家金矿用该法来预氧化微细浸染含金硫化物矿石或精矿。

1988年美国默克尔建成了第一座金矿石非酸性加压氧化厂，这种方法适合处理含碳酸盐高的矿石。

更新一代的预氧化技术是微生物湿法化学氧化（细菌氧化）。细菌氧化是南非Gencor公司自1975年率先研究开发的，经十多年的发展，1986年在南非的Fairview金矿成功地建成了世界第一座细菌氧化厂。1991年巴西的圣本图也建成了生物氧化厂。从1991年至今世界各地已有十多个细菌氧化工厂，如澳大利亚的Harbour Lights（1991）和Wiluna（1993）、加纳的Ashanti（1994）等。

随着金矿石难处理性的增大和环保日益严格的要求，人们正寻求能用于酸性介质以避免氧化后产物的碱性氰化处理所需要的高中和费用的浸出剂，以及相应的无氰提金技术。虽至今仍未实现工业应用，但这毕竟是提金技术的一个重要发展方向。

4.2 黄金生产工艺概述

4.2.1 黄金生产单元工艺过程

目前，黄金生产工艺主要包括破碎/细磨、选矿、预处理、浸出、提取与回收、精炼及"三废"处理等过程单元，主要单元工艺组成见表4.1。由于金矿石性质的不同，生产工艺会有一定的差别。

表 4.1 金提取的单元工艺过程

单元工艺	工艺类型	单元工艺	工艺类型
破碎/磨细	物理的	固液分离与洗涤	物理的/表面化学的
筛分与分级	物理的	溶液纯化与富集	湿法冶金的
选 矿	物理的/表面化学的	回 收	湿法冶金的
氧化预处理	湿法/火法冶金的	精 炼	湿法/火法冶金的
浸 出	湿法冶金的	废物处置/处理	湿法冶金的

4.2.1.1 *破碎与磨细*

矿石的破碎、细碎以及精矿磨细，主要是为了解离金、含金矿物及其他有经济价值的金属，以利于金的提取。矿石或精矿所需要细碎的程度取决于金粒的解离度、原生矿物的粒度及其性质以及回收金所用的方法等。最佳细碎粒度受各种经济因素的限制，如金回收率、加工费用（反应动力学与试剂消耗）和细碎费用之间的平衡。

细碎的作用是：

(1) 在浸出前解离金，即在堆浸之前进行破碎以及在搅拌浸出之前进行破碎-细磨。

(2) 在浮选前解离硫化物矿物。

(3) 在浮选及（或）重力选矿前解离金。

(4) 在氧化预处理前优化硫化物矿矿物粒度。

(5) 在磨浮选及重选精矿或尾矿已解离金。

(6) 在磨焙烧炉焙砂以解离金及做好表面准备。

(7) 浸出前超细磨含金硫化物精矿。

物料破碎分为三段：粗碎至 150 ~ 123mm，中碎至 100 ~ 25mm，细碎至 20 ~ 5mm。矿石破碎主要采用各种破碎机，如颚式破碎机、圆筒破碎机、对辊破碎机、锤碎机等。

破碎后矿石按工艺不同要求细磨至所要求的细度。磨矿方法有球（或棒）磨、半自磨和自磨。常用磨矿设备为球磨机，其他有捣矿机、辗磨机、管磨机。新发展的有搅拌磨、高压辊式磨矿机等高效超细粉碎设备。

4.2.1.2 *筛分与分级*

筛分的作用是从破碎后的物料中，分出细粒产品。按目的不同，筛分可分为预先筛分、检查筛分、准备筛分和最终筛分。常用筛分设备有格栅、条筛、振动筛、摇动筛、圆筒筛等。

在提取流程中，分级工艺最重要的作用是在研磨回路中采用旋流器和筛，提高研磨效率，以获得下步加工所要求的粒度。此外分级还能实现其他功能，如：

(1) 根据后续加工过程，按粒度分别处理的要求，对物料进行分级。

(2) 通过筛分过程从矿浆和溶液中分离出吸附剂。

(3) 用于尾矿构筑中尾矿的分级。

根据目的不同，所采用的分级机也不同，主要有水力分级机、机械分级机和离心分级机等。机械分级机又分为耙式、浮槽式和螺旋式等。离心分级机（即水力旋流器）又分为单个水力旋流器和水力旋流器组。

4.2.1.3 *选矿*

在金的提取流程中，选矿是一种回收颗粒金的方法，或在氰化工序之前作为“预富集”手段而被广泛应用。其主要作用是：

（1）通过重选或混汞法回收游离金与重矿物（如硫化物和钛矿物）伴生的金。

（2）在氰化之前，用浮选法获得含游离金和含金硫化物的浮选金精矿，或产生用氰化法处理的游离硫化物矿尾矿。

（3）用浮选法剔除部分品位低但对下一步金提取会产生负影响的组分，如消耗氰化物的硫化物、吸附金的含碳物质和耗酸的碳酸盐。

（4）优先浮选，例如金、含金黄铁矿、砷黄铁矿以及黄铁矿的分离。

（5）通过手选、光电选、辐射分选、电磁选、浮选等方法剔除一部分不含金的脉石，以减少以后工序的给矿量。

4.2.1.4 氧化预处理

用常规浸出法处理时，金回收率低或是试剂消耗过高的矿石，可采用预氧化处理。这一类矿石通常称做“难处理”矿石，其难处理程度因矿石不同而异。氧化预处理过程或是全部氧化，或是局部氧化矿石中的难处理矿物，使金变得适合于氰化物浸出。局部氧化适合于钝化难处理矿物，解离出与特定矿物伴生的金，或是解离出在硫化物矿物中的、在优先氧化部位伴生的金。全部氧化通常用于嵌布细粒金的，或完全与之伴生的硫化物矿。可利用的氧化方法及所处理的矿石类型等归纳于表 4.2 中。

表 4.2 氧化预处理工艺一览表

工艺类型	氧化方法	技术发展状况	处理矿石的类型	应用实例
湿法冶金	低压氧（预充气）	工业上已验证	中等难处理矿石——含少量活泼硫化矿物（如磁黄铁矿及白铁矿）	南非的东德里方丹、加拿大的鲁平、美国的霍姆斯特克-麦克劳福林
	高压氧（酸性介质）	工业上已验证	难处理含硫化物及砷化物矿石——低碳酸盐、高硫	戈德斯特克莱、巴西的泽本图
	高压氧（非酸性介质）	工业上已验证	难处理含硫化物及砷化矿物——低硫、高碳酸盐	美国的默克尔
	硝　酸	工业上未验证 小型中试试验	无资料	无资料
	氯	工业上已验证	含碳质矿石、低硫碲化物矿石	美国的卡林、杰里特峡谷，斐济的黄帝矿
	生　物	对浮选精矿工业上已验证，全矿是处理未验证	难处理含砷化物、硫化物矿石，金与砷黄铁矿、白铁矿伴生	南非的费尔维尤、巴西的圣本图
火法冶金	焙　烧	工业上已验证	难处理含硫化物、砷化物、碳质及碲化物矿石	加拿大的坎贝尔红湖、吉尔特耶洛奈夫，澳大利亚的卡尔古利联合体-吉德捷，南非的新康索特，美国的大斯普林斯、杰里特峡谷及科特斯

从表 4.2 中可以看出，目前可供利用的氧化方法主要有湿法冶金工艺和火法冶金工艺两类。

焙烧氧化法用来处理含硫化物、砷化物、碳质及碲化物的矿石和精矿，应用已有几十年，被证明是可行的方法。但是由于环保法规对焙烧排出物的要求越来越严格，焙烧工艺日益复杂，进而伴随费用的日益增加，其应用也越来越少。

预充气用于氧化或钝化那些在氰化物溶液中充分反应，并消耗氰化物及氧，使金浸出率降低和费用增加的矿物，如用于处理少量磁黄铁矿及白铁矿的矿石十分成功。

湿法冶金方法除简单的预充气技术外，也出现了许多有吸引力的方法，如用于处理各种难处理的含硫化物和砷化物的矿石及精矿的加压氧化和硝酸氧化法，处理含碳物料的氯气氧化法。这些方法的优点是环保、对环境污染小，但缺点是费用较高。

生物氧化已被用于处理含硫化物和砷化物的浮选精矿，尽管氧化速度较慢，但与焙烧法和加压法比较，费用低且利于环保，因此有着广阔的发展前景。

4.2.1.5 *浸出*

所有湿法冶金中，金的提取都采用浸出步骤以获得提取回收金的含金溶液。过去用氯和氯化物介质浸出，目前工业上仍主要采用稀的碱性氰化物溶液作为溶解金的浸出溶液。其他浸出剂，如硫脲、硫代硫酸盐、溴化物及碘化物溶液也有潜在的浸出能力，但目前还没有在工业上应用。金的浸出剂见表4.3。

表4.3 金的浸出剂

试剂		条件	干扰和耗试剂物	说明	已知或可能的应用
氰化物系统	氰化物	0.05%～0.1% NaCN，OH^-（pH>10），O_2	硫化物，某些氧化的贱金属、碳和有机物	很多矿石的标准处理工艺，但对环境影响较大	石英矿石或硫化物精矿中的细分散金
	氨-氰化物	NaCN，NH_4^+，O_2，OH^-	硫化物，某些氧化的贱金属、碳和有机物	为配合大部分氧化铜加足够铵	矿石中氧化铜干扰氰化
	溴氰化物	BrCN，pH=7	未知	BrCN 水解成 CN^- 和溴氧化剂	用于碲化物
	氰化物-矿石矿浆电解	OH^-，CN^-，O_2，直流电	硫化物，某些氧化的贱金属、碳和有机物	金溶解和电沉积同时进行	未知
	碳酸盐-氰化物	HCO_3，pH=10.2，CN^-	硫化物，某些氧化的贱金属、碳和有机物	比常规氰化浸出慢	从矿石和残渣中同时浸出金和铀
碱性系统	有机腈（丙二腈）	腈，O_2，pH>10	类似氰化物	稳定阴碳离子，形成金配合物，比氰化浸出慢，但无毒	就地浸出、堆浸碳质矿石
	α羟基腈（丙酮氰醇）	腈，O_2，pH>10	类似氰化物，但干扰少	试剂水解成 CN^- 和酮，金溶解速度比氰化物快	就地浸出，堆浸，据说对含砷矿石和碳质矿石有效
	氰氨化钙	$Ca(CN)_2$，NH_4^+，O_2，pH>10	同氰化物一样	未知	未知
	硫代硫酸铵	$(NH_4)_2S_2O_3$，pH>7，O_2	未知	金溶解慢	重金属厂的残渣
	腐殖酸，氨基酸	未知	未知	初步研究，无毒，浸出速度很慢	就地浸出和堆浸
	碱氯气预处理	未知	未知	消除了劫金行为，解离了化学结合金，分解硫化物	难浸碳质矿石

续表4.3

试剂		条件	干扰和耗试剂物	说明	已知或可能的应用
酸系统	王水	$HCl^{-}HNO_3$	未知	腐蚀性，成本高，化学侵蚀硫化物和贵金属	高品位物料在处理金-铂分离
	氯水溶液	Cl_2，HClO，H^+（pH<2）	硫化物，碳，有机物	腐蚀性	氧化矿预焙烧矿石金-锌沉淀泥
	Cl_2，Br_2和I_2浸出	未知	未知	未知	硫化物矿石或精矿
	氯化铁	$FeCl_3$，H^+，pH<3	不清楚	细粒金溶解快	不清楚
	硫代氰酸盐	SCN^-，H^+，pH<3，氧化剂（Fe^{3+}）	过量氧化剂	比氰化物，毒性低，形成阳离子配合物，实际消耗高	氰化物难浸矿石就地浸出和堆浸
	硫脲	0.1%～1% $CS(NH_2)_2$，H^+，pH<4，氧化剂和SO_2	不清楚	有些矿石不需氧化剂	不清楚

金的氰化浸出有搅拌浸出和堆浸两种基本方法。这两种方法的提金原理相同，不同的是矿石预处理后的最终粒度及浸出作业不同。

（1）搅拌浸出。搅拌浸出是在混合搅拌槽中进行的。此法浸出经磨矿后的矿浆或尾矿，对矿石的粒度要求较高，一般要求矿石粒度达到80%在4～150μm之间。矿石和氰化物溶液皆在动态中将金浸出。浸出时用空气或机械搅拌使固体保持悬浮状态。影响氰化浸出的参数较多，在标准氰化浸出工艺条件下，矿浆浓度为35%～50%，pH值用石灰调至9.5～11.5之间，氰化物浓度为0.02%～0.1%，通空气或纯氧保持浸出时足够的溶解氧（通常条件下，氧在水中的最高溶解度为5～10mg/L），温度21～45℃，浸出时间24～40h。

搅拌浸出设备主要是机械搅拌浸出槽、空气搅拌浸出槽和空气与机械的联合搅拌浸出槽。

（2）堆浸。堆浸工艺是将破碎后的矿石堆放于不透水的底垫上，然后喷撒氰化溶液到矿堆的顶部，氰化物溶液渗透过矿石并将金浸出来。

一般情况下，堆浸时矿石粒度为10～25mm，堆浸时间60～90d，金浸出率为70%（而搅拌浸出一般大于90%）。

堆浸提金工艺中最关键的部分是筑堆和浸出前后的作业方式和程序。根据大多数矿山作业情况，堆浸提金大致可分为三种：固定堆浸法、堆浸场地扩展法和筑堤堆浸法，采用较多的是堆浸场地扩展法。

堆浸工艺能够处理常规提金工艺不能处理的低品位矿石、表外矿石、废堆矿以及各种尾矿等。堆浸所处理的矿石类型主要有：石英脉氧化矿、硅质粉砂岩矿、在石灰岩裂隙中浸染金的火山角砾岩、流纹凝灰岩、硅化粉砂岩等矿体上部的氧化矿石等。

4.2.1.6 固液分离与洗涤

固液分离过程在金提取流程中的作用是：

（1）在浸出后可使富浸液和贫金相分离，为金回收和处理创造条件。

（2）不同相可用不同方式处理，以求得到最好工艺效果。

（3）化学平衡能够转化，以便优化反应动力学和热力学。

(4) 工艺流体及试剂在工艺过程中的不同部位能够通过再循环以优化水及试剂的使用。

浸出矿浆经固液分离才能获得供下一步回收金用的澄清贵液。而为了提高金的回收率，需对金的固液分离部分进行洗涤，以尽量回收固体部分所夹带的含金溶液。

生产中用倾析法、过滤法和流态化法进行浸出矿浆的固液分离与洗涤。

倾析法分为间断倾析法和连续倾析法。前者在澄清器或浓密机中进行；后者多在几台单层或多层浓密机中以连续逆流方法进行。

过滤法常用筒式真空过滤机和圆盘真空过滤机以间断或者连续方式进行。流态化法常在流态化洗涤柱（塔）中进行。

固态分离的效率也能决定随后的化学过程的效率。矿浆或浑浊溶液的固液分离还涉及多种化学药品及其组合应用。这些药品包括 pH 值调整剂(如氢氧化钙、氢氧化钠及硫酸)、絮凝剂、凝结剂及黏度调整剂。它们都会对下步过程有明显的影响，需通过试验确定和选用。

4.2.1.7 溶液纯化与富集

浸出所产生的溶液一般含金浓度不高，因为金矿石的品位相对低。这些溶液可以直接用还原工艺回收金。但通常最经济的提取方法，是用活性炭或离子交换树脂吸附溶液中的金银有用组分，然后把金银淋洗到小容量的清洁溶液中。这样不仅富集了金，而且也提供了一个纯化步骤，因为：

(1) 从矿浆及未澄清的溶液中进行回收而不需要固液分离。

(2) 依据所用的不同载体出液的富集与纯化，在工业上主要方法有炭浆法、炭液法炭浸法。今后有可能代替活性炭的是合成树脂，前苏联用树脂吸附回收金的树脂矿浆法已成功应用多年。

4.2.1.8 回收

从浸出液或通过中间富集及纯化阶段回收金，是应用化学的或电解的还原过程实现的。

对于稀的金浸出液，一般可采用锌粉置换沉淀方法回收金。由于在稀的溶液中所得到的电流效率很低，且处理体积很大的浸出液需要许多体积很大的电解槽，因此电积法不适用，用锌粉置换直接回收金的方法比炭吸附法更适合于含银高（$w(Ag):w(Au)>10:1$）的矿石，对高含量可溶性铜的矿石的处理也具有优越性。

对于经从活性炭或树脂上淋洗产生的高品位的金溶液（一般大于 30g/t），采用电积法和锌粉置换法都能从中回收金，二者之间没有明显的经济差别。但电积法产出的是几乎不需要精炼的高纯产品，而锌粉置换法产出的是需精炼的低纯度产品。

4.2.1.9 精炼

提纯金、银的方法有火法、化学法和电积法。目前主要采用电积法，其特点是操作简便，原材料消耗少，效率高，产品纯度高且稳定，劳动条件好，且能综合回收铂族金属。其次是采用化学提纯法，如硫酸浸煮法、硝酸分银法和王水分金法等，主要用于某些特殊原料和特定的流程中。火法为古老的金银提纯方法，目前一般不再使用。

4.2.1.10 废物处理/处置

在金提取化学过程中可产生出各种废料。废料产品可用解毒法或回收有价值废料组分的办法处理。一般步骤是：试剂回收和循环、金属的回收、去毒性。前两步骤主要用于提高经济效益，并可能去除一部分毒性，改善环境。当废物含毒物量超过法规所允许的范围时，或者废物需要在工艺过程中有效循环使用时，去毒是非常必要的。

对于很多废物，可以不考虑上述环境保护和冶金处理因素，不需要加以处理就允许处置。

4.2.2 单元工艺方案的选择

在确定最终工艺流程过程中，对每个单元工艺的选择，以及这些单元工艺在流程图中的组合，可遵循图 4.1 所示。

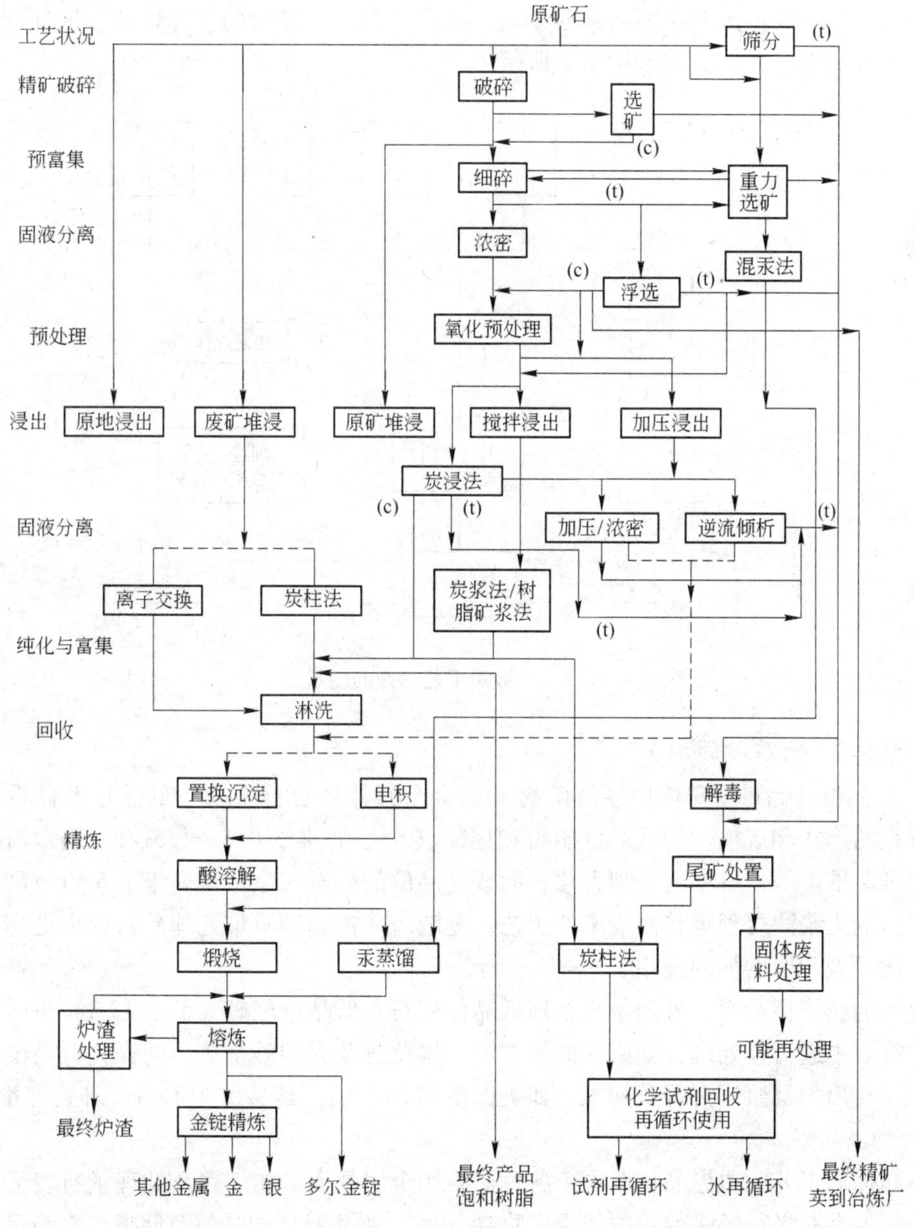

图 4.1 工艺方案的选择

c—精矿；t—尾矿；实线—矿浆/固体；虚线—溶液

4.3 影响工艺选择的因素及冶金试验

黄金生产过程是由多个单元工艺过程构成的，工艺选择是用最适合的工艺对某特定给料的最优化金属提取方法的系统开发。特定金矿石的化学反应对各种加工方案达到最终目的起着关键作用，世界黄金产量的85%以上都与化学加工过程有关。由于低品位及复杂矿石的开采导致化学加工技术的复杂性升级，工艺选择显得尤为重要。

4.3.1 影响工艺选择的因素

影响工艺选择的因素主要有地质学的、矿物学的、冶金学的、环境的、地理的、经济及政治的等6个方面，具体如图4.2所示。

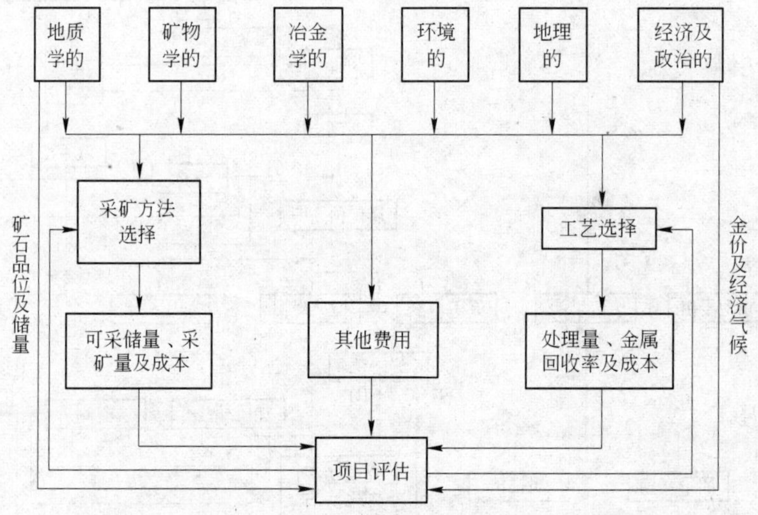

图4.2 影响工艺选择的因素

4.3.1.1 地质学的因素

(1) 品位及储量。矿体中经济矿物（如金及其伴生有价金属）的品位及储量决定着工艺过程的形式和规模。如低品位矿石和尾矿（金一般小于0.5~1.5g/t）通常需要原矿堆浸和废矿堆浸等低成本的处理方法；而较高品位的矿石（金一般高于1.5g/t）则可用磨矿、浸出剂炭浆法处理等较高成本的工艺。复杂硫化物和碳质难处理矿石要求更高品位来补偿氧化预处理所增加的费用。

规模的经济型可用大处理量来处理低品位矿石，低品位尾矿（低于1g/t）可以在大规模搅拌流程中进行再处理，如南非的埃尔各、锡莫各及克朗砂金矿。同样，低品位矿也能用磨矿、浸出剂炭浆法大规模加工，如美国的里奇韦矿，其品位为1g/t，日处理量为1.4万吨。

不同提取工艺的边界品位取决于各种矿石用金回收率、加工费及处理量所表征的冶金反应。其他具有潜在经济效益的伴生矿物（如银、铀及铜）的品位及储量也影响经济评价和工艺选择。

（2）矿体的几何形状和变化。矿体的几何形状不仅影响采矿方法，也决定着不同开采区的顺序，还可能决定着矿体内不同矿石类型的开采顺序，而不同矿石类型其加工结果不同。矿石性质的变化，如硬度（即功指数或可磨性）、蚀变程度、裂碎度（粒度）及含黏土量，都不同程度地降低加工效率并极大地影响工艺选择。

4.3.1.2 矿物学的因素

这是工艺选择的最重要因素。矿石的矿物学特性，即由矿石组分及结构性质决定的矿物特性决定着它对不同工艺方案的反应，并显示出处理方式对环境的潜在影响。各种矿物学特性与冶金试验结果，以及其他类似矿石的工艺选择及流程开发的资料表明，即使是矿物学的轻微变化也能极大地影响工艺的选择及整个加工的经济性。

决定矿石工艺选择的主要矿物学特性有金矿品位、矿石成分（化学和矿物学组成）、其他有用矿物的含量、有害于加工工艺的矿物含量、金的粒度分布、金的矿物类型、所有有用矿物的解离特性。

4.3.1.3 冶金学的因素

对一种矿石所采用的处理流程，其冶金学反应直接决定着所采用工艺或几种工艺组合的经济性，其中主要应考虑的因素是：

（1）黄金及其他有价组分的回收率。

（2）产品质量及进一步加工的要求。

（3）处理量。

（4）基建投资和经营费用。

（6）环境影响。

（7）技术风险。

一种矿石（或精矿）对工艺或工艺组合的冶金学反应由冶金试验及评价程序来确定。

对开发项目中有代表性的矿石样品所进行的实验结果，通常能提供冶金学评价所需要的最准确参数，而在矿物学资料、工艺设计参数以及其他类似企业或矿床的生产经验也必须加以考虑。

4.3.1.4 环境的因素

越来越严格的环保法规，使得需考虑的环境问题在矿物资源开发中显得越来越重要。尽管世界各地制订的法规深度不同，但都对工艺选择和运转有较大影响。在工艺选择中必须考虑每个单元过程对环境的影响，主要有：水质、空气质量、土地退化、景观影响、噪声、植物群与动物群、稀少及濒于灭绝的物种、文化资源。

为此，要特别重视化学提取工艺诸方面所造成的影响，如：

（1）所产生的固态、液态、气态废物的形式及数量。

（2）废料的短期和长期稳定性。

（3）工艺带来的矿物及金属的蚀变作用。

（4）工艺用水的平衡机排放要求。

（5）废料处置与处理方法。

任何选定的流程必须符合法规的要求，使之对环境的影响尽可能地达到最小。

4.3.1.5 地理的因素

矿区的地理位置和建议的处理设施都对工艺选择产生影响。主要的因素包括：气候

(雨量、温度范围)，水的供应，地势，基础设施，设备、试剂及物质的可利用性，交通，政治气候（全球的、国家的及地区的)，熟练及非熟练工人的可利用性，具有考古或宗教重要性的场地。

气候及水的供应对工艺选择也有较直接影响。例如，常规的重力选矿有时不能在特别干旱的环境中应用，而堆浸技术不适用于降雨量极大的地区。

过高或过低的温度对化学反应速度有严重的影响。例如，细菌氧化需要严密的温度控制以便达到最佳的细菌活力；而原矿堆浸或废矿堆浸作业的黄金生产效率在极端寒冷条件下会急剧降低。

地貌对工艺的基建投资影响较大，并对工艺选择也有影响。例如，堆浸费用随地势的崎岖程度的增加而增加。地貌有时是确定工艺设施地点的决定因素，而地点又决定着矿石运输费以及其他设备及基础设施的费用。

4.3.1.6 经济的及政治的因素

影响工艺选择的经济及政治因素很多，其中最重要的是黄金价格、税率及税收结构以及地区的和世界范围的现行经济及政治气候。

4.3.2 金矿石的冶金试验

尽管在进行工艺选择时，要对各种影响因素加以综合研究与平衡，以优化出可产生最大经济效益的流程。但所选择工艺技术是否可行是最重要的。金提取工艺开发的冶金学试验内容及试验目的见表4.4，工艺开发程序如图4.3所示。

表4.4 金提取工艺开发的冶金学试验

试验		所产生的资料
易处理矿石及尾矿	筛分及分析	金的分布对不同粒级处理的可能性，对金提取有影响的其他物料的富集
	细磨	邦德功率指标，选矿厂设计参数，最佳细磨粒度
	重力选矿	精矿品位，精矿中金的回收率
	浮游选矿	精矿品位，精矿中金的回收率，试剂消耗
	浸出	金的溶解，溶解速率，最佳浸出条件，试剂消耗，溶液组分
	富集及纯化	吸附率，吸附容量，吸附的其他物种，结垢，磨耗损失，抢先吸附的降低/炭浸法强行吸附金的特性
难处理矿石及精矿	酸的产生	产生的酸量
	酸的消耗	消耗的酸量
	抢先吸附/强行吸附	金吸附于标准溶液中的矿石组分
	氧化预处理（加压氧化、焙烧及生物氧化）	硫氧化百分数与金回收百分数对比，氧化速率，试剂消耗，最佳氧化条件

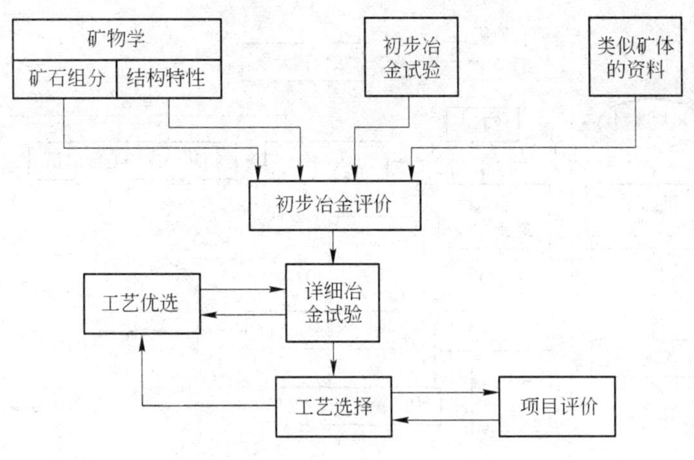

图 4.3 工艺开发程序

4.4 处理流程方案的选择

本节综合概述了不同矿石类型以及重选、浮选精矿等物料的处理流程方案的选择。必须指出的是，下述各流程图中尽管没有显示，但在回收回路中尽可能早地回收金通常被认为是最有优越性的办法，这可使回路的下游部分少受操作波动的影响，减少回路所保持的含量，能改善金的总回收率；对含有解离金或金与适合于重选的矿物伴生的矿石，必须考虑重力选矿；在所建议的任何流程中没有考虑采用其他的浸出剂，因为目前除氰化物外，其他试剂的应用均尚处于研究阶段。

（1）砂金矿石的处理流程。砂金矿石一般用重选法处理，不用破碎。现在的设备已可以从砂金矿石和砾岩中回收约 10μm 的细粒金了。砂金处理流程方案如图 4.4 所示。

（2）易处理—氧化矿石的处理流程。

1）细磨及搅拌浸出流程。将易处理-氧化矿石细磨到最佳的金解离粒度，然后用搅拌氰化浸出流程工艺提取金，如图 4.5 所示。从矿浆回收金可用固液分离，然后用锌沉淀法，或用炭浆法，或是用两者结合的方法随后电积或锌沉淀法。

含少量耗氰耗氧矿物（如磁黄铁矿和白铁矿）的矿石，在浸出前可用预充气的办法获得最经济的处理。对含游离金或硫化物伴生的金矿石，可在细磨回路中或是紧接细磨回路后采用重选和浮选对这部分金加以预先收回。

2）堆浸流程。低品位氧化矿应采用氰化堆浸法处理。有些矿石在筑堆前需经破碎或制粒，而有些矿石则可直接堆浸，如图 4.6 所示。从堆浸富液中可用炭吸附及电积/锌沉淀法回收金。

3）堆浸、搅拌浸出及炭浆法的联合流程。联合浸出技术的使用范围具体取决于物料的品位及粒度。高品位矿石部分用细磨、搅拌氰化浸出及炭浆法或炭浸法处理。而低品位矿石部分则用原矿堆浸或废矿堆浸。从两种工艺过程得到的载金炭可合并一起进行淋洗—活化。

通过粒度的选别处理，有时较高品位的矿石也可适合堆浸，在破碎回路中进行粒度筛分，筛上物可采用堆浸处理，浸出液用炭吸附法处理。筛下物（小于 1mm）则在搅拌浸

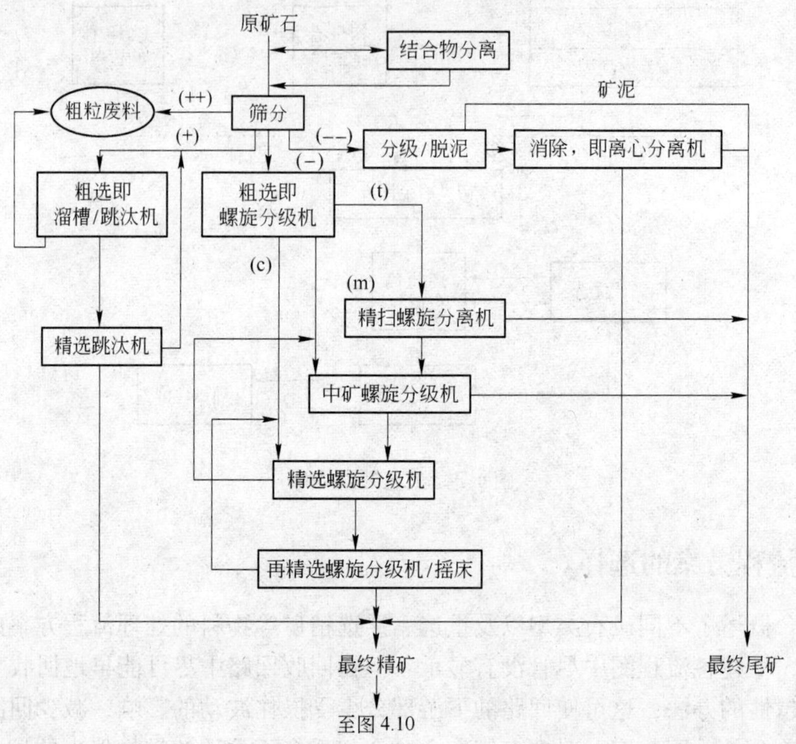

图 4.4 砂金矿石处理流程

c—精矿；m—中矿；t—尾矿；＋＋—粗筛上物；＋—细筛上物；－—粗筛下物；－－—细筛下物

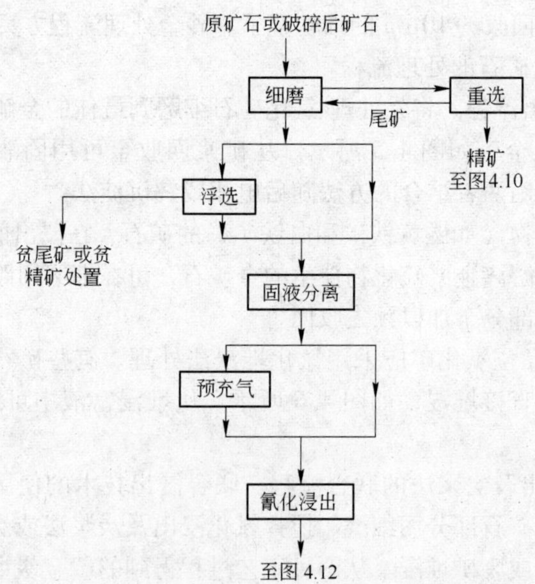

图 4.5 易处理—氧化矿石的细磨及搅拌浸出流程图

出炭浆法流程中处理。联合流程方案如图 4.7 所示。

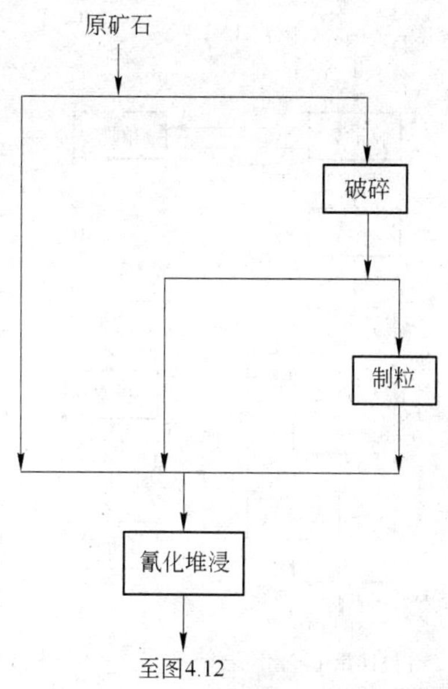

图 4.6 易处理—氧化矿石堆浸的流程方案

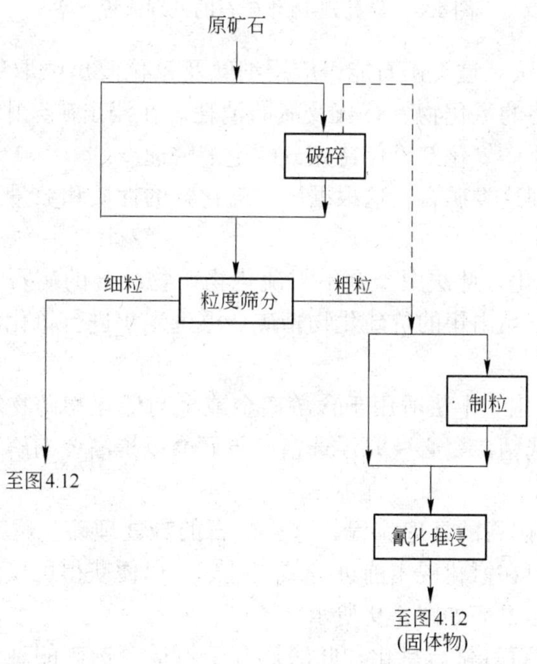

图 4.7 易处理—氧化矿石的堆浸剂搅拌浸出联合流程方案

（3）易处理—硫化矿石的处理流程。未被硫化物矿物包裹的含硫化物矿石能用直接氰化法处理，金回收率可达 90% 以上。这种矿石实际上不能认为是难处理矿石，且矿石不一定都要直接氰化浸出，可考虑选用几种方案，如图 4.8 所示。

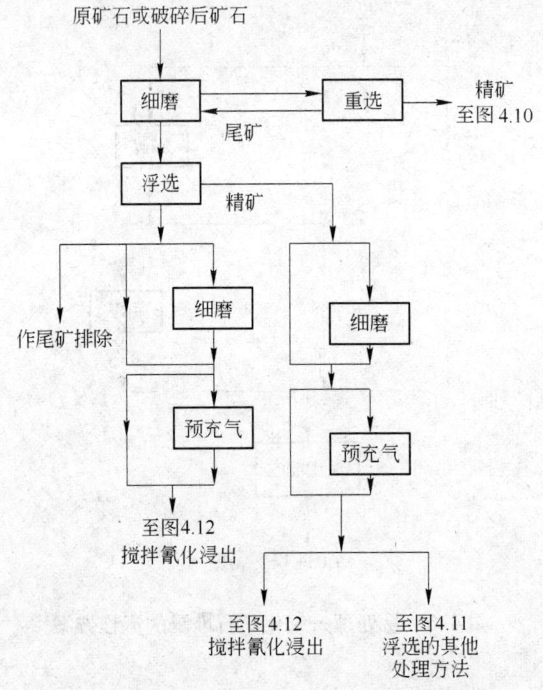

图 4.8 易处理-硫化矿石的处理流程方案

1）金矿石的氰化法。这类矿石能否应用细磨及氰化浸出法取决于所含硫化物矿物的数量及类型，以及最终的氰化物、石灰及氧的消耗。在浸出矿浆中可考虑增加氧的方法，例如用纯氧或过氧化氢作氧化剂以保持充分的金溶解速度。

堆浸也可用于处理这类矿石，这根据所含硫化物的性质和数量及其对加工费用的影响而定。

2）浮选尾矿的氰化。此法用于金不与硫化物矿物结合的矿石，而且可用浮选法产生出可废弃的或作为副产品出售的贫硫化物精矿。浮选尾矿进行氰化浸出，可降低硫化物对氰化的不利影响。

3）浮选精矿的氰化。本法适用于含游离金或金与硫化物矿物结合的矿石，该矿石能产生高金回收率的浮选精矿。必要时浮选精矿再研磨以提高金的解离度，然后进行氰化浸出，但要进行预充气。

（4）难处理-硫化矿石的处理流程。这类矿石的难处理硫化物矿物组分可先用浮选法富集，或不经过富集但在氰化浸出前进行氧化处理，以便获得可接受的金回收率。难处理—硫化矿石的处理流程方案如图 4.9 所示。

1）硫化物矿金矿石氧化与氰化。此法适合于不适合选矿的难处理硫化物矿石。金矿石可在经过中和处理耗酸物质后进行氧化。硫化物矿氧化的方法主要包括加压氧化、焙烧及生物氧化。氧化后产物进行中和（用或不用事先固液分离）和氰化浸出。

2）浮选尾矿的氰化。难处理矿石中消耗试剂高的硫化物矿物用浮选法选出硫化物精矿，或是弃去或是作为副产品出售，尾矿进行氰化。

3）硫化物浮选精矿的氧化与氰化。最适用于氧化预处理流程的是浮选精矿及贫金尾

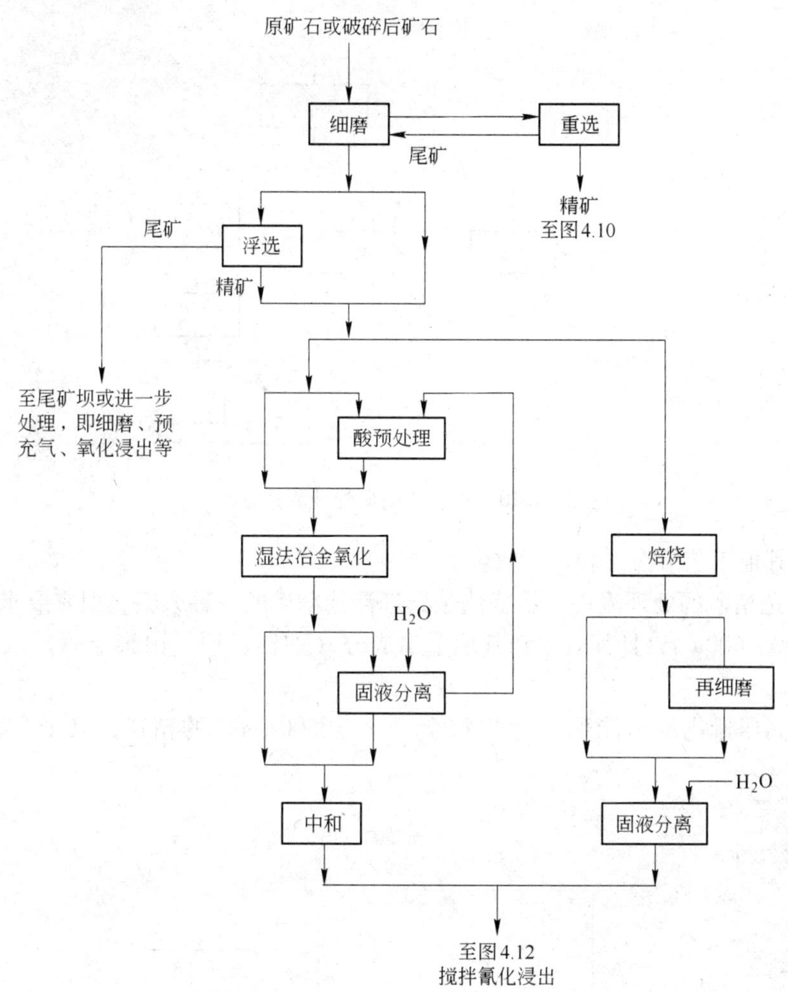

图 4.9　难处理—硫化矿石的处理流程方案

矿的矿石。精矿的氧化处理量比粗矿少，是比较经济的。可通过浮选参数的选择，便于氧化回路产生按硫化物矿含量、金回收率及物料容量为内容的最佳给料。

优先浮选方法也可在氧化前从矿石中排除贫金的硫化物矿物，以减少需经过氧化的硫化物的数量，例如用浮选排出这种矿石中的贫金磁黄铁矿，继之以二级浮选以产生富金的砷黄铁矿-黄铁矿精矿。

4）硫化物浮选精矿氧化与氰化及尾矿氰化。对于金浮选回收率低的矿石，有相当一部分金聚集在浮选尾矿中。硫化物精矿的氧化产物及浮选尾矿可以根据物料的矿物学性质来决定是单独或是一起用氰化物浸出。

（5）重选精矿的处理流程。重选精矿的处理流程如图 4. 10 所示。传统上它们用混汞法处理，继之蒸馏汞齐和熔炼产品。但汞对人体健康有害，可考虑采用其他方案。高金品位的重选精矿（一般高于 300 ~500g/t）可以直接熔炼，但物料中不能含有影响熔炼的硫化物矿物。

强化氰化浸出能快速溶解重选精矿中的粗粒金。含金浸出液可用锌沉淀或电积法直接

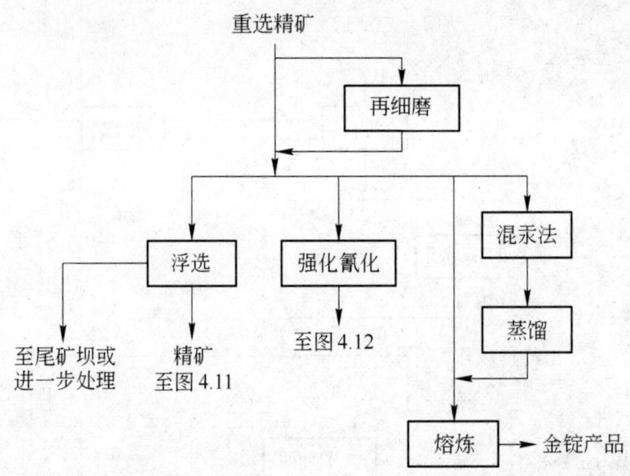

图 4.10 重选法精矿处理流程方案

处理，或与其他工艺溶液掺和后回收金。

(6) 浮选精矿的处理流程。熔炼法是处理浮选精矿的一种方案，但它要求矿石的最低金品位为 300～600g/t，且其效率和其他金属成分（如银、铜、铂族金属）及有害元素的含量有关。

强化或高压氰化浸出能用于含粗粒金（大于 500μm）的精矿，其处理流程方案见图 4.11。

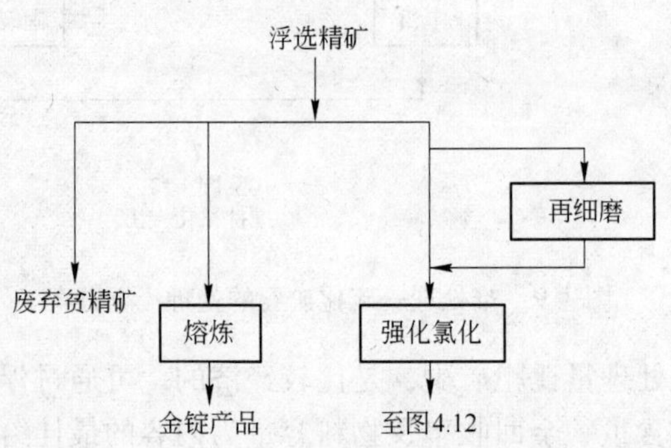

图 4.11 浮选精矿直接氰化处理流程方案

目前，对于浮选精矿更多的是先采用预氧化处理，如加压氧化、焙烧、生物氧化及其他化学氧化方法，然后再进行氰化浸出。

(7) 从浸出液中回收金的处理流程。从稀氰化浸出矿浆中回收金的流程方案有以下三种：

1）用活性炭或树脂作为中间富集-纯化步骤以回收金。这类流程广泛用于矿浆浸出工艺。

2）固液分离及从溶液中直接回收金。这类流程在炭浸法开发之前广为采用，用过滤器或浓密机（如逆流倾析）进行固液分离，继而以锌沉淀回收金。

3）上述两类方法的联合流程。该类流程使用固液分离和富集技术获得较好的金回收率，而且生产费用低，工艺适应性强。

从浸出液中回收金的流程方案如图 4. 12 所示。

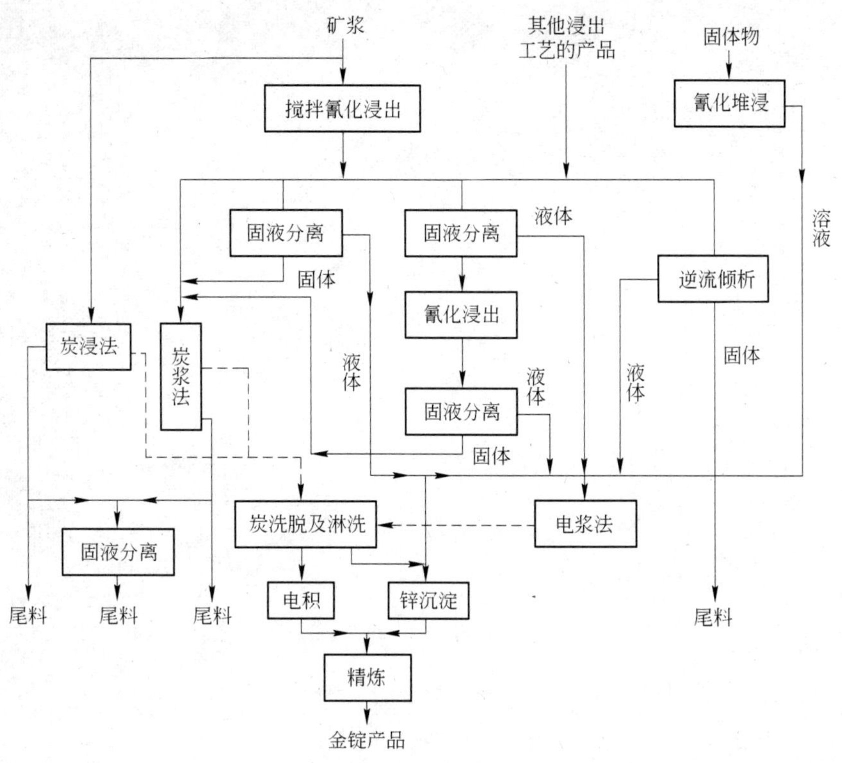

图 4. 12　从浸出液中回收金的流程方案

第二篇　金矿选矿及预处理

5　金矿选矿技术

采矿得到的金矿石（砂）含金量一般仅为每吨几克。在送往冶炼前，对其进行加工处理除去其中的大部分脉石矿物的过程就称选矿。

5.1　黄金选矿概述

5.1.1　选矿常用术语

（1）原矿：从地下或露天开采所得的矿石。它由有用矿物和脉石矿物组成。其中，有用矿物是具有利用价值且能被利用的部分，脉石矿物是没有利用价值或无法被利用的部分。

（2）品位：矿石或选矿、冶炼产品中有用成分（元素或化合物）的重量百分含量。但金的品位表示方法为克/吨。

（3）精矿：原矿经选别作业处理后，除去大部分脉石和杂质得到的有用成分富集的产品。对金矿来说，精矿中富集尽可能多的金。选矿厂最终精矿的矿物化学组成、粒度、含水量等指标均需满足冶炼厂及下一工序的要求。

（4）尾矿：选矿作业中被除去的脉石和杂质，其中的有用成分含量降低到技术经济条件不适于再处理。随着技术的发展和资源的日趋紧张，尾矿有可能被重新利用起来。

（5）中矿：选别过程中得到的需要进一步处理的中间产物，其品位介于精矿和尾矿之间。中矿被送至其他设备再选，或经磨矿返回本设备再选，某些特定的中矿也可能直接送去冶炼或用化学选矿、水冶等手段处理。

（6）粗选：对原矿进行选别但尚不能得到合格精矿或可丢除最终尾矿的过程。所得有用成分富集的产品称粗精矿。

（7）精选：对粗精矿进行选别，进一步提高其品位的过程。

（8）扫选：对粗选尾矿进行选别，降低其有用成分含量的过程。

（9）选矿比：原矿与所得精矿的重量比。它表示获得单位重量精矿所需处理的原矿重量，是选矿过程效率的一个量度。

（10）选矿产率：选矿产品重量占给矿重量的百分比。由产品品位算得的产率称为理论产率。

$$\gamma_{精,理论} = \frac{\alpha - \delta}{\beta - \delta} \times 100\%$$

式中 $\gamma_{精,理论}$——精矿理论产率,%；

α——给矿品位,%；

β——精矿品位,%；

δ——尾矿品位,%。

(11) 选矿富集比：精矿品位与原矿品位的比值，又称选矿富矿比。它表示选矿过程中有用成分的富集程度。

(12) 选矿回收率：精矿中待回收有用成分重量占原给矿中该有用成分重量的百分比。它表示给矿或原矿中有用成分回收的程度。生产上有理论回收率和实际回收率之分。

理论回收率 e 是根据给矿与产品间重量与有用成分含量的平衡，按下式算的：

$$e = \frac{\beta(\alpha - \delta)}{\alpha(\beta - \delta)} \times 100\%$$

实际回收率 ε 用取样、分析、计量得到的实际数据，按下式算的：

$$\varepsilon = \frac{\gamma_{精}\beta}{\alpha}$$

$$\gamma_{精} = \frac{Q_{精}}{Q_{给}} \times 100\%$$

式中 $Q_{精}$，$Q_{给}$——精矿、给矿的重量。

由于取样、分析、计量的误差以及选矿过程中物料的机械损失等，理论与实际回收率一般存在差异，理论回收率一般大于实际回收率。

(13) 选矿效率：表示选矿过程效果好坏的综合指标。未选别作业时其值为 0，达到最佳理想分离效果时其值为 100%。目前常用的计算选矿效率的公式有两种，即

$$E = \frac{\varepsilon - \gamma_{精}}{1 - \alpha/\beta_{纯}} \times 100\% \tag{5.1}$$

和

$$E = \frac{\beta(\alpha - \delta)(\beta - \alpha)}{\alpha(\beta - \delta)(\beta_{纯} - \alpha)} \times 100\% \tag{5.2}$$

式中 E——选矿效率,%；

ε——选矿回收率,%；

$\beta_{纯}$——欲选的纯矿物中有用成分的质量分数,%。

式（5.1）适用于原矿品位、精矿品位以及富集比都不高的低品位矿石粗选和预选作业。式（5.2）适用于原矿品位低但精矿品位高的金矿石、有色金属矿石和稀有金属矿石的选别。对于原矿品位高而富集比不高的铁、铬、锰等矿石的选别，两式均可用。

(14) 破碎比：破碎机给矿最大粒度与破碎产品最大粒度之比。

5.1.2 黄金选矿的任务及过程

从矿床开采得到的金矿石由金矿物和脉石矿物组成。对金矿石直接进行冶炼在技术上十分困难且经济上不合理，因此，需要对其预先加工处理。黄金选矿的任务就是将金矿石

中的大部分脉石矿物和杂质除去，富集金矿物得到金精矿，提高金的品位，达到冶炼的要求。

黄金选矿的基本过程主要包括准备、选别和脱水三部分。

（1）准备作业：将开采得到的矿石粉碎至选别所要求粒度范围的一系列作业。由于把采出的大块矿石一步碎成选别所要求的细度是很困难的，所以目前尚无一种机器可以一步完成这一作业。通常先经过破碎筛分把大矿块变成小矿块，然后进行磨矿分级把小矿块磨细至所需粒度。

（2）选别作业：包括使用重选、浮选、混汞等各种选别方法。砂金矿通常用重选法，岩金矿常用重选法、浮选法和混汞法。重选法和浮选法是最常规的选矿方法。混汞法又被认为是湿法冶金的范畴。

（3）脱水作业：一般是常规选矿作业的最后工序，包括浓缩、过滤和干燥等。

5.2 选矿前准备

5.2.1 砂金选矿前准备

5.2.1.1 洗矿概述

砂金矿中砂金的粒度较小，利用合适的筛分设备对原矿砂进行筛分，可以大大减少进入选别流程的矿砂量，减轻设备负荷。筛分预先除去的不仅是大量脉石，还有选别设备不能承受的与砂金相比较大的巨砾、碎石等，从而在提高入选品位的同时，保持选别设备的正常运转。原矿砂中有时会有难透筛的大块金，所以在筛上产物的运输机械上要设置大块金的检测装置和捕收装置。

从含金砂层开采出的原矿砂常含有包裹部分砂金的泥团，如果直接进入选别流程，不仅降低选矿处理量，而且严重影响选别过程。因此需要把这些泥团碎散开，回收包裹金，使砂金以金粒形式进入选别流程。在机械搅动的辅助下，用水浸泡和水力冲洗，将胶结的矿砂解离出来并与黏土分离的过程就是洗矿。

由于碎散作业和筛分作业基本在同一设备（如圆筒筛、平面筛和水力冲洗床等）上进行，因此习惯上把碎散和筛分分离合称为洗矿。

当砂金矿床采用水力开采时，矿砂被水枪喷射出的高压水冲击，被运输和提升时是以矿浆的形式，在此过程中，泥质物料在水力冲击、强烈搅拌和足够时间的浸泡下，分散成微细的单体颗粒，被包裹的金粒得以解脱出来，碎散作业在开采过程中基本完成。

砂金矿中的泥质颗粒很细，且颗粒之间保有水分，所以实际上泥质是含固相和液相的两相系统。含泥矿砂经过散碎作业是否易于分散，与泥质的塑性和膨胀性有关。塑性是指泥质在一定含水范围内受压变形而不断裂，去压后保持原形而不流动的性质。泥质塑性的大小以塑性上限含水量与塑性下限含水量之差表示，称为塑性指数。塑性指数越高，在水中越难分散。膨胀性是指泥质被水润湿后体积变大的性质，与泥质的致密程度和湿润性有关：泥质颗粒间空隙越小，水分越难渗入，膨胀过程越慢；颗粒湿润性越强，水分越易渗入，膨胀过程越快。膨胀过程进展得越快，矿砂越易碎散。

矿砂的可洗性除与泥质的塑性和膨胀性有关外，还与其含水量、渗透性以及泥质与块状物料（一般指粒径大于 8mm 的粗砾石）含量之比有关。泥质渗透性越强矿砂越易洗；

矿砂中块状物料含量越大，冲击和搅拌作用越大，洗矿进行得越快。

矿砂的可洗性可根据可洗性系数 κ 来评定，其经验计算公式为：

$$\kappa = \frac{\rho\varepsilon}{\gamma\omega}$$

式中 κ——可洗性系数；

ρ——塑性指数；

ε——矿砂中粒径小于0.1mm的泥质质量分数,%；

γ——矿砂中粒径大于8mm的粗砾石质量分数,%；

ω——矿砂中所含水分质量分数,%。

根据计算结果，$\kappa \leqslant 1$ 为易洗矿砂；$\kappa = 1 \sim 1.5$ 为中等可洗矿砂；$\kappa > 1.5$ 为难洗矿砂。

除此之外，还可根据泥质的塑性指数或单位时间处理单位体积矿砂所需电能来评定可洗性。我国的矿砂可洗性分类见表5.1。

表5.1 我国矿砂可洗性分类

矿石类别	黏土性质	黏土塑性指数	必要洗矿时间/min	单位电耗/$kW \cdot h \cdot t^{-1}$	一般可用的洗矿方法
易洗矿石	砂质	1~7	<5	<0.25	振动筛冲水
中等可洗矿石	在手上能擦碎	7~15	5~10	0.25~0.5	圆筒洗矿机或槽式洗矿机，洗一次
难洗矿石	黏结成团，在手上很难擦碎	>15	>10	0.5~1.0	槽式洗矿机洗两次或水力洗矿筛与擦洗机联合

5.2.1.2 洗矿设备

砂金矿山常用的洗矿设备主要有洗矿筛、洗矿溜槽、圆筒洗矿机和水力洗矿床等。

A 洗矿筛

洗矿筛适用于处理含泥不多的易洗矿砂，由棒条筛或振动筛与筛上的压力喷水管组成，通常倾斜安装。矿砂在筛面上因重力或振动力移动的同时受压力水冲洗翻滚，黏在砂金上的泥质被洗掉。为了均匀地沿筛面宽度喷射水流，可使用特殊形状的喷嘴。喷嘴中心线与筛上物料表面间倾角100°~110°、喷嘴到物料表面间距300mm为宜。喷嘴可做成水由切线方向进入的旋流器形式，也可做成水由中心进入的旋涡式轴套，轴套呈圆锥形，内壁有螺旋沟槽。使用这两种喷嘴不仅可以减少水的用量，还可以提高洗矿的效率。

由于洗矿筛本身对矿砂的擦洗和翻动作用并不强，难使泥团散碎，因此，含泥质较多的矿砂一般不宜采用这类洗矿设备。

B 洗矿溜槽

洗矿溜槽适用于易洗和中等可洗矿砂，常与圆筒洗矿筛或振动洗矿筛联合使用。溜槽为长方形，槽内底部安有格栅，格栅下面装衬垫以截留金粒，端部设置固定条筛，溜槽的高位端或整个顶部设有喷嘴。喷嘴射出的水流使物料滑动、翻转，泥质被冲洗掉。溜槽底部的格栅与端部的固定条筛将细砂和泥质与粗粒物料分离。当要取出金粒时，就停止作业，取开格栅和衬垫并进行清洗。洗矿效率与溜槽的长度、倾斜角度有关，用水量则与矿砂的可洗性有关。

C 圆筒洗矿机

圆筒洗矿机简化来讲就是内部安有喷水管的圆筒筛。起筛分作用的圆筒筛只适合处理含有少量泥质的易洗矿砂，而圆筒洗矿机因有较强烈的机械作用和水力作用，可处理中等可洗和较难洗的矿砂。

圆筒洗矿机的主要构造有筛架、筛板、支座、传动装置和高压冲水装置等。当处理物料的粒度均匀时，一般用单层圆筒筛即可；若粒度范围大，可设置多层圆筒筛，筛孔尺寸由内向外逐渐减小。为方便物料排出，圆筒洗矿机通常倾斜一定角度（5°~7°）。高压水管布置在圆筒筛内上部，水管首端至尾端有一些可调角度的橡胶活动喷嘴，喷射水压一般在0.2~0.5MPa。圆筒筛内壁装有纵向耙筋（钢条或角钢）和环形堰板，可强化设备的机械碎散能力，对于难洗矿砂还可安设链条和环形耙齿。为避免筛孔堵塞，圆筒筛最好做成圆锥形，直径大的一端朝向排矿处。

洗矿机工作时，物料因倾斜和圆筒筛的转动自首端向尾端移动，在水力、机械力作用下被碎散分层，下层物料在筛面上以“之”字形向前运动，一部分按圆形轨迹滑动，上层物料脱离筛表面泻落。物料在与筛面的不断接触中，大部分小于筛孔的被筛下进入下一流程，大于筛孔的和小部分小于筛孔的从尾端排出。

圆筒筛的转数为临界转数的30%~40%，临界转数 $n_{临}=30/\sqrt{R}$（R 为圆筒筛半径，m）。物料在筛中纵向排出速度可按下式计算：

$$v = \frac{\pi Dn}{60}\tan 2\alpha$$

式中 v——物料在筛中纵向排出速度，m/s；

D——圆筒筛直径，m；

n——圆筒筛转数，r/min；

α——圆筒筛倾斜角度，一般为5°~7°。

圆筒洗矿机的生产能力可按前苏联列文松公式计算：

$$Q = 600n\sqrt{R^3h^3}\tan 2\alpha$$

式中 Q——生产能力，m^3/h；

R——圆筒筛半径，m；

h——筛内物料层厚度，一般为筛直径的1/8~1/5，m。

影响圆筒洗矿机洗矿效果的因素主要是筛的直径与长度、安装倾斜角度、给矿量、冲洗水水量与压力以及圆筒筛转数。筛的直径大，物料被提升的高度大，往复运动距离长，利于其被碎解和筛分。筛长度越大，物料在筛内停留时间越长，碎解、筛分越充分。圆筒筛安装倾斜角度小也有利于增长物料的停留时间，但过小会使筛内物料层过厚，不利于洗矿，而倾斜角度过大则物料纵向排出速度过快，洗矿不充分。给矿量过小会影响生产率，过大会使物料层过厚甚至造成返料。冲洗水水量和压力也要适度，过大有利于碎解但不利于筛分，而过小则对碎解、筛分都不利。另外，应针对矿砂含泥量大小选择合适的转数，含泥量越大转数应越高。

圆筒擦洗机是在圆筒洗矿机的构造基础上，给矿端无孔段增长了很多，类似一个水槽，给入的物料经受水的浸泡作用和较强的机械作用后进入圆筒筛部分进行筛分。

D 水力洗矿床

水力洗矿床一般与水采水运结合在一起，主要由高压水枪和一组固定条筛（包括平筛、斜筛、废石筛和溢流筛）组成，如图5.1所示。水力洗矿床的配置尺寸根据使用条件的不同略有差异，一般平筛倾斜角度为3°~5°，斜筛20°~22°，废石筛40°~45°，溢流筛与平筛相垂直。各种筛子一般用直径25~35mm的圆钢焊接而成，也可锻制成梯形断面，使物料不易堵塞筛隙。筛隙根据给矿中废石粒度大小和工艺需要确定，一般为20~40mm。每组水力洗矿床配备水枪1~2台，喷射水压不低于0.98MPa，对粒径200~300mm的泥团能有效地碎散。洗矿床内矿浆起点落差（平筛筛面起点与床底起点的垂直距离）及床底坡度可根据地形高差条件确定，一般落差应保证在0.5m以上，床底坡度大于运矿沟坡度。

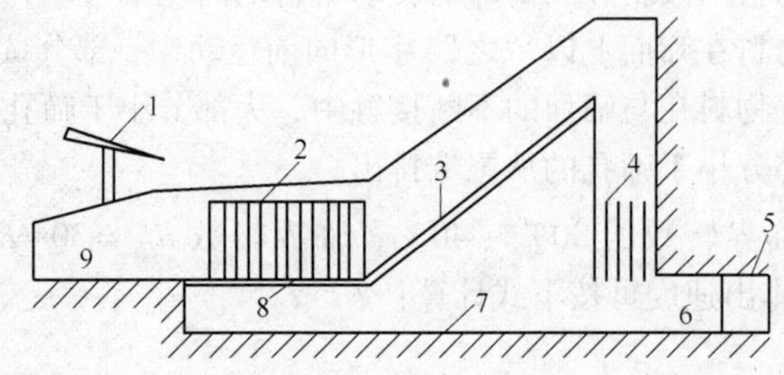

图5.1 水力洗矿床示意图
1—水枪；2—溢流筛；3—斜筛；4—废石筛；5，9—运矿沟；
6—筛下产物排出口；7—床底；8—平筛

生产时，原矿由运矿沟输送到平筛上，矿浆和小于筛隙尺寸的矿粒透过平筛和溢流筛落入床底，大于筛隙尺寸的矿块和泥团堆存于平筛与斜筛交点附近，经高压水冲洗，泥团在强大的水力冲击和碰撞、摩擦作用下碎散。碎散后的细粒矿石和泥质透过斜筛也落入床底，沿床底坡度方向排走，留在筛面上被冲洗干净的大块废石被高压水流提升至洗矿床尾端的废石筛，经排矿溜槽排至矿车或皮带运输机上，运往废石场。若废石中尚有少量矿石，可设置手选作业，将其选出、破碎后送往选别作业回收有用矿物。

水力洗矿床结构简单，制造容易，操作与管理方便，处理能力大，且床本身不需要动力。但其所配水枪消耗动力大，对细小泥团的碎散能力差，处理含泥量大、胶结性强的矿砂时一般与其他洗矿设备配合使用。

影响水力洗矿床洗矿效果的主要因素是给矿量、给矿浓度、高压水水压、筛子规格和倾斜角度等。给矿量过大、矿浆浓度过高将大大增加泥团废石量，可能会堆埋洗矿床、堵塞运矿沟。给矿浓度以20%~30%为宜。水枪喷射的高压水水压越大，洗矿床碎散能力越强，生产能力越大。洗矿床中筛子尺寸的增加可增大洗矿床容积，但不利于矿砂的碎解和排出。一般平筛、斜筛宽度为3m左右，长度分别为2~3m和5~6m。斜筛的倾斜角度对洗矿床的工作效率影响较大，角度大有利于矿砂的充分碎散但降低生产能力，角度小矿砂不易被碎解且易被冲到废石筛上排走。

5.2.2 岩金选矿前准备

5.2.2.1 破碎与筛分

A 破碎

将矿山采出的矿石碎裂到粒度为5~25mm的过程就是破碎。破碎的方式有压碎、劈碎、折断、冲击破碎、磨碎等，如图5.2所示。实际各种破碎机在破碎物料过程中，都是几种破碎方式综合作用，但是以某一种或两种施力方式为主，兼有其他破碎方式。

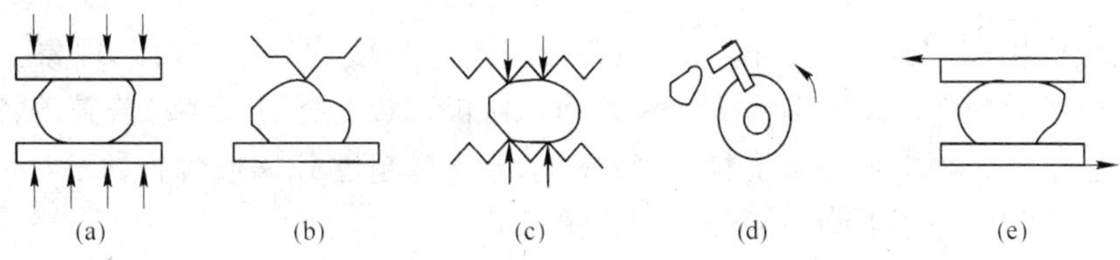

图5.2 物料破碎方式示意图
(a) 压碎；(b) 劈碎；(c) 折断；(d) 冲击破碎；(e) 磨碎

我国黄金矿山的规模均在1500t/d以下，地下采出的矿块最大尺寸为300~600mm。目前，破碎机的破碎比最大为8~10。破碎机的种类很多，工业上粗碎通常采用颚式破碎机和旋回破碎机，中细碎作业通常采用圆锥破碎机，也有采用辊式破碎机的。

(1) 颚式破碎机。颚式破碎机的工作部件为一块动颚板和一块固定颚板。当矿石给入破碎腔中，动颚板周期性地接近固定颚板，借压碎作用破碎物料。因在两颚板上的衬板有牙齿，故兼有劈碎和折断作用。颚式破碎机有简单摆动式（双肘板）和复杂摆动式（单肘板）两种主要形式。简单摆动式颚式破碎机一般用于大型选矿厂，而复杂摆动式颚式破碎机多在中、小型选矿厂使用。

(2) 旋回破碎机。旋回破碎机的工作部件是两个反向配置的截头圆锥形环体，两圆锥环体间所形成的空间是破碎腔。矿石在腔内受动锥摆动产生的冲击力、劈裂力而破碎。选金厂由于生产规模小很少采用这种破碎机。

(3) 圆锥破碎机。圆锥破碎机的工作部件是两个同向配置的截头圆锥体，外锥固定，内锥活动，内锥以一定的偏心半径绕外圆锥中心线做偏心运动，物料在两锥体之间被压碎和折断。圆锥破碎机的给矿口宽度远小于旋回破碎机，多适用于中、细碎作业。它可以在运行中排出进入破碎腔中的不可碎物，但铁块等不可碎物过大也会卡住造成设备事故。在设备运行中可调节排矿口的大小保证破碎产品的粒度。

圆锥破碎机原本是改型的旋回破碎机，它与旋回破碎机的主要区别就是竖轴短，而且不像旋回破碎机那样悬吊着，而是支撑在圆锥体下部一个球面轴承上，内锥体和外壳体配置的形状也不同，如图5.3所示。

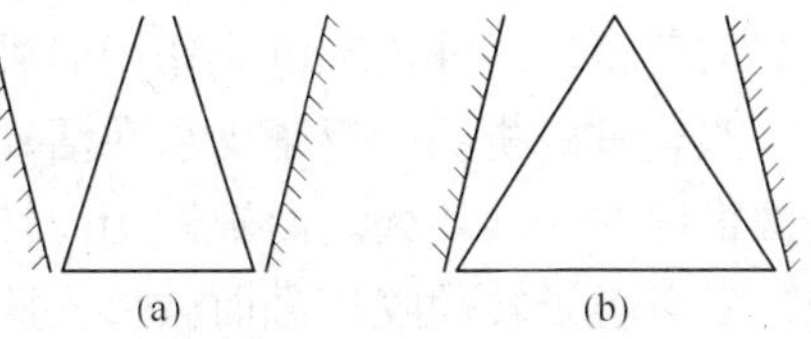

图5.3 内锥体和外壳体的形状示意图
(a) 旋回破碎机；(b) 圆锥破碎机

圆锥破碎机通常分为两种类型。一种是正常中碎用的标准型；另一种是细碎用或三段破碎用的短头型。两者的主要差别是破碎腔的形状不同。标准型圆锥破碎机的衬板是阶梯形的，其给矿粒度可以比短头型的粗一些，产品粒度在0.5～6.0cm之间。短头型比标准型的锥度陡，有助于防止待破碎细物料堵塞。短头型圆锥破碎机的给矿口比较窄一些，其排矿处的平行带较长，产品粒度也小一些，在0.3～2.0cm之间。在选金厂尽可能控制排矿粒度小一些。

（4）锤式破碎机。锤式破碎机的工作部分是铰接在转盘上的锤头。物料进入锤子工作区后，被高速回转的锤子冲击破碎。被破碎的物料又以高速向破碎板和箅条筛上冲击而被二次破碎。小于箅条筛缝隙的物料从缝隙中排出，而粒度较大的物料，弹回到衬板和箅条上的粒状物料，还将受到锤头的附加冲击破碎。在整个过程中，物料之间也相互冲击粉碎。

锤式破碎机生产率高、破碎比大、能耗低，产品粒度均匀、过粉碎现象少，结构紧凑，维修和更换易损件简单，但锤头、箅条筛、衬板、转盘磨损较快，若破碎较硬物料磨损更快，故它仅能破碎中硬易碎物料。当物料水分含量超过12%或含有黏土时，箅条筛缝隙容易堵塞，这时生产率下降，能耗增加，锤头磨损加快。

（5）反击式破碎机。反击式破碎机（见图5.4）的工作部分是刚性固定在转盘上的板锤，它随高速旋转的转子一起转动。从进料口沿导板下滑的物料被板锤冲击后破碎，一部分未被破碎的物料被抛射在反击板上进行再次破碎，反弹回来的物料群，在空中相互撞击进一步遭到破碎。被破碎后的物料从破碎机底部排料口排出。

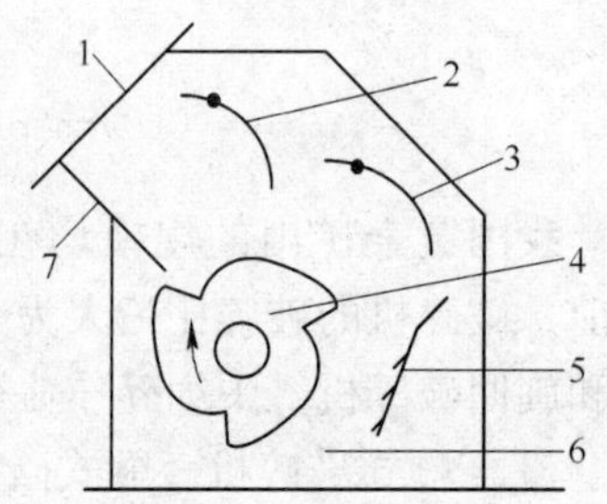

图5.4 反击式破碎机示意图

1—进料口；2，3—反击板；4—转子；5—均整板；6—排料口；7—导板

反击式破碎机与锤式破碎机主要区别是：反击式破碎机的板锤与转子刚性连接，利用整个转子的惯性对物料进行冲击，使物料不仅遭到破碎而且获得较大速度和动能，而锤式破碎机锤头与转子是铰接，仅以单个锤子对物料进行打击破碎，物料获得的速度和动能较小；反击式破碎机破碎腔较大，物料有一定的活动空间，充分利用冲击作用，在板锤的作用下，物料向反击板冲击，而锤式破碎机的破碎腔小，物料主要受锤子打击破碎；反击式破碎机的板锤自下向上迎击物料并把它抛到反击板上，而锤式破碎机锤头顺着物料的方向打击物料；反击式破碎机一般不设箅条，产品粒度靠板锤的速度以及反击板或均整板之间的间隙来控制，而锤式破碎机下部有箅条（也有无箅条可逆锤式破碎机），破碎产品通过筛孔排出。

（6）辊式破碎机。辊式破碎机按辊子数目分，有单辊、双辊、三辊和四辊破碎机；按辊面形状分有光辊、齿辊和槽形辊破碎机。另外，还有异形辊破碎机。

单辊破碎机辊子外表面与悬挂在心轴上的颚板内侧曲面构成破碎腔，颚板下部有支承座。物料由进料斗进入破碎腔上部被顺时转动的齿辊咬住后带到破碎腔，在间隙逐步减小的区域受挤压、冲击和劈裂作用而破碎，最后从底部排出。

双辊破碎机一个辊子支承在活动轴承上，另一个支承在固定轴承上。活动轴承借助弹簧被推向左侧挡块处。两辊做相向转动，给入两辊之间的物料受辊子与物料之间摩擦力作用，随着辊子转动咬住进而被带入两辊之间的破碎腔内，受挤压破碎后从下部排出。两辊之间最小间隙为排料口宽度，破碎产品最大粒度由它的大小决定。

选择破碎机形式与规格时，要根据矿石的物理性质（硬度、黏性、含泥量、水分及最大粒度等)、破碎机的配置条件、生产能力及破碎产品的粒度要求而定。

(1) 粗碎设备的选择。粗碎设备的给矿口一般必须大于给矿最大矿块尺寸的15% ~ 20%。在粗碎作业中，颚式破碎机主要与旋回破碎机竞争。若能满足产量要求，一般以选择颚式破碎机为宜；当产量较大时，再考虑选旋回破碎机。

(2) 中、细碎设备的选择。在中、细碎方面，对于产量较小的情况多数是选颚式破碎机；反之，选圆锥破碎机。

选金厂的中、细碎设备一般采用标准型圆锥碎矿机，细碎一般采用短头型圆锥碎矿机，两段碎矿流程中的第二段可采用中型圆锥碎矿机，小型选金厂也可以采用双辊碎矿机。

圆锥破碎机与双辊破碎机相比，前者优点是生产能力大，破碎比大，适于破碎硬的及中硬的矿石；缺点是构造复杂，价格贵，不宜处理含黏土多的矿石。双辊破碎机的构造简单，易于制造及维修，适于破碎脆性物料，且有避免过粉碎的优点，但辊面易磨损出现沟槽（尤其中间部分)，产品不均匀，过大颗粒多，生产能力低。

中、细碎作业也可采用反击式破碎机。反击式破碎机适于破碎中硬矿石，特别是易碎的物料，设备构造简单，体积小，破碎比大，电能消耗少，生产能力高，产品粒度均匀，且有选择性破碎作用。其缺点是板锤和反击板易磨损，需经常更换。

近年来生产的单缸液压圆锥破碎机，已用于生产。实践证明，单缸液压圆锥破碎机与弹簧型圆锥破碎机相比较，具有结构简单、重量轻、安全装置灵敏、排矿口调节方便、生产效率高、产品粒度均匀、振动小等优点，缺点是检修偏心轴套、液压缸和可动锥时较困难。

B 筛分

筛分是破碎后的产品和开采出的砂金矿按粒度大小分类的过程。在筛分过程中，矿石通过筛面按粒度分级。小于筛孔尺寸的矿粒漏过筛孔成为筛下产品，大于筛孔尺寸的矿粒留在筛面上成为筛上产品。影响筛分效率的主要因素有给矿的性质、设备结构和操作因素等。

破碎作业通常与筛分作业联合进行。在待破碎的矿石中，经常含有一些小于该破碎阶段所要求达到粒度的矿块或矿粒，在给入该段破碎机之前需预先用筛子（或筛分机）把这部分已达到要求的矿块筛分出来，这道工序称为预先筛分。破碎后的产品中常含有一定量的过大矿块，需要用筛把它们筛出来后进行再破碎，这一工序称为检查筛分。

选矿厂常用的破碎筛分流程如图5.5所示。

一般地讲，黄金选矿厂以及中、小型选矿厂，通常采用两段或三段破碎筛分流程；大型选矿厂多采用三段破碎筛分流程，甚至某些大型厂因原矿块度大，也有采用四段破碎筛分流程的。因磨矿作业电耗大，为了降低能耗，要尽可能减小破碎最终产物的粒度，力求做到“多碎少磨”，均衡分配各段破碎机的工作量。

两段破碎流程又分两段开路（见图5.5a）和两段一闭路（见图5.5b）两种。所谓开路破碎，即破碎产品不再返回该段破碎作业进行再次破碎；所谓闭路破碎，即破碎产品经筛分后，粒度不合格的部分（即筛上产物）又返回该段破碎作业重新进行破碎。就两段破碎流程而言，大多数选矿厂通常采用两段一闭路流程，即第二段破碎机与筛分机械构成闭路生产。这样能保证破碎产品的粒度要求，不影响球磨作业。而两段开路流程则用于某些

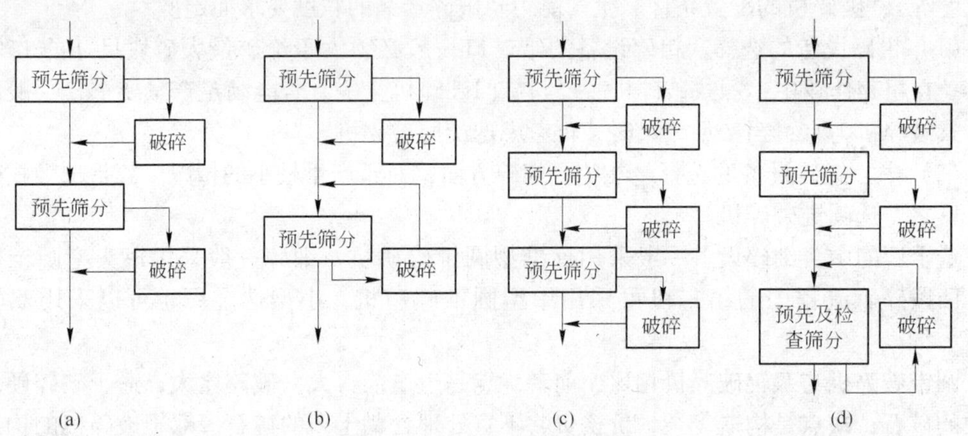

图 5.5 常用破碎筛分流程
(a) 两段开路; (b) 两段闭路; (c) 三段开路; (d) 三段闭路

重力选矿厂，其破碎产物再送往棒磨机中。两段破碎流程只适于地下开采的小型矿山，其生产能力小于500t/d。因为这种情况所需的总破碎比不大，而且破碎机的处理量也不高。

三段破碎流程是选矿厂最常用的破碎筛分流程，分为三段开路（见图5.5c）和三段一闭路（见图5.5d）两种流程。在两段和三段流程中，每段破碎作业前面设有预先筛分，以提高破碎机的生产能力，并避免矿泥堵塞。在某些情况下，第一段和第二段破碎作业前面一般不设预选筛分。对于三段开路流程，因为最后一段仍为开路，故很难保证破碎产品粒度的要求，一般用于大型选矿厂处理水分含量较高的矿石。而三段一闭路流程是大、中型选矿厂最常用的破碎筛分流程。在物料运输时，将第二段破碎产物和第三段循环负荷合并，一直送往闭路筛分作业。

工业用筛可以起到预先筛分和检查筛分的作用，把达到粒度要求的产品筛出来，提高下一破碎段的生产能力，同时保证产品质量。也有起碎解、洗矿和脱水作用的，还有按入筛物料的粒度范围专供粗、中、细粒级物料过筛用的，有的筛分作业本身就是选别作业，物料按粒度分级后就是产品。

工业用筛按结构特点可分为两大类，即固定筛和运动筛。固定筛有固定格栅、固定条筛、固定弧形筛等。运动筛通常有偏心振动筛、惯性振动筛、自定中心振动筛、直线振动筛、共振筛和圆筒筛等。

固定格栅在选金厂一般用于大块矿石的预先筛分。从矿山采矿场运来的矿石先经过固定格栅，大块的筛上产品进入粗碎机，筛下产品与粗碎机的破碎产品合并后进入第二段破碎作业。固定格栅通常是用钢轨或重的钢棒平行地组装在框架上，钢轨之间形成大小均匀的长方形孔隙或上宽下窄的四边形筛孔。固定格栅的安装角度通常为40°~55°，倾角太小会使矿石滞留在筛面上，特别是矿石含水高或在夏季，不仅会堵塞筛孔，甚至会造成粗碎机的事故。对粒度在20~100mm的矿石，安装倾角可以缩小到30°~40°。总之，安装角度要大于来矿的自然安息角（散料在堆放时能够保持自然稳定状态的单边对水平面的最大角度称为安息角）。在处理量250~1000t/d的选金厂，最大的给矿粒度约为300mm，固定格栅可以作为粗碎的预先筛分。

固定条筛多用在粗碎和中碎前的预先筛分。一般倾斜安装，倾角40°~50°，以保证物料沿筛面自动下滑。对于大块矿石，倾角可稍小，而对于黏性矿石，倾角应稍增大。条筛筛分尺寸约为要筛下的粒度的1.1~1.2倍，一般筛孔尺寸不小于50mm。固定条筛由于借矿石自重流动，故分层不好，易于堵塞，筛分效率低，一般仅为50%~60%。

固定弧形筛是在选矿厂及其他矿物工程上作极细粒级湿式分级用的。弧形筛是水平安装的曲面筛。矿浆呈切线给入到筛面上，然后与筛孔成垂直方向沿筛面下流。薄的矿浆层在筛上分级，粒度约等于矿浆层厚度两倍的矿粒将通过楔形筛孔成为筛下产品，大于上述粒度的矿粒则成为筛上产品。矿浆层厚度通常是筛孔宽度的四分之一。分离粒度约等于筛孔尺寸的二分之一。因此，这种筛子的分离粒度可以小到50μm。这种弧形筛的缺点是细粒级的矿浆在通过筛孔后仍因惯性而沿筛面的背面顺着凸起部分往下流，这样会降低筛分效率，在筛板的背面黏着一层细矿粒或矿泥。为此，有的弧形筛装有周期动作的敲击装置以清除黏着的矿粒。巴特尔弧形筛（见图5.6）是一种改进的弧形筛。这种筛面的曲率变化，使黏着在筛面背面的细粒不断地改变方向而易于脱落。此外，在筛面曲率变化的背面加一条带，可以提高筛分效率。

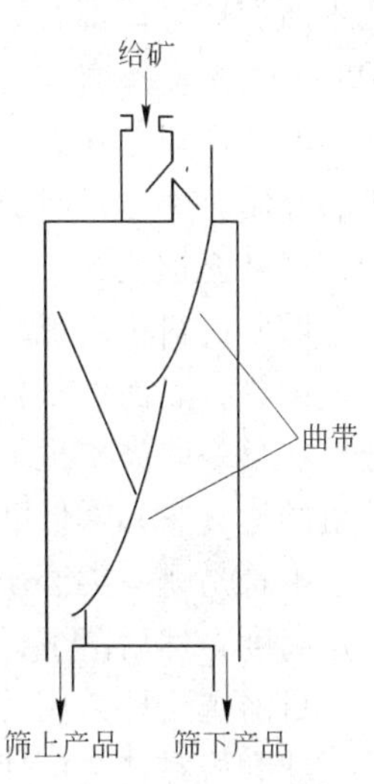

图5.6 巴特尔弧形筛示意图

振动筛是选金厂中应用最广泛的，其筛分粒度范围为250μm~250mm，通常在选金厂破碎流程中与各段破碎机形成闭路循环，筛分效率可达90%。为了筛分大块矿石和洗矿，可以选用重型振动筛；筛分中、细粒矿石，可以选用自定中心振动筛；脱水和脱介质则选用直线振动筛和共振筛。共振筛的筛框是水平安装的，筛框在连接于重型平衡机架的橡胶减振器之间自由振动，机架具有和振动筛相同的自然共振频率。偏心装置使筛子产生运动，而橡胶减振器则约束筛子的运动并贮存能量，能量再传递给活动的筛框。筛子的运动传递给装在橡胶垫上的平衡机架。这一运动引起共振，共振运动又返回给筛分机架。因此，共振筛能量消耗少。减振器还能引起筛面的急剧返回运动，从而形成筛分料的良好筛分效果。但是这种筛子对工作条件要求严格，给矿要均匀，干式筛分时水分含量不得超过3%，设备要经常保持良好的安装状态以产生共振等等。过于严格的条件限制了这种筛分机在选金厂的使用。

为了满足细粒级筛分的需要，20世纪60年代发展起来一批细筛。上述弧形筛是其中的一种，此外还有一些筛框背面带击振装置的细筛。河南省栾川县潭头金矿选矿工艺的一段磨矿采用ZKB1156直线振动细筛代替常规的螺旋分级机与球磨机构成闭路，通过几年的生产实践，经过一系列的技术改造，目前从设备运转到操作条件的控制已基本达到理想状态。此外，已研制出筛分效率高并能防止筛孔堵塞的双频振动筛。双频振动筛使用两台电动机产生振动：一台装在给矿端，以低速高振幅使矿粒在筛面上均匀分布；另一台装在排矿端，以高速低振幅运转，减少筛孔的堵塞。

我国矿山筛分方面的发展主要是筛板材料的改进，应用耐磨橡胶筛板和聚氨酯筛面等，大大延长筛板的使用寿命。

5.2.2.2 磨矿分级

A 磨矿

磨矿作业是以研磨和冲击为主，将矿石磨至粒度10~300μm大小的作业。它实际上是破碎作业的继续，同时是矿石进行分选以前的最后一次加工。它使矿石中的有用矿物全部或大部分达到分离状态，以便在分选作业中回收其中的有用成分。除处理某些砂矿外，几乎所有选矿厂都有磨碎作业。磨矿作业的基建和生产费用，占金属矿选矿厂总费用的30%~60%。每磨碎一吨矿石要耗电7~30度以上，占整个选矿厂耗电的45%~65%。

磨矿作业是在磨矿机中完成的。磨矿机多为圆筒形，筒体内壁衬有衬板，筒体内装有研磨介质。磨矿机研磨介质有钢球、钢棒、砾石等，研磨介质是在磨矿过程中陆续加入的，以补充损耗。

磨矿机衬板用螺栓固定在筒体及端盖上。衬板的材质多为高锰钢、石墨钢及其他耐磨合金钢等，表面形状各种各样。选金厂第二段和第三段磨矿机都采用衬胶的衬板，有的选金厂在第一段磨矿机上也用衬胶的衬板，因为这种衬板寿命长，能降低车间噪声，提高磨矿机的运转率和降低磨矿成本，有利于工人的健康。

不管是哪一类磨矿机，其基本作用原理都是一样的，当筒体转动时，介质随筒体升到一定高度，然后落下，将被磨的物料粉碎。

目前选金厂常用的磨矿机有球磨机、棒磨机、砾磨机和自磨机。

球磨机在选金厂使用得最广泛。它可用于粗磨，也可用于细磨，但以细磨效果最好。球磨机的给矿粒度一般要求小于12mm，它的产品粒度在0.075~1.5mm之间。绝大多数球磨机与分级机形成闭路作业。球磨机排矿按粒度要求经分级后分成粗砂（返砂）和细粒（溢流），溢流送下道工序，粗粒（返砂）返回球磨机再磨。这种闭路作业既能保证磨矿产品粒度合乎要求，又能提高磨矿机的处理能力。提高分级效率及控制适宜返砂量，对发挥磨矿机效率和减少产品过粉碎有重要作用。影响球磨机工作的因素还有很多，如被磨矿石性质、给矿粒度和要求的磨矿产品细度等。矿石愈硬、给矿粒度愈粗、要求产品粒度愈细，磨矿机产量愈低。此外，磨矿机的规格，衬板形式，排矿方式，磨矿介质的质量、尺寸、配比、装入量，补加介质的制度，磨矿机筒体转速，磨矿浓度，给矿的均匀程度均不同程度地影响球磨机的生产技术指标。球磨机按排矿方式又分为溢流型、格子型和周边型。格子型的矿浆面比溢流型的低，且排矿快。

棒磨机多用于粗磨，在重选厂应用较多，给矿粒度20~30mm，产品粒度0.3~3mm。其特点是棒以全长磨碎矿石，粗粒未被磨碎前，细粒较少受到破碎，因而产品粒度比较均匀。

砾磨机以砾石作为磨矿介质。含金矿石湿法冶金前的细磨采用砾磨机。由于砾石的密度小于钢球和钢棒，其处理能力较低。

在上述各种磨矿机中，黄金矿山应用最多的是短筒（长径比不大于1.5）格子型球磨机、短筒溢流型球磨机和棒磨机，近年来自磨机也有使用。另外，捣矿机和碾磨机都是老式磨矿设备，它们由于结构简单，重量轻，便于搬运，在捣矿和磨碎矿石的同时还可以进行混汞，因此在交通不便、小型生产的个别情况下仍有使用。磨矿方式有干磨和湿磨之分。干磨在磨机内不加水进行磨矿；湿磨在磨矿机内加入一定量的水。由于湿磨比干磨的生产能力大30%左右（自磨机除外），并且干磨粉尘污染严重，回收率也低，故黄金矿山一般不采用干磨。

影响磨矿技术效率的主要因素概括起来主要有以下几方面：

（1）矿石性质的影响。矿石的组成及物理性质对磨矿技术效率的影响很大，例如当矿石中有用矿物粒度较粗、结构松散脆软时，较易磨碎；当有用矿物的嵌布粒度变细、结构致密以及硬度较大时，则比较难磨。一般来说，粗粒级在粗磨时较容易，产生合格粒度的速度较快，而细磨则较难。因为随着粒度的减小，物料的脆弱面也相应减少，即变得越来越坚固，所以产生合格粒度的速度也就较慢。因此，粗磨的磨矿技术效率要比细磨的高。

（2）设备因素的影响。设备因素对磨矿技术效率有一定的影响。例如，溢流型球磨机排矿速度较慢，大密度的矿粒不易排出，容易产生过粉碎现象。另外，与磨矿机构成闭路的分级机，当分级效率低时易过粉碎，因此会降低磨矿技术效率。

（3）操作因素的影响。操作因素无疑要影响磨矿技术效率。例如，在闭路磨矿时，返砂比过大，并超过了磨矿机正常的通过能力时，在磨矿产品中会出现“跑粗”现象；而返砂比过小或是没有返砂时，则易造成过粉碎现象。又如负荷过大时，磨矿产品中的“跑粗”现象严重，而负荷不足时则过粉碎严重。因此，磨砂时要求给矿均匀、稳定。给矿量时大时小会影响磨矿技术效率的提高。

各段磨矿粒度确定得不合理，也影响磨矿技术效率。

磨矿浓度对磨矿技术效率影响甚大。因为磨矿浓度直接影响磨矿时间，浓度过大，物料在磨机内流动较慢，被磨时间延长，容易过粉碎。另外，在高浓度的矿浆中粗粒不易下沉，易随矿浆流走，造成“跑粗”。矿浆浓度过稀，会使物料流动速度加快。被磨时间缩短，也会出现“跑粗”，同时大密度的矿粒易沉积于矿浆底层，还会造成过粉碎现象。因此，在操作中应掌握适宜的磨矿浓度，这就要求严格控制用水量。一般来说，粗磨浓度常为75%～85%，细磨浓度一般为65%～75%。

由于黄金资源中难处理矿石所占比例日益增加，细粒或包裹金是造成矿石难选冶的重要原因之一，因此金矿石的细磨或超细磨已成为难处理金矿石重要的预处理手段之一。细磨在普通矿山很容易做到，产生粒度80%为$-44\mu m$的产品，而超细磨则是指产品粒度80%为$-20\mu m$。虽然常规的滚动式球磨机能用于超细磨，但磨至80%为$-20\mu m$时效率明显降低。因此超细磨采用立式塔磨、振动磨以及搅动磨机效果较好，如塔磨所需能耗为普通球磨机的70%左右。

我国黄金矿山磨矿设备主要向着高效节能、整体安装方向发展，以适应中小型黄金矿山的需要，另外是引进超细磨设备。例如，采用圆锥型球磨机，可比老式同规格球磨机节能25%～38%。沈阳黄金学院设计的中心驱动智能节能磨机，已在赤峰一金矿工业运行。长沙矿冶研究院研制的立式磨机在山东乳山金矿得到了成功应用。该磨机细磨能力强，磨矿效率高，球耗、电耗低，设备运转平稳，噪声小，占地面积小等，特别适合于精矿再磨作业。

特别应指出的是，国外目前选厂和新建选厂的最佳化磨矿设备是高压辊式磨矿机。该机的特点是能产生大量细粒级和微量破碎，从而改善解离粒度，有利于金粒与浸出剂的接触，对不同矿石类型可使金浸出率提高5%～20%，同时可缩短浸出时间，如经高压辊磨处理的矿石，在12d内浸出率可达68%，而常规辊式破碎机的产品达到同样的金浸出率则需70d。高压辊式磨矿机可产生大量细粒产品，不仅有利于金的浸出，而且其效率高，电耗、磨损费用低，占地少，电钮控制矿石的粒度与处理量，操作方便，技术性能有保证。其由于独有的特点，现在国外已被广泛采用，它可以最终取代一段或两段破碎、棒磨和球磨流程，在特殊情况下，可以取代半自磨流程。

B 分级

分级是选矿厂选前准备及选矿过程中的重要作业。分级是根据粒度不同的矿粒在介质中具有不同沉降速度的原理而使矿粒分级成不同粒级的过程。分级的目的与筛分相似，主要用于对0~2mm的矿粒进行分级。在磨矿循环中常进行预先分级和控制分级，以提高磨矿机效率并改善磨矿产品的粒度组成。分级有时用作含泥矿石的脱泥设备。在重选作业特别是在摇床选别之前把矿石按粒级分级入选，这可以提高选矿效率。

分级有干、湿之分。干式分级多用于干燥缺水的地区。湿式分级亦称水力分级。

常用的分级机有机械分级机、水力分级机、离心分级机、干式分级机、水力旋流器、细筛等。

目前在选厂广泛采用的机械分级机是螺旋分级机。它是在一个倾斜的半圆形槽内安装有纵向长轴，轴上有螺旋叶片，通过传动机带动长轴旋转的机构。分级机的上端有传动机构，下端有螺旋提升装置。分级机的下部是沉降区，在沉降区细粒随溢流排出，粗粒沉于槽底，被螺旋运向上端，返回磨矿机中再磨。

根据螺旋在槽内的位置不同，螺旋分级机分为高堰式、低堰式和浸没式三种。高堰式用于粗粒（大于0.15mm）物料的分级；沉没式溢流面积大，适于细粒（小于0.15mm）物料的分级；低堰式不常用。从外形看，高堰式的下部螺旋叶露出液面而沉没式则不露出。

螺旋分级机的规格一般以螺旋直径表示，如ϕ2400mm螺旋分级机。

水力旋流器是在选金厂常用的分级设备，利用离心力加速待分级物料的沉降速度。旋流器对细粒级的分级比机械分级机效果好，特别是金在矿石的浸染粒度很细，要求磨矿粒度很高时，常使用水力旋流器与磨矿机形成闭路作业。在氰化作业和硫脲提金作业时要求浸出料的粒度分别达到95%小于0.074mm和小于0.045mm，分级设备均采用水力旋流器及水力旋流器组。

水力旋流器是上部为圆筒形，下部为圆锥形的容器。圆锥的底部是开口的排砂口。圆筒顶部有一个切向给料口，圆筒顶部有盖板，一个轴向溢流管穿过盖板。轴向溢流管插入筒体内一段称做旋涡溢流管，用以防止给矿短路而直接跑进溢流。矿浆由泵或从恒压箱通过切向方向从给料口给入旋流器，矿浆受离心力的作用产生旋涡运动，粗粒和密度大的被抛向器壁而逐步流向排料口排出。由于拖曳力的作用，细粒被拉到垂直轴线周圈的低压区而向上流动，最终经溢流管排出。

影响水力旋流器性能的因素有给矿口、溢流管、沉砂口、给矿矿浆压力和稀释度。在选择旋流器时首先选定其处理能力，使给矿口、溢流管、沉砂口均为可调的。

细粒分级要求小型旋流器，而为适应大处理量的需要，可将几台旋流器并联组合，即水力旋流器组。

C 磨矿分级流程

由磨矿机和分级机组成的磨碎工序称磨矿分级流程。

分级作业通常分为预先分级、检查分级和控制分级。预先分级的目的是从入磨之前的磨矿机给矿中分离出给矿中已合格的矿粒，以免使这部分矿粒入磨造成过粉碎，浪费能源和磨矿机的有效容积。检查分级是从磨矿产品中分出粒度已达到要求的合格产品。有时预先分级和检查分级可以合并起来。对检查分级作业的溢流再进行分级作业称控制分级。其目的是对产品细度要求更加严格。

磨矿机可以开路作业，亦可闭路作业。

磨矿流程和破碎筛分流程一样，也按磨矿的段数分为一段磨矿流程和两段甚至三段磨矿流程。现代选矿厂中多应用一段或两段磨矿流程，很少采用三段以上的磨矿流程。磨矿段数的多少主要依据矿厂的规模、矿石可磨度、有用矿物结晶粒度的大小、给矿粒度和最终产品的粒度来决定。一般情况下，最终产品粒度的上限大于0.15mm时，可采用一段磨矿流程；最终产品粒度上限小于0.15mm时，应采用两段磨矿流程。合适的磨矿流程的段数应根据具体情况，经技术经济比较后，方可确定。

磨矿分级流程形式很多，但最基本的如图5.7所示。

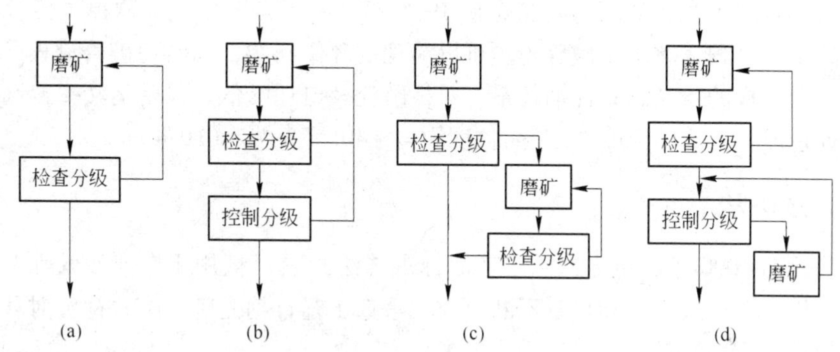

图5.7 常见磨矿分级流程

图5.7(a)所示为有检查分级的一段闭路磨矿流程，适用于磨矿粒度大于0.15mm的粗磨情况，在我国黄金选矿厂中应用广泛。

图5.7(b)所示为有检查分级和控制分级的一段闭路磨矿流程，适于小型选矿厂，为了简化磨矿流程，磨矿粒度不小于0.15mm时均可采用。这种流程可减少过粉碎。

图5.7(c)所示为有两段检查分级的两段一闭路磨矿流程，它适于给矿粒度大、生产规模亦大的选矿厂采用。第一段常用棒磨机作开路磨矿，将20～25mm的矿石磨碎到3mm左右后再经球磨机细磨。

图5.7(d)所示为两段两闭路磨矿流程，第二段磨矿的预先分级和检查分级合并在一起。它常用于最终产品粒度要求小于0.15mm的大中型选矿厂。这种流程必须正确地分配第一段和第二段磨矿机的负荷量，才能提高磨矿效率。

5.2.2.3 碎磨流程

黄金矿山破磨流程采用的原则是“多碎少磨”。“多碎少磨”是通过降低破碎产品粒度的方法，达到提高球磨机单位容积生产能力，从而降低选厂生产成本的一种技术。实践证明，该技术的应用还可以有效地降低钢球、衬板的消耗量和能耗。实现“多碎少磨”工艺一般可采取以下两种方法：一是正确选择新型高效破碎设备和筛分设备，中、小型选冶厂可选择JC56、JC4060颚式破碎机，SX系列双动颚式破碎机，ϕ600mm和ϕ900mm超细碎旋盘破碎机以及YA型圆振动筛等；二是根据矿石性质和生产规模选择合理的破碎磨矿流程，调整适宜的碎矿工艺参数。中、小型选矿厂可采用带预先筛分的两段开路碎矿或两段闭路碎矿工艺，当原矿含泥含水比较多时，可采用加强筛分或增加洗矿作业来解决；对新建的中小型矿山选厂，可采用三段一闭路（或二闭路）流程，通过调整各段破碎比，平衡各段之间的生产能力，同时强化筛分作业，来缩短运转时间并降低碎矿产品粒度。老的中型矿山，也可把过去的两段一闭路流程改为三段一闭路流程，以进一步降低碎矿产品的粒度。

目前世界各国采用的常规破磨工艺流程有破碎机、棒磨/球磨、自磨、半自磨、半自磨/球磨或SABC等。20世纪80年代以来，自磨或半自磨流程在黄金矿山得到了广泛应用，从而使流程简化，效率提高，碎磨费用和生产成本降低。

我国小型矿山以前大部分采用两段开路破磨流程，而今大部分改为两段一闭路，控制破碎产品粒度，有效地降低了能耗和钢耗，处理能力大大提高。同时，一些黄金矿山也采用了自磨或半自磨工艺，如新疆阿希金矿1995年采用了自磨工艺，砍掉了传统冗长的两段闭路破碎工艺流程，解决了破碎粉尘难以治理的环保问题，同时使破磨流程简化，设备配置简单，自磨机的备品与备件消耗量、衬板磨耗及电耗降低，设备运转率提高，处理量增加。其处理能力为30~40t/h，产品粒度均匀，40.55%为-0.074mm。

5.3 重力选矿法

早在公元前4000年，重力选矿法（简称重选法）就已被用于在河沙或砾石中淘洗金矿。近十几年来，重选技术和设备不断更新，重选工艺日趋完善。随着社会对环境保护的要求越来越高，重力选矿法得以进一步发展。

金与其脉石矿物密度差很大（金的密度为19.3g/cm^3，其脉石矿物密度一般为2.6g/cm^3），采用重选法极易将它们分开。重选工艺既适用于小型金矿，也适用于大型黄金矿山，已在国内外砂金、岩金选矿厂中得到广泛应用，其中，在岩金选矿厂中，重选法往往与其他选金或提金方法配合使用。重选的设备、工艺简单，操作管理方便，能耗低、成本少、效率高，而且基本不使用化学药剂，对环境污染小。因此，重选法是目前最常用的选金方法之一。如果用重选选别后再用浮选或氰化进一步处理，可以大幅度提高金的总回收率，从而为矿山带来可观的经济效益。

5.3.1 重选概念与原理

重力选矿法是利用密度、粒度、形状不同的矿物在介质中受到重力、离心力、介质阻力、机械阻力的联合作用下，其运动速度和运动轨迹存在差异，从而可将其进行分选。重选效果的好坏不仅取决于矿物的密度和粒度，还与介质的密度有关。一般用下面的公式评定重选分离的难易程度：

$$E = \frac{\delta_2 - \rho}{\delta_1 - \rho}$$

式中 E——重选难易程度，又称重力可选性指数；

δ_1——脉石矿物密度；

δ_2——有用矿物密度；

ρ——介质密度。

E 值越大，重选的效果越好。按 E 值的大小，矿粒可按密度分选的难易程度分为五个等级，见表 5.2。

表 5.2 按密度分选矿粒的难易程度

E	>2.5	2.5～1.75	1.75～1.5	1.5～1.25	<1.25
分选难易度	极容易	容 易	中 等	困 难	极困难

在现代技术条件下，重选法（除离心选矿外）回收粒度很细的矿粒依然很困难。矿物的粒度越小，其在介质中运动速度越慢，分选越困难。矿粒的密度越大，可回收的粒度下限越小。普通重选法可回收的最小矿粒粒度见表 5.3。

表 5.3 重选法可回收的最小矿粒粒度

矿物密度/$g \cdot cm^{-3}$	2～2.5	6～7	15～17
矿粒最小粒度/mm	0.2～0.5	0.04	0.02

重选法包括跳汰选矿、摇床选矿、溜槽选矿、重介质选矿、螺旋选矿和离心选矿等。矿粒的分离是在运动过程中逐步完成的，要达到分离的目的，就要设法使性质不同的矿粒在设备中表现出不同的运动状态。因此，掌握矿粒在介质中的运动规律是有必要的，特别是矿粒群的流体力学。

重选过程中介质的运动形式有垂直运动（又分连续上升、间断上升和上下交变，如跳汰机中，运动曲线如图 5.8 所示）、斜面流动（如溜槽中）和回转流动（如离心选矿机中）。矿粒在介质中的运动形式有垂直降落、斜面运动、回转运动、析离运动和钻隙运动。

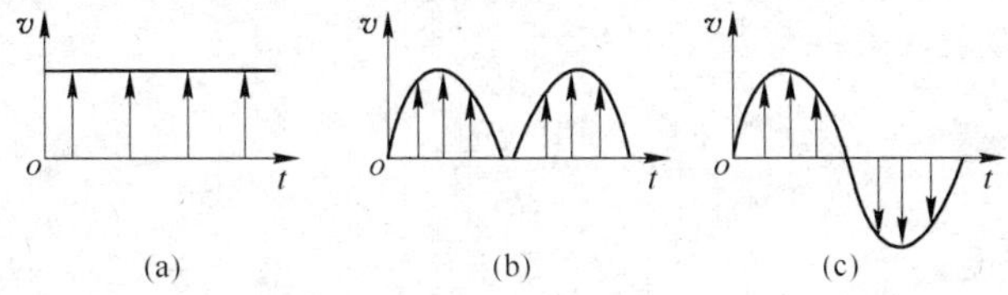

图 5.8 重选介质运动曲线

（a）连续上升流；（b）间断上升流；（c）上下交变流

各种介质流中矿粒的运动状况不同。

（1）连续上升介质流。在重选过程中通常为连续上升水流，依据水流速度的不同，可发挥分级和分层两种作用。分级作用就是上升水流速度较大时，粒度、密度小的矿粒被冲走，粒度、密度大的矿粒则克服上升水流的阻力沉降下来，使矿粒群得到分级。分层作用就是上升水流速度在临界速度（即能实现矿粒正常分层的上升水流速度，由实验确定，超过此速度正常分层将遭到破坏）以内，矿粒不至于被冲走，发生明显的分层现象。正常的分层现象在重选各种方法中都有所表现，是改善重选效果的重要因素之一，因此，在重选操作中，应控制好上升水流速度，使正常的分层现象不被破坏。

（2）间断上升和上下交变的介质流。矿粒在这种介质流中不断进行上下交替的运动，密度、粒度不同的矿粒上下移动的距离不同。密度大的矿粒在上升水流中上升速度较慢，在下降水流中沉降速度较快。经过多次上下交变的运动，密度大的矿粒集中在下层，密度小的集中在上层。跳汰选矿就是利用这种介质流进行选别的。

(3) 倾斜介质流。斜面水流是无压流动，靠重力在流动方向分力的作用流动。矿粒在斜面水流中进行分选的过程可分为溜槽选矿法和摇床选矿法。溜槽选矿法中密度、粒度大的矿粒较快地沉降到距离给料点近的地方成为精矿或重砂，密度、粒度小的矿粒则沉降到距离给料点远的地方作为尾矿排出。摇床选矿法中矿粒在床面上受到机械摇动和倾斜水流的冲击，密度、粒度不同的矿粒因运动方向不同而沉降到床面的不同区域，分别作为不同的产品排出。

实际上，每种重力选矿法都不是一种介质流在起作用，而是几种介质流和某种机械作用互相配合完成的。例如，在跳汰选矿过程中，上下交变介质流起矿粒分选作用，水平介质流起尾矿排出作用；在溜槽和摇床选矿过程中，虽然主要的介质流近似为水平流和倾斜流，但挡板间形成的上升流起着重要的矿粒分选作用。

在重力选矿过程中，颗粒的运动是各式各样的，但主要运动形式是密度、粒度不同的矿粒在重力作用下的垂直沉降，根据沉降速度的不同达到分离的目的。矿粒在介质流中的沉降受到介质阻力和矿粒与周围其他矿粒、器壁之间相互摩擦与碰击所产生的机械阻力。如果矿粒在介质中沉降时只受介质阻力而完全不受机械阻力，则称其是自由沉降。如果既受到介质阻力又受到机械阻力，则称为干涉沉降。自由沉降是理想情况，现实中并不存在。重选过程中，矿粒在选矿设备的有限空间内的沉降是干涉沉降。

重选过程中矿粒受到介质流的介质阻力、各种物体之间的相互摩擦和局部撞击力，还有物体沉降而产生的迎面股流的附加阻力。这些阻力都与沉降空间的大小以及周围物料的容积浓度有关。因此，矿粒在干涉沉降时所受到的阻力及其沉降速度不仅是矿粒和介质性质的函数，而且还是矿粒群浓度的函数。矿粒群浓度一般称做容积浓度，用矿粒群在介质中所占的体积分数表示：

$$\lambda = \frac{U}{V}$$

式中 λ——容积浓度；

U——矿粒群的体积；

V——矿粒群和介质的总体积。

容积浓度越大，矿粒沉降时所受的阻力越大，沉降越慢。当容积浓度相同时，矿粒的粒度越小，则颗粒越多，表面积越大，矿粒间碰撞、摩擦的机会就越多，沉降时阻力也就越大，沉降速度越小。矿粒的形状不规则时，表面积大，也会增加沉降阻力。

不同密度的矿粒在介质中可以有同一沉降速度，这样的矿粒称为等降颗粒。等降颗粒中小密度颗粒尺寸与大密度颗粒尺寸之比称为等降比。矿粒在密度不同的介质中等降比不同：介质密度越大，等降比也越大；矿粒粒度越小，等降比越小。因此，粒度、形状不同的颗粒在不同介质中有不同的沉降速度，这在重力选矿过程中具有实际意义。

矿粒在介质中的沉降是决定重选效果的主要因素，但除此之外，还有其他因素影响重力选矿的分选效果，如析离分层作用和离心力的作用。在摇动或振动矿粒群时，由于矿粒自身的重力作用，细粒（特别是大密度的）矿粒将通过周围矿粒间的缝隙钻入下层，这种现象就是析离分层，这在重选过程中，尤其是在摇床选矿过程中能起到改善分选效果的作用。重选的某些过程可在离心力场中进行，矿粒在离心力场中的运动规律与在重力场中相似，但离心力的强度可比重力大几十甚至几百倍，从而大大强化分选过程。工业上已有用离心选矿机回收微细物料。利用离心力还可以改善水力分级的分级效果。

重选过程中的介质一般用水，但也可用密度大于小密度矿粒而小于大密度矿粒的重介质，使矿粒按密度分选。密度大于重介质的矿粒向下沉降，密度小于重介质的向上浮起。选择适当密度的介质使密度不同的矿粒分层并分别排出，即可得到密度不同的产品。在重介质选矿过程中，不论矿物的粒度、形状如何，即使矿物间密度差很小，只要分选时间充足，就可以精密地使它们按密度分离。重介质选矿的分选精确度很高，入选物料的粒度范围可以很宽。目前重介质选矿入选矿石的粒度下限是2～3mm。

生产实践表明，利用重选工艺回收黄金，不管是单一流程还是联合流程，在脉金、砂金选厂都有其重要作用。重选不仅适合处理粒度大、密度差大的氧化矿和硫化矿，而且在选别含铜、磁黄铁矿多的以及铜硫难分离的矿石时有重要意义。重选工艺与浮选、混汞、氰化等工艺联合使用时，不仅能处理各种矿石，还能提高金的选别指标。例如，在浮选、混汞前采用跳汰、溜槽或摇床预处理可以回收难以浮选、难以混汞的粗粒金；在氰化前用重选回收粒度大的和浸出慢的金粒可以减少浸出时间和吸附段数。

5.3.2 重选方法与机械设备

根据重选过程中矿粒运动方式的差异和使用设备的不同，重选法可分为跳汰法、溜槽法、摇床法和离心法四种基本方法。常用的重选设备有跳汰机、溜槽、摇床、螺旋选矿机、圆锥选矿机、离心选矿机、干式选矿机等。

5.3.2.1 跳汰法选矿

跳汰法是借助周期性变化的垂直运动介质流将矿粒群按密度分层并分离的一种主要的重选方法。跳汰法处理粗、中粒矿石很有效，对于密度差较大的矿石（尤其是粗粒矿石）选别技术经济指标比其他重选方法高。跳汰选矿时，通常先将矿石分成数级然后分别跳汰。对于易选的冲积矿砂，原矿经脱泥后可以直接进行宽级别跳汰。

跳汰机有着悠久的应用历史，它结构简单，单位处理量大，选别效果好，处理粒度级别宽，操作维护方便，占地面积小，至今仍是主要的重选设备之一。当处理金粒嵌布不均匀的脉金矿时，将球磨机排出矿给入跳汰机，可以及早捕收粗粒金。用溜槽选别砂金矿时，溜槽的重砂精矿也可用跳汰机精选。在现代化大型采金船上，跳汰机是主要的选金设备，可直接从矿砂中回收单体金。跳汰机不但可以选别粗粒矿石，也可以选别细粒矿石，其处理金属矿的最大粒度范围为0.1～50mm，适宜给矿粒度界限为0.2～20mm。跳汰机可用作粗选作业，也可用作精选作业，还可用来选出废弃尾矿以提高选厂处理量、节省设备。

现代跳汰机主要采用的是上下交变介质流，根据其产生交变流方法的不同分为动筛式和定筛式。定筛式是将筛网固定，用另外的机构鼓动介质，使介质通过筛网做上升下降交变运动，这是现在跳汰介质的主要鼓动形式。国内生产的定筛式跳汰机，按介质鼓动机构的形式分为隔膜式和活塞式两种，用于金属矿选别的多为隔膜式，目前应用最广的是水介质做上下交变运动的隔膜跳汰机。

图5.9是定筛隔膜跳汰机的示意图。跳汰机筛网在曲柄连杆机构的带动下做往复鼓动时，水箱中的水透过筛网产生上下交变的水流，层床上的矿石在交变水流作用下按密度分层，密度大的矿粒在下层成为重产物，密度小的在上层成为轻产物。为了减小下降水流对轻细矿粒的吸入作用（下降介质使小矿粒通过大矿粒的间隙沉降到底层的作用）以提高精矿质量，在跳汰机中通过水管补加筛下上升水。分好层的大粒重矿物由筛上排矿装置排出，小于筛孔的细粒重矿物由精矿排出口排出，位于上层的轻颗粒则在横向水流和连续给矿的推动下，移动至跳汰机尾矿部排出。

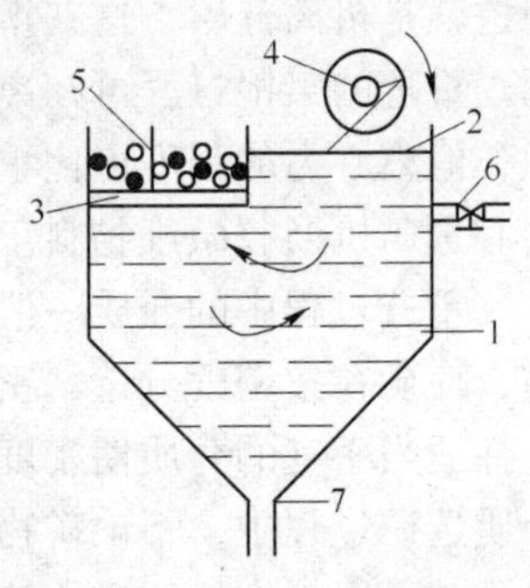

图5.9 隔膜跳汰机示意图

1—机体；2—隔膜；3—筛板；4—传动机构；5—筛上排矿装置；6—筛下加水管；7—精矿排出口

在我国，常用的跳汰机有上动型隔膜跳汰机、下动型圆锥隔膜跳汰机和侧动型隔膜跳汰机（即梯形跳汰机）。

(1) 上动型隔膜跳汰机。在跳汰水箱内，装有一块不到底的纵向隔板，它将水箱分成鼓动室和跳汰室两部分。鼓动隔膜装在鼓动室的上盖上。传动部分和隔膜在上部，看管维护方便。隔膜冲程（隔膜上下移动距离）最大可调到25mm，冲程系数（隔膜面积与筛面面积之比）大，水的冲程大，给矿粒度最大为16mm，仍可分选。由于筛面面积小，水的鼓动均匀，床层稳定，筛上精矿容易排出，可以一次直接得出合格精矿或粗精矿，单位面积生产率比较高。它能有效地处理1.5~12mm的粗粒级矿石，指标稳定，效果良好，在我国许多黄金矿山中已得到了广泛应用。但其规格小，不能适应大处理量的要求。当给矿量和给矿浓度变化时，由于跳汰室面积小，对第一室的分层影响大。另外，隔膜室占去机体面积的一半，因此单位有效筛面的占地面积比其他跳汰机大。

(2) 下动型圆锥隔膜跳汰机。没有单独的隔膜室，鼓动隔膜装在水箱锥底上面，鼓动方向正对着筛网。这种跳汰机占地面积小，但隔膜和传动部件装在下部，要承受机体中水及精矿的重量，故橡皮隔膜易破裂，维护和更换困难，支架易断，传动部件易进沙水而损坏。其冲程系数较小，水的冲程不够大，不宜处理粗粒矿石，但用作中粒和细粒矿料的跳汰时效果较好。

(3) 侧动型隔膜跳汰机——梯形跳汰机。梯形跳汰机是我国自行设计的一种跳汰机，它具有生产率大（15~30t/(h·台)）、适应性强（尤其适用于细粒矿石）、有效回收粒度下限低（可达53μm）等优点，因此使用较广。梯形跳汰机的横切面为梯形，沿矿浆流动方向由窄变宽，矿浆水平流速从给矿端到尾矿端逐渐变慢，流速变慢有利于细粒级重矿物的回收，这对处理细粒宽级别矿砂，特别是水力分级机一、二室沉砂特别有利。全机由八个跳汰室组成，分成两列，每列四室。每一室两侧共用一个传动箱传动，当传动箱的往复杆运动时，前后两隔膜也做往复运动，因此动力消耗少。各跳汰室的冲程、冲次（每分钟隔膜上下移动的次数）都可分别调节，配成不同的跳汰制度，以充分发挥每个室的作用。机体分成两部分，用螺栓连接，便于拆卸搬运，这对处理砂矿更为有利。隔膜和连管都在机体外部，易于检修和更换。

5.3.2.2 *摇床法选矿*

摇床法选矿是在水平介质流中利用机械摇动和水流冲洗的联合作用，使矿粒按密度分离的过程。分选过程发生在具有宽阔表面的倾斜床面（横向倾角不大于10°，纵向自给矿端至精矿端向上倾斜1°~2°）上，通过床面上水流的分层作用和床面摇动时的析离分层作用，矿粒分层并发生横向和纵向运动，密度、粒度不同的矿粒分别从床面不同的区间排出，达到分选的目的。

摇床（见图5.10）是选别细粒级物料时应用最广的一种重选设备。摇床的富集比高，可达100以上，它能直接获得最终精矿、分出最终尾矿。另外，矿粒在摇床床面上呈扇形分布，可根据需要接取多种产品。摇床处理金矿石的有效选别粒度范围是0.02~3mm。按处理物料的粒度，摇床可分为粗砂摇床（粒度大于0.5mm）、细砂摇床（粒度为0.074~0.5mm）和矿泥摇床（粒度小于0.074mm）。由于给矿粒度小，矿粒直径和形状对选别效果影响很大，所以摇床的给矿必须经过预先分级。摇床由床面、机架和摇动机三大部分组成，床面近似梯形，横向上略向尾矿侧倾斜，床面上钉有来复条，给矿侧装有给矿槽和给水槽，床面由摇动机构带动，沿纵向做不对称往复运动。

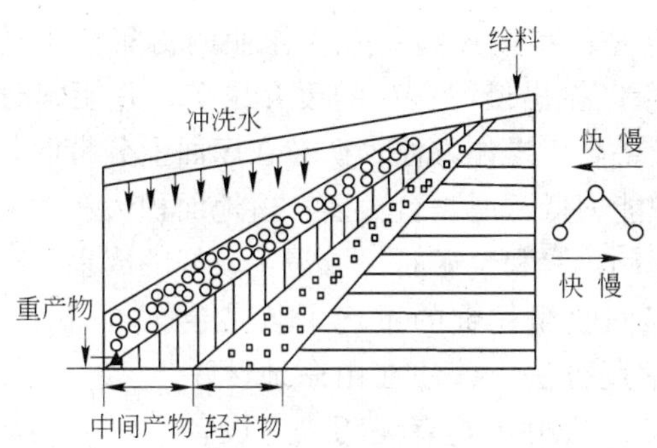

图5.10 摇床工作原理示意图

由于受重力、摩擦力、水流冲洗力和传动机构摇动作用力的联合作用，不同性质的矿粒在床面上呈扇形分带从不同区间排出。摇床上的分选作用可分为条沟内的分选作用和无来复条床面上的分选作用。

（1）条沟（来复条）内的分选作用。摇床上的冲洗水横向流下在条沟内产生涡流，矿泥被冲走，矿粒在沟内沉降分层。密度、粒度大的矿粒在下层，密度、粒度小的在上层，密度大的小颗粒由于析离作用沉到最下层。为了避免大密度的小颗粒和小密度的大颗粒相互混杂影响分选效果，物料在选别前需要进行水力分级。

1）矿粒在条沟内的纵向运动：摇床床面在偏心连杆的带动下做差动运动，矿粒在条沟内沿纵向做单向向前运动，这种运动主要起精选作用。由于从给矿端向排矿端的来复条越来越低，在横向水流的作用下，来复条表面的轻颗粒被逐渐冲走，重颗粒沿纵向运动。摇床越长其精选作用越强。

2）矿粒在条沟内的横向运动：摇床上的来复条从给矿口沿横向越来越高，被横向水冲下来的轻矿粒受到下一根来复条的阻挡，又具有纵向前进的趋势，增加了分选的可能性，延长了分选时间，降低了尾矿品位。摇床越宽其精选作用越强。

（2）无来复条床面上的分选作用。在没有来复条的床面上，水层很薄，矿粒大多为单层分布。在横向水流的作用下，密度小的大颗粒横向速度大，密度大的小颗粒横向速度小，在此区产生分带现象。偏离角（矿粒速度与摇床纵向所成的夹角）越大矿粒越向尾矿侧运动，偏离角越小矿粒越向精矿侧运动。密度、粒度不同的矿粒运动速度不同，偏离角也不同，因此能在床面上分离。矿泥由于沉降速度小，将随水从无矿区排出。

$$\tan\beta = \frac{v_1}{v_2}$$

式中 β——偏离角；

v_1——矿粒在横向上的移动速度；

v_2——矿粒在纵向上的移动速度。

摇床是一种效率较高的细微粒物料分选设备，砂金矿用溜槽或跳汰机粗选所得的粗精矿多用摇床进行精选，其作业效率可达98%以上。处理脉金矿石时，摇床可作为粗选设备选出一部分含金精矿，也可作为精选设备选别混汞、浮选尾矿，获得部分低品位含金精矿。

摇床选矿的主要优点是：富集比高，一次作业的富集比可达50～100，有时可高达300；在摇床上一次作业可以排出最终精矿的废弃尾矿，并能同时回收几种产品；选别效率一般比其他细粒重选设备高；操作方便，矿粒在床面上分带明显，便于观察和调节分选过程。然而，摇床的处理能力低，所需台数多，占地面积大。为克服这一缺点，我国某些矿山采用多层摇床来处理钨、锡和金矿石，取得了较好的成果。

运用跳汰、摇床机组回收粗粒金的重选工艺是金矿选金厂回收粗粒金的常用方法，该法在山东地区一些黄金矿山中得到应用。该法由于具有无污染、设备构造简单、易于管理和操作、投资少、电耗低、见效快、能单独提到合质金的优点，因此较广泛地应用于中小型选金厂中。仅山东已建成选金厂中约有1/3不同程度地在生产中采用重选工艺。由跳汰、摇床机组构成的重选设备，主要安装在磨矿机排矿处。磨机排矿经跳汰机选别后，跳汰尾矿进入分级机，跳汰重砂再经摇床处理，二次精选得到含金重砂。其典型工艺流程如图5.11所示。

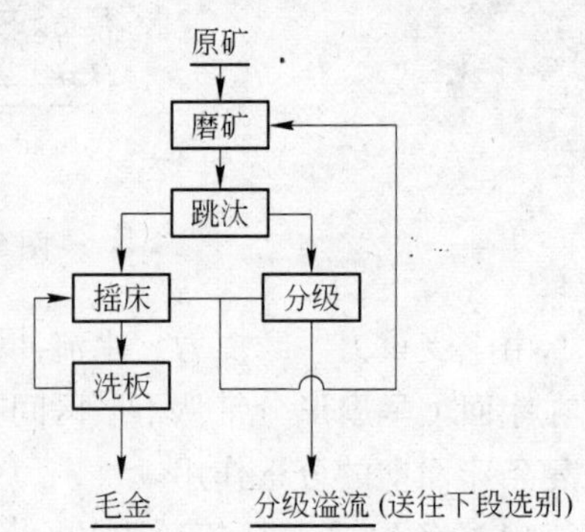

图5.11 跳汰、摇床机组回收粗粒金工艺流程

5.3.2.3 *溜槽法选矿*

溜槽选矿是利用矿粒在倾斜介质流中运动状态的差异来进行分选的。矿浆给入倾斜（倾角一般为3°～4°，最大不超过14°～16°）的长槽中，在水流冲击力、摩擦力和重力的作用下，矿粒按密度分层，密度大的矿粒沉降于槽底的挡板格条间或被滞留于粗糙底面上，密度小的则随水流从溜槽末端排出。当溜槽内密度大的矿粒沉积到一定高度时，停止给矿并进行清理，因此溜槽选矿为间歇作业。

溜槽是一种最简单的重力选矿设备，分选效果较差。只有在原矿中有用矿物密度较大（大于6.6g/cm^3）或有用矿物与脉石矿物密度差较大时，溜槽选矿才有效，所以溜槽多用于金、铂、锡、镍等矿砂的分选。在溜槽的大密度沉砂中夹杂的小密度矿粒较多，因此溜槽多用于低品位矿砂的粗选作业或扫选作业。另外，溜槽沉砂的清理需要消耗大量的劳动力和时间，效率较低，近年来溜槽有被跳汰机和螺旋选矿机取代的趋势。

矿粒在溜槽中的运动状况非常复杂。矿粒密度是影响运动状况的主要的决定因素，粒度和形状也有影响。矿粒在溜槽中的运动形式有：

（1）矿粒向槽底的沉降。水流在槽中做紊流运动，产生垂直于槽底的涡流和水跃。这种上升水流使粒度、密度不同的矿粒呈现不同的运动状态，密度、粒度大的矿粒先沉降到槽底，造成按密度、粒度分层。所以，在溜槽选矿作业中，应设法激起更多涡流以提高选别效果。

（2）矿粒沿槽底的运动。矿粒沉降到槽底后，在水流的冲击下沿槽底以滑动或滚动形式运动。矿粒沿斜面底运动速度的大小，取决于水流对矿粒的冲击力、矿粒重力沿运动方向的分力以及矿粒与斜面间的摩擦力等因素。一般来说，矿粒密度越大、粒度越小，溜槽倾角越小，槽底面越粗糙，矿粒沿槽底运动的速度就越小。在倾斜水流的作用下，密度、粒度不同的矿粒因运动速度不同而分离。

（3）析离作用。沉降到槽底的矿粒在沿槽底继续向前运动的过程中，上层的细矿粒，尤其是密度大的细矿粒，受重力作用将穿过大颗粒间的缝隙转入下层。矿粒之间的间隙在运动时比静止时大，析离作用更明显。析离分层的作用是密度大的细颗粒不被水冲走，有利于提高回收率。

溜槽是我国砂金选矿的主要设备。根据槽底敷设物的不同，它可分为挡板溜槽和软覆面溜槽。前者适于处理粗粒级物料，又称粗粒溜槽；后者适于处理细粒级（粒度小于74μm）物料，又称矿泥溜槽。目前，各地砂金选矿的粗选设备几乎都是粗粒溜槽，某些脉金矿用矿泥溜槽作扫选设备处理混汞或浮选尾矿，对金的回收也起很大的作用。另外，溜槽根据其机械化情况，还可分为固定溜槽和机械溜槽。

（1）固定粗粒溜槽。固定粗粒溜槽又称为挡板溜槽，在砂金选矿中应用广泛。这种溜槽按作业制度分为浅填溜槽（又称小溜槽）和深填溜槽。前者一般用于选别经过洗矿筛分的物料，给矿粒度小于16～24mm；后者一般用于选别没有经过洗矿筛分的物料或者虽然经过粗分级，但入选物料粒度较大且还需进一步洗矿碎散的物料，其给矿粒度达100mm以上。安装在采金船上的溜槽大多为浅填溜槽，深填溜槽主要用于砂金矿的陆地洗选。固定溜槽的优点是结构简单，给矿粒度范围大，生产费用低，富集比大。其缺点是床层容易板结，使选别指标显著降低，清槽工作量大，占用时间较长。

（2）机械粗粒溜槽。为了克服固定溜槽的缺点，人们研制了多种机械溜槽，目前，在我国应用的主要有可动式橡胶覆面溜槽和鼓动溜槽。

可动式橡胶覆面溜槽一般简称胶带溜槽，其结构类似于胶带运输机，但二者的胶带形式有很大差别。胶带溜槽的胶带是特制的，带面上有波形挡边和横向挡条等。胶带溜槽可以连续作业并连续排出精矿，免除了清槽工作且克服了固定溜槽床层严重板结的缺点，提高了金的回收率和工作效率。

鼓动溜槽是我国研制成功的新型砂金选矿设备，它综合了固定溜槽和跳汰机的特点。鼓动溜槽采用锯齿形运动曲线鼓动槽底，克服了固定溜槽的板结现象。在鼓动溜槽的分选过程中，矿浆由给矿槽平稳、均匀地进入溜槽。溜槽的溜格用角钢加工而成，角钢一边与溜槽底部的胶板固定，角钢上边焊接钢板（与底边呈10°夹角），板上钻有交错排列的椭圆孔，孔前镶有挡块，可使沉积层中的轻物料从孔中排出并防止粗砾石堵塞圆孔。在纵向水流的作用下，矿浆经过溜格产生旋涡和脉动水流，不断将密度大的金粒及其他重砂送到底层。底层水流紊动作用弱，容积浓度达到很大，轻矿物的大颗粒很难进入，只有细的重矿物颗粒才能通过间隙进入底层形成重砂层。底板的鼓动不仅解决了板结问题，而且当底板上升，如同跳汰机的上升水流一样，可以起到适当的松散作用，为分层创造了条件；当底板下降，产生一定的吸入作用，使金粒容易钻隙，大颗粒矿物进入底层，从而提高金的回收率。由于受到溜格的阻挡以及沉积层的保护，被回收到底层的金粒不会被矿浆再次带走。

5.3.2.4 离心法选矿

A 离心盘选矿

离心盘又称为螺旋选矿机，它是利用重力、摩擦力、离心力和水流的综合作用，使矿粒按密度、粒度形状分离的一种斜槽选矿设备。它的特点是整个斜槽在垂直方向弯曲成螺旋状。从斜槽上端给入的矿浆，沿斜槽以螺旋线状向下流动，在流动过程中矿粒进行分层，密度小的大矿粒分布在螺旋槽的外缘，密度大的小矿粒分布在螺旋槽的内侧。分层后的重产物通过截取器由内侧槽底的排料口排出，轻物料则由螺旋槽末端排出。

螺旋选矿机在一定条件下不仅可以代替溜槽、跳汰机、摇床选别砂矿，而且还是从浮选尾矿中回收密度大于4g/cm^{3}有用矿物的有效设备。螺旋选矿机按单位面积计算的处理能力比摇床大10倍，比跳汰机大1倍。选别砂矿时，富集比可达10，作业回收率为90%～95%，比溜槽选别指标优越。螺旋选矿机结构简单，制造容易，消耗动力少，但对于6mm以上和0.05mm以下的物料以及含有扁平状脉石的物料选别指标较差。

B 短锥水力旋流器选矿

作为分级、脱水和脱泥设备的水力旋流器，锥体部分的锥角一般小于20°，而短锥水力旋流器的锥角为90°～127°。用短锥水力旋流器分选砂金的实验结果表明，这种设备的金回收率不亚于跳汰机，甚至与摇床接近，南非等国已将其用于粗选回收砂金。短锥水力旋流器对细粒金有较高的回收能力，而且处理能力大，占地面积小，构造简单，操作维护方便。国外对复合锥形旋流器的研究已取得一定进展，当用两台复合进行试验时，从金矿石中可回收96.6%的游离金。

C 新型曲面旋流选金机选矿

新型曲面旋流选金机（见图5.12）是新研制的砂金重选设备，已在我国南方采金船

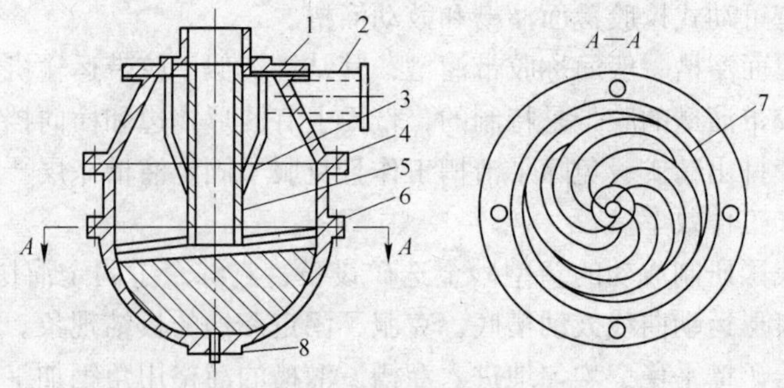

图5.12 新型曲面旋流选金机示意图

1—尾矿导管；2—给矿管；3—强压稳流环；4—圆锥体；5—尾矿管；6—圆筒；7—分选底盘；8—精矿管

上应用。这种选金机可以代替跳汰机，效果良好。

新型曲面旋流选金机的整体外形近似一个灯泡形的分选腔，上部为截头圆锥，中部是个圆筒，底部为半球面的分选盘，在上部有插至半球部分的尾矿管，尾矿管外面套有由圆筒面和圆锥面组成的强压稳流环。半球面底部的中心装有精矿管。在半球面的内壁上，刻有数条有利于分选的形状不一的渐开线和螺旋线沟槽，沟槽的末端装有一个直径100mm的平面区。

工作时，矿浆从给矿管以切线方向进入腔内，强压稳流环迫使所给矿浆做旋转运动并相应提高给矿压力，使矿浆产生较强的旋转流。随着锥体腔增大，旋转流趋于稳定，此时矿粒群按密度分层，靠壁的一层是粗粒和密度大的矿粒，该层具有较高的浓度，而靠腔内一侧的是细颗粒和矿泥层。当旋转流往下运动至底盘时，在浓度较高的外层中，金粒首先进入底盘的沟槽内。金粒在沟槽内借助旋转矿浆的运动，沿沟槽往底端中心流动。金粒在流动过程中，不断地把沟槽内的脉石颗粒排挤在沟槽之外，从而沟槽内金的品位越来越高。沟槽内的重砂矿物聚集在底端的平面区上，形成一个浓度较高的、比较稳定的旋转松散层，这就创造了按密度分层的良好环境。矿粒群在此处进一步得到分选，品位比较高的精矿从中心处的精矿管排出；尾矿在轴向力的作用下从腔内的溢流管排出腔外。

D 淘洗盘选矿

淘洗盘是一种分选原理类似于重悬浮液分选的重选设备，它的分选过程不同于其他重选设备，已经初步应用在采金船上回收砂金，并取得了较好的选别指标。

淘洗盘是具有两层同心壁的环形容器，用钢板制成。环形容器之间有钢板底，一根立轴穿过盘的中央，有上下轴承支撑。立轴上安有水平耙臂，耙臂上规则地安有一些固定耙齿，电动机带动立轴实现耙齿的旋转。

淘洗盘的分选过程是：一定浓度的矿浆按切线方向给入盘内，在耙齿连续旋转搅动下形成悬浮体，其中的重矿物在离心力、重力与耙齿推力的作用下，很快向盘底与周边聚集，形成自生的、暂时稳定的重悬浮体。这种悬浮体的密度大小决定某种密度矿物能否容易进入。悬浮体的分选密度由盘中心向外、由上向下逐渐增大，存在着不同密度的分选区。轻矿物不论颗粒大小都难进入悬浮体密度大的区域（淘洗盘底部），悬浮在矿浆表面，在矿流的水动压力作用下排入尾矿溢流堰。重矿物及砂金进入淘洗盘底部，被转动的耙齿收集于精矿排出口处。

E 圆锥选矿机选矿

圆锥选矿机主要用来选别含单体金的金矿石，对细粒金的回收效果较好。

圆锥选矿机是由圆形溜槽发展而来的，其结构见图5.13。一般圆锥的直径为1.8m，锥面倾角为17°。分选圆锥是一个反向的锥面，其上有一个正向的分配圆锥，将矿浆均匀给到分选圆锥上（单层或双层）。精矿经过圆锥的环形窄缝排出，窄缝的大小可根据精矿产率来调节。尾矿经圆锥中心排出。圆锥用玻璃钢制造，装在钢制机架上，质轻坚固，在易磨损部分通常衬以塑料和橡胶，一台圆锥选矿机由数个（2~7个）叠置的分选圆锥组成，可以在上面完成多段（2~4级）选别作业。图5.13所示是圆锥选矿机的一种组合形式，矿浆给入位于设备顶部的矿浆分配箱，从分配圆锥下流至边缘经环状分割器平分到双层的分选圆锥上，双层圆锥的精矿经水冲洗后进入下面的单层圆锥上再选，单层圆锥的精矿再流入数条展开式溜槽中精选，最后由此机组可得出精矿、中矿、尾矿。

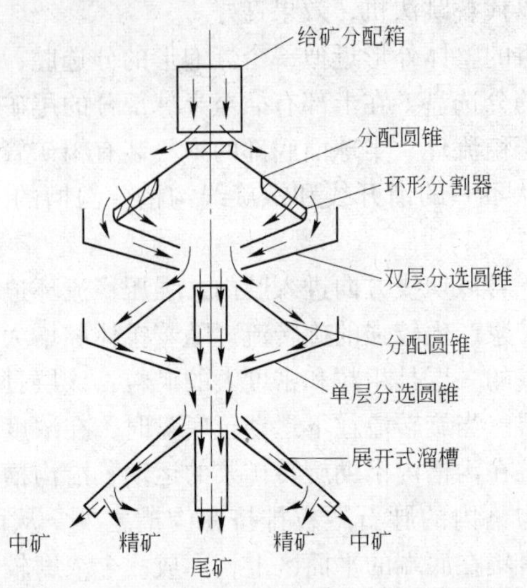

图 5.13 圆锥选矿机示意图

圆锥选矿机的给矿浓度一般为60% ~70%，处理能力为20 ~80t/h，富集比为5 ~20，水的消耗相当小，可以允许有较大的给矿粒度，但是，一般给矿粒度为1.5 ~0.037mm。

圆锥选矿机的选别效果好，现已获得广泛应用。实践表明，在选矿厂磨矿回路中增设圆锥选矿机，能在氰化前回收大部分单体金，更多地回收较大的或难浸的金粒，从而提高金的总回收率。

F 尼尔森（Knelson）选矿机选矿

尼尔森选矿机是新一代的离心选矿机。离心选矿机原设计是想找出一个增加重力的方法，使之能够获得较高的处理量并较好地按密度分级。但随着重力作用的增大，由于富集层过早地堵塞，设备的有效工作时间大大缩短，这样也会造成金的严重损失。例如，转筒式离心机，在300倍重力加速度下工作，必须保持矿浆临界浓度为15%，给料粒度小于590μm。因此，该设备只在有限的时间内分选性能良好，超过15min，金便开始进入尾矿。第一台能长时间工作而不发生堵塞的单壁离心选矿机是一种筒式离心机，它可在5倍重力加速度下工作。这种离心机的问题是所产出的精矿量相对处理量来说非常大。由于重力小，密度相近的物料分级不好。所以，离心选矿机一直未得到很好利用。

20世纪80年代末，尼尔森金矿选矿机公司解决了在增加转筒离心机的离心力的同时又保持富集层流态化的问题，拓宽了操作性能，并能捕集特别细粒的金，尼尔森选矿机增加了60倍重力加速度，其余方面随时间推移而不同。秘鲁 BHPTintaya 选矿厂中，只在一段磨矿回路中安装一台尼尔森选矿机，选矿厂金的总回收率就提高了5%。我国某黄金矿业公司重选工艺改为尼尔森离心选矿工艺后，回收率比使用毛毡回收率提高18% ~27%。尼尔森离心选矿机运行采用自动控制，劳动强度小，易于管理。

尼尔森选矿机（KC）有如下类型：

（1）标准型尼尔森选矿机。该机结构见图5.14，它能产生60倍重力加速度，可按密度对6mm或更小的给料分级。给料借重力通过一个竖管给至选矿机动锥底部。给料作为矿浆只需有足够的水进行输送，其浓度从0 ~70%均可被处理，而不会对操作效率有任何

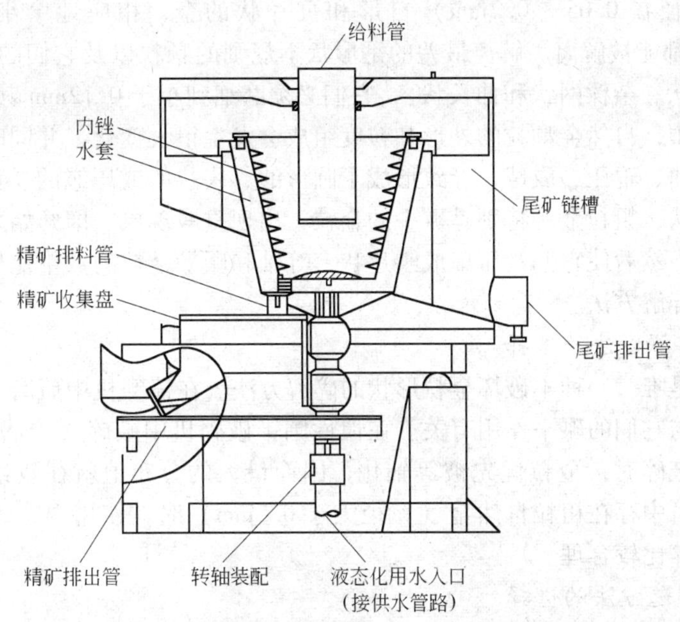

图 5.14 75cm 标准型尼尔森选矿机示意图

有害影响。富集持续时间是给料品位和给料时间的函数，富集比非常大，实际产出精矿量可达到冶炼厂要求的品位。标准 KC 机是间歇式工作离心机，操作简单，作业时可以清洗，维修量很小。

（2）中心排料型尼尔森选矿机（KC-CD）。该机型与标准型相比，有了三项重要革新：选矿锥的形状、动锥下面加装的一个双用途的毂盘、锥内给料点下面加装的一个导流板。CD 机全部自动化操作，可并入任何一个现有计算机化的回路。CD 系列排出精矿可自动完成，需时不到 2min。

（3）可变排料型选矿机（KC-CVD）。这是一种最新研制成的可连续操作的尼尔森选矿机，专为贱金属和煤炭工业而设计的。

新一代的尼尔森选矿机可布置在紧靠磨矿回路的旋流器回路的沉砂的下游，用于取代一系列其他重选设备，因为该机有效处理粒度范围很宽，可接受粒度小于 6mm 的任何给料而不会对回收率产生不利影响，而且可大大提高富集比。该机具有如下优点：提高了磨机碾平金（包括摇床通常损失的金）的回收率；降低浮选和（或）浸出回路的给料品位；提高浸出速度；减少溶液和固体残渣量；提高选厂的总回收率。

5.3.3 金粒形状与重选法的选择

矿石中游离的自由金形状各种各样，在矿石准备过程中，这些金颗粒的形状还会发生很大变化，这增加了回收金的难度，而且因此在指定选矿工艺流程时还需要采取一些特殊的途径。

5.3.3.1 金粒的解离与形变

自然金解离过程中最容易解离的是粗粒（粒径大于 0.4 ~ 0.5mm）的页片状颗粒，在破碎到小于 10 ~ 20mm 后，它的解离度超过 65% ~ 70%。粗料（粒径大于 0.2 ~ 0.4mm）

自形、细粒（粒径在 0.05 ~ 0.2mm）自形和页片状的金，相应地磨细到小于 1.0 和 0.5mm 时大部分都能被解离。解离最差的是形状不规则的颗粒以及它们的集合体（块状、树枝状、阿米巴状、杂糅网状和伸长状），它们必须磨细到小于 0.12mm 甚至更细的粒度。在矿石细磨过程中，自然金颗粒的外形和粒度组成会发生很大变化，并同时出现下述两个过程：揉搓、弯曲、辊压、成球，导致形成了圆形的、块状的或压皱的、弯斜的金粒，外观接近等轴晶形状；粗粒金，特别是碾平的金粒，出现重锻现象，即开始发生自然碾平金粒的等轴化作用，然后使它们被压扁成鳞片状，等轴和碾平金粒的数量比例取决于它们的组成、形状以及碎解方法。

5.3.3.2 碎解方法的选择

电脉冲碎解是唯一一种不破坏金粒形状的碎解方法。在棒磨机中研磨矿石时，较粗金粒数量增加，这与它们的碾平作用有关。在惯性圆锥破碎机中破碎（干法和湿法），以及在辊式破碎机中破碎时，金粒优先被等轴化，因而最大的分布值就往较细粒级的方向移动。因此，在矿石中存在粗粒自然金（粒径大于 0.5mm）时，使用辊式破碎机或惯性圆锥破碎机进行细碎比较合理。

5.3.3.3 重选方法的选择

为了确保最大限度地回收矿石中的最粗粒金，可采用跳汰机、水力捕集器和尼尔森离心选矿机等设备，以便在工艺过程的开头几道工序中分离出粗粒金和中等尺寸的金颗粒。中等粒度（0.2 ~0.5mm）等轴晶形状的金颗粒，可通过螺旋选矿机、圆锥选矿机、跳汰机、摇床、各种型号的离心选矿机、流槽和溜槽有效地回收。存在碾平的颗粒时，特别是碾平系数（颗粒最大折算直径与最小厚度之比）大于 10 时，会导致金在粗选循环中损失。对存在碾平颗粒（甚至是中等尺寸的）最敏感的是螺旋选矿机、圆锥选矿机、跳汰机，其次是流槽和溜槽。摇床在装料量适中时能有效回收中等尺寸和碾平系数大于 50 ~ 60 的颗粒。重选分离最复杂的一个问题就是回收粒径小于 0.07mm 的微细颗粒，它们用跳汰机、螺旋选矿机和圆锥选矿机回收效果都不太好。矿泥摇床和 Mozley 多层溜槽可回收细至 0.015mm 的金颗粒，但这些设备处理能力很小。对微细金粒，采用尼尔森离心选矿机能取得很好的效果。当被磨矿石中存在细粒自然金时，无论是在粗选还是在扫选作业中，为提高金的回收率，都可采用尼尔森离心选矿机。

在精选作业中，为获取富的金精矿，在去除混汞作业的情况下，可建议采取以下措施：对较粗粒的金，采用摇床以获得含金 60% ~80% 的精矿；对中等和较细粒的金，采用较小尺寸（如直径 19cm）的尼尔森离心选矿机，以分离出适于直接熔炼的、含金 10% ~ 15% 的精矿；对微细粒金和连生体，采用多重力分选机或 Mexaflo 型水力分选机，以获取含 1% ~10% 金的产品；精选中矿应作冶金处理或进行氰化浸出。

5.3.4 重选工艺流程

生产实践证明，重选回收金，既能采用单一流程，也可采用联合流程；既能回收砂金和易选矿石中的单体金，也能选别嵌布粒度粗和密度差大的氧化矿和硫化矿。特别是采用重力预选，对有用矿物细磨再浮选和氰化，可大大降低生产成本，提高效率和黄金回收率。

5.3.4.1 单一重选流程

单一重选流程是指矿石经过破碎和磨矿后，用溜槽回收金。该流程主要用来选别含有单体金的简单矿石，如含金石英脉型金矿石。根据矿石单体金的嵌布粒度采用一段或多段磨选。溜槽可采用挡板溜槽或软覆面溜槽，也有用椴木或柳木自制木溜槽。多段磨选用于嵌布粒度粗细不均匀的金矿石。

5.3.4.2 联合重选流程

重选流程与混汞、浮选、氰化工艺联合使用或作为其他选矿方法的补充，用来处理某些特定性质的金矿石，可以改善和提高金的回收率。

（1）重选与混汞联合流程。这是砂金和小规模选矿厂处理高品位脉金矿石的典型流程。这种方式仅适于比较简单的金矿石，例如含金石英脉，其中金与少量的黄铁矿、方铅矿、闪锌矿及黝铜矿等共生，工艺流程见图5.15。该流程的特点是：矿石经破碎磨矿后，经过绒毡溜槽粗选，溜槽尾矿进入分级机，而溜槽的精矿再经振动的摇床精选，摇床精矿进入混汞筒。摇床尾矿和分级机返砂再用球磨机磨细、分级机溢流作为尾矿丢弃。摇床精矿经混汞处理后，将汞膏分离并蒸汞后冶炼金。如果摇床精矿为金的连生体，则需对此粗精矿再磨，再用摇床精选，以得到多数为单体金的摇床精矿。这类流程处理的矿石金粒较粗，金与少量硫化物共生，金的回收率一般可达80%以上。

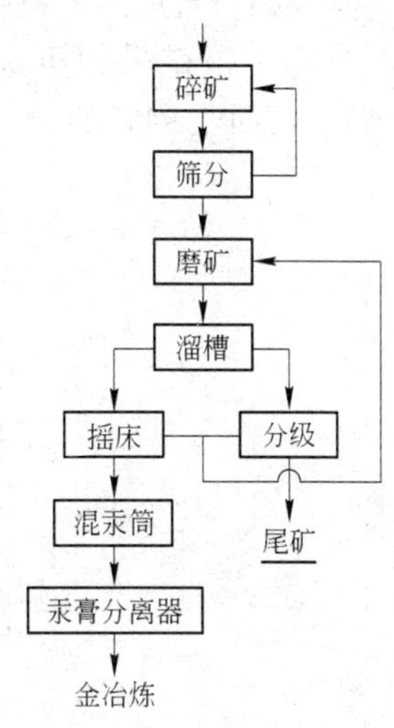

图5.15 重选、混汞联合流程

（2）重选与氰化联合流程。根据金矿石中金的赋存状态不同，这种联合可有两种方式：

1）重选精矿氰化的组合流程。将矿石碎磨，用重选法选出精矿，对金精矿再磨，用氰化处理回收金。这种组合主要用来处理含金硫化矿。重选作业可设在磨矿与分级的回路中，采用绒毡溜槽或旋转桶式分选机，以提取粗粒金或含金硫化物；也可将重选作业放在分级机溢流后，用摇床提取细粒金或金的硫化物连生体。一般硅质片岩金矿石、砾岩金矿石和石英砾岩金矿石采用此流程。

2）重选尾矿氰化的组合流程。将金矿石细碎后，在分选机回路中用跳汰或溜槽回收大颗粒的单体金或包裹金，分级机溢流即重选尾矿进行氰化回收矿浆中的金。该流程适合氰化的难选氧化金矿石。它具有缩短氰化时间、减少氰化物用量、降低氰化成本、提高金总回收率等优点。

（3）重选与浮选联合流程。这种联合流程应用较广，包括从处理含金石英脉硫化矿到处理含金多金属硫化矿。目前，世界许多产金国都注意了重选法在浮选法中的应用。美国苏雷轰选厂在磨矿循环作业中安装跳汰回收金，艾达拉多选厂用重—浮联合流程回收金，华南各浮选厂浮选前用摇床两次选别回收金，有的选厂在尾矿和中矿产品中安装溜槽回收金。日本采用水力旋流器组合成混合—优先浮选工艺，将研磨机排矿通过三级水力旋流器进行重选得到混合粗精矿，并将粗精矿与浮选精矿合并后再磨，进行多金属铜锌优先浮选，取得了良好的分选效果。典型的南非金矿石也采用重选—浮选联合流程。我国有重选工艺的选矿厂大部分采用重选—浮选工艺。山东金洲矿业集团有限公司金青顶矿区选矿车间，原采选处理能力为230t/d，随着开采深度的增加和矿石性质的变化，经过几次改扩建，目前采选能力为315t/d，选矿工艺为重选和浮选联合流程。该流程的主要特点是可处理粒度范围较宽的矿浆，选别前不需要分级，可综合回收密度较大的共生矿物，能有效地改善和提高金的总回收率。

（4）多种选矿方法的联合流程。我国某金矿产出的矿石为含金黄铁矿石英脉类型。金属矿物主要为黄铁矿、黄铜矿、金银矿物等，非金属矿物主要是石英，金矿物主要是银金矿和自然金两种。金与硫化物共生关系密切，占总金量的75%左右，多产于黄铁矿裂隙中，其余则与石英共生关系密切，产生于石英裂隙中。金粒直径一般在0.0042～0.04mm，表面纯净。该矿采用重选（重选尾矿）—浮选（浮选精矿）—氰化联合工艺流程（见图5.16），可回收94%的金。

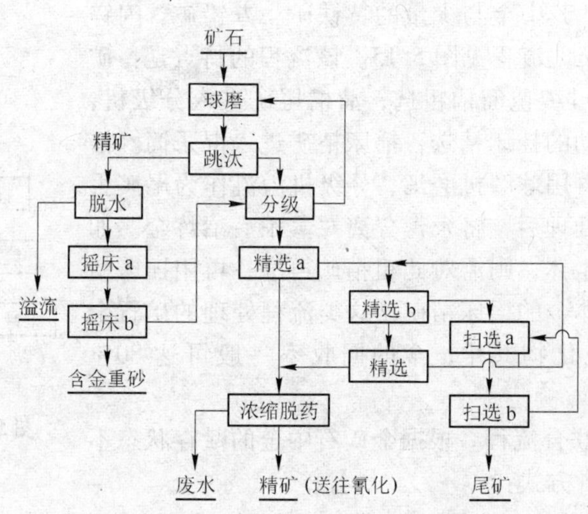

图5.16 我国某金矿联合选矿流程

5.4 浮游选矿法

我国古代曾利用矿物表面的天然疏水性来净化朱砂、滑石等矿质药物，使矿物细粉漂浮于水面，而无用的废石颗粒沉下去。在淘洗砂金时，用羽毛蘸油黏捕亲油疏水的金、银细粒，这种方法当时称为鹅毛刮金。明宋应星《天工开物》记载，金银作坊回收废弃器皿上和尘土中的金、银粉末时，“滴清油数点，伴落聚底”，这就是浮游法选金的最初应用。18世纪人们已知道固体粒子黏附在气泡上能升至水面，随着人们对金属需求量的增加，急于找到一种方法回收矿石中的细粒金属。19世纪末，随着人们对矿物表面性质的认识深化，出现了薄膜浮选法和全油浮选法。20世纪初，泡沫浮选法应用于选别有色金属和黄金矿。1922年，用氰化物抑制闪锌矿和黄铁矿，发展出了优先浮选法。

浮选法的发展促进了黄金选矿业的发展，特别是为脉金矿的利用和在有色金属矿石中综合回收黄金创造了条件。目前，浮选法已成为处理金矿石生产黄金的重要工艺。我国许多脉金矿山选矿厂或是以浮选工艺为主或是以单一浮选工艺装备起来的。浮选厂的金回收率达到90%以上且可综合回收以金为主的低品位多金属。

5.4.1 浮选概念与原理

浮游选矿简称浮选，是根据矿物表面物理化学性质的不同，对磨碎的固体矿物进行湿式选别的一种方法。现在工业上普遍采用的浮选法是泡沫浮选法，它是在由水、矿粒和空气组成的矿浆（悬浮液）中浮出固体矿粒，将湿磨至指定细度的矿粒借助于各种浮选药剂的作用，使欲浮矿粒黏附于气泡，借气泡的浮力被携至矿浆表面，不与气泡黏附的矿粒留在矿浆中，由此实现有用矿物的分离与富集。其利用的是欲浮矿粒对浮选药剂的选择性能，实质上是利用各种矿物表面物理化学性质的差异进行分选。在浮选过程中使用浮选药剂只调整或改变矿物的表面性质而不改变其本身的化学组成和性质，因此浮选是一个物理选矿过程。

使有用矿粒与气泡黏附形成泡沫产物的浮选称为正浮选，使脉石颗粒与气泡黏附形成泡沫产物的浮选称为反浮选。生产实践中多采用正浮选，通常所说的浮选如不特别指明即为正浮选。对于多金属矿石的浮选有两种方法：一种是将其中的有用矿物依次选入泡沫产品中，称为优先浮选；另一种是将所有的有用矿物同时选入泡沫产品，然后再把混合精矿中有用矿物逐一分开，称为混合浮选。

金是一种易浮矿物，所以浮选一直是处理含金矿石的有效方法之一。在原生金矿床中，金矿物常与黄铁矿、黄铜矿、方铅矿、闪锌矿、毒砂等硫化物共生。这些矿物同是易浮矿物，并能形成稳定泡沫，是金矿物最理想的载体矿物。通过浮选可以最大限度地使金富集到硫化物精矿中。浮选法主要用于处理脉金矿石。砂金矿石用浮选法亦能处理，但由于它采用成本低的重选法可经济地回收，因而在工业生产中很少用浮选。浮选法适于处理中、细粒嵌布的或与有色金属伴生的金矿。对于粗粒嵌布的矿石，当金粒大于0.2mm时，浮选法很难处理，因此粗粒单体金宜采用重选或混汞法回收，而对于微细粒金及含泥、氧化程度高的复杂金矿石多用化学提金法来处理，所以浮选与重选、氰化等组成联合流程是合理途径。对难以获得必要浮选条件的矿石，比如不含硫化物的石英质含金矿石，调浆后很难获得稳定的浮选泡沫，采用浮选法有一定困难。在经济指标方面，由于浮选需要较细磨矿且要消耗大量药剂，所以浮选法的选矿成本较重选和混汞法高。

浮选原理研究的中心是矿物的可浮性，它是以矿物表面的物理化学性质为基础的。对这些理论知识了解后，就可对浮选过程进行分析。掌握各种矿物间分离的条件，确定适宜的工艺流程。

5.4.1.1 矿物的可浮性与浸润性

在浮选过程中，分散在矿浆中的矿物能够有选择性地附着在气泡上，自然金、黄铁矿、黄铜矿、方铅矿等颗粒很容易同气泡附着，并且一起浮到矿浆表面；而另一些矿物，如长石、石英、方解石等脉石矿物颗粒，很难和气泡附着，不能被悬浮。这种现象的根本原因就是矿物的可浮性不同。矿物在水中这种天然易浮或难浮的性质称为矿物的天然可浮性。矿物天然可浮性的差异是矿物表面对水的润湿性不同造成的。所谓润湿性，是指矿物能被水浸润的程度，即矿物表面对水的亲和能力，也可称为对水的亲疏性。不同矿物表面所表现的这种对水的亲、疏不同的性质，可用图5.17表示。

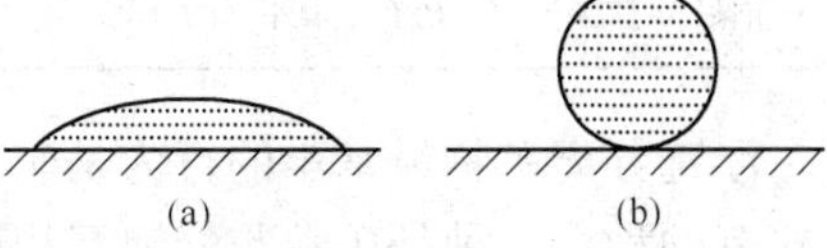

图5.17 水在不同矿物表面的润湿现象
（a）亲水性物质；（b）疏水性物质

矿物表面对水的亲和能力首先取决于矿物表面的物理化学性质，而其表面物理化学性质又取决于矿物本身的化学组成和晶格构造。不同元素的质点在构成矿物结晶时可以处于离子状态、原子状态和分子状态，所处的状态不同彼此结合成晶格的键力也就不同。离子键和共价键键力比较强，而金属键和分子键比较弱。因此，当具有离子晶格和共价晶格的矿物经破碎后，其断裂面暴露出来的残余键力就比较强，键力强则对水分子的亲和力就大，该矿物就比较难浮；当具有分子晶格和金属晶格的矿物经破碎后，其断裂面暴露出来的残余键力就比较弱，键力弱则对水分子的亲和力就小，该矿物就比较易浮。

表5.4列出了一些代表性矿物在水中自然可浮性的顺序。由表可知，一般常见矿物的自然可浮性较小，需要经过浮选剂的处理才能浮选。

表5.4 矿物自然可浮性顺序

可浮性次序	举 例	结晶构造
大	(1) 萘、石蜡；(2) 碘、硫	分子晶格
中	(3) 石墨；(4) 辉钼矿	片状晶格；断裂面以分子键为主
小	(5) 自然金；(6) 方铅矿、黄铁矿	金属晶格半金属晶格
	(7) 萤石；(8) 方解石	单纯离子晶格复杂离子晶格
	(9) 云母；(10) 长石、石英	层状离子晶格其他晶格

5.4.1.2 矿物可浮性的调节与浮选分离过程

在实践中，矿物只要加入硫代化合物类浮选剂就会变得很好浮，这就是矿物浮选性能的可调节性。对于其他非待浮矿物，如果不是亲水的也要设法使其能被水润湿。矿物可浮性的可调节程度见表5.5。

表5.5 矿物可浮性分类及可调节程度

类 别	主要矿物	可浮性	
		天然	可调节的程度
有色金属硫化矿物	铜、铅、锌、汞、镍、锑、铁、钴、铋、砷的硫化物及自然金、银、铜等	较好	用黄药、黑药等药剂后可浮
有色金属氧化矿物	铜、铅、锌的碳酸盐和硫酸盐，白铅矿，铅矾，菱锌矿，孔雀石，菱钴矿，锑华，铬华	差	冷化后，用黄药可浮，也可用酸碘药剂后可浮
非极性矿物	石墨、硫、滑石、辉钼矿、石蜡	好	易浮
极性矿物	其晶格中包含有钙或镁的阳离子、磷灰石、萤石、方解石、白钨矿、重晶石、石膏、白云石等	差	用油酸后可浮
可溶性盐类	食盐、钾盐、硼砂	差	在饱和溶液内显固态的条件下，加药剂可浮
氧化物、硅酸盐及铝硅酸盐类	石英、刚玉、金红石、赤铁矿、磁铁矿、褐铁矿、锡石、正长石、白云石	差	在较低酸碱度下，用胺类药剂可浮

浮选分离矿物最基本的行为是矿粒向气泡的附着。在浮选矿浆中，矿粒与气泡附着的方式有两种：一种是矿粒与气泡互相碰撞而附着；另一种是溶解在水中的气体，在压力降低的情况下析出微泡，直接在矿粒表面附着。

矿粒与气泡接触并附着的过程实质是矿粒—气泡这一物质体系表面自由能变化的过

程。矿物表面自由能是受矿粒物理化学组成及结晶构造决定的，而气泡表面自由能主要是由于水化膜分子（气泡表面的起泡剂是表面活性物质，它的极性基向水，使气泡表面也能产生一层水化膜）处于一种力的不平衡状态储备起来的，是每增加单位表面积所需的功。根据热力学第二定理，一切物体或物质体系都尽量使它的表面自由能减至最小限度，凡是使体系自由能减小的过程就会自动进行。所以当矿粒与气泡碰撞后能不能实现附着，关键取决于矿粒表面与气泡表面自由能能否降低。

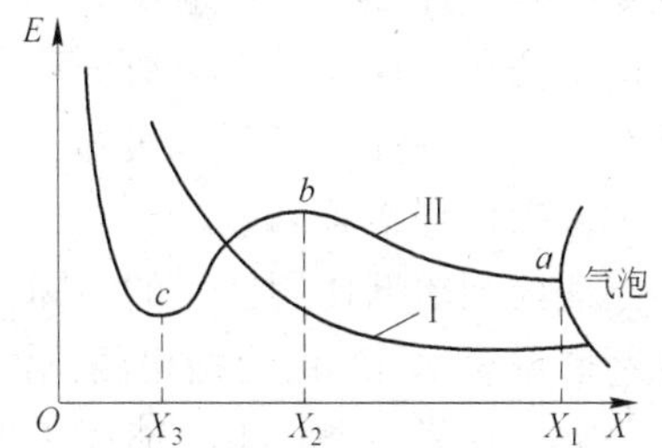

图 5.18　水层厚度与表面自由能关系曲线
Ⅰ—亲水性矿粒；Ⅱ—可浮性矿粒；
E—体系表面能；X—矿粒与气泡距离

在浮选过程中，浮选机的搅拌作用和矿粒的下落引起矿粒与气泡的碰撞和接触。当矿粒与气泡逐渐靠近时，首先是气泡表面的水化层和矿粒表面水层开始接触，图 5.18 中 OX_1 即为这两层水膜的厚度。这时体系界面能处于 a 点，欲使矿粒进一步和气泡靠近，需通过外加的力打乱两层水膜里定向排列的水分子。可浮性矿粒在外加力作用下，体系界面能可以上升至能峰 b 点，水化层厚度减薄至 OX_2。这时由于水化层中的水分子排列顺序已被打乱，必须重新排列，因此分子间的吸引力在这个时候起主导作用，于是矿粒与气泡凭本身的作用力自发靠近，水化膜很快变薄。体系界面能越过能峰，从 b 点自动降低至最低点 c。矿粒与气泡距离移至 OX_3，至此水化膜破裂，成为残余水化膜留在矿粒表面上，而矿粒和气泡紧密结合实现了附着。

亲水性矿粒由于它的表面对水分子具有较强的亲和力，水层分子紧密牢固地附着在矿粒表面，其排列顺序即使在外力作用下也难以打乱。所以亲水性矿粒向气泡靠近时，体系界面能不断上升，过程不能自发进行，水化膜成为矿粒与气泡进一步靠近的障碍，所以亲水性矿粒难于附着到气泡上。

由上述可以看到，在实现气泡与矿粒附着之前需要一定时间完成水化膜的减薄和破裂，这段时间称为附着时间。同时在浮选矿浆中被强烈搅拌着的矿粒与气泡发生碰撞时又有一段碰撞接触时间。矿粒要想实现跟气泡附着必须附着时间小于接触时间。附着速度越快矿粒随气泡上浮的可能性越大。决定矿粒与气泡附着速度的因素是矿粒表面性质、矿粒粒度和气泡尺寸等。

要使矿化气泡能够上浮到矿浆顶部的泡沫层中，仅靠矿粒与气泡附着在一起是不够的，还要防止矿化气泡在上浮过程中因受到机械作用力而使矿粒从气泡上脱落，这就要求矿粒在气泡上的附着有一定强度。附着强度与附着面积、矿物润湿接触角的大小有直接关系。附着面积、接触角越大，附着强度越大，矿粒越不易从气泡上脱落，浮选越易进行。

5.4.2　浮选药剂

由于自然界产出的矿物除极少数具有良好的天然可浮性（疏水性）外，绝大多数矿物都显示出不同程度的亲水性，天然可浮性很差，单纯依靠它们的天然可浮性差异难以达到浮选分离的目的。因此，必须人为改变矿物表面的浮选性质。通过各种浮选药剂的作用，就可改变和控制矿物可浮性并提供适宜的浮选条件，达到有用矿物与脉石以及有用矿物之间分离的目的。因此，使用浮选药剂是浮选工艺一个重要的有效手段和特征。通过药物调节矿物表面的浸润性，可以把一些不可浮的或不易浮的矿物转变为易浮，也可以将一些易浮的矿物转变为难浮。同时还有一些药剂可以加强空气在矿浆中的弥散程度，增强泡沫的稳定性，消除矿浆中危害浮选的离子，以保证浮选过程的顺利进行。

在浮选过程中使用的浮选药剂，应具备较好的选择性。理想的情况是某种药剂仅对某种矿物有特效，这样就能提高矿物分离的效果。因此，药剂的选择性是衡量其功效、性能的重要因素。此外，一种适用的浮选药剂，还应效能高、容易获得、无毒、价格低、用量少、便于使用、性能单一、成分稳定、不易变质。通常浮选药剂都比较昂贵，需用量大，并具有一定的毒性。因此，实际应用时，除考虑应取得最佳分离指标外，还应考虑防止污染及工人操作环境等因素。

浮选药剂依据作用性质的不同，一般可分为捕收剂、起泡剂、调整剂三大类。常用的浮选药剂见表5.6。值得指出的是浮选药剂的分类是有条件的，某种药剂在一定条件下属于这一类，在另一条件下可能属于另一类。例如，硫化钠在浮选有色金属硫化矿时是抑制剂，而在浮选有色金属氧化矿时是活化剂，当用量过多时它又是抑制剂。此外，一种药剂在一浮选过程中也可同时起几种作用。例如，石灰既可调整矿浆 pH 值，又可抑制黄铁矿等。

表 5.6 选金常用浮选药剂

药剂名称	用途	用量/$g \cdot t^{-1}$	说明
乙基黄药	含金硫化矿捕收剂	50～200	选择性较好
丁基黄药	含金硫化矿及氧化矿捕收剂	40～150	捕收性强
甲酚黑药	含金硫化矿及氧化矿捕收剂	30～150	有起泡性能，选择性好，常与黄药共用
油酸	金-铜氧化矿捕收剂	100～300	选择性较差
丁基铵黑药	硫化矿辅助捕收剂	50～150	有强起泡性能，可代替起泡剂使用
2号油	起泡剂	40～150	组成比较稳定
松油	起泡剂	40～150	组成与2号油相近，但不稳定
樟油	起泡剂，可代替松油使用	60～120	白樟油选择性好，蓝樟油兼有捕收能力
甲酚酸	起泡剂	25～150	有毒、易燃、有腐蚀性
淀粉	含金矿石脉石抑制剂	500～2000	
重吡啶	起泡剂	50～100	兼有捕收性能，选硫化矿时可降低捕收剂用量
石灰	介质调整剂，强碱，对黄铁矿、金有抑制作用	1000～10000	使用时调成石灰乳，也可直接加入磨矿机
硫化钠	含金氧化矿硫化剂，各种硫化矿抑制剂	20～2000 有时 1000～2000	对金有抑制作用，分批添加效果好
碳酸钠	弱、中碱性矿浆调整剂	100～1000 或更高	
硅酸钠	硅酸盐及其他脉石矿物抑制剂，矿泥分散剂		
糊精	含金矿脉石抑制剂	100～300	
3号凝集剂	多用于精矿浓缩过滤作业	200g/m^3	商品为含8%聚丙酰胺胶状物

续表5.6

药剂名称	用　途	用量/g·t^{-1}	说　明
过氧化氢	在碱性矿浆中作黄铁矿、方铅矿抑制剂		
硫　酸	黄铁矿抑制剂，酸性矿浆调整剂		
硝酸铅	用黄药浮选辉锑矿活化剂	200~700	
醋酸铅	用黄药浮选辉锑矿活化剂		
硫酸铜	辉锑矿、闪锌矿、黄铁矿活化剂	100~500	
硫酸锌	闪锌矿抑制剂	100~400	
氰化物	硫化铁、硫化锌、硫化铜矿抑制剂，对金有强抑制作用，溶解金	10~100	选金实践中 NaCN 与石灰合用抑制黄铁矿
重铬酸钾	方铅矿、黄铁矿抑制剂		
亚硫酸钠	方铅矿、黄铁矿抑制剂	100	
二氧化硫气体	国外广泛用作含金黄铁矿活化剂		兼作介质调整剂

过去，浮选厂主要使用三种药剂：丁基黄药为捕收剂，2号浮选油为起泡剂，石灰为调整剂，俗称“老三样”。近代，全国范围内浮选药剂的品种不断扩大，黄金浮选厂使用的捕收剂除了丁基黄药以外，已在一定范围内应用丁基铵黑药、戊基黄药等，个别选厂已应用酯-105、35号捕收剂、煤油等。浮选混合应用捕收剂已成为普遍的用药制度。起泡剂目前仍以2号浮选油为主，醚醇起泡剂、11号油在个别选厂得到应用。调整剂除了石灰以外，硫酸铜、硫化钠、硫酸铵及硫酸氢铵等药剂在少数选厂也得到应用。从矿石实际性质出发，采用灵活的多品种的药剂配合，往往可以显著提高浮选技术指标。

5.4.2.1　捕收剂

捕收剂是改变矿物可浮性最关键的一类药剂，它能在有用矿物表面生成疏水薄膜，提高矿物的疏水性，有利于矿物颗粒与气泡附着。捕收剂是一种异极性物质，它的一端为极性基，另一端为非极性基。当药剂与矿粒表面作用时，极性基吸附在矿物表面上，而非极性基朝向外，减弱了水分子对矿物表面的亲和力，提高了矿物表面的疏水性。

根据药剂矿物表面作用的极性基不同，捕收剂可分为阴离子型（硫代化合物类、烃基酸类）、阳离子型（胺类）、两性型、非离子型（脂类、多硫化物）和非极性捕收剂（油类）。硫代化合物类捕收剂主要有黄药、黑药、硫醇等，常用于浮选自然金属、有色金属硫化物和硫化后的氧化矿。烃基酸类捕收剂有油酸、氧化石蜡皂等，常用于浮选氧化矿、碱土金属矿、硅酸盐矿等。胺类捕收剂主要用于浮选石英和铝硅酸盐矿石。油类捕收剂包括煤油、变压器油、太阳油，用来浮选具有自然疏水性的矿物，如辉钼矿、石墨、自然硫等，也可以作为辅助捕收剂浮选自然金。选金厂常用的捕收剂有黄药、黑药、丁基胺黑药等。

（1）黄药。黄药是浮选含金硫化物最常用的捕收剂，化学成分为烃基二硫代碳酸盐（ROCSSMe），其中 R 为 C_nH_{2n+1}类烃基，Me 为金属钠或钾。它是一种淡黄色粉末，具有刺激性臭味，有一定毒性，溶于水，易氧化。使用黄药作捕收剂时，必须调整矿浆的 pH 值在7以上，如果在酸性矿浆中使用，必须适当增大用量。浮选实践证明，长链烃高级黄药的捕收能力比低级黄药强。处理含金硫化矿时，黄药一般用量在10~15g/t，具体用量取决于浮选矿石性质、矿浆浓度等，随金属品位和矿石氧化程度的提高而增加，随矿浆浓度的提高而减少。

（2）黑药。黑药化学名称为烃基二硫代磷酸盐，通式为$(RO)_2PSSH$。常用的黑药烃基为甲酚、二甲酚以及各种醇类。甲酚黑药由甲酚和五硫化二磷在加热情况下反应生成，为黑褐色的油状液体，有刺激性臭味。

黑药除能起捕收作用外，还具有起泡作用，含游离甲酚越多，起泡能力越强。

（3）丁基胺黑药是一种阴离子捕收剂，为白色固体，无臭，有起泡性，对含金石英脉矿石选别效果很好。它由于具有捕收和起泡两种性能，所以在一些选金厂中可代替 2 号油与黄药一起使用。

此外，烃基酸类捕收剂可以用来选别氧化金铜矿石；非极性的碳氢油如煤油、变压器油、太阳油，在选金时可作辅助捕收剂用。

5.4.2.2 起泡剂

浮选时泡沫是空气在液体中分散后的许多气泡的集合体。浮选泡沫对气泡的数量、大小及强度有一定的要求。气泡要有一定的强度，能在浮选过程中保持稳定；尺寸大小要适当，一般以 0.2～1mm 为好。在浮选过程中泡沫是矿粒上浮的媒介，气泡过大，气液界面面积小，附着矿粒少，浮选效果低；气泡过小，则由于上浮力小而携带矿粒上浮速度慢，浮选效果也不好。

起泡剂的作用，是使空气在矿浆中分散成微小的气泡并形成较稳定的泡沫。起泡剂分子在矿浆中以一定的方向吸附在气液界面上，形成一层水化膜，防止气泡兼并，并使气液界面表面能降低，泡壁间水层不易减薄，气泡不易破裂，加强了泡沫的稳定性。

选金厂常用的起泡剂有 2 号油、松油、樟油、重吡啶、甲酚酸等。2 号油是最常用的浮选起泡剂，其起泡性能和浮选效果好，为淡黄色油状液体，有刺激性，在选别含金矿石时，用量一般为 20～100g/t。樟油可代替松油使用，选择性能好，多用于获取高质量精矿及优先浮选作业。甲酚酸、重吡啶都是炼焦工业副产品，是常用的起泡剂，也用于选金。

实践表明，起泡剂用量不宜很大。起泡剂的浓度与溶液表面张力及其起泡能力的关系如图 5.19 所示。开始时增大起泡剂浓度，溶液的表面张力降低得较明显、起泡能力显著增大。起泡能力达到峰值后再增大起泡剂浓度，表面张力变化较小，但起泡能力反而下降。可见，溶液的起泡能力不完全在于表面张力的降低。起泡剂浓度达到饱和状态（*B* 点）时和纯水（*A* 点）一样，不能生成稳定的泡沫层。

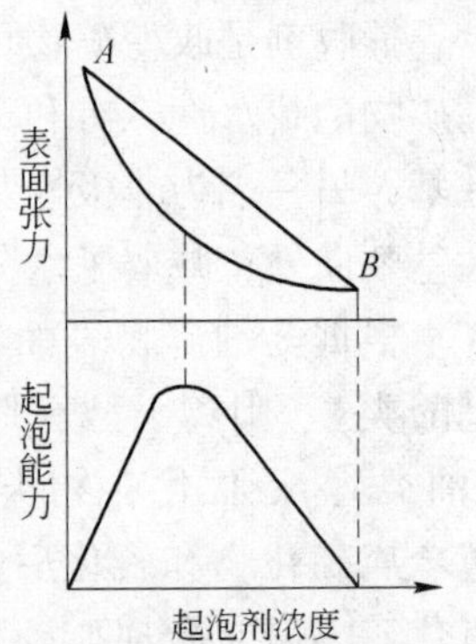

图 5.19 表面张力及起泡能力与起泡剂浓度的关系

5.4.2.3 调整剂

在浮选中，添加捕收剂和起泡剂后，通常可使性质相近的矿物同时浮游，但浮选工艺却要求分离出两种或多种产品，使这类产品中富集有一种或一组有用矿物。只用捕收剂和起泡剂难以达此目的，还需要一些调整矿物可浮性、矿浆性质的药剂，对浮选过程起选择性的调整作用。

调整剂按其在浮选过程中的作用可分为活化剂、抑制剂、介质 pH 值调整剂以及分散与絮凝剂。具体的调整剂属于哪一类，常常与作用的具体条件有密切关系，同一种药剂在某一条件下是活化剂，在另一条件下却可能是抑制剂。

A 抑制剂

抑制剂能够从矿物表面或溶液中除去活性离子，在矿物表面吸附形成亲水薄膜或在矿物表面形成亲水胶粒而产生抑制作用。抑制矿物的几种方式如下：

（1）消除溶液中的活化离子，使矿物得到抑制。如石英在 Ca^{2+}、Mg^{2+} 活化下能被脂肪酸浮选。若在浮选前加入苏打，使 Ca^{2+}、Mg^{2+} 生成不溶性盐沉淀，就消除了它们的活化作用，使石英失去了可浮性。

（2）消除矿物表面的活化薄膜。用氰化物溶去闪锌矿表面的硫化铜薄膜，使闪锌矿失去可浮性，达到被抑制的目的。

（3）使矿物表面形成亲水性薄膜，增强矿物表面的亲水性，削弱其对捕收剂的吸附活性。形成抑制性亲水薄膜有几种情况：

1）形成亲水的离子吸附膜，如矿浆中存在 HS^- 和 S^{2-} 时，可使矿物表面形成亲水的 HS^- 或 S^{2-} 吸附膜。

2）形成亲水的胶体薄膜，硅酸盐矿物表面吸附硅酸胶粒后，形成亲水的胶体薄膜达到抑制作用。

3）形成亲水的化合物薄膜，方铅矿表面形成亲水的 $PbCrO_4$ 薄膜，使得方铅矿被重铬酸盐抑制。

选金厂常用的抑制剂有石灰、氰化物、硫化钠、重铬酸盐。对脉石的抑制剂有水玻璃、淀粉等。石灰对黄铁矿有较强的抑制作用，氰化物是黄铁矿以及硫化铜、闪锌矿等常用的抑制剂，同时对金也有抑制作用。但由于氰化物能溶解金银等贵重金属，因此在浮选金银矿物时，一般不采用氰化物作抑制剂，以避免金的损失。上述的作用并不是孤立存在的，某些药剂往往互相配合使用才能有效地实现抑制作用。

B 活化剂

活化剂可以改变矿物表面的化学组成，形成能促使捕收剂附着的薄膜，提高矿物的浮游能力。同时活化剂还可除去矿物表面的抑制性薄膜，恢复矿物原来的浮游活力。活化剂一般通过以下几种方式使矿物得到活化：

（1）在矿物表面生成难溶的活化薄膜。例如，白铅矿难以被黄药浮选，但经硫化钠活化作用后，在白铅矿表面生成了硫化铅的活化膜，从而很易于用黄药浮选。

（2）活化离子在矿物表面的吸附。例如，纯的石英不能被脂肪酸类型捕收剂浮选，石英吸附 Ca^{2+}、Mg^{2+} 后借 Ca^{2+}、Mg^{2+} 对脂肪酸的吸附活性，使石英得以浮选。

（3）清洗掉矿物表面的亲水薄膜。例如，在强碱性介质中，黄铁矿表面生成了亲水性的 $Fe(OH)_3$ 薄膜而不能被浮选。用硫酸除去黄铁矿表面亲水薄膜后而得到浮选。

（4）消除矿浆中有害离子的影响。当硫化矿浮选时，若矿浆中存在 S^{2-} 或 HS^-，硫化矿往往不能被黄药浮选，只有当矿浆中这些离子消失并出现游离氧时才能被浮选。

实践中可作为活化剂的有有色重金属可溶性盐（如硫酸铜等）、碱土金属和部分重金属阳离子、硫化钠和可溶性硫化物等。金选厂中常用活化剂有硫化钠、硝酸铝、硫酸铜等。有的活化剂也有抑制性能，比如硫化钠既可活化含金氧化矿，又可抑制金和硫化矿物。因此在浮选过程中，对活化剂要进行合理地选择和添加。

C 介质pH值调整剂

介质pH值调整剂主要用来调整矿浆pH值和其他药剂的作用活度，消除有害离子的影响，调整矿浆的分散与团聚。介质（矿浆）pH值是浮选的一个重要工艺参数，矿物通常在一定的pH值范围内才能得到良好的浮选。调整介质的pH值，一般起到以下作用：

（1）调整重金属阳离子的浓度。重金属阳离子通常可以生成氢氧化物沉淀，它的溶度积为常数，提高介质的pH值可以显著降低金属阳离子的浓度。如果该重金属阳离子是有害离子，增大pH值可以减少它的有害影响。

（2）调整捕收剂离子浓度。捕收剂在水中呈分子或离子存在的状态与介质的pH值有密切关系。当弱酸或碱的盐作为捕收剂加入矿浆时，捕收剂就会随溶液的pH值而水解成不同组分。

（3）pH值影响矿物表面电性。各种矿物在水溶液中具有自己的零电点（或等电点）。对于各种氧化矿物，H^+和OH^-是其定位离子，当pH值高于零电点时，矿物表面带负电；当pH值低于零电点时，表面带正电。

（4）pH值影响捕收剂与矿物之间的作用。捕收剂离子与矿物表面之间的作用与矿浆的pH值有密切关系。捕收剂阴离子与OH^-可以在矿物表面产生竞争。pH值愈高，OH^-浓度愈大，愈能排斥捕收剂阴离子的作用。在一定的捕收剂浓度下，矿物开始被OH^-抑制时的pH值称为矿物的临界pH值。不同矿物的临界pH值不同。浮选实际矿石时，临界pH值是一个范围，同一种矿石中同一矿物的可浮性常存在一些差异。

鉴于金浮选厂普遍使用石灰作为pH值调整剂，而对石灰抑制金的有关情况研究和介绍较少，金镜潭、刘滨蝉等（1994年）曾在实验室中用气泡接触法测定了金的临界pH值曲线（见图5.20）。从图5.20可以看出：

1）碱对金存在着抑制作用，几种矿物被碱抑制的顺序是：黄铁矿 > 方铅矿 > 黄铜矿 > 金，这与四种矿物的可浮性递增顺序相一致，说明金与硫代类捕收剂作用力强，不易被抑制，易于浮选；

2）碱对金的抑制是由OH^-引起的，与碱的种类无关，没有发现石灰的抑制作用比氢氧化钠强，因此，没有发现所谓“石灰强烈抑制金”的现象；

3）测定的结果提供了黄药浮金临界pH值范围，对乙黄药pH值小于11，对丁黄药pH值小于12，与金浮选生产实践基本相符。

（5）pH值影响矿泥的分散与凝聚。生产中应用的pH值调整剂也是矿泥的分散或凝聚剂。

（6）pH值影响抑制剂的浓度。一些抑制剂由强碱和弱酸构成，在水中可以水解，所以介质pH值的高低将直接影响它的水解程度。

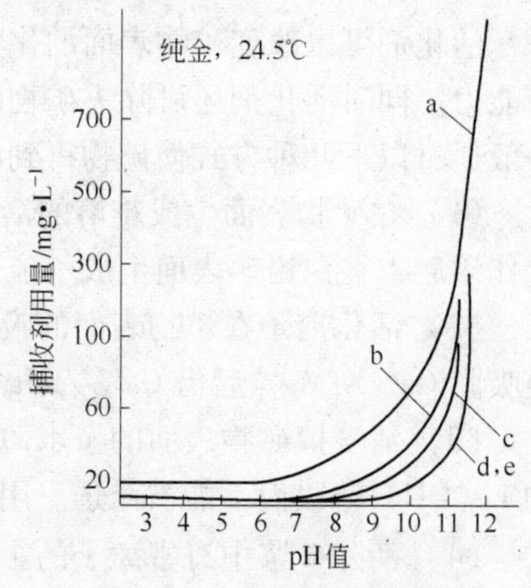

图5.20 不同条件下金浮选临界pH值曲线

a—乙二钠黑药，NaOH；b—乙黄药，NaOH；c—乙黄药，CaO；d—丁黄药，NaOH；e—丁黄药，CaO

D 分散与絮凝剂

为了使矿浆处于分散状态必须加入分散剂。分散剂作用的共同特征是使矿粒表面的负电性增强，增大矿粒之间的排斥力，并使矿粒表面呈强的亲水性。必须强烈分散矿泥时要在加入分散剂前加入苛性钠，使矿浆 pH 值升高，因为在强碱性介质中矿泥才具有高的分散性。

生产中使用最广泛的分散剂是水玻璃，因为它既廉价又有好的分散效果。水玻璃在水中生成 H_2SiO_3分子、SiO_3^{2-}和 $HSiO_3^-$及水玻璃胶粒，它们吸附在矿粒表面大大地增强了矿粒表面的亲水性。苏打既是碱，可以调节矿浆 pH 值，又具有分散作用。当要求矿浆 pH 值不十分高又希望分散矿浆时，苏打是一种有效的药剂。有时为了增强苏打的分散作用可以配合使用少量水玻璃。各种聚磷酸盐有分散作用，常用的有三聚磷酸盐（$Na_5P_3O_{10}$）和六偏磷酸盐（$(NaPO_3)_6$。木素磺酸盐、单宁等也有分散作用，但专门作为分散剂，生产中比较少用。

能使矿浆中细粒物料产生聚结现象的有三类物质：无机电解质（最常见的有石灰、明矾、硫酸铁和硫酸亚铁等）、有机捕收剂、有机高分子絮凝剂。有机高分子絮凝剂就其来源可分为天然和人工合成两种。属于天然的有淀粉、糊精、梭甲基纤维素等；属于人工合成的有聚丙烯酰胺及各种类型的水溶性高分子聚合物。由于合成的高分子絮凝剂具有絮凝能力强、用量少、价格低等优点，已广泛用于黄金矿山的选厂，应用于循环水澄清、尾矿水净化等。

5.4.3 浮选设备

浮选机是实现浮选的专用设备。浮选时，加药剂调和后的矿浆进入浮选机，在其中经搅拌和充气，使欲浮的目的矿物附着于气泡上，形成矿化气泡浮至矿浆表面成为矿化泡沫层，用刮板刮出或自行溢出即得泡沫产品，而未与气泡附着的矿粒形成非泡沫产品从槽底排出。浮选技术经济指标的好坏与浮选机性能有密切的关系。为此，浮选机除了必须保证工作可靠、连续运转、高效低耗、构造简单、易于维修等良好机械性能外，还需满足浮选的特殊要求：

（1）具有良好的充气作用。充气作用是浮选机的主要作用，泡沫浮选中气泡是疏水矿粒的运载工具，浮选机必须保证能向矿浆中压入（或自动吸入）足量的空气并使之弥散成大量尺寸适宜、均匀分布的气泡。充气量越大，空气弥散越好，气泡分布越均匀，则矿粒与气泡碰撞接触（气泡矿化）的机会也越多，浮选机的工艺性能也就越好。

（2）搅拌作用。矿粒在浮选机内的悬浮效果是影响气泡矿化的又一重要因素。为使矿粒与气泡充分接触，应该搅拌使全部矿粒都处于悬浮状态，并在机内均匀分布。搅拌还可促进某些难溶浮选药剂的溶解和分散。

（3）能形成平稳的泡沫区。在矿浆表面应保证能够形成比较平稳的泡沫区以形成一定厚度的矿化泡沫层。在泡沫区中，泡沫层既能滞留目的矿物，又能使一部分夹杂的脉石从泡沫层中脱落，即起着二次富集作用。

（4）便于调节。为实现连续生产，浮选机应有调节矿浆面、矿浆流动速度、泡沫刮出量等的装置。

此外，随着浮选工艺水平的提高，现代浮选机中还应满足一些新的要求。例如，为适应选厂自动化的要求，浮选机零部件使用寿命要长，其操纵装置应有程序模拟和远距离控制等功能；为适应处理大量低品位矿石的要求，应有大型高效浮选机。

浮选机的生产能力、充气性能、动力消耗、操作维护、选别效果（技术经济指标）是评价浮选机性能好坏的技术经济标准。

浮选机的种类繁多，可按充气和搅拌方式的不同分为机械搅拌式浮选机、充气搅拌式浮选机、充气式浮选机、气体析出式浮选机等多种类型。

5.4.3.1 机械搅拌式浮选机

在国内外的浮选厂中，机械搅拌式浮选机使用最为广泛。机械搅拌器是这类浮选机的关键部件，它直接影响矿浆的充气和搅拌程度。对机械搅拌装置的研究和改进一直受到重视。在我国的选厂中使用的机械搅拌式浮选机有国产 XJK 型浮选机、苏制米哈诺布尔（A）型、棒型浮选机等。国外还出现了不少具有独特结构的机械搅拌式浮选机，如维姆科型、瓦尔曼（棒型）、布斯浮选机等。在机械搅拌式浮选机中，维姆科 1 + 1 型浮选机（过去以法格古伦型浮选机而闻名）在国外已得到最广泛的应用。

目前，我国广泛应用的是国产 XJK 型浮选机。其构造如图 5.21 所示。XJK 型浮选机由槽体、叶轮、盖板和传动装置四部分组成。它属于一种带辐射叶轮的空气自吸式机械搅拌浮选机。这种浮选机由两个槽子构成一个机组，第一槽（带有进浆管）为抽吸槽或吸入槽，第二槽（没有进浆管）为自流槽或直流槽。各机组之间均设有中间室和控制闸门，形成“隔槽式”的槽体连接方式。叶轮安装在主轴的下端。主轴上端有皮带轮，通过电动机带动旋转，空气由进气管吸入。每一组槽子的矿浆水平面用闸门进行调节。叶轮上方装有盖板和空气筒（或称竖管）。此空气筒上开有孔，用以安装进浆管、中矿返回管或作矿浆循环，其孔的大小可通过拉杆进行调节。矿浆和空气两者混合，借叶轮转动产生的离心力，经盖板上的导向叶片被抛入槽中，使矿浆中的空气形成气泡，矿粒向气泡附着被带至矿浆表面，形成泡沫层，由刮板刮出即为泡沫产品，尾矿排至下一槽。

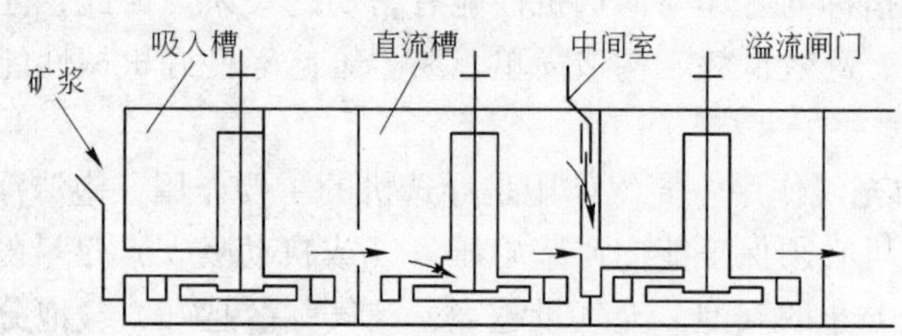

图 5.21 XJK 型浮选机示意图

浮选机的工作效率与充气量、搅拌强度、循环矿浆量、电能消耗等因素有关，其中又以充气量最为重要。实践表明，提高充气量可大大提高浮选机的生产能力，改善选别指标。影响浮选机充气量的决定性因素是叶轮和盖板的结构以及叶轮和盖板间的间隙。从结构上看，盖板导向叶片的倾斜方向与叶轮旋转方向一致，即和叶轮出口的主流方向一致，叶片倾斜度与半径成 55° ~ 65°，因而能减少流体出口时的水力损失，使自叶轮甩出去的矿流能够平稳畅通地扩散出去，并且在不过多增加电能消耗的情况下使吸气量增大。叶轮和盖板间的间隙大小对于浮选机的吸气量和电能消耗影响很大，要求间隙一般保持在 6 ~ 10mm。在生产实践中，由于安装的原因，更主要由于磨损、更换不及时而经常出现间隙过大现象。所以，在使用中必须注意间隙的调节和及时更换已经磨损的盖板和叶轮。为了提高这两个重要部件的耐磨能力，可选用耐磨材料铸造或采用衬胶的方法延长使用寿命。

为了控制吸气量的多少，在管体下部开有较大的循环孔，在盖板上也开设有许多小孔来改变矿浆的内循环。经过这些循环孔进入叶轮的矿浆能使混合流体（矿浆和空气）的相对密度增加；矿浆相对密度大，离心力相应增大，被叶轮抛出的混合流体径向速度必然加大。于是在叶轮盖板间形成较大负压，从而使浮选机获得较大吸气量。在实践中除依靠循环孔来调节充气量外，还可以通过提高叶轮转速来增大充气量。但转速不宜过大，转速过大则矿浆面不稳定，电能消耗增多也不经济。

XJK 型浮选机充气量大，生产能力大，检修方便，被新建造厂广泛使用。其最大缺点是叶轮盖板间隙很难保持不变，间隙一大，充气量骤然下降。叶轮机械搅拌式浮选机与浮选柱比较具有搅拌力强、药剂消耗少、可处理粗颗粒相对密度大的矿粒、能适应复杂流程、应用范围广、指标较稳定等优点。其缺点是构造复杂，功率消耗大，液面不稳定，充气量小等。

棒型浮选机经工业试验和生产实践证明，是一种综合技术经济指标较好的浮选设备，我国现已定型生产。

棒型浮选机的结构如图 5.22 所示。当主轴回转时，浮选机内产生负压，空气经中空主轴被吸入，并由浮选轮（斜棒叶轮）加以分割，弥散成泡。浮选机的强烈搅拌使空气与矿浆得到充分混合。这种浆气混合物在浮选轮的斜棒作用下，首先向前下方推进，然后在凸台（压盖）和弧形板稳流器作用下，在槽内均匀分布并呈“W”字形向上运动，达到浮选的目的。吸入槽吸浆的工作原理为立式砂泵的工作原理，借回转的提升轮产生压力。矿浆从槽底导浆管吸入并被提升至需要的高度。棒型浮选机有两种槽子：一种为浮选槽，只起浮选作用；另一种为吸入槽，除起浮选槽一样的浮选作用外，还有吸浆能力，作中矿返回再选之用。两种槽子的主要差别在于浮选槽下部没有吸浆装置。压盖由凸台来代替。选择设备时，浮选槽数量由处理量而定。吸入槽数量则根据浮选工艺流程而定。

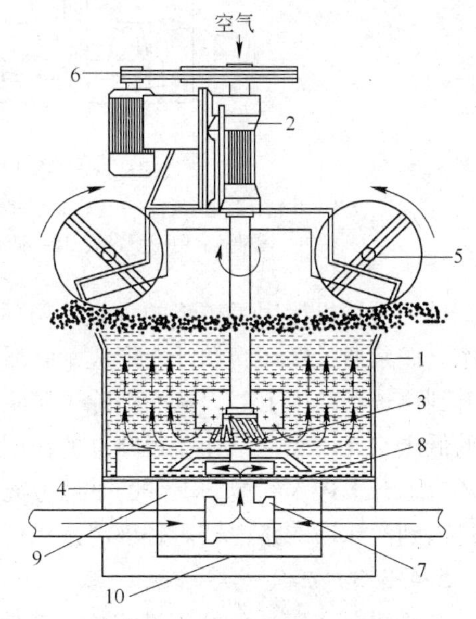

图 5.22　棒型浮选机示意图

1—槽体；2—主轴；3—浮选轮（斜棒叶轮）；4—稳流器；5—刮板；6—传动装置；7—提升轮；8—凸台（压盖）；9—底盖；10—导浆管

棒型浮选机与 XJK 型浮选机比较具有以下优点：

（1）浮选速度快，效率高，用于混合浮选时单位容积处理能力大。

（2）适应性广，选别指标较高，选别十几种不同性质的铅锌矿石都能获得较好的成绩。

（3）对于粗细粒级都能有效回收，特别是用于密度大、粒度粗的矿物选别时，能克服使用其他浮选机时的沉淀现象，获得较高的回收率指标。

（4）槽身浅，搅拌力强，充气量大，电力消耗省。

棒型浮选机的主要缺点是吸入槽结构复杂，检修不方便；分离浮选效果不如混合浮选好；由于有两种槽子，因此现场更改流程复杂。

5.4.3.2 充气搅拌式浮选机

充气搅拌式浮选机是目前在应用上仅次于机械搅拌式浮选机的另一类重要的浮选设备。其类型也较多，有 CHF-X $14m^3$ 型（双机构），丹佛 D-R 型、阿基泰尔型、OK 型等。其中 CHF-X $14m^3$ 和 $4m^3$ 型已在我国大型黄金矿山获得成功的应用。目前在世界上最普遍使用的是奥托昆普公司生产的压气机械搅拌式浮选机。

CHF-X $14m^3$ 充气搅拌式（双机构）浮选机（见图 5.23）是一种大型浮选机。该机由两槽组成一个机组，每槽容积 $7m^3$，两槽体背靠背相连，故又称为 $14m^3$ 双机构浮选机。其主要部件有主轴、叶轮、盖板中心筒、循环筒、总风筒等。整个竖轴部件安装在总风筒（兼作横梁）上。中心筒上部的给气管与总风筒相连，中心筒下部与循环筒相连。钟形物安在中心筒下端。盖板与循环筒相连，循环筒与钟形物之间的环形空间供循环矿浆用，钟形物具有导流作用。由上可见，该机除具有与一般叶轮式机械搅拌型浮选机相似的结构外，还设有供风筒和矿浆垂直循环筒。

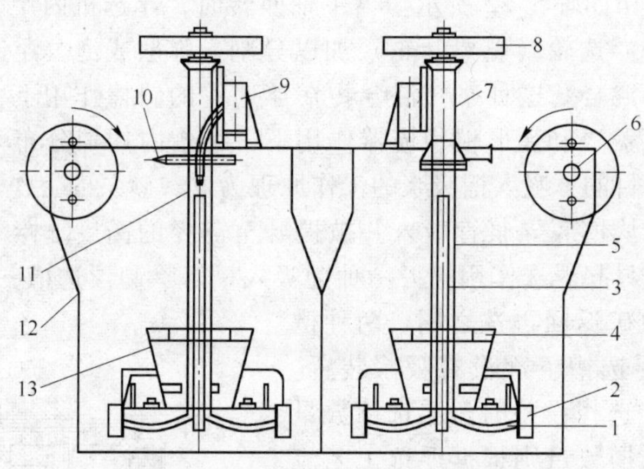

图 5.23 CHF-X $14m^3$ 充气搅拌式浮选机结构图

1—叶轮；2—盖板；3—主轴；4—循环筒；5—中心筒；6—刮泡装置；7—轴承座；
8—皮带轮；9—总气筒；10—调节阀；11—充气管；12—槽体；13—钟形物

这种浮选机运用了矿浆的垂直大循环和从外部特设的低压鼓风机压入空气来提高浮选效率。矿浆通过循环筒和叶轮形成垂直循环而产生上升流，把粗颗粒矿物和密度大的矿物提升到浮选槽的中上部，从而消除了矿浆在浮选机内出现的分层和沉砂现象。由鼓风机压入的低压空气，经叶轮和盖板叶片的作用，均匀地弥散在整个浮选槽中。矿化气泡随垂直循环流上升，进入到槽子上部的平静分离区后，使不可浮的脉石与矿化气泡分离。矿化气泡进入到泡沫层的路程较短是该浮选机的一个特点。

5.4.3.3 压气式浮选机

在单纯充（压）气式浮选机中，矿浆的充气和搅拌靠外部鼓风机压入空气来进行。根据压入空气的方式不同，压气式浮选机可以分为两类：空气经过导管压入矿浆称为气升式浮选机；透过多孔滤布或其他微孔材料将空气压入矿浆，这类浮选机目前在我国应用的主要是浮选柱。

浮选柱曾引起我国广泛的重视，于20世纪60年代初进行试验，以后用于生产，现已有定型设备。我国在浮选柱柱子的尺寸、数量、试验的规模等方面都超出国外的水平。

浮选柱是一种深槽型的压气式浮选机，与机械搅拌型浮选机的根本区别是无机械搅拌装置。其结构简单（见图5.24），主要由主体和充气装置构成，在柱体上部有给矿装置、泡沫刮板及流槽，在柱体下部的锥底装有尾矿排除管和空气提升装置。在柱体外部还装有测控充气量、充气压力和矿浆液面的装置。

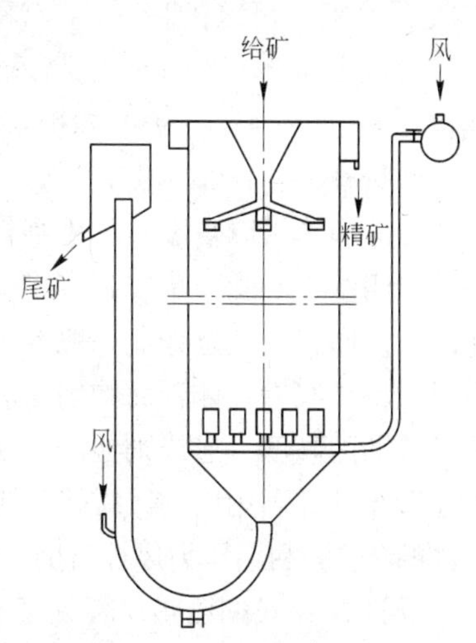

图5.24 浮选柱示意图

浮选柱工作时，矿浆从位于顶部的给矿器（也可从侧面引入给矿管）经给矿支管喷入柱内，沿柱体整个断面缓缓下降。同时具有一定压力的压缩空气经位于柱体下部的充气装置向柱内充气，大量微小气泡沿柱体整个断面徐徐上升。矿浆与气泡形成对流运动，矿粒与气泡充分接触。这时，可浮性矿物就附着在气泡上，浮至矿浆表面形成泡沫层，作为精矿自行溢出或用刮板刮出。不浮的脉石矿物落入柱体下部经锥体部分收集，从尾矿提升装置排出。其分选是采用“对流分选”原理，好处是：保证疏水性矿粒由上向下运动时有多次机会与上升的气泡碰撞黏附，有利于疏水矿粒的充分回收；由于浮选高度大，其上部受矿浆向下流运动的影响是极其微小的，平静的泡沫层不断反复富集，对提高精矿品位有利。

充气器是浮选柱的关键部分。它的作用是为浮选过程提供足够的风压和风量，形成大量适于浮选的气泡。充气器的工作原理是借助多孔介质将引入的压力风分散成大量气泡，并在充气的同时对矿浆进行搅拌。因此，充气装置工作情况的好坏将直接影响整个选别过程。决定充气器效果好坏的因素是：介质孔径、充气面积、充气器配置方式以及外部送风管路的风压、风量等，其中介质孔径的大小最主要。当充气器孔径变小，充气面积就减小，柱内风量不足，影响浮选泡沫。为保证柱内风量，需增大送风管路压力。而充气器孔径过大，不仅消耗风量大，而且矿浆面翻花，破坏选别过程。所以孔径无论过大或过小，都会影响充气效果。介质孔径的大小可以通过实验确定，但问题在于怎样才能使介质孔径在工作过程中保持不变。科学研究和生产实践表明，要做到这一点除了考虑矿浆性质（酸碱度、矿泥含量）和风压、风量等因素外，最根本的是选用理想的材质制作充气器。要求这种材质具备以下性能：具有一定强度，在适当的风压和矿浆压力作用下不碎裂、不变形，耐酸碱、不腐蚀；在工作过程中保持微孔畅通，不易堵塞；在高碱度矿浆中能克服“结钙”现象；充气平稳均匀，使用周期长。我国冶金工业工人和工程技术人员先后采用床石、苎麻、尼龙、陶瓷、天然橡胶、合成橡胶、微孔塑料等材质制作充气器进行试验研究，发现以沸腾油浸微孔塑料和丁腈橡胶这两种材质制作的充气器效果最好。这两种充气器基本上具备了前面提出的要求，已作为定型设备在我国选矿厂推广使用。充气器配置形式有管状炉条型及竖管型两种。竖管型配置较好，充气面积可以通过改变竖管高度调节，选别效果优于炉条型。

风压和风量是浮选柱选矿操作中的两个主要条件。一般情况下浮选柱操作所需风量为$2m^3/(m^2 \cdot min)$，波动范围$1.5 \sim 2.5m^3/(m^2 \cdot min)$，风压为$0.08 \sim 0.15MPa$。在实际生产中，应根据柱体高度、矿石性质和选别作业条件的不同进行调节：选别粗颗粒、大密度的矿石，且矿浆浓度比较高时，风压和风量都要取上限；对于细粒物料、低浓度矿浆，所需风压和风量可以酌情减小。浮选柱适于处理粒度范围在0.015～0.074mm之间的物料，一般最好不大于0.2mm。在特殊情况下，采用“矮柱”（3～4m），加大风量，也可有效处理含30%为-74μm的粗粒物料。

浮选柱的柱体结构有方柱形、圆柱形、上方下圆形三种，其中，方形和圆形使用较多。圆柱形的泡沫可以自溢，不用刮板，柱壁受力均匀且抗张强度大。方柱制造简单，可安装刮板，但四壁中心受力集中，容易损坏。浮选柱的高度在4～8m之间，根据矿石性质和选别作业的条件而定，粗选作业一般6～8m，扫选5～7m，精选4～6m。浮选柱给矿装置在结构上应保证将矿浆沿柱体断面均匀喷洒。此外安装时要注意给矿管的插入深度要适当，过深则降低了选别区高度，过浅则泡沫层薄，不利于泡沫产品的二次富集。尾矿提升装置是根据U形连通管原理并利用压力风减轻矿浆密度使尾矿得以提升。利用压差提升的高度最好不要超过柱高的2/3。利用压力风提升时，最好在尾矿管路最高处设置一个承矿箱让气体逸出。

浮选柱在我国已被广泛用于选别有色金属硫化矿、含金硫化矿、铁矿和煤、磷、萤石等非金属矿。浮选柱与机械搅拌式浮选机相比，其优点是：构造简单，易制作，占地面积小，基建费用低，上马快，适于新建和扩建的中小型选矿厂采用；选矿富集比大，处理量较大，工艺流程简化、在处理易选矿石时，一般只要进行粗选和扫选就可代替全部浮选作业；操作、检修方便，容易实施自动控制；易损备件少、耗电少。其缺点是工作不够稳定，压缩空气消耗量大，药剂用量较大，精矿品位较低，检修时造成金属流失。

5.4.3.4 新型浮选机简介

近二三十年来，随着矿石品位的下降、能源供给的日趋紧张以及选厂规模（处理能力）的不断增大，浮选机不断朝着大型化、高效低耗及多样化的方向发展。目前，大型化浮选机已在世界各地的选厂取得了明显的技术经济效益，同时各种新型浮选机的研制和应用也都体现了节能高效的要求。针对不同的矿种或矿石性质研制专用的浮选机得到了加强，也体现了类型多样化的趋势。近些年来，适于粗粒的浮选设备也有进展。这里仅简介一些对于选金有实用价值的浮选机。

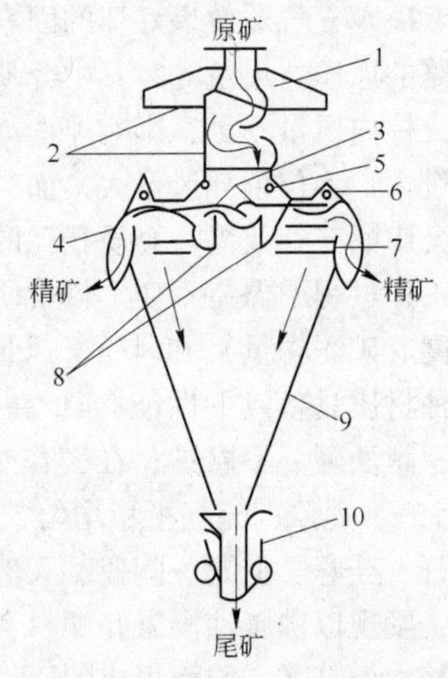

图5.25 泡沫分选机示意图
1—给矿槽；2—倾斜挡板；3—分配器；4—预充气槽；5—喷嘴；6—充气器；7—溢流堰；8—泡沫刮板；9—倒锥槽；10—阀门

A 泡沫分选机

泡沫分选机适用于选别粗粒（一般大于100μm）矿物，其结构如图5.25所示。

矿浆由上部引入，沿倾斜缓冲板下降进入充气器溜槽，经充分充气，水平溢流到泡沫床上边。一系列水平安置的泡沫器维持床上的泡沫，泡沫连续地被刮板移出。未矿化的矿粒随矿浆穿过充气器中间进入倒锥槽中，因重力从锥槽下部排出。靠高浓度给矿降低给矿紊流。这种浮选机有两个（精矿）泡沫排出口，每个1.6m长，它处理的固体给矿量达到50t/d，矿浆浓度50%～70%。充气器由橡胶管组成，每平方厘米有40～60个细孔，空气量是在11.5kPa的压力下被吹大的，总的空气消耗量不大于$2m^3/min$。这种浮选机可用于粗选、扫选、精选，这些设备可组装成列。把已经加药处理过的矿浆给入泡沫层上进行泡沫分离，可以解决粗粒矿物浮选问题，因为它具有以下特点：

（1）疏水性矿粒与泡沫层中大量密集的气泡相遇时，可以利用矿粒和气泡之间表面张力和惯性力矢量的作用，充分延长二者的接触时间。

（2）泡沫层能衰减矿浆的紊流和脉动，其本身床层非常平稳，因此能显著降低粗粒矿物从气泡上脱落的可能性。

（3）在气泡密集的泡沫层上，每个矿粒往往能和若干个气泡相接触，这就使它们有较长的接触周边并增大了对大密度粗粒的浮力。

（4）泡沫层对矿浆起过滤作用，保证了疏水性矿粒与亲水性矿粒良好的分离条件。

（5）它能分离的粒度比普通机械式浮选机要大得多（5~6倍）。

（6）适于处理任意浓度（固液比1∶1~1∶100）的矿浆，更宜于处理高浓度矿浆。

B 闪速浮选用SK型浮选机

20世纪80年代初，芬兰奥托昆普公司推出闪速浮选法（Flash Flotation），目的是快速回收粗磨后单体解离的粗粒有用矿物，使之免于再磨。为此设计出SK(Skim-air)粗粒充气机械搅拌式浮选机。该机槽体为圆柱形，槽底为圆锥形，环绕槽体有一环状粗粒精矿泡沫槽。该机可选别棒磨、球磨机排矿或旋流器分级的沉砂，这一点对黄金选厂回收粗粒金具有十分重要的实用价值。如将该机安装在粗磨矿机排矿口和分级机之间，既可尽早回收已解离的粗粒金，又解决了重选法生产不稳定、流程长和混汞法的汞毒污染等问题。

C 单槽浮选机和独立浮选柱

单槽浮选机实际上是机械搅拌式浮选机的一个槽。其结构特点在于：为了进浆和排除尾矿，槽的一侧要安装进浆管，另一侧安装排矿装置；由于单槽浮选机主要是设置在磨矿机排矿端，插入磨矿分级循环中用来回收粗粒重矿物（如自然金、方铅矿等），所以常在它的槽底装一个圆锥形水力捕集器。单槽浮选机安装在磨矿机排矿端，可直接处理磨矿机的排矿产品。为了避免过粗的矿粒、碎屑、铁钉落入浮选机内，常在磨矿机排矿口安装一个圆筒筛（筛孔尺寸通常是3mm）并随磨矿机一起旋转，筛上产品给入分级机，筛下产品则进入单槽浮选机。矿石在单槽浮选机内选别后，通常可得到三种产品：刮出的泡沫精矿、排至分级机的尾矿以及在槽底水力捕集器内的粗粒重矿物（如自然金、方铅矿、钨矿、锡石等）。

我国选金厂的工人和技术人员不仅成功地将浮选柱用于选金实践，还在磨矿分级回路中设计制作了“独立浮选柱”来回收游离金和金属硫化物。我国某选金厂在第一段磨矿分级的回路中安装了一个直径1200mm、柱高3100mm的自溢式“独立浮选柱”。给矿点距溢流堰高度600mm，充气量为$2m^3/(m^2 \cdot min)$，风压为0.1~0.15MPa，给矿浓度为55%，粒度-74μm占30%，给矿量为35~40t/h。当原矿品位为5.1g/t时，可获得金品位250g/t、回收率55%的浮选精矿。

D 新型浮选柱

浮选柱的分选原理虽易于被人理解，但长期以来其发展却是一直处于停滞状态。直到20世纪80年代才又重新引起人们的重视，有了较大的进展，突出的改进是解决充气器堵塞问题。在这方面英国已用于工业生产的一种称为浮罗太尔（Flotair）的浮选柱颇有新意，其结构如图 5.26 所示。

其充气特点是用充入带有气泡的压力水代替单纯的充入空气，即将带有起泡剂的、压力为 0.246 ~ 0.316MPa 的压力水通过吸气器引入空气形成气泡。将这种空气和水的混合物先充入两块穿孔压缩板下面的小室中，再通过压缩板将空气分散成泡沫后均匀地通过整个浮选槽断面流动，有利于消除充气器的堵塞。

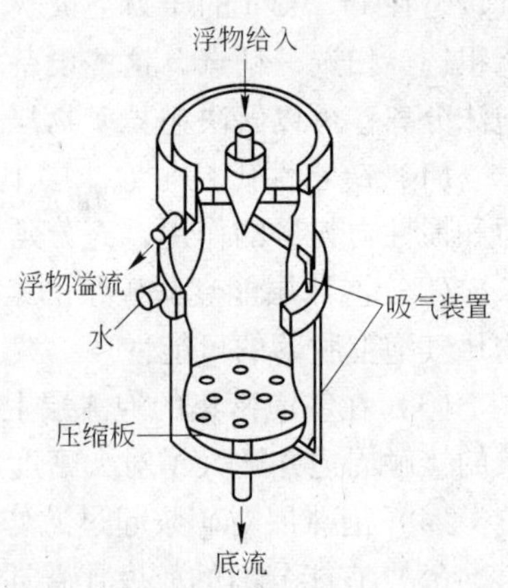

图 5.26 Flotair 浮选柱结构示意图

5.4.4 浮选工艺条件及工艺流程

5.4.4.1 浮选工艺条件

A 磨矿细度

矿石在浮选前加工成一定的粒度，其目的是让有用矿物与脉石基本上达到单体分离，尽量减少有用矿物与脉石的连生体。粗粒单体矿物还必须小于矿物浮游的粒度上限。一般硫化矿的浮选上限为 0.25 ~ 0.3mm；含金黄铁矿为 0.2mm；单体金应控制在 0.25mm 以下，其在大于 0.5mm 时，几乎无法浮游。矿粒在气泡上附着的牢固程度，主要与矿粒的疏水性及粒度的大小有关。可浮性相同的矿粒，粒度愈小（不小于 5μm），附着愈快愈牢固；粒度愈大，附着愈慢且愈不牢固。但矿石磨得过细，对浮选也有不利影响（即过磨泥化影响）。一般情况下，粒度小于 0.01mm 时浮选指标显著下降，粒度小于 2 ~ 5μm 时，有用矿物与脉石矿物几乎无法分离。

浮选粒度较粗时，可以采取以下几项措施：

（1）适当增大捕收剂用药量。

（2）增大充气量，促使产生较大的气泡，增加微泡析出量。

（3）在保证矿浆面稳定的前提下，适当地增强搅拌。

（4）提高矿浆浓度。

（5）采用迅速平稳的刮泡装置，缩短泡沫在矿浆面的停留时间。

浮选过程中如存在矿泥会降低粒矿品位，损失金属，增加浮选药剂的消耗，这是由矿泥的质量小、比表面大造成的。质量小的矿泥颗粒在矿浆中运动能量小，与气泡碰撞时，不易克服矿物与气泡之间水化层的阻力，难黏附在气泡上。泥化的矿物和脉石表面疏水性差别小，影响了物料的选择性。细泥是矿浆发黏的主要原因，减弱了矿粒与气泡附着后的二次富集作用。另外，满载矿泥的气泡，会阻碍粗粒矿物在气泡上的附着，抑制粗粒上浮。矿泥比表面大，表面活性很大，容易与各种药剂作用，造成了药剂的大量消耗。在浮选过程中，矿泥会使精矿泡沫过于稳定，从而加大了后续脱水作业的难度。当精矿采用氰化法提金时，会明显影响浸出、洗涤、置换等作业的效果。

为减轻矿泥对浮选过程的影响，一般可以采取以下措施：

（1）适当降低浮选浓度，减少矿浆黏度对浮选过程的不利影响。

（2）适当降低起泡剂的用量，少用或不用能使矿浆黏度增大的浮选药剂（如石灰、黑药等）。

(3) 选用合适的分散剂。

(4) 选用合适的絮凝剂，使矿物选择性絮凝。

(5) 如果矿泥明显影响粗粒矿物的浮选效果，可采用脱泥的方法去除矿泥或进行泥砂分选。

B 矿浆浓度

矿浆浓度是影响浮选指标的主要工艺参数之一，一般是用矿浆中固体含量的百分比来表示。随着矿浆浓度的增高，回收率也增高，但当浓度增到适宜程度时，再增高浓度，回收率反而下降。此外，浮选矿浆浓度对于浮选机的充气量、浮选药剂的消耗、水电的消耗、处理能力、矿石品位及浮选时间，都有直接影响。

最适宜的矿浆浓度，要根据矿石性质、矿石的粒度组成、所处的选别作业与浮选条件来确定。浮选密度较大或粒度较粗的矿物应采用较浓的矿浆。含金矿石通常选用较高的矿浆浓度进行浮选，这主要是为了适应金粒密度大的要求，增大矿浆浮力，减少粒度较粗的单体金在尾矿中的损失。但是，在处理嵌布粒度较细的含金矿石时，仍然适于采用较低的矿浆浓度。在浮选流程中，不同的选别作业，浮选浓度相差较大。常见的浮选浓度为25%～45%，有的高达50%以上。扫选作业由于混入了泡沫槽冲洗水，浓度一般略有下降，多为20%～40%。精选的目的主要是为了保证有较高的精矿品位，所以采用较低的浮选浓度，一般为15%～25%。对于有分离浮选的选矿厂，分离浮选的浓度比混合浮选控制得要低。因为精矿粒度较细（尤其是有精矿再磨的流程），且矿浆中有大量的（或过剩的）浮选药剂和被分离的矿物可浮性差别较小，不采用较低的矿浆浓度很难获得较好的分离效果。在稀矿浆中进行浮选时，药剂用量、水电消耗以及处理每吨矿石所需的浮选槽容积都要增加，这对选矿成本有影响。

黄金矿山分离出来矿泥，金的品位较高，不能作为尾矿废弃。如果是泥、砂分选，则矿浆浓度有较大的差别。矿泥单独浮选时，矿浆浓度控制较低，多数为15%～30%。

C 矿浆酸碱度

酸性矿浆会腐蚀设备，且很多浮选药剂（如黄药、油酸、松油等）在弱碱性条件下较为有效，因此大多数硫化矿是在碱性或弱酸性矿浆中进行浮选的。控制临界pH值就能控制各种矿物的有效分离，所以矿浆的酸碱度是浮选工艺的重要参数。

D 药剂制度

在浮选过程中，添加药剂的种类和数量、加药地点和加药顺序、药剂的配制方法等称为药剂的添加制度，常又称为药方。

(1) 药剂种类。浮选时采用药剂的种类是根据矿石可选性试验确定的。不同药剂在浮选过程中作用不同，即使是同一类型的药剂，往往也使用两种以上。例如，很多资料表明，捕收剂混合用药比单一用药好，这种现象称为“协同效应”。有关研究成果和生产实践表明，将丁基黄药和丁基胺黑药两种药剂混合使用，比单独加其中任何一种药剂都好，金的回收率都有明显的提高。

(2) 药剂用量。浮选药剂的用量是通过试验研究和现场经验确定的。在生产中，操作人员根据矿石性质和其他条件变化及时调整药剂添加量。

当捕收剂用量不足时，被浮选矿物表现疏水性不够，导致回收率下降；但捕收剂用量过大，有用矿物的回收率也不再提高，不仅造成了药剂的浪费而且由于捕收剂的过量，提高了欲抑制矿物的可浮性，降低了精矿品位。对于多金属矿物的浮选，前面作业捕收剂用量过大，会影响后面分选作业的效果，多表现在抑制剂用量需要增加（抑制困难）。

起泡剂用量要适当。用量不足时，泡沫量少，泡沫层不稳定，泡沫强度不够，导致回收率的下降；如果起泡剂用量过大，会增加矿浆的黏度，浮选泡沫过于稳定，对浮选也会产生不利影响，另外还给精矿的脱水带来困难。

抑制剂用量不足时，精矿品位下降；抑制剂过量时，精矿回收率下降。例如，使用石灰抑制黄铁矿浮选铜矿物时，pH 值就不应超过 9，如果用量过多（pH 值增高），铜矿物也会被抑制。

（3）药剂添加地点和顺序。药剂添加地点和顺序也是影响浮选过程的一个因素，一般情况下遵循以下几个原则：

1）根据药剂的溶解速度和作用时间确定添加地点。溶解慢、要求作用时间长的加在磨矿机中，或者让搅拌槽距浮选槽距离长些，还可增加搅拌时间；反之可加在搅拌槽中。

2）要考虑各种药剂之间的作用。一般的药剂添加顺序是先加 pH 值调整剂，再加抑制剂或活化剂、捕收剂，最后加入起泡剂。但在生产实践中，要充分考虑药剂之间的作用。

3）如果在浮选作业前有重选和混汞作业，浮选药剂就不要加在磨矿机中，因为漂浮的精矿会影响重选和混汞作业对金的回收，另外有些浮选药剂会使汞“中毒”，降低汞对金的捕收能力。

通常将介质调整剂加在球磨机中，以便消除引起活化作用或抑制作用的有害离子；抑制剂在捕收剂之前加入磨矿机；活化剂加在搅拌槽中，与矿浆有一定时间混合；起泡剂加在搅拌槽或浮选机中；捕收剂难溶，常加在磨矿机中。

浮选药剂添加方式可分为集中添加和分段添加两种。集中添加指的是在粗选作业前将全部药剂一次添加完毕；分段添加指的是在分选过程中分两次或三次添加。前者可以提高浮选初期的速度，有利于提高浮选指标。一般，易溶于水、不易被泡沫带走、不容易失效的药剂，采用集中添加的方式；容易被泡沫带走、容易与细泥或可溶性盐类作用而失效的药剂，应采用分段添加的方式。对于分段添加，一般在浮选前添加总用量的 60% ~70%，其余的分批添加于合适的地点。

（4）药剂的配制。浮选药剂有固态和液态两种。在浮选过程中添加时，有的将固态药剂直接加入，有的加入原液，有的则需要将固态药剂配制成一定浓度的药液加入。药剂的加入形态，主要取决于药剂的溶解度、作用时间、药剂用量和操作条件等因素。易溶于水的药剂，如硫酸铜、硫化钠和黄药等，可配制成 5% ~20% 的溶液添加。微溶于水的药剂，如黑药、油酸等，可配制成低浓度的溶液，或直接加在磨矿机中。一些难溶于水的药剂，可借助有机溶剂进行溶解，然后再配制成低浓度的溶液，如咪唑，常用热碱液溶解稀释。油类药剂，如 2 号油和松油等，难溶于水，不需要配制，可直接加入。石灰是常用的 pH 值调整剂和抑制剂，用量大、溶解度低，一般配制成石灰乳添加或直接添加。

E 充气和搅拌

浮选过程中矿浆的搅拌分为进入浮选机之前和浮选机中的两个阶段。浮选前的搅拌在搅拌槽中进行，称为调浆，目的是加速药剂的溶解以保证药剂与矿物表面的作用。在浮选机中的搅拌是靠机械运动和充气作用实现的，目的是促使矿粒处于悬浮状态，增加矿粒和气泡的碰撞机会并弥散空气。

强化充气作用，可以提高浮选速度，节约水电与药剂。但充气量过大，电能消耗和机械磨损增大，且会产生气泡兼并，还会把大量的矿泥夹带至泡沫产品中，给选别造成困难，最终难以保证精矿的质量。充分的搅拌对浮选有利，但过分的搅拌会造成不稳定的矿浆面，如出现“翻花”现象，对浮选不利。对矿浆的搅拌，要求具有一定的强度。搅拌强度取决于叶轮的结构、大小和转速。搅拌强度低会引起矿石颗粒的沉淀和槽内上下浓度不均；搅拌强度过大，设备磨损过快，损失电能。适宜的充气与搅拌，应依浮选机类型与结构特点通过试验确定。

F 浮选时间

浮选时间的长短直接影响选别指标的好坏。矿浆在每个作业的浮选槽中停留的时间称为该作业的浮选时间。粗选作业和扫选作业浮选时间的总和为总浮选时间（不包括精选时间）。浮选时间增长，对提高回收率有利，但会导致精矿品位下降；浮选时间过短，有用矿物浮选不充分，回收率低。浮选时间是根据矿石可选性试验确定的，然后再通过生产实践进行校核。

一般，对于易浮矿物，精选时间为粗选的15% ~100%。复杂的情况下（如多金属硫化矿的优先浮选），精选时间可以等于甚至大于粗选时间。在浮选可浮性很好的贫矿石、对精矿质量要求很高时，精选时间可能是粗选时间的5 ~10 倍。

G 水质和矿浆温度

浮选用水不应含有大量的悬浮微粒、各种微生物和能与矿物、浮选药剂相互作用的可溶性物质。使用脂肪酸类捕收剂时必须注意水的硬度。

浮选一般在常温下进行。使用脂肪酸类捕收剂时，矿浆宜保持在较高温度（25 ~35℃），使药剂充分地分散并保证药剂对矿物作用的活度。

5.4.4.2 浮选流程

浮选过程一般包括以下几个基本阶段：

（1）浮选前将矿石磨到一定粒度。其目的是使有用矿物和脉石达到单体解离，同时控制粒度，使其适合于浮选的要求。

（2）制备矿浆，包括调整矿浆浓度、加入浮选药剂、调整矿浆酸碱度、消除有害浮选过程的离子、改变矿物表面性质，使之满足浮选的要求。

（3）往浮选机中充入空气，形成大量气泡；矿粒向气泡附着，并随气泡一起浮到矿浆表面形成泡沫层。

（4）刮出漂浮的泡沫产物，从而达到浮选的目的。

正常情况下，浮选的泡沫产物作为精矿产出。但有时也可将脉石矿物浮入泡沫产物中，而将有用矿物留在矿浆中作为精矿排出，这种与正常浮选相反的浮选过程称为反浮选。

磨矿后的矿浆与药剂调和后进入的第一个浮选作业称为粗选；粗选泡沫再进行浮选的作业称为精选；粗选尾矿继续浮选的作业称为扫选。浮选流程的选择主要取决于矿石性质和对精矿的质量要求。矿石性质主要包括有用矿物的嵌布粒度及其共生特性、磨矿时的泥化程度、矿物可浮性、原矿品位等。选择浮选流程时，必须确定浮选段数、有用矿物的浮选顺序及浮选流程的内部结构。

磨矿和浮选的段数主要取决于矿物的嵌布特性。有用矿物均匀浸染时，一般采用一段浮选流程，将矿石直接磨至所需的粒度，浮选产出最终产品，所得产品无需再磨。有用矿物浸染特性较复杂、嵌布粒度不均匀时，常采用多段浮选流程（又称阶段磨矿阶段浮选流程），可能方案有粗精矿再磨、尾矿再磨或中矿再磨再选等。

矿物的浮选顺序取决于矿物可浮性及相互间的共生特性等因素。依据矿物的浮选顺序，浮选流程有优先浮选、混合浮选、等可浮浮选和分支串流浮选四种。优先浮选是用浮选法处理多金属矿时，有用矿物据可浮性依次浮出，即先浮选一种矿物而抑制其他的，然后再活化并浮选出另一种矿物的浮选流程。此流程适合有用矿物可浮性差异大且含量相近的多金属矿石。混合浮选是浮选时将两种或两种以上可浮性相近的矿物一起浮出获得混合精矿，然后将混合精矿再分选为单一精矿的浮选流程。此流程适于有用矿物呈细粒嵌布或集合嵌布、品位较低且两种以上矿物的可浮性相近的多金属矿石。等可浮浮选为待回收的有用矿物按天然可浮性分为易浮和难浮两部分，分别进行混合浮选得到两种或两种以上的混合精矿，然后再依次分离为单一有用矿物精矿的浮选流程。此流程适用于其中一种矿物的天然可浮性好，而其他有用矿物可以分为易浮和难浮两部分时的多金属矿石。分支串流浮选是将两个平行浮选系列的部分泡沫产品进行合理串流的浮选流程。例如，将第一支浮选系列的粗选泡沫送至第二支浮选系列的原矿浆搅拌槽，将第二支浮选系列的第一次扫选泡沫返至第一支浮选系列的原矿浆搅拌槽，省去了第一支浮选系列的精选作业，提高了第二支原矿的入选品位并带入部分剩余药剂，同时也提高了第一支浮选系列的入选品位并带来部分剩余药剂。该浮选流程可降低药耗、提高分选指标、减少精选作业和节能，但只适用于有两个以上浮选系列的浮选厂。

流程的内部结构除原则流程外，还包括各段磨矿、分级的次数，每个循环的粗选、精选、扫选次数及中矿的处理方式等。当原矿品位较低、有用矿物的可浮性较好并对精矿质量要求较高时，应加强精选，增多精选次数；当原矿品位较高、有用矿物的可浮性较差并对精矿质量要求不高时，应加强扫选，增多扫选次数。在浮选流程中，得出的各精选作业尾矿和各扫选作业的泡沫产品，统称为中矿或中间产物。中矿的处理方法，根据其中连生体的含量、有用矿物的可浮性及对精矿的质量要求而定。常见的处理方案有将中矿返回浮选回路的适当地点、将中矿返回磨矿分级回路中、将中矿单独选别处理、用其他矿石加工方法进行处理。

虽然浮选流程的基本结构和规律是不变的，但由于矿石性质是千差万别的，因此，处理各种矿石的流程也应是多种多样的。特别是随着处理矿石性质的日趋复杂难选，浮选流程的结构也应灵活多变。这里仅就含金矿石浮选特点介绍两种已有应用的流程。

(1) 优先富集的应用。当原矿品位较高，又存在有一部分可浮性较好的有用矿物时，可在粗选的前一、二槽上浮。这部分泡沫品位高于合格精矿品位，可及时刮至作为最终精矿的一部分，因此又称粗选出精矿。反映在流程上就是第一次粗选作业得至最终精矿，其作业尾矿进第二次粗选。

(2) 分支浮选流程。该流程是针对原矿入选品位低，根据载体浮选的原理，将入选矿浆分为平行的两支，并将其中一支的粗选（或扫选）泡沫给入另一支同名作业，用第一支富集的高品位矿石去提高另一支的入选品位，从而改善浮选过程，提高选别指标，节省药剂用量。国内有人提出其原理是利用第一支富集的易浮矿粒给入第二支，作为第二支的载体，因此也称自背负浮选。该流程经沈阳黄金学院在试验研究的基础上应用于几个黄金矿山，取得了较好的效果，可分别提高选金回收率 0.86% ~ 3.54%（三个矿山的应用结果）。分支流程对处理低品位含金矿石具有实用价值，其适应性尚须深入工作，针对各种矿石类型扩大其应用范围。

5.4.5 各类金矿石的浮选实例

5.4.5.1 含金石英脉矿石浮选实例

我国某选金厂处理的矿石由石英、黄铁矿组成，属少硫化物含金石英类型，组成较简单。金属矿物主要有黄铁矿、少量磁黄铁矿、微量的黄铜矿、闪锌矿、褐铁矿、辉钼矿等。脉石矿物以石英为主，其次为白云石、方解石、钠长石及绿泥石等。矿石中金银矿物以自然金为主，占97%（包括银金矿），碲金矿占2.54%，此外还有少量的自然银。自然银呈细粒嵌布并与黄铁矿紧密共生。原矿多元素分析：Au 3.5g/t，Ag 1.5g/t，w(Cu) 0.013%，w(Zn) 0.013%，w(Pb) 0.021%，w(Fe) 5.19%，w(Mo) 0.001%，w(S) 1.24%，w(Sb) 0.013%，w(Bi) 0.012%，w(As) 0.027%，w(C) 2.46%，w(SiO_2) 60.01%，w(CaO) 5.92%，w(MgO) 2.47%，w(Al_2O_3) 8.20%。黄铁矿是该矿床的主要金属矿物。自然金多产出在黄铁矿及其裂隙中（占79.81%），少量自然金产出在脉石中（占11%），金属矿物中黄铁矿呈粗粒嵌布为主的不均匀嵌布。自然金的最大粒度为0.25mm（仅占2.77%），而绝大部分中、细粒金以97%的比例分布于0.074～0.01mm的粒级中。82.37%的碲金矿以0.01～0.001mm的微细粒嵌布在矿石中（仅占1.13%），有15%左右的金分布在脉石矿物如金红石、褐铁矿中，其中大部分是以包裹体形式存在。自然金在脉石矿物和其他金属氧化物中，粒度小于0.003mm仅占3.16%左右，这部分金矿物由于很难单体解离，最终将损失于尾矿中。

根据矿石性质，利用金大部分与黄铁矿共生，而黄铁矿嵌布粒度较粗的特性，该选金厂成功地采用了在粗磨之下（-74μm占60%）进行浮选，浮选金精矿再行氰化的选冶联合流程。浮选流程和工艺条件均较简单，浮选指标较高，生产流程见图5.27，浮选工艺条件见表5.7。金精矿品位达103g/t，回收率达94.4%。

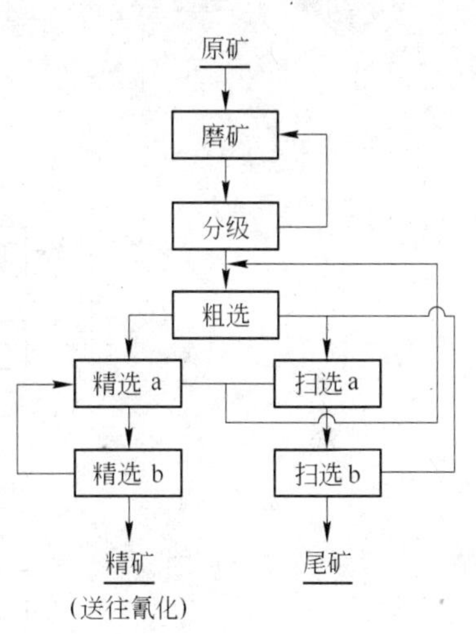

图5.27 某选金厂浮选生产流程

表5.7 某金矿浮选工艺条件

磨细度(-74μm)/%	入选浓度/%	pH 值	药剂用量/g·t^{-1}	
			异戊黄药+丁胺黑药	2号油
60	40±2	7	30+19	23

5.4.5.2 含金多硫化物矿石的浮选实例

我国某金矿属中温热液裂隙充填脉状多硫化物金矿床。矿石中主要金属矿物以黄铁矿为主，占矿石总量的55%，其次有少量绢云母、正长石、斜长石等，还有极少量绿泥石、高岭土、白云母等。原矿分析结果：Au 7.16g/t，Ag 27.17g/t，w(Cu) 0.103%，w(Zn) 0.073%，w(Pb) 0.12%，w(Fe) 19.29%，w(S) 18.86%，w(As) 0.08%，w(SiO_2) 53.43%，w(CaO) 0.19%，w(Al_2O_3) 2.37%。矿石中的含金载体矿物，主要是黄铁矿和石英。与黄铁矿共生的金占 80.65%，其中 73.25% 的金嵌布在黄铁矿裂隙中，5.2% 的金存在于黄铁矿晶粒间，剩下的 2.2% 包含于黄铁矿的晶体之中。而与石英共生的金数量比黄铁矿少，但却多于其他任何一种矿物。矿石中 4.67% 的金嵌布在石英裂隙中，7.8% 的金包含于石英晶体中。金矿物的粒度较细，且在各个粒级中占有大致相同的数量。其中粒径小于 10μm 的占 22.89%，大于 74μm 的粗粒金占 27.54%，10～74μm 的中细粒金占 49.57%。同时也还有极少量粒径小于 0.1μm 的金以类质同象方式存在于黄铁矿、黄铜矿和方铅矿之中。根据上述矿石性质该矿采用三段磨矿的单一浮选流程（见图 5.28），其工艺条件见表 5.8。精矿 a 的 Au 品位为 138.06g/t，回

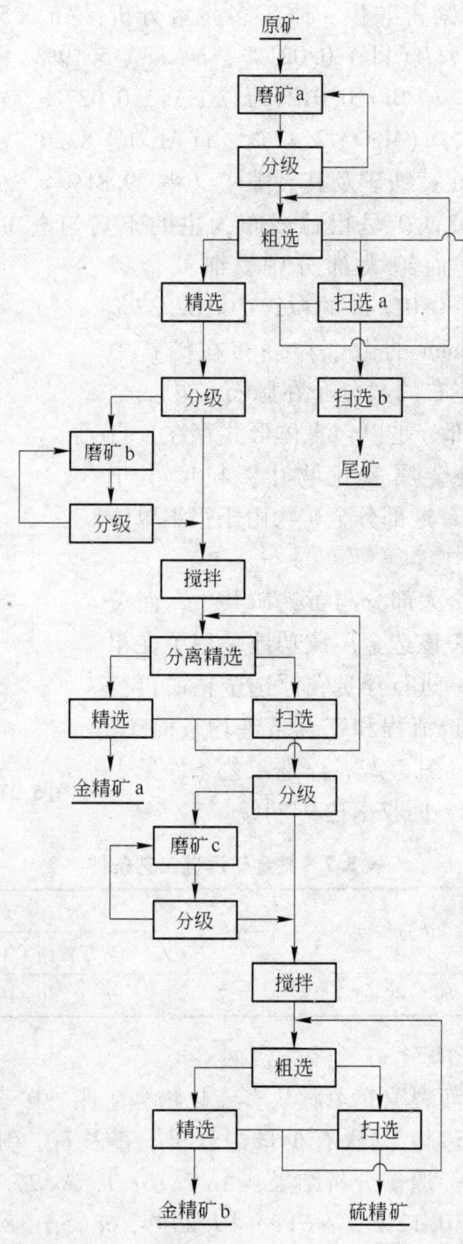

图 5.28 某多硫化物含金矿石选厂流程

收率为75.82%；精矿 b 的 Au 品位为59.69g/t，回收率为4.32%；总回收率为80.14%。

表5.8 浮选工艺条件

工艺条件		混合浮选第Ⅰ段	分离浮选	
			第Ⅱ段	第Ⅲ段
溢流浓度/%		33.10	29	29.3
溢流细度(−74μm)/%		60.40	82	88.4
pH 值		7.5	11	10
药剂用量/$g \cdot t^{-1}$	丁基黄药		276.91	
	2 号油		13.78	

5.4.5.3 有色金属伴生金矿石的浮选实例

加拿大高尔登曼尼选矿厂处理的矿石是含锌、银、金、铅及铜的复杂硫化矿石。最主要矿物是黄铁矿、闪锌矿、方铅矿及黄铜矿等。矿石中金属的含量为：Au 1g/t，Ag 120g/t，w(Zn) 3.8%，w(Pb) 0.5%，w(Fe) 7.0%，w(Cu) 0.15%，w(As) 0.03%。选矿厂采用先混合浮选，混合精矿氰化处理，氰化尾矿和混合浮选尾矿再进行优先浮选分出锌精矿和银—铅—铜精矿（见图5.29）。混合浮选精矿中回收了约90%的金。经氰化处理，金作业回收率达89.1%。铅精矿中金回收率达2.3%。金的总回收率达81.1%。金银生产工艺指标见表5.9。

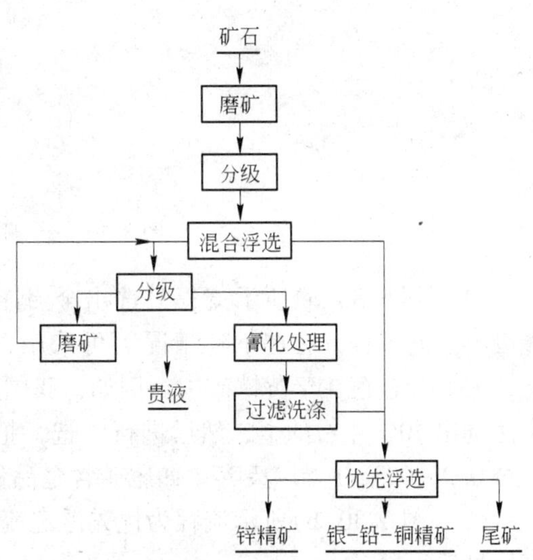

图5.29 加拿大高尔登曼尼选金厂流程

表5.9 金银生产工艺指标

元素	混合浮选				氰化处理					回收率			总回收率
	给矿（溢流）	精矿（送往氰化）	尾矿（送往浮选）	精矿回收率	给矿（混合精矿）	贵液	贫液	尾矿	回收率	氰化	锌精矿	铅精矿	
	g/t	g/t	g/t	%	g/t	g/m^3	g/m^3	%	%	%	%	%	%
Au	1.05	4.26	0.14	88.7	4.26	1.28	0.04	0.4	89.1	79.1		2.3	81.4
Ag	122	514	14.5	90.2	514	682	0.61	3.4	40.7	36.8	4.4	37.0	78.2

5.4.5.4 复杂含金矿石的浮选实例

A 金-铜矿石的浮选实例

金-铜矿石的原则流程如图5.30所示。

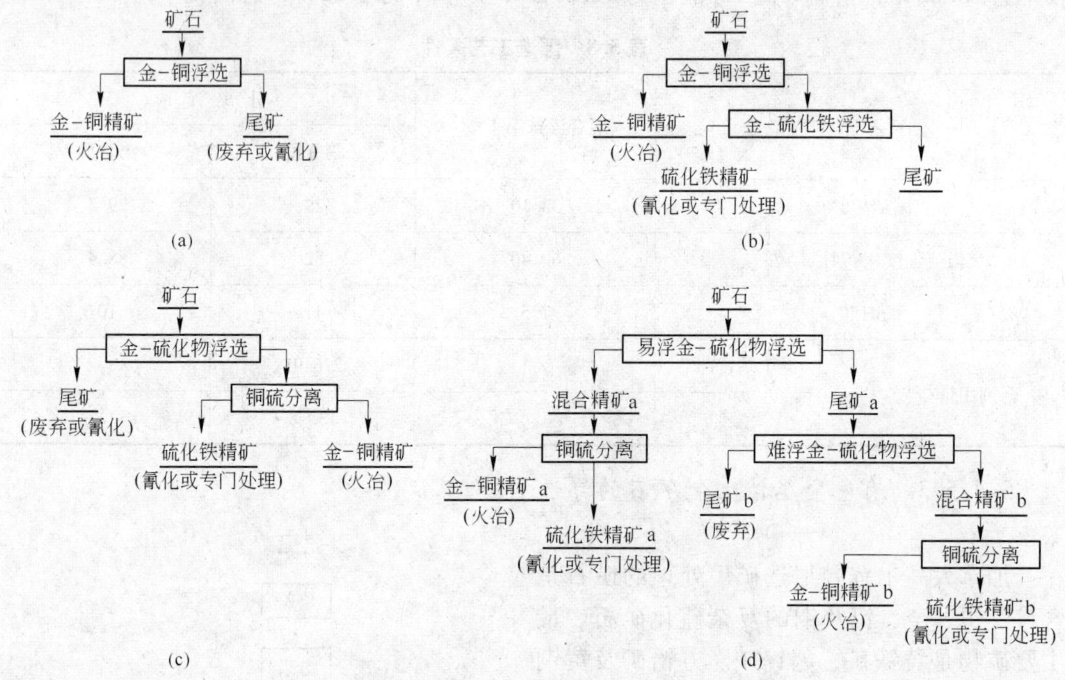

图5.30 金-铜矿石浮选原则流程

（1）图5.30(a)所示流程只选出金-铜精矿，抑制黄铁矿，尾矿往往由于金品位高不能废弃。此流程只有在下述情况下可采用：原矿不含微粒金；矿石中金是伴生金且品位低，大部分金存在于黄铁矿中。例如，我国某金矿选厂处理的矿石属伴生金矿石，先用混汞法选出40%左右的金，然后进行浮选，把40%～50%的金富集到铜精矿中。浮选尾矿含金0.2～0.3g/t予以废弃。如尾矿含金品位较高，则应考虑浮选尾矿再氰化回收金。

（2）图5.30(b)所示流程为优先浮选流程。依次从原矿中选出金—铜精矿、硫化铁精矿，最后得尾矿。

（3）图5.30(c)所示流程为混合浮选流程，与流程（b）比较可知，该流程更有可能获得废弃尾矿。

（4）图5.30(d)所示流程为等可浮流程，可分出易浮的金—硫化物和难浮的金—硫化物两部分。很显然，由于可浮性不同，各自所需要的选别条件也不同。如图5.30所示流程，首先只加入少量捕收剂就可将易浮的金—铜矿物和黄铁矿颗粒选入混合精矿a中。混合精矿a分离浮选时，需要适当加大抑制剂用量以抑制黄铁矿，选出高品位金—铜精矿a。在难选金—硫化物混合浮选时，应提高捕收剂的用量，以使难浮的有用矿物颗粒得到充分回收。混合精矿b进行分离浮选时，只需加入少量抑制剂即可，因为这时候精矿中已没有易浮的黄铁矿颗粒。采用等可浮流程所需的设备稍多于流程（b）和流程（c），但浮选指标高，药剂消耗少。

B 金—砷矿石的浮选实例

我国某选金厂的金—砷—黄铁矿精矿含金180.74g/t，含砷达8.3%。该厂用高锰酸钾进行了抑制砷黄铁矿的试验。其试验条件如下：矿浆浓度为15%，高锰酸钾用量为100g/t

(原矿)，药剂同矿浆的接触时间为5min。用丁基黄药（80g/t）浮选出金—黄铁矿。试验结果如下：金—黄铁矿精矿石含金328.05g/t、含砷1.74%，金回收率为93.43%；砷精矿含金24.15g/t、含砷15.26%，砷回收率为89.22%。

对部分氧化金—砷矿石，回收金和砷可用以下流程：用硫代类捕收剂浮选金和硫化物，对其中的臭葱石可用脂肪酸捕收剂进行浮选，对精矿进行焙烧、焙砂氰化；浮选尾矿用NaOH溶液处理，以便浸出砷和除掉金粒表面上的薄膜、残渣进行氰化；用石灰或高浓度的NaOH溶液从碱性熔液中沉淀砷。

C 金—多金属矿石的浮选实例

我国某选金厂所处理的矿石是多金属含金石英脉类型，金属矿物主要有自然金、黄铜矿、方铅矿、黄铁矿、磁黄铁矿。硫化矿物的总量达10%～15%。大部分金呈自然状态嵌布于石英中。原矿含铜0.1%，含铅0.4%～0.5%，含铁4%～7%，含金10～20g/t，含银3050g/t。该厂采用混汞—浮选联合工艺流程（见图5.31)，磨矿粒度－74μm占65%～70%，浮选矿浆浓度15%～18%，混汞矿浆浓度50%，混合浮选矿浆pH值为8～9。药剂制度见表5.10，生产指标见表5.11。

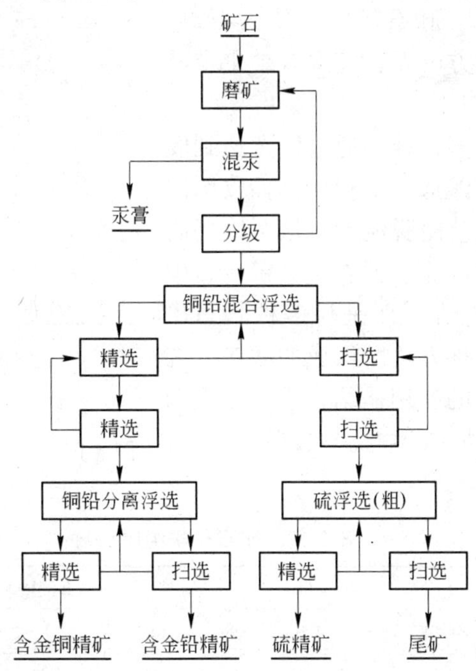

图5.31 我国某选厂金—铜—铅黄铁矿选矿流程

表5.10 药剂制度

药剂名称	硅酸钠	硫酸锌	汞	丁胺黑药		2号油		重铬酸钠	栲胶	石灰
用量/g·t^{-1}	40～60	40～60	10～12	15～20	80	30～40	70～80	50	30	800
添加地点	磨矿机	磨矿机	混汞板	硫浮（粗）选	硫浮（一次扫）选	混合浮选	硫浮（粗）选	铜铅分离浮选	铜铅分离	混合浮选

表 5.11 生产指标

元素	金铅精矿		金铜精矿		硫精矿		汞膏		原矿	尾矿
	品位	回收率/%	品位	回收率/%	品位	回收率/%	品位	回收率/%	品位/%	品位/%
Au	90 ~ 100g/t	14 ~ 18	200 ~ 500g/t	12 ~ 13	10 ~ 20g/t	11 ~ 15	10 ~ 15g/t	40 ~ 15	10 ~ 20	1 ~ 0.8
w(Cu)	12%		12% ~ 15%	30 ~ 40	2% ~ 3%				0.1	0.08 ~ 0.2
w(Pb)	20% ~ 23%	60 ~ 70			5% ~ 9%				0.5	0.02

5.4.5.5 含金银矿石的浮选实例

日本千岁金—银选厂的处理能力为160t/d，所用流程见图5.32。该矿属于浅成热液充填含金银矿床。矿石中金属矿物有自然金、辉银矿、深红银矿、淡红银矿、脆银矿、辉锑矿、黄铜矿、黝铜矿、方铅矿、闪锌矿和黄铁矿。金除了以自然金状态存在外，还包裹在黄铁矿中，其粒度多为10 ~ 50μm，也有100 ~ 150μm。脉石矿物主要为石英、绿泥石、冰长石、沸石和方解石，其次有少量重晶石。矿石化学组成见表5.12。

由于银的矿物种类繁多，难以通过浮选达到废弃尾矿的目的。采用阶段浮选，基硫代类捕收剂同羟基捕收剂配合使用，以及用脱泥等方法可以提高银矿物在浮选精矿中的回收率。银在金—银矿石中常常不是只以一种状态存在，而是呈多种状态出现，所以常采用两种和多种方法所组成的联合工艺流程回收。为了回收粗粒的有用矿物，应采用重选法（绒布溜槽和摇床）。如果浮选法效果不佳，可用氰化法回收部分金银。

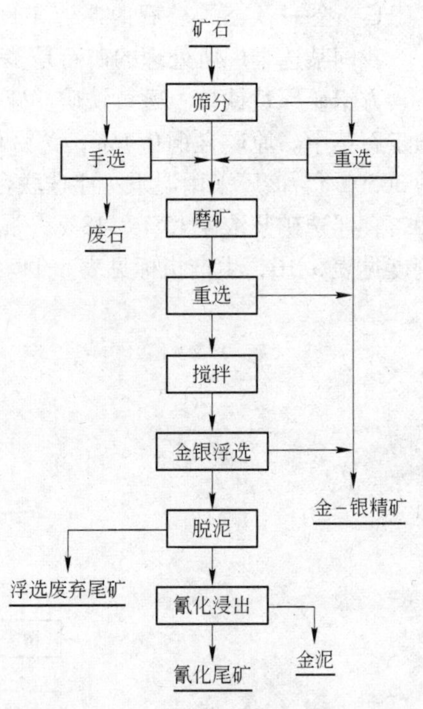

图5.32 日本千岁金—银选厂生产流程

表 5.12 矿石化学组成 （质量分数/%）

$w(SiO_2)$	$w(Al_2O_3)$	w(Fe)	w(S)	w(Cd)	w(MgO)	w(Cu)	w(Pb)
74.20	9.23	4.98	4.93	0.35	2.60	0.03	0.04
w(Zn)	w(Mn)	w(As)	w(Sb)	$w(K_2O)$	$w(Na_2O)$	$Au/g \cdot t^{-1}$	$Ag/g \cdot t^{-1}$
0.08	痕	痕	痕	0.4	2.30	18.8	45.0

5.5 混汞法

混汞法提金大约创始于我国秦末汉初，著于公元前1世纪至公元1世纪的《种农本草经》中有记载，这一提金方法后来才传至西方，可见混汞法已有两千多年的历史。至19世纪初，混汞法一直是就地产金的主要方法。最近一百年来，随着浮选法和氰化法提金的迅速发展，混汞法提金的重要性有所下降，但至今仍是处理砂金重选精矿和回收脉金矿中单体解离金粒的重要选矿方法，在目前黄金生产中仍然占有相当重要的地位。

由于金在矿石中多呈游离状态出现，因此在各类含金矿石中都有一部分金粒可用混汞法回收。在通常情况下，经混汞处理适于混汞的脉金矿石，金的回收率为60%～80%，尾矿中含金仍很高。为此，除砂矿床外，混汞法很少成为单独作业，它往往与其他方法组成联合流程，以提高金的回收率。实践证明，用混汞法在选金流程中提前拿出一部分金，可显著降低尾矿中金的损失。

混汞法提金工艺过程简单，操作容易，成本低廉，可降低尾矿中金的损失。但由于汞的毒性，对操作人员和环境带来危害，从而影响了混汞法的应用。因此，该法的应用目前已受到严格限制。

5.5.1 混汞法原理

在矿浆中，金粒被汞选择性地润湿及形成合金，使其与其他金属矿物和脉石相分离，这种选金方法称为混汞法。

汞俗称水银，常温下为银白色液体，表面洁净的自然金颗粒若是与汞接触，就会与汞结合或被汞包围，形成“汞膏”。固体的汞膏呈合金状态，形成三种化合物（$AuHg_2$、Au_2Hg、Au_3Hg），还生成在金中含汞量高达16.7%的固溶体。实质上，混汞过程包括汞对金的浸润作用和汞齐化过程。

5.5.1.1 汞对金的浸润作用

混汞是把汞与矿浆混合，因此，汞对金的浸润作用是在水介质中进行的，可用图5.33来表示。汞与水不相溶，所以混汞体系中，有水、汞两个液相和金一个固相存在。

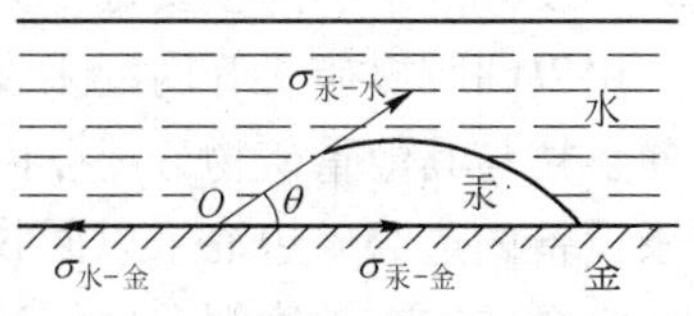

图5.33 汞浸润金示意图

由图5.33看出，汞浸润于金粒面上，形成一个半球面，使金粒与汞、水之间，产生一个三相接触点 O，形成三个界面作用力，即水与汞的界面张力 $\sigma_{汞-水}$、水与金的界面张力 $\sigma_{水-金}$、汞与金的界面张力 $\sigma_{汞-金}$。根据力的平衡条件，三个界面张力应服从下列关系：

$$\sigma_{水-金} = \sigma_{汞-金} + \sigma_{汞-水}\cos\theta$$

式中 σ——界面张力；

θ——接触角。

由图5.33还可直观地看出，θ 愈小，汞对金的浸润愈好。一般 $\theta < 90°$，认为浸润性较好；$\theta > 90°$，认为浸润性差。要使混汞效果良好，首先要使 $\sigma_{汞-金}$ 尽可能小。

要使汞液能很好地浸润金，就应使金粒尽量暴露于矿石的表面上，并保持金粒表面的新鲜状态，即无污物覆盖。自然界中的金、银，一般都共生或伴生，混汞时得到的汞膏，除金外还有银。所谓汞对金属进行选择性浸润，不是指汞只浸润金、银，而不浸润铜、铅、锌等，而是后者多以化合物形式存在，而不易被汞所浸润。脉石也不易被汞所浸润。

5.5.1.2 汞齐化过程

汞浸润金粒表面后，向其内部扩散形成合金的过程，称汞齐化过程。金和汞在液态时有无限的溶解度。甚至在常温下，金仍可溶解于汞液中。汞浸润金粒，向金粒内部扩散，形成各种 Au-Hg 化合物：金粒最外层被汞所包围，汞量很大，形成 $AuHg_2$，次外层形成

Au_2Hg，第三层形成 Au_3Hg，第四层只扩散有少量的汞，与金形成金基固溶体，金粒的内核未与汞接触，仍为纯金。用混汞法产出的金汞膏都是汞与金组成的固溶体和化合物。

矿石中金的提取，就是利用这种特殊的结合性，让含有金的矿浆通过与汞接触，使金与汞成为“汞膏”，使其与其他金属矿物和脉石矿物分离，达到富集金的目的。金与其他金属不同之处是，它在矿石中大多不是化合物，而是呈游离状态存在，含金矿石经粉碎后粒度达到 -74μm 占65%以上时，大部分金即能得到单体分离，它在水中存在时不易构成稳定的三相接触角，而能优先被汞所浸润，因此金颗粒能够进一步被汞所吞蚀；反之，优先被水浸湿的颗粒，同样能被水所吞没。这就是混汞法能够从矿石中提金的基本原理。

5.5.2 混汞方法与设备

5.5.2.1 混汞方法

混汞法可分为内混汞和外混汞两种。内混汞是在磨矿设备内，矿石的磨碎与混汞同时进行的方法。常用的内混汞设备有碾盘机、捣矿机、混汞筒及专用的小型球磨机、棒磨机等。外混汞是在磨矿设备外进行混汞的方法，常用的外混汞设备主要为混汞板及不同结构的混汞机械。

当含金矿石中铜、铅、锌矿物含量甚微，矿石中不含使汞粉化的硫化物，金的嵌布粒度较粗及以混汞法为主要选金方法时，一般采用内混汞法选金。外混汞法只是作为辅助手段，用以回收捣矿机等内混汞设备中溢流出来的部分细粒金和汞膏。砂金矿山常用内混汞法使金粒与其他重矿物分离。内混汞法也用于处理重选粗精矿和其他含金中间产物，在内混汞设备内边磨矿边混汞以回收金粒。

当金的嵌布粒度细、以浮选法或氰化法为主要选金方法时，一般采用外混汞法选金，在球磨机磨矿循环、分级机溢流或浓缩机溢流处装设混汞板，以回收单体自然金粒。

5.5.2.2 内混汞法设备

矿山生产中使用较多的内混汞设备是捣矿机、混汞筒和碾盘机。美国和南非多使用捣矿机，前苏联则使用混汞筒和碾盘机。碾盘机是早期的粗重设备，对汞的回收和金回收率都有大的限制，所以现在一般很少采用碾盘机进行混汞作业，而是采用混汞筒等新型的混汞机设备进行金矿混汞。

A 捣矿机混汞

捣矿机是一种构造简单、操作方便的碎矿机，但其工作效率低，处理量小，碎矿粒度不均匀、粒度较粗，无法使细粒金充分解离，因而混汞时金的回收率较低。捣矿机混汞仅适于处理含粗粒金的简单矿石和用于小型脉金矿山。

捣矿机主要由臼槽、机架、锤头和传动装置等部件组成。混汞时将矿石、汞和水加入臼槽内，由传动机械带动凸轮使锤头做上下往复运动而完成碎矿与混汞作业。排矿时臼槽一侧装有筛网，矿浆由筛网排出，经混汞板捕收矿浆中的汞膏、过剩的汞及未汞齐化的金粒。混汞尾矿经脱汞后由普通溜槽排出。溜槽沉砂用摇床精选得含金硫化物精矿。定期取出臼槽内的汞膏及脉石等并通过混汞板和摇床分选，获得汞膏与含金重砂精矿。

B 混汞筒混汞

混汞筒是金选厂广泛应用的内混汞设备，用于处理砂金矿的含金重砂和脉金矿山的重选金精矿，金的回收率可达98%以上。

混汞筒为橡胶衬里的钢筒，分轻型和重型两种。重选金精矿中虽然大部分金呈游离态存在，但金粒表面常受不同程度的污染，而且部分金与其他矿物或脉石呈连生体形态存在。用混汞筒处理重选金精矿时，常在筒中加入钢球，利用磨矿作业除去金粒表面薄膜和使金粒从连生体中解离出来。处理含表面洁净的游离金粒的重砂精矿时，一般采用轻型混汞筒，装球量较少（10～20kg），转速较低（20～22r/min）。处理连生体含量高、金粒表面污染严重的重砂精矿时，常采用重型混汞筒，处理1kg重砂精矿需装入1～2kg钢球。混汞筒的装料量与装球量和物料粒度及含金量有关。

重砂精矿在非碱性介质中混汞时，有时会因铁物质的混入而生成磁性汞膏。因此，内混汞作业一般在碱性介质中进行，石灰用量为装料量的2%～4%，水量一般为装料量的30%～40%，也可采用通常的磨矿浓度。

汞的加入量常为物料含金量的9倍，但与磨矿粒度和金含量有关。汞可与物料同时加入混汞筒内，但实践表明，物料在筒内磨碎一定时间后再加汞，可提高混汞效率和降低汞的消耗量。

生产实践中大多是将待混汞的物料装在带钢球的混汞筒内，先不加汞以30～35r/min的转速磨3～8h，使物料粒度达0.1～0.05mm。此时矿浆中固体浓度为50%～70%，并加适量石灰（含碱量应为0.0015%左右），再加入汞，使混汞筒在较低转速（20～25r/min）下运转1～3h。混汞结束后，往混汞筒内补加水和汞，再使之转动半小时，便开始排矿。磨矿及混汞的时间视物料性质而异，通常由试验确定。经内混汞后的矿浆与汞膏由内混汞设备排出后，再用捕集器、溜槽、分级机等，把尾矿和汞膏分离。

C 球磨机混汞

较简单的球磨机混汞方法是每隔15～20min定期向球磨机内加入矿石含金量4～5倍的汞，在球磨机排矿槽底铺设苇席和在分级机溢流堰下部安装溜槽以捕收汞膏。生产实践表明，60%～70%的汞膏沉积于球磨机排矿箱内，10%～15%的汞膏沉积于排矿槽内的苇席上，5%～10%的汞膏沉积于分级机溢流溜槽上。每隔2～3d清理一次汞膏。由于汞膏流失严重，金的回收率仅60%～70%。处理石英脉含金矿石时，汞的消耗量为4～8g/t。这一混汞方法操作简单，但汞膏流失严重，工业生产中已较少采用。

美国霍姆斯塔克选金厂向球磨机中加入14～17g/t汞，在球磨机排矿端装有克拉克·托德（clark todo）捕汞器，后接混汞板，这些捕收汞膏的设备可从每吨矿石中回收15g左右的汞膏，原矿含金10.7g/(t·h)，金的混汞回收率达71.6%，混汞尾矿送氰化处理，氰化时金的回收率为25.4%，因此，该厂金的总回收率可达97%。

5.5.2.3 外混汞法设备

我国黄金矿山使用较为普遍的外混汞设备主要是平面混汞板，以及其他混汞机械及配合混汞板的给矿箱、捕汞器等，适于处理含金的多金属矿。外混汞设备大多是在浮选或氰化前作为辅助设备，安装在球磨机的排矿口或分级机的溢流口处回收粗粒游离金，或与摇床、溜槽配合回收砂矿中的单体金，很少单独采用，往往与浮选、重选和氰化法联合使用。

A 混汞板的类型

混汞板可分为固定混汞板和振动混汞板。

(1) 固定混汞板。固定混汞板由支架、床面和汞板三个部分组成。支架与床面可用木材，也可用钢材制成，但床面必须不漏矿浆。床面上铺镀银铜板（汞板），厚 3 ~ 5mm、宽 400 ~ 600mm、长 800 ~ 1000mm。固定混汞板有平面式、阶梯式和带中间捕集沟式三种。我国黄金生产矿山主要采用平面式固定混汞板。国外常用带中间捕集沟的固定混汞板。中间捕集沟可捕集粗粒游离金，但矿砂会积攒于捕集沟中，影响正常操作。国外使用的阶梯式固定混汞板以 30 ~ 50mm 的高差为阶梯，形成多段阶梯式混汞板，可利用矿浆落差使矿浆均匀地混合，避免矿浆分层，还可促使游离金沉入底层，使金粒能良好地接触汞板。汞板按支架的倾斜方向，一块接一块地搭接在床面上。

汞板面积与处理量、矿石性质及混汞作业在流程中的地位等因素有关。正常作业时，汞板面上的矿浆流厚度为 5 ~ 8mm，流速为 0.1 ~ 0.7m/s，生产实践中处理 1t 矿石所需汞板面积为 0.05 ~ 0.5m^2/d。根据矿石性质及混汞作业在流程中的地位，汞板的生产定额见表 5.13。

表 5.13 汞板生产定额 （m^2/(t·d)）

混汞作业在流程中的地位	矿石含金量			
	>10 ~ 15g/t		<10g/t	
	细粒金	粗粒金	细粒金	粗粒金
混汞为独立作业	0.4 ~ 0.5	0.3 ~ 0.4	0.3 ~ 0.4	0.2 ~ 0.3
先混汞，汞尾用溜槽扫选	0.3 ~ 0.4	0.2 ~ 0.3	0.2 ~ 0.3	0.15 ~ 0.2
先混汞，汞尾送氰化或浮选	0.15 ~ 0.2	0.1 ~ 0.2	0.1 ~ 0.15	0.05 ~ 0.1

混汞板的倾斜度与给矿粒度和矿浆浓度有关。当矿粒较粗、矿浆浓度较高时，汞板的倾角应大些；反之，倾角则应小些。当矿石密度为 2.7 ~ 2.8g/cm^3时，不同液固比条件下的汞板倾角见表 5.14。当其他条件相同，矿石密度大于 3g/cm^3时，汞板倾角应相应增大，如矿石密度为 3.8 ~ 4.0g/cm^3时，汞板倾角应为表中值上限的 1.2 ~ 1.25 倍。

表 5.14 汞板倾斜度

磨矿粒度/mm	矿浆液固比					
	3:1	4:1	6:1	8:1	10:1	15:1
	汞板倾斜度/%					
-1.651	21	18	16	15	14	13
-0.833	18	16	14	13	12	11
-0.417	15	14	12	11	10	9
-0.208	13	12	10	9	8	7
-0.104	11	10	9	8	7	6

（2）振动混汞板。振动混汞板目前只在国外使用，用于生产实践的振动混汞板有汞板悬吊在拉杆上和汞板装置于挠性金属或木质支柱上两种类型。振动混汞板处理能力大（10 ~ 12t/(d·m^2)），占地面积小，适于处理含细粒金和大密度硫化物矿石，但不能处理磨矿粒度较粗（0.208 ~ 0.295mm）的物料。

B 汞板的制作

制作汞板的材质有紫铜板、镀银钢板和纯银板三种。我国生产实践说明，镀银铜板的混汞效果最好，金的回收率比紫铜板高3%～5%。铜板镀银后可防止板面绿色氢氧化铜污斑和硫化物分解造成的黑斑生成，有利于混汞作业。它能降低汞的表面张力，从而改善汞对金的浸润性。而且汞在镀银板上形成银汞膏，使汞表面具有较大的韧性和耐磨能力。此外，银汞膏比单纯的汞更能抵御矿浆中酸类、硫化物对混汞作业的干扰。因此，生产中普遍采用镀银铜板作混汞板。

镀银铜板的制作包括铜板整形、配制电镀液和电镀等三个步骤：

（1）铜板整形。将3～5mm厚的电解铜板裁切成所需的形状，用化学法或加热法除去表面油污，用木槌拍平，用钢丝刷和细砂纸除去毛刺、斑痕，磨光后送电镀。

（2）配制电镀液。电镀液为银氰化钾水溶液。100L电镀液组成为：电解银5kg、氰化钾（纯度为98%～99%）12kg、硝酸（纯度为90%）9～11kg、食盐8～9kg、蒸馏水100L。电镀液配制方法为将电解银溶于稀硝酸中（电解银：硝酸：水=1：1.5：0.5），加热至100℃，蒸干得硝酸银结晶；将硝酸银加水溶解，在搅拌下加入食盐水，直至液中不出现白色沉淀为止，然后将沉淀物水洗至中性；将氰化钾溶于水中，加入氯化银，制成含银50g/L、氰根70g/L的电镀液。

（3）铜板镀银。电镀槽可用木板、陶瓷、水泥或塑料板等材质制成，为长方形，其容积决定于镀银铜板的规格和数量。我国某金矿的汞板长1.2m、宽0.5m，使用长1.6m、宽0.5m、高0.6m的木质电镀槽。电镀时，用电解银板作阳极，铜板作阴极，电解槽压6～10V，电流密度1～3A/cm^3，电镀温度为16～20℃，铜板上的镀银层厚度应为10～15μm。

C 混汞板操作

影响混汞作业效率的主要操作因素有给矿粒度、给矿浓度、矿浆流速、矿浆酸碱度、汞的补加时间和补加量、刮取汞膏时间及汞板故障等。

（1）给矿粒度。汞板的适宜给矿粒度为0.42～3.0mm。粒度过粗时不仅金粒难于解离，而且粗的矿粒易擦破汞板表面，造成汞及汞膏流失。对含细粒金的矿石，给矿粒度可小至0.15mm左右。

（2）给矿浓度。汞板给矿浓度以10%～25%为宜，矿浆浓度过大，使细粒金尤其磨矿过程中变成舶型的微小金片难于沉降至汞板上。给矿浓度过小会降低汞板生产率。但在生产实践中，常以后续作业的矿浆浓度来决定汞板的给矿浓度，故有时汞板的始矿浓度高达50%。

（3）矿浆流速。汞板上的矿浆流速一般为0.1～0.7m/s。给矿量固定时，增加矿浆流速会使汞板上的矿浆层厚度变薄，重金属硫化物易沉至汞板上，使混汞作业条件恶化，并且流速太大还会降低金的回收率。

（4）矿浆酸碱度。在酸性介质中混汞，可清洗汞及金粒表面，提高汞对金的润湿能力，但矿泥不易凝聚而污染金粒表面，影响汞对金的润湿。因此，一般在pH值为8～8.5的碱性介质中进行混汞作业。

（5）汞的补加时间及补加量。汞板投产后的初次添汞量为15～30g/m^2，运行6～12h后开始补加汞，每次补加量原则上为每吨矿石含金量的2～5倍。一般每日添汞2～4次。近来发现增加添汞次数可提高金的回收率。我国生产实践表明，汞的补加时间及汞的补加量应使整个混汞作业循环中保持有足量的汞，在矿浆流过混汞板的整个过程都能进行混汞作业。汞量过多会降低汞膏的弹性和稠度，易造成汞膏及汞随矿浆流失；汞量不足，汞膏坚硬，失去弹性，捕金能力下降。

(6) 刮汞膏时间。一般汞膏刮取时间与补加汞的时间是一致的。我国金矿山为了管理方便，一般每作业班刮汞膏一次。刮汞膏时，应停止给矿，将汞板冲洗干净，用硬橡胶板自汞板下部往上刮取汞膏。国外有的矿山在刮取汞膏前先加热汞板，使汞膏柔软，便于刮取。我国一些矿山在刮汞膏前向汞板上洒些汞，同样可使汞膏柔软。实践表明，汞膏刮取不一定要彻底，汞板上留下一层薄薄的汞膏是有益的，可防止汞板发生故障。

(7) 汞板故障。操作不当可导致汞板降低或失去捕金能力，此现象称为汞板故障。其主要有以下形式：

1) 汞板干涸、汞膏坚硬。常因汞添加量不足导致汞膏呈固溶体状态，造成汞板干涸、汞膏坚硬。经常检查、及时补加适量的汞即可消除此现象。

2) 汞微粒化。使用蒸馏回收汞时，有时会产生汞微粒化现象。此时，汞不能均匀地铺展于汞板上，汞易被矿浆流带走，不仅降低汞的捕金能力，而且造成金的流失。使用回收汞时，用前应检查汞的状态，发现有微粒化现象时，使用前可小心地将金属钠加入汞中，以使微粒化的汞凝聚复原。

3) 汞的粉化。矿石中的硫和硫化物与汞作用可使汞粉化，在汞板上生成黑色斑点，使汞板丧失捕金能力。当矿石中含有砷、锑、铋的硫化物时，此现象尤为显著。矿浆中的氧可使汞氧化，在汞板上生成红色或黄红色的斑痕。国外常用化学药剂消除此类故障。我国金矿山常采用下列方法消除汞粉化故障：增加石灰用量，提高矿浆 pH 值以抑制硫化物活性；增加汞的添加量，使粉化汞与过量汞一起流失；提高矿浆流速，让矿粒擦掉汞板上的斑痕。

4) 机油污染。混入矿浆中的机油将恶化混汞过程，甚至中断混汞过程。操作时应特别小心，勿使机油混入矿浆中。

D 给矿箱和捕汞器

混汞板前端设置给矿箱（矿浆分配器），末端安装捕汞器。

给矿箱（矿浆分配器）为一长方形木箱，面向汞板一侧开有许多孔径为 30 ~ 50mm 的小孔，以使孔内流出的矿浆布满汞板，一般每个小孔前均钉有一可动的菱形木块，调整木块方向可使矿浆均匀地布满汞板表面。

捕汞器可捕集随矿浆流失的汞及汞膏。矿浆在捕汞器内减速，利用密度差可使汞及汞膏与脉石分离。捕汞器的类型较多，有箱式捕汞器、水力捕汞器等。

E 其他混汞机械

除混汞板外，还有用于微细金粒混汞的短锥水力旋流器，在溜槽及摇床上敷设汞板等。此外，近年国内外还研制了一些新型混汞设备，其中主要有下列几种：

(1) 旋流混汞器。它是根据水力旋流器原理制成，在美国和南非金矿山用于第二段磨矿回路中。矿浆压入加汞设备内并沿切线方向旋转，矿浆和汞经强烈搅拌，在不断运动中促使金粒与汞接触实现混汞，因而可强化混汞作业，提高金的回收率。

(2) 连续混汞器。美国研制的连续旋流混汞器，矿浆由给矿管给入，在水力作用下做旋流混汞。汞可循环使用，定期排出汞膏。混汞后的矿浆经虹吸管提升并从排矿管排出，可连续作业，在旋流混汞过程中金粒表面受到摩擦，可提高混汞效率。

(3) 电气混汞机械。国外已制成电气混汞板、电解离心混汞机、电气选金斗等混汞设备。其共同点是将电路阴极连接于汞的表面，使汞表面极化，以降低汞的表面张力，借助阴极表面析出的氢气使汞表面的氧化膜还原以活化汞的润湿性能。因此，电气混汞可提高温汞效率。同时，电气混汞可使用活性更大的含少量其他金属的汞齐（如锌汞齐、钠汞齐）代替纯汞，也助于提高金的回收率。

5.5.3 汞膏的处理

汞膏的处理包括洗涤、压滤和蒸馏三个主要步骤。汞膏经处理最终获得海绵金和汞。海绵金经熔炼后得到金银合金锭，将其交售银行或送往精炼厂精炼，回收的汞则返回混汞作业。

5.5.3.1 汞膏的洗涤

从混汞设备收集到的汞膏，先经洗涤除去夹杂在其中的重砂、脉石及其他杂质后，才能送去压滤。

从混汞板刮下的汞膏比较纯净，处理也比较简单。洗涤是在操作台上进行的。操作台上敷设薄铜板，台面周围钉有20～30mm高的木条，以防止操作时流散的汞洒至地面上。台面上钻有孔，操作时流散的汞可经此孔沿导管流至汞承受器中。从汞板上刮取的汞膏放在瓷盘内加水反复冲洗，操作人员戴上橡皮手套用手不断搓揉汞膏，以最大限度地将汞膏内的杂质洗净。混入汞膏中的铁屑可用磁铁将其吸出。为了使汞膏柔软易洗，可加汞进行稀释。用热水洗涤汞膏也可使汞膏柔软，但会加速汞的蒸发，危害工人健康。在安全措施不具备条件时，不宜采用热水洗涤汞膏。杂质含量高的汞膏呈暗灰色，洗涤作业应将汞膏洗至明亮光洁时为止，然后用致密的布将汞膏包好送去压滤。

从混汞筒和捕汞器中获得的汞膏含有大量的重砂矿物和脉石等杂质，通常先用短溜槽或淘金盘使汞膏和其他重矿物分离。国外较常采用混汞板、小型旋流器等各种机械淘洗混汞筒内产出的汞膏。

5.5.3.2 汞膏的压滤

经洗涤后的汞膏，仍含有大量过剩的汞（即游离汞），可用压滤除去。洗净的汞膏用致密的帆布包好送去压滤，以除去多余的汞和获得浓缩的固体汞膏（硬汞膏）。小规模生产中，多用手工进行压滤，也可用螺旋式压滤机或杠杆式压滤机挤压。汞膏量大的工厂，则采用风动和水力压滤机工作。

压滤产出的固体汞膏含金20%～50%，其含金量主要取决于混汞金粒的大小。金粒较大时，含金量高达45%～50%，金粒细小时则含金量降低到20%～25%。此外，硬汞膏的金含量还与压滤机的压力及滤布的致密程度有关。

汞膏压滤回收的汞中常含0.1%～0.2%的金，可返回用于混汞。回收汞的捕金能力比纯汞高，尤其当混汞板发生故障时，最好使用汞膏压滤所得的回收汞。当混汞金粒极细和滤布不致密时，回收汞中的金含量较高，以致回收汞放置较长时间后，金会析出沉于容器底部。

5.5.3.3 汞膏的蒸馏

压滤后的汞膏，仍有相当数量的汞（20%～50%），其一部分与金形成固溶体或化合物，另一部分是压滤时仍未滤净的游离汞。固体汞膏中汞与金的分离是借助于汞的汽化温度（356℃）和金的熔点（1063℃）相差较大，通过蒸馏的方法来实现的。欲使汞膏中的汞汽化，不能只将其加热到汞的沸点，这个温度只使游离汞汽化，而那些汞与金组成的化合物、固溶体尚未分解。为使化合物全部分解，必须加热至420℃；为使固溶体分解，则需加热至800℃左右。

金选厂产出的固体汞膏可定期进行蒸馏。操作时将固体汞膏置于密封的铸铁罐（锅）内，罐顶与装有冷凝管的铁管相连。将铁罐（锅）置于焦炭、煤气或电炉等加热炉中加热，当温度缓慢升至356℃时，汞膏中的汞即汽化并沿铁管外逸，经冷凝后呈球状液滴滴入盛水的容器中回收。为了充分分离汞膏中的汞，许多金选厂将蒸汞温度控制在400~450℃，蒸汞后期将温度升至750~800℃，并保温30min。蒸汞时间5~6h或更长，蒸汞作业汞的回收率通常大于99%。蒸馏回收的汞经过滤除去其中机械夹带的杂质后，再用5%~10%的稀硝酸（或盐酸）处理以溶解汞中所含的贱金属，然后将其返回混汞作业再用。

蒸馏产出的海绵金其金含量可达60%~80%（有时高达80%~90%），其中尚含少量的汞、银、铜及其他金属。所含杂质在下一步熔炼时，通过溶剂（如苏打、硼砂、硝石）的氧化造渣来除去。一般采用石墨坩埚于柴油或焦炭炉中熔炼成合质金。若海绵金中金银含量较低、二氧化硅及铁等杂质含量较高，熔炼时可加入碳酸钠及少量硝酸钠、硼砂等进行氧化熔炼造渣，除去大量杂质后再铸成合质金。大型金矿山也可采用转炉或电炉熔炼海绵金。当海绵金中杂质含量高时，也可预先经酸浸、碱浸等作业以除去大量杂质，然后再熔炼铸锭。金银总量达70%~80%以上的海绵金可铸成合金板送去进行电解提纯。

用蒸馏罐蒸馏固体汞膏时应注意以下几点：

（1）汞膏装罐前应先在蒸馏罐内壁上涂一层糊状白垩粉或石墨粉、滑石粉、氧化铁粉，以防止蒸馏后金粒黏结于罐壁上。

（2）蒸馏罐内汞膏厚度一般为40~50mm，厚度过大将使汞蒸馏不完全，延长蒸馏加热时间，汞膏沸腾时金粒易被喷溅至罐外。

（3）汞膏必须纯净，不可混入包装纸，否则，回收汞再用时易发生汞粉化现象。汞膏内混有重矿物和大量硫时，易使罐底穿孔，造成金的损失。

（4）由于$AuHg_2$的分解温度（310℃）非常接近于汞的汽化温度（356℃），蒸汞时应缓慢升温。若炉温急剧升高，$AuHg_2$尚处于分解时汞即进入升华阶段，易造成汞激烈沸腾面产生喷溅现象。当大部分汞蒸馏逸出后，可将炉温升至750~800℃（因Au_2Hg的分解温度为402℃，Au_3Hg的分解温度为420℃），并保温30min，以便完全排出罐内的残余汞。

（5）蒸馏罐的导出铁管末端应与收集汞的冷却水盆的水面保持一定的距离，以防止在蒸汞后期罐内呈负压时，水及冷凝汞被倒吸入罐内引起爆炸。

（6）蒸汞时应保持良好通风，以免逸出的汞蒸气危害工人健康。

5.5.4 混汞工艺的主要影响因素

任何能提高金—水、汞—水界面表面能和能降低金-汞界面表面能的因素均可提高金粒的可混汞指标及汞对金粒的捕捉功。因此，影响混汞选金的主要因素为金粒大小与解离度、金粒成色、金粒表面状态、汞的化学组成、汞的表面状态、矿浆浓度、温度、酸碱度、混汞设备及操作制度等。

（1）金粒大小与解离度。自然金粒只有与其他矿物及脉石单体解离或金呈大部分的连生体形态存在时才能被汞润湿和汞齐化，包裹于其他矿物或脉石矿物中的自然金粒无法与汞接触，不可能被汞润湿和汞齐化。因此，自然金粒与其他矿物及脉石单体解离或金呈大部分的连生体存在是混汞选金的前提条件。

一般将大于495μm的金粒称为特粗粒金，74～495μm的金粒为粗粒金，37～74μm的金粒为细粒金，小于37μm的金粒为微粒金。外混汞时，若自然金粒粗大，不易被汞捕捉，易被矿浆流冲走。若金粒过细，在矿浆浓度较大的条件下不易沉降，不易与汞板接触，也易随矿浆流失。实践经验表明，适于混汞的金粒粒度为0.1～1mm。因此，含金矿石磨矿时，既不可欠磨也不可过磨。欠磨时，金粒的解离度低，单体金粒含量少。过磨时金粒过细，适于混汞的金粒的粒级含量减少。含金矿石的磨矿细度取决于矿石中金粒的嵌布粒度，只有粗、细粒金粒含量较高的矿石经磨矿后才适合进行混汞作业。若矿石中的金粒大部分呈微粒金形态存在，磨矿过程中金粒的单体解离度低，此类矿石不宜采用混汞法选金。处理适于混汞的含金矿石时，混汞作业金的回收率一般可达60%～80%。

（2）金粒成色。单体解离金粒的表面能与金粒的成色（纯度）有关。纯金的表面最亲汞疏水，最易被汞润湿。但自然金并非纯金，常有某些杂质。其中最主要的杂质是银，银含量的高低决定自然金粒的颜色和密度。银含量高（达25%）时呈绿色，银含量低时呈浅黄至橙黄色。此外，自然金还含有铜、铁、镍、锌、铅等杂质。自然金粒成色愈高，其表面愈疏水，金—水界面的表面能愈大，其表面的氧化膜愈薄，愈易被汞润湿，可混汞指标愈接近于1。砂金的成色一般比脉金高，所以砂金的可混汞指标比脉金高。氧化带中的脉金金粒的成色一般比原生带中脉金金粒的成色高，所以氧化带中脉金金粒比原生带中的易混汞，混汞时可获得较高的金回收率。

由于新鲜的金粒表面最易被汞润湿，所以内混汞的金回收率一般高于外混汞的金回收率。

（3）金粒表面状态。金的化学性质极其稳定，与其他贱金属比较金的氧化速度最慢，金粒表面生成的氧化膜最薄。金粒表面状态除与金粒的成色有关外，还与其表面膜的类型和厚度有关。在金粒表面，磨矿过程中因钢球和衬板的磨损可生成氧化物膜，因机械油的混入可生成油膜，因金粒中的杂质与其他物质起作用可生成相应的化合物膜，金粒有时可被矿泥覆盖而生成泥膜。所谓金粒“生锈”是指金粒表面被污染，在金粒表面生成一层金属氧化物膜或硅酸盐氧化膜，薄膜的厚度一般为1～100μm。金粒表面膜的生成将显著改变金—水界面和金—汞界面的表面能，降低其亲汞疏水性能。因此，金粒表面膜的生成对混汞选金极为不利，应设法清除金粒表面膜。混汞前可预先擦洗或清洗金粒表面，清除金粒表面膜，实践中除可采用对金粒表面有擦洗作用的混汞设备外，还可采用添加石灰、氰化物、氧化物、重铬酸盐、高锰酸盐、碱或氧化铅等药剂清洗金粒表面，消除或减少表面膜的危害，以恢复金粒表面的亲汞疏水性能。

（4）汞的化学组成。汞的表面性质与其化学组成有关。实践表明，纯汞与含少量金银或含少量贱金属（铜、铅、锌均小于0.1%）的回收汞比较，回收汞对金粒表面的润湿性能较好，纯汞对金粒表面的润湿性能较差。根据相似相溶原理，采用含少量金银的汞时，金—汞界面的表面能较小，可提高可混汞指标及汞对金粒的捕捉功。如汞中含金达0.1%～0.2%时，可加速金粒的汞齐化过程。汞中含银达0.17%时，汞润湿金粒表面的能力可提高7/10。汞中含银量达5%时，汞润湿金的能力可提高两倍。在硫酸介质中使用锌汞齐时，不仅可捕捉金，而且还可捕捉铂。但当汞中贱金属含量高时，贱金属将在汞表面浓集，继而在汞表面生成亲水性的贱金属氧化膜，这将大大提高金-汞界面的表面能，降低汞对金粒表面的润湿性和汞在金粒表面的扩散速度。例如，汞中含铜1%时，汞在金粒表面的扩散需30~60min；当汞中铜达5%时，汞在金粒表面的扩散过程需2~3h；汞中含锌达0.1%~5%时，汞对金粒失去润湿能力，更不可能向金粒内部扩散。汞中混大量铁或铜时，金属汞会变硬发脆，继而产生粉化现象。矿石中含有易氧化的硫化物及矿浆中含有的重金属离子均可引起汞的粉化，使汞呈小球被水膜包裹，这将严重影响混汞作业的正常进行。

(5) 汞的表面状态。汞的表面状态除与汞的化学组成有关外，还与汞表面污染和表面膜的形成有关。汞中贱金属含量高时，贱金属会在汞表面浓集生成亲水性氧化膜，机油、矿泥会像污染金粒表面一样污染汞表面，形成油膜和泥膜。矿浆中的砷、锑、铋硫化物及黄铁矿等硫化矿易附着在汞表面上，滑石、石墨、铜、锡及分解产生的有机质、可溶铁、硫酸铜等物质也会污染汞表面。其中以铁对汞表面的污染危害最大，在汞表面生成灰黑色薄膜，将汞分成大量的细球。汞被过磨、经受强烈的机械作用也可引起汞的粉化。因此，任何能阻止汞表面被污染的措施，均可改善汞的表面状态，提高汞表面的亲金疏水性能，均有利于混汞作业的顺利进行。

(6) 矿浆温度与浓度。矿浆温度过低，黏度就大，表面张力增大，会降低汞对金粒表面的润湿性能。适当提高矿浆温度可提高可混汞指标。但汞的流动性随矿浆温度的升高而增大，矿浆温度过高将使部分汞随矿浆而流失。生产中的混汞指标随季节有所波动，冬季的混汞指标较低。通常混汞作业的矿浆温度宜维持在15℃以上。

混汞的前提是金粒能与汞接触，外混汞时的矿浆浓度不宜过大，以便能形成松散的薄的矿浆流，使金粒在矿浆中有较高的沉降速度，能沉至汞板上与汞接触，否则，微细金粒很难沉落到汞板上。生产中外混汞的矿浆浓度一般应小于10%~25%，但实践中常以混汞后续作业对矿浆浓度的要求来确定混汞板的给矿浓度。因此，混汞板的给矿浓度常大于10%~25%，磨矿循环中的混汞板矿浆浓度以50%左右为宜。内混汞的矿浆浓度因条件而异，一般应考虑磨矿效率。内混汞矿浆浓度一般高达60%~80%。碾盘机及捣矿机中进行内混汞的矿浆浓度一般为30%~50%。内混汞作业结束后，可将矿浆稀释，使分散的汞齐和汞聚集。

(7) 矿浆酸碱度。实践表明，在酸性介质或氰化物溶液（浓度为0.05%）中混汞指标最好，因为酸性介质或氰化物溶液可清洗金粒表面及汞表面，可溶解其上的表面氧化膜。但酸性介质无法使矿泥凝聚，无法消除矿泥、可溶盐、机油及其他有机物的有害影响。在碱性介质中混汞可改善混汞作业条件，如用石灰作调整剂时，可使可溶盐沉淀，可消除油质的不良影响，还可使矿泥凝聚，降低矿浆黏度。因此一般混汞作业宜在pH值为8~8.5的弱碱性矿浆中进行。

除上述因素外，混汞的作业条件、水质、含金矿石的组成等也对混汞有影响。

5.5.5 汞毒防护

汞能以液态金属、盐类或蒸气的形态进入人体内：汞金属及其盐类主要通过肠胃、其次通过皮肤或黏膜侵入人体内；汞蒸气主要通过呼吸道侵入人体。其中汞蒸气最易侵入人体。混汞作业产生的汞蒸气及含汞废水具有无色、无臭、无味、无刺激性的特点，不易被人察觉，对人体的危害甚大，经吸收后侵入细胞而累积于肾、肝、脑、肺及骨骼等组织中。人体内汞的排泄主要通过肾、肠、唾液腺及乳腺，其次是呼吸器官。汞蒸气可引起急性中毒或慢性中毒。大量吸入汞蒸气的急性中毒症状为头痛、呕吐、腹泻、咳嗽及吞咽疼痛，一至两天后出现齿龈炎、口腔黏膜炎、喉头水肿及血色素降低等症状。汞中毒极严重者可出现急性腐蚀性肠胃炎、坏死性肾病及血液循环衰竭等危症。吸入少量汞蒸气或饮用含汞废水所污染的水可引起慢性汞中毒，其主要症状为腹泻、口腔膜经常溃疡、消化不良、眼睑颤动、舌头哆嗦、头痛、软弱无力、易怒、尿汞等。

我国规定烟气中允许排放的含汞量的极限浓度为0.01～0.02mg/m^3，工业废水中汞及其化合物的最高允许浓度为0.05mg/L。

解决汞中毒的主要方法是预防。只要严格遵守混汞作业的安全技术操作规程，就可使汞蒸气及金属汞对人体的有害影响减至最低程度。多年来，我国黄金矿山采取了许多有效的预防汞中毒的措施，其中主要有：

(1) 加强安全生产教育，自觉遵守混汞操作规程。装汞容器应密封，严禁汞蒸发外逸。混汞操作时应穿戴防护用具，避免汞与皮肤直接接触。有汞场所严禁存放食物、禁止吸烟和进食。

(2) 混汞车间和炼金室应通风良好，汞膏的洗涤、压滤及蒸汞作业可在通风橱中进行。

(3) 混汞车间及炼金室的地面应坚实、光滑和有1%～3%的坡度，并用塑料、橡胶、沥青等不吸汞材料铺设，墙壁和顶棚宜涂刷油漆（因为木材、混凝土是汞的良好吸附剂），并定期用热肥皂水或浓度为0.1%的高锰酸钾溶液刷洗墙壁和地面。

(4) 泼洒于地面上的汞应立即用吸液管或混汞银板进行收集，也可用引射式吸汞器加以回收。为了便于回收流散的汞，除地面应保持一定坡度外，墙和地面应做成圆角，墙应附有墙裙。

(5) 混汞操作人员的工作服应用光滑、吸汞能力差的绸和柞蚕丝料制作，工作服应常洗涤并存放于单独的通风房间内，干净衣服应与工作服分房存放。

(6) 必须在专门的隔离室中吸烟和进食。下班后用热水和肥皂洗澡，更换全部衣服和鞋袜。

(7) 对含汞高的生产场所，应尽可能改革工艺、简化流程，尽可能机械化、自动化，以减少操作人员与汞直接接触的机会。

(8) 定期对作业场所的样品进行分析。采取相应措施控制各作业点的含汞量。定期对操作人员进行体检，汞中毒者应及时送医院治疗。

5.5.6 混汞法实例

混汞作业一般不作为独立过程，常与其他方法组成联合流程，多数情况下，混汞作业只是作为回收金的一种辅助方法。混汞提金的原则流程如图5.34所示。

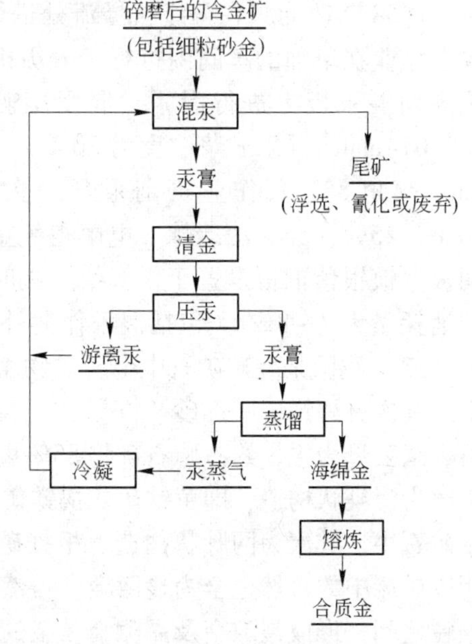

图5.34 混汞法原则流程

（1）我国某金矿为金—铜—黄铁矿矿石，金属矿物含量为10%～15%，主要为黄铜矿、黄铁矿、磁铁矿及其他少量铁矿物；脉石矿物主要为石英、绿泥石和片麻岩；原矿含铜0.15%～0.2%、含铁4%～7%、含金10～20g/t、含银约为金的2.8倍。金粒平均粒径为17.2μm，最大为91.8μm，表面洁净，大部分金呈游离金形态存在，部分金与黄铜矿共生，少量金与磁黄铁矿、黄铁矿共生，可混汞金占60%～80%。矿石中含少量的铋，其硫化物对混汞有不良影响。原矿经一段磨矿，磨矿粒度60%为0.074mm。在球磨机与分级机闭路循环中设置二段混汞板：第一段混汞板呈两槽并列配置（每槽长2.4m、宽1.2m、倾角13°），设置于球磨机排矿口前；第二段混汞板也为两槽并列配置（每槽长3.6m、宽1.2m、倾角13°），设置于分级机溢流堰上方。球磨机排矿流经第一段混汞板，混汞尾矿流至集矿槽内，再用槽式给矿机提升至第二段混汞板，第二段混汞尾矿流入分级机，分级溢流送浮选处理。为了使浮选作业能正常进行，混汞矿浆浓度为50%～55%。球磨排矿粒度60%为0.074mm，汞板上的矿浆流速为1～1.5m/s。石灰加入球磨机中，矿浆pH值为8.5～9.0，每11～20min检查一次汞板，并补加汞，汞的添加量为原矿含金量的5～8倍，汞耗量为5～8g/t（包括混汞作业外损失）。每班刮汞膏一次，刮汞膏时两列混汞板轮流作业。汞膏含汞60%～65%、含金20%～30%，火法熔炼产出含金，5%～70%的合质金销售。该矿金的回收率为93%，其中混汞回收率为70%，浮选金回收率为23%。

（2）我国某金铜矿的主要金属矿物为黄铜矿、斑铜矿、辉铜矿、黄铁矿，少量磁黄铁矿、黝铜矿、闪锌矿、方铅矿等。脉石矿物主要为石英、方解石、重晶石及少量菱镁矿。金矿物以自然金为主，银金矿次之。少量金与黄铜矿、黄铁矿共生。60%金的粒径为0.15～0.04mm，个别金粒粒径达0.2mm，最小金粒小于0.03mm。原矿金含量随开采深度而下降，上部为7～8g/t，中部为4～5g/t，－170mm为2g/t左右。1960年该矿投产时采用单一浮选流程，金的回收率较低。1963年底采用混汞—浮选流程，金回收率提高2%～5%。投产初期，混汞板设于球磨机排矿口处和分级机溢流处进行两段混汞。1968年改为只在分级机溢流处进行一段混汞，混汞作业金的回收率为40%～50%。混汞作业在单独的车间内进行，分级机溢流用砂泵扬至汞板前的缓冲箱内，然后再分配至各列混汞板上进行混汞，混汞尾矿送浮选。经一段磨矿后粒度（55%～60%）为－0.074mm，混汞矿浆浓度为30%，汞板面积为600m^2，分10列配置，每列长6m、宽1m、倾角8°。每作业班刮汞膏一次，汞膏洗涤后用千斤顶压滤机压滤。汞膏含金20%～25%，经火法冶炼、电解得纯金。该矿所用汞板中纯银板占1/2，其余为镀银紫铜板。镀银紫铜板设置于汞板给矿端时可用一个月，设置于汞板尾端时可用两个月。汞的消耗量为7～8g/t（包括混汞作业外消耗）。

（3）我国某金矿矿石中金属矿物主要为黄铁矿和褐铁矿，占金属矿物含量的90%以上，其次有辉锑矿、毒砂、方铅矿、黄铜矿、铜蓝、孔雀石等；脉石矿物以石英、绿泥石、绢云母为主，约占脉石矿物85%以上，其次为绿帘石、方解石、阳起石等。矿石构造主要为浸染状构造，即黄铁矿或褐铁矿以自形、半自形、他形粒状晶体呈星散浸染状分布于矿石中，其次为网脉状构造。根据矿相显微镜的鉴定，自然金粒径为0.001～0.01mm，所以矿床中的自然金全为显微金。自然金多赋存于黄铁矿、褐铁矿等矿物中或分布于矿物颗粒之间，形成裂隙金及晶隙金。金的形态以浑圆状为主，其次为角粒状。该矿采用联合混汞法提金，在碾盘机中进行，内混汞、混汞板、氰化池作为辅助手段回收处理由碾盘机中溢流出的部分细粒金和汞齐。其生产工艺流程图如图5.35所示。每24h处理矿石26t（目前有八台碾盘机）；水源来自地下，为高碱水质；纯消耗水量为1.3t/t；石灰消耗约3kg/t，pH值控制在10~13之间；汞消耗0.25kg/t；原矿中金的品位变化较大，为10~15g/t。在生产实践中经过改造，提高了混汞板的效率，混汞提金回收率由55%左右提高到63%左右。

（4）我国某选厂入选矿石是矽卡岩型多金属矿石。矿石性质比较复杂，泥化也比较严重。矿石中的金属矿物有黄铜矿、斑铜矿、自然金、辉铜矿、磁铁矿及少量的兰铜矿、黄铁矿等，脉石矿物有石榴子石、透辉石、方解石和绿帘石等。金矿物中，自然金占91.72%，其形态以枝杈状和角粒状为主。自然金嵌布粒度较粗，但不均匀。自然金在各个粒级相对含量：+0.5mm占17.65%，0.5~0.2mm占8.64%，0.2~0.074mm占23.99%，0.074~0.037mm占18.19%，0.037~0.01mm占25.01%，-0.01mm占6.52%。金矿物中，85.07%的金以粒间金形态赋存在金属矿物和脉石矿物之间，其次是包裹金（11.56%）和裂隙金（3.37%）。混汞作业流程如图5.36所示。汞板采用600mm×450mm×3mm黄铜板，表面镀30μm白银而成。平行安装两列，每列8块，按倾斜方向搭接成阶梯形。汞板总长3m、宽1.3m，有效混汞面积3.5m^2，汞板坡度8.5°。混汞给矿的粒度小于3mm，浓度45%左右，pH值为8.5，矿浆流的厚度5~7mm，流速0.6~1m/s。视汞膏含金情况，作业班一班刮两次，刮后补汞，汞膏经洗涤、压滤得汞金。汞金含金33%~36%，蒸汞得毛金含金65%~70%，熔炼得成品金，含金80%左右。平均每吨矿石耗汞6g、耗银0.13g。混汞金回收率为58%。

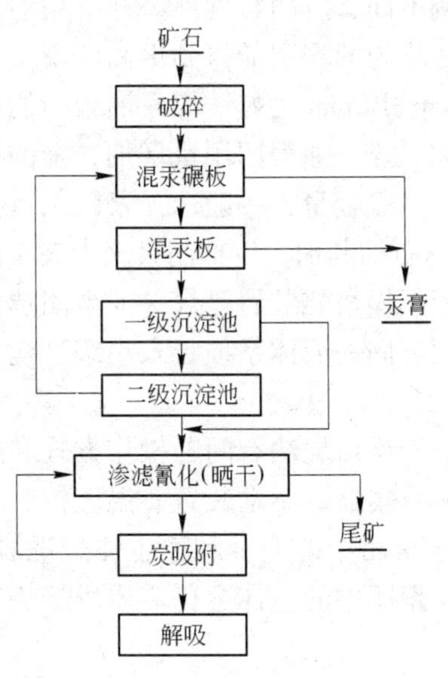

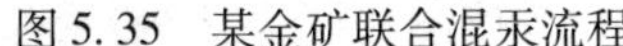
图5.35 某金矿联合混汞流程

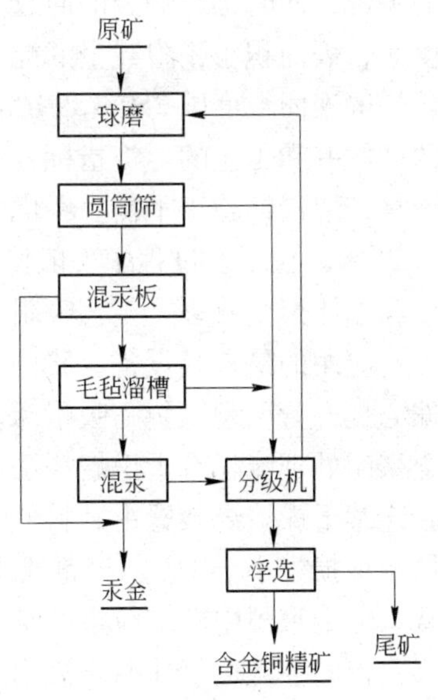

图5.36 含金铜精矿尾矿混汞—重选—浮选流程

5.6 其他选矿技术

5.6.1 石蜡法

石蜡是无毒、价格低廉和高度疏水的物质，熔点66.5℃，密度0.8192~0.8243g/

cm^3，疏水性指数104.10。

石蜡法选金的原理是：在70℃左右的矿浆中液态石蜡在金颗粒上选择性黏附，在随后冷却的矿浆中液态石蜡固化，金颗粒包含在固体石蜡相中而与其他矿物和脉石矿物分离。

该工艺试验在25%浓度的矿浆中进行，加热至68℃，即稍高于石蜡熔点。在此温度下加入矿浆中的石蜡开始熔化，随后经搅拌石蜡分散并与矿物接触。停止搅拌后金粒选择性附着在石蜡上。冷却至室温后，由于石蜡密度小，含金固体石蜡飘浮在矿浆表面而被分离，最后从中回收金。

该工艺过程简单，操作方便，成本低，不污染环境，适宜于回收单体解离的各种粒度的金，作为一种无污染选金技术，有可能替代混汞工艺。

5.6.2 煤—油聚团法

煤—油聚团技术在20世纪70年代首先应用于煤泥的回收，后来应用于金的提取。此方法现已发展到可用于砂金、脉金、老尾矿、尾渣和碳质金矿的处理，具有无环境污染、投资费用少和生产成本低的优点。处理低品位金矿时，载金团聚物富集金的能力可达1～5kg/t；处理高品位金矿时，载金团聚物富集金可达10～15kg/t，金回收率为62%～95%。

在工艺中起附聚金作用的是煤—油聚团。煤和油的选择影响聚团性质，也影响金的回收率。一般而言，要求煤的灰粉小于7%，有较高的挥发性且硬度较大。经试验，煤以长焰煤和气煤较好；油以零号柴油、润滑油、变压器油等中性油较好。对油的要求是芳烃含量较高，一般在23%以上，密度约0.84g/cm^3，沸点在200℃左右。煤粉与油的合适比例是聚团的关键，同时也影响金的回收率。煤和油比例不同，成团粒度不一样。用油量多则聚团粒度大，表面积小，附载金的能力弱。较小的、均匀的聚团能得到更高的聚金率。试验证明，一般聚团粒度以250～590μm、最大粒度不超过2mm为好。煤—油聚团的用量关系到金的回收率和工艺的经济指标，与矿石性质有关。煤—油聚团用量增加，金的回收率也随之增高，但最终趋于平衡。考虑到经济指标与产品载金量，一般选择聚团用量为矿样的20%～25%。在工艺过程中一般使用硅酸钠作为脉石抑制剂，以抑制聚团中夹杂的脉石灰粉，提高总体聚金效率。工艺吸附装置和煤金聚团干燥焙烧装置是煤—油聚团选金新工艺实现工业应用的最核心设备。我国设计采用的是固、固—液体系抽吸式串级型搅拌吸附装置和偏心提升管凹型倾斜筛吸附床。

煤金聚团处理流程有干燥焙烧法和溶剂洗脱法。干燥焙烧法有间断操作方式和连续操作方式。连续干燥焙烧装置由进料器、回转窑、焙灰收集器、驱动装置、温度控制装置等组成。焙灰金损失小于1%。溶剂洗脱工艺可将煤金聚团中的明金和连生体金洗脱下来，从而可减少煤金聚团中微细粒金的焙烧损失，但煤金聚团中的包体金仍需要用焙烧方法处理。最终获得的金灰进行非氰化浸出或直接熔炼。

5.6.2.1 煤—油聚团选金原理

煤—油聚团法选金的基础是用油将亲油性的煤浸润而形成煤—油聚团。在一定酸度和充分搅拌的条件下，亲油的金颗粒从矿浆中有选择性地被俘获到煤—油团聚物中。这些团聚物可循环吸附新鲜矿浆中的金粒直至很高的载金量，然后同矿浆分离。载金聚团再用湿法或火法处理选金。

煤—油聚团是用中性油作为桥联液，亲油性的煤粒被浸润而互相聚集成团。控制表面活性剂的加入量可以调节聚团的大小和稳定性。煤—油聚团与金粒和脉石之间存在着由动量差、重力差、范德瓦耳斯力和静电斥力所造成的排斥势垒，也存在着相互间的疏水结合能。利用金粒与脉石二者间存在疏水作用能的差别，使得金粒而不是脉石被煤—油聚团吸附。

在选择性地使金疏水化和降低金粒与煤—油聚团之间的作用势垒的同时，用化学方法抑制脉石等杂质的疏水性就会扩大金粒与脉石等杂质的吸附行为的差异。金粒表面的疏水化预处理通常是加入一些表面活性剂，例如黄药和黑药，使金的表面形成一层疏水膜。

煤—油聚团的选金速率是取决于煤—油聚团与含裸露金的矿粒之间的碰撞频率和碰撞能量。碰撞频率主要由含裸露金的矿粒的浓度和运动速度决定；碰撞能量则由含裸露金的矿粒的质量和相对运动速度决定。增加搅拌强度，能使矿粒运动加快，也使金粒表面受到擦洗而增大吸附速率。由于金粒和煤—油聚团的向心力不同，金粒又以一定速率从煤—油聚团上脱落，最后达到动态平衡。

此外，原矿的磨矿粒度，原矿中细泥的含量和铁含量等均会影响浆相与煤—油聚团的接触。对矿砂进行脱泥除铁预处理，能够显著提高金的吸附速率和回收率。

5.6.2.2 煤—油聚团选金设备

吸附装置是煤—油聚团选金新工艺实现工业应用的最核心设备。已设计和采用的设备有下行式串组型搅拌吸附装置（Down stream multistage stirring tank，简称 DSMST）和偏心提升管凹型倾斜筛环流式吸附床（Gas-lift loop reactor with eccentric tube and inclined sieve，简称 EILR）。它们可以满足操作性能好和投资费用低的要求。

（1）下行式串级型搅拌吸附装置（DSMST）。下行式串级型搅拌吸附装置应用浆叶产生的抽力将浆相和煤—油聚团从混合室上端入口吸入混合室，混合相从槽底出口经提升管排出，从而使煤—油聚团分布均匀，而且无需空气提升装置就能实现浆相或煤—油聚团的级间传递。搅拌室被分成多格，同时减少格与格之间的返混，浆相在搅拌槽内的流动趋向柱塞流，浆相和煤—油聚团各微元有更多的均等机会进行接触和吸附分离。

安装级间筛分装置可以使经过上一组槽子吸附的浆相进入下一级槽子进行吸附，同时使煤—油聚团保留在原来的槽内，进行任意次数的循环。该过程以半回流形式进行。级间筛分装置由提升管和 Z 型筛组成，省去了压缩气体和振动机械系统。混合相的提升量由提升管的高度调节。Z 型筛筛网孔径应在煤—油聚团直径和矿粉直径之间。试验结果表明，以筛分代替浮选，能使工艺流程缩短，设备简化。

从 DSMST 吸附装置与全混式高速搅拌吸附槽的吸附性能比较可知，在矿的含金品位为 4.0 ~ 5.5g/t 条件下，1L 的全混式高速搅拌吸附槽在搅拌速度为 1400r/min 时，金的回收率为 84.0%；3.6L 的 DSMST 在搅拌速度为 580r/min 时，金的回收率为84.0% ~ 85.5%。

经过 30kg/h 连续运转，三槽串联吸附，每槽吸附时间 0.5h。第一槽吸附量达 90% 以上，第二、三槽吸附量只占总量的百分之几。流量为 0.6 ~ 2.1m^3/h 时，金的回收率达到 80% 以上，渣中金品位可降至0.9g/t。吸附总时间可缩短至 1h（氰化炭浆法搅拌吸附时间长达 28h）。经 60 余次循环后，载金聚团进行焙烧，金品位达 2559g/t，富集 600 倍以上。经连续化试验证明，DSMST 吸附装置具有放大性能好、投资费用低和效率高等特点。

（2）偏心提升管凹型倾斜筛环流式吸附床（EILR）。EILR 吸附床如图 5.37 所示，它属于气体提升式接触器。为了便于气体同时完成物料的搅拌和输送任务，置中心管于偏心位置。当连续操作时用凹型倾斜筛取代溢流口，使浆相溢出而使煤—油聚团滞留床内。EILR 吸附床内部无转动部件，结构简单，制造成本低，操作维修方便。该吸附床放大试验表明，当尺寸从 40 ~ 600mm 放大到 800 ~ 3000mm，操作方式从间断改为连续时，金的吸附回收率从 83.6% 变化到 82.4% ~ 83.3%，放大性能良好。曾用此设备在中科院过程所进行了吨级连续性试验，金的吸附回收率达 85%。

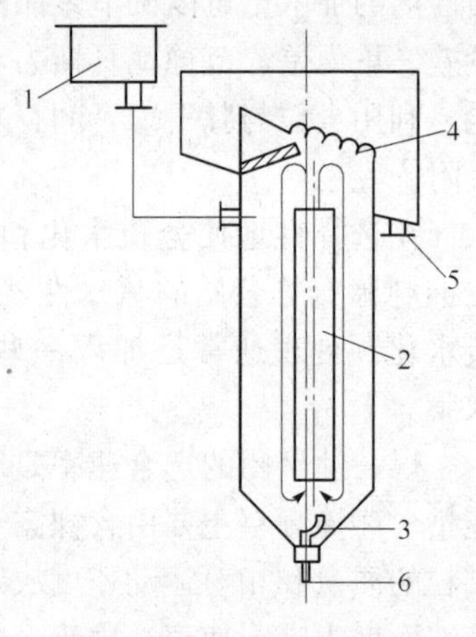

图 5.37 EILR 吸附床示意图

1—料浆高位槽；2—偏心管；3—气体分布器；4—凹形倾斜筛；5—料浆出口；6—空气入口

在连续操作条件下，EILR 吸附床与 DSMST 吸附装置吸附性能相近，但 EILR 吸附床结构简单、投资费用低、操作和维修方便，应该为煤—油聚团选金的首选设备。

5.6.2.3 工艺特点与流程

A 煤—油聚团法的特点

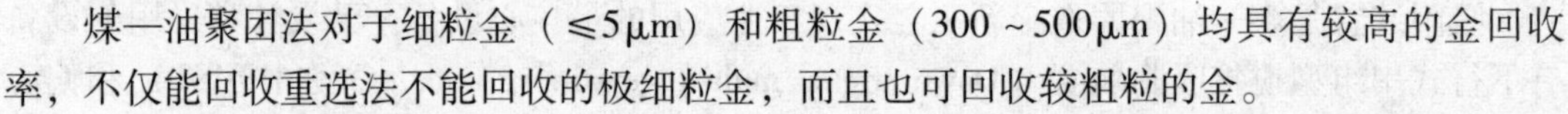

煤—油聚团法对于细粒金（≤5μm）和粗粒金（300 ~ 500μm）均具有较高的金回收率，不仅能回收重选法不能回收的极细粒金，而且也可回收较粗粒的金。

（1）该工艺可用于处理氰化法难以处理的渗透性差或含碳质高的低品位金矿。

（2）该工艺操作时间仅 30min，比炭浆法的 10 ~ 30h 缩短很多。

（3）流程简短，投资费用低。

（4）药剂消耗少，生产成本低。

（5）最重要的是，该方法不使用氰化物或汞，可大大减少环境污染。

下行式串级型搅拌吸附装置能满足煤—油聚团法选金高剪切力和搅拌均匀的要求，两组操作效果相当于国外文献所报道的四级全混型吸附槽的操作性能。偏心提升管凹型倾斜筛环流式吸附床进一步简化设备结构、降低投资和操作成本。煤金聚团技术的发展，将从现在主要处理氧化型金矿过渡到处理难选冶的低品位、微细粒或复杂硫化型金矿。为此，需要进一步开发优良的表面活性剂、新的载体材料和抑制剂、液相氧化预处理等先进技术。

B 工艺流程

实践证明，该工艺特别适于回收单体解离金、连生金和微细粒金。工艺适应范围广，尤其对石英脉氧化矿、贫硫化物石英脉原生矿效果最佳，金回收率达 95% 以上。对金易解离的多金属低硫石英脉金矿适应性良好，还可代替混汞法回收明金。对一般低品位石英脉金矿和微细粒金的回收率达 80% 以上。

煤—油团聚法选金的工艺流程如图 5.38 所示。

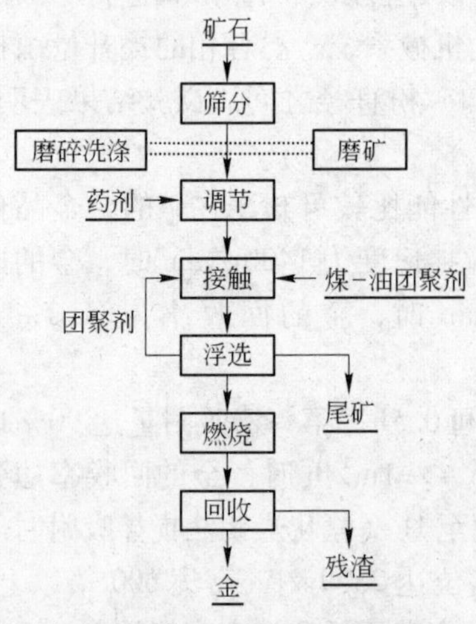

图 5.38 煤—油团聚法选金流程

5.7 脱水

脱水作业是用机械或加热干燥的方法，使固体物料与液体分离的作业。浮选精矿含有大量水分，一般高达60% ~80%。为了对精矿进行进一步的加工处理，需要将其中大部分的水脱除掉。脱水的目的有以下几点：

(1) 便于精矿运输。精矿含水过多，给运输带来很大困难，除增加运输费用外，更重要的是会因水分大，精矿流动性大，造成精矿不应有的损失。

(2) 使精矿含水量符合焙烧、冶炼或其他加工过程的要求。例如，当精矿进行沸腾焙烧时，精矿水分要低于5%。

(3) 防止冬季冻结。如果精矿含水分过大，冬季到来后，在精矿的堆存、运输或转载过程中很容易冻结成块，黏结在料仓或车皮里，给装卸工作带来困难。

(4) 在选矿生产中，有时为了提高下段作业给矿的浓度和改善选别效果，中间产品也需要脱水。如精矿氰化时，浮选药剂对金的浸出不利，一般都需要在氰化过程前进行脱水，这在氰化工艺中又称为“脱药”。

(5) 将精矿中的水分脱除后，循环使用。这在缺水地区更为重要。因此，在一般情况下，外运的精矿冬季水分要求低于8%，夏季要求低于12%。

脱水的主要过程有浓缩、过滤和干燥三个作业。

5.7.1 浓缩

浓缩是靠重力使颗粒沉降出来的过程，它是选金脱水的第一道作业，是在连续工作的浓缩机中进行的。

传统浓缩机（即道尔浓缩机）作为现代浓缩技术发展的起点，始于1905年，应用最为广泛。它使得稀矿浆连续脱水成为可能，由一套合适的机构驱动刮板或耙子在槽底上方缓慢旋转，使得物料在没有很大搅动和干扰的条件下沉降。其主要代表为耙式浓缩机。耙式浓缩机从动力驱动方式上分类可分为中心传动和周边传动两种。其中以中心传动式发展最快，而周边传动式，尽管其结构简单，直径高达198m，发展却较慢。两者的构造大致相同，都是由池体、耙架、传动装置、给料装置、排料装置、安全信号及耙架提升装置组成。浓缩机工作时一般先由给料溜槽把矿浆给入池中的中心受料筒，然后再向四周辐射，矿浆中的固体颗粒逐渐浓缩沉降到底部，并由刮板刮入池底中心的圆锥形卸料斗中，再用砂泵排出。池体的上部周边设有环形溢流槽，最终的澄清水由环形溢溜槽排出。

中心传动式浓缩机又称桥梁式浓缩机，它的耙动机构通常支承在横跨浓缩池的桁架上，耙臂固定在传动轴上。周边传动式浓缩机只有一根长耙臂，其一端支承在中心支柱上，另一端固定牵引轮，轮子沿浓缩池壁顶部的钢轨行驶，牵引轮由电动机传动行驶，电动机安装在耙臂端部与耙臂一起沿圆形轨道转动。浓缩机中耙动机构的转动速度比较慢，通常为8m/min。中心传动式浓缩机都设有提耙装置。周边传动式的耙架为简支架，比中心传动式的悬臂梁耙架坚固且不易变形，工作安全可靠。目前国内外许多中心传动式浓缩机都加设了倾斜板，以加速颗粒沉降速度，增加浓缩机的自然沉降面积，从而强化浓缩机的工作。因多数情况下周边传动式浓缩机的驱动转矩和耙架能力难以提高，因此不易安装自动提耙装置和实现自动化控制以及应付负载的波动。而中心式浓缩机却不存在这种情况。周边传动浓缩机和中心传动浓缩机的初次投资尽管差别不大，但由于中心传动浓缩机比周边传动浓缩机效率更高、运行更加可靠，所以后续投资会相差较大。

跟随实际的需要，国内外出现了从传统浓缩机向深锥浓缩机再向新型高效浓缩机的转变，但目前深锥浓缩机和新型高效浓缩机多用于处理煤泥水。

处理量一定时，浓缩机的澄清能力取决于其直径的大小。浓缩机应当有足够的澄清表面积，澄清表面积愈大愈有利于颗粒重力沉降，溢流水就愈清。因此，浓缩机规格的正确选择首先要保证有适当的澄清表面积，要使水分的上升速度在浓缩机的任何高度均不超过固体颗粒的沉降速度。给入浓缩机中的矿浆沿机体的高度分成四区：最上面的是澄清水区，往下依次是给矿区、过渡区、矿浆压缩区。矿浆压缩区浓度较高。

浓缩机占地面积大，为了节约空间，选金厂有时采用多层浓缩机。多层浓缩机是若干浓缩机叠加垂直安装，各层可独立工作，但共用一个中心轴传动耙架。

选金厂常往浓缩机中添加凝聚剂或絮凝剂来加速浓缩过程。凝聚剂是无机盐、淀粉或古阿胶一类的天然聚合物，它是沉降的助剂。絮凝剂则能使极细颗粒形成团絮体而加速沉降。目前最广泛使用的絮凝剂是聚丙烯酰胺。

浓缩机是利用重力沉降过程实现浓缩。目前采用离心沉降过程的离心机也逐渐在生产上出现。离心沉降过程就是使颗粒受离心力的作用而加速沉降的过程。离心分离可用于分离通常在重力场中稳定的乳浊液。离心分离可以采用水力旋流器或离心机。旋流器内的高剪切力对浓缩作业无大效应。

卧式螺旋离心机在矿业中用途较广，因为它能连续排出固体颗粒。离心机主要是一水平装置的圆锥形转筒，筒内有旋转螺旋。矿浆通过旋转螺旋的中心管给入筒体。矿浆离开中心管就受到高离心力的作用，使固体颗粒在圆筒内表面沉降下来。沉降速度与旋转速度有关，旋转速度通常介于1600～8500r/min。分离出的固体颗粒由螺旋运至筒体锥形端排口排出。分离出的水达到池面时，从筒体另一端排口溢流出来。离心机的几何尺寸根据工艺要求设计。圆筒部分的长度决定澄清能力。如果溢流的澄清度是主要的，则应加大圆筒长度。离心机的筒体直径通常为15～150cm，长度约为直径的两倍。处理量决定于给矿浓度和给矿粒度，约为0.5～50m^3/h（液体）或0.25～100t/h（固体）。给矿浓度可为0.5%～70%固体，给矿粒度介于2μm～12mm。在离心力场中浓缩，絮凝均受到限制，因为漩涡作用会破坏絮团。

5.7.2 过滤

过滤是选金厂常用的过程，用在浓缩作业之后继续脱除浓缩产品的水分。

在选金厂常用的过滤机有压力过滤机和真空过滤机。

压力过滤机通常是经过加压使矿浆中的水被挤压出来，固体颗粒由于不可压缩性而被疏干。压力过滤机多数为间歇作业式。压力过滤机常用的有两种：一种是框式压滤机，另一种是箱式或称凹板式压滤机。

框式压滤机由机板和机框交替组成。用滤布将中空框与机板隔开。每一对板之间形成一个密封室。矿浆从中空框给入。水通过滤布从机板槽面流出并经连续沟槽排出。固体颗粒形成的滤饼留在框上。当框上积满滤饼时，应加水洗涤。减去压力，板框相互分开，排除框上的滤饼，这样就完成了一个过滤周期。

箱式压滤机又称凹板式压滤机，是由凹形过滤板组成的。相邻的机板间即单个的过滤室。每一机板有中心孔，使各个过滤室相通，带中心孔的滤布套在机板上。矿浆被送入沟槽，通过滤布的水由机板上的小孔排出，固体颗粒形成的滤饼沉积在过滤室中。

压滤机常用于氰化厂。金泥的洗涤过滤常选用手工排矿的压滤机。

真空过滤机有间歇式和连续式。间歇式过滤机常用叶片过滤机。这类过滤机虽然操作简单，但占地面积相当大，在选金厂很少采用。还有一种卧盘式真空过滤机也是属于间歇式的，在选金厂不常用。连续式真空过滤机在选金厂特别是在采用常规浮选法、重选法的选金厂最为常用。这类过滤机通常有三种形式：圆筒形、圆盘形和卧式。

圆筒形过滤机是一水平安装的过滤圆筒，下部浸入过滤机的给矿槽内。从浓缩机的底流送入过滤机给矿槽中的矿浆由搅拌器保持均匀的浓度，防止在给矿槽内沉淀。沿过滤圆筒的周边分若干室，每室均设有一些排水管。排水管在圆筒均归结于一个终端，形成一圈排水孔，孔上盖上回转阀，阀与真空相通。过滤圆筒的外表面紧密地铺一层滤布并固定之。圆筒以 0.1 ~0.3r/min 的低速旋转。当圆筒转动时，每一隔室均经过同一作业循环。这一作业循环包括过滤、疏干和排卸滤饼。在这一基本作业循环中还可以增加滤饼洗涤和滤布冲洗等工序。每一作业循环的时间根据过滤矿浆性质和工艺要求来决定，循环时间的长短取决于圆筒的转速、圆筒浸入矿浆的深度和回转阀的布置。从过滤圆筒上排卸滤饼有几种方法，最常见的是反向喷气，当滤布被吹气松开时滤饼被排矿溜槽旁的固定刮板刮出。刮板不接触滤布，尽管如此，滤布由于反复地受抽真空吸水和喷气释放滤饼而在固定处折损较快。

还有一种为折带式排矿并冲洗滤布的圆筒过滤机，滤布本身在运行时可以脱离机体并通过机体外部装设的滚轮卸下滤饼，然后再返回矿浆槽附在圆筒上。这种排矿方式的优点是可以排卸较薄的滤饼，过滤效率高，滤布经过洗涤，过滤效果好，即滤饼水分低，在金选矿厂可以免除干燥作业。因为金精矿的价值高，在运往冶炼厂装车时均使用包装，与其他散装车皮的精矿不同。

圆盘形过滤机的工作原理与圆筒形过滤机相似。过滤表面是装在水平机轴上的一排圆形过滤盘。滤饼就在每个圆盘的两侧形成。圆盘一部分浸入给矿槽中，低速旋转，当离开给矿槽的矿浆液面时通过吹气和刮板把滤饼卸出。圆盘同装在水平机轴上，相邻两盘的中心距为 30cm。因此，和圆筒形过滤机相比较，同样的占地面积，圆盘形过滤机可获得更多的过滤面积。其缺点是不便于对滤饼进行洗涤。

近年来，在国外还使用螺旋运输机排出滤饼的浅盘过滤机、水平带式过滤机、磁力真空过滤机和针对极细粒精矿的蒸汽加热过滤机等。带式过滤机最适用于处理要求有效洗涤的快速沉降重质浓缩矿浆。

陶瓷过滤机是由芬兰奥托昆普公司于 20 世纪 80 年代中期新研制的一种高效节能型过滤设备，1985 年首次用于矿山工业的精矿脱水，获得了明显的经济效益，其能耗仅为真空过滤机的 10% ~20%。20 世纪 90 年代末我国实现了其核心技术陶瓷过滤片的国产化。21 世纪陶瓷过滤机已在我国获得了广泛的应用。

陶瓷过滤机的过滤原理（见图 5.39）是基于微孔陶瓷的毛细作用，产生了几乎绝对的真空，获得了很干燥的滤饼和水晶般清澈、没有游离固体微粒的滤液。滤液可以回用或排放。这种独特的圆盘是由若干块陶瓷过滤板组成，在抽真空时仅液体能流过，因为毛细

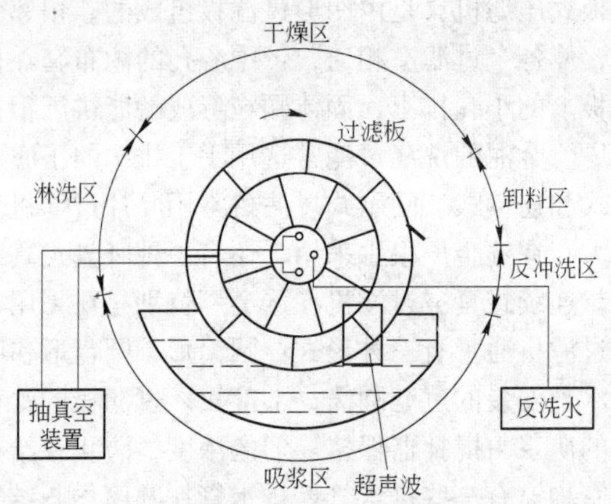

图 5.39 陶瓷过滤机工作原理示意图

孔含水后的张力大于真空泵的抽力，微孔能延续液体抽滤。陶瓷过滤板表面不允许空气穿过，因此消除了空气流动，很小的真空泵即可保持陶瓷过滤板内部的真空要求，因此能耗极低。

全自动陶瓷过滤机的结构主要包括装有若干组陶瓷过滤板圆盘而形成的转子、产生自耦切换现象的抽吸和冲洗作用的分配头、防止固体沉淀的搅拌器、消除过滤板吸附固体所需的刮刀、对过滤板腹腔内部向外冲洗及超声波振荡的清洗系统、保持一定浆料液位的槽体和运行程序 IPC 控制系统。过滤机运转时，过滤板由于抽真空的作用，当转动浸没在槽内的浆料液面下，过滤板表面形成一层固体颗粒堆积层，液体通过过滤板由分配头切换进入真空筒。当吸有堆积层的过滤板离开浆料液面，即形成滤饼。滤饼在真空的作用下继续脱水，进一步干燥。转子继续转动至装有刮刀的部位，使滤饼卸下，由皮带传输机送至所需的地方。卸下滤饼后过滤板运转位置到达自耦切换成与抽真空流向相反的冲洗位置，形成从过滤板内部向外的冲洗作用，清除堵塞在陶瓷微孔内的颗粒，然后重新浸入浆料。所使用的冲洗液即是过滤所得并进一步过滤的清液。过滤机运行较长时间后，可进行对过滤板的全面冲洗，所使用的反向冲洗液可加入化学剂，并协同超声波振荡，以保持过滤机的高效运行。

运用陶瓷过滤机的生产技术操作中应注意以下几个问题：

（1）脱水产量及水分与矿浆性质和过滤板通透量以及过滤微孔孔径、孔率有关。性能好的过滤板的平均孔径范围狭窄、孔率多，微孔不易被物料中超细微颗粒进入堵塞。

（2）过滤板通量较好而产量仍低、水分也高，主要原因在于矿料粒度、浓度、含泥量及过滤机真空度。矿料成饼后的通水性能是决定产量和水分的先决条件。粒度细、含泥量高则疏水性差，当过滤板的过滤面微孔并未污染，通量虽然尚好也即对真空抽吸力的阻碍并不大时，形成的矿料滤饼就是对板面的污染，而过滤机脱水固液分离的运转过程即是一个“污染—清除—再污染”的过程。因此各种不同的矿料形成滤饼后的疏水性不尽相同，滤饼厚度也不相同，在继续真空吸干时所需时间也大不相同，一定厚度的滤饼一旦形成也不会因过滤板通量大而无限增厚，水分也很难迅速吸干。遇该类情况应着重在矿浆性质、选矿工艺和浓密形式上进行改革。

（3）过滤板堵塞严重而不易清洗。一种原因是过滤板过滤微孔的孔径很不均匀，或者是过滤板随着老化程度进程，表面滤膜逐步磨损，露出了微滤膜层下面的基体细孔，说明滤板已到达使用寿命；另一种原因是因矿浆 pH 值接近中性，或是因矿浆中含不易被硝酸侵蚀的物质，或有黏度且化学性质稳定的有机物。当矿浆 pH 值接近中性，矿浆中的游离金属离子就会在过滤板微孔中产生结垢。有些用硝酸清洗有效而有些则无效，通常可采用草酸或其他酸种间隔清洗，能获得较满意效果，并适当提高矿浆碱度。

（4）过滤机运行时过滤板吸浆成饼厚度不均匀，甚至有些部位不吸浆。如是个别地方出现此现象，一般是因过滤板表面受污染，或过滤板面不平有凹下，刮刀每次未较理想地卸饼，剩余较多，而剩余的薄滤饼又未每转一次冲洗脱落，反复几次后，该部位通透量骤减，导致吸浆效果差。当许多过滤板出现该种情况而以往又未曾出现，应检查反冲洗系统的压力情况，或分配阀（器）的动、静密封片之间的运转密封状态。当反冲洗水压太低（而过滤板通量较大者）在所设定的反冲压力下，每块过滤板不能受到运转一圈、冲洗一次的所需冲洗水量时，反复运转即会产生该类情况。或者分配阀（器）动、静密封片之间串漏，则反冲水量和压力并未有效施加到过滤板内腔，也会产生该类情况。另外过滤板表面涂覆的精细过滤膜面局部磨损也会出现该类情况。因此优质的过滤板过滤膜面应厚度均匀，表面平整，装配平整，避免局部过于接近刮刀。

陶瓷过滤机的使用情况和对陶瓷片的透水性试验表明，使用过的陶瓷片其透水性只有新片的50%左右，这表明使用过的陶瓷片微孔被微细粒级精矿堵塞，是影响陶瓷片透水性及精矿过滤效果的关键。欲消除堵塞，一是加强硝酸和超声波的联合清洗，适当提高酸洗浓度和延长酸洗时间；二是采用草酸或某氯酸进行不定期的清洗；三是多种不同方式的联合清洗。通过上述不同方式的清洗，可以比较有效地改变陶瓷片的透水性及过滤效果。在操作维护上严格操作工责任制，严格按操作工艺条件进行检查、维护、清洗等，根据不同来矿精矿性质、矿浆浓度及时调整操作工艺和清洗方式，使陶瓷过滤机和陶瓷片保持在较好的运行状态，从而达到提高过滤效果的目的。

通过2008年我国某金矿选矿厂对陶瓷过滤机进行的研究和生产实践，针对浮选精矿细泥含量高、矿浆黏度大的影响，加强陶瓷片的清洗，保持瓷片较高的透水性，以及根据矿浆性质的变化，及时调整工艺条件，可以保持陶瓷过滤机在最佳状态下生产。由于陶瓷毛细效应与高度可靠的全自动圆盘过滤技术的结合，使过滤的费用明显优于传统真空过滤和压力过滤设备。陶瓷过滤机与传统过滤方法相比，具有以下优点：

（1）处理能力大，滤饼水分较低。1 台 KS-15 陶瓷过滤机相当于该厂 XAZ100/1250 压滤机 2 台。如果给矿浓度在 50% 以上，处理能力可以达 90t/d，滤饼水分小于 15%。

（2）节能效果好、生产成本低。据初步核算，处理精矿的生产费用比压滤机至少低 50%，1 台陶瓷过滤机每年可节约费用 30 万元以上。

（3）陶瓷过滤机能将微细粒级精矿过滤出去，这是压滤机或圆筒过滤机所无法做到的。因此，使用陶瓷过滤机能有效地减少微细粒级精矿在浓密机与过滤机之间的循环，即减少微细粒级精矿在浓密机溢流水中流失效果。

（4）陶瓷过滤机运行可靠，因连续自动操作，机构简便，操作维护方便，自动化程度高，环保效果好，大大减轻了工人的劳动强度。

（5）陶瓷过滤机的过滤液清澈度与自来水相当，可作为陶瓷过滤机本身清洗用水，节约了清水，环保效益非常好，同时比其他过滤设备节电 70%。

5.7.3 干燥

干燥是选金厂精矿产品脱水的最后一道工序。特别是在冬季和北方的选金厂，金精矿的水分最好降到5%以下。这样，必须经过干燥作业才能达到。当然水分过低而造成粉尘损失也是不利的。

干燥作业多在热力回转窑中进行。

干燥可用直接加热法，也可用间接加热法。直接加热法即热气体直接流经干燥机内的金精矿。间接加热法是热气体从筒体的外部加热干燥机内的金精矿。此外还有第三种加热方法，即复式加热法。

在我国南方的选金厂多采用两段脱水，备有足够容积的自然干燥场地控制金精矿的水分按期包装外运。水分在5%～8%的金精矿应放在精矿库内保存或在精矿表面喷洒一层溶液形成表膜，防止飞扬损失。

6 难处理金矿石氧化焙烧预处理技术

6.1 难处理金矿石概论

难处理金矿石是指那些经基本重选或细磨后，未经某种形式预处理，直接进行常规浸出不能取得满意金回收率的矿石。一般来说，直接常规氰化浸出时，金回收率低于80%的矿石即为难处理金矿石。

难处理金矿石的储量占世界黄金总量的60%，在我国也大致如此。随着黄金开发的深化，易处理金矿石资源日趋减少，难处理金矿石的利用显得越来越重要。据悉，目前世界黄金产量的1/3左右来自难处理金矿石，今后这一比例必将进一步增高。

6.1.1 金矿石难处理的原因与工艺矿物学研究

6.1.1.1 金矿石难处理的原因

金矿石难处理的原因多种多样，有物理的、化学的和矿物学方面的。概括起来，难处理的原因有以下几种情况：

(1) 物理性包裹。矿石中金呈细粒或次显微粒状，被包裹或浸染于硫化物矿物（如黄铁矿、砷黄铁矿、磁黄铁矿、黄铜矿）、硅酸盐矿物（如石英）中，或存在于硫化物矿物的晶格结构中。这种被包裹的金即使将其磨细也不能暴露出来，导致金不能与氰化物接触。

(2) 耗氧耗氰矿物的副作用。许多金矿的金常与砷、铜、锑、铁、锰、铅、锌、镍、钴等金属硫化物和氧化物伴生，它们在碱性氰化物溶液中有较高的溶解度，大量消耗溶液中的氰化物、碱和溶解的氧，并形成各种氰配合物和SCN^-，从而影响了金的氧化与浸出。矿石中最主要的耗氧矿物是磁黄铁矿、白铁矿、砷黄铁矿；最主要的耗氰化物矿物是砷黄铁矿、黄铜矿、斑铜矿、辉锑矿和方铅矿。

(3) 金颗粒表面被钝化。矿石氰化过程中，金粒表面与氰化矿浆接触，金粒表面可能生成诸如硫化物膜、过氧化物膜（如过氧化钙膜）、氧化物膜、不溶性氰化物膜等使金表面钝化，显著降低金粒表面的氧化和浸出速度。例如，当金矿石中有硫化物存在时，金的溶解就会受到不同形式的影响。一种解释认为是由于矿物溶解产生可溶性硫化物（S^{2-}或HS^-）能与金反应并形成硫化物膜，钝化了金粒表面；另一种理论认为是由于硫化物表面形成一个动态还原电偶，它会导致在金颗粒上氧化形成致密的含氰配合物薄膜，从而使金钝化。

(4) 碳质物等的“劫金”效应。矿石中常存在碳质物（如活性炭、石墨、腐殖酸）、黏土等易吸附金的矿物。这些矿物在氰化浸出过程中，可抢先吸附金氰配合物，即“劫金”效应，使金损失于氰化尾矿中，严重影响金的回收。此外，某些碳质物还可能与已溶出的金生成一种稳定且难溶的配合物，载金碳解吸时需要较高的温度和氰化液浓度可能与此有关。

（5）呈难溶解的金化合物存在。某些金矿中金呈碲化物（如碲金矿、碲银金矿、碲锑金矿、碲铜金矿）、固熔体银金矿以及其他合金形式存在，它们在氰化物溶液中作用很慢。此外，方金锑矿、黑铋金矿以及金与腐殖酸形成的配合物，在氰化物溶液中也很难溶解。富银银金矿易形成硫化银包裹层，阻止氰化液进入。

（6）电化学方面，金与碲、铋、锑等导电矿物形成的某些化合物，使金的阴极溶解被钝化。

6.1.1.2 难处理金矿石的工艺矿物学研究

难处理金矿直接浸出比较困难，开发前必须进行详细的工艺矿物学研究，主要包括以下5个方面：

（1）物质组成。通过化学分析确定金和银的品位以及硫、砷、碳等的含量，确定可综合回收的元素。通过光学显微镜和电子探针等查清金矿物的种类。由于不同的金矿物氰化浸出效果不同，所选用的选冶方法也不一样，所以查清金矿物的种类和相对含量相当重要。不同金矿物的氰化浸出性质见表6.1。

表6.1 不同金矿物的氰化浸出性质

矿 物	自然金	银金矿	铜金矿	碲银金矿	碲金矿	铋金矿	方锑金矿	氧锑金矿
溶解速率	最快	快	快	慢	慢	慢	0	0
溶解率/%	100	100	100	100	>80	<20	0	0

（2）金矿物的粒度和形状。金矿物的粒度会影响金的选矿和浸出效果。难处理金矿粒度一般小于10μm，如果金矿物的粒度较细，矿石需要细磨含金矿物才能解离或暴露；如果为超显微金则需要考查载金矿物的粒度，以确定合适的磨矿细度。小于10μm的金矿物为超显微金或不可见金，研究这部分金矿物对于金的选冶十分重要。超显微金由于粒度较小，一般要通过电子探针等一些微束分析设备来确定。这种微细粒的金矿物主要以亚显微粒子出现在硫化物里（如黄铁矿、砷黄铁矿、白铁矿等）。这些硫化矿物在氰化溶液里通常不溶解，也不可渗透，使得金难以直接浸出。金矿物的形状也很重要，一般粒状金矿物易单体解离，用重选易回收；尖角粒状和枝杈状等很不规则形状的金矿物不易解离；表面面积大的在溶剂中溶解较快；片状易浮选等。

（3）脉石矿物的性质。研究脉石矿物主要应该注意以下几点：1）脉石矿物的硬度及其与金属硫化物的嵌布关系；2）有害矿物（如滑石、蛇纹石、黏土矿物、石墨以及水溶性矿物等）的种类、含量、嵌布特征、解离特性，这些矿物一般比较难于细磨，也难于过滤和沉淀，会影响金的浸出；3）如果存在碳酸盐矿物，必须查清其种类与含量，因为碳酸根比较耗费酸液，也会阻碍氰化浸出；4）含碳质的金矿一般比较难于处理，石墨等碳质会影响金的浸出，碳质将导致金的损失；5）查清含碳物质和脉石矿物中是否存在包体金，预测影响选矿工艺指标的因素。

（4）与金属硫化物的共生关系。一般情况下，金的载体矿物是金属硫化物，查清载金矿物的种类和是否有可能综合回收的其他伴生矿物、金矿物的嵌布特征（包体金、裂隙金、晶隙金）及相对含量，预测合理的磨矿细度、金矿物的单体解离度和常规的回收技术等都十分必要。对于多金属硫化物型金矿，主要载金矿物为黄铁矿和毒砂，其次是方铅矿、黄铜矿、闪锌矿等，应尽可能综合回收这些载金矿物，如获得合格的含金铜精矿、铅精矿、黄铁矿精矿等，这样不仅提高了金的回收率，同时矿石也得到了综合回收利用，增加了矿山的经济效益。不同的金属硫化物作为金的载体矿物含金量见表6.2。可以通过单矿物挑选，然后对单矿物进行 Au 的化学分析来查清载金矿物中金的含量。

表6.2 金在金属硫化物中的富集程度

矿 物	毒 砂	斜方砷铁矿	黄铁矿	砷黝铜矿	磁黄铁矿	白铁矿	黄铜矿
富集程度/$g \cdot t^{-1}$	0.3~17000	1.5~1087	0.25~800	0.25~59	0.006~1.8	0.05~4.1	0.01~20

（5）金矿物的表面性质。含金矿物表面性质的影响一般分表生蚀变和选矿过程中的影响两种情况。金的表生蚀变一般包括氧化铁、氯化银以及锑、锰、铅的化合物，这样会影响金的浸出。金的浸出实践中，金矿物表面的铁水合离子影响主要来自矿石的破磨和采矿过程中。

吸附金是在地质变化过程中金矿物发生迁移，再吸附到其他矿物表面形成的，这是一个自然过程；当然也可能是矿物加工过程（特别是碳质金矿石在氰化过程）中形成的。吸附金在光学显微镜和电子显微镜下通常见不到，它是某些金损失在尾矿里的主要形态。

6.1.2 难处理金矿石的类型

J. P. Vanghan 等人以常规氰化浸出时金的浸出率为依据，按矿石浸出的难易程度，将矿石分为四类，见表6.3。

表6.3 金矿石可浸性分类

金回收率	<50%	50%~80%	80%~90%	90%~100%
可浸性	极难浸矿石	难浸矿石	中等难浸矿石	易浸矿石

他们认为，易浸矿石用常规氰化法经20~30h浸出能得到90%以上的金回收率；难浸矿石即用常规氰化法金回收率低于80%的矿石。其中，对于那些要消耗相当高的氰化物和氧才能得到较为满意金回收率的矿石称为中等难浸矿石；而那些仅依靠提高药用量也无法得到较高金回收率的矿石被划为难浸或极难浸矿石。

表6.4为根据金矿石难浸性划分的难处理金矿石类型及其适用的预处理方案。

表6.4 难处理金矿石类型

矿石类型	难浸原因	适用的预处理方案
碳质矿石型	自然界存在的碳质成分“劫金”	除碳，碳的物理或化学钝化法，采用炭浸法、氧化焙烧、微生物氧化、加压氧化等
磁黄铁矿型	硫化物中的亚显微金裹体，试剂和氧的需要量高	加碱预充气
黄铁矿、砷黄铁矿、雄黄、雌黄、硫砷锑矿型	硫化物中的亚显微金	加压氧化、焙烧、硝酸氧化和微生物氧化法
硫盐型	金与硫盐（如硫锑银矿）共生	氯化法、氧化法
碲化物型	金-碲矿物	氯化法、氧化法

续表 6.4

矿石类型	难浸原因	适用的预处理方案
包裹体型	在石英或硅酸盐中的细粒金	细磨
硫化铅型	银与铅、锑、铋、银的硫化物矿物（如硫锑铅矿）共生	氯化法和强化氧化法提高银回收率，如不成功试验加压氧化、微生物氧化和焙烧，浮选可能有所帮助
硫砷铜矿型	银与富锑和贫锑的硫砷铜矿类矿物共生	氯化法和强化氧化法提高银回收率，如不成功试验加压氧化、微生物氧化和焙烧，浮选可能有所帮助
难浸硅质矿型	金与石英、玉髓或非晶质石英的亚微粒级共生	无经济上可行的方法

(1) 碳质金矿石。金银矿石中存在着能“劫金”的有机碳质物，导致氰化物溶液中金被活性吸附，使矿石难以氰化浸出。一般采用焙烧和氯化的预处理方法破坏全部或部分碳。钝化主要包括用物理方法除碳、用煤油或类似的抑制剂以及竞争吸附来消除碳的活性。

(2) 黄铁矿、砷黄铁矿、雄黄、雌黄、硫砷锑金矿石。含金的硫化物构成了目前遇到的大部分难处理矿石。硫化铁矿石中包括各种形式的黄铁矿和砷黄铁矿。金与硫化物矿在亚微粒度下紧密共生，需要用焙烧、加压氧化、细菌氧化和氯化法氧化硫化物。各种煤球状黄铁矿比粗粒晶体的黄铁矿和砷黄铁矿类型矿石更适合于用低温氧化法，如氯化法或加碱预氧化法处理。而粗晶粒黄铁矿和砷黄铁矿则要求更强的处理方法，如焙烧、微生物氧化和加压氧化等。其他含砷矿物的行为与上述任何预处理条件下的砷黄铁矿的行为相似。

(3) 磁黄铁矿型金矿石。在高温下，用碱性空气氧化法可以相当容易地完成磁黄铁矿的碱性预氧化，从而使金易于氰化浸出。

(4) 碲化物和硫盐型金矿石。为解离碲化物和硫盐使金易于回收，一般采用次氯酸盐氯化法、焙烧法和加压氧化法。加压氧化的处理条件一般不像立方晶体黄铁矿、砷黄铁矿和其他含砷硫化物所采用的条件那么严格。

(5) 难浸硅质金矿石。金与石英、玉髓或非晶质石英的亚微粒级共生。金以极细粒度被包裹，不利于用经济的方法回收金。

(6) 硫化铅和硫砷铜矿型金银矿石。在这种类型矿石中，银与铅-锑硫化物和含锑的硫砷铜类矿物共生。如果银是主要经济金属的话，可以试用中等预处理方法，如矿石或精矿的氯化、苏打浸出和强化氰化浸出。如果这些方法无效的话，为用氰化法回收银，将需要更复杂的预处理方法，如焙烧、加压氧化和微生物氧化法。对于金银矿石而言，当金是主要经济金属时，它的回收率将支配预处理方法。在这种情况下，最佳金回收率可能使银的回收率较低。

6.1.3 难处理金矿举例

20 世纪 80 年代前后，陆续发现了七个特大型金矿，金储量均在 100t 以上，其中多为复杂难浸金矿，有的含金、砷、汞、锑、碳；有的含金、银、铜、铅、锌；有的含金、铜、铀。现将南非、美国和中国难浸金矿的典型情况简介如下。

6.1.3.1 南非

南非有两个地质成矿区，其中一个是巴伯顿地区，主要类型为复杂原生矿，金呈微细粒包裹在黄铁矿、毒砂和其他硫化矿物中，所以一般采用浮选—焙烧—氰化工艺，例如费尔维尤（Fairview）和纽康索特（New Consert）均采用此工艺进行生产。1986 年费尔维尤在世界上首次建成微生物氧化—氰化厂，处理含砷浮选金精矿，初期规模仅为 10t/d，报道说其金的氰化浸出率可达 95% ~97%。

纽康索特金矿采用焙烧氰化法处理含砷含碳难浸金精矿已有八十余年历史。作为现代工业生产，该矿第一座爱德华焙烧炉建于 1949 年，规模为 24t/d；第一座规模为 34t/d 的沸腾焙烧炉建于 1983 年。1988 年该矿建成两段沸腾焙烧氰化厂，规模为 100t/d，金的氰化率达 90%。

6.1.3.2 美国

美国的卡林型金矿系 20 世纪 60 年代末在内华达州卡林以北发现的。矿床成因是金在热（卤）水中溶解，迁移到矿床中沉积而形成金矿床。其特点是没有粗粒岩石，主要都是细粒的碎屑沉积物，加上硅质岩、碳酸盐岩，金粒极细，为不可见金。与金共生的元素成分最主要的有汞、砷、锑和碳。卡林型金矿有氧化矿和硫化矿之分。其氧化矿位于上部，金易于氰化提取且无须磨细。为原生矿带时，其难浸性与金在黄铁矿和脉石中的微细嵌布和有机碳的存在有关。在生产工艺上，化学氧化法、两段焙烧法、加压氧化法及细菌氧化法等预氧化含砷难浸微细粒金矿，美国均有生产厂实例，经营规模较大。美国也因此跃居为目前世界上第二个产金大国，其金产量中约 20% 来自难浸金矿。

6.1.3.3 中国

中国难浸金矿资源丰富，遍及许多省份，特别是黔滇桂和陕甘川两个“金三角”地区。

（1）贵州烂泥沟金矿系含砷含碳微细粒浸染贫硫化物含金类型，矿中含金、砷、锑、汞、碳。金属硫化物主要为黄铁矿、毒砂、辰砂、雄黄、雌黄、辉锑矿等；脉石矿物主要为石英和黏土。金的粒度多在 0.5μm 以下，在显微镜下难以看到，它主要赋存在黄铁矿和毒砂中，并且大部分被包裹，少部分被脉石矿物包裹。常规氰化该金矿时，金的氰化浸出率近于零。金由于赋存在硫化矿物相中，故通过强化浮选手段可将绝大部分金富集到浮选精矿中。自含有砷、锑、汞、碳的金精矿中如何有效提金是一个急需解决的问题。

（2）广西金牙金矿属于微细粒浸染硫化矿含金矿石，含金、砷、锑、铜、铅、锌等。金属矿物主要为黄铁矿、毒砂，其次为方铅矿、闪锌矿、黄铜矿、辉锑矿、雌雄黄等。脉石主要为石英和黏土矿物。金的粒度微细，为不可见金，多在 0.3 ~5μm。金赋存在毒砂中最多，并且多被粒度细小的毒砂所包裹；其次为黄铁矿。此外矿中还含有雄黄、雌黄和有机碳，故常规氰化时金的浸出近于零。显然，由于金主要存在于硫化物相中，故通过强化浮选时，选矿回收率可达 90%。当金精矿中含砷在 7% 以上时，氰化前需进行专门处理。

（3）贵州板其金矿是典型的卡林型金矿。金的粒度很细，多在 0.2μm 以下，主要赋存在毒砂和黄铁矿中并被包裹，其次存在于黏土矿中，主要是被其吸附。矿中主要矿物为黄铁矿、毒砂，其次为白铁矿。微量矿物有黄铜矿、方铅矿、辉锑矿等。由于金矿中含砷及碳，常规氰化时金的浸出率为零。由于金矿中金被黏土吸附，故选矿回收率不高，应从原矿中提金。

（4）四川省东北寨金矿类似于卡林型金矿，金的粒度很细，载金矿物主要为黄铁矿和黏土矿物。金在黄铁矿中主要被其包裹；在黏土矿物中通常是吸附状态的胶体微粒。该矿含砷含碳，为微细粒浸染型矿床，并且矿中的碳酸盐含量高，以 CO_3 计含量达 15%。常规氰化时，金的氰化浸出率低于 15%。

（5）甘肃坪定金矿中含砷及碳，其中砷含量高达 13%，并且主要为雌黄和雄黄，这在世界上是罕见的。金的粒度在 0.5 ~ 10μm 之间，其中以裂隙金为主，充填在石英裂隙中；包裹金次之，被包裹在石英及黏土中。该矿的组成及特性是典型的难选难浸金矿。

6.1.4 难处理金矿石处理方案的选择

根据金矿石的处理特性，S. R. 拉伯迪把金矿石归纳为易处理、复杂难处理和难处理矿石三类。

（1）易处理矿石。易处理矿石主要是指氧化矿和硫化矿。

（2）复杂难处理矿石。复杂难处理矿石的特点是要消耗大量的氰化剂或氧气，或是呈现内质竞争的特征。

1）耗氰化剂型复杂矿石。当金赋存于银金矿中时，金的浸出速度较慢，因此也就增加了氰化剂用量。而氰化剂过多会造成某些氧化矿物和硫化物矿物之间发生一些副作用，进而导致药耗增加，增加产品的成本，金的回收率有所降低。在一些矿床中，铜赋存于矿石中更是一个严重的问题。

该类矿石的处理方案见图 6.1。

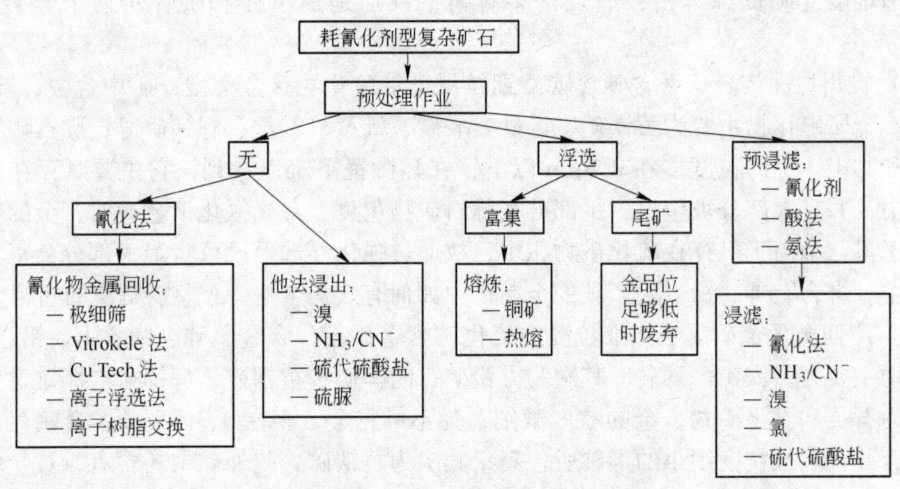

图 6.1 耗氰化剂型复杂矿石处理方案

2）耗氧型复杂矿石。由于二价铁被氧化成三价铁，硫化物矿物也会被氧化成硫酸盐，因此活泼的硫化物如磁黄铁矿的存在会导致需氧量的增加。通常用添加纯氧、过氧化氢和过氧化钙等氧化剂来满足供氧需要。如果活泼硫化物较少，则在充气后可用选择性浮选来排除浮选尾矿中的易被氧化的硫化物；当磁黄铁矿含量较低时，加碱预充气作业能有效地在磁黄铁矿表面上覆盖 Fe^{3+} 的氧化膜或氢氧化膜而使其钝化。这些表面膜在氰化物溶液中比黄铁矿溶解得要慢，因此能使常规氰化浸出有效地浸出。另外，在预充气和浸出时添加铅和氧化剂是有益的。

这类矿石的处理方案见图 6.2。

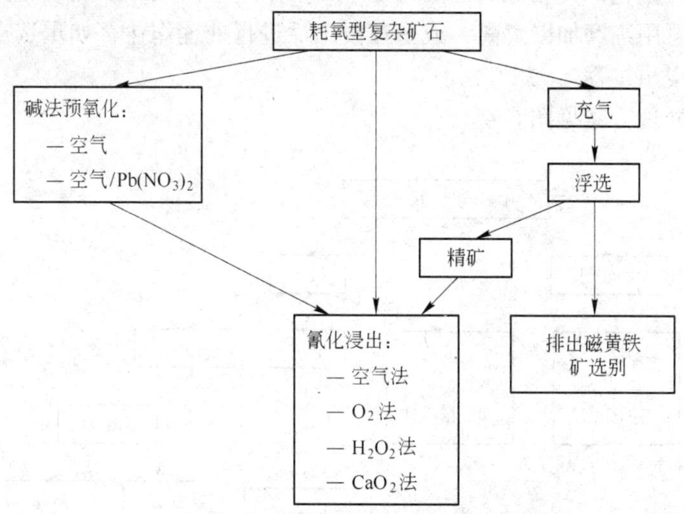

图 6.2 耗氧型复杂矿石处理方案

3）内质竞争型矿石。呈现内质竞争特性是由于在矿石内存在能吸附金的含碳物质。这类矿石的最典型例子是美国的卡林金矿，其中含碳物质能包覆 $Au(CN)_2^-$。对卡林矿石事先要用 Cl_2 进行预氧化处理（闪速氯化），以降低含碳物质的活性。此外，使用焙烧和细菌氧化预处理也能消除内质竞争现象，然后就可以用常规氰化剂、溴、氯或硫脲来浸出金。

金矿石中存在的黏土不但能吸附 $Au(CN)_2^-$，而且能够通过包覆和泥化作用阻碍氰化过程。中等程度的内质竞争现象可以用炭浸法来减小。

这类矿石的处理方案见图 6.3。

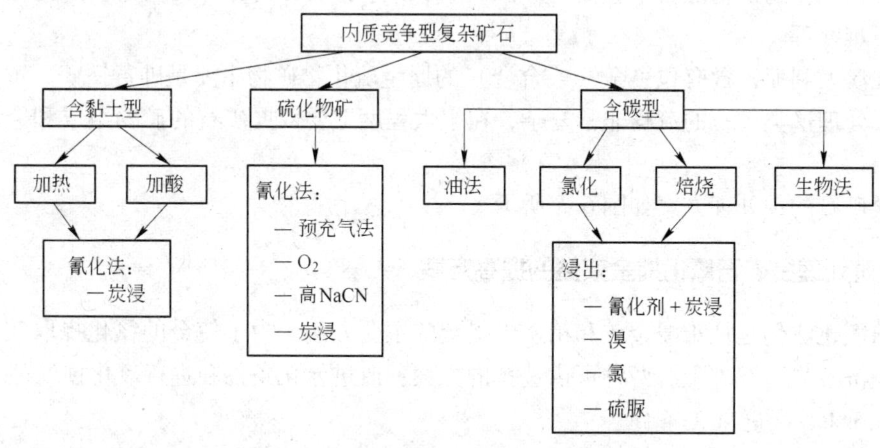

图 6.3 内质竞争型复杂矿石处理方案

（3）难处理矿石。

1）中等难处理矿石。中等难处理型矿石是指那些要消耗相当高的氰化物或氧用量才能得到较为满意金回收率的矿石。这类矿石为原生硫化物矿，基本上属于难处理，当金品位较高时，可用和氧化矿类似的方法来处理，即用重选回收颗粒金或直接氰化。当矿石中含有顽金时，可用细磨加以解离，或是在浸出后进行处理作业，如重选浸出渣，或是细磨后再循环进入浸出过程。

这类矿石的处理方案见图6.4。

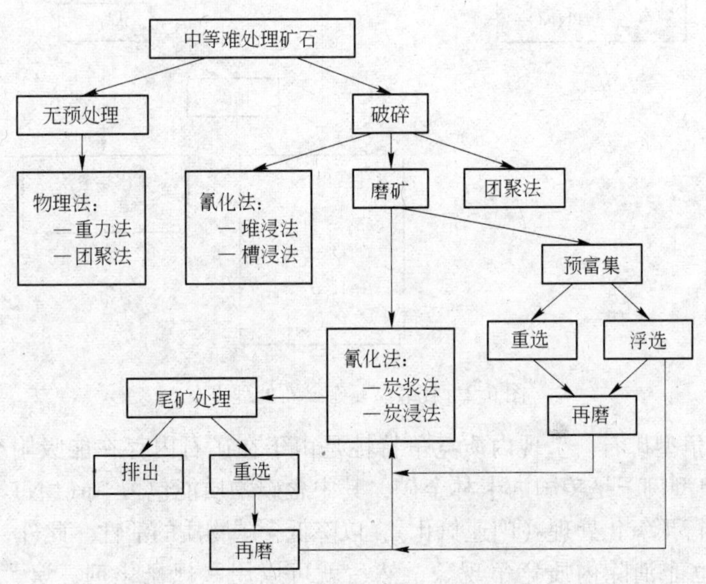

图6.4 中等难处理矿石处理方案

2）高度难处理矿石。这类矿石是由于金呈细小颗粒包裹在硫化物矿物、氧化矿物和硅酸盐等矿物中；以合金或化合物形式（如银金矿、金碲化物、$AuSb_2$和Au_2Bi等）被化学包裹；在硫化物矿物晶格中置换的“固熔金”；化学表面膜的形成使金表面钝化等情况造成矿石难处理。

如在澳大利亚，含有包裹金（或合金）的原生硫化物矿物主要是砷黄铁矿、黄铁矿和黄铜矿。处理这类矿石的流程非常复杂，在很大程度上要依据矿石的矿物组成和金的赋存形式。

这类矿石的预处理方案如图6.5所示。

6.1.5 难处理金矿石氰化提金效益的提高方案

目前氰化法仍是从难浸金矿和精矿中提金的主要方法。为了使金的氰化提取获得满意的技术经济效果，基本上有两种可供选择的方案：改进氰化条件和进行氧化预处理。

6.1.5.1 改进氰化条件

根据矿石性质及其难浸的原因，需要对氰化条件做相应的改变，以缩短浸取时间、降低单耗和提高金的浸出率。经改进的氰化法各方法概述如下。

(1) 强化氰化法。氰化时的氰化钠加入量比常规法高一个数量级，达到50kg/t，此法是南非为溶解重选精矿的粗粒金而研究出来的。精矿先用混汞法进行处理，之后进行强化

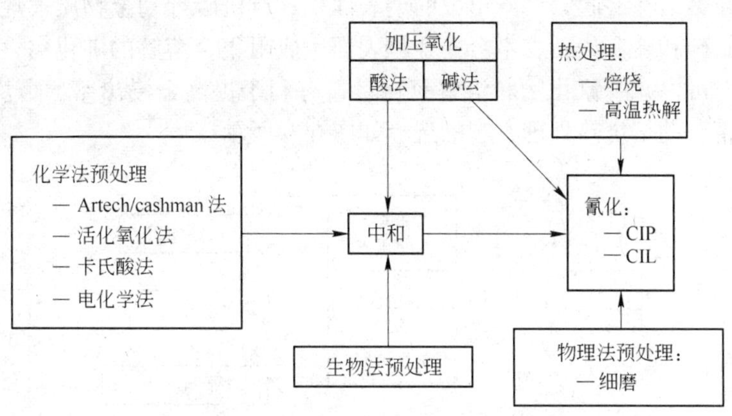

图 6.5 高度难处理矿石处理方案

氰化，即以氧气代替空气而提高氧气分压，强化氧气的吸收、溶解和传递，同时将 NaCN 用量增加 10 余倍，增加其与金的配合速度，并且氰化浸取反应在 30 ~ 35℃下进行，从而可使金的氰化速度较常规法快 10 倍左右。强化氰化可在极短的时间内达到 97% 以上的金浸出率，大量氰化物返回使用。

（2）加压氰化。在高氧压下进行氰化浸取反应可以很快完成，因为在常规条件下，金的氰化速度与氧的分压成正比。加压氰化法由德国鲁奇（Lurgi）公司研究提出用于处理含砷、锑硫化物金精矿及金矿，在 0.5 ~ 2MPa 操作压力下，在管式反应器中进行氰化反应，5 ~ 30min 即完成浸出。此法已用于处理南非的难浸浮选锑精矿和砷中矿。锑精矿中金的浸出率为 79.1%；砷中矿中金浸出率为 71.3%，而在常规氰化条件下金浸出率仅为 30% 左右。

（3）炭浸氰化。炭浸氰化（CIL）系由炭浆吸附（CIP）发展而成，以消除金矿中有机碳在氰化过程中对金的抢先吸附。对于金矿中含有机碳的氰化作业，几乎均采用炭浸氰化，所用粗粒活性炭粒度为 1 ~ 1.68mm。

（4）氨性氰化。含铜金矿在有氨存在时进行氰化，可以显著降低氰化钠消耗，并能获得较高的金浸出率。澳大利亚目前尚用此法处理含铜和金的尾渣。我国曾用此法处理过含铜的金精矿。

6.1.5.2 氧化预处理

目前国内外对难处理金矿石进行氧化预处理的方法有焙烧氧化、热压氧化、微生物氧化、化学氧化及其他预处理方法。氧化预处理的目的，一是使包裹金矿物的硫化物氧化，并形成多孔状物料，这样氰化物溶液就有机会与金粒接触；二是除去砷、锑、有机碳等妨碍氰化浸出的有害杂质或改变其理化性能；三是使难浸的碲化金等矿物变为易浸。

A 焙烧氧化法

焙烧氧化法是最早应用的预处理方法，也是当前处理难浸金矿最常用的预处理方法之一。焙烧氧化法主要应用于含有机碳、黄铁矿、毒砂等金矿矿山中。与原矿石比较，难处理金矿焙烧后的焙砂发生了以下变化：砷黄铁矿、黄铁矿等载金矿物中的硫和砷在焙烧过程中升华，形成布满微孔的磁铁矿和赤铁矿颗粒，有利于金与氰化物接触；在焙烧过程中，亚微细金粒聚结在一起，暴露出大的金表面积；有机碳等劫金物质被烧掉，消除了它们的劫金效应；砷和硫升华后，不会在金粒表面生成阻止金溶解的砷化物、砷酸盐、硫化物等薄膜，同时可以减少氰化物和溶解氧耗量，有利于提高金浸出率。焙烧有多种方式，难处理矿石或精矿的焙烧热处理方案的选择如图 6.6 所示。

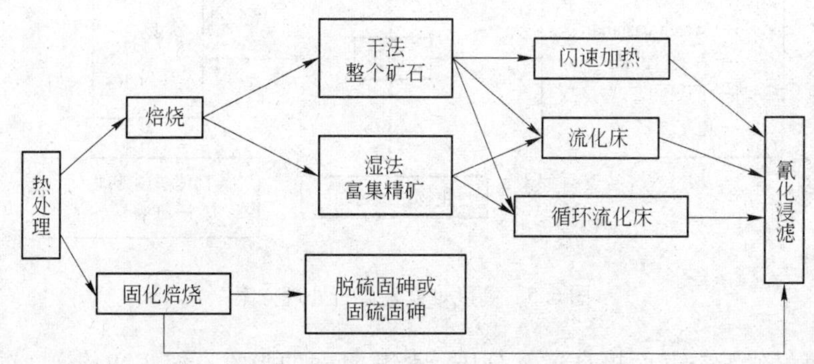

图 6.6 难处理矿石热处理方案

(1) 传统氧化焙烧法。传统氧化焙烧是一种古老而又可靠的氧化方法，既可用于处理原矿，亦可用于处理精矿。其优点是工艺成熟、技术可靠、操作简单、适应性强，对含砷、硫、碳、锑、汞等物料都适用；投资和成本相对较低；若砷、硫、汞有回收价值时，可综合回收，因此国内外应用比较普遍。早在 20 世纪 70 年代，湖南黄金洞金矿就用回转窑焙烧对含砷金精矿进行预处理，脱砷率为 96%，金的回收率高达 98%。但焙烧法所造成的环境污染已引起人们的关注，而且金的浸出率也不如其他方法。

根据原料中砷含量的高低，可采用一段或两段焙烧。当原料中含砷较低时，采用一段氧化焙烧，焙烧温度一般为 650～750℃；当原料中砷含量较高时，采用两段焙烧，第一段在较低温度（450～550℃）下弱氧化性气氛中或中性气氛中焙烧脱砷，第二段在较高温度下（650～750℃）强氧化性气氛中氧化硫和碳。

(2) 富氧焙烧法。这是在焙烧过程中通入氧气进行焙烧的一种方法，用氧气作为流化床的流动介质和燃烧气体，固体和气体在流化床反应器（焙烧炉）内做逆流运动。同空气焙烧法相比，富氧焙烧的显著特点是将烟气体积降低到最小，从而减少了烟气对环境的污染，也减少了烟气处理系统和冷却系统，还能为硫酸厂产出高浓度的 SO_2 烟气；由于氧化较充分，能产出高质量的焙砂，并缩短焙烧时间，金浸出率有显著提高。

美国 Independence 公司从 1989 年起使用富氧流态化焙烧工艺处理 Jerritt Canyon 含碳金矿石，金浸出率从直接浸出的 20% 提高到 90%，且基本解决了环境污染问题。南非细卡森特金矿采用二段流态化焙烧工艺处理含硫 32%～40%、砷 2%～3%、有机碳 2% 的金精矿，金的浸出率由 60% 提高到 89%，同时回收了烟气中 97% 的 As_2O_3。

(3) 闪速焙烧法。闪速焙烧工艺早已用于焙烧水泥、磷酸盐、铝矾土和石灰石。对于金矿，它可作为大吨位原矿石焙烧的更经济的方法。在闪速焙烧炉内，热燃烧空气通过一个喷嘴从炉底进入炉内，原料则从喷嘴上方直接进入热气流中。小颗粒立即被气流夹带并反应。大颗粒向喷嘴方向下降，在喷嘴处遇到高速气流便被气流夹带随着向炉内方向喷射逐渐变稀薄便达平衡。因此，这种焙烧作用对粗颗粒是一种回混式反应器，对细粒则是单向流反应器。闪速焙烧炉是一个悬浮系统，被处理物料由气流承载，因此停留时间很短，通常只有几秒钟。因此短的时间就减少了金包裹在三氧化二铁中的可能性。

闪速焙烧工艺优点是：模块式设备设计，能够方便地利用回收热能，以适应放热反应或吸热反应型矿石、各种干燥设备和不同的反应气氛（氧化气氛、还原气氛或氧化与还原气氛）；单条生产线处理能力大；单位处理量的设备规格大大缩小，因此降低了基建投资；生产压差低，降低了电力消耗。

（4）固化焙烧法。固化焙烧是利用原料中的碳酸盐或添加适量的钙盐、钠盐，使硫、砷在焙烧过程中生成不挥发的硫酸盐和砷酸盐而固定于焙砂中，大大降低烟气中的 As_2O_3 和 SO_2浓度，从而从根本上克服了传统焙烧法污染环境的缺点。

加钠盐（Na_2CO_3、$NaHCO_3$）固化焙烧时，能获得孔隙度较高的焙砂，但固定剂成本高，焙砂中生成的砷酸盐需二次处理（中和沉淀）。该法目前尚处于实验研究阶段。

固化焙烧最好利用金矿石自身的碳酸盐或钙盐，这样做生产成本最低，容易工业化。因此，在浮选时有意识地将碳酸盐矿物浮入金精矿中是一个好的办法，如果自身的碳酸盐不能满足固化焙烧的需要，就要外加生石灰或熟石灰。钙盐的用量与原料中硫和砷的含量成正比，一般为砷、硫化学当量的 1～1.5 倍。固化焙烧方法有两种：一是将矿粉与钙盐混合均匀后，直接进入沸腾炉；二是将两者的混合物制粒后再进入沸腾炉。前者适合于矿泥含量少的原生金矿；后者适用于浮选金精矿和矿泥含量多的原生金矿。固化焙烧法的焙烧过程、段数、设备、工艺参数等与前面介绍的几种焙烧方法大致相同。

加钙盐固化焙烧工艺采用石灰制粒固化焙烧处理难浸出金矿获得成功，已在美国 Cortez 和 Syama 金矿应用。

1）固砷脱硫焙烧：当原料中的硫有回收价值时，将砷固定于焙砂中，硫挥发制酸。

2）固砷固硫焙烧：当原料中砷、硫无回收价值时，将砷、硫全部固定于焙砂中。

B 加压氧化法

加压氧化又称热压氧化，该方法是在较高的温度和压力下，加入酸或碱分解硫化物，使金暴露出来，进而达到提高金氰化回收率的目的。

根据物料性质不同，可采用酸性或碱性加压氧化。目前，国内外对碱性加压氧化的理论研究尚不够完善，主要集中在酸性加压氧化。

当原料为酸性或弱碱性物料时，采用酸性加压氧化，一般操作条件是：温度为 170～225℃，总压力为 1000～3200kPa，氧分压 350～700kPa。1985 年，美国 Mclaughlin 金矿在世界上首先将该法用于生产，取得了很好的效果。1990 年，美国高尔德斯切克矿应用该工艺处理微细粒黄铁矿型金矿石（Au 7g/t、w(S) 2.5%、w(C) 0.5%、w(As) 0.15%），金浸出率达到 88%～95%，而直接氰化仅为 10%～20%。酸性加压氧化的优点是反应速度很快，在短时间内硫化矿物就会被氧化分解完全，硫化物分解彻底，金回收率高，对环境无污染等。但是，它采用高压、高温矿浆为酸性体系，设备的材质要求高，投资、维修和操作费用都较高，生产管理要求也很严格。

当原料为强碱性物料时（$w(CO_3^{2-}) > 10\%$、$w(S) < 2\%$），采用碱性加压氧化。碱性加压氧化一般是在温度 100～200℃，pH 值为 7～8 和较高压力（总压力大于 3000kPa）条件下操作，产出主要是由 Fe_2O_3组成的残渣，硫和砷则以盐类形式完全溶解。因矿石中含有大量方解石而不宜采用酸性加压氧化的美国 Mercur 金矿是世界上第一个采用碱性加压

氧化法的厂家。该厂在压力3.2MPa、温度220℃、pH值为8的条件下进行碱性热压氧化处理碳质硫化矿及老尾矿。该金矿含Au 2g/t、w(S) 2%，金浸出率达到81%~96%，而直接氰化只有20%~60%。这一方法的优点是氧化温度低，对设备的腐蚀性小，材质要求不高，但是仅适于碳酸盐含量高、硫化物含量低（<20%）的难选冶矿石，金浸出率一般都较酸法低，试剂费用高，砷渣难处理。

总的来说，加压氧化工艺的优点是：对环境污染小，金回收率高，对砷无限制，对有害金属锑、铅等敏感性低，反应速度快，适应性强。目前认为，它是氧化难处理金矿石最好的方法。其缺点是：设备材料要求高、投资费用大、操作技术要求高，工艺成本较高，对含有机碳较高的物料效果不好。

根据上述特点，加压氧化工艺较适合规模大或品位高的大型金矿，即用规模效益来弥补较高的投资和成本费用。

C 微生物氧化法

微生物氧化法亦是处理难浸出金矿的成功方法，正在走向成熟。自1986年世界上第一家生物氧化厂在南非Fairview金矿投产以来，发展速度很快。

微生物氧化是利用氧化亚铁硫杆菌、耐热细菌和硫化裂片菌等，在酸性条件下将包裹金的黄铁矿、砷黄铁矿等有害成分氧化成硫酸盐、碱式硫酸盐或砷酸盐，达到暴露金的目的。目前，细菌浸出可用于处理矿石和精矿，对精矿一般采用搅拌浸出，对于低品位矿石则多采用堆浸。其操作条件为：氧化时间4~6d，液固比4∶1，pH值为2.0~2.2，温度40~50℃。

微生物氧化作用有直接和间接两种方式。前者是在微生物的新陈代谢作用下，将不溶性的硫化物直接氧化成可溶性硫酸盐；后者则是利用细菌新陈代谢产物Fe^{3+}使硫化物氧化。

微生物氧化的特点是在黄铁矿、砷黄铁矿共存的金精矿中优先氧化并溶解砷黄铁矿；另外细菌沿金及硫化物矿物晶界及晶体缺陷部位进行化学腐蚀，并优先腐蚀金聚集区，这种选择性腐蚀的结果导致矿石形成多孔状，为氰化浸出创造了有利条件。此外，氧化过程常会钝化碳，使碳失去或降低“劫金”能力。

南非Fairview金矿的载金矿物为黄铁矿和毒砂，金的粒度小于0.2μm，直接氰化浸出率仅36%。浮选得到的金精矿与细菌作用4d，金回收率超过95%，比焙烧工艺高5%。1989年，在加拿大西北Gaint Yellowknife矿山的一个金矿建立的中间试验厂，使金的浸出率由65%~75%提高到95.6%。巴西、澳大利亚也有成功的应用。我国某矿将它用于2000t级的工业性堆浸试验，经52d氧化后，金回收率较常规堆浸提高32%。

微生物氧化法的优点是投资少、生产成本低、工艺方法简单、操作方便、无环境污染。微生物氧化亦可用于堆浸，大大提高堆浸出金回收率。其缺点是氧化周期长，浸出设备大，细菌对氧化环境（如酸度、温度、杂质含量）要求严格，需要制冷冷却，并且不同矿种需要不同的菌种。这些缺点使得这一方法的应用不够广泛，尤其是其不适合碳质金矿石的预处理，更使这一工艺的使用受到大大的限制。

该工艺的一般操作条件为：氧化时间4~6d，液固比4∶1，pH值为2.0~2.2，温度40~50℃。目前工业应用最多的细菌是氧化亚铁硫杆菌，这是一种亲酸的化学自养菌，以含硫、铁等元素的无机盐为养料，生长在从硫化矿和煤矿渗出的酸性水中。

当用常规的氰化—炭浆或炭浸工艺无法处理硫化物矿时，可采用微生物氧化法对矿石进行预处理。微生物氧化法也可用来处理含碳的内质竞争型难处理矿石，以及作为堆浸手段从黄铁矿中有效地分离铜。然而应用于黄金工业，这种方法还需要进一步发展成熟，并且还需要一个酸法回收金的系统。有关嗜热或嗜高温细菌的开发与应用研究目前已取得一定进展，微生物氧化技术将会显示出更大的生命力。

D 化学氧化法

化学氧化法也称水溶液氧化法，是一种有效地预处理难处理金矿石的方法。该法主要用于含碳质矿石和非典型黄铁矿矿石的处理。

化学氧化法是在常压下通过添加化学试剂来进行氧化的。所用氧化剂有臭氧、过氧化物、高锰酸钾、二氧化锰、氯气、高氯酸盐、次氯酸盐、硝酸、过一硫酸（即 Caro 酸）等。

目前所研究的化学氧化工艺多种多样，例如有氯化法、硝化/氧化法、氧化还原法（Redox 法）、Artech/Cashman 法、活化氧化法、Caro 酸法、HMC 管式反应法和矿浆电化学法等，这些方法都是使用酸性介质以破坏硫化物矿物的基质结构而解离出金。这些方法不用中和氰化浸液就可以在酸性条件下使用硫脲、氯、溴作为浸出剂进行浸出。不过，浸出渣在排放前还是要进行中和。

当前工业上已成功应用的化学氧化法有氯化法和氧化还原法（Redox 法）。

（1）氯化法。氯化法是碳质难浸出金矿石的有效预处理方法，它通过氯气将碳和有机化合物氧化成 CO 和 CO_2。美国 20 世纪 70 年代用该法处理卡林型碳质金矿石。为了减少 Cl_2用量，后来又发展出二次氯化法和闪速氯化法。闪速氯化法用来处理难处理的含金硫化物矿石和碳质金矿石，氯气的利用率高于 90%，金浸出率由直接浸出的 33% 提高到 84%。

（2）硝酸氧化法。硝酸氧化法是以硝酸作催化剂，在低温（不高于 90℃）、低压（或常压）条件下氧化黄铁矿和砷黄铁矿。HNO_3是 O_2的载体，在工艺过程中必须再生和循环使用。该法可细分为 Arseno 法、HMC 法、Redox 法和 Nitrox 法。它们在工艺设计上有明显的不同，例如，Arseno 法用 500kPa 的氧，在 80℃下浸出 15min；Nitrox 法在常压和 90℃下，反应 1～2h。由于硝酸氧化法生产成本低，加拿大和哈萨克斯坦从 20 世纪 90 年代初开始小规模试用该法生产，金浸出率达到 90%。但是，它的环境污染问题不容忽视，亟待解决。1994 年 7 月，哈萨克斯坦的 Bakyrchik 金矿采用该法处理金精矿，生产出了第一批黄金，处理量为 0.5t/h，金总回收率为 88%。巴布亚新几内亚的怀特道格金精矿采用 Arseno 法在 100℃和 500kPa 下氧化后氰化，金浸出率大于 90%。

（3）次氯酸盐法。次氯酸盐法所用药剂是 NaClO 和 $Ca(ClO)_2$。20 世纪 70 年代初，$Ca(ClO)_2$法预处理斐济皇帝矿山的碲化物精矿，不仅使金的浸出率显著提高，而且还可以产出适销的碲产品。

美国矿务局开发出一种在矿浆中就地产生次氯酸盐的电氧化技术，可用来处理碳质金矿石。美国还研究了“炭—氯—浸出”提金法以及“树脂—氯化物浸出”新技术，从难浸碳质金矿和氧化矿石中回收金。我国中南大学对广西高砷、硫细粒浸染金精矿用次氯酸钠碱性介质氧化浸出金，瓷球磨削固相产物层，浸出 1h，金浸出率达 96.8%。但由于氯化物成本较高，氯化物介质对设备腐蚀严重等问题，次氯酸盐法的应用受到限制。

(4) 碱法。对于毒砂和辉锑矿来说，氰化前在适当的碱性溶液中预先充气，使这些矿物表面氧化形成砷酸盐、锑酸盐等化合物，从而消除干扰因素对氰化的消极影响。对于菠尔盖拉精矿，经研究黄铁矿的碱性氧化作用，发现 NaOH 比 Na_2CO_3 或 $Ca(OH)_2$ 的效果好，常规氰化浸金浸出率只有 25% ~30%，而采用碱法预处理，金的浸出率提高到60% ~70%。

(5) 过氧化物法。此方法又称为 PAL 法。作金矿石或精矿氧化剂的过氧化物主要有 H_2O_2、Na_2O_2 和 CaO_2 等。我国昆明理工大学在内蒙古某金矿 200t/d 氰化厂进行了工业研究和应用。应用3个多月以来，金的浸出率提高 3.95% ~9.65%，NaCN 用量降低 190g/t，经济效益十分显著。近年来，许多国家对 PAL 法进行了一系列改进，提出了在 PAL 工艺中添加适量磷酸盐、硼酸盐和锰的化合物等方法，大大改善了 PAL 法的效果。

(6) 电化学氧化法。它是利用导电性较强的电解质溶液（硫酸、硝酸、盐酸等）作介质，通过电极反应来氧化黄铁矿或砷黄铁矿。含金黄铁矿和砷黄铁矿在电场的作用下，微观结构会发生变化，矿物的孔隙率提高 2 ~6 倍，从而使金易于浸出。某金矿石（品位 10g/t），在电压 6 ~8V、电流 0.75 ~1.0A 下处理 10min，金浸出率达到 84%。俄罗斯已进行了 500kg/批规模的电化学预处理扩大试验。澳大利亚 Linge 进行了砷黄铁矿电化学氧化试验研究，经过与 HarbuorLight 细菌法对比，预测此法经济上可行。

E 微波氧化法

通过微波预处理难浸出金矿石的新工艺是超高频电磁波在矿冶领域内开拓性的研究工作，现尚处于试验阶段。它依靠微波电磁场透入矿石内与矿物中的极性分子相互作用进行选择性辐射加热。由于矿石中不同矿物的升温速率不同，在有用矿物与脉石矿物的界面处会造成明显的局部温差，从而使它们之间产生热应力。当金粒与脉石矿物之间的热应力达到足够大时，它们之间的界面处便会产生微裂缝。裂缝的产生可以有效地破坏对金的包裹，促进金的单体解离及增加金粒的暴露比表面，增大浸出液和溶解氧与金粒的接触几率从而达到提高金的浸出率效果。

我国贵州、四川一些金矿山，对浮选精矿用微波预处理后，均达到了较好的脱碳率和脱硫率，金的氰化浸出率大幅度提高。这显示出微波预处理工艺是可行的。对贵州省戈塘金矿直接进行氰化浸出，金浸出率几乎为零。经微波预处理后，含碳量降至 0.4%，硫降至 1.84%，碳脱除率为 80.48%，硫脱除率为 69.10%。处理后的试料在粒度为 -0.15mm、液固比为3∶1 ~4∶1、pH 值为 11 ~12、氰化钠用量 1kg/t 的条件下进行浸出，金浸出率达 86.53%。

但直接微波处理法有 SO_2 和 As_2O_3 毒气产生，因此常将精矿与固化剂 $Ca(OH)_2$ 混匀后进行微波预处理，既可节省能源，又可固化砷、硫，并有利于金浸出率的提高。

F 磁脉冲法

传统的难浸金矿预处理方法对难浸石英包裹型金矿均不太适用，然而在我国这种石英包裹型难浸金矿的矿床和金储量占有相当高的比例。统计表明，石英脉型金矿床的数量和金储量分别占中国金矿床总数量、金总储量的 50% 以上。因此石英脉包裹型是中国重要的金矿工业类型。

磁脉冲法不仅适用于硫化矿包裹型金矿，也适用于硅石（石英等）型包裹金矿。在高能磁脉冲作用下，由于硫化矿物等组分中晶格之间的键强度减弱，容易在矿石中形成很多微裂隙和扩展裂纹，有利于氰化物溶液和溶解氧渗透到被硫化物等包裹的微细浸染金粒处发生反应，提高金的浸出率。难浸金矿石中的压电性矿物石英，在由交变磁场产生的涡旋电场中，由于逆压电效应发生体积变形、厚度变形或长度变形等，即石英矿物在由交变磁场衍生的涡旋电场中出现周期性拉伸、压缩、剪切、折弯、扭转等效应力，容易在石英矿物与微细金颗粒界面处产生扩展裂纹和裂缝，从而增加了氰化溶液和溶解氧与金粒接触的机会，提高金的浸出率。

目前，磁脉冲预处理技术主要应用于俄罗斯几个大型金矿选厂。俄罗斯 Мговершинн 石英脉型金矿，其原矿金品位为 20. 5g/t，经磁脉冲预处理后，金的氰化浸出率提高了 0. 5% ~2. 0%；俄罗斯 Акжал 石英脉型金矿（原矿金品位为 12. 0g/t），经磁脉冲预处理后对矿石进行氰化浸出，金的浸出率提高了 3% ~4%。对于处理量大的金矿企业，磁脉冲预处理的效果将会显示出巨大的经济效益。

目前工业上主要应用的预处理方法是焙烧氧化法、加压氧化法和微生物氧化法。金回收率从高到低的排序为加压氧化、微生物氧化、焙烧，伴生银回收率依次是微生物、焙烧、加压。焙烧法生产历史悠久，工艺最成熟，其次是加压和微生物。而加压法的管理和工艺控制要求都很严格。焙烧有含 SO_2 和 As_2O_3 的气体逸出，污染环境。而加压法有高压高氧操作危险。基建投资不仅随预氧化方法而异，还与氧化厂的规模相关。对 1000t/d 以下的中小厂，微生物氧化（25% 固体，72h）投资最少，加压法最多，并且差别很大；对于 5000t/d 以上的大厂，生产成本以焙烧最低，加压法最高，但差距不大。随着规模的增大，几种方法的成本均降低。矿浆浓度和氧化时间对微生物法影响很大。一旦浓度从 25% 稀释至 15%，时间由 72h 延至 120h，设备投资成倍增加，生产成本急剧增高，这时微生物法就不再有吸引力。增加预选作业均可大幅度降低各预氧化工艺的投资和生产费用，特别是微生物法和加压法。由于各种预处理工艺各有其优缺点，因此，采用联合工艺也是难处理金矿石预处理的一个发展方向。

6.2 难处理金矿氧化焙烧过程理论基础

难处理金矿的氧化焙烧是一种比较古老的工艺技术，它的历史至少可以追溯到 19 世纪。当初为了提取某些难处理金矿或浮选精矿中的金，将含金的硫化物矿放在炉子中焙烧，使硫化物矿转变为氧化物或硫酸盐，然后再进行氰化浸出，结果浸出率大大提高。从此，难浸出的金矿有了一种切实可行的加工办法。

氧化焙烧工艺发展至今，已在生产中应用了数十年。1946 年以前，所有金矿选矿厂都无一例外地采用氧化焙烧工艺。1980 年黄金价格猛涨，全世界掀起一股黄金热，在此热潮推动下，金矿地质勘探事业大发展，世界各地发现许多新的金矿床，其中有一大批是大型的难处理金矿。在此形势下，难处理金矿的氧化焙烧工艺又恢复了生机，同时这种古老的工艺技术，随着世界经济与科学技术的空前发展，也不断提高与改进，产生了更先进的沸腾焙烧炉。进入 20 世纪 90 年代，人类的环境保护意识有了很大提高，各国相继制定了严格的环境保护法规，对矿物焙烧工业所产生的烟尘污染加以严格限制，促使各企业对焙烧炉进行改造，采用更完善的除烟和收尘措施。

目前虽然研究出一些其他的难处理金矿和精矿的氧化工艺，如加压氧化、微生物氧化、化学氧化等，而且加压氧化和微生物氧化都已在工业上成功地采用，但氧化焙烧工艺依然在许多国家采用，如在南非、美国、加拿大、澳大利亚、加纳、俄罗斯和我国等的提金企业中，都在采用黄铁矿—砷黄铁矿浮选金精矿的氧化焙烧工艺。这些精矿一般含硫18%～25%、砷5%～10%、金50～250g/t。其他的含金物料，如有色金属精矿、尾渣和阳极泥等，也可采用焙烧工艺综合回收金与其他有价金属。

6.2.1 矿物焙烧过程的热力学

焙烧是在适宜的气氛和低于矿物原料熔点的温度条件下，使矿物原料中的某些组分发生物理和化学变化的工艺过程。该过程作为难处理金矿的预处理作业，目的是使难处理金矿中的金变得易浸。在氧化焙烧过程中，包裹金的金属硫化物矿被氧化破坏，变成金属氧化物和二氧化硫等气体，包裹中的金被释放出来。

焙烧反应主要为发生于固—气界面的多相化学反应，按热力学和质量作用定律，反应过程的自由能变化可用下式表示：

$$\begin{aligned}\Delta G &= \Delta G^{\ominus} + RT\ln Q \\ &= -RT\ln K + RT\ln Q \\ &= RT(\ln Q - \ln K)\end{aligned}$$

式中 ΔG——指定条件下的过程自由能变化，J/mol；

$\Delta G^{\ominus}$——标准状态下的过程自由能变化，J/mol；

R——理想气体常数，$R = 8.3143$J/(mol·K)；

T——绝对温度，K；

K——反应平衡常数；

Q——指定条件下，反应生成物与反应物的活度熵。

由上式可知，只要改变化学反应物和生成物的活度和反应温度，就可以改变反应进行的方向。ΔG 为过程反应温度和活度熵的函数，而 $\Delta G^{\ominus}$ 仅为反应温度的函数，所以可采用 $\Delta G^{\ominus}$ 值来比较相同温度条件下某反应过程自动进行的趋势。焙烧过程中常用 $\Delta G^{\ominus}$-T 曲线表示各种矿物的稳定性以及估计它们在反应过程中的行为，虽然我们可用 $\Delta G^{\ominus}$ 来预测某反应能否自动进行，但须指出，在恒温恒压条件下判断过程能否自动进行应当用 ΔG。

在实践中，也可用反应热来预测某反应的自发性。对于焙烧过程，物料中各组分的反应热不仅可预测焙烧过程的自发性，还可通过反应热的计算测定所需提供的热能，为设计提供依据。比如金精矿的焙烧，当精矿中含有18%～20%硫，如果供料矿浆含有约70%固体，则焙烧操作将是自发的，不需另外消耗燃料。如果焙烧精矿产生的热量更多，则需要对焙烧过程进行冷却。在流化床中，常喷入冷水吸收过剩热量，或在炉子中安装热交换器回收多余的热能。通过热平衡计算可提供焙烧炉的运行效率以及用于废气处理系统设计的废气量和热负荷等资料。金精矿焙烧过程中典型的反应热见表6.5。表中的放热反应都是自发性的，吸热反应则需提供热能才可进行。

表6.5 金精矿焙烧中主要反应的反应热

反 应	反应类型	0℃时反应热（kJ/kg），反应物
$4FeS_2 + 11O_2 = 2Fe_2O_3 + 8SO_2$	放 热	8376.72，FeS_2
$3FeS_2 + 8O_2 = Fe_3O_4 + 6SO_2$	放 热	8017.24，FeS_2

续表 6.5

反　应	反应类型	0℃时反应热（kJ/kg），反应物
$12FeAsS + 29O_2 = 6As_2O_3 + 4Fe_3O_4 + 12SO_2$	放　热	6052.64，FeAsS
$4Fe_3O_4 + O_2 = 6Fe_2O_3$	放　热	506.12，Fe_3O_4
$C + O_2 = CO_2$	放　热	33837.1，C
$CaCO_3 = CaO + CO_2$	吸　热	1789.04，$CaCO_3$
$MgCO_3 = MgO + CO_2$	吸　热	1354.32，$MgCO_3$
$2CaO + 2SO_2 + O_2 = 2CaSO_4$	吸　热	7691.2，SO_2
$2MgO + 2SO_2 + O_2 = 2MgSO_4$	吸　热	5726.6，SO_2

6.2.2 金精矿氧化焙烧的化学反应

铁硫化物矿型的金精矿氧化焙烧的基本化学反应比较简单，金属硫化物矿在焙烧中转化为金属氧化物，而硫则转化为二氧化硫。其在 300～500℃ 温度条件下主要反应方程式如下：

$$4FeS_2 + 11O_2 = 2Fe_2O_3 + 8SO_2$$

$$3FeS + 5O_2 = Fe_3O_4 + 3SO_2$$

$$2FeS + 3\frac{1}{2}O_2 = Fe_2O_3 + 2SO_2$$

当温度再升高时，焙烧中生成的氧化铁与其他金属硫化物矿发生如下反应：

$$16Fe_2O_3 + FeS_2 = 11Fe_3O_4 + 2SO_2$$

$$10Fe_2O_3 + FeS = 7Fe_3O_4 + SO_2$$

$$2Fe_3O_4 + \frac{1}{2}O_2 = 3Fe_2O_3$$

黄铁矿是易焙烧的硫化物矿，着火温度视黄铁矿粒度大小而定，焙烧结果得到氧化亚铁、氧化铁和四氧化三铁，当氧气供应充分时，生成磁铁矿（Fe_3O_4），为了便于后面金浸出工序，希望有 75%～85% 的铁硫化物矿转化为赤铁矿（Fe_2O_3），其余为磁铁矿，而不希望生成硫酸铁。

砷黄铁矿氧化反应比黄铁矿复杂些，在较充分的氧化气氛条件下发生如下反应：

$$FeAsS + 3O_2 = FeAsO_4 + SO_2$$

由于生成的 $FeAsO_4$ 对氰化浸出金不利，所以不希望发生此反应。

在较低温度及氧化气氛下砷黄铁矿发生如下反应：

$$12FeAsS + 29O_2 = 6As_2O_3 + 4Fe_3O_4 + 12SO_2$$

为将 Fe_3O_4 氧化为希望形成的 Fe_2O_3，需要提高焙烧温度，所以有时采用两段焙烧。当温度高于 600℃ 时，砷黄铁矿氧化前先发生分解反应。

$$4FeAsS = 4FeS + As_4$$

$$As_4 + 3O_2 = 2As_2O_3$$

生成的 As_2O_3 有很高的挥发性，在 475℃时，As_2O_3 蒸汽压力为 21312Pa，因此砷焙烧时氧化为气相。

当有过量氧时，可生成五氧化二砷：

$$As_2O_3 + O_2 \xlongequal{} As_2O_5$$

由于 As_2O_5 不挥发，留在焙砂中，这是不希望的，因为氰化时，部分砷会转入溶液，妨碍锌粉沉淀金。而且砷（Ⅴ）化合物可导致在金粒表面形成薄膜，影响金浸出。因此在焙烧时，必须将砷转化为气相。但由于利于除砷的弱氧化与利于硫的强氧化相矛盾，因此氧化砷黄铁矿的金精矿时，最好采用两段氧化焙烧过程，第一段在有限的进气条件下焙烧，使砷转化成 As_2O_3 的气相形式，所得焙砂再进行第二段焙烧。

焙烧时矿石的有机碳或元素碳氧化为 CO_2：

$$C + O_2 \xlongequal{} CO_2$$

该反应温度较低，易于发生，矿石中的碳酸盐 $CaCO_3$、$MgCO_3$ 氧化生成 CaO 和 MgO：

$$CaCO_3/MgCO_3 \xlongequal{} CaO/MgO + CO_2$$

碳酸镁分解温度低于碳酸钙。生成的 CaO、MgO 又与 SO_2 反应，生成硫酸盐：

$$CaO/MgO + SO_2 + \frac{1}{2}O_2 \xlongequal{} CaSO_4/MgSO_4$$

该反应能降低焙烧炉气中的 SO_2 量，故而常被利用。但对某些矿石来说，生成的 $CaSO_4$ 可影响氰化浸出金。

6.2.3 焙烧过程反应动力学

焙烧属于一种多相化学反应过程，该过程大致可分为气体向焙烧物料固体相表面的扩散与固体物料对气体的吸附及化学反应两个步骤。假定上述两个过程的速度常数分别为 K_D 及 K_K，总的速度常数为 K。在焙烧温度比较低时反应在动力学区进行，随温度提高，物料组分氧化的化学反应速度比扩散速度大，到一定温度后，$K_K \gg K_D$，此时总反应速度取决于扩散速度，与温度的关系较小。反应过程进入此区域，称作扩散区；在动力学区与扩散区之间为过渡区。低温时，$K_K \ll K_D$。总反应速度取决于界面的化学反应速度，而与气流速度无关。速度常数与温度的关系可以用阿累尼乌斯公式表示：

$$K \approx K_K = A \cdot e^{-\frac{E}{RT}}$$

式中 A——常数；

E——活化能。

动力学区进入扩散区的转变温度因反应而异。当其他条件相同时，扩散常是高温反应的控制步骤。

扩散可分为外扩散与内扩散，在氧化焙烧的反应初期，反应速度主要与外扩散有关。外扩散速度主要取决于气流的运动特性，即气体是做层流运动还是紊流运动。当气体做层流运动时，垂直于反应界面的运动分速度为零，此时气体分子的扩散速率可以用菲克定律表达：

$$v_D = -\frac{dC}{dt} = \frac{DA}{\delta}(C - C_S)$$

$$= K_D \cdot A \cdot (C - C_S)$$

式中 v_D——气体分子的扩散速度，mol/s；

D——扩散系数，其值为 $\frac{C - C_S}{\delta} = 1$ 时单位面积的扩散速度，cm/s；

δ——气膜层厚度，cm；

C，C_S——气体在气流本体及固体表面的浓度，mol/cm^3；

A——反应表面积，cm^2。

当气体做紊流运动时，扩散速度大为加快，但在固体表面仍保持一层流的气膜层，气体分子通过此层流气膜层进行缓慢地扩散，而且最终限制外扩散速度。反应进行到一定时间后，在固体表面生成固体反应物，与此同时反应产生的气体经解吸后也在固相外部形成一层气膜，此时参与反应的气体分子须通过反应产生的气膜及固体产物层才可到达固体表面，该扩散过程称为内扩散。因此，反应进行一段时间以后，通常起控制作用的是内扩散，内扩散速度与固体产物层的厚度成反比。

参与反应的反应面积与矿物颗粒的粒度有关，反应速度一般随矿粒粒度的减小而扩大。

综上所述，影响氧化焙烧反应速度的主要因素为气相中反应气体的浓度、气流的运动特性即紊流度大小、焙烧的温度及反应物料的物理和化学性质。

6.3 氧化焙烧过程参数

金矿焙烧时主要的过程参数是给料粒度、焙烧温度、焙烧时间、空气供应情况、硫化物矿中硫和有机碳或元素碳的氧化及二氧化硫的固定。上述参数的优化组合与确定主要考虑原则是在经济上有利的条件下能得到金的最大提取率。下面对各参数分别给以讨论。

（1）物料粒度。通常情况下，给料粒度越小，为达到要求的金提取率所需的焙烧时间也越短；同样的焙烧时间，粒度越小则焙烧氧化越彻底，金提取率越高。对于矿石物料，需通过试验及对比分析，确定最佳给料粒度。而对于浮选精矿，粒度由浮选条件决定，除非视需要将精矿再磨。

焙烧时最好用干料，因为将水分蒸发要消耗大量燃料。但对于某些矿石来说，干磨比湿磨成本高得多，而且在磨矿前还要将矿石干燥。将矿石破碎到小于10或小于13mm，所需费用最低，但用这种粒度矿石去焙烧，需要较长的焙烧时间，这就要增加投资建更大的炉子，运行费也高。因此为提高金浸出率而选择给料粒度时，必须考虑干燥、磨矿的成本和焙烧时间等因素。

在现代焙烧炉处理难浸出金矿石，若要达到所希望的金提取率，给料粒度应小于13mm。对于大多数精矿，给料粒度在230～1700μm范围，都可得到较好的金提取率。

（2）焙烧温度与气氛。对于主要为黄铁矿型的给料，合适的焙烧温度为500～750℃，大多数黄铁矿在425～475℃之间开始氧化，焙烧时需要提供大于理论耗氧量的氧气，其中有6%～8%体积氧转变为焙烧炉废气。温度高有利于氧的利用。

砷黄铁矿型给料需进行两段焙烧：第一段焙烧温度为500～575℃，在缺氧的气氛中进行，此阶段氧的利用率为化学计算量的80%～85%，氧供应不可太低，否则可生成低熔点硫化砷，会导致炉料烧结；第二段焙烧温度控制在750℃以下，在氧化气氛中进行。

焙烧温度的波动范围对某些矿石来说可以达到100℃，在此范围内变化温度不会影响焙砂的金浸出率；对于另一些矿石，温度波动范围仅允许在25℃之内变化。可以用试验确定焙烧温度的波动范围。容许的温度波动范围与炉型选择有关。

焙烧温度超过750℃时可能引起过烧现象发生，过烧时焙砂的氰化浸出率急剧下降，有时浸出率会降低到50%。由于浮选精矿比原矿石含有较高的硫，焙烧时硫化物强烈放热会产生局部高温，使精矿过烧。过烧时，焙烧中生成的金属氧化物结构遭到破坏并包裹金，影响金的氰化浸出。较理想的焙砂是一种多孔状的金属氧化物。可用焙烧料的颜色目测焙烧条件是否合适，鲜红焙烧料表示赤铁矿（Fe_2O_3）太多，可能是温度过高和氧过剩的原因引起的；黑色料表示氧不足和温度太低，使磁铁矿（Fe_3O_4）产生太多。比较正常的焙烧料是深褐色的，这种焙砂含70%～80%赤铁矿和20%～30%磁铁矿。

(3) 焙烧时间。因焙烧温度不同，原矿或精矿需要的焙烧时间范围为0.5～3h。对于一定的给料粒度，提高焙烧温度可缩短焙烧时间，但温度不能超出过烧温度。焙烧时间也因给料粒度而变化，给料粒度细，焙烧时间短。如果焙烧时间过长，即使温度合适，也易发生过烧现象。为减小炉子尺寸并使过烧减到最小，焙烧时间越短越好。实践中，应通过试验并从经济上综合考虑确定合理的给料粒度与焙烧时间。

(4) 硫与碳的氧化。为达到金的最佳浸出率及使碳的劫金现象减小到最低程度，对硫与碳的氧化存在一个最佳氧化率，焙烧氧化时没必要将硫完全氧化或过烧。对于大多数原矿或精矿，硫的氧化率为80%～95%，碳的氧化率为60%～75%，即可得到比较理想的金浸出率，并尽可能多地消除碳的劫金现象。完全氧化碳以消除劫金现象是比较困难的，因为碳的氧化反应常常很慢。因此在实践中，宁可采用炭浸法以防止劫金，而不是将碳完全氧化。

(5) 二氧化硫的固定。在焙烧过程中，原料中的碳酸钙或碳酸镁氧化生成氧化钙与氧化镁。由于焙烧时生成二氧化硫气体，氧化镁、氧化钙与二氧化硫反应生成硫酸镁与硫酸钙。这种反应是符合要求的，因为钙镁氧化物在反应中固定了二氧化硫气体，可减少废气中的SO_2含量，这对环境保护是有利的。在某些含碳酸盐多的物料中，以硫酸盐形式固定的SO_2量可达产生SO_2量的60%，如果有意识地向焙烧物料中加入石灰，则固定的SO_2量可达75%。但试验证明，当生成的硫酸钙对浸出金不利时，则应减少此反应。

6.4 氧化焙烧与硫酸化焙烧

硫化物矿物在氧化气氛下加热焙烧过程中，如将全部硫脱除，金属硫化物矿转变为金属氧化矿及氧化硫气体，则该过程称为氧化焙烧；如果金属硫化物矿在焙烧中转变为金属硫酸盐，则称为硫酸化焙烧。两种过程均为金属硫化物矿在焙烧当中的氧化反应过程，反应可表示如下：

$$2MeS + 3O_2 = 2MeO + 2SO_2$$

$$2SO_2 + O_2 = 2SO_3$$

$$MeO + SO_3 = MeSO_4$$

上述反应中，生成金属氧化物和SO_2的反应是不可逆的，后两个反应是可逆的。反应的平衡常数可表示为：

$$K_1 = \frac{p_{SO_2}^2}{p_{O_2}^3}$$

$$K_2 = \frac{p_{SO_3}^2}{p_{S_2}^2 \cdot p_{O_2}}$$

$$K_3 = \frac{1}{p_{SO_3(MeSO_4)}}$$

式中 p_{SO_2}——焙烧炉气中 SO_2 的分压；

p_{O_2}——焙烧炉气中 O_2 的分压；

p_{SO_3}——焙烧炉气中 SO_3 的分压；

$p_{SO_3(MeSO_4)}$——金属硫酸盐的分解压。

SO_3 分压可表示为：

$$p_{SO_3} = p_{SO_2} \cdot \sqrt{K_2 \cdot p_{O_2}}$$

当 $p_{SO_3} = p_{SO_2} \cdot \sqrt{K_2 \cdot p_{O_2}} > p_{SO_3(MeSO_4)}$ 时，焙烧产物主要为金属硫酸盐，焙烧过程属于硫酸化焙烧，即部分脱硫焙烧；

当 $p_{SO_3} = p_{SO_2} \cdot \sqrt{K_2 \cdot p_{O_2}} < p_{SO_3(MeSO_4)}$ 时，焙烧产物主要为金属氧化物和氧化硫气体，焙烧过程属于氧化焙烧，也称全脱硫焙烧。在一定焙烧温度下，硫化物矿物焙烧的产物取决于焙烧过程中气相组成和金属硫化物、氧化物及金属硫酸盐的离解压。

当温度较低及炉气中二氧化硫的浓度较高时，金属硫化物转变为相应的金属硫酸盐。当温度升高至700～900℃时，金属硫酸盐分解为相应的金属氧化物。由于各种金属硫酸盐的分解温度和分解自由能不同，控制焙烧温度和炉气成分即可控制焙烧产物的组成，以达到选择性硫酸化焙烧的目的。

当温度低于600℃时，金属硫化物的分解速度较慢。当温度提高到不超过653℃时，不但燃烧较为完全，而且生成的 $CuSO_4$ 是稳定的，在此条件下焙烧称为全硫酸化焙烧。当温度在650～720℃时发生反应：

$$2CuSO_4 = CuO \cdot CuSO_4 + SO_3$$

此时称为半硫酸化焙烧，易生成 $CuO \cdot Fe_2O_3$。当温度高于720℃时，矿石有烧熔结疤的危险，且发生反应：

$$CuO \cdot CuSO_4 = 2CuO + SO_3$$

$$CuO + Fe_2O_3 = CuO \cdot Fe_2O_3$$

$CuO \cdot Fe_2O_3$ 不溶于硫酸，对浸出有害，因此焙烧时应尽量控制技术条件，阻止其生成。

焙烧时精矿中的其他金属硫化物，也分别转化为该金属的氧化物或硫酸盐。通过反应，金精矿中的硫、碳、砷氧化成二氧化硫、二氧化碳、三氧化二砷进入烟气，同时使精矿颗粒的孔隙变得非常好，被包裹的金暴露出来，有利于下一步氰化浸出时与氰化物充分接触，提高金的氰化浸出率；铜、铅、锌转化成硫酸盐，进一步用稀酸浸出得以除去，减轻或消除对氰化提金过程的不良影响；铁最大限度地转变成不参与氰化反应的三氧化二铁，滞留于渣中，达到焙烧脱硫、杂质金属转态的目的。

6.5 焙烧工艺设备

6.5.1 平底式焙烧炉

在采用氧化焙烧工艺处理难浸出金矿或精矿的初期，所使用的焙烧设备绝大部分为平底式焙烧炉（平底炉）。这种平底炉构造比较简单、操作方便，所以到今天，仍有地方在采用。

最适于焙烧金精矿的平底炉是埃德维尔得斯炉。机械化操作的埃德维尔得斯平底炉为矩形截面，炉子的外壳是用金属制造的，内部衬以耐火砖。操作时由炉顶的进料管加入精矿。炉内设有一排或两排刮板，对于每天处理7～10t精矿的小矿山，可采用单排刮板炉，而每天可处理10～50t精矿的较大型矿山，则可使用双排刮板炉。刮板沿炉长排列布置，由炉子上方的主轴传动而带动刮板旋转。进入炉子的物料在刮板的推动下由炉壁的一侧向另一侧多次移动，同时使焙烧料顺炉体方向运动，使炉料在炉内有足够的停留时间，并提供炉料的搅拌条件。金精矿在焙烧炉内的停留时间一般为3～6h。

某些情况下，在埃德维尔得斯炉上还装有可改变炉子倾角的专门装置，靠此措施可在焙烧精矿物料成分发生变化时，调整物料通过炉子的速度，变更物料在炉子中的焙烧时间。

如果焙烧的物料中含硫量较高，靠硫化物氧化所放出的热即可达到焙烧所要求的温度，不必外加燃料。如果硫含量不足，则需另外加入燃料加温，可以使用煤、重油或煤气作为加温的燃料。为此，在炉子的一端，设立一个或两个燃料室。

由于埃德维尔得斯炉的结构比较简单，而且容易操作，可在大范围的焙烧温度区内运行，因此，适用于焙烧各种化学成分和粒度组成的精矿。该炉子的烟尘比较少，烟尘生成率只有进料精矿的0.5%～1%，所以可不采用复杂的收尘系统。但该炉也与所有平底炉一样，具有较明显的缺点。生产效率低是埃德维尔得斯炉的主要缺点，该炉的单位面积生产率仅有0.25t/(m^2·d)左右。另一个缺点是该炉难以调整焙烧温度和氧气供应量。所以用该炉焙烧金精矿时，焙砂的质量难以保障，这一点将直接影响氧化浸出金时的金浸出率。但用该炉焙烧湿的物料时比沸腾炉有利，因为平底炉的气固是逆流流动的，热的气体在炉顶附近离开，固体在炉底排出，向上流动的热气体正好用于干燥加入的湿料。

平底炉广泛用于金矿石或精矿的焙烧已有数十年之久，尽管这种焙烧炉在许多场合已被沸腾炉取代，但目前有的小型金矿山仍然在采用。

6.5.2 回转窑

回转窑也可考虑用于焙烧金矿，因为这种焙烧设备操作简单，建造成本比沸腾炉和平底炉都低。回转窑最适合于焙烧粒度为6～13mm的粗颗粒矿，这种矿要求焙烧时间长，通常在3h左右，所以该炉可用于焙烧难浸出金矿的原矿石。尽管如此，它的焙烧温度不好控制，很难在一定的焙烧时间内保持所希望的焙烧温度。这使得它的截面温度分布较差，容易产生过烧问题。因为回转窑必须用一点热源燃料，所以难以保持所要求的截面温度分布。在热源附近可能出现过热区而引起物料过烧。同平底炉、沸腾炉相比，回转窑由气体向固体的氧与热传输效率也较差。

6.5.3 沸腾焙烧炉

沸腾炉是焙烧金精矿极有效的设备。该焙烧炉的主要优点是单位炉面积的生产率比较高，为5t/(m^2 · d)左右；而且由于该焙烧炉便于对焙烧温度及供气情况进行调节，所以可得到比较理想的焙砂。黄铁矿-砷黄铁矿精矿经过沸腾焙烧后，所得焙砂含砷1% ~ 1.5%，含硫量也大致在此范围。该焙砂经过氰化浸出，可回收其中90% ~95%的金。

6.5.3.1 沸腾炉的结构及设备布置

沸腾焙烧炉有两种炉型，即道尔型和鲁奇型。为了提高操作气速，强化生产，拓宽炉子对原料及操作范围的适应，应减少烟尘率，加长烟尘在炉内的停留时间，从而保证烟尘质量，通常采用的是扩散型沸腾炉，即鲁奇型。

沸腾炉从结构上讲主要分为炉膛、炉顶、装有风帽的空气分布板、风箱四部分，如图6.7所示。

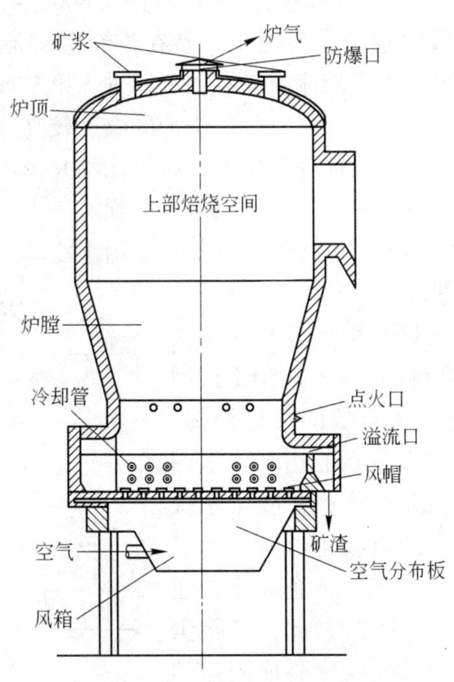

图6.7 扩散型沸腾炉示意图

炉膛包括沸腾层及上部扩大的燃烧空间，由钢制外壳内衬耐火砖组成，在外壳与耐火砖之间装有一层保温层。精矿的沸腾焙烧过程都要在这里进行。在沸腾层部位沿周围分别设有入孔门、用以正常生产排料的排料口和靠近炉底位置的排渣口（即冷灰口，用以排出沉积的大颗粒物料），在相对两侧各设置上、中、下三个测温点，测试沸腾层温度，这六点温度对炉内情况反应最为灵敏，能够随时反映出炉内温度的变化；在扩大层和炉顶烟气出口位置，也设有热电偶测温点，以便观察其变化情况；在上部扩大带设置三个点火孔，安装油枪，做升温开炉点火用。

炉顶采用异型耐火砖砌筑，并用钢外壳密封，在炉顶中央设置主烟道，主烟道上开设副烟道。主烟道是正常生产时炉气的排出口，副烟道在点炉升温、开停车时排放烟气用。

空气分布板是炉子的气体分布装置，由钢制多个孔板和多个铸铁风帽组成。它是沸腾炉的关键部位，直接影响到炉内的沸腾状况和正常操作。圆孔中插入铸铁风帽，中间填充隔热材料，风帽采用同心圆或直线形方式以相等中心距离排列，以求排列均匀。风帽上的小孔经过仔细加工，排列时相互错开。对风帽的基本要求是：使用寿命长，耐磨、耐高温，气体分布均匀且阻力较小，小孔不易堵塞且不能漏灰。

风箱设在炉底最下面，其作用是使进入的空气静压均匀分布，也就是要消除从风管进入风箱的气体动压头，使之变为静压头。当风箱因漏灰较多，容积变小时，气体的均匀分布将受到影响，造成炉内沸腾不良。

沸腾炉分为一段和两段式焙烧炉，含砷硫化物精矿的氧化焙烧大都采用两段沸腾焙烧。操作时，在第一段焙烧炉加入含固体70%～80%的浮选精矿浆。由于第一段炉子内的空气量有限，所以砷黄铁矿在第一段焙烧炉内焙烧时，砷以As_2O_3的形式挥发出去，同时矿物中硫部分被氧化。第一段焙烧炉内的温度比较低（400～450℃），黄铁矿大部分留在焙砂中经排料管进入第二段焙烧炉。为便于焙砂在排料管中流动，在此装有压缩空气喷嘴。由第一段排出的烟气进入中间旋流收尘器，然后进入第二段炉子的上部空间。由收尘器排出的烟尘也进入第二段焙烧炉。第二段焙烧炉的温度较高（500℃以上），空气量也充足，在此主要焙烧黄铁矿，使之大部分转化为金属氧化物并排出二氧化硫气体。由第二段焙烧炉排出的烟尘经过旋涡收尘器收尘后从烟囱排放到大气中，经过第二段焙烧后的焙砂与第二段旋涡收尘器收得的烟尘一道在专用冷却槽中用水冷却，然后送往氰化工序。两段焙烧脱砷率较高，焙砂残留砷0.2%～0.5%。

与平底炉不同，沸腾炉焙烧精矿时会带出大量烟尘，烟尘量可占到原料的40%～50%，因此，沸腾焙烧炉必须备有严密有效的除尘设施。实践证明，只用一种旋涡收尘器不能达到要求的收尘与排气净化的效果。因此，往往在收尘系统中增加其他形式的收尘器，如电收尘器等。为了符合环境保护要求，在现代金矿加工企业中，还必须除掉烟气中有毒性的As_2O_3。为此，将除尘后的烟气冷却，用布袋收尘器捕收冷凝成固体的As_2O_3微粒。经过除尘与除砷后的沸腾炉烟气，含有比较纯净的二氧化硫气体，该气体不允许直接排放，可用于生产硫酸。一般焙烧过程的流程见图6.8。

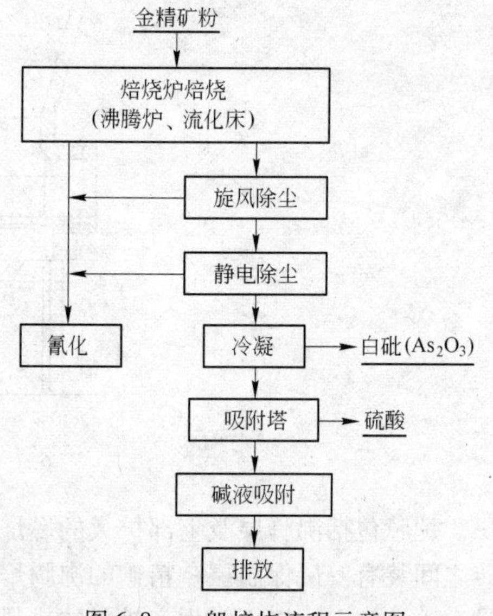

图6.8 一般焙烧流程示意图

6.5.3.2 沸腾炉的工艺条件

（1）焙烧温度。沸腾炉的焙烧温度是影响焙砂质量的主要因素。最佳温度取决于焙烧精矿的化学组成。含硫金精粉焙烧温度以600～650℃为宜。温度过低氧化速度慢，杂质金属硫酸盐化不彻底，在后续酸化浸出中杂质除去不完全；温度过高不易生成SO_3，金属硫酸盐化反应不彻底。另外，超过700℃时，生成的硫酸盐即开始加速分解成氧化物，在湿法浸铜中需补加硫酸。一般厂家焙烧温度控制在640~650℃。当精矿中含硫量在16%~20%以上时，焙烧过程可在自热条件下进行；如果含硫量过高，则须进行冷却。在实际生产中，冷却一般是向炉料中加入一定量水，也可将水直接喷入沸腾层中，当水蒸发时，就可带走过剩的热量。

（2）空气过剩系数。沸腾焙烧过程中，空气过剩系数除了对脱硫率有很大的影响外，还影响铜、铅等元素的硫酸化程度、铁的转化状态。实际生产中的空气过剩系数一般控制在1.2~1.5，这样即可保证焙砂质量，相对提高炉气中的SO_3浓度。

$$空气过剩系数 = \frac{实际投入空气量}{理论计算所需空气量}$$

（3）给矿浓度。矿浆浓度是浆式进料沸腾焙烧的一个重要技术条件。在适宜的焙烧温度下，当矿含硫品位高时，浓度可低些；反之浓度应该高一些。根据含硫量的变化，浓度控制在68%~72%之间，当浓度低于68%或含硫量低于23%时，由于投硫量不够，容易造成灭炉事故，这对炉子的正常操作是很危险的。

（4）沸腾层高度。沸腾层高度对稳定沸腾过程和保证焙砂质量有着重要意义。沸腾层高度应满足以下要点：

1）保证精矿在炉内有足够的停留时间，使焙烧反应进行充分。

2）使沸腾过程有足够的热稳定性。

沸腾层的高度是由排料口的高度决定的，一般略高于排料口高度。

沸腾焙烧是连续的流态化操作，如果沸腾层高度太低，则精矿在炉内停留时间短，一部分矿粒来不及充分焙烧就被排出炉口，脱硫率低，铜、铅、铁氧化不彻底，另外炉内潜热较小，炉子有波动时就有可能因温度低开不起来；如果沸腾层高度太高，炉子的沸腾状况较为稳定，脱硫率提高，但沸腾层阻力增大，增大了动力消耗，降低了烟气浓度。所以沸腾层的高度控制在1.3~1.5m，一般高度为1.35m。

（5）炉顶压力。沸腾炉的操作要求微负压。炉顶出现正压，会造成烟气外溢，浪费资源，污染环境；炉顶负压过大，则会增加转化风机的动力消耗，使系统漏风率增大。日常操作控制在-0.15~-0.20kPa之间。

（6）炉底压力。稳定的炉底压力是炉子正常操作的重要条件，它在数值上等于气体通过分布板和沸腾层的阻力。分布板的阻力是一个定值，所以炉底压力的变化体现着沸腾层阻力的变化，即风量、排料口高度及原料粒度的改变。日常炉底压力控制在10.00~13.00kPa之间。

（7）直线速度。直线速度就是空气在炉内沸腾层中每秒上升的距离，它随矿粒度的改变维持在0.3~3.5m/s之间，加大风速可提高焙烧强度，但烟尘量增加，脱硫率下降，所以控制在0.38m/s左右为宜。

$$直线速度 = 总鼓风量 \times \frac{1 + T/273}{沸腾层截面积 \times 3600}$$

（8）矿粉粒度。原料粒度是影响沸腾过程主要因素之一，用“平均颗粒”来表示。焙烧炉内的粒度同原矿的粒度有一定关系，但并不完全相同，受原料投入量、水分含量、直线速度、炉温等的影响，小颗粒会熔结，大颗粒会爆碎。一般情况下，焙砂粒度略粗于给矿粒度。当颗粒均匀稳定在小于0.074mm时，沸腾状况最好。

（9）沸腾炉的进料方式。沸腾炉的进料方式分干法和湿法两种：

1）干法进料就是把精矿进行干燥，使矿粉的含水量降到8%以下再加入炉内。如果矿粉水分较高，加入炉后会造成炉内温度不均，进料处矿难以保证炉内的沸腾状态。其缺点是烘干设备及燃料使用较高，工作环境较差，同时造成0.5%左右的金属流失。

2）湿法进料是将精矿制成一定浓度的矿浆形态，用喷枪散射到沸腾炉内的一种加料方法。金精矿沸腾炉的湿法给料与焙烧前的备料紧密相关，其备料有如下三种情况：

①焙烧氰化提金厂建立在矿山选厂附近，选厂金精矿产量与沸腾炉处理能力基本平衡。此时，可利用浮选金精矿的浓密机底流和部分过滤后的精矿滤饼，直接制备炉用矿浆。

②焙烧氰化提金厂建于矿山选厂附近，沸腾炉的生产能力大于或小于选厂精矿产量，且有外来同类精矿供应时，可用浮选精矿的浓密机底流和外来精矿，或用底流、滤饼和外来精矿一起制备矿浆。

③焙烧氰化提金厂的全部金精矿由外地选厂供应，这时需将精矿用水，或用酸性废液（包括硫酸盐废液）综合制浆。

上述无论哪种备料情况，其最终都应达到符合入炉要求的硫含量、矿浆粒度和浓度。沸腾炉湿法给料有两种类型，其一是沸腾炉顶部给料，其二为沸腾层上部给料。

湿法进料沸腾稳定，床层温度波动小，炉子密封严，漏风量减少，产出的焙砂中含铜、铅等，硫酸化程度高，氰化前除杂效果好。目前黄金冶炼企业都采用湿法进料。

其主要缺点是：

①矿浆带进大量的水分使出炉烟气量增大，增大收尘及净化设备的负荷。

②净化产出的稀酸量较大。

③烟气中水分增高使其露点升高，容易造成管道黏结或堵塞，因此对收尘设备保温要求较高。

6.5.3.3 沸腾炉的技术指标

（1）沸腾炉床能率。床能率也称为焙烧强度，是衡量沸腾炉生产能力的一个重要指标，其意义为沸腾炉单位床层面积日处理干矿量。床能率的高低受焙烧温度、鼓风量、精矿性质、炉子结构等因素的影响。焙烧温度高、鼓风量大、矿含硫量低时，焙烧强度就高。床能率一般在6~8t/(m^2·d)之间。

（2）脱硫率。脱硫率是指焙烧时转变为SO_2和SO_3的硫量与原料含硫量的比值。硫酸化焙烧过程中除硫氧化外，还要产生金属硫酸盐，要使硫化物形态的硫尽量少。脱硫率受温度、风量、炉子结构的影响，温度高、风量大、排料口高、精矿细度细，脱硫率就高，生产中脱硫率控制在88%~90%，以保证杂质金属的硫酸盐化。

$$脱硫率=\frac{干精矿中含硫量-(焙砂中含硫量+烟尘中含硫量)}{干精矿中含硫量}\times 100\%$$

（3）铜浸出率。铜浸出率是焙烧的主要技术指标之一，焙砂中铜的存在形态主要为硫酸铜、碱式硫酸铜、氧化铜、硫化亚铜等，只有严格控制焙烧条件，使焙砂完全酸化，即尽可能使铜以$CuO \cdot CuSO_4$、$CuSO_4$、CuO、Cu_2O形态存在，使没有反应的铜降到最低值，才能保证有较好的浸出率。炉温和风量是影响铜浸出率的主要因素。

（4）烧成率和烟尘率。烧成率取决于矿的化学成分，一般为90%～92%。

$$烧成率 = \frac{产出渣量 + 尘量}{投入干矿量} \times 100\%$$

烟尘率取决于空气直线速度（风量）、炉结构、原料化学成分及粒度。采用浆式进料烟尘率比干式进料高，为60%～80%。

$$烟尘率 = \frac{炉气含尘总量}{渣 + 尘总量} \times 100\%$$

6.5.3.4 循环沸腾焙烧

常规沸腾焙烧的沸腾层处于稳定状态，即上升的气流速度较低，沸腾层具有确定的层表面和有限的固体携带量。增高气流速度会引起物料损失；气流速度太低又导致层料不沸腾。很显然稳定态沸腾系统对物料粒度和气流速度均很敏感，因此生产能力和给料粒度限制在很窄的范围内。

循环沸腾焙烧是在较高的气流速度下工作，从层中带走的固体量急剧增加，需将它们返回焙烧炉。物料在炉内沸腾，再加上外部循环，固体和气体的混合非常充分，从而得到很高的传热与传质速度。矿粉强烈的内部和外部循环的沸腾状态称为循环沸腾层（CFB），其循环流程图见图6.9。

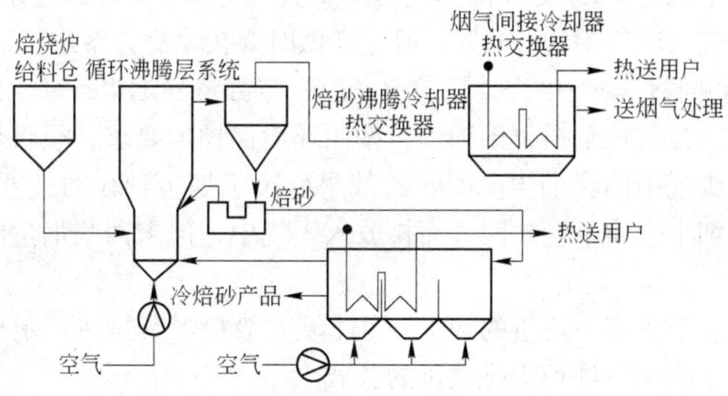

图6.9 循环沸腾焙烧及热回收系统流程

循环沸腾焙烧可以使焙烧温度、气氛与停留时间等参数达到最佳控制条件，并使该系统保持均一的操作状态，得到高质量的焙砂，有利于金浸出率的提高，这些优点已得到工业生产证实。例如，德国的鲁奇循环沸腾炉已成功地用于金矿石和金精矿焙烧，金回收率可以达到95%左右。澳大利亚菲米斯顿（FIMISTON）矿和美国内华达州科斯特（Coster）矿等也都是采用循环焙烧炉处理金精矿。

6.6 焙烧过程中的环境问题

与加压氧化、细菌氧化及化学氧化等工艺相比，金精矿的焙烧氧化工艺具有比较多的环境问题。随着世界经济及科学技术的发展，人们的环境保护意识越来越强，所以对采用焙烧工艺处理难浸出金精矿的企业要求越来越严格。焙烧炉所放出的废气必须符合大气排放标准。焙烧炉所排废气中所含的主要有害成分是二氧化硫、粉尘、砷化物和汞。

（1）二氧化硫。为了除去废气中残留的二氧化硫，在传统上常采用石灰净化法。当废

气中 SO_2浓度很低时，使用氢氧化钠或碳酸钠是很有效的。如果焙烧的是硫精矿，废气中 SO_2浓度很高，可考虑用于生产硫酸。但在焙烧原矿时，生产硫酸就不合算了。

用石灰乳净化后的废气可以达到大气排放标准，但净化时产生的石膏固体废料，也需妥善处理。虽然石膏本身很稳定，但其中可能含有砷、镉、铅和汞等其他有害成分。

在美国对于含 SO_2废气的排放标准，各州间有很大差别。内华达州是美国主要的难浸出金矿产区，该州用于计算容许的硫排放量公式是：

$$E = 0.292P^{0.904}$$

式中 E——允许的硫排放量，kg/h；

P——矿料中的总硫排放量，kg/h。

要指出的是，上式中的 E 是硫的排放量，为求得 SO_2的允许排放量，需将上式中的 E 乘以 2。由于原料中的硫是总的含硫量，包括硫化物中硫及其他的硫化合物。按上式计算每年相当于排放 250t SO_2，因为此量是允许排放的上限，所以要受到长时间的且花费昂贵的"点源排放"的审查，为此应将排放量保持在低于 250t SO_2的水平。

在实践中，如果焙烧产生的 SO_2量很大，则需要配备更高效的净化系统，以确保 SO_2的排放量低于 250t。但这样做有时技术上不可行；或者技术可行，但花费很大。所以应尽量在焙烧过程中减少 SO_2的排放量。如果物料中含有钙镁碳酸盐，或人为地加入一定量的石灰，则焙烧当中生成的 CaO 或 MgO 可与 SO_2反应，生成钙镁硫酸盐使 SO_2固定下来留在焙砂中，则可减少进入废气中的 SO_2量。但这样做时要按焙烧方案进行试验和估价。

（2）粉尘。用沸腾焙烧炉焙烧金精矿会产生一定数量的烟尘，烟尘的数量取决于炉料的粒度和焙烧条件。为避免金损失于烟尘，按照环境保护的要求，须将烟尘加以回收。通常用旋风收尘器从废气中回收烟尘。回收的效果取决于烟尘颗粒的细度和旋风器的效率。实践中总有小部分细小尘埃不能被回收而排放入大气中，但未回收烟尘的量必须符合粉尘排放规定。

由于排放的烟尘中含有一定量的 SO_2，因此较一般粉尘其排放规定更为严格些。下面是美国内华达州用于确定容许粉尘排放量的公式。

焙烧炉处理干料的给料速度小于 30000kg/h 时：

$$E = 0.0193W^{0.67}$$

处理干料给料速度大于 30000kg/h 时：

$$E = 11.78W^{0.011} - 18.14$$

式中 E——容许的粉尘排放量，kg/h；

W——焙烧给料速度，kg/h。

在实践中用石灰净化废气控制其中的 SO_2时，也可以在很大程度上除去废气中的粉尘，使之符合空气排放规定。如果此法不能充分除去粉尘，还须采用电除尘器或布袋收尘器来降低废气中的粉尘。

焙烧产生的细粒烟尘中的金含量往往比原矿或精矿原物料高，而旋风收尘器无法回收的细小粉尘中可能含有数量可观的金，因此用电收尘器或布袋收尘器回收这部分细小粉尘不仅符合环保要求，也可以减少金的损失。

（3）砷与汞。目前发现的难浸出金矿石中有许多含有砷黄铁矿，也有的矿石中含有汞。所以焙烧过程中向空气排放废气时，必须考虑砷与汞的存在。以美国内华达州为例，该州规定在焙烧操作车间入口处的最大容许砷与汞的浓度均为阈限值（TLV）的1/42，现在砷的阈限值为0.2mg/m^3，则砷的最大容许浓度为4.76μg/m^3；汞的阈限值为0.05mg/m^3，则汞的最大容许浓度为1.19μg/m^3。

由于砷与汞的排放量是按照容许浓度规定的，该浓度随离开焙烧车间的距离不同而变化。所以应与当地地形、气象条件、工厂烟囱的海拔高度等因素结合起来考虑废气排放的砷与汞的预测数量。

在实践中用石灰、氢氧化钠或碳酸钠除去SO_2的同时，能从废气中除去一些砷与汞。当需要进一步由废气中除去砷与汞，以符合大气排放规定时，可采用湿式电除尘器收集砷，用浸有硫化合物的活性炭吸附床除去汞。

6.7 难处理金矿氧化焙烧工艺的现状与发展

目前，最常见的焙烧氧化工艺主要有：针对金精矿的两段沸腾焙烧和针对原矿的固化沸腾焙烧。

20世纪50年代中期开始就有几个金矿采用了两段焙烧工艺处理含砷金精矿。瑞典波立登公司开发了其独有的技术。例如：该公司的赫尔辛堡厂处理含砷黄铁矿采用的就是两段焙烧工艺。一段是缺氧焙烧，空气过剩系数为85%～90%，而且是稀相焙烧，即绝大部分焙砂和烟气经烟道进入旋风收尘器。烟气中有升华的S_2及SO_2，砷有As_4、As_4S_6和As_2O_3。在旋风收尘器由喷嘴加入空气使反应继续进行，硫转化为SO_2，砷转化成As_4O_6。实际上旋风收尘器也可以称为后燃烧室。一段炉少量的焙砂和旋风收尘器回收的焙砂一起进入二段炉。二段炉进行氧化焙烧以进一步脱硫，其砷的脱除率可达到90%～93%。2004年，我国山东烟台恒邦冶炼股份有限公司引进瑞典波立登公司两段焙烧处理含砷金精矿专利技术，潼关中金冶炼有限责任公司目前也引进了该项技术。另外，河南中原黄金冶炼厂、山东国大黄金股份有限公司、辽宁新都黄金责任有限公司、灵宝黄金冶炼厂等都在使用金精矿焙烧工艺。表6.6列出了国内主要采用焙烧氧化处理金精矿的提金厂。

表6.6 国内主要采用焙烧氧化处理金精矿的提金厂

企 业	规模/$t \cdot d^{-1}$	焙烧段数	设备	处 理 原 料
国大黄金冶炼厂	800	1	4台	含铜复杂硫金精矿
国大黄金冶炼厂	150	2	1套	含砷高硫复杂金精矿
中原黄金冶炼厂	800	1	2台	含铜铅锌复杂硫金精矿
新都黄金冶炼厂	200	1	1台	含铜复杂硫金精矿
恒邦黄金冶炼厂	380	2	2套	含砷高硫金精矿
恒邦黄金冶炼厂	860	1	4台	含铜复杂硫金精矿
灵宝黄金冶炼厂	850	1	4台	含铜铅锌复杂硫金精矿
开源黄金冶炼厂	130	1	1台	含铜复杂硫金精矿
博源黄金冶炼厂	130	1	1台	含铜铅锌复杂硫金精矿
金源晨光黄金冶炼厂	150	1	1台	含铜铅锌复杂硫金精矿
潼关黄金冶炼厂	150	1	1台	含铜铅锌复杂硫金精矿

续表 6.6

企 业	规模/t·d⁻¹	焙烧段数	设备	处 理 原 料
招金星塔黄金冶炼厂	100	2	1套	高砷高硫金精矿
紫金黄金冶炼厂	200	2	1套	高砷高硫金精矿
中南黄金冶炼厂	200	2	1套	高砷高硫金精矿

对于可浮性差、硫化矿物与脉石连生的难处理金矿石焙烧，一般采用原矿沸腾焙烧工艺，焙烧过程中产生的硫、砷氧化物可与矿石中所含碳酸盐矿物反应沉淀在焙砂物料中，烟气中硫、砷含量低，使烟气治理较容易。

美国在 Cortez 金矿建起了世界上第一家固砷固硫原矿焙烧厂。该矿矿石含 Au 为 4.3g/t、$w(As)$ 0.12%、$w(S)$ 1.5%、$w(C)$ 1.0%。工艺流程采用闭路干式自磨系统，利用热风干燥带出矿粉，同时采用循环沸腾焙烧炉。由于磨矿和焙烧都处于闭路循环状态，工艺条件易于控制，保证了金的浸出效果，金的总回收率为 80%。

Minahasa 金矿采用干磨，焙烧设备为鲁奇式循环焙烧炉。焙烧温度 580℃，烟气中游离氧浓度 6%。该矿含硫仅 0.8%，需要补充燃料（低硫煤、煤油）。烟气处理采用三段工艺：第一段为一台蒸发冷却器，把烟气温度从 580℃降到 350℃；第二段是一台静电收尘器，使烟尘含量降至小于 200mg/m³；第三段为除汞系统。除汞系统分成三部分：第一部分采用冷却塔和充填塔将烟气温度从 350℃降至 40℃；第二部分用湿式静电收尘器除去酸雾和烟尘；第三部分用充填除汞塔除汞（用 $HgCl_2$ 稀溶液洗涤烟气，以得到固体甘汞 Hg_2Cl_2）。由于矿石本身含碳酸盐矿物，黄铁矿焙烧产生的 SO_2 被碳酸盐吸收，不需从烟气中除去 SO_2。焙砂用常规炭浆法处理。该矿采用上述工艺处理后，金的回收率达到 88% ~ 89%。典型的生产成本见表 6.7。

表 6.7 Minahasa 金矿典型的生产成本 （美元/t）

工艺	破碎	干磨	焙烧	浸出和吸附	炼金	尾矿净化和处理	公共设施、空气、水	管理	冶金维修	总计
成本	0.75	7.25	3.45	2.47	0.36	2.20	0.17	3.87	0.59	21.11

目前，国外已投产的原矿焙烧厂有 10 家以上，其处理的矿石性质及焙烧工艺有所差别。矿石碎磨设备基本都采用干式磨矿：有的采用碎矿、干式球磨的磨矿系统，如 Goldstrike 金矿；有的则采用烘干半自磨、干式球磨的磨矿系统，如 Minahasa 金矿。焙烧炉的补加燃料有的采用煤，有的采用油，还有的加含硫金精矿作为燃料。

我国的原矿沸腾焙烧工艺目前也取得了重大成果。长春黄金研究院在借鉴国外沸腾焙烧和循环沸腾焙烧炉、双层沸腾焙烧炉等新工艺设备的基础上，针对国内难处理金矿石的工艺矿物学特点，自主研发了“内循环式沸腾焙烧炉”，创新性采用了“欠氧高温焙烧技术”、砷硫“固化自洁”技术和焙砂“固气交换”余热利用技术，首次引进水泥行业的立式辊磨技术与设备，从而形成了具有完全自主知识产权的原矿干式磨矿、沸腾焙烧、氰化炭浆法提金的新工艺。利用该技术，选择了具有充分代表性而且蕴藏有大量难处理金矿资源的贵州省黔西南州紫木凼金矿，建成了年处理 33 万吨的焙烧提金生产厂。紫木凼金矿的原矿经沸腾焙烧预处理后，金浸出率由直接氰化的低于 10% 提高到 82% 以上，经过焙烧过程中的“固化自洁”作用，原矿中砷的固化率达 98% 以上，硫的固化率达 90% 以上。

近年来，由于循环沸腾炉、密闭收尘系统和固化焙烧和富氧焙烧联合使用的成功，以及闪速焙烧取代常规回转窑或流化床工艺的应用，焙烧法又获得新生。焙烧技术的发展趋势是：焙烧设备由移动床转向沸腾床；单炉焙烧转向双炉焙烧；从一段焙烧发展到两段焙烧，从常规焙烧到闪速焙烧；烧煤、烧气等外加热转向自热；烟尘处理转向回收 As_2O_3 和 SO_2 以及加盐固砷固硫焙烧。

焙烧并不是过时的工艺，国外的生产实践说明了这一点。焙烧法具有传统优势，除了鲁奇循环沸腾炉、波立登密闭收尘系统等新装置的出现使两段焙烧技术处理金精矿在今后将得到进一步发展外，原矿石固砷固硫焙烧的技术也将会有大的发展，尤其对于难处理金矿石大规模开发，必须采用新的焙烧工艺和装置，改变过去传统焙烧工艺污染严重的现状，还要注意提高焙砂的质量，以实现焙砂的就地有效氰化提金。

7 难处理金矿加压氧化浸出预处理技术

7.1 难处理金矿加压氧化浸出发展概况

加压氧化又称为热压氧化，是在一定的温度和压力下，加入酸或碱进行氧化分解难处理金矿中的砷化物和硫化物，使金颗粒暴露出来，便于随后的氰化法提金。此方法可以处理金矿中的原矿，也可以处理金精矿。加压氧化过程所使用的溶液介质是根据物料的性质来选定的。当金矿的脉石矿物主要为酸性物质时（如石英及硅酸盐等），多采用酸法加压氧化；当金矿的脉石矿物主要为碱性物质时（如含钙、镁的碳酸盐等），多采用碱法加压。

加压浸出工艺最早见于铝土矿的加压碱浸，该工艺称为拜耳法，是因为化学家拜耳（K. J. Bayer）在1889~1892年提出而得名。1947年，加拿大哥伦比亚大学Forward教授研究发现，在氧化气氛下，含镍和铜的矿石可以直接浸出而不必经过预先还原焙烧。20世纪50年代，加拿大的Sherritt Gordon公司在加压浸出方面进行了大量的研究工作。该公司于1954年建立了第一个采用加压氨浸技术的生产厂，用以处理硫化镍精矿。在20世纪50~60年代期间，加压酸浸技术也得到了迅速的发展，主要体现在各种镍钴混合硫化物、镍硫和含铜镍硫的处理。建于1969年的南非ImPala铂厂，采用加压酸浸，从含铂族金属的镍冰铜生产出高品位铂族金属精矿，同时副产回收镍、钴和铜。前苏联的诺里尔斯克矿冶公司采用加压酸浸处理含镍磁黄铁矿精矿，回收镍、钴和铜。采用加压酸浸技术的还有20世纪60年代投产的南非Springs镍精炼厂、20世纪70年代投产的美国Amax公司的镍钴精炼厂以及美国自由港硫磺公司（现为自由港迈克墨伦铜金矿公司）于1959年在古巴建成的MoaBay镍厂等。20世纪70年代，加压酸浸的最大进展是硫化锌精矿的直接加压浸出。1977年，加拿大Sherritt Gordon公司与Cominco公司联合进行了硫化锌精矿加压浸出和回收元素硫的半工业试验，并在Trail建立了第一个硫化锌精矿加压酸浸厂，设计能力为日处理190t精矿。第二个硫化锌精矿直接加压酸浸厂建在加拿大Timmins，设计能力为日处理100t精矿，于1983年投产。第三个硫化锌精矿加压酸浸厂是德国鲁尔锌（Ruhr Zink）厂，设计能力为日处理300t精矿，于1991年投产。

20世纪80年代，加压浸出技术在有色冶金中最引人注目的进展是难处理金矿的加压氧化预处理。难处理金矿经过加压预氧化处理后，可以大大改善矿石的氰化浸出效果，特别是对于金以次显微金形式存在、被包裹在黄铁矿或毒砂矿物晶格中、难以用一般方法解离出金颗粒的矿石，尤其有效。因此，加压氧化浸出技术用于难处理金矿的预处理，在20世纪80年代获得了迅速发展，并已进入工业应用阶段。

世界上第一个采用加压氧化浸出工艺处理金矿石的工厂，位于美国加利福尼亚州的麦克劳林（McLaughlin）金矿，属于Homestake公司。该厂采用酸法加压氧化工艺，日处理硫化矿2700t，1985年7月高压釜开始运转，9月投产。使用内径4.2m、长16.2m的具有四个隔室的卧式机械搅拌高压釜，浸出温度为160~180℃，氧压为140~280kPa，矿浆在高压釜内的停留时间约为1.5h。Mclaughlin金矿加压氧化预处理-氰化提金工艺的成功，为难处理金矿的开发利用提供了新的有效途径。该厂的建设，对后来一系列新厂的建设具有重要的指导作用。第二座采用类似工艺的加压氧化厂的是巴西的Sao Bento金矿，于1984年10月开始设计，日处理240t金精矿，1987年开始产金。美国内华达州的Barrick Mercur金矿于1988年1月投产，日处理矿石量为680t。美国内华达州的Getchell金矿于1989年上半年投产，日处理矿石量为2730t。自1985年以来，陆续有一批采用加压氧化预处理难处理金矿的工厂投产，此外还有一些工厂正在建设中，部分工厂生产概况见表7.1。

表7.1 加压氧化预处理难处理金矿工厂概况

序号	矿 山	国 家	给矿类型	设计能力/$t \cdot d^{-1}$	投产日期
1	Mclaughlin	美 国	矿 石	2700	1985
2	Sao Bento	巴 西	精 矿	240	1986
3	Mercur	美 国	矿 石	680	1988
4	Getchell	美 国	矿 石	2730	1988
5	Goldstrike	美 国	矿 石	1360 5450 11580	1990 1991 1993
6	Porgera	巴布亚新几内亚	精 矿	2700	1992
7	Campbell	加拿大	精 矿	70	1991
8	Olympias	希 腊	精 矿	315	1990
9	Lihir	巴布亚新几内亚	矿 石	9500	1997
10	萨 格	美 国	矿 石	7528	1997
11	Long Tree	美 国	矿 石	2270	1994
12	Nerco Con	加拿大	精 矿	100	1992
13	Macraes	新西兰	精 矿	528	1999
14	Kittila	芬 兰	精 矿	300	2008

加压氧化预处理工艺的优点是：反应速度快、环境污染小、适应性强、对锑和铅等有害杂质的敏感性低。其缺点是：操作技术条件要求较高、对含有机碳较高的物料处理效果不明显、对设备材质的要求较高、投资费用较大。加压氧化法较适用于处理规模大或品位高的大型金矿，用规模效应来弥补较高的投资及成本费用。

随着全球环境的不断恶化和矿产资源的日益枯竭，开发清洁、高效、节能的加压氧化技术越来越受到重视，其应用范围也会越来越广。我国加压浸出技术首先从铜矿和铝矿的浸出开始，现该技术已经用于铝、铀、镍、钴、钨、钼、锌和铬等的提取。

7.2 金属硫化物矿的加压氧化机理

黄铁矿和砷黄铁矿的加压氧化既可以在酸性介质中进行，也可以在碱性介质中进行。相对于碱法加压氧化而言，酸法加压氧化过程发展更快。

7.2.1 酸法加压氧化

7.2.1.1 黄铁矿

酸性溶液中压力氧化黄铁矿的产物主要有 H^+、Fe^{2+}、Fe^{3+}、SO_4^{2-}、S^0等。Fe^{3+}大都以赤铁矿、硫酸高铁或铁矾的形式沉淀，不同产物的形成取决于不同的氧化条件，如温度、时间、氧分压、酸度、硫酸盐浓度等。黄铁矿加压氧化过程总的反应如下式所示：

$$2FeS_2 + \frac{15}{2}O_2 + 4H_2O \longrightarrow Fe_2O_3 + 4H_2SO_4$$

对于上述反应机理，一般认为，黄铁矿的表面吸附氧气，反应后以 Fe^{2+}形式进入溶液中，并有元素硫生成，即

$$FeS_2 + 2O_2 \longrightarrow FeSO_4 + S^0$$

硫酸亚铁和元素硫又分别氧化为硫酸和硫酸铁：

$$S^0 + H_2O + \frac{3}{2}O_2 \longrightarrow H_2SO_4$$

$$4FeSO_4 + O_2 + 2H_2SO_4 \longrightarrow 2Fe_2(SO_4)_3 + 2H_2O$$

Fe^{3+}水解生成氢氧化铁沉淀，再脱水生成三氧化二铁：

$$Fe_2(SO_4)_3 + 6H_2O \longrightarrow 2Fe(OH)_3 + 3H_2SO_4$$

$$2Fe(OH)_3 \longrightarrow Fe_2O_3 + 3H_2O$$

研究表明，Fe^{3+}具有加速氧化黄铁矿的作用，特别是在反应初期，Fe^{3+}的这种作用非常明显，但 Fe^{3+}并未充当催化剂。当温度高于 423K 时，Fe^{3+}发生水解反应，低酸度下，反应式为：

$$Fe_2(SO_4)_3 + 3H_2O \longrightarrow Fe_2O_3 + 3H_2SO_4$$

高酸度下，反应式为：

$$Fe_2(SO_4)_3 + 2H_2O \longrightarrow 2FeOHSO_4 + H_2SO_4$$

Fe^{3+}水解还会生成铁矾类化合物，反应式为：

$$3Fe_2(SO_4)_3 + 14H_2O \longrightarrow 2H_3OFe_3(SO_4)_2(OH)_6 + H_2SO_4$$

但相对于生成 Fe_2O_3和生成 $FeOHSO_4$的反应而言，生成铁矾的反应更为次要。从经济角度来讲，生成赤铁矿沉淀，对后续的中和及金回收等操作是有利的。

然而，对于氧压浸出黄铁矿，还存有另一种反应机理，即溶液中的氧直接氧化黄铁矿表面生成 α-Fe_2O_3，然后与溶液中的 H^+作用生成 Fe^{3+}，再是溶液中的 Fe^{3+}与 FeS_2及 S^0反应生成 Fe^{2+}。相关反应式如下：

$$2FeS_2 + \frac{9}{2}O_2 + 2H_2O \longrightarrow \alpha\text{-}Fe_2O_3 + 2SO_4^{2-} + 2S^0 + 4H^+$$

$$\alpha\text{-}Fe_2O_3 + 6H^+ \longrightarrow 3H_2O + 2Fe^{3+}$$

$$6Fe^{3+} + S^0 + 4H_2O \longrightarrow 6Fe^{2+} + SO_4^{2-} + 8H^+$$

$$14Fe^{3+} + FeS_2 + 8H_2O \longrightarrow 15Fe^{2+} + 2SO_4^{2-} + 16H^+$$

$$S^0 + H_2O + \frac{3}{2}O_2 \longrightarrow 2H^+ + SO_4^{2-}$$

有研究表明，通过放射性同位素^{55,59}Fe 作示踪剂，证明了在酸性溶液中加压氧化溶解黄铁矿时产生 $\alpha\text{-}Fe_2O_3$的反应机理的合理性。

7.2.1.2 *砷黄铁矿*

研究表明，砷黄铁矿在硫酸介质中加压氧化，首先产生三价砷酸 H_3AsO_3 和二价铁 Fe^{2+}，随后进一步氧化成五价砷酸 H_3AsO_4 和三价铁 Fe^{3+}。研究还发现，在较低的温度（100～160℃）和较高酸度的条件下，有单质硫产生，而砷酸铁则水解成三价铁的化合物。

一般认为，砷黄铁矿在酸性溶液中加压氧化，发生如下化学反应：

$$2FeAsS + \frac{13}{2}O_2 + 3H_2O \longrightarrow 3H_3AsO_4 + 2FeSO_4$$

$$2FeAsS + \frac{7}{2}O_2 + 2H_2SO_4 + H_2O \longrightarrow 2H_2AsO_4 + 2FeSO_4 + 2S^0$$

有研究工作表明，单质硫的产生实际上并非作为一种中间产物。实际上存在两个相互竞争的化学反应，相应的反应产物不同，一个是 S^0，另一个是 SO_4^{2-}。加拿大的 Sherritt Gordon 公司的研究结果表明，高温下的氧化可以避免单质硫的生成。上述反应式中的 H_3AsO_4是反应初期的产物。当在溶液矿浆浓度高、反应时间长、高温及低酸度的条件下，X 衍射分析反应生成的沉淀为比较稳定的结晶状砷酸铁或臭葱石（$FeAsO_4 \cdot 2H_2O$），反应式为：

$$Fe_2(SO_4)_3 + 2H_3AsO_4 + 4H_2O \longrightarrow 2FeAsO_4 \cdot 2H_2O + 3H_2SO_4$$

7.2.2 碱法加压氧化

矿石中含有大量碳酸盐矿物，在酸性介质中，这些碳酸盐矿物将消耗大量的酸，因此该矿石不宜采用酸性氧化法处理。在碱性介质中，在高温加压和有氧气存在的条件下，矿石中的黄铁矿、毒矿、辉锑矿及部分脉石矿物发生如下化学反应：

$$2FeS_2 + 8NaOH + \frac{7}{2}O_2 \longrightarrow Fe_2O_3 + Na_2SO_4 + 4H_2O$$

$$2FeAsS + 10NaOH + 7O_2 \longrightarrow Fe_2O_3 + 2Na_3AsO_4 + 2Na_2SO_4 + 5H_2O$$

$$Sb_2S_3 + 12NaOH + 7O_2 \longrightarrow 2Na_3SbO_4 + 3Na_2SO_4 + 6H_2O$$

$$2NaOH + H_2SO_4 \longrightarrow Na_2SO_4 + 2H_2O$$

$$2NaOH + SiO_2 \longrightarrow Na_2SiO_3 + 2H_2O$$

$$2NaOH + Al_2O_3 \longrightarrow 2NaAlO_2 + H_2O$$

在碱性（石灰）热压氧化过程中，主要化学反应如下：

$$2FeS_2 + 4Ca(OH)_2 + \frac{15}{2}O_2 \longrightarrow Fe_2O_3 + 4CaSO_4 + 4H_2O$$

$$2FeAsS + 5Ca(OH)_2 + 7O_2 \longrightarrow Fe_2O_3 + 2Ca_3(AsO_4)_2 + 2CaSO_4 + 5H_2O$$

$$Sb_2S_3 + 6Ca(OH)_2 + 7O_2 \longrightarrow Ca_3(SbO_4)_2 + 3CaSO_4 + 6H_2O$$

$$Ca(OH)_2 + H_2SO_4 \longrightarrow CaSO_4 + 2H_2O$$

$$Ca(OH)_2 + SiO_2 \longrightarrow CaSiO_3 + 2H_2O$$

$$Ca(OH)_2 + Al_2O_3 \cdot nH_2O \longrightarrow Ca(AlO_2)_2 + (n+1)H_2O$$

$$As_2S_3 + 7O_2 + 6Ca(OH)_2 \longrightarrow Ca_3(AsO_4)_2 + 3CaSO_4 + H_2O$$

$$As_2S_3 + \frac{11}{2}O_2 + 5Ca(OH)_2 \longrightarrow Ca_3(AsO_4)_2 + 2CaSO_4 + 5H_2O$$

从上述化学反应可以看出，在碱性介质中的加压氧化预处理过程中，硫化矿物被氧化，其中的硫、砷、锑分别转化成硫酸盐、砷酸盐、锑酸盐而转入溶液，铁则以 Fe_2O_3（赤铁矿）的形式留在矿渣中。矿物的氧化分解，破坏了硫化矿物的晶体，使包裹的金暴露出来，成为可浸金。难处理金矿的预氧化过程实际上就是处理金之外的其他矿物的过程。

7.2.3 加压氧氨浸

加压氧氨浸也称热压氧氨浸。在加压氧氨浸中，凡能与氨生成可溶性配合物的金属均进入溶液，但钴的浸出率低，铂族金属分配于浸液和浸渣中。因此，加压氧氨浸适宜处理钴含量低于3%和铂族金属含量较低的含金矿物原料，或用于分离金矿石中的钴。氨浸反应为：

$$MS + 2NH_3 + 2O_2 \longrightarrow [M(NH_3)_2]^{2+} + SO_4^{2-}$$

$$4FeS_2 + 15O_2 + 16NH_3 + 2(4+m)H_2O \longrightarrow 2Fe_2O_3 \cdot mH_2O + 8(NH_4)_2SO_4$$

当pH值较高时，大量的硫总是被氧化为硫酸根。有研究表明，在120℃、p_{O_2} = 1.01MPa、NH_3的浓度为1mol/L、硫酸铵的浓度为0.5mol/L的条件下，硫化矿物的氧化顺序为：$Cu_2S > CuS > Cu_3FeS_3 > CuFeS_2 > PbS > FeS > FeS_2 > ZnS$。氨浸时需严格控制氨浓度，否则易生成不溶性的高氨配合物，如$[Co(NH_3)_6]^{2+}$。此工艺在1953年已成功地用于处理Ni-Cu-Co硫化矿，在70~80℃、空气压力0.456~0.659MPa下浸出20~24h，最终产出镍粉、钴粉、硫化铜和硫酸铁等产品。此外，此工艺还可处理含金黄铁矿、黄铜矿、铜锌矿及其他矿物原料。

含雌黄和雄黄的浮选金精矿，在稀氨水脱砷后，尚需对其残存的薄膜在氨水介质中进行氧化，以消除其对金氰化浸出的严重影响。例如，坪定金矿位于甘肃省舟曲县坪定乡，距舟曲县城9km，是含金含砷均较高的矿体，平均金品位为12×10^{-6}，含10%的As、4.8%的S和0.282%的有机碳，规模达中型，储量达17t以上。砷矿物中主要是雌黄和雄黄。以氨水脱砷-氰化方案试验，脱砷率高达99%时，金的氰化率反而比不脱砷时的结果差。其原因是，由于雌黄的弥散性污染，生成的雌黄薄膜包裹了金粒或含金物料颗粒。即矿浆脱砷后，经固液分离及用水洗涤，氨溶液被除去。此时，残留的原为水溶性的雌黄变为固体薄膜析出并覆盖在反应颗粒的表面，从而严重地妨碍了金的氰化。因此，还须进行氧化预处理，使雌黄薄膜氧化为砷酸盐，方能消除其有害影响。

坪定金矿是富金高砷高碳难处理金矿，所含砷化合物为雌黄和（或）雄黄，普通处理工艺金的氰化率较低。针对坪定金矿特点，夏光祥等提出“加压催化氧化氨浸法”，成功地实现了坪定矿中金的有效回收。该方法采用可以循环使用的氨水做溶剂提取雌黄，通过向氨性溶液中加入硫黄使雄黄转化为易溶于氨水中的雌黄，再通过氨水将矿物中的雄黄去除。最后，利用 Cu^{2+} 的催化作用促使砷脱除过程中在金矿表面所形成的不溶性硫膜氧化，便于后续氰化提金的进行。经过该方法处理后的坪定金矿矿石金的氰化率可达到92%以上。由于采用氨性环境，该工艺中所用设备材料都为普通钢材，设备投资小，运形成本低，经济效益高，两年内可实现盈利。该方法可以有效降低成本，减少环境污染，并且最终的产品是较纯的雌黄，具有一定的经济价值。

7.2.3.1 雌黄在氨水中的氧化

雌黄在氨水中氧化时，最终化学反应式可表达为：

$$As_2S_3 + 7O_2 + 12NH_3 \cdot H_2O \longrightarrow 2(NH_4)_3AsO_4 + 3(NH_4)_2SO_4 + 6H_2O$$

雌黄氧化后，硫离子按下列顺序变化：

$$As_3S_6^{3-} \rightarrow S_3O_3^{2-} \rightarrow S_3O_6^{3-} \rightarrow SO_4^{2-}$$

同时还有部分的负二价硫氧化成单质硫。

在85℃、5%氨水、50kPa氧压下，2h内雌黄可以完全氧化。由于雌黄溶于氨水，故氧化过程可看作是气液反应。可用氧耗速率来表达反应各操作因素对氧化速率的影响。当氧耗量为理论量的32%时，溶液中的雌黄已消失且不存在 S^{2-} 及 $S_2O_3^{2-}$，但含有 SO_4^{2-}、AsO_3^{3-}、AsO_4^{3-}、S^0 以及一些不饱和的多硫酸根离子。此反应初期以生成不饱和多硫酸根过程为主；在中期，耗氧量为理论量的32%～53%时，反应以生成As(Ⅴ)为主；反应末期，以生成S(Ⅵ)的过程为主。

实验用天然纯雌黄，纯度达98%。在氨水中氧化时的操作条件范围为：温度60～95℃，氨水浓度5～12mol/L，氧分压500～2000kPa，粒度为74～37μm，固体矿浆浓度为4%～10%。结果表明：温度的影响显著，氨的浓度及氧分压稍有影响。例如，氧分压为1MPa时，变化温度及氨水浓度对雌黄起始氧化反应速率的影响见表7.2。

表7.2 温度、氨浓度对雌黄氧化速率的影响

温度/℃	氨水浓度/mol·L^{-1}	起始反应速率/L·min^{-1}
86.85	12.0	0.700
86.85	9.0	0.650
86.85	6.0	0.485
86.85	5.0	0.372
94.85	5.0	0.572
79.85	5.0	0.406
69.85	5.0	0.245
59.85	5.0	0.192

将上表数据进行非线性的参数估计采用加权回归的方法，利用计算机进行模型估算，求得初始速率表达式如下：

$$r_0 = 6.50 \times 10^3 e^{-\frac{31300}{RT}} c_0^{0.5}$$

即表观活化能为31.3kJ/mol，起始反应速率与氨浓度的0.5次方成正比。

7.2.3.2 雄黄在氨水中的氧化

雄黄难溶于稀氨水，当它在氨水中氧化时，属于液固多相反应。氧化过程产物及最终产物与雌黄氧化情况相同。影响其氧化速率的主要因素除氨浓度、氧分压、温度之外，还有雄黄的粒度。在60～97℃，5～14.7mol/L氨水溶液、氧分压为1MPa时的雄黄起始氧化速率见表7.3。

表7.3 温度、氨浓度对雄黄氧化速率的影响

温度/℃	氨水浓度/mol·L^{-1}	起始反应速率/L·min^{-1}
86.85	12.3	0.630
86.85	8.8	0.478
86.85	5.0	0.347
96.85	5.0	0.505
94.85	5.0	0.214
69.85	5.0	0.261
59.85	5.0	0.092

将上表数据处理后，求得雄黄初始速率表达式如下：

$$r_0 = 8.25 \times 10^5 e^{-\frac{47500}{RT}} c_0^{0.94}$$

雄黄氧化反应表观活化能为47.5kJ/mol，起始反应速率与氨水浓度近似成正比。显然，这与雄黄在氨水中的溶解度较低有关。

雌黄和雄黄氧化时，Cu^{2+}同样有催化作用。对于雌黄在氨水中氧化时而言，Cu^{2+}的作用在于提高了不饱和硫酸根离子的氧化速度及亚砷酸根离子的氧化速度；对于雄黄而言，Cu^{2+}的作用在于加速低价砷的氧化及低价硫的氧化。Cu^{2+}的作用不仅是加速氧化速度，重要的是显著地提高了预氧化处理后金矿中金的浸出率。例如含Au 8.7g/t及As 13.0%的金矿石，经氨水溶液脱砷及氧化除砷后，砷已脱除90%左右，氧化时为85℃及4mol/L氨水浴液；氰化时加入NaCN 3kg/t，但氰化时的金浸出率在氧化时加入Cu^{2+}的结果明显优于不加Cu^{2+}，见表7.4。

表7.4 Cu^{2+}的催化作用结果

氧化结果			氰化结果	
Cu^{2+}/g·L^{-1}	氧耗/m^3·t^{-1}	渣产率/%	渣含金/g·t^{-1}	金浸出率/%
0	68	79	3.3	71.9
2	65	79	1.9	87.8
0	107	80	7.3	52.7
2	103	80	2.1	86.4
0	98	84	7.5	50.0
2	99	84	2.2	85.3

7.2.3.3 砷黄铁矿在氨水中的氧化

试验样品为天然砷黄铁矿，纯度为74.4%，含铁26.91%、砷34.2%、硫13.81%，其他主要为石英，氧化反应如下式所示：

$$2FeAsS + 7O_2 + 4NH_3 \cdot H_2O \longrightarrow 2FeAsO_4 + 2(NH_4)_2SO_4 + 2H_2O$$

反应进行程度可以氧耗量标记。如100g样品，在3mol/L氨水中于86℃下进行，氧分压为800kPa时反应16h即完全，理论耗氧量为35.78L，实测值为35.84L。

砷黄铁矿的氧化速率主要与其粒度、氨浓度及作为催化剂的Cu^{2+}浓度有关。有研究结果表明，Cu^{2+}有催化作用；砷黄铁矿粒度粗时氧化速率慢。另外，在含3~5mol/L（即5.1%~8.5% NH_3）范围内变化时，FeAs的氧化速率变化仅相差10%左右，故可认为氨浓度的影响不大。在实际应用时，当矿浆浓度高时则氨水浓度较高些为宜。在0~600kPa氧分压范围内，达到相同的转化率时，氧分压与反应时间的乘积不变，即氧分压高时，所需时间短；反之亦然。这表明，氧化过程的速控步骤为氧的传递快慢所决定。初步研究表明，当氧分压、粒度大小、搅拌快慢及矿浆浓度等诸因素，在适当范围内，均可有利于砷黄铁矿的氧化，这就为含砷金精矿的氨法操作优化条件范围，提供了依据。

7.2.3.4 元素硫在氨水氧化过程中的行为

硫化物氧化时可产生元素硫。在氨水中氧化时所生成的单质硫可悬浮在溶液中，亦可附着在硫化物颗粒上。由于它是中间生成物，故其产率与操作因素有关。无Cu^{2+}时，雌黄中的硫变成单质硫后，由于易发生歧化反应，故产率低；有Cu^{2+}存在时，生成的单质硫呈团聚状悬浮于氨水中，而非单颗粒悬浮，这是有无Cu^{2+}时的显著差别。雄黄氧化时，有无Cu^{2+}时单质硫的产率均很低，这是由于新生成的单质硫易于与As_2S_2作用生成As_2S_3之故。

7.3 矿物加压氧化过程的反应动力学

硫化矿的加压氧化属于多相反应，有固体、水溶物种、氧气参与反应，但不能把硫化矿的加压氧化视为固—液—气三相反应。因为，氧气先溶解于溶液中：

$$O_2(g) \rightleftharpoons O_{2(aq)} \tag{7.1}$$

然后再以溶液中溶解的氧的形式参与反应。因此，硫化矿的加压氧化仍应视为固-液反应。

未反应收缩核模型与大多数矿物颗粒的浸取过程接近，如矿物的加压氧化浸取、块矿的堆浸等。在建立收缩核模型时，为使条件简化，便于求解，常做如下假设：

(1) 颗粒为球形，浸取过程中颗粒大小不变，组分在颗粒内分布均匀。

(2) 反应不可逆，对流体反应剂为一级，对固体反应组分为零级。

(3) 流体反应剂与反应产物的扩散均服从菲克定律。

(4) 原始固体颗粒致密，孔隙接近于零，反应后形成的灰层疏松多孔，孔隙率及曲折因子不随时间而变。

(5) 反应热效应可以忽略不计，过程在等温下进行。

一固体反应物B(s)与一水溶物种A(aq)反应，生成的产物也是水溶物种C(aq)，即

$$aA_{(aq)} + bB_{(s)} \rightleftharpoons cC_{(aq)} \tag{7.2}$$

反应速率

$$v = \frac{dN}{dt} = -\frac{dW}{Mdt} \tag{7.3}$$

式中 v——反应速率；

N——固体反应物的摩尔数；

t——反应时间；

W——固体反应物的质量；

M——固体反应物的相对分子质量。

按照质量作用定律，反应速率为

$$v = k \cdot S \cdot C^n \tag{7.4}$$

式中 k——反应速率常数；

S——固体反应物的表面积；

C——反应物 A(aq)的浓度；

n——反应级数。

联合式（7.3）与式（7.4），可以得到浸出率 α 与时间的关系式为：

$$1-(1-\alpha)^{1/3} = \frac{kMC^n}{\rho r_0}t \tag{7.5}$$

式中 α——浸出率；

ρ——固体反应物的密度；

r_0——固体反应物颗粒的初始半径。

上述模型是根据单个颗粒和一种水溶物种之间反应推导的。若有多种水溶物种参加反应：

$$\sum_i a_i A_{i(aq)} + bB_{(s)} \rightleftharpoons cC_{(aq)} \tag{7.6}$$

则反应速率

$$v = k \cdot S \cdot \prod_i C_i^{n_i} \tag{7.7}$$

式中 C_i——每种水溶物种反应物的浓度；

n_i——每种水溶物种反应物的反应级数，$\sum n_i$ 为反应级数。

按照同一方法，可以得到：

$$1-(1-\alpha)^{1/3} = \frac{kM\prod_i C_i^{n_i}}{\rho r_0}t \tag{7.8}$$

根据式（7.8），对于硫化矿的加压氧化，动力学模型为：

$$1-(1-\alpha)^{1/3} = \frac{kM[O_{2(aq)}]^{n_1}C^{n_2}}{\rho r_0}t \tag{7.9}$$

式中 $[O_{2(aq)}]$——水溶液中氧的浓度；

C——每水溶液中酸的浓度。

根据亨利定律：

$$[O_{2(aq)}] = \frac{p_{O_2}}{H_{O_2}} \tag{7.10}$$

式中 p_{O_2}——氧压；

H_{O_2}——亨利常数。

则硫化矿的加压氧化动力学模型为：

$$1-(1-\alpha)^{1/3} = \frac{kMp_{O_2}^{n_1}C^{n_2}}{H_{O_2}^{n_1}\rho r_0}t \tag{7.11}$$

从上式可以看到，硫化矿的加压氧化的因素有：

（1）k，温度的影响；

（2）r_0，固体反应物粒度的影响；

（3）C，酸浓度的影响；

（4）p_{O_2}，氧压的影响；

（5）t，时间的影响。

在符合收缩核模型假设的条件下，则式（7.11）中

$$\frac{kMp_{O_2}^{n_1}C^{n_2}}{H_{O_2}^{n_1}\rho r_0} = \text{const} \tag{7.12}$$

以 k' 表示，则有：

$$1-(1-\alpha)^{1/3} = k't \tag{7.13}$$

7.4 金矿加压氧化工艺的适用性

难处理金矿加压氧化工艺的应用取决于以下几个因素：矿石的储量、矿石中硫的品位、难浸出金与硫的数量比、金与硫化物矿的共生特性、工艺操作的动力费与石灰的价格、金矿的品位以及矿石的难浸程度等因素。应根据物料的性质来选择合适的加压氧化工艺。对一些可浮选性差、含硫量低、含碳酸盐量高的难处理金矿，可考虑选择碱性介质加压氧化。当在碱性加压氧化时，若氢氧化钠消耗高而且砷、汞、铊等有害杂质也被浸出，则选择酸性介质加压氧化更为合理。

选择金精矿还是金矿石作为加压氧化的原料，需综合考虑矿石的可浮选性、矿石中硫化物矿的含量、碳酸盐含量和其他耗酸的脉石含量以及经加压处理后矿浆的性质等。大多数情况下，最好选用经浮选产出的高品位精矿作为加压氧化原料。浮选的目的主要是：将矿石硫含量提高到足以自然氧化的程度、适度提高金的品位、使矿石中硫化态的硫含量较为均匀、降低碳酸盐脉石矿物和其他耗酸脉石矿物的含量。采用加压氧化工艺需要适度提高矿石中金和硫的品位，这是因为加压釜设备尺寸主要取决于物料中的硫含量。处理精矿可以缩小加压釜的规模及配套设备的尺寸。另外，精矿中硫含量比原矿稳定，工艺过程易于控制，且硫品位稳定时所达到的处理效果也好一些。金矿石直接氧化虽然可以省略浮选作业而且金回收率相对较高，但是磨矿费用显著增高，多数情况下还需补加酸和热量，氧利用率低，生产成本高。因此，金矿石直接氧化工艺只适用于矿石可浮选性不好或者硫含量已满足或基本满足自然氧化要求的条件下。

与焙烧工艺相比，加压氧化达到自然氧化所需的硫含量较低，所要求精矿的金品位也较低，这样可以减少金在尾矿中的损失，有利于提高金回收率。从技术可行性考虑，凡是难处理金矿中硫含量达到自然氧化要求时，都可以采用加压氧化处理工艺。如果矿石可浮选性好，最好采用精矿加压氧化工艺。从经济可行性考虑，除考虑技术条件外，还应综合考虑前面提到的各种因素。

7.5 工艺流程与工业实践

7.5.1 工艺流程

图 7.1 所示为难处理金矿加压氧化预处理工艺的原则流程。目前投入运行的工厂绝大多数采用精矿进行加压氧化。

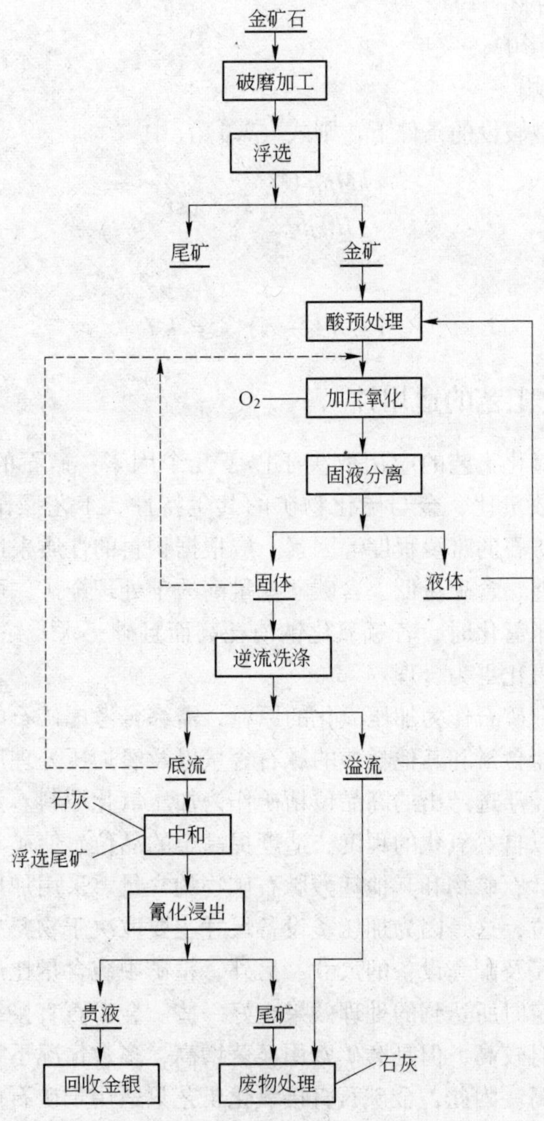

图 7.1 难处理金矿加压氧化预处理的原则流程

7.5.1.1 精矿再磨

硫化物矿加压氧化反应速率主要取决于矿物颗粒的大小，粒度越小，反应速率越快。将浮选金精矿磨细，可以在较短的时间内将包裹金的硫化物矿破坏掉。浮选工序所要求的矿石粒度一般为 -96 ~ -75μm 占 80%。这样的粒度不符合加压氧化工艺的要求，在金加压釜前需要再磨细。精矿的粒度要求需要综合考虑由于精矿细磨所需的投资和生产操作费用以及加压釜尺寸及动力消耗。对于大多数精矿，精矿粒度应是 -75 ~ -48μm 占 80%。颗粒过细会给矿浆的液固分离带来困难。

7.5.1.2 预酸化

当用于加压氧化处理的给料中碳酸盐含量高时，则在进入加压釜之前应进行预酸化。预酸化处理的目的是：除去金矿石中的碳酸盐，放出 CO_2，有利于提高加压氧化时氧的利用率；经预酸化处理后的矿浆有足够高的初始酸度和铁含量，可以促进硫化物的氧化，而且能够使加压釜中的矿浆迅速达到所需的温度。对于碳酸盐含量较低精矿，进行预酸化处理仍有利于后续的加压氧化操作。

7.5.1.3 减少单质硫的生成

加压氧化的主要目的是使得金矿中的硫完全氧化为硫酸盐，因此，应尽可能避免生成单质硫。但是，在许多的硫化矿物如砷黄铁矿、磁黄铁矿和一些其他的贱金属硫化物等的氧化过程中，往往产生中间产物单质硫。生成的单质硫可能包裹未反应的硫化物，而且单质硫易团聚，不利于后续的氰化过程。为解决这个问题，可将部分氧化后的固体物料返回加压釜内，提高釜中的矿浆浓度，这样可以分散开因单质硫形成的团块，控制釜内单质硫的含量，提高氧化速率。在实践中可采用多种方法返回固体物料。例如，在处理碳酸盐含量高的精矿时，可将酸性高的闪蒸槽排料返回一部分或者将第一台洗涤浓密机的部分底流返回，这有助于放出 CO_2，同时将矿浆预冷却，减轻加压釜对冷却设备冷却量的需求。此外，采用高于单质硫熔点（391K）的加压氧化温度也可以有效抑制单质硫的生成。

7.5.1.4 矿浆洗涤

在加压氧化过程中，金从黄铁矿、砷黄铁矿包裹体中解离出来，同时大量的脉石组分以及一些贱金属如铝、铁、镁等也被浸出，进入溶液中。这些杂质元素在后续的氰化浸出过程中，不仅消耗氰化物，还会形成铝、铁和镁的泥状沉淀物。由铝、铁和镁等化合物水解生成的这类泥状沉淀物会使溶液的黏度增加，在矿浆洗涤时，金易被这种泥状物吸附而造成损失；在用活性炭吸附回收金时，活性炭也易被泥状物污染。需要在氰化浸出前，对矿浆进行洗涤以除去这些杂质。因此，矿浆洗涤是难处理金矿酸法加压氧化流程中十分重要的一道工序。为提高洗涤效果，可采用逆流洗涤的方式，对矿浆进行高度稀释并采用絮凝剂。也可利用水力旋流器洗涤，此法效果较好，经洗涤可以回收部分未反应的硫化物和包裹金的粗颗粒，然后再返回到加压釜，这样能够降低磨矿费用和设备投资费用。在粗颗粒返回加压釜之前，加一个小型再磨系统细磨工序，可降低给料精矿的磨矿要求，有助于提高金回收率。

7.5.1.5 银回收

在难处理金矿的加压氧化过程中，银被解离出来，当三价铁水解沉淀时，银与三价铁沉淀所生成的矾类结合在一起，导致银在后续的氰化浸出中回收率低于40%。有研究表明，在80~95℃的温度下，利用石灰对氧化矿浆进行常压处理，可以在氰化前使含铁氧化物的硫酸盐转化为氢氧化铁和石膏。该方法不仅能有效提高银的回收率，而且还有助于提高金的回收率。

7.5.2 工业实践

7.5.2.1 麦克劳林金矿

自1985年世界上第一家应用加压氧化法处理难处理金矿石的麦克劳林（McLaughlin）工厂投产以后，已经有一批采用加压氧化处理难处理金矿的工厂投产，还有一些工厂正在建设中。麦克劳林（McLaughlin）工厂位于美国加利福尼亚州，属于荷姆斯特克矿业公司（Homestake Mining Company）。麦克劳林金矿石平均含金5.21g/t，金与细粒硫化物共生，成浸染状。矿石中主要硫化物是黄铁矿，此外还有少量黄铜矿、闪锌矿和辰砂。该厂采用酸性加压氧化工艺，每天处理量为2700t硫化矿。1985年7月，加压釜开始运转，9月全厂运转起来。矿石经酸法加压氧化处理后，再经氰化浸出和活性炭吸附，氰化尾渣含金量低至0.3g/t，金的浸出率达到92%。由于这是第一家生产厂，因此麦克劳林厂的许多参数和经验对以后其他厂的建设都有重要的指导作用。

矿石经细磨至粒度为75μm占80%，再调制成固体浓度为40%~50%的矿浆，然后泵送到距矿山7.5km的提金厂。在进加压釜之前，矿浆与逆流洗涤返回的溶液混合，由于这种溶液含有加压氧化段产生的酸，因而能分解并除去矿石中的碳酸盐。酸化处理是在预氧化段进行，预氧化段由一些不锈钢制的搅拌槽组成。酸化后的矿浆送至直径16.8m的不锈钢浓密槽后，溶液用石灰中和，使金属沉淀，净化后的水返回到逆流洗涤段洗涤预氧化后渣，浓密机的底流送去加压釜。

矿石含硫为3%，蒸汽喷入加压釜中，维持加压釜所必需的温度以保证硫的氧化。在进加压釜前，用离心泵使矿浆通过二级直接接触的喷溅—闪蒸（Splash-flash）钛热交换器，蒸汽是由设置在加压釜后面的闪蒸槽回收得到的。用隔膜泵将预热矿浆泵入加压釜中，一般情况下，矿浆进入加压釜时的温度为90~110℃，pH值为1.8~1.9。

加压釜是卧式的，分为四隔室、钢外壳、内衬砖和铅板，内径为4.2m、长16.2m，在每个间隔中设有用钛轴和陶瓷叶片制成的搅拌桨。逐步加热到160~180℃，利用矿石中的硫化物反应热维持温度，当矿石硫含量较低时，需喷入蒸汽。喷入加压釜的氧气来自一个规模为300t/d的氧气厂，氧分压为140~280kPa。矿浆在加压釜中停留时间约为90min。

经加压氧化处理后的矿浆由加压釜排入闪蒸槽。闪蒸槽内衬砖，它产生的蒸汽可返回并用来预热进加压釜的矿浆。闪蒸槽的排料在ϕ16.8m不锈钢槽组成二段逆流洗涤系统，酸性洗涤水再返回到预氧化段酸化新鲜矿石，被洗涤后的矿浆用石灰乳中和到pH值为10.8。

工业生产实践表明，为了保证在氰化时金的浸出率高，需要有高的硫化物氧化率。硫化物的氧化程度取决于温度、压力、氧气流量、矿浆浓度等。氧化程度可以用电位来控制，实践表明当氧化还原电位至少达到450mV时，硫化物的氧化率才能大于85%。麦克劳林厂近年来在加压釜的可靠性和产能方面有重大的改进，他们的实践表明，采用加压氧化处理难处理金矿比直接氰化每吨矿可多回收1g金。麦克劳林金矿加压氧化提金厂的成功投产为难处理金矿的处理提供了一条新的途径，它的设计、建厂经验和生产操作数据对后来的一系列新厂投产具有重要意义。1985年以来，已经有不少于10个采用加压氧化的提金厂建成投产或正在建设。

7.5.2.2 *沙奥本托金矿*

沙奥本托（Sao Bento）金矿位于巴西里约热内卢，采用“选矿（重选、浮选）—热压预氧化—氰化炭浆提金”工艺，设计能力为日处理精矿240t，是世界上第二座热压氧化预处理工厂。矿石为致密硫化矿，含硫6.2%、砷4.5%，易浮选。矿石中主要硫化物是砷黄铁矿、黄铁矿和磁黄铁矿，脉石主要为石英、正长石和铁白云石。金与硫化物紧密共生，而且极细，浸染于砷黄铁矿中。其中的大部分金难以用常规方法回收。该矿提金的工艺流程如图7.2所示。

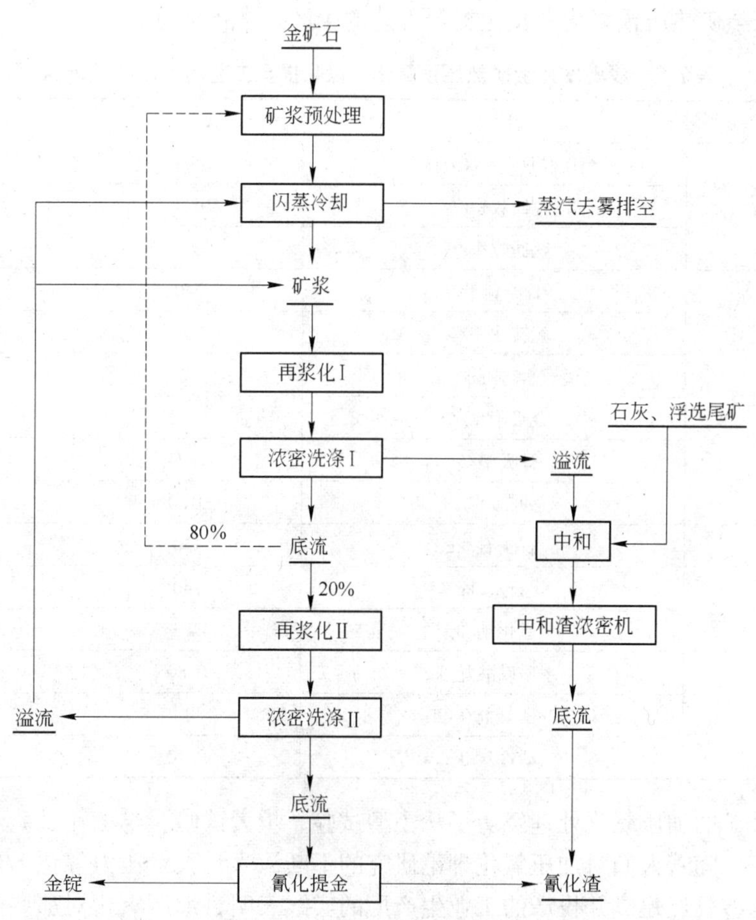

图7.2 沙奥本托金矿加压氧化—氰化提金工艺流程

矿石经破碎、磨矿、分级后，用摇床回收粗粒游离金，摇床尾矿采用混合浮选产出金精矿。浮选金矿能力为240t/d，精矿再磨至-44μm占90%，浓缩至65%的矿浆浓度，再进入高压釜，浮选金精矿化学成分为：w(S) 18.7%、w(As) 9.9%、w(Ca) 1.0%、w(Al) 1.6%、w(Fe) 34.0%、w(Mg) 1.1%、$w(CO_2)$ 6.0%。

（1）给料预处理。在预处理槽中与第一台洗涤浓密机底流返回的已热压氧化的矿浆混合，循环固体与精矿之比为4∶1，同时在预处理槽中加入木质磺酸盐溶液，再将矿浆从预处理槽中送到氧化给料槽，停留一段时间，使硫酸与碳酸盐反应。

（2）加压氧化。矿浆从给料槽分送到两个并联的高压釜中，高压釜为5室卧式高压釜，直径3.5m，长19m，内装6个搅拌器，釜内壁衬铅和砖。操作条件是：温度190℃，压力1.655MPa，停留时间120min，矿浆浓度57%，硫氧化率为94%。

（3）浸渣洗涤。由高压釜排出的矿浆经闪蒸器冷却后进行固液分离，并在2台ϕ25m浓密机逆流倾析系统中进行洗涤。

（4）中和。溢流加入石灰石、石灰及浮选尾矿，中和其中的酸，并把砷、铁及各种金属硫酸盐沉淀为砷酸盐、金属氢氧化物、石膏等。浓密机的溢流给入回水冷却池，然后作为洗涤浓密机的洗水循环使用，浓密机的底流泵至尾矿库。

沙奥本托金矿热压预氧化—氰化提金工艺的生产技术指标见表7.5。

表7.5 沙奥本托金矿热压预氧化—氰化提金工艺的生产技术指标

项 目	名 称	设计值	实际值
浮 选	精矿粒度（$-44\mu m$）/%	95.0	88.0
	金回收率/%	95.0	97.4
	硫回收率/%	97.0	98.4
加压氧化预处理	日给料量/t	240	240
	硫转化率/%	98.5	94.0
	溢流含砷/$mg \cdot L^{-1}$	0.20	0.24
	金吸附率/%	93.0	92.2
	解吸率/%	99.0	99.4
	总回收率/%	91.0	90.0
吨矿消耗	石灰石/kg	450	395
	石灰/kg	140	145
	氰化钠/kg	2.3	1.9
	木质磺酸盐/kg	0.80	0.77
	絮凝剂/kg	1	1
	活性炭/kg	0.10	0.36

难处理金矿的加压氧化处理经历了从小型试验、扩大试验、半工业试验到工业化生产厂的发展历程。随着人们对加压氧化理论研究的不断深入，大量压力氧化下矿物的变化规律被揭示。这些已经建成并投产的工业生产厂的实践表明，加压氧化对那些难处理的金矿是一种有效的方法。可以预料，在今后一段时间内，还会有一些新厂开工建设。

7.6 加压设备的选择与计算

7.6.1 加压釜的分类与选择

7.6.1.1 加压釜的分类

随着加压氧化技术的发展，加压设备的应用范围越来越广，其类型也不断增多。加压设备的分类不甚统一：按所承受的压力分为低压、中压、高压和超高压等类型；按用途可分为浸出釜、还原釜、合成釜等；按外形分为立式釜、卧式釜、管式釜；按结构分为金属釜、非金属衬里高压釜；按搅拌方式分为机械搅拌釜、矿浆搅拌釜和气体搅拌釜；按操作方式分为间断操作加压釜和连续操作加压釜；按加热方式分为直接蒸汽加热加压釜和间接加热加压釜等。在工业实践中，我国常用Ⅰ类、Ⅱ类和Ⅲ类压力容器的分类方法来划分加压釜的类别。这种分类方法既考虑到容器的工作压力，又考虑到压力容器的用途和使用条件。如目前常用的高压釜属Ⅱ类压力容器，Ⅱ类压力容器的划分标准为：（1）中压容器，工作压力介于1.6～100MPa之间；（2）介质为剧毒的低压容器，工作压力小于1.6MPa；（3）介质为易燃的低压容器；（4）内径小于ϕ1000mm的低压废热锅炉。

目前用于湿法冶金的加压釜主要有立式釜和卧式釜两种；搅拌方式主要有机械搅拌、气体搅拌和机械加气体混合搅拌三种形式。在难浸出金矿加压氧化工艺中使用的主要是卧式加压釜，操作方式是机械搅拌加通气。

（1）立式釜。立式加压釜的外形为直立圆柱体，上下有球形、碟式或平板封头，沿中心轴线安装轴和搅拌桨，轴与上封头间必须设有动密封装置。密封的形式有软填料式密封、机械密封和磁耦合密封。对于搅拌轴过长的大长径比加压釜，还须在加压釜的底部设支承，以防止搅拌轴的径向摆动。立式加压釜的结构如图7.3所示。加压釜大都用碳钢外壳，内壁衬以防腐耐热材料，如衬以橡胶、铅皮、沥青砖等，个别情况下衬以钛材、不锈钢或陶瓷、铸石材料等。立式釜易于控制温度，灵活性大，适宜于间歇操作。

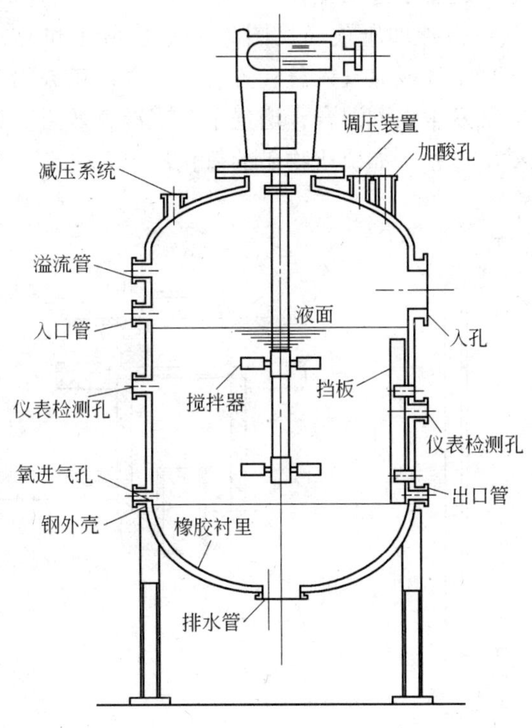

图7.3 立式高压釜结构断面图

（2）卧式釜。卧式加压釜（见图7.4）外形为横卧圆柱体；釜体两端配有碟形或球形封头；在圆柱体内部设多个隔板，将釜体分割成若干室；每个隔室沿径向安装转轴和搅拌桨，在搅拌轴与釜壁之间设动密封装置。

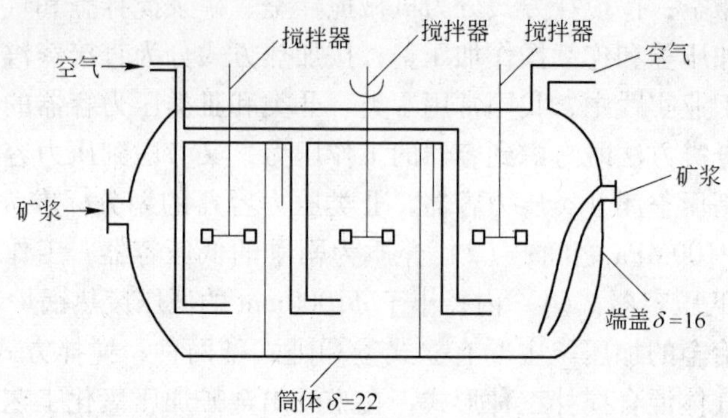

图 7.4 卧式高压釜剖面示意图

工作时，矿浆用高压泵打入第一室后，依次通过其他各室，最后通过自动控制的气动隔膜调节阀减压后排出釜外。氧气或空气由搅拌器的底部通过鼓风分配支管进入各室。卧式釜的特点是搅拌桨沿径向插入釜中，尺寸较短，从而避免了立式釜的搅拌轴过长、矿浆中难以进行底部支承、易发生较大幅度摆动的缺点。此外，卧式釜中矿浆与氧气的接触面较大，有利于氧化反应进行。

卧式加压釜投资较小，适宜于连续操作。

（3）气体搅拌釜。气体搅拌加压釜（见图 7.5），实际上也是立式无机械搅拌釜的一种，不同之处是釜底有一套空气或氧气入釜装置。此装置使矿浆沿轴向上升，而空气沿切线方向进入，使矿浆与空气发生强烈混合，增强了气浆混合效果。该釜适宜处理需要通入空气或氧气的矿物氧化浸出过程，如硫化物矿的氧化浸出。

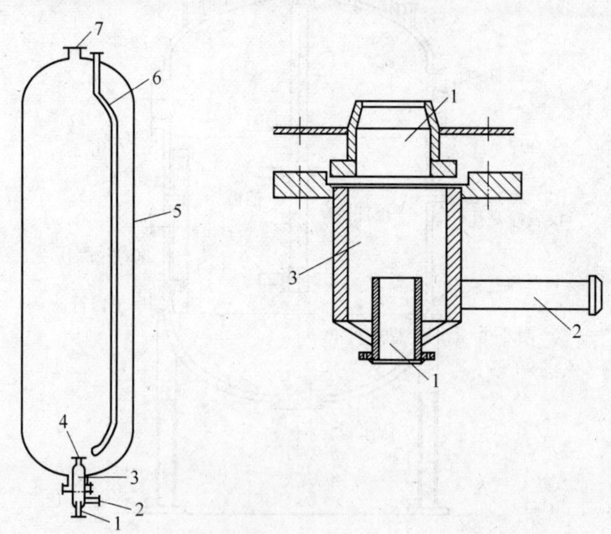

图 7.5 气体搅拌高压釜及其进气装置

1—进料管；2—进气管；3—进气装置；4—喷嘴；5—釜体；6—事故排料管；7—排料管

7.6.1.2 加压釜的材料选择

保证加压氧化釜安全运行最重要的措施就是要正确地选择制造加压釜的材料。大部分加压釜都是采用普通碳钢作结构材料，用有色金属材料或非金属材料作耐温防腐衬里。

加压釜材料的选择主要取决于材料的力学性能、工艺性能和耐腐蚀性能。其中，材料的力学性能主要指材料的强度指标、塑性指标和韧性指标。强度指标主要有材料的屈服极限和强度极限。一般情况下，钢材的强度越大，塑性就越小。因此，选用钢材时应该在保证塑性指标和其他性能的条件下，尽量选用强度指标较高的材料。

制造加压釜的材料要求具有较好的塑性，因为塑性好的材料在破坏之前一般都产生明显的塑性变形，所以材料被破坏前易被发现，同时还可松弛局部应力避免断裂，使设备继续进行。一般材料的塑性指标规定为材料伸长率的最小值，碳钢和锰钢为16%，合金钢不小于14%。有些国家规定了许用应力，同时满足对强度极限和屈服极限的安全系数。

钢材的工艺性能主要指钢材的可焊性。可焊性主要取决于钢的含碳量，含碳量越高，可焊性越差。含碳量小于0.3%的碳钢及含碳量小于0.25%的普通低合金钢，一般都有良好的焊接性能。可焊性差的钢材在焊接时易产生裂缝，用于制造加压釜是不安全的。

加压釜工作时，连续腐蚀的可能性较小，常见的多为点腐蚀，而最严重和最危险的是应力腐蚀。因此，对所选用的材料应考虑到最恶劣条件下的腐蚀性，必要时要通过模拟试验或中间试验来确定。

以上是对制造加压釜釜体材料的一些要求。难浸出金矿加压氧化的操作温度约200℃，酸度为0.1～0.5NH_2SO_4，用普通碳钢制造的釜体不耐腐蚀，所以还须选用耐腐蚀材料对釜内壁进行保护。某些情况下，可采用不锈钢制造加压釜，但这样造价较高。为降低费用，往往采用耐腐蚀材料作衬里。

下面的一些钢材可供制造加压釜时选用：

A_3钢使用温度0～400℃，许用压力不大于1MPa。

A_3R钢使用温度－20～475℃，许用压力无限制。

A_4钢强度极限不小于420MPa，屈服极限不小于260MPa，使用温度0～400℃，可用作热交换器。

20g钢强度极限410MPa，屈服极限230～250MPa，使用温度－20～475℃，是制造低压容器的常用材料。

16MnR钢强度极限480～520MPa，屈服极限290～350MPa，使用温度－20～475℃，用它制成的容器重量比A_3钢轻30%～40%。

目前，一些低合金钢开始用于制造加压釜，如15MnVR钢，使用温度－20～500℃；18MnMoNbR钢，使用温度0～520℃。

7.6.2 加压设备的计算

7.6.2.1 加压釜搅拌方式与计算

难处理金矿加压氧化釜通常采用机械搅拌。机械搅拌通过电动机和转轴带动浸没于矿浆中的搅拌桨来实现搅拌混匀。加压釜一般选用平桨式、旋叶桨式和锚式这三种搅拌桨。

旋叶桨式：

$$\frac{S}{D}=1,\quad z=3$$

式中 S——螺距；

D——搅拌桨直径；

z——桨叶数。

此类搅拌桨的桨叶外缘线速度一般为 5 ~15m/s，最大为25m/s。桨叶直径一般为釜内径的1/4 ~1/2.5。此类搅拌器适合搅拌黏度小、固液相密度差小的物料。

平桨式：

$$\frac{D}{B} = 4 \sim 10, \quad z = 2$$

式中 D——桨直径；

B——桨叶宽度；

z——桨叶数。

锚式桨：

$$\frac{C}{D_0} = 0.05 \sim 0.08, \quad C = 25 \sim 50\text{mm}$$

$$\frac{B}{D_0} = \frac{1}{12}$$

式中 C——搅拌桨外缘与釜内壁的距离；

D_0——釜内径；

B——桨叶宽度。

桨叶外缘线速度为0.5 ~1.5m/s。此类搅拌器适用的范围较大，特点是可以防止釜壁挂料，搅拌转速较低。

搅拌器多采用上悬式的形式安装。上悬式搅拌桨要求加压釜的长径比小，否则搅拌轴太长，容易晃动，难以密封。带下支承的搅拌器因釜底的轴承极易磨损很难适合矿浆介质。此外，根据需要搅拌器还有倾斜插入和水平插入等方式。倾斜插入方式由于搅拌器轴线与釜轴线偏离，从而避免了介质做圆周运动，矿浆上表面不会出现凹形旋涡。水平插入方式适宜于大型设备。为加强搅拌效果，可在釜内壁设置挡板或在釜内安装导流筒。

7.6.2.2 搅拌功率的计算

搅拌器所用电动机是由估定的搅拌功率决定的。常用估定搅拌功率的方法有估计法和实验估定法两种。

估计法可采用下式计算搅拌功率 N(kW)：

$$N = \frac{k_1 \gamma n^3 D^5}{102g}$$

式中 γ——矿浆密度，kg/m^3；

n——搅拌器转速，r/min；

D——搅拌器直径，m；

k_1——与搅拌器的类型和尺寸、挡板及矿浆流动状态相关的系数。如平桨搅拌器，$D/B=5$，在湍流区操作，可从相关图上查得 $k_1=1.8$；

g——重力加速度，$9.81m/s^2$。

也可以采取下式计算搅拌器的功率：

$$N=\frac{\rho_n F_{OM} H^3 \cos\alpha^4 n^3}{102\eta}$$

式中 ρ_n——矿浆的质量密度，kg/m^3；

F_{OM}——螺旋桨的实际接触面积，m^2；

H——螺旋桨的螺距，m；

α——螺旋桨的提升角，(°)；

n——搅拌器的转速，r/s；

η——搅拌器的效率。

考虑到釜内进出料管、温度计导管等的阻力及启动功，在计算实际功率时再乘一个系数 k_1，取 $k_1=1.5$。

7.6.2.3 加压釜容积计算

难处理金矿加压氧化反应釜的尺寸是由所处理的矿石或精矿决定的，直接与所要转化的硫的量有关。在一定固体处理量下，釜的容积由操作温度、矿浆浓度及停留时间决定，而釜壁厚度则与压力以及选择的釜直径有关。

加压釜的容积 V 可用下式表示：

$$V=tQ=\frac{tZ_F}{Z_{wt}\rho_{sl}}$$

$$Z_F=\frac{S_F}{S_{wt}}$$

式中 t——停留时间，h；

Q——体积流量，m^3/h；

Z_F——固体给料速度，kg/h；

Z_{wt}——加压釜矿浆排料的质量分数，%；

ρ_{sl}——加压釜矿浆排料密度，g/cm^3；

S_F——硫的给料速度，t/h；

S_{wt}——加压釜给料中硫的质量分数，%。

7.7 加压釜的安全知识

7.7.1 加压釜的爆破事故

加压釜是一种压力容器，由于在高温高压下运行，因此使用时具有一定的危险性。由于设计制造中的不合理、缺陷和疏漏，特别是使用操作不当就容易发生设备安全事故，造成人员伤亡和财产损失。

加压釜发生的安全事故主要有设备破裂和爆炸两种形式。在受压条件下工作的加压釜，当釜壁某些局部承载能力被突破时，釜体就会破裂甚至发生爆炸。当采用加压氧化工艺处理难处理金矿时，置于釜内的是高温矿浆和气体饱和液。釜体发生破裂时，釜内气体迅速膨胀外泄，釜内压力瞬间降至大气压，釜内液体处于过热状态，继而迅速剧烈沸腾，整个液体呈泡沫状，体积骤然膨胀，使釜壁受到巨大压力而破碎，矿浆爆沸，四处飞溅，此种爆炸破坏力极大。在工厂实际生产中，应加强安全事前防范、强化安全防范措施、增强安全防范意识，方能安全生产，避免或杜绝此类安全事故的发生。

7.7.2 加压釜运行的安全措施

为避免加压釜运行中可能发生的爆破事故，在加压釜上必须安装安全阀、爆破片或易熔塞等安全泄压装置。

常用的安全阀有杠杆式、弹簧式和脉冲式三种类型，但这三种安全阀都不太适用于砂浆加压氧化反应釜，因为在安全阀启动泄压时，釜内矿浆会随气流冲出并黏附在密封面上，安全阀不能复位，造成密封失效。加压氧化反应釜可采用爆破片或易熔塞，其中后者仅适于温度升高而产生的超压状况。爆破片的缺点是一次性使用，破裂后必须重新更换膜片。破裂时，釜内的矿浆物料全部从爆破口喷出，物料损失较大。目前较先进的办法是采用压力传感器、温度控制器与电动球心阀相配合的自动显示装置。该装置可以报警并自动泄压，因此可以避免加压釜的超压及破裂爆炸事故。

爆破片由一块很薄的膜和一副夹具组成，安装在加压釜矿浆排气管的接口法兰上。选用爆破片时，应考虑爆破片材料、爆破口的排泄面积和膜片厚度等参数。此外，膜片必须由不被釜中介质腐蚀的材料制成。对于拉伸型爆破片，可用下式计算其厚度 S：

$$S = \frac{pd}{K\delta_k}$$

式中 p——爆破压力，数值为工作压力的 1.25 倍，与水压试验压力相同；

d——爆破直径；

K——比例常数；

δ_k——膜片材料的断裂强度。

对于 δ_k 与 K 值，一般要经过试验获得。

对于直圆筒形接口管、双原子气体介质的中低压釜，可用下式计算爆破口的泄压面积：

$$A \geqslant \frac{G'}{1916 \times p\sqrt{M/T}}$$

式中 A——排泄面积，cm^2；

G'——安全泄放量，kg/h；

p——爆破压力，MPa；

M——釜内气体相对原子质量；

T——釜内绝对温度，K。

7.7.3 加压釜的耐压试验

为保证加压釜使用的安全性，加压釜在使用前必须进行压力试验。其目的在于考查加压釜的强度，在设计压力下能否安全运行，同时检查设备潜在的局部缺陷。压力试验分为水压试验与气密性试验两种。

水压试验是将水充满整个加压釜，并关闭全部进出管口，用手动或电动的试压泵进行试压。试压一般在室温下进行，试验压力一般为设计压力的1.25倍。试压时应平稳地缓慢升高压力，当压力升至最高工作压力时，停止加压并进行仔细检查，如有泄漏应卸压后检修，切勿带压检修。如无泄漏及异常现象，可继续升至试验压力，再依次检查焊缝及连接处有无泄漏、釜体有无局部或整体塑性变形等现象。试验完后排水卸压。

气密性试验的目的在于检查加压釜的密封性能，在工作压力下检验各连接部位是否有漏气现象。加压釜在出厂前都进行过气密性试验，但由于运输途中震荡、碰撞、搬迁等因素，加压釜的各连接处容易发生松动。因此，加压釜在使用前必须进行气密性试验。加压釜试压工作应在相应劳动安全部门的监督下进行，试验合格，经有关部门颁发使用许可证后方能使用。气密性试验所用加压介质为干燥、清洁的空气、氮气或其他惰性气体，温度最好不低于15℃，釜内气体要在1.25倍设计压力下保持10min，若漏气，应卸压处理，不漏气则为合格。

7.7.4 加压釜的安全操作规程

使用加压釜时必须严格遵守安全操作规程。操作工人必须持证上岗，即经过培训并取得操作合格证后才可上岗作业。操作人员应熟知加压釜的操作规程和安全知识：平稳作业，防止釜内压力骤然升降，以避免材料韧性下降和发生脆性断裂；加压釜的升温和降温过程要缓慢地进行，以免产生较大的温度应力；加压釜禁止超压运行；严防敲击与碰撞运行中的加压釜，不可带压旋紧釜上的螺栓；应安装接地装置，防止运行中的加压釜产生静电火花，以免发生火灾及爆炸。

7.7.5 氧气的安全使用

氧气是无色、无味、无毒的气体，无腐蚀性也不燃烧，但有强烈的氧化作用和助燃性，在常压下于-182.7℃时变成液态。氧气与乙炔、氢气、甲烷、水煤气及石油气等混合时会发生强烈爆炸，高压氧与油类接触会自行燃烧，所以使用氧气时必须谨慎小心。

氧气的主要物理常数见表7.6。

表7.6 氧气的主要物理常数

相对分子质量	32	临界温度	-118.88℃
气体常数	26.50kg·m/(kg·K)	临界压力	5.04MPa
熔点（标准大气压）	-218.8℃	密度（标准大气压，25℃）	1.429kg/m^3
沸点（标准大气压）	-182.75℃	定容比热容（标准大气压，20℃）	0.913kg/m^3

根据条件，氧气既可以由管道输送（15MPa 以下），也可以用钢瓶或液氧槽车运输。连续使用或每小时用氧量较大的用户，宜采用管道输送。带压的氧气容器不可敲击撞碰，应远离热源，避免暴晒。输氧管道要预先用四氯化碳脱油，管道的铺设应避开电力线路、天然气和石油管路。输氧设置要有良好的接地装置，以消除由于气流与管路摩擦产生的静电和雷电放电所产生的足够点燃金属或非金属的能量而使金属组件之间产生的电弧。

采用管道输送氧气时，对运输速度有限制。因为氧气在管道中高速流动时会与管壁，特别是比较粗糙的管壁发生摩擦产生大量热。如管道中有铁锈和可燃物等存在就更加危险，氧气管道中的铁锈、焊渣及其他杂质可因与管道内壁摩擦，或与阀板、弯管冲撞以及这些物质间的相互冲撞，产生高温而燃烧。碳钢管道内存有的铁粉或 FeO 粉末在纯氧的着火温度仅为 300～400℃，并随着氧压增高和粒度细化而降低，又由于铁的燃烧属于放热反应，颗粒温度会因此迅速上升，进而造成管路燃烧。每克铁燃烧要消耗 300mL 氧气，所以氧气管路的燃烧事故总是向着提供氧的来源处推进，这就可能使事故进一步扩大到供氧站。此时，只要及时关闭供氧阀门，铁的燃烧就会自行熄灭。所以要选择输送氧的管道并限制氧气在管路中的流速。一般来说，工作压力在 3.0MPa 以上就必须采用铜管或不锈钢管。氧气在管中的最大流速要根据工作压力、管道材质及密封条件来确定。

氧气阀门的开关动作要缓慢，因为氧气管道中阀门前后的压力差很大，当阀门急骤打开时，会产生大的流速，阀后气体的绝热压缩和静电火花，都可能导致管道和阀门燃烧，从而有引发爆炸的危险。此外，在加压氧化浸出时，在用空气或富氧就能获得足够的浸出效果的情况下，尽量不采用纯氧浸出。

7.8 加压氧化过程中的环境问题

在难处理金矿的加压氧化过程中，一些杂质元素（如有毒的重金属）从矿物中被解离出来。因此，要保证杂质元素既不污染环境，又与主要金属分离。许多矿物的许多有毒化合物在加压氧化过程中被转化成稳定的化合物，易保存在尾矿坝中，环境污染小。必要时，杂质元素可作为副产品进行回收。

硫化物矿中的锑化合物在加压氧化过程中会被氧化溶解，随后又会发生水解，完全地沉淀。难处理金矿中的镉、钴、镍、铜和锌等其他贱金属在加压氧化时被大量浸出，可以在随后的洗涤工序中除去。在中和工序中，酸性溶液中的金属都以相应的氢氧化物或水合氧化物的形式沉淀出来。硫化物中的铅被转化为溶解度很小的硫酸盐和矾类（如黄铁矾）。

在加压氧化初期，物料中的砷被氧化为可溶性的亚砷酸盐和砷酸盐，但随后与溶解的硫酸铁反应形成稳定的砷酸铁沉淀或生成复杂的铁砷硫酸盐沉淀。砷在加压釜中的沉淀情况取决于原料中的砷含量、铁与砷的比例、溶液的温度与酸度等因素。一般情况下，沉淀率为 85%～95%。

在后续提金的工序中，氧化渣中砷的溶出几乎可以忽略不计，逆流洗涤产生的酸性水经中和处理可以除去砷。当溶液中的铁砷比高时，经中和产生大量的氢氧化物沉淀，通过物理或化学吸附可以进一步的脱除溶液中的砷。

金矿石中常伴生有一定数量的汞，在加压氧化中，大量的汞转化为硫酸汞。在大多数情况下，硫酸汞又会以汞铁矾的形式沉淀下来或进入复杂的铁化合物中。虽然加压氧化可以处理含有一定数量汞的难处理金矿，但由于在后续氰化浸出时，汞仍会浸出，因此有必要控制矿物原料中的汞含量。

加压氧化可以使难处理金矿石中的硫全部转化为硫酸盐，一部分以明矾石、矾类、硫酸高铁或硫酸钙的形式进入固体。即使存在一些不稳定的硫酸盐，也很容易在矿浆氧化前通过调控 pH 值将其转化为石膏，最终以石膏或矾-石膏混合物的形式排出。

8 难处理金矿生物氧化处理技术

8.1 难处理金矿生物氧化工艺发展概况

微生物氧化法是利用细菌的氧化作用，将难处理金矿中包裹金的含砷矿物（如毒砂 FeAsS、雄黄 AsS、雌黄 As_2S_3 等）和含硫矿物（如黄铁矿 FeS_2、白铁矿 FeS_2、磁黄铁矿 FeS 等）氧化解离，使金的颗粒暴露出来，然后再用氰化法或其他方法提金。1947 年，柯尔默（Colmer）首先发现煤矿酸性矿坑水中含有一种将亚铁离子氧化为铁离子的细菌，并证实该菌在氧化金属硫化矿和某些矿山坑道水酸化过程中起着重要作用。1951 年，坦波尔（Temple）和幸凯尔（Hinkle）从煤矿酸性矿坑水中分离出一种能氧化金属硫化物的细菌，并将其命名为氧化亚铁硫杆菌（或称氧化铁硫杆菌，Thiobacillus ferrooxidans）。美国肯尼柯特（Kennecott）铜矿公司的尤它（Utah）矿，首先利用该菌渗透浸出硫化铜矿获得成功，1958 年取得这项技术的专利，这种技术称为微生物冶金。难处理金矿的细菌氧化工艺是微生物冶金技术的一种应用。

表 8.1 列出了难处理金矿石细菌氧化研究的进展历程。细菌氧化法由于具有成本低、无污染、设备简单、易于操作、浸出指标高等特点，越来越受到人们的重视。

表 8.1 难处理金矿石细菌氧化研究进展历程

时 间	研 究 进 展
1975 年	英国发表含砷硫化物金精矿细菌浸出试验研究结果
1983 年	加拿大发表难浸矿的细菌氧化实验研究结果
1985 ~ 1990 年	北美多座细菌氧化中试厂的研究开发成果发表
1986 年	加拿大发表难浸金矿石细菌氧化法工艺流程、过程控制及操作规程等成果
1986 年	世界上第一座搅拌反应槽式细菌处理厂（Fairview）在南非投产，规模 35t/d
1991 年	世界上第一座细菌与加压氧化联合处理厂（Sao Bento）在巴西投产，规模 150t/d
1996 年	世界上第一座细菌处理厂（Ashanti）调试并投产，规模 720t/d

20 世纪 70 年代初，难处理金精矿开始采用细菌槽浸技术进行预处理。1976 年首先在南非完成了细菌氧化预浸技术的工业实验，目前世界上已建成近十个采用此项技术的黄金生产厂。我国于 1996 年在西安建成日处理 10t 的含砷难处理金精矿生物预浸实验工厂，又于 2001 年在烟台和莱州各建成并投产 50t/d 的细菌预处理生产厂。表 8.2 及表 8.3 为某些典型的细菌氧化生产厂的相关数据。

表 8.2 国外细菌氧化预处理黄金生产厂的相关数据

厂(矿)名	矿石	硫含量/%	反应器类型	尺寸/m^3	日处理量/t	固体浓度/%	停留时间/h
Fairview(南非)	GAP	22.6	STR	90	35	20	96
Salmta(南非)	GAP		STR		100		
Harbour Lights(澳大利亚)	GAP	18	STR	40	40		
Sao Bento(巴西)	GAPyP	24.9	STR	1×580	150	20	24
Wiluna(澳大利亚)	GAP	20~14	STR	9×450	158	20	120
Youanmi(澳大利亚)	GAP	20~30	STR	6×480	120	18	91.2
Sansu(加纳)	GAPyP	11.4	STR	6×900(×3)	720	20	96

注：GAP 为砷黄铁矿/黄铁矿浮选金精矿；GAPyP 为砷黄铁矿/磁黄铁矿及黄铁矿浮选金精矿；STR 为搅拌混合槽反应器。

表 8.3 世界上已投产的难处理金矿细菌氧化预处理工厂

厂（矿）名	国 别	投产年份	规模/$t \cdot d^{-1}$	使用细菌	工作温度/℃	反应槽容积/m^3
Fairview	南 非	1986	40	T. f，L. f	35~40	100
Sao Bento	巴 西	1991	100	T. f，L. f	35~40	580
Harbour Lights	澳大利亚	1992	40	T. f，L. f	35~40	250
Wiluna	澳大利亚	1993	150	T. f，L. f		450
Ashanti	加 纳	1994	750	T. f，L. f	35~40	900
Youanmi	澳大利亚	1994	120	M_4	45	500
Yamantoto	乌兹别克斯坦	1997	1000	T. f，L. f	35~40	

注：T. f 为氧化亚铁硫杆菌；L. f 为氧化铁小螺旋菌；M_4 为中等耐热混合菌。

在微生物氧化处理难处理金矿的工艺中，已成功得到工业应用的有以下四种：Biox 工艺、Bactech 工艺、Minbac 工艺、Newmont 工艺。

(1) Biox 工艺。该工艺是 20 世纪 70 年代末由南非 Gencor 公司所属的 Genmin 工艺研究所开发成功，目的是为了解决该公司所属的 Fairview 金矿焙烧车间的污染问题。在实验室研究的基础上，1984 年建成日处理金精矿 750kg 的中试厂。连续运行两年，工艺指标逐步提高，1986 年扩大规模建成处理能力 40t/d 金精矿的世界上第一座难处理金矿的微生物氧化预处理厂，从而关闭了使用几十年的焙烧炉。该 Fairview 金矿的细菌氧化预处理—氰化提金厂的生产流程如图 8.1 所示，该公司为此申请了注册商标，定名为 Biox 工艺。从 20 世纪 90 年代起，该公司向世界各地转让该工艺技术。例如，1991 年建成的巴西 Sao Bento 矿业公司细菌氧化厂，采用细菌氧化与加压氧化联合法处理难浸金精矿的工艺流程，处理能力 150t/d 金精矿；1992 年建成的澳大利亚 Harbour Lights 细菌氧化厂，处理能力 40t/d 金精矿；1993 年建成的澳大利亚 Wiluna 细菌氧化厂，处理能力 115t/d 金精矿；1994 年建成的加纳 Ashanti 细菌氧化厂，处理能力 115t/d 金精矿。该公司还与英国 Lonrbo 公司合资在乌兹别克斯坦建立一座目前世界上规模最大的细菌氧化厂，处理能力为 900～1000t/d 金精矿。世界上已投产的金矿细菌氧化厂，除澳大利亚的 Youanmi 及南非的 Vaol Reefs 氧化厂外，均采用 Genmin 公司的 Biox 工艺。

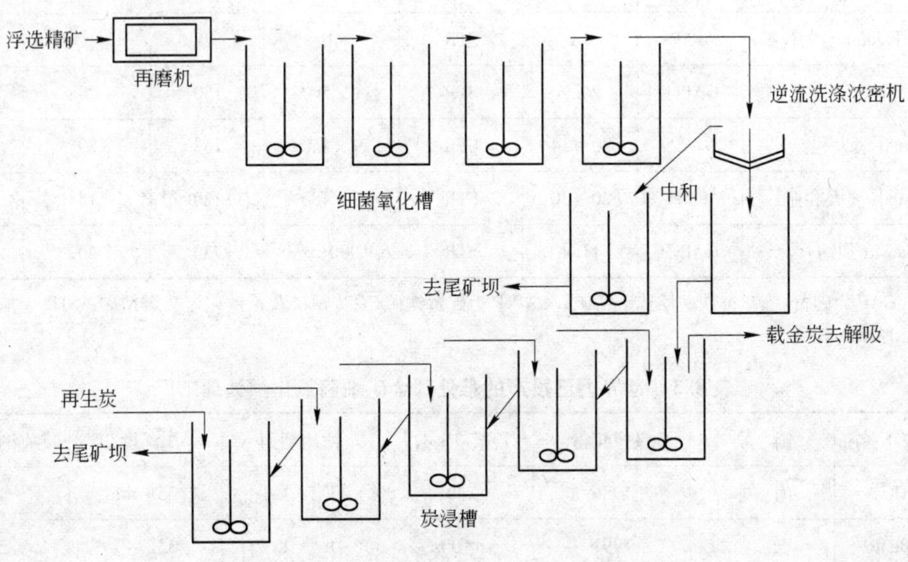

图 8.1 Fairview 细菌氧化厂提金厂流程图

（2）Bactech 工艺。该工艺开发于 1984 年，使用的是耐热混合培养菌 M_4。该菌株是由英国 Barret 博士领导的科研小组在西澳大利亚炎热的沙漠地区找到的，属于中等耐热菌，最佳生存温度为 46℃。Bactech 公司利用该菌株处理西澳大利亚 Youanmi 难浸金精矿获得成功。该菌株能耐当地的高温和高盐度水质，很适合于当地干旱缺乏淡水的条件，并可减少氧化反应时的冷却费用。1994 年采用 Bactech 工艺在西澳大利亚 Youanmi 金矿建成第一座使用耐热菌的细菌氧化厂，处理能力为 120t/d 金精矿。该工厂投产后设备运行稳定，生产指标良好。同时，Bactech 公司还培育出能耐更高温度，可以在 60℃条件下使用的菌株，进行了规模 1t/d 金精矿的中间工厂试验，并分别在保加利亚、加纳和哈萨克斯坦进行半工业试验，计划在哈萨克斯坦建设合资的细菌氧化预处理厂提金。

（3）Minbac 工艺。该工艺是由南非的 Mintek 矿业公司、南非英美矿业公司和 Bateman 跨国工程公司三家联合开发成功的。使用的细菌是氧化亚铁硫杆菌与氧化铁小螺旋菌的混合培养菌，在南非建有规模 1t/d 金精矿的中间试验厂。在试验厂进行了包括过程动力学和氧化槽结构放大所要求的物料混合、充气及冷却的试验并建立数据库，通过试验评价了 50 多种难处理金矿的细菌氧化预处理的可行性。采用 Minbac 工艺在南非英美矿业公司的 Veal Reefs 金矿建成了处理能力 20t/d 金精矿的细菌氧化厂。除该厂外，目前还未见利用该工艺建立的其他工业性细菌氧化厂。

（4）Newmont 工艺。该工艺是由美国 Newmont 黄金公司开发出的一种用于处理难浸金矿的细菌氧化制粒堆浸工艺。其他工艺都是处理难浸的浮选金精矿，因为采用搅拌槽细菌氧化技术时，只能在较低的矿浆浓度下（15% ~20% 固体）进行操作，从经济上考虑只适合于处理经浮选富集后的金精矿；从目前售价看来，对于难浸金矿的原矿或低品位矿采用搅拌槽细菌氧化工艺是不合理的。鉴于以上原因，开发出的 Newmont 工艺是针对低品位难浸金矿采用制粒后细菌氧化堆浸预处理的工艺，取得了美国专利。1996 年，在美国内华达州的卡林金矿进行了数百吨到百万吨级的一系列细菌氧化堆浸试验并获得了成功，所处理的卡林金矿含金品位为 0.6 ~1.2g/t，矿石制粒的粒度为 80% 小于 19mm，细菌氧化周期为 80 ~100d，金回收率为 60% ~70%，加工成本为 5 美元/t 左右。Newmont 黄金公司已将该工艺用于美国卡林难浸金矿石的工业堆浸。Newmont 工艺的示意图如图 8.2 所示。

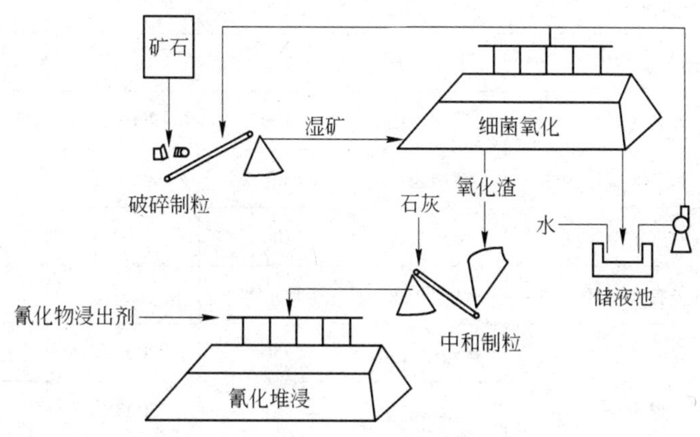

图 8.2　难处理金矿细菌氧化堆浸处理工艺示意图

难处理金矿细菌氧化预处理工艺的发展并非一帆风顺。20 世纪 90 年代美国内华达州 Tonkin Springs 金矿规模为 20t/d 金精矿的细菌氧化厂，由于事先未经中试及细菌氧化作业的工程研究就仓促建厂，导致工厂投产后运行失败，这一失误曾给在工业上应用细菌氧化预处理工艺产生过消极影响，使北美工业界对该工艺产生了在工业上应用尚不成熟的印象，这也是美国、加拿大等北美国家至今在工业上未采用细菌氧化预处理工艺的原因之一。

我国难处理金矿细菌氧化预处理工艺的研究起始于 20 世纪 80 年代。最先开展此项研究的是中国科学院微生物研究所，于 1981 年在广西六岑金矿进行了单槽 1000kg 级细菌氧化金精矿脱砷的试验，在国内培育出耐砷的氧化亚铁硫杆菌菌株。随后与中国科学院化工冶金研究所、兰州化学物理研究所合作，对河北半壁山金精矿进行了公斤级多槽连续细菌氧化脱砷和提金的试验，并使用了能够耐 40℃ 的中等嗜热菌株。随着国内对难处理金矿开发的日益重视，一些研究单位也相继开展了细菌氧化预处理工艺的研究。例如吉林冶金研究所进行了细菌氧化预处理的扩大连续试验，用于处理新疆阿希金矿并取得了较好指标；长春黄金研究所完成了“九五”国家科技攻关项目“细菌氧化—氰化提金工艺”的研究，进行了 5kg/d 和 100kg/d 的扩大连续试验；陕西地质勘探局矿业生物工程研究中心 1996 年建成 1t/d 半工业试验厂，1998 年建成 10t/d 工业试验厂，先后共处理了难处理含砷金精矿近 1000t，并在双王金矿进行了 2000t 级细菌氧化堆浸预处理的试验；北京有色冶金设计院等单位共同开发并设计山东烟台市黄金冶炼厂细菌氧化预处理车间；山东莱州市黄金冶炼厂拟引进澳大利亚的技术，筹建细菌氧化预处理车间。从上述情况可以看出，我国对难处理金矿细菌氧化预处理工艺已有一定的工作基础，并具有一定的技术开发能力，尽管在工业化进程方面与发达国家相比尚有较大差距，但相信经过不断的努力，将会在黄金工业中较快地得到应用。表 8.4 为国内主要的难处理金矿细菌氧化预处理工厂。

表 8.4 国内难处理金矿细菌氧化预处理工厂

序 号	工 厂 名 称	地 址	规模/$t \cdot d^{-1}$	投产时间	采用工艺
1	烟台黄金冶炼厂	山东烟台	100	2000 年	CCGRI
2	莱州黄金冶炼厂	山东莱州	100	—	BacTech
3	天利公司	辽宁凤城	100	2003 年	CCGRI
4	江西三和金业有限公司	江西德兴	80	2005 年	CCGRI
5	山东招远黄金集团	山东招远	100	—	CCGRI
6	金凤黄金有限责任公司	辽宁丹东	5000t/堆	—	CCGRI
7	锦丰矿业	贵州烂泥沟	750	2006 年	BIOX
8	新疆阿希金矿	新疆	80	2005 年	吉林省冶金研究院
9	哈图金矿	新疆	80	2008 年	吉林省冶金研究院

8.2 浸矿微生物

8.2.1 浸矿微生物的种类

在自然界有一类微生物，可直接或间接地参与金属硫化物矿的氧化和溶解过程，且可以在金属硫化矿和煤矿的矿坑水以及土壤中找到它们，通常把这一类微生物称作浸矿微生物或浸矿细菌，难处理金矿微生物氧化工艺中用的微生物就是这一类。按营养类型可将自然界的微生物分为自养微生物和异养微生物，和矿物浸出有关的微生物大部分属于自养微生物。这类微生物在生长繁殖中不需要任何有机营养，完全靠各种矿物盐而生存。异养微生物则与之相反，需要提供有机营养物质才能生存。某些异养微生物也可以参与金属矿物的溶浸过程。浸矿细菌按其生长的最佳温度可以分为三类：中温菌，最适生长温度为 20 ~ 35℃；中等嗜热菌，最适生长温度为 40 ~ 55℃；高温菌，最适生长温度为 60 ~ 75℃。目前研究比较多、在生产中得到应用的主要是自养微生物中的化学能自养菌。目前，在难处理金矿氧化工艺中应用的化学能自养菌主要有以下几种：

(1) 氧化亚铁硫杆菌（Thiobacillus ferrooxidans，简称 T. f）。该菌是一种革兰阴性菌，具有化能自养、好氧、嗜酸、适于中温环境等特性，广泛存在于酸性矿山水及含铁或硫的酸性环境中。该菌也是浸矿细菌中发现最早、最常使用的一种自养菌，它可以氧化金属硫化物矿、硫代硫酸盐、元素硫及亚铁离子，在含有 Fe^{2+} 的液体培养基中培养，由于 Fe^{2+} 被氧化使培养基变成红棕色，最后由于在一定的 pH 值条件下 Fe^{3+} 水解生成氢氧化物或铁矾而产生沉淀；在固体培养基上培养可生成棕色菌落；如用不含铁的液体培养基，则由于硫代硫酸盐氧化生成硫酸，培养基酸度提高。氧化亚铁硫杆菌是公认的用于浸矿的主导微生物，在 2000 年，Kelly 等人将它重新命名为嗜酸氧化亚铁硫杆菌（Acidithiobacillus ferrooxidans）。

（2）氧化硫硫杆菌（Thiobacillus thiooxidans，简称 T. t）。该菌是一种矿质化能自养菌，专性好氧，嗜酸，革兰阴性菌，具有快速氧化单质硫以及还原态的硫化物的功能。该菌由 Waksman 和 Joffe 在 1922 年分离，通常以单个或成双成链状存在，在菌体两端各有一油滴，可将培养基中的元素硫吸入油滴再吸入体内氧化。该菌不能在金属硫化物矿上生长，也不能氧化金属硫化物矿，但它可以氧化金属硫化物矿氧化过程中产生的元素硫，也可氧化硫代硫酸盐，且氧化元素硫的能力比氧化硫化合物的能力强，可以产生较多酸并有较强的耐酸性能。氧化硫硫杆菌经常与氧化亚铁硫杆菌在自然环境中相伴生，只是分布程度较氧化亚铁硫杆菌要小得多，在自然环境中二者（T. t：T. f）一般的存在比例为 1∶10。

（3）氧化铁小螺旋菌（Leptospirillum ferrooxidans，简称 L. f）。该菌在 1974 年由 Balashova 等人分离得到，性能与氧化铁硫杆菌相似，可以氧化金属硫化物矿和亚铁离子，但不能氧化元素硫。该菌的培养基也与氧化铁硫杆菌相似，可以用培养氧化铁硫杆菌的培养基来培养氧化铁小螺旋菌。L. f 只能通过氧化溶液中的 Fe^{2+} 获得自身生长的能量来源，同氧化亚铁硫杆菌与氧化硫硫杆菌相比，它具有更强的耐高温与耐强酸的特性。它与 Fe^{2+} 的亲和力要强于氧化亚铁硫杆菌，但与 Fe^{3+} 的亲和力却比氧化亚铁硫杆菌要弱。这些特性使得 L. f 在温度稍高、pH 值较低以及 Fe^{3+}/Fe^{2+} 比值较高的浸矿环境中发挥巨大的作用。在自然环境中，L. f 与 T. f 或其他硫杆菌共同存在，对硫化矿物的分解可以起到促进作用。所以，L. f 也是被广泛用于浸矿的重要菌种。

（4）耐热氧化硫杆菌（Sulfobacillus thermosulfidooxidans，简称 S. t）。该菌首次在美国黄石公园的温泉中发现，其后在澳大利亚西部炎热干旱的沙漠地区找到与之相类似的细菌，定名为 M_4 菌。据专家推测，M_4 是一种混合营养菌（Mixotrophic bacteria），具有较强的耐热性能，属于中等耐热菌，可以氧化金属硫化物矿、元素硫及亚铁离子，培养基也与氧化铁硫杆菌相似。

以上几种菌均属于化能自养菌，它们靠氧化培养基中的亚铁离子、元素硫或硫化物矿物取得能量，以空气中的 CO_2 作为碳源，并吸收培养基中的氮磷等无盐营养，合成菌体细胞。它们之间除利用的能源有所差别外，其他性质都十分相似。这些菌在生长中需要氧气，属于好氧菌。它们广泛生活于金属硫化物矿和煤矿等矿山的酸性矿坑水中或潮湿的矿泥之中。上述几种细菌的一般性质见表 8.5。需指出的是，氧化硫硫杆菌、氧化铁铁杆菌和氧化铁硫杆菌三种自养菌的性能十分相似，而且难以将它们分开，所以有人视它们为一种菌，定名为氧化铁硫杆菌。此外，浸矿菌种及主要理化特性见表 8.6。

表 8.5 浸矿细菌的种类和性质

菌　名	生存温度/℃	生存酸度(pH值)	菌体形状	菌体尺寸/mm	革兰染色
氧化亚铁硫杆菌	5 ~ 40 最适 28 ~ 35	1.2 ~ 6.0 1.5 ~ 1.8	短杆状	0.3 ~ 0.5 1.0 ~ 1.7	阴　性
氧化硫硫杆菌	5 ~ 40 最适 28 ~ 30	0.5 ~ 6.0 2.0 ~ 3.5	圆头短杆状	0.5 ~ 1.0 2.0	阴　性
氧化亚铁小螺旋菌	5 ~ 40 最适 30	1.4 ~ 4.0 2.0 ~ 3.0	螺旋状	0.2 ~ 0.4 0.9 ~ 1.1	阴　性
耐热氧化硫杆菌	20 ~ 60	1.1 ~ 5.0	杆　状	1.0 ~ 2.0	阳　性

表 8.6 浸矿菌种类及其主要生理生化特性

浸矿菌种类			主要生理生化特性
中温菌	1. 嗜酸硫杆菌 Acidithiobacillus	(1) At. ferrooxidans	生长温度 20 ~ 40℃, 最适 30 ~ 35℃; 生长 pH 值为 1.2 ~ 3.0, 最适 1.8 ~ 2.0; 氧化亚铁和元素硫
		(2) At. albertensis	生长温度 20 ~ 40℃, 最适 30℃; 生长 pH 值为 1.0 ~ 5.0, 最适 3.0; 氧化元素硫
		(3) At. thioxidans	生长温度 20 ~ 40℃, 最适 30 ~ 35℃; 生长 pH 值为 1.5 ~ 4.0, 最适 2.5 ~ 3.0; 氧化元素硫和还原型硫化物
	2. 钩端螺旋菌属 Leptospirillum	(4) L. ferrooxidans	生长温度 15 ~ 40℃, 最适 30 ~ 35℃; 生长 pH 值为 1.5 ~ 4.0, 最适 1.8 ~ 2.0; 氧化亚铁
		(5) L. ferriphilum	生长温度 20 ~ 45℃, 最适 40℃; 生长 pH 值为 1.2 ~ 3.0, 最适 1.6 ~ 1.8; 氧化亚铁
		(6) L. ferrodiazotrophum	生长温度 25 ~ 45℃, 最适 37 ~ 42℃; 生长 pH 值为 0.7 ~ 2.0, 最适 1.1 ~ 1.3; 氧化亚铁
	3. 嗜酸菌属 Acidiphilium	(7) Ap. sp	生长温度 25 ~ 50℃, 最适 30℃; 生长 pH 值为 1.0 ~ 6.0, 最适 3.5; 氧化元素硫
	4. 铁质菌属 Ferroplasma	(8) F. acidiphilum	生长温度 15 ~ 45℃, 最适 36℃; 生长 pH 值为 1.3 ~ 2.2, 最适 1.7; 氧化亚铁
		(9) F. acidarmanus	生长温度 23 ~ 46℃, 最适 35 ~ 42℃; 生长 pH 值为 0.2 ~ 2.5, 最适 1.0 ~ 1.7; 氧化亚铁
中等嗜热菌(最适生长温度 45 ~ 60℃)	5. 嗜酸硫杆菌属 Acidithiobacillus	(10) At. caldus	生长温度 30 ~ 55℃, 最适 40 ~ 45℃; 生长 pH 值为 1.0 ~ 5.0, 最适 2.5; 氧化元素硫和还原型硫化物
	6. 硫化杆菌属 Sulfobacillus	(11) Sb. thermosulfidooxidans	生长温度 20 ~ 60℃, 最适 52 ~ 53℃; 氧化亚铁、元素硫和还原型硫化物
		(12) Sb. acidophilus	生长 pH 值为 1.0 ~ 5.5, 亚铁培养基中最适 1.5 ~ 1.7, 元素硫培养基中最适 2.4 ~ 2.5; 氧化亚铁、元素硫和还原型硫化物
		(13) Sb. Sibiricus	生长温度 25 ~ 55℃, 最适 45 ~ 50℃; 生长 pH 值为 1.0 ~ 4.0, 最适 2.0; 氧化亚铁、元素硫和还原型硫化物
		(14) Sb. thermotolerans	生长温度 45 ~ 60℃, 最适 55℃; 生长 pH 值为 1.0 ~ 4.0, 最适 1.0 ~ 3.0; 氧化亚铁、元素硫和还原型硫化物

续表 8.6

浸矿菌种类			主要生理生化特性
中等嗜热菌（最适生长温度 45～60℃）	7. 铁质菌属 Ferroplasma	(15) F. acupricumulans	生长温度 22～63℃，最适 53.6℃；生长 pH 值为 0.4～1.8，最适 1.0～1.2；氧化亚铁
		(16) F. thermophilum	生长温度 30～60℃，最适 45℃；最适 pH 值为 1.0；氧化亚铁
极端嗜热菌（嗜热菌最适生长温度 60～80℃），极度嗜热菌（最适生长温度 >80℃）	8. 酸菌属 Acidianus	(17) A. ambivalens	生长温度 70～87℃，最适 80℃；生长 pH 值为 1.0～3.5，最适 2.5；氧化元素硫和还原型硫化物
		(18) A. brierleyi	生长温度 45～75℃，最适 70℃；生长 pH 值为 1.0～6.0，亚铁培养基中最适 1.5，元素硫培养基中最适 2.0；氧化亚铁、元素硫和还原型硫化物
		(19) A. infernus	生长温度 65～96℃，最适 80～90℃；生长 pH 值为 1.0～5.5，最适 2.0；氧化元素硫和还原型硫化物
		(20) A. manzaensis	生长温度 50～90℃，最适 65～80℃；生长 pH 值为 1.0～6.0，亚铁培养基中最适 1.5，元素硫培养基中最适 2.5；氧化亚铁、元素硫和还原型硫化物
		(21) A. sulfidiVorans	生长温度 45～83℃，最适 74℃；生长 pH 值为 0.35～3.0，亚铁培养基中最适 0.8～1.4，元素硫培养基中最适 2.0；氧化亚铁、元素硫和还原型硫化物
		(22) A. tengchongensis	生长温度 60～75℃，最适 70℃；生长 pH 值为 1.0～5.5，最适 1.5～2.0；氧化元素硫和还原型硫化物
	9. 硫化叶菌属 Sulfolobus	(23) S. metallicus	生长温度 50～75℃，最适 70℃；生长 pH 值为 1.0～4.5，在以亚铁为能源的培养基中最适 pH 值为 1.6，在以 S^0 为能源的培养基中，最适 pH 值为 2.5；氧化元素硫、还原型硫化物以及亚铁
		(24) S. yangmingensis	生长温度 65～95℃，最适 80℃，生长 pH 值为 2.0～6.0，最适 4.0；氧化元素硫和还原型硫化物
		(25) S. tokodaii	生长温度 60～90℃，最适 80℃；生长 pH 值为 2.0～4.0，最适 2.5；氧化元素硫、还原型硫化物和亚铁
		(26) S. solfataricus	生长温度 50～87℃，最适 82℃；生长 pH 值为 3.5～5.0，最适 4.0；氧化元素硫和还原型硫化物
		(27) S. shibatae	生长温度 60～90℃，最适 81℃；生长 pH 值为 2.0～5.0，最适 3.0；氧化元素硫和还原型硫化物
		(28) S. acidocaldarius	生长温度 50～90℃，最适 83℃；生长 pH 值为 2.0～3.0，最适 2.5；氧化元素硫和还原型硫化物
	10. 金属球菌属 Metallosphaera	(29) M. sedula	生长温度 50～85℃，最适 65～50℃；生长 pH 值为 1.2～4.5，亚铁培养基中最适 pH 值为 1.5，元素硫培养基中最适 pH 值为 2.5～3.0

续表 8.6

浸矿菌种类			主要生理生化特性
极端嗜热菌（嗜热菌最适生长温度 60～80℃），极度嗜热菌（最适生长温度 >80℃）	10. 金属球菌属 Metallosphaera	(30) M. prunae	生长温度 55～80℃，最适 75℃；生长 pH 值为 1.0～5.0，元素硫培养基中最适 3.0，亚铁培养基中 1.5～1.8；氧化元素硫、还原型硫化物和亚铁
		(31) M. hakonensis	生长温度 50～80℃，最适 65～75℃；生长 pH 值为 1.2～4，最适 2.5；氧化元素硫和还原型硫化物
共栖异养菌	11. 脂环酸芽胞杆菌 Alicyclobacillus	(32) Ab. sendaiensis	生长温度 30～75℃，最适 55℃；生长 pH 值为 1.0～8.0，最适 3.0；与浸矿菌共栖的异养菌，不能氧化元素硫或亚铁

嗜酸性微生物（如氧化亚铁硫杆菌）浸出金属硫化矿已在工业上得到应用，但多用于酸性环境，对中性或碱性环境不适应，而嗜碱性微生物使非酸性条件下的金属浸出成为可能。在处理含大量碱性脉石矿物的矿石时，为了保证嗜酸性浸矿菌种的正常生长繁殖及最佳氧化活性，需要预先采用酸性试剂对矿石进行淋洗，酸化浸矿环境，这不仅导致浸出酸耗增加，而且随着浸出的进行也会产生一些沉淀物质堵塞浸出通道，影响浸出效果。此外，由于体系酸度处于动平衡状态，不能保证环境 pH 值符合微生物最佳生长酸度要求，从而使微生物生长繁殖与浸矿活性受到影响。嗜碱性微生物能够在碱性环境中生长繁殖，并具有良好的浸矿能力，可用于处理含碱性脉石矿物的矿石。

碱性浸矿菌种是指能够生长在 pH 值高于 7.5 的环境中，并且具有一定浸矿能力的微生物。根据生理结构和代谢营养底物的不同，碱性浸矿菌种可以分为碱性化能自养型和碱性化能异养型微生物。

化能自养微生物又称无机营养型微生物，不依赖任何有机营养物即可正常生长繁殖。这类微生物能氧化某种无机物，并利用所产生的化学能还原二氧化碳和生成有机碳化合物。自然界中，化能自养型微生物种类不多，但都具有氧化无机物专一性。与嗜酸性的 At. f 和 At. t 菌相似，碱性化能自养菌能够在碱性环境中利用培养基或矿物中的无机成分进行生长繁殖，并通过生物吸附、氧化或其他作用方式使矿物溶解，最终实现金属离子的浸出。以硫化矿物为浸出对象，培养能够氧化代谢硫的嗜碱性细菌，则可实现碱性环境中硫化矿物的生物氧化浸出。目前已发现的能够在碱性环境中代谢硫的化能自养型细菌主要为碱性硫氧化细菌 AlkaliphiLic sulfur-oxidizing bacteria（简写为 ASOB），见表 8.7，其中包括 Thioalkalimicrobium、Thioalkalivihrio、Thiohacillus versutus、Pseudnmonas stutzer、Och-rohactrum、Thioalcalomicrobium aerophilum 等菌种或菌属。该类细菌均为能够氧化代谢硫的硫杆菌，在碱性环境中通过氧化单质硫、硫代硫酸钠以及低价态硫化合物等获得生长繁殖的能量，最终氧化产物为单质硫或硫酸。国内外碱性化能自养硫杆菌的工业应用仅见于烟气脱硫和废水脱硫，在浸矿方面尚未见报道。原因可能是碱性脉石矿物的存在使浸矿体系中钙镁离子浓度不平衡或某些重金属离子（如 Cu^{2+}、Pb^{2+}、Zn^{2+} 等）对细菌具有毒害作用，抑制其生长繁殖。

表 8.7 部分化能自养型碱性硫氧化细菌的特征

名 称	最利生长 pH 值	革兰氏染色特征	营养代谢类型	利用的能源物质	硫的氧化产物
Thioalkalimicrobium	9.5 ~ 10.0	阴 性	化能自养	$S_2O_3^{2-}$、S^0、硫化物	SO_4^{2-}
Thioalkalivihrio	10.0 ~ 10.2	阴 性	化能自养	$S_2O_3^{2-}$、硫化物	S^0
Thiohacillus versutus	9.0 ~ 10.0	阴 性	化能自养	$S_2O_3^{2-}$、硫化物	SO_4^{2-}
Pseudnmonas stutzer	7.5 ~ 8.0	阴 性	化能自养	硫化物	SO_4^{2-}
Thioalcalomicrobium aerophilum	7.8 ~ 8.2	阴 性	化能自养	$S_2O_3^{2-}$、硫化物	SO_4^{2-}
Alpha proteobacterrium	8.5 ~ 8.8	阴 性	化能自养	$S_2O_3^{2-}$、硫化物	S^0

化能异养型微生物的能源来自有机物的氧化分解，碳源直接取自于碳水化合物。与以 At. f 和 At. t 为代表的化能自养浸矿细菌不同，异养浸矿微生物不能利用金属硫化矿中的无机能源物质，因此该类微生物不适合浸出金属硫化矿物。然而，对于 At. f 和 At. t 不能浸出的非硫化矿，包括氧化矿、碳酸盐及硅酸盐等矿物，异养微生物却能通过分泌的有机酸和其他代谢产物促进这些矿物溶解。能够有效浸出非硫化矿物或矿石的碱性异养微生物包括细菌和真菌，见表 8.8。

表 8.8 发酵分泌酸性代谢产物的碱性异养微生物

微 生 物		酸性代谢产物
细 菌	Arthrobacter oxydans	草酸、乳酸、肌氨酸
	Microbacterium sp.	草酸、葡萄糖酸
	Dietzia natronolimnaea	草酸、乳酸
	Promicromonospora sp.	葡萄糖酸、甘油酸
	Pseudonocardia autotrophica	乙 酸
	Chromobacterium violaceum	氢氰酸
真 菌	Asper gillus sp.	草酸、柠檬酸
	Alternaria sp.	草酸、柠檬酸
	P. simplicissimum	草酸、柠檬酸

8.2.2 浸矿细菌的培养基

微生物从中吸收营养并赖以生存繁殖的介质称为培养基，它可分为液体培养基和固体培养基两种。液体培养基用于粗略地分离培养某种微生物，而进行微生物的纯种分离则要用固体培养基。浸矿细菌（自养菌）的液体培养基是由水和溶解在水中的各种无机盐组成的。每种细菌都有自己特有的培养基配方，这些配方是经过研究者的试验研究之后提出的。几种常用的浸矿细菌的培养基配方见表 8.9 和表 8.10。

表 8.9 氧化亚铁硫杆菌用培养基 (g/L)

组 分	leathen	9K	组 分	leathen	9K
$(NH_4)_2SO_4$	0.15	3.0	$MgSO_4 \cdot 7H_2O$	0.05	0.5
KCl	0.05	0.1	$Ca(NO_3)_2$	0.01	0.01
K_2HPO_4	0.05	0.5	$FeSO_4 \cdot 7H_2O$	30 ~ 50	30 ~ 50

表 8.10 氧化硫硫杆菌用培养基 (g/L)

组 分	Waksman	ONM	组 分	Waksman	ONM
$(NH_4)_2SO_4$	0.2	2.0	$FeSO_4 \cdot 7H_2O$	0.01	0.01
$MgSO_4 \cdot 7H_2O$	0.5	0.3	K_2HPO_4		4.0
$CaCl_2 \cdot 2H_2O$	0.25	0.25	硫磺粉	10	10

用作平板分离的固体培养基，是在上述液体培养基中加入 1.5% 琼脂或一定量硅胶制成的。首先在加热条件下配成一定浓度的琼脂溶液，该溶液消毒后再加入无菌过滤的 $FeSO_4$等无机盐母液，用 H_2SO_4 调节好酸度。冷却至常温即制成固体培养基。氧化亚铁硫杆菌用的 leathen 和 9K 培养基，也可用于培养氧化亚铁小螺旋菌和混合培养菌；用作培养基的能源 $FeSO_4$，也可用金属硫化物矿代替。

8.2.3 细菌的生长曲线

微生物的生长繁殖过程，按其繁殖速度的快慢和活性大小，可以分成四个时期，即缓慢期、对数期、稳定期和衰亡期。这几个时期可以用细菌生长曲线表示，如图 8.3 所示，横坐标为时间，纵坐标表示细菌浓度的对数。当细菌由一个环境转移到另一个新的环境时，有一个短暂适应过程，会出现一个逐步适应的缓慢生长期，这个时期细菌的生长繁殖速度很慢，细菌也不大活跃。根据被培养细菌对环境的适应性，这个时期可能很短，也可能较长，比较正常的情况是 2 ~4 周。如细菌在含硫化矿的培养基中培养，然后转移到含硫的培养基培养，一般要 2 ~4 周才能适应，如果细菌的养料不变，则转移当中的缓慢期就很短，甚至没有缓慢期。在缓慢期之后，随着细菌对环境的适应，开始进入对数生长期。此生长期最显著的特点是细菌细胞数目以稳定的速率按几何级数增加，此时细胞数目大量增加。这个时期内，细菌代谢非常活跃，细菌以最快的速度进行生长和分裂，生长速度不变，细胞繁殖下一代所需时间保持恒定，生长曲线是平滑的，对数生长期的曲线斜率就是细菌生长率 u：

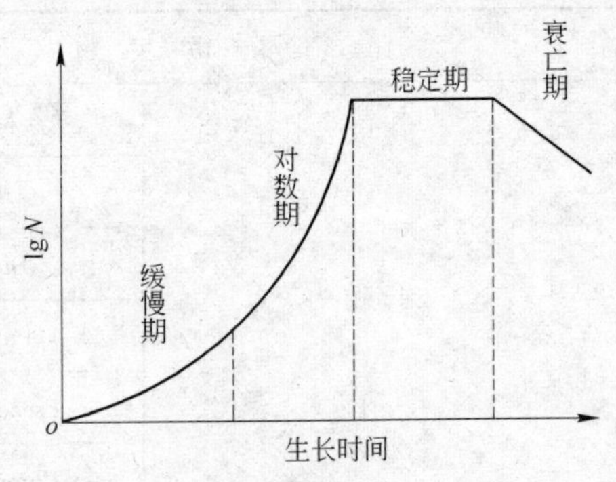

图 8.3 细菌生长曲线

$$u = \frac{1}{N}\frac{dN}{dt} = \frac{d(\lg N)}{dt} \tag{8.1}$$

式中 N——细菌浓度，个/mL；

t——培养时间，d 或 h。

在对数期之后，细菌进入稳定生长期，该期的生长菌群总数处于平坦阶段。由于培养基中营养物质消耗、毒性产物积累（有机酸等）、pH 值下降等不利因素的影响，细菌繁殖速度渐趋下降，相对细菌死亡数开始逐渐增加，此时期细菌死亡数与新生细菌数趋于平衡，所以在培养容器内，总的细菌数维持恒定。在这个时期内培养容器内的细菌绝对数是最多的，但此时期内培养基中的营养被大量消耗掉，细菌已变得不大活跃，当进行大量细菌培养或用于生产操作接种时，应当使用稳定期内靠近对数期的细菌，即由对数期刚刚进入稳定期的细菌作为接种菌使用。

细菌生长繁殖的最后一个时期是衰亡期，在这一时期内细菌开始大量死亡，细胞死亡速度超过繁殖速度，培养器内总的细菌数目逐渐下降。此时期，营养物质的消耗和有害废物的积累引起环境体条件恶化，导致细胞数量下降，细胞内含颗粒更明显，液泡出现，有的菌体开始自溶，并释放一些产物，如氨基酸、醇或抗生素等。

以上是所有微生物生长繁殖必须经历的四个阶段，每个时期的长短和细菌的活跃程度随环境而变化。

8.2.4 浸矿细菌的连续扩大培养

试验及生产实践证明，浸矿细菌的浓度与活性对矿石的氧化浸出效果有很大影响。有时为了研究与生产需要，需要在短时间内培养出大量符合要求的菌液。大量培养的方法有两种，一种是间断的，另一种是连续化的。连续培养效率高于间断培养。以生产中常用的氧化铁硫杆菌为例介绍连续培养过程。通常用含有 Fe^{2+} 的培养基培养氧化铁硫杆菌，培养过程中细菌的繁殖数量或浓度的变化与培养料液中 Fe^{2+} 被氧化的量成正比，为使细菌快速繁殖，须满足细菌生长需要的最优化条件：

（1）提供细菌生长繁殖所需的营养物质，通过试验确定最佳化培养基配方。

（2）提供细菌生长所需的足够量 O_2 和 CO_2。

（3）控制好细菌生长所要的酸度与温度。

（4）提供最优菌种和足够的菌种量，为加快培养速度，可适当加大接种量，一般接种量为 10% ~20% 。

在培养过程中，要尽量缩短细菌开始生长时的缓慢期，尽快进入对数生长期并使之始终维持在对数生长期，此时细菌比增长率为对数生长曲线的斜率（见式 8.1），为常数。将细菌生长的对数生长期全过程积分，则可得到培养周期 T。

$$T = \frac{1}{u}\lg\frac{N_1}{N_2}$$

式中 N_1——培养开始时的细菌浓度；

N_2——培养终了时的细菌浓度。

则单位容积单位时间的细菌产量为：

$$\frac{N_2 - N_1}{T} = \frac{u(N_2 - N_1)}{\lg\dfrac{N_2}{N_1}}$$

式中，$\frac{N_2}{N_1}$ 相当于培养过程的细菌接种量，比增长率 u 可由生长曲线的斜率求得，所以可由上式求出细菌的生长速度，即单位时间单位培养容器的细菌产量，接种量大，单位时间的平均产菌量也大。

连续培养过程中，料液不断进入培养槽，培养好的菌液不断排出，过程连续进行，细菌始终处于对数生长期。此时要适当控制培养槽的进液和排液速度，如果单位时间进入培养槽的料液量为 q，为保持平衡，则单位时间从培养槽排出的培养好的菌液量也应是 q。在充分混合条件下，从出口流出菌液带走的细菌量为 Nq。与此同时，培养槽内产生的细菌量为 NuV（V 为培养槽内溶液的体积），由于细菌处于对数生长期，则此时增加的细菌数量为：

$$NuV - Nq$$

上式微分得到单位时间内细菌的净增量：

$$\frac{dN}{dt} = \frac{1}{V}(NuV - Nq) = N\left(u - \frac{q}{V}\right)$$

式中，$\frac{q}{V}$ 为流出液量与溶液的体积之比，称作比流量。当 $u > \frac{q}{V}$ 时，$\frac{dN}{dt} > 0$，容器内细菌处于增加状态；而当 $u < \frac{q}{V}$ 时，$\frac{dN}{dt} < 0$，容器细菌随时间而减少；只有当 $u = \frac{q}{V}$ 时，容器内细菌数量不变，保持稳定状态，此时由培养槽排出的菌液浓度也是稳定的，为培养槽生产的最佳状态。维持此最佳状态的条件是使连续培养过程的流量 $q = uV$，此流量为连续培养过程的最佳流量。

间断培养是将培养好的菌液在槽中留下一部分（占总菌液量的20%～30%）作为下一次培养过程的菌种，再加入新的培养基通气培养直到细菌达到最大繁殖量，将培养基中的 Fe^{2+} 全部氧化为 Fe^{3+} 为止。间断培养几乎包括细菌生长的全过程，即由缓慢期经对数期最后到稳定期，而且还要加上进料和排放菌液的时间，所以间断培养过程的培养周期要大于连续培养的周期。故间断培养的平均产菌量要少于连续培养过程。

8.2.5 浸矿细菌的驯化

细菌依赖一定的环境而生存，改变一种细菌已适应的环境，会给细菌的生长造成不利的影响，过分改变环境因素，会造成细菌死亡。和所有微生物一样，浸矿细菌的细胞膜也有渗透性，该膜类似于半透膜，可以透过水，但对其他物质有选择性。与其他生物细胞相比，细菌对渗透压的变化有较强的适应能力，但这种适应能力有一定限度。所以若外界的盐分浓度过高，会抑制细菌生长。甚至会由于渗透压变化过大，造成细菌死亡。因此，浸矿细菌在使用之前要进行驯化，使之适应浸矿工艺过程中可能对细菌不利的工艺条件或对细菌具有毒害作用的物质成分。对于难处理金矿的细菌氧化工艺，不利于细菌生长的因素主要是矿浆的含固量和溶解的砷等物质。

驯化的办法是逐渐变化不利因素强度之后对细菌进行转移培养，在驯化过程中，那些对新环境不适应的细菌受到抑制或死亡了，而某些活力较强的细菌会通过变异等途径，演变成耐性更强的细菌而活下来，形成对新环境具有耐性的菌株。培养细菌对某种金属离子耐受力的方法是：首先在装有一定体积培养基的三角瓶中加入较低浓度的该金属离子，然后接种入要驯化的细菌进行恒温培养，开始时细菌不适应，要较长时间才能生长，待细菌适应能正常生长后，将它再转移到含有更高浓度金属离子的培养基中继续培养，依此类推，每转移一次都提高金属离子浓度，如此进行下去，就可以获得对该金属离子具有较强耐性的菌株。

据报道，通过驯化，国外有人获得可耐受25g/L砷的菌株。一般含砷金精矿细菌氧化工艺中砷浓度为5g/L左右。难处理金精矿细菌氧化过程中，矿浆电位都在500mV以上，在此电位下，绝大部分砷被氧化为5价态，5价砷的毒性比3价砷小得多，所以对细菌影响不大，已投入生产运行的各金矿细菌氧化厂，都未遇到砷对细菌造成太大影响的情况。

细菌对矿浆含固量的驯化也采用类似办法。试验与生产实践证明，矿浆固体物浓度对细菌影响较大，金精矿细菌氧化作业是在通气搅拌槽中进行的，细菌对激烈搅动条件的高浓度矿浆很不适应，这可能是由于搅动中的固体颗粒对细菌细胞产生摩擦，不利于细菌生长繁殖。矿浆固含量越高，越不利于细菌生长，据报道在已投产的各细菌氧化厂，矿浆固含量都不超过20%。

8.2.6 菌种的采集和分离培养

浸矿细菌可能分布于土壤、水体及空气中，但主要集中于金属硫化矿及煤矿的酸性矿坑水。所以采集这类菌的最佳取样点是在煤矿、铜矿、铀矿等有酸性矿坑水的地方。氧化铁硫杆菌是浸矿细菌中最常见的一种，其采集和分离培养方法如下：

取50~250mL细口瓶，洗净并配好胶塞，用牛皮纸包好瓶口后在120℃下灭菌20min，冷却后作为取酸性矿坑水的细菌取样瓶。如矿坑水的pH值为1.5~3.5并呈红棕色（说明有Fe^{3+}存在），则很可能存在氧化铁硫杆菌。取样时将牛皮纸取下，左手拔去瓶塞，右手持瓶接取或舀取水样，水样不能取满，须留一定空间存空气。取完样后立即盖好胶塞，并用牛皮纸包好。

利用蒸气将配好的培养基灭菌15min，然后在无菌条件下将培养基分装于数个洗净并无菌的100mL三角瓶中，每瓶装25mL培养基，然后用干燥洁净的吸液管分别取1~5mL矿坑水样加到各三角瓶中，塞好棉塞置于20~35℃恒温条件下静置或振动培养7~10d。由于细菌生长，三角瓶中培养基的颜色由浅绿变为红棕色，最后在瓶底出现氢氧化铁沉淀，选择变化最快、颜色最深的三角瓶，从瓶中取1mL培养液，接种到装有新培养基的三角瓶中同样培养。此时，接种培养液将会比头一次更快地变为红棕色。以后按同样办法反复转移培养，至少10次以上。每转移一次接种量逐渐减少，只需1~2滴就可以，而所培养的细菌越来越活跃，只需培养3~5d就可把培养基中的Fe^{2+}氧化为Fe^{3+}。在转移培养中，借助培养基的高酸度，可杀死淘汰掉一些不嗜酸的杂菌；又由于培养基中的高浓度Fe^{2+}，只有能氧化亚铁的细菌才能生长繁殖，其他菌则被淘汰掉，而氧化铁硫杆菌则得到充分繁殖且越来越活跃。可用如下方法对所培养的氧化铁硫杆菌进行初步检查和鉴定：

（1）肉眼观察。如有该菌生长，培养基中的Fe^{2+}氧化为Fe^{3+}，培养基的颜色由浅绿变为红棕色，最后产生高铁沉淀。

（2）重铬酸钾容量法测定。用重铬酸钾容量法测定培养基中Fe^{2+}氧化为Fe^{3+}的数量，变化快的，说明细菌生长旺盛，数量大。

（3）显微镜观察。通过显微镜观察细菌的形成，观察是否具有氧化铁硫杆菌的形状特征。

用上述方法得到的细菌可能是不纯的，如要分离纯菌种，要作平板分离。但一般生产中使用，不需要纯菌种。菌种培养好后，要放在冰箱（4℃）中保存。但过一定时间需重新转移培养。工业生产用菌的大量繁殖培养，须在专门的设备中进行。

平板分离的目的是把混合的具有氧化 Fe^{2+} 能力的细菌分离，获得从单一细胞来的纯菌株。方法是把配制好的固体培养基倒入培养皿制成平板，然后在无菌操作条件下，用接种环取上述培养菌液在平板上划线分离，使所取菌液中的菌体细胞尽量沿划线分散开，然后将划好线的培养皿在25～35℃条件下恒温培养。经10d左右就可看到由单个菌株长成的很小的褐色菌落。挑选适当菌落用取样针转移到装有数毫升培养基的小试管中恒温培养，一般7d左右培养液就可变成红棕色。将此培养液重新在固体培养基上划线分离，如此反复进行数次分离和培养，就可获得纯菌株。

例如，王永东等采用平板分离技术分离、纯化得到氧化亚铁硫杆菌，并对其中5株菌株开展生长特性研究。结果表明：2∶2固体培养基是一种较好的能用于分离、纯化氧化亚铁硫杆菌的培养基；氧化亚铁硫杆菌在培养基的初始pH值为2.0～2.5时生长速度最快，最佳生长温度为30℃，初始 $\rho(Fe^{2+})$ 为4.623g/L，适宜的接种量为10%。另外，不同氧化亚铁硫杆菌菌株在最佳初始pH值、最佳培养温度、耐高温性能等方面存在着一定的差异。这种差异的产生可能是由于其生存环境的不同导致其遗传系统产生变异而产生的，在运用氧化亚铁硫杆菌进行浸出时需要充分研究这种差异对浸出率的影响，从而选育出最适合的氧化亚铁硫杆菌菌株。

8.2.7 菌种选育

微生物可以在充足的营养物质和适合的环境条件下良好生存、繁殖，并且保持较高的生物活性。但在搅拌浸出体系中，存在各种不同离子、搅拌带来的剪切力等因素，对微生物生长不利，自然界中存在的菌种一般不能满足生物预氧化的需求，需要对菌种进行选育驯化。常用的选育驯化方法包括：自然选育筛选、诱变育种、DNA重组、原生质体融合。

DNA重组与原生质体融合技术是近年来发展的育种技术，但这两种方法在浸矿微生物选育方面应用较少，故在实验室通常选择的是自然选育筛选和诱变育种的方法。

自然选育是指不经过人工处理，利用菌种的自然突变而进行菌种筛选的过程。一般认为是由于多因素低剂量的诱变效应以及互变异构效应引起自然突变的。自然突变的概率很低，碱基对发生自然突变的几率为 10^{-8}～10^{-9}。

诱变育种主要包括以下三个方面的内容：物理诱变（物理射线、超声波、高压等）、化学诱变（烷化剂、碱基类似物、移码突变剂等）、生物诱变（噬菌体、基因诱变剂等）。诱变育种的整个流程主要包括诱变和筛选两个部分。诱变部分包括由出发菌株开始，制出新鲜孢子悬浮液（或细菌悬液）作诱变处理，然后以一定稀释度涂平皿，至平皿上长出单菌落等各步骤。因为诱发突变是使用诱变剂促使菌种发生突变，所以诱发所形成的突变与菌种本身的遗传背景、诱变剂种类及其剂量的选择和合理使用方法均有密切关系，亦可说这三者是诱变部分的关键所在。筛选部分包括经单孢子分离长出单菌落后随机挑至斜面，经初筛和复筛进行生产能力测定和菌种保存（即将筛选出来的高产菌种保藏好）。因此，可以认为，诱变育种的整个过程主要是诱变和筛选的不断重复，直到获得比较理想的高产菌株。最后经考查其稳定性、菌种特性、最适培养条件等后，再进一步进行中试、放大。

诱变育种工作中存在几个应注意的问题：

（1）选择好出发菌株。选好出发菌株对诱变效果有着极其重要的影响。有些微生物比较稳定，遗传物质耐诱变剂的作用强。如果用这种菌株于生产是很有益的，而用作出发菌株则不适宜。必须对用作诱变的出发菌株的产量、形态、生理等方面有相当了解。挑选出发菌株的标准是产量高、对诱变剂的敏感性大、变异幅度广。选好出发菌株后再确定诱变剂的使用及筛选条件。

（2）复合诱变因素的使用。在微生物诱变育种中，可利用各种物理、化学诱变因素来处理菌种。对野生型菌株单一诱变因素有时也能取得好的效果，但对老菌种单一诱变因素重复使用突变的效果不高，这时可利用复合因素来扩大诱变幅度，提高诱变效果。

（3）剂量选择。各种诱变因素有它们各自的诱变剂量单位，如紫外线剂量单位用焦耳，X 射线剂量单位对不同微生物使用的剂量是不同的。变异率取决于诱变剂量，而变异率和致死率之间有一定关系。因此可以用致死率作为选择适宜剂量的依据。凡既能增加变异幅度又能促使变异向正变范围移动的剂量就是合适的剂量。合适剂量的确定常常要经过多次的摸索，一般诱变效应随剂量的增大而提高，但达到一定剂量后，再增加剂量反而会使诱变率下降。剂量的选择和诱变因素的使用都随不同菌种而异，所以一定要从工作中积累经验，找到最适诱变因素和剂量。

（4）变异菌株的筛选。诱变育种工作的一个主要任务是获得高产变异菌株。从经诱变的大量个体中挑选优良菌种不是一件容易的事。因为不同的菌种表现的变异形式是不同的，一个菌种的变异规律不一定能够应用到另一个菌种中去，因此挑选菌株一般应从菌落形态、变异类型着手，去发现那些与产量有关的特性，并根据这些特性，分门别类地挑选一定数量的典型菌株进行发酵和鉴定，以确定各种类型与产量之间的关系。这样，可大大提高筛选的工作效率。

（5）高产菌株的获得需要筛选条件的配合。在诱变育种过程中高产菌株的获得还必须有合适的筛选条件的配合，如果忽视这一点，则变异后的高产菌株不可能被挑选出来。

在诱变育种过程中要正确处理出发菌株、诱变因素和筛选条件三者之间的关系。这三者之间在诱变育种过程中有紧密的内在联系。当然，在不同的情况下考虑的重点应有所不同，当其中一个因素改变后，对其他两个因素也要作相应改变以适应新的需要。全面辩证地考虑上述三者之间的关系，是诱变育种获得理想效果的关键。

8.2.8 细菌的计量方法

培养到一定程度的细菌，在使用前须知道所培养菌液中细菌的含量或浓度。一般用以下几种方法对所培养菌液进行计量，其中比浊法和直接计数法可计量一定体积菌液中所含细菌的总数（包括活菌和死菌）。

（1）比浊法。比浊法的原理是利用菌液所含细菌浓度不同、液体混浊度不同，用分光光度计测定菌液的光密度的办法进行计量。由光密度大小和标准曲线对比，可以推知菌液的浓度。

（2）直接计数法。利用血球计数器、取菌液样品直接在显微镜下观察计数。若测定单位菌液体积所含活菌数目，则须用平板计数法和稀释计数法。

（3）平板计数法。将稀释成一定倍数的菌液，用固体培养基制成平板，然后在一定温度下培养，使其长成菌落，计算菌落数目，再乘以稀释倍数，则为所测菌液的活菌浓度。

（4）液体稀释法。将菌液按10的倍数在培养基中连续稀释成不同浓度，然后进行培养。观察细菌能够生长的最高稀释度，若此最高稀释度培养液中的细菌数目为1个，则可按总的稀释倍数计算出原菌液内所含活菌的浓度。一般达到正常繁殖情况下菌液活菌浓度为$10^6 \sim 10^{10}$个/mL。

8.3 难处理金矿细菌氧化过程的反应机理

细菌浸出一般是通过细菌对金属硫化矿的氧化作用将矿石中某种金属浸出来。而细菌氧化难处理金矿是借助某些浸矿细菌可以氧化金属硫化物的特点，将硫化矿物破坏，使被包裹的金暴露出来，以利于后面的氰化浸出。目前，关于细菌是如何将硫化物氧化的问题争议很大，但普遍认为，细菌氧化硫化物是通过直接作用、间接作用和直接与间接同时存在的协同作用三种实现的。直接作用机制，即细菌的细胞和黄铁矿固体基质之间紧密接触而发生生物化学氧化；间接作用机制，即用细菌的代谢产物——硫酸高铁对黄铁矿进行化学氧化。直接作用是通过附着在矿物表面上细菌所分泌酶的参与，由空气中的氧将硫化矿物氧化为硫酸，释放出金属离子。间接作用则是Fe^{3+}和H^+在化学作用下使硫化矿溶解，产出元素硫和Fe^{2+}，随后又由细菌氧化为硫酸和Fe^{3+}。间接作用无需细菌直接附着在矿物表面。在一个具体矿物的氧化浸取过程中，由于细菌的种类不同以及硫化矿物性质的差异，直接作用和间接作用对过程的贡献往往并不相同。例如，氧化亚铁硫杆菌或钩端螺旋菌浸出黄铁矿时，只有间接作用而无直接作用。协同作用机制表现为：附着在矿物表面的细菌对其产生溶解作用，溶液中的游离菌为附着菌创造了良好生长环境。例如，在硫杆菌浸出黄铁矿和元素硫的过程中，附着在矿物表面的吸附菌与矿物作用后释放出一些中间体，供给悬浮在溶液中的游离菌作能源；在有限硫化物矿物表面条件下，游离菌以这种方式最大限度地摄取化学能；附着菌和游离菌共同作用使硫化矿解离溶解。以砷黄铁矿为例，其直接作用机制和间接作用机制如图8.4所示。

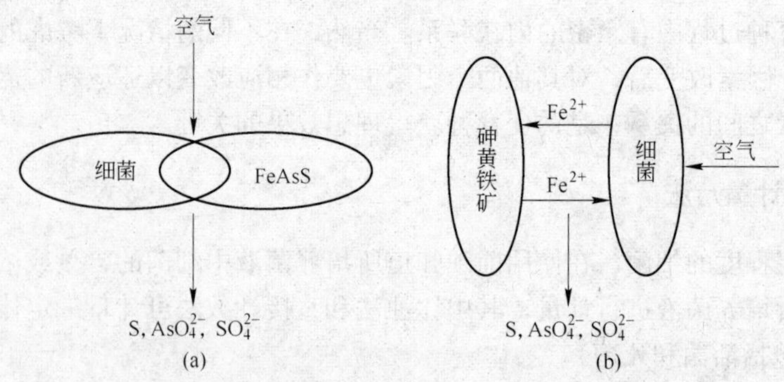

图8.4 细菌氧化硫化物的两种作用方式

（a）直接作用；（b）间接作用

有人认为硫化矿的溶解只有化学作用，细菌的直接作用仅仅只是将这种化学作用（Fe^{3+}和H^+）集中到附着在矿石表面的细菌周围几个微米的小范围内，从而增强了化学作用。这就是说，细菌的作用只是在细菌表膜和硫化矿物表面之间营造出一薄层高浓度电子受体（Fe^{3+}）的反应区，提供硫化矿浸出时所消耗的 Fe^{3+} 和 H^+。这一理论的主要根据包括：金属离子没有进入细菌的新陈代谢系统；细菌浸出时得到的元素硫是从溶液中沉淀出来；电化学研究表明细菌浸出黄铁矿与 Fe^{3+} 和 H^+ 浸出的极化曲线一致等。

硫化矿无论是因 Fe^{3+} 的化学作用，还是因 Fe^{3+} 和 H^+ 的共同作用而被浸出，细菌的作用都是产出 Fe^{3+}，以此维持进行反应所需的高氧化还原电位，并氧化硫产物，将浸出体系保持在低 pH 值。也就是说，硫化矿的生物浸出至少包含三个重要的宏观化学过程：硫化矿的溶解、亚铁离子的氧化及硫化合物的氧化。

按照上述对机理的认识，硫化矿细菌氧化浸溶时，Fe^{3+} 起氧化作用的化学过程可表示为：

$$MS^x + Fe^{3+} \longrightarrow M^{2+} + Fe^{2+} + S(?)$$

硫化矿氧化时除了金属离子溶出外，还产出了 Fe^{2+} 和某种形态的初始硫化合物S(?)，后两种产物被细菌氧化，其反应可分别表示为：

$$Fe^{2+} + O_2 + 4H^+ \xrightarrow{\text{细菌}} 4Fe^{3+} + 2H_2O$$

$$S(?) + O_2 \xrightarrow{\text{细菌}} SO_4^{2-}$$

Fe^{3+}/Fe^{2+} 的反应可能由矿物表面附着细菌在细胞外分泌的多糖（EPS）层中进行，而初始硫产物的形态则与矿物性质有关，并随后经化学氧化或细菌氧化，最终产出元素硫或硫酸根。低价硫化物的初始氧化反应也可能在 EPS 层中完成。

包裹金的金属硫化物矿主要是黄铁矿和砷黄铁矿，细菌对黄铁矿的氧化反应如下：

直接氧化反应 $2FeS_2 + 7.5O_2 + H_2O \xrightarrow{\text{细菌}} Fe_2(SO_4)_3 + H_2SO_4$

间接氧化反应 $FeS_2 + Fe_2(SO_4)_3 \longrightarrow 3FeSO_4 + 2S$

反应生成的 $FeSO_4$ 和 S 又分别被细菌氧化为 $Fe_2(SO_4)_3$ 和 H_2SO_4：

$$4FeSO_4 + 2H_2SO_4 + O_2 \xrightarrow{\text{细菌}} 2Fe_2(SO_4)_3 + 2H_2O$$

$$2S + 3O_2 + 2H_2O \xrightarrow{\text{细菌}} 2H_2SO_4$$

在通气良好的情况下，产生的元素硫会立即被细菌氧化。一般认为，细菌对黄铁矿的直接作用和间接作用是交替，或同时进行的。

细菌氧化 FeS_2 时，既产生酸又消耗酸。$FeSO_4$ 氧化为 $Fe_2(SO_4)_3$ 要消耗酸，但产生酸的速度大于消耗酸的速度。反应介质中的总酸度和矿物组成情况有关，如果矿石中含有较多碱性矿物，反应结果有可能使 pH 值上升，引起 Fe^{3+} 水解：

$$Fe_2(SO_4)_3 + 6H_2O \longrightarrow Fe_2(OH)_6 + 3H_2SO_4$$

$$Fe_2(SO_4)_3 + 2H_2O \longrightarrow 2Fe(OH)SO_4 + H_2SO_4$$

也有可能生成黄铁矾($Fe_3(SO_4)_2(OH)_5(H_2O)$)沉淀。氧化过程中，Fe^{3+} 一旦水解生成沉淀，则失去氧化效能。而且，生成的沉淀还会包裹在矿物表面，影响黄铁矿继续被氧化，同时也影响后续的氰化浸金。

氧化亚铁硫杆菌氧化砷黄铁矿可以分为3个阶段：

第一阶段是开始氧化砷黄铁矿时，细菌吸附到矿物表面，吸附细菌数量迅速增长，侵蚀矿物表面，加强了细菌的直接作用。直接作用产生的Fe^{2+}会促进溶液中细菌的生长，溶液中细菌数量的增长引起更多细菌吸附到矿物表面。此过程主要为细菌的直接作用：

$$4FeAsS + 3O_2 + 2H_2O \xrightarrow{\text{细菌}} 2HAsO_2 + 4Fe^{2+} + 4S^0_{surface}$$

$$2S^0_{surface} + 3O_2 + 2H_2O \xrightarrow{\text{细菌}} 2SO_4^{2-} + 4H^+$$

第二阶段大量的活性细菌将Fe^{2+}、As(Ⅲ)氧化为Fe^{3+}、As(Ⅴ)，产生的Fe^{3+}又可氧化As(Ⅲ)和砷黄铁矿。这个过程主要是细菌的间接作用，即氧化亚铁硫杆菌的主要作用是再生Fe^{3+}：

$$4Fe^{2+} + 4H^+ + O_2 \longrightarrow 4Fe^{3+} + 2H_2O$$

$$FeAsS + 7Fe^{3+} + 4H_2O \longrightarrow H_3AsO_4 + 8Fe^{2+} + S^0_{surface} + 5H^+$$

$$HAsO_2 + 2Fe^{3+} + 2H_2O \longrightarrow H_3AsO_4 + 2Fe^{2+} + 2H^+$$

第三阶段溶液中Fe^{3+}和As(Ⅴ)浓度的升高使浸出液中沉淀物砷酸铁的浓度升高，沉淀物的增加降低了溶液中Fe^{3+}的浓度，抑制了细菌的间接氧化作用：

$$H_3AsO_4 + Fe^{3+} \longrightarrow FeAsO_4 + 3H^+$$

该细菌氧化过程可用总反应方程式表示：

$$FeAsS + 8Fe^{3+} + (4+n)H_2O \longrightarrow FeAsO_4(nH_2O) + 8H^+ + 8Fe^{2+} + S^0_{surface}$$

其中第一、二阶段$n=2$，第三阶段$n=4$。

难浸金矿经细菌氧化处理后，金属硫化矿被氧化破坏，包裹在硫化矿中的金暴露出来。固液分离后，含有亚铁硫酸盐的氧化浸出液经过细菌氧化再生后可以返回利用，氧化处理新矿石。氧化浸出渣用石灰中和后，用氰化物浸出金银。

$$4Au + 8NaCN + 2H_2O + O_2 \longrightarrow 4NaAu(CN)_2 + 4NaOH$$

$$4Ag + 8NaCN + 2H_2O + O_2 \longrightarrow 4NaAg(CN)_2 + 4NaOH$$

金矿细菌氧化工艺是氰化浸出过程的预处理工序，和焙烧等预处理工艺一样，目的在于消除干扰，创造氰化浸出的有利条件。

8.4 细菌氧化工艺的影响因素与动力学

8.4.1 细菌氧化工艺的影响因素

细菌的浸矿速率直接影响生产成本。影响细菌浸出的因素很多，大致分为3方面：生物因素，即细菌的生活场所和驯化条件、适宜的生存环境因子等；矿物因素，即难处理金矿类型、矿石化学成分、矿物组成、硫化物表面性质等；工艺因素，即矿石粒度、矿浆浓度、表面活性剂、搅拌充气及反应器的结构等。其中生物学因素反映了菌种自身的生物生理和生化特性；矿物学因素反映了客体难处理金矿受微生物作用的情况，直接影响预处理设备的规模和操作成本；而工艺因素则涉及微生物氧化矿物的最佳操作条件，是改善微生物氧化能力的中介。

8.4.1.1 生物方面因素

（1）浸矿菌种。浸矿细菌一般直接从要处理矿石的周围环境中分离获得。这些好氧的中温菌大多生长在酸热环境中，如金属硫化矿和煤矿的酸性矿坑水、硫黄泉等，从而形成以硫化矿为主要基质的独特的生理特征，具有对二价铁、还原态硫的独特的氧化能力。

为使细菌具有最大活性，需通过驯化使细菌适应与其工作条件相似的环境。浸矿细菌的驯化是利用细菌对生活环境的部分改变具有一定的适应能力的性质，通过逐渐改变生活环境来培养细菌对实际浸矿环境的适应性。驯化过程中不适应新环境的细菌死亡了，而某些活力较强的细菌发生变异，演变成耐性更强的细菌活下来，从而形成新的耐性菌株。有研究表明，野生菌株通过不同途径进行筛选、驯化之后，较大地提高了抗毒等性能。

（2）pH 值对细菌及氧化过程的影响。酸性浸矿要求一定酸浓度，不同矿石对酸的需求存在相当差距；细菌生长要求一定的 pH 值，不同细菌间最适宜的 pH 值范围也略有不同。因此只有了解不同 pH 值条件下细菌的生长速度和浸矿速度，才能很好地控制浸矿过程。浸矿细菌从 Fe^{2+} 氧化为 Fe^{3+} 或氧化还原态硫的过程中获取的能量维持自身生长与繁殖。溶液中的 Fe^{3+} 作为硫化矿物的氧化剂，被还原为 Fe^{2+}，细菌又将 Fe^{2+} 氧化为 Fe^{3+}：

$$4Fe^{2+} + O_2 + 2H^+ \xrightarrow{\text{细菌}} 2Fe^{3+} + H_2O$$

若溶液 pH 值升高，则 Fe^{3+} 水解，便失去氧化剂的功能。

$$2Fe^{3+} + 6H_2O \longrightarrow Fe_2(OH)_6 + 6H^+$$

$$Fe^{3+} + SO_4^{2-} + H_2O \longrightarrow Fe(OH)SO_4 + H^+$$

水解生成的氢氧化物和铁矾覆盖于矿物表面，阻碍细菌对矿石的氧化。

总之环境 pH 值对细菌生长的影响有：影响培养基中有机化合物的电离，引起微生物表面（细胞膜）电荷变化，从而改变有机物质渗入细胞的难易程度；pH 值有较大偏差时，由于氨基酸残基离子化的改变和非共价相互作用的破坏，可导致酶的变性；pH 值太小，降低 CO_2 在水中的溶解度，结果使得细菌的碳源物质匮乏。只有在适宜的 pH 值下，细菌才能正常完成迟缓期内的生理过程，促进浸矿过程。

（3）营养物质、金属及非金属离子的影响。硫化物矿物的浸出速率与浸出介质中微生物的浓度成正比。为了保证微生物的快速生长和繁殖，生产过程中必须为微生物提供足够的营养物质。氮、磷、钾的无机盐是浸矿细菌的主要营养物质。研究表明，浸出环境中氮、磷量应当充足，实践中应根据矿石的组成情况，通过试验来确定加入氮、磷的量；但由于多数矿石中含有磷酸盐，所以浸出时不加或少加磷酸盐。此外，还要提供细菌进行代谢活动所需的能源物质，主要是 Fe^{2+} 和 S 以及少量的微量元素 K^+、Ca^{2+}、Mg^{2+} 等。大多数重金属离子是蛋白质的沉淀剂，抑制细菌生长或使其致死；某些非金属离子如 F^-，浓度超过百万分之几就会严重抑制细菌生长。因此，在选取菌株时，应考查其对有害离子的耐性。可通过驯化等方法来获得细菌对金属或有害离子的耐性。

（4）温度对细菌中酶的影响。细菌浸矿温度的选择主要取决于细菌的最佳生长温度。一般来说，提高浸矿温度有利于加快浸矿速度，缩短浸出周期。在细菌氧化含金硫化矿的预处理工艺中，反应速率取决于矿物的性质和细菌中酶的催化活性。反应物必须首先与酶

形成中间复合物，然后再转变成产物，并重新释放出游离的酶。即

$$E + S \rightleftharpoons ES = E + P$$

式中，E 为酶；S 为反应物；ES 为中间复合物（酶-底物复合物）；P 为产物。反应物分子 S 和过渡态活化分子 ES 之间自由能的差称为吉布斯函数活化自由能（ΔG^{+}），简称活化能。

所有反应都有能障。反应物分子 S 要发生反应，首先要吸收一定的能量即 ΔG^{+}，才能成为过渡态的活化分子 ES，ES 之间进行有效碰撞才能发生反应得到产物 P。很明显，如果不提供相当于活化能的能量，反应物不会转变成产物。酶通过降低 ΔG^{+} 的方式加速反应，使更多的反应物有足够的能量形成产物，因此酶的催化反应速度比非酶催化反应的速度高 $10^{7} \sim 10^{13}$ 倍，而且在较温和的条件下就很容易进行，如图 8.5 所示。

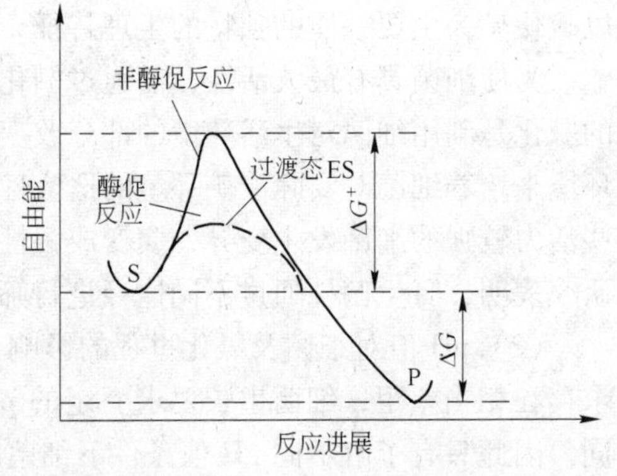

图 8.5 酶催化于非酶催化反应过程能的变化

酶能够降低反应 ΔG^{+} 从而加速反应的一个原因是，根据中间配合物的学说，E 与 S 结合时，S 分子内的某些化学键发生极化，呈不稳定状态，故反应能阈降低；另一个原因是酶将底物一起带到活性部位，结果酶浓缩底物并加速反应。不过酶不仅将底物浓缩，也结合它们，使它们能正确地相互定位，并形成一个过渡状态复合物 ES，这种定性降低了底物达到过渡状态需要的能量。酶不改变底物与产物的能量水平，因此，酶加速反应发生的速率，但并不影响反应能量的总变化 ΔG。较低温度下，细胞分裂慢，产生的酶少；较高温度下，细胞分裂加快，但过高的温度会导致酶蛋白发生不可逆变性。因而要找出适合细菌酶发挥最大作用的温度临界点，即最适温度。

(5) 空气。空气中的氧气是浸矿细菌代谢中不可缺少的成分，其中的 CO_2 又是自养浸矿细菌的唯一碳源，因此空气在细菌氧化浸矿中具有重大影响作用，细菌氧化浸矿的工业过程中必须考虑空气的供给问题。根据实践经验，在常温菌的氧化浸矿过程中，为保证细菌正常生长，溶液中的氧溶量应不小于 3mg/L，低于 2mg/L 时，浸矿速度将明显下降。

(6) 氧化还原电位。浸出液中较高氧化-还原电位（E_h）是常温氧化细菌活力的重要标志。硫化矿的细菌氧化浸出中，溶液中 E_h 一般至少应在 420～600mV(SCE) 范围内。细菌浸出初期 E_h 可能较低，正常情况下，E_h 将逐渐上升，达到一个较高水平后保持基本恒定，浸出后期，可能略微下降。

8.4.1.2 *矿物学方面的因素*

矿石由矿物组成，矿物是细菌氧化的工作对象，它构成了细菌浸矿工艺的内因。在进行细菌氧化时，首先应查明矿石的化学成分和矿物成分。矿石的研究成为细菌氧化工艺研究的主体。

A *矿石矿物组成*

矿石中金的赋存状态、载金矿物的类型、硫化物的镶嵌共生状态必然影响金精矿中的颗粒在浸液中的电化学性质，它们构成了不同电位差的伽伐尼电池，使细菌对硫化物的氧化产生差异。组成矿石的不同的硫化物，大多是电的导体或半导体，它们各自的电位取决

于矿物本身的性质，正是它们之间存在的电位差异，导致细菌氧化过程中矿物出现选择性溶解：电位低的矿物优先氧化，电位高的氧化滞后。黄铁矿（FeS_2）比 ZnS、NiS、PbS、$CuFeS_2$ 等的电位高，因此它与这些矿物组成原电池，促进它们的氧化，而黄铁矿本身的氧化则比其余硫化物滞后。

与细菌浸出有关的还有碱性脉石碳酸盐及黏土矿物的量。由于细菌浸出多在稀酸介质中进行，碱性物质同时溶解，从而增加了过程的耗酸量，提高了运作成本；过多的碳酸钙还会导致浸液中硫酸钙达到饱和而呈固体析出，并沉积于矿块表面，从而阻碍进一步浸出。黏土矿物具有吸附的特性，它会吸附溶液中的金而使金的回收率下降，另外它还会改变堆浸的渗透性。

B 矿石中硫化物的化学成分

硫化物化学成分的复杂性，给细菌浸出带来了一定的困难。世界上难处理金矿也主要根据矿石化学成分的差异来进行分类的。

（1）高砷微细粒金矿石：这类矿石中砷的含量高，毒砂以主要矿物的形式出现。金以微细粒的形式被包裹于毒砂和黄铁矿之中，金与硫化物不易分离，用常规的选冶工艺难以获得好的指标。

（2）含碳金矿石：矿石含碳高，碳可以是有机碳、无机碳、石墨等形式。碳质物有强的吸附性，当金被浸出后，它们可以对金反吸附，使金重新固定在矿石或尾矿中。

（3）含碲金矿石：碲化金在氰化液中的溶解能力很差，因此金的浸出率低，属于难处理金矿石。

（4）含多金属金矿石：矿石含铜量高将导致氰化浸金过程中氰化物的大量消耗，金的浸出率很低。

这些难处理金矿中，含砷金矿占绝大多数，属于最主要的类型。此类矿石中最重要的载金硫化物矿物黄铁矿和毒砂中微量元素的含量，明显受形成深度和矿石类型的影响。诺夫戈罗多娃对前苏联 168 个单矿物样品分析后得出结论：

（1）黄铁矿中普遍含 As，且随深度增加 As 降低。

（2）黄铁矿中 Sb 的频数在中浅部可达到 50% ~75%，在深处仅为 5%。

（3）毒砂中 Sb 平均值高于黄铁矿。

（4）一般 Au、Ag 在黄铁矿和毒砂中随结晶深度加大而减小。

8.4.1.3 工艺方面的因素

A 矿石粒度及矿浆浓度的影响

细菌浸矿是在矿石的界面上进行的过程，其速率与固体的比表面积有关。显然矿石粒度越细，颗粒的比表面就越大，越有利于细菌与矿石接触，表面能就越高，晶体就越不稳定，因而要进一步破场、晶格所必须付出的能量相对要小些，细菌氧化就越快、越好。但对于堆浸，矿石粒度越细，矿堆堆积得越紧密，矿堆内部空气的流通和浸出液的渗透都受到影响。

有研究表明，低矿浆浓度矿物的浸出速率与矿浆浓度成正比；高矿浆浓度下，浸出速率随矿浆浓度增加而降低。高矿浆浓度所带来的影响主要包括：

（1）引起 O_2 和 CO_2 传输的有效量不足。

（2）矿粒增多，均摊于各个矿粒的细菌数目减少，导致细菌/固体比值较低。

（3）搅动矿浆中矿粒之间的碰撞、摩擦程度加剧，致使吸附于矿粒表面的微生物脱落或损伤。

（4）有毒浸出产物、代谢物及其他有害物质如残留的浮选药剂的浓度增加，从而影响浸出效率。

在微生物浸矿工艺流程中，矿浆浓度一般控制在10%～20%。

B 表面活性剂种类及浓度的影响

细菌浸出速度相对较慢，这是细菌浸出的主要缺点。但若使用某些表面活性剂则可改善矿石表面性质（如亲水性和渗透性等），从而达到加快浸出速度的目的。以下几种表面活性剂的效果比较显著。

（1）阳离子型表面活性剂：甲基十二苯甲基三甲基氯化铵、双甲基十二基二甲苯、咪唑啉离子季铵盐。

（2）阴离子型表面活性剂：辛基磺酸钠、氨基脂肪酸衍生物等。

（3）非离子型表面活性剂：聚氧乙烯山梨醇酣单月桂酯（吐温-20）、苯基异辛基聚氧乙烯醇、壬基苯氧基聚氧乙烯乙醇等。

表面活性剂存在最佳使用浓度，它虽有利于细菌和矿物接触，但不能促进细菌生长。

C 搅拌充气及反应器结构的影响

槽浸细菌氧化中实际消耗的O_2和CO_2分别是自然条件水中溶解O_2和CO_2的164倍和33倍，由此微生物反应器必须不断地用鼓风、搅拌等方式向溶液中通入足量的空气。另外，酸性浸液对反应器具有较强的腐蚀作用，防腐是要解决的主要问题。国外大都采用不锈钢材质；国内采用普通钢防腐涂层处理，相对造价低，但寿命短。反应器是影响浸出的关键因素。反应器应满足4个条件：

（1）能保持适当的反应条件，保证细菌旺盛的生命活动。

（2）能使矿浆中的氧充分饱和。

（3）在最低能耗条件下，使10%～20%矿浆浓度下的固相保持悬浮状态。

（4）设备要耐腐蚀。

8.4.2 细菌氧化工艺动力学

涉及硫化矿细菌浸出动力学模型的研究较多，这些研究结果对于砷黄铁矿细菌浸出动力学模型的建立有一定益处。最初的研究基于传统化工模型，偏重于细菌氧化的传质因素，试图通过建立具有普遍意义的模型来建立广泛适用的浸矿动力学理论。随着研究的深入，对细菌浸矿过程的了解越来越深刻。最近的关于细菌浸出的研究表明，在浸出过程中，硫化矿的浸出有两个步骤。在此基础上可以认为，硫化矿的浸出主要是Fe^{3+}的化学浸出，细菌的作用主要为再生体系中的Fe^{3+}。这样Fe^{3+}对硫化矿的浸出作用和细菌对Fe^{3+}的氧化就可以相对独立地研究和强化。

浸矿过程中细菌对Fe^{3+}的氧化是通过铁氧化酶完成的，是酶促反应。大部分描述细菌对Fe^{3+}氧化的模型是通过Monod方程结合电化学理论建立的。如表8.11所示，不同的研究者只考虑了浸出过程中不同的环境参数对细菌氧化Fe^{3+}反应的抑制或促进作用，并据此来调整模型的数学表达式。不同研究者得出的反应机理往往有细微的差别，这主要是由于细菌浸出过程涉及矿物的物理化学性质、细菌菌种生理特性以及采用的环境参数的复杂性。对具体的细菌浸出过程进行研究，只有通过实验得到浸出过程特定的动力学模型才具有意义。

表 8.11 不同研究中的细菌生长及氧化 Fe^{2+} 的动力学模型

动力学模型	参数
$\mu=\dfrac{\mu_m[Fe^{2+}]}{K_S\left(1+\dfrac{[Fe^{3+}]}{K_P}\right)+[Fe^{2+}]}$	$\mu_m=1.25h^{-1}$，$K_S=0.048kg/m^3$，$K_P=0.06\sim0.11kg/m^3$
$\mu=\dfrac{\mu_m[Fe^{2+}]}{\left(1+\dfrac{[Fe^{3+}]}{K_P}\right)+(K_S[Fe^{2+}])}$	$\mu_m=1.78$，$1.33h^{-1}$，$K_S=0.04$，$0.13kg/m^3$，$K_P=0.06$，$0.15kg/m^3$
$\mu=\dfrac{\mu_m[Fe^{2+}]}{K_S\left(1+\dfrac{[Fe^{3+}]}{K_P}\right)+[Fe^{2+}]}$	$\mu_m=0.11h^{-1}$，$K_S=0.05kg/m^3$，$K_P=0.44kg/m^3$
$\mu=\dfrac{\mu_m[Fe^{2+}]}{K_S\left(1+\dfrac{[Fe^{3+}]}{K_P}\right)+[Fe^{2+}]}$	$\mu_m=0.12h^{-1}$，$K_S=0.09kg/m^3$，$K_P=2.32kg/m^3$
$V=\dfrac{V_m[Fe^{2+}]}{K_m\left(1+\dfrac{[X]}{[K_i]}\right)+[Fe^{2+}]}$	V_m[nmol/(min·mg)]:(a)88,(b)143,(c)125,(d)100;$K_m(kg/m^3)$:(a)0.02,(b)0.04,(c)0.01,(d)0.02;K_i(mg/mL):(a)(—),(b)(—),(c)0.33,(d)0.11
$V=\dfrac{V_m[Fe^{2+}]}{K_m\left(1+\dfrac{[X]}{[K_i]}+\dfrac{[Fe^{3+}]}{K_P}+\dfrac{[X][Fe^{3+}]}{\alpha K_iK_P}+[Fe^{2+}]\right)}$	$K_m=0.004kg/m^3$；$K_i=0.135mg/mL$；$K_P=0.036kg/m^3$；$\alpha=5.0$
$\mu=\dfrac{\mu_m[Fe^{2+}]}{K_S\left(1+\dfrac{[Fe^{3+}]}{K_P}\right)+[Fe^{2+}]+\dfrac{[Fe^{2+}]^2}{K_{Si}}}$	$\mu_m=0.23h^{-1}$，$K_S/K_P=0.94$，$K_{Si}=12.0kg/m^3$
$\dfrac{d[Fe^{2+}]}{dt}=\dfrac{K_0e^{-\frac{E}{RT}}[X][Fe^{2+}]}{K'_m\left(1+\dfrac{[X]}{K'_i}\right)+[Fe^{2+}]+\dfrac{\left(1-\dfrac{[X]}{\beta}\right)[Fe^{2+}]^2}{\alpha}}$	$K'_m=0.0672kg/m^3$，$K_i=2.68\times10^7mL^{-1}$，$E=68.4kJ/mol$，$\alpha=26.1kg/m^3$，$\beta=7.8\times10^8mL^{-1}$
$\mu=\dfrac{\mu_m[Fe^{2+}]}{K_S\left(1+\dfrac{[Fe^{3+}]}{K_P}\right)+[Fe^{2+}]+\dfrac{As^{3+}}{K_a}}$	$\mu_m=0.16h^{-1}$，$K_S=0.073kg/m^3$，$K_P=0.078kg/m^3$，$K_a=21.75kg/m^3$

注：V 为反应速率；μ 为生长速率；$[Fe^{2+}]$ 为亚铁离子浓度；$[Fe^{3+}]$ 为铁离子浓度；$[As^{3+}]$ 为砷离子浓度；$[X]$ 为细菌浓度；K_S、K_P、K_m、K_i、K_a、K_{Si} 皆为常数。

Fe^{3+} 对硫化矿的浸出作用可用电化学理论来研究针对含砷金精矿的细菌浸出过程，Ruitenberg 等以此为基础推导并验证了砷黄铁矿的 Fe^{3+} 浸出动力学模型。

细菌浸出体系中 Fe^{3+} 和 Fe^{2+} 的比例可用 Nernst 方程表述：

$$E=E'_0+\frac{RT}{zF}\ln\left(\frac{[Fe^{3+}]}{[Fe^{2+}]}\right)$$

式中 E——溶液氧化还原电位，mV；

E'_0——标准电动势，mV；

R——普适气体常数，kJ/(mol·K)；

T——温度，K；

z——参与氧化还原反应的电荷数；

F——法拉第常数，C/mol。

体系中由铁元素守恒得砷黄铁矿的浸出速率γ_{FeAsS}表达式为：

$$r_{FeAsS}=\frac{d[FeAsS]}{dt}=-\frac{d[TFe]}{dt}=-\frac{d([Fe^{3+}]+[Fe^{2+}])}{dt}$$

又

$$\frac{dE}{dt}=\frac{RT}{zF}r_{FeAsS}\left(\frac{5}{[Fe^{3+}]}+\frac{6}{[Fe^{2+}]}\right)$$

由上述方程得到砷黄铁矿的浸出速率与体系中Fe^{3+}和Fe^{2+}的关系如下：

$$r_{FeAsS}=\frac{\frac{zF}{RT}\frac{dE}{dT}}{\frac{5}{[Fe^{3+}]}+\frac{6}{[Fe^{2+}]}}$$

其中：

$$[Fe^{2+}]=\frac{[TFe]}{1+\frac{[Fe^{3+}]}{[Fe^{2+}]}}$$

$$[Fe^{3+}]=\frac{[TFe]\frac{[Fe^{3+}]}{[Fe^{2+}]}}{1+\frac{[Fe^{3+}]}{[Fe^{2+}]}}$$

得到最终的砷黄铁矿Fe^{3+}浸出表达式为：

$$r_{FeAsS}=\frac{[TFe]\frac{zF}{RT}\frac{dE}{dT}}{\left(1+\frac{[Fe^{3+}]}{[Fe^{2+}]}\right)\left(\frac{5}{\frac{[Fe^{3+}]}{[Fe^{2+}]}}+6\right)}$$

在验证实验中，Ruitenberg 等得到了该模型基本符合实验结果的结论。当然，该模型只是纯粹的化学与电化学推导过程，而且只是在宏观尺度上对浸矿动力学的描述，更准确的模型应考虑吸附于矿物表面的细菌对矿物的浸出作用以及Fe^{3+}和Fe^{2+}的传质作用等。

Boon 等在研究黄铁矿的细菌浸出动力学时，对进出反应器的空气组分进行了分析，通过反应前后的空气组分变化来检测细菌生长情况。由于在实验中发现所有的氧气消耗都发生在溶液中，而不是发生在黄铁矿表面，所以他们认为实验中的间接作用占统治地位，从而导出了一个细菌间接作用浸出动力学公式。

首先利用元素和电荷平衡得到如下方程：

$$CO_2+0.2NH_4^++\frac{(1-4.2)Y_{SX}}{4Y_{SX}}O_2+\frac{1}{Y_{SX}}Fe^{2+}+\left(\frac{1}{Y_{SX}}-0.2\right)H^+\longrightarrow$$

$$CH_{1.8}O_{0.5}N_{0.2}+\left[\frac{1}{Y_{SX}}+\left(\frac{1}{2Y_{SX}}-0.6\right)\right]H_2O$$

式中，Y_{SX}为每单位二价铁可生成的生命物质量。

通过此方程可以得到各物质的反应速率和细菌生长速率之间的比例关系，而基质的消耗和细菌的生长与维持可以通过下式进行关联：

$$-r_S = \frac{r_X}{Y_{SX,max}} + m_S C_X$$

式中 r_S——基质反应速率；

r_X——细菌生长速率；

$Y_{SX,max}$——每单位基质产生的最大生命物质量；

m_S——维持系数；

C_X——生命物质浓度。

另一方面，根据经验方程描述黄铁矿的比氧化速率 v_{FeS_2}：

$$v_{FeS_2} = \frac{v_{FeS_2,max}}{1 + B\frac{[Fe^{2+}]}{[Fe^{3+}]}}$$

其中根据推导得到黄铁矿比氧化速率 v_{FeS_2} 与氧气消耗速率 r_{O_2} 之间的关系为：

$$v_{FeS_2} = \frac{4}{15}\frac{r_{O_2}}{[FeS_2]}$$

而二价铁和三价铁浓度比可以通过 Nernst 方程得到。

Boon 认为细菌所起的作用就是氧化溶液中的 Fe^{2+}，使$[Fe^{3+}]/[Fe^{2+}]$保持较高值，从而保持较高的黄铁矿氧化速率。这一结论从实验结果中得到了证明，模拟计算的结果也与实验值符合得较好。

Fowler 等通过一种能够保持溶液氧化还原电势的反应器研究了黄铁矿的细菌浸出过程，结果发现并不存在细菌的表面吸附，因此也不存在直接机理。并通过电化学中的法拉第定律关联黄铁矿反应速率和反应电流密度得到反应速率方程为：

$$r_{FeS_2} = \frac{k_{FeS_2}[H^+]^{-\frac{1}{2}}}{14F} \times \left(\frac{k_{Fe^{3+}}[Fe^{3+}]}{k_{FeS_2}[H^+]^{-\frac{1}{2}} + k_{Fe^{2+}}[Fe^{2+}]}\right)^{\frac{1}{2}}$$

式中 r_{FeS_2}——黄铁矿反应速率；

k_{FeS_2}，$k_{Fe^{3+}}$，$k_{Fe^{2+}}$——FeS_2、Fe^{3+}、Fe^{2+}的反应速率常数；

F——法拉第常数。

认为细菌的作用是产生 Fe^{3+}，并降低矿物表面的氢离子浓度，由于在反应速率方程式中 H^+ 的级数为负值，所以其浓度降低将有利于反应。

8.5 难处理金矿细菌氧化工艺流程

微生物浸矿工艺包括堆浸法、地浸法、槽浸法以及搅拌浸出法等。而难处理金矿的细菌氧化浸出工艺主要有细菌堆浸预氧化浸出和矿浆搅拌预氧化浸出两种作业形式，分别用于处理难浸贫金矿和浮选金精矿。

8.5.1 细菌堆浸预氧化工艺

8.5.1.1 工艺流程

黄金堆浸技术是近十几年来发展起来的新工艺，是原来堆浸提取有色金属（主要用于低品位铜资源的开发）扩展到金矿资源的开发领域。20 世纪 70 年代以来，世界上黄金堆浸技术发展较快，国际上产金大国都已采用堆浸方法提取黄金，目前生产规模已经大型化，在堆浸提金工艺研究、工程设计、施工建设、生产控制、环保措施、经济评价方面积累了丰富的经验，初步形成了比较成熟的现代黄金堆浸技术和工程。堆浸技术正向纵深发展，已成为现代黄金工业中的重要的提金方法，有力地促进了低品位黄金资源的开发。

堆置浸出法，简称为堆浸法，是指将适宜粒度的矿石或废石堆在不漏水的场地上，从矿堆顶部向下喷洒浸出剂，在其渗滤过程中，有选择地溶解和浸出矿石或废石中有用成分，使之转入溶液，以便进一步地提取或回收的一种方法。细菌堆浸，亦称微生物堆浸，是指在一定种类的细菌（如自养细菌）参与下的堆浸。细菌通过直接和间接作用，以及直接和间接的联合作用与硫化矿物发生化学反应。金矿细菌堆浸主要处理金精矿，细菌氧化只作为难浸金矿石的预处理方法，经细菌氧化处理的矿石再进行氰化堆浸。对细菌堆浸最有意义的细菌是氧化铁硫杆菌和氧化硫硫杆菌。

对于黄金矿山来说，含金富矿逐年减少，并且常规氰化浸出低品位矿石得不到较好的结果，人们必须寻找新的、更有效的加工方法。其中，工艺简单、投资少、效果好的堆浸工艺得到了越来越多的重视，且得到了较快的发展。特别是在 1967 年，美国推出“制粒堆浸”技术，解决了含泥量多的矿石或细粒矿石不宜进行直接堆浸的问题。制粒堆浸是堆浸技术的重大发展，促进了堆浸技术的革新，拓宽了堆浸技术的使用范围。在难处理金矿石方面，一些金矿的可选性能不好，无法通过浮选等选矿技术进行富集，要想回收这类矿石中的金，只能对原矿进行预氧化处理。出于经济原因考虑，原矿石的细菌预氧化处理，只能采用堆浸氧化的形式。工业实践已证明，堆浸法具有工艺简单、投资省、成本低、见效快和作业安全等优点，它能处理常规工艺不能经济处理的贫矿、表外矿或废石。

矿石的性质与矿物组成对堆浸有很大的影响。影响金矿石堆浸的工艺矿物学因素有含金矿物的种类、金的嵌布粒度、矿物组成、含金矿物嵌布特性及与伴生矿物关系等。

(1) 含金矿物的种类。目前确认的含金矿物有 20 多种，其中常见的金矿物有自然金、银金矿和金银矿等。适于堆浸的含金矿物是以自然金为主的含金矿石。

(2) 金的嵌布粒度。一般含金矿石随品位降低，贫矿物的平均粒度减小。当金的嵌布粒度粗时，浸出时间会延长；在金的嵌布粒度细（$<2\mu m$）时，单体解离困难；在二氧化硅、黄铁矿等共生矿物中呈包裹体存在时，包裹体内的金很难浸出。呈包裹体的含金矿石须预先进行处理，使包裹体解离，金颗粒暴露，否则，直接堆浸效果很差。

(3) 金的伴生矿物。伴生矿物直接影响堆浸的效果。黄铁矿、砷黄铁矿和磁黄铁矿是最常见的伴生金属矿物，此外，一般还伴生少量铜、铅、锌等金属矿物。在堆浸过程中，这些伴生矿物会消耗氰化物，降低金的回收率，增加生产成本。对含有石墨和碳质矿物的浸染状金矿石，由于氰化溶解的金会被抢先吸附在矿石中的碳质上，所以，这种含金矿石应在除碳或解除碳的抢先吸附之后再进行堆浸。

(4) 金的嵌布特性。金的存在状态也会影响金的浸出效果。包裹金难以被浸出，而裂隙金、粒间金和游离金都易于浸出。

堆浸的经济效益是否明显，主要取决于所处理矿石的性质和矿物组成。适宜堆浸法提金的矿石应具有下述的一些特点：

（1）金品位低，大多数在 1.0 ~ 3.0g/t 范围内，仅个别矿床的金矿石品位大于 3.0g/t。

（2）金的嵌布粒度细。

（3）矿石因受氧化、风化而呈疏松多孔，具有可渗透性。

（4）用破碎法能使本身孔隙很少的矿石中的金暴露出来。

（5）矿石不含或少含酸性物质，不含或少含可与氰化物发生反应的元素。

（6）矿石中不含吸附或沉淀已溶金的物质。

因此，通常认为以下几类含金矿石适宜堆浸：

（1）含有亚显微金粒和微量黄铁矿、方铅矿、辰砂和辉锑矿的石灰质砂岩矿石。

（2）含有与氧化铁伴生的微细粒金的石英质砂岩矿石。

（3）在间粒状表面含有浸染金的砂质白云岩矿石。

（4）金存在于富褐铁矿空洞和裂隙中的石英质脉状矿石。

（5）含自然金和少量黄铁矿及少量石英脉的基性岩矿石。

（6）岩石纹理中含游离金的片岩矿石。

用于堆浸氧化处理的金矿石品位一般较低，如美国 Newmont 黄金公司在内华达州卡林金矿带的细菌氧化堆浸，入堆的矿石品位为2g/t 左右。为取得好的经济效益，一般每堆的矿石量都较大，通常每堆的规模为数十万吨至上百万吨。由于矿石较贫，堆浸氧化浸出的金回收率为 50% ~70%。堆浸的氧化周期为一年左右。除贫矿石外，该方法还可用于从废矿石堆和尾矿堆中回收金。如果废矿或尾矿中含有一定数量硫化物矿，就可以用细菌进行氧化，然后用氰化堆浸方法浸出金。金矿细菌氧化堆浸工艺与常规堆浸工艺流程大致相同，不同的仅是细菌氧化堆浸在氰化前加一个细菌预氧化及中和工序。难处理金矿细菌预氧化堆浸工艺流程如图 8.6 所示。

细菌氧化堆浸系统与一般堆浸类似，由浸堆、集液池、喷淋系统、通风系统及浸出液处理体系等构成，如图 8.7 所示。浸堆底部需要进行筑底衬垫。衬垫是堆浸设施中一个重要组成部分，其功能是保证溶液不渗漏，使浸出液经排液沟流入集液池，提高金属回收率，同时也减少试剂的消耗，防止溶液对环境的污染。衬垫在堆浸中不能沉陷、破裂或者滑动，衬垫的性能对浸堆的稳定性和渗透性有一定的影响。衬垫的材料需具有很低的渗透系数，一般要求其渗透系数小于 5×10^{-7}cm/s。渗透系数的界限值与衬垫上物料（矿石）的浸出时间及衬垫铺设时间的长短有关系。在浸堆底部铺防渗衬垫是应用较普遍的一种方法。衬垫材料一般采用 PE（聚乙烯）膜或高密度 PVC 膜，接缝处热焊连接。这类衬垫可重复使用多次，称为半永久性底垫。每次堆浸完成后，可将已浸矿移去（卸堆），留下底部 20 ~30cm 已浸矿，以保护再次筑堆时衬垫不被损坏，然后在其上堆上矿石，筑好新堆，重新进行浸出。浸堆底面以 2% ~3% 的坡度向集液池方向倾斜，以利于浸出液流向集液池。堆浸中也有采用永久性底垫，如废石（表外矿）堆浸一般都采用永久性底垫。集液池也可同样采用 PE 铺垫底部和侧面，以防渗漏。

场地准备好后，进行筑堆，即将已破碎到设计粒度的矿石，按设计要求堆成浸堆。筑

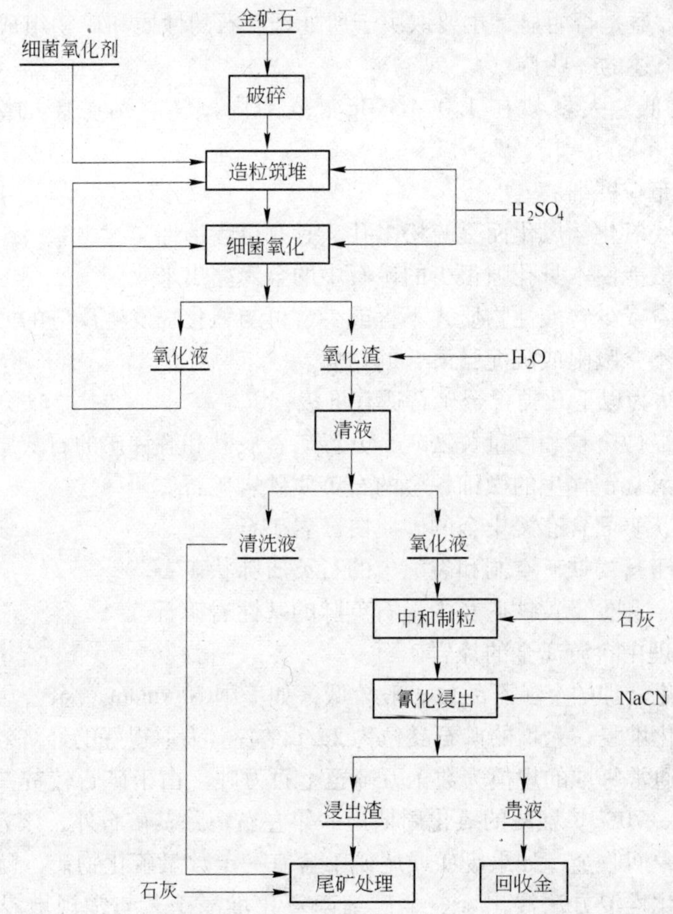

图 8.6 难处理金矿细菌预氧化堆浸工艺流程

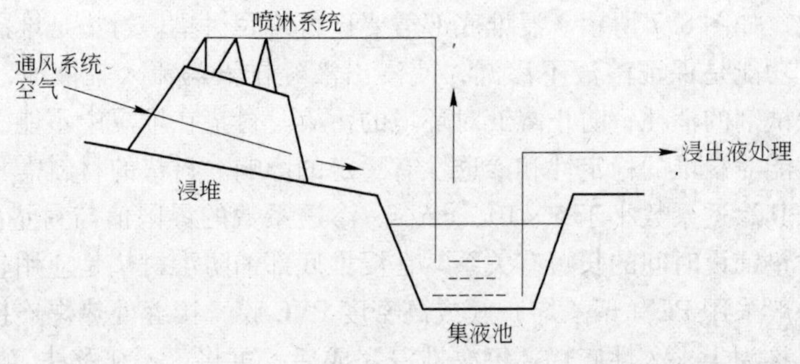

图 8.7 堆浸系统示意图

堆一般采用机械作业。浸堆的规模由生产规模决定，单堆规模可从数千吨至几十万吨，甚至上百万吨。通风管道应按设计要求在筑堆时安放在浸堆底部，配以低压风机形成浸堆的通风系统。筑堆完成后在浸堆表面铺设喷淋装置，配以耐酸泵形成喷淋系统。浸堆的喷淋一般采用循环方式，即浸堆的浸出液汇聚到集液池后，再用泵输至喷淋系统继续向浸堆喷淋。当集液池中有价金属离子浓度达到设计要求时，将其以一定流量泵出，进行溶液处理以回收目标金属。也可以采用滴喷系统代替喷淋系统。细菌浸出时的喷淋强度由工艺要求确定，一般为 5～25L/(h·m^2)。另外，在氧化过程中，需要对细菌营养条件进行控制和调节，通过对循环氧化液的分析来查看各种营养元素是否齐全、足量，不足的要给以补充。除营养条件外，浸堆内的充气条件也很重要。浸堆内的充气是通过堆中孔隙的空气对流和扩散及堆内溶液的循环流动达到的。因此，在筑堆时，应尽量使浸堆内有足够的孔隙，提高浸堆表面溶液使用率有利于增大溶液输送气量，摆动或振动的喷洒器产生的小液滴可吸入更多空气。对于某些高硫化物矿含量的浸堆，有时需要强制充气，可在堆中设立通气管，将压缩空气输进堆中。

金矿细菌氧化堆浸的场地及设备大致与一般堆浸相同，不同的地方是细菌氧化堆浸工艺流程中要配备一套细菌氧化剂的制备设施，该设施主要是菌液制备槽及相应的通气系统。有很多种形式的菌液制备槽，对于大规模的堆浸场来说，矿石量往往有数十万吨，需要用的菌液量很大，所以通常采用曝气槽等较简单易操作的设备。该设备要求耐酸，通常用不锈钢或普通碳钢衬塑料和胶等材料制成，具体结构如图 8.8 所示。该槽可以连续制备菌液，用于培养细菌的培养基从料液进口进入槽的底部，培养好的菌液由排出口放出，由空气进入口通过槽底部的分散器引入空气。pH 值控制器和电极用来控制槽内的酸度，自动调节加酸量。美国 Newmont 公司在卡林金矿带 70 万吨的细菌氧化堆浸场，建立有类似的菌液制备槽，槽容积为 189m^3，可生产 156L/(h·m^3)菌液。

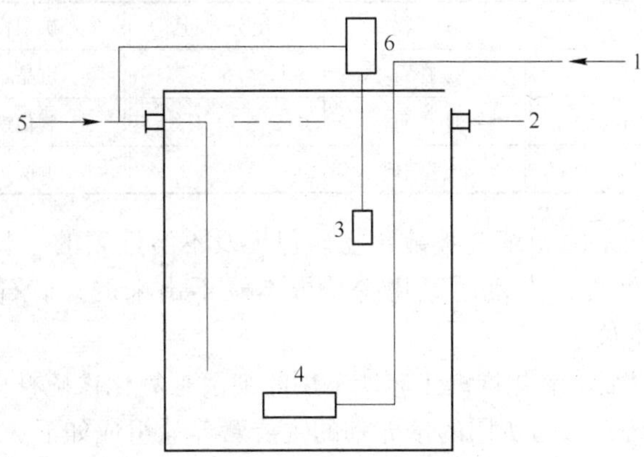

图 8.8 细菌连续培养槽示意图

1—空气入口；2—菌液排出口；3—电极；4—气体分散器；
5—料液进口；6—pH 值控制器

8.5.1.2 生产实例

细菌氧化堆浸工艺最具代表性的生产厂为 Newmont 黄金公司。Newmont 黄金公司成立于 20 世纪 60 年代初期，原名为卡林黄金公司，约 90% 股权为 Newmont 矿业公司所有，自 1965 年卡林金矿投产至今，该公司已成为北美最大的黄金公司之一。公司拥有巨大保有黄金储量，1995 年有可采储量约 960t，后备储量超过 860t。该公司 1997 年生产黄金达 83t。生产成本较低，1995 年平均生产成本为 210 美元/oz，而当年黄金销售价为 385 美元/oz，所以公司有较好的经济效益。

卡林金矿为北美洲在20世纪发现的最大金矿带，Newmont黄金公司在卡林矿带上拥有7座露天矿山和4座地下矿山，选冶设施包括2座处理高品位氧化矿的炭浆厂（每年可处理1500万吨矿石）、4座处理低品位氧化矿的大型堆浸场（每年可处理矿石5000万吨）和目前世界上唯一的处理低品位难选冶矿石的生物堆浸场。1995年在卡林实施了百万吨级的生物堆浸试验性作业，并于1996年实施了800万吨级的生产性作业。该技术的使用，使矿山在两年内增加上百吨的黄金储量。

Newmont黄金公司在率先发现了卡林金矿后，又成功地开发了大规模堆浸技术，对美国近20年来黄金工业的发展带来了深刻影响。该公司在盐湖城的选冶试验中心，在开发难选冶金矿的处理技术领域处于世界领先地位，尤其是利用生物技术处理难选金矿的大规模堆浸技术为世界首创。它所研究成功的金矿石细菌接种制粒的氧化工艺于1994年获得美国专利。该公司的选冶试验中心选用一种最难处理的硫化物碳质矿石进行了生物堆浸工业试验，矿石的化学组成见表8.12。含碳硫化物矿石物质组分见表8.13。

表8.12 硫化物碳质贫金矿组成

组 成	含 量	组 成	含 量	组 成	含 量
金/$g \cdot t^{-1}$	2.60	碳酸盐碳/%	0.05	硫化物硫/%	1.32
总碳/%	1.25	总硫/%	2.36	总铁/%	1.58
酸不溶性碳/%	1.20	硫酸盐硫/%	1.04	总砷/%	0.04

表8.13 含碳硫化物矿石的组成 (%)

矿 物	组分含量	矿 物	组分含量	矿 物	组分含量
石 英	65	蒙托石	6	重晶石	3
绢云母	4	明 矾	12	氧化铁	1
高岭石	4	黄钾铁矾	3	黄铁矿	2

这种矿石的难浸性是因微细金被硫化物矿包裹及不溶性碳的“劫金”联合作用造成的。该矿石若不经预处理，直接用氰化物是根本浸不出来的。矿石中硫化物矿物含量1.32%足以支持细菌生长。

Newmont黄金公司细菌氧化堆浸工艺所采用的细菌是氧化铁硫杆菌及氧化铁小螺旋菌组成的混合培养菌，培养细菌所用的培养基的主要营养盐组成如下：$(NH_4)_2SO_4$ 0.4g/L、$MgSO_4 \cdot 7H_2O$ 0.4g/L、K_2HPO_4 0.04g/L、$FeSO_4 \cdot 7H_2O$ 33g/L，用硫酸调节酸度至pH值为1.8~2.0。上述混合培养菌在培养基中逐渐扩大培养，制成工业堆浸用的菌液，共用6个细菌培养槽，每个槽的容积为5万加仑，约合189m^3，在目前来讲是世界上最大的菌液制备槽，用通气搅拌培养细菌，通气的速度为156L/($m^3 \cdot h$)。上述培养槽可制取500L/min菌液，细菌浓度为10^8个/mL，由培养槽排出的合格菌液，以0.04~0.05L/(kg·min)的速度喷洒在输送矿石的皮带运输机上，完成细菌接种，接种时矿石与菌液的比例是100:3，相当于每吨矿石含有10^6~10^7个细菌。接种细菌的矿石由皮带运输机直接堆入矿石堆浸场，矿石在落下时自动完成制粒过程，使细粒级矿石黏附于粗粒级矿石上。这样既有利于细菌在矿堆中的均匀分布，又有利于矿石堆中的空气流通及溶液流动。这种细菌接种、制粒及堆矿的过程是Newmont黄金公司所开发的特有的堆浸技术。矿石接种细菌堆入场地后，在堆上安装喷淋系统，然后用酸化水循环喷淋，喷淋速度为0.2L/(min·m²)。在循环淋浸过程中，需补加新鲜水以补偿蒸发损失。定期测量循环溶液的pH值、E_h和铁浓度，以此作为生物氧化进展的指标。生物氧化液中溶解铁总量的变化可表示矿石堆中黄铁矿的氧化进程，在可溶性铁中主要为Fe^{3+}，这是因为细菌将溶解的Fe^{2+}很快氧化为Fe^{3+}，所以可用此表示氧化亚铁硫杆菌的活性。在整个氧化过程中，循环液的电位为650～725mV，而溶液的pH值由初始的2.0～2.5降至1.7～1.8。在氧化过程前期，铁溶解非常快。为了解氧化过程中细菌的繁殖情况，可以在矿石堆中的不同深度取粒度小于2000μm的代表矿样，用稀释法测定矿石中所含细菌浓度。

工业堆浸生物氧化预处理的有效时间为120d左右，矿石中硫化物矿的氧化率为40%～50%。矿石堆在完成细菌氧化以后，用清水冲洗，洗出酸性高铁溶液，然后卸下洗涤过的矿堆并用水泥及石灰制粒，再重新筑堆，为下一步浸出金做好准备。这种二次制粒倒堆的作业也是Newmont黄金公司生物氧化堆浸工艺的独到之处。二次制粒及重新筑堆可为下步浸出金作业创造更好的条件。

Newmont黄金公司在卡林金矿的100万吨级生物氧化堆浸的处理成本为4～5美元/t，黄金的生产成本约150美元/oz。Newmont黄金公司在卡林金矿的难选冶贫金矿生物氧化堆浸工艺流程如图8.9所示。

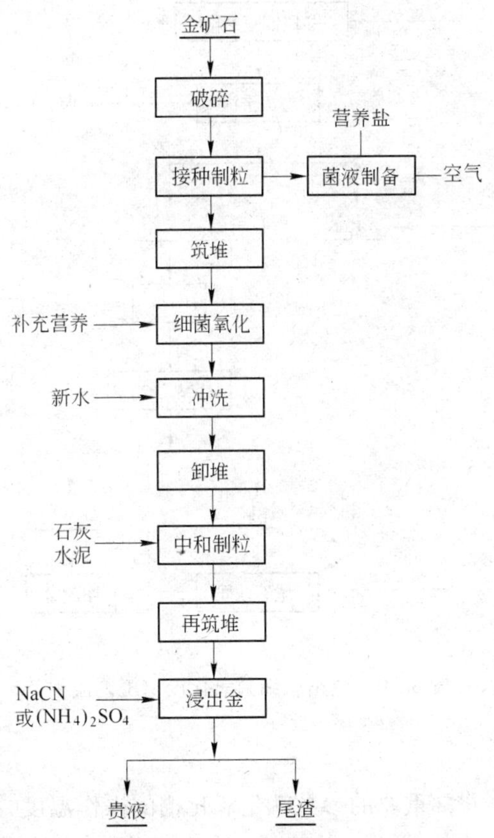

图8.9　Newmont黄金公司难选冶贫金矿生物氧化堆浸流程

8.5.2 搅拌预氧化槽浸工艺

8.5.2.1 工艺流程

细菌搅拌浸出常用来处理较富的金属矿石或精矿，如金属硫化矿的细菌浸出以及难处理金矿的细菌预氧化处理等。用于浸出的物料是磨成粒度很细的矿粉，在较低的固液比条件下进行浸出，因为在浓度高的矿浆中细菌无法生存。通常用于细菌搅拌浸出的矿浆含固量小于20%。搅拌的作用是使矿物与浸出剂充分混合，增加矿物与浸出剂的接触机会，提高浸出传质效率。

通常采用矿浆搅拌槽氧化形式对浮选含硫金精矿进行细菌氧化。为提高氧化速率及浸出率，一般在作业前要将精矿再磨细，使精矿的粒度达到90%为 $-75\sim-48\mu m$。金精矿的细菌氧化工艺流程如图8.10所示。该流程中要控制的工艺参数主要是氧化槽的温度、酸度、细菌营养、矿浆混合情况及通气情况等，使氧化槽维持在最佳工作状态。

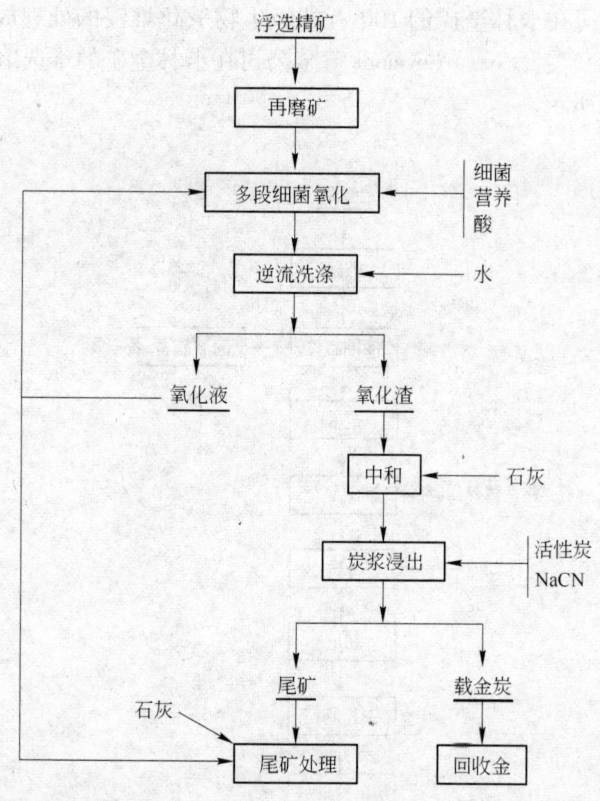

图8.10 金精矿细菌氧化浸出工艺流程

A 温度控制

细菌搅拌浸出第一个非常重要的参数就是氧化槽的操作温度，因为细菌对环境温度非常敏感，过低的温度会影响细菌生长及降低硫化物矿的氧化效率；过高会使细菌失去活性，甚至使细胞膜破裂造成细菌死亡。每种细菌都有其所能承受的温度上限，对于氧化铁硫杆菌等中温菌来说，所能承受的温度上限为 40 ~ 45℃；而有些耐热细菌，如硫化裂片菌，可耐 50℃以上温度。使氧化槽的工作温度维持在接近细菌能承受的温度上限，可以显著提高细菌氧化速度。

在实际氧化过程中，细菌氧化槽内的温度会上升，这主要是因为硫化物矿的氧化过程是一个放热反应；其次，鼓入空气及矿浆搅拌摩擦会产生一些热，添加硫酸或石灰控制酸度时也会产生少许热。但后两部分产生的热仅占一小部分，而氧化反应产生的热占 80% ~ 90%。氧化槽中细菌繁殖会利用所产生热中的一部分，槽壁传导及鼓入空气带出的水蒸气也会消耗部分热。尽管如此，对于硫化物矿含量较高的浮选精矿的细菌氧化过程，由于产生的热往往大于消耗的热，所以槽内矿浆温度仍会上升，在气温较高的地区更加明显。所以，为避免反应热引起氧化槽内温度过高，影响细菌生存，还需在反应器中安装冷却设施。有三种常用的搅拌反应器冷却方法：夹套冷却、蛇管冷却、竖管冷却。它们的构造图如图 8.11 所示。

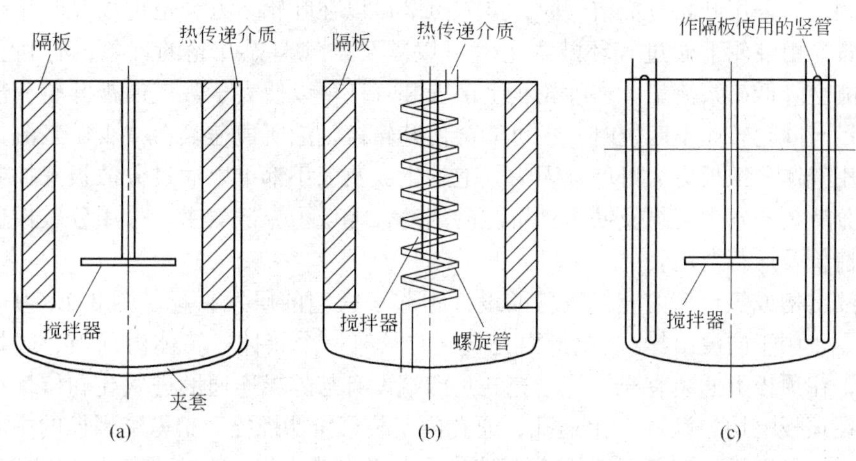

图 8.11　三种冷却槽的结构示意图

(a) 夹套冷却槽；(b) 蛇管冷却反应槽；(c) 竖管冷却反应槽

三种冷却方法各有优缺点。其中，夹套冷却的优点是初始投资少，操作成本低，缺点是对给定的槽容积而言，热传递面积较小，且槽在建成后传热面积无法改变。而蛇管冷却的传热面积大，冷却效率高，而且氧化槽在建成后，如果需要增加冷却量，还可随时增加蛇管长度。但与夹套冷却相比，该冷却装置的造价较高而且维修较困难。竖管冷却将反应槽的结构作了一些改动，即取消原有隔板，而以竖式冷却管代替隔板。这种冷却管设置法可提供最高的热传递速率，因为冷却管位于反应器的最强涡流区。这种冷却管也可以因需要而增加。其缺点是这种结构的隔流量较低，约相当于原有隔板的 75%，且制造成本一般也较高，维修成本也高。每种冷却方法均使用传热介质，该介质一般为冷水，水中有时加入防垢剂和灭菌剂。为此冷却剂必须严格与槽中工艺物料隔开，以免导致细菌受抑制或死亡。

除澳大利亚的 Youanmi 外，目前投入生产的所有细菌氧化厂均采用竖管冷却器代替隔板。这些工厂的设计给料硫含量均超过 20%，硫的氧化率高于 90%，氧化过程的反应热必须有相当于2.5kW/m^3的热从矿浆中排出，才可维持细菌生长所需的最佳温度。选用竖管冷却器是因为该传热方式的矿浆与传热面接触好，传热效率高。竖管冷却器存在的问题有因焊接不良和安装架上撕裂及磨蚀而引起的泄漏、内表面结垢及供水管堵塞等。解决的办法是改进结构材料、改变安装架和水管连接装置的设计、改善水质及定期除垢。

B 通气

在实际作业中，必须向反应槽中不断地通入空气，为细菌生长提供氧和二氧化碳。通入空气气泡尺寸越小，气泡在矿浆中保持的时间越长，氧与二氧化碳进入矿浆的机会越多，越有利于细菌繁殖与氧化硫化物矿。如果鼓入空气不足，细菌氧化速度就会下降，严重时甚至会停止反应过程。矿浆中溶解氧的浓度应保持在2mg/L以上，才能够维持细菌的正常生长。

空气通常是由位于搅拌叶轮下部的喷头引入矿浆中。气体在经过叶轮翼梢时被分散成细小气泡，也可以通过气体分散板来产生小气泡。分散板通常由开有沟槽的橡胶板制成，支承在框架上。采用叶轮分散空气时，鼓入点既可以在叶轮下方，也可以在叶轮梢的上部一点的位置。由叶轮下通过气环鼓入空气可以减少空气覆盖叶轮的现象，有利于气体分散，但可能会降低矿浆流量。在叶轮梢上部安装气环可以使大多数气泡被叶轮分散开，但当空气流量与叶轮转速不匹配时，也可能会使叶轮被气泡所覆盖且会减少矿浆流量。相比之下，采用气体分散板更为可取，因为气泡的生成及大小都可以通过分散板来控制。但在实践中，分散板会发生磨损及铁、钙沉淀的堵塞，降低了分散效果。采用分散板也会增加反应器的造价及运行费用。

新型浸出槽或氧化槽内充气设备的设计引起了人们的研发兴趣。图8.12为一种独特充气分配器，用于向浸出槽/氧化槽内充气。它具有一个箱体，箱体由顶板、底板、侧板封闭组成，在顶板上插装有充气管，充气管两端设有与外界连通的进气孔和位于箱体内的出气孔，在顶板上均匀设置N个通孔，通孔内安装聚氨酯螺栓。聚氨酯螺栓的中心设有微孔，使用时，可以通过聚氨酯螺栓中心微孔处向浸出槽内充入分布广泛均匀的细小气泡。与已有技术相比，从槽底部上升的微泡，强化了搅拌矿物颗粒效果，不沉槽，并能够使浸出矿浆中溶氧速度加快，浸出速度提高，达到了强化氧化浸出的目的，浸出回收率可提高3%以上，经济效益显著。

使用时，将多个充气分配器尽可能均匀水平地放入浸出槽/氧化槽底部，以达到最佳效果。通过管道从充气管4的进气孔5输入空气，气体由出气孔6进入箱体后，在一定的压力下，再通过聚氨酯螺栓7的微孔8向外冒出，在槽内产生类似于鱼缸中的微细空气泡沫，且分布均匀，可以大大加快槽内矿浆的溶氧速度，提高浸出回收率。同时，全槽底充气覆盖，可使得槽底部矿浆无死角沉淀，增加槽体有效利用率；布满槽体气泡的上升，本身强化了矿物颗粒的碰撞、搅拌，有用矿物颗粒元素与化学药剂分子之间有更多的接触反应几率，进一步强化了化学反应的正向进行，即提高了浸出反应速度。

另外，为了加强充气分配器的牢固性，还可在顶板1和底板2之间安装几个支撑杆9，以防止箱体变形，延长使用寿命。

C 气、液、固混合

气、液、固三相的充分混合可以保证较高的细菌氧化效率，目前建成的几个细菌氧化厂均采用机械搅拌加通气的混合方式。混合的目的是促进空气在矿浆中的传递，使矿浆中

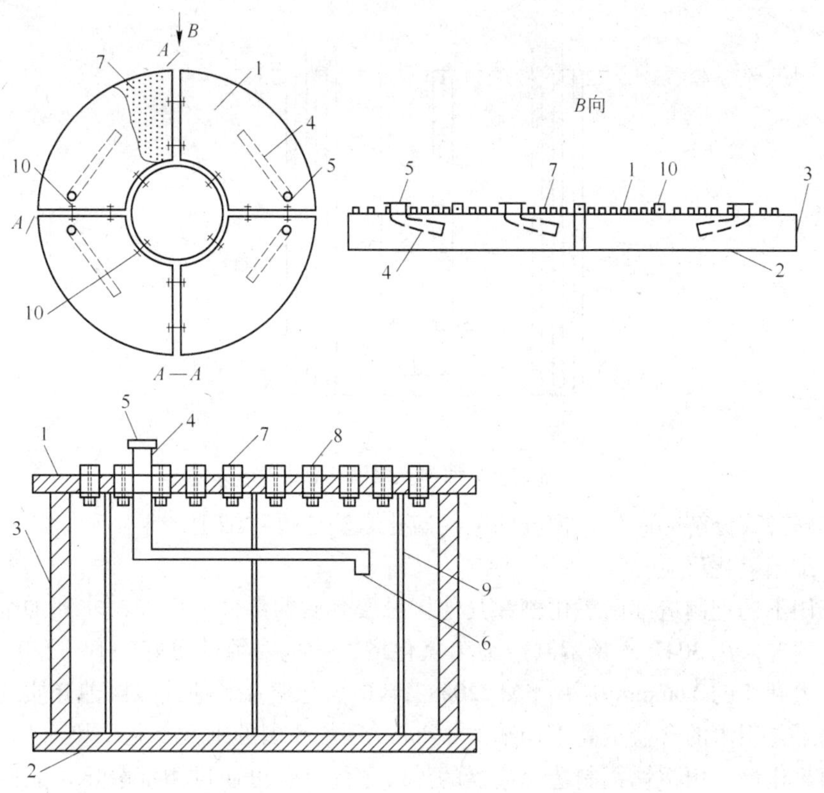

图 8.12 一种新型充气分配器结构示意图

1—顶板；2—底板；3—侧板；4—充气管；5—进气孔；6—出气孔；
7—聚氨酯螺栓；8—微孔；9—支撑杆；10—螺栓

各种粒级固体颗粒均匀分布，使得细菌与矿物组分、溶解氧、二氧化碳及营养物质充分接触。提高搅拌强度可以使气、液、固三相达到充分混合，但实际生产中往往避免采用过高的搅拌强度，因为过高搅拌强度会消耗动力过大，而且搅拌叶轮的高剪切力对细菌也会造成伤害。在搅拌过程中，气体传递主要发生在叶轮的高剪切区域，即叶轮的梢部。细菌代谢消耗产生于整个反应槽，硫化物矿的氧化主要发生于固体颗粒相对聚集的反应槽底部，而细菌氧化 Fe^{2+} 为 Fe^{3+} 则在整个液相中进行。由界面传递或反应当中引入液相的可溶组分需及时混合到整个液相中去，如果混合速度比界面传递和反应速度慢得多，则反应器的大部分容积会变成无生产能力。因此，氧化槽及搅拌器的设计需要综合考虑混合、气体传递及固体表面化学反应等因素。

D 反应槽

目前已投入生产的几个细菌氧化厂，无论规模大小，细菌氧化槽均采用了机械搅拌加通气的柱式反应槽。反应槽大致构造如图 8.13 所示。细菌氧化所产生的液体对普通碳钢、铝、镀锌板和铜等材料具有腐蚀性，导致一般炭浆厂使用的许多材料不适合在细菌氧化厂使用。选材不当会造成设备腐蚀或操作安全问题。细菌氧化溶液一般含 Fe^{3+} 20 ~ 40g/L，pH 值为 1.5 ~ 1.8，温度最高达 50℃。除化学腐蚀外，细菌也能侵蚀橡胶和其他含硫材

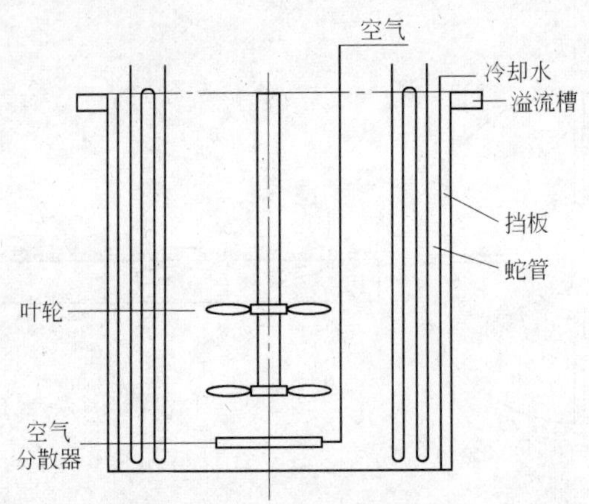

图 8-13 细菌氧化槽示意图

料，造成其脆裂或分解。此外，橡胶的某些硫化方法还可对细菌产生不利影响，所以衬胶槽也不适于细菌氧化反应。

一般都用不锈钢制造细菌氧化槽和其他接触酸介质的部件。例如，非洲加纳的Ashanti厂根据当地情况采用304L不锈钢制造细菌氧化槽，用抗腐蚀性更好的SAF2205钢制造冷却蛇管；澳大利亚的Youanmi厂用SAF2205钢制造氧化槽及其他接触腐蚀介质的部件，因为该厂使用工艺用水的含盐量高于加纳的Ashanti厂。我国的细菌氧化厂则有用316L不锈钢制作细菌氧化槽。用不锈钢制造反应器的另一个优点是可通过槽壁散热，这样可减少槽内冷却蛇管的用量，有时甚至可取消冷却蛇管，直接在槽壁用水幕法降温，Youanmi厂就采用了这种冷却方式。

E 搅拌器

机械搅拌器由齿轮变速箱、转轴和叶轮组成。搅拌器具有分散矿浆固体颗粒、气体输送和扩散、使pH值和温度均匀及传热等功能。以耗氧速率为尺度的细菌的活动性随搅拌速度增加而下降，剪切敏感性是容器中最大剪切水平的函数。最大剪切发生于叶轮的尖端，正比于叶轮梢部的线速度。对于细菌氧化工艺，宜选用高混合效率和低剪切力的叶轮。叶轮有两种形式：高翼式叶轮，也称径流式叶轮；低翼式叶轮，也称轴流式叶轮。径流式叶轮（如Rushton涡轮）是一种在要求高气体扩散速度工艺中使用的叶轮，搅动时在槽中形成上下两个搅动区。径流式叶轮在细菌氧化作业中使用存在一些缺点。例如，叶轮梢部的线速度必须低于可产生伤害细菌剪切力的速度。所形成的上下两个搅拌区的pH值和温度可能不同，可能造成不利于细菌的环境。此外，与轴流式叶轮相比，径流式叶轮的基础驱动功率较高，驱动功率对气体流量敏感，控制不好可能互相干扰；径流式叶轮单位功率所产生的搅拌强度低。

目前细菌氧化反应器广泛使用的两种叶轮为LishtltninA315和Mixtec Bxox。它们都具有能耗低、增加空气流量时能耗变化小和矿浆流量大的特点，均属轴流式叶轮。它们能够在比其他轴流叶轮更高的空气流量下扩散气体，在与径流式叶轮相同的转矩和能耗情况下，具有更高的质量传输系数，比径流式叶轮的剪切力低，可减轻对细菌的伤害，且矿浆固体悬浮和搅拌良好，反应器内无分区现象。与径流叶轮相比，在工艺性能相同情况下，这种叶轮可节省35% ~50%电力。

F 矿浆输送

金矿细菌氧化工艺所处理的物料是浮选金精矿的矿浆，这种矿浆具有固体密度大、固体浓度低的特点。因此，当搅拌强度低或矿浆流量小时，会造成固体沉淀和沉槽问题。细菌氧化反应器之间输送矿浆的流槽和管路中可能存在这种会产生固体沉淀或沉槽的条件。槽与槽之间的管路会发生堵塞现象。采用高密度聚乙烯管或SAF2205不锈钢管的空气提升输送方式，可成功克服矿浆输送管路的堵塞问题，因此，已成为矿浆输送的专用方法。

8.5.2.2 生产实例

20世纪70年代初，难处理金精矿开始采用细菌槽浸技术进行预处理，目前国内外已建成十多个采用细菌浸出—氰化流程从难处理硫化矿中提取黄金的生产厂。多数生产厂使用常温混合菌，主要由T. f、T. t和L. f构成。采用中温菌的有Youanmi厂（澳大利亚）。

A Youanmi细菌氧化厂

Youanmi金矿位于西澳大利亚首府佩思城东北500km的Yilgan矿区，属于澳大利亚金矿公司所有。该金矿细菌氧化厂于1994年10月建成投产，采用的是Bactech技术，是目前为止国外唯一采用此技术的金矿细菌氧化工厂，并被我国山东天承细菌氧化厂引进。该工艺技术是由澳大利亚Bactech生物技术有限公司开发成功的，工艺的基础研究工作始于1984年。当时在英国皇家学院化学系的Barret博士领导的研究小组正在寻找一种耐热的可以氧化硫化物矿的菌株，并在西澳大利亚炎热的沙漠地区找到了一种嗜热的混合菌株，定名为M_4。该菌株不同于由南非Gencor公司开发的并用于几家金矿细菌氧化厂的Biox工艺中的细菌，它可在西澳大利亚的干旱炎热的沙漠环境下生存，生长的最适宜温度为46℃，在55℃的高温下可活3d，因此它可用于含硫金精矿细菌氧化的放热环境中，可节省工艺冷却费用，这是该菌的最大优点。该菌还可耐受西澳大利亚的高盐水质，这给在当地的金矿采用细菌氧化工艺带来极有利的条件。Youanmi金矿是一座老矿山，由1902年就开始生产，该矿的地下原生矿，一直采用焙烧及氰化法加工。1993年矿山改称Youanmi Deep矿，划定可采储量为1355百万吨品位为14.35g/t的矿石，计划开采硫化物矿120000t/a（含金4800oz）至200000t/a（含金8100oz）。矿山可采寿命为8年。由于存在黄铁矿及砷黄铁矿等硫化物矿，该矿的地下矿石属于难处理矿。矿石中的绝大部分金与砷黄铁矿伴生，而砷黄铁矿中的金有98%为细粒包裹或固熔体形式存在。Youanmi Deep矿的硫化物矿适合于浮选，浮选精矿的硫化物矿物近33%黄铁矿和23%砷黄铁矿，精矿金含量为60g/t左右，浮选精矿的直接氰化金浸出率为40% ~60%。

Youanmi细菌氧化厂的设计生产能力为处理120t/d。矿石经破碎后进入球磨机进行闭路球磨，磨细后的矿浆首先经过浓密处理，然后进入另一台球磨机再进一步磨细，以便符合细菌氧化的要求。细菌氧化工序共设6个氧化槽，氧化槽均用不锈钢制成，其中三个槽并联组成第1段氧化槽，另三个槽串联为第2、3、4段氧化槽。经过二次磨矿的矿浆在进入细菌氧化槽之前调配成一定浓度，然后分别加入前三个槽，同时在三个并联的槽中加入细菌培养基。每个氧化槽都装有机械搅拌器，在搅拌桨下面通入空气，提供细菌生长所需要的O_2和CO_2。在氧化过程中，还需控制氧化槽的温度，由于所用的细菌为耐热菌，降低了冷却需求，在不锈钢槽壁外进行水幕冷却即可。由末段氧化槽流出的氧化好的矿浆进入一个逆流洗涤浓密系统，在此洗涤氧化产生的酸性含砷及硫酸高铁的溶液，洗除的酸性溶液用石灰进行二步中和处理，以便沉淀溶液中的砷。经过洗涤及浓密的氧化渣，进入炭浆浸出工序浸出金。

Youanmi细菌氧化厂投产后，设备运行状况良好，细菌也适应了工厂的生产条件，经过两年多的运行，已达到了设计所要求的工艺指标，某些参数比中间工厂的数据还好。该厂的设备指标与实际生产指标对比见表8.14。

表8.14 Youanmi细菌氧化厂设计与生产工艺指标对比

工艺指标	设计	生产	工艺指标	设计	生产
生产能力/$t \cdot d^{-1}$	5(6槽)	1(1槽)	砷氧化率/%	85~95	90
停留时间/d	4	3.5	通气量/$L \cdot (m^3 \cdot min)^{-1}$	65	65
矿浆浓度/%	15	15	O_2 利用率/%	25	25
操作温度/℃	45	50			

工厂的设计生产能力为处理5t/h浮选精矿，但由于矿山生产能力不足，提供不出那么多矿石，所以工厂只利用了部分设备能力。设计氧化槽接触时间为4d，但实际只用3.5d即可达到要求。设计氧化槽操作温度为45℃，实际生产中为50℃，说明细菌耐热性能在生产中有所提高。

B 烟台黄金冶炼厂细菌氧化车间

我国第一座含砷难处理金精矿细菌氧化工程为烟台黄金冶炼厂细菌氧化车间（现为烟台市黄金冶炼责任有限公司），该工程设计规模为日处理50t含砷难处理金精矿。自2000年7月1日动工建设，10月开始在工业设备上接种，12月正式投产。经过近一年的连续运转，生产指标和经济效益均超过了设计指标。2001年开始扩建车间，2002年初，生产规模扩大到80t/d。该车间由北京有色设计研究总院（现为中国有色工程设计研究总院）进行总体设计和非标准设备设计，由长春黄金研究院提供菌种和生产操作条件，完全应用国内设备和仪表，基建施工和在工业设备中培育菌种的时间不足半年，便一次投产成功。烟台市黄金冶炼厂生物氧化工程的成功建设和投产，标志着我国成为国际上少数拥有此项高新技术的国家之一，具有十分重要的意义。这是我国黄金史上的一场革命，是我国黄金资源开发的又一新突破，为我国难选冶黄金资源的开发探索出一条新路。它的投产标志着我国难处理金矿的提金工艺已经从科研阶段转向工业生产。

烟台黄金冶炼厂细菌氧化车间的设计特点有：

(1) 全新概念的细菌氧化反应槽。细菌氧化的核心设备是氧化槽，在氧化槽内要完成对砷、铁、硫及其他有害矿物的氧化、分解，使被包裹的金充分暴露。氧化质量的好坏，对全厂的生产指标起决定作用。新设计的氧化槽具有以下特点：

1) 充气技术的重大变化。电力消耗在生物氧化氰化提金工厂的全部生产成本中占1/2以上，其中氧化槽的充气系统和搅拌器是最主要的用电大户。生物氧化需要空气中的氧进行氧化反应，按照化学反应方程式计算，精矿中的硫、铁、砷以及铜、铅、锌等都需要变成氧化物，所以需氧量是很大的。按照计算，在氧化槽内每氧化1kg黄铁矿，就需要1kg多的氧参与化学反应，这些氧来自空气，需要在氧化槽内通过气相和液相界面溶解到溶液中，才能参与化学反应。因此，最大限度地使气态氧溶解，就成为氧化槽设计的核心问题以及评价氧化槽效率的重要标志。国外模式普遍采用强力搅拌的方法使空气在矿浆中弥散。这种方法效果虽然好，但是搅拌器的功率很大。北京有色冶金设计研究总院设计的细菌氧化槽，合理地确定了氧化槽内充气器的结构形式和充气器的数量，使氧化槽的安装功率仅为同型号国外设备的1/5。实践证明，金精矿氧化效果良好。这一变化明显地降低了全厂的电力消耗，降低了生产成本。

2）排矿方式的重大变化。由于氧化槽搅拌功率远低于同型号的国外设备，因此，氧化槽的搅拌强度也远低于同型号国外设备，为了防止磨矿不正常时粗砂在氧化槽内积累，设计采用了底部排矿系统，这套系统彻底解决了槽内粗砂积累和上下浓度不一致的问题。采用底部排料时，排矿点可以高于氧化槽，为改变氧化流程创造了有利条件。

3）氧化槽槽体采用非金属材料。在正常操作时，氧化槽内矿浆 pH 值为 1 ~ 2，需要保持相当高的氧化还原电位，并有一定的温度，必须充分考虑防腐蚀、耐磨、防结垢等特殊要求。烟台黄金冶炼厂氧化槽规格为 ϕ8m × 7.5m，这样大的设备国外普遍用不锈钢制造。它在基本建设投资中占比例较大。北京有色冶金设计研究总院为了降低基建投资，大胆采用非金属材料，实践证明这一措施是完全成功的，大幅度降低了氧化槽的设备投资。

（2）设备材料非金属化。细菌氧化工艺除了氧化槽要求极好的耐腐蚀性外，氧化后的逆流洗涤系统和中和系统均要求耐腐蚀。在国外，此类设备均用不锈钢材料。而在烟台黄金冶炼厂细菌氧化车间的设计中，压滤机均采用塑料滤板，其他设备在普通钢上加防腐层。生产实践证明，该办法是可行的。

（3）工艺流程的变化。烟台黄金冶炼厂的细菌氧化预处理工艺流程（见图 8.14）与国外的细菌氧化厂流程不完全相同，有以下两个方面的改进：

1）洗涤流程的改进。难处理金精矿经过生物氧化以后，包裹金的各种硫化矿载体均被分解，硫、铁、砷及各种有害离子进入溶液，微细粒金得到充分暴露。洗涤工序的作用就是将溶液和氧化渣进行固液分离。最大限度地提高洗涤率对降低氰化工序中氰化钠的消耗具有重要作用。如果让含菌溶液和有害离子进入氰化作业，必然会引起氰化操作条件的紊乱，不仅要消耗大量的氰化钠和消泡剂，而且还会给金回收系统带来麻烦。因此，氧化渣在进入氰化作业前，要经过严格的洗涤，使 pH 值达到 6 ~ 7。国外的细菌氧化厂，均采用三段浓密机逆流洗涤。烟台黄金冶炼厂采用了一段浓密和两段压滤逆流洗涤，这种流程洗涤效率高，对降低絮凝剂和氰化钠用量、降低生产成本十分有利。

2）中和流程的改进。由于烟台黄金冶炼厂是金精矿的加工厂，没有矿山作为依托，没有尾矿库，中和渣必须经过处理后堆存。而中和渣的主要成分为石膏，沉降速度很慢，采用通常的自由沉降方法回收水量有限。因此，北京有色冶金设计研究总院设计中和渣处理工艺是直接用压滤机压滤。生产实践证明，该方法非常成功，压滤后的中和渣水分为50%左右，固结成块，易于堆存。

（4）设备露天配置。细菌氧化工艺设备规格较大，采用露天配置，既减少占地面积，又节省基建投资，配置紧凑，便于操作和管理。

（5）自动化水平较高。细菌氧化工艺属高新技术，需严格、细心地操作和管理，通过自动化仪表检测及时了解氧化动态尤为重要，为此，对氧化槽前的调浆槽进行了液位和浓度控制，一段氧化槽进行了定时给料控制，氧化槽均进行了温度、pH 值和氧化还原电位的检测。

烟台黄金冶炼厂投产以后，生产指标一直高于设计指标。两项指标对比见表 8.15

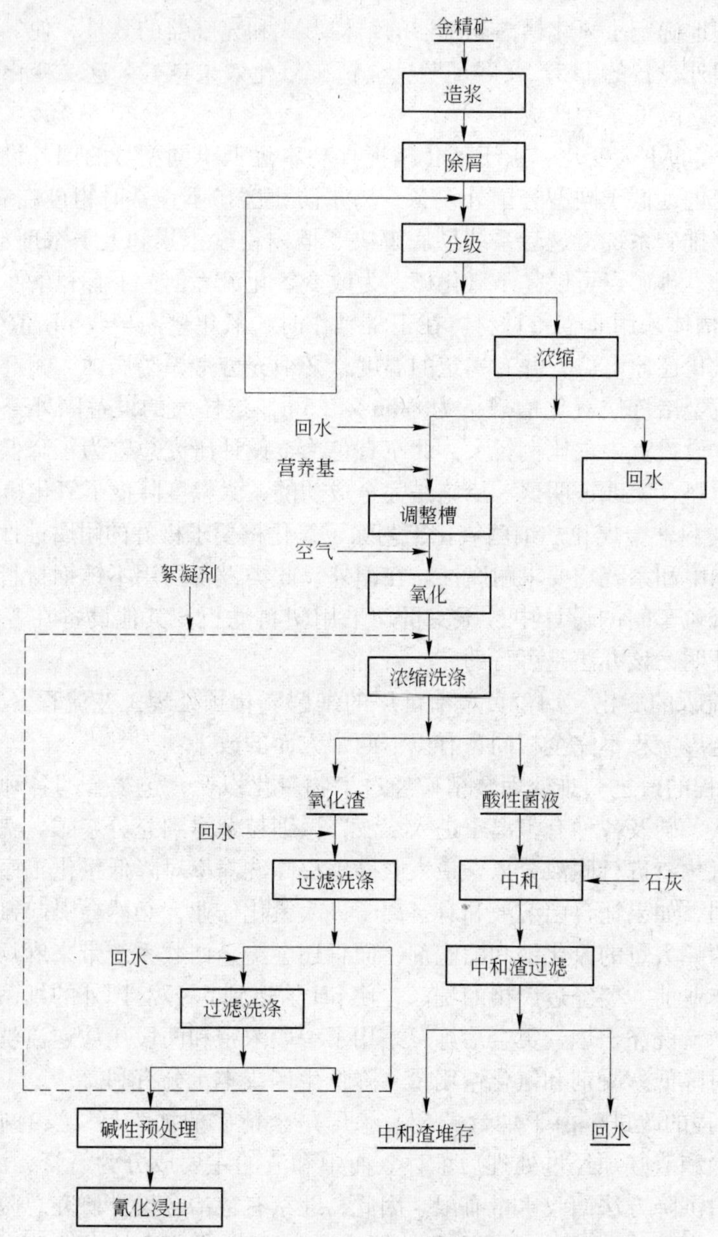

图 8.14 烟台黄金冶炼厂细菌氧化工艺流程

（生产指标为 2001 年 5 月月报）。

表 8.15 生产指标与设计指标对比

指 标 名 称	设计指标	生产指标	指 标 名 称	设计指标	生产指标
金精矿处理量/t · 月$^{-1}$	1375	1402.5	金精矿含硫/%	24.42	15.85
金精矿品位 Au/g · t^{-1}	52.7	66.12	硫氧化率/%	33.76	61.66

续表 8.15

指标名称	设计指标	生产指标	指标名称	设计指标	生产指标
氧化渣品位 Au/g·t^{-1}	71.94	99.7	氧化回收率 Au/%	100	99.46
氰化渣品位 Au/g·t^{-1}	5.76	4.41	氰化浸出率 Au/%	92	95.72
氧化时间/d	7	7	总回收率 Au/%	91.4	95.07

烟台黄金冶炼厂细菌氧化车间自2000年7月动工建设，10月开始在工业设备上接种，12月正式投产。经过近一年的连续运转，生产指标和经济效益均超过了设计指标。

（1）基本建设：投资烟台黄金冶炼厂达到80t/d生产规模后的全部基建投资（不包括流动资金）约为2050万元。与莱州黄金冶炼厂引进的细菌氧化工厂（该厂生产规模为100t/d，投资6300万元，2001年5月投产）相比，烟台黄金冶炼厂的建厂模式比引进模式的投资可节省一半以上。

（2）生产成本：细菌氧化预处理—氰化提金工艺在烟台黄金冶炼厂经过近一年的运转，其直接生产成本每吨精矿约为350元左右，低于设计直接生产成本每吨精矿374.56元的水平。在成本构成中，电、石灰、氰化钠三项占80%以上，工资、福利两项占10%左右。由于基建投资和生产成本都比较低，金回收率又比较高，因此，经济效益比较好。

8.6 难处理金矿细菌氧化工艺的优缺点

难处理金矿细菌氧化浸出工艺的研究和小规模的生产实践表明，该工艺具有以下优点：

（1）在大多数情况下，只需氧化难处理金矿中的一部分（40% ~50%）硫化矿物，便可将包裹中的金矿物暴露，从而大幅度提高金的氰化浸出率。

（2）细菌氧化所需时间虽然比焙烧或加压氧化工艺长，但随后由氧化渣中氰化浸出金的时间一般比较短，因为细菌优先氧化了与金银共生的硫化矿，因此生物浸出渣中的金易于浸出。

（3）细菌氧化工艺多在常温下进行，操作费用比较低。

（4）细菌氧化工艺过程比较简单，设备投资和土建投资都较焙烧和加压氧化工艺低。

（5）与其他金矿预处理工艺相比，细菌氧化工艺对环境的影响最小。

（6）细菌氧化可以降低或消除某些难处理金矿中碳质物对溶解金的吸附能力。

与其他氧化工艺相比，细菌氧化工艺也存在明显的缺点和局限性。

（1）生产周期长、效率低是细菌氧化工艺的最大缺点。

（2）工艺受环境影响较大，动力消耗占整个操作费比例较高，用于搅拌和通气的费用（主要是电费）占操作费的50%。细菌氧化在酸性条件下进行，而氰化浸金在碱性条件下进行，所以在氰化浸金前必须加一个中和工序，增加了试剂消耗费用。

（3）存在一些有害影响。如细菌在机械设备上附着积累，细菌对金属吸附（类似于抢先吸附）对炭浆法工艺流程可能造成不利影响等。

(4) 存在一定局限性，不是所有难处理金矿都适合于细菌氧化处理。例如被石英包裹的难处理金矿和某些含有对细菌有明显毒性的金矿就不宜用细菌氧化。

(5) 不能综合回收有价元素。矿石经过生物氧化后，其中伴生的硫、砷、铁等元素将进入氧化液中。由于目前氧化液的环保处理工艺是中和法，这些元素大部分进入中和渣而被废弃。另外，氧化液的环保处理成本也较高，会产生大量废渣。

(6) 细菌氧化工艺生产要求连续，如果在生产中“误操作”导致菌种大量死亡，则需要几个星期才能恢复正常生产。

(7) 生物氧化渣中的细菌代谢物的起泡性影响氰化浸出作业。生物氧化渣中含有大量细菌及其代谢物，会在氰化浸出作业中生成大量泡沫，影响浸出效果，生产中需用大量消泡剂抑制泡沫。

8.7 难处理金矿细菌氧化工艺的技术经济分析

8.7.1 难处理金矿氧化工艺指标

评价金矿氧化工艺的最好办法是与其他工艺方法进行比较。三种难处理金矿预氧化方法的工艺指标见表 8.16。

表 8.16 难处理金矿预氧化方法的工艺指标

预处理方法	氧化条件		氧化处理产物/%				氰化前处理	氰化浸出率/%	
	温度/℃	时间/h	As	Sb	S	$C_{有}$		Au	Ag
两段焙烧	450～500 600～800	2	228	1.7	0.5	无	NaOH	86.2	59.6
							HCl	96.6	79.6
							未处理	71.7	65.4
加压氧化	180	1.5	4.6	–	2.2	2.6	未处理	70.5	20.0
细菌氧化	28～32	60	4.86	1.11	12.69	1.84	未处理	91.5	62.5
							NaOH	94.5	79.5

由表 8.16 可以看到，在氰化前处理条件相同情况下，细菌氧化处理后的氰化浸出率，均比焙烧和加压氧化高，而且细菌氧化法对矿物中有机碳的吸附活性的消除效果与焙烧法不相上下。加压氧化显然未能破坏或改变碳的性质。

8.7.2 难处理金矿氧化工艺工厂建设投资费用

加拿大的 Wright 工程公司根据 Giant Bay 微生物工艺公司的试验结果，设计了处理量为 100t/d 的细菌氧化提金厂。该公司将建厂费用及现有常规氰化浸金厂改建成细菌氧化厂的费用同焙烧及加压氧化工艺作了比较，结果见表 8.17。

由表中可以看到，无论是建设新厂还是老厂改建，细菌氧化工厂的建设投资费用都比较低。与焙烧工艺相比，细菌氧化工艺建设投资大约低 20%；与加压工艺对比，细菌氧化工艺的建设投资仅为加压工艺的 1/2。

表 8.17 不同金矿氧化工艺的建设投资费用

工艺方法	焙烧	加压氧化	细菌氧化
新厂建设费用/万美元	660	1010	510
老厂改建费用/万美元	488.9	748.1	377.8
每吨精矿的生产成本/美元	58	75	58

Bounds 和 Ice 根据一种难处理金矿的试验结果，将细菌氧化工艺与焙烧工艺的建厂投资进行了比较，结果见表 8.18。精矿含 Au 13.4g/t、Ag 91.1 g/t、As 0.4%、S 39.7%，工厂规模为150t/d，服务年限为 10 年。由表中对比数字可以看到，细菌氧化工厂的建设投资中的各项费用均比同样规模的焙烧氧化工厂低得多，其中厂房建设费用，细菌氧化工艺仅是焙烧工艺的 1/20。该表对比结果可以说明，细菌氧化工艺的建厂投资肯定低于焙烧氧化工艺。

表 8.18 细菌氧化与焙烧氧化工艺建厂投资费用对比

项目	估算投资/万美元		项目	估算投资/万美元	
	焙烧	细菌氧化		焙烧	细菌氧化
设备购量	349.7	261.3	直接总投资	1096.3	543.6
安装费	104.8	78.7	工程费	107.7	43.5
管道	139.8	78.4	施工费	109.7	54.4
保温材料	17.5	18.3	承包商酬金	65.8	27.2
检测仪表	70.4	52.3	意外性支出	138.3	66.7
电器	87.5	39.2	与场地位置有关的费用	228.2	102.0
厂房	327.3	15.7	间接总投资	1748.2	837.4
			合计	2844.5	1381.0

8.7.3 难处理金矿氧化工艺生产费用

加拿大的 Wright 工程公司根据试验结果设计出同等规模的金精矿氧化处理工厂，工厂的规模为 100t/d，得到的不同氧化工艺的生产成本见表 8.19。由表中数据可以看到，三种氧化工艺中，焙烧氧化工艺生产成本最高，加压氧化与细菌氧化差不多。

表 8.19 不同氧化工艺的生产费用及相对生产费用

工艺方法	焙烧	加压氧化	细菌氧化
吨矿生产成本/美元	55.90	42.79	43.09

引用表 8.18 的数据，细菌氧化与焙烧工艺生产费用的对比见表 8.20。该表数据说明，细菌氧化与焙烧工艺的总生产费用相差不大。其中，细菌氧化工艺的药剂费用及动力费用较高，因为细菌氧化工艺有一个酸碱中和工序，所以药剂费用高一些。动力费主要用于细菌氧化过程的搅拌与通气。细菌氧化工艺的劳动工资和设备维修费要低于焙烧工艺。

表 8.20 细菌氧化与焙烧工艺生产费用对比

项目	生产费用/万美元		项目	生产费用/万美元	
	焙烧	细菌氧化		焙烧	细菌氧化
药剂费	177.1	250.9	设备维修	52.5	25.1
动力费	27.6	42.4	意外性支出	29.2	25.2
劳动工资	65.8	41.7	总生产费用	352.0	385.3

Wright 工程公司就不同规模细菌氧化工厂的投资及生产费用作了对比（见表 8.21），同时还就 100t/d 生产规模情况下，对不同工艺方法的生产费用作了比较（见表 8.22）。由表 8.21 可以看到，细菌氧化工艺的生产规模越大，用于每吨矿石的矿石的建设投资越少，而生产成本也越低。所以细菌氧化工厂，和其他工厂一样，也要有适度的规模，才会有好的经济效益。从表 8.22 可以看出，对于同样的生产规模，三种氧化工艺中，焙烧工艺的生产费用较高，加压氧化与细菌氧化工艺生产费用差不多。

表 8.21 不同规模细菌氧化厂的投资与生产成本

规模/$t \cdot d^{-1}$	50	100	150
总投资/万美元	251.9	377.8	570.4
药剂费/美元 · t^{-1}	20.81	20.81	20.81
人工费/美元 · t^{-1}	28.32	14.16	7.08
备品条件/美元 · t^{-1}	2.12	1.80	1.33
易耗品/美元 · t^{-1}	0.50	0.37	0.27
动力费/美元 · t^{-1}	8.91	5.93	2.96
总作业成本/美元 · t^{-1}	60.66	43.08	33.45

表 8.22 不同处理工艺生产费用比较 （万美元）

工艺方法	建设投资费用	生产费用
焙烧氧化	488.9	55.90
加压氧化	748.1	42.79
细菌氧化	377.8	43.09

注：以 100t/d 计。

8.7.4 难处理金矿细菌氧化工艺生产费用

英国的 Davy Mckee 公司以加的夫理工学院的试验数据为依据，将处理原矿和处理精矿的细菌氧化工艺的投资和生产成本作了对比，处理能力原矿为 1000t/d，精矿为 1250t/d，见表 8.23。由表 8.23 的数据可以看出，对细菌氧化工艺来讲，处理精矿的投资与生产成本均比处理原矿低。但处理精矿金的回收率要比处理原矿低些。

表 8.23 原矿与精矿处理方案对比

建设投资/百万美元			生产条件			生产费用/美元 · t^{-1}		
矿石	原矿	精矿	矿石	原矿	精矿	矿石	原矿	精矿
浮选	—	1.52	含硫量/%	1.76	31.71	药剂	24.03	6.60
细菌氧化	4.68	1.57	停留时间/d	18.5	11.8	水电	23.59	4.65
氧化精炼	4.34	3.07	矿浆浓度/%	4.5	12.0	总计	47.62	11.25
公用设施	2.23	2.17	金回收率/%	92.7	89.8			
总计	11.25	8.33						

Bruynesteyn 就细菌氧化工艺的生产费用作了具体分析。他根据一种含金硫精矿的细菌氧化试验数据，按 400t/d 的生产规模建厂，精矿含硫 15%，细菌处理硫氧化率为 75%，细菌氧化浸金厂的生产费用组成情况见表 8.24。

表 8.24 金矿细菌氧化工艺生产费用分析

费用项目	生产成本/美元 · t^{-1}	费用组成/%	费用项目	生产成本/美元 · t^{-1}	费用组成/%
通气费用	10.91	17.1	絮凝剂	0.80	1.3
搅　拌	5.40	8.5	维　修	6.40	10.0
石灰石	6.64	10.4	劳动工资	6.00	9.4
石　灰	11.48	18.0	固定资产折旧	14.50	22.8
细菌营养	1.60	2.5	总　计	63.73	100.0

由表 8.24 中数据可以看到，在细菌氧化工艺的生产费用当中，用于通气和矿浆搅拌的动力费用占总生产费用的 25% ~30%，说明该项费用在总的操作费用中所占比例比较大。此外，另一个费用比较高的项目就是石灰中和，约占总操作费的 1/3。

8.7.5 不同工艺的经济效益对比

Bounds 和 Ice 对含 FeS_2 的一种金精矿细菌氧化及焙烧工艺的经济效益作了对比，见表 8.25。从两种工艺的总投资和生产成本以及各自的总收益情况，可以比较它们的经济效益。

表 8.25 焙烧工艺与细菌氧化工艺的经济效益对比 （万美元/年）

项　目	焙　烧	细菌氧化	项　目	焙　烧	细菌氧化
总收益	574.1	566.3	纯现值（工程的 12%）	616.3	676.0
生产成本	352.0	385.3	偿还期/a	8.7	6.2
投　资	1748.3	837.4	内部收益率（12%）	2.6	10.0
生产盈利	222.1	181.0			

以生产 10 年、按直线性折旧和 46% 税率计，焙烧工艺与细菌氧化工艺的生产成本和生产盈利大致相同，但焙烧工艺的投资是细菌工艺的两倍，所以焙烧法最终只能得到一个负的纯现值，10 年的内部收益率仅 2.6%，而细菌法的内部收益率为 10%。如果将精矿品位提高或金的售价提高到 12.86 美元/g 的话，则细菌氧化工艺的内部收益率会更高，用四

年就可以偿还投资贷款。

由前面的分析对比可以看出，在金矿预处理的三种工艺方法中，加压氧化工艺的建设投资最高，因为要建立专门的制氧车间，该项费用约占总投资的30%；其次是焙烧工艺，由于要建专门的烟尘处理系统，费用也比较高；而细菌氧化工艺的建设费用基本是加压工艺的1/2，是焙烧工艺的3/5～4/5。关于生产费用，三种工艺中，加压工艺高一些，细菌氧化工艺与焙烧工艺的生产费用差不多。就环境效益而言，三种工艺中，细菌氧化工艺最好，该工艺不产生任何有害气体和烟尘，而且氧化液的50%以上可以循环使用，溶解的砷被氧化为五价，同Fe^{3+}形成稳定的砷酸铁沉淀，一部分留在浸出渣中，一部分可以沉淀后贮存，不会对环境造成有害影响。

第三篇 金的提取与精炼

9 氰化法提金

9.1 概述

氰化法是当今世上提取黄金的主要方法，属于湿法冶金的范畴。它是金在含有氧的氰化物溶液中溶解，然后再从含金溶液中还原沉淀出金的总过程。

常用的氰化物有氰化钠，为无色透明的晶体，通常由于含有某些杂质而呈灰黄色，剧毒，易溶于水。它在水中的溶解度达到30%以上，远远超过氰化实验中所需要的任何浓度。当酸化氰化物的溶液时，氰化物即分解为无色、剧毒、易挥发的氢氰酸。存在于溶液中的氢氰酸为一种弱酸，在水中很难电离，无法起到溶解金的作用。

金的浸出是要将金矿石中的各形态的金氧化成易溶于水的稳定的金离子。在水溶液中稳定的金的配合物离子有 $Au(CN)_2^-$、$Au(SCN_2H_4)_2^+$ 和金的氯化物配离子。在用氧作为氧化剂浸出金时，配合能力最强的配合剂是氰化物，其次是硫脲和 Cl^-。

对于氰化物溶解金银的机理，前人进行了不断地研究，1846年埃尔斯纳提出氧论，1892年珍妮曾提出氢论，1896年博德兰德提出过氧化氢论，克里斯蒂曾提出氰论，1934年汤普森提出了腐蚀论。这些理论反映了氰化过程的早期研究，目前可以从金浸出的热力学特征、动力学特征和影响浸出速度的因素以及伴生矿物对于浸金过程的影响等方面加以考察。

（1）埃尔斯纳的氧论。

该理论认为用氰化物溶液溶解金时氧是必不可少的，其反应方程可表示为：

$$4Au + 8NaCN + O_2 + 2H_2O \longrightarrow 4NaOH + 4NaAu(CN)_2$$

（2）珍妮的氢论。

珍妮不承认氧在氰化物溶金的过程中必不可少，认为反应中必然释放出氢气，过程可表达为：

$$2Au + 4NaCN + 2H_2O \longrightarrow 2NaOH + 2NaAu(CN)_2 + H_2\uparrow$$

（3）博德兰德的过氧化氢论。

该理论认为金在氰化物溶液中的溶解分两步进行，中间生成过氧化氢，且可检测出来，方程式如下：

$$2Au + 4NaCN + O_2 + 2H_2O \longrightarrow 2NaOH + 2NaAu(CN)_2 + H_2O_2$$

$$2Au + 4NaCN + H_2O_2 \longrightarrow 2NaOH + 2NaAu(CN)_2$$

此两反应式相加，其结果和埃尔斯纳方程是相同的。

（4）克里斯蒂的氰论。

他认为有氧存在时，氰化物溶液会释放出氰气，且氰气对金的溶解起到活化作用：

$$4NaCN + O_2 + 2H_2O \longrightarrow 4NaOH + 2(CN)_2$$

$$2Au + 2NaCN + (CN)_2 \longrightarrow 2NaAu(CN)_2$$

两年后斯凯和帕克证实了含氰的水溶液无法溶解金银，否定了克里斯蒂的氰论。

（5）汤普森的腐蚀论。

他认为金在氰化物溶液中的溶解类似于金属腐蚀，在该过程中溶于溶液中的氧被还原为过氧化氢和羟基离子，并进一步指出博德兰德反应式可分解为下列几步：

$$O_2 + 2H_2O + 2e \longrightarrow 2OH^- + H_2O_2$$

$$H_2O_2 + 2e \longrightarrow 2OH^-$$

$$Au \longrightarrow Au^+ + e$$

$$Au^+ + CN^- \longrightarrow AuCN$$

$$AuCN + CN^- \longrightarrow Au(CN)_2^-$$

这些反应式已为后来的实验所证实。

（6）哈巴什的电化学溶解论。

他通过浸出动力学研究，认为氰化物溶液浸出金的动力学实验实质上是电化学溶解过程，大致遵循下列反应方程：

$$2Au + 4NaCN + O_2 + 2H_2O \longrightarrow 2NaOH + 2NaAu(CN)_2 + H_2O_2$$

1943 年他发现加有氧气的氰化钠溶液一般在 5 ~ 10min 内能溶解 10mg 金，而加有双氧水的氰化钠溶液中需要花 30 ~ 90min。试验表明，无氧存在时，金银在氰化物与过氧化氢溶液中的溶解为一缓慢的过程，证实下列反应很少发生：

$$2Au + 4NaCN + H_2O_2 \longrightarrow 2NaOH + 2NaAu(CN)_2$$

事实上当溶液中存在大量过氧化氢时，会将氰离子氧化成对金不起作用的氰氧根离子而抑制金银的溶解：

$$CN^- + H_2O_2 \longrightarrow CNO^- + H_2O$$

金氰化溶解的化学反应方程可表示为：

$$2Au + 4CN^- + O_2 + 2H_2O \longrightarrow 2OH^- + 2Au(CN)_2^- + H_2O_2$$

$$2Au + 4CN^- + H_2O_2 \longrightarrow 2OH^- + 2Au(CN)_2^-$$

其综合式为：

$$4Au + 8CN^- + O_2 + 2H_2O \longrightarrow 4OH^- + 4Au(CN)_2^-$$

实验证实，每溶解 2mol 的 Au，便消耗 1mol 的 O；每溶解 1mol 的 Au，便消耗 2mol 的氰化物；每溶解 2mol 的 Au，便产出 1mol 的 H_2O_2。而且金和过氧化氢的反应十分缓慢。

9.2 氰化提金原理

9.2.1 热力学

从热力学观点上看，金从溶液中析出的推动力可定量的用还原电位来表示：

$$Au^+ + e^- \rightleftharpoons Au$$

还原电位（E）可通过能斯特方程导出：

$$E = E^{\ominus} - \frac{RT}{nF}\ln\frac{c(M)}{c(M^+)}$$

式中 R——气体常数，等于 8.314J/(mol · K)；

T——绝对温度；

$E^{\ominus}$——反应的标准还原电位（氢标），V。

从式中可以看出，标准还原电位值越大，则离子被还原而析出金属的趋势越大；反之标准还原电位值越小，则向相反方向反应进行的趋势越大。

黄金是典型的贵金属，要把它溶解成游离态是困难的。根据热力学理论，金的标准电位非常高：

$$Au^+ + e^- \rightleftharpoons Au \qquad E^{\ominus} = +1.88V$$

工业上常用的氧化剂电位都比它低，因此都不能使金氧化。氰化物溶液呈碱性，在碱性介质中，使用最广泛的氧化剂是氧气，其反应有：

$$O_2 + 2H_2O + 4e^- \longrightarrow 4OH^- \qquad E^{\ominus} = +0.40V$$

$$O_2 + 2H_2O + 2e^- \longrightarrow 2OH^- + H_2O_2 \qquad E^{\ominus} = +0.15V$$

$$H_2O_2 + 2e^- \rightleftharpoons 2OH^- \qquad E^{\ominus} = +0.95V$$

上述反应都不足以使金氧化成 Au^+ 进入溶液。但是，根据能斯特方程，金属在它的溶液中的电位与该金属离子的活度 α 有关：

$$E = E^{\ominus} + \frac{RT}{nF}\ln\alpha(Me^{n+})$$

式中 E——金属盐溶液中的金属电位，V；

$E^{\ominus}$——金属的标准电位，V；

R——气体常数，8.314J/(mol · K)；

T——温度，K；

n——参与反应的电子数目；

F——法拉第常数，96500C/mol。

25℃时的金的电位方程为：

$$E = 1.88 + 0.059\ln\alpha(Au^+)$$

所以，金的电位随着溶液中 Au^+ 活度的降低而降低，这就是金能溶解于氰化物溶液的依据。总之，存在 CN^- 时，Au^+ 的活度急剧降低，因此，Au^+ 和 CN^- 可以形成非常牢固的配合物离子 $Au(CN)_2^-$，其解离平衡式：

$$[Au(CN)_2]^- \rightleftharpoons Au^+ + 2CN^-$$

强烈趋向于向左移动，具有极小的解离常数：

$$\beta = 1.1 \times 10^{-41}$$

因此，在有 CN^- 存在的条件下，Au^+ 的活度可显著降低。

显然，CN^- 与 Au^+ 结合为较为牢固的配合物，可显著降低金的氧化电位，从而为 O_2 氧化金，并配以阴离子 $Au(CN)_2^-$ 形式将其转入溶液提供了热力学上的先决条件。

由于生成配合物，金的电位下降，也决定了金在其他多种溶液中溶解反应的进行。以氧化还原电位 *E*-pH 值图来表示较容易理解。

从图 9.1 电势-pH 值图各平衡线的位置可知：

（1）氰化物与金银生成的配合物阴离子的还原电位比游离金银离子的还原电位低得多，故而氰化物是金银的良好浸出剂和配合剂。

（2）金的游离离子还原电位高于银离子，但金的氰化溶解平衡线低于银的氰化溶解平衡线，故在相同条件下，金比银更容易被氰化物溶液溶解。

（3）氧线位置高于金银氰化溶解平衡线，氰化浸出溶液中的溶解氧足可使金银氧化而溶解于氰化溶液中，且放出过氧化氢。

（4）金银氰化溶解与溶解氧的还原组成原电池，其电动势为其平衡线间的垂直距离，此距离在金银溶解平衡线的转弯处（即 pH 值为 9 ~ 10 时）最大，故生产中常加石灰或苛性钠作保护碱，使矿浆 pH 值保持在 9 ~ 10 之间，以获得较大的浸出推动力。

（5）金被氰化物溶液溶解而生成配合物离子的反应，金银氰化溶解的平衡线几乎都在水的稳定区内，故金银配合物阴离子 $Au(CN)_2^-$ 在水溶液中是稳定的。

（6）银的氰化平衡线全在水的稳定区间内，故氰化浸银时不会析氢，但金的氰化平衡线比银低，在金溶解平衡线低于氢线的范围内，可能析出氢气，但析出氢气的 pH 值范围较小。

$$2Au + 4CN^- + 2H^+ \longrightarrow 2Au(CN)_2^- + H_2\uparrow$$

（7）溶液的 pH 值相同时，金银配合物阴离子的平衡还原电位均随其配合物阴离子活度的降低而降低。

（8）溶液 pH 值为 9 ~ 10 时，金银配合物阴离子的还原电位随 pH 值的升高而下降，说明在此范围内，提高 pH 值对溶解金有利；但 pH 值高于 9 ~ 10 时，金银配合物阴离子的还原电位几乎不变。若 pH 值小于 9，氰根离子易于转化为氢氰酸，增加氰化物的消耗也污染了环境。

（9）氰化过程中如果采用过强的氧化剂（如过氧化氢）则会使得氰根 CN^- 转化为氰氧根 CNO^-，将导致氰化物的损失，增加氰化物耗量。

$$CN^- + H_2O_2 \longrightarrow CNO^- + H_2O$$

9.2.2 动力学

浸出过程是指：矿石中固体金溶解于含氧的氰化物溶液中的过程。

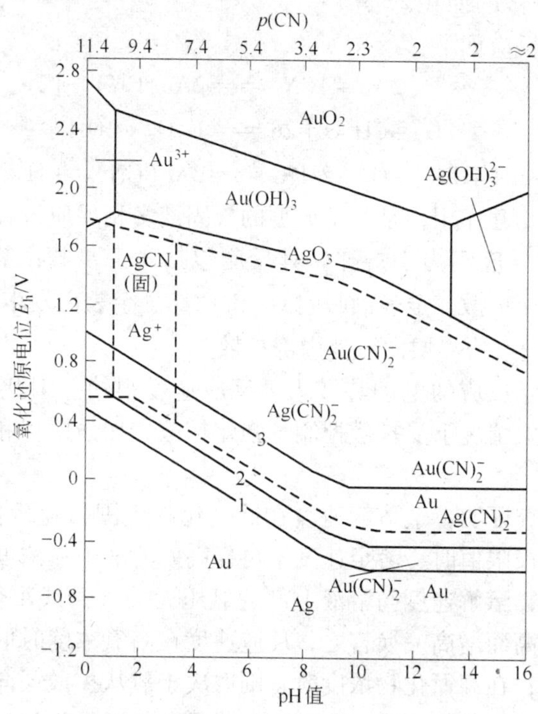

图 9.1　25℃时 Au、Ag-CN^--H_2O 系 E_h-pH 值图

图 9.1 中 $Au(CN)_2^-$/Au 线：1—根据博德兰德测定值推导；2—根据亚当森的推导；

3—储建华等人的修正值（实线为金线，虚线为银线，省略水线）

条件：$c(Au^+)=c(Ag^+)=10^{-4}$mol，$c(CN^-)=10^{-2}$mol，氧压 = 氢压 = 101.32kPa(1atm)

尽管金在氰化物溶液中溶解的理论存在差异，但 R. W. Zurilla 等人通过收集和测量从金表面扩散出来（不再参与反应）的 H_2O_2 实验表明：85% 的金是按照博德兰德的过氧化氢论溶解的，只有 15% 的金是按埃尔斯纳的氧论溶解的，也就是说 O_2 的还原不是直接生成 OH^-，而总是涉及中间产物 H_2O_2 的生成。而生成的 H_2O_2 又能促进以 $Au(CN)_2^-$ 的形成：

$$O_2 + 2H_2O + 2e^- \longrightarrow 2OH^- + H_2O_2$$

$$2Au + 4CN^- + H_2O_2 \longrightarrow 2OH^- + 2Au(CN)_2^-$$

这一反应是通过向溶液中通入空气而溶解的 O_2 来实现的。通过向溶液中加入少量 H_2O_2 能使金的氰化溶解速度稍微增加，若大量加入 H_2O_2 则会使得金粒表面钝化、溶解速度降低而有力地证明了这个结论。

金在氰化物溶液中的溶解机理本质上是一个电化学腐蚀过程。按照电化学腐蚀观点，受腐蚀金属的两个相邻表面，一个是阴极，一个是阳极（阳极是金；阴极是其他矿物或者金的另一个区域），如图 9.2 所示。图中 A_1 表示金粒作为阴极

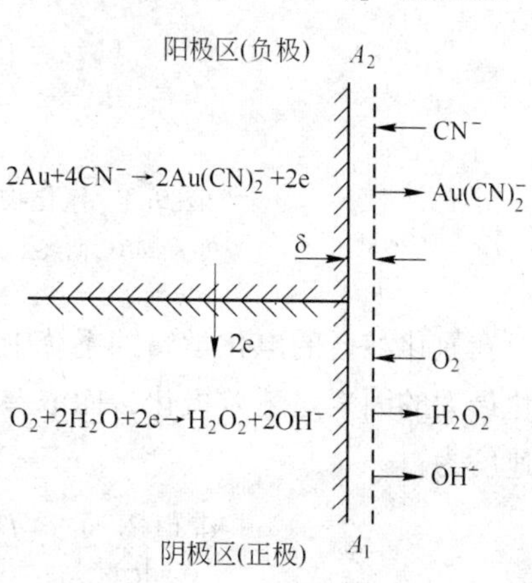

图 9.2　氰化溶金示意图

区的面积；A_2 表示阳极区的面积。

电化学腐蚀的电极反应如下：

阳极反应：
$$2Au + 4CN^- = 2Au(CN)_2^- + 2e$$

阴极反应：
$$O_2 + 2H_2O + 2e = H_2O_2 + 2OH^-$$

总反应式为：
$$2Au + 4CN^- + O_2 + 2H_2O = 2Au(CN)_2^- + H_2O_2 + 2OH^-$$

金和氰化物溶液的相互作用，是一个典型的气固液多相反应过程。因此它的反应速度应该服从于一般的多相反应动力学规律。其反应包括 4 个步骤：溶液内部溶解的 O_2 和 CN^- 透过边界层向金表面扩散、金表面吸附 O_2 和 CN^-、金表面发生溶解金的电化学反应、反应生成物 $Au(CN)_2^-$ 通过边界层向溶液内部扩散。

由于金溶解的电化学反应的电动势较大，反应速度很快。因此像大多数多相反应一样，金的溶解速度在一般情况下受扩散控制。强化扩散、加强搅拌和充气是强化浸出的主要途径。

如图 9.3 所示，研究证明：金溶解速度在低氰化物范围内随氰化物浓度增加而提高，氰化物浓度增加到某一极限值时，溶金速度不再提高。溶液中氧浓度的影响则有另外的特征：在低氰化物浓度下，溶解速度与溶液上部的氧压无关（两线重合）；在高氰化物浓度下溶解速度随氧分压增高而增高。换言之，反应速度在高氧浓度时取决于氰化物离子通过扩散层向阳极区的扩散；在高氰化物浓度时，则取决于氧从扩散层向阴极区的扩散。在固定的氧压下，反应速度随氰化物浓度增高而增高，最后接近平稳值，即该氧压下的极限速度。此平稳值与氧成正比。

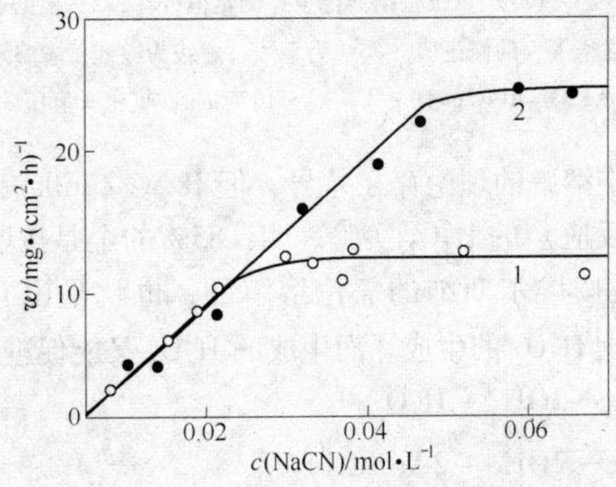

图 9.3 氰化物浓度和氧分压对金溶解速率的影响

（温度为24℃，曲线 1 为 3.4×10^5 Pa，曲线 2 为 7.4×10^5 Pa 氧分压）

在氰化溶金的电化学腐蚀系统中，氰化过程属于典型的扩散控制过程。影响阴、阳极极化最大的因素是浓差极化，而浓差极化由菲克定律确定。在阳极液中，CN^- 向金粒面扩散速度为：

$$\frac{dc(CN^-)}{dt} = \frac{D(CN^-)}{\delta} A_1 [c(CN^-) - c(CN_i^-)]$$

式中 $D(CN^-)$——CN^- 的扩散系数，cm^2/s；

A_1——阳极发生反应的表面面积，cm^2；

$c(CN^-)$——扩散层外 CN^- 的浓度，mol/L；

$c(CN_i^-)$——扩散层内 CN^- 的浓度，mol/L；

δ——扩散层厚度，cm。

由于化学反应速度很快，所以 $c(CN_i^-)$ 趋于零，则：

$$\frac{dc(CN^-)}{dt} = \frac{D(CN^-)}{\delta}A_1c(CN^-)$$

在阴极液中，O_2 向金粒表面扩散速度为：

$$\frac{dc(O_2)}{dt} = \frac{D(O_2)}{\delta}A_2[c(O_2) - c(O_{2i})]$$

式中 $D(O_2)$——O_2 的扩散系数，cm^2/s；

A_2——阴极发生反应的表面面积，cm^2；

$c(O_2)$——扩散层外 O_2 的浓度，mol/L；

$c(O_{2i})$——扩散层内 O_2 的浓度，mol/L。

由于化学反应速度很快，所以 $c(O_{2i})$ 趋于零，则：

$$\frac{dc(O_2)}{dt} = \frac{D(O_2)}{\delta}A_2c(O_2)$$

反应式：

$$2Au + 4CN^- + O_2 + 2H_2O = 2Au(CN)_2^- + H_2O_2 + 2OH^-$$

由上式可知，金的溶解速度为氧的消耗速度的两倍，是氰离子消耗速度的一半。当溶液中氰化物的浓度 $c(CN^-)$ 很低时，溶金速度只随氰化物浓度 $c(CN^-)$ 而变。当溶液中氰化物浓度很高时，溶金速度取决于氧的浓度。当氰化物浓度处于从氰化物扩散控制过渡到由氧扩散控制过程时，获得极限溶金速度。

古映莹 1994 年在建立金在氰化物中溶解的动力学模型的同时，推导出金在氰化过程中，当氰化速度达到最大时，在氰化液中游离氰离子浓度和游离氧浓度的最佳比值为：

$$\frac{c(CN^-)}{c(O_2)} = 6$$

而在工业生产实践中 $c(CN^-)/c(O_2)$ 在 4.6～6.8 范围内波动，与理论值较为吻合，此时，将获得最大的金氰化速度。这个比值的意义在于，生产当中无论是溶液中的 O_2 浓度或是 CN^- 浓度，对氰化物溶金都是重要的，两者的浓度应符合一定的比值，才能使金的溶解速度达到最大。

例如，在室温和标准大气压下，1L 水中能溶解 8.2mol 的 O_2，相当于氧的质量浓度为 0.27×10^{-3}mol/L。因此，溶金的极限速度应出现在 NaCN 浓度等于 $6\times0.27\times10^{-3}$mol/L 或者质量分数为 0.01% 的时候。

9.3 氰化浸金影响因素

氰化过程的化学动力学研究，是用纯氰化物溶液和纯金在实验室条件下进行的。工业条件下，氰化溶液中含有大量杂质，金矿石也含有大量可与氰化物作用的其他矿物。因此，研究工业条件下金矿石的浸出因素具有十分重要的实际意义。

9.3.1 氰浓度、氧浓度

氰化物和氧的浓度是决定金溶解速度的两个最主要的因素，而且使得金获得最大溶解速度，还要求两者保持一定的比例。金的溶解速度与氰化物浓度的关系，如图9.4所示。

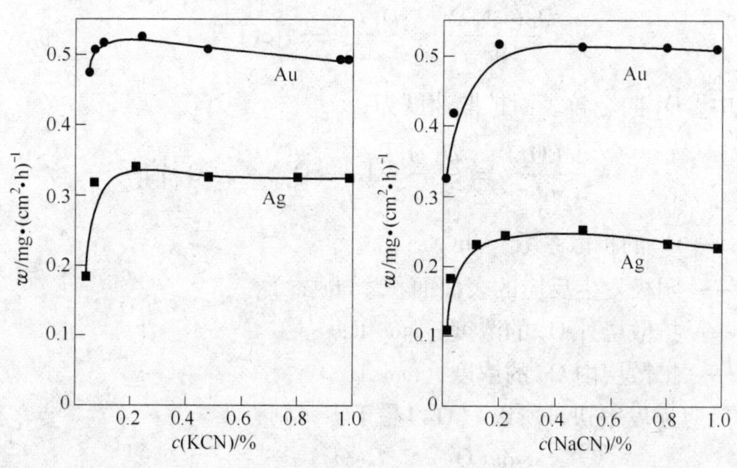

图9.4 氰化物浓度对金、银溶解速度的影响

在常温常压下，空气饱和的水中含 O_2 为7.5~8mg/L，在稀氰化物溶液中则达到某一恒定值，相应的最佳NaCN浓度约为74mg/L。从图9.4上可以看出。当氰化物的浓度在0.05%以下时，由于氧在溶液中的溶解度较大，且氧和氰化物在稀溶液中的扩散速度较快，金的溶解度随溶液中氰化物浓度的增大而呈直线升到最大。之后，随着氰化物浓度的增大，金的溶解速度上升缓慢，直到氰化物浓度增长到0.15%时为止。此后再继续增大氰化物浓度，金的溶解速度反而略有下降。用低浓度氰化物溶液处理金矿石时，金与银的溶解度都很大，但各贱金属的溶解度却很小。因此用低浓度氰化物溶液不仅减少氰化物的消耗，而且有利于金的溶解。

金、银溶解时，所需的氰化物和氧的浓度是成比例的，这是上面讨论中所得的结论。当溶液中的 $c(CN^-)/c(O_2)=6$ 时，金的溶解速度可达到极限值。已知空气所饱和的氰化溶液中 $\rho(O_2)=8.2$mg/L，相当于 0.27×10^{-3}mol/L；则最佳氰化物浓度应为 $6\times0.27\times10^{-3}$mol/L，相当于0.01%的氰化钾浓度或者0.008%的氰化钠浓度。也有1mol（分子）氧需要4mol（分子）的 CN^-，两者扩散系数的平均比值为1.5。已知为空气所饱和的氰化液中含 O_2 的浓度为8.2mg/L，或为 0.27×10^{-3}mol（分子）。则 $[CN^-]=4\times1.5\times0.27\times10^{-3}=6\times0.27\times10^{-3}$mol（离子），或为0.01%。在实际生产中，由于存在着氰化物的机械损失和其他化学损失，通常使用含NaCN质量分数为0.02%~0.06%的水溶液。

在氰化法提金生产中，浸出溶液中氰化物浓度的高低依各厂的条件而不同。常压下，金的最高溶解速度是在氰化物浓度为0.05%~0.10%的范围内；而在某些情况下是在0.02%~0.03%的范围内。当进行渗透氰化，精矿氰化和循环使用贫液浸出时，可采用较高的氰化物浓度。相反，在搅拌浸出、全泥氰化和溶液中杂质含量较低的条件下，应该采用较低的氰化物浓度。

当溶液中氰化物浓度低时，金银的溶解速度仅取决于氰化物浓度。在低浓度氰化物溶液中氧的溶解度几乎恒定不变，与氰化物浓度相比，溶液中有足够的氧参加反应，CN^-与O_2的浓度比远远低于6，所以增加氰化物浓度，浸出速度就直线上升。另外，在低浓度氰化物溶液中，各种非贵金属的溶解度很小，对溶解氧的消耗量也很小。

但当氰化物浓度增高时，增加氰化物浓度，金银的浸出速度也提高，只是上升比较缓慢，溶解速度主要取决于溶液中氧的含量，随氧的供入压力的上升而增大，如图9.3所示。当溶液中氰化物浓度超过0.15%时，溶液中CN^-与O_2的浓度的比值远远大于6，金银的溶解速度取决于氧的浓度。此时再增加氰化物浓度对浸出无任何益处，相反，由于在高浓度氰化物溶液中，矿石中的大量碱金属矿物参加反应，消耗掉大量的溶解氧，更加恶化了$c(CN^-)/c(O_2)$的比例关系，导致金银溶解速度降低。

在氰化浸出过程中，任何引起溶液中氧浓度降低的因素都将导致金银浸出速度的降低。例如，在某些矿石中伴生的大部分白铁矿、磁黄铁矿及部分黄铁矿很容易氧化，以至于消耗氰化物溶液中大量的氧，使得金的溶解速度降低。为防止这些有害杂质的影响，往往在氰化浸出前向碱性矿浆中通入空气进行强烈搅拌，以使硫化铁矿物氧化为$Fe(OH)_3$沉淀。$Fe(OH)_3$不与氰化物发生作用，也不再消耗溶液中的氧，有利于提高浸出指标。

在生产现场中，氰化溶液中的CN^-浓度一般都偏高，因此强化金溶解的基本方法就是提高溶液中的溶解氧含量。因此可采用渗氧溶液或高压充气等手段来强化金的溶解过程。近年来，工业上出现的富氧浸出就是利用了这一原理。因此可以用渗氧溶液或高压充气来强化金溶解的过程。如在709.275kPa(7atm)充气条件下氰化，不同特性矿石中金的溶解速度可提高10倍，乃至30倍，且金的回收率约可提高15%。

富氧浸出是一项新技术，简单易行、效果显著，已经应用于工业生产。某炭浆厂进行的工业试验表明，对现行敞开式浸出槽采取充氧措施后，氰化溶液中的溶解氧浓度由8.2mg/L提高到了20mg/L，金的浸出速度提高一倍以上。富氧浸出近年来取得了较大的进展，并开发了一些新的工艺方法，如过氧化物浸出法、富氧炭浸法等。在南非、澳大利亚等黄金矿山的生产实践也证实，采用纯氧代替压缩空气，以提高矿浆中溶解氧的浓度，不仅有利于金的浸出和活性炭的吸附，而且药剂消耗量会明显降低。这项新技术用于新建氰化厂可显著节约投资，用于对老氰化厂的改造，可在不增加氰化设备的情况下扩大生产能力，因而具有广阔的应用前景，受到国内外研究和生产领域的普遍重视。

有实验证明，在炭浆法氰化工艺中，采用纯氧充气使矿浆中溶解氧的浓度由8.2mg/L提高到了20mg/L时，达到最大浸出率（94%～95%）的浸出时间由48h降到12～20h，而且金在活性炭上的吸附率也明显提高，同时，氰化物耗量降低23.0%～37.0%，石灰量降低35%～54%。

9.3.2 伴生矿物的作用

在含金矿石中，存在着与CN^-、O_2作用的活性矿物，影响氰化物耗量及金的浸出速度，但只要满足条件，它们往往不影响金的浸出率。这些矿物中影响最严重的是铜、铁、锑、砷等矿物，其次是锌、汞等矿物，这些矿物可以与氰化物或氧发生副反应，增加反应试剂的消耗，降低金的浸出速度和浸出率。另一类矿物，它们可能把很细的浸染状金包裹起来或者是吸附已溶解的金氰配合物，严重影响金的浸出率。这些物质的存在，使得该金矿成为难处理的矿石。

9.3.2.1 铜矿物

铜矿物与氰化物的反应程度除与矿物类型有关外，还与反应温度和氰化物的浓度有密切关系。为了减少氰化时铜矿物的溶解，应尽量降低氰化矿浆的温度和游离氰化物的浓度。

表9.1中列出了金矿中可能存在的铜矿物在氰化溶液中的溶解情况。在氰化物溶液中，蓝铜矿、斑铜矿和自然铜等较容易被溶解，甚至被完全溶解；黄铜矿和硅孔雀石则溶解很少。硫砷铜矿和黝铜矿因含有砷、锑，消耗大量氰化物，使金的溶解变得很困难。铜在氰化物溶液中溶解时，会消耗大量氰化物，对于不同的铜矿物，一般每溶解1g的铜，需要消耗2.3~3.4g的氰化钠，有时还同时消耗溶液中的氧。可见，最不溶的是黄铜矿，而大多数铜矿物均大量而较快的溶于氰化液中。溶解的铜在氰化液中以 $[Cu(CN)_{n+1}]^{n-}$ $(n=1、2、3)$ 的多种配合物阴离子形态存在。矿石中千分之几的铜的溶解，能消耗大量的游离氰根，为保证金的浸出率，必须增加氰化钠的用量。另外，溶解的铜还可能在矿石中金银的表面上生成CuCN薄膜和铜膜，使金的溶解速度变慢，氰化后的铜，还能与金氰配合物一起通过整个工艺流程，从而使最后的合质金成色降低，其影响是多方面的。

表9.1 铜矿物在氰化液中的溶解率

矿 物	铜溶解率/%		矿 物	铜溶解率/%	
	23℃	45℃		23℃	45℃
蓝铜矿 $2CuCO_3 \cdot Cu(OH)_2$	94.5	100.0	斑铜矿 Cu_5FeS_4	70.0	100.0
孔雀石 $CuCO_3 \cdot Cu(OH)_2$	90.2	100.0	硫砷铜矿 $3Cu_8 \cdot As_2S_5$	65.8	75.1
辉铜矿 Cu_2S	90.2	100.0	黝铜矿 $4Cu_2S \cdot Sb_2S_3$	21.9	43.7
金属铜 Cu	90.0	100.0	硅孔雀石 $CuSiO_3$	11.8	15.7
赤铜矿 Cu_2O	85.5	100.0	黄铜矿 $CuFeS_2$	5.6	8.2

实验条件：溶液中浓度为0.1%；铜矿物粒度为0.15mm；液：固 = 10：1；时间24h。

涉及的化学反应式如下所示：

$$2CuSO_4 + 4NaCN \longrightarrow Cu_2(CN)_2 + 2Na_2SO_4 + (CN)_2\uparrow$$

$$Cu_2(CN)_2 + 4NaCN \longrightarrow 2Na_2Cu(CN)_3$$

$$2Cu(OH)_2 + 8NaCN \longrightarrow 2Na_2Cu(CN)_3 + 4NaOH + (CN)_2\uparrow$$

$$2CuCO_3 + 8NaCN \longrightarrow 2Na_2Cu(CN)_3 + 2Na_2CO_3 + (CN)_2\uparrow$$

$$2Cu_2S + 4NaCN + 2H_2O + O_2 \longrightarrow Cu_2(CN)_2 + 4NaOH + Cu_2(CNS)_2$$

$$Cu_2(CNS)_2 + 6NaCN \longrightarrow 2Na_3Cu(CNS)(CN)_3$$

有意义的是，有时可用降低氰化液的氰根浓度的办法使铜矿物的溶解显著减慢，以利于金的氰化。但是，对于铜含量在0.3%以上的金矿石，最好预先进行浮选铜，然后对含金的尾矿再进行氰化处理。

9.3.2.2 *铁矿物*

铁矿石分类如图9.5所示。

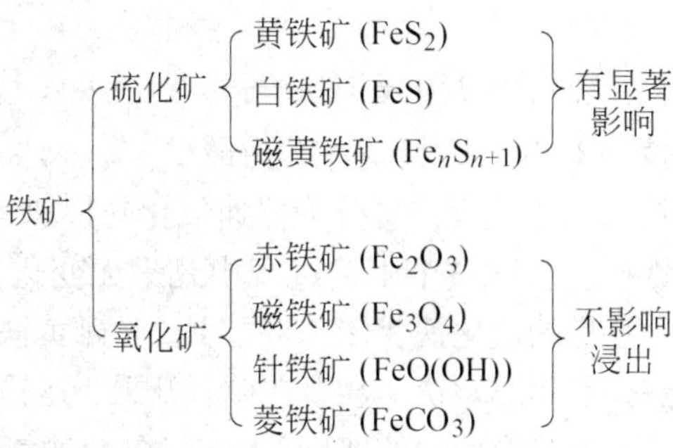

图9.5 铁矿石分类

铁的氧化矿物，如赤铁矿 Fe_2O_3、磁铁矿 Fe_3O_4、针铁矿 FeO(OH)以及菱铁矿$FeCO_3$等，实际上它们不与氰化溶液作用，也不产生不良影响。铁的硫化物矿物如黄铁矿 FeS_2、白铁矿 FeS_2 和磁黄铁矿 $Fe_{1-x}S$（式中 $x=0\sim0.2$），在氰化液中有一系列的化学反应，造成一系列的不良影响。其反应的程度，取决于这些硫化物的特性、颗粒大小和氰化条件。铁的硫化矿氧化后的生成物多种多样，在氰化液中的反应也是非常复杂的。硫化铁氧化时生成的游离硫；或者石灰、苛性钠与硫化物作用生成硫代硫酸盐中的硫，在与氰化物作用时，生成硫氰酸盐。

它们与氰化物的主要反应为：

$$S + NaCN \longrightarrow NaCNS$$

$$FeS_2 + NaCN \longrightarrow FeS + NaCNS$$

$$H_2SO_3 + 2NaCN \longrightarrow Na_2SO_3 + 2HCN$$

$$H_2SO_4 + 2NaCN \longrightarrow Na_2SO_4 + 2HCN$$

$$Fe(OH)_2 + 2NaCN \longrightarrow Fe(CN)_2 + 2NaOH$$

$$Fe(CN)_2 + 4NaCN \longrightarrow Na_4Fe(CN)_6$$

$$3Na_4Fe(CN)_6 + 2Fe_2(SO_4)_3 \longrightarrow Fe_4[Fe(CN)_6]_3 + 6Na_2SO_4$$

研究证明，氰化液与铁的硫化物作用，主要是与这些矿物的氧化产物的作用。磁黄铁矿在干燥状态下比较稳定，但有水和空气存在时，很容易分解成硫酸、硫酸亚铁、碱式硫酸铁、碳酸亚铁、氢氧化亚铁等。这一点与黄铁矿、白铁矿相似，但磁黄铁矿的特征是其分解速度非常快，应该引起重视。

$$Fe_5S_6 + NaCN \longrightarrow 5FeS + NaCNS$$

$$FeS + 2O_2 \longrightarrow FeSO_4$$

$$FeSO_4 + 6NaCN \longrightarrow Na_4Fe(CN)_6 + Na_2SO_4$$

黄铁矿和白铁矿在被氧饱和的弱碱性溶液中初步氧化时，生成硫酸盐和硫代硫酸盐，而磁黄铁矿在同样的溶液中初步氧化时，则生成硫代硫酸盐，但生成的硫代硫酸盐的数量，比黄铁矿和白铁矿被初步氧化时所生成的两种硫酸盐之和还要多，硫代硫酸盐进一步氧化生成硫酸盐：

$$Na_2S_2O_3 + 2NaOH + 2O_2 = 2Na_2SO_4 + H_2O$$

因此，氧的消耗以磁黄铁矿为最大，黄铁矿为最小。

按金矿石中所含硫化铁的氰化速度，可分为慢速氧化与快速氧化两类。属慢速氧化者，为具有致密粗晶结构的黄铁矿，它在整个工艺过程中几乎无变化，对金的氰化及提取无影响。属于第二类的是细粒、松散的硫化铁变体矿石，主要是磁黄铁矿，部分白铁矿和极个别的细晶黄铁矿变体。其特点是氧化非常快，甚至在矿石开采、运输、贮存，特别是在磨矿及氰化时，均有很大的反应。若不采取特殊处理，必然导致氰化物耗量增加、金浸出率下降。

在有水分存在时，上述的快速氧化硫化铁矿物其表面被空气中氧所氧化，生成 Fe^{2+}、Fe^{3+} 和 $Fe(OH)_3$ 沉淀及一系列的硫化物、SO_4^{2-} 和单质硫。在氰化过程中，硫化铁、元素硫、Fe^{2+}、Fe^{3+} 等均可与 CN^-、OH^- 反应生成诸如 S^2、SCN^-、SO_3^{2-}、$S_2O_3^{2-}$、多硫化物 S_n^{2-}、连多硫酸盐 $S_xO_6^{2-}$ 等以及 $Fe(CN)_6^{4-}$。在碱浓度不足时，还有普鲁士蓝 $Fe[Fe_4(CN)_6]_3$ 生成，使氰化液呈蓝色。这一系列反应，不仅消耗了氰化液中的氧（有时氰化液中氧降到 2～3mg/L）和导致氰化钠用量的增加，而且生成的 S^{2-}，有可能沉积在金的表面使其钝化，降低金的溶解速度。

在处理含有快速氧化的硫化铁的金硫石时，为了获得较好的工艺指标，可采取如下主要措施：

（1）在氰化前，向碱性的矿浆中充入空气，使硫化铁充分氧化转成 $Fe(OH)_3$ 沉淀和 SO_4^{2-}，它们均不与 CN^- 反应，而且 $Fe(OH)_3$ 在硫化铁颗粒表面形成薄膜，可在很大程度上防止硫化铁与 CN^- 及 O_2 的作用。

（2）氰化时强烈充气，使 S^{2-}、$S_2O_3^{2-}$ 等离子大量氧化，从而减少消耗 CN^- 的 SCN^- 生成，可减少氰化剂的耗量。

（3）向氰化液中加入少量的可溶性铅盐，常用的为硝酸铅、醋酸铅。铅离子的加入，生成硫化铅沉淀，该沉淀的表面又成为随后进行的电化学还原氧和氧化硫离子的场所。因此，加入铅盐的同时也需强烈充气。

9.3.2.3 *砷锑矿物*

A *砷矿物*

金矿石中的砷一般为硫化物矿物，最常见的是砷黄铁矿 FeAsS，少见的有雌黄 As_2S_3 和雄黄 As_4S_4，有时还有臭葱石 $FeAsO_4 \cdot 2H_2O$ 和斜方砷铁矿 $FeAs_2$。含砷的矿石对氰化过程是极为有害的，有时甚至使氰化过程无法进行。

简单的硫化砷（AsS_2）易溶解于碱性氰化溶液中而消耗大量氧和氰化物，从而降低金的回收率并使氰化成本提高很多。

$$2As_2S_3 + 6Ca(OH)_2 \longrightarrow Ca_3(AsO_3)_2 + Ca_3(AsS_3)_2 + 6H_2O$$

$$Ca_3(AsS_3)_2 + 6Ca(OH)_2 \longrightarrow Ca_3(AsO_3)_2 + 6CaS + 6H_2O$$

$$2CaS + 2O_2 + H_2O \longrightarrow CaS_2O_3 + Ca(OH)_2$$

$$2CaS + 2NaCN + O_2 + 2H_2O \longrightarrow 2NaCNS + 2Ca(OH)_2$$

$$Ca_3(AsS_3)_2 + 6NaCN + 3O_2 \longrightarrow 6NaCNS + Ca_3(AsO_3)_2$$

$$As_2S_3 + 3O_2 \longrightarrow Ca_3(AsS_3)_2$$

$$6As_2S_2 + 3O_2 \longrightarrow 2As_2O_3 + 4As_2S_3$$

$$6As_2S_2 + 3O_2 + 18Ca(OH)_2 \longrightarrow 4Ca_3(AsO_3)_2 + 2Ca_3(AsS_3)_2 + 18H_2O$$

溶液中砷的硫酸盐和 As_2S_3 胶体、AsS_2^-、AsS_3^{3-}、S^{2-} 等离子能吸附在矿石表面形成薄膜。金银在这种情况下的溶解速度会急剧下降。

应该指出，砷黄铁矿是金矿中存在的一种普通矿物，它在碱性氰化液中不分解，但它常常含有细分散的金，即使细磨也不能使金暴露，使金不能浸出。

B 锑矿物

锑一般以辉锑矿 Sb_2S_3 为主，而锑华和方锑矿 Sb_2O_3、黄锑矿 Sb_2O_4 等氧化物较少。辉锑矿是金锑矿石中最常见的锑矿物，对氰化最有害的是辉锑矿、雌黄和雄黄。金矿中即使含少量这些矿物，也会显著增加氰化物耗量，并且使金的溶解速度和浸出率降低。它很容易与碱性氰化物溶液发生反应：

$$Sb_2S_3 + 6NaOH \longrightarrow Na_3SbS_3 + Na_3SbO_3 + 3H_2O$$

$$2Na_3SbS_3 + 3NaCN + 3H_2O + 3/2O_2 \longrightarrow Sb_2S_3 + 6NaOH + 3NaCNS$$

由于氰化液中氧的大量消耗和各种锑盐的积累。而且 Sb_2S_3 又以薄膜的形式沉淀在金的表面上，使得含金的锑矿石很难氰化。辉锑矿在 pH 值为 12.3 ~ 12.5 的苛性钠溶液中溶解的程度最大。$NaSbS_2$ 和 Na_3SbS_3 中的 S 氧化生成 $S_2O_3^{2-}$ 和 SO_3^{2-}，要比 S 氧化生成 SO_4^{2-} 快 8 ~ 10 倍。

金在纯氰化物溶液中搅拌 6h，平均溶解速度如果是 1.3mg/(cm^2·h)，那么在溶浸辉锑矿的氰化物溶液中，即使含有少量的锑（含锑在 1 ~ 5mg/L 以上），金的平均溶解速度也会急剧的降到 0.2 ~ 0.3mg/(cm^2·h)，甚至降到 0.005mg/(cm^2·h)，并且在高碱度的溶液中，金的溶解速度降低的更为显著。

在溶浸辉锑矿的碱性氰化物溶液中，含锑大于 350mg/L 时，在金的表面上形成一层白色薄膜，这个薄膜由金、锑、钙组成，阻碍溶液和氧很难通过薄膜向内渗透。

辉锑矿和雌黄并不直接与氰化物反应。而是易溶于碱性溶液中。已溶的砷和锑的硫化物的分解产物，估计主要是 SbS_3^{3-}、AsS_3^{3-} 和 S^{2-} 等，在金表面形成薄而十分致密的膜，该膜阻碍 CN^- 和 O_2 接近金表面，从而不利于金的氰化，其中辉锑矿的影响最严重；氰化液 pH 值越高，影响也越大。

抑制砷、锑矿物对金氰化浸出不利影响的较常用的方法是：

（1）氰化前对矿浆预通空气，使可溶性硫化物尤其是 S^{2-} 氧化，然后在低碱性条件下氰化浸出。

（2）浸出时加硝酸铅，其作用也是加速硫化物的氧化。

9.3.2.4 锌汞矿物

A 锌矿物

锌矿物在金矿中存在较少，一般对金的氰化无明显影响，但使氰化物耗量增加。锌的硫化物矿物为闪锌矿，与氰化物作用缓慢。

锌的氧化矿物主要有红锌矿、菱锌矿等，与氰化物反应很快，生成锌氰配合物：

$$ZnO + 4NaCN + H_2O \longrightarrow Na_2Zn(CN)_4 + 2NaOH$$

$$ZnCO_3 + 4NaCN \longrightarrow Na_2Zn(CN)_4 + Na_2CO_3$$

$$Zn_2SiO_4 + 8NaCN + H_2O \longrightarrow 2Na_2Zn(CN)_4 + Na_2SiO_3 + 2NaOH$$

闪锌矿在氰化物溶液中溶解时，溶液中就有锌配盐、硫代氰酸盐、硫酸盐及中间硫化物，这些化合物的生成消耗了大量的氧和氰化物。因此，闪锌矿对金的浸出具有一定的不良作用。

$$ZnS + 4NaCN \rightleftharpoons Na_2Zn(CN)_4 + Na_2S$$

B 汞矿物

含汞的金矿石不常见，与锌矿物类似，它们在氰化液中也只有中等的溶解率（10%～30%）。汞的存在不仅会增加氰化钠的耗量，而且易溶的汞氰配合物会与金氰配合物一起通过工艺过程，直至熔炼金时才蒸馏去除汞，这十分有害于操作人员的健康。

金属汞在氰化物溶液中溶解很少，在混汞板上汞的溶解稍大些。但在混汞的条件下，当氰化液用锌沉淀时，汞的沉淀也很少。汞的化合物在氰化液中溶解很快，如矿石中的辉汞矿。经混汞处理的矿石中，汞以氧化汞存在，当进行氰化时，汞和金共同被回收。氧化汞和氯化汞在氰化液中能按下面反应很好的溶解：

$$HgO + 4NaCN + H_2O \longrightarrow Na_2Hg(CN)_4 + 2NaOH$$

$$2HgCl + 4NaCN \longrightarrow Hg + Na_2Hg(CN)_4 + 2NaCl$$

$$HgCl_2 + 4NaCN \longrightarrow Na_2Hg(CN)_4 + 2NaCl$$

$$Hg + 4NaCl + H_2O + 1/2O_2 \longrightarrow Na_2Hg(CN)_4 + 2NaOH$$

$$2Au + Hg(CN)_4^{2-} \longrightarrow Hg + 2Au(CN)_2^-$$

9.3.2.5 铅矿物

矿石中的铅多以硫化物和氧化物的形式存在，在含金矿石中最常见的就是方铅矿（PbS）。当矿石中含有适量铅时，对金银的氰化往往是有利的，因为铅可以消除氰化液中碱金属硫化物的有害影响，在置换时，铅能在锌粉表面上形成锌—铅局部电池而增进金的沉淀。对于辉银矿（Ag_2S）矿石的氰化，为了促进银在氰化物溶液中的溶解，可利用铅盐消除 Na_2S，使得下列的反应向右进行：

$$Ag_2S + 4NaCN \longrightarrow 2NaAg(CN)_2 + Na_2S$$

但是对于复杂的银的硫酸盐矿石，不起上面的作用。

方铅矿在未被氧化的情况下，与氰化物作用比较微弱，生成 NaCNS 和 Na_2PbO_2；白铅（$PbCO_3$）矿石可以被氰化液中的碱溶解生成 $CaPbO_2$ 或 Na_2PbO_2，再与可溶性硫化物反应生成 PbS 沉淀。应该注意，溶液中过量的铅对金的浸出也会带来不利的影响，尤其是在用石灰作保护碱时，要控制石灰的用量，金的浸出率会随着石灰用量的增加而明显降低。

9.3.2.6 硒、碲、银矿物

A 硒矿物

矿石中的硒对金的溶解速度影响不大，但会增加氰化物的消耗，并给锌置换金带来困难。

为了消除或减少硒对氰化过程的有害影响，可采取以下措施：

(1) 用低浓度氰化物溶液进行氰化。

(2) 用活性炭从氰化液或矿浆中沉金，溶液中硒的存在对活性炭吸附金的能力影响较小。

(3) 在温度600~700℃条件下，对矿石进行焙烧。在焙烧过程中，硒几乎完全挥发，然后再用氰化法处理焙砂。

B 碲矿物

在金矿石中，碲矿物主要有碲金矿（$AuTe_2$）和碲铋矿（Bi_2Te），碲矿物在氰化物溶解中很难溶解，但碲矿物在细磨、高碱度和大量充气的条件下，也能用氰化法处理。

在氰化物溶液中，碲溶解后生成碲化钠 Na_2Te，继而生成亚碲酸盐，结果使氰化物分解并吸收溶液中的氧，而不利于氰化法提金。

C 银矿物

角银矿（AgCl）最容易溶解于氰化物溶液中，并且不需要氧：

$$AgCl + 2NaCN \longrightarrow NaAg(CN)_2 + NaCl$$

辉银矿在氰化物溶液中，按照下式进行反应：

$$Ag_2S + 4NaCN \longrightarrow 2NaAg(CN)_2 + Na_2S$$

有人研究，在0.1mol/L KCN溶液中，为了平衡1mol的 K_2S，需要近100mol的KCN：

$$96KCN + Ag_2S \longrightarrow 92KCN + 2KAg(CN)_2 + K_2S$$

因而为了在溶液中得到1份质量的从硫化矿中溶解的银，必须用28.9份质量的氰化钾。实践中，在低浓度氰化物溶液中也能反应，这是因为形成的碱金属硫化物，当有石灰存在时，形成了NaCNS和 $Na_2S_2O_3$（转化为 Na_2SO_4），或者铅和汞的化合物沉淀，有时为了促进硫化银的溶解，常常人为地加入铅盐。

9.3.2.7 含碳矿物

金矿石中碳质矿物（石墨、有机碳、隐晶质碳等）对氰化过程的不利影响，主要表现在碳质矿物（特别是活性炭类物质）具有“劫金效应”，即对氰化过程已溶金 $Au(CN)_2^-$ 具有吸附作用，从而使已溶金过早沉淀，并随尾矿流失。

为消除碳质物质对氰化过程的不良影响，可采用下述方法：

(1) 物理分离法。当矿石中的碳质矿物不含金时，可采用非极性油浮选或重力分离方法预先分离出来。

(2) 加油掩蔽法。在氰化前加入少量煤油、煤焦油等药剂，使之在碳质矿物表面吸附，抑制碳对已溶金的吸附作用。

(3) 化学氧化法预处理。在氰化前，通过向碱性矿浆中通氯气或者加入次氯酸钠等，在一定温度下（60~80℃）使碳质矿物完全氧化，从而消除其对已溶金的吸附作用。

（4）竞争吸附法。在氰化开始时，加入活性炭，及时将已溶金吸附于活性炭上而回收。通过活性炭的竞争吸附作用，使矿浆中的已溶金保持在较低的浓度，从而减缓矿石中碳质物质对金的吸附作用。

（5）焙烧氧化法。通过沸腾焙烧，在高温中使碳质矿物氧化成二氧化碳，随烟气排走。

9.3.2.8 氰化液的疲劳

氰化浸出液在提金后循环使用，导致杂质积累，从而使氰化液浸出金能力（即活性）降低，称之为氰化液的“疲劳”。产生这种活性降低的原因是：有些离子在金银表面生成不同类型的膜，阻碍了 CN^-、O_2 的扩散。氰化液中的铜锌铁的氰化配阴离子在金银表面生成膜的特性及机理大致相同：这些配合阴离子被金银表面吸附，并转变成各自的氰化物（CuCN、$Fe(CN)_2$、$Zn(CN)_2$）的膜。然而，所生成的这些膜，其孔隙度差别很大，最致密的膜为 CuCN，CN^- 和 O_2 不易通过此膜。而 $Fe(CN)_2$ 膜是松散易透过的。$Zn(CN)_2$ 膜介于这两者之间，故阻碍氰化浸出金的作用按 Fe、Zn、Cu 的顺序增强。

氰化液中存在锑砷化合物时，氰化液的疲劳特性表现得极为明显。甚至向氰化液中加入保护碱（CaO 或 NaOH）时，氰化液的活性也有所下降，这显然是由于在碱的作用下金银表面生成了膜。因此，保护碱浓度维持在氰化物水解的最低水平即可。

从上述氰化液的疲劳是基于膜的生成的分析可知，浸出方式将对膜的破坏或部分破坏产生影响。因此，在渗滤浸出（包括堆浸）中，疲劳表现得最为严重；搅拌浸出次之；在球磨机内边磨边浸时，疲劳现象最轻。然而，氰化液的疲劳至今尚未研究清楚。

9.3.3 其他影响因素

9.3.3.1 温度

温度从两个方面影响氰化过程，一方面提高温度将导致扩散系数增大和扩散层减薄；另一方面会降低氧的溶解度从而降低溶液中氧的浓度。这两个互相矛盾的作用在很大程度上抵消了温度的影响。

如果温度处在不影响金溶解作业的允许变化范围内，反应物浓度将随温度和扩散率的增加而增加，温度每升高 10℃，反应物浓度增大 20%。提高温度可加速化学反应速度，即温度每升高 10℃，分解速度增加近两倍。但提高温度会降低氧的溶解度。当矿浆温度接近 100℃时，氧的溶解度已接近于零。总的来说，金的溶解速度在温度约 85℃时达到极限，如图 9.6 所示，此时温度再增高，金的溶解速度就会因氧的溶解度减少而降低。

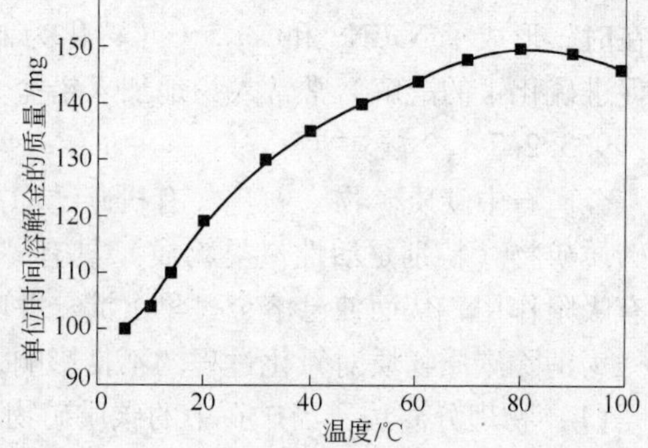

图 9.6 温度对金在质量分数为 0.25% KCN 溶液中溶解速度的影响

假如氰化液温度过高，将会导致氰化成本提高，污染环境和降低浸出液的纯度。温度升高还会引起诸多不良影响，一方面增加了氰化物与非贵金属的反应活性以及氰化物的水解作用，使氰化物的消耗量增大；另一方面

矿浆加温提高了处理矿石的成本，体现在溶液蒸发、贱金属的大量溶解、氰化物水解、增加能耗等方面。另外，提高温度还将导致扩散系数增大和扩散层减薄。浸出不仅仅要考虑浸出速度，还有成本以及杂质，温度的提高会活化整个体系，造成的整体不良影响也大。因此，除寒冷地区在冬季为了不使矿浆冻结而采取保温措施外，一般均在不低于15～20℃的常温条件下进行氰化。

9.3.3.2 搅拌强度

金与氰化物溶液的相互作用是在固液的两相界面上进行的，将金粒置于含溶解氧的氰化物溶液中，金粒表面将迅速溶解，并消耗金粒表面的氰离子和氧分子，使固体表面和溶液内部出现浓度差导致氰离子和氧分子从溶液中内部向金粒表面扩散，同时反应产物也将从金属表面逐渐向溶液内部扩散，使金粒得到进一步溶解，溶液中物质由溶液内部向固体表面迁移的阻力主要来自紧靠固体表面的扩散层，在该层中绝大部分物质是由分子扩散而迁移的，扩散物质浓度的变化也主要发生在这一层内。

搅拌有助于破坏金表面的饱和溶液层，有利于加速CN^-、O_2和$Au(CN)_2^-$的扩散，从而有利于加快金的浸出速度。搅拌强度越大，对金的浸出就越有利，但能耗也随之增大。实践证明，搅拌强度应保持在不使固体颗粒沉淀的水平，既能满足浸出的要求，又不至于使能耗太高。所以低转速双叶轮节能搅拌器越来越受到生产矿山的欢迎。

药剂向被浸出物质表面的扩散速度也是整个浸出过程的速度，对含金矿石浸出研究表明，溶金过程在大多数情况下都具有扩散特征。因此，所有加速和扩散的因素，都应当是强化氰化过程的可能途径。扩散速度随搅拌速度提高而提高，因此，激烈搅拌可大大提高溶解速度。这一重要结论已广泛用于金矿的搅拌浸出实践中。

9.3.3.3 浮选药剂

对金精矿氰化来说，浮选药剂对浸出的影响是不容忽视的。在浮选过程中，金与矿石中的硫化物一同被回收，因而在其表面吸附了一层疏水性的药物薄膜或沉积物。这类药物通常是硫醇类捕收剂，如黄药、连二磷酸盐等。硫醇是氰化反应的强抑制剂，其抑制作用随捕收剂的浓度和它的非极性基的增加而增加，随氰化物浓度的增加而降低。起泡剂对氰化浸出也是不利的，常在充气时产生大量气泡，给生产带来许多麻烦。浮选药剂黄药和黑药同样会降低金的溶解速度。例如，当氰化液中的黄药浓度由33mg/L增加到110mg/L时，金的氰化率由74.2%下降到55.6%。这主要是因为金粒表面为黄原酸金薄膜覆盖之故。因此，在浮选金矿浸出前，要对其进行尽可能彻底的脱药处理。

9.3.3.4 金粒大小

金粒大小是决定金溶解速度的一个很主要的因素。若金的溶解速度以3mg/(cm^2·h)计，则325目（44μm）和100目（149μm）的球状金粒，其完全溶解的时间为14h和48h。因此在氰化前必须首先提取粗粒金，以提高金的回收率和尽可能缩短氰化作业时间。氰化作业过程中，通常依据氰化作业的特点以筛目将金粒分为三种粒度：

粗粒金：大于74μm(200目)；

细粒金：37～74μm(200-400目以下)；

微粒金：小于37μm(400目)。

为便于作业，有时将大于495μm(32目)的金粒称为特粗粒金。对粗粒金和特粗粒金，由于粗粒金的比表面比细粒金的比表面要小，故粗粒金的溶解速度小，在氰化作业中溶解很慢，需要很长时间才能完全溶解。对于这部分金粒，采用延长氰化时间往往是不合算的，因为绝大多数金矿石中的金主要呈细粒和微粒存在。此外，在磨矿时，金粒具有很强的韧性，导致不能和其他矿石一样达到理想的细度。国内外许多氰化法矿山所采用的回收矿石中粗粒金和特粗粒金的方法，常常是在氰化前先进行混汞或者重选捕收，以免未溶完的粗粒金损失在氰化尾矿中。另外，在闭路磨矿系统中，粗粒金很容易在循环物料中富集和镶嵌在磨矿机衬板和介质上，因此如有可能可把氰化物加到磨矿机中，有效的加速粗粒金的浸出。

氰化时最适于处理的是细粒金（37~74μm），因为在通常的磨矿粒度下，这种金粒部分可解离成单体金，另一部分与其他矿物呈连生体状态，也可暴露于氰化液中而被浸出，用氰化法处理可以取得很好的效果。在工业生产中，金粒的暴露情况与磨矿细度相关。磨矿粒度越细，金粒的暴露越完全，浸出速度就越快。氰化矿石合理的磨矿细度，应根据金的实际浸出效果与磨矿费用、药剂消耗和氰化洗涤条件等因素，通过试验来综合分析确定。一般地说，金颗粒均匀，极细粒较少的矿石适于粗磨，而全泥氰化矿石粒度的要求，往往比浮选精矿氰化的粒度要粗些，我国精矿氰化厂，磨矿细度大多要求 -325 目占 80%~95%，而全泥氰化厂的磨矿细度多数控制在 -325 目占 60%~80%。焙烧工艺氰化提金细度大多数控制在小于 0.074mm（-200 目）的占 85%以上。

对于某些含微粒金（小于 37μm）的金矿石，在磨矿时一般不能将其解离成单体，而大部分仍然处在其他矿物或脉石的包裹中，被硫化物矿物包裹的微粒金，需预先氧化处理破坏硫化物后才能氰化；而石英脉石包裹的微粒金是难以氰化的。颗粒小于 37μm 的微粒金，在磨矿时很难从包裹的矿物中分离或暴露出来，因此不宜直接用氰化法回收。如果金被包裹在有用矿物（如硫化矿）中，则可以用浮选的方法使金富集在精矿中，经火法冶炼随同其他元素一起回收，或者精矿焙烧后再用氰化法回收。某些含金氧化矿石，虽然金粒很细但矿石呈多孔状，在粗磨的情况下，也能得到较好的氰化浸出效果。

金粒的形状对金的浸出过程有很大影响。在矿石中，金粒的形状有浑圆状、片状或树枝状、内孔穴和其他不规则形状。浑圆状的金粒表面积在不断减少，因而导致金的浸出速度逐渐降低。其他形状的金都比浑圆状的金具有较大的比表面。片状金的表面积不随浸出时间延长而降低，所以在浸出过程中金的浸出量接近一致；有内孔穴的金粒经过一段时间浸出后，内孔穴的表面积增加，金的溶解速度也就越来越快。

9.3.3.5 保护碱

浸金所用的氰化物是弱酸（HCN）和强碱（KOH, NaOH, $Ca(OH)_2$）生成的盐。因此，在水溶解时会水解并形成挥发性的氢氰酸和氢氧根：

$$CN^- + H_2O \longrightarrow OH^- + HCN\uparrow$$

氰化物的水解是应尽量避免的，因为这不仅会损失氰化物，而且还会使车间空气被有毒的 HCN 气体所污染。

为了抑制氰化物水解，必须加碱，加入数量不多的碱（CaO 或 NaOH）来保护氰化物免受水解分解，被称为保护碱。但是若碱度过高，会增加氰化溶液对某些矿物的反应活性，使其耗量增加；若使用石灰作保护碱时，过高的 Ca^{2+} 浓度对金的溶解也有不利影响。因此，必须通过实验确定适宜的碱浓度，以获得金的最大溶解速度。为了削弱高碱度下对金的溶解的阻滞作用，应将保护碱的浓度保持在足以防止氰化物水解的最低水平。另外，矿浆中的黄铁矿氧化时，除可能产生硫酸外，还可能产生硫酸亚铁，从而导致氰化物的化学损失。如果加有保护碱，则生成 $Fe(OH)_3$ 沉淀，从而防止了由于黄铁矿存在而引起的耗氰。还可以中和因矿浆中硫化物的氧化等所产生的酸（H_2SO_4、H_2CO_3），防止无机酸对氰化物的分解作用。

溶液 pH 值低时，NaCN 发生水解，放出极毒的 HCN 气体。由 HCN 的解离常数（$K = 7.9 \times 10^{-10}$）可以求得 NaCN 的水解常数（$K = 1.6 \times 10^{-5}$），由此可以计算出在不同 pH 值水溶液中 HCN 和 CN^- 的含量。当 pH 值为 7 时，氰化物几乎全部生成 HCN 气体而损失；当 pH 值为 12 时，氰化物全部为 CN^-；当 pH 值为 9.3 左右时，$[HCN]/[CN^-]$ 值为 1，对金银的氰化最有利，这时金银的氰化反应推动力最大。氰化溶液的碱度高，能促进碲化金的分解，有利于浸出。但对于用石灰乳来维持浸出液的 pH 值，则 pH 值过高时，钙离子将在金粒表面生成某种钙化物薄膜而使金的溶解速度明显下降。即使采用 KOH 来维持氰化液的 pH 值高达 13 以上（相应的 KOH 浓度达 0.1mol/L 以上）时，金的溶解速度也骤然下降。

在生产实践中，通常把 pH 值控制在 10～11 范围内，并主要采用廉价石灰作为保护碱，石灰（CaO）的浓度一般控制在 0.01%～0.05%。如果工艺上要求采用较强的碱度，或防止堆浸矿堆结钙、设备和管道内壁结垢时，也可采用氢氧化钠作为保护碱。采用焙烧预处理工艺时，通常用 NaOH 作为保护碱，pH 值一般控制在 9～10 为最佳。

此外，CaO 在矿浆浓缩时还起着凝聚剂的作用，而促进矿粒的沉降。保护碱的加入量，只要维持 pH 值大于 9.4 即可，加碱过多会影响下一步的加锌沉金作业。生产中通常加入廉价的石灰，CaO 浓度为 0.03%～0.05%。

碱量过多而造成 pH 值过高时，金的溶解速度会明显降低。这是由于在高 pH 值的情况下，氧的反应动力学对金的溶解很不利。另外，在钙离子存在下，pH 值增高时，会因金属表面生成过氧化钙薄膜而使金的溶解速度明显下降，如图 9.7 所示。

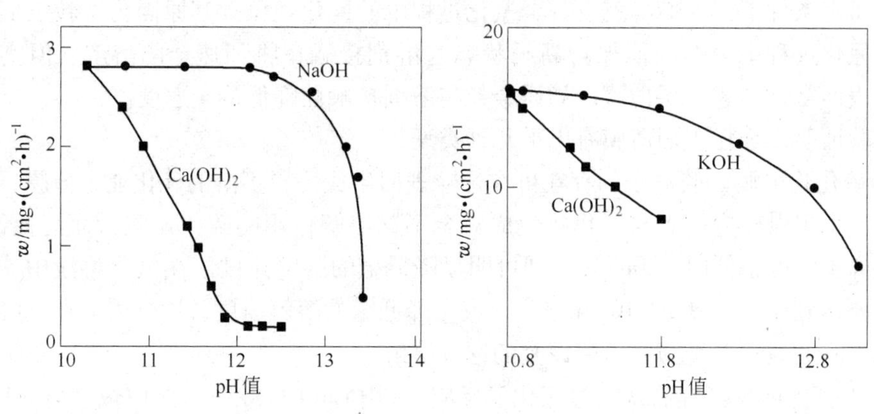

图 9.7 钙离子对金溶解速度的阻滞效应

众多研究表明，金氰化浸出的最佳 pH 值为 9.4，实际生产作业的最佳 pH 值范围可选在 9.4～10 之间。如条件许可，氰化浸出作业取下限值，锌置换作业则取上限值。后者

pH 值增大，可减小锌与水的反应优势，降低锌的消耗。

不同氰化钾浓度的相应 pH 值列于表 9.2。在不同 pH 值（即不同 KCN 浓度）下金银的溶解速度如图 9.8 所示。从图中看出，KCN 浓度达 0.1mol/L 以上溶解速度呈直线下降。

表 9.2 各浓度 KCN 溶液的相应 pH 值

c(KCN)/%	pH 值	c(KCN)/%	pH 值	c(KCN)/%	pH 值
0.01	10.16	0.05	10.40	0.15	10.66
0.02	10.31	0.10	10.51	0.20	10.81

9.3.3.6 时间

在整个浸出过程中，随着浸出时间的增长，金的浸出率不断提高，但浸出速度却在不断降低，并且浸出率逐渐趋近于某一极限值，随着时间的延长金的浸出速度降低的原因是：

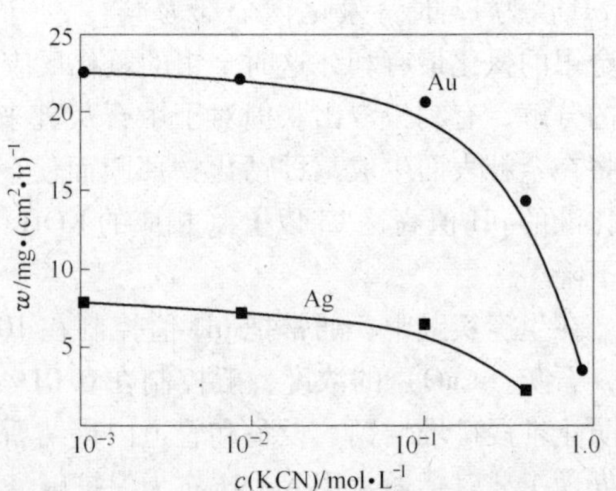

图 9.8 不同 KCN 浓度对金、银溶解速度的影响

(1) 在浸出过程中，由于金不断溶解，金粒的体积和数目在不断减少。

(2) 随着金的浸出使氰化药剂、溶解氧和金的配合物的扩散距离越来越大。

(3) 在金溶解的同时，矿浆中的杂质元素不断增加和积累，有些杂质还会在金粒的表面形成有害的薄膜。因而浸出时间并非愈长愈好，根据流程和工艺条件，设计合理浸出时间，焙烧预处理工艺一般为 36～48h 就可以了。

9.3.3.7 金粒表面薄膜

在实验室条件下，人们早就发现金氰化过程中的钝化现象。其原因与金粒表面生成薄膜有关。氰化过程中金粒表面保持新鲜状态与溶剂接触，将加速金的溶解。但实际生产中，金粒表面常常形成一层薄膜，妨碍金粒与溶剂接触而降低溶金速度。

经实验证明，金粒表面薄膜有以下几种类型：

(1) 硫化物薄膜。硫离子的存在可在金粒表面生成一层不溶的硫化亚金薄膜，从而对金的溶解产生阻滞效应或者与氰化物生成对金不起溶解作用的硫代氰酸盐而消耗氰化物，溶液中硫离子浓度很低时（5mg/L）即可明显降低金的溶解速度。在氰化溶液中，硫离子的浓度只要达到或高于 0.5×10^{-6}mol/L，就会降低金的溶解速度，这是因为在金的表面生成了一层不溶的硫化亚金薄膜，阻碍金的继续溶解。

(2) 过氧化钙薄膜（石灰与过氧化氢反应）。用 $Ca(OH)_2$ 作为保护碱，当 pH 值大于 11.5 时，有碍于金的溶解，比用 NaOH 和 KOH 作保护碱时对金的溶解有显著的阻碍作用。有人认为这是氰化过程中产生的，双氧水与石灰发生以下反应：

$$Ca(OH)_2 + H_2O_2 = CaO_2 + 2H_2O$$

而在金粒表面生成薄膜所致，从而阻碍了金与氰化物的作用。过氧化钙被认为是由溶液中高浓度的钙离子与积累的过氧化氢作用生成的。

从电化学观点上看，在 pH 值为 12 时，氰化物溶液中金的阳极极化曲线有三个特殊的钝化区，其电流峰值约在 -0.35V、0.35V 和 0.75V 处。金在进入或脱离钝化区时表面反射能力的变化证明，钝化是由于形成了表面薄膜。观察金在氰化物溶液中加过氧化氢时溶解的钝化作用，发现当速度降低时，在金表面出现略带红棕色的薄膜。当氧浓度低时，金溶解速度受氧的扩散控制，且随氧浓度增大而上升，直到阴极曲线与阳极曲线相交于钝化区。这时，溶解速度受阴极和阳极钝化反应的速度控制，溶解速度随氧浓度的增加而下降。

（3）氧化物薄膜。臭氧对金的氰化作用与过氧化氢类似。低浓度臭氧可加速金的溶解，浓度过高时，它在金表面产生微红色薄膜，反而使溶解速度变得缓慢。其他低浓度氧化剂，如高锰酸钾、次氯酸钠和氯酸钠等，在抵消硫离子和有机物质的有害作用方面是有效的，但较高浓度的氧化剂将使氰化物遭到破坏而失去作用。

（4）不溶性氰化物薄膜（铅、铜的氰化物）。铅离子对金的溶解过程起一种独特的作用，在氰化过程中，加入少量铅盐（硝酸铅、醋酸铅），对溶金有增速效应，有汞、铋和铊等金属对金的溶解也有增速作用。是因为金与铅离子发生置换反应，生成的铅与金构成原电池。此时金成阳极，促进金的溶解。但过多的铅盐，则在金粒表面形成不溶性 $Pb(CN)_2$ 薄膜，引起阻滞效应。另外，还可生成 CuCN。因此，使用铅盐时（硝酸铅、醋酸铅）必须通过试验确定其最佳用量。

（5）黄原酸盐薄膜（浮选时带入的黄药，浓密机、过滤机脱药）。如氰化处理的含金物料是来自浮选，必然会把一些浮选药剂（如黄药）带入氰化液中。当氰化液中乙基黄药浓度超过 0.4×10^{-6} 时，金的溶解速度就显著降低，就有可能在金粒表面上生成黄原酸金薄膜。这是因为浮选过程中所用的捕收剂（通常是硫醇型的）与金一同进入金精矿，因而在其表面沉积了一层疏水性的黄原酸金薄膜，阻碍金的溶解，硫醇是氰化反应的强抑制剂，其作用随捕收剂的浓度和它的非极性基长度的增大而增强，随氰化物浓度的增大而降低。其他浮选药剂都可能吸附在金粒上，阻碍金溶解。因此，为了克服浮选药剂对氰化过程的不良影响，最好在氰化前采用浓密机或过滤机脱药。但是，关于表面薄膜的组成、结构都有待进一步检测研究来证实。

9.3.3.8 *矿浆黏度*

金的溶解速度与矿浆黏度关系很大：矿浆黏度增加，CN^-、O_2 分子等的扩散系数和扩散速度下降，从而使得金溶解速度下降。矿浆的黏度取决于矿泥含量和矿浆的液固比。矿泥分原生矿泥和次生矿泥。

原生矿泥主要是矿床中的高岭土一类的矿物（$Al_2O_3\cdot2SiO_2\cdot2H_2O$）和赭石（$Fe_2O_3\cdot nH_2O$）。原生矿泥常常是在长石的高岭土化过程中生成的，并含有大量的高岭石族矿物（$Al_2O_3\cdot2SiO_2\cdot2H_2O$）。完全高岭土化的含金矿石类型称为黏土质矿石。含金的赭土质矿石，其原生矿泥含量也很高，主要成分为赭石（$Fe_2O_3\cdot nH_2O$）。由黏土质及赭土质矿石构成的矿浆，当稀释度较低时，其黏度很高，而且在长时间搅拌下胶体颗粒膨胀，黏度不断增加，因此，迫使氰化在较高液固比下进行，这是极不利的。因此，矿泥含量高的矿石一般属于较难处理的矿石。

次生矿泥是在采矿、选矿和运输等生产过程中，尤其是磨矿时生成的一些极细微石英、硅酸盐、硫化物和其他金属矿粉末，由石英、硅酸盐的细微颗粒和其他过粉碎矿物组成。

氰化矿浆的黏度会直接影响氰化物和氧的扩散速度，并且当矿浆黏度较高时，对金粒与溶液间的相对流动会产生阻碍作用。矿石含泥量和矿浆浓度会直接影响金的溶解速度。矿浆中矿泥和矿砂的浓度大，会影响金粒与溶液的接触和溶液中有效组分的扩散速度，而使金的溶解速度降低。在一般情况下，氰化矿浆中粒状矿砂的浓度不应该大于30%～33%。当矿浆中含有较多的矿泥时，氰化矿浆中的固体物料浓度应小于22%～25%。

在矿浆温度等条件相同的情况下，矿浆浓度和含泥量是决定矿浆黏度的主要条件，这是因为固体颗粒在液体中被水润湿后，在其表面形成一个水膜，水膜与固体颗粒之间，由于吸附和水合等作用很难产生相对流动。当固体颗粒越多，粒度越小时，这个含水体的排列就越密，尤其是当矿浆中含泥量较高时，数量极多、极细的矿泥微粒高度地分散在矿浆中，组成了接近胶体的矿浆，从而大大提高了矿浆的黏度。

矿泥的危害主要在于增大矿浆的黏度。不论是矿石带入的原生矿泥，还是因磨矿而生成的次生矿泥，它们均以高度分散的微细粒度进入矿浆中，生成极难沉淀的胶状物，长时间呈悬浮状而降低金的溶解速度，且造成矿浆的洗涤过程困难，使得已溶解的金损失于尾矿矿浆中。因此为了改善氰化条件，在生产中应该尽量避免原生矿泥的进入和次生矿泥的生成。

矿浆的黏度高会大大会降低金的溶解速度。这类矿石的氰化仅在低矿浆浓度下（小于20%）才有可能进行，但提高液固比要求大容积的氰化设备，并增加药剂消耗；此外，矿浆中存在的大量矿泥，会使随后的浓缩、过滤、洗涤作业变得困难。因此，含矿泥高的矿石也属于顽固矿物之一，不宜用常规的氰化工艺处理。

9.4 搅拌氰化浸出提金

9.4.1 搅拌法概述

搅拌氰化法，是氰化提金工艺中应用较广的一种常规方法，是将矿石或精矿经细磨浓缩后，在搅拌浸出槽（或者称搅拌浸出罐、搅拌浸出筒）中进行氰化浸金。这种搅拌氰化作业过程包括矿砂配料、加水搅拌浆化、添加试剂、控制氰化时间和倾析洗涤后卸出尾矿。按照其物料的不同，可分为：直接处理金矿石的全泥氰化法和处理金精矿的精矿氰化法两种。

由于矿浆是在搅拌条件下浸出，溶液中的氧浓度高、扩散快，金溶解迅速，且不至于因为矿泥、黏土、页岩（磨矿时易产生次生矿泥）等细粒物料的沉降而影响浸出效果，故搅拌法提金最适合于处理细粒含金原料，如小于0.3mm的含金物料等。

为了提高金的回收率，通常在氰化前先用重选或混汞法回收粗粒金（或在加氰化物磨矿后送浸出），以缩短氰化时间。或者先经重选或浮选除去大部分脉石，及有害于氰化浸出的有害杂质，以获得金精矿，常将金精矿再磨后进行搅拌氰化浸出，以减少原料的消耗，提高生产效率。对于富含微细金粒的矿石，可在细磨矿（-0.038mm（400目）甚至更细）后进行全泥氰化。

当含金矿石中含有大量黏土、赭石、页岩及微粒金时，浮选指标较低，可将含金矿石在脱金液（贫液）中进行磨矿，然后采用全泥氰化法提金。因此，搅拌氰化浸出的含金物料可为原矿、混汞尾矿或重选尾矿、浮选金精矿、金铜混合精矿浮选分离后的含金黄铁矿精矿及含金黄铁矿烧渣等。

根据氰化浸出金原理，浸出矿浆中 CN^- 与溶解氧分子浓度对金的氰化浸出有极大影响，而且它们必须扩散到金粒表面才能使金溶解。根据上述特点，搅拌氰化时 NaCN 浓度最常用的是 0.02% ~0.05%，pH 值为 9 ~11，相应 CaO 浓度为 0.01% ~0.03%。对矿浆连续鼓入空气，以便使得矿浆中氧浓度达到 7mg/L 左右。矿浆固液比应在不太影响浸出金剂扩散的情况下取较低值为适宜。

常规氰化法是一种很成熟的工艺，它包括浸出原料的制备、搅拌氰化浸出、逆流洗涤固液分离、浸出液净化和脱氧、锌粉置换和酸洗、熔炼铸锭等主要作业。其原则流程如图 9.9 所示。与渗滤氰化浸出工艺比较，搅拌氰化浸出具有厂房占地面积小、浸出时间短、机械化程度高、金浸出率高及原料适应性强等特点。

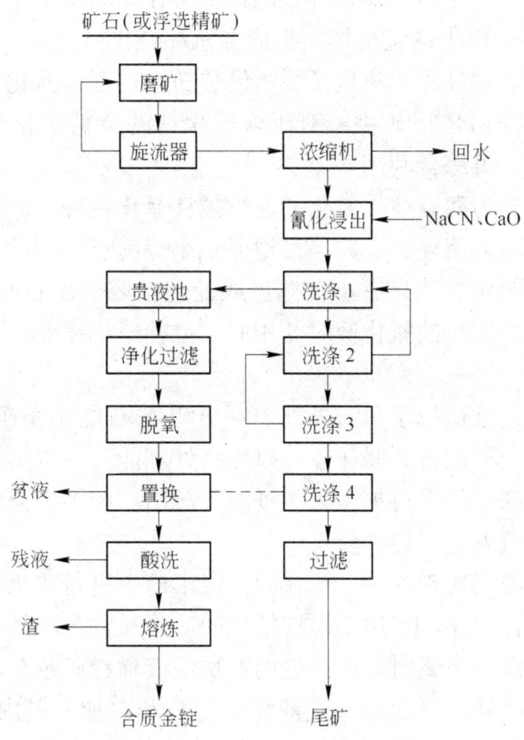

图 9.9 常规氰化法原则工艺流程

9.4.2 常规搅拌氰化

相对于渗滤氰化，搅拌氰化的浸金过程得到了强化，这是因为金矿石经细磨后金粒可更好地暴露。由于矿浆受到强烈的搅拌，反应物氰化剂向金表面扩散的条件更好。又由于氰化浸出过程中矿浆充气良好，因此，无论在浸出速度，还是金银的提取率上，都高于渗滤氰化和堆浸提金工艺的技术指标。

9.4.2.1 矿石预处理

矿石细磨程度取决于金的粒度，对于一般的非硫化物金矿石，通常磨细到60% ~ 70% -200 目（0.074mm），在磨矿作业中添加氰化物，采取边磨边浸，以缩短浸出时间和提高浸出率。对含金的硫化物矿石，多采取先浮选富集，选出含金硫化物精矿，如含金铜精矿，再磨细到90% ~95% -325 目，以减少处理量，提高浸出率和工作效率。对含砷或磁黄铁矿较高的矿石，则采取浮选精矿，经焙烧脱砷、脱硫后，再进行氰化浸出。对高碳矿石，可通过加氧进行氧化后再实施搅拌氰化浸出，则可达到理想的浸出效果。

9.4.2.2 搅拌氰化作业

经过细磨之后的矿浆浓度很稀，一般液固比为5∶1，为了减小湿法冶金设备的容积，应先将其浓缩至液固比达（1 ~ 2）∶1，再进行搅拌氰化作业。矿浆浓度一般宜在体积分数为35% ~50%的条件下搅拌浸出，并调整 pH 值在 10 ~ 15 之间，以防止氰化物的分解和抑制硫化铁的氰化反应，氰化物的体积分数应该保持在0.06%左右为好，在充氧条件下搅拌24h 以上，便可使95%以上的金溶解而生成金氰配合物。

对于金精矿氰化，浓缩过程同时也是脱出浮选药剂过程；氰化后含金溶液经倾析或过滤送去沉金，尾矿经洗涤后送尾矿坝。对于含硫化铁的金精矿氰化浸渣，其尾矿为硫精矿，是制硫酸的好原料，可综合利用。

搅拌氰化的方式可分为间歇搅拌氰化和连续搅拌氰化两种。由于连续浸出具有生产能力大、自动化程度高、动力消耗少、厂房占地面积小等优点，因此在通常情况下，大多数提金厂多采用连续搅拌氰化法，只有小型选厂或处理难溶金矿石时才采用分段搅拌氰化，以及当每段浸出都需要使用新的氰化液时才用间歇搅拌氰化作业。

A 间歇搅拌氰化

间歇搅拌氰化作业通常适用于每天处理 10 ~ 100t 矿石的小型矿山，对大型矿山而言，通常是由几个甚至十几个槽进行并联作业，以提高处理能力。浸出后的矿浆放入储槽中储存并分批进行过滤、洗涤。然后再加入另一批原料浸出，为了不使储槽中储存的矿浆发生沉降，必须不断用机械或者空气搅拌。

搅拌氰化浸出时的液固比常为1∶1，在同一浸出槽中进行浸出、洗涤，浸出终了时可加洗水稀释矿浆至液固比为3∶1。用于搅拌氰化的矿浆通常含固体50%，当在同一浸出槽中进行间歇搅拌氰化并洗涤矿浆时，需在浸出后加洗液稀释矿浆至含固体25%后洗涤，故浸出槽的实际容量应为矿砂、氰化液和洗液体积的总和再加上槽内液面以上的宽裕容量，以免矿浆外溢造成损失。

B 连续搅拌氰化

连续搅拌浸出时，矿浆顺流通过串联的几个搅拌浸出槽，矿浆不能自流时可用泵扬送，一般应使矿浆自流，尽量减少用泵扬送次数，以降低动力消耗。间断搅拌浸出时，将矿浆送入几个平行的搅拌浸出槽中，浸出终了时将矿浆排入储槽，再将另一批矿浆送入搅拌浸出槽中进行浸出。

金选厂较常采用连续搅拌氰化浸出，只在某些小型选厂或处理某些难浸金矿石以及每段浸出均需采用新的氰化液时，才采用间断搅拌氰化浸出。

连续搅拌氰化浸出常在串联的 3 ~6 台搅拌浸出槽中进行，一般浸出槽呈阶梯式安装，矿浆可均衡连续的通过各浸出槽。矿浆通过各浸出槽的时间应等于或略大于该浸出条件下所需的浸出时间。与间断法比较，连续搅拌浸出法可缩短装卸料时间、设备处理能力较大、浸出矿浆可连续送去进行固液分离，可省去储槽，可减小厂房面积和动力消耗，过程连续，有利于过程自动化和改善劳动条件。该操作方式可用于多数选金厂。

连续搅拌氰化作业，通常是在串联的 3 ~ 6 台搅拌浸出槽中连续进行，这有利于作业过程的自动化和连续化。矿浆进入第一个浸出槽经氰化处理后，再依次溢流进入第二槽、第三槽，继续氰化处理，直至进入最后一个浸出槽并完成氰化处理后，矿浆溢流排出送过滤和洗涤。由于连续浸出作业是在串联的几个槽中连续进行的，所以节省了装料和卸料时间，也提高了设备的生产能力；且氰化矿浆连续送去过滤，过滤前不需用储存槽，从而减少了厂房面积和用于搅拌储存槽内的动力消耗。

为了使矿浆由第一槽顺利地依次自流进入后面的各槽中，浸出槽应安装成阶梯式，非不得已时不用泵输送。在正常作业条件下，串联的任何一台搅拌槽中矿浆的供入和排出都应保持平衡。无论如何要保证矿浆顺利通过各槽，不至于因矿砂的堵塞而影响正常作业。

连续浸出时，矿浆经过依次串联的各个搅拌浸出槽。矿浆在槽中停留的时间，即其平均浸出时间用以下公式计算获得：

$$\tau = v/Q$$

式中 τ——平均浸出时间，h；

v——矿浆流速，m^2/t；

Q——串联槽的总容积，m^2。

串联槽的个数或级数应保证全部金转入溶液有足够的时间。槽数不应少于 4 ~ 6 个，最好 8 ~ 12 个，因为当级数太少时，个别矿粒在串联槽中待的时间与平均浸出时间的偏差很大。换言之，相当一部分矿粒在跑过全部浸出槽所花的时间，不足以使金转入溶液，而相当一部分矿粒则在槽中停留又太久。

9.4.2.3 浸出矿浆的固液分离与洗涤

为使得氰化浸出液与浸渣获得充分分离，一般采用 3 ~ 5 段浓密、过滤或者两者混合的洗涤流程。这是氰化浸出的关键作业，往往由于泥多难选或分离不彻底，造成回收率下降。搅拌氰化浸出矿浆需经过固液分离才能获得供沉金用的澄清贵液。为了提高金的回收率，需对固液分离后的固体部分进行洗涤，以尽量回收固体部分所夹带的含金溶液。生产中可采用倾析法、过滤法和流态化法进行浸出矿浆的固液分离和洗涤。

我国多数选金厂采用倾析法进行浸出矿浆的固液分离和洗涤。此法在国外主要被用于北美。倾析法可分为间断倾析法和连续倾析法两种。

A 间断倾析法

间断倾析法常用于间断氰化浸出矿浆的固液分离，可在澄清槽或浓缩机中进行。使用澄清槽时，浸出矿浆在澄清槽中澄清后，用带浮子的虹吸管排出澄清的含金贵液，送去沉金，将剩余的浓矿浆返回搅拌浸出槽用稀的氰化钠溶液洗涤，矿浆再送澄清槽澄清，如此反复几次，直至洗出液中的含金量达到微量时为止。采用浓缩机进行固液分离时，浸出矿浆送浓缩机澄清，溢流送去沉金，底流返回搅拌浸出槽用稀的氰化钠溶液洗涤，矿浆再送浓缩机澄清，如此反复几次，直至溢流中的含金量达到微量时为止。通常洗出液中金含量较低，可用逐级增浓法进行洗涤，即第一次洗涤液调整氰化钠浓度和 pH 值后用作下批含金物料的浸出剂，第二次洗涤液作下批原料浸出矿浆的第一次洗涤剂，逐级增浓，最后一次用清水作洗涤剂。

间断倾析法的作业时间长，所用容量大，设备占地面积大。目前在工业上应用较少，只用于处理量较小的氰化厂。

B　连续逆流倾析法

工业上应用的连续倾析法多为逆流倾析法（称为 CCD 流程），浸出矿浆和洗液相向运动，作业在串联的几台单层浓缩机或多层浓缩机中进行。

a　单层浓缩机连续逆流洗涤

将几台单层浓缩机串联在一起即可对搅拌浸出矿浆进行固液分离和连续逆流洗涤，其典型流程如图 9.10 所示。单层浓缩机连续逆流洗涤法具有操作简单、已溶金的洗涤率高，易实现自动化等特点，但设备占地面积大，矿浆需多次用泵输送。因此许多氰化厂倾向于采用多层浓缩机的连续逆流洗涤流程。

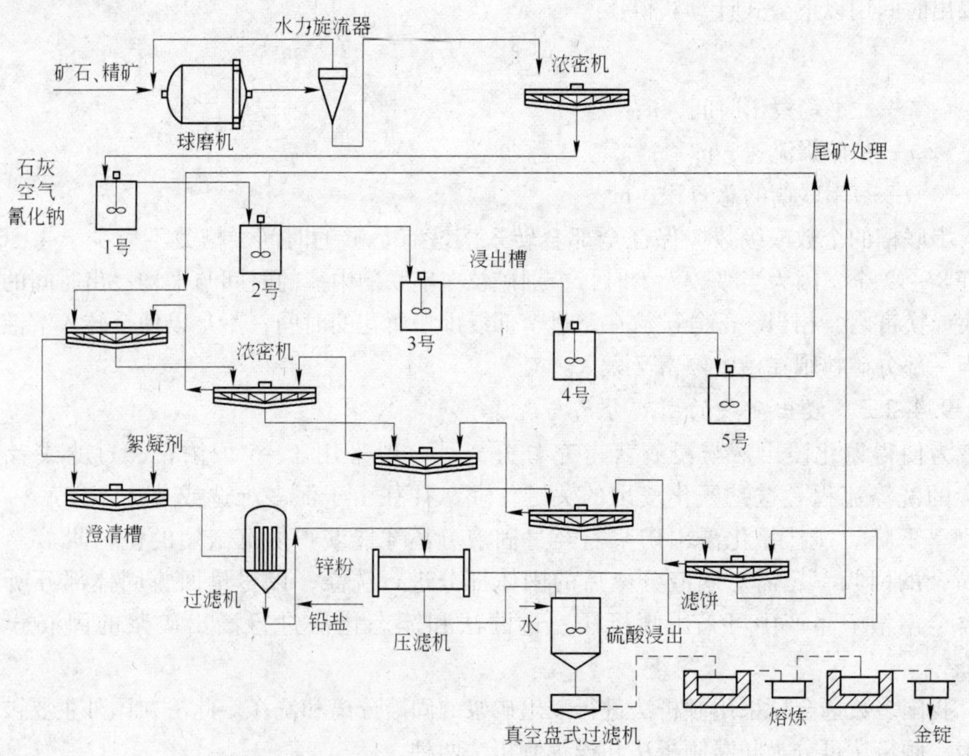

图 9.10　连续逆流倾析洗涤典型流程

为了提高浓缩效率，减少设备占地面积，20 世纪 70 年代后期，南非爱朗德斯兰德金矿和美国内华达州的银王公司和休斯顿国际矿业公司等相继使用一种新型高效浓缩机，如

图 9. 11 所示。爱朗德斯兰德金矿用于浓缩旋流器溢流，美国银王公司和休斯顿公司用于浸出矿浆的逆流倾析洗涤。矿浆先经过脱气再经混合器后才进入浓缩机。絮凝剂至少分三段加入混合器中与矿浆混合。混合器中装有搅拌叶轮，可使得絮凝剂均匀分布于矿浆中，与絮凝剂混合后的矿浆流入混合器下部槽中。混合器下部槽中装有放射状的倾斜板，以增加浓缩面积。浓缩后的底流由耙动机构耙出。析出的溶液经过压缩层的絮团过滤后由上部溢流溜槽排出。高效浓缩机体积小，效率高，其效率比常规浓缩机大 10 倍，投资少，但其对矿石粒度和矿石性质的变化比较敏感。

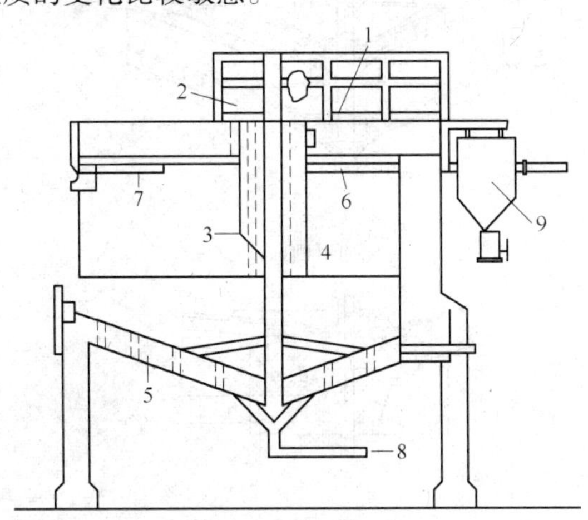

图 9. 11　高效浓缩机剖面示意图

1—耙传动装置；2—混合器传动装置；3—絮凝剂加入管；4—混合器；
5—耙臂；6—给料管；7—溢流溜槽；8—排料管；9—排气系统

b　多层浓缩机连续逆流洗涤

多层浓缩机的构造和中心传动的单层浓缩机大体相似，如图 9. 12 所示，只是将多个（一般为 2 ~5 个）单层浓缩机重叠在一起，在层与层间采用泥封装置（层间闸门）防止下层溢流（澄清液）上串至下层。我国金选厂较常采用二层或三层浓缩机，图中所示为三层浓缩机连续逆流洗涤原理图，各层浓缩机的耙架均固定在同一竖轴上，竖轴由电动机带动作旋转运动，层与层之间设有层间闸门，各层的溢流管均与洗液箱相连。随耙机的缓慢旋转，上层底流可以顺利地排至下一层，但下层的澄清液则无法进入上一层，各层之间的悬浮液是互相连通的，可通过流体之间的静力学平衡来维持它们之间的相对稳定。因此，在洗液箱中下一层清液的溢流口必须高于上一层的液面，设其高出的高度为 Δh，其值可用下式进行计算：

$$\Delta h = h(\rho - \rho_0)/\rho_a$$

式中　Δh——下层溢流口高出上层液面的高度；

h——上层底流的高度；

ρ——浓密底流的密度；

ρ_0——澄清液的密度。

操作时浸出矿浆经进料管进入多层浓缩机的最上层，底流依次通过各层，最后经最下

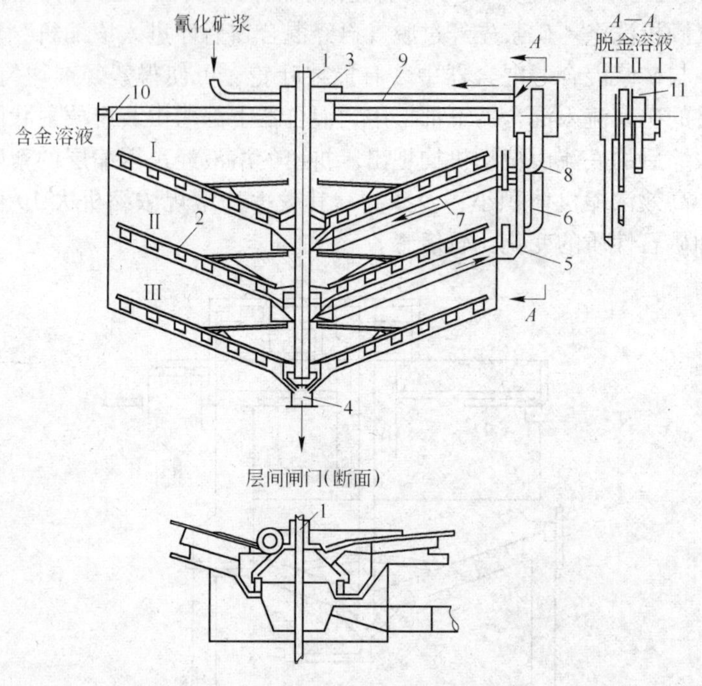

图 9.12 多层浓缩机

1—中心轴；2—耙架；3—给料口；4—排料口；5，7，9—洗液管；6，8—溢流管；10—溢流溜槽；11—洗液箱

层排料口排出。洗涤液（常为脱金溶液）通过洗液管进入最下层浓缩机洗涤上一层排出的底流，其溢流沿溢流管进入洗液箱的Ⅱ格，再经过管 7 进入第二层的浓缩机洗涤第一层浓缩机排出的底流。第二层浓缩机的溢流经过溢流管进入洗液箱的Ⅰ格，再经过洗液管 9 进入第一层浓缩机洗涤矿浆，第一层浓缩机排出的溢流为含金贵液。图 9.13 所示为我国某氰化厂用三层浓密机进行连续逆流洗涤的溶液平衡图，含金物料磨至 88% -0.037mm，给矿浓度为 27.8%，排矿浓度为 57.72%，已溶金的洗涤率为 98.86%。

C 过滤法

过滤法固液分离及洗涤可采用连续或间断两种方式，连续操作时常用筒型真空过滤机和圆盘真空过滤机，间断操作时常用框式真空过滤机和压滤机，连续过滤在各个选金厂使用较普遍，间断过滤一般用于难过滤的泥质氰化矿浆的固液分离，此时可对滤饼进行较长时间的洗涤，但其处理能力较低，占地面积较大，一般用于处理能力小的金选厂。

搅拌氰化浸出矿浆的浓度较低，常为 30% 左右，为了提高过滤机的处理能力和过滤效率，

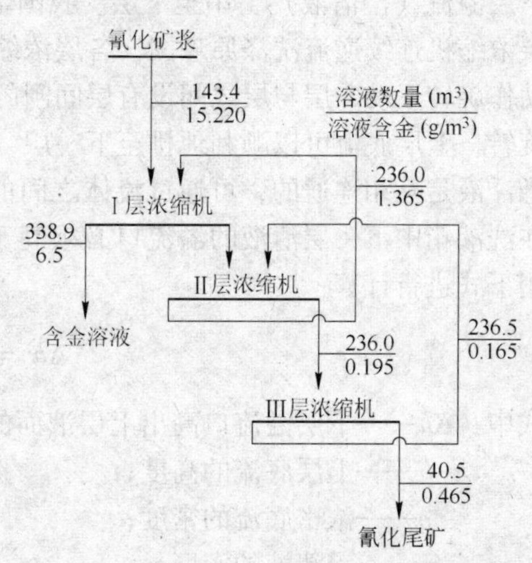

图 9.13 某氰化厂三层浓缩机连续洗涤流程

氰化浸出矿浆一般先经过浓缩脱水，浓缩底流再送去过滤，浓缩时可添加絮凝剂，使得底流浓度达到55%以上再送去过滤。过滤的滤饼需进行多次洗涤以回收滤饼中机械夹带的含金溶液。一般是先用稀的氰化钠溶液制浆洗涤，继而再用清水制浆洗涤，通常采用两段过滤洗涤法洗涤滤饼，图 9. 14 所示为某氰化厂采用浓缩机和两台过滤机的过滤洗涤流程。该厂已溶金的洗涤率为 98. 27% 。

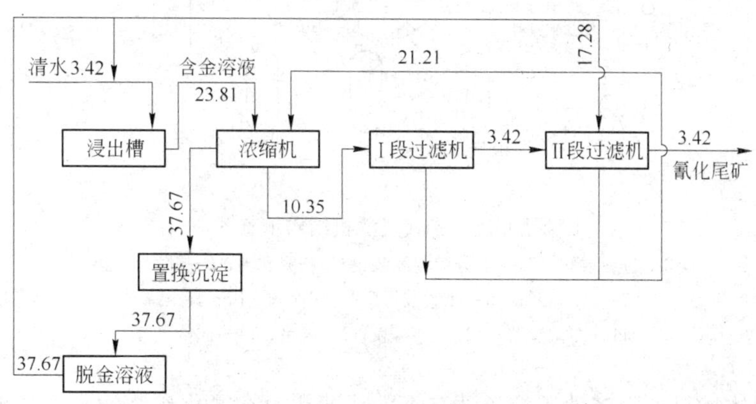

图 9. 14 某厂氰化矿浆的两段过滤洗涤流程

南非一些氰化选厂已经应用 $60m^2$ 和 $120m^2$ 的真空带式过滤机。真空带式过滤机主要由机架、驱动轮、尾轮、环形胶带、衬垫胶带、真空箱及风箱等部件组成。环形胶带上有许多横向排液沟，沟底从两边向中间倾斜，胶带中间有纵向通孔，每排液沟有一孔，用于收集和排出滤液。滤液流入胶带下的真空箱中。胶带上铺有滤布，胶带由传动装置带动沿着驱动轮和尾轮运动。胶带的上部工作部分沿空气垫移动，仅在真空范围内才紧贴不动的真空箱，在真空箱上拖过。为避免磨损，在胶带下面垫一条窄的磨光的衬垫胶带。衬垫胶带与环形胶带一起运动，磨损后可迅速更换。矿浆经分配器从上部给入紧贴于胶带的滤布上，由真空吸滤使得溶液沿着胶带的排液沟经过排液孔进入真空箱，然后排入储槽。可将带式过滤机分为吸滤区、洗涤区和吸干区 3 个区。滤布经过吸干区和驱动轮后与输送胶带分离，滤饼由排料辊卸下，滤布袋经过喷射洗涤器、张紧轮和自动调距器系统，于尾轮处与输送胶带重合而实现连续自动化作业。为了及时了解滤布带的状况，装有浊度计以测定滤液的浊度，可随时了解滤布的工作状况。带式过滤机可进行多段过滤和洗涤，滤饼不需浆化，处理能力高，效率高，滤布易更换，但其基建投资较大，维修费用高，操作比较复杂。

带式过滤机可进行多段过滤和洗涤，如图 9. 15 所示，而不需再浆化，处理能力比圆筒真空过滤机高 1 ~ 3 倍。滤出的贵液可返回用于洗涤而获得富贵液，也可不返回洗涤。滤渣可制成干滤饼排泄，也可排泄湿尾矿。尽管带式过滤机基建投资大，维修费用高，操作需细心，且偶有损失大量贵液等缺点，但它的能耗低，效率高，滤布更换容易，因而可望在黄金生产中大量采用。

在国外使用的压滤机中，性能最好的要算美国装在水平轴上的圆形过滤盘式液压机和南非的轴流式（烛形）压滤机。由于它们都实现了自动化，因而取代了板框压滤机。

真空过滤机的过滤，是将浸出的矿浆给入过滤机中，在真空泵的吸力下，含金溶液穿

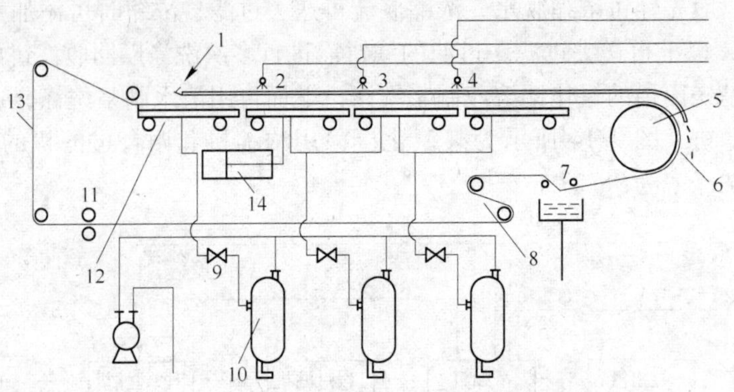

图 9.15 带式过滤机结构示意图

1—进料装置；2～4—分级洗涤装置；5—驱动辊；6—卸料装置；7—洗布装置；8—张紧装置；9—切换阀；10—真空罐；11—纠偏装置；12—真空盘；13—滤带；14—往复气缸

过滤布，而固体物料被紧密地沉淀于滤布上而成滤饼。在氰化矿浆的真空过滤中，由于过滤机的吸力会破坏滤饼中的絮凝团，而常使未被溶解的金继续发生溶解（特别是泥质矿浆）。因而，对滤饼的洗涤至为重要。根据生产实践经验，用稀 NaCN 液洗涤滤饼时，使用与滤饼含液量相等的洗液进行洗涤，可以从滤饼中洗出 80%～85% 的含金溶液；若改用滤饼含液量两倍的洗液洗涤，则可从滤饼中洗出 98% 的含金溶液。在通常情况下，滤饼应经多次洗涤，第一次加稀 NaCN 液（或贫液）将滤饼调成 50% 浓度的矿浆经洗涤过滤后，再用水进行洗涤后弃去尾矿。

由于氰化时矿浆的浓度通常较低（约 30%），为了提高过滤机的处理能力和过滤效率，所以常常在过滤机前增设一级浓缩机，并向浓缩机中加入一定数量的聚丙烯酰胺絮凝剂，使过滤机的给矿浓度达 55% 以上。

间断过滤一般采用板框压滤机，也可采用自动板框压滤机进行氰化矿浆的固液分离和洗涤作业。

D 流态化法

流态化固液分离和洗涤常在流态化洗涤柱（中）进行，如图 9.16 所示，流态化洗涤柱（塔）为一个细高的空心圆柱体。它主要用于除去浸出矿浆中的矿砂和进行矿砂洗涤，由扩大室、柱身和锥底三部分组成，扩大室中央有一进料筒，使得浸出矿浆平稳均匀地进入扩大室。洗涤液从洗涤段和压缩段的界面处给入，洗涤液经布液装置均匀地分布于柱截面上。矿砂和洗涤液在洗涤段呈逆流运动，矿浆中的含金溶液和细矿粒随同洗水从上部溢流堰排出，再经过过滤获得澄清的含金溶液。矿砂则经过扩大室向下沉降，在洗涤段进行逆流洗涤，形成上稀下浓的流态床。经洗涤后的矿砂沉入压缩段，矿砂在压缩段经过压缩增浓，呈移

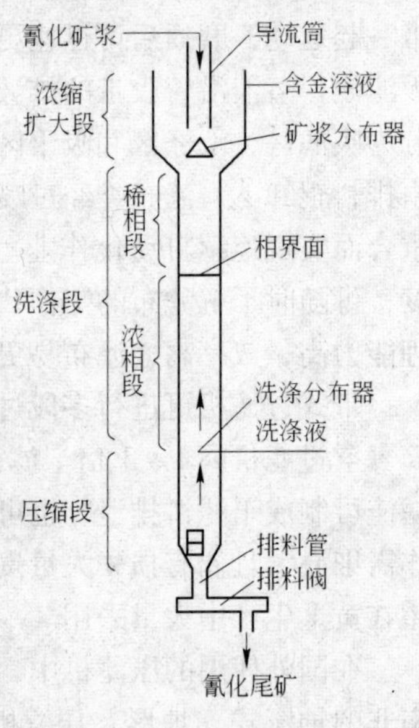

图 9.16 流态化洗涤柱

动床状态下降，最后由柱底排出。

9.4.2.4 含金溶液的澄清

浸出矿浆经固液分离和洗涤所得的含金溶液含有少量矿泥和难沉降的悬浮物，这些杂质进入置换沉金作业会污染锌的表面、降低金的沉淀率以及消耗溶液中的氰化物。含金溶液进入置换沉金作业前需进行澄清，以提高置换沉金效率和减少药剂耗量。

目前，含金溶液的澄清广泛使用框式澄清机，其次为压滤机，小型矿山可用砂滤箱和沉淀池。为了保证获得高的置换率和高品位金泥，主要采用澄清过滤机，使浸出液中的悬浮物由 70～100μg/g 降到 5～7μg/g，并采用真空法脱氧，使得溶液中含氧量降到 1μg/g 以下。

砂滤箱是在箱的假底上铺过滤介质（滤布、帆布或麻袋片），过滤介质上再分别装有厚 120～150mm 砾石层和厚 60mm 细砂层。一般设两个砂滤箱，以便定期替换使用，清洗砂滤箱时应将细砂更新。砂滤箱和沉淀池一样，生产效率较低，澄清效果较差，但结构简单，常与框式澄清机等配合使用。

含金溶液澄清作业的滤布常被碳酸盐、硫化物或矿泥沉淀物所堵塞。为消除其有害影响，通常过滤与澄清之间不设置中间储液槽，以缩短含金溶液与空气的接触时间，减少空气中二氧化碳在溶液中的溶入量，并应定期清洗澄清设备和用 1%～1.5% 的盐酸洗涤滤布，以除去碳酸钙沉淀。

9.4.2.5 置换沉金

用金属（锌）置换氰化溶液中的金氰配合物，生成置换金属（锌）的氰配合物，以使得金沉淀析出。为了获得更有效的置换反应，在溶液中保持 0.005% 左右的铅盐，并把溶液中含氧量降到最低程度，以防止锌表面的氧化和置换出金时发生的逆向氰化反应。沉淀金泥中的残留金属，采用酸洗除去，以保持生产出金银合量在 30% 以上高品位的金泥。详细方法将在下一章的锌粉置换沉淀中进行介绍。

9.4.3 常规氰化浸出的两种工艺组合

9.4.3.1 充气预氧化

含金矿石中所含的具有一定反应活性的硫化物矿物，如普遍存在的 FeS_2，因矿石的风化及湿磨过程中分解为 FeS，在氰化时它与金争夺氧和氰根，从而影响金的浸出。反应如下：

$$4FeS + 4NaCN + 3O_2 + 6H_2O \longequal 4NaCNS + 4Fe(OH)_3$$

对于这种影响，提金厂往往采用氰化前通空气进行预氧化处理的方法来解决。其作用原理是使硫化亚铁（FeS）氧化生成硫酸亚铁，并进一步氧化成稳定而不溶的 $Fe(OH)_2$ 和硫酸盐：

$$FeS + 2O_2 = FeSO_4$$

$$FeSO_4 + Ca(OH)_2 = Fe(OH)_2 + CaSO_4$$

$$4Fe(OH)_2 + O_2 + 2H_2O = 4Fe(OH)_3$$

我国某厂处理淋滤富集的铁帽金矿，矿石中含褐铁矿、针铁矿、赤铁矿、白铁矿、磁黄铁矿、黄铁矿等，铜的硫化物和氧化物等；非金属矿物有石英、玉髓、黏土矿物等。原设计为氰化后炭浆法提金工艺。随着采矿向矿床下层发展，上述的硫化物矿物含量有所增加，原矿金品位明显下降，金氰化率也有所下降。为了工厂效益，必须在保证金浸出率的基础上提高处理量。通过试验对比，明确了必须严格控制如下操作条件：

（1）保证磨矿细度的前提下，提高磨矿量。

（2）确定最佳浸出矿浆浓度为28% ~33%。

（3）严格控制 NaCN 加入量和浸浆中 NaCN 浓度与原矿金品位关系，原矿金品位低，NaCN 浓度相应降低，原矿品位为 6g/t 左右时，NaCN 浓度为 $5\times10^{-2}\%$ 左右；原矿品位为 3.3g/t 左右时，NaCN 浓度为 $3.5\times10^{-2}\%$ 左右。更主要的是，在氰化浸出前增设了 1 台 ϕ2500mm 充气搅拌槽，在 pH 值为 11 左右进行矿浆预氧化处理 1.5h，以便减少硫化铁一类矿物在氰化时对金的浸出干扰。由于采取了上述措施，取得了明显的技术经济效果：主要是氰化钠消耗减少、金浸出率提高。

有些金矿石，充气预氧化处理，由于溶液中含有较多的未完全氧化的硫化物、砷化物及贱金属等，需要通过适当的固液分离方法将这些溶液及其所含的对金氰化有害的杂质排除出去。我国某金矿，其主要载金矿物为毒砂，矿石的主要组分（质量分数）为：$w(S)$ 2.3% ~2.6%、$w(As)$ 0.2% ~0.4%、$w(C)$ 2% ~3%、$w(Fe)$ 4.5% ~8%。金、银品位分别为 4 ~6g/t 及 16 ~19g/t。用全泥氰化法处理。但是，氰化前必须在碱性条件下充气氧化除砷，其具体办法是，将石灰加入矿石的一段球磨机中，通过这里的强烈摩擦和氧化，生成可溶的亚砷酸盐，其反应式为：

$$As_2O_3 + 3Ca(OH)_2 = Ca_3(AsO_3)_2 + 3H_2O$$

然后通过浓缩机将进入溶液中的砷从溢流液中脱除，这样处理后再氰化，金浸出率可提高 5%。

9.4.3.2 边磨边浸工艺

对于很多氧化矿，无需在氰化前进行充气氧化预处理。对于该类矿石，在球磨时就可加入石灰和氰化钠进行边磨边浸，这不仅提前进行了氰化浸出（与在搅拌槽中加氰化钠相比），可缩短矿浆在搅拌槽内的氰化时间，从而减小了浸出箱的容积。而且矿石在磨碎时新暴露出来的金的表面是新鲜的，更容易氰化，因此效果往往较好。采用这种工艺的提金厂较多，这里仅举美国内华达州的 Chimney Creek 金矿，该金矿就是将块状石灰和氰化钠加于半自磨机开始磨矿及氰化，待矿浆进入搅拌氰化浸出系统时，已浸出了 60% 以上的可溶金，进入溶液的这部分已溶金，经过较简单的固液分离装置而进入溶液中，再通过高效率的炭柱吸附回收。这样，不仅有利于下一步的搅拌浸出金，还大大减轻了炭浆提金系统的负担。

9.4.4 高效氰化搅拌法

常规氰化法，即使加上碱性矿浆充气氧化预处理，仍受到很多因素的限制，尤其是随着易处理金矿石资源的减少、品位的降低以及金价的下降等，如何提高氰化法的效率、扩大其应用范围以及降低成本，始终是提金工业中最关心的问题之一。

9.4.4.1 富氧助浸工艺

金片在 10g/L NaCN 溶液中的溶解速度与向该溶液中通入的气体中的氧的体积分数几

乎成直线关系，见表 9.3。由该结果可见，通入纯氧比通入空气使金溶解速度提高 5 倍左右。

表 9.3 氰化时通入的空气中氧含量与金溶解速度关系

气体中氧气含量	0	9.6	20.9	60.1	99.5
金溶解速度/mg·$(cm^2 \cdot h)^{-1}$	0.04	1.03	2.36	7.62	12.62
比值（金溶解速度/氧气体积分数）		0.107	0.113	0.127	0.127

在通氧的炭浸（CILO）与通空气的炭浸（CIL）中也有类似的情况。

富氧助浸工艺在我国提金工业中成功应用的一个关键，是采用了能经济制取富氧的变压吸附制氧机，可方便地获得氧源（O_2 体积分数在 93% 左右）。其制取富氧的原理是利用了一种分子筛，在较高的空气压力下吸附氮气而使氧气通过，当压力降低时将氮气释放出来为下次吸附作准备，如此不断变换空气压力，分子筛便有规律地使氧富集。

9.4.4.2 氧化剂的助浸

A 过氧试剂的助浸作用

南非某金矿，首先于 1987 年 9 月成功地将该工艺应用于处理浮选尾矿（规模为 750t/d，尾矿含金 2.8g/t）。不久，这种 PAL 工艺正式引入采金工业中。至 1991 年，仅南非和澳大利亚就有 7 座金矿相继采用 H_2O_2 助浸工艺。

其后的研究表明，过氧试剂 CaO_2，由于它在碱性条件下能缓慢而稳定地释放出氧，副反应少，因此是一种更适宜的过氧化物助浸剂。

氰化时加入过氧化物助浸，不仅对易处理金矿有效，而且对某些以硫化物包裹的金的浸出也有利，这是因为存在着氧化反应对金包裹体的剥蚀作用，从而将一部分包裹金暴露出来，有利于金氰化浸出。其作用过程可作如下的粗略说明：

黄铁矿颗粒表面的黄铁矿分子，受氧化反应而逐渐剥蚀，其反应如下：

$$FeS_2 + 4H_2O_2 \xlongequal{} FeSO_4 + S + 4H_2O$$

生成的 S、$FeSO_4$，进一步氧化生成 $Fe_2(SO_4)_3$，及其他硫酸盐；而 $Fe_2(SO_4)_3$ 又是一种氧化剂，又可与黄铁矿、毒砂等反应：

$$2FeAsS + 13Fe_2(SO_4)_3 + 16H_2O \xlongequal{} 28FeSO_4 + 2H_3AsO_4 + 13H_2SO_4$$

所生成的硫酸、砷酸等转变成钙盐。如此不断反应，使部分包裹金暴露。根据同样道理，在加入过氧试剂助浸时，也可能采用较粗的磨矿粒度进行浸出（如 67% $-74\mu m$）而获得较高的浸出率。已试验了通过加入过氧试剂助浸，处理含高硫高铜和含砷等几种属于难浸的硫化物金矿，已展示出了浸出金的良好结果。因此可以预期，加过氧化物助浸，将使成熟的氰化提金工艺得到进一步的发展，成为一种处理半难处理甚至难处理金矿的一种工业用方法。

过氧试剂的主要特点如下：

(1) 双氧水。

通常为含有 $H_2O_2$30% 左右的水溶液，分解反应释放出氧：

$$2H_2O_2 \xlongequal{} 2H_2O + O_2$$

工业品双氧水内均含有稳定剂，只要储存条件适宜，年损失氧量仅为1%左右。它的分解随温度升高而加快；少量过渡金属离子对其分解有明显的催化作用。

由于存在如下的氧化反应：

$$H_2O_2 + NaCN = NaCNO + H_2O$$

因此，需加入稀释了的H_2O_2，并且实验测得有一最适宜的加入量，即加入量过少或过多均不利于金的氰化浸出。事实上，只要控制好，利用H_2O_2助浸效益是可观的。加入H_2O_2助浸，可缩短氰化时间、提高金的浸出率，即使对比较难处理的金矿也能获得较好的浸出效果。

（2）过氧化钙。

过氧化钙为白色粉末，很多化工厂能大量生产此种过氧化物。经济的办法是在使用的现场的H_2O_2与石灰混合，即可制得CaO_2。因此，有人认为CaO_2助浸仅是H_2O_2助浸法的一种不同加料方式。加CaO_2助浸时，其效果也很好。在获得相同的金浸出率时。氰化钠用量为0.98kg/t，比常规氰化工艺节省30%左右：CaO_2用量以的相当量计为0.08kg/t，比采用用量节省30%左右。

含金矿石中常见的伴生矿物，如黄铁矿（FeS_2）、砷黄铁矿（FeAsS）、黄铜矿（$CuFeS_2$）等，在碱性的氰化物介质中，对H_2O_2和CaO_2均有较强的催化分解作用，从而给矿浆提供较多的溶解氧，促进金的氰化浸出。

B 氧化剂的助浸作用

通过氰化介质中金氧化作用的机理研究以及大量的实验，证明其氧化电位大于-0.54V的很多氧化剂，除空气中的氧、富氧、纯氧、H_2O_2、CaO外，还有Pb^{2+}（-0.126V）、$KMnO_4$（+1.51V）在氰化浸出金时都能起氧化剂的作用，而且不同氧化剂能分别满足表面结构不同的金矿石颗粒的要求，渗入其表层进行氧化反应。所以同一氧化剂对不同金矿石的氧化效果不尽相同，采用不同氧化剂混合使用其效果更佳，见表9.4和表9.5。

表9.4 不同供氧方法的氰化浸出金效果

供氧方法	$KMnO_4$/kg·t^{-1}	NaCN/kg·t^{-1}	氰化时间/h	金浸出率/%
充压缩空气		2.0	30	85.4
$KMnO_4$	0.4	1.5	24	87.21
压缩空气+$KMnO_4$	0.3	1.0	18	90.02

表9.5 H_2O_2和Pb^{2+}强化某金矿的氰化效果

氧化剂和用量/g·t^{-1}	氰化时间/h	金浸出率/%	氧化剂和用量/g·t^{-1}	氰化时间/h	金浸出率/%
H_2O_2 400	24	72.03	充空气	4	64.12
充空气	24	66.10	H_2O_2 400、Pb^{2+} 20	4	72.03
H_2O_2 400	4	66.10			

9.4.4.3 浸出吸附法

浸出吸附法提金，因所用吸附剂而异，有活性炭和离子交换树脂两种，前者称炭浸法

（CIL法），在西方国家应用较多；后者称树脂浸出法（RIL法），在原苏联系统中应用较多。一般而言，在开始一段不长的时间里，先进行氰化浸出，然后再加入吸附剂，进行边浸边吸附效果更佳。由于吸附剂的加入，使溶解下来的金迅速地、并绝大部分被吸附剂吸附，显著地降低了矿浆液相中的金，这样不仅可以避免矿石中存在的天然吸附剂对已溶金的吸附或沉淀物对已溶金的沉淀，而且也提高了金的溶解推动力，从而改善了金的浸出。图9.17给出了常规氰化、加炭与氰化同时进行或者先氰化8h后再加炭的浸吸结果的对比。充分说明了加炭的浸出吸附效果优于常规氰化，而且先氰化一段时间后再加炭进行浸出吸附，至少在开始一段时间效果更好。

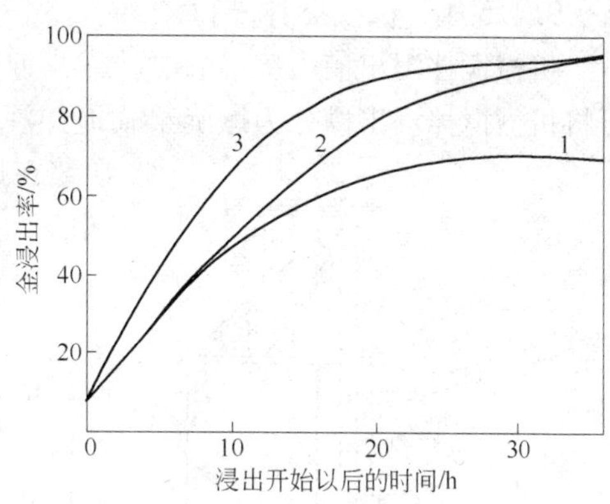

图9.17 炭对金矿氰化浸出的影响
1—不加炭；2—氰化的同时加炭；
3—氰化后8h再加炭

9.4.4.4 其他高效氰化法

A 通常的强化氰化法

国外在处理重选精矿时，常采用强化氰化法，其实质是在比较浓的NaCN溶液中充富氧空气、加温至35℃左右并强烈搅拌（200r/min左右）以利于粗粒金的氰化浸出。

B 加压氰化法

在通常的加压釜或可以加压的管式反应器中进行，压力通常为1.5MPa以下，温度高于常温而低于85℃。这样往往可在相当短的氰化时间内获得相当高的金浸出率。在我国陕西省凤县庞家河金矿处理过渡带的混合开动矿石时已采用了加压氰化法，获得了较好的效果。

9.4.5 搅拌氰化法设备

搅拌氰化浸出提金时，磨细的含金物料和氰化浸出剂在搅拌槽中不断搅拌和充气的条件下完成金的浸出。据搅拌槽的搅拌原理和方法，搅拌浸出槽可分为机械搅拌浸出槽、空气搅拌浸出槽及空气与机械联合搅拌浸出槽三种。

搅拌氰化浸出的主要设备是搅拌浸出槽。根据搅拌方式可分为机械搅拌浸出槽、空气搅拌浸出槽和空气机械混合型搅拌浸出槽。对于机械搅拌浸出槽，达最佳混合状态时槽体与搅拌器直径的比值范围列于表9.6。为了减少磨损，多数搅拌浸出槽中的搅拌器和搅拌轴常常衬胶。

表9.6 搅拌浸出槽与搅拌器直径比例关系

槽直径 D/mm	搅拌器直径 d/mm		D/d	
3962.4	1066.8	1219.2	3.71	3.25
4267.2	1219.2	1371.6	3.5	3.11
4876.8	1524	—	3.2	—
6096	1828.8	2438.4	3.33	2.5

9.4.5.1 机械搅拌浸出槽

机械搅拌浸出槽中矿浆的搅拌靠高速旋转的机械搅拌桨完成。按照搅拌装置的不同，可将机械搅拌浸出槽分为螺旋桨式搅拌浸出槽、叶轮式搅拌浸出槽和涡轮式搅拌浸出槽。矿浆在这些搅拌机中的流动、循环和空气的分配是不相同的。

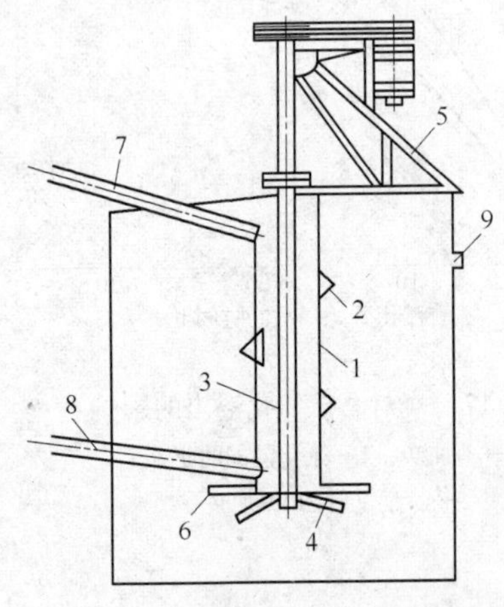

图 9.18 螺旋桨式搅拌浸出槽

1—矿浆接收管；2—支管；3—竖轴；4—螺旋桨；5—支架；6—盖板；7—溜槽；8—进料管；9—排料管

图 9.18 中所示的螺旋桨式搅拌浸出槽现今广泛用于氰化选金厂，是目前生产上较常采用的一种机械搅拌浸出槽，国外的德弗罗型搅拌槽即属此类型。它主要由槽体、带螺旋桨的竖轴、中央矿浆接收管 1、循环管、盖板 6、矿浆进料管 8 和排料管 9 等部件组成。槽的中央装有矿浆接收管，管上装有支管，搅拌轴通过接收管，其下端装有螺旋桨，为防止停止搅拌时矿浆沉积并压住螺旋桨，在桨叶上方接收管下端装有圆形盖板。当螺旋桨快速旋转时，槽内矿浆经各支管流入中央矿浆接受管，从而形成漩涡，空气被吸入漩涡中，使得矿浆中的的含氧量达到饱和值。螺旋桨旋转时，将进入接受管中的矿浆推向槽底，再从槽底返回沿槽壁上升，再次经循环管进入中央矿浆接受管而实现矿浆的多次循环流动，并将空气不断吸入矿浆中。

A 螺旋桨式搅拌浸出槽

机械搅拌浸出槽可使得矿浆得到均匀而强烈地搅拌，并将空气不断吸入矿浆中，使得矿浆中的含氧量较高，停机后再启动时较方便，能在矿浆沉淀后直接启动，矿浆不会压住螺旋桨，故特别适用于沉淀矿浆的洗涤和倾析。缺点是动力消耗大，设备维修工作量大，适用于处理粒度大、密度大、浸出矿浆浓度小、供电不正常的中小型氰化厂。

此种搅拌机通常不需要配用别的设备，但有时也与鼓风机配合，即往槽内垂直插入数根垂直压缩空气管，或于槽的内（外）壁安装空气提升器以提高矿浆的充气度和搅拌能力。

B 叶轮式搅拌浸出槽

用于生产实践的除螺旋桨式搅拌浸出槽外，还有叶轮式等机械搅拌浸出槽，如图 9.19 所示。叶轮式搅拌槽普遍应用于矿石的搅拌浸出中，最新结构的一种叶轮式搅拌机为美国丹佛公司设计的 MIL 型叶轮式搅拌机。机械振动和摩擦小，使用寿命长，且由于叶轮能够使得矿浆从槽底向槽的上部流动，因而固体物料混合均匀并保持悬浮状态。它已经应用于工业生产中，这种搅拌机与其他机械搅拌机相比，质量减轻 50%，耗电量减少 30% ~40%，使用寿命长等。

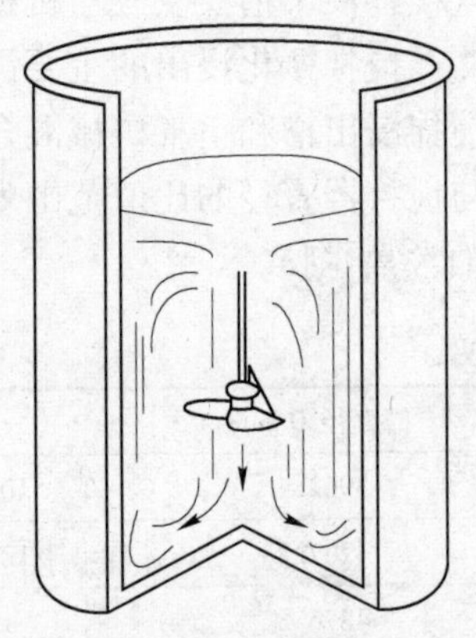

图 9.19 叶轮式搅拌浸出槽

C 涡轮式（轴流泵）搅拌浸出槽

涡轮式搅拌浸金槽：轴流泵式搅拌机是前苏联有色金属矿冶研究所研制成功的一种搅拌机，且已经过半工业试验，该机是由叶轮的快速旋转，将槽底的矿浆吸入中心管并上升抛向反射罩。

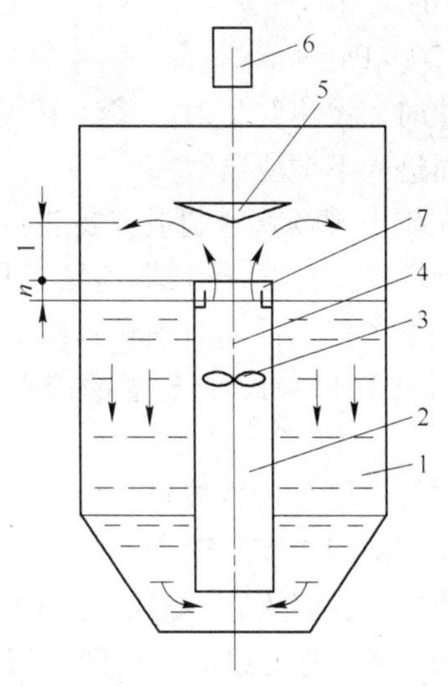

图 9.20　轴流泵式搅拌浸出槽
1—槽体；2—中心管；3—叶轮；4—轴；5—锥形反射罩；6—电机；7—折转隔板

图 9.20 所示为该种搅拌槽的示意结构。由于叶轮的快速旋转，将槽底的矿浆吸入中心管并上扬，直至与顶端的反射罩碰撞，由于反射罩的下表面呈锥形且处于旋转状态，这时，矿浆流向发生近似 90°的方向改变，并以扇形洒向槽内的矿浆界面上。在这期间，矿浆与空气的接触面增大，从而使矿浆内充满空气，矿浆液相中溶解氧浓度高达 7 ~ 7.5mg/L。由于搅拌桨的不断旋转，矿浆不断从中心管吸入和排出而实现矿浆的循环，为防止因矿浆含固体多而生成破坏叶轮吸入作用的液面中心漏斗，在中心管上端装有折转隔板，使矿浆进行均匀环流。

试验表明，该种搅拌槽对某种金矿在浸出 12h 后其氰化浸出率比空气搅拌槽高 11%。

矿浆的氰化浸出就是在这种强力搅拌的闭路循环中进行的。搅拌桨的强力搅拌，使得矿浆在整个浸出槽中分布均匀，并经常被氧饱和，给金的溶解提供了有利条件。据实验室试验，当搅拌机转数为 1500r/min、矿浆含固体 55% 时，溶液中溶解氧的浓度为 7 ~ 7.5mg/L。使用轴流泵式搅拌机与空气搅拌机对同一矿浆试样进行 12h 对比浸出试验，结果轴流泵式搅拌机浸出槽的金浸出率为 82% ~ 84%，而空气搅拌机浸出槽的浸出率仅为73% ~ 75%。

9.4.5.2　空气搅拌浸出槽

空气搅拌浸出槽是靠压缩空气的气动作用实现槽内矿浆的均匀而又强烈的搅拌，在槽内装有各种类型的空气提升器，以强化矿浆的充气和搅拌。空气搅拌浸出槽的结构，如图 9.21 所示。

国外常将此类型搅拌浸出槽称为帕丘卡或布朗空气搅拌浸出槽，它借助压缩空气的气动作用搅拌矿浆。浸出槽的上部为高大的圆柱体，底部为 60° 的圆锥体，主要由槽体、中心管、压缩空气管、进料管和出料管等组成。操作时，矿浆经进料管进入槽内，压缩空气管直通中心管下部，压缩空气呈气泡状态在中心管内上升，使中心管内矿浆的密度小于中心管外环形空间的矿浆密度，中心管外部矿浆柱的压力大于中心管内的压力，从而造成中心管内矿浆不断上升，溢流出来，中心管外环形空间矿浆不断下降，实现矿浆循环运动，调节压缩空气压力和流量可调节矿浆的搅拌强度。压缩空气搅拌浸出槽的矿浆搅拌很强烈，可使矿浆中的含氧量接近饱和值。

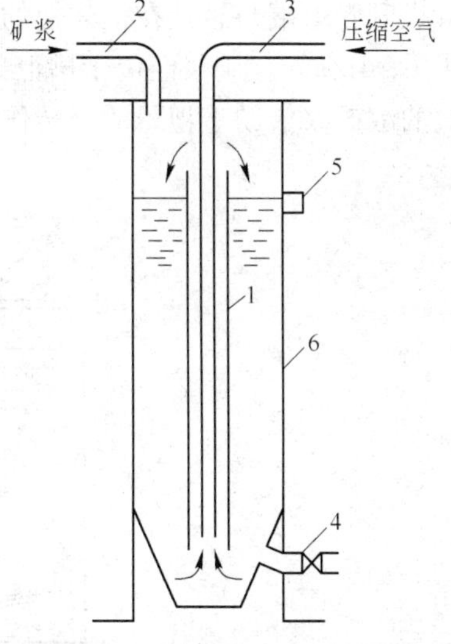

图 9.21　帕丘卡空气搅拌浸出槽
1—中心管；2—进料管；3—压缩空气管；4—下排料管；5—上排料管；6—槽体

多数帕丘卡浸出槽的高度为 12.2 ~ 18.3m，槽的高度与直径的比为 (2 ~ 3) : 1。直径在 3m 以下的其高径比可达 6 : 1 或更大。南非广泛使用的大型槽规格为 ϕ7.6m

×16.8m，ϕ6.8m×13.7m，ϕ10.1m×13.7m。该类浸出槽的空气耗量为每 100m^2 工作容积 1~3m^2/min。空气压力取决于槽高及矿浆密度，一般为 200kPa。

空气搅拌浸出槽可间断作业，也可连续作业。间断作业时，浸出终了时矿浆经下部排料管排出；连续作业时，矿浆经上部排料管连续溢流排出而进入下一浸出槽。

空气搅拌浸出槽的优点是构造简单，无活动部件。可在矿山现场就地制造、安装，设备费用低。设备本身没有运动件，在运行过程中故障少，操作简便，适于长期连续工作。检修周期长，检修工作量少，几乎不需要加工备件。生产、维护费用低。对细颗粒组成高浓矿浆（固体含量达 50%~60%），空气搅拌效果好，且比机械搅拌浸金槽的能源消耗低。

空气搅拌浸出槽的缺点是必须有空气压缩机供给压缩空气，设备价格较贵。为了防止突然停电事故，造成矿浆沉淀，因此需有备用电源，确保搅拌槽能连续运行。

空气搅拌浸出槽不适合处理粒度粗、密度大、浓度低的矿浆，因为它容易沿着槽体高度产生浓度分层，使得粗颗粒沉淀堵塞搅拌槽，为了避免产生上述现象，应增加矿浆搅拌、循环，这样需要使用较多的空气量，因而增加能源消耗。

9.4.5.3 混合搅拌浸出槽

空气和机械联合搅拌浸出槽又称为耙式搅拌浸出槽。它所配备的耙式搅拌机在国外有多尔型、丹佛型和沃曼型。由于这种浸出槽除配备耙式搅拌机之外，还常配备有鼓风机和空气提升器，故又称空气机械联合搅拌浸出槽。槽的中央装有空气提升器和机械耙的平底圆槽搅拌机，在槽子周边安装有空气提升器，中央有矿浆循环管和螺旋搅拌桨的圆槽搅拌机。图中所示是氰化厂应用较广泛的一种空气和机械联合搅拌浸出槽。

图 9.22 所示为选金厂应用较广的一种混合搅拌浸出槽，它主要由槽体、空气提升管、耙子、竖轴、流槽、传动装置等组成。管的下端装有耙子，其上端装有带孔洞的溜槽，空气提升管上端与悬挂在横架上的竖轴连接。竖轴通过传动装置由电动机带动旋转，其转数为 1~4r/min。矿浆经位于槽上部的进料口进入槽内，在槽内分层向槽底沉降，沉降于槽底的浓矿浆借助于耙子的旋转作用向中心空气提升管口聚集，在压缩空气作用下，浓矿浆

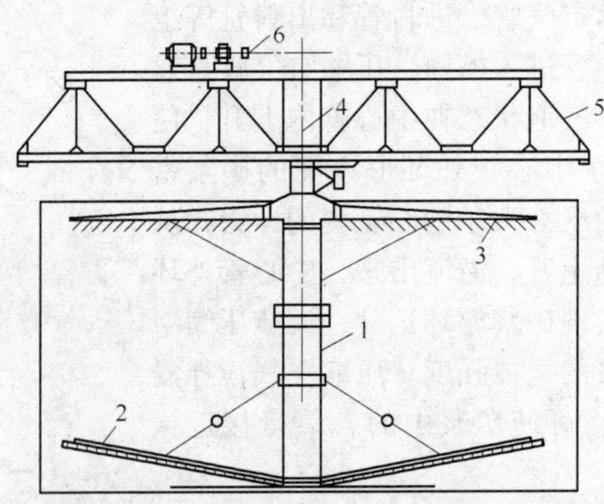

图 9.22 耙式联合搅拌浸出槽

1—空气提升管；2—耙子；3—溜槽；4—竖轴；5—横架；6—传动装置

沿中心空气提升管上升并在其上部溢流入具有孔洞的两个流槽内，经流槽孔洞流回槽内，流槽随竖轴一起旋转，矿浆在槽内均匀分布，并吸收空气中的氧。浸出后的矿浆从与进料口相对的出料口连续排出，从而实现连续作业。

这种耙式搅拌机浸出槽与空气搅拌浸出槽对比，动力消耗少、容积大、槽体矮、槽底无沉淀物、矿浆与空气接触好、金的浸出溶解速度较高、氰化物耗量较低，多用于大型氰化厂。

我国目前主要采用SJ型双叶轮浸出搅拌槽，属机械和空气混合搅拌浸出槽，叶轮转速较低，由中空轴压入低压空气、充气均匀、矿流运动平稳、混合效果好、动力小，叶轮衬胶使用寿命长。

9.4.5.4 新型高效氰化设备

近年来研制的一些高效节能的氰化设备，很具有推广应用价值。

A Kamyr（卡默尔）浸出塔

卡默尔浸出塔为一种新型的连续逆流浸出金、银或其他元素的装置。在该塔的浸出过程中，与少量木质纤维混合、絮凝的矿浆加到浸出塔的顶端，然后在塔内像一个塞子那样往下移动；同时控制自塔底加入并向上流动的浸出剂溶液的流速，即可使浸出剂均匀地扩散通过固体床层，并与矿粒充分接触，从而实现连续逆流浸出。

浸出塔由三部分构成：

（1）顶部：新的浆状矿石-纤维絮凝物在这里加入：浸出贵液由这里的溢流堰流出。该部分设计成锥形扩大状，以减小向上流动的溶液的流速，有利于矿石—纤维絮凝物的沉降和溢流液的清澈。

（2）中部：矿石与溶液的逆流接触浸出区段，为相当高的圆筒体，以保证矿石有足够长的停留时间，确保浸出率。

（3）底部：浸出剂溶液由一个带空心轴的转动臂上的喷液口进入塔内，由于臂的转动使浸出剂溶液均匀分布于塔的整个横截面上。向下移动至喷液口下方的固体物料开始沉降和浓密，并被转臂将其耙至塔中心，然后连续均匀地排出塔外。

再利用一个小得多的洗涤塔，对浸渣进行洗涤，以回收所夹带的氰化物和少量的已溶金、银。另外，所加入的木质纤维，可通过简单易行的方法加以回收后重复使用，具有一定的经济效益。

卡默尔浸出系统能适合于粗颗粒物料和细磨物料的浸出。在小型的卡默尔浸出塔中，对七种矿石进行了浸出，并相应地进行了瓶浸以作对比。结果表明，该塔的浸出是很有效的。由于它在一个塔内完成了浸出及固液分离，因此，其投资和生产费用较低。就经济性和实用性而言，卡默尔浸出优于堆浸、槽浸和搅拌浸出。另外，该浸出塔还可设计成高温、高压浸出塔。

这种真正连续逆流的浸出系统，可使大部分有价金属在溶解后迅速从浸出系统内除去，因此对于含有吸附组分的矿石，也不需要用炭浸法或树脂浸出法就能有效地浸出金、银。另外，该浸出塔可用较粗矿粒进行浸出，这不仅减少了磨矿费用，并且在很多情况下对尾矿处理和尾矿场的复田处理更为经济。

B MJϕ1200×3000塔式磨浸机

传统的氰化提金工艺，往往是磨后氰化，这种工艺的一个重要问题是能耗高，其主要原因是现有球磨机的能量利用率很低，传统的搅拌氰化金浸出速度慢，过程需要的时间长（24 ~72h）。塔式磨浸机把磨矿与浸出两个作业结合起来，利用其独特的介质搅拌式磨矿和内部分级式磨矿的磨矿机制，强化了磨矿作用，同时利用磨矿过程的强烈研磨和搅拌作用。大大强化了氰化反应中的分子扩散，缩短了浸出时间。

利用该塔式磨浸机对石英脉氧化矿进行了试脸，并与相同规模的 CIP 工艺中的磨浸作业进行了对比，其结果列于表 9.7。

表 9.7 MJϕ1200 ×3000 塔式磨浸机与 CIP 工艺中的磨浸作业对比

项 目	CIP 工艺中球磨及氰化	本塔式磨浸机
磨机尺寸/mm	一段球磨 ϕ900 ×1600	ϕ1200 ×3000
	二段球磨 ϕ800 ×1600	
电机功率/kW	一段 22	15
	二段 5.5	
附属设备电机功率/kW	42	14.3
磨矿用钢球/kg	一段 1600	3000
	二段 1100	
球耗/kg · t^{-1}	6	1.64
供矿粒度/mm	-20	-15
磨矿效率/kg · (kW · h)$^{-1}$	9.0 ~9.6	23.7 ~25.4
磨浸作业电耗/kW · h · t^{-1}	80	30.2
浸出时间/h	76	1.5
氰化钠消耗/kg · t^{-1}	0.97	0.3
浸出率/%	90 ~93	90 ~93

可见，利用该设备处理金矿石，由于磨矿和氰化效率的极大提高。因此在获得相同的浸出率（90% ~93%）条件下，采用磨浸机处理时，首先节电 62.25%、节省氰化钠 69.1%（因浸出时间短，副反应和 HCN 挥发损失等均少）、节省钢球 72.7%。就钢球的价格计，节省更大，为 73.9%。经过 1400h 运行试验，仅发现螺旋的磨损严重，对此需在结构和材料上作进一步试验。总之，可以认为这是一种有前途的高效磨浸机。

9.4.6 生产实例

某金矿金品位 5 ~6g/t，金主要为自然金、银金矿、多嵌布于石英颗粒间或石英与方解石颗粒间隙中，粒度平均为 0.056mm。其他金属矿物主要是黄铁矿，其次为黄铜矿、闪锌矿、方铅矿、褐铁矿等。

该厂采用全泥氰化搅拌浸出、逆流洗涤、锌丝置换的工艺流程，如图 9.23 所示。

9.4.6.1 *碎矿*

采用两段一闭路碎矿流程，给矿的最大粒度小于 300mm，在原矿仓顶端设 800mm × 320mm 格栅。矿石以 980mm ×1240mm 槽式给矿机给入 400mm ×600mm 颚式破碎机粗碎，粗碎和细碎排矿由胶带运输机送往 900mm × 1800mm 振动筛筛分，筛上产品用胶带运输机返回 ϕ900mm 中型圆锥破碎机细碎，筛下产品送粉矿仓。碎矿产品粒度为10 ~ 12mm。

9.4.6.2 磨矿

采用两段全闭路流程。第一段为 MQY1500mm × 3000mm 溢流型球磨机与 FDC-120mm 沉没式单螺旋分级机构成闭路，磨矿细度为 75% 0.074mm，处理原矿量 3.5t/h，利用系数 0.456t/(m^2·h)，分级机返砂比约为 96%。第二段磨矿设计为 1200mm×2400mm 球磨机与 ϕ200mm 旋流器构成闭路，但生产中未使用旋流器而用 ϕ1200mm 分泥斗代替，磨矿细度 85% ~ 90% 0.074mm。分泥斗的溢流浓度（体积分数）约 24%。

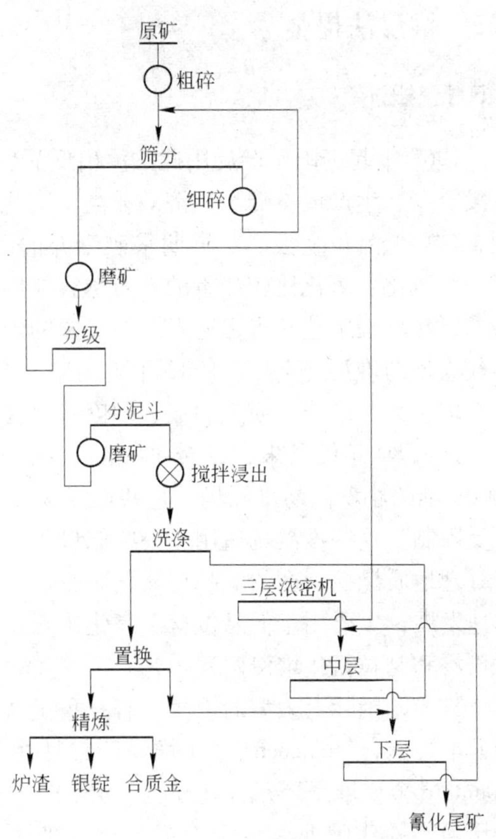

图 9.23 某金矿搅拌氰化流程

9.4.6.3 浸出

采用金泥氰化搅拌浸出流程。贫液返回磨矿系统，并向球磨机加氰化钠浸出，磨矿的浸出率在 50% 左右。二段磨矿分泥斗的溢流送到五台 ϕ3500mm 机械搅拌槽浸出，浸出浓度约为 24%，氰化钠浓度 0.037% ~ 0.042%，pH 值为 10 ~ 11，浸出率达到 87% ~ 95%。

9.4.6.4 洗涤

采用四段浓密机逆流洗涤。浸出结束后的矿浆，先经过 ϕ9000mm 单层浓密机作第一段洗涤，其溢流即贵液送置换作业。排矿用砂泵扬送到 ϕ9000mm 三层浓密机进行三段逆流洗涤，为了加速矿泥的沉降，需要加 3 号中性凝聚剂 100g/t 左右。这样单层浓密机的排矿浓度由 30% 提高到 52%，同时使得三层浓密机的指标也得到改善，排矿浓度由 30% 提高到 48%，使得洗涤效率有明显提高，洗涤率达到 98%。

9.4.6.5 置换

采用锌丝置换法。贫液经过澄清、砂滤后送金柜进行置换。贵液池和贫液池容积均为 115m^2，锌的消耗量为 0.62kg/t。

9.4.6.6 熔炼

置换作业的产品金泥经酸洗、水洗、烘干、配料，用坩埚在 37kW 箱式电炉粗炼。渣送回收系统，通过颚式破碎机、对辊破碎，自制的 ϕ900mm 球磨机磨矿，用摇床回收金并返回熔炼。粗炼后的合质金再熔化水淬，用硝酸溶解银，溶液用铜板置换得海绵银，再经熔炼铸得银锭，其纯度在 98% 以上。经硝酸除银后的渣再水洗、烘干，用坩埚在 37kW 箱式电炉中精炼，精炼温度在 1300℃，得到的合质金含金纯度为 60% ~ 80%。渣送回收系统。

9.5 堆浸法提金

9.5.1 概述

1967年起美国矿产局用此法浸出低品位的金矿石。渗滤堆浸法工艺简单、易操作、设备投资少、生产成本低、经济效益高。因此，用此工艺处理早期认为无经济价值的许多小型金矿、低品位金银矿及早期采矿废弃的含金废石可带来明显的经济效益，越是接近地表，受风化、氧化比较严重的矿石越容易用堆浸法提金。20世纪70年代后期金价涨幅大，渗滤氰化堆浸工艺获得迅速发展，美国的内华达州、科罗拉多州和蒙太那州等地建立了许多较大型的堆浸选金厂。1982年美国矿产金总量的20%是用堆浸法生产的。随后，此工艺在加拿大、南非、澳大利亚、印度、津巴布韦、前苏联等国获得了迅速的发展。

进入80年代以来，黄金堆浸陆续在全国许多省区推广应用，其中多数是数百吨到3000t/堆的小型简易堆浸场。这些堆浸场投资少、建设速度快、占地面积小、机械化程度不受限制。这些堆浸场适用于一些储量小、品位低的地表矿、不宜建选厂的小矿山，也适于处理地质勘探副产的低品位氧化矿石。近十几年来，低品位金矿的渗滤堆浸工艺获得了迅速发展，主要用于低品位含金氧化矿石及铁帽含金矿石。目前用于生产的有一般渗滤氰化堆浸和制粒氰化堆浸两种工艺。

目前，国际上大型的堆浸厂有秘鲁的Yanacocha金矿堆浸厂和英国的Round Mountain金矿堆浸厂，Yanacocha金矿堆浸厂每月处理矿石1.36Mt，平均金品位为1.4g/t。Round-Mountain金矿堆浸厂，日处理能力45000t，平均金品位为1.1g/t。我国目前最大规模的堆浸厂当属福建闽西紫金山金矿，年处理矿石2.6Mt，矿石品位为1.4~1.7g/t，浸出率为70%。

除了在已发现的单一低品位、大储量的金矿资源地区，建立大型或超大型堆浸厂外，大部分堆浸厂同普通的氰化炭浆厂或CCD、锌置换选金厂建设在同一金矿山。这样，堆浸厂专门处理低品位贫矿石，普通的氰化厂处理高品位矿石。既可提高普通氰化厂的矿石入选品位，又可降低堆浸厂的矿石入堆品位，提高矿山的资源利用率，延长矿山服务年限，还可节省大量的动力及设备，达到提高经济效益的目的。

9.5.2 工艺流程

将采出的低品位含金矿石或老矿早期采集出的废矿石直接运至堆浸场堆成矿堆或破碎后再运至堆浸场堆成矿堆，然后在矿堆表面喷洒氰化浸出剂，浸出剂从上至下均匀渗滤通过固定矿堆，使金银进入浸出液中。在确定堆浸方式后，渗滤氰化堆浸的流程主要包括矿石准备、建造堆浸场、破碎筑堆、渗滤浸出、洗涤和金银回收等作业。

堆浸法提金工艺有两个主要环节：（1）从矿石准备到筑堆并浸出，这是堆浸中的核心；（2）从贵液中进一步回收金银。仅当矿石中黏土含量高或破矿过程中产生较多粉矿或处理尾矿砂等细粒物料时才必须进行制粒堆浸。

从氰化贵液中回收金、银，有两种基本方法：（1）吸附法，目前堆浸提金工业上广泛采用活性炭吸附法，然后从载金炭上通过解吸—电积回收金，以往仅一些小厂采用对载金炭熔炼的办法回收金、银。树脂吸附法目前应用较少；（2）当银含量相当高时，采用锌置换法。

另外，建在同一金矿山的堆浸厂与普通氰化—炭浆厂，其生产过程中还可以充分的互相配合和利用。其中常用的方式有两种：

(1) 堆浸贵液在堆浸场的炭柱吸附系统吸附提取金。贫液经适当调整组成后返回堆场浸出，而载金炭定期送往普通的氰化—炭浆厂一起进行解吸、电积金处理。这样可节省总的基建投资及经常性的生产费用。

(2) 堆浸贵液中如果银含量较高（以及铜等贱金属含量也稍高时），需采用锌粉置换法，而矿山同时建有富矿的普通氰化、CCD、锌置换厂，则可将堆浸厂的贵液直接并入普通氰化厂的浸出贵液中一起回收金、银。对于银矿堆浸厂，则基本上都采用锌置换法回收银。另外，在堆浸厂与常规氰化厂相距不远的情况下，也可采用互相配合的方式：即堆浸厂破矿时产生的较多的矿泥可将其洗出后输送给常规氰化厂处理，这样可免去制粒堆浸的一整套工序。

9.5.2.1 堆浸方式

堆浸方式可以根据矿石类型、场地的特点和废渣的处理条件以及对浸垫的利用情况，分为三种基本堆浸方式，即复用浸垫方式、扩展浸垫方式和谷地堆浸方式等。

A 复用浸垫方式

复用浸垫方式涉及周期性装料、浸出和从耐久性浸垫上卸料，以及对浸完的废矿石进行洗涤和中和，以达到环保的要求。复用浸垫方式需要建筑一组经久耐用的浸垫。将制备好的矿石装载在这些浸垫上进行浸出、洗涤、中和以及卸载废弃在矿堆里。

复用浸垫系统的设计需要考虑矿石的浸出回收率及其一致性。浸垫的大小和浸垫的数量要由矿石开采速度与浸出金属所需时间来共同决定。矿石的浸出速度要求比较恒定。

一般来说，浸出时间最好小于60d。浸出时间愈长，所需的浸垫面积愈大，因为对于一定的生产率，停留时间延长了。对于某一特定的生产过程，在计划浸出周期时，还需要考虑确定一个矿石可以被浸出的时间范围。因此，各种不同的矿石在浸出周期范围内不可能都达到所要求的回收率。

反复的装料与卸料要求浸垫上有一层经久耐用的衬垫，以便能承受所受到的工作应力。像沥青、混凝土等这样一些典型的衬垫材料可以被采用。衬垫方式的选择主要应与卸矿时所采用的挖掘方法相适应。如果拆堆可以精确控制，保证内衬留在原来的位置，那么就可以使用薄膜衬垫。

复用浸垫方式确实存在很大的优越性，主要是矿石能在有限的面积里浸出。浸垫复用的次数愈多，每吨矿石的初始基建费用就愈低。溶液池的大小只决定于复用浸垫的面积，这就限制了水分循环，并能对溶液高度进行控制，适用于降雨量高、蒸发速度快的低山区。

总而言之，复用浸垫方式最适合于浸出时间短、矿石浸出特性一致以及用于浸出的浸垫面积虽小、但有适当的废矿处理场所的那些金矿山。

B 扩展浸垫方式

扩展浸垫方式涉及在浸垫上进行矿石的制备与放置。浸出完以后，矿石留在原位，如图9.24所示。随后对矿石进行再浸出或洗涤与中和。然后可往堆摊上附加矿层或进行废矿修整。

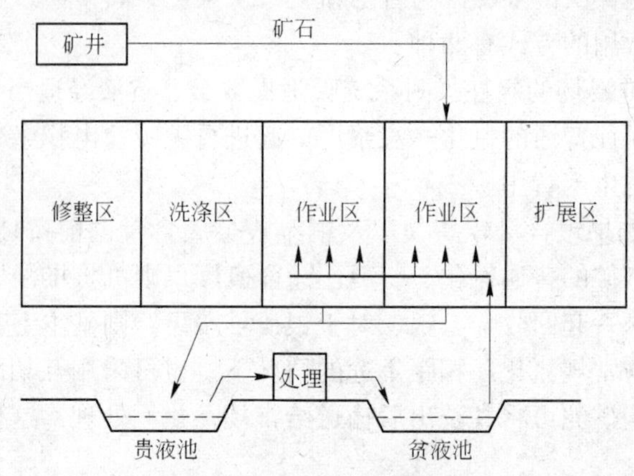

图 9.24 用扩展型浸垫浸出

这种方法需要面积相当大的、合适的地形，浸垫以分阶段的方式扩展。一般地，地面斜度应小于10%，最好小于5%。与复用浸垫方法相比，该法要用更大的面积，因而增加气候对水分循环的影响。一般需更大的池子来储存暴风雨时降下的水量。

扩展浸垫方式对浸出周期的长短没有限制，可以对付浸出周期长或可变的矿石，而不至于影响到后面的生产。矿石可浸出几个周期后再废弃。

一旦建堆完毕，浸垫的衬垫不再承受工作应力。一般说来，安装薄膜衬垫，其目的主要在于承受最初放置矿石时所产生的应力。在此方法中，也可使用低渗透性的天然材料或经改良过的土质。目前正在运行的某些扩展浸垫，其堆摊高度超过30m。

由于设施是分阶段建筑，因此初始的投资费用比较低。每吨浸出矿石的浸垫建设费用是一定的，取决于放置的矿层数量。总而言之，扩展浸垫方法适用于所有各类矿石。要求有大块比较平坦的区域且应有净蒸发的气候条件，以保持无液体排放。

C 谷地堆浸方式

谷地堆浸方式是在一种拦堤后面准备和放置矿石，利用随后堆放在斜坡上的矿层进行矿石的浸出。在操作过程中，大部分矿石和浸出液保持接触。浸出结束后，矿石留在原位修整，就像对废石堆的处理那样，如图 9.25 所示。

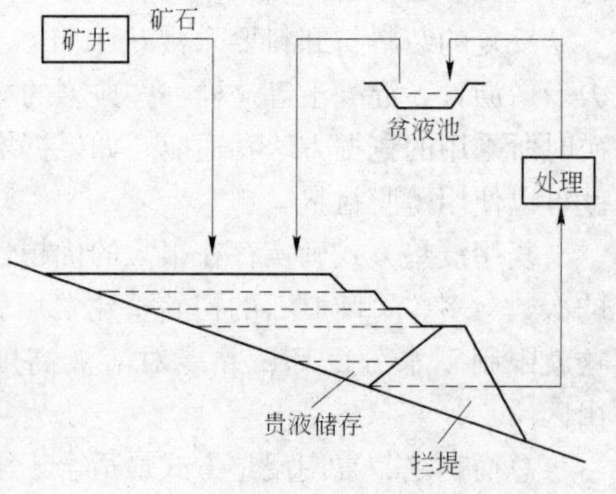

图 9.25 谷地浸出（废矿堆浸出）

谷地堆浸方式的适用性取决于矿石的强度及其在连续放置矿石的应力作用下仍然保持渗透性的能力。这种方法的主要优点就是能适用于陡峭地带和复杂气候状况。矿石中孔隙的储液能力常常被利用来保存贵液，从而代替了对贵液池的需要。在堆摊里储存溶液要求衬垫系统高度完善。一般来说，衬垫系统是由合成材料与低渗透性或改良的土质材料组合构成的。目前在谷地堆浸中，堆摊最大高度超过60m。

9.5.2.2 *矿石准备*

用于堆浸的含金矿石通常先经破碎，破碎粒度视矿石性质和金粒嵌布特性而定。一般而言，堆浸的矿石粒度愈细，矿石结构愈疏松多孔，氰化堆浸时的金银浸出率愈高。但堆浸矿石粒度愈细，堆浸时的渗滤速度愈小，甚至使渗滤浸出过程无法进行。因此，堆浸时矿石可破碎至10mm以下，矿石含泥量少时，矿石可碎至3mm以下。

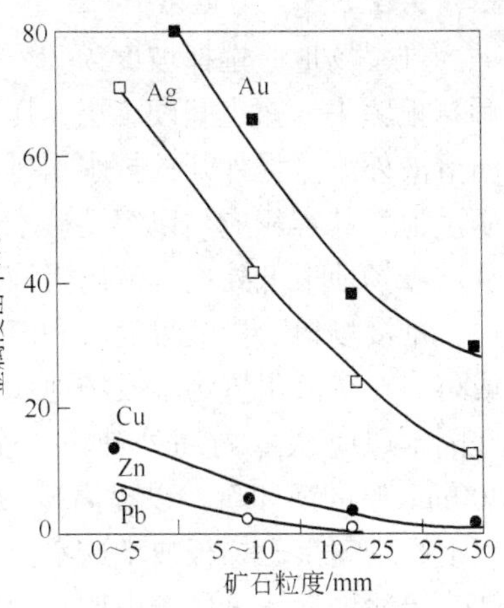

图9.26 矿石粒度对金、银及贱金属氰化浸出率的影响

某种类型矿石的粒度对其堆浸的浸出率的影响结果如图9.26所示，由图可见，该矿石粒度对堆浸时金、银的浸出效果影响很大，为提高浸出率，该矿石粒度应取5~10mm左右为佳。目前在国内堆浸法提金工艺中，入堆矿石的粒度多数控制在小于50mm或小于30mm。美国堆浸矿石的破碎粒度多数为+30~50mm或+9~19mm；仅少数堆浸厂采用采出的原矿石粒度，然而这种堆浸法必须采用筑高大的矿堆，进行长时间堆浸，才能获得较好的技术经济指标。实践经验表明，对于氧化程度高、结构疏松、多孔、易碎的矿石，其破碎粒度可在500mm左右；一般的氧化矿，粒度小于25mm为宜；对于致密的矿石，其入堆粒度应在小于15mm或小于10mm。

众所周知，即使矿石本身不含黏土，在其破碎过程中也会产生矿粉，而且矿石的破碎粒度越细（小于20mm以下），产生的矿粉量越多。如果将含有较多矿粉（大于5%）的矿石直接筑堆浸出，会影响浸矿液的渗透速度，严重时将会阻碍浸矿液在矿堆中的均匀流动，在矿堆中出现死角，影响浸出效果：另外也不利于氰化浸出后对矿堆的清洗：清洗时间过长、洗涤不净，最终随浸渣一起抛弃的金损失量较大。对浸矿粒度要求较细，破碎时产生矿粉较多的矿石，现常用的方法是团矿制粒堆浸；也可将这种细粉或细泥从矿石中洗脱出来，仅对矿砂进行堆浸，而矿泥进行常规搅拌氰化，以保证高的浸出率。

堆浸厂矿石的破碎，采用表9.8所列的破碎原则工艺。为了减少粉矿和提高破碎效率，应采用破碎—筛分（振动筛）闭路系统。

表9.8 堆浸厂破碎及粒度指标

破碎工艺	产品粒度/mm
一段：颚式破碎机等	-60
二段：颚式破碎机→标准圆锥破碎机	-25
三段：颚式破碎机→圆锥破碎机	-15或-10

这里还需指出的是，矿石粒度的确定，对基本建设投资及生产成本都有一定的影响，例如，澳大利亚的芒特莱尚金矿，采用两段破碎、一次筛分闭路系统，入堆矿石粒度的22mm，从矿石破碎到制得合质金，其吨矿的处理总成本的46.4澳元，其中粗碎费用占16.7%，细碎费用占45.2%，破碎总费用约占62%。可见，矿石的破碎费用在堆浸中占有相当大的比例。因此，对于入堆矿石的粒度应全面、综合考虑，对各种方案作充分的技术经济对比。

一般采用一段破碎，选用一台 250mm×400mm 颚式破碎机。破碎粒度 30mm 左右。

9.5.2.3 场地准备

堆浸场地应选择坡度为2%～10%的平缓斜坡，先用推土机（或人工）将地表腐植土和草根铲去，露出坚硬土层，压实后在场地四周筑起宽 400mm，高 300mm 的防护堤，以防溶液外泄。堤外开挖排水沟排放场外的雨水或洪水。在场地的低侧挖贫液池、贵液池和防洪池，其容积应足以容纳矿堆排出溶液和当地最大降雨量 3 天内降落在矿堆上的雨水。从堆浸场地最低处挖沟流向贵液池。

堆浸场地、贵液集流沟和溶液池表面必须平整，如有石头裸露时应在上面铺一层细砂或土。在贵液集流沟堆浸场地和防洪池上铺设两层农用聚乙烯薄膜和一层建筑用油毡，这些隔水层应从低向高处铺设，全部越过防护堤。在堆浸场地的隔水层上面最好铺一层 300mm 厚的河卵石，以提高矿堆的渗滤性。贵液池和贫液池使用时间较长，可铺 0.5mm 以上高密度聚乙烯板或不透水土工布，搭接处黏接。

渗滤堆浸场可位于山坡、山谷或平地上：一般要求有 3%～5% 的坡度。对地面进行清理和平整后，应进行防渗处理。防渗材料可用尾矿掺黏土沥青、钢筋混凝土、橡胶板或塑料薄膜等。如先将地面压实或夯实，其上铺聚乙烯塑料薄膜或高强度聚乙烯薄板（约 3mm 厚）或铺油毡纸或人造毛毡。要求防渗层不漏液并能承受矿堆压力。为了保护防渗层，常在垫层上再铺以细粒废石和 0.5～2.0m 厚的粗粒废石，然后用汽车、矿车将低品位金矿石运至堆浸场筑堆。

为了保护矿堆，堆浸场周围应设置排洪沟，以防止洪水进入矿堆。为了收集渗浸贵液，堆浸场中设有集液沟，集液沟一般为衬塑料板的明沟，并设有相应的沉淀池，以使矿泥沉降。使进入贵液池的贵液为澄清溶液。

堆浸场可供多次使用，也可只供一次使用，一次使用的堆浸场的垫层可在压实的地基上铺一层厚约 0.5m 的黏土，压实后再在其上喷洒碳酸钠溶液以增强其防渗性能。

9.5.2.4 筑堆方法

可供选择的筑堆方法很多，最好是用移动式皮带运输机送矿，推土机分层筑堆，但这种方法投资高，多用于大型堆浸场。小型堆浸场也可以用翻斗车、手推车、汽车。不管采用哪种筑堆机械，筑堆质量对浸出周期和浸出率均有直接影响。矿堆内粗细物料的离析作用和筑堆机械对矿堆的压实程度与筑堆机械和筑堆方法关系极大。筑堆高度与矿石中细物料及黏土矿物组分有关，一般控制在 2～3m。筑堆方法有多堆法、分层法、斜坡法和吊装法等：

（1）多堆法：先用皮带运输机将矿石堆成许多高约 6m 的矿堆，然后用推土机推平。皮带运输机筑堆时会产生粒度偏析现象，粗粒会滚至堆边，表层矿石会被推土机压碎压实。因此，渗滤氰化浸出时会产生沟流现象，同时随着浸液流动，矿泥在矿堆内沉积易堵塞孔隙，使溶液难于从矿堆内部渗滤而易从矿堆边缘粗粒区流过，有时甚至会冲垮矿堆边坡，使堆浸不均匀。降低金的浸出率。

（2）多层法：用卡车或装载机筑堆。堆一层矿石后再用推土机推平，如此一层一层往上堆，一直推至所需矿堆高度为止。此筑堆法可减少粒度偏析现象，使矿堆内的矿石粒度较均匀，但每层矿石均被卡车和推土机压碎压实，矿堆的渗滤性较差。

（3）斜坡法：先用废石修筑一条斜坡运输道供载重汽车运矿使用，斜坡道比矿堆高

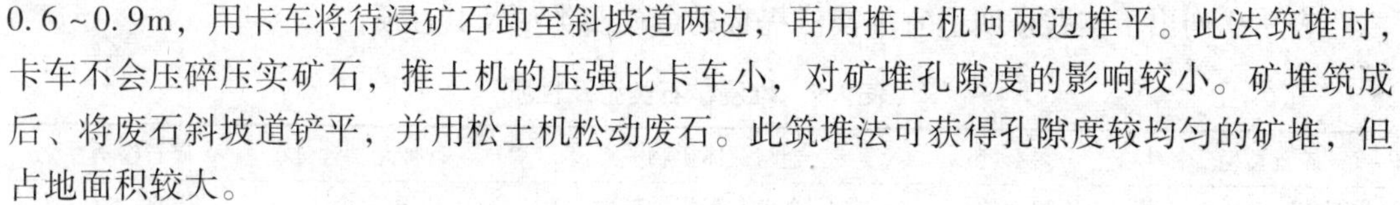

0.6~0.9m，用卡车将待浸矿石卸至斜坡道两边，再用推土机向两边推平。此法筑堆时，卡车不会压碎压实矿石，推土机的压强比卡车小，对矿堆孔隙度的影响较小。矿堆筑成后、将废石斜坡道铲平，并用松土机松动废石。此筑堆法可获得孔隙度较均匀的矿堆，但占地面积较大。

（4）吊装法：采用桥式吊车堆矿，用电耙耙平。此法可免除运矿机械压实矿堆，矿堆的渗滤性好，可使浸液较均匀地通过矿堆，浸出率较高。但此法须架设吊车轨道，基建投资较大，筑堆速度较慢。

9.5.2.5 渗滤洗涤

矿堆筑成后，先用清水洗涤矿堆，洗水排弃。再用饱和石灰水洗涤矿堆，当矿堆浸出液的 pH 值接近 10 时，再送入氰化物溶液进行渗浸。氰化物浸出剂用泵经铺设于地下的管道送至矿堆表面的分管，再经喷淋器将浸出剂均匀喷洒于矿堆表面，使其均匀渗滤通过矿堆进行金银浸出。常用的喷淋器有摇摆器、喷射器和滴水器等。较好的喷淋器是堆浸专用的旋转摇摆式喷头，也可以用末端能任意摆动的乳胶管。这两种喷淋器的结构应简单、易维修，喷洒半径大、喷洒均匀，基本上不受刮风影响，喷淋液滴较粗呈滴状以减少蒸发量和减少水的热量损失。浸出过程供液力求均匀稳定，溶液的喷淋速度常为 1.4~3.4mL/($m^2 \cdot s$)，采用间断式喷淋，浸液氰化物浓度随浸出阶段变化，一般在 0.03%~0.1%之间。浸出时间与矿石性质有关，一般为 10~50d。

9.5.2.6 回收

渗滤氰化堆浸所得贵液中的金含量较低，一般可用活性炭吸附或锌置换法回收，但较常采用活性炭吸附法以获得较高的回收率，一般用4~5个活性炭柱富集，解吸所得贵液送电积，熔炼电积金粉得成品金，脱金后的贫液经调整氰化物浓度和 pH 值后返回矿堆进行渗滤浸出。

堆浸后的废矿石堆用前装载机将其装入卡车。送至尾矿场堆存，可在堆浸场上重新筑堆和渗浸，供一次使用的堆浸场的堆浸后的废石不必运走，成为永久废石堆。

9.5.3 堆浸矿石类型

堆浸法提金：由于矿石粒度相当粗，与氰化物浸出剂作用又较弱，金的浸出率相对较低，因此，在一般情况下只适宜处理低品位金矿，特别是低品位氧化矿，而这部分矿大多数属地表氧化矿。

根据大量的工业实践进一步证明，可供堆浸的氧化矿，金所赋存的岩石类型不同，有含金石英脉、含金角砾岩、构造蚀变岩、安山岩、砂岩、斑岩、热液变质岩、硅化糜棱岩、次生的含金铁帽型等十几种，其中氧化程度高、赋存于脉石或矿物裂隙中的金以及颗粒较小而易暴露的金易于堆浸。

适宜堆浸法提金的矿石应具有下述的一些特点：

（1）金品位低。大多数在 1.0~3.0g/t 范围内，仅个别矿床的金矿石品位大于 3.0g/t；（2）金的嵌布粒度细，或为扁平型，易于氰化浸出；（3）矿石因受氧化、风化而呈疏松多孔，具有可渗透性；（4）用破碎法能使本身孔隙很少的矿石中的金暴露出来；（5）矿石不含或少含酸性物质，不含或少含可与氰化物发生反应的元素；（6）矿石中不含吸附或沉淀已溶金的物质。

表 9.9 列出了实践证明适宜堆浸法提金的金矿石类型及其性质。

表 9.9 堆浸矿石类型及性质

矿石类型	金 粒 度	金与载体矿物关系	有害元素含量	矿石渗透性
石英脉氧化矿	中粒细粒	金多产于褐铁矿中	很 少	良 好
斑岩型	细 粒	在石英、长石、褐铁矿	极 少	良 好
蚀变安山岩	细 粒	自然金 50% 在矿物裂隙中	很 少	良 好
碳酸盐型	微 细	主要在方解石，其次在石英中	极 少	良 好
构造蚀变岩	微 细	与褐铁矿、岩屑共生	极 少	良 好
含金铁帽型	细 粒	金产于褐铁矿、石英中	铜较多	一 般
变质热液型	细 粒	主要在石英，其次褐铁矿	银较高	一 般
硅化糜棱岩型	微 细	在褐铁矿、黄钾铁矾、石英中	极少	一 般
砂岩型	细 粒	金产于石英砂岩中	铜较高	良 好
热液充填型	细 粒	产于褐铁矿、铅银矿中	铅锌高	一 般
破碎角砾岩	微 细	在石英、褐铁矿、胶溶物中	硫稍高	良 好
蚀变玄武岩	微 细	金粒多存于细泥中	极少	一 般
泥质粉砂岩	极 细	金粒多存于细泥中	极少	一 般
硅化蚀变岩	微 细	浸染状，分布于蚀变岩中	极 少	良 好

具有上述特点而适宜堆浸法处理的金矿石主要归属于以下三种：

（1）浸染型氧化矿；（2）金未与硫化物矿物紧密共生的硫化物矿；（3）含有微小金粒或金粒比表面积大的脉金矿或砂金矿。

作为堆浸矿石的 3 个重要物理性质是：（1）细粒级含量；（2）饱和容水率；（3）松散密度，即堆积密度。

矿石中细粒级含量，一般指小于 74μm，或小于 149μm 的物料，它对矿石堆浸的渗透性影响很大。细粒级含量高，渗透性降低。一般小于 74μm 含量超过 5% 时，需制粒堆浸。

矿石饱和容水率是指矿石吸水达到饱和状态时，矿石的含水量对被水饱和后的矿石的总质量（干矿重加吸水量）的比率。它是影响矿石渗透率的另一个重要因素。该值不仅与矿石的粒度有关，而且与矿石的矿物组成关系更为密切。矿石中所含高岭土、绿泥石、绢云母等矿物均有很强的吸水性。当矿粒之间有溶液通过时，这些矿物吸收大量的水分而膨胀，使原来强度较高的矿粒破碎，甚至粉化和泥化，从而使矿石的渗透性明显恶化。

矿石松散密度，这一数值直接关系到矿堆体积和矿石质量的关系。因此，也是堆浸中的一个较重要的参数。

9.5.4 矿样堆浸试验

为了确定某种金矿石是否适合堆浸以及堆浸时采用的主要技术参数，并由此可能获得的堆浸提金的经济效益等一系列问题，均需经过堆浸试验。

根据金矿床的储量和堆浸场的规模，试验的规模也不同。通常试验可分为：（1）滚瓶（氰化）试验；（2）小型柱浸试验；（3）扩大试验，可采用大型柱浸或现场小型堆浸；（4）半工业试验。

由于矿石堆浸时粒度较粗，因此试验时矿石粒度也比较粗。为了使样品具有代表性，其数量应符合经验公式：

$$Q = Kd^2$$

式中 Q——试样的最小质量，kg；

d——试样的最大颗粒直径，mm；

K——经验系数，当矿石中金颗粒小于0.1mm时，K为0.2；0.1~0.6mm时，K为0.4；大于0.6mm时，K为0.8~1.0。

另外，浸出结束后尚需对浸渣筛分，测定不同粒级中金的残留量，以此判断是否需要对矿石进行细磨以解离金，因此即使小型试验矿样用量也较多（见表9.10）。

表9.10 金矿堆浸试验所需矿样质量

试 验 名 称	样品质量	试 验 名 称	样品质量
可浸性试验（滚瓶法）	50~200kg	扩大柱浸试验	20~50t
小型柱式渗滤浸出	1~4t	堆浸半工业试验	200~4000t

9.5.4.1 滚瓶试验

矿石破碎到6~10mm，每次取样20~80kg进行试验。试验条件通常为：加水，使矿样质量占40%~50%；加石灰调pH值为9.5~11.0；再加入较浓的氰化钠溶液。然后在滚筒机上滚动进行氰化浸出，中间定时取溶液样分析溶氧量、CN^-及Au^+浓度，并测定pH值。一般浸出72h即可结束。该试验可以相当迅速地提供矿石的可浸性数据：金的浸出率、浸出速度及试剂耗量等。试验结果好，表明该矿石适合堆浸。值得注意的是，在这种试验过程中，矿粒之间存在一定的磨蚀，产生一些微粒，促进金组分的暴露，这种情况在堆浸中是没有的，所以滚瓶试验的金浸出率可能偏高。

9.5.4.2 小型柱浸试验

小型柱浸试验按试验所用的渗滤柱大小，可分为小型柱和较大型柱两种，以便以破碎至不同粒级的矿石进行柱式渗滤浸出。柱浸试验是确定金、银提取工艺和最佳参数的基本依据，包括矿石粒度、试剂浓度、布液强度、堆高和金、银浸出率等参数。在试验中首先应测定极限喷淋强度，它是指在单位时间内、单位横截面积上所能通过的浸出剂的最大体积量，工业上常用的单位是$m^2/(m^2 \cdot h)$；在试验中也有用$L/(m^2 \cdot min)$表示的。该值的大小与矿堆的空隙度有关，测定极限喷淋强度时，必须在矿石达到饱和容水率后进行，即宜在柱内矿石经碱处理后氰化浸出的最初几天内完成。许多试验表明，饱和容水率高的矿石，当其未达饱和容水率前，渗透性良好；达饱和容水率后，渗透性明显恶化。试验时，首先在较低的喷淋强度下喷淋一段时间，若未发现料层表面有积水，则逐步增加喷淋强度（在每一喷淋强度下均需保持一段时间），直到矿柱表面有积水为止，相应于这时的喷淋强度即为极限喷淋强度。矿石的渗透性好，极限喷淋强度值也高。对一种矿石要选择一个适当高的喷淋强度进行其他的条件试验。

浸出柱的直径应为矿石粒径的6倍以上，使柱的壁效应减至最小；柱高至少应为其直径的5倍以上，使浸出液流能在柱内均匀分布。推荐柱内矿层高度接近于实际矿堆的高度，且矿层的高径比不应太小。否则有可能增加结垢的危险性。

小型柱直径为100~300mm，高2~5m；试验用矿石粒度为3~30mm，装矿样量为25

~250kg。较大柱的直径为600~1000mm，高4~6m，试验的矿石粒度可达30~50mm。装入的矿样重达吨级。试验时间均在60d左右。

试验时可将矿石与上述试验确定的石灰量充分混合后，松散装入柱中，或者矿样直接装柱后先用石灰水溶液（pH值为12）洗涤柱内矿石直至底部流出液pH值为9.5~11。

浸出时以喷淋一段时间、停喷一段时间的方式将浓度为0.05%~0.1% NaCN溶液(pH值为9.5~11）喷洒在柱内的矿层上，喷淋强度为0.1~0.2L/(m^2·min)(相当于空塔线速度为6~12mm/h)，收集流出液并定时取样分析。浸出试验结束后，用新鲜水洗矿，浸渣测定金品位，必要时作粒级筛析后测定金品位。当试样中黏土和细粒物料含量过高(如20%)，则需对这种黏土和细物料预先制粒后再进行柱浸。

确定堆浸的矿石粒度是本试验的关键，常用的方法有两种：

(1）首先选用较粗的矿石粒度（如20~50mm）在较粗的柱中进行试验，浸出结束后对浸渣进行粒度筛分及测定金品位，这样可以初步确定堆浸矿石的较佳粒度。然后按此粒度准备矿石再进行试验，再对浸渣作筛析和测定金品位，这样来验证所确定的矿石粒度是否合适。一般这样的试验方法仅需两次即可确定堆浸矿石的适宜粒度，但总的试验时间较长。

(2）准备4~6种不同粒级的矿样同时分别在4~6个较大柱中进行浸出，结束后同样对每个浸渣进行粒级筛分和测定金品位，从中可以选出最佳的矿石堆浸粒度。该法与上述第一法相比，总的试验时间节省了一半，但费用多2~3倍。为了充氧，在喷淋浸出过程中，要停喷数次，每次停4~8h。总的浸出时间应减去这些停喷时间。

9.5.4.3 堆浸中试

堆浸中试是工业堆浸前的关键性试验，其目的是对已选择的堆浸工艺流程进行验证，同时培训操作人员，中试结果主要是为堆浸工程提供设计依据。中试的常用方法有两种：大型柱浸试验、自然堆放堆浸试验。

(1）大型柱浸试验。

采用与工业筑堆高度相同的大直径柱进行浸出，该法适用于中型矿山。其优点是经济，因为矿石用量少、场地准备及挖掘量小、所需辅助设备和材料也少、过程容易控制、人员少、数据一般较可靠、试验设备可重复使用等。缺点是不可能得到矿堆稳定性和矿堆局部堵塞等情况的数据。

(2）自然堆放堆浸试验。

采用矿样筑堆进行中试，对大型矿床，建大型堆浸工程需采用此法进行中试，这时堆浸的规模不小于5000t，因为矿石量过少，矿堆较小时，很多矿石处在矿堆的斜坡上，在浸出时这部分矿石的浸出率没有平台部分高。另外，中试的矿堆高度应与设计的今后工业矿堆同高。如果将来工业上采用多层堆浸时，应模拟第一层的堆浸。

该法的优点是：矿样量大，代表性好；接近工业生产的条件；能够较准确测定金的实际回收率、浸出速度和药剂耗量；能够了解到有关矿堆稳定性、堵塞情况和矿泥迁移等；能得到较准确而全面的设计数据。

该法的缺点是：费用很高。这主要是因为需要大量的矿石造成的。为此采矿和矿石加工、修筑堆浸场和储液池、安装较大的浸出剂的供给系统及浸出液中金的回收系统、浸后废矿堆的环境保护处理等工作量均相应增大。

9.5.4.4 堆浸试验案例

贵州省兴义市雄武地区金矿主要为卡林型，其次为红土型，矿床受断裂构造控制，矿石为中等含硫微细浸染状氧化矿石。目前浅部矿石已基本采完，深部矿石品位较低（0.8～1.8g/t）。区内大部分为氧化矿，富含 As、Fe 等杂质。因此喷淋前必须进行洗矿、调碱，使喷液 pH 值达 10～11，以使 NaCN 不易挥发和去除 As、Fe 等杂质。2007年的研究表明，筑堆时矿石粒度和喷淋时氰化钠浓度是堆浸生产中的重要影响因素。矿石粒度大，金浸出率低；氰化钠浓度大，则成本增加。根据矿石物质成分和工艺特征研究，得到矿石冶炼时的最佳工艺条件：筑堆时矿石粒度为 15～25mm，氰化钠浓度为0.05%～0.08%。洞采矿石必须破碎，最佳破碎粒度为 -（15～25）mm。喷淋时，NaCN浓度为 0.05%～0.08%；当矿石品位大于 1.6g/t 时，NaCN 浓度以 0.08%～0.12%为宜。

虎山金矿自 2005 年对生产工艺流程进行了改造。采用了 4 个方面的措施：制粒工序设备的改造、优化制粒添加剂——水泥、铺设简易的富液收集管、改变传统的喷淋方式。改造以来，黄金产量和年处理矿量有较大的提高，直接生产成本控制在 43.4～115 元/g 金之间，销售收入及各项生产技术指标也明显提高：喷淋周期为 9～11 天，入选品位也逐年降低，边界品位由 1×10^{-6}降至 0.35×10^{-6}，回收率在 80% 以上，尾液品位降到（0.15～0.1）$\times10^{-6}$，尾液［CN^-］浓度为 2×10^{-6}，尾矿残渣经漂白粉消毒后残留氰化物浓度小于 0.02mg/L，不会造成环境污染。

紫金山金矿含金矿石属氧化矿，目前采用的选矿工艺为“破碎 + 洗矿 + 重选 + 炭浸 + 堆浸”联合工艺流程。其中堆浸工艺产金量占总产金量的 80% 以上。近年来紫金山金矿堆浸生产规模不断扩大，通过实验室试验和扩大试验确定的堆浸工艺参数已不能适合工业生产，影响了堆浸生产技术经济指标，不利于企业长期健康发展，2006 年对影响紫金山金矿堆浸的矿堆高度、入堆矿石粒度、NaCN 浓度、喷淋制度、喷淋强度等主要工艺参数进行了优化试验研究，从而确定了合理的堆浸工艺参数，选择矿堆高度为 10m、入堆矿石粒度小于 80mm、浸出时间为 60d 左右。喷淋液［NaCN］在喷淋前 2d 控制在 0.1%～0.12%；第 3～5d 控制在 0.08%～0.1%；在第 6～20d 控制在 0.05%～0.08%；随后的［NaCN］视浸出情况逐步降低调整。在工业生产中，喷淋前期采用连喷方式，喷淋强度控制在 25L/($m^2\cdot h$)左右；喷淋中期采用喷 1.5h 停 0.5h 的喷淋方式，喷淋强度控制在 20L/($m^2\cdot h$)左右；喷淋后期采用喷 1.0h 停 1.0h 的喷淋方式，喷淋强度控制在 12L/($m^2\cdot h$)左右；可获得较好的技术经济指标。

9.5.5 堆浸法特点

9.5.5.1 矿山资源特点

堆浸主要用低品位矿石或原先废弃的含金矿石。我国堆浸生产金的矿石资源主要有：

（1）表外矿，目前我国规定金品位低于 3g/t 的矿石为表外矿，尤其是氧化矿。

（2）含金的近矿围岩和夹石，这类矿岩含金普遍较低，一般为 1g/t 左右。

（3）探矿副产的含金氧化矿，往往堆放在坑口附近。

（4）零星的含金氧化矿石。

（5）选矿厂的老尾矿，尤其是早期建成的或工艺条件不完善的浮选厂或重选厂的老尾矿，其金品位一般在1～5g/t范围内变化。

(6) 含金砂质矿，一般在古代河床上，其品位较低且金粒度细而无法用其他选金法处理。

(7) 含金黄铁矿制取硫酸时的烧渣，其金品位一般在1～4g/t范围内。国内金矿石堆浸入堆的平均品位达2～5g/t。当金品位低于2g/t时，经济上无效益，主要是堆浸规格太小的缘故。我国目前堆浸法生产金处理的原矿石金品位一般在1g/t以上。国外堆浸法处理的原矿石品位低值一般为0.5～0.6g/t，边界品位的0.3g/t。

我国堆浸用矿石资源的地质工作程度普遍较低，多数处于地质普查阶段，只有少数达到了详查程度。这对矿床的开发利用及堆浸工作带来了不利。

9.5.5.2 堆浸的基本建设特点

(1) 基本建设投资少，表9.11列出了国内外堆浸厂的基建投资与常规提金厂的对比。

表9.11 国内外堆浸厂与常规提金厂基建费用对比

提金工艺	堆浸法	氰化炭浆法	氰化-CCD法
与国外的相对比值	1	3	4
国内投资数/万元	30～40（简易堆浸提金厂）	145～420	160～370
年处理量/万吨	2～3	1.5～3.0	1.5～3.0

堆浸法基建投资少的主要原因：

1) 工艺简单，所需设备数量少，价格又较便宜。金矿石仅需经过传统的一段或两段破碎；堆浸时产生较清澈的贵液，且金浓度低，进一步回收容易，费用也低。

2) 土建工程最小，费用低，又可利用有利地形建筑堆场，露天作业，仅金的回收及冶炼作业在室内。堆浸厂使用年限一般较短，故生产及生活设施可因陋就简。

3) 尾矿储放简便，因为堆浸的矿石粒度大，一般浸渣仅需去毒处理后即可堆放于适宜的地方，或用于筑路和建材，有时在原矿堆上再堆一批矿石继续生产。更为经济的是，可根据地形及地质情况，将含金矿体爆破后就地浸出，尾渣可原地堆弃。

(2) 基建周期短，投资见效快。国内万吨级堆浸厂从立项到建设，一般2～4个月竣工，基本上可做到当年见成效。

(3) 国内堆浸厂的建设多采用探（建）采结合的办法，常在矿山的首采段开始堆浸生产，再根据储量的发展，分期投资建设。这样可减少投资风险，能为矿山的发展积累资金，加快矿山建设。

9.5.5.3 生产过程的特点

(1) 生产工艺简单，原矿只经过破碎即可进行提金。所得贵液较为澄清，有利于金的回收：一般采用炭吸附法，对银含量高的贵液等特殊情况也可采用锌置换法。又因堆浸生产中所用的氰化物浓度较低，仅能满足金的浸出要求，而对其他金属的浸出较少，生产过程易于控制。机械化程度太低。国内许多堆浸矿山，在采矿、筑堆和卸堆等很多作业中，主要依靠人力，因此生产效率相当低。国内的堆浸法提金矿山，有的使用农用塑料薄膜加油毡作底垫，极易被矿石刺破；贵液池用混凝土制作，不仅施工麻烦、费用高，而且有时因地基下塌而产生裂纹，使贵液渗漏。有的金矿山的堆浸场仍用人工（个别）或使用第一代的固定莲蓬头等方法进行喷液。

（2）生产灵活性大，不论矿山的金储量大小，一般都可进行与储量相适应规模的堆浸生产。堆浸生产的设备在小型厂中可用手工劳动，然后逐步完善和提高。还可采用分散采矿，集中堆浸及冶炼回收，甚至可以由专门的炼金厂炼金。

（3）易于达到环保要求。堆浸中所用氰化钠浓度低，初期为 0.08% 左右。随后逐步降低，浸出结束前仅为 0.03% 左右，而且堆浸的矿石粒度粗，易于用清水洗涤；堆浸中生产用水量较少，一般为 50～100kg/t 矿石；堆浸生产中含氰化贫金液，基本上循环使用，很少排放。故堆浸矿山排放的少量废水和尾渣易于处理，一般采用漂白粉处理即可。

（4）间歇式生产居多，尤其是小型堆浸厂。金的回收率低，金的浸出率一般在50%～70%。我国的堆浸厂生产普遍受天气影响大，大风、干旱天气和大雨天气不利于露天的堆浸，严寒季节往往停止生产。

（5）生产规格小。我国建堆规模小，一般每堆仅为 2000～3000t 矿石，超过 1 万吨矿石的浸堆不多。然而，最近几年，探矿发现很多微细浸染型金矿，虽然金品位低，但储量大，为堆浸法提金技术的发展提供了充足的矿源，这必将促进我国堆浸法提金的发展。

9.5.6 堆浸法工艺改善

提高堆浸回收率的关键是增强矿堆的渗透性，使浸出液与矿石中的游离金发生充分的接触和反应。在浸金过程中如何提高氧气的含量也是提高浸出率的重要条件，因此，为了改善堆浸过程中的技术指标，特别是对难浸金矿石，如细粒和多泥矿石的处理，对堆浸过程进行了矿石制粒、添加润湿剂和加氧浸出的工艺改造，以达到提高金回收率的目的。

9.5.6.1 制粒堆浸

堆浸的核心问题是如何保证浸金液与矿石中的有价成分充分接触和有效反应。对于含粉矿和黏土多的矿石则难度更大。围绕此核心，近十余年已进行了大量研究工作并取得了突破。1975 年，Holmes 和 Naruer 公司提出了 TL 法并获得美国专利（US Pat. No. 4017309），此法由智利 SMP 公司进一步完善并于 1980 年在 Lo Aguire 铜矿用于工业生产，从而为克服堆浸的固有缺点找到一条有效途径。

TL 法全名应为制粒—预处理—薄层堆浸法，其实质是：（1）通过制粒以提高矿石本身和矿堆渗透性；（2）在制粒过程中加入溶浸剂使之与矿石提前接触并预先反应以加快浸出速度；（3）分薄层堆浸以保证布液均匀和有利于通氧。其综合结果是由于改善了溶浸的渗透性从而有效地改善了反应动力学过程和内、外扩散过程，大大提高了浸出回收率、缩短了堆浸周期、降低了溶浸剂消耗。这正是堆浸法要解决的关键技术问题。

A 制粒及其作用

制粒就是对于粒度较细、含较多粉矿而不能直接进行堆浸的细粒物料，通过加入适量的黏结剂、水或贫液，并在制粒机内将小颗粒黏附于较大矿石颗粒上，形成颗粒粒度较粗、多孔而渗透性较好、强度又高的矿粒（团粒或团矿），然后以此团粒筑堆，并能进行正常而有效的堆浸。实践表明，制粒后的物料与不制粒相比，其渗透速率一般可提高 10～100 倍；浸出时间减少 1/3；金、银的浸出率可提高 6%～30%，甚至更多。表 9.12 列出了某些金矿堆浸提金时制粒与否的效果。可以说，团矿制粒—堆浸工艺是开发利用渗透性差的低品位物料的唯一切实可行的方法。然而，对于大的块矿的破碎及团矿制粒，设备投资大。因此，对某一具体的原料是否必须采用团矿制粒，需要作技术经济比较。

表 9.12 直接堆浸与制粒堆浸的比较

矿石及堆浸方法		品位 /g·t^{-1}	水泥加量 /kg·t^{-1}	水加量/%	渗透进度 /L·(m^2·h)$^{-1}$	浸出时间/d	浸出率/%
美国爱达荷州金矿	直接堆浸	Au 1.8	0	1	2.05	31	86
	制粒堆浸		45	10	172	5	92
新疆金矿	直接堆浸	Au 1.98	—	—	—	不适用	不适用
	制粒堆浸				5d 溶液向下渗 15cm	60	70.2

B 团矿制粒的基本过程

对于破碎至 6 ~ 25mm 以下的细矿石以及磨细的尾矿等细粒物料，加入适量的普通硅酸盐水泥和石灰等黏结剂，加溶液（贫金的氰化液或工业用水），并在制粒机中进行混合及制粒，新制出的矿粒需固化一定时间，以达到具有足够的湿态强度，即固化后再润湿时团粒很少破损。对于碎矿和磨细的尾矿，两者的团矿制粒具体条件有明显的不同。

制粒技术的应用使堆浸提金工艺跃上一个新台阶，通过采用制粒技术，对于渗透性差、含泥质矿物多的矿石，以及废弃的尾矿都能进行堆浸提金。另外在制粒过程中加入氰化物使氰化物与矿石较均匀地接触，以强化浸出效果，这也是制粒技术的一项革断。

添加辅助药剂，可提高浸出率，缩短浸出时间：

(1) 纯氧、过氧化钙将被用于堆浸工艺。堆浸试验结果表明，该工艺能提高堆浸回收率，缩短浸出周期，降低氧化物的消耗和水耗。

(2) 添加表面活性剂，能明显改善浸出效果，添加类似 $Pb(NO_3)_2$ 的表面活性药剂，对破碎的硅质氧化矿石进行浸出试验，浸出率提高 24%；对泥质矿石进行堆浸试验，浸出率提高了 4%。

C 制粒堆浸实例

a Nevada 北部含金矿石的制粒—堆浸

该金矿距 Nevada 北部的一个常规氰化提金厂不远，露天开采，开出的高品位金矿石送该厂处理，而含金低于约 2g/t 的矿石就地堆浸，其平均品位约 1g/t。开采和堆浸处理能力约 2500t/d。由于该低品位矿石中黏土含量高，常规堆浸无法进行。采用团矿制粒堆浸，浸出周期 20d。金的回收率增加了 60%，取得了好的效益。

矿石经三段破碎到 16mm 以下。将Ⅱ型普通硅酸盐水泥按 3.18 ~ 4.54kg/t 矿的量加于粗碎机出料口的矿石中。用悬臂式铲车把含黏结剂的合格粒级矿石运走，并在其卸料口喷水，使该混合物最终含水率达 9% ~ 13%。让该湿的混合物沿着与矿堆相连的螺旋形溜槽阶梯滑下进行团矿制粒，再用铲车从矿堆上向翻斗卡车上装料，并在将矿石卸到浸出衬底（铺有沥青不渗透）的过程中对成团的矿石进行翻动，使矿石进一步团聚。筑堆过程中，团聚好的矿石可养护 2 ~ 3d。在浸出衬底上共筑高约 3.66m、含矿 17000t 的堆 5 个，其中 3 堆处于不同的浸出阶段，其余两堆或是在作浸出的准备或者在卸运已浸过的尾渣。

用 NaCN 约 0.45kg/t 矿、pH 值为 10 ~ 11 的溶液（由脱金后的贫液加入浸出剂及少量 NaOH）向堆上喷淋，其流速为 9.72 ~ 12.24mm/h。浸出和洗涤周期为 20d，浸渣运到尾矿处置区。在浸出衬底上的浸出贵液自然流入存液器中，再用泵送入 5 个串联的、装有粒度为 12 ~ 30 目椰壳活性炭柱中提取金。载金炭送解吸车间用碱性乙醇溶液解吸，再用钢绵阴极电积金并熔炼成金锭。

b Nevada 中南部含金尾矿的团矿制粒—堆浸

该尾矿是 Nevada 州中南部 Goldfield 地区的、自本世纪初以来氰化炼金生产的废弃矿石。其原矿为含硫高的原生矿，当时提金的回收率低。尾矿经自然风化作用被氧化了近 70 年，其中的硫化物已被氧化成可溶性硫酸盐，使矿石呈酸性。其粒度为 65% -74μm，含金约 2.3g/t。采用搅拌氰化，金的最高回收率达 83%。生产中采用团矿制粒—堆浸工艺从该尾矿中回收金。

用铲车将尾矿送到团矿制粒厂，再用一台原来用作调沥青的炉子改造成的滚筒式团矿制粒机（约 2.59m × 6.71m）制粒。团好的矿含水 12% ~ 14%（质量分数）。每吨干矿的黏结剂加入量为 22.68kg 石灰、约 4.54kg 水泥，把尾矿的 pH 值从 1.7 调到 10.5。团好的矿经传送带输送到悬臂铲车的接料口，再用铲车把湿的团矿卸到堆上，筑堆的同时对团矿进行养护。

堆浸场地为坡式浸出衬底，由压实的约 0.15m 厚的贫尾矿，上面再铺一层厚 20mm 的聚氯乙烯衬里（其宽度比浸出衬里宽一些）制成。用悬臂铲车筑堆。并制订了一种避免将团矿压实的筑堆方法。堆高约 4.88m，共容纳 6400t 矿，筑堆所用的时间正好是团矿的养护时间。向堆上喷洒浓度约为 $0.91kg/m^2$ 的氰化钠溶液，其喷淋速度为 7.2mm/h。贵液用活性炭吸附—解吸—电积工艺回收金。团矿制粒-堆浸法提金的浸出-洗涤周期约 24d，金回收率为 76%，氰化钠耗量约 0.32kg/t 尾矿。

9.5.6.2 滴淋

滴淋法浸金是在 20 世纪 80 年代后期发展起来的一项适于堆浸的新技术。我国于 1990 年在新疆萨尔布拉克应用成功。1991 年又在浙江湖州和新疆哈巴河堆浸场推广应用，也获得成功。

滴淋不同于喷淋，它是通过安装在毛管上的液滴发射器，在一定压力作用下，将溶液一滴一滴地均匀而又缓慢地滴入矿堆。由于液滴是连续缓慢入堆，对矿堆表面产生的冲击力很小，整个矿堆是由毛细作用在横向和纵向被浸液湿润，这样，就使细颗粒迁移和沟流现象降低到最小限度，因此在浸出时间内，矿堆基本保持原来的渗透性。液滴发射管通常是在矿堆表面，液滴与空气接触时间短，这就减少了溶液蒸发损失，避免了风力夹带，降低了试剂消耗，改善了矿堆周围的条件。滴淋与常规喷淋的贵液品位与时间的变化见表 9.13。滴淋与常规喷淋的浸出率与时间的变化见表 9.14。

表 9.13 滴淋与常规喷淋的浸出速度对比

时间/d	1	4	8	12	20	29	50	77
滴淋 $Au/g \cdot m^{-3}$	6.88	2.01	7.51	1.82	0.7	0.37		
喷淋 $Au/g \cdot m^{-3}$	0.88	2.80	16.7	22.30	8.78	2.34	1.14	0.38

表 9.14 滴淋与常规喷淋的浸出率对比

类型	粒级/mm	品位/g·t⁻¹		金浸出率/%						
		原矿	尾矿	2	4	10	16	23	29	77
滴淋	40	4.12	0.24	7.8	32.2	84.8	90.3	92.3	94.17	
喷淋	40	3.78	0.29	0.4	1.4	25.5	65.4	81.7	82.2	92.33

通过上述对比表明，采用滴淋法浸金，不仅能获得良好的渗透性。提高金的浸出速度和浸出率，而且减少了蒸发损失和风力夹带，降低了浸出成本。滴淋大幅度缩短了浸出周期，对于气候寒冷，有效工作日少的地区，具有重大的经济意义。

曾经对滴淋后矿堆分别采取表面、底部、边坡及各部位矿样进行化验，其品位均很接近。说明矿堆渗透性良好，没有发现人工池、死角、沟流等：

(1) 滴淋与常规喷淋相比，最大的优点是消除了对矿堆表面的冲击，使矿堆表面细颗粒矿石的位移减小到最小限度，不产生人工池、沟流现象，从而大幅度缩短了浸出周期。

(2) 滴淋可以在较大范围内调节滴淋强度。

(3) 在少雨干旱地区，浸出液蒸发是一个重要问题，滴淋法可以大幅度减少浸出液蒸发，同时也克服了风吹液滴的损失和环境污染。

(4) 冬季将滴淋管路埋入矿堆中，可以延长冬季浸出时间。在南方多雨季节可以把防雨设施盖在滴淋管路上，可以照常进行滴淋浸出。

(5) 滴淋的不足之处是液滴发射管易被堵塞，所以要选择合适的液滴发射器和设计合理的过滤器，并针对不同水质类型选择合适的防结垢剂。

(6) 滴淋系统安装工时比喷淋系统略有增加，但管路系统投资略低于喷淋系统。根据萨尔布拉克金矿统计，1990 年管路系统投资滴淋为 2.05 元/m^2，喷淋为 3.64 元/m^2。安装工时滴淋为 0.12h/m^2，喷淋为 0.10h/m^2。

(7) 由于滴淋具有许多明显的优点，它有取代喷淋的趋势。美国自 1987 年在世界上首次采用滴淋浸金，到 1992 年已有 80% 以上的黄金堆浸矿山采用滴淋。

9.6 炭吸附法

9.6.1 概述

目前常用活性炭和阴离子交换树脂直接从金矿石的氰化矿浆中提取金（银）。采用活性炭吸附时，称为活性炭法提金。

我国黄金矿山现有氰化厂基本采用两类提金工艺流程，一类是以浓密机进行连续逆流洗涤，用锌粉置换沉淀回收金的所谓常规氰化法提金工艺流程（CCD 法和 CCF 法），另一类则是无须过滤洗涤，采用活性炭直接从氰化矿浆中吸附回收金的无过滤氰化炭浆工艺流程（CIP 炭浆法和 CIL 炭浸法）。

所谓炭浆法（CIP）一般是指在氰化浸出完成之后，再进行炭吸附的工艺过程。而炭浸法（CIL）则是浸出与吸附过程同时进行的工艺。两者都是从矿浆中吸附金，无本质的区别。只不过炭浆法是浸出与吸附分别在各自的槽中进行；而炭浸法则是浸出与吸附在同一槽中进行，这种槽称之为浸出吸附槽或炭浸槽。实际上，在炭浸工艺中，往往头 1 或 2

个槽并不加炭（称预氰化），因此两者之间并无严格的界限，只是炭浸法的搅拌槽数少一些而已。

炭能从溶液中吸附贵金属的特性，早在1848年就由M. 拉佐斯基（Lazowski）提出。1880年，W. N. Davis用木炭从氯化浸出金的溶液中成功地吸附回收了金，并获得专利。1894年，W. D. Johnston使用活性炭充填的过滤器，将氰化钾浸出金的澄清液流经过滤器提取金、银，然后再熔炼活性炭进行回收。1934年，T. G. Chapman将活性炭直接加入氰化浸出矿浆中，成功地吸附回收了金，为炭浆法的发展迈出了第一步。此种“炭浆法”曾于20世纪40年代应用与美国内华达州的盖特尔矿山，它虽然能成功地从矿浆中回收金，但必须烧毁和熔炼载金炭，整个工艺证明是不经济的。直到1952年扎德拉等人才研究成功用热的氰化钠和氢氧化钠混合液从载金炭上同时解吸金、银，从而奠定了现在炭浆法的基础。1961年开始试生产至1973年完善的使用活性炭从氰化浸出矿浆中吸附金的“炭浆法（carbon in pulp）”，以及后来改进的向矿浆中加活性炭同时进行浸出和吸附金的炭浸法（carbon in leach）工艺是现代黄金生产中的最新技术，它的生产成本更低，作业更简捷。自从1973年美国霍姆斯特克炭浆厂问世以来，炭浆厂的发展势头有增无减，成为现代新型氰化法提金工艺之一。南非从20世纪70年代中后期也先后建立了近20个炭浆厂，其中80年代已建成的六个大厂，月处理矿石近百万吨，还有些是处理低品位废矿石的小厂，规模较大的是1982年投产的日处理矿石3500t的贝萨金矿炭浆厂。目前规模最大的炭浆厂可能是巴布亚新几内亚的奥克特蒂金铜矿氰化厂。1985年我国自行研究设计和建设的河南某金矿、吉林某金矿两座炭浆厂相继投入生产。目前全国已有十几座炭浆厂正在建成投产。

9.6.2 活性炭性质与种类

炭吸附法提金工艺的核心是活性炭对氰化液中金的吸附作用。活性炭是一种具有极大表面积的多孔材料，其吸附金性能的优劣将直接影响着该工艺对金的回收率。因此，对活性炭理化性能的掌握和选择是炭浆法提金的关键。

9.6.2.1 活性炭晶体结构

根据X射线衍射研究证实，活性炭的典型结构与石墨的典型结构近似。活性炭属于无定形碳或微晶形碳，其结构与石墨相类似，是由多环芳香族环组成的层面晶格。

石墨是由联结成六角形的碳原子层组成，各层之间由范德瓦尔斯力维系在约0.335nm的距离，任何一个平面上的碳原子都处在下面一层六角形中部的上方。而活性炭则不像石墨那样有规则排列，它的六角形碳环有很多已经断裂，其总体结构较紊乱。

微晶形碳的结构比石墨缺乏完整性，在微晶形碳中有两种不同的结构，一种是和石墨类似的二元结构，这种结构网平面平行，形成相等的间隔，而层平面在垂直方向上取向不完全，层与层之间的排列也不规则。这就是所谓的乱层结构，由具有乱层结构的碳排列成一个单位，称作一个基本结晶，这个基本结晶的大小随炭化温度而变化。基本结晶间的错动便形成孔隙，这是起吸附作用的部位。另一种是由碳六角形不规则交叉连接而成的空间格子所组成，石墨层平面中有歪斜现象。可以把这种结构看作是由于有像氧那样的不同原子侵入的结果。这种不同原子的存在对活性炭的化学吸附和催化作用有较大影响。

9.6.2.2 活性炭孔隙结构

活性炭的孔隙是由于碳在活化过程中无组织的碳素和碳成分被消耗后，在基本微晶间（非晶部分）留下的空间。活性炭虽由与石墨相似的微小碳晶片组成，但其晶片只有几个碳原子厚，并由一些碳分子构成许多开口孔穴壁。这些开口孔穴直径约在0.8～200nm之间。只要活化方法适当，可以形成非常多的孔隙，其孔隙壁的总面积，即通常所说的表面积一般可达到500～1700m^2/g，这就是活性炭显示出大吸附容量的主要原因。相同表面积的活性炭，其吸附容量相差悬殊的现象也存在，这与孔隙的形状、分布有关，也与表面化学性质有关。

关于孔隙的形状很难取得一致的认识，一般情况下，多采用假定的圆筒形。此外，不同的研究方法所采用的形状也不相同，例如瓶颈形、两端开放的毛细管形、一端闭塞的毛细管形、两个平面形成的平板形、V形和圆锥形等。计算上一般是将孔隙假定为圆筒形毛细管状。

杜比宁（Dubinin）将活性炭的孔隙分布分为三个系列，按照孔隙的大小分为：

大孔半径为$(1000 \sim 100000) \times 10^{-10}$m；

过渡（中）孔半径为$(20 \sim 1000) \times 10^{-10}$m；

微孔半径$< 20 \times 10^{-10}$m。

其微孔容积约在0.15～0.9mL/g之间，它占单位重量活性炭总面积的95%以上。从这个数字来看，与其他吸附剂相比，活性炭具有微孔特别发达的特性。

过渡孔的容积通常为0.02～0.1mL/g，比表面积不超过总面积的5%。但是，采取特殊的活化方法，在特殊的活化条件（延长活化时间、减缓升温速度、使用药品如磷酸活化等）下能够制造出过渡孔发达的活性炭。其容积可达0.3～0.9mL/g，表面积可达到或超过200m^2/g。

大孔容积为0.2～0.5mL/g，其表面积较小，一般不超过0.5～2.0m^2/g。

活性炭的三种孔隙都有各自的吸附特性，而对吸附起决定作用的则是微孔。但是，直接分布在活性炭外表面上的微孔是很少的，通常由大孔中分出过渡孔，进而再由过渡孔分出微孔。因此吸附质要吸附于微孔中，必须先经过大孔和过渡孔。在液相吸附中，分子直径大的吸附质很难进入微孔中，于是便吸附于过渡孔中，因此一定程度的过渡孔是必要的。大孔的表面积占总表面积的比例很小，对吸附量没有大影响，但当活性炭作为催化剂载体使用时，其作用就显得重要了。

孔隙分布对吸附容量有很大影响，其原因是因为存在着分子筛作用。这是由于一定尺寸的吸附质分子不能进入比其直径小的孔隙，究竟能允许多大的分子进入，按照立体效应，大约是孔径的0.5～0.2。此外，在液相吸附中还存在着吸附质分子的溶剂效应影响，即在液相中吸附质的表观分子直径变大，直径小的孔隙往往进不去。

活性炭的制作是将有机物质，如树木、果壳、果核、糖以及褐煤、烟煤、无烟煤等，在CO、CO_2、H_2O的气氛下（隔绝空气）加热到800～900℃，进行活化，即得到活性炭；在活化过程中，大约有20%炭被汽化：

$$C + CO_2 \longrightarrow 2CO$$

$$C + H_2O \longrightarrow CO + H_2$$

留下的炭呈透穿微孔结构，孔隙非常发达，且多为开口孔隙，微孔直径0.5～2μm。

因此活性炭具有巨大的比表面（400～1000m^2/g）。活性炭的活性，是巨大的比表面和存在于表面的反应基团二者结合所产生的作用。

用于从氰化矿浆中吸附金的活性炭是采用高温热活化方法制得的，即将椰壳或果核等在500～600℃的惰性气体中进行脱水和炭化，再于800～1100℃的水蒸气、二氧化碳、空气或它们的任意混合气体中进行活化，而使它的微晶组织占优势。经这样制造的典型椰壳炭，孔径在1.0nm左右的孔穴，约占孔穴总体积的90%。

总之，孔隙分布是对活性炭吸附具有很大影响的物理因素。由于在孔隙或表面积测定方法中存在着各种各样的问题，因此就吸附和孔隙分布的关系进行理论解析是困难的。一般来讲，粉状活性炭大孔较多，而粒状活性炭微孔发达。

9.6.2.3 活性炭元素组成

活性炭的吸附特性，不仅受其孔隙结构的影响，同时也受其化学组成的制约。结构非常规则的石墨表面的吸附力，主要是范德瓦耳斯力中的色散力起作用。产生的现象为物理吸附。碳素的基本微晶结构是不规则的，明显改变了碳素骨架上的电子云的构成，其结果产生了不饱和原子价或不成对电子，因此活性炭对极性物质具有较强的吸附力。基本结构不规则的另一个原因是由于杂原子的存在。各种各样的杂原子或由杂原子形成的官能团存在于炭的基本结构中，对碳素表面进行修饰，从而改变了炭的吸附特性。

活性炭除碳素外，还含有其他两种混合物。其一是化学结合的元素，这些以氧或氢为代表。在原料中，存在着不完全的炭化，以石墨化的状态存在于活性炭的结构中，或者在活化时，在表面形成了化学结合或由于氧或水蒸气在碳素表面以氧化物的形式存在。另一种混合物是灰分，它可以构成活性炭的无机成分。灰分的含量及组成随活性炭的种类而异。如椰壳活性炭的灰分的质量分数为3.5%左右，含0.1%的钾、铝、硅、钠、氧化铁，少量的镁、钙、硼、铜、银、锌、锡和痕量的锂、铷、锶和铅等。用砂糖能制造出灰分非常低的活性炭。几乎不含灰分的活性炭可以用聚氯乙烯或酚醛树脂制造，其灰分可达0.01%以下，表9.15是几种活性炭的元素组成。

表9.15 活性炭的元素组成 （%）

炭的种类	C	H	S	O	灰分
A	93.31	0.93	0	3.25	2.51
B	91.12	0.68	0.02	4.48	3.7
C	90.88	1.55	0	6.27	1.3
D	93.88	1.71	0	4.37	0.05
E	92.2	1.66	1.21	5.61	0.04

由此可见，活性炭中除去无机性的烧残渣（灰分）外，炭大体上占90%～94%，氧和氢则占了其余的大部分；除特殊的含硫炭外，活性炭几乎不含硫；此外，对氮分析的结果只是呈现痕量。活性炭中灰分的比例随原料的炭化和活化程度的加深而增加。

用氢氟酸、盐酸、硝酸或混酸可以除去活性炭中的灰分，但是，氢氟酸将使炭的孔隙发生变化，对活性炭表面氧化物的生成起催化作用。同样，盐酸也能使炭增加表面氧化物。

灰分在水蒸气活化时具有催化作用，铁及其他组分在炭和二氧化碳的反应中显示出强烈的催化作用。灰分往往使吸附受到影响，一些极性物质在活性炭上的吸附因灰分而增加，原因是灰分引起了活性炭基本构造的缺陷，而缺陷部分对氧产生化学吸附。

9.6.2.4 活性炭表面氧化物

影响活性炭吸附或其他性质的主要因素是氧和氢的存在。这些元素和碳原子发生化学结合，形成了和灰分不同的活性炭的有机部分。根据固体表面不均匀理论，碳素物质中的氧或氢及其他异原子，处于石墨微晶的端部或晶格缺陷处和炭原子相结合。这些原子的原子价随周围炭原子是否充分饱和而异，所以反应性相差悬殊。

将碳素物质加热炭化时，炭以外的元素，如氧、氢等依次脱离炭的构造，由于加热或炭化条件不同，因而在炭表面形成各种有机官能团，在活性炭表面已检测出的有机官能团有：羧基、酚型氢氧基、醌型羰基、醚类、过氧化物、酯类、荧光素、炭酸酐、环状过氧化物等。

对碳化物进行热处理，最终可看作是炭。炭结合依次向石墨结晶过渡，其中间产物是非石墨质炭，随着温度由低到高，氧、氢等元素相继离开。这时表面氧化物的形式是：低温时是含氧多的—COOH，然后是—OH 多，高温状态下—COOH 减少，而 C ═ O 增多。

9.6.2.5 活性炭种类与性能

活性炭是一族吸附物的总称，一般有粉状活性炭和颗粒状活性炭。炭浆法提金工艺需要将吸附金后的载金炭从矿浆中筛分出来，因此所用炭的粒度有一定要求（大于 20 目）。

活性炭的种类较多，按原料来源主要分三大类。世界各国生产的活性炭品种多达数千种，其中许多品种为专用炭，也有不少是用于脱色、脱臭和脱除有害组分的制药、制糖、味精、冶金、化工和环保等用炭。用于从氰化浸出矿浆中吸附回收金、银的专用炭起步较晚，现今的最佳品种是椰壳炭，但各国也有几十个牌号。其次是杏核、橄榄核、桃核等果核炭以及多种人工合成炭，见表 9.16。

表 9.16 活性炭种类

按原料来源分类	生产企业	型号或来源
煤质活性炭	太原新华化工厂	ZX 型
	美国卡尔岗公司	BPL 型
果核、果壳类活性炭	北京光华木材厂	GH 型杏核炭
	江西怀玉活性炭厂	HA 型椰子壳炭
木质活性炭	通化和铁力活性炭厂	硬 木
	澳大利亚佩恩市活性炭厂	非洲加纳的 CJARRAH 木材

在活性炭的诸多特性中，孔穴大小是一项重要指标。由于炭能吸附碘分子的孔穴直径最小为 1.0nm，它与活性炭从氰化液中吸附金要求的孔穴直径相近，故碘值是衡量提金活性炭的一个重要指标。且提金炭必须具有小的孔穴直径、大的孔穴体积和很高的比表面积。此外，品质优良的提金炭必须具有良好的耐磨性，能在恶劣的操作环境中，多次和长时间经受剪切、压缩、碰撞等作用力而保持结构完整，和尽可能小的磨削损失。选择活性炭的种类时，主要考虑碳质强度、吸附速度和吸附容量等。对其活性、孔径、表面积、孔容积等特点都有严格要求，选用原则取决于技术上适用，经济上便宜及货源上有保证。

由于现今各国生产的椰壳炭有几十个牌号，能用于从炭浆法中提金的椰壳炭（其他品种炭可参照）其物理性质和化学吸附特性见表9.17。

表9.17 典型提金椰壳活性炭的物理、化学特性

分类	技术特性	数值
物理性质	颗粒密度(汞置换法测定)/g·mL^{-1}	0.8~0.85
	堆密度/g·mL^{-1}	0.48~0.54
	孔穴大小/mm	1.0~2.0
	孔穴容积/mL·g^{-1}	0.7~0.8
	球盘硬度(ASTM,即美国实验材料标准)/%	97~99
	粒度①/mm(目)	1.16~2.36(14~8)
	灰分/%	2~4
	水分/%	1~4
化学吸附特性	比表面积(布伦纳-埃米特-特勒氮测定法)/m^2·g^{-1}	1050~1200
	碘值/mg·g^{-1}	1000~1150
	四氯化碳/%	60~70
	苯值/%	36~40

① 用细粒炭吸附效率高，随着磨矿细度的提高和筛分技术的改进，现今用炭多为-2.36~+0.83mm。

我国活性炭种类、性能见表9.18。目前，我国炭浆工艺多选用杏核炭（国外广泛使用椰壳炭）。至于从溶液中吸附金（活性炭柱）则用煤质炭也可以。

表9.18 国产活性炭种类性能

炭种类	粒度/mm	金吸附率/%			金吸附量/g·t^{-1}	强度磨损率/%
		30min	60min	90min		
Ch-16 型杏核炭	1.7~0.6	55.32	61.7	73.4	6075	5.4
Ch-15 型杏核炭	0.71~0.3	73.3	84.9	87.1	6860	—
大粒椰壳炭	1.7~0.6	42.13	58.54	70.37	8045	8.03
小粒椰壳炭	0.71~0.3	67.8	81	83.5	7700	—
ZX-15 煤质炭	ϕ1.5×3	33.6	45.54	54.05	—	15.12
橄榄核炭	0.6~0.3	70.74	85.11	88.33	7285	—
棒状木质炭	ϕ3×3	33.33	38.89	38.89	—	—
球状煤质炭	1.7~0.6	17.02	23.4	39.79	5610	—

9.6.3 吸附机理

活性炭吸附金、银的机理至今还没有完全研究清楚，现今活性炭之所以能在金、银生产工业上成功应用，主要应归功于生产的实践和经验积累。实践证明，孔穴小（直径1.0~2.0nm）的活性炭对金的吸附具有无可比拟的良好选择性。

综合各研究者的论述，活性炭的吸附作用主要取决于它的内部有众多的孔穴和巨大的比表面积，它的外表面积和氧化态作用较小。外表面只是提供与内部孔穴相连的通道。表层的氧化物主要是使炭的疏水性骨架具有亲水性，使活性炭对多种极性和非极性化合物具有亲和力。活性炭的吸附功能是由于构成孔穴壁表面的炭原子受力不平衡而发生的，这些孔穴壁的表面积越大，吸附物质的功能就越好。

炭的吸附过程包括物理吸附和化学吸附。物理吸附与范德瓦耳斯力有关，它属偶极之间的作用和以氢键为主的可逆吸附。化学吸附是以离子键或共价键的价键力相结合的不可逆吸附。在大多数情况下，炭的吸附过程属物理吸附作用所控制，其过程为放热反应。

在吸附动力学上，活性炭是通过扩散作用使分子或离子到达炭的微孔内表面上，因而反应时间由扩散路程的长度来决定，提金椰壳炭90%的孔穴直径在1.0nm左右，大体积（相对而言）的$Au(CN)_2^-$配离子要到达这些微孔的内表面上只有经过曲折的通道和缓慢的扩散过程才有可能。

活性炭从氰化液或矿浆中吸附金的机理，在工业生产上是极为重要的，它对提高炭的吸附性能、强化炭的吸附作业至关重要。为此，许多研究者对炭吸附金的机理进行了长期和广泛的研究。但是，关于活性炭从氰化物溶液中吸附金的机理，现在尚无一致的认识。大体可归纳为以下四种吸附形式：

（1）以金属形式被吸附。

活性炭从金氯配合物（$AuCl_4^-$）溶液中吸附金后，可明显地看到炭表面有黄色金属金。以此推断金氰配合物也可被炭还原。这种观点认为炭上吸附的还原性气体，如CO可把金还原。

近年来应用X射线光电光谱（XPS）对炭上被吸附物中金的氧化状态的研究表明，被吸附的金表观价态为+0.3价。据此，可认为炭吸附时，确有还原作用，尽管是部分还原。此外，从载金活性炭上解吸金，所用的解吸剂非氰化物不可，因为氰化物溶液是金属金最好的溶剂。这一事实也支持还原吸附的观点。

但是，把CO气体通入金氰化物溶液中并没有金被还原；而且，从它们的还原电位[相对于甘汞电极，活性炭：-0.14V；$AuCl_4^-$：+0.8V；$AuBr_2^-$：+0.7V；AuI_2^-：+0.3V；$Au(CN)_2^-$：-0.85V]来判断，炭可把$AuCl_4^-$、$AuBr_2^-$、AuI_2^-还原，而不能把比其更负电性的$Au(CN)_2^-$还原。因此，认为金氰配合物被炭还原为金属金而吸附的机理，在理论上还有待进一步研究。

（2）以$Au(CN)_2^-$阴离子形式被吸附。

金以$Au(CN)_2^-$阴离子形式被活性炭吸附的认识，即阴离子交换理论认为，炭表面上存在带正电荷的格点。这些正电荷格点是这样产生的：活性炭在室温下与空气接触，形成具有碱性特征的表面氧化物，这种氧在炭上的结合是不牢固的。当炭与水作用时，它会转入溶液并形成OH^-，这样炭表面就带上正电荷：

$$C + O_2 + 2H_2O \longrightarrow C^{2+} + 2OH^- + H_2O_2$$

双电层中OH^-和溶液中的$Au(CN)_2^-$交换，亦即具有阴离子交换剂性质，也可以说，炭上带正电荷的格点吸附溶液中$Au(CN)_2^-$阴离子。

这种机理解释了炭的吸附能力随氰化物溶液的酸度提高而提高的现象。因为在较低pH值的条件下，上述反应平衡向右移动，产生出更多的正电荷格点，故能吸附更多的$Au(CN)_2^-$阴离子。

同样，氰化物溶液中氧的存在，对吸附有利。研究证明，炭对下列离子的吸附强度顺序为：

$$Au(CN)_2^- > Ag(CN)_2^- > CN^-$$

上述认识遇到难以解释的问题是：当氰化溶液中有大量的 Cl^- 或 ClO_4^- 阴离子存在时，并不降低 $Au(CN)_2^-$ 的吸附容量。Cl^- 阴离子，特别是 ClO_4^- 阴离子，它与 $Au(CN)_2^-$ 相像，同属于大而弱水化的阴离子，理应与 $Au(CN)_2^-$ 竞相被炭吸附，但事实并非如此，而这种溶液在被离子交换树脂吸附时，ClO_4^- 的存在，会明显地降低金的吸附容量。由此看来，单纯以 $Au(CN)_2^-$ 形式被吸附的机理，也不是完全令人信服的。

（3）以 $M^{n+}[Au(CN)_2]^{n-}$ 离子对形式被吸附。

提出这一机理是基于以下事实：氰化物溶液中存在阴离子（如 Cl^-、ClO_4^- 等），甚至其浓度高达 1.5mol/L 时，也不降低金的吸附容量。但是当溶液中有中性分子（如煤油）存在时，会使金的吸附量下降。

炭吸附金的中性分子的组成，取决于溶液的 pH 值，在酸性溶液中，金以 $HAu(CN)_2$ 被吸附，在中性或碱性介质中，金以一种盐类形式被吸附。这种吸附，是靠范德瓦耳斯力的作用而富集于炭上的。

研究发现，吸附了 $NaAu(CN)_2$ 的木炭燃烧之后，所得灰烬中的钠含量不足以形成 $NaAu(CN)_2$；被松木炭和糖炭吸附过的 $KAu(CN)_2$ 溶液中，含有大量的酸式碳酸盐，而且钾离子也仍然留在溶液中；酸的存在能促进金的吸附，而盐的存在（如 $CaCl_2$ 等），也能提高金的吸附容量。从以上发现得出：金是以 $M^{n+}[Au(CN)_2]^{n-}$ 的形式被炭吸附。当 M^{n+} 为碱金属阳离子时吸附不如碱土金属阳离子时牢固，即吸附强度取决于金属阳离子，其顺序为：

$$Ca^{2+} > Mg^{2+} > H^+ > Li^+ > Na^+ > K^+$$

这样，活性炭灰分中的 Ca^{2+} 以及溶液中的 Ca^{2+}、H^+ 都可能取代 Na^+、K^+，如：

$$2KAu(CN)_2 + Ca(OH)_2 + 2CO_2 = Ca[Au(CN)_2]_2 + 2KHCO_3$$

式中，$Ca(OH)_2$ 是松木炭灰分中含有 50% 的 CaO 所致。

按此机理，金以 $M^{n+}[Au(CN)_2]^{n-}$ 离子对或中性分子被炭吸附，其中 M^{n+} 为碱土金属阳离子而不是碱金属离子，其吸附作用，既是炭的表面吸附作用，也可是通过孔隙中的沉淀作用，或者是两者的共同作用。

（4）以 AuCN 形式沉淀。

早期有人认为在炭的孔隙里能沉淀出不溶性的 AuCN。AuCN 的产生是氧化作用的结果：

$$KAu(CN)_2 + 1/2O_2 = AuCN + KCNO$$

也有人认为是酸分解的结果：

$$Au(CN)_2^- + H^+ = AuCN + HCN$$

试验证明，溶液 pH 值愈低，炭中吸附的金容量愈大。pH 值对载金量的影响见表 9.19。

表 9.19 pH 值对载金量的影响

pH 值	1	2	3	6	12
载金量/mg(Au)·g(C)$^{-1}$	200	160	120	80	60

综上所述，活性炭吸附金氰配合物的机理研究，迄今仍是不充分的，无论哪一种机理，都有其可信和不可信的成分。因此，有人提出了一个结合性的吸附机理：

1）在炭的巨大内表面上或微孔中，吸附 $M^{n+}[Au(CN)_2]^{n-}$ 离子对或中性分子，并随即排出 M^{n+}。

2）$Au(CN)_2^-$ 化学分解成不溶性的 AuCN，且 AuCN 保留在微孔中。

3）AuCN 部分还原成某种 0 价和 1 价的金原子的混合物（+0.3 价）。

炭从氰化矿浆（或氰化液）中吸附金、银的过程本来不是在理想的状态下进行的，它必然要受同时溶解进入溶液中的多种杂质离子的影响。原料中的可溶硫化物溶入碱性液中（即使溶液中不含氰化物），也会分解生成元素硫污染溶液。在氰化浸出液中，除含有金、银配阴离子外，还含有不同浓度的铜、镍、铅、锌、钴、铁等氰化配合物，它们的大量存在也会影响炭对金的吸附。若精矿在浮选前进行过混汞，进入精矿中的汞在氰化时会生成中性离子 $Hg(CN)_2$（一种共价化合物），它会直接与 $Au(CN)_2^-$ 争夺炭上的吸附格点，甚至能从载金炭上置换（排代）出若干已被吸附的 $Au(CN)_2^-$。

有关金的聚合物至今所得到的都是中性化合物，或者说它的阳离子含有 6 个、9 个、11 个金原子，在这些聚合物中，金的氧化态平均值波动在 0.2 ~ 0.33 之间。故从聚合物吸附观点来看，炭能从氰化液中强烈吸附金是有道理的。这是由于聚合物通常高度地不溶于水，如果有两种或多种物质对炭的吸附发生竞争，那么介质中最难溶解的这种物质就会优先吸附于炭上。这就是炭能强烈地选择性吸附金之所在。

由于活性炭吸附动力学特性的排代（置换）作用，也使活性炭具有较好的选择性。即炭在不带电的溶液中，被炭吸附的杂质离子（银也一样）会逐步被氰化亚金离子所排代返回溶液中，而使饱和炭中主要只荷载金。这种情况在伊万诺娃（Л. С. Иванова）等人的实验中最为明了。表 9.20 是她用 AY-50 型酚醛炭在吸附柱中对含多种杂质的氰化液进行吸附实验一例。从表中看出：当通过 1 体积溶液时，炭对金的吸附为零，而锌、铜的吸附量最高。以后随着溶液通过量的增多，金、银的吸附量逐步增加，而杂质则逐步被排代出炭中。至通过溶液为 3435 体积时，载金饱和炭的金分配系数占 80%，银 20%。它也与炭吸附有机化合物的分配系数观点一致，即低溶解度的组分，在炭吸附达到饱和状态时，具有较高的分配系数。

表 9.20 AY-50 活性炭对金、银及杂质的吸附分配率

氰化液通过量（比容）	炭吸附量/%						(Au + Ag)：杂质
	Au	Ag	Ni	Cu	Zn	Fe	
1	0	3	3	32	57	5	3：97
10	2	5	4	27	59	3	7：93
92	10	28	23	24	15	0	38：62
242	14	42	13	17	13	1	56：44

续表 9.20

氰化液通过量（比容）	炭吸附量/%						(Au+Ag)：杂质
	Au	Ag	Ni	Cu	Zn	Fe	
496	23	60	12	3	2	0	83：17
953	33	55	11	1	0	0	88：12
2145	53	41	6	0	0	0	94：6
2512	55	39	6	0	0	0	94：6
3435	80	20	0	0	0	0	100：0

从表 9.20 中还可看出，炭对银的吸附开始比金高，并迅速上升到最大值，以后银就逐渐被金从炭上取代出来，最终降至最大吸附容量的 1/3。若再通入氰化液，银的吸附率还可能继续下降至更低值，甚至可能下降到接近零值。为了有效地从氰化液中回收已溶银，某些氰化厂采用增大炭投入量以降低炭的吸附容量或分段吸附等措施来提高银的吸附回收率，实践证明是可行的。

9.6.4 活性炭的选择

供炭浆法提金的活性炭，最重要的条件：一是对金具有良好的吸附特性，二是炭粒必须具有很强的耐磨性能。吸附特性好的炭对金、银有较好的选择性和较大的吸附容量与回收率；耐磨性能强的炭能最大限度地降低磨削损失，减少载金炭末随矿浆流失所造成金的损失。这是由于炭浆法使用的炭，在生产过程中一般都要先配制成炭悬浮液，并经喷射或液压输送、压缩空气或机械搅拌、筛分等作业。特别是每一批炭的质量都不可能是均一的，其中部分炭粒和所有炭粒的边部与棱角（因不是球形粒）部分机械强度小，抗磨性弱，最易磨损。而它们又正是炭中最具活性的部分，其吸附性能好，吸附容量大。它的磨损不但会增大金、银的损失，且会造成整批炭吸附性能下降，引起作业指标波动，而需在作业过程中增加炭的投入量。为此，工业生产中对每一批新炭都应在使用前先经筛选除去木屑、杂物，再于机械搅拌槽中和磨料（与矿石相同的不含金废石）一起进行搅拌，磨碎那些机械强度弱的炭粒和边角，使炭粒呈近似球形，并经筛分除去炭末。生产中应注意炭在炭浆法作业和循环使用过程中的磨损指标，尽可能选用耐磨性能好的牌号炭。一般用以下参数评价其性能：

（1）吸附容量；（2）吸附速度；（3）炭的强度；（4）炭的密度；（5）炭的粒度；（6）炭的灰分；（7）炭的水分；（8）筛下粒级含量。

吸附容量和吸附速度是表征炭的活性的指标，强度表征活性炭在炭浆工艺回路中抗磨损的能力，密度和灰分是与活性有关的参数，粒度和筛下粒级含量是与工艺有关的参数。各种参数之间，尤其是活性参数与抗磨力、密度、灰分之间关系密切。

吸附容量指活性炭对金的最大荷载能力。不同的活性炭吸附容量不同，同一种活性炭的载金量大小又随吸附溶液中金的含量而变化。为了比较不同种类活性炭的载金能力，必须制定出统一的标准。Calgon 试验法将吸附容量定义为炭与 1μg/g 的含金均衡溶液接触达平衡状态时炭上的载金量，用 K 值表示。南非则定义为炭与 1μg/g 的含金均衡溶液接触 24h 后炭上的载金量。（注：含金均衡溶液指在吸附过程中，含金溶液的金品位变化不大，即吸附平衡浓度与原液浓度相当。)

吸附速度指活性炭对溶液中的金吸附的快慢程度。炭对金的吸附速度与溶液含金量有密切关系，因此也须对其进行定义。Calgon 试验法将吸附速度定义为炭与 5μg/g 的含金溶液接触时，依据吸附动力学方程式 $q = K\lg t$ 绘制的时间与吸附容量之间的关系曲线，从标定时间开始，吸附容量坐标上的截距 x 的倒数 R 表示吸附速度，用 R 值表示：

$$R = \frac{1}{x|_{t=0}}$$

南非将吸附速度定义为炭在 10×10^{-6} 的含金溶液中搅动吸附 60min 这段时间内炭对金的吸附百分率。

强度表征活性炭的抗磨损能力。活性炭的强度大小取决于生产炭的原料性质和加工方法及配料，一般用椰壳、果核等原料生产的活性炭较耐磨。

采用固定床（吸附柱）吸附时，炭的磨损较小，强度要求不高。但在炭浆法工艺中，由于炭粒之间、炭粒与机械部件之间以及炭粒与管道之间的相互碰撞和剧烈摩擦，炭的磨损损失比较大。所以，选择活性炭时必须重视强度。

美国用炭的专门标准硬度值表示活性炭的抗磨损能力。南非则按规定强度对炭研磨一段时间后所测定的炭磨损损失率，表示炭的抗磨能力。

密度、粒度、灰分、水分以及筛下粒级含量是活性炭本身的物理化学属性，对炭的活性及其工艺应用状况有很大影响。活性炭的密度有三种表示法：填充密度（堆积密度）、真密度和表观密度。

对炭浆法提金工艺来说，在上述诸性能参数中，最主要的性能参数只有 3 个，即：吸附速度、吸附容量和强度。D. 麦克阿瑟等曾提出了如下 3 个技术指标：

（1）在含金体积质量为 $1g/m^3$ 溶液中平衡吸附 24h，炭的载金容量应达 25g/kg。

（2）在含金体积质量为 $10g/m^3$，溶液中搅拌吸附 1h，炭对金的吸附速率应达 60%。

（3）将炭置于瓶中在摇滚机上翻滚 24h，磨损率应小于 2%。

鉴于提金活性炭孔穴的比表面积一般在 $900 \sim 1200m^2/g(N_2,BET)$，当吸附操作容量达每公斤炭 6g Au 时，仅相当 $800m^2$ 比表面积上有一个金原子，所占面积极少，一般商品炭均易满足吸附容量的要求，因此，选择用于炭浆法的活性炭主要考虑它的耐磨性，即将炭加入细磨的矿浆中一起搅拌浸出和吸附，从对比中优先选用耐磨性能良好的炭产品。

但是活性炭是非均匀产品。它的各种性能参数之间有着密切的关系。例如活性炭的吸附活性随强度的增加而降低。就是说，活性炭的吸附容量和吸附速度与强度是互相矛盾、互相制约的。表 9. 21 是三种活性炭强度与吸附活性的对比。

表 9. 21 三种活性炭强度与吸附活性的对比

活 性 炭	强度/%	吸附容量/$kg \cdot t^{-1}$	吸附速度/%
A	98. 4	1. 059	43. 57
B	98. 5	1. 051	49. 31
C	97. 3	1. 057	57. 37

注：1. 三种炭粒度均为 6 ~ 16 目，A、B 炭为椰壳，C 炭为杏核炭；

2. 测试条件是非标准的，故表中数据只是在相同条件下测得的相对值，只用来比较炭的性能，不能作为选择炭的依据。

表9.21表明，三种活性炭的金吸附容量相近，C类活性炭抗磨损能力低，但吸附速度比较高。而A、B两种炭抗磨损能力高，吸附速度却相对较低。

即使是同一种活性炭，其强度和活性也不是恒定不变的。活性炭在工艺流程中经过剧烈的磨损作用后，炭上较软的高活性组分逐渐损失掉，而较硬的低活性组分留下来，因此，随着炭在工艺流程中逐步向前移动，炭的活性逐渐降低，强度则逐渐增大。表9.22是某炭浆厂生产中各阶段活性炭强度与活性之间的关系。

表9.22 现场生产各阶段活性炭强度与活性之间的关系

活 性 炭	强度/%	吸附容量/$kg \cdot t^{-1}$	吸附速度/%
新 炭	98.4	1.053	45.32
解吸炭	98.79	1.032	38.69
再生炭	97.69	1.058	44.22

活性炭在炭浆工艺流程中经过长期剧烈的磨损后洗提出来，炭的抗磨损能力明显增加，而活性则显著降低。经过再生后活性得到明显恢复，而抗磨损能力却降低了。产生上述现象的原因在于：不同活性炭强度与活性之间的差异是由于炭的微孔结构及表面活性中心发育程度不同的缘故，而同种活性炭强度和活性随着炭在工艺流程中的移动而变化则主要是由于炭的微孔结构因磨损而发生变化所致。活性炭因其结构的非均匀性，在使用过程中其活性较高的组分首先损失掉。炭的活性因物理损失而降低（不包括污染因素造成的活性降低）。这种活性炭经再生后又产生了新的微孔结构，活性得到明显恢复。因此活性炭的"使用—磨损—再生—再磨损"是炭浆提金工艺流程中主要矛盾。新活性炭研磨前后的活性变化见表9.23。

表9.23 新活性炭研磨前后的活性变化

活 性 炭	研 磨 前		研 磨 后	
	吸附容量/$kg \cdot t^{-1}$	吸附速度/%	吸附容量/$kg \cdot t^{-1}$	吸附速度/%
A	23.2	70.9	19.9	54.6
B	23.3	68.8	21.4	49.6
C	24.2	67.5	21.3	42.4
D	24.9	65.4	23.2	51.3
E	22.1	64.2	20.5	47.8
F	25.7	60.8	23	49.4
G	25.1	60.5	24.5	53.5

活性炭的密度与强度、活性之间有着非常密切的关系。密度小的炭（轻炭）微孔发达，吸附速度比较高，但强度却较低。密度大的炭则相反。然而，重炭和轻炭的吸附容量却相差不大。图9.27所示为不同密度的两种活性炭吸附速度和吸附容量曲线。

同一批活性炭不同密度级别的性能也有上述关系。对同一批炭中的轻重级别进行研磨对比试验，结果表明，随着研磨时间的延长，炭的磨损损失差异增大，如图9.28所示。

评价炭的活性高低，基本前提是这种炭要与生产中使用的已经证明具有足够抗磨能力的炭具有相当的强度。选择活性炭时，应首先做抗磨力试验，试验条件要非常严格。然后对研磨过的炭测定其吸附速度和吸附容量。这样做的目的是使所选择的炭在投入使用后其

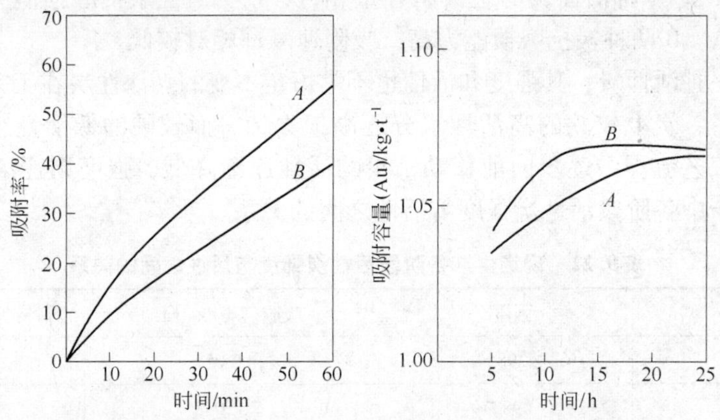

图 9.27 两种不同密度的活性炭吸附速度和吸附容量曲线

A—充填密度 341.3kg/m³；B—充填密度 465.12kg/m³

性能更接近选择炭时所依据的参数。在多种炭中进行选择或评价时，当然应该选择经过抗磨试验后仍具有较高活性的炭。

选择活性炭的原则是：既要保证炭具有较高的活性，以便从溶液中最有效地回收金；又要保证炭具有足够的强度，同时要兼顾炭的密度、粒度等因素。高活性仍然是需要的，在重视炭的强度的同时，要防止选用硬炭的倾向，避免使炭的活性大幅度降低。

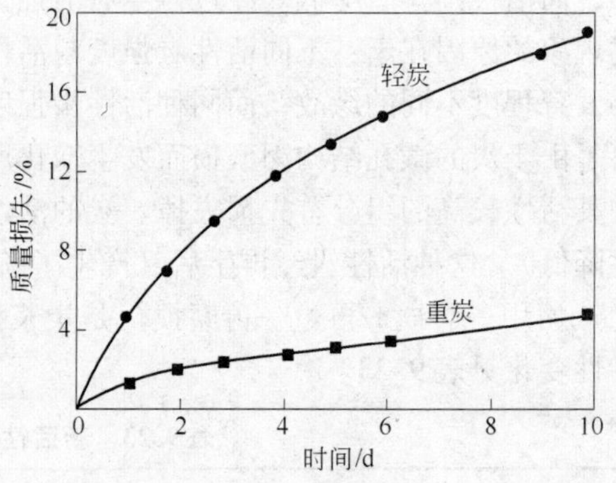

图 9.28 磨损时间与质量损失率的关系

尽管现代炭浆法工厂在设计上对炭的分离和输送已用固定筛和塑料管代替振动筛和钢管，有的工厂还在机械搅拌叶轮尖上进行了改进或包覆橡胶之类的塑性材料，在防止炭磨损上已有很大改善。但在选择活性炭时仍应重视它的耐磨性能，最大限度降低由于炭磨损而造成金的损失。

由于活性炭要从含有大量重金属和其他杂质离子的氰化液中吸附金，因此炭的另一个重要指标是对金、银的选择性吸附性能。在美国和南非等广泛选用的椰壳炭，因它具有较大的吸附容量和选择性，耐磨性能也较好。此外，美国还试制了一种用木材、干草、泥煤和褐煤的压制炭，南非也在试制一种泥炭压制炭。

我国除部分氰化厂使用进口椰壳炭外，大都使用国产椰壳炭和杏核炭，还研制和试用了多种果核炭，四川省林科所还研制了一种木屑炭，据介绍其强度可达 86% ~93.8%。

伊万诺娃在 1980 年曾介绍了一种用酚醛树脂合成后，在 1000℃的真空或 CO_2 气流中进行高温活化的 AY-50 型活性炭。此炭具有纯净的表面，在存在空气氧的介质中具有极好的阴离子交换作用，对重金属离子和简单的金、银离子及配离子均有极强的还原能力，尤其对金、银的吸附具有极好的选择性。使用 AY-50 炭对含金、银及伴生杂质铜、锌、铁、镍、钴的氰化液进行试验时，刚开始金、银及铜等都进入炭中，随着吸附容量的增加，铜等杂质逐步被金、银取代，炭中金、银的容量不断增大。炭最终达到饱和时，吸附总容量的分配率为 Au 80%，Ag 20%，金+银的选择系数等于1。而当在相同的条件下使用 AM-2Б 树脂进行对比实验时，在树脂最终达到饱和时，金的吸附容量为5.2mg/g，占总容量的19%，选择系数等于0.19，其他是锌占75%，银、镍各占2%~4%。

9.6.5 炭浆法工艺

9.6.5.1 炭浆法工艺流程

炭浆法保留了常规氰化法中浸出这一主体工序，直接使用粒状活性炭从矿浆中吸附金，之后解吸和电解，以代替浸出矿浆的洗涤、固液分离和浸出液的澄清、除气和锌置换作业，使生产过程得以简化，效率显著提高。因而从根本上解决了传统氰化法存在的问题，成为当今氰化法提金中最有生命力的新工艺。通常情况下，采用炭浆法可节省投资25%~50%，生产成本下降5%~35%。以1979年建成的日处理矿石3500t的菲律宾马斯巴特（Masbate）炭浆厂为例，建设总投资为150万美元，建一座相同规模的CCD工艺氰化厂，仅逆流倾析洗涤部分就需投资325万美元，总投资共需445万美元。炭浆法比CCD法的投资少得多，因此，当两种提金工艺从技术角度均可采用时，应优先考虑炭浆法。

典型的炭浆法（CIP）工艺流程主要由氰化浸出、活性炭吸附、解吸和炭的再生等主要作业组成，其工艺流程如图9.29所示。

其特点是，新鲜（或再生）活性炭在最后一个吸附槽中加入，炭的运动方向与矿浆的流动方向相反，最后从第一个吸附槽中提取载金炭，因此称炭的逆流吸附。炭吸附槽从前到后溶液含金的品位逐渐降低，从后面逐个槽提来的载金炭品位则逐渐提高，最后由第一槽提出。由于这种炭的逆流吸附方法中酸洗和热再生后的解吸炭或新鲜炭，其活性最强，吸附速率最快，可以使最终尾液金品位降到最低限度，减少已溶金从尾液中流失的机会，从而提高了吸附率。

在炭浆法CIP工艺中，浸出槽是用于矿浆氰化浸出的，炭浆槽是用于活性炭吸附金的。而在CIL工艺中，矿浆的浸出和金的吸附是在同一槽中进行的，故通称浸出槽或炭浆槽。为了提高作业效率、金的浸出和回收率及降低炭的消耗，各国对改进炭浆槽的结构进行了大量研究。现今，用于-0.208mm(-65目)或70%~80% -0.074mm(-200目)的矿浆，多采用低速中心搅拌的多尔搅拌槽和帕丘卡空气搅拌槽。为减少炭的磨损，菲律宾马斯巴特（Masbate）选厂等采用包橡胶的双螺旋桨搅拌槽，以降低叶轮尖的速度。

9.6.5.2 通用设备

A 搅拌槽

近几年，应用于氧化铝生产多年的轴流式搅拌槽，经改进后已成功地应用于炭浆工艺中。轴流式搅拌槽有空气搅拌式和机械搅拌式两类。轴流式机械搅拌槽，如图9.30所示的中央有一个充气管，管内装有一个向下泵的水翼叶轮。由于叶轮呈轴流式和叶轮断面是弯曲的，因而具有叶轮尖速度小、轴流速度大、径向流速小等特点。中央充气管壁上有很多小槽，以便矿浆进行小循环。这种槽与其他机械搅拌槽的不同点在于必须使槽内充满矿浆后才能运转，且槽的高度和直径之比可达2∶1。美国平森（Pinson）金矿选厂应用的4台轴流式搅拌槽已运转了3年。实践证明，若中央充气管的直径选择适当，它的电耗仅为普通机械搅拌槽的30%，且固体物料均匀悬浮，活性炭磨损小，金的回收率高，解决了油污染、停电时积砂和氰化物消耗高等问题，而可望成为炭浆厂的主要设备。

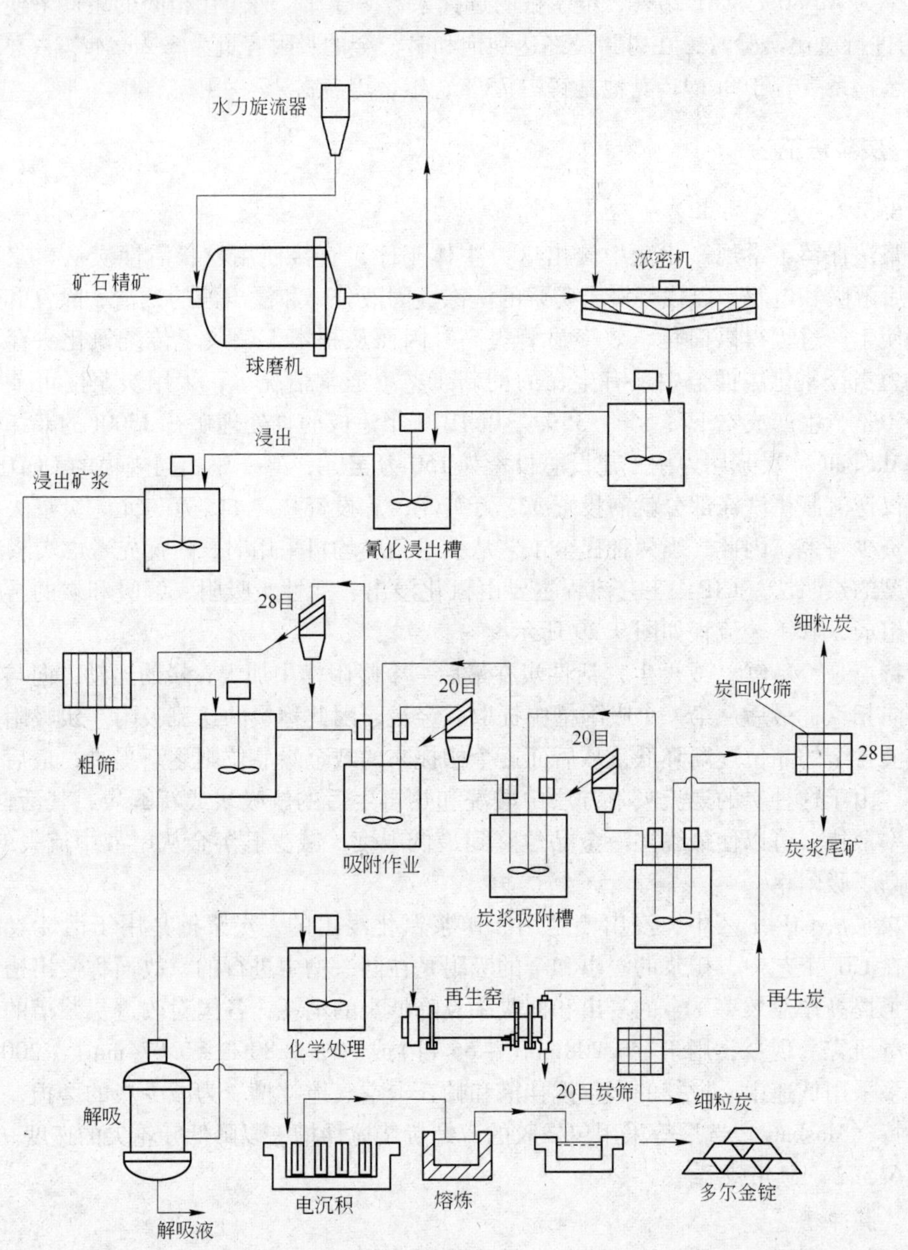

图 9.29 典型炭浆工艺流程示意图

活性炭吸附前需进行预筛，预筛的作用是除去矿浆中的杂物，避免以后与载金炭混在一起。一般采用 28 目（0.6mm）的筛子，预筛的筛上物主要是木屑。木屑易使分离矿浆和载金炭的筛子堵塞。此外在磨矿时，金粒、石英等矿粒嵌入木屑，使含金量人为提高；氰化过程中，木屑不仅会吸附金氰配合物，而且用一般的洗涤方法，很难把木屑上的金洗脱下来。同时，在炭浆法中，吸附槽内存在的少量木屑，会降低金的吸附效率。因此在矿浆入浸前，要经 1 ~ 2 次除屑筛除屑。

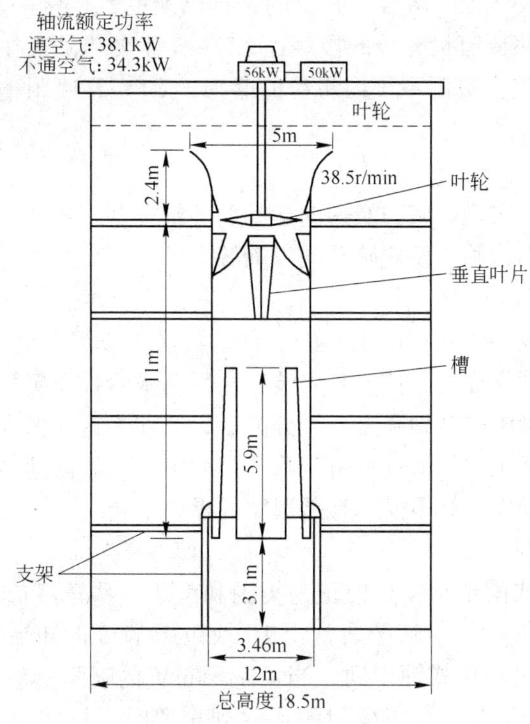

图 9.30 轴流式机械搅拌槽

来自浸出作业的矿浆给入第一台吸附槽进入吸附作业，且连续流过串联的几台吸附槽，用活性炭吸附矿浆中溶解的金，再从最后一台吸附槽排出，即为氰化尾矿。新鲜的活性炭加在最后一台吸附槽中，用气升泵或凹叶轮立式离心泵提炭，使活性炭和矿浆之间成逆流接触。从第一个吸附槽排出的载金炭在输送到解吸工序以前要过筛和洗涤。

矿浆与炭的分离是采用筛子实现的。炭浆法使用的活性炭粒度通常是 6 ~ 16 目，炭预筛一般为 20 目。因此给入第一个吸附槽的矿浆通常在 28 目筛上过筛以便除去大颗粒物料。氰化尾矿离开最后一个吸附槽时，也同样要在 28 目筛上过筛，目的是为了回收细粒炭，并将其送熔炼，以便回收被吸附的金。中间筛为 20 目。

影响吸附效率的因素包括：每吨矿浆中炭的浓度，吸附槽的数目，炭移动的相对速度，矿浆在吸附段的停留时间，炭的载金量等。这些参数根据给入矿浆中金的品位和最终排出的矿浆的含金量的变化，通过试验和经验来确定。一般每升矿浆加炭 40g 左右，吸附槽 4 ~ 7 个。吸附率 99% 以上。

研究证实：炭对金的吸附平衡容量与液中金浓度有密切的关系。炭的吸附等温线与离子交换和溶剂萃取时得到的相类似。在溶液中平衡浓度为$(0.1 \sim 10) \times 10^{-6}$范围内几乎成直线。同时还发现，金浓度愈低，平衡建立得愈慢。因此，为了获得含金量极低的尾矿，必须有较长的停留时间并增加矿浆中炭的浓度。这就意味着炭上最终的载金量会明显地低于它可能达到的平衡载金量，这一点已为生产实践所证实。一般地说，溶液金浓度越高，则炭的载金量也越高。

较之于炭浸法，炭浆法溶液含金浓度高，槽中存炭量少，故炭上载金量也高些。炭浸法通常是前两个槽不加炭，专门溶金，其目的是提高炭的载金量。炭吸附系统设备要求：(1) 在吸附槽内炭和矿浆要有最充分的接触；(2) 载金炭和矿浆在筛上进行最有效的分离；(3) 尽可能地减少整个吸附系统内炭粒的磨损；(4) 在吸附槽内应尽量避免矿浆发生短路现象。

B 中间筛

中间筛是炭浆法工厂实现矿浆与炭逆向运动的关键设备。各工厂应用的有振动筛和固定筛。固定筛又可分为周边筛、桥式筛和浸没筛等。

a 周边筛

周边筛是南非研制成功的立式固定筛的一种，目前正应用于美国平森选厂等工厂中。筛子的最大长度为吸附槽直径的几倍。它安装在一系列呈阶梯布置的吸附槽上部周围，矿浆和炭由空气提升器从槽中提升到筛上。经分离后，活性炭返回槽内，矿浆经周边筛自流到下一炭浆槽，筛子用高压空气清理。由于筛子是固定的，故活性炭磨损少。但使用这种筛，矿浆收集有困难，操作维修不便，且需很宽的操作平台。

b 桥式筛

桥式筛是另一种立式固定筛，目前正为美国和南非一些选厂应用。筛子的最大长度约等于炭浆槽直径的 4 倍。一个筛子通常由 10 块以上的可拆卸筛板组成，筛子穿过吸附槽的槽壁，操作平台设在桥式筛中间，当呈阶梯布置的吸附槽呈单列布置时，桥式筛采用直线布置，如图 9.31 所示。当吸附槽呈双列布置时，桥式筛呈直角布置。桥式筛的操作原理与周边筛相似，也用高压空气清理筛面。当于筛面增设堰板后，流量可提高到 $50t/m^2$。

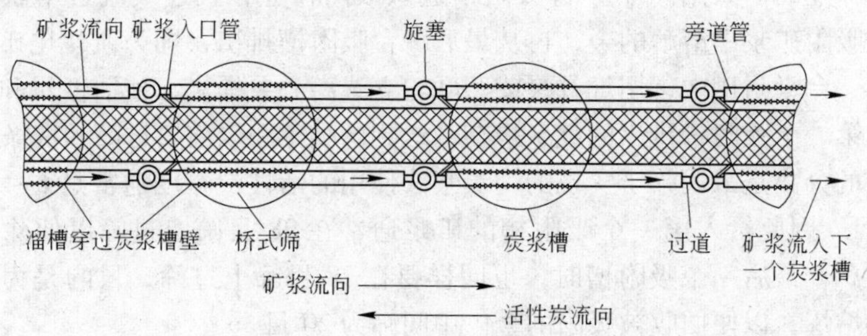

图 9.31 桥式筛单列直线布置

此种筛操作容易，维修方便，投资少，生产成本低，5 台桥式筛的空气清理费用只相当于 1 台振动筛的清理费用。

c 浸没筛

浸没筛又称平衡压力空气清扫筛（EPAC），它是南非明特克选厂设计的 20 目筛，可用于解吸。由于这种筛不用压缩空气清理，而采用鼓风机送风，风压小又处于平衡状态，它的筛面上有一层气泡帘，既能有效克服木屑、纤维和粗粒物质沾在筛面上，防止筛面堵塞，又可减少炭的磨损。此种筛结构简单，操作方便，建设投资少。且炭浆槽可以布置在同一水平上，而不必像桥式筛那样呈阶梯布置，因而它优于桥式筛和周边筛，已广泛应用于炭浆法工厂。南非贝萨（Beisa）选厂，在炭浆槽上安装浸没筛处理含铀

1.38kg/t、金3.7g/t的矿石，是在矿浆加硫酸氧化浸出铀后，用带式过滤机产出的滤饼进行氰化提金。浸没筛安装在槽边上，静态作业。当筛子长1m、浸没深度0.5m、炭浓度25g/L、空气流量1000L/min时，筛面通过的矿浆流量为1000L/min。若在一个槽上安装4台这种规格的浸没筛，日处理矿浆可达3000～4000t(固体)，月处理矿石可达10万吨。

9.6.5.3 炭浆法实例

夹皮沟金矿生产规模800t/d，原选矿方法为混汞+浮选，1989年9月筹建炭浆厂，1991年1月投产。选冶总回收率为87%。

夹皮沟炭浆厂的氰化原矿是该矿自己生产的浮选金精矿，含金品位60g/t，含铜2.3%～5.5%，含铅4%～10%。

夹皮沟金矿炭浆厂工艺流程如图9.32所示。

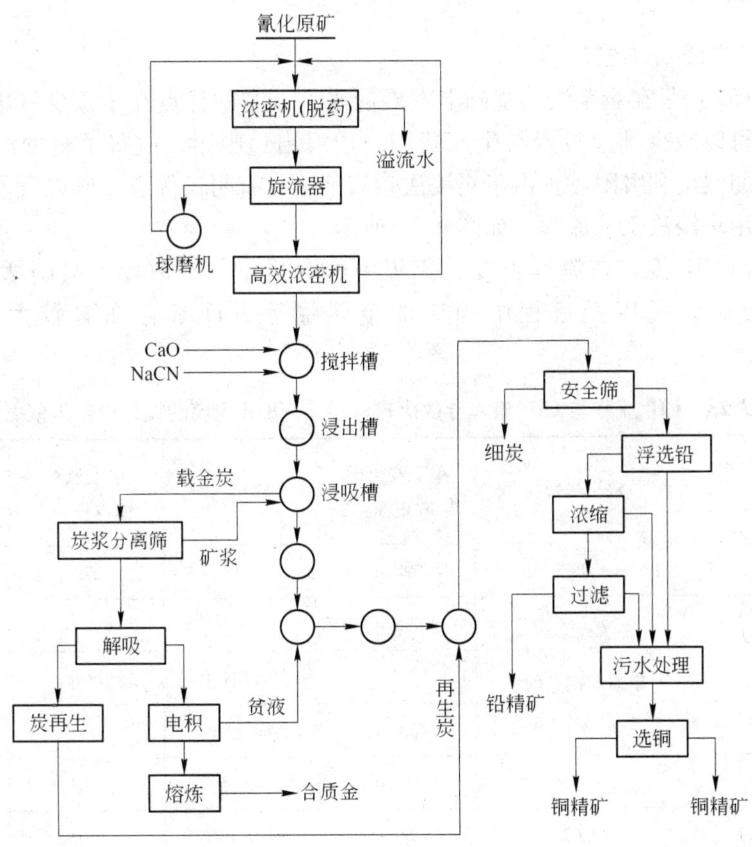

图9.32 夹皮沟炭浆工艺流程

技术条件：矿浆浓度36%～40%，磨矿细度为90%-400目，处理矿量35t/d，浸出槽氰化钠浓度为0.07%～0.09%，吸附槽炭密度20～25g/L，CaO的质量分数为0.02%。解吸液3.0% NaOH+3.0% NaCN，解吸液循环流速1.25m^3/h，解吸电积时间24～30h。

设计指标：浸出率94.4%，吸附率99.0%，解吸率99.5%，电积率99.5%。生产指标（1991年1～6月）见表9.24。

表 9.24 夹皮沟金矿炭浆厂生产指标

月 份	氰原金品位/g·t^{-1}	浸出率/%	吸附率/%	解吸率/%
1	68.01	93.76	97.72	95.01
2	60.85	95.11	93.57	98.34
3	61.43	94.2	98.31	98.7
4	65.53	96.82	99.12	91.85
5	56.8	96.28	99.29	96.27
6	69.8	96.32	99.53	95.2

9.6.6 炭浸法工艺

9.6.6.1 炭浸法工艺流程

炭浸法（CIL）是在炭浆法的基础上发展起来的，它的优点在于减少浸出槽数目，缩短流程，因而可以减少基建投资与生产费用；边浸出边吸附，改善了金的溶解动力学条件，有利于金的浸出和吸附。正由于炭浸法较炭浆法具有明显优点，所以目前国外新设计的炭浆厂多采用炭浸法工艺流程，如图 9.33 所示。

CIP 流程和 CIL 流程在流程长度、流程中的存炭量、炭浓度、吸附槽容积、为串炭而需输送的矿浆量以及流程中积压的金属量等方面都存在着较大的差别，见表 9.25。

表 9.25 CIP 流程与 CIL 流程参数比较（以 2000t/d 规模的设计参数为依据）

流程	矿浆给入速度/m^3·h^{-1}	浸出级数	单个浸出槽容积/m^3	吸附级数	单个吸附槽容积/m^3	存炭量/t
CIP	188.5	9	698.4	7	127.4	17.84
CIL	188.5	2	698.4	7	698.4	24.14
流程	串炭速度/kg·h^{-1}	串炭需输送的矿浆量/m^3·h^{-1}	流程中积压金属量/kg			
			存炭中	溶液中	矿石中	总积压量
CIP	136.37	6.8	32.24	34.75	2.04	69.03
CIL	136.37	27.62	42.9	8.4	2.04	53.34

从表 9.25 看出，CIP 流程较 CIL 流程长，但 CIL 流程中存炭量大、炭浓度低，为串炭而需输送的矿浆量是 CIP 流程的 4 倍。CIP 流程积压的金属量比较大，两种流程积压金属量的分布不同。CIP 流程中积压在活性炭上和溶液中的金属分布基本相当，但在 CIL 流程中，金属主要积存在活性炭上。

流程中溶液的含金量也不相同，见表 9.26。CIL 比 CIP 流程溶液含金品位高，这是由流程结构决定的。CIL 流程是边浸出边吸附，不断有新的溶解金进入溶液，所以溶液中的

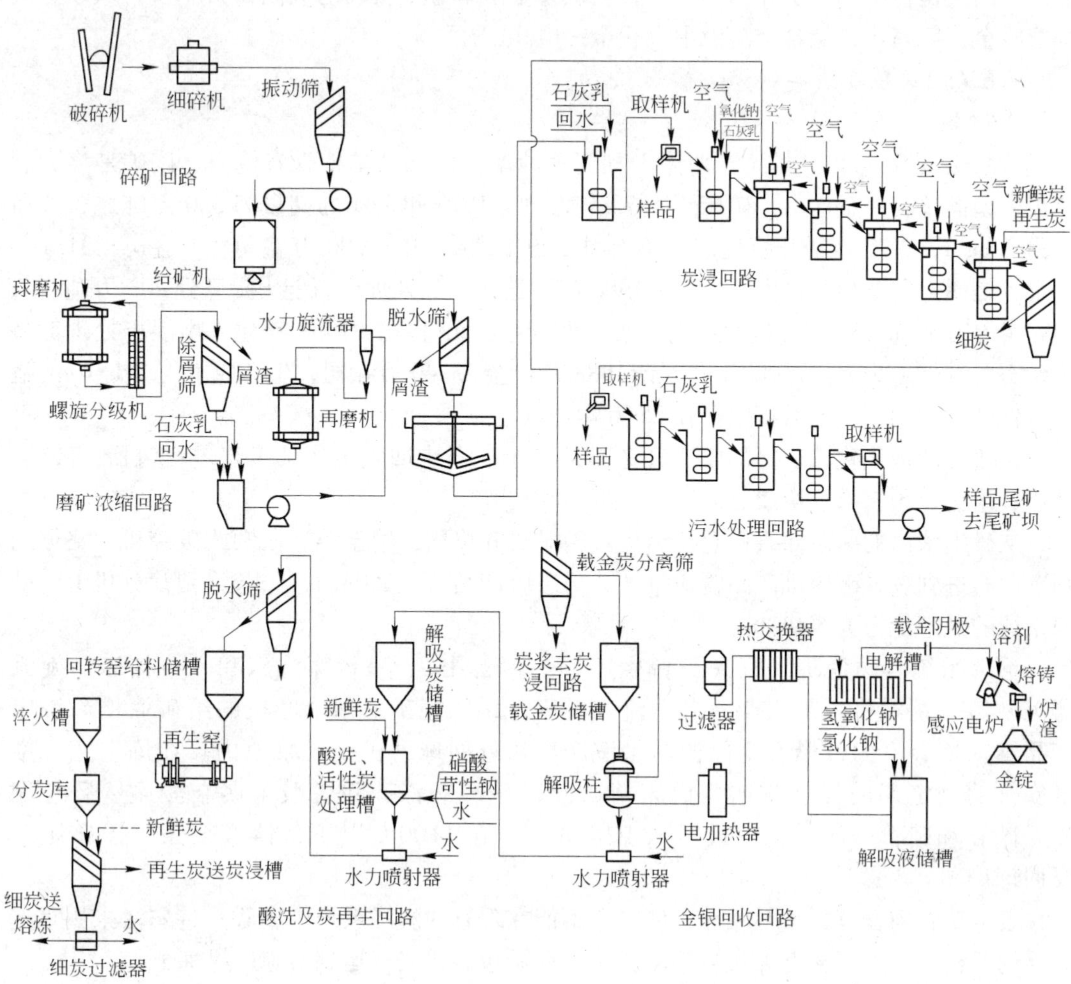

图 9.33 炭浸法提金工艺流程示意图

金不断得到补充，溶液含金量相对较高。CIP 流程是单一吸附，溶液中已溶金的补充量很小，所以金的品位较低。

表 9.26 CIP 与 CIL 流程溶液含金量比较

吸附级	1	2	3	4	5	6	7
CIL 流程	3.11	1.19	0.46	0.18	0.07	0.03	0.01
CIP 流程	2.48	0.88	0.32	0.13	0.05	0.02	0.01

大约在 1880 年，人们就已经知道了用活性炭从溶液中回收金的方法。但是无法解决从炭上把金解吸下来的问题，为回收金，必须焙烧活性炭，而活性炭是非常昂贵的。这样就极大地制约了炭浆提金工艺的发展。直到 20 世纪 70 年代，从载金炭上回收金的方法得到发展，使活性炭能够重复使用，从而使得炭浆法提金工艺得到了突飞猛进的发展。其工

艺流程的关键包括三个步骤：第一步，从矿浆中溶解金—浸出与吸附；第二步，从载金炭上解吸金；第三步，从含金溶液中沉积金—电积。

9.6.6.2 炭浸法实例

实例1：

特尔法（Telfer）金矿位于西澳大利亚大沙漠西南部，帕特森省境内。该矿是澳大利亚最大型的单一黄金矿山，矿床于1972年发现，1975年公布的储量为380万吨，含金品位为9.6g/t，1977年初开始生产。10年中，矿山生产出约200万盎司（1盎司=31.1g）黄金，是澳大利亚盈利最多的金矿。1986年，选矿厂的处理矿石能力提高到200万吨/年；1987年矿山产金23.87万盎司，生产成本为244美元/盎司；1988年建成堆浸场处理低品位矿石，其能力为200万吨/年，预计1988年产金25.40万盎司，生产成本为291美元/盎司，估计以后的年产金量将维持在25万盎司以上。

扩建后的现代化选矿厂的生产任务是从含金矿石中回收金，其工艺过程包括：破碎、磨矿、重选、预浸出、炭浸、炭解吸、电积和精炼。

从矿山采出的原矿卸入矿仓，经板式给矿机和格栅，给至第一段颚式破碎机。格栅的筛下矿石进到颚式破碎机产品输送带上，与破碎产品（-150mm）一起给到筛分机上。破碎系统的处理能力为500t/h。

重选系统有两台跳汰机（一台生产、一台备用）、一台宽洗床和一台摇床。旋流器沉砂给入跳汰机，跳汰产品自动流入洗床，跳汰尾矿返回球磨机的给矿溜槽。洗床产品进入炼金室的锥形安全储槽内，洗床尾矿返回球磨机排矿泵池内。在炼金室，锥形安全储槽定期向摇床排矿。摇床精矿经过硝酸洗涤，除去贱金属杂质，然后与硼砂、硅石和硝石一起熔化，最后，于竖炉内，在1100℃以下，铸成金条。摇床尾矿泵回球磨机。

表生矿石内含有大量铜和硫，使得金不能在现有的炭浸系统中回收。特尔法采用重选和浮选两种方法处理含有大量金的硫化矿，精矿包装成袋，运到冶炼厂提炼金。

矿浆经过预浸后，进入第一炭浸槽，然后顺序流经后边6个浸出槽。浸出槽靠机械叶轮进行搅拌。在浓密和预浸时添加氰化液。在炭浸阶段，从最后一个槽加入炭，炭靠间歇叶轮泵逐个槽向前转移，Kambalda型中间筛把活性炭控制在槽内，筛子的规格允许矿浆通过，让矿浆自动流到下一个槽，但炭粒不能排出。叶轮泵周期性地分别把矿浆和炭粒扬送到下一个槽内。活性炭从最后一个浸出槽逆流而上至第一个槽，便吸附越来越多的金，最后进入解吸系统。

第7个炭浸槽内的矿浆是最终尾矿，其中含有偶尔损失的载金炭，由两台直线筛进行回收，筛下的最终尾矿流入泵池，两台泵把尾矿送入尾矿池。

炭浸系统的第一炭浸槽（最上槽）内的载金炭与矿浆一起由间歇式叶轮泵给到筛子上，使炭与矿浆分离。矿浆返回第一槽内。筛上不断喷水，冲洗炭粒。载金炭存入储槽，以备解吸。

第一段解吸是将活性炭在酸洗塔内用稀盐酸低温洗涤，清除其上的杂质，如钙、镁等，以免影响其性能，然后用清水冲洗，与水一起进入解吸塔。

在解吸塔内，炭与90℃的氰化物和苛性钠预浸液接触（溶液的加热与冷却靠锅炉和热交换器）。经过20min预浸后，110℃热水在塔内自下而上地流过，使溶解金流至两个解吸液储槽内。解吸液由泵定期排入电积槽，进行电积精炼。

解吸后的炭靠水力输送到窑式脱水筛，筛下部分进炭粉沉降槽。再生窑由给料器给料，在650℃条件下，使炭活化。再生炭靠自重从漏斗流入传送机，然后在筛上经过水洗，筛上活性炭返回炭浸系统的最后一个槽内，重又开始吸附金的过程。

补加的新活性炭要先进入摩擦器，炭在水中搅拌，磨去炭粒的边棱，以免载金后边棱把金带入尾矿。摩擦后的新活性炭给至炭传送器。

低品位含金矿石用堆浸法处理。采出的矿石直接卸在覆盖着破碎岩石的塑料垫层上，破碎岩石可以防止卸矿时损坏塑料垫层，堆高达15m。

筑堆后，在堆顶部铺设管路和喷头，开始喷淋氰化液。氰化液在浸堆内自上向下渗滤，直渗入岩石垫层，同时浸出金。富液在塑料垫层流动，汇集入富液池。浸堆喷淋氰化液历时120d，金平均回收率60%。

富液泵入吸附塔，进行炭吸附。炭吸附塔内的贫液经添加碱溶液调整pH值后，返回堆浸贫液池，添加氰化物后，重又返回浸堆进行喷淋。

载金炭送至炭解吸车间，金从炭上析出，进入小体积的高品位溶液内，这种富液被泵入储槽，然后送入炼金室的电积槽。脱金炭返回吸附塔。

金从溶液中析到不锈钢毛上，一周以后，钢毛送去电精炼，用氰化物和碱溶液使金脱离钢毛而镀在不锈钢电精炼板上成为金箔，从板上剥下，最后熔铸成金条或金锭。

实例2：

张家口金矿是20世纪70年代建成投产的，设计规模为500t/d，原流程为混汞+浮选，选矿回收率为75%，1984年改造为炭浸法工艺，选冶回收率达到93%以上，又经数次技术改造，生产规模达到600t/d。矿石属中温热液裂隙充填石英脉型矿床。矿石为贫硫化物含金石英脉类型。矿石中主要金属矿物为褐铁矿和赤铁矿，其次为方铅矿和白铅矿、铅矾、磁铁矿及少量黄铁矿、黄铜矿以及自然金。脉石矿物以石英为主，其次有绢云母、长石、方解石、白云石等。绝大部分自然金与金属矿物共生，其中以褐铁矿含金为主。矿石密度2.51t/m^3。

原矿经两段一闭路流程破碎后，粉矿粒度达到-12mm，经过两段磨矿，矿石细度达到85%-200目（-0.074mm）。磨细的矿石经高效浓密机脱水，矿浆浓度提高到40%~45%，然后给入炭浸系统。在炭浸系统中添加氰化物，充入中压空气，加入活性炭。经过两段预浸和七段边浸边吸后，尾渣品位降至0.3g/t，尾液品位降至0.03g/t。炭浸尾矿排至污水处理系统，采用碱氯法进行处理，处理后尾矿浆含氰量的浓度降至0.5mg/L以下，然后排至尾矿库沉淀自净。由炭浸系统提出的载金炭筛洗干净后到金回收系统解吸、电积。炭浸系统串炭由离心提炭泵和槽内溜槽桥筛完成。解吸柱与电积槽构成闭路循环，不设贵液槽和贫液槽。解吸作业使活性炭载金量由3500g/t降至80g/t以下，解吸炭经酸洗、加热再生后返回CIL系统使用。解吸贵液经矩形电积槽将溶液中的金沉积在阴极上。阴极金泥每月提取一次，到冶炼室进行金银分离和熔炼，如图9.34所示。

工艺条件见表9.27，工艺指标见表9.28，主要材料消耗见表9.29。

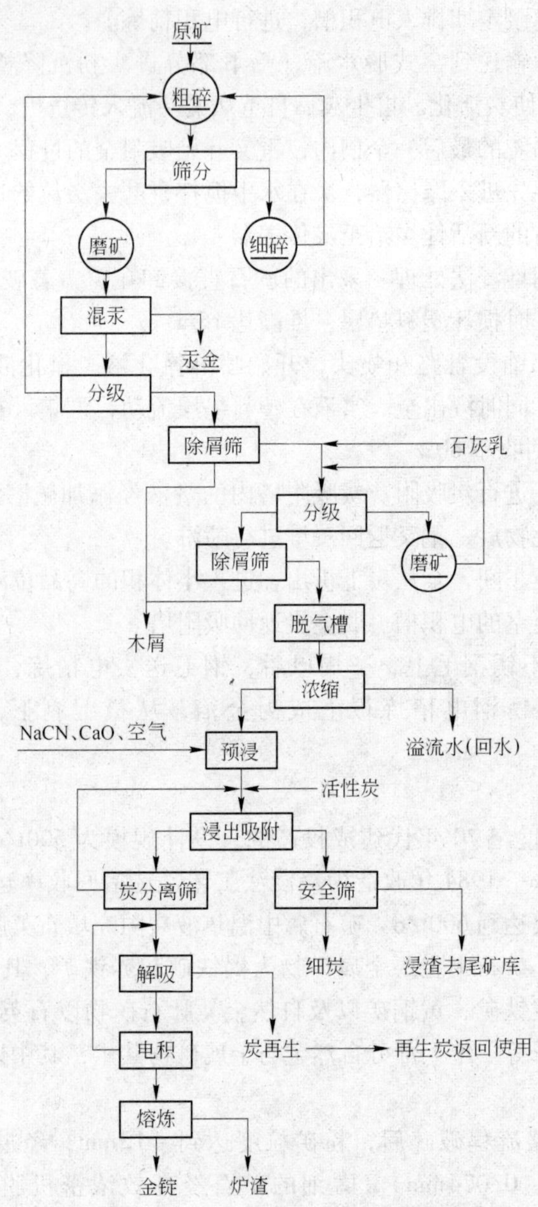

图 9.34 张家口金矿炭浸工艺流程

表 9.27 张家口金矿炭浸厂工艺条件

CIL 系统	预浸时间/h	4.1	解吸时间/h	18
	矿浆浓度/%	40～45	解吸温度/℃	135
	充气量/$m^3\cdot(h\cdot m^3)^{-1}$	0.23	解吸压力/MPa	0.31
	pH 值	10.5～11.0	解吸液成分/%	1.0NaOH＋1.0NaCN
	氰化钠浓度/%	0.04～0.05	解吸液流速/$L\cdot s^{-1}$	0.84
	炭浸时间/h	14.35	电积槽内阴极数/个	20
	活性炭密度/$g\cdot h^{-1}$	10～15	电积时间/h	18
	串炭速度/$kg\cdot d^{-1}$	700	电积温度/℃	60～90

续表 9.27

解吸电积系统	每批处理炭量/kg	700	槽电压/V	1.5～3.0
	预热时间/h	2	槽电流强度/A	1000
酸洗作业	硝酸浓度/%	5.00	再生气氛	水蒸气
	火碱浓度/%	10.00	再生时间/min	20～40
	洗涤时间/h	2.0	再生速度/kg·h^{-1}	25～35
加热再生作业	再生温度/℃	一区 650	再生窑给炭水分/%	40～50
		二区 810	再生炭冷却方式	水　淬
		三区 810	活性炭再生周期/月	3

表 9.28　张家口金矿工艺指标

CIL 系统	氰原品位 /g·t^{-1}	尾渣品位 /g·t^{-1}	尾液品位 /g·m^{-3}	尾液氰化物含量 /g·m^{-3}	浸出率/%	吸附率/%
	2.5	0.2	0.03	200	92	97.50
解吸电积系统	载金炭品位 /g·t^{-1}	解吸炭品位 /g·t^{-1}	电积贫液品位 /g·m^{-3}	解吸率/%	电积率/%	
	2000～3500	50	6	99.80	99.90	

注：表内指标不包括混汞回收率。

表 9.29　张家口金矿主要材料消耗　　(kg/t)

石　灰	氰化钠	活性炭	液　氯	硝　酸	氢氧化钠	水	电
10	0.7～0.8	0.05	1.86	0.038	0.2	3.15t/t	33.5kW·h/t

9.6.7　活性炭吸附

炭的吸附作业是在装有活性炭的吸附塔（槽）中进行的。按溶液走向分两种方式：一是使含金氰化溶液自上而下渗透，通过固定的活性炭层；二是含金氰化溶液依靠泵的压力，以一定的速度由下而上通过炭层，并使炭层处于“沸腾”状态，或使炭在溶液中呈悬浮波动状态。方式的选择取决于浸出液的混浊度及含泥量。对于固定的炭层和压紧的炭柱，最大的给液流速是 3.4L/(m^2·s)，给液中不能有游离的细物料，因为固定炭层像砂滤器一样，矿泥将会堵塞炭层，影响溶液通过。

两种给液方式相比较，第一种方式的优点在于所需的活性炭要少一些，但对溶液的澄清度要求较高。在工业生产实践中常采用第二种方式，可吸附未经过澄清的含少量泥质的堆浸富液。在设计第二种方式即用沸腾层吸附方案时，还要考虑下述 4 个因素：

（1）贵液的流速，根据每天从堆浸作业中排出的富集量确定。

（2）贵金属的日生产量，根据不同操作时期的各堆排出溶液最大含金量确定。

（3）活性炭最大载金能力。

（4）所用活性炭的粒度和类型。

如果能把活性炭的吸附能力利用到最大限度，就可以减少炭的用量并缩小吸附和解吸设备的规模。在工业上，一般说来，每吨活性炭吸附 2～5kg 金（或金和银）是合适的。

国外堆浸中使用的活性炭粒度为1.0～3.35mm或0.6～1.40mm，一般说来，为了使粒度为1.00～3.35mm的活性炭层保持悬浮状态所需的给液流速为17L/(m^2·s)。对于粒度为0.6～1.4mm的活性炭，所需的流速为10L/(m^2·s)。在上述条件下，活性炭将膨胀50%。在静止时，活性炭层的高度不应大于吸附塔直径的3倍；塔的高度应当为静止炭层高度的2.5～3倍，这样可以为炭层的膨胀和溶液的翻动提供足够的空间。

使用0.6～1.4mm炭颗粒的流态化吸附系统，所需活性炭的数量是每日取出解吸炭量的10倍。若使用1.00～3.35mm的活性炭，则所需的炭量多于前者。这是因为后者的给液速度高，接触时间短。工业生产经验表明：对于较成功的和较有效的炭吸附系统来说，是将相同质量的活性炭分装在4～5个串联的炭塔（槽）里。

氰化富液在炭逆流吸附系统的开始阶段，每一个吸附塔可能会把所有的贵金属全部吸附掉。经过一段时间，当第一塔里每吨炭吸附到600g金左右时，从第一塔里流出的溶液含金量将逐渐增加，并被后面的炭层吸附掉。要经常检查吸附情况，每个炭塔流出的溶液要按一定时间间隔取样分析。当最后一个塔中贫液含金品位较高时，或第一个塔中炭的载金量已达到要求值或饱和值时，便可从第一塔取出部分载金炭送去解吸，然后从下一个塔里取出等量炭补充它，各塔中的炭依次往前推进，并把等量的新鲜炭装入最后一个塔里。活性炭也可以整塔往前推进，最后一个塔换上新炭。

活性炭在加入吸附塔以前，需要用安全筛预先筛去小于0.4mm的细粒炭，以防止细粒炭吸附金以后损失于矿渣上。

国外堆浸作业中，普遍使用粒度为0.59～1.68mm的椰壳活性炭。它具有强度高，使用中不易粉碎，吸附能力强等优点。北京光华木材厂生产的杏核炭（GH16A）使用效果良好。

9.6.8 吸附影响因素

不同种类的活性炭由于其制造原料和活化方式等不同，其微孔结构也不相同，表现在与吸附金有关的性能方面也存在着非常大的差异。因此，采用何种活性炭作为炭浆工艺的吸附剂，关系到整个炭浆工艺的技术经济指标。

活性炭对金的吸附能力包括吸附容量和吸附速度。吸附容量决定着生产中使用活性炭量的大小以及金回收系统的规模和操作要求。吸附容量大的炭，达到同样生产指标所需的炭量较少，吸附系统中活性炭的浓度可控制得小一些，有利于炭吸附系统流程的畅通，减少炭和金属量的损失。另外，吸附容量大的炭，载金炭品位可以控制得高些，因此解吸设备可设计得相应小些。炭吸附流程的长短取决于活性炭的吸附速度。一般认为，炭的吸附速度是比吸附容量更为重要的活性指标。此外还受浸出作业条件等诸多因素的影响。

9.6.8.1 浸出作业条件及影响因素

炭浆法一般采用5～8段浸出，磨矿细度为80%～95%-200目（0.074mm），浸出矿浆浓度体积分数为40%～45%，氰化物质量分数为0.03%～0.05%。pH值为10.5～11，总浸出时间为24～48h。

炭浆法浸金过程中，影响金氰化浸出的因素大体可分为两大类，一类是矿石性质的影响，这可在浸出之前采用预先焙烧、微生物氧化、化学氧化等行之有效的方法，设法改变矿石的性质；另一类是浸出条件的影响，包括氰化物的种类和浓度、矿浆的浓度、磨矿细度、矿浆的 pH 值、浸出时间以及矿浆的温度、充氧量等。

9.6.8.2 吸附作业条件及影响因素

炭的吸附作业一般采用 4 ~ 7 段吸附。采用空气提升器或提炭泵定时进行逆流串炭，炭吸附总时间一般为 6 ~ 20h，载金炭金品位为 3000 ~ 7000g/t 干炭。

影响吸附率的因素较多，主要的因素有：

（1）矿浆浓度和黏度的影响。矿浆浓度将影响流体的运动方式和强度，一般控制在 40% ~ 45% 范围内。矿浆浓度的大小决定了矿浆的密度和流动性能。活性炭在矿浆中弥散的均匀与否是影响炭吸附效果的一个重要因素。保持活性炭在矿浆中充分弥散的条件是矿浆密度与活性炭密度相等。生产中，活性炭是选定的，其性能也是确定的，要使炭和矿浆密度最大限度地接近，只有通过调整矿浆浓度实现。矿浆浓度过大，其密度大于活性炭的密度，这使活性炭漂浮于矿浆表面。相反，矿浆浓度过小，其密度小于活性炭的密度，造成活性炭沉于吸附槽的底部。这两种情况都严重破坏了炭与矿浆的充分接触，降低吸附效率。生产中矿浆浓度一般控制在 40% ~ 45%，炭密度大时，浓度控制得高些，反之，则浓度控制得低一些。

矿浆中的含泥量和浓缩作业中絮凝剂的添加量对矿浆黏度有决定性影响。黏度大的矿浆流动性差，容易造成吸附流程中筛网和管道堵塞。另外，黏度大的矿浆会降低 $Au(CN)_2^-$ 向活性炭表面扩散（外扩散）的速度，从而降低总的吸附速度。因此，生产中必须防止矿石过磨和絮凝剂添加量过大。

（2）活性炭的平均粒径、孔隙结构及在矿浆中的密度的影响。炭的粒度对吸附速率有较大的影响，随着炭粒径的减小吸附速度反而增大，目前炭粒度一般为 6 ~ 16 目，筛上和筛下级别的含量均小于 3%。若炭筛分技术得到改善，炭粒度可大大减小，总吸附时间可减少一半。

炭在矿浆中的质量浓度，前几段一般为 10 ~ 15g/L 矿浆，后两段应加大到 15 ~ 40g/L 矿浆或更高，尤其当活性炭中毒严重时，应迅速加大炭的密度，这是提高吸附率的有效方法。

炭浆提金工艺对活性炭的粒度有严格要求。理论上，活性炭粒度越大，其比表面积就越小、活性越低、吸附效率越差。相反，粒度小的活性炭比表面积相对较大、活性较高、吸附能力较强。生产中的细粒活性炭大多是从粗颗粒炭上磨损下来的。如前所述，这部分炭具有高活性、低强度的特点，在流程中继续磨损，很容易随尾矿流失。在工艺上，活性炭与矿浆呈逆向流动，这种流动方式是依靠级间筛和提炭设备实现的。粒度过细的炭容易堵塞筛网，造成流程不畅通。粒度过粗的炭通过提炭设备和管路时产生的磨损量相对较大。

炭在矿浆中要达到好的吸附效果，必须使炭与矿浆充分接触。如果炭的粒度不均匀，容易在矿浆中发生偏析，从而会严重影响串炭的均匀性，使不同粒度的炭与矿浆接触的时间不均衡，降低吸附效果。因此，提金用活性炭粒度不能过大，也不能过小，而且要尽可能均匀。为保证炭的粒度特性，从安全筛上回收的细炭不宜返回炭吸附系统使用。再生后的炭中含有大量细炭，再生炭加入吸附系统之前必须将这部分细炭筛分出去。

（3）有害物质的影响。这些物质主要有两类，一是碳酸盐、赤铁矿等无机物，二是机油、黄油、腐殖酸、浮选药剂、絮凝剂等有机物。这些有机物会被活性炭吸附，占据炭的细孔内表面，降低吸附效率。腐殖酸与 $Au(CN)_2^-$ 发生反应，还会降低 $Au(CN)_2^-$ 向活性炭表面的扩散速度；另外，它们会使活性炭的细孔中毒，降低活性炭的吸附性能。

操作中应特别注意，一方面有浸出段不能加入过多的石灰。另一方面应避免将机油、黄油之类的润滑油掉入矿浆中。在浸前浓密时也不能加入过多的絮凝剂等有机物，否则对吸附将是有害的。

对浮选精矿进行炭浆法处理必须事先脱药；浓缩作业中絮凝剂的用量应在满足生产要求的条件下尽可能少加；对炭浆厂使用的回水，应进行分析和控制，降低腐殖酸、絮凝剂等的含量，以防止各种有机物对炭吸附作业的有害影响。

（4）矿浆温度的影响。活性炭吸附金、银的饱和容量还与温度、溶液中离子浓度和pH值等条件有关。据 G. J. McDougall 等人的试验：$KAu(CN)_2$ 在热水中的溶解度比在冷水中约大 14 倍。当采用含金质量浓度为 180mg/L、$CaCl_2$ 2.8g/L、KCN 0.5g/L 的初始液300mL，在氮气氛和加入活性炭 0.25g 条件下吸附，温度越高，溶液中残留的金就越多，炭对金的吸附容量就越小。

（5）矿浆 pH 值的影响。为了测定 pH 值对炭吸附金的影响，使用含金质量浓度 190mg/L 的纯氰化液 300mL，在氮气氛和加入活性炭 0.25g 条件下进行试验，结果在 pH 值为 1 时炭对金的吸附容量为 200mg/L，pH 值为 12 时为 60mg/L。其中 pH 值在 6 以上炭对金吸附容量几乎不变，即 pH 值在 6 为一常数。随着溶液 pH 值的下降，炭对金的吸附容量逐步明显增大，如图 9.35 所示。

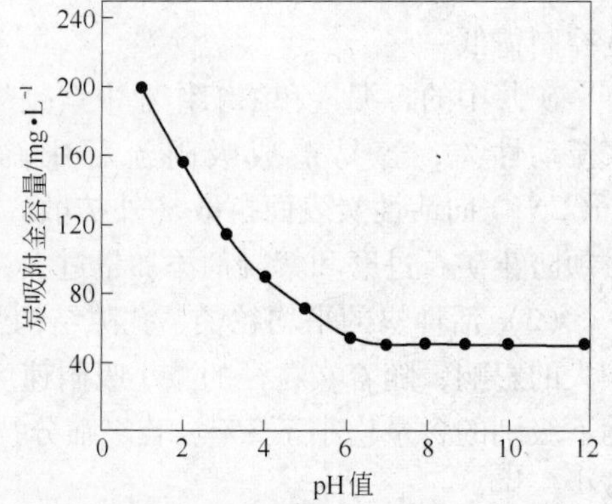

图 9.35 pH 值对炭吸附金的影响

（6）游离氰化物浓度的影响。氰化物浓度是对炭吸附影响较大的参数之一。氰化物浓度过高，一些难浸的其他金属也被溶解并被活性炭吸附，不但影响炭对 $Au(CN)_2^-$ 的吸附，而且载金炭含杂质和氰化物消耗量都会增大，同时会加重环境污染。另外，过量的游离氰化物会与 $Au(CN)_2^-$ 争夺活性炭表面的吸附位置，降低吸附率。氰化物浓度过低，则会降低金的浸出率，尤其对 CIL 流程，这种影响更大。因此，保持稳定适宜的氰化物浓度是非常重要的。实际生产中，吸附系统的氰化物质量分数一般保持在 0.02% ~0.05%。

9.6.9 贵液电积

电积法广泛用于从活性碳吸附解吸的氰化物溶液中回收金，产品质量好，对解吸液成分的影响小。而且，过程密闭，贵金属不易丢失，安全性高于置换法。

碱性氰化物溶液的金电积，多采用钢毛为阴极。钢毛在碱性溶液中不腐蚀、不溶解，对解吸所用的氰化物溶液纯度影响很小。从氰锌配合物溶液中电积金的条件与此相近，采用槽电压 2.4V，可以获得较好的效果。解吸液是一种纯净的金、银氰化物溶液，金的体积质量浓度为 300 ~600g/m³。这种稀溶液若采用常规的板状阴极电解，则电流效率极低。采用扩大阴极表面积的办法电解，取得了满意的效果。

但是酸性硫脲洗脱液，酸度很高，钢毛腐蚀十分快，即使有阴极电位的保护作用，也不能有效防止其溶解。试验表明，硫脲洗脱液经过金电积，铁浓度很快上升到5g/L以上，使洗脱液很难再返回洗脱。同时，铁还在电解槽底产生沉淀。有时金还发生反溶。

有人采用碳纤维编织物为阴极，电积的金难以从其上脱落，阴极不能反复使用，致使成本极高。采用碳质小球为阴极，在电积过程中，有碳粉脱落，也不成功。另外，钛衬固然在酸性溶液中不腐蚀，但难以加工成比表面十分大的阴极材料。

用多层不锈钢筛网制作成阴极，既能够防止腐蚀溶解，又比较容易从其表面上回收金。采用高压水冲洗，可以使97%的金从阴极上脱落下来。一般不锈钢，如304或316就能满足要求。

电积条件因富洗脱液成分而异，如含金60～80mg/L的酸性硫脲洗脱液，电流密度可在30～50A/m^2，金的电积速度约为120～164g/(h·m^2)，较高的温度（如60℃）比较有利。金浓度对电积的影响如图9.36所示。电解液的流动速度快，也有利于提高电流效率。

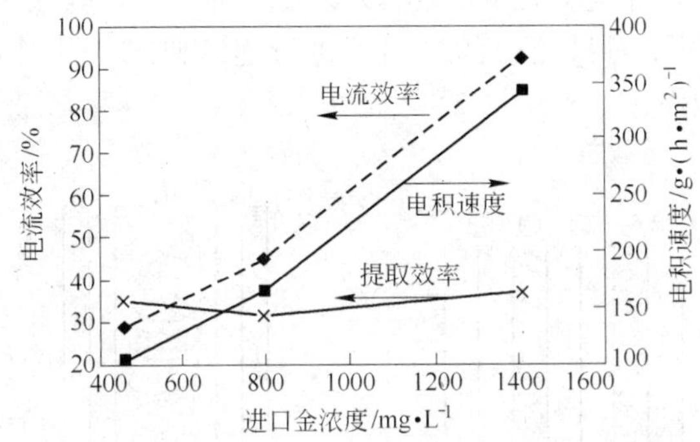

图9.36 金浓度对不锈钢阴极电流效率和电积速度的影响

（电解液线速度43.6mm/min，电流密度50A/m^2，阴极面积60cm^2）

综上所述，较强的洗脱条件，即较高的酸度和硫脲浓度，产生较高金浓度的洗脱富液，有利于提高金的电积效率。为了避免硫脲在电积时发生阳极氧化，在电解槽设计时，可以采用隔膜将阳极与电解液隔离开来，采用硫酸溶液为阳极液。

我国广泛采用塑料制作的矩形电解槽，阳极为钻孔的不锈钢板，阴极为不锈钢绵（盛于尼龙网或塑料筐内）。电解过程阴极沉积金、银和析出氢气：

$$Au(CN)_2^- + e^- = Au + 2CN^-$$

$$Ag(CN)_2^- + e^- = Ag + 2CN^-$$

$$2H_2O + 2e^- = H_2 + 2OH^-$$

阳极析出氧及氰离子的氧化产物：

$$4OH^- - 4e^- = 2H_2O + O_2$$

$$CN^- + 2OH^- - 2e^- = CNO^- + H_2O$$

$$2CNO^- + 4OH^- - 6e^- = 2CO_2 + N_2 + 2H_2O$$

钢绵的最大沉金量为它自身质量的20倍，通常在达到这一数值之前就应将其取出。金黏附于钢绵上，用盐酸处理所得金粉，然后熔炼成金锭。

电解液（解吸液）通过若干个装有数对阳、阴极的电解槽，电流密度 8 ~ 15A/m^2，槽压 2.5 ~ 3.5V，金的沉积率达 99% 以上。电解后液补加 NaCN 和 NaOH 后作解吸液或返回浸出。

活性炭吸附金，是在含有大量铜、锌、镍、铁、硫等杂质的多组分复杂溶液中进行的。通过炭的选择性吸附，大部分杂质则残留于尾矿浆中而与金分离，从矿浆中筛分出来的载金炭经解吸获得的贵液，其中含金、银氰化配离子浓度较高，而杂质离子大为减少，它为电积法或沉淀法从贵液中还原回收金、银提供了一种相对理想的溶液。

从解吸液中回收金的工业电解槽有四种。它们是美国矿务局研制的扎德拉电解槽及平行电极电解槽，南非英美和兰德公司（AARL）研制的电解槽以及南非国立冶金研究所（NIM）研制的石墨屑阴极电解槽，如图 9.37 所示。平行电极电解槽是进行多级电积的电解槽，其他三种槽则为单级电积电解槽。尽管解吸液中的 Au、Ag 通过一级电积即可得到提取，但在实践生产中由于电解槽的结构较复杂，任何一只电极出现故障都会影响 Au、Ag 的提取率，且又不便于对排液口的排出液进行连续监测，及时发现已出故障的电极。故都采用多级循环电积作业。

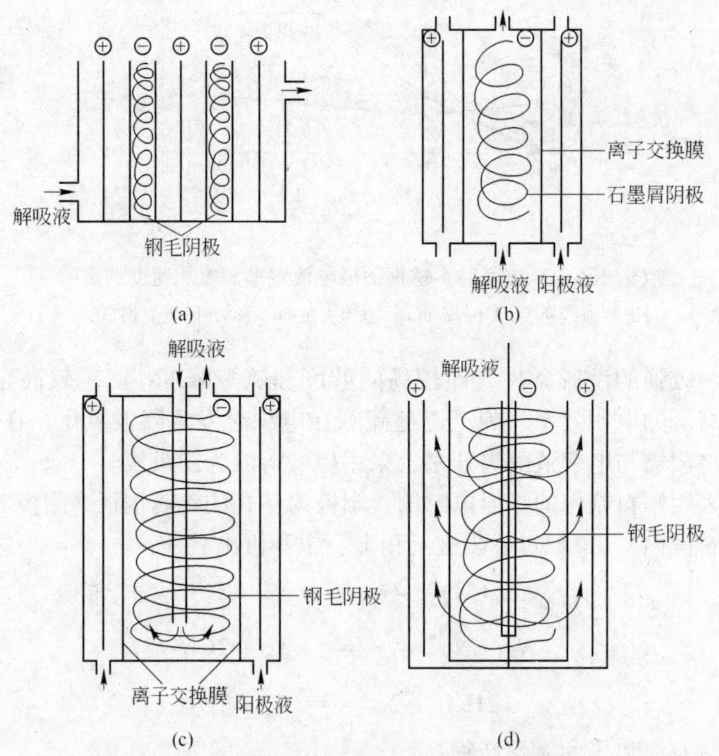

图 9.37 电解槽示意图

（a）平行电极电解槽；（b）石墨屑阴极电解槽；

（c）AARL 电解槽；（d）扎德拉电解槽

使用平行电极多级电解槽时，槽内装入阴极数量是根据阴极框内的有效容积（即钢绵或石墨屑装填密度）而定，不是每个格条中都要装入阴、阳极。当电积一个周期，第一级阴极已为 Au、Ag 饱和后取出，第二级便成为下一周期的第一级，以此类推。若采用几只单级电解槽，当第一槽已为 Au、Ag 饱和后，第二槽便成为下一周期的第一槽。以实现循环作业，并使阴极材料荷金最多。

HBS 公司为西潼峪炭浆厂设计的 EWC-96 型阴极框的技术性能见表 9.30。

表 9.30 EWC-96 型阴极框的技术性能

阴极框有效容积/mm × mm × mm	540 × 550 × 4	额定总电流/A	1000
阳极数/块	21	供电电压/V	0 ~ 6
每只阴极的电流/A	50	电解液温度/℃	90

由于设计的电解液温度为 90℃，电解槽和阴极框都采用聚丙烯材料，阴极框（见图 9.38）两面框板上均匀钻孔，以便电解液均匀流过。每块阴极通过焊在导电架上的 4 根 ϕ8mm × 500mm 不锈钢棒，插入阴极框内的钢绵中供电。阳极用厚 1.5 ~ 2mm 的 316 号不锈钢板，板面也均匀布有 ϕ5mm 的钻孔，阴、阳极均嵌入槽壁两侧粘有柔性材料的格条中，槽底亦铺有柔性材料，以阻止电解液从极板两侧和底部通过，而迫使它从极板的钻孔中流过。槽子的底部是向清洗管口一端倾斜的，以便定期清除沉渣。

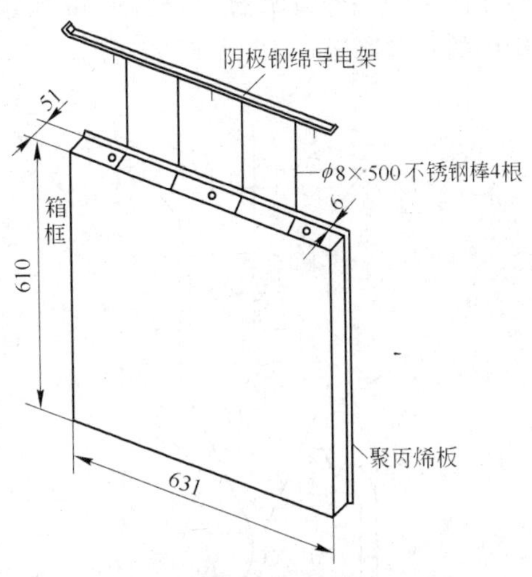

图 9.38 聚丙烯钢绵阴极框（单位：mm）

有一项用炭纤维从含金氰化浸出液中吸附、解吸和电解提金技术是英国人发明的专利，该技术是使用英国活性炭织物有限公司生产的炭纤维，它是一种柔性织物，这种织物的制备方法（专利）是将人造纤维先浸在一种化学药剂中，取出后经 350℃ 干馏使之炭化，再于 900℃ 进行活化，故该纤维 100% 是活性炭。若将此织物制成环形无极带，可使金的吸附、解吸和电解提金过程实现连续化。图 9.39 所示为活性炭带吸附、解吸、电解提金的设备连接示意图。

图 9.39 中驱动轮驱动环形炭带作慢速运动。电导体轮都接正极电源。其余各轮都是

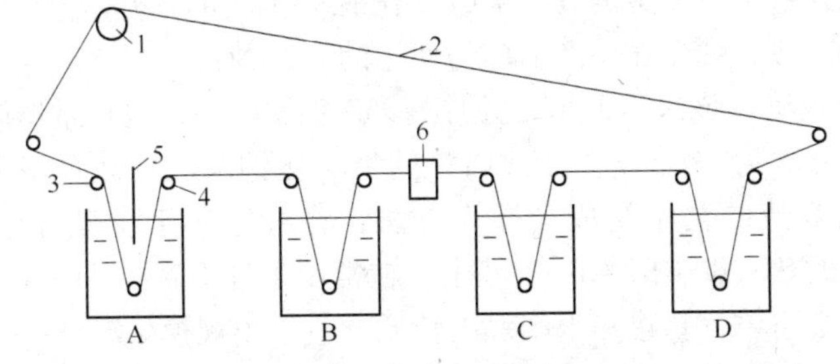

图 9.39 吸附—解吸—电解连续提金工艺设备示意图

1—驱动轮；2—环形炭带；3，4—电导体轮；5—不锈钢阴极板；6—活化炉

塑料导向轮。来自氰化浸出的含金溶液注入吸附槽上炭带，从此槽吸附金后，经洗涤槽口洗涤除去杂质进入解吸槽 A 解吸。解吸下来的金也于槽 A 经闭路电解沉积在插入槽中的不锈钢阴极板上，脱金炭带经洗涤槽 B 洗涤并经活化炉加热（250℃）活化后，再次入吸附槽 C 吸附金，形成连续化作业。

使用活性炭纤维织物吸附金，吸附率比粒状活性炭高，速度也快得多，吸附平衡在 20～25min 内就能达到，而粒状炭则需要 150min。

9.6.10 载金炭的解吸

氰化矿浆加活性炭吸附金产出的载金炭，经洗涤和除去木屑等杂物后送解吸金、银。南非研制的一种淘洗器，如图 9.40 所示，除木屑特别有效，它可将含木屑 13.8% 的载金炭中的木屑降至 1.1%，已广泛用于处理来自斯威科（Sweco）筛筛析出的含木屑载金炭。

南非明特克选厂研制的一种 EPAC 除木屑和杂物的 28 目筛，也是安装在槽边上静态作业，用于处理进入吸附槽的矿浆。由于它的筛面上有一层气泡帘，能使滤在 28 目筛面上的木屑、纤维和粗粒物质保持疏松运动状态，而不致黏附在筛面上。其结构与作业过程如图 9.41 所示。

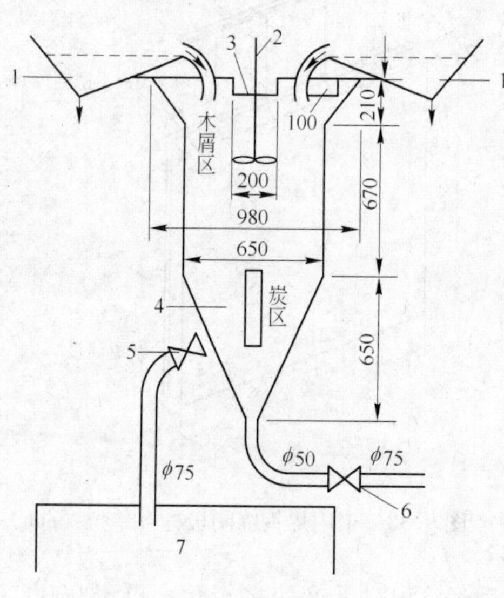

图 9.40 木屑淘洗器

1—Sweco 筛；2—220V 搅拌机；3—溢流溜槽；4—观察孔；5—自动阀；6—手动阀；7—载金炭槽

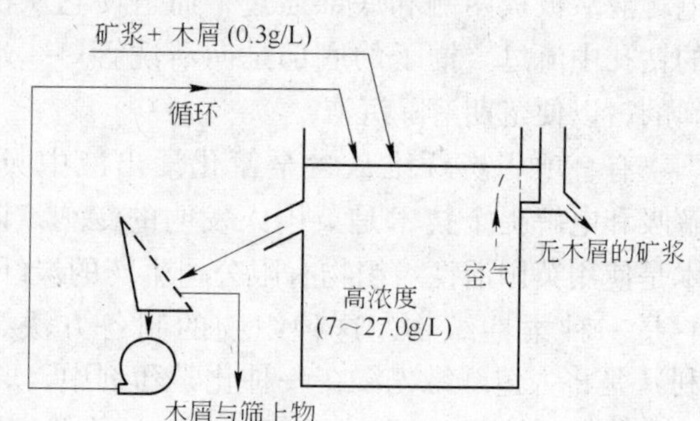

图 9.41 EPAC 除木屑筛

活性炭对金（银）的吸附是属于放热反应，矿浆温度越高，炭对金吸附的容量就越小，这一特性就成为载金炭上金的高温解吸（洗脱）工艺的基础。

载金炭的解吸方法，现今在生产上广为使用的有四种：

（1）扎德拉解吸法。该法是 J. B. 扎德拉 1952 年发明的，也称常压解吸法，是在 85℃ 的情况下，用质量分数为 1% 的氰化钠和 1% 的氢氧化钠溶液从载金炭上解吸金。该法在常压下进行，根据溶液的化学组成和操作方法，将载金炭于质量分数为 0.4%～0.2% NaCN 和 1% NaOH 的热（80～93℃）溶液中，在常压条件下解吸 24～48h，可使 98.4% 的金被解吸下来。该法简单，基建和生产费用较低，适于小规模生产。

（2）乙醇解吸法。乙醇解吸法是美国矿务局雷诺研究中心研究出来的。该法是在80～85℃和常压下，采用含有质量分数为 0.1% NaCN，1% NaOH，再加入 20% 体积的乙醇作为解吸液从载金炭上解吸金。往解吸液中加入乙醇，可显著地使解吸时间缩短到 5～6h，可使99%的金从炭上解吸下来。该法的优点是可以缩小解吸工段规模和缩短解吸时间，主要缺点是乙醇易燃，极不安全，以及乙醇易挥发损失而使生产费用增高。在设计这种解吸装置时，必须采取安全防火措施，同时必须安装有效回收乙醇的装置。

（3）高压解吸法。高压解吸法载金炭是用质量分数为0.1% NaCN和1% NaOH溶液于160℃和350～400kPa的压力下，解吸2～6h处理，可使99%的金解吸下来。或者，用含质量分数为5% NaOH和1% NaCN溶液预处理载金炭0.5～0.1h，然后用5个载金炭体积的热水（流速为3个载金炭的体积/每小时）解吸炭，作业温度为110℃，操作压力为$0.5\times10^5\sim1.0\times10^4$Pa，总的解吸时间（包括酸洗）为9h。

采用高压解吸的优点是试剂消耗少和解吸时间短。但该法需高压高温，故设备较昂贵，并且为了避免急剧蒸发，在减压前排出的液体必须冷却，以免溶液喷溅并造成损失。

高温高压解吸法是将载金炭装在压力容器内，用0.4%～1% NaOH和0.1%的NaCN（也可不用）混合溶液，在130～160℃的温度下，在3.6～5.9kg/cm^{2}的压力下，通过载金炭层。在2～6h内，载金炭的金、银解吸率超过90%。加压解吸法与扎德拉法相比，解吸的时间大为缩短，而且解吸过程的试剂消耗也比扎德拉法低。解吸富液冷却到90℃进电解槽电解。

（4）去离子水洗脱法。南非英美公司采用一个载金炭体积分数为10% NaOH（或0.5% NaCN和1% NaOH）的热溶液（90～110℃）预处理2～6h，然后用5～7体积的去离子热水洗涤5～7h，整个作业周期为9～20h。

洋基山金矿的载金炭，预先用0.6体积的3% HNO_3，酸洗16h，再用自来水洗脱，由于自来水中含钙等碱浓度高，炭上部分$[NaAu(CN)_2]$又转化为$Ca[Au(CN)_2]_2$，使金的解吸率降低。改在自来水中加入质量分数为0.1% NaOH搅拌澄清后取上清液洗脱，金的解吸率提高4.6%。载金炭的预处理原采用93℃预处理3h，由于蒸发量大致使解吸柱上部的载金炭被烘干，影响金的解吸率，后将预处理时间改为30min。经改革后，金的解吸率达到98%以上。

9.6.11 炭的活化再生

炭浆炭浸提金厂主要以活性炭为载体，在提金工艺流程中从矿石到成品金起着重要的输送作用。载金炭的解吸作业对活性炭而言也是属于炭再生的范畴。可是解吸后的炭往往不如新鲜活性炭那样具有较高的吸附容量，为保证返回使用时有较好的吸附能力，必须将炭经过酸碱洗涤和高温再生，它的优点在于能除掉炭所吸附的碳酸盐与其他可溶于酸的沉淀物和有机物质。在热再生过程中，水蒸气与炭发生化学反应产生一些气体，由于气体从炭表面逸出就清除了炭表面的污染物，使炭经过活化再生后具有像新鲜炭一样的活性。经过粒度筛分，将合格的炭返回吸附作业进行循环使用。

9.6.11.1 炭再生的作用

活性炭再生是当活性炭吸附了大量杂质后降低或失去了吸附能力，为除去这些被吸附的杂质，使炭重新恢复吸附活性所采取的技术措施。在炭浆法工艺中，炭吸附系统是一个多组分共存的复杂体系，活性炭在该体系中除对金银有选择性吸附外，对各种有机物（主要是润滑油、挥发油以及絮凝剂和浮选药剂等各类化学药剂）和贱金属化合物（主要是$CaCO_3$、$MgCO_3$、$Fe(OH)_3$、SiO_2等）也有很强的吸附能力。这些物质在解吸系统中很难被除去。随着活性炭不断循环使用，这类物质在炭上不断积累，炭的微孔内就会积存大量杂质，减小可利用的微孔表面，甚至会造成微孔堵塞，从而使炭对贵金属的吸附活性降低甚至丧失。

同一种活性炭在工艺流程中各点的活性是不同的，随着活性炭在吸附流程中滞留时间的延长，其吸附活性逐渐降低。图 9.42 所示为从工艺流程中各点取出炭样，进行动力学活性分析，并与新鲜活性炭的吸附活性相比较所绘制的典型动力学活性曲线。

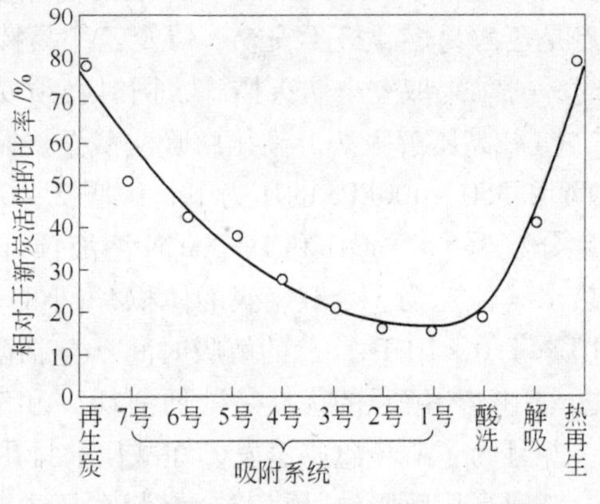

图 9.42　工艺流程各点活性炭的动力活性曲线

在所有大量使用活性炭的生产工艺中，活性炭的再生作业是其中的一个重要组成部分。特别是炭再生在炭浆提金工艺中具有强大的生命力，是颇受欢迎的关键作业，起到了核心作用。随着活性炭在氰化矿浆中循环使用的次数增多，其老化程度也增加。由美国矿业局进行半工业试验，证明了解吸过的炭可重复使用 15 次。当不适于工艺要求时称为活性丧失，必须进行恢复活性炭的活性处理，即炭再生。炭再生分为两种处理过程，一种是酸碱洗涤再生，另一种是高温活化再生。

经过再生的活性炭其吸附性能应基本上或者较完全地恢复到新鲜活性炭的水平。每经过一次循环使用的活性炭必须进行一次酸碱再生洗涤处理，但不一定必须进行高温活化再生处理。可是没有经过酸碱再生或者酸碱再生处理不好的活性炭含有碳酸盐和其他可溶于酸的沉淀物，在热再生处理过程中也是解决不了的，仍然影响再生炭的活性。

9.6.11.2　炭再生工艺

活性炭再生包括酸洗和加热再生两部分。国内常用炭再生流程如图 9.43 所示。酸碱

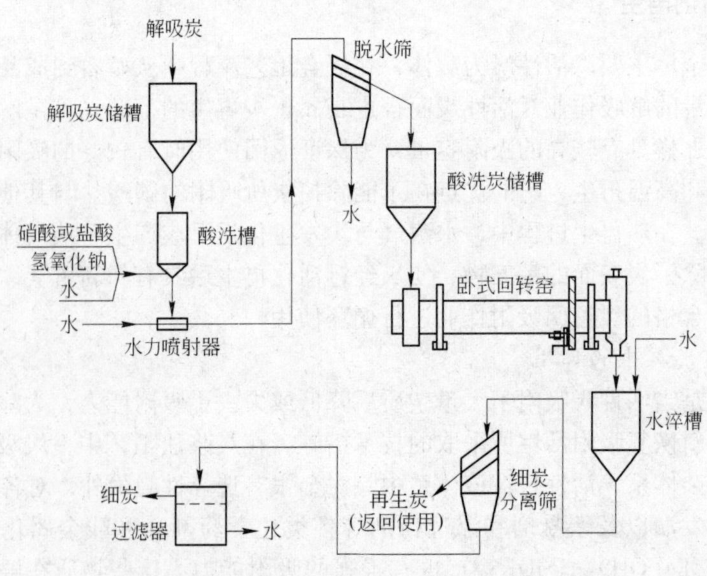

图 9.43　国内常用炭再生流程

洗涤的目的是为了除去活性炭上吸附的贱金属氧化物。位于加热再生之前，这是为了防止贱金属氧化物在加热再生过程中对炭的燃烧起催化作用。酸洗可以用盐酸，也可以用硝酸。可以在解吸作业前进行，也可以在解吸作业后进行。国内炭浆厂多在解吸作业后进行，通常使用3% HCl 或5% HNO_3，在40℃下搅拌洗涤30min。洗涤液量一般为炭量的3～5倍体积，它能除去炭上90%左右的钙、镁沉淀。但国内外生产实践表明，酸洗只能除去炭上吸附的无机化合物的一部分，只能恢复活性炭的碘值和四氯化碳值，降低炭的无机灰分，对炭的吸附容量和吸附速度改善不完全。而加热再生则可以除去炭上吸附的有机灰分，并能使大部分无机灰分受热分解。经过加热再生后，炭的吸附容量和吸附速度得到充分恢复，吸附活性可达到或接近新炭水平。因此，加热再生是炭再生过程的主要和必要手段。

高温活化是将多次循环使用后的炭经酸碱洗涤后，再用纯净水洗至中性，然后将湿炭置于再生窑（炉）中，在隔绝空气的水蒸气气氛中加热至650～800℃，经30min热分解以除去炭中的有机质等物质，恢复炭的活性。

炭高温活化再生原理是将湿炭用高温气体干燥，在加热过程中，被吸附的有机物按其性质不同，通过水蒸气的蒸馏、解吸或热分解这些作用，以解吸、炭化和氧化的形式从活性炭的活性点上除掉。100～150℃是干燥区域温度，650～700℃是炭化过程，氧化性气体主要是过热的水蒸气。不希望有空气或氧气存在。热再生处理通常经过如下几个步骤。其基本原理如图9.44所示。

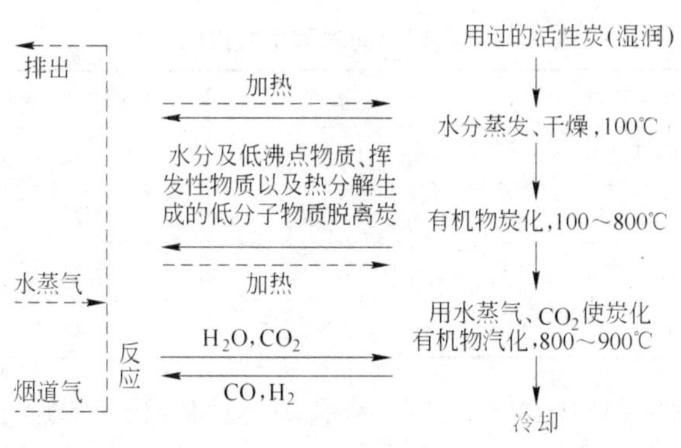

图9.44　加热再生原理示意图

低温干燥，低于200℃，易挥发的吸附物质挥发。

200～500℃，挥发性吸附质的挥发和不稳定吸附质的分解，同时放出挥发性组分。

500～700℃，炭表面沉积物热离解和非挥发性吸附质的高温分解。

当700℃时，在水蒸气和二氧化碳气体的作用下，高温分解物分别被氧化。其化学反应如下：

$$C + H_2O \longrightarrow CO + H_2$$

$$CO + H_2O \longrightarrow CO_2 + H_2$$

温度是加热再生的重要条件。随着温度升高，活性炭的灰分降低，磨损损失增大，抗磨能力降低，吸附速度加快，活性增加，见表9.31。

表 9.31 温度对炭再生效果影响

再生温度/℃	表观密度/kg·m^{-3}	灰分/%	磨损损失/%	吸附速度/%
650	650	17.3	0.55	35.92
700	650	16.2	0.62	36.84
750	650	14.8	0.67	36.91
810	630	14.4	1.07	40.02

注：1. 活性炭在再生窑内滞留时间 30min；

2. 给炭含水 39%；

3. 测定条件是非标准的，表中数据为相对值。

在干燥、炭化阶段，升温不宜太快。特别是炭化阶段，如果升温太快，对活性炭的活化会产生极坏的影响。在 815℃以上的温度进行活化时，活性炭本身不可避免地要被烧失，这种烧失还受活性炭内部浸入的水蒸气和二氧化碳气体多少的影响。在高温加热再生时，这种损失占活性炭损失量的大部分。因此，实践中干燥和炭化阶段的温度一般控制在 400～700℃以下，活化阶段的温度控制在 650～800℃。实际上，由于水蒸气和炭的吸热作用，实际温度一般在 750℃左右。

目前无法准确给定再生时间，实践中一般控制炭在再生窑内的滞留时间。滞留时间对再生效果的影响见表 9.32。生产中最佳滞留时间由试验确定，通常控制在 20～30min。再生时间过长不仅会增加炭的损失率，严重时还会使已经恢复的吸附活性再次失掉。

表 9.32 滞留时间对再生效果的影响

滞留时间/min	表观密度/kg·m^{-3}	灰分/%	磨损损失/%	吸附速度/%
20	630	14.5	0.14	38.14
30	630	14.5	0.27	39.19
40	610	14.2	0.39	43.08
50	600	13.5	0.41	43.86

没有水蒸气时会发生剧烈的氧化反应，炭孔隙迅速破坏。有蒸汽时，在 700℃炭孔隙才缓慢地消失。当在 850℃保持 30min 后，对孔隙的破坏则迅速地发生。当有过热蒸汽时，温度在 650～700℃再生过程中的炭孔隙度被恢复，即使保持 60min 后，对孔隙的破坏也是轻微的。热再生主要是除掉吸附在炭上的多种有机物。热再生的温度低，在回转窑内停留时间短和解吸炭含水分过高，都会降低热再生活性炭的效果。

炭热再生在炉或窑中停留时间以 5～10min 为宜，再延长时间也不会提高炭的活性。很重要的一点就是要把炭的温度与窑温区保持一致才是炭再生的真实温度，才能达到炭热再生目的。加热方式最好是采用外加热，减少在热再生时的炭耗。随着粒状炭热再生七次以后，炭粒径大约减少 13% 便不再改变，实际每次粒径变化约为 1.4%。

经过酸洗和热再生的炭，可以形成新的高活性层和孔穴，恢复或基本恢复到新鲜炭的水平。经此再生的炭，在快速冷却后通过筛分除去细碎炭，再加蒸馏水浸泡 12h 后，制成炭悬浮液返回吸附过程。

9.6.11.3 炭热再生装置

再生粒状炭的工业装置在国外有多层膛床炉、回转窑、流动层型和移动层型，还有竖型炉等。加热方式有内加热和外加热两种。热源有用天然气或煤气，有电加热或用燃油等。我国目前均采用电外加热式回转窑进行炭热再生，也有用蒸馏罐式的反射炉。在国外，炭加在回转窑里，大多采用螺旋给料，效果不好，易破损炭粒。

目前发展的再生技术，有塞米克斯流态化床再生器和林图尔再生炉。用于炭再生的窑，大多使用油或其他燃料间接加热回转窑，也有一些厂用电加热。南非明特克厂研制的一种红外线直接加热的、带有振动槽的新式炭再生窑，它的热效率很高，并能消除炭中水分波动的不利影响，又适于间断加热和炭的急剧冷却，且能耗低、投资小又没有运动部件。

据南非贝萨厂的实践，在电热回转窑中每小时再生30kg炭，当加热为650℃时，耗电为5.5kW。当炭中含水达60%时则需耗电34.2kW。为了降低炭中的夹带水量，提高热效率，他们将湿炭通过螺旋装料机脱水后供入窑中。美国和秘鲁等一些厂家还用它代替回转窑。此外，还有采用多膛炉等进行炭再生的。

国内炭浆厂多用国产卧式回转窑。这种回转窑由回转筒体、保温炉体、给料螺旋、头部罩、冷却出料器、炉体倾斜度调节器和电气控制箱等组成。如图9.45所示。

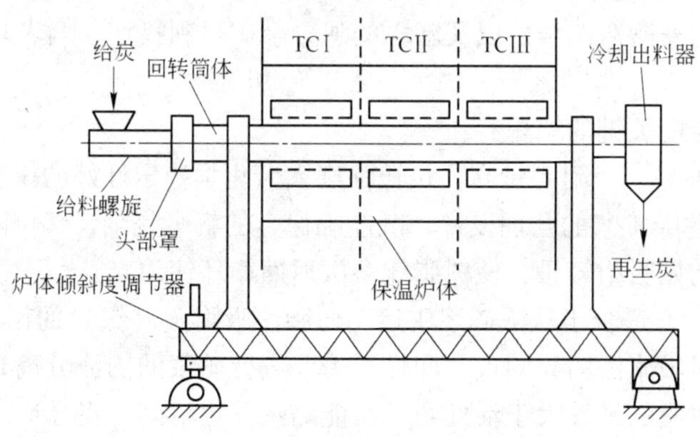

图9.45 国产卧式回转再生窑

回转筒体的头部和尾部分别插入头部罩和冷却出料器，其结合部分采用端面密封，以保证筒体的气密性。加料螺旋的叶片是不连续的，以保证螺旋筒内挤满活性炭，使回转筒体内部不与外界相通，目的也是保证筒体的气密性。

保温炉体由上、下炉壳，炉体盖及耐火砖，电热体组成。整个炉体分为3个加热区。加热温度是自动控制的，以保证3个区内的温度符合工艺要求。

回转窑筒体内的温度是不均匀的，由给料端向筒体中部温度逐渐升高，中部是再生活化区，温度最高。由中部向排料端温度又逐渐降低。但筒体内各点的炭和气体的温度却差别甚小。

经过酸再生和热再生的炭对金吸附率和吸附容量达到了新鲜活性炭的水平，故说明了炭再生的重要性。在炭再生过程中，活性炭的损失率为5%左右。其中活性炭的纯烧失量为1%～3%。试验还证明了再生炭的机械强度与新鲜炭的相近，可循环使用。

9.7 树脂法提金

9.7.1 树脂法概述

以离子交换树脂为吸附剂，直接将离子交换树脂加入氰化矿浆中吸附提金的方法，称树脂矿浆法（RIP）。

20世纪初甘斯就指出，使用离子交换树脂有可能从稀溶液和海水中提取金。1945年F·C纳霍德最先提出了用离子交换树脂吸附提金法的美国专利。1949年，英国别尔姆吉特·赫尤斯公司用弱碱性阴离子交换树脂IR-4B在碱性氰化液中提取金试验获得成功，金的回收率达95.4%。20世纪50年代，在帕拉克辛领导下，莫斯科加里宁有色金属和黄金学院的科研组对树脂矿浆法提金工艺进行了研究并做出了重大贡献。其后拉斯科林领导这项研究工作，试验了许多合成离子交换树脂，研究了吸附过程的规律性，探索了树脂解吸和再生的方法。1967年苏联建成了第一个大型离子交换工业装置（矿石处理能力为200t/d），经过三年的试验，证明树脂矿浆法可以有效地从黏土矿石中回收金。1973年苏联另一座处理碳质金精矿的氰化和吸附浸金车间投产。1975~1980年间，苏联有3个树脂提金厂先后投产。其中规模最大的是年产黄金80t的穆龙陶金矿。在国内，一些高等院校在20世纪60年代就对树脂提金工艺进行了研究，并取得很大的成就。到20世纪80年代末，我国自行研究设计的安徽东溪金矿以及新疆的阿希金矿顺利投产，两者均采用离子交换树脂提金法。

树脂矿浆法提金的关键的问题有：

（1）对金选择性好、吸附容量高、机械强度大、化学稳定性好的树脂的制备。

（2）载金树脂解吸工艺的合理设计，既能确保金的解吸完全，又可除净吸附的大量贱金属，恢复树脂的初始吸附容量，使树脂能多次返回循环使用。

（3）处理能力大，适合于从浓矿浆中运用树脂法吸附金（银）的设备的制造。

树脂矿浆法和炭吸附法的异同点：同样不需要进行矿浆的固液分离、洗涤和溶液的澄清、除气等过程；树脂的韧性大于活性炭，又能缩短氰化时间，提高矿浆中金的吸附回收率，降低载金细碎树脂在尾矿中的损失；离子交换树脂的吸附容量虽大于活性炭，但对金、银的选择性却远低于活性炭；载金树脂中荷载的大量贱金属使解吸过程复杂化，延长了生产周期，增加了生产成本，致使树脂矿浆法比炭吸附法的设备投资和生产成本要高。

9.7.2 树脂性质与种类

工业上使用的离子交换树脂，必须满足以下两点基本要求：

（1）无论是常温还是高温下，不溶于水或酸、碱的水溶液，即需要具有不溶性和化学稳定性，保证树脂能多次重复使用。

（2）具有耐磨损和抗冲击负荷的高机械强度。为此，树脂基体中含有质量分数为8%~12%的二乙烯苯。二乙烯苯的百分含量称为交联度。

由于金的氰化配离子是阴离子，故树脂提金法所用的交换树脂主要为阴离子交换树脂，有强碱性阴离子交换树脂（AM、AB-17、717等）、弱碱性阴离子交换树脂（Ah-18、704等）、混合型碱性阴离子交换树脂（AM-2Б、AΠ-2等）。

树脂法提金所用的离子交换树脂所关注的特性有：吸附选择性、机械强度、吸附动力学特性、膨胀性、吸附容量、解吸性能等。

离子交换树脂有一重要特性，即是树脂对特定类别离子的选择性吸附。从金的吸附选择性来看，弱碱性阴离子交换树脂比强碱性阴离子交换树脂好，但前者的强度低，且吸附动力学特性和解吸性能均较差。吸附动力学特性以强碱性阴离子交换树脂和混合型阴离子交换树脂为好。所以选用每一种树脂前都应进行试验，测定它们在目的溶液中选择性吸附某些离子的次序，便于正确选用效果最适宜的树脂。

在实际应用中，树脂的机械强度具有重要意义。由于树脂要经受介质、负荷、吸附设备和矿砂的摩擦，筛分冲击，以及干湿、冷热等各种作用，强度小的树脂烃质基体表面易遭破坏。特别是用于矿浆吸附过程的树脂，更应具有一定的机械强度。

合成离子交换树脂用的有机单体（如苯乙烯）是疏水性的，不会因吸水而膨胀。但因为向树脂的基体中引入了亲水性的基团，故树脂浸入溶液中后，水会沿分子空隙的沟道渗入活性基团，并使其水化膨胀。树脂浸入溶液后，树脂的体积会增大1.5～2.0倍。离子交换树脂的膨胀性用膨胀系数K表示，它是膨胀的树脂比容V_H和风干的树脂比容V_C二者之比值：

$$K = V_H / V_C$$

阴离子交换树脂的膨胀系数在2.0～3.0之间。工业生产并供给用户的阴离子交换树脂含水50%～56%。树脂遇水膨胀，干燥后又恢复原来的状态，相当于树脂内部的颗粒来回移动，这在树脂中产生了内应力，导致树脂磨损。故生产过程中不宜让树脂频繁地膨胀与干燥。

生产中较为广泛使用的有AM-2Б混合型阴离子交换树脂，因为与其他树脂相比，它具有较好的吸附和解吸性能，较高的选择性和机械强度。

AM-2Б型树脂是大孔结构的阴离子双官能团树脂。其基体由氯代甲醇处理过的苯乙烯和对二乙烯基苯的共聚物组成，含有10%～12%的对二乙烯基苯，以保证树脂所需的机械强度。大孔结构能提高树脂内的离子扩散速度，使总的离子交换速度加快，改善了树脂的动力学特性。通过胺化反应向基体中引入约1∶1的强碱性季胺碱和弱碱性叔胺碱活性基团。因为树脂中存在两种活性基团，因而对金的选择性和吸附容量提高。如以R表示树脂基体，其分子式可表示为：

$$R\begin{cases} CH_2HN(CH)_2Cl \\ (CH_2)_2N(CH_3)_2Cl \end{cases}$$

AM-2Б型树脂具有如下特性：对氯离子交换容量为3.2mg/g，粒度0.6～1.2mm，比表面积32m^2/g，干树脂密度0.42g/cm^2，商品树脂含水量52%～58%，在水中的膨胀系数为2.7，运输及贮藏温度不低于5℃，新树脂使用前，先用3～4倍体积的质量分数为0.5% HCl或H_2SO_4溶液洗涤，除去洗涤过程产生的、由细碎树脂组成的泡沫。洗涤最好与筛析（筛孔0.4mm）同时进行，以除去细粒树脂。这些细粒树脂加入吸附过程会造成金随尾矿而损失。

AB-17、IRA-400和717型强碱性阴离子交换树脂，机械强度高和吸附与解吸动力学性质良好，但是对于金的吸附选择性较差，只占总吸附容量的18%左右。表9.33中列出了IRA-400型树脂从氰化液中吸附金、银、铜、铁等金属离子的吸附容量。

表9.33 IRA-400对单一氰化配合物的吸附容量

金　属	吸附金属容量/mg·g^{-1}	金　属	吸附金属容量/mg·g^{-1}
Au	659.1	Ag	340.8
Ni	106.9	Cu	82.1
Zn	81.6	Co	76.3
Fe(Ⅱ)	48.8		

Ah-18型树脂是苏联研制成的以二甲胺作活性基的弱碱性阴离子交换树脂，它对金吸附的选择性较好，一般占总吸附容量的50%～60%，但机械强度差，且树脂的再生性能也不好。

AN-2型树脂是由体积分数为12%的对二乙烯基苯和60%的异辛烷的共聚物组成基体的混合碱阴离子交换树脂，粒度0.4～1.5mm。

一些从氰化液或矿浆中吸附金的阴离子交换树脂的特性列于表9.34。

表9.34 几种强碱性和弱碱性阴离子交换树脂的特性

类　型	牌　号	基体材料	官能团	强碱基团含量/%	孔结构
强碱性	AM-Π	苯乙烯-二乙烯苯	季　胺	77-81	大　孔
	AM	苯乙烯-二乙烯苯	季　胺		凝　胶
	AB-17	苯乙烯-二乙烯苯	季　胺		大　孔
	A101DU	苯乙烯-二乙烯苯	季　胺		
	IRA-400	苯乙烯-二乙烯苯	季　胺		
	717	苯乙烯-二乙烯苯	季　胺		
弱碱性	AM-2Б	苯乙烯-二乙烯苯	季　胺	50.0	大　孔
	AΠ-2	苯乙烯-二乙烯苯	叔胺、季胺	35.5	
	AΠ-3	苯乙烯-二乙烯苯	叔　胺	27.0	
	365B	苯乙烯-二乙烯苯	叔　胺		
	A378	苯乙烯-二乙烯苯	叔胺、季胺	16.5	
	IRA-93	苯乙烯-二乙烯苯	叔　胺	5.8	
	Ah-18	苯乙烯-二乙烯苯	叔　胺		
	IRA-68	丙烯酰胺	叔　胺	2.4	
	704	苯乙烯-二乙烯苯	叔胺、季胺		
	A7	酚醛仲胺	仲　胺	0.6	
	A30B	环氧多胺	叔　胺	14.7	
	A305	环氧多胺	混合胺	11.2	
	A260	脂肪胺	混合胺	3.0	
	MG-1	丙烯酸-二乙烯苯	混合胺	3.9	

混合胺为伯、仲、叔胺的混合物，有时会含有少量季胺基团。

9.7.3 树脂吸附提金机理

工业上应用的离子交换树脂是人工合成的，在酸和碱性溶液中都为稳定的固态三维聚合物，由于离子交换树脂是不溶性的固态三维聚合物，含有由柔韧的聚合物高分子相互交错网联构成的在溶液中能离解的离子化基团。这种离子化基团是由树脂交联键、桥键的聚合物分子烃链形成的树脂基体网状结构骨架，与牢固结合在骨架上不动的刚性连接的固定离子和与固定离子电荷相反的反离子所构成，如图 9.46 所示。树脂中的反离子就是能与溶液中的离子进行交换的离子，按照反离子的电荷符号，可将树脂分为阳离子交换树脂和阴离子交换树脂。如以 R 表示带固定离子的离子交换树脂，A、B 分别表示树脂相和水相中的交换离子，则两相离子的交换反应可表示为：

图 9.46 离子交换树脂平面模型
1—带固定离子的基体；2—反离子

$$\overline{R-A}+B \rightleftharpoons \overline{R-B}+A$$

离子的交换过程可设想有如下的几个步骤：

（1）溶液中的离子向树脂颗粒表面扩散；

（2）离子向树脂颗粒内部运移；

（3）进行离子交换反应；

（4）被交换出的反离子从树脂颗粒内部向表面扩散；

（5）反离子向溶液中扩散。

在 5 个步骤中，（1）和（5）、（2）和（4）是相同的，只是离子不同，移动的方向相反。由于离子交换过程是多步骤过程，因而总速度（过程交换速度）是由进行得最慢的那一步骤决定的。

研究表明，步骤（3）一般是很快的，故它不决定离子交换过程的总速度，而在离子交换动力学中起决定作用的是扩散过程。研究数据表明，离子交换速度与树脂粒度有关。当减小粒度时，交换过程速度就会加快。可见，离子交换的速度是由树脂颗粒内的离子扩散或树脂颗粒周围液体不动层（液膜）中的离子扩散速度所决定。前者通称胶层扩散，后者通称膜层扩散。其中，胶层扩散多半比膜层扩散进行得慢些。故从矿浆中回收金的离子交换过程中，交换速度主要取决于离子的胶层扩散。但在载金树脂的金、银解吸过程中，离子交换速度大概受膜层扩散控制，因为此过程是在没有搅拌的树脂固定床层中进行的。此时，膜层厚度大，膜层内外界面溶液的浓度差和离子的扩散速度都小。尽管为加快膜层的扩散可以提高溶液的温度，但由于树脂的热稳定性差，故液温一般不宜超过 50 ~ 60℃。超过此温度范围就会损坏树脂的活性基团而降低树脂的吸附容量。

离子交换树脂分为阳离子交换树脂和阴离子交换树脂。如以 R 表示离子交换树脂中的固定离子，则离子交换反应可写为如下反应式：

$$\overline{R-H}+Na^{+}+Cl^{-}\rightleftharpoons\overline{R-Na}+H^{+}+Cl^{-}$$

pH 值为 7　　　　pH 值小于 7

上式表明阳离子交换树脂离子化基团组成中的反离子 H^+ 与溶液中 Na^+ 进行交换。反应的结果，Na^+ 从溶液中进入到树脂上，而 H^+ 进入溶液，溶液由中性变成酸性。

阴离子交换反应形式为，反应的结果，溶液由中性变为碱性：

$$\overline{R-OH}+Na^{+}+Cl^{-}\rightleftharpoons\overline{R-Na}+OH^{-}+Cl^{-}$$

pH 值为 7　　　　pH 值大于 7

由于氰化液或矿浆中的金以氰化配合物阴离子 $Au(CN)_2^-$ 形式存在，故而氰化溶液中提取金使用阴离子交换树脂。

树脂的离子交换能力，与活性基团的离解度有关。例如，基团—SO_3H（磺基）完全离解，可在广泛的 pH 值范围内进行离子交换；相反，—COOH（羧基）即使在弱酸介质中，离解度也很低。根据基团的离解度大小，将树脂分为强酸性（如—SO_3H、—PO_3H_2）和弱酸性（—COOH）阳离子交换树脂；强碱性和弱碱性阴离子交换树脂。强碱性阴离子交换树脂含有离解度大的离子化基团季胺碱，它在酸性和碱性介质中都能进行阴离子交换，弱碱性阴离子交换树脂含有固定的离子伯胺—NH_2^+、仲胺═NH^+、叔胺 ≡ N^+，它们具有弱碱性，在酸性介质下与酸结合成相应的活性基团—$N^+H_3A^-$、═$N^+H_2A^-$、≡N^+HA^-。但所形成的这些盐在碱性介质中甚至中性介质中分解，失去所结合的酸而成显碱性的胺所表现出的阴离子交换能力。因此，它们只能用于酸性介质。而季胺盐在强碱下不分解，变成季胺碱，它的碱性与氢氧化钠相当。

在吸附过程中，贵金属和杂质（Cu，Ni，Co 等）的氰化配合阴离子按下列反应被吸附：

$$\overline{R-OH}+Au(CN)_2^-\rightleftharpoons\overline{R-Au(CN)_2}+OH^-$$

$$\overline{R-OH}+Ag(CN)_2^-\rightleftharpoons\overline{R-Ag(CN)_2}+OH^-$$

$$\overline{2R-OH}+Zn(CN)_4^{2-}\rightleftharpoons\overline{R_2-Zn(CN)_4}+2OH^-$$

$$\overline{4R-OH}+Fe(CN)_6^{4-}\rightleftharpoons\overline{R_4-Fe(CN)_6}+4OH^-$$

$$\overline{R-OH}+[Me(CN)_i]^{n-}\rightleftharpoons\overline{R-Me(CN)_i}+nOH^-$$

$$\overline{R-OH}+CN^-\rightleftharpoons\overline{R-CN}+OH^-$$

$$\overline{R-OH}+CNS^-\rightleftharpoons\overline{R-CNS}+OH^-$$

由于副反应的进行，部分活性基团被杂质的阴离子所占据，这就降低了树脂吸附金的操作容量。事实上，从吸附浸出过程卸出的饱和 AM-2Б 树脂所含的金，不超过其中所含金属和杂质总量的 20%。

在离子交换树脂相中，有多电荷的银氰配合离子 $Ag(CN)_3^{2-}$、$Ag(CN)_4^{3-}$。这是因为树脂中吸附有大量简单的 CN^-，它们进一步发生配合而形成银氰配合离子。

如果金、银和杂质金属氰化配合离子共存，则在 AM-2Б 阴离子交换树脂上吸附的次序为：$Au(CN)_2^- > Zn(CN)_4^{2-} > Ni(CN)_4^{2-} > Ag(CN)_3^{2-} > Cu(CN)_4^{3-} > Fe(CN)_6^{4-}$。这次序

表明，树脂对 $Au(CN)_2^-$ 的亲和力最大，可把位于其后的其他阴离子取代出来。

不论强碱性树脂、弱碱性树脂还是含有强碱及弱碱的双官能团树脂，它们从氰化介质中吸附金时，均是以典型的离子交换反应进行的。仅以强碱性树脂和双能团略举例介绍。

强碱性树脂吸附金。季胺基团吸附金、银氰化配阴离子的反应如下：

$$R_4NX + Au(CN)_2^- \rightleftharpoons R_4NAu(CN)_2 + X^-$$

$$R_4NX + Ag(CN)_2^- \rightleftharpoons R_4NAg(CN)_2 + X^-$$

式中，R_4N^+ 代表季胺基团；X 代表 OH^-、$0.5SO_4^{2-}$、Cl^-。

该树脂还能吸附氰化液中的其他阴离子，如：

$$R_4NX + CN^- \rightleftharpoons R_4NCN + X^-$$

$$2R_4NX + Me(CN)_4^{2-} \rightleftharpoons (R_4N)_2Me(CN)_2 + 2X^-$$

式中，Me 代表 Zn^{2+}、NI_2^+ 等二价金属阳离子。

$$2R_4NX + Cu(CN)_3^{2-} \rightleftharpoons (R_4N)_2Cu(CN)_3 + 2X^-$$

$$4R_4NX + Fe(CN)_6^{4-} \rightleftharpoons (R_4N)_4Fe(CN)_6 + 4X^-$$

当氰化浸出液中含有 SCN^-、$S_2O_3^{2-}$ 等阴离子时，它们都能被吸附。

双官能团树脂吸附金。含有季胺基团的叔胺树脂，即双官能团树脂，如 AM-2Б，以及 353E 及改进型 353E，它们主要仍利用其季胺基团吸附金。因为电荷数高的贱金属氰化配阴离子需要两个或更多正电荷的官能团以满足电中性才能被吸附。叔胺基团的引入，提高了树脂的吸附选择性，使季胺基团分散，减少了贱金属的吸附。

9.7.4 树脂选择试验

苏联在研究树脂法从氰化介质中提金时，从试验普通的强碱性树脂 AB-17 开始，逐渐转向大孔双官能团树脂，见表 9.35，最后才研制出了具有特殊优越性的 AM-2Б 树脂，并在提金工业中广泛采用。

表 9.35 一些提金用树脂的理化性质

树脂牌号	AM-2Б	AП-3×8П	AП-2×12П	AM-П
特　性	双官能团	双官能团	双官能团	强碱性
活性基团	$—N(CH_3)_2$ 和 $—N^+(CH_3)_3$	$—N(CH_3)_2$ 和 $—N^+(CH_3)_3$	$—N(CH_3)_2$ 和 $—CH_2\text{-}N^+(CH_3)_3$	$—N^+(CH_3)_3$
结　构	大孔型	大孔型	大孔型	大孔型
二乙烯苯含量/%	10	8	12	10
总交换容量/$mmol\cdot g^{-1}$	3.2	3.5	3.1	3.5
其中强碱容量/%	16.9	27.1	35.5	77.1
堆密度/$g\cdot cm^{-3}$	0.42	0.49	0.42	0.45
比表面积/$m^2\cdot g^{-1}$	53	40	40	42

在 pH 值为 10.6，含有 Au 0.6、Cu 1.5、Ni 1.2、Zn 0.6、Fe 1.1、CN^- 200(mg/L)的氰化矿浆中，运用这些树脂吸附提取金的等温线如图 9.47 所示。

结果表明双官能团树脂的金容量明显高于强碱性树脂，而双官能团树脂中 AM-2Б 的金容量为最高。各个树脂对各种金属的吸附量见表 9.36。

大孔强碱性树脂不仅金容量很低，而且对贱金属的吸附量很高，尤其是对 Cu、Fe 的吸附量很高，所有试验的双官能团树脂的金容量都比较高。但是，只有 AM-2Б 树脂不仅金容量最高，而且对贱金属的吸附量是最低的，其中最突出的一点是它对铜的吸附量很低。进一步研究表明，对于 AM-2Б 类型树脂，只有当其孔径为 5 ~ 6nm 时，吸附金容量才能最高，而吸附贱金属的量最低。因此，提金工业上应用的 AM-2Б 树脂的性能最佳，是由它的强碱基团和二乙烯苯含量以及适宜的比表面积和孔径等多种指标综合影响的结果。

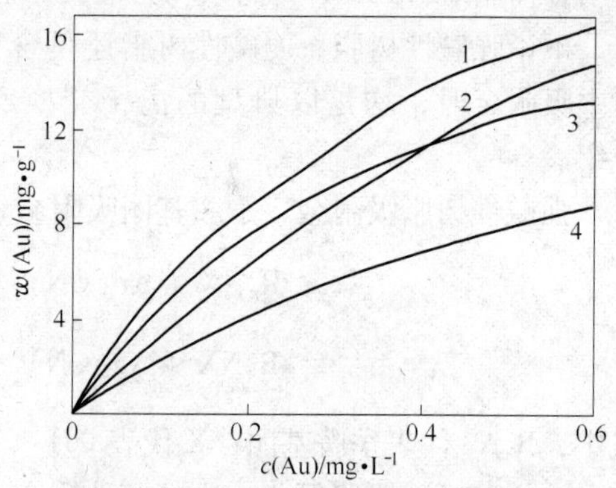

图 9.47 阴离子交换剂吸附金等温曲线

1—AM-2Б；2—AП-3 × 8П；3—AП-2 × 12П；4—AM-П

表 9.36 树脂从氰化矿浆中吸附各金属结果 (mg/g)

树 脂	Au	Cu	Ni	Zn	Fe
AM-П	8.1	25.6	5.5	4.3	13.5
AП-3 × 8П	12.8	19.1	4.4	3.2	3.2
AП-2 × 12П	13.6	15.8	3.5	3.4	3.2
AM-2Б	15.3	4.7	3.5	3.1	1.3

从含金较高而含贱金属较低的氰化液中吸附金时，试验强碱基团含量不同的一系列 De-AciditeH 树脂（双官能团类型），其金容量及杂质金属的总吸附量与该系列树脂的强碱基团含量的关系如图 9.48 所示。结果表明，强碱基团含量过高会导致大量贱金属被吸附，

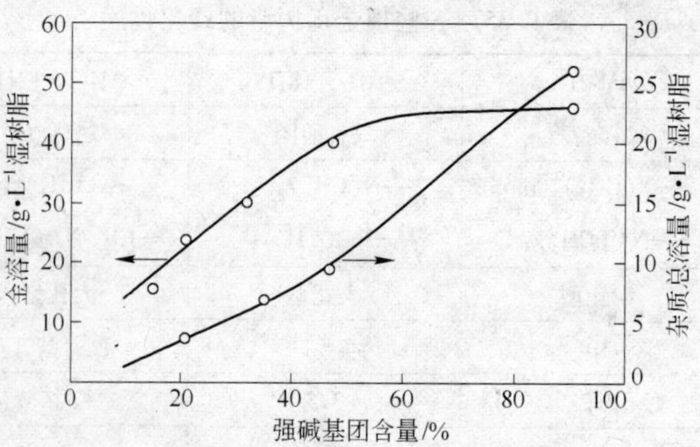

图 9.48 强碱基团含量与该树脂吸附金及杂质的关系

吸附原液组成（mg/L）：Au 17.5，Cu 4.1，Zn 0.7，Ni 2.2，Fe 2.2；pH 值为 11

而金的容量增加很少，即树脂对金的吸附选择性变差。

虽然上述结果所表明的较佳的强碱基团含量的数值有差别，但两者均证明了用于提金的树脂应是双官能团树脂，而强碱基团含量有某种较佳的范围。对含贱金属低、含金量相对高的溶液，强碱基团含量适当高些有利。这样，树脂的金容量较高而贱金属的吸附量不致太高；相反，对于含金量低而含贱金属量高得多时，应选用吸附选择性高的双官能团树脂，如 AM-2Б 树脂。故两种树脂有各自所适用的溶液。

南非在人工配制的 pH 值为 11 的氰化液中，对弱碱性酚醛树脂 A7、双官能团树脂 IRA-93 和强碱性季胺树脂 A101DU 进行了对比吸附试验，结果见表 9.37。从表中看出：三种树脂的总交换容量以 A101DU 最大，A7 最小；对金的选择性以 IRA-93 最好，A7 最小，他们的结论是：含有一定量季胺基团的双官能团弱碱性树脂，是很好的提金树脂。

表 9.37 三种树脂的吸附分配系数

金属 \ 树脂牌号	A7	IRA-93	A101DU
Au	710	3230	18950
Ag	90	210	2210
Co	120	170	21170
Cu	20	100	3880
Ni	10	510	24400
Fe	115	240	4260
Zn	13370	1080	46000
(Au + Ag) 杂质	1 : 17.04	1 : 1.55	1 : 4.70

9.7.5 树脂法提金工艺

树脂矿浆法提金工艺包括氰化矿浆中金的吸附、载金饱和树脂上金的解吸回收和树脂再生等三项关键作业。主要用于传统氰化工艺难于处理的含有黏土、石墨、氧化铁等吸附剂的矿石和砷金矿石等复杂的金矿石。和炭浆法一样，从氰化矿浆中提取金的离子交换吸附技术也有两种方式：

（1）矿浆于搅拌浸出槽中氰化后，再送往吸附槽加离子交换树脂吸附提金、银。

（2）交换树脂与氰化物一起加入浸出吸附槽中，边浸出边吸附提金（即类似于炭浆法的 CIP 工艺）。后者（RIL）的应用尚存在困难。

9.7.5.1 典型工艺流程

树脂矿浆法从氰化矿浆中提金的典型流程（RIP）如图 9.49 所示。

由图可知，树脂法的工艺包括原料准备、氰化浸出、矿浆吸附、载金树脂再生、贵液电积等。其工艺的原料准备、氰化浸出作业与炭浆工艺类似，将原料磨至所需的细度，经筛子除去木屑，再经浓缩脱水获得固含量为 40% ~50% 的矿浆，矿浆先送入筛析工序以除去木屑。因为木屑在氰化、吸附过程中，特别是在树脂再生过程中对贵金属的技术经济指标有很坏的影响。在矿石细磨和分级后，在浓密前进行筛分除木屑比较合适，因为这时矿浆浓度低，筛析不会发生困难。与炭浸法（CIL）一样，也采用前 2 ~3 个槽作预氰化。如果

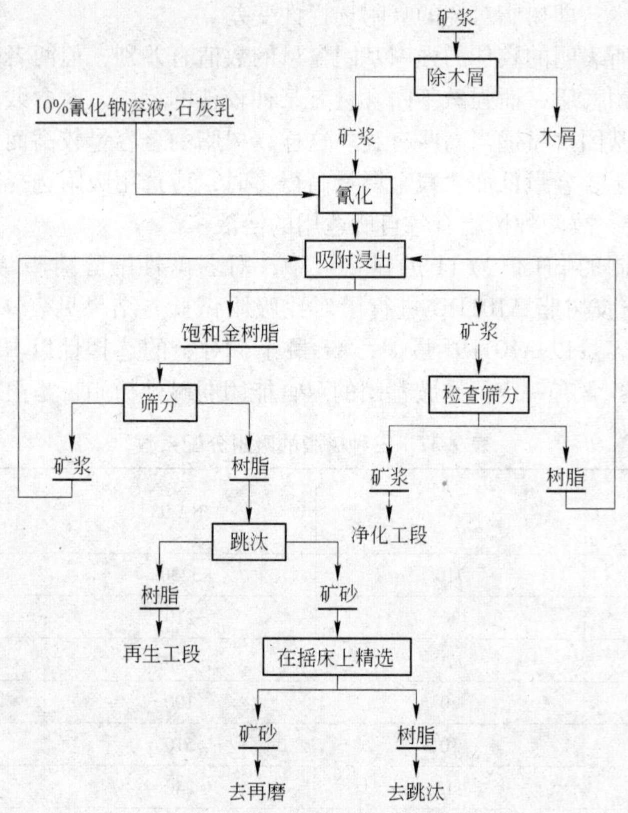

图 9.49 树脂矿浆典型流程法

氰化在磨矿时就开始，那么可不设预氰化槽，而仅设吸附浸出槽。在吸附浸出系统中，矿浆和树脂也是逆流运动。从最末吸附浸出槽排出的尾矿需经过检查筛分。回收细粒载金树脂，以免造成永久性的金损失。从第一个吸附浸出槽产出的载金树脂在筛上与矿浆分离，同时用水洗涤。过筛后，树脂给跳汰机，将粒度大于0.4mm 的粗矿砂与树脂分开，因少量的粗矿砂在下一步再生树脂时将造成设备操作困难，并恶化再生技术指标。

进入帕丘卡吸附槽，在一系列串联吸附槽，如图 9.50 所示中进行逆流吸附，在最后的吸附槽加入交换树脂，产出饱和金、银的树脂和尾矿浆。载金的饱和交换树脂从第一槽中取出，吸余尾矿浆经检查筛分后回收细粒交换树脂，尾浆送净化工序处理。尾矿浆送净化前需要进行控制筛析，以捕收漏失的树脂，返回吸附过程尾部某个吸附槽。载金树脂在筛上与矿浆分离后，加水洗涤，送跳汰机分离出大于0.4mm 的矿砂，再经摇床选出精矿返回再磨矿。跳汰机产出的树脂送再生工段解吸提金。槽子容积达 $500m^2$。

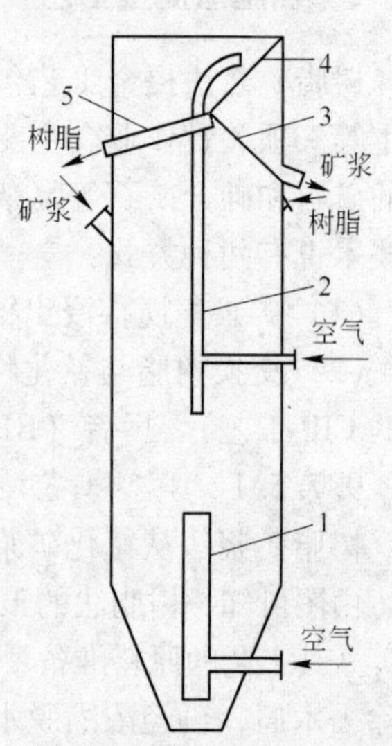

图 9.50 帕丘卡吸附槽工作原理

1—矿浆气动循环器；2—气升泵；3—矿浆斗；4—筛子；5—树脂输送管

由于矿浆中的浮选药剂、汞及精矿矿浆含金量高，树脂从浮选精矿的氰化矿浆中吸附金的作业与矿石氰化矿浆的作业有所不同。对于金品位为3～5g/t的矿石，树脂载金5～20kg/t；为原矿的2000～4000倍。因此，送去再生的树脂数量很少。

吸附浸出过程氰化物的质量分数为0.01%～0.02%，这比传统的氰化法（浓度0.03%～0.05%）低得多，因为随着CN^-浓度增加，它对树脂吸附也增强，因而提高氰化物浓度会降低树脂对金的吸附容量；此外，随CN^-浓度增加，转入溶液的杂质种类和数量增加，这同样会降低树脂的载金容量。纯净饱和载金树脂送交再生工段，以回收金、银及其他有价金属，恢复树脂的吸附性能。

9.7.5.2 两段氰化吸附工艺

不久前，氰化—吸附工厂主要处理以含金为主的矿石，一道回收矿石中的银与金。近年来，也开始用此法处理含银高的矿石，在处理时使用一段氰化吸附法，银的回收率不高，造成大量损失。为此试用两段氰化—吸附法。

前苏联某金银矿床矿石的金、银氰化动力学曲线如图9.51所示。从图中可看出：(1)氰化物浓度在0.1%～0.4%时，金、银的溶解速度和溶解率最大；(2)在上述氰化物浓度下，经12h氰化金便几乎完全溶解；而银即使经42h，溶解率也只接近80%；(3)在氰化开始的2～3h内，银的溶解率几乎达50%。开始时银的溶解速度快，其原因是矿石中的金、银矿首先被溶解所致；(4)银达到最大溶解率所需的时间比金长4倍，这是由于矿石中硫化银矿物溶解慢的缘故。所以，氰化物浓度高和氰化时间长，是含硫化银矿石氰化作业的主要特点。

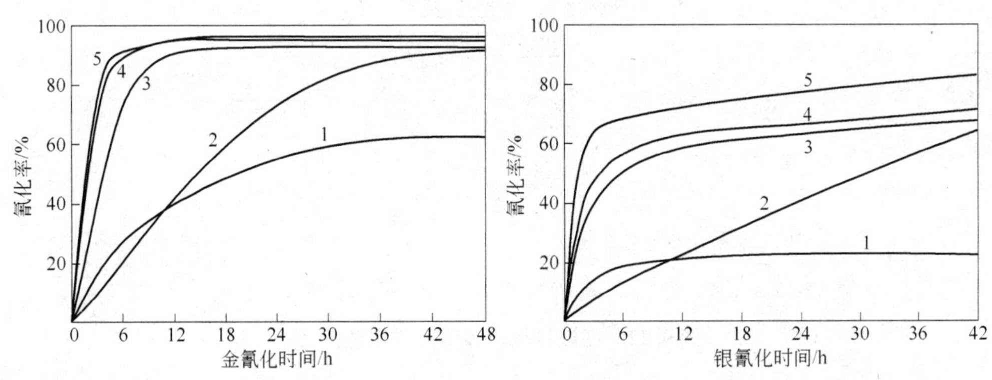

图9.51 金、银氰化率与时间的关系

氰化钠浓度（%）：1—0.035；2—0.07；3—0.10；4—0.15；5—0.4

通过对树脂吸附银的动力学研究认为。当溶液为只含银和少量CN^-的纯氰化物液时，树脂会强烈地吸附银。如溶液中除银配阴离子外还含金配阴离子时，则树脂先为银所饱和，后为金所饱和。这是由于吸附过程中树脂被银和金饱和之后，就出现已被树脂吸附的银配阴离子被金配阴离子取代的现象。在金、银和杂质金属配阴离子共存的溶液中，AM-2Б树脂吸附阴离子的次序按如下的吸附选择次序排列：$Au(CN)_2^- > Zn(CN)_4^{2-} > Ni(CN)_4^{2-} > Ag(CN)_3^{2-} > Cu(CN)_4^{3-} > Fe(CN)_6^{4-}$。这表明：当树脂饱和后，后面的阴离子就会被前面的阴离子从树脂中取代出来。这就是采用AM-2Б阴离子交换树脂选择性吸附回收金、银的两段氰化—吸附工艺原理之所在。

两段氰化—吸附回收矿石中金、银的工艺流程，如图 9.52 所示在第一段吸附回收金，第二段吸附回收银。即原矿矿浆在含质量分数为 0.1% ~0.15% 的 NaCN 和 0.2% ~0.3% 的 CaO 的条件下氰化 12h。此过程中金几乎完全溶解。

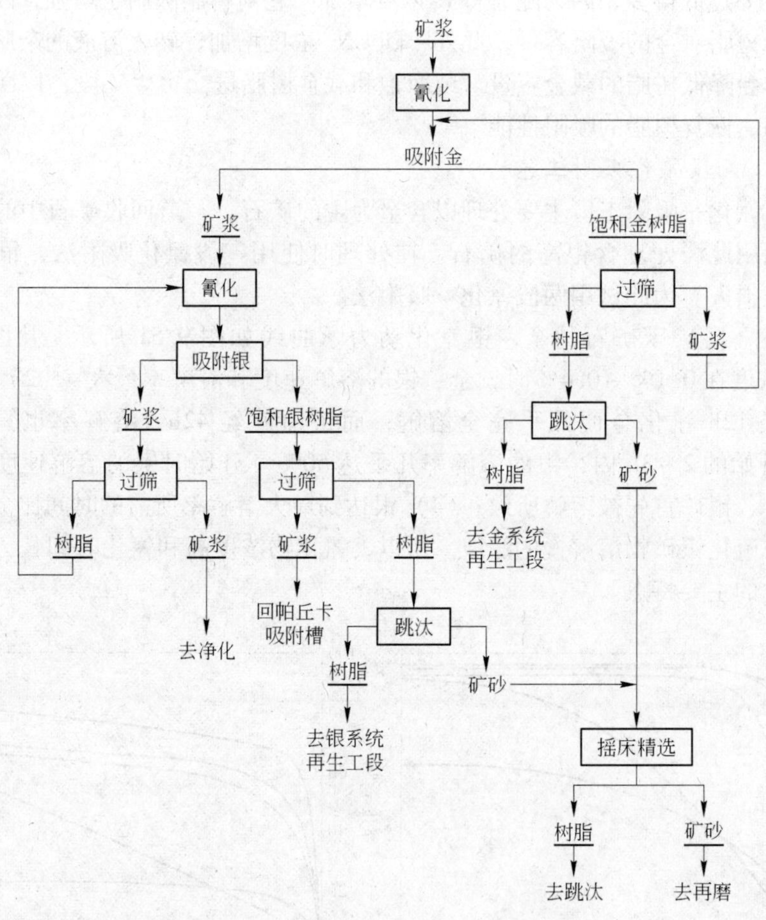

图 9.52 两段氰化—吸附回收工艺流程

将此矿浆送第一段吸附，树脂加入最后一只帕丘卡吸附槽后（此槽中的树脂吸附金、银各半或银更多），经 2 ~3 级吸附，树脂就为银所饱和。但当树脂与矿浆逆流运动到以后的各吸附相中，树脂吸附的银逐渐被金离子取代而富含金。金在第一段吸附的吸附回收率达 98% ~99%。经第一段吸附后，提高矿浆中的氰化物浓度（保持在 0.15% 或以上）再次进行氰化，使硫化银分解。二次氰化后的矿浆送第二段吸附，主要从矿浆中吸附回收银，同时回收残留和再溶解的金。故第二段树脂吸附的银多、金少。

有研究者曾研究过吸附过程银氰配离子的存在形态，证明树脂吸附有多电荷的银氰配离子 $Ag(CN)_3^{2-}$、$Ag(CN)_4^{3-}$。已经查明，当银配阴离子被树脂吸附后，因树脂中吸附有 CN^- 而会生成多电荷银氰配离子，影响所吸附的银量，因为一个多电荷的配阴离子要占据树脂中几个活性基团。这也是 AM-2Б 阴离子交换树脂在这种条件下吸附银的交换容量和选择性都相当低的原因。关于银金矿的内容将在后述章节里详细介绍。

9.7.5.3 吸附过程影响因素

吸附过程的主要影响因素有：吸附过程的时间、树脂的一次加入量、吸附周期、树脂吸附金和银的操作容量、吸附级数及树脂和矿浆的流量。这些因素在某种程度上是相互影响的。

A 吸附时间

当吸附过程是和氰化浸出同时进行时，吸附浸出时间通常由金银的溶解速度所决定。这时，吸附浸出时间是指金银在离子交换树脂上的回收率达到最大值时所需的贵金属溶解和吸附时间。通常是根据氰化时贵金属溶解和吸附速度通过实验来加以确定的。此值一般为8～24h，若吸附是在氰化浸出之后进行，则吸附过程进行的时间仅由离子交换速度决定，而与金属溶解速度无关，在这种情况下，吸附时间显然要比吸附浸出时间短些。吸附浸出时间是最重要的工艺参数，它关系到已溶金随尾矿排放而造成的损失之大小。

在一个生产车间，吸附设备的容积$v(m^2)$和数量N是不变的，生产中通过调节矿浆流量来控制吸附时间，可用下式进行计算：

$$t = (nV)/Q$$

式中 t——吸附时间，h；

n——吸附槽数；

V——每一吸附槽的有效容积，m^3；

Q——矿浆流量，m^2/h。

如果某工厂有6台有效容积各为$200m^3$的吸附槽，若确定最少吸附时间为8h，则该厂给入吸附过程的矿浆流量最大不应超过：

$$Q = (200 \times 6)/8 = 150m^2/h$$

由此可见，吸附过程进行所需的时间首先取决于矿浆流量，而矿浆流量又由吸附工段矿石和精矿的处理能力来决定。显然，与供给吸附工段的矿浆浓度关系密切，在相同的矿浆流量下，矿浆浓度加大就可增大原料（矿石或精矿）处理量。

但是，生产实践中，有时即使在最低矿浆流量下也保证不了吸附时间，这是由于帕丘卡吸附槽下部常为矿砂充塞，或是因其在低的矿浆液位下操作，致使槽的有效容积得不到充分利用，所以，要达到规定的吸附时间，确保金的回收指标不至于降低，除给出的矿浆流量应保持适当外，另一个重要条件是，应最大限度地利用吸附槽的有效容积。

B 树脂一次加入量

树脂一次加入量就是同时存在于所在吸附槽中的树脂量，以体积分数表示，它表示矿浆中离子交换树脂的含量。

实践证明，处理矿石的矿浆中树脂一次加入量以1.5%～2.5%为宜，树脂含量小于1.5%就保证不了所需的离子交换浓度，大于3%则树脂的磨损及消耗将增大。

在正常吸附作业中，为使树脂对已溶金的吸附率达到最大值，就应使每个吸附槽内保持相同的树脂浓度。一定时间间隔内树脂法各槽树脂的转送量与树脂的加入量要相等，以保证各吸附槽中交换树脂的浓度相等。在各吸附槽中树脂浓度相同时，各槽矿浆液相中的金属浓度依次降低。当各吸附槽中的树脂浓度不同时，开始三个槽的树脂浓度高，槽中矿浆液相中的金属浓度急剧下降，以后各槽的树脂浓度低，致使槽中矿浆液相的金属浓度高，使最后一级矿浆液相中的金属浓度为正常值的两倍，导致降低金属回收率。

树脂浓度，即矿浆中所含树脂量的百分数。实践表明，从矿石氰化矿浆中吸附金时，树脂浓度以1.5%～2.5%为宜。当从精矿氰化矿浆中吸附金时，树脂浓度以3%～4%为宜。

C 吸附周期

吸附周期是指交换树脂从最后一个吸附槽加入经逆流吸附到从第一吸附槽呈饱和态卸出，交换树脂在吸附槽中停留的总时间。吸附周期与树脂的一次加入量及树脂流量有关。可用下式进行计算：

$$t_c = E/q$$

式中 t_c——吸附周期，h；

E——树脂的一次加入量，m^2；

q——树脂流量，m^2/h，$q = L/n$；

L——每槽树脂转送量，m^2/h；

n——吸附槽数。

在原矿氰化矿浆中吸附时，最长吸附时间为6～8h，这种条件下交换树脂在各槽中的总停留时间为160～180h。停留时间不足，树脂未达到饱和极限状态，卸出树脂的饱和度低，有效容量未得到充分利用。若停留时间过长（超过200h）会增大交换树脂的磨损损失及降低金的回收率。

D 树脂流量

生产实践中，吸附过程按逆流原理进行。吸附过程中，矿浆与树脂的流量是相互关联的。对氰化后的矿浆进行吸附时，树脂流量（q）由处理矿石的能力按下式计算：

$$q = (2.5QC_P)/[(A_H - A_P)W]$$

式中 q——树脂流量；

Q——矿浆流量，m^2/h；

C_P——矿浆含金量，m^2/h；

A_H——树脂再生前的操作容量，g/m^2；

A_P——树脂再生后对金属的残余容量，g/kg；

W——金属回收率，%；

2.5——树脂从干基到湿基的换算系数。

当吸附过程与矿石的氰化同时进行时，上式中的 Q 用矿石处理能力 P(t/h)代替，C_P 用原矿石中金属品位 C(g/t)代替，这样，树脂流量就按下式计算：

$$q = (2.5PC)/[(A_H - A_P)W]$$

9.7.5.4 再生过程

A 树脂再生的基本原理

饱和树脂再生的基本方法称为解吸（或称为洗脱），它是将所吸附的离子析出到溶液中的过程。此过程中通过树脂的原溶液叫解吸液，而含有从树脂上回收的离子的溶液称为洗出液（或称为再生液）。树脂的再生是借解吸液自下而上通过装有离子交换树脂的解吸柱来实现的。解吸液中的离子则将树脂所吸附的离子 A，按下列离子交换反应解吸下来：

$$\overline{R-A}+B \rightleftharpoons \overline{R-B}+A$$

当用数倍于树脂体积的解吸液解吸树脂时，最初几份洗出液中并不含 A 离子，这是因为树脂并未被解吸液中的 B 离子饱和之故。只有当解吸过程进行到通过几份解吸液后，树脂不再吸收离子 B 时，才开始强烈地解吸离子 A，这时从柱子上排出的洗出液中离子 A 的浓度才会逐步提高，直至洗出液中 A 的浓度达到最大值。此后，继续往柱中通入解吸液，则因树脂中 A 含量已逐渐降低并为离子 B 所饱和，故沿解吸柱自下而上的解吸交换反应区逐渐缩小，而导致随后从解吸柱中排出的洗出液中离子 A 的浓度又开始降低。

生产实践中，须通过试验来确定洗出液中离子 A 浓度达到最高值时所需的解吸液的体积和确定使离子 A 完全解吸时所须解吸液的总体积。对阴离子交换树脂 AM-2Б 的解吸特性研究和工厂实践证实，欲从树脂上完全解吸金，解吸液的体积应为树脂体积的 20 倍以上，使用 9 份树脂体积的解吸液，树脂上金的解吸率就可达 97%，即树脂上约 97% 的金可得到回收。因此，生产中为了让大部分金回收到尽可能少的洗出液中，获得含金浓度最高的洗出液（贵液），以便于减少从贵液中回收金的作业困难及处理费用，通常将洗出液分为几部分，将 9 份洗出液送去回收金，而将第 10 份以后的含金少的洗出液返回解吸作业作解吸液用。

生产中，树脂再生所得的含重金属杂质的洗出液一般是不处理的，因为这在经济上不合算。升温对于减小解吸带的宽度和加速再生过程具有重要意义。实际上，树脂 AM-2Б 的再生处理都是在 50 ~ 60℃ 下进行的。温度过高会破坏树脂的热稳定性。

跳汰后的载金饱和树脂送树脂再生工序处理，用分步淋洗法使金银与贱金属分离及使交换树脂恢复吸附能力。

B 树脂再生的工艺流程

图 9.53 所示为 AM-2Б 阴离子交换树脂的再生工艺流程，该流程为前苏联所有树脂法提金厂所采用，具有典型性。该再生工艺由 8、9 个作业所组成，据实际情况有时可省去有关作业；洗泥、氰化除铁铜、酸洗除锌钴、硫脲解吸金银、碱中和转型、洗涤硫脲、碱处理转型、洗涤除碱等作业组成，每一解吸作业后均有相应的洗涤作业。

a 洗泥

树脂含有矿泥及木屑，会吸收溶剂与污染其他工序的溶液，因此应在再生柱中自下而上地供入新鲜水缓慢洗涤 3 ~ 4h，每一体积的树脂要消耗 2 ~ 3 体积的新鲜水。处理浮选精矿的矿浆时，树脂最好使用热水洗泥，以便充分洗去吸附于树脂表面的浮选药剂。洗泥后的洗水返回氰化过程。洗泥质量以肉眼观察洗水中悬浮物的含量来鉴别。

b 氰化处理

树脂洗泥后，用 4% ~ 5% NaCN 溶液处理，以便除去树脂中的铁和铜的氰化配合物，CN^- 离子取代铜、铁配离子的交换反应为：

$$\overline{R_2-Cu(CN)_3}+2CN^- \rightleftharpoons \overline{2R-CN}+Cu(CN)_3^{2-}$$

$$\overline{R_4-Fe(CN)_6}+4CN^- \rightleftharpoons \overline{4R-CN}+Fe(CN)_6^{4-}$$

采用此法用 5 倍于树脂体积的解吸液处理 30 ~ 36h 后，从树脂上仅除去不到 80% 的铜

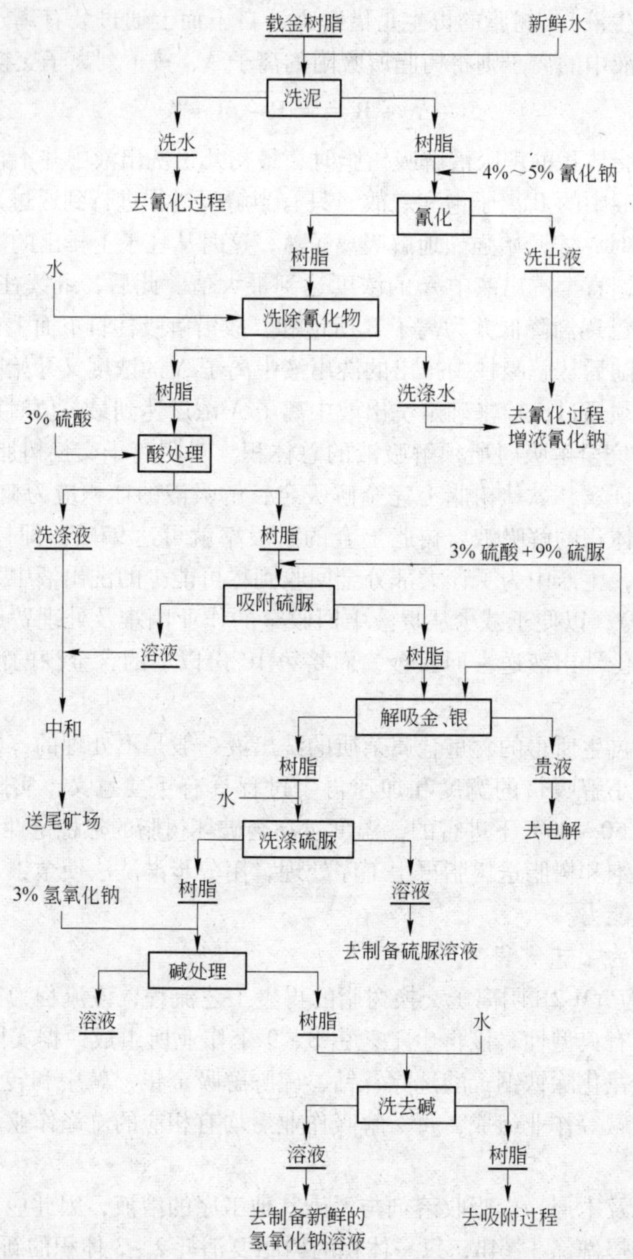

图 9.53 载金树脂的再生工艺流程

和 50% ~60% 的铁，且过程中有 15% 的金和 40% ~50% 的银被洗出，同时氰化处理毒性较大，所以现今只有当树脂中铁和铜累积到严重降低树脂对金的操作容量时才进行氰化处理。

c 洗涤氰化物

氰化处理后，树脂颗粒间隙中残存的氰化液约占再生柱总容积的 50%。采用 5 倍于树脂体积的清水洗涤 15 ~18h，以洗除残存的氰化液和树脂表面吸附的氰离子 CN^-。洗涤水返回用于配制氰化液。

d 酸处理

树脂经洗涤除去氰化物后，使用3%硫酸溶液溶解除去树脂中锌和部分钴，并使氰化物和CN^-呈HCN挥发除去。其化学反应如下：

$$\overline{R_2-Zn(CN)_2^-}+H_2SO_4 \rightleftharpoons \overline{R_2-SO_4^{2-}}+Zn^{2+}+2HCN\uparrow$$

$$\overline{2(R-CN^-)}+H_2SO_4 \rightleftharpoons \overline{R_2-SO_4^{2-}}+2HCN\uparrow$$

酸处理时间为30~36h，1体积树脂将耗用6体积酸液，排出的洗液于贮槽中用碱液中和后泵入尾矿库。

e 硫脲解吸金

与丙酮、甲醇及乙醇等相比，酸性硫脲配液是金和银的最有效的解吸药剂。因为硫脲可与金作用生成配阳离子$[AuSC(NH_2)_2]^+$，这种配阳离子不能被阴离子交换树脂吸附而进入配液。采用酸性硫脲溶液解吸AM-2Б载金树脂时发现，最开始1.5~2.0体积的洗出液中几乎不含金也不含硫脲，为了防止其稀释以后排出的贵液，将金的解吸回收作业分为两步进行：吸附硫脲和解吸金。吸附硫脲是为解吸金作准备，从而确保产出高浓度的洗出液。

吸附硫脲作业是采用1~1.5倍于树脂体积的质量分数为9%的硫脲和3%的硫酸溶液处理树脂30~36h。生产实践中将此工序排出的贫金液作为解吸液，以便在下一步解吸工序中产出高含金的贵液。

解吸金是树脂再生工艺流程中的主体工序，也是从树脂上回收金的关键步骤。解吸金的作业时间长达75~90h，这是由于金的解吸速度较小，树脂对金氰配离子的亲和力最大，又要尽量使金富集到最小体积的洗出液中的缘故。解吸液的最佳成分是含8%~9%的硫脲和2.5%~3.0%的硫酸。

解吸时，通过硫酸根离子进行交换反应，首先使树脂中的金氰配合物破坏，然后生成带正电荷的硫脲配金离子，从树脂相中转入溶液。硫脲的解吸作用是它与金、银生成稳定的配阳离子$[AuSC(NH_2)_2]^+$转入水溶液：

$$\overline{2R-Au(CN)_2}+2H_2SO_4+2CS(NH_2)_2 = \overline{R_2-SO_4}+[AuSC(NH_2)_2]_2SO_4+4HCN\uparrow$$

与此同时还析出挥发性的氢氰酸气体。由于解吸过程只是硫酸根离子进行交换，所以硫脲耗量不大，只局限在机械损失和副反应上，解吸后树脂完全转为硫酸根离子SO_4^{2-}型。

金的解吸一般是在几个串联的圆柱中逆流进行，这样可保证产出含金高的洗出液和获得较高的金解吸率。

f 洗涤硫脲

树脂解吸金后，其表面和树脂颗粒间隙中都残留着硫脲，这些硫脲须返回解吸过程。为此1体积树脂用3体积的水洗涤。洗除硫脲的目的，一是应回收这部分硫脲，二是此硫脲若带回吸附过程，会在树脂相中生成难溶的硫化物沉淀而降低树脂的交换容量。

g 碱处理

目的是除去树脂中的硅酸盐等不溶物，使树脂由SO_4^{2-}型转化为OH^-型。通常使用3%~4%的氢氧化钠溶液进行碱处理，碱液耗量为4~5倍于树脂体积。此过程的排出液用于中和树脂酸处理后的溶液。

h 洗涤除碱

用清水洗去树脂中过剩和残存的碱，排出洗水用于配制新鲜碱液。

C 树脂再生技术

从吸附工段卸出的饱和树脂，因几乎所有的树脂活性基团都被矿浆中的金、银配阴离子及其他杂质金属，如铜、锌的氰化配阴离子和游离银离子 CN^- 所占据，故实际上这种饱和载金树脂已不再起吸附作用。饱和树脂再生的目的是：从树脂上尽可能完全地使金银解吸进入贵液，获得纯净的、金品位较高的贵液，以便下一步从贵液中提取金时，减轻作业负担和产出纯度较高的成品金；此外，还要最大限度地清除树脂上吸附的杂质金属，使树脂的吸附活性得以恢复，以便使树脂反复使用。表 9.38 所列是再生前后 AM-2Б 阴离子交换树脂中各组分的含量。

表 9.38 AM-2Б 阴离子交换树脂中各组分的含量 (mg/g)

组 分	Au	Ag	Co	Cu	Ni	Fe	Zn	CN^-	Cl^-	OH^-
饱和树脂	15.2	21.3	4.1	0.95	1.6	2.8	8.0	22	7.4	13.4
再生后树脂	0.3	0.5	0.1	0.8	0.6	0.9	0.6	0.5	2.5	46.0

上述数据表明，再生前后树脂组成差异很大。饱和树脂所含的金不超过其所含金属和杂质总量（不包括 CN^-、Cl^-、OH^-）的20%。这些金属杂质直接影响树脂再生工艺流程的选择。再生后树脂上残留的金、银及杂质数量只为饱和树脂总吸附量的5% ~6%，这就是说，树脂再生脱除了94% ~95%的金和杂质，基本上恢复了树脂的吸附性能。

D 树脂再生方式

树脂在再生柱中的作业方式可分为间断式、半连续式和连续式三种。

树脂的间断式再生是在一个或几个再生柱中进行。它不需要许多柱子和相应的作业场地，但产出的再生树脂质量不高，仅在小规模再生作业中使用。

半连续再生方式是苏联现有吸附厂普遍使用的再生树脂方法。它是在一系列再生柱中进行的，每一个柱只进行一项特定作业。树脂按一定间隔供入柱中，而浓液则连续供入柱中。这种方法的金属回收率高，并能产出金含量高的贵液。

连续再生是在一系列特制的再生柱中，使树脂与解吸液进行连续逆解吸。能实现过程的自动化，所以树脂的解吸效率高。但由于在固体树脂柱中不能造成树脂和溶液的连续逆流，欲实现连续再生则须使用特殊结构的再生柱。

树脂再生的要点是解吸液以规定的速度供给柱子，树脂严格地以一定的体积沿各个柱转移。只有按此操作才能保证达到所要求的洗出液和树脂体积比。如进行金的解吸时，若规定每批转移树脂体积为300L，则需在此期间再生柱通过1500 ~1600L 硫脲解吸液，并产出相同体积的洗出液。

9.7.5.5 AП-2 型树脂工艺案例

在前苏联，曾采用 AП-2 型混合碱阴离子交换树脂对含金矿石的氰化矿浆进行半工业吸附试验，试验流程及工艺条件示于图 9.54。

试验用矿石为含金 3 ~6g/t 的石英低硫化物矿，金在矿石中主要呈微粒与锑和砷矿物共生，并含有大量原生矿泥。氰化矿浆98% ~99% -0.074mm，液固比（1.8 ~2）：1，质量分数为0.03% NaCN、0.015% CaO，已溶金 1.02 ~1.78g/cm^2，未溶金 1.09 ~1.63g/t。试验采用8段连续逆流吸附处理了 640m^2 矿浆。

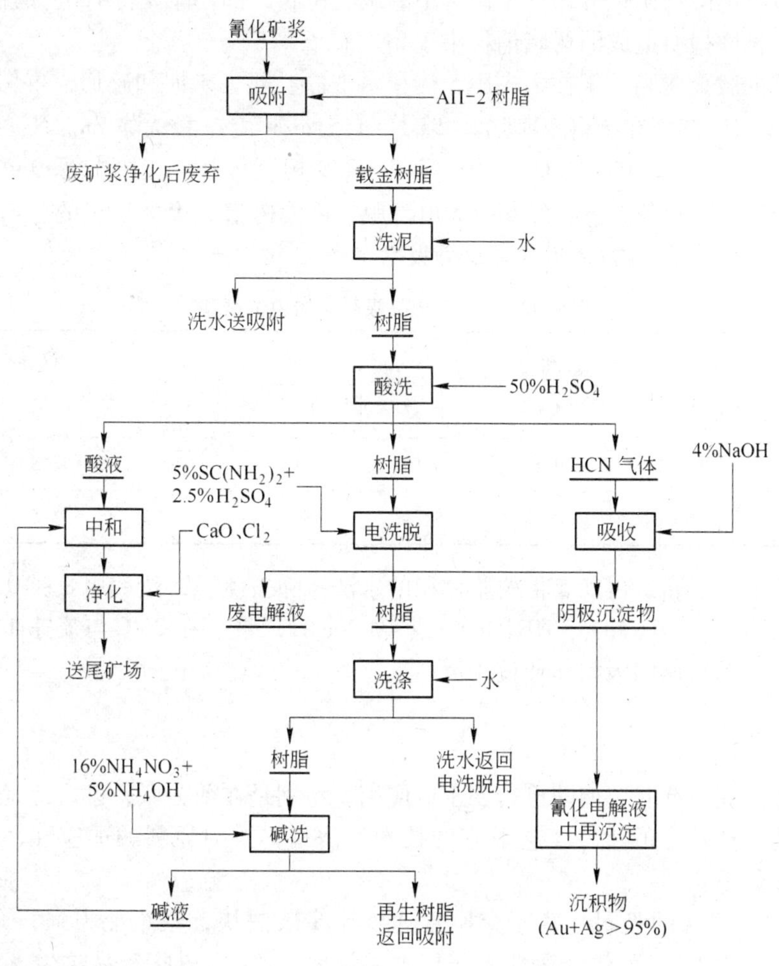

图 9.54 AΠ-2 树脂吸附金的中试试验

AΠ-2 树脂加入用空气搅拌的帕丘卡浸出槽的氰化矿浆中，添加量为矿浆体积的 0.2% ~0.4%，经 4.5 ~7h 吸附，尾矿中含已溶金的体积质量浓度为微量至 0.093g/m^2，未溶金 0.6 ~1.0g/t，经净化处理后废弃。吸附过程中，可使矿浆中的未溶金再溶解 30.7% ~47%，从而使金的回收率约提高 10% ~11%，即金的总回收率由 64% ~70.3% 提高到 80.8% ~82.6%。表 9.39 列出了 AΠ-2 树脂从氰化液中吸附金属的实际指标。

表 9.39 AΠ-2 树脂吸附前后溶液中的金属含量及吸附率

金属元素	Au	Ag	Co	Cu	Ni	Fe	Zn
树脂吸附前/mg · L^{-1}	1.16	1.6	1.39	9.32	2.46	4.11	6.59
树脂吸附后/mg · L^{-1}	0.06	0.15	0.1	0.8	0.08	1.1	0.3
吸附率/%	94.8	90.6	92.8	91.4	96.8	75.6	95.5

曾试验过用水力旋流器、水力分离器、浮选机、脉冲柱筛分机、跳汰机—筛分机、筛

分机—摇床以及电磁选矿机等来分离矿浆中的载金树脂，都未能获得100%的树脂回收率。过程中，因机械磨损所造成的树脂消耗小于2g/t矿石。

分离出来的载金树脂，于柱中先用5体积水洗涤，除去矿泥和碎屑，再用5% H_2SO_4，（8～10树脂体积）溶液在30℃温度下，以1～1.51m/h流速酸洗除Zn、Ni、CN^-，然后在含5% $SC(NH_2)_2$、2.5% H_2SO_4 液中（1.5～2.9树脂体积），于温度30℃、面积电流2.5A/dm^2、槽电压2V条件下，经6～8h电洗脱，可使树脂上95%以上的金、银解吸。表9.40列出了树脂再生前后的金属含量及解吸率。

表9.40 AП-2树脂吸附金的中试试验

金属元素	Au	Ag	Co	Cu	Ni	Fe	Zn
饱和树脂/mg·L^{-1}	3.74	2.4	0.37	10.53	2.12	4.5	11.3
再生树脂/mg·L^{-1}	0.12	0.1	0.15	0.02	0.08	1.28	1.3
解吸率/%	96.8	95.8	59.4	99.6	96.2	71.5	88.4

经电洗脱后的树脂，再加5倍树脂体积的水洗涤除去硫脲，然后用8～10倍树脂体积的含质量分数为16% NH_4NO_3、NH_4OH（或4% NaOH）液，在25℃与流速1.0～1.5m/h下碱洗除去铁、铜后返回吸附作业使用。

9.7.6 生产实例

树脂矿浆法在前苏联、南非已得到工业应用，特别是在前苏联，已广泛地应用于大型氰化厂，成为一种基本的生产工艺。它的技术经济指标及对原料的适应性，不亚于炭浆法。两者比较如下：

（1）树脂矿浆法的吸附（离子交换）速度比炭浆法快，载金能力强；（2）载金树脂在常温下即可解吸，而载金活性炭需要加温解吸；（3）树脂较易再生，活性炭的再生则比较困难，需要一套活化设备；（4）树脂不吸附钙，而活性炭吸附钙；（5）赤铁矿、黏土类矿物能减少金在活性炭上的吸附，却对树脂吸附金影响甚小；（6）虽然活性炭价格比树脂低，但活性炭易磨损，每一吨矿石耗损活性炭50～100g，而树脂仅为10～20g；（7）活性炭对金、银的选择性好，树脂则较差。（8）树脂对CN^-的吸附容量大，因而污水易处理；（9）载金活性炭与矿浆的分离较容易；（10）树脂矿浆可以处理含碳的金矿。

由于树脂矿浆法具有上述优点，并且操作简单，我国早在20世纪60年代中期就已开始研究，直至1989年才成功地用于黄金生产实践。近年来，又将离子交换树脂用于池浸提金生产，使树脂提金技术有了新的发展。

实例1 东溪金矿树脂矿浆法提金工艺

安徽省霍山县东溪金矿与吉林省黄金研究所及南开大学合作，于1988年将原炭浆法提金工艺改造为树脂矿浆法提金工艺，并于1989年进一步扩大生产能力为50t/d，生产情况一直良好。其原则流程如图9.55所示。所用树脂为NK884弱碱性阴离子交换树脂（粒度0.8～1.2mm），采用硫氰酸盐一步解吸，酸再生液使树脂再生。

东溪金矿原25t/d炭浆厂指标先进，改用树脂矿浆法处理贫硫石英脉矿石后，尽管矿

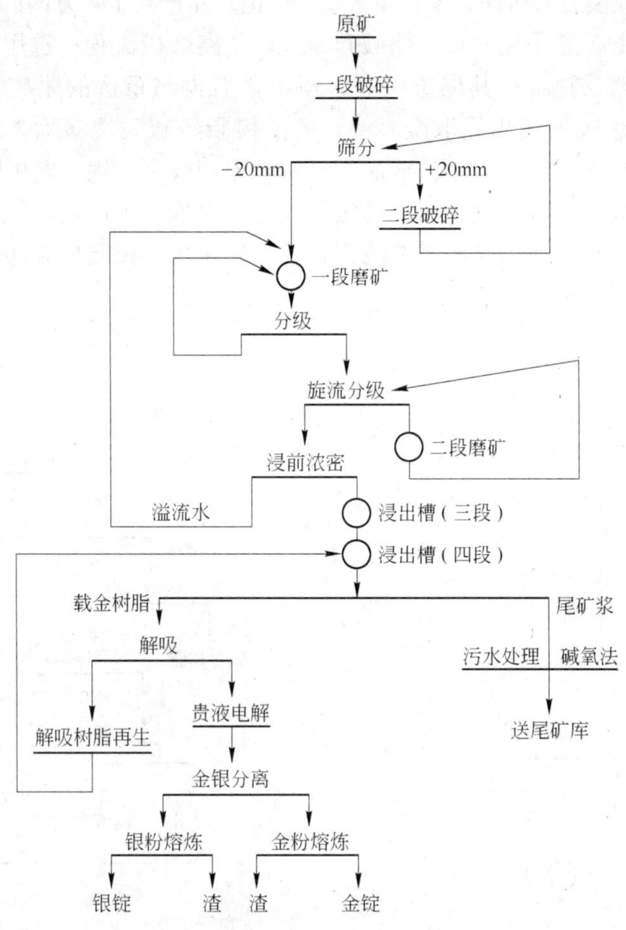

图 9.55 东溪金矿树脂矿浆法提金工艺原则流程

石品位略有下降，各项技术指标仍好于炭浆法（见表 9.41）。每年可多回收金 0.34kg，银 44.57kg，节电 18.6 万 kW·h，减少成本 2.66 万元，增加利税 9.59 万元。1989 年 6 月该矿扩建为 50t/d 树脂矿浆厂后，生产一直正常，Au 浸渣品位已降到 0.15g/t。

表 9.41 东溪金矿树脂矿浆法与炭浆法技术指标对比

提金工艺	金属	原矿品位 /g·t⁻¹	浸渣品位 /g·t⁻¹	浸出率/%	吸附率/%	解吸率/%	总回收率/%	产量 /kg·a⁻¹
树脂矿浆法	Au	7.38	0.27	96.34	98.95	99.33	95.61	100.60
	Ag	12.00	4.00	66.67	99.44	99.67	65.97	116.75
炭浆法	Au	8.33	0.31	96.26	99.16	96.72	95.01	99.76
	Ag	12.00	5.00	58.33	71.01	94.85	41.21	74.18

实例 2 我国新疆阿希金矿树脂法提金厂

阿希金矿提金厂，于 1993 年 6 月动工兴建，1995 年 6 月生产出第一块合格金锭。该厂曾以预氰化、CIL 法提金工艺作了设计，最终的方案是全面引进独联体的重选—树脂矿浆法提金技术。该厂的规模为750t/d，是一座大型金矿山，年产黄金4万两，折合1250kg。

阿希金矿的碎磨工艺采用一段开路破碎，三段闭路磨矿流程；选用重选，其精矿单独强化氰化、树脂矿浆法提金；其尾渣再磨、预氰化后再与重选的尾矿合并，进一步预氰化，然后树脂矿浆法吸附浸出提取金、银。载金树脂经硫酸洗涤除去锌、镍、铜等贱金属，硫脲，硫酸混合液解吸金、银，成品解吸液电积回收金、银，贫树脂碱再生。

提金后的尾矿浆采用液氯气化所得的氯气氧化法处理。生产实践证明，该法的操作条件好，除氰合格率高。具体的破磨工艺流程，重选精氰化、树脂矿浆法吸附浸出流程分别如图9.56和图9.57所示。

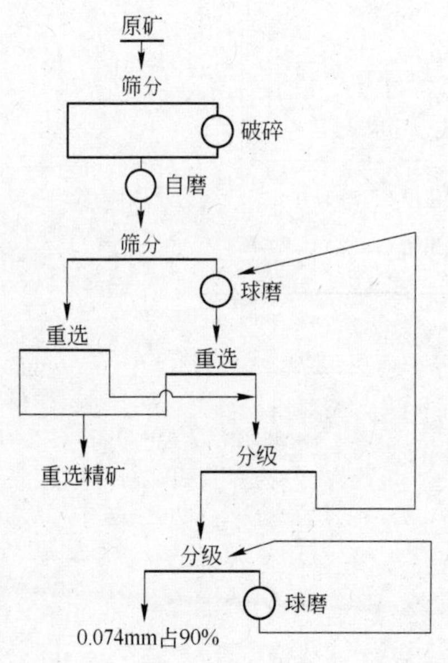

图9.56 新疆阿希金矿破磨重选流程

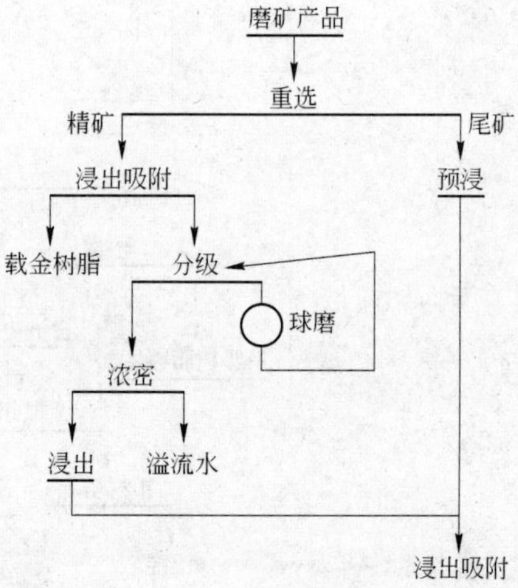

磨矿产品
重选
精矿
尾矿
浸出吸附
预浸
载金树脂
分级
球磨
浓密
浸出
溢流水
浸出吸附

图9.57 新疆阿希金矿重选金矿及尾矿的氰化、树脂浸出吸附流程

由图9.56可见，处理本矿的工艺特点如下：

（1）破磨流程简单。采用一段开路破碎，磨矿中选用了$\phi5.5\text{m} \times 1.8\text{m}$的自磨机和两段闭路式球磨机，合格粒级为-0.074mm占90%。而原设计为三段一闭路破矿、两段球磨的传统工艺。在电耗相同条件下，现设计处理能力略有提高。

（2）增设了重选工艺，且对精矿单独进行强化预氰化。树脂矿浆吸附浸出吸附后，尾渣再球磨后预氰化并与重选尾矿的预氰化矿浆合并后，再经树脂矿浆吸附浸出系统，这样使磨矿细度放宽了，从原设计的-0.074mm占95%下降为90%，这样不仅减少了磨矿费用，而且总的浸出时间缩短了4h；NaCN用量也减少了，从原炭浸法的1.1kg/t降为现流程的0.78kg/t；金的回收率稳定。

（3）吸附浸出工艺中采用南开大学化工厂生产的D301G阴离子交换树脂。一年的生产实践证明，树脂损耗量为25g/t。而原设计的CIL法中炭损耗为100g/t。

（4）由于采用了酸洗法去除载金树脂上大量的贱金属，同时又采用了耐用的板状阴极，因此所得的金泥品位高，其中金含量达60%、银含量为25%，为原CIL法所得金泥中金品位的3倍。这样高品位的金泥，不仅简化了随后的冶炼工艺，而且冶炼回收率高达99.8%，所得合质金纯度高达99.9%。

（5）本流程设计的总回收率为92.36%，而原设计的CIL法的总回收率仅为89%。投产后的第一年，实际选冶总回收率已超过91%。

（6）对于该矿而言，采用的重选与树脂矿浆法提金组合流程，比单一的CIL法提金增收（投产后的头一年）608万元。其中节省146万元，因回收率提高而增收462万元。

实例3 柴胡栏子树脂矿浆法提金

柴胡栏子金矿选矿厂原处理规模为150t/d，采用全泥氰化和锌粉置换选矿工艺，生产流程为两段破碎、两段磨矿、两浸两洗出尾矿和贵液经锌粉置换出金泥。其工艺指标浸出率仅为91%左右，金的选矿回收率为90%左右。2009年，改造成树脂矿浆提金工艺，规模扩大到550t/d，原矿品位3.2g/t左右，金的浸出率提高到96.88%，吸附率98.95%，选矿回收率达95.86%。其树脂矿浆法工艺流程如下：

（1）碎矿。原矿仓内矿石由DZG1300×3000电振给矿机给入C80颚式破碎机粗碎，粗碎产品由皮带运输机给入YAH1848圆振筛筛分，筛上物料送入细碎前的缓冲矿仓，再由DZG800×2500电振给矿机给入GP100破碎机细碎，细碎产品也进入粗碎产品皮带运输机，给入振动筛筛分筛下物料粒度为0~10mm，由皮带运输机送入粉矿仓供磨矿用，构成二段一闭路破碎。

（2）磨矿。粉矿仓内物料由DZG400×1000电振给矿机给到球磨给矿皮带运输机上，再送入一段球磨机中磨矿，一段磨矿排矿流入螺旋分级机分级，分级机沉砂返回一段磨机再磨分级机溢流泵入旋流器进行二次分级，旋流器沉砂进入二段球磨机进行二段磨矿，二段磨矿产物与分级机溢流合在一起，泵入旋流器分级，旋流器溢流经除屑筛后自流入ϕ15m浓缩机浸前浓缩，溢流作为回水，返回磨矿再用，磨机给矿粒度为0~10mm，磨矿细度95%、-0.074mm。

（3）浸出与吸附。浓密机底流浓度为40%，泵入10台$\phi6\times6.5$m装有树脂的浸出槽进行边浸边吸。桥间筛为3000mm×1200mm（长×高）V形筛，筛孔0.542mm（30目）浸吸后的矿浆经安全筛回收细粒树脂后泵入压滤车间压滤，滤饼送入尾矿库干式堆存，滤液返回生产流程再用树脂由空气提升器进行逆向串联输送，从前部浸吸槽提出的载金树脂送去解吸电解，得到金泥后进行火法冶炼，最终产品为金锭，冶炼废酸加石灰，中和沉淀解吸树脂经再生活化后返回浸吸作业。

浸出吸附作业条件：磨矿细度为-0.074mm占92%，矿浆浓度为38%~40%，氧化钙用量为4kg/t，氰化钠用量为2kg/t，浸吸时间为40h（10段），树脂型号为D301G大孔弱碱型阴离子交换树脂，矿浆中树脂密度为30kg/m^3。

（4）尾矿处理。尾矿浆泵入压滤车间经2台箱式XMZ600/2000压滤机压滤，滤饼送尾矿库干式堆存，滤液返回流程循环使用。

（5）解吸电解。载金树脂一般含金2500g/t，每天提载金树脂2.12m^3，两天4.24m^3，湿树脂容重0.737t/m^3，含水55%；将载金树脂用清水洗涤后，自流入载金树脂储罐，经加风加水输送至解吸柱中，解吸液为硫氰酸铵和氢氧化钠，其浓度分别为140~150g/L和35g/L。解吸液流量为30L/min，解吸时间为48h，解吸温度控制在50℃左右。贵液以30L/min的流量进入电解槽，电解槽阳极为石墨板，阴极为聚乙烯碳纤维，电解后的贫液流入储液槽再经磁力泵泵回解吸柱循环使用。每批解吸至终点后的贫液补加一定量的硫氰酸铵和氢氧化钠，作为下次解吸的解吸液每批树脂处理量为 4.24m^3，载金树脂品位 2500g/t，每柱解吸金属量为 3500g。

解吸电解设备：解吸柱(2 个)：1000mm × 6000mm(直径 × 高)；电解槽(2 个)：700mm ×700mm ×2000mm(宽 × 高 × 长)；阳极板：石墨板；阴极板：聚乙烯碳纤维，21 板；树脂再生槽：2000mm × 1700mm(直径 × 高)解吸电解作业条件：硫氰酸铵浓度 140 ~ 150g/L，氢氧化钠为 35g/L，解吸液流量为 25L/min，解吸时间为 48h，解吸温度为 55℃，槽电压为 2.5 ~ 3.5V，面积电流为 50A/m^2。

（6）树脂再生。解吸后的贫树脂打入高位再生槽，加入清水洗涤至中性，洗涤后加入树脂体积 2 ~ 3 倍、5% 的盐酸溶液浸泡 10h，然后用清水洗涤至中性，再用树脂体积 2 ~ 3 倍 2% 的氢氧化钠溶液浸泡 10h，用清水洗涤干净，用振动筛筛去碎树脂，将筛上树脂流入贫树脂储罐，分批加风加水输送至 10 号浸吸槽返回浸出吸附系统循环使用。

树脂再生作业条件：盐酸浓度为 5%，酸洗时间为 10h，氢氧化钠浓度为 2%，碱洗时间为 10h，浸泡液用量为 0.01m^3/kg。

（7）金泥冶炼。电解后的电积金泥送炼金室，电积金泥品位为 70% 左右，将金泥用水反复清洗除泥后，烘干粗炼熔铸成合质金锭，配银粉，再熔融，然后泼珠，硝酸处量分离金银，金粉水洗铸锭。

10 非氰化提金技术

非氰化法浸出金指的是不用氰化钠而采用其他非氰化试剂浸出金的工艺。

氰化法提金到现在已有100多年的历史，至今仍被广泛使用。但因氰化法有如下缺点：对难处理矿石或称顽固含金矿石效果很差，需要复杂的预处理工序极其昂贵的设备和药剂；对金的进出速度较慢且易受铜、铁、铅、锌、硫和砷等杂质有干扰；有剧毒；成本高。

因此，有不少学者探索代替氰化物的药剂，通过人们对浸出金试剂的探索与研究，提出了多种非氰化法提金方法，其中有硫脲法、硫代硫酸盐法、多硫化物法、氯化法、溴化法、碘化法、类化合物法、生物制剂法、有机试剂法、石硫合剂法以及Haber法等。

10.1 硫脲法

10.1.1 硫脲法浸出金的基本原理

10.1.1.1 硫脲的性质

硫脲是一种具有还原性质的有机配合剂，可与许多金属离子形成配合物，又称为硫脲尿素，相对分子质量为76.12，密度1.405g/m^3，熔点180～182℃，其晶体溶于水。在25℃时，在水中的溶解度为142g/L，水溶液中呈中性、无腐蚀作用，溶解热22.57kJ/mol，298K硫脲的主要热力学数据见表10.1。

表10.1 硫脲的主要热力学数据（298K）

分子式	状 态	$\Delta H_f^\ominus$/kJ	$S^\ominus$/J·K^{-1}	$\Delta G_f^\ominus$/kJ
$CS(NH_2)_2$	晶 体	-92.4	302.8	-36.6
	水溶体	-89.8	383.8	-38.2

硫脲的重要特性是在水溶液中与过渡金属离子生成稳定的络阳离子，反应通式为：

$$Me^{n+} + x(Thio) \rightleftharpoons [Me(Thio)x]^{n+}$$

式中 Thio——硫脲；

n——化合价；

x——配位数。

硫脲作为一种强配位体可以通过氮原子的非键电子对，或硫原子与金属离子选择性的结合。Au(Ⅰ)$^-$硫脲络离子($Au(Thio)_2^+$)的阳离子性质与对应的氰络阴离子(($Au(CN)_2^-$)较金稳定外，其他金属（Ag、Cu、Cd、Pb、Zn、$FeSO_4$、Bi）的硫脲络合物都不如金稳定，故硫脲对金还是有一定的选择性。当然，Cu^{2+}、Bi_2^+等也可与硫脲形成比较稳定的络阴离子，原料中含有这些组分时，将增加硫脲的消耗，降低其溶金率。

硫脲在碱性溶液中不稳定，易分解生成硫化物和氨基氰，氨基氰水解产出尿素，其反应式为：

$$SC(NH_2)_2 + 2NaOH \xlongequal{} Na_2S + H_2N \cdot CN + 2H_2O$$

$$H_2N \cdot CN + H_2O \xlongequal{} CO(NH_2)_2$$

硫脲在酸性溶液中具有还原性能，易氧化生成二硫甲脒（简写为 RSSR），二硫甲脒进一步氧化分解为氨基氰和元素硫，反应式为：

$$2SC(NH_2)_2 \xlongequal{} (SCN_2H_3)_2 + 2H^+ + 2e^-$$

由此可见，溶液中的硫脲随介质酸度增加而趋于稳定，当介质 pH 值小于 1.78 时，高浓度的硫脲容易氧化。因此，溶解金时宜使用稀硫脲酸性溶液，pH 值高于 1.78 时，由于硫脲水解，其消耗量增大，金溶解速率减慢。

由于$(SCN_2H_3)_2/SC(NH_2)_2$的标准电位为 +0.42V，故使用硫酸介质作 pH 值的调整剂，除防止硫脲被氧化外，设备防腐问题也变得简单。

由于硫脲在酸性（或碱性）溶液中加热时会发生水解：

$$SC(NH_2)_2 + 2H_2O \xrightarrow{\triangle} CO_2 + 2NH_3 + H_2S$$

因此硫脲浸出金时的液温不宜过高，且配制矿浆时，应在矿浆中加硫酸之后再加入硫脲，避免矿浆局部温度过高造成硫脲的水解损失。

10.1.1.2 硫脲浸出金的反应原理

许多研究表明，在氧化剂存在的条件下，金在酸性硫脲溶液中易氧化为一价金离子，常用的氧化剂为三价铁离子。金离子与硫脲形成配合物，降低了金的氧化电位，同时硫脲在酸性溶液中被氧化成二硫甲脒，可以使金的溶解速度加快。硫脲氧化二硫甲脒（简称为 RSSR）的反应是可逆的，溶液的电位过高时，RSSR 将被氧化成下一步产物，如氨基氰、硫化氢和元素硫等。因此，严格控制硫脲浸出液的电位，使硫脲损失降低到最低限度。

硫脲浸出金的基本反应是：

$$Au \xlongequal{} Au^+ + e^- \qquad E^\ominus = 1.692V \tag{1}$$

$$Au + 2(Thio) \longrightarrow Au(Thio)_2^+ + e^- \qquad E^\ominus = 0.38V \tag{2}$$

$$2(Thio) \xlongequal{} RSSR + 2H^+ + 2e^- \qquad E^\ominus = 0.42V \tag{3}$$

此反应速度很快，生成的 RSSR 是活性的氧化剂，并且必须在金的溶解过程中。反应式 2 与式 3 结合便得到：

$$Au + RSSR + 2H^+ + e \xlongequal{} Au(Thio)_2^+ \qquad E^\ominus = 0.04V \tag{4}$$

在含 Fe^{3+} 溶液中，Fe^{3+} 起到氧化剂的作用：

$$Fe^{3+} + e^- \xlongequal{} Fe^{2+} \qquad E^\ominus = 0.77V \tag{5}$$

反应式 2 与反应式 5 相加得：

$$Au + Fe^{3+} + 2(Thio) \rightleftharpoons Au(Thio)_2^+ + Fe^{2+} \qquad E^\ominus = 0.39V \tag{6}$$

反应式 3 再继续发生氧化，生成硫的更高氧化产物，这类反应进行较慢，却不可逆的，因而造成硫脲的损失。

为了使硫脲浸出过程顺利进行，必须引入适当的氧化剂，使之产生 RSSR，并且控制溶液的氧化还原电位。表 10.2 列出常见氧化剂的标准氧化还原电位值。

表 10.2 常见氧化剂的标准氧化还原电值

氧化电对	H_2O_2/H_2O	MnO_4^-/Mn^{2+}	CrO_4^{2-}/Cr^{3+}	Cl_2/Cl^-	ClO_4^-/Cl_2	$Cr_2O_7^{2-}/Cr^{3+}$
$E^{\ominus}$ /V	1.776	1.507	1.447	1.395	1.385	1.333
氧化电对	O_2/H_2O	MnO_2/Mn^{2+}	NO_3^-/HNO_2	Fe^{3+}/Fe^{2+}	$\frac{(SCN_2H_3)_2}{SCN_2H_4}$	SO_4^{2-}/H_2SO_3
$E^{\ominus}$ /V	1.228	1.228	0.94	0.77	0.42	0.17

从表 10.2 中可知，较为理想的氧化剂有：高价铁盐、二硫甲脒、二氧化锰和溶解氧。酸液中氧的氧化能力较强，因此，在熔金时不断地向矿浆中充入空气，高价铁盐即可得到再生，而溶液中的溶解氧本身也足以使金氧化而使其转入浸液中。

实验证明，浸出时向矿浆中鼓入氧气可提供较稳定的氧化性气氛，而活性更强的氧化剂会使硫脲消耗过多，这是因为 RSSR 不可逆地被氧化成下一步产物。查理研究了 RSSR 的生成反应：

$$2(\text{Thion}) + \frac{1}{2}O_2 = \text{RSSR} + H_2O$$

根据能斯特方程确定溶液的氧化还原电位，进一步推算出硫脲至 RSSR 的转化率为：

$$\text{转化率}(\%) = \frac{2(\text{RSSR})}{(\text{Thio}) + 2(\text{RSSR})}$$

在不同的硫脲初始浓度下，理论转化率与溶液电位的关系，可描绘出曲线。在给定的溶液电位下，较高的硫脲初始浓度对应较高的总转化率。转化率高于某一定值，将发生不可逆的二次氧化反应，进而得出硫脲分解极限，此极限对应于20%的硫脲转化率。低于此值，硫脲可以再生，高于此值，则硫脲分解。实际的浸出数据表明，有效的硫脲转化率对应的溶液电位比图示的值略低，说明硫脲转化已很明显，因此操作时，使溶液电位将至140mV，以获得适当的转化率，能有效地进行浸出，而又不使硫脲过多分解。硫脲溶金过程的示意图如图 10.1 所示。

10.1.2 硫脲溶解金的影响因素

10.1.2.1 硫脲浓度的影响

根据硫脲浸金原理得知，在浸出体系中硫脲用量及浓度决定金的浸出速度，从而影响最终的浸出指标。硫脲浓度对金浸出速度的影响如图 10.2 所示，浸出速度随着硫脲浓度的增高而增大，硫脲浓度过高会出现钝化现象。在 0.197mol/L（15g/L）达到最佳值，即浸出时间 60min 金的浸出率约 95%，硫脲浓度最佳值由于原料及实验条件的不同，各研究

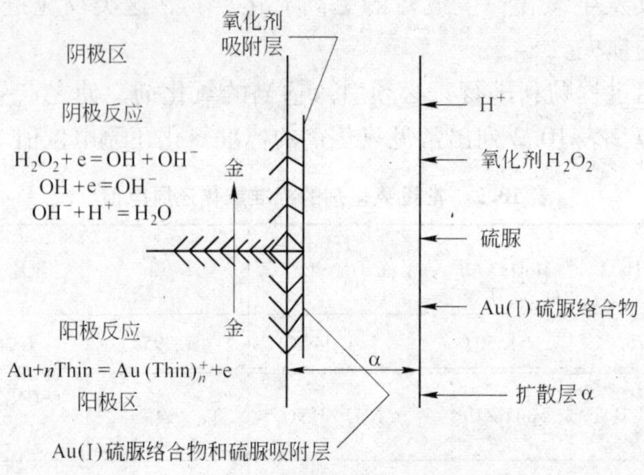

图 10.1 硫脲溶金过程

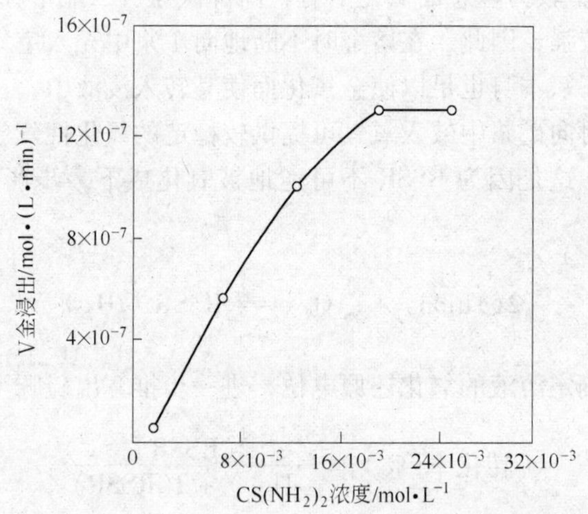

图 10.2 硫酸铁初始浓度对金浸出速度的影响

（固/酸比 30%，25℃，800r/min，浸出液含硫酸 0.173mol/L Thio 10g/L）

者报道的数据有较大的差异，国外的一些研究报告确定的硫脲最佳浓度是4g/L，我国近年较大规模工业试验采用的硫脲最佳浓度为 0.2% ~0.3%。

10.1.2.2 *硫酸铁浓度的影响*

试验处理的含金黄铁矿精矿，主要矿物为黄铁矿、黄铜矿、磁黄铁矿；少量的闪石、云母、绿泥石、石英、长石、碳酸盐。当固/酸比为30%时，用不同浓度的 $Fe_2(SO_4)_3$ 进行试验，获得浸出速度与硫酸铁浓度的关系如图 10.3 所示。$Fe_2(SO_4)_3$ 浓度从 0.0037mol/L（1.5g/L）增至 0.0153mol/L（6g/L）时，金浸出速度增大，而浓度超过 0.0153mol/L 后，浸出速度不再改变。

10.1.2.3 *硫酸浓度的影响*

硫酸在硫脲浸出金银过程中，不仅有配位作用，而且对硫脲的分解起保护作用，它既是一种调整剂，也是一种保护酸。很多研究报告认为，随硫酸浓度的增高金的浸出速度明

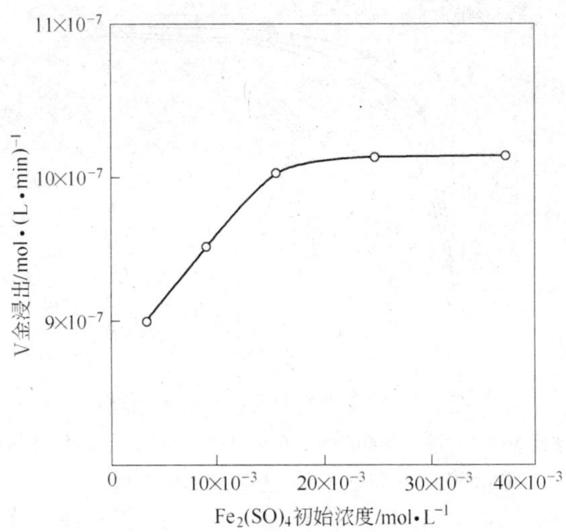

图 10.3 硫脲初始浓度对金浸出速度的影响
（固/酸比 30%，25℃，800r/min，硫酸 0.178mol/L，
$Fe_2(SO_4)_3$ 0.0153mol/L，Thio 0.013～0.428g/L）

显上升，pH 值控制越低，金的浸出率也越高。

10.1.2.4 温度的影响

温度对金银浸出率的影响较为明显，较高的温度有利于金银在硫脲中的溶解和金银浸出率的提高。硫脲的热稳定性较差，体系温度太高硫脲会分解，同时金的氧化和络合也需要在一定的温度下才能正常进行，否则影响金的充分浸出。

加布拉研究指出，在 2～35℃范围内，金的浸出率随温度升高而有所增加，金浸出率的温度系数为 1.09～1.10。但温度升高到 60℃时，硫脲开始分解，反而使浸出率下降。

10.1.2.5 不同氧化剂的影响

在酸性硫脲体系中，可选择的氧化剂种类比较多，主要有硫酸铁、氯化铁、过氧化氢、过氧化钠、臭氧、氧气、空气、溴酸钾、重铬酸钾等，但过强的氧化剂将使硫脲氧化损失而不宜采用。有研究将硫酸铁、氧气和空气三种氧化剂对金浸出速度的影响做出比较，得到如图 10.4 所示。采用硫酸铁时金浸出率为 95%，采用空气或氧气时约 94%。这个结果表明，在矿物或精矿含有铁元素的情况下，用硫酸铁作氧化剂是不必要的，因为硫酸和铁会起反应生成硫酸铁。氧化剂的选择及用量直接决定着溶液的电位。氧化剂对金浸出率的影响如图 10.4 所示。

10.1.2.6 浸出时间的影响

矿粉中金的赋存状态及其颗粒大小各不相同，因而用硫脲进行溶解时所需时间也不一样。浸出时间太短，矿石中可溶解的金未被完全浸出，浸出率无法保证；浸出时间太长，影响设备的处理能力，因此确定金的有效浸出时间是得到较高浸出率的重要环节。

10.1.2.7 固/酸比的影响

加布拉试验结果显示，50% 的固/酸比可获得 94% 的金浸出率，固/酸比高于 50%，金的浸出率低，具体影响如图 10.5 所示。

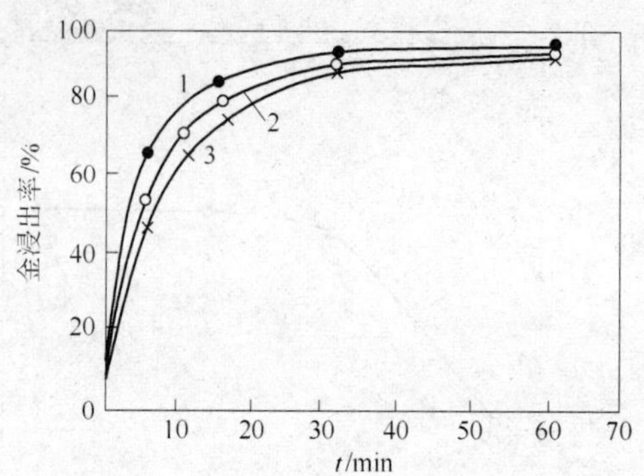

图 10.4 氧化剂对金浸出率的影响

（固/酸比 50%，25℃，800r/min，硫酸 0.178mol/L，Thio 0.197mol/L，$Fe_2(SO_4)_3$ 0.015mol/L，O_2 或空气均为 1L/min）

1—$Fe_2(SO_4)_3$(6g/L)；2—O_2（1L/min）；3—空气（1L/min）

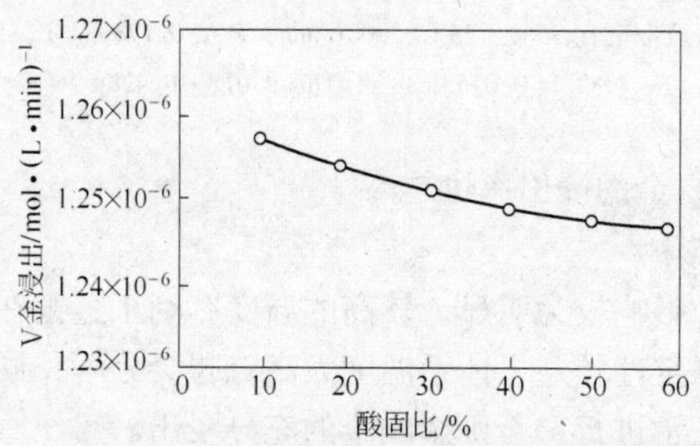

图 10.5 固/酸比对金浸出速度的影响

（固/酸比 10% ~60%，25℃，800r/min，硫酸 0.178mol/L，$Fe_2(SO_4)_3$ 0.0153mol/L）

10.1.2.8 物料粒度的影响

湿法冶金中金属回收率及浸渣品位的高低，也取决于物料中矿物的单体解离度。矿物的单体解离度越高、粒度越小，暴露面积越大，则浸出效果越好。

10.1.2.9 搅拌速度的影响

鉴于温度影响是在搅拌速度为 800r/min 时所得到的结果，获得的活化能在规定的范围内，操作仍然受到物理现象的控制。因此有必要研究搅拌速度对金浸出率的影响。实验结果表明，在硫脲最佳浓度的条件下，只要搅拌速度在 200r/min 或稍高一点的情况下，整个的反应速度便与溶液扩散无关。

总体来说，从点化腐蚀及扩散观点分析，硫脲熔金动力学主要与硫脲浓度及扩散系数、氧化剂浓度及扩散系数、金粒与溶液接触面积及扩散层厚度等因素有关。当以氧气作氧化剂时，若硫脲浓度较高而氧浓度较低时，则金溶解速度对氧浓度增高而加快。在实践中发现，浸出前矿石的细磨及浸出过程的搅拌也是影响浸出速度的重要条件。

10.1.3 硫脲浸出液中金的提取方法

从贵液中如何富集提取金，是硫脲提金过程比较关键的一步，在探索金的回收级数中，主要有：

（1）溶剂萃取法。溶剂萃取法设备简单，操作灵活，对贵金属具有良好的选择性，在室温下就能对金进行萃取和反萃取。有研究用 P507-煤油溶液作萃取剂从金的硫脲浸出液中萃取金。萃取时，萃取剂 P507 的浓度为 1.65mol/L，料液中［H_2SO_4］= 0.335mol/L，有机相与水相的体积比为 1∶1，两相接触时间 5min，金的一级萃取率为 99.80%，金、铁完全共萃入到有机相中。用 50g/L 的 Na_2SO_3 溶液反萃取。在有机相与水相体积比为 1∶1 条件下，金被反萃入水相，一级反萃取率达 82.45%，铁仍留在有机相中，金、铁分离。

（2）活性炭从硫脲浸出液中回收金。用活性炭从硫脲浸金液中回收金，按活性炭加入方式的不同又可分为炭浆法与炭浸法。研究试验发现，样品用王水溶解后加入硫脲，能形成较稳定的配合物，用活性炭吸附时，活性炭吸附容量大、金吸附率高、吸附速度快。因此，活性炭吸附法是从酸性硫脲金溶液中回收金的一个很好的方法；研究了金王水溶液加硫脲配合再经活性炭吸附后，在高氯酸 + 硫脲介质中用火焰原子吸收光谱法测定金，金回收率可达到 97% 以上。但用活性炭回收金的过程中存在炭粒过细会随矿浆流失的问题。

（3）离子树脂交换吸附法。用离子交换树脂吸附是一种很有吸引力的回收金的方法，它比活性炭的吸附速度快，载金量高，解吸和再生可在常温、常压下进行；树脂的机械强度、耐磨性、破损率都大大低于活性炭。因为金的硫脲配合物是络阳离子团，所以需用阳离子型交换树脂吸附酸性硫脲中的金。关于树脂，研究较多，效果较好的有 732、001A、D61、苯乙烯系阳离子交换树脂，D152Cl^- P204 萃淋树脂等。用解吸剂解吸后，酸性硫脲溶液可再生利用。常用的解吸剂有 HCl、HCl-$NaClO_3$、HCl-Br_2、$Na_2S_2O_3$、$NaCN^-$ NaOH、酸性硫脲溶液等，其研究已进入扩大试验阶段。选择性好、吸附容量高、不易破损等各项性能都优良的树脂还有待进一步开发。另外，在寻求无毒、不腐蚀设备、同时解吸效果好的解吸剂方面还需做大量工作。

（4）同步电解法。同步电解法是在含金贵液的浸出槽中放入电极通以直流电，使金溶解后能马上在电极板上电解析出。硫脲电解浸出比非电解浸出具有明显优势，电解浸出硫脲用量相对较少，这是因为含金配合物在电解的同时硫脲得以再生。

硫脲提金采用同步电解法减少了硫脲用量，缩短了工艺周期。现代电、磁、声频振荡等物理化学手段与选冶工艺接口、将电脑控制引入到浸金过程中，对硫脲提金法的发展将是一个很大的突破，生产智能化也是当今科技发展的一大趋势。

（5）置换法。用于置换沉淀金的金属有铁、铝、锌和铅等。置换沉淀法因浸出和置换同时进行，可缩短流程，节约设备和成本，同时能防止硫脲分解成二硫甲脒，降低硫脲消耗，防止金钝化，提高金回收率。张家口金矿的硫脲铁浆法工业试验结果表明，金回收率达 90% 以上，置换效果相当理想。铝置换有一定的工业应用可能性，但铝粉耗量大、置换速度慢、沉淀物中金含量低等问题还须进一步解决。有研究显示，在低含量硫脲金溶液中，用表面活性剂—金属还原剂体系深度置换回收金。表面活性剂对金的还原有明显的促进作用，可显著提高金的回收率。筛选出的 SDS（十二烷基硫酸钠）-Al 粉还原体系，金回收率达 99%，见表 10.3。

表 10.3 置换体系对金置换率的影响

类 别	置换时间/h	残液中 $P(Au)/mg \cdot L^{-1}$	金置换率/%
无表面活性剂	5	2.27	77.3
	12	1.88	81.2
SDS	5	0.13	98.7
	12	0.08	99.2

(6) 加氢还原法。加氢还原法从硫脲浸出液中回收金具有较好的选择性，对贵金属具有较强的沉积能力，并且在反萃取和洗涤过程中不破坏硫脲，使浸出液可以很好地返回再用。但如不向体系中加任何物质沉淀金，反应的动力学进程就会相当慢，向体系中加入镀铂丝和镍粉，则可起到催化氢还原作用，可大大加快金的沉积速度。加氢还原法的金回收率很高，可达97%，回收的金粉也很纯，但其需要高温高压，从而设备投资较高。

10.1.4 硫脲法提金的研究现状

用酸性硫脲溶液从矿石中浸溶金银的方法由前苏联学者在1941年提出。1960年以后，各国冶金工作者曾对之进行了许多理论和应用的研究，建立了半工业试验厂。到20世纪80年代，硫脲浸金才引起个别发达国家的重视。近30年来，前苏联、南非等国家对硫脲法提金做了大量的试验研究。目前，正进一步完善硫脲法提金的技术，以便更经济的从硫脲浸金溶液中回收金和银。

硫脲不但能处理一般的难浸金矿石，也能有效的处理含金黄铜矿矿石。有人用硫脲法处理含铜高达21.0%的含金黄铜矿精矿，Au的浸出率高达95%以上；用硫脲法处理卡林型碳质金矿石，金回收率达80%。我国近年来在硫脲法提金试验研究方面也进行了许多有益的探索。在小型试验基础上，先后在峪耳崖、张家口金矿山进行了2t/d规模的工业试验；龙水金矿处理10t/d金精矿规模的硫脲提金车间曾投入生产。

通过对硫脲浸金机理的电化学研究，得出以下结论：

(1) 硫脲溶液中金阳极溶解的最佳pH值范围为0.8~2.1。pH值为0.8时，随硫脲浓度的增大，金阳极溶解峰电位负移，峰电流增大，有利于金的阳极溶解。

(2) 金在硫脲溶液中的溶解随pH值的升高和硫脲浓度的增大具有明显的钝化现象。

(3) 在硫脲溶液中，金阳极溶解的机理是：硫脲先吸附在金的表面，金原子向被吸附硫脲分子（简写为TU）的电荷转移形成 $Au(TU)^{+}$，$Au(TU)^{+}$ 接受一个硫脲分子形成稳定的 $Au(TU)^{2+}$，并向溶液中扩散。最后这一步为控制步骤。

10.1.5 硫脲法的优缺点

硫脲浸金法作为一种发展中的冶金方法，具有很大的可开发性，然而，目前还不能取代氰化法，主要存在以下一些缺点：

(1) 硫脲浸金药剂消耗量大，价格高，成本高，其经济性不如氰化法。

（2）在酸性氧化条件下，硫脲很容易被氧化成二硫甲脒，使硫脲的消耗量增高，需寻找一种理想的硫脲抗氧化剂；Fe^{3+}作氧化剂时，必须选用新制备的，且易与硫脲反应而影响浸出速度和浸出率，需寻找一种更理想的氧化剂。

（3）硫脲浸金的低 pH 值会带来设备腐蚀的问题。

目前，国内外对硫脲提金法的研究主要着眼于如何降低硫脲用量和生产成本，如何在生产中如何回收利用提金废液。研究重心在于找新的无毒高效浸出剂思路的基础上。

10.1.6 硫脲法浸出金的试验案例

10.1.6.1 美国 Sonora 黄铁矿金精矿

为开发美国加州 Jamestown 矿，Bacon Donaldso 联合公司承担对 Sonora 黄铁矿金精矿进行了三周 750g/h 规模的硫脲浸出中间工厂试验；Wright 工程设计公司根据中间工厂试验数据，估算了采用硫脲浸出和铝粉置换沉淀法回收金的工业生产成本。

硫脲浸出由两个浸出段组成，每段有 6 个串联的浸出槽，每个浸出槽的容积为 2L。两段浸出（每段浸出 2h），金的浸出率达 96%。浸出的最佳工艺参数是：40℃，矿浆浓度 40% 固体，硫脲 5g/L（其中约 20% ~50% 被氧化成二硫甲脒），硫酸 15g/L。使用添加 H_2O_2 氧化剂和通入 SO_2 气体还原二硫甲脒的方法来控制溶液的氧化还原电位，用铂-甘汞电极通过 4 个电位控制器进行监控。在每个浸出段的第一个浸出槽中加入 5% H_2O_2 保持氧化条件，在第三个和第五个浸出槽中通入 SO_2 气体保持还原条件。浸出液再用 SO_2 气体还原，使其中的二硫甲脒全部还原成硫脲，然后用雾化铝粉置换法从溶液中回收金，铝粉加入量为 600mg/L，反应时间 30min，金的置换回收率为 99.5%，过滤后溶液返回浸出用。

该工艺的硫脲消耗量是：当第一段溶液的 50% 返回到第二段时，硫脲耗量为 4.1kg/t；如果溶液的返回量增加到 80% 时，硫脲耗量为 1.9kg/t。其他试剂消耗量为：硫酸 11.0kg/t、H_2O_2 1.7kg/t、SO_2 3.2kg/t、铝粉 0.75kg/t。Wright 公司估算一个日处理 200t 金精矿的硫脲浸出工厂的费用是：总投资 240 万美元，年生产黄金 13 万 oz，年总操作费 1500 万美元（11.57 美元/oz）。

10.1.6.2 武钢大冶硫精矿

试样中的金以自然金和金银矿的形式存在，自然金呈星点状、粒状、片状、板状、蠕虫状，以及片状、板状、粒状集合体和串珠状集合体等多种形状。试样中的自然金主要与黄铁矿及脉石连生，自然金与黄铁矿呈简单毗连形状连生。自然金常沿着硫化矿物的接触面产出。与脉石连生的自然金以蠕虫状穿插于脉石中，连生体的界线不规则。试样多元素分析结果见表 10.4。

表 10.4 试样多元素分析 （%）

S	Co	Cu	Fe	Ni	Zn	MnO	SiO_2	Pb	As	Au	Ag
42.31	0.26	0.31	38.79	0.14	0.01	0.02	5.20	<0.005	0.01	1.05g/t	3.68g/t

为了查明金在试样中的粒级分布规律，对试样做了粒度分析，结果见表 10.5。

表 10.5 试样粒度分析

粒级/mm	产率/%	Au 含量/g·t^{-1}	Au 分布率/%
+0.0175	1.70	0.30	0.49
-0.175 +0.124	10.79	0.80	8.26
-0.124 +0.097	10.89	2.66	27.70
-0.097 +0.074	15.44	2.56	37.80
+0.074	38.82	2.00	74.25
-0.074	61.18	0.11	25.75
合 计	100.00	1.05	100.00

A 试验方法

硫脲法浸取金试验是在自制的圆桶形搅拌槽中进行的。硫脲的纯度为99.0%，硫酸含量为95%～98%。在采用硫脲酸性液浸金时，金浸出率主要与介质 pH 值、含金物料的矿物组成、金粒大小、磨矿粒度、氧化剂类型与用量、硫脲用量、浸出固液比、浸出时间和浸出温度等因素有关。但由于在氰化钠选金时已经找到试样的最佳磨矿细度，因此对于硫脲法选金不再重复磨矿细度试验，仅参照氰化法浸金时的最佳磨矿细度，即 -0.044mm 90%。试验中用 H_2O ∶ H_2SO_4 = 4∶1 溶液调节浸出液 pH 值，Fe^{3+} 做氧化剂，在酸性硫脲溶液中硫化矿有部分可溶性 Fe^{3+} 进入溶液，其量可满足浸取的要求。

理论计算和试验研究表明，采用硫脲法浸金，介质 pH 值以 1～1.5 为宜，浸出固液比通常为5∶2。因此，对本试样仅分别进行了硫脲用量和浸出时间条件试验，同时采用预处理的方法来提高金的浸出率。

B 硫脲用量

在磨矿细度为 -0.044mm 90%、pH 值为 1～1.5、浸出固液比为 5∶2、温度 25℃、浸出时间 6h 的条件下进行硫脲用量试验，硫脲用量分别为 3g/t、4g/t、5g/t、6g/t 和 7g/t，试验结果显示随着硫脲用量的增加，金的浸出率逐渐提高。当硫脲用量为 5g/t 时，金的浸出率为 76.12%，比硫脲用量为 4g/t 时金的浸出率高 4.29%，继续增加硫脲用量，金的浸出率变化不大，因此其最佳硫脲用量为 5g/t。

C 浸出时间

在其他条件不变的情况下进行浸出时间试验，浸出时间分别为 4h、5h、6h、7h 和 8h，结果显示随着浸出时间的增加，金的浸出率也随之增加，当浸出时间为 6h 时，金的浸出率为 75.73%，比浸出时间为 5h 时金的浸出率高 3.62%，继续延长浸出时间，金的浸出率增加不明显。因此其最佳浸出时间为 6h。

D 稀硝酸预处理

由于采用硫脲浸出法从硫精矿中浸金时，硫精矿中可能产生不利于浸出的可溶性物，因此在用硫脲浸出前用稀硫酸预浸试样，可能有更好的效果。取矿样 300g 磨至 -0.044mm 90%，用 900mL 浓度为 0.5mol/L 的 H_2SO_4 溶液预浸 2h，过滤后用水 900mL 洗涤，滤饼再在硫脲用量分别为 3g/t、4g/t、5g/t、6g/t 和 7g/t，pH 值为 1～

1.5，浸出固液比5∶2、温度25℃、浸出时间为6h的条件下进行硫脲浸出试验，从结果可以看出，试样经过稀硫酸预浸后再进行硫脲浸出，随着硫脲用量的增加，金的浸出率随之增加。当硫脲用量为5g/t时，金的浸出率为81.09%，比硫脲用量为4g/t时金的浸出率高3.53%，但继续增加硫脲用量，金的浸出率变化不大，因此硫脲用量以5g/t为宜。同时可以看出，在相同的条件下，试样经过稀硫酸预浸，与试样未经过稀硫酸预浸相比，金的浸出率高5%以上。因此，对于该试样在硫脲浸出前用稀硫酸预处理能够提高金的浸出效果。

10.2 硫代硫酸盐法

硫代硫酸盐提金法是目前研究比较多的，和硫脲法一样有希望得到工业应用的非氰化提金工艺。硫代硫酸盐提金方法的溶液介质是氨性溶液，比较适合处理碱性组分多的金矿，尤其对含有氰化敏感的金属铜、锰、砷的金矿或金精矿。硫代硫酸盐浸出金速度快、选择性高、试剂无毒、价格低，对设备没有腐蚀性。

硫代硫酸盐法提金是在加热条件下进行，对温度比较敏感，浸出温度区间狭窄，工艺不容易控制，且试剂用量比较大，必须加氢试剂的再生利用。因此，研究适宜的硫代硫酸盐提金工艺，对于促进硫代硫酸盐法在工艺上的应用试剂很重要。近年来，美国研究过用硫代硫酸盐法从含铜、锑、砷、碲和锰等重金属矿石中提取金、银的技术工艺，并在墨西哥州建立一个硫代硫酸盐提金工厂，但运转并不正常。国内的沈阳矿冶院、东北工学院、北京有色冶金设计研究总院和中南大学都先后在乳山金矿进行了硫代硫酸盐提金的工艺试验。

10.2.1 硫代硫酸盐法浸出金的基本原理

10.2.1.1 硫代硫酸盐的性质

硫代硫酸盐是含有$S_2O_3^{2-}$基团的化合物，它可看做是硫酸盐中一个氧原子被硫原子取代的产物。在酸性介质中硫代硫酸盐发生分解，反应式为：

$$S_2O_3^{2-} + 2H^+ \longrightarrow H_2O + SO_2 + S$$

因而浸出过程需要在碱性条件下进行。两个S原子的氧化值平均为+2，它具有温和的还原性，因此，浸出过程适当的控制氧化条件是必须的。

$$3S_2O_3^{2-} + 6OH^- \longrightarrow 4SO_3^{2-} + 2S^{2-} + 3H_2O$$

硫代硫酸盐另一重要性质是它能与许多金属（金、银、铜、铁、铂、钯、汞、镍、镉）离子形成络合物，这是硫代硫酸盐法浸金的基础之一。

硫代硫酸盐是硫代硫酸钠$Na_2S_2O_3$($Na_2S_3O_3 \cdot 5H_2O$)和硫代硫酸铵$(CH_4)_2S_2O_3$，两者通常均为无色或白色粒状晶体。

在有氧存在时，金在硫代硫酸盐溶液中可能发生的反应：

$$4Au + 8S_2O_3^{2-} + O_2 + 2H_2O \longrightarrow 4Au(S_2O_3)_2^{3-} + 4OH^-$$

二价铜氨配离子在金溶解过程中可能有如下反应：

$$Au + 5S_2O_3^{2-} + Cu(NH_3)_4^{2+} \rightleftharpoons Au(S_2O_3)_2^{3-} + 4NH_3 + Cu(S_2O_3)_3^{5-}$$

$$Au + 2S_2O_3^{2-} + Cu(NH_3)_4^{2+} \longrightarrow Au(S_2O_3)_2^{3-} + 4NH_3 + Cu(S_2O_3)_2^{+}$$

金与硫代硫酸根形成稳定的络合物，硫代硫酸盐在碱性介质中比较稳定，因为硫代硫酸盐的氧化产物连四硫酸盐，在碱性条件下约有60%可转变为硫代硫酸盐：

$$2S_4O_5^{2-} + 3OH^- \longrightarrow \frac{5}{2}S_2O_3^{2-} + \frac{3}{2}H_2O$$

但是，介质溶液的pH值不宜太高，pH值太高促使$S_2O_3^{2-}$发生歧化反应产出S^{2-}：

$$3S_2O_3^{2-} + 6OH^- \longrightarrow 3SO_3^{2-} + 2S^{2-} + 3H_2O$$

10.2.1.2 在常压下硫代硫酸盐浸出过程中金的溶解

由于络合配位体（氨和硫代硫酸盐）和Cu(Ⅱ)/Cu(Ⅰ)氧化还原对的同时存在，及硫代硫酸盐氧化分解反应形成连四硫酸盐和其他含硫化合物，所以，氨—硫代硫酸盐—铜体系的化学很复杂。分别讨论硫代硫酸盐浸出体系中的各种化合物的作用。

A 硫代硫酸盐的浸出

在碱性或中性硫代硫酸盐溶液中，在中等用量的氧化剂存在时，金溶解很慢。在用氧作为氧化剂，硫代硫酸盐作为配位体时，金的溶解可用以下反应式表示：

$$4Au + 8S_2O_3^{2-} + O_2 + 2H_2O \rightleftharpoons 4Au(S_2O_3)_2^{3-} + 4OH^-$$

已知形成了两种金的硫代硫酸盐络合物：$Au(S_2O_3)^-$和$Au(S_2O_3)_2^{3-}$，后者最稳定。最常用碱溶液浸出，以防止在低pH值下硫代硫酸盐分解。用碱溶液的好处在于可使杂质的溶解度较低，铁离子的硫代硫酸盐络合物一旦形成便十分稳定。硫代硫酸盐和金的化合物的稳定常数见表10.6。

表10.6 金的化合物的稳定常数

金的化合物	稳定常数对数	金的化合物	稳定常数对数
$Au(CN)_2^-$	38.3	$AuCl_4^-$	25.6
$Au(SCN)_2^-$	16.98	$Au(NH_3)_2^+$	26
$Au(SCN)_4^-$	10	$Au(S_2O_3)_2^{3-}$	26.5

B 氨的影响

在没有氨存在时，硫代硫酸盐分解产生的硫膜要钝化金表面，抑制硫代硫酸盐对金的溶解。而氨优先于硫代硫酸盐吸附在金表面上，使金进入氨络合物溶液中，而不被钝化。氨与金离子反应形成金的氨络合物，再与硫代硫酸根离子反应。氨络合物转变为硫代硫酸盐配合物：

$$Au(NH_3)_2^+ + 2S_2O_3^{2-} \rightleftharpoons Au(S_2O_3)_2^{3-} + 2NH_3$$

虽然在氨溶液中金的溶解是可能的，但是动力学试验表明，在室温下不能用氨溶液浸出金，仅在温度高于80℃时氨溶液才能溶解金。在硫代硫酸盐体系中氨的主要作用是稳定

Cu(Ⅱ)。但是，氨的存在可防止金矿石的脉石矿物中的氧化铁、二氧化硅、硅酸盐和碳酸盐溶解。

C 铜的影响

泰伍伦首次报道了在硫代硫酸根溶液中铜离子对金溶解所起的催化作用。溶液中的铜离子可使金的溶解速度增快 18 ~ 20 倍。在温度低于 60℃ 的氨溶液中，铜离子形成了 $Cu(NH_3)_4^{2+}$ 是铜作为氧化剂而不是氧作为氧化剂，使金溶解：

$$Au + Cu(NH_3)_4^{2+} \longrightarrow Au(NH_3)_2^{+} + Cu(NH_3)_2^{+}$$

在氨和硫代硫酸盐溶液中 Cu(Ⅱ)/Cu(Ⅰ)氧化还原对之间的氧化还原平衡决定以下反应：

$$2Cu(S_2O_3)_3^{5-} + 8NH_3 + \frac{1}{2}O_2 \longrightarrow 2Cu(NH_3)_4^{2+} + 2OH^- + 6S_2O_3^{2-}$$

Cu(Ⅱ)在金属金氧化成 Au^+ 的过程中所起的作用如下式所示：

$$Au + 5S_2O_3^{2-} + Cu(NH_3)_4^{2+} \longrightarrow Au(S_2O_3)_2^{3-} + 4NH_3 + Cu(S_2O_3)_3^{5-}$$

在含氨的硫代硫酸铜溶液中，金溶解度的提高归因于 Cu(Ⅱ)氨络合物的形成。陈等人的电化学研究证明了这一点。以后的很多详细研究叙述了铜的这种催化过程。除上述过程外，硫代硫酸盐还会形成连四硫酸盐。Cu(Ⅱ)离子可促使氧化反应进行：

$$2Cu(NH_3)_4^{2+} + 8S_2O_3^{2-} \longrightarrow 2Cu(S_2O_3)_3^{5-} + S_4O_6^{2-} + 8NH_3$$

D 氧的影响

为了金的进一步浸出，需要氧或其他氧化剂使 Cu(Ⅰ)转化成 Cu(Ⅱ)。拜尔利详细地研究了在含有 Cu(Ⅱ)的氨硫代硫酸盐体系中氧的作用。随溶于溶液中氧的数量不同，硫代硫酸盐氧化成硫酸盐或连三硫酸盐，Cu(Ⅰ)转化成 Cu(Ⅱ)。在常温和常压下，氧分子对水溶液中的硫代硫酸盐的氧化是非常慢的，并且，仅在有 Cu(Ⅱ)离子和氨存在时才发生。在无氧存在的碱性条件下，氨水溶液中的 Cu(Ⅱ)离子使硫代硫酸盐先氧化成连四硫酸盐，再经歧化反应形成连三硫酸盐和硫代硫酸根离子。硫代硫酸根离子的存在可催化这个反应。在氧化剂不足的低电位情况下，在惰性溶液或高铜溶液中，硫代硫酸盐分解，形成黑色硫化铜沉淀。硫化铜沉淀与体系中氧的存在有关。在溶液中氧的溶解度低和氧在金表面上还原速度慢，所以在不用铜催化剂而只用氧时氧与金的反应很慢，从而降低了金的溶解度。

10.2.1.3 三硫代硫酸盐浸金的原理

A 浸出金的化学剂热力学原理

表 10.7 列出了与金银氨性硫代硫酸盐浸出有关物质的标准生成自由能，数据来自 Latimer 和 Pourbaix 的数据，根据这些数据计算表明，以上反应中的标准自由能变化均为负值，表明硫代硫酸盐法浸金在热力学上是可行的。

有关电极反应的标准电位见表 10.8，体系中可能存在的配离子的稳定常数见表 10.9，由于 $S_2O_3^{2-}$ 与金离子形成稳定的配离子，使其标准电极电位显著下降。

表 10.7 有关物质的标准生成自由能

化学式	状态	$\Delta G^{\ominus}$	化学式	状态	$\Delta G^{\ominus}$
Au	s	0.0	Ag	s	0.0
Au_2O_3	s	163.02	Ag_2O	s	-10.81
$Au(OH)_3$	s	-289.67	AgO	s	10.87
AuO_2	s	200.64	Ag_2O_3	s	86.94
H_3AuO_3	aq	-258.32	Ag^{+}	aq	77.04
$H_2AuO_3^{-}$	aq	-191.44	Ag^{2+}	aq	267.94
$HAuO_3^{2-}$	aq	-112.86	AgO^{+}	aq	225.30
AuO_3^{2-}	aq	24.24	$Ag(S_2O_3)^{-}$	aq	-507.03
Au^{+}	aq	163.02	$Ag(S_2O_3)_2^{3-}$	aq	-1062.56
Au^{3+}	aq	433.05	$Ag(S_2O_3)_3^{5-}$	aq	-1599.27
$Au(S_2O_3)_3^{3-}$	aq	-1048.76	$Ag(NH_3)_2^{+}$	aq	-17.39
$Au(NH_3)_2^{+}$	aq	-40.96	AgOH	aq	-93.22
$Au(NH_3)_2^{3+}$	aq	-8.36	$Ag(OH)_2^{-}$	aq	-250.8
Cu	s	0.0	H_2O		-236.96
Cu_2O	s	-146.32	OH^{-}	aq	-157.17
CuO	s	-127.07	H^{+}	aq	0
Cu_2S	s	-86.11	S	s	0
CuS	s	-48.91	S^{2-}	aq	923.78
$CuSO_4$	s	-661.28	S_2^{2-}	aq	91.12
$CuSO_4 \cdot 3H_2O$	s	-1878.07	S_3^{2-}	aq	88.20
$Cu(OH_2)$	s	-356.55	S_4^{2-}	aq	81.09
Cu^{2+}	aq	-64.91	SO_3^{2-}	aq	-485.30
CuO_2^{2-}	aq	-181.83	SO_4^{2-}	aq	-490.48
$HCuO_2^{-}$	aq	-256.76	$S_2O_3^{2-}$	aq	-518.32
$Cu(NH_3)^{+}$	aq	-11.7	$S_2O_4^{2-}$	aq	-599.41
$Cu(NH_3)_2^{+}$	aq	-65.21	$S_2O_5^{2-}$	aq	-790.02
$Cu(NH_3)^{2+}$	aq	-15.47	$S_2O_6^{3-}$	aq	-932.14
$Cu(NH_3)_4^{2+}$	aq	-170.54	$S_3O_6^{2-}$	aq	-957.22
$Cu(S_2O_3)_3^{5-}$	aq	-1623.51	$S_4O_6^{2-}$	aq	-1021.17
NH_3	aq	-26.58			

表 10.8 有关电极反应的标准电极电位

电 极 反 应	电极电位/V	电 极 反 应	电极电位/V
$Au^+ + e^- = Au$	1.69	$Cu(NH_3)_4^{2+} + e = Cu + 4NH_3$	-0.06
	0.15	$Cu(NH_3)_2^+ + e = Cu + 2NH_3$	-0.12
	-0.126(计算)	$O_2 + 2H_2O + 4e = 4OH^-$	0.401
	-0.007	$2SO_3^{2-} + 3H_2O + 4e = S_2O_3^{2-} + 6OH^-$	-0.58
	-0.276	$2SO_4^{2-} + 5H_2O + 8e = S_2O_3^{2-} + 10OH^-$	-0.76
$Ag(S_2O_3)_2^{3-} + e^- = Ag + 2S_2O_3^{2-}$	0.01	$SO_4^{2-} + H_2O + 2e = SO_3^{2-} + 2OH^-$	-0.93
$Ag(NH_3)_2^+ + e^- = Ag + 2NH_3$	0.373	$S_2O_6^{2-} + 2e = 2SO_3^{2-}$	-0.09
$Cu(NH_3)_4^{2+} + e^- = Cu(NH_3)_2^+ + 2NH_3$	0.00		

资料来源：姜涛、许时、陈荩、吴振群，黄金，N2 P31(1992)。

表 10.9 有关配离子的稳定常数

化 学 式	β	化 学 式	β
$Au(S_2O_3)_2^{3-}$	1.0×10^{26}	$Ag(NH_3)^+$	2.3×10^3
	5.0×10^{28}	$Ag(NH_3)_2^-$	1.6×10^9
	5.4×10^{30}(计算)	$Cu(S_2O_3)^-$	1.9×10^{10}
$Au(NH_3)_2^+$	1.0×10^{26}	$Cu(S_2O_3)_2^{3-}$	1.7×10^{12}
	1.0×10^{27}	$Cu(S_2O_3)_3^{5-}$	6.9×10^{13}
	3.4×10^{27}(计算)	$Cu(S_2O_3)_2^{2-}$	2.0×10^{12}
$Ag(S_2O_3)^-$	6.6×10^3	$Cu(NH_3)_2^+$	7.2×10^{10}
$Ag(S_2O_3)_2^{3-}$	2.2×10^{13}	$Cu(NH_3)_4^{2+}$	4.8×10^{12}
$Ag(S_2O_3)_3^{5-}$	1.4×10^{14}		

资料来源：姜涛、许时、陈荩、吴振群，黄金，N2 P31(1992)。

需要指出的是，文献中关于 $Au/Au(S_2O_3)_2^{3-}$ 的电极电位计算如下：

$$Au(S_2O_3)_2^{3-} + e \rightleftharpoons Au + 2S_2O_3^{2-}$$

$$\Delta G^{\ominus} = 2\Delta G^{\ominus}_{S_2O_3^{2-}} - \Delta G^{\ominus}_{Au(S_2O_3)_2^{3-}} = 12.12\text{kJ/mol}$$

又 $\Delta G^{\ominus} = -nFE^{\ominus}$ 得：

$$\varphi^{\ominus} = \frac{-\Delta G^{\ominus}}{nF} = \frac{-2900}{1\times23016} \approx -0.126(\text{V})$$

$Au(S_2O_3)_2^{3-}$ 的稳定常数：

$$Au + 2S_2O_3^{2-} \rightleftharpoons Au(S_2O_3)_2^{3-}$$

$$\Delta G^{\ominus} = \Delta G^{\ominus}_{Au(S_2O_3)_2^{3-}} - 2\Delta G^{\ominus}_{S_2O_3^{2-}} - \Delta G^{\ominus}_{(Au^+)} = -175.14\text{kJ/mol}$$

由 $\Delta G^{\ominus} = -RT\ln K = -RT\ln\beta_2$ 得：

$$\beta_2 = \exp\left(\frac{-\Delta G^{\ominus}}{RT}\right) = \exp\left(\frac{+41900}{1.987\times 298}\right) = 5.4\times 10^{27}$$

用同样的方法计算得到的 $Au(NH_3)_2^+$ 的稳定常数为 3.4×10^{27}。

金能与硫代硫酸根离子生成稳定的配合物 $[Au(S_2O_3)_2]^{3-}$，其配合的趋势相当大，不稳定常数 K 不论是多少值，都表明在酸性介质中既不氧化也不分解。

试验证明，欲使金顺利地溶解于硫代硫酸盐溶液中，必须保持溶液中有 NH_3、$Na_2S_2O_3$ 和 $Cu(NH_3)_4^{2+}$ 的适当浓度，这与动力学因素有关。

B 浸出金的动力学原理

硫代硫酸盐用作金银的浸出剂，当 pH 值太高时，容易发生歧化反应，导致重金属产生硫化物沉淀。然而，歧化反应产物亚硫酸根可与溶液中任何硫化物起反应，又利于 $S_2O_3^{2-}$ 的稳定性存在，抑制金属硫化物沉淀，实质上 $S_2O_3^{2-}$ 的歧化反应是可逆的，在溶液中处于动态平衡状态，为保持介质 pH 值适中，采用氨性溶液作为硫代硫酸盐稳定存在的介质是最合适的。氨性硫代硫酸盐溶液 pH 值可缓冲在 10 左右，电位稳定在 200mV 左右，溶液 pH 值与硫代硫酸盐浓度无关，氨对硫代硫酸盐根的阳极氧化影响很大，能显著降低 $S_2O_3^{2-}$ 的氧化速递，氨浓度越高，$S_2O_3^{2-}$ 氧化速度下降越快。

用氨性硫代硫酸盐溶液浸出金矿石，氨浓度和硫代硫酸根浓度对金、银、铜的络合物产生影响。在氨性硫代硫酸盐提金过程中，氨浓度对金浸出的影响最大。二价铜离子的影响则与 $S_2O_3^{2-}$ 浓度有关，Cu^{2+} 与 $S_2O_3^{2-}$ 的最佳摩尔浓度比为 1∶6。硫代硫酸盐提供金溶解所需的配合剂，金的浸出率随 $S_2O_3^{2-}$ 的浓度增大而升高，但过量将会破坏铜氨络离子的稳定性，生成 $Cu(S_2O_3)_3^{5-}$，适宜的 $S_2O_3^{2-}$ 浓度为 0.5mol/L。

硫代硫酸盐用作金银的浸出剂，在实际应用中遇到了动力学上的困难，温度对金银浸出的影响比较复杂，金溶解量在65℃和140℃时最大，在10℃时最小，高于65℃，金溶解量下降，这是由于 Cu^{2+} 催化剂浓度降低，$S_2O_3^{2-}$ 氧化，并生成 CuS 沉淀，覆盖金粒表面造成的。温度高于 100℃，黏附在金粒表面的硫化铜在氨性含氧溶液中溶解。硫化铜薄膜小时，金粒表面重新暴露，$S_2O_3^{2-}$ 和 $Cu(NH_3)_4^{2+}$ 得到再生，使金溶解速率迅速增加，但温度超过 140℃，$S_2O_3^{2-}$ 快速氧化，结果浓度明显降低，金溶解量大大减少。

巴格达萨良等人用旋转圆盘法对金银在硫代硫酸钠溶液中溶解动力学进行了研究，指出在 45~85℃，金银在该溶液中溶解，实际活化能分别为 17.55kJ/mol 和 22.4kJ/mol。这表明，浸出过程是受扩散控制的，并且认为 $Na_2S_2O_3$ 的浓度超过 0.13mol/L 时，对反应动力学不利。试验研究表明，当金银圆盘表面逐渐生成硫和硫化物沉淀时，溶剂达到金属表面的速度降低，溶剂扩散通过硫化物层成为溶解过程的限制步骤。若向溶液中加入亚硫酸钠，可防止金属表面硫和硫化物的沉淀，这是因为热的亚硫酸钠溶液能溶解细碎状的硫，生成硫代硫酸钠。

10.2.1.4 硫代硫酸盐浸金技术的优点及存在的问题

硫代硫酸盐的优势在于它能与金生成稳定络合物，浸金速度比其他方法要快得多，而且毒性小、污染少、使用方法方便、成本低，在处理碳质金金矿、含铜金矿、复杂含硫矿物金矿等氰化法难以处理的矿石方面有很大优势。

尽管用硫代硫酸盐浸出金的方法有很多优点，但由于工艺中存在着一些问题，工业上的应用还不多见，难以实现工业化的问题主要是：

（1）硫代硫酸盐耗量过大，硫代硫酸盐是一种亚稳态化合物，易氧化、不稳定，并且在消耗氧的同时分解成连硫酸盐和硫酸盐等多种产物，所以消耗量大，工艺成本较高。从经济角度考虑，必须使硫代硫酸盐的用量降到最低，并尽可能地再循环使用最好，但这受到多方面的限制。

（2）浸出体系中广泛使用氨水致使浸渣后续处理成本增加。因氨很难分解，并且最后会代谢成硝酸盐，后者有可能助长藻类生长和污染地下水。因此，为防止从浸出槽或浸出矿堆中散发出氨气，并防止它释放到环境中，需要有严格的控制条件。

（3）浸出液中金的回收尚无切实可行、成本低的方法。各种方法都有各自的优缺点，还有待进一步研究。

10.2.2 硫代硫酸盐法浸出金的研究试验

10.2.2.1 从含铜精矿中浸出金

安徽某磁选厂综合回收铜，将富集于硫精矿中的金用浸出工艺给予回收。矿样为铜硫混合精矿含金硫化矿。金属矿物主要有黄铁矿、黄铜矿，少量的磁铁矿、赤铁矿、白铁矿，微量的磁黄铁矿、自然金等；脉石矿物主要有石英、方解石，少量的石榴子石、绿泥石、绿帘石、长石、云母。矿样中金多为不规则粒状，分布在黄铁矿裂痕中，个别分布在绿帘石与黄铁矿接触部位，粒径 0.005～0.015mm，最大可达 0.05mm。金黄色，表面粗糙，反射率大于黄铁矿，根据其多元素化学分析可知，矿样中金的含量相当低，只有 0.76g/t，属于难选金矿。

A 硫代硫酸盐用量试验

首先，在矿浆液固比 3∶1、$(NH_4)_2SO_4$ 50g/L、$CuSO_4$ 3g/L、浸出时间为 3h、常温、常压，pH 值为 9.50（NaOH 为调整剂）条件下，做硫代硫酸钠用量试验，试验结果表明，浸出率随着硫代硫酸钠用量的增加而增加。当硫代硫酸钠用量达到 75g/L 时，金浸出率达到 75.61%。进一步提高硫代硫酸钠用量，金浸出率变化不大。综合成本考虑，初步确定硫代硫酸钠用量为 75g/L。

B 硫酸铵用量试验

在硫代硫酸盐浸金过程中，加入适量的硫酸铵能起到以下作用：首先，NH_4^+ 与 $NH_3 \cdot H_2O$ 形成缓冲溶液，NH_4^+ 能抑制 pH 值的升高，同时增大了 $NH_3 \cdot H_2O$ 的浓度，进而有利于铜氨络合物、金氨络合物的稳定；其次，SO_4^{2-} 能够抑制 $S_2O_3^{2-}$ 的氧化分解，稳定浸出溶液中 $S_2O_3^{2-}$ 的浓度，进而提高浸金速度与浸出率。鉴于此，在试验基础上进行了硫酸铵用量试验，试验结果显示 $(NH_4)_2SO_4$ 浓度对金浸出率的影响是显著的，随着 $(NH_4)_2SO_4$ 用量的增加，金的浸出率也随着增加。当 $(NH_4)_2SO_4$ 浓度超过 50g/L 时，金的浸出率开始下降。因此，取 $(NH_4)_2SO_4$ 浓度为 50g/L 较为合适。

C 优化条件验证试验

通过上述条件试验，最后确定铜硫混精硫代硫酸盐法浸金的最佳条件为：矿浆液固比 3∶1、硫代硫酸钠 75g/L、$(NH_4)_2SO_4$ 50g/L、$CuSO_4$ 5g/L、pH 值为 9.50（氨水调节）、浸出时间4h。其结果是浸液为3.50g/t，浸渣为0.63g/t，浸出率为82.61%。从最佳条件试验可以得出，试验从铜硫混精中用硫代硫酸盐法浸金，金的浸出率不高，只有82.61%。浸出率不高的原因可能是铜硫混精矿粒度不够细。对此，在上述条件下，做了铜硫混精磨矿粒度浸金试验，其试验结果显示铜硫混精矿磨到粒度-325目占85%时，金的浸出率可达90%以上。

10.2.2.2 *美国含锰金矿*

美国亚利桑那州圣克鲁斯的OroBlanco矿区，矿石含Au 3g/t，Ag 113g/t，MnO_2 7g/t。矿石中的金呈细粒状浸染在流纹岩和安山岩的角砾岩基质中，银大部分与MnO_2共生。矿石磨至-200目占80%，在液固比1.5：1和50℃温度条件下，用浓度为1.48mol/L的$(NH_4)_2S_2O_3$、4.1mol/L的NH_3和0.09mol/L的Cu^{2+}溶液搅拌浸出1h，金浸出率90%；搅拌浸出3h，银浸出率70%。

影响金、银浸出的主要因素有温度、硫代硫酸盐浓度、铜离子浓度和氨浓度。浸出温度对金浸出的影响大于银浸出，而铜浓度和氨浓度对银浸出的影响则大于金浸出。银的浸出对铜离子浓度变化比较敏感，银浸出率随Cu^{2+}浓度增大先升高而后下降。金的浸出受二价铜离子的影响很小，但没有Cu^{2+}参加，金浸出率仅14%，金、银浸出随$S_2O_3^{2-}$浓度增大而增加，没有$S_2O_3^{2-}$时，金、银很少浸出。在氨溶液中铜离子将硫代硫酸根离子氧化成连四硫酸根离子，从而消耗硫代硫酸盐。在室温和pH值为9.5~10的范围内，浸出28h，硫代硫酸盐消耗量约为原浓度的一半。

10.3 石硫合剂法

10.3.1 石硫合剂法浸出金的基本原理

10.3.1.1 *石硫合剂的性质*

石硫合剂法（Lime Sulfur Synthetic Solution，简称LSSS）是我国首创的新型无氰提金技术，是以石灰和硫黄合成的一种非氰浸金试剂，无毒，有利于环境保护。

张箭等人对石硫合剂浸出金作了很多研究，但还处于探索阶段，浸出金机理的理论研究还较少。石硫合剂的主要成分为多硫化钙和硫代硫酸钙。因此，石硫合剂法的浸出金过程是多硫化物浸出金和硫代硫酸盐浸出金两者的联合作用，这使得石硫合剂法具有优越的浸出金性能，更适于处理含碳、砷、锑、铜、铅的难处理金矿。

石硫合剂是一种新型无毒合成浸出剂，由廉价石灰、硫黄及适宜添加剂合成而得，在有添加剂存在下的碱性介质中可有效溶解金、银，且效果比单一试剂要好。不同比例的石灰和硫黄在溶液中反应，生成不同的多硫化物和硫代硫酸。

$$3Ca(OH)_2 + 12S \xrightarrow{\triangle} 2CaS_5 + CaS_2O_3 + 3H_2O$$

$$3Ca(OH)_2 + 10S \xrightarrow{\triangle} 2CaS_4 + CaS_2O_3 + 3H_2O$$

$$3Ca(OH)_2 + 8S \xrightarrow{\triangle} 2CaS_3 + CaS_2O_3 + 3H_2O$$

$$3Ca(OH)_2 + 6S \xrightarrow{\triangle} 2CaS_2 + CaS_2O_3 + 3H_2O$$

$$3Ca(OH)_2 + 4S \xrightarrow{\triangle} 2CaS + CaS_2O_3 + 3H_2O$$

制成的石硫合剂为橙红色液体，有硫化氢气味，石硫合剂实际中多硫化钙（约10%～30%）硫代硫酸钙（约5%），它们遇酸则分解，析出硫沉淀并放出硫化氢和二氧化硫。

$$S \cdot S_x^{2-} + 2H^+ \longrightarrow xS\downarrow + H_2S\uparrow$$

$$S_2O_3^{2-} + 2H^+ \longrightarrow S\downarrow + SO_2\uparrow + H_2O$$

由于二氧化碳可以迅速分解石硫合剂，因此石硫合剂不宜暴露在空气中：

$$S \cdot S_x^{2-} + CO_2 + H_2O \longrightarrow CO_3^{2-} + H_2S\uparrow + xS\downarrow$$

$$S_2O_3^{2-} + CO_2 + H_2O \longrightarrow HCO_3^- + HSO_3^- + S\downarrow$$

空气中的氧也可使其缓慢氧化：

$$2S \cdot S_x^{2-} + O_2 \longrightarrow 2S_2O_3^{2-} + 2(x-1)S\downarrow$$

$$2S_2O_3^{2-} + O_2 \longrightarrow 2SO_4^{2-} + 2S\downarrow$$

在热水中，单质硫或多硫化物水解生成硫化氢和 $S_2O_3^{2-}$，反应在碱性介质中迅速发生：

$$4S + 3H_2O \xrightarrow{\triangle} S_2O_3^{2-} + 2H_2S\uparrow + 2H^+$$

除这些反应外，石硫合剂溶液中还可能发生如下反应：

$$2S + O_2 + 2OH^- \longrightarrow S_2O_3^{2-} + H_2O$$

$$4S + 3H_2O \longrightarrow S_2O_3^{2-} + 2HS^- + 4H^+$$

$$HS^- + OH^- \longrightarrow S^{2-} + H_2O$$

$$S^{2-} + xS \longrightarrow S \cdot S_x^{2-}$$

$$S_2O_3^{2-} + H_2O \longrightarrow HCO_3^- + S + OH^-$$

$$3S_2O_3^{2-} + 6OH^- \longrightarrow 4SO_3^{2-} + 2S^{2-} + 3H_2O$$

$$4S + 6OH^- \longrightarrow S_2O_3^{2-} + 3H_2O + 2S^{2-}$$

$$3S + 6OH^- \longrightarrow SO_3^{2-} + 3H_2O + 2S^{2-}$$

$$S + SO_3^{2-} \longrightarrow S_2O_3^{2-}$$

$$S \cdot S_x^{2-} + xSO_3^{2-} \longrightarrow S^{2-} + xS_2O_3^{2-}$$

$$4S + 5HO_2 + O_2 \longrightarrow 3SO_4^{2-} + HS^- + 4H^+$$

由此可见，石硫合剂溶液是一种比较复杂的溶液，不但含有单质硫，还含有各种价态的硫化物，它们之间不断发生各种反应，为进一步剖析和认识溶剂带来困难。石硫合剂能与许多金属离子发生反应也是可想而知的。

10.3.1.2 *石硫合剂法的浸出原理*

A *石硫合剂浸出的基本原理*

石硫合剂中含有S_x^{2-}、$S_2O_3^{2-}$、S_3^{2-}、S^{2-}等离子，它们可与金形成稳定的络合物。多硫离子如同过氧离子（O_2^{2-}），具有氧化型，可将Au(0)氧化成Au(Ⅰ)，生成的Au(Ⅰ)可与溶液中各种络位离子形成稳定的络合物，由于Au(Ⅰ)的浓度不断降低，导致Au(0)不断溶解。浸出金的关键不但要有氧化剂使Au(0)氧化，更重要的是被氧化了的Au(Ⅰ)与溶液中的配位离子生成稳定的络合物。氰化物和硫脲是最著名的浸金溶剂，在氧化剂存在下它们与Au(Ⅰ)均能形成稳定的络合物。$S_2O_3^{2-}$、SO_3^{2-}、S^{2-}与Au(Ⅰ)形成的络合物，其稳定性均高于硫脲于Au(Ⅰ)的络合物。这就是石硫合剂浸出金的主要原理和依据。

20世纪50年代，苏联学者分别研究了用硫代硫酸盐和多硫化物提金的热力学和动力学，认为这两种试剂均可浸出金。以后很多学者分别用这两种试剂从矿物原料中进行浸出金试验和研究，发表了许多理论性和应用性论文及专利，这些工作对石硫合剂浸出金的研究均有重要的启迪和借鉴作用。

研究表明，石硫合剂法浸金反应需在通空气及氨存在下进行，浸金体系中还需加入$CuSO_4$及Na_2SO_3等活化剂和稳定剂，以提高硫的稳定性，并强化浸金过程。石硫合剂法溶金体系中有效浸金成分为CaS_x和CaS_2O_3，溶金过程分别按多硫化物及硫代硫酸盐与金的反应来讨论。第一类，多硫化物的溶金反应：多硫化物中的S_4^{2-}和S_5^{2-}，可与金形成稳定的五元环或六元环螯合物，其反应为：

$$Au + S_4^{2-} \longrightarrow [AuS_4]^- + e^-$$

$$Au + S_5^{2-} \longrightarrow [AuS_5]^- + e^-$$

另外，S_x^{2-}与过氧离子相似，具有较强的氧化性，与金有很强的配位作用，具体反应为：

$$6Au + 2S^{2-} + S_4^{2-} \longrightarrow 6AuS^-$$

$$8Au + 3S^{2-} + S_5^{2-} \longrightarrow 8AuS^-$$

$$6Au + 2HS^- + 2OH^- + S_4^{2-} \longrightarrow 6AuS^- + 2H_2O$$

$$8Au + 3HS^- + 3OH^- + S_5^{2-} \longrightarrow 8AuS^- + 3H_2O$$

在硫代硫酸盐溶液中的熔金体系，有氧化剂存在，$S_2O_3^{2-}$为金的配位体，反应为：

$$Au + 4S_2O_3^{2-} + \frac{1}{2}O_2 + H_2O \longrightarrow 2[Au(S_2O_3)_2]^{3-} + 2OH^-$$

第二类，硫代硫酸盐的溶金反应：石硫合剂法溶金体系的$S_2O_3^{2-}$与Au配位，生成稳定的Au配合物，若体系中存在$[Cu(NH_3)_4]^{2+}$，可加速Au与$S_2O_3^{2-}$的配合反应，具体反应为：

$$Au + 2S_2O_3^{2-} + Cu(NH_3)_4^{2+} \longrightarrow [Au(S_2O_3)_2]^{3-} + Cu(NH_3)_2^{+} + 2NH_3$$

许多研究表明，用单一的多硫化物或硫代硫酸盐从矿石中浸出金，均获得良好的效果。将二者结合起来提金，也一定可取得好的效果。石硫合剂是以多硫化物和硫代硫酸盐为主的混合溶液，浸出金实践表明，石硫合剂是一种优良的浸出金溶剂。

B 石硫合剂浸出的电化学原理

郁能文、张箭对石硫合剂体系进行了电化学研究，选取了五种石硫合剂组成，具体见表10.10，采用HDV-7型恒电位仪进行了电化学测定。

表10.10 电位测定所用的物种浸出金组成

编 号	组 成				
	LEEE/%	NH_3/mol·L^{-1}	Cu^{2+}/mol·L^{-1}	Na_2SO_3/mol·L^{-1}	G/mol·L^{-1}（氧化剂）
1	80	0.8			
2	80		0.038		
3	80	0.8	0.038		
4	80	0.8	0.038	0.09	
5	80	0.8	0.038	0.09	0.08

a LSSS体系电位的测定

图10.6所示为LSSS体系电位—时间曲线，从图中可见，每条曲线均有较大电位值范围，曲线1~4除电位值较高外，与曲线5相比，电位稳定性也较好。从电化学观点看，也就是说在LSSS浸出金体系电位在3~4h后将变得极不稳定，这将不利于金的溶解，因为通常的熔金过程需要4~6h，对某些金矿的浸出金的过程甚至要8~12h，因此在LSSS体系中，选择合适的氧化剂至关重要。

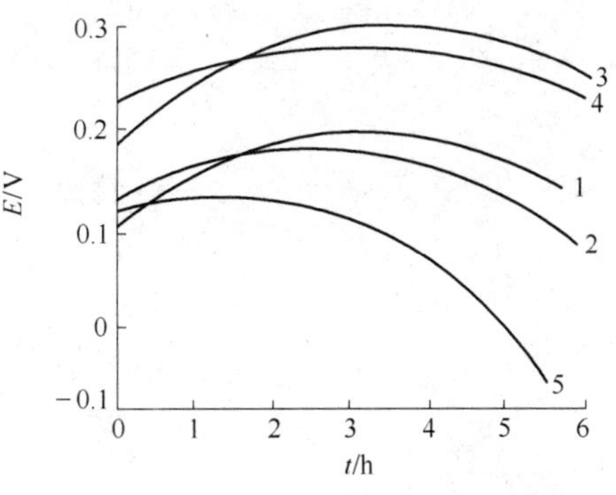

图10.6 不同LSSS浸出金组成金的电位—时间曲线

图10.6还表明，曲线3、4和1、2相比，组成电位明显提高，其变化规律与曲线1、2基本相似，这说明了Cu^{2+}、NH_3在LSSS浸出金过程中的电化学—催化机理，即有铜、氨存在时，可明显促进金的溶解，此外，已证实：除曲线3、4所示LSSS组成外，曲线1、2组成在室温、pH值大于14条件下，均可溶解金、银。

b LSSS体系中金电积反应的活化能

根据活化能的理论表达式：

$$i(y) = B\exp[-E(y)/RT] \tag{1}$$

式中 $i(y)$——电流密度，A/cm^2；

$E(y)$——活化能，kJ/mol；

T——温度，K；

R——气体常数，8.314J/(mol·K)；

B——对具体某一电极为常数；

y——电极过电位恒定。

将式（1）两边取对数得：

$$\ln i(y) = \ln B - [E(y)/RT] \tag{2}$$

式（2）表明，$\ln i(y)$ 与 $1/T$ 成直线关系，其斜率为 $[-E(y)/R]$。

由曲线3、4组成的电位测定结果，选取了具有代表性的添加 Cu^{2+}、NH_3 的LSSS体系，由实验测得了在同一过电位下的 $\ln i(y)$ 与 $1/T$ 的关系图，如图10.7所示，并由图10.7中直线的斜率 k 即可求出金电极反应的活化能：

$$[-E(y)/R] = k$$

$$E(y) = -kR = -(-0.2025) \times 8.314$$

$$= 16.835(\text{kJ/mol})$$

由电化学原理可知：

在LSSS体系中金电极反应受扩散控制，因此，在LSSS法浸出金过程中，通常调整过程的搅拌速度，适当延长浸出时间，完全可实现LSSS法常温、常压浸出金工艺。

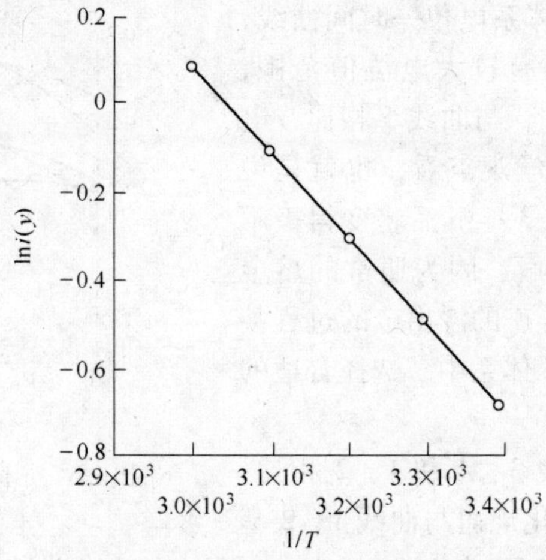

图10.7 $\ln i(y)$ 与 $1/T$ 的关系图

10.3.2 石硫合剂法浸出金的案例

某高铅金精矿浸出金，实验用矿样分析见表10.11。

表10.11 矿样分析

元素	Cu	Pb	Fe	S	Au	Ag
高铅金精矿样/%	1.7	37.1	11.2	23.6	300.0g/t	410.5g/t

A 主要试剂

硫，氢氧化钙为化学纯亚硫酸钠，氨水，硫酸铜，硝酸，硫酸，盐酸，高氯酸等均为分析纯。

B 主要设备和仪器

HHS 型电热恒温水浴锅；D90-2F 型搅拌机；pH2-82 型恒温振荡器；Z_2-1 型旋片式真空泵；WFX-2 型双光束原子吸收分光光度计。

C 分析方法

金浸出率由原子吸收分光光度计测定浸出滤液含金量。为确保分析结果可靠，部分数据进行液渣对照，两者相差在 ±5% 以内。

D 实验方法

首先按一定液固比，在 250mL 锥形瓶中将金精矿粉与 LSSS 混合，然后加适量添加剂，在恒温振荡器上进行振荡。振荡浸出一定时间后，经过滤，上清液经原子吸收分光光度计分析金含量，计算出金浸出率。

实验结果显示，石硫合剂法浸高铅顽固金精矿，浸取的最优工艺条件为：特殊无机氧化剂浓度分别为 0. 10mol/L、0. 02mol/L；稳定剂亚硫酸钠的浓度为 0. 11mol/L；硫酸铜溶液浓度为 0. 08mol/L；$NH_3 \cdot H_2O$ 浓度 1. 2mol/L；液固比 4∶1；浸出时间 6h，温度为常温，搅拌速度取 200r/min。在最优工艺条件下一段浸出 Au 浸出率达 79%，采取二段浸出工艺，Au 浸出率达 99%。

10. 4 氯化法

10. 4. 1 液氯化法浸出金

液氯化法通常又称水溶液氯化法。此法最初发现于 1848 年采用氯水或硫酸加漂白粉的溶液从矿石中成功地浸出金，并用硫酸亚铁从浸出液中还原沉淀金。后经发展而成为 19 世纪后期的主要提金方法之一，曾广泛应用于北美、澳大利亚、南非等金矿山。但由于氰化法的问世，1890 年前后，因氰化法的生产成本低而逐步被氰化法取代，从而被各应用国所淘汰。由于氰化法的广泛应用带来了严重的环境污染，且氰化法在处理不同类型的矿石上也存在许多局限性，1944 年普特南（Putnam）在他的文章中又提出对氯化法应进行重新评价。1950 年澳大利亚卡尔古利矿业公司又采用液氯化法浸出梅里尔锌置换法产出的锌金沉淀，并用亚硫酸钠从浸出液中还原金。经一年的生产证明，产出金的纯度达 99. 8%。此后又对氯化法进行了更广泛的试验，结果表明：氯化法不但对锌金沉淀的处理是经济的，对浮选和重选产出的高品位金精矿焙砂的处理也是经济适用的。若采用 SO_2 代替亚硫酸钠从氯化浸出液中还原金，还可产出纯度达 99. 99% 金。鉴于液氯化法对环境的污染远比氰化法小，作业过程中逸出的氯气还可采用稀碱液洗涤吸收返回使用。今后，它可能再次成为黄金冶金的重要办法之一。

液氯化法是在盐或酸的水溶液中，加入氯或其他氯化剂，使金被氯化而浸出提取。此法初期采用氯水或硫酸加漂白粉的溶液从矿石中成功地浸出金，并用硫酸亚铁从浸出液中沉淀出金。后经发展成为 19 世纪末的主要浸出金方法之一。一般说来，原料中凡是王水可溶的物质，液氯化法也可以溶解。采用液氯化法，金的浸出率比氰化法高，可达 90% ~

98%，氯的价格比氰化物低，氯的消耗量约为0.7～2.5kg/t精矿。

该工艺的特点是投资少，回收率高，有利于环保。液氯化法实质上是一种氧化浸出。氯溶于水后，发生水解反应生成氧化性极强的次氯酸使金氯化成 $HAuCl_4$ 或 $NaAuCl_4$，再用二氧化硫、硫酸亚铁还原沉淀。按使用的氯化剂和介质的不同，液氯化分为：盐酸介质水溶液氯化，次氯酸盐（次氯酸钠或次氯酸钙）氯化和电氯化三种主要工艺。

10.4.1.1 液氯化法浸金理论

A 基本原理

水氯化法浸金原理是：金在饱和有 Cl_2 的酸性氯化物溶液中被氧化，形成三价金的络阴离子。

氯是一种强氧化剂，能与大多数元素起反应。对金来说，它既是氧化剂又是络合剂。在 $Au\text{-}H_2O\text{-}Cl^-$ 体系的电位 pH 值图中，如图 10.8 所示，金被氯化而发生氧化并与氯离子配合，故称水氯化浸出金，其化学反应为：

$$2Au + 3Cl_2 + 2HCl \xlongequal{\quad} 2HAuCl_4$$

$$2Au + 3Cl_2 + 2NaCl \xlongequal{\quad} 2NaAuCl_4$$

这一反应是在溶液中氯浓度明显增高的低 pH 值条件下快速进行的。

三价金在氯化物溶液中电位相当高：

$$Au + 4Cl^- \xlongequal{\quad} AuCl_4^- + e$$

$$E^{\ominus} = 1.00V$$

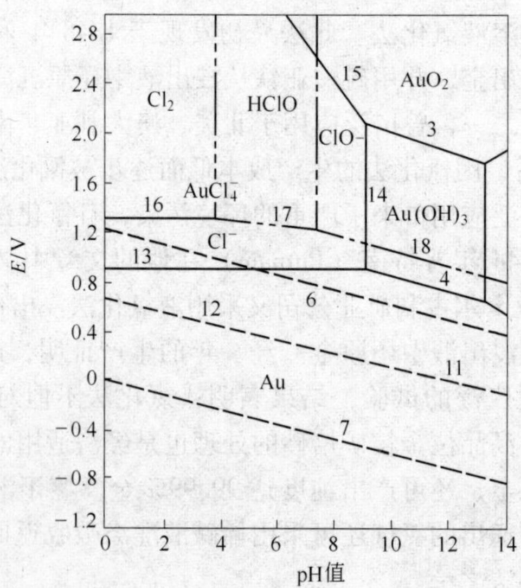

图 10.8 25℃时 $Au\text{-}H_2O\text{-}Cl^-$ 电位 pH 值图

（芬克尔斯坦，1972）

（条件：$Au^{3+} = 10^{-2}mol$，$Cl^- = 2mol$；氯气压力 = 0.9807Pa；

$HClO = ClO^- = 6 \times 10^{-2}mol$；氧气压力 = 氢气压力 = 9.807Pa）

因此，已溶金很易被还原，故矿石浸出时溶液中必须饱和氯气。水氯化法的最大优点是便宜，浸出速度快，用于液氯化法的浸出剂主要是（湿）氯和氯盐。由于氯的活性很高，不存在金粒表面被钝化的问题。因此，在给定的条件下，金的浸出速度很快，一般只需浸出1～2h。这种方法更适于处理碳质金矿、经酸洗过的含金矿石、锑渣、含砷精矿或矿石等，并且从溶液中回收金很容易。

但是，水氯化法也存在严重的局限性：当硫化矿浸出时，会有一部分或大部分MeS溶解，这使废液处理复杂化。因此，对于含 $w(S)<0.5\%$ 的酸性矿石，用水氯化法可能是适合的，除此，水氯化法还存在 Cl_2 对现场的危害以及设备复杂化的问题，但是随着复合金属的应用，设备问题可能会迎刃而解。

南非有一座大型水氯化法处理重选金精矿的试验工厂。所用流程是：精矿在800℃下氧化焙烧脱硫后，将焙砂在通氯气的盐酸溶液中浸出，金的浸出率达99%。然后用 SO_2 还原，从溶液中沉淀金。用氯化氨溶液洗涤后的金粉，纯度达3个“9”。

B 工艺特点

实际流程是矿石磨至-200目占65%以上，矿浆浓度45%，温度27～38℃，以500t/d的给矿量加入4台串联的搅拌槽，总的搅拌时间为20h。氯化槽是衬胶的，外涂泡沫隔热层。氯气通过分配管道送入前三个槽，第四个槽是储槽，以使氯化反应完成。密封槽的气体排至洗涤塔，该塔为一填料塔，有纯碱溶液循环通过，氯同纯碱反应生成次氯酸钠，再返回流程中同矿浆作用，氯气的利用率超过99%。已用氯化法处理约 60×10^4t 矿石，当给矿含金8.71g/t时，提取率为83.5%，每吨矿石消耗氯气18kg。

借助氯化使难选冶矿石适于氰化法的这种预氧化处理，在美国至少有两个较大的金矿山采用。尽管如此，也还存在不同观点。如马塞恩在关于莫克金矿流程选择的论证中认为，若采用氯气进行预氧化处理，在后继的氰化作业中欲达较高的金提取率，氯气等药剂消耗较高（氯气86.26kg/t矿石、碳酸钠48.12kg/t矿石，金氰化浸出率方可达84%），因此认为该矿预先氯化不是一种经济实用的方法。

C 浸金作用

水溶液氯化作为预处理手段受到重视，并在顽固矿石或精矿的处理上得到了工业应用。其中一例是卡林金矿选厂处理含碳难选矿石时采用的矿浆氯气氧化法。卡林氧化矿石中存在活性炭及长链有机碳水化合物，难以用常规氰化法处理，但发现含碳物质的有害影响可用矿浆中加氧化剂来消除，即可采用氯气或利用就地电解含盐矿浆产生的次氯酸钠，将炭及有机碳水化合物氧化成CO或 CO_2。这种经氯化法预处理过的矿浆便可直接给入氰化回路。

水溶液氯化法还可用于地下浸出，涅别拉认为这是从含金0.6～2.1g/t的贫矿中提金最经济的方法。美国专利也曾介绍，为进行地下浸出，对含金矿石疏松爆破，然后让含氯、氧化剂和有机物质（钠叠氮化酯、羟乙胺或乙二胺）的溶液流入与金配合。初步研究表明，金的提取率达80%～90%（浸出时间三周），并证实含金低浓度溶液可用吸附、离子交换或电解等方法回收其中80%～90%的金。工业上能否采用这种地下浸出法主要取决于地质条件。

涅别拉提供了用于地下浸出的氯化物溶液的三种配方：（1）HCl + 0.1mol/L NaCl + Cl_2；（2）$Ca(OH)_2+Cl_2$；（3）NaCl + 0.05mol/L $Na_2CO_3+Cl_2$。其中氯气都是达到饱和

的，并对三者的浸出效果作了比较。

液氯化法提金在工业生产中已经得到实际应用。美国采用盐酸介质水溶液氯化工艺成功地处理了碳质金矿石，于1980年在内华达州建成了碳质矿石处理工厂。Murchison联合矿物公司用该工艺处理锑烧渣，金的回收率达98%以上。此外，对含金黄铁矿、砷黄铁矿采用液氯化法处理，比氰化法和硫脲法浸出率高。在经过650℃氧化焙烧或者矿石浆化后于75～100℃通入空气氧化预处理后，矿石以液固比2∶1浸出数小时，金的浸出率达92%以上。

由于氯化剂容易得到，价格便宜；生成的金氯化物容易分离，且易得到纯产物；避免了氯化作业对人体的危害，有利于环保。因此，液氯化法提金工艺的发展前景十分广阔，在未来的金银提取领域中，必将占有重要地位。

总之，水溶液氯化法适于处理较单一的含金原料或含碳金矿石，其优点是金浸出率较高，采用氯气作氧化剂价格比氰化物低。美国矿业局曾用氯气进行过中间工业性试验。该法的主要缺点是许多杂质容易同时溶解而消耗药剂，并给后继提金过程带来困难，采用控制电位浸出法，可部分克服这方面的缺点。

10.4.1.2 液氯化法浸出金的案例

A 国内某浮选高硫高砷金精矿

实验用矿样为国内某浮选高硫高砷金精矿，主要成分列于表10.12。该金精矿的主要硫化矿为黄铁矿、毒砂，伴有少量的方铅矿、闪锌矿；自然金主要以显微、次显微形态嵌布在黄铁矿和毒砂中。由于液氯化法较适合于低含硫的酸性矿石，对高含硫化矿的金矿，一般要预先氧化脱硫，因此采用加压氧化工艺，先使大部分硫化物转化为硫酸或其盐，以降低浸出时次氯酸钠消耗量。

表10.12 矿样化学成分分析 (%)

S	Fe	As	Zn	Cu	Pb	SiO_2	Al_2O_3	Au	Ag
28.07	27.23	3.25	0.77	0.04	0.14	26.33	4.52	17.90g/t	25.09g/t

加压氧化实验在反应温度为180℃、精矿粒度为-0.075～+0.061mm、氧分压为0.8MPa、初酸浓度为60g/L、液固比为4∶1、反应时间为120min、搅拌转速为600r/min的条件下进行。实验用试剂药品均为分析纯。

液氯化浸出实验以加压氧化渣为原料，研究氧化还原电位1.0V以上的条件下次氯酸钠—氯化钠体系的浸金特性，实验在设置电动搅拌机、铂电极、饱和甘汞电极的恒温水浴中的烧杯中进行，电位及pH值由pHS-3C精密酸度计测量。实验时，首先将一定质量的加压氧化渣与已制备的浸出液，按液固比3∶1混合浆化后用盐酸和次氯酸钠调整pH值及电位，然后在恒温水浴中搅拌速度为300r/min进行反应。每隔一定时间取样、过滤，通过原子吸收分光光度计分析金含量并计算浸金率，考察对浸金率的氯化钠浓度、pH值、温度的影响。

a pH值的影响

氯化浸出过程控制氯化钠浓度为50g/L、液固比为3∶1、温度为30℃，电位为1.0V以上，实验结果显示，反应初期金浸出速率均急剧增加，60min 后浸金率的增加逐渐缓慢。同时，随着 pH 值降低，浸金率增加；但当 pH 值过低时，次氯酸钠溶液易分解逸出氯气，污染环境，增加试剂消耗，不利于金的液氯化浸出过程。pH 值增加到 5 以上时，浸金率减小的原因是由于金氯化反应的溶解电位增加以及金氯配合物的稳定性下降所致，因此浸出体系的 pH 值应控制在 4 左右。

b 反应温度的影响

反应条件不变，在反应初期各温度下，浸金率随时间的延长而增加；在 60min 以后，温度高于 50℃的浸出体系，浸金率随时间增加而下降。在反应动力学上温度的提高促进浸出反应的进行；但温度过高，次氯酸钠溶液易分解逸出氯气，所以在反应温度 50℃以上，反应 60min 以后，氧化剂用量部分损失，使金的浸出率下降，因此反应温度不应超过 50℃。

c 综合条件实验

在电位 pH 值为 4、1.0V 以上、氯化钠浓度 75g/L、反应温度 40℃、液固比 3∶1、反应时间 120min、搅拌速度 300r/min 的条件下取得最优值，此时浸金率为 96.54%。

B 氯化物氧气加压浸出硫化物、氧化物和金属废料的工艺

美国曾报道了其研制的工艺包括用 Cl_2-O_2、HCl-O_2、$FeCl_2$-O_2、$CaCl_2$-O_2、H_2SO_4-$CaCl_2$-O_2，在温度 95～102℃，压力 207～345kPa 条件下浸出，从复杂的硫化物精矿、废金属、熔炉废料和金属氧化物等物料中提取 Cu、Pb、Zn、Ni、Co、Hg、Au、Ag 和其他金属，美国矿务局还强调空气可以用作 O_2 的来源，随后的金属回收方法决定了是 Cl_2、HCl、FeCl 和 $CaCl_2$ 适宜于返回到反应器再用。含砷金矿，金的回收率在 99%，作为不溶成分留在浸出渣中的元素有 Al、As、Cr、Fe、S、Sb 和 Si。

10.4.2 电氯化法浸出金

10.4.2.1 电氯化法浸出金理论

应用电化学浸出方法从矿石中浸出金并由溶液中析出金的方法也称电氯化浸出法，简称电氯化法。

金矿石的电氯化浸出过程，多年来得到不断改进，其金的浸出速率比氰化法快，已进行了半工业试验，尚未达到工业应用阶段。由于原子氯和氯气对金的强氧化性和强配合能力，人们在处理难处理金矿石时，对电氯化法给予特别注意，经常在一些小设备中进行小规模加工处理。

基本原理：金矿石的电化学浸出过程在悬浮矿浆食盐溶液中通直流电进行，通过电解氯化钠溶液产生氯的氧化和配合作用，使金浸出，转入溶液。

在隔膜电解浸出槽中电解氯化钠溶液时，H^+ 在阴极上放电析出气态氢，Cl^- 在阳极上放电析出气态氯。在阳极上 OH^- 也可能放电析出 O_2。虽然 OH^- 放电析出的氧的可逆电位（$E^{\ominus}_{OH^-}$ = +0.82V，18℃ NaCl 溶液）比 Cl^- 放电可逆电位（$E^{\ominus}_{Cl^-}$ = −36V）低，但其超电位数值大（见表 10.13），实际析出电位比 Cl^- 高得多，在电流密度为 1000A/m^2 下，$E^{\ominus}_{OH^-}$ = 1.911V，$E^{\ominus}_{Cl^-}$ = 1.611V。

表 10.13 氧和氯在软石墨阳极上超电位

电位/V	离 子	电流密度/A·m^{-2}				
		10	200	1000	2000	5000
1mol/L KOH 溶液	Cl^-	—	—	0.251	0.298	0.417
饱和 NaCl	OH^-	0.525	0.963	1.091	1.142	1.186

所以，电解中性氯化钠溶液时的主要反应为：

在铁板阴极上：

$$2H_2O + 2e = H_2\uparrow + 2OH^-$$

在石墨阳极上：

$$2Cl^- = Cl_2\uparrow + 2e$$

总反应式为：

$$2H_2O + 2Cl^- = Cl_2\uparrow + H_2\uparrow + 2OH^-$$

过程产生的原子氯或分子氧对金都有强的氧化作用。氯溶解在食盐溶液中生成次氯酸，当溶液呈碱性时，则生成易分解的次氯酸盐。ClO^-的放电电位比 Cl^-小得多，如图 10.9 所示，即使次氯酸盐浓度相当小，ClO^-与 Cl^-也能同时放电。

$$2ClO^- - 2e = 2Cl^- + O_2\uparrow$$

$$2Cl^- - 2e = Cl_2\uparrow$$

析出的氧也是一种强氧化剂。

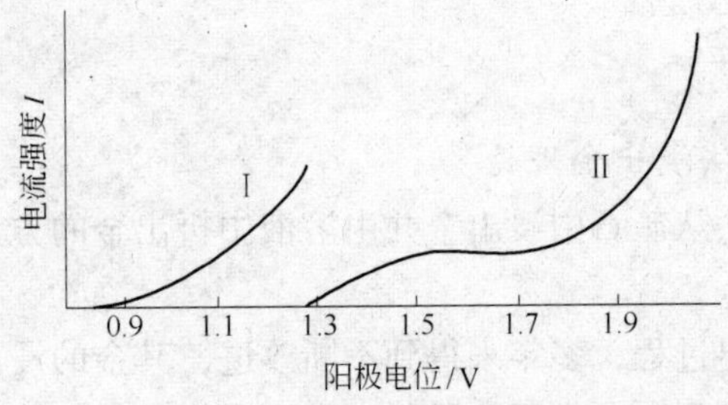

图 10.9 ClO^-与 Cl^-电位曲线

I—1mol/L NaClO + 0.25mol/L NaOH；II—1mol/L NaClO + 0.01mol/L NaOH

金的标准电极电位为 +1.50V，在氢以上，意味着金的溶解只能在含氧溶液中进行，尤其需要那些电极电位高的活性氧化剂，如次氯酸、次氯酸盐和 Cl^-（见表 10.14）。金在碱金属氯化物中与氯离子生成氯化络合物，使金的标准电极电位变小，促使金浸出。

在金矿石电化学浸出过程中，由于食盐电解过程中所消耗的气态氯和氧不断得到补充，促使浸出反应迅速进行。电氯化浸出时金的溶解过程也是一种扩散过程，金的浸出速率受搅拌强度和温度影响，通常，温度升高对金浸出有利，但是，当温度高于 40℃以后，金浸出速率就显著降低。搅拌强度过大，激烈搅拌会使氯渗透到阴极液，碱渗透到阳极液，或使分子氯大量挥发，导致溶液中氧过量，造成矿石中的金部分钝化。

表 10.14 含氯氧化剂和贵金属的氧化还原电位

电　极	ClO^-/Cl^-	$HClO/Cl_2$（液）	Au^+/Au	Au^{3+}/Au	Cl_2/Cl^-	Pt^{4+}/Pt
氧化还原电位/V	1.715	1.594	1.58	1.5	1.395	1.2
电　极	Ir^{3+}/Ir	Pd^{2+}/Pd	$Ag+/Ag$	Ru^{3+}/Ru	Rh^{3+}/Rh	
氧化还原电位/V	1.15	0.98	0.8	0.49	0.8	

10.4.2.2 电氯化法浸金案例

试验用的晏庄金矿石属于含金细泥“铁帽”氧化矿，以褐铁矿为主。金呈次显微状，其粒度为 0.001～0.005mm。金赋存于褐铁矿孔隙里，破碎后金进入矿泥中，矿石含金 9g/t。

采用了 ϕ175mm×250mm 无隔膜搅拌塑料电解槽，其转速 252（r/min），螺旋桨直径 70mm，阳极为石墨板，阴极为铅板，极板为 100mm×130mm。直流电源为 IIPS 型直流发电机。

矿石破碎磨矿后入电解槽，同时加入氯化钠、盐酸和树脂，进行浸出和吸附，得到阴极泥、吸金树脂和最终尾矿（浸渣和尾液）。矿石磨碎细度 -200 目占 95%，矿浆浓度 25%，氯化钠 30kg/t，盐酸 20kg/t，湿树脂 10kg/t，浸出吸附 6h。采用离子交换树脂法进行浸出试验。

试验结果显示，电氯化法是处理含金细泥氧化矿的合理方法之一，金回收率可达 83%。这同现有的混汞—浮选—渗滤氰化等生产流程相比，提高回收率 20%。氯化钠的电解、金的浸出和吸附都在同一个设备中进行，这不仅有利于充分利用比气态氯活泼得多的析出的氯，而且简化了工艺流程。

10.4.3 高温氯化法挥发法提金

早在 1851 年，普拉特内提出利用氯气使金转变成氯化金，然后再用水提取氯化金。这一方法后来在西里亚被采用。艾伦首先认识到氯化金的挥发作用。氯化金的挥发问题曾引发一系列研究，1964 年由谢弗以及很多苏联学者提出有价值的研究，并以 1970 年底黑格和希尔在科罗拉多矿业学院所作的研究工作达到高潮。美国矿务局根据艾斯尔、海南和费希尔等人所做的金矿石氯化的实验，在约翰·黑格的论文基础上提出了金的各种氯化物、稳定区及生成这些氯化物的最新的热力学数据。这里不再重复这些推导，主要介绍斯图尔特·克罗斯德尔对霍姆斯特克型的金矿石列出的工艺流程和焙烧、氯化器以及冷凝系统的设计；以及苏联对 4 种不同精矿的氯化挥发试验结果及我国辽宁冶金研究所的扩大试验。

10.4.3.1 霍姆斯特克金矿的氯化挥发流程

氯化工艺流程如图 10.10 所示。破碎后的矿石给入流态化焙烧炉中，产生的 SO_2 气体送往接触法制硫酸车间。焙烧矿进入两段式氯化器中，并往氯化器中通入循环使用的氯气。从氯化器放出的气体进入冷凝室，在那里与氯化钠接触和反应，生成盐—金氯化物的熔体（已从气流中提取了金），再进一步处理，以便回收金。氯气及失效了的物质经冷却和用硫酸洗涤后送到压缩机中再加压。从返回的气流中取出一部分进行液化，以便使氯气可以蒸馏并除去失效的物质。

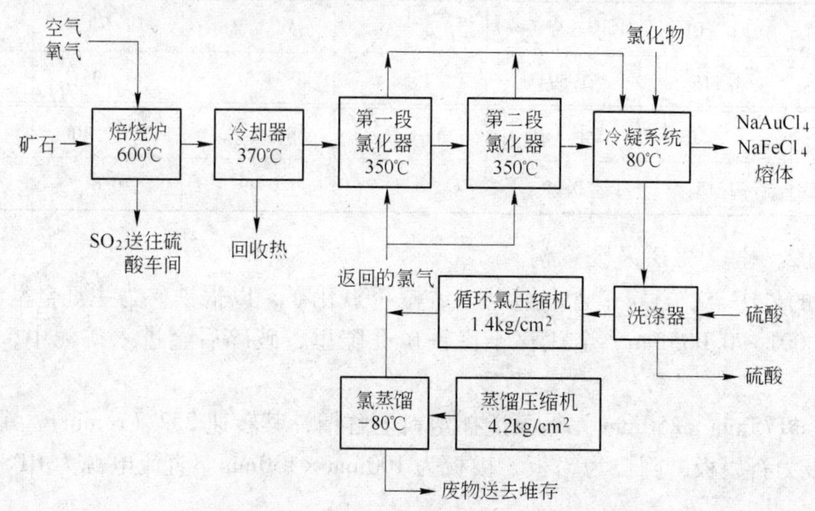

图 10.10 金矿石高温氯化法工艺流程

A 焙烧炉

在铁的含量为5%时，焙烧过程中不需要再补充碳，就能产生足够的热量实现矿石的焙烧。焙烧过程中究竟使用氧气还是空气，或者两者结合使用，经实验决定还是使用氧气，因为这时虽然会增加动力消耗和投资费用，但可缩小焙烧炉的体积，并可得到 SO_2 浓度更高的气体送往硫酸车间，因而就可抵消制氧所需的那部分附加费用。

焙烧的设计应根据究竟是使用氧气还是空气而决定，同时还要考虑到最佳的焙烧温度。为了方便起见，假定焙烧温度 627℃是比较合适和可行的，但在更低的温度（下降100℃）也是完全可能的。在焙烧温度降低，也就是在 527℃的反应器中焙烧时，可能会使给料冷却和完全裸壳（bareshell），但仍处于热平衡状态。

为加快氯与金的反应，必须提高氯化器的操作压力，但焙烧炉的压力还要高于氯化器的操作压力。单就为接触法制硫酸提供 SO_2 这一点来说，也希望提高氯化器的压力。

B 氯化器

这种氯化器肯定要设计成二段或三段式的反应器，而且这几段可能都设置在同一个炉壳内。最合适的操作温度约为350℃。虽然氯气流动会使反应器冷却，并且不会有大量的反应热产生，但仍有必要对焙烧后的矿石给料进行冷却。由于金-铁氯化物的配合物会积聚在炉壁上，并使大量的金留在炉子里（这些金只能在每年或两年清洗一次反应器时才能回收），因此氯化反应器应尽可能设计成有耐火材料的内衬，以防止它在器壁处积聚金的配合物。由于这些反应的条件比较适度，所以不会出现耐火材料的腐蚀问题。

考虑到热量和质量的平衡问题，选用的氯气流速为61cm/s，这是使固体物料能达到很好的搅动的最低的流态化速度，也是最低的稳定态气流。氯气的脉动式流动也是可以利用的，它能减少流进反应器和整个冷凝阶段的氯气量，另外，设计本身就不打算使所有的氧气都得到利用，而是通过氯气的再循环作用使之保持较高的压力，以确保能以很快的反应速度生成金的配合物。

实验证明，在没有任何促进剂存在下进行的金矿直接氯化，-200 目矿样最大能以颗粒数每分钟 3.45% 的速率氯酸盐化。在有氯化铁存在（它能使氯化反应速度至少提高 25 倍）并有一定的氯压（它可使氯化反应速度提高 13.5 ~ 18 倍）的条件下进行操作，反应动力学似乎是很快。预计霍姆斯特克的金矿破碎到 -20 目，在氯化器中停留 1h 就可使金完全转变为氯化金。但为了确保在一段氯化器中能达到很高的转化率，该反应床必须在相当低的平均床浓度下操作。采用两段氯化时，第一段可在较高的金浓度下操作，最后的精加工阶段在非常低的金浓度下操作，这样就可使金达到很高的总转化率。

这一流程表明，往每段氯化器中添加少量的铁粉，是很有必要的。因为平衡计算表明，在氯化器的反应温度下，光靠氧化铁与氯气的反应还不能提供必要数量的 $FeCl_3$ 配合物。

C 冷凝系统

在氯化器中形成了金的络合物以后，蒸气状的络合物就以它在氧气中的很低浓度的形式从反应器中逸出。在金的络合物冷凝以前，从接近氯化器温度的气流中先经旋流集尘器除尘，然后使这些气体与含有熔体的氯化钠接触，以使挥发性的金—铁配合物能转变成四氯铁酸钠相当的 $NaAuCl_4$。

$NaAuCl_4$ 配盐的键能强度足以使金的氯化物从气相的 $AuFeCl_6$ 配合物中分离出来，并且在低于 150℃时，以含有这种络合物的液态熔体的形式存在。

这个反应和气体的冷却过程是在直径 0.46m、高 30m 的水平或立式的高速烟道中进行的，必要时，这种烟道能弯曲 180°。这种液态盐的络合物可用旋流器在烟道末端收集，而气体（温度约为 150℃）通过与洗涤旋流器的硫酸接触而进一步冷却到 80℃。然后将氧气在轴流式压缩机中压缩，并在 80℃时返回氯化阶段。为达到高度压缩和蒸馏，需放出一部分气体，用以防止失效了的气体的积累。这种金络合物与盐的反应，虽可能会放出大量的热，但就达到热平衡来说还是太小，所以热的传递就成为重要因素。

由此可见用盐使气相的含金氯化物配合的方法是可实现的，并能提供一种比活性炭吸附更有效的方法，达到从氯化器逸出的气流中回收金。利用低温氯化法处理金、银矿石，以使矿石中的金和银挥发，达到提金和银的目的。

10.4.3.2 氯化挥发从难溶的金精矿中浸出金

氯化挥发法是将精矿与氯化剂一起加热，使金、银、铜、铅、锌等金属氯化生成具有挥发性的物质升华并捕集于烟尘中，然后通过湿法冶金从烟尘中分步回收这些金属。

氯化剂 NaCl 或 $CaCl_2$ 的用量通常为精矿质量的 10% ~15%。当原料为硫化物精矿时，应预先进行不完全氧化焙烧，使焙砂中残留 3% ~5% 的硫，以便于氯化过程中产生一部分氯化催化剂作用的 S_2Cl_2，使精矿能在 1000℃下氯化挥发，但精矿不含硫时，氯化挥发温度必须不低于 1150℃。此时氯化剂的用量可减少到精矿质量的 5%。精矿常与质量分数为 10% ~15% NaCl 一起加水于圆盘制球机中制球，经 150 ~200℃烘干后筛去粉末，再于竖式炉中进行氯化挥发。当使用的物料为粉料（不制球）时，可采用回转窑进行氯化挥发。苏联 4 种难溶金精矿焙砂的氯化挥发试验结果见表 10.15。

表 10.15 难溶金精矿焙砂的氯化挥发试验条件及指标

精矿特性	氯化剂用量/%	氯化温度/℃	氯化时间/h	渣含金/$g \cdot t^{-1}$	金回收率/%
金与硫化物紧密共生，含大量碳	5	1150	3	0.8~3	96~99
金与砷黄铁矿共生	5	1150	2	0.8~3	96~99
金与黄铁矿共生	10	1150	3	0.1	99.7
含铜产品	10	1150	3	0.4	99.4

我国曾对某矿的浮金精矿进行了高温氯化挥发扩大试验。金精矿组分：$w(Cu)=0.20\%$，$w(Pb)=0.29\%$，$w(Zn)=0.29\%$，$w(Fe)=32.00\%$，$w(S)=30.96\%$，$w(SiO_2)=26.30\%$，$w(CaO)=0.48\%$，$w(MgO)=0.49\%$，$w(Al_2O_3)=0.89\%$，Au 76.38g/t，Ag 41.83g/t。由于精矿含硫高，故先经沸腾焙烧脱硫。焙砂经磨矿后和70.6% 140~180目烟尘合并，于圆盘制粒机上喷洒相对密度为1.29~1.30的氯化钙液，制成直径10~12mm的球粒。经竖式干燥炉干燥至含水1%左右，此时球粒含氯化钙8%~10%，抗压强度为10~15kg/t，经振荡筛去粉料后，送回转窑进行氯化焙烧。

试验用的回转窑生产能力为0.98t/($m^3 \cdot d$)，窑体倾斜度1.85%，转速1.42r/min，矿球在窑内的充填系数10.3%，停留时间80min。加热用柴油，每吨矿球耗油250~300kg。窑内高温区（氯化挥发区）温度1040~1080℃，烟气含5%~9%氧，烟气排出速度1.5~2m/s。经氯化挥发焙烧后，矿球失重率10%左右，抗压强度达31~95kg/t，所含的铁和杂质均符合炼铁要求，可直接入高炉熔炼生铁。收尘使用沉降斗、冲击洗涤器、内喷式文氏管和湿式电收尘器等组成的湿式快速收尘系统。

氯化挥发烟尘中的金全部呈金属状态，将其于磁球磨机中加入盐酸液，并向盐酸液中加入漂白粉和硫酸，使其分解放出活性氯来氯化金：

$$2Au + Cl_2 \xlongequal{\quad} 2AuCl$$

$$AuCl + Cl^- \xlongequal{\quad} AuCl_2^-$$

$$AuCl_2^- + Cl_2 \xlongequal{\quad} AuCl_4^-$$

其总反应式为：

$$2Au + 3Cl_2 + 2HCl \xlongequal{\quad} 2HAuCl_4$$

由于烟法中含金较多（12kg/t），故采用两次浸出。浸出前先将烟尘磨碎至-0.15mm（100目）。一次浸出条件为：固液比1∶2，加入10%盐酸、5%漂白粉、4%硫酸，浸出时间4h，金的浸出率可达96.70%。二次浸出条件为：固液比1∶1.5，加入10%盐酸、3%漂白粉、4%硫酸，浸出时间4h，可使残余金的79.80%进入溶液。两次浸出金的总浸出率达99%以上，浸出渣含金小于100g/t。

二次浸出渣用质量分数为2%盐酸洗涤两次，一次洗液返回作二次浸出用，二次洗液返回作一次洗涤用。洗涤渣过滤后送回收银、铅。二次氯化浸出液返回作一次浸出用，以便于获得富含金的浸出液。

一次浸出的富金溶液，在0.7mol/L盐酸浓度下加亚硫酸钠还原金：

$$2AuCl_3 + 3Na_2SO_3 + 3H_2O \longequal 2Au\downarrow + 6HCl + 3Na_2SO_4$$

亚硫酸钠的用量为理论量的 1.2 ~ 1.8 倍，通常按每克金加入 1.5g。金的还原率达 99.9%，液中含金的质量浓度在 0.01g/L 以下。还原的金粒经过滤后，用质量分数为 1% 的盐酸洗涤两次，再用水洗涤两次，获得的金纯度大于 98.5%，然后分别用氯化铵液和稀硝酸处理除去银、铅等杂质，金的纯度可提高到 99.7% ~ 99.8%。浸出金的渣，用 pH 值为 1 的酸性食盐水洗涤后送去回收其他金属。

10.5 溴化法提金

10.5.1 溴化法浸出金的原理

溴是一种较强的浸出剂，在水溶液的作用下可以很快地溶解金，早在 1881 年 Shaffer 就发表了用溴提金的工艺专利（美国专利 No. 267723），但直到最近由于环保和处理矿石的性质变化等原因，这种被忘却了 100 多年的提金工艺才又重新引起人们的注意，某些含溴的浸出剂也开始在市场上占有一席之地。

由于溴和氯都是氯族元素，因此它们有着比较接近的化学性质，在水溶液中，它们都能与大多数元素起反应，对金来说既是氧化剂又是配合剂，浸金速度很快，因此是一类比较理想的浸金剂。最近几年，加拿大和澳大利亚等国家相继发表了很多文章，称要以生物浸出的 D-法和 K-法等溴化浸出法与氰化浸出法相对比，强调这些新方法具有浸出速度快和不污染环境的优点。

生物浸出 D-法提金工艺采用了一种称之为 BiO-D（BiO-D-Leachent）的浸出剂，它是由溴化钠和氧化剂（卤素）配置而成的浸出剂，可用于浸出贵金属。这是由美国亚利桑那州的 Bahamian 精炼公司于 1987 年研究成功的，用于替代氰化法浸出金。研究结果显示，这种实际对密度较大的金属亲和力大于对密度较小的金属，可用于弱酸性至中性溶液，其稀溶液无毒，试剂易再生且具有生物降解作用。多数矿石浸出 2.5h 就可达到 90% 的浸出率。但在反应过程中会有比较多的溴蒸气从溶液中逸出，不仅增加了试剂消耗，还会造成严重的腐蚀和健康问题。因此目前仍处于实验室与半工业试验阶段。

K-浸出法（K-Process）是由澳大利亚公司 Kalias 公司发明的，因此又称 Kalias 法（或 K-过程），实质上是利用一种溴化物浸出剂的新工艺。工艺过程中所用的试剂是一项专利，可能包括氯气和溴盐，可在中性条件下从矿石中浸出金，但目前仍处于开发试验阶段，工业上推广使用还有一定的难度。

据 1985 年一项德国专利透露，由溴一氯化钠（或氢氧化钠等）组成的溶剂溶解金的能力约为王水的 5 倍。这些都说明某些含溴的试剂具有很高的溶解金能力，能经济有效地从难浸矿石（或精矿）中浸出金。

与氯化法相似，金在溴溶液中的溶解过程也是一个电化学过程，可简单表示如下：

阴极过程 $Br_2 + 2e \longrightarrow 2Br^-$ $E^\ominus = 1.065V$

阳极过程 $Au + 4Br^- \longequal AuBr_4^- + 3e$ $E^\ominus = 0.87V$

溴化物浓度、金浓度、溶液 pH 值、氧化还原电位是影响金在溴溶液中溶解能力的主要因素，溴化钠浸金过程的溶解反应为：

$$Au + 3BrO^- + 6H^+ \longequal AuBr_3 + 3H_2O$$

$$AuBr_3 + NaBr \xlongequal{} Na(AuBr)_4$$

首先是 Au 被氧化成 $AuBr_3$，然后在于 NaBr 作用形成 $AuBr_4^-$，络离子进入溶液中。K. Osseo-Asare 绘制了 Au-Br-H_2O 系电位-pH 值图，如图 10.11 所示。可以看出，随着 Br^- 浓度的增加，$AuBr_4^-$ 稳定区域增大，在室温下，最佳溶金区域在 pH 值 4 ~ 6 之间，电位 0.7 ~ 0.9V（以甘汞电极为准）。

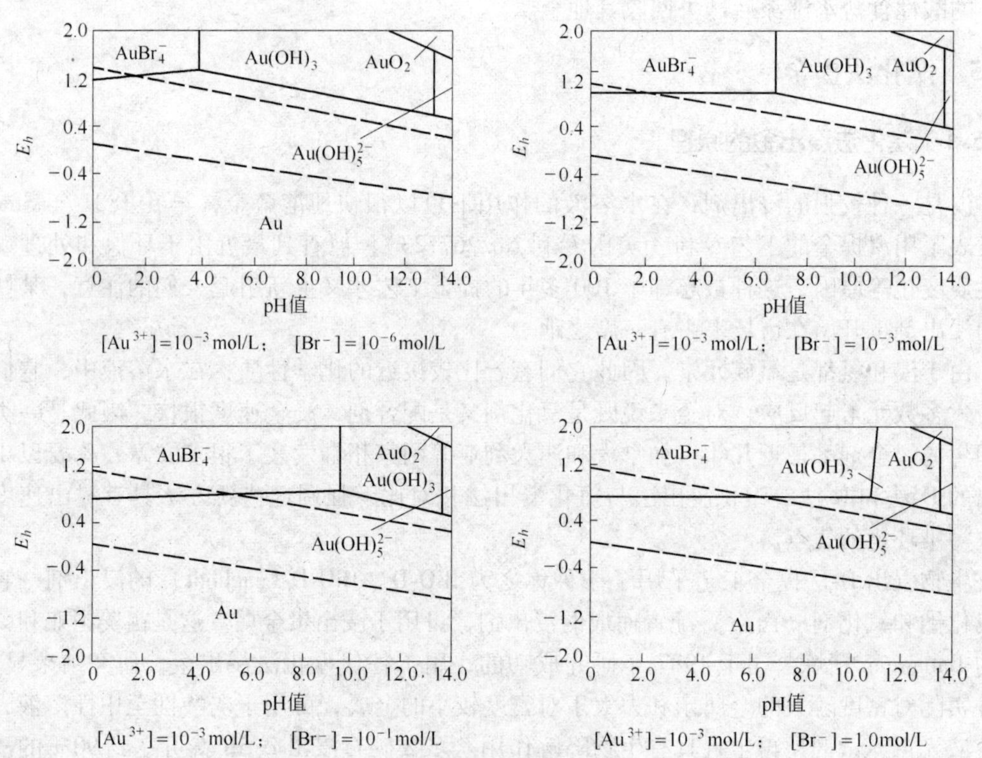

图 10.11 25℃ Au-Br-H_2O 系电位-pH 值图

在 Brent 与 Hiskeg 的文章中也绘制了一幅 Au-Br-H_2O 系电位-pH 值图，如图 10.12 所

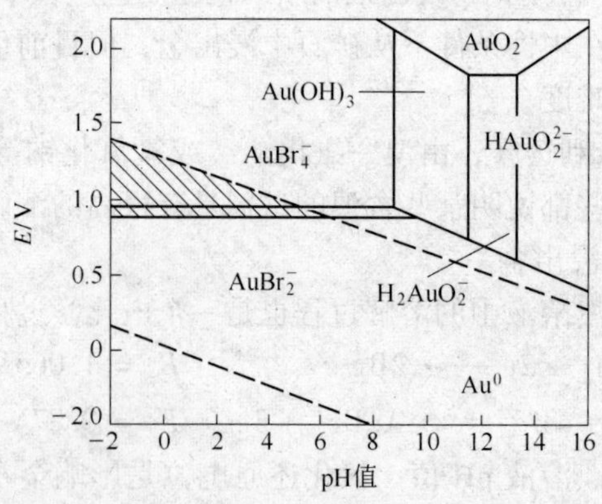

图 10.12 25℃ Au-Br-H_2O 系电位-pH 值图

（$[Au^-]=10^{-1}$ mol/L；$[Br^-]=10^{-2}$ mol/L）

示。这个图看来更为完整一些。在这个图上还标明了 $AuBr_2^-$ 的存在区域。25℃下含金组分的标准自由能见表 10.16。

表 10.16 含金组分的标准自由能

组 分	状 态	$G_{298}^{\ominus}$	组 分	状 态	$G_{298}^{\ominus}$
Au	s	0	AuO_3^{2-}	aq	-24.24
Au_2O_3	s	163.02	Au^+	aq	163.02
$Au(OH)_3$	s	-289.67	Au^{3+}	aq	433.05
AuO_2	s	200.64	$AuBr_3$	s	-24.66
H_3AuO_3	aq	-258.32	$AuBr_2^-$	aq	-113.28
$H_2AuO_3^-$	aq	-191.44	$AuBr_4^-$	aq	-159.26
$HAuO_3^{2-}$	aq	-115.37	AuBr	s	-15.47

20℃、100g 水中能溶解 3.5g 溴。液溴是红棕色液体，相对密度 3.14，沸点 58.7℃。如果溶液 pH 值高会发生下列反应消耗溴：

$$2OH^- + Br_2 \longrightarrow BrO^- + Br^- + H_2O$$

$$3BrO^- \longrightarrow 2Br^- + BrO_3^-$$

溴在溴化物溶液中生成 Br_3^-。因此在溴化物溶液中溴有较大的溶解度，Br_3^- 有较强的氧化能力，有利于金的溶解。

10.5.2 溴化法浸出金的动力学

Pesic 和 Sergent 用旋转圆盘法研究了 Geobrom™3400 溶液溶金的动力学。溶金速度 v 随转速的变化如图 10.13 所示。溶金速度与转速呈线性关系。但直线不通过原点。这表明溶金速度部分受化学反应速度控制。反应对溴浓度是一级关系。对溴离子浓度是 0.5 级关系。Geobrom™3400 既含有溴又含有溴化物，所以实验测定的 Geobrom™3400 的级数为

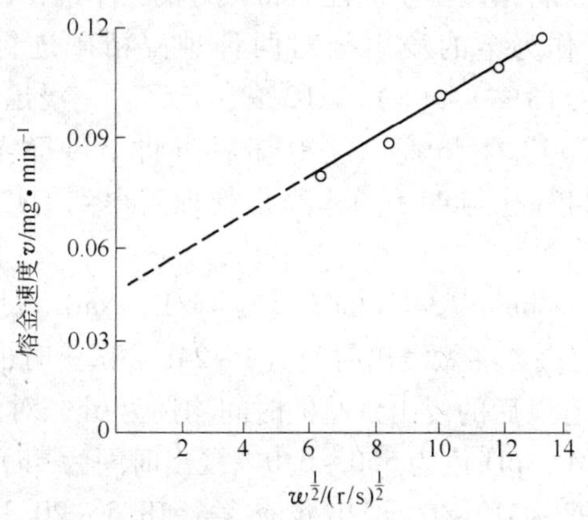

图 10.13 转速对 Geobrom™3400 溶金速度的影响

1.4～1.6 级。从溶金速度 v 随 pH 值变化如图 10.14 所示，可分 3 个区域：pH 值为 1～6，溶金速度 v 与 pH 值无关；pH 值为 6～10，pH 值增高，溶金速度迅速降低；pH 值大于 10，溶金速度几乎为零。溶金反应的活化能为 24.85kJ/mol。高价态的铜、铁、锰以及铅、锌、钠和钾对溶金速度 v 没有影响。溶液中有 $[Mn^{2+}]$ 时溶解速度降低。

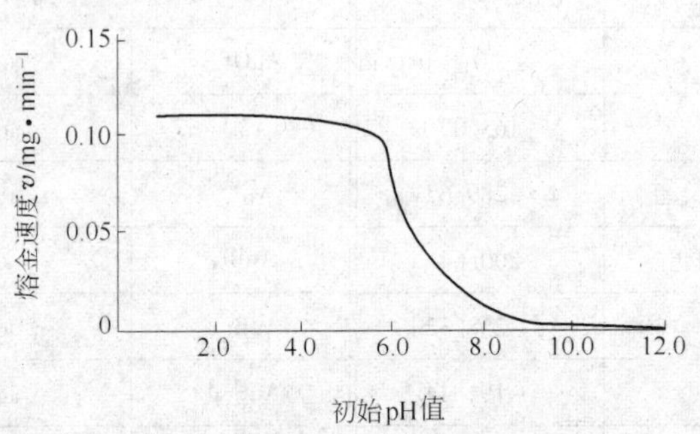

图 10.14 pH 值对金溶解速度的影响

（Geobrom™3400 5mol/L）

10.5.3 溴化法浸出金的工艺特点

10.5.3.1 用 Geobrom™ 3400 从难浸矿石中浸出金

就试验过的众多的溴化物浸出剂来说，目前普遍认为比较有希望的是 Geobrom 系列的试剂，其中研究得最详细、技术经济指标又比较好，并且从各方面分析也是最有发展前途的应该说是 Geobrom™3114（溴氯二甲基乙内酰胺，即一种氧化剂，乃是次溴酸与次氯酸的混合物）、Geobrom™5500（溴二甲基乙内酰胺）和 Geobrom™3400 等一些有机溴配合剂，尤以 Geobrom™3400 的效果最好。国外近年来对这类试剂已作过大量的试验研究，并已取得了一些令人满意的结果。

Geobrom™3400 系美国印第安纳州 Great Lakes 化学公司生产的一种溴试剂的注册商标（该公司是世界最大的溴和溴化物产品生产厂家，它们还生产很多种其他代号的 Geobrom 系列的试剂），它乃是一种蒸气压较低的并已取得专利权的液体溴载体。大量的试验结果表明，将它用于从难浸金矿石中浸出金时能获得很好的技术经济指标。

在用 Geobrom™3400 作为金的浸出剂对两种难浸精矿进行试验时，因精矿含碳、硫较高［$w(C)=10\%\sim13\%$，$w(S)=12\%\sim15\%$］、浸出前需先使精矿脱水并在 110℃干燥，后在 650～750℃下焙烧。经冷却后再将焙砂磨至 -150～200 目。精矿Ⅰ、Ⅱ的含金量分别为 242g/t 与 419g/t，经预处理后得到的焙砂Ⅰ、Ⅱ中的含金量分别为 298g/t 与 541g/t。

浸出试验结果表明，Geobrom™3400 的浓度为 4g/L、NaBr 浓度为 6～8g/L 时，金的浸出率达到最大值（94%左右）。在做浸出时间（2～24h）试验时也还发现，2h 后可浸金的 98%即已溶解。因此，所有以后的浸出试验的时间均选为 6h。对由探索试验确定的最佳条件（Geobrom™3400 为 4g/L，pH 值为 5.0～6.0，浸出时间为 6h）还做了验证试验。结果是，对焙砂Ⅰ样品含金 298～312g/t，浸出残渣含金 18.5～20.3g/t，金提取率 94.2%～94.5%；对焙砂Ⅱ相应的指标为 541～555g/t，22.3～24.0g/t，96%～96.3%。

另据报道，在对上述焙砂Ⅰ进行氰化及溴化提金对比试验时，金浸出率分别为95.1%和94.2%，处理每吨矿石的试剂费用分别为11.7美元及11.6美元，故两者几乎都很相近。

另外，还对溴载体的循环与回收进行了试验。计算得出，用于从精矿中浸出金的Geobrom™3400（价格为1.34美元/kg）的平均消耗量为8.5kg/t焙砂。故溴化法的试剂费用为11.4美元/t焙砂。由实验室回收试验可计算出活性炭对金的负载容量为25kg/t。用Geobrom™3400在室温下能使金从负载炭上迅速解吸，接着再用锌粉或联氨沉淀。因此，采用溴化法回收金时消耗的炭量比氰化法低得多。同时还省去了氰化法回收金时所需的热交换、电解槽和电极，估计这样就能使成本大幅度降低。

最近，A. Dadgar等人又详细研究了用Geobrom™3400从黑砂精矿中浸出金，以及溴的电化学再生问题。他们采用很富的（6.2kg/t）黑砂精矿浸出金，再用离子交换和溶剂萃取法回收金。试验结果表明，用Geobrom™3400从黑砂精矿中浸金时，金的浸出速度特别快，大约90%的金是在开头2h内被浸出的，4h以后就达到最高(94%~96%)的浸出率。

然而对浸渣进行的分析表明，在第一次浸出后仍有相当一部分金留在残渣中。为达到最高的金浸出率，必须用新配的Geobrom™3400溶液再浸出两次。用离子交换和溶剂萃取法处理时，金的负载率和回收率几乎都达到100%。

初步的经济核算表明，处理每吨精矿约需消耗130kg的Geobrom™3400。所以，为从黑砂精矿中提取31.1g金所需的浸出剂成本仅为1.00美元左右。在对溴采用电化学方法再生时还可较大幅度地降低成本。

10.5.3.2 $AuBr_4^-$在Dower 21 K树脂上吸附

吸附动力学试验全部在一台机械振荡器以间断方法完成。温度几乎不影响溴化金离子在阴离子交换树脂上的吸附速度，因此定为25℃。$AuBr_4^-$在弱碱和强碱性离子交换树脂上吸附速度与溶液pH值（1~6范围内）无关，所以pH值都调到3.0~3.5。重要的是在碱性pH值内，溴转为溴酸盐，金以氢氧化金形式沉淀，因此，在碱性范围内的速度研究是无意义的。所以动力学研究是在温度25℃，pH值为3.0~3.5，0.25g湿树脂与100cm^3溴化金溶液接触，在3h内，每15min取一个样，用ICP分析金含量。

试验结果表明：$AuBr_4^-$在Dower 21 K上的吸附速度常数为0.029mg/min，与Br_2浓度无关，为一级速度，贱金属离子Fe^{3+}、Zn^{2+}、Cu^{2+}和Ni_2^+在酸性溶液中。实验证明，树脂的吸附容量与吸附动力学都不受这些贱金属离子的影响，对$AuBr_4^-$吸附特别有效。

10.5.4 溴的电化学

为进一步改进与完善溴化法提金工艺，1990年公布了一项美国专利。提出了一种电解溴法浸金工艺，即在溴化法浸出槽中插入电极，电解产生的活性溴能有效地进行金矿浸出。电解槽下部经渗滤流出的含金贵液，一部分泵送到置换槽内用锌粉置换金，一部分则返回（或补充新液后）循环浸出。锌粉置换后的贫液亦返回浸出槽，使溴化物溶液达到有效循环利用，从而降低试剂用量及成本。

最近，Great Lakes公司为进一步降低Geobrom™3400浸出工艺的成本，已研制出两种电化学方法用以从浸出和离子交换回收金以后的Geobrom贫液中再生溴，这些方法在半工业试验时都已获得成功。其间，公司对含质量分数为5% Br_2的贫液进行了电解处理。

在半工业（250kg/d）试验过程中，20% ~35%浓度的矿浆在浸出槽中搅拌6h以浸出矿石中的金。固液分离后使富液通过离子交换柱以回收金，离子交换树脂除能吸附 $AuBr_4^-$ 以外，还能使残余的溴还原成溴化物离子。所以，贫液中将不再含有金和溴。贫液中的溴化物离子被阳极氧化成溴，可泵回浸出槽中循环使用，并因此而降低了溴试剂的耗量。

10.5.4.1 电解槽装置

Lectranator 系统 Lectranator 槽是作为游泳池消毒时电解用的次氯酸盐发生器出售的。研究所用的样机由6个独立的槽组成，生成氯酸盐的电极面积估算为 $360cm^2$。Lectranator 是一个偶极电解槽，仅在两个外电极连通时，中间极板被极化。

电解槽安装在一个可移动的装置中，该装置由一个带盖的 $0.2m^2$ 聚乙烯储仓和一个 Aquatron Ⅱ型离心泵组成。含有 NaCl 和 NaBr 的模拟金浸出液，强制通过此槽（$102dm^3/min$），并直接返回槽以便循环，返回液流的管道插入电解液液面以下，以加速混合。

用 SorensonDCR 60-30B 电源以产生电极反应，表盘显示使用的槽电压和电流，在6A（相当于 $100mA/cm^2$ 通过6个独立的槽）下进行电解。每30min 电极极性颠倒一次，以清除表面像钙那样的沉淀物及外来的电镀金属。这些沉淀物在阴极1/2循环时形成，在阳极1/2循环时溶解。

在电解过程中，溶液的pH值可能自然上升（注意，逆反应是随阴极放出 H_2 形成 OH^-），临近反应结束时，加入一定浓度的 H_2SO_4 使pH值为5~6，此时释放出浸出剂 Br_2，溶液变为特有的橙黄色，用碘滴定以确定法拉第电流效率。

10.5.4.2 混合卤化物电解

与溴浸出剂的电解再生有关的最初研究表明，溴浸出法在电流利用率80% ~90%时具有高效率。中间规模电解试验使用市场上能买到的次氯酸发生槽及含0.5% ~5% Br^- 的模拟浸出液。考虑到减少 Br^- 到非常低的浓度将使该法在经济上具有更强的吸引力，改变浸出剂成分以使 Br^- 利用率最大。研究的基本思想是利用高 Cl^- 和低 Br^- 液流作业。在电解再生期间，电流负荷是阳极 Cl^- 氧化成次氯酸盐，当降低pH值时，Br^- 被次氯酸盐均匀氧化而释放出 Br_2 浸出剂。

该试验利用游泳池消毒槽的装置 Lectranator 系统来加工金浸出剂。制造者认为此设备为一低电流效率（40%）设备，为了抑制能引起低电流效率的副反应，实际选择5% Cl^- 浓度的操作条件。由于 Cl^- 浓度增加，出现了另外两个优点：(1) 溶液导电率增加，因此槽电压较低，动力费用减少了；(2) 可能有一个实际电流密度，成为工业规模电解特征，例如单位生产能力增加了。

为有效地浸出，典型的氧化矿需要大约0.2%的 Br_2。由于目的是最大限度地利用 Br^-，所以用质量分数为0.5%的 Br^-（以 NaBr 引入）再生工艺液流。在 $100mA/cm^2$ 下进行电解，以便在酸化之后生产活性浸出剂质量分数为接近0.2% Br^- 的溶液。注意要安全氧化 Br^- 是不可能的，因为：(1) 需要供应游离 Br^-，以便使 $AuBr_4^-$ 阴离子配合为氧化的物质；(2) 游离 Br^- 与 Br_2 配合形成 Br_3^-，所以要防止一个不希望有的高蒸气压力。

10.5.5 溴化法浸金案例

从某高银金矿浸金：试验原料为高银金精矿，化学成分见表10.17。浸出采用恒温水浴锅及磁力搅拌恒温加热器，试验在500~1000mL烧杯中进行。金样品经原子吸收分光光度法校对后用碘量法分析金。

表 10.17 样品化学成分 （质量分数/%）

Cu	Zn	Pb	Fe	S	As	Sb	CaO	SiO_2	Ag	Au
0.07	1.66	3.10	13.99	13.94	0.101	0.002	1.80	46.8	59.59g/t	40.8g/t

将金银硫化矿在600℃温度下焙烧脱硫，所得焙砂进行正交试验，结果表明，金的浸出率最高达98.50%。在整个浸出过程中，反应时间影响最大，其次是浓度。提高 HBr 浓度和反应时间均可提高浸出率。最佳浸金条件为：8% HBr，2.5% $NaBrO_3$，3h 的反应时间，液固比2.5：1。

10.6 类氰化物法

10.6.1 丙二腈法浸出金

丙二腈（$CNCH_2CN$）别名二氰代甲烷，无色结晶，有毒，可溶于水、醇、醚和苯，在兼容液中由亚甲氢的离子化形成碳阴离子：

$$CH_2(CN)_2 + OH^- \longrightarrow [CH(CN)_2]^- + H_2O$$

该离子与金络合物形成 $Au[CH(CN)_2]$进入溶液，此络合物比金氰络离子要大，往往超过碳质颗粒的内孔隙，使碳对其吸附率降低，因此用丙二腈浸出碳质矿石中的金可达到较高的浸出率，用0.05%丙二腈和足够的石灰制成 pH 值为9 的矿浆，当矿石含0.2%的有机碳时，用丙二腈可浸出83%的金，而常规氰化浸出率只有67%，当矿石含有0.3%的有机碳时，两种方法的金浸出率分别为56%和33%。若同时采用树脂矿浆工艺，往矿浆中加入61.7kg IonacA-300 型阴离子交换树脂，则金的浸出率可由83%提高到95%，吸附于树脂上的丙二腈络合物，用强无机酸可以完全洗脱。

作为美国矿务局研究计划的一部分，试验了三种有机腈化物（丙二腈、乙腈和氰基乙酰胺）以替代氰化钠。对一种氧化矿石，两种碳质矿石和一种硫化物矿石进行了几种浸出剂的试验。试验结果显示：丙二腈是有机浸出剂最成功的一种，对氧化矿的浸出与氰化钠相似，金浸出率约80%。当用氰化钠浸出碳质矿石无效时，用丙二腈的浸出率为24%。当用树脂浸出矿浆法时，氰化钠的回收率为60%，而丙二腈的回收率为80%。对硫化物矿的浸出率相同，为80%。正如用 LD50（致死量）测量的那样，丙二腈的毒性比氰化钠低6倍。

据报道，与丙二腈相关的一些衍生物，对碳质矿石中金的浸出率与氰化法高出十几倍，一般可用有机腈中腈基的含量评价其熔金作用，以含腈基较高的乳腈最为有利。此外氰基乙酰胺、乙基氰基醋酸蓝、溴丙二腈、二氯丙二腈等，在药剂量达1%时，金的浸出率为75%～90%，有机腈的优点除了对碳质矿石较合适外，价格相对便宜，来源也较充足。

丙二腈是美国矿务局提出的，并取得美国专利，该法对碳质矿石的处理比氰化法稍强，但优越性并不突出，加之丙二腈的毒性和挥发性，乙基从溶液中回收金是简单的锌、铝或镁粉置换都不能奏效，因此该法用于工业生产还为时尚早。

10.6.2 氰溴酸法浸出金和α-羟基腈法浸出金

10.6.2.1 氰溴酸法浸出金

氢溴酸是由溴水和氰化钾溶液在工厂制剂室中混合制成的：

$$2KBr + KBrO_3 + 3KCN + 3H_2SO_4 \longrightarrow 3BrCN + 3K_2SO_4 + 3H_2O$$

氢溴酸只有在碱性液中分解，但它溶解金的反应是在中性或微酸性溶液中进行的：

$$BrCN + 3KCN + 2Au \longrightarrow 2KAu(CN)_2 + KBr$$

此法曾用于处理澳大利亚卡尔古利的碲金矿和汉南斯矿，早已被其他更经济的工艺所取代，但从含金碲化物和硫化物精矿中浸出金还是有效的。

10.6.2.2 α-羟基腈法浸出金

α-羟基腈（或氰醇）包括2-α羟基丙腈和α-羟基乙丁腈。这些试剂在酸性水溶液中是稳定的，但在碱性液中能缓慢水解成氰化物。这种氰化物在氧的存在下可以溶解金。之所以推荐它作金的溶剂是因为它是生产其他制品过程中的中间产品，价格便宜。此外，它的实用性是由于能在相对低的pH值为7~9条件下使用，尤其是用于处理含辉锑矿的矿石，由美国氨腈公司供应的α-羟基丙腈药剂的使用情况在E. L. 卡佩特的专利中有所介绍，但这种试剂的使用范围还需进一步研究。

10.6.3 硫氰酸盐法浸出金

10.6.3.1 硫氰酸盐浸金原理

硫氰酸盐是一种含有SCN的类卤化物，最早是White于1905年报道的，但随着氰化法的快速发展，这一方法逐渐被人们所忽视。硫氰酸盐在弱酸性溶液中性质稳定，毒性小，价格便宜，与Au^+、Au^{3+}、Ag^+配合能力强，而与Fe^{3+}、Fe^{2+}、Cd^{2+}、Pb^{2+}、Cu^{2+}、Zn^{2+}等形成配合物的能力却很弱，用于浸出精矿中贵金属具有理想的选择性。

硫氰酸盐浸出金可用NH_4SCN或NaSCN。后者为焦化厂的副产品，价廉易得，且过程中不会释放出氨。使用硫氰酸盐法，可在常温下离解产生SCN^-而与Au^+、Ag^+生成较稳定的络合物。在酸性（pH值为1~2）溶液中添加的氧化剂（MnO_2等）又能使载金矿物（FeS_2等）分解而释出单体金，可加快金、银的浸出速度，提高浸出率。但随着溶液pH值的增高，载体矿物中的金不易解离，会使金的浸出率不断下降。浓硫酸与硫氰酸盐作用时，在冷时则有黄色反应发生，加热时，则反应剧烈，放出氧硫碳［CO_S］；点燃时，发生蓝色火焰：

$$KSCN + 2H_2SO_4 + H_2O \longrightarrow KHSO_4 + NH_4HSO_4 + COS\uparrow$$

如果硫酸的浓度再高，则将由CO_S、HCOOH、CO_2、SO_2等气体发生，同时硫又沉积出来。

硝酸银在硫氰化物溶液中，生成白色凝乳状硫氰酸银沉淀，在分析化学方面，以Fe^{3+}生成血红色化合物以指示终点；硫氰酸银与浓硫酸煮沸，则有黑色Ag_2S沉淀生成，铁盐加至硫氰酸盐溶液中，生成血红色化合物。钴盐与浓的硫氰酸盐生成深蓝色的不太稳定的$Co(SCN)_4^{2-}$，但无沉淀形成。铜盐加至硫氰化物溶液中，生成黑色的硫氢化铜沉淀，这个化合物在一般情况下并不稳定，最终生成硫氰化亚铜。硝酸汞遇硫氰酸盐，生成白色硫氰酸汞沉淀，此沉淀极难溶于水，但易溶于过量的硫氰酸钾溶液中，生成硫氰络合物；硝酸亚汞与硫氰酸盐生成灰色至黑色沉淀，当硝酸亚汞溶液滴入尚浓的硫氰酸盐溶液中，则有灰色金属汞的沉淀首先呈现，如再加更多的硝酸亚汞，则有纯净的白色硫氰酸汞沉淀形成，假如以极稀的硫氰酸钾溶液加至极稀的硝酸亚汞溶液中，则可直接得到白色硫氢化亚汞沉淀，联苯胺和铜离子加入硫氰酸盐溶液中，由于联苯胺的氧化，生成深蓝色醌式化合物。

稀的硝酸与硫氰酸盐在加热条件下发生分解，并有红色反应发生，同时有 NO、HCN 放出；浓硝酸能分解硫氰酸盐形成 NO、CO_2 及硫酸，在酸性溶液中，用硫氰酸滴定高锰酸钾时，硫氰酸分解成硫酸和氰化物，硫氰酸可被过氧化氢氧化成氢氰酸及硫酸。硫氰酸盐溶液中加入二氧化锰，生成硫化氢。在硫氰酸盐的酸性溶液中，锌能把它还原成氰化氢和硫化氢。

在难浸出的含金黄铁矿浮选精矿和含铜金黄铁矿焙烧中浸出金，庞锡涛、陈建勋作过研究，其结果有助于硫氰酸盐法用于从难浸矿石、精矿或焙烧中获得金，但硫氰酸盐法用于生产还需做更多的工作。

光照、pH 值、CuS、PbS、Fe^{3+}、Fe^{2+} 等对硫氰酸铵的影响都不大，而可溶铜盐（如 $CuSO_4$）则影响较大，且随添加量的增加消耗量迅速增大。当向 pH 值为 1 的 100mL 2.5% NH_4SCN 液中，分别加入 $CuSO_4 \cdot 5H_2O$ 0.1 ~ 1.0g，经 1h 后取样测定，NH_4SCN 的消耗量为：0.1g 时 1%，0.4g 时 5.5%，0.6g 时 8%，1.0g 时 25.5%。MnO_2 对硫氰酸盐也有较大的影响，特别是在强酸性溶液中，它的消耗量随 MnO_2 添加量的增大和时间的延长而加大。当向 pH 值为 1 的 100mL 2.5% NH_4SCN 液中加入 0.5g MnO_2，经 5h 反应后 NH_4SCN 的消耗量约 3%；当 MnO_2 增加至 2.0g，经 5h 反应后的消耗量增大至约 8%。虽如此，但在酸性溶液中添加 MnO_2 可氧化矿石或精矿中的 FeS_2 使包裹金解离成单体，有利于提高金的浸出率。

硫氰酸盐对金、银的溶解属于电化学腐蚀过程。当采用硫氰酸盐浸出含黄铁矿的硫金精矿时，向体系中加入氧化助剂（MnO_2 等），可使 FeS_2 分解为 Fe^{2+}，并进一步氧化为 Fe^{3+}。故金银溶解的电化学过程为：

阴极区发生：

$$Fe^{3+} + e \longrightarrow Fe^{2+}$$

而阳极区则发生：

$$Au + 2SCN^- \longrightarrow Au(SCN)^{2-} + e$$

反应生成配离子进入溶液。

试验者将制备的 Au^{3+}、Au^+、Ag^+、Fe^{3+}、Fe^+ 和 NaSCN 加入带夹套的五颈瓶中，在 25℃恒温并通氮气保护的电磁搅拌下，采用 H_2SO_4 和 NaOH 作 pH 值调整剂，用 UJ-25 型电位差计分别测得了不同 pH 值时各电对的电动势。图 10.15 所示为测定的有关电对 pH 值-电位和计算出的 MnO_2/Mn^{2+} 电对 pH 值-电位曲线图。从图中看出：在 pH 值小于 3 的溶液中，$Au(SCN)_4/Au$ 电对电位约为 0.41V，比 $Au^+ + Au$ 电对的标准电位 1.68V 低得多，

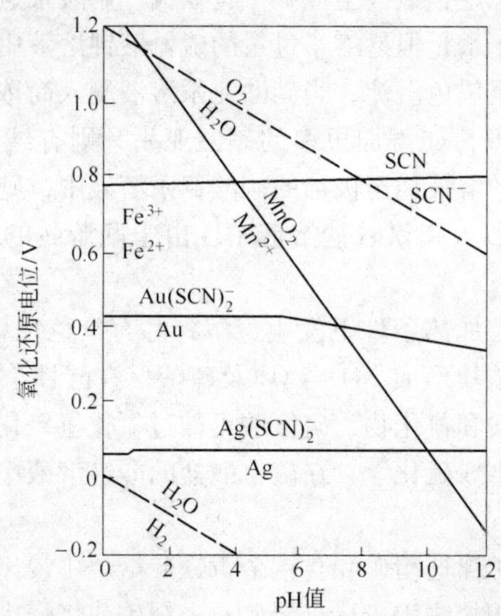

图 10.15 25℃时 Au-SCN⁻-H_2O 系 pH 值点位图

（条件：$Au(SCN)_2^- = Ag(SCN)_2^- = 10^{-4}mol/L$；$SCN^- = 0.4mol/L$）

有利于金的溶解。$Ag(SCN)_2^-/Ag$ 电对约为 0.07V，比金线更低，对银的溶解有利。Fe^{3+}/Fe^{2+} 电对电位约 0.67V，是金氧化浸出的良好氧化剂。而 MnO_2/Mn^{2+} 电对在强酸性液中的电位又高于 Fe^{3+}/Fe^{2+}，故加入 MnO_2 不但能有效地氧化 FeS_2，还可使 Fe^{2+} 不断氧化为 Fe^{3+}。

金的探索性浸出使用抡马金矿浮选的硫金精矿 100g 置于三颈瓶中，加入 5% NaSCN 液 200mL 和适量软锰矿，在室温和搅拌下浸出，不同时间的 pH 值、电位、铁含量和金溶出量列于表 10.18。

表 10.18 NaSCN + MnO_2 体系中金的浸出量和各项条件的变化

时间	5min	15min	30min	1h	2h	3h	4h	5h
pH 值	0.9	0.95	1.1	1.1	1.2	1.0	1.0	1.1
电位/V	0.6382	0.6422	0.6582	0.6582	0.6504	0.6512	0.6565	0.6577
全铁	0.26	0.68	0.91	0.94	1.06	1.35	1.40	1.67
亚铁	0.00	0.00	0.00	0.00	0.03	0.06	0.07	0.10
金溶出量	4.8×10^{-6}	11.8×10^{-6}	14.1×10^{-6}	15.8×10^{-6}	17.4×10^{-6}	20.0×10^{-6}	20.1×10^{-6}	20.1×10^{-6}

从表 10.18 中看出，在不向体系中加铁离子条件下，浸液中铁含量的逐步增高是 MnO_2 氧化精矿中 FeS_2 产生的，且生成的 Fe^{2+} 又被 MnO_2 氧化为 Fe^{3+}，它使 MnO_2 的消耗过快。金的溶解则主要是 Fe^{3+} 的氧化作用来实现的：

$$FeS_2 + MnO_2 + 4H^+ \longrightarrow Fe^{2+} + Mn^{2+} + H_2O + 2S$$

$$2Fe^{2+} + MnO_2 + 4H^+ \longrightarrow 2Fe^{3+} + Mn^{2+} + 2H_2O$$

$$Au + Fe^{3+} + 2SCN^- \longrightarrow Au(SCN)_2^- + Fe^{2+}$$

表中，当浸出时间达3h后金的溶出量不再增加，可能是氧化助剂MnO_2耗尽所致。但在上述条件下，MnO_2也可能不只起氧化助剂作用，在浸出早期Fe^{3+}浓度尚低时，可能有部分MnO_2直接作为氧化剂而溶解部分金：

$$Au + MnO_2 + 2SCN^- + 4H^+ \longrightarrow Au(SCN)_2^- + Mn^{2+} + 2H_2O$$

银的溶解反应与金相同，可以写出类似的反应式。

某些研究者还指出：使用Fe^{3+}和氧作氧化剂，金虽可溶于硫氰酸盐溶液中生成$Au(SCN)_2^-$。但Fe^{2+}也会与SCN^-结合成亚铁硫氰酸盐而加大硫氰酸盐的消耗，特别是Fe^{3+}浓度大时尤为明显。故氧化剂的添加应适量，或按总量分次加入。

$$Au + Fe^{3+} + 4SCN^- \longrightarrow Au(SCN)_2^- + Fe(SCN)_2$$

10.6.3.2 硫氰酸盐浸金的试验

硫氰酸盐浸出金的小型系统研究首先是用NH_4SCN浸出含Au 59.3g/t、Ag 144g/t、Fe 21.27%、Cu 1.3%、Pb 1.7%、S 34.8%的不含As和Te浮选精矿。进行条件试验的规模为精矿10g，加入软锰矿（MnO_2 24%）0.5g，5% NH_4SCN 20mL，在室温下振荡3h不同pH值条件下金、银的浸出率见表10.19。

表10.19 pH值对金、银浸出的影响

pH值	1.3	2.2	2.5	3.0	4.1	5.0	5.5	6.5	7.5	9.2
金浸出率/%	93.03	91.06	89.25	85.60	74.80	69.81	66.00	55.98	49.24	41.82
银浸出率/%	90.05	89.07	87	86.80	86.60	75.90	73.80	71.94	64.86	50.69

从表10.19中看出：在pH值为1.3～2.2范围内，金、银的浸出均高于或近于90%。随着pH值的升高、金、银的浸出率均逐级下降。尽管银的下降量比金小些，但下降趋势是一致的。在强酸性（pH值为1.3～2.2）条件下，金、银的浸出率均大于或近于90%，主要是MnO_2在强酸液中能强烈氧化分解黄铁矿使金、银解离出来，黄铁矿分解生成的Fe^{2+}又被MnO_2氧化成Fe^{3+}而成为溶金的氧化剂。但在弱酸和中、碱性溶液中，MnO_2分解黄铁矿的作用则逐渐减弱，使金、银的浸出率逐步下降。

通过10g矿样的条件试验后，扩大小试采用100g精矿，固液比1∶2，NH_4SCN 50g/L，H_2SO_4 0.5mol/L，加入软锰矿5g，在常温下搅拌浸出3h，Au、Ag的浸出率分别为92.24%和84.58%；将搅拌浸出时间延长至7h，Au、Ag的浸出率分别为94.97%和84.50%。鉴于在强酸条件下软锰矿在溶液中的氧化消耗是很快的，扩大小试的浸出时间能延续至7h，并取得Au浸出率94.97%的好成绩，可能是搅拌作业带入空气中的氧不断将Fe^{2+}氧化成Fe^{3+}的结果。

扩大小试还同时进行了多种方法的对比试验，结果见表10.20。

表 10.20 不同溶剂浸出金、银的对比试验结果

方 法	硫氰酸铵法		氢化法	硫代硫酸钠法	硫脲法
时间/h	3	7	24	10	5
金浸出率/%	92.24	94.97	94.96	63.23	26.85
银浸出率/%	84.58	84.50	65.76	73.12	24.65

中间试验是在上述小试基础上进行的。所用原料为抡马金矿的浮选硫金精矿，其主要组分为：Au 64.00 ~ 72.85g/t、$w(Cu) = 5.76\% \sim 11.00\%$，$w(Pb) = 1.93\% \sim 2.00\%$，$w(Fe) \geqslant 30\%$，$w(S) \geqslant 35\%$。试验规模为每批次1t精矿，共进行9批（次）。浸出作业采用 $w(NaSCN) = 4\% \sim 5\%$ 的溶液。固液比 1∶2。在连续搅拌下加入精矿粉1t，软锰矿（$w(MnO_2) = 35.98\%$）50kg，并加 H_2SO_4 使作业过程中的 pH 值保持在 1 ~ 2，搅拌浸出4h。终止后加 $NaHCO_3$ 调 pH 值至 4 ~ 5 过滤，滤渣加水洗涤，洗液放入贮槽返回系统中使用。

浸出液加 H_2SO_4 或 HCl 调 pH 值至接近 2，按每立方米加锌粉 1kg 搅拌置换 30min。经抽气过滤，滤液和洗液合并补加 NaSCN 后供下批料浸出用。

锌置换产出的金泥经 500 ~ 600℃煅烧，再用稀 H_2SO_4 或 HCl 浸出除去 Zn、Cu、Fe 等杂质后，加王水溶解并用 $FeSO_4$ 还原金。产出的海绵金加硼砂于坩埚中在焦炭炉内熔炼，产出纯度 93% ~97% 的金锭。

试验结果：金的浸出率为 89.88% ~ 94.67%（平均 91.74%），NaSCN 消耗 3.26 ~ 9.00kg/t（平均 5.60kg/t）精矿，与小试结果相符。每置换 1g 金平均消耗锌粉 38.97g，金置换回收率 97.12% ~100%（平均 98.79%）。锌粉消耗如此高，主要是在强酸液中与酸反应生成 $ZnSO_4$ 或 $ZnCl_2$ 造成的。浸渣经 4 次洗涤，金的总洗涤率为 99.57% ~100%。金泥中金的回收率 93.51% ~97.89%。

为检验中试结果，将上述精矿进行了氰化浸出对比试验。氰化浸出条件为 pH 值不小于 10，NaCN 消耗 9.56kg/t 精矿，搅拌浸出 24h，金的浸出率为 88.80%。二者相比，硫氰酸盐法具有很多优点。

10.7 硝酸预氧化法

硝酸氧化法一般都用于预处理。用于金、银精矿的 Nitrox 过程和 Areno 过程是一种用硝酸进行氧化预处理的步骤，可将硫化物转化为氧化物，从而使金、银适合于用某种方法（如硫脲法或氰化法）加以提取。Nitrox 法用常压的空气，而 Arseno 法用加压的氧气。Nitrox 法是硝酸循环，而 Arseno 法以亚硝酸控制反应，氧化速度比硝酸快，但氧化过程中砷生成了亚砷酸盐而不是砷酸盐并有单质硫生成，单质硫对下一步氰化浸出金不利。为了克服单质硫生成带来的有关问题，最近报道了一种在高温下进行的方法（Redox 法），其特点是在反应器中添加石灰石除去各种硫酸盐，促使砷酸铁沉淀，避免产生单质硫的麻烦。

10.7.1 Nitrox 法

用硝酸提取铜、铀、铂、镍、钴和银也已完成。所有这些工作都涉及所研究元素的溶解及其随后与溶解的其他元素的分离。由于金不被硝酸所溶解，并且与其他的酸不溶物混

杂在一起，所以含金矿石和精矿的硝酸处理与上述情况是不同的。

难浸矿石和精矿中的金常常与黄铁矿、砷黄铁矿和磁黄铁矿共生。Nitrox 过程包括将这些硫化物矿物氧化为硫酸盐和砷酸盐。然后，通常用石灰石调节溶液的 pH 值，以沉淀法从溶液中除去这些硫酸盐和砷酸盐。各种矿物在硝酸中的行为彼此各异，生成的单质硫的数量不同。以前有些工作企图最大限度地生成单质硫，因为这样做意味着降低中和所用的试剂费，减轻硝酸回收系统的负荷，并且便于处置。Bjorling 和 Kolta 研究了各种硫化物，发现含硫低的硫化物（如磁黄铁矿和闪锌矿）的单质硫产率高，而含硫高的硫化物（如黄铁矿）的单质硫产率低。砷黄铁矿的性能也类似于含硫低的硫化物，单质硫产率为70%左右。中等浓度的硝酸与砷黄铁矿和黄铁矿的反应迅速。电位 750mV 的溶液相当于12%（质量）硝酸。可见砷黄铁矿氧化得非常迅速，其粒度较细是氧化迅速的一个原因，但是在选定的 80℃、750mV 和 10% 固体的条件下，即使是粒度粗的黄铁矿也能在 1h 内完全反应。

在 Nitrox 过程中，通常条件下，砷是留在溶液中的。这就为回收金的各种方案创造了条件，也为从溶液中不形成沉淀物而除去砷、铁和硫提供了可能性。如果形成了砷、铁和硫的沉淀物，贵金属就会与这些沉淀物混杂在一起。

10.7.1.1 金、银的回收

在硫化物已被氧化，主要元素如铁、砷和硫（以及次要元素如铜、锌、钴、镍和镁）处于溶液中的情况下，通常有两种流程方案。

第一种方案，在氧浸出液中，硫以硫酸根形式存在，在酸性介质中加入钙化合物可将其除去：

$$H_2SO_4 + CaCO_3 + H_2O \longrightarrow CaSO_4 \cdot 2H_2O + CO_2\uparrow$$

$$H_2SO_4 + Ca(NO_3)_2 + 2H_2O \longrightarrow CaSO_4 \cdot 2H_2O + 2HNO_3$$

$$H_2SO_4 + Ca(NO_3)_2 + H_2O \longrightarrow CaSO_4 \cdot 2H_2O + NO\uparrow + NO_2\uparrow$$

从 Nitrox 溶液中沉淀的石膏易于过滤，且石膏沉淀物不含砷。

通常都在 80℃、pH 值为 3 ~ 4 的条件下沉淀铁和砷，要从溶液中有效地除去砷，铁对砷的比例是很重要的。在 Fe/As 比为 4 或大于 4 时，可形成极为难溶的碱性砷酸铁。砷酸铁和石膏的沉淀也会使铜、锌和镍等元素以不同的百分率下降。从 pH 值为 4 的氧化矿浆的沉淀物中回收金有很高的回收率。该方案包括在金的存在下沉淀各种已溶解的物质，沉淀物很容易过滤。

第二种方案，在处理含铜等元素很高的原料时，最好阻止这些元素进入氰化物循环。第二种方案与第一种方案有两个差别，一是在氧化工序之后有一个过滤工序，二是金回收循环的规模比较小，是因为进入氰化循环的固体量比较少。

精矿用返回的 $Ca(NO_3)_2$ 溶液制浆后，进入石膏沉淀工序。在此工序中生成石膏的数量随着从沉淀铁工序返回的钙的数量而变化。矿浆从石膏沉淀工序出来后就进入氧化器，这时，Fe、As、S 和 Cu 被溶解，而脉石和金则留在残渣中。氧化后，将矿浆过滤，部分滤液返回石膏沉淀工序，使硝酸再生。将其余的滤液送入沉淀工序，在其中加入合适的试剂，使之生成最理想的沉淀物。假如认为回收溶解的金属（如铜、钛和镍）是合算的话，

把回收金属的工序包括在该流程中是很容易的。

滤渣由金、脉石、石膏和一些单质硫所组成。随着氧化渣数量的减少，金含量相应地提高了。这说明第二种流程生成低砷渣，该渣可以在氰化循环中处理，也可以送去熔炼。渣经熔炼可制得大于98%的金。

该方案减少了氧化渣数量，还除去了砷，因而易被熔炼厂家所接受。

10.7.1.2 硝酸的回收

砷黄铁矿和黄铁矿的氧化需要氧气，而在Nitrox过程中氧气是由硝酸提供的，一些硫化物矿物对氧气的需求见表10.21。

表10.21 氧化硫化物对氧气的需求

矿 物	硫氧化率/%	$T(O_2)$/t·(t矿物)$^{-1}$	$T(HNO_3)$/t·(t矿物)$^{-1}$	T(空气)/t·(t矿物)$^{-1}$
FeS_2	100	1.00	2.63	4.35
FeAs	100	0.69	1.81	3.00
FeS	100	0.82	2.16	3.57
FeS	50	0.55	1.45	2.39

表10.21给出了产生氧气所需硝酸的数量，由于硝酸是用空气再生的，所以也给出了空气的需求量。硝酸还原生成氧气的反应为：

$$4HNO_3 \longrightarrow 2H_2O + 4NO + 3O_2$$

还原产物是NO，氮的化合价由+S变为+2；每生成1mol NO，就失去3个电子。不论氧气或空气是否存在，像黄铁矿在硝酸中的氧化反应总是能顺利地进行的：

$$2FeS_2 + 10HNO_3 \longrightarrow Fe(SO_4)_3 + H_2SO_4 + 10NO + 4H_2O$$

因此，反应动力学并不涉及氧气穿过气液界面，通过液体向矿物表面扩散的作用。从环保和经济角度看，硫化物分解所形成的NO必须回收，氧化以后留在溶液中的硝酸盐也应该加以回收。

A 气相

硝酸的再生包括NO氧化为NO_2和NO_2的吸收。NO_2的吸收会使33%的NO_2形成NO，而不形成HNO_3。生成的NO必须氧化和吸收。回收100% NO的总方程如下：

$$6NO + 3O_2 \longrightarrow 6NO_2$$

$$6NO_2 + 2H_2O \longrightarrow 4HNO_3 + 2NO$$

$$4NO + 3O_2 + 2H_2O \longrightarrow 4HNO_3$$

在吸收NO_2时会形成NO，这意味着NHO_3的回收需要好多级。许多硝酸工厂为了回收这些硝酸都需要20级以上。由于NO氧化为NO_2的动力学比较慢（这是因为NO和O_2的浓度都变稀的缘故），回收后面部分的硝酸所需的级数比回收前面部分的硝酸要多得多，吸收柱开头的7级回收硝酸的90%，其余的13级回收剩余的8%，要想回收最后的2%，所需的级数更是巨大。工厂实际并不回收全部的NO，剩余部分的NO或者放空或者催化还原为N_2和O_2以符合环保规定。

采用洗涤法吸收最后的NO，在碱性介质中吸收的化学反应不同于硝酸生产中吸收的化学反应。只有NO的50%必须氧化为NO_2，而N_2O_3则以亚硝酸盐被吸收，用NaOH、$Ca(OH)_2$、$CaCO_3$洗涤NO_x，NaOH效果最佳，但$CaCO_3$便宜，所以一般是先用$CaCO_3$洗涤，而后用NaOH或者$Ca(OH)_2$洗涤，保证NO最终浓度减少到$1000 \times 10^{-4}\%$。

以单质硫作氧化产物的优点是该系统的规模可以大幅度减小。如果磁黄铁矿中硫的50%变为单质硫，则硝酸的需要量以及NO的生成和随后的回收都可以减少33%。

B 液相

溶液中硝酸盐的回收率随氧化矿浆中硝酸盐的浓度而变化，洗涤效率又取决于待洗产物和能进入循环的洗水的数量。在85℃维持750mV电位的浸出液中，浓度可从无硫酸时的2mol/L（HNO_3）变为1mol/L（H_2SO_4），加$Fe_2(SO_4)_3$时的0.7mol/L（HNO_3）。加入过量的FeS精矿，可使硝酸盐浓度进一步减小为0.15mol/L。加入这种精矿也消耗游离酸，使pH值提高到发生沉淀时的1以上。采用这个流程后所发生的变化是硝酸盐的损失量将低至氧化（50%黄铁矿精矿）所需HNO_3的0.3%。

在80℃、pH值为4的条件下，用$CaCO_3$所得沉淀物的过滤试验表明，该物料易于洗涤，溶质的回收率高（99.7%）。所回收的硝酸盐被返回循环，与氧化过程中形成的游离硫酸接触而生成石膏和硝酸。

10.7.1.3 Nitrox工艺的循环

在湿法冶金系统内，氧在气相中储集，并在液相内被消耗。氧从气相到液相的传递过程是砷黄铁矿氧化过程中的一个重要步骤。Nitrox工艺的最基本的优点之一，是可以用较低的成本将空气中的氧引入矿浆中，这是通过一个中间产物（即气态NO_2）来实现的。它易溶于液相，可使处理硫化物矿的氧化过程更易于获得氧。这是因为在矿浆中，NO_2与水反应生成硝酸，硝酸则容易与硫化物和砷化物反应。简单地说，3个NO_2分子进入液相把一个硫化物中的硫氧化成硫酸，并产生3个NO分子。气态NO在水中溶解度小（类似氧），因此，立即从溶液中逸出而重新进入气相。

但是NO并不是惰性气体，它容易与空气中的氧反应生成NO_2。这种新生成的NO_2立即被溶液吸收形成硝酸。后者又转而与难浸硫化物反应，放出NO。这样就建立了Nitrox循环，使得氧非常有效地传递到难浸硫化物的矿浆中。NO的氧化反应式可写为：

$$3NO + \frac{3}{2}O_2 \longrightarrow 3NO_2$$

或总反应式为：

$$S + \frac{3}{2}O_2 + H_2O \longrightarrow H_2SO_4$$

可以发现，无论HNO_3、NO或NO_2，都不出现在总反应式中。然而，溶液中硝酸盐的含量使得硝酸与NO应视为Nitrox过程中的反应产物或中间产物，而不应视为催化剂。

10.7.1.4 含金砷黄铁矿中金的浸出

处理含金砷黄铁矿的Nitrox工艺。加拿大安大略省布兰普顿的Hydrochem开发公司在Serpent河畔建立一座日处理能力为100t Dickenson精矿的Nitrox示范厂。工艺流程如图10.16所示。

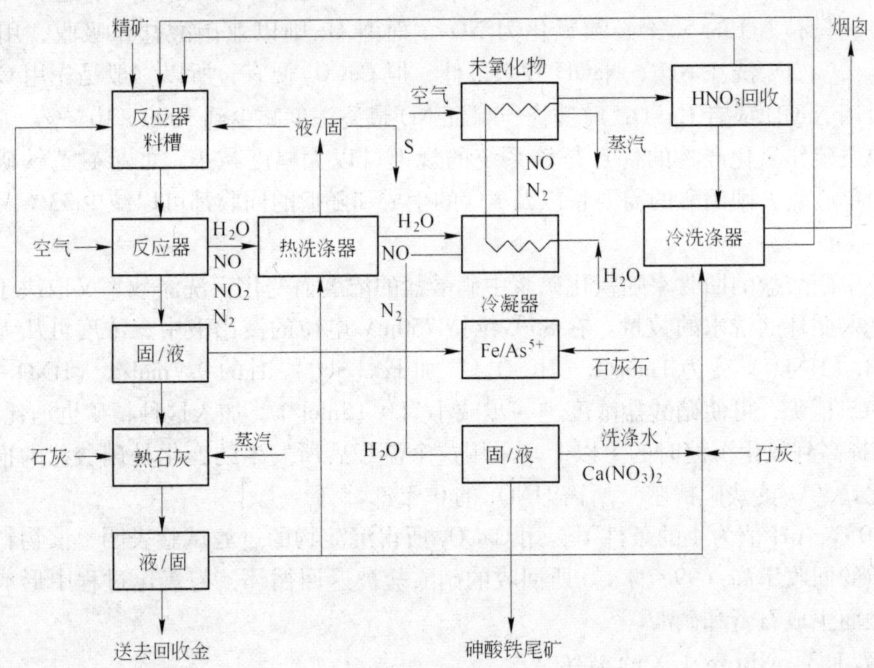

图 10.16 Nitrox 工艺流程

砷黄铁矿与含有滤液的硝酸钙在一起调浆，然后与从反应器出来的部分硫酸铁、砷酸和硝酸溶液接触，沉淀石膏，并生成硝酸而使矿浆酸化：

$$3Ca(NO_3)_2 + 3H_2SO_4 \longrightarrow 3CaSO_4 + 6HNO_3$$

Nitrox 法是采用产出的硫酸与滤液中的硝酸钙反应重新产出硝酸。

由于铁、砷和硫全部溶解，离开反应器系统，然后过滤，所以氧化的精矿质量显著减少。已发现沉淀的石膏有助于由脉石、元素硫和金组成的残渣的过滤。溶液送去沉淀砷酸铁，剩下的硫酸盐和硝酸盐再分别转变成石膏和硝酸钙。硝酸钙溶液在返回反应器料槽前可用于洗涤尾气。

气流系统是很简单的。氧化仅需要部分空气进入反应器系统。这可使气流中的氧和 NO 耗尽。蒸发的硝酸和微量 NO_2 经热洗涤后，从气流中冷凝出的低浓度硝酸盐水被用来作为系统的洗涤水。然后通入剩下的空气以回收额外的硝酸，回收的硝酸再返回反应器。最后用石灰水洗涤尾气，使 NO（即 NO 与 NO_2）浓度降低到烟囱排放允许的范围内。

流程中 Dickenson 精矿的化学成分如下：$w(Fe)=27\%$，$w(As)=10.8\%$，$w(S)=23.2\%$，$w(Au)=3.7g/t$，$w(H_2O)=10\%$。所有的砷设为以 FeAsS 形式存在，所有磁铁矿以 FeS 形式存在，物料中的所有铁与硫化物共生，则可以把一系列矿物推算为：$w(FeAsS)=23.4\%$，$w(FeS_2)=29.3\%$，$w(FeS)=8.4\%$。考虑到热和物料平衡，假设氧化反应如下：

$$3FeAsS + 10HNO_3 \longrightarrow 3Fe^{3+} + 3AsO_4^{3-} + H_2SO_4 + 2S + 4H_2O + 10NO\uparrow$$

$$6FeS_2 + 30HNO_3 \longrightarrow 3Fe_2(SO_4)_3 + 3H_2SO_4 + 12H_2O + 30NO\uparrow$$

$$2FeS + 4HNO_3 + H_2SO_4 \longrightarrow Fe_2(SO_4)_3 + 3H_2O + 4NO\uparrow$$

至于溶解的铁、砷（V）和硫的沉淀反应，假定的化学反应式为：

$$Fe_2(SO_4)_3 + 3CaCO_3 + 5H_2O \longrightarrow 2Fe(OH)_3 + 3CaSO_4 \cdot 2H_2O + 3CO_2\uparrow$$

$$Fe^{3+} + AsO_4^{3-} + 2H_2O \longrightarrow FeAsO_4 \cdot 2H_2O$$

$$H_2SO_4 + CaCO_3 + H_2O \longrightarrow CaSO_4 \cdot 2H_2O + CO_2\uparrow$$

从上面反应式可以看出，除了砷黄铁矿形成少量单质硫以外，物料中所有的硫需要用碳酸钙中和，这使 $CaCO_3$ 或石灰石形成了 Nitrox 法中的主要消耗品之一，其费用是构成生产成本的重要因素。

在安大略省北部没有含大量方解石的矿床，但美国密执安北部 Peninsla 有两个石灰石生产厂，在 Huron 湖或苏必利尔湖的某一港口附近建厂，通过水运，可在安大略省北部使 Nitrox 法的生产成本降低，最后选定 Serpent 河附近建厂。

在物料平衡计算中，对设备、投资和生产成本进行估算，每吨矿石的加工费为 106 加元，比加压氧化和微生物氧化费用还低很多。

10.7.2 Arseno 法

Arseno 工艺是阿辛诺矿冶公司研制成功的一种低温和低压氧化浸金工艺，只需在 100℃和 700kPa 氧压下进行，浸出硫化物不到 15min 就可使其全部分解。故易于在工业生产中推广应用。Arseno 工艺是硝酸氧化法的另一变种，浸出过程起主要作用的是亚硝酸而不是硝酸，相应的平衡为：

$$2NO_2 + H_2O == HNO_2 + HNO_3$$

$$3HNO_2 == HNO_3 + 2NO + H_2O$$

由于氧化速度快，浸出时间短，因而不会有大量的沉淀生成。所有的铁、砷和硫酸盐均在溶液里，这样使金得到富集，对随后的氰化浸出是很有利的。

矿浆从反应器卸入气体分离器中，以回收在反应过程中所产生的气体。这种气体可返回反应器中作为催化剂的原料。经测定 99% 以上的硝酸盐试剂仍可返回工艺过程中循环使用。溶液中的硝酸盐浓度在 0.2 ~ 3mol/L 之间变化。

从气体分离器中排出的矿浆，是一些含金的固体残渣和含可溶性铁、硫和砷的溶液。在处理矿石时，这种溶液可通过添加石灰石和石灰来中和。用石灰岩大约可达到 80% 的中和率，然后再用石灰使其达到完全中和。经中和处理后的矿浆可用常规的方法，如炭浆法回收金。

用这种方法处理精矿时，从气体分离器中排出的矿浆先进行固液分离。从精矿浸出工序中所得到的固体残渣的质量，通常只占给矿质量的 10% ~20%，所以工厂金回收工序的规模是很小的。

用 Arseno 工艺对矿石和精矿所作的对比试验结果见表 10.22。

表 10.22 不同工艺的浸出金效果

原料名称	Au 品位/$g \cdot t^{-1}$	硫品位/%	金浸出率/%	
			直接法	Arseno 法
矿 石	4.7	2.5	19.7	93.6
精 矿	17.9	14.7	81.4	98.5
精 矿	32.2	16.0	10.0	93.8
精 矿	212.0	5.8	86.6	99.3

金的浸出速度一般很高，所以停留时间低于 12h 比较合适。由固液分离工序所得的溶液，用石灰进行处理，以控制杂质的含量。这时生成的沉淀物中含有硫酸钙、赤铁矿和砷酸铁。对这些沉淀物的稳定性已进行过试验，所得结果表明它们能适于堆存在尾矿池中。

Arseno 矿冶公司对世界很多矿床中的金矿石（包括那些金被包裹在黄铁矿、白铁矿或砷黄铁矿中的含金矿石）进行试验，而且都取得了良好的效果，证明这是处理难选金矿的一种经济有效的新工艺。Arseno 法的特点是采用低压氧化，并且所需的处理时间短。与其他几种工艺相比具有如下的优点：

（1）这种工艺对物料中的含硫量不太敏感。用这种方法对含硫量在 1% ~50% 的各种物料进行试验时，都已获得良好的结果。由于硫化物矿被溶解了，因而在硫化物矿中的金就可在下一步氰化处理时得到回收。对试验过的很多种物料来说，金的提取率可达到 95% 以上。

（2）与传统的焙烧工艺相比，Arseno 工艺除能提高金的回收率以外，还可省去处理 SO_2 气体和 As_2O_3 产品的工序。矿石或精矿中的硫被氧化成硫酸盐，并且在下一步可沉淀为硫酸钙，存在于物料中的砷被氧化成砷酸盐，并且可用铁沉淀为砷酸铁。

（3）高压氧化浸出法需在压力为 1000 ~ 1200kPa、温度为 200℃ 的条件下进行（浸出时间约 90min）。而采用本工艺时，只需在 100℃ 和 700kPa 左右的条件下进行，并且浸出速度很快（不到 15min 就可使硫化物完全分解），易于在工业生产上实现。

（4）Arseno 法不需增加辅助工序就可使银达到很高的回收率。又因在浸出过程中没有形成黄钾铁矾沉淀，因此所有溶解了的银都很容易从溶液中进行回收。

加拿大温哥华的培根·唐纳德森联合者公司（Bacon, Donaldson & Associate）和美国科罗拉多州的哈曾（Hazen）研究所都对这种 Arseno 工艺进行过大量的研究，证实了该工艺的许多优点，Arseno 法已有工厂生产实例。我国许多地区发现含砷的金矿石，急待开发和利用。因此，探索和制定脱砷提金新工艺，也已成为我国黄金生产和科研工作的当务之急。国内外在处理这类矿石，广泛采用精矿焙烧脱砷，随后再对烧渣进行氰化，对环境污染十分严重。

1987 年秋，一座连续操作的半工业试验工厂已投产。这个中间试验厂在处理低品位硫化物矿时，其处理能力为 1t/d。已完成试验结果证明，这种工艺可以连续操作，并且很容易扩大到工业规模使用。中间试验对两个矿床的样品进行试验，就硫化物矿的氧化和下一步金的回收情况看，所得结果较好。

据报道，采用 Arseno 工艺的投资和生产费用，日处理 25t 精矿的工厂的全部装备费用为 350 万加元，日处理的 100t 精矿为 800 万加元，设计和转让费为 25 万加元。Arseno 工艺的精矿直接处理费用为1.54加元/t精矿，其中药剂费用占31.5%、水电等占22%、维修管理占15.4%、工资占26.1%。

另据报道，加拿大City资源公司已决定投资1.1亿美元，开发它在昆士兰夏洛特岛的圣纳勒（Cinola）金矿（不列颠哥伦比亚省最大的一座金矿）。建设工作在1988年铺开，1989年10月正式投产。每天开采矿石6600t，入选矿石品位2.5g/t。因矿石中含有黄铁矿和白铁矿，属难选矿石。用常规的氰化法难以回收金，故决定采用这种低温低压条件下进行的Arseno工艺。预计头两年金的生产成本为7.3美元/g（207美元/oz）。

实践证明，Arseno法对预处理难浸出的金矿石和精矿是一个比较好的方法。

10.7.3 还原氧化法（Redox法）

还原氧化法（Redox法）是Arseno法在高温操作下的一个别名，Redox法是用硝酸氧化法的另一种变种工艺。Minproc工程公司加拿大Manitoba Snow Lake附近堆存的、品位在12g/t左右的含砷尾矿回收工艺作了研究。这种尾矿含砷黄铁矿（45%）、磁黄铁矿（12%）和脉石。金大多数以砷黄铁矿晶粒中的包裹体或固液形态存在，其化学组成（质量分数）平均为：金10.7g/t，铁24.6%，砷19.7%，总硫15.0%，钙1.93%，酸不溶物29.7%。为能采用常规的氰化法回收金，要求预处理这种矿石。要进一步考虑的是能生成一种稳定的砷产品以避免造成环境污染问题。并提出使用Redox预处理方法。Redox工艺也是一种使用HNO_3来氧化难浸硫化物矿石的工艺。

10.7.3.1 还原氧化法的基本原理

Redox工艺是在氰化前使用硝酸作氧化剂预处理难浸硫化物矿石，Snow Lake尾矿含有FeAsS和FeS，它们根据下列总反应式在高温下被氧化：

$$3FeAsS + 14HNO_3 + 3H^+ = 3Fe^{3+} + 3SO_4^{2-} + 3H_3AsO_4 + 14NO + 4H_2O$$

$$FeS + 3HNO_3 + H^+ = Fe^{3+} + SO_4^{2-} + 2H_2O + 3NO$$

由HNO_3还原反应产出的NO与供给工艺过程的氧反应生成NO_2。当反应器中存在有较高的NO和O_2分压时，NO_2的生成极为迅速。生成的NO_2进入溶液并被溶液吸收，再生成用于氧化的HNO_3，硝酸在此起到了催化剂的作用。在氧化过程中，铁主要以砷酸铁（$FeAsO_4$）形态从溶液中沉淀析出。在高温下，铁也能以针铁矿、黄钾铁钒和赤铁矿的形态沉淀：

$$Fe^{3+} + H_3AsO_4 = FeAsO_4 + 3H^+$$

钙以溶液形式与硝酸一起加入或以石灰石形式加入，以除去硫酸盐：

$$2H^+ + SO_4^{2-} + CaCO_3 = CaSO_4 + H_2O + CO_2$$

已表明砷黄铁矿和磁黄铁矿能被氧化成硫酸盐。然而在某些条件下，氧化也能产出单质硫。为了最大限度地减少单质硫的生成（它能包裹金粒并增加氰化物的消耗），对工艺条件应加以选择。

10.7.3.2 试验

在进行中间试验时，为了确保硫化物完全氧化和避免单质硫的产生，选定190~210℃

高温操作。在沉淀作业时，发现反应器壁上结垢，经过改造后的反应器，加进表面活性剂木质素磺酸钠（加入量2kg/t）可有效地防止结垢。固液分离回收硝酸时，需要一台浓密机，后接一台存放槽，存放槽保持在80~90℃，停留9h，这样有助于石膏的水合作用和促进结晶的生长，同时注意砷铁比大于4:1，以使铁砷酸盐沉淀。

经过中间试验，选定的Redox工艺参数见表10.23，固液分离回收HNO_3的参数见表10.24。这些数据都是来自处理能力25kg/h中间工厂的最佳条件。

表10.23 Redox工艺参数

氧 化	温度/℃	190~210
	压力/kPa	1600~2275
	pH值	<1
	E_h/mV	600~700
	停留时间/min	8
	再循环溶液的酸度/$g \cdot L^{-1}$	70~110 NO_3^- 70~110 H_2SO_4
	入口的固体物浓度/%	10~20
	化学计量算出的氧加入量/%	125
	每吨矿石木质素磺酸盐加入量/kg	2
	排除的气体中的NO_2/%	小于150×10^{-4}（体积比）
	构筑材料	304L不锈钢
过 滤	温度/℃	190~210
	pH值	<1
	停留时间/min	1
	化学计算的石灰石加入量/%	125
	构筑材料	聚四氯乙烯衬里、304L不锈钢

表10.24 固液分离作业参数

浓密类型	高 效	浓密类型	高 效
所需面积/$m^2 \cdot (t \cdot d)^{-1}$	0.07	过滤速度/$kg \cdot (m^2 \cdot h)^{-1}$	420
冷凝剂	Percol 351	滤饼中的水分比率/%	25
絮凝剂消耗/$g \cdot t^{-1}$	275	洗涤置换	2.0
老化温度/℃	80~90	硝酸回收率/%	97~99
停留时间/h	9		

研究表明Redox残渣必须经过15min的细磨让被石膏和硬石膏包裹的金暴露出来，24h的氰化浸出，金的浸出率在91%以上。应该指出的是，在反应器中不加钙的情况下，

金的浸出率可高于96%。每吨矿石消耗氰化钠1.25kg，消耗石灰9.7kg。

中间试验已成功地证明Redox工艺可以用来预处理砷黄铁矿，以解离用氰化法回收的金。用Redox工艺处理时，砷以一种稳定的残渣从含Fe、As 1~1.7mol的给矿中沉淀析出。在Redox工艺中，停留时间小于8min，气相和液相中的硝酸总损失少于2%。

根据试验研究，已完成处理量为12.5万吨/年的工厂可行性研究。1994年7月在哈萨克斯坦Auezv建成一座日处理12t金精矿提金厂。

10.7.4 稀硝酸/氯化钠氧化浸出金

大约100多年前，人们抛弃了金浸出用酸和氯气氧化法，但现在酸处理工艺又引起人们的兴趣。该工艺从硫化物矿石中回收金和银的单段系统反应快，不需要采用大的或昂贵的装置或特殊加压设备，它取消了焙烧和随后的氰化浸出步骤，是一种直接回收金的简单方法，已在某些国家获得若干专利。

10.7.4.1 稀硝酸/氯化钠氧化浸出金的发展概况

英国对稀硝酸和氯化钠氧化浸出金工艺进行了最初的实验研究。由于英国没有大量难浸出金矿石可供处理，所以与澳大利亚的公司建立了联系。这个公司在西澳大利亚Kalgoorlir有一个炭浆厂和一个小型实验室。对各种不同类型的矿石、精矿和尾矿进行试验后，认为在处理易浸矿石的情况下，这种新的酸处理工艺并不比传统的氰化法优越。但是，对很多硫化物矿石的试验结果表明，这种新工艺很有希望，因此集中研究这种硫化物矿物的处理。

最初曾研究了稀硝酸和氯化钠对纯金试样的作用。在温度为95~100℃的10%氯化钠溶液和35%硝酸溶液中，15min内小金块完全溶解，而25%硝酸溶液溶解金约需30min，研究表明，试样表面的腐蚀速度为0.6kg/(m^2·min)，这些结果可用来确定在硫化物侵蚀后为溶解暴露的金所需要的残余硝酸量。

通常与金共生的硫化物的实际硝酸氧化比化学反应式表明的更为复杂，金属硫化物与硝酸的反应产生硫酸盐、NO和水。但是，在有氯化钠存在条件下发生副反应，例如形成硝基离子及易溶解金的亚硝酰氯。在这种高度氧化的介质中，其他矿石成分（如砷和锑）也被氧化而使问题更为复杂。所有这些意味着每一种矿石破碎和磨矿后必须立即进行分析，至少每天进行几次，以确保矿石性质不发生严重变化。

因此，用于反应的实际硝酸量不可能精确地等于根据原来矿石或精矿中存在的硫化物的化学计算量。必须加入过量的硝酸，但是，这并不意味着硝酸的浪费。

10.7.4.2 实验室实验

实验用的矿粉为0.050mm粒度，每批150g，玻璃瓶内装有搅拌器和冷凝器，附有温度计插口和细磨矿石加入口。用电阻丝加热玻璃瓶，冷凝器有一组吸附装置，第一个容器有一个把逸出的氧化亚氮氧化为NO_2的空气入口。

首先加热氯化钠和硝酸，然后搅拌器开始搅拌，随着温度的增加逐渐加入细磨的矿石。

采用高硫化物矿石和精矿时，通常在35~40℃之间开始放热反应。当瓶内温度上升到95~100℃时停止加热。

在酸性溶液中提取金的氯化物，经过试验，用碳处理时，金从溶液中以金属元素的形式沉积。美国矿务局试验结果表明，从氯化物溶液中吸附的金量为每吨炭 519370g，而在硝酸盐溶液中吸附的银量为每吨炭 115070g，炭从氰化物溶液中吸附的金量为 62200g/t，吸附银量为 31100g/t。英国伦敦帝国大学进行的研究说明在酸性溶液中金盐与其他金属分离的问题。

应该指出，细碎黄铁矿能从酸性溶液中迅速地提取金，所以完全除去硫化物是很重要的。

10.7.4.3 中间试验厂

中间试验厂是采用黑色聚乙烯的两组蛇形管，一组长 100m，另一组长 250m。管子破裂压力为 2.8MPa（工作压力在 1.05～1.4MPa 之间）。管径为 25mm，管壁厚度为 6.3mm。管子以 0.9m 的半径盘绕起来，插入 ϕ2100mm 的槽中。采用钛管连接。热交换器是蒸气加热的钛蛇管。该系统有两台隔膜泵。

用磨至 0.050mm 的 1kg 精矿（矿浆浓度为 30%～60% 固体，泵送速度 50～100L/h）进行试验。硝酸质量分数在 7%～15% 之间变化，金从氧化物和硫化物的混合精矿中的回收率达 95%。为比较起见，在 45℃下，用碱性氰化物进行几个试验，金回收率约为 80%。

在试验期间，矿浆是通过一个三通阀门放到一个大的 Buchner 陶瓷过滤机过滤，使过滤的工艺残渣与含金的酸溶液分离，然后洗涤过滤机。滤液泵到两个 ϕ75mm × 18000mm 的、装有活性炭玻璃管的吸附柱内，使金沉积在炭上。由于滤液含有硫酸铁，可能还有砷酸盐或锑酸盐，故不再循环使用。在这种规模上，不再用浸没燃烧法回收任何多余的硝酸盐，但需在生产中检测滤液以确定硝酸盐的含量。返回工厂的同时，处理的矿浆经由冷凝器下面的三通返回到第一台容器，使 NO 逸到第一个洗涤塔，同时喷入空气使 NO 氧化为 NO_2，以便溶解。用燃烧炭的方法回收金，由于这种炭可以吸附很高的金量，所以这是一种经济的方法。如果存在银的话，就会沉淀出多余金锭（一种金、银合金）。也可以用电解或其他方法回收金，但是，燃烧炭是最简单的方法，同时还可以回收吸附在炭上的残余硝酸盐。

英国剑桥矿业学院证实硝酸的回收率超过 90%，金的回收率较高。剑桥矿业学院列出了一些矿物试验的结果见表 10.25。

表 10.25 用硝酸和氯化钠法 HMC 工艺在剑桥矿业学院进行试验的某些成果

编 号	类 型	浸出率/%	
		Au	Ag
T1	黄铁矿精矿	93.6	90
		92	80
T2	黄铁矿尾矿	82	—
T3	浮选精矿	95.5	95.8
T4	精 矿	86.8	97.4
T5	浮选精矿	88.3	—
T6	重选精矿（锑）	93.8	97.5
T7	砷黄铁矿	92.9	96.3
		93.9	92.4
B1	砷黄铁矿尾矿	99.7	78.5

在 Redhill 的 HMC 工艺中心研究所处理的大量矿石来自威尔士（采金区已是 Snowdonia 国家公园的一部分，禁止作业）。矿石的性质：在砂砾丘内赋存的矿体中，最普遍的矿物是石英。绿泥石的包裹体内通常含有 Fe_2O_3，也含有白云母。黄铜矿、磁黄铁矿含金量也很丰富。砷黄铁矿与金和磁化物的集合体共生。Fe 与 AsS 之比几乎总是为 1∶2。典型的试样含钴 3.3%，镍 0.1%，砷 31.43%。

除了碲化物—金集合体外，不存在别的金，集合体是最难处理的矿体。在 HMC 工艺中心金和银的回收率达到 90% 以前，尚没有人进行过适宜的化学浸出研究。

矿物集合体中有辉钴砷矿（CoAsS），方黄铜矿（$CuSFe_4S_5$），银黝铜矿（$3Cu_2SSb_2S_3$），浓红银矿（$3Ag_2SSb_2S_3$），Attoite（PbTe），碲银矿（AgTe），叶碲金矿（$Pb_5AuTeSb_3S_{5\sim8}$）。

10.7.5 催化氧化酸浸法

10.7.5.1 催化氧化酸浸预处理砷黄铁矿

中国科学院过程工程研究所（原中国科学院化学冶金研究所）开发的催化氧化酸浸预处理砷黄铁矿，引入的催化系统是由稀硝酸及结构多极性基团的表面活性剂——木质素磺酸钠（NaL）组成。此法在 100℃ 及 400kPa 条件下进行，对含砷金精矿进行催化氧化酸浸预处理，金浸出率高达 95%～99%。研究工作着重分析了 FeAsS 在这一体系中的反应：

（1）FeAsS 在 H_2SO_4-O_2 和 HNO_3-H_2SO_4-O_2 水溶液体系中的比较。由于 FeAsS 氧化电位较低，即使在 H_2SO_4 水溶液系统中，也有一定的反应速率。加入硝酸后，体系反应速率增加，如在 100℃ 时，加入 5g/L 硝酸，反应达同样的转化率，时间则缩短为 1/2，在 90℃ 时，则缩短两倍。

由于存在 HNO_3，FeAsS 的行为与在纯 H_2SO_4 体系中不同。在后者中，速率与氧分压的一次幂成正比；而有 HNO_3 时，速率与氧分压无关。这样，FeAsS 在 HNO_3-H_2SO_4-O_2 水溶液体系中的氧化反应可以在较低的操作压力下进行，而无需像硫酸体系中那样，要求较高压力。

在 H_2SO_4 系统中，增加酸度时可提高速度。有 HNO_3 时，酸度降低反而极有利反应速率的增加。因此，FeAsS 在 HNO_3-H_2SO_4-O_2 水溶液中的浸出反应就可以在较低的酸度下进行，这样就可以节约所用的 H_2SO_4 量。

所以，FeAsS 在 HNO_3-H_2SO_4-O_2 水溶液体系中的氧化优于在其 H_2SO_4-O_2 水溶液体系中的氧化；主要表现在提高反应速率，降低反应氧分压和减少反应耗酸量。

（2）FeAsS 与 FeS_2 在 HNO_3-H_2SO_4-O_2 水溶液体系中的比较。FeS_2 的活化能值为 38.5kJ/mol，而 FeAsS 仅为 23.4kJ/mol，说明 FeS_2 比 FeAsS 难以氧化，FeS_2 的速率受酸度的影响很小，有别于 FeAsS。

FeS_2 和 FeAsS 在 100℃ 的 HNO_3-H_2SO_4-O_2 水溶液体系中，其速率常数与硝酸浓度的关系相似（$1/K$ 与 $1/c(HNO_3)$ 呈线性关系）。但 FeS_2 浸出速率比 FeAsS 的浸出速率受 HNO_3 浓度变化的影响大。

虽然，当含有 FeS_2 及 FeAsS 的金精矿进行催化氧化酸浸预处理时，可推论其操作条件主要受 FeS_2 的制约。

曾对我国不同地区的难冶金精矿进行了催化氧化酸浸预处理效果的实验，实验所用金矿类型、化学成分和硫、铁、砷的溶出率及金氰化率示于表10.26。它表明金氰化浸出率在预处理后可达到95%，显示了COAL法的广泛适用性。当然，针对一个具体的难冶金精矿欲判断COAL的实用价值及效益，尚需进行系统的实验和扩大的实验验证，以及具体的工程问题实验。例如，黑龙江省团结沟金矿改扩建工程已确定采用COAL方案，是经过系列工作程序后作出的。1986年6月～1987年6月，全国有6个科研单位对团结沟金矿进行了大量的多方案实验研究，推荐精矿焙烧—氰化及精矿加压酸浸—氰化两方案，但以催化氧化酸浸—氰化方案的初步结果为优。其后，经过系统的研究及扩大实验，长春黄金设计院相应进行了可行性研究及初步设计，均表明COAL法为优。显然，当COAL法用于处理含砷金精矿时，将更能显示出它的优越性。

表10.26 催化氧化法的技术效果

产地	主要化学成分							催化酸浸				金氰化率	
	g/t		%					%			耗 O_2 /$m^2 \cdot t^{-1}$	未预处理	预处理
	Ag	Au	Cu	Pb	As	Fe	S	As液	Fe液	S产率			
八宝山	100	—	—	—	10.91	31.3	30.3	70	80	200	80	80	95
会同县	5000	—	—	—	33.0	28.0	16.0	80	44	190	70	70	96.7
文裕	82.9	—	2.80	44	—	16.0	22.0	—	55	160	18	18	99
洛南（1）	180	540	1.74	37	—	19.0	23.0	—	—	200	20	20	99
洛南（2）	55.8	357	1.65	23.0	—	16.6	23.6	—	80	130	26	26	93
洋鸡山	23.1	290	9.28	0.68	0.87	36.0	40.4	49	91	300	22	22	97
团结沟	46.8	—	0.06	—	—	21.7	22.8	—	80	140	77	77	96
半壁山	38.3	24	0.06	—	4.5	15.3	9.4	90	40	120	71	71	94
金牙	56.3	—	0.06	—	7.7	35.4	31.5	92	—	300	40	40	99

10.7.5.2 黑龙江团结沟金矿

矿试料由沈阳矿冶所提供，其化学成及物理性质均同于小型实验。精矿含金46.3g/t，银43g/t，硫22.84%，铁21.86%。

催化氧化酸浸在搪瓷釜内进行，催化氧化酸浸时，先用含0.29g/t木质素磺酸钠及28g/t H_2O水溶液将精矿（其粒度为99% -320目）浆化，搅拌半小时，以便释出精矿与酸反应所生成的二氧化碳气体，之后将矿浆加入釜内，并加入硝酸及水，密封釜盖，并加热。到10℃时，通入氧气进行搅拌浸出，总压力保持在4atm以下。釜压因耗氧而降低，需定期补充氧气，并适当通入冷却水以保持反应温度在10℃左右。酸浸渣氰化时采用炭浆法。活性炭为北京光华木材厂出品的杏核炭，炭用量为固体量的2%，粒度为20～60目。金分析用原子吸收法。

试验结果显示，采用催化氧化酸浸—氰法新工艺处理团结沟浮选金精矿的扩大试验，金的浸出率稳定在95%以上。酸浸工艺流程图如图10.17所示。

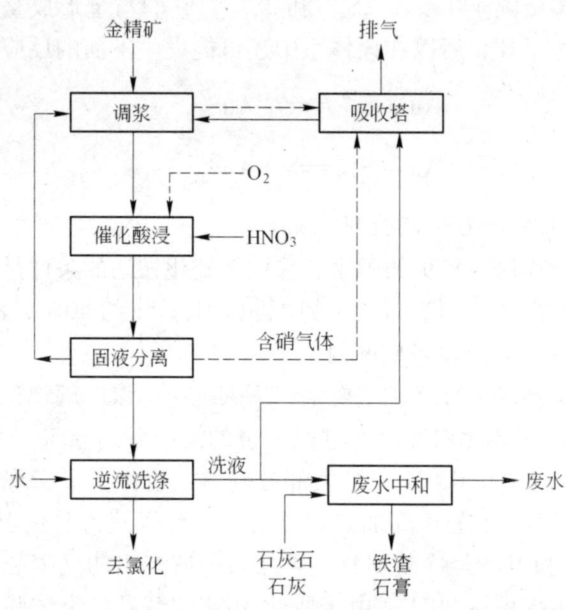

图 10.17 催化氧化酸浸工艺流程

10.8 其他非氰法

10.8.1 多硫化物法

多硫化物法浸出金的热力学早在 1962 年就由苏联学者卡可夫斯基报道过，处理对象是 As-Sb-Au 硫化精矿，金的回收率可达 80% ~99%，该法的优点是选择性高，无污染，并且适用于处理低品位矿。

10.8.1.1 多硫化物法浸出金的基本原理

众所周知，元素硫具有强的负电性，它易与碱金属和碱土金属生成多硫化物。金银等贵金属又与硫有较强的亲和力，而易生成硫化物。且鉴于多硫化物是可溶的。这就为它们溶解金银提供了条件和理论依据。

文献报道中已研究过的多硫化物浸金溶剂有$(NH_4)_2S_5$、Na_2S_5 和 CaS_5 等。这些试剂都是无毒的，试验结果也是令人满意的。且大多数金矿石或金精矿都含有一定量的铜，在浸出作业中可起催化氧化和消除游离 S^{2-} 的作用。且多硫化物在溶液中能稳定存在的离子为 S_4^{2-} 和 S_5^{2-}，它和 O_2 一样具有氧化性。如 S_4^{2-} 在参与氧化后，则获得 6 个电子而还原为 S^{2-}。

多硫化物法是利用多硫离子（HS^-、S_x^{2-}）能与金作用而浸出金。在酸性条件下、有氧存在时，多硫化物浸出金的反应为：

$$2Au + 4HS^- + 2H^+ + 0.5O_2 \longrightarrow 2Au(HS)_2^- + H_2O \qquad \Delta G^\ominus = -193.5kJ$$

$$2Au + 2S_2^{2-} + 2H^+ + 0.5O_2 \longrightarrow 2AuS^- + H_2O + 2S^0 \qquad \Delta G^\ominus = -326.9kJ$$

$$2Au + 2S_3^{2-} + 2H^+ + 0.5O_2 \longrightarrow 2AuS^- + H_2O + 4S^0 \qquad \Delta G^\ominus = -311.7kJ$$

在碱性条件下，多硫离子主要呈 $2S_4^{2-}$ 和 $2S_5^{2-}$，它们与金形成螯合离子时，其螯环是稳定的五原子环和六原子环，所以在该体系中还可能发生下面的反应：

$$Au + S_4^{2-} = [AuS_4]^- + e$$

$$Au + S_5^{2-} = [AuS_5]^- + e$$

10.8.1.2 *多硫化物浸金的试验研究*

南非是开展多硫化物研究较早的国家，采用多硫化铵法的条件是在25℃和常压下，多硫化铵的用量为理论量的2~3倍，即浸液中含$(NH_4)_2Sr$约40%，浸出时间8h。由于反应过程中会生成NH_3和H_2S，设备应密封。

格拉夫洛特工厂是世界上辉锑矿主要生产厂家之一，该厂辉锑矿产量约占西方国家总产量的60%。该厂采用多硫化铵浸出，过程中金的浸出率约80%，锑浸出率90%。精矿中虽含砷4.5%，但浸出率只0.6%，绝大部分砷留于渣中，可实现选择性分离。浸出的金用活性炭吸附回收后，再通蒸汽加热使锑呈Sb_2S_5沉淀，并使其转化为Sb_2S_3产品。Sb_2S_5沉淀时逸出NH_3和H_2S经冷凝回收，再加入分解产出的元素硫制成多硫化铵返回再用于浸出。试剂的再生率可达90%。由于所建5t/d的精矿浸出试验厂指标稳定，后又将它改建为150t/d的精矿生产工厂。改建后年产金约93kg，并产出含$w(Sb) = 71.6\%$、$w(As) = 0.7\%$的锑精矿。

我国曾对多硫化物法浸金开展研究，并取得了一些进展。中南工业大学对湿法炼铅硫化浸渣和湿法炼锑的含砷硫化浸渣进行多硫化铵和多硫化钠浸金试验，是向矿浆中加$(NH_4)_2S$和Na_2S，利用浸渣中的硫使之生成多硫化物。试验是在恒温水浴的500mL三颈烧瓶中进行。当采用多硫化铵法时，每批加入湿法炼铅渣60~100g，在最佳条件：温度50~70℃，$(NH_4)_2S$ 250mL、氨水30mL以上，浸出时间6~9h，金的浸出率大于90%。试验中还曾添加自制的多硫化铵（每升$(NH_4)_2S$加元素硫200g配制）30~50mL。由于浸渣中（质量分数）含S达51.07%，通过多项条件试验，S的浸出率均大于98%，浸出的S^{2-}已能满足生成多硫化铵的要求有余，故另添加的多硫化铵对金的浸出率无明显影响。但由于多硫化铵的热稳定性差，浸液温度上升至70℃时会发生元素硫的析出。过程中还会逸出NH_3和H_2S。

多硫化钙溶解金的小型探索性试验是西安冶金建筑学院进行的。它是用石灰（或消石灰）、硫黄及添加剂，采用湿法或火法制成石硫合剂（LSSS）。由于制备过程的化学反应是极复杂的，产出的LSSS其化学组分也难以测定，但从最终降解物质看，主要组分是CaS_5和CaS_2O_3，故推知其制备反应可能是：

$$2CaO + 8S + H_2O \xrightarrow{\triangle} CaS_5 + CaS_2O_3 + H_2S \quad \text{（湿法）}$$

$$3CaO + 12S \xrightarrow{\triangle} 2CaS_5 + CaS_2O_3 \quad \text{（火法）}$$

以CaS_5而论，它溶解金的主要反应可能是：在无氧化剂时，S_5^{2-}兼有氧化和配位双重作用：

$$Au + 2S_5^{2-} \xrightarrow{\triangle} AuS_5^- + S_4^{2-} + S^{2-} + e$$

在有氧化剂时，S_5^{2-} 只起配位作用：

$$Au + S_5^{2-} \xrightarrow{\triangle} AuS_5^- + e$$

而 CaS_2O_3 也可在氧化催化剂的作用下浸出金：

$$2Au + 4S_2O_3^{2-} + H_2O + \frac{1}{2}O_2 \xrightarrow{\triangle} 2Au(S_2O_3)_5^- + 2OH^{2-}$$

试验使用的矿物原料主要组分为：Au 60g/t、Ag 112g/t、Cu 3.7%、Pb 11%、S 33%、Fe 28%。试验证明，无论是否另加氧化剂，LSSS 都可溶解金银，且将原液稀释 3 倍，金银的溶解率也好。若向此浸液中分别添加 $Cu(NH_4)_2^{2+}$ 0.02mol、$NH_3 \cdot H_2O$ 0.55mol、$Na_2S_2O_3$ 0.2mol，都可提高金银的浸出率。

使用 LSSS 的氨性液浸出秦岭某金银精矿时，在温度 40℃、pH 值 14、固液比 1∶3，加入精矿 30g，LSSS 90mL，配以 $NH_3 \cdot H_2O$ 0.55mol，经搅拌浸出 10h，金银的浸出率分别为 98.00% 和 80.07%。

中南工业大学在对含硫 23.77%、砷 4.78%、锑 2.85%、Au 50g/t 的难处理精矿加石灰焙烧固硫砷试验中，虽焙砂固砷率达 99% 以上，固硫率也达 94.62%，但焙砂中还有 5.38% 的其他硫化物。经 X 射线衍射分析，这些硫化物主要以硫化钙状态存在。因硫化钙在水中具有一定的溶解度，若采用氰化法浸出必须预先脱除 CaS，否则过程中会分解出硫，对氰化产生不利影响。若采用多硫化物法浸出，则不必脱除 CaS，它的存在还可成为浸出金的溶剂。

对上述固硫、砷焙砂的多硫化物浸出，经试验选定的条件为：Na_2S 浓度 136g/L，并加入元素硫（Na_2S∶SO 的分子比 1∶(3 ~ 4)）使浸液呈红色，在温度 80 ~ 90℃，搅拌浸出 2h，金的浸出率可达 80% 左右。但随着浸出时间的延长，浸出率即出现下降，这可能是温度过高，使多硫化物发生分解所致。为进行对比，将此焙砂直接在 NaCN 0.1%、pH 值为 10 ~ 11、固液比 1∶5 的常温下搅拌氰化 24h，金的浸出率只有 58.0%；将此焙砂进行空气氧化预先脱除 CaS 后再氰化，金的浸出率提高至 80.83%；浸渣再次进行两段氰化，金的浸出率也只达到 85.39%。

10.8.2 碘化法

碘是一种氧化性很强的氧化剂。用碘作浸出剂和用溴作浸出剂的浸金过程应该是一样的，但碘化浸金的报道很少，更没有工业应用的实例。但据俄罗斯贵金属勘探研究院对金的阴离子络合物 [AX_2]（X 为阴离子）的稳定性比较表明：$CN^- > I^- > Br^- > Cl^- > NCS^- > NCO^-$，金的碘络合物强度比金氰—络合物差，但比溴、氯、硫氰化物、类氰酸盐的要强。并且同氰化物相比，碘是无毒药剂，因此，研究用碘—碘化物溶液从矿石中浸金是合适的。

10.8.2.1 碘化法浸金的基本原理

I_2-NaI-H_2O 体系。当碘溶于 NaOH 中时，发生反应：

$$3I_2 + 6NaOH = NaIO_3 + 5NaI + 3H_2O$$

当碘过量时即形成碘酸钠—碘化钠—水体系。体系中过量的碘与大量的电离子，生成稳定的多碘离子，存在下列动态平衡：

$$I_2 + I^- + H_2O \rightleftharpoons I_3^- \cdot H_2O$$

$$3I_2 + I^- + H_2O \rightleftharpoons I_7^- \cdot H_2O$$

金的溶解反应，就是基于多碘离子的氧化作用，形成Au(Ⅰ)、Au(Ⅱ)的配盐：

$$2Au + I_3^- + I^- + H_2O \longrightarrow 2[AuI_2]^-$$

$$2Au + I_7^- + I^- + H_2O \longrightarrow 2[AuI_4]^-$$

体系中的碘酸盐在金的溶蚀过程中起辅助氧化作用。

溶于该体系中的金，可以用活性炭吸附、有机溶剂萃取、金属置换、还原剂还原、离子交换剂富集等方法提取。从简便和经济方面考虑，使用锌、铁粉置换或饱和亚硫酸钠还原都能得到高的回收率，还原反应如下：

$$2[AuI_2]^- + Zn = [ZnI_3]^- + I^- + 2Au\downarrow$$

$$3[AuI_2]^- + Fe = [FeI_4]^- + 2I^- + 3Au\downarrow$$

$$2[AuI_2]^- + SO_3^{2-} + H_2O = SO_4^{2-} + 4I^- + 2H^+ + 2Au\downarrow$$

考虑碘的回收再利用，减少回收碘中金杂质，以使用亚硫酸钠还原为好，回收金以后的体系中的碘还可再生，其依据是在硫酸酸性溶液中，以氯酸钾氧化碘离子而析出碘。

$$6I^- + ClO_3^- + 6H^+ = 3I_2 + Cl^- + 3H_2O$$

10.8.2.2 *碘化法浸金的试验研究*

Marun等人进行了两个试样的碘化浸金试验研究，他们的对象矿样分别为：A试样含Au为8.29g/t、Ag为5.0g/t、w(Cu)为0.01%，主要缔合矿物金、明矾石、赤铁矿、金、赤铁矿、黄铜矿-重晶石、金-硅、硫砷铜矿和金-硅-重晶石，在15min时存在单体金；B试样为浮选精矿，含Au为57.69g/t、Ag为39.49g/t、w(Cu)为0.15%，主要矿物为黄铁矿、闪锌矿、方铅矿和黄铜矿，金与石英缔合，石墨为脉石。用碘和碘化钾试剂浸金。试验条件确定为：初始碘、碘化物摩尔比低于0.3，pH值3~5，标准反应时间定为4h。文献没有给出金的浸出率数据，只是在和氰化浸出作对比时得出了氰化浸出的金浸出率高，浸出时间长的结论。同时对浸出富液进行了金的电解沉积试验，金的沉积率90%以上，电流效率为0.12%~0.13%，并与碘和碘化物初始浓度基本无关。

Ce、Xenbnnxos F. B. 等人用碘化物对乌拉尔一个矿山的含金氧化矿石进行了浸出研究。矿石的化学组成如下（%）：50.4 SiO_2、15.8 Al_2O_3、16.4 Fe_2O_3、0.75 MnO、2.46 MgO、1.5 CaO、0.63 Na_2O、2.73 K_2O、0.21 C、0.03 S、0.08 As、3.5g/t Au、9.0其他，金基本上处于自然状态但粒度微细；用I_2与I^-的摩尔比为0.1的碘溶液溶金，pH值在5.5~7.5之间，固液比1∶5最佳。反应平衡时金的回收率达95%，平衡速度比溴溶液浸金慢；电解沉积时，金的浓度越高，电解速度越快，金的最大沉积率可达95%（电解槽金浓度大于40mg/L时）。

10.8.2.3 浸出液中金的分离方法选择

为了从碘—碘酸钠—碘化钠—水体系中，有效地提取金，采用铁、锌置换、亚硫酸钠还原、活性炭吸附、萃取、离子交换、水合肼等还原方法，大多数达到高的回收率，从动态和静态数据分析，活性炭吸附、铁粉置换、亚硫酸钠还原等方法较好，其中铁粉置换与亚硫酸钠还原两种方法较使用，尤其亚硫酸钠还原法，对从回收金后的体系中再生碘更有利，减少了大量铁离子对碘质量的影响。

10.8.2.4 碘的再生

碘化法回收金必须考虑体系中碘的回收，因为碘的价格昂贵，按每回收1kg黄金，约用碘26kg，价值千元。若体系中碘不再生，不仅成本较高，而且对环境也有污染。碘的再生是在回收金以后的含碘溶液中进行的。以硫酸酸化至硫酸含量15%，用分装氰酸钾分次加入到酸化后的含碘溶液中，碘离子即被氧化而析出碘。氯酸钾的用量为含碘总量的20%。析出的碘，先以含硫酸的水溶液洗涤2~3次，再用清水洗至中性，所得再生碘，可重新参与配料继续使用，回收碘和新购的碘，配置的溶液效果一样。

10.8.3 生物制剂法

10.8.3.1 生物制剂法的发展

从医药和食品工业的生产废料中得到的某些生物制剂产品，具有一定的溶金能力。例如在有氧化剂存在时，某些氨基酸能够溶解金，其中羟基丙氨酸、丝氨酸、组氨酸、天门冬酰胺等的溶金能力比较强。俄罗斯国立稀有金属科学研究所曾试验用食用酵母生物质的碱性水解液、黑曲霉的代谢物从含石英、碳酸盐和砂质黏土金矿中提取金，取得了较好的结果，分析这些制剂的效果，是与它们的组分中含有相当数量（3~10g/L）的氨基酸有关。同时，还在研究用微生物直接浸出矿石中的金，确切地说，也是利用微生物的某些代谢产物浸出金，使用的有天然菌株和人工诱发菌株，涉及某些直菌、放线菌、芽孢杆菌等，目前均尚处于研究阶段。

10.8.3.2 生物制剂法的基本原理

俄罗斯学者针对一非工业型冲积沙砾层回收砂金进行了研究，漂砾层金呈片状，成色770，-0.1mm。

浸出金试剂的制备：采用在生产的青霉素、氧四环素、力复霉素、紫苏霉素、瑞斯托霉素等抗生素过程中得到的医药工业废料和从食品工业含蛋白质的废料中获得的Б3产品，某些氨基酸以含水分70%~80%的糊膏状形式获得医药工业的废料，在40%~50%空气干燥后，保存于带盖子的罐中。在试验前直接往生物质中注入浓度200g/L的NaOH，使液固比为10:1，然后在80~100℃下水解2h，获得浆液用水稀释10倍，澄清后倾出上清液用于浸出过程。

试验结果显示如下：

（1）氨基酸都有很好的溶金能力，而天门冬酰胺比羟基丙氨酸更为有效，在搅拌情况下，5h后溶液中发现有大量的金。

（2）浸出制剂的基质是生产氧四环素、青霉素、力复霉素和头孢菌素的废料，对比样为Б3产品和天门冬酰胺，总金属时间40d，其中有一段时间是在搅拌中浸出。结果发现都有金的溶解，但天门冬酰胺对金的溶解作用稍强。

(3) 对颗粒 -0.25 ~ +0.15mm 的金粒，使用过生产抗生素的几种废料，浓度为 7g/L 的 Б3 产品，氨基酸—天门冬酰胺和羟基丙氨酸进行对比试验，总进出时间 37d，开始 12d 采用搅拌，在这以后的 10d 内不搅拌，以后又重新搅拌，结果所有浸出制剂都有溶金能力，尤以浓度 7g/L 的 Б3 产品的溶金能力最强。在医药工业的废料中，从生产瑞斯托霉素和力复霉素时所得的废料的溶金效果最佳。

(4) 对比紫苏霉素和力复霉素废料的溶金效果，结果显示能力相当。

(5) 动力学对比实验结果，紫苏霉素和力复霉素生产废料的碱性水解液，以及食用酵母素物质的碱性水解液-БВК 的溶金能力彼此接近，但 Б3 产品的溶金能力要高出上面的 1 ~2 倍。

可见，从医药和食品工业生产废料中得到的，并作为制备浸出金制剂的生物制剂产品，都具有一定的溶金能力。而且几种从医药工业废料中所得的碱性水解液，它们的溶金能力与使用小微生物质的碱性水溶液差不多。

加拿大及美国等在研究使用天然菌株和人工诱发菌株方面已取得了重要进展，1986 年在卡尔加里的瓦伊金工业公司已宣称研制成功一种“浸出金剂”，该公司将其在加拿大某一提金厂使用一年后称，该“浸出金剂”性能优于氰化物（对难处理碳质矿也适用），且试剂费用低，若大规模试生产成功，则研究氰化法污染问题就不再重要。

10.8.4 非极性溶剂法

金在有氧存在条件下溶解于王水、氯、氰化物水溶液或硫脲溶液中，这些溶剂在金的浸出过程中起着重要作用。本节介绍的是用非极性溶剂提金，而在水溶液条件下时，金银析出沉淀。

10.8.4.1 用 DMF 或 DMSO 回收金、银的原理

Paker 等人发现在干的 DMF（二甲替四酰胺）或 DMSO（二甲亚砜）中，在 20 ~60℃下，一列反应全是由左向右进行的：

$$AgCl + Cl^- \rightleftharpoons AgCl_2^-$$

$$Au + CuCl_2 + 2Cl^- \rightleftharpoons AgCl_2^- + CuCl_2$$

$$Ag_2S + 2CuCl_2 + 4Cl^- \rightleftharpoons 2AgCl_2^- + S + 2CuCl_2^-$$

$$Ag_2Se + 2CuCl_2 + 4Cl^- \rightleftharpoons 2AgCl_2^- + Se + 2CuCl_2^-$$

$$Ag + CuCl_2 + 2Cl^- \rightleftharpoons AgCl_2^- + CuCl_2^-$$

因此，上述反应可用于从阳极泥、照相废料、珠宝饰物废料、碎屑、镶牙合金废料、镀金的锌盒、阴极沉淀金、氯化精炼溶金的渣以及砂金、块矿、金矿中制备得含金或银达 80g/L 的 DMF 或 DMSO 溶剂。

当把水加到 $AgCl_2^-$ 盐的 DMF 或 DMSO 溶剂中，AgCl 以纯态定量地沉淀出来。在有一种还原剂存在的条件下，把水加到 $AgCl_2^-$ 盐的 DMF 或 DMSO 溶剂中时，纯金以一种黑色溶液形式定量的沉淀出来，此黑色溶液很快聚集成一种能进行过滤的物料。上述方法可以发展成一个连续的循环过程，包括移出的纯 AgCl 和 Cu，氧化氯化铜和在 80 ~90℃减压蒸

馏除去 DMF 或 DMSO 溶剂中的水，蒸馏出来的水用来再次沉淀金属，而含有 $CuCl_2$ 和 $CaCl_2$ 的 DMF 或 DMSO 的底流再循环以溶解出更多的金和银。由于在后面的循环过程中金和银可以回收，故此法对未沉淀金银不会造成损失。

把 AgCl 溶于含有非氧化性氯化物盐类的 DMF 或 DMSO 中，可将金和银的氯化物的混合物分离，因为金只溶于有氧化剂存在的溶液中，故可把已溶解的银分离开。另一种方法，由于金只能从含有还原剂的 $AuCl_2^-$ 的 DMF 或 DMSO 溶剂中沉淀出来，而 AgCl 则在任何的 DMF 或 DMSO 混合溶液中都能沉淀，故在加水之前，先氧化 $CuClO_2^-$，可以选择性地沉淀出 AgCl。

10.8.4.2 试验及应用实例

实验物料、容器和溶剂都必须干燥，含 $CuCl_2$ 的 DMSO 溶剂，当加热到 120℃以上时会猛烈爆炸，甚至 80℃时也有一些 DMSO 溶剂被 $CuCl_2$ 氧化，所以，操作温度要低于 50℃，否则选用 DMF，如果金不是细粒分布，则反应缓慢。例如，0.5g 的“块矿”在含 0.5mol/L $CuCl_2$，0.5mol/L $CaCl_2$ 的 DMF 搅拌浸出，需要 3～6d。某些物料在相当黏稠的溶剂中，固液分离有困难，故需要保证 Au 和 AgCl 是以易于过滤的形式沉淀出来，才能达到此目的。

0.62g 沉淀的金，在已蒸馏脱水的 5mL DMSO 中，于 80℃搅拌浸出 45min，获得含金 84g/L 的溶剂，加入 10mL 水到热的过滤液中，溶液变成黑色，金沉积于烧瓶上，45min 后，过滤溶液，得到 0.41g 金。

0.1556g 金银混合物，粒度小于 45μm，在已蒸馏脱水的 8mL DMSO 中，于 80℃搅拌浸出 1h，金有 0.005g 未溶解，银则全部溶解。过滤后，加入 8mL 水，沉淀出 0.0354g 的 Au + AgCl。将此干燥后的固体，用含 1mol/L $CaCl_3$ 的 5mL DMSO 溶剂于 80℃下搅拌溶解 AgCl。残渣为金（0.1503g）。

DMF 作为溶剂，曾饰演 DMF 代替 DMSO，把 80℃改为 30℃，这时反应较慢，但用同样粒度的物料在 4h 后反应全无。试验证明用含 0.5mol/L $CuCl_2$，0.5mol/L $CaCl_2$ 的 DMF 溶剂在 35℃下，从阳极泥、照相废料、砂金、硫化铜沉淀过程产出的浸出渣，CRA 的含铅冰铜回收过程产出的浸出渣、镶牙的含“金”合金、珠宝饰物碎屑、锌盒上的镀金层，以及 Rand 金精炼厂氯化金过程产出的残渣中，可以高效率成功地浸出和回收贵金属，这些应用并非都是经济的，而且其他可氧化的物料与非酸性的再循环的氧化剂会发生反应，但这种方法本身提出了精炼贵金属的一些潜在的应用可能性。

此法若用于矿石浸出金可能会成本很高，但是若用于阳极泥和电子工业含金废料浸出金则会有一定的吸引力。

10.8.5 超声波强化浸金

声化学是指利用超声波来加速化学反应，提高化学反应产率的一门新兴交叉学科。声空化把扬声能量集中起来：然后伴随空化泡崩溃而在极小空间内将其释放出来，使之在正常温度与压力的液体介质中产生异乎寻常的高温（$>5000K$）和高压（$>5\times10^7Pa$），形成所谓的“热点”，可以广辟化学反应通道，骤增化学反应速度。

10.8.5.1 强化浸金机理

超声波在湿法冶金中的作用机制首先是纯机械作用，在液体中形成空化现象时，不但出现具有湍流特征的水力学急流，降低外扩散阻力，而且出现固体被破坏、表面薄膜被消除、在晶体中聚集各类缺陷等现象，从而加强溶液内和固体毛细孔或微孔中的传质等，在氧化还原过程中，超声波可能呈现出一些化学作用，如水在超声波辐射照下能生离解。

$$H_2O \longrightarrow H^{\cdot} + {}^{\cdot}OH$$

$$H^{\cdot} + {}^{\cdot}OH \longrightarrow H_2O$$

$$H^{\cdot} + H^{\cdot} \longrightarrow H_2$$

$${}^{\cdot}OH + {}^{\cdot}OH \longrightarrow H_2O_2$$

$$H^{\cdot} + O_2 \longrightarrow HO_2^{\cdot}$$

$$H^{\cdot} + HO_2^{\cdot} \longrightarrow H_2O_2$$

$$HO_2^{\cdot} + HO_2^{\cdot} \longrightarrow H_2O_2 + O_2$$

$$H_2O + HO^{\cdot} \longrightarrow H_2O_2 + H^{\cdot}$$

显然溶解在水中的任何物质会与超声波辐射产生的 H_2O_2 发生反应，如有碘离子存在，则 I^- 被 H_2O_2 所氧化并析出游离的碘。只是超声化学分解和水溶液中的光分解和辐射分解不同，超声波分解的特点是不仅对化学活性气体，而且对惰性气体均有影响，它们钻入空化泡，参与激发水分子的能量传递，还可能参与充电过程。

对于氰化浸出，超声波的作用首先是破坏了金粒表面的钝化膜，使金粒表面裸露出来，其次，由于超声波空化产生的微冲流消除或减弱了边界层，强化了传质，同时也可能由于空化产生的 H_2O_2 部分地替代了溶解的 O_2。

10.8.5.2 强化浸金作用

Sipos、Ioan 和 Glakhav 等人研究了超声波处理含金浮选金矿对金氢化提金率的影响。前者曾获得专利，后者研究了 21.3kHz 的超声波处理各种金矿的氰化过程。实验条件如下：液固比为3∶1，BaO 的用量为每吨矿 10kg，NaCN 浓度为0.13%，CaO 浓度为0.05%。超声波处理使金的溶解速率增加了 10～12 倍，金的最高浸出率达 92%。并考察了频率和声强对氰化的影响，对比了 21.3kHz、4～5W/cm^2 的处理效果，金的溶解速率增加了 2～12 倍，认为金在矿物中的赋存状态决定了金的溶出速率，超声波处理还使金的浸出率增加了 5%～10%。

Bershitskii 等人研究了石英型金矿的声强化氰化浸出，而 Khavskii 等人则使用超声波和机械搅拌改善难选金矿的浸出。

11　金的粗炼及精炼工艺

11.1　金的粗炼

黄金冶炼包括粗炼和精炼。粗炼，是指通过湿法冶炼或火法冶炼，将含金量比较高的物料中的金变成粗炼金锭；精炼，是指将粗炼金锭中的杂质分离出来，最终获得高纯度的黄金产品。

11.1.1　氰化金泥来源——锌置换沉淀

我国黄金系统供给炼金的主要物料有：氰化金泥、汞膏、重砂、海绵金、钢绵或碳纤维阴极电积金、焚烧后的载金炭灰、硫酸烧渣金泥、硫脲金泥、含金废料等。

（1）氰化金泥：用锌粉或锌丝从氰化法提金含金贵液中置换金得到的一种富含金银的泥状沉淀物，将氰化金泥用火法冶炼可得到粗金。

（2）载金炭灰：一些矿浆或废液虽含金但品位很低，若用活性炭回收经济上不合算，于是改用煤焦炭吸附金，将吸附金的煤焦炭焚烧而得到的炭灰即为载金炭灰。

（3）汞膏：用混汞提金法得到的一种金汞合金。汞膏中除含金（一般为30%～40%）、汞外，有时还夹杂一些矿砂。

（4）重砂：又称毛金，用重选法得到的富含金的物料。重砂中除含金外，主要还含有黄铁矿、钛铁矿、锆英石、石英等。

（5）含金刚绵：电积法阴极上的产物，含有钢绵残留物、铜、锌等杂质。

氰化浸出后金的回收是与金的氰化浸出平行发展起来的一个单元操作，也是从含金矿石到制得产品金的总过程中的关键环节之一。从氰化物溶液中析出金的方法有：锌置换、活性炭吸附、离子交换树脂吸附、铝置换、电积和萃取等。直到现在锌置换法仍是最主要的沉金方法；从20世纪70年代起，随着活性炭吸附和离子交换树脂吸附提金技术的发展，吸附法的作用和地位大为提高，逐步部分取代了锌置换法；80年代，直接从氰化液中用电积法回收金的研究颇受重视，电积法回收金工艺的工业应用已经有了一定的规模；铝置换法曾被用于银矿氰化过程，但铝置换金并没有得到推广；溶剂萃取法从氰化浸出液中提取金，虽然已进行了大量研究，且获得了很多喜人的成果，但至今仍未在工业上应用。

重砂、海绵金、钢绵电积金其冶炼工艺简单，而氰化金泥冶炼工艺多样，且技术含量高。本节主要介绍锌置换沉淀得到氰化金泥的相关内容。

从载金炭的AARL法的洗脱液中回收金，可以用锌置换法，效果很好。我国黄金系统氰化金泥主要来自金精矿氰化锌粉置换和原矿全泥氰化锌粉置换。20世纪70年代，我国氰化厂氰化贵液置换，普遍采用锌丝置换。随着科学技术的进步，80年代初，我国广泛使用锌粉置换。氰化金泥质量大幅度提高。如招远金矿金精矿氰化采用锌丝置换时，氰化金泥品位为1.83%。采用锌粉置换后氰化金泥品位达10%以上。

锌置换法回收金始于1894年，与氰化法同步引入提金工业，是目前使用最广泛的方法。早期锌粉置换法的设备为压滤机和置换槽。后来发展起来的梅里尔·克劳法（Merrill Crowe）成为现今广泛应用的一种典型方法。它的设备和方法不但经受了梅里尔·克劳厂多年生产实践的考验，而且还被世界上一些主要氰化厂所选用。

一般而言，只有金品位或银品位特别高、可氰化、固液分离性能好的矿石或精矿，其氰化矿浆才宜用锌置换法回收金银。

氰化矿浆过滤、洗涤产出的含金溶液（俗称贵液）中尚含有少量矿泥和难以沉淀的悬浮颗粒，它们会污染锌的表面、降低金的沉淀率并消耗贵液中的氰化物，因而通常应将其澄清和除气后再进行锌置换回收金。从母液中澄清除去矿泥和悬浮物可使用框式澄清机、压滤机、砂滤箱或沉淀池。图11.1所示为一含金溶液澄清、除气和加锌置换的简明流程。

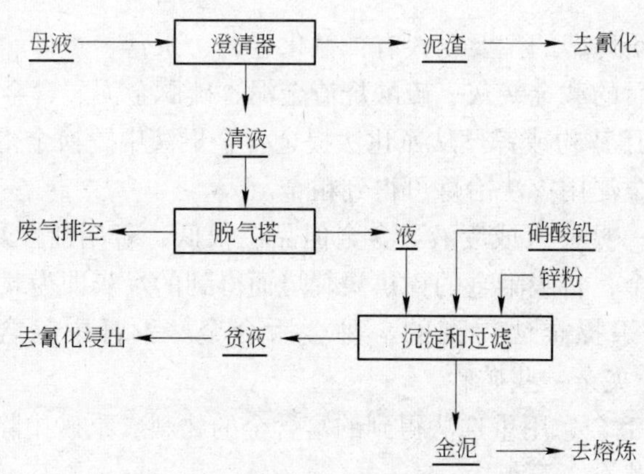

图11.1 锌粉沉淀金流程

广泛使用的澄清设备是框式澄清机，其次是压滤机，有些小型矿山则使用砂滤箱和沉淀池。砂滤箱是在箱的假底上铺滤布，滤布上分别铺有厚120～150mm的砾石层和厚60mm的细砂层。砂滤箱结构简单，和沉淀池一样，存在生产效率低、澄清效果差的缺陷，因此常将砂滤箱与框式澄清机等配合使用。

澄清作业中对生产影响最大的是滤布被碳酸盐、硫化物或矿泥沉淀堵塞。为消除这些有害影响，通常取消过滤与澄清之间的中间贮液槽，缩短含金溶液与空气接触的时间，以限制空气中二氧化碳溶入溶液中。同时定期清理洗涤澄清设备，并且用质量分数为1%～1.5%的稀盐酸洗涤滤布，以清除碳酸钙沉淀。

含金溶液由于氰化作业时充气以及作业过程中与空气接触，其中常含有较高的溶解氧。大量氧的存在，会导致向溶液中加锌置换金时溶液中金的沉淀速度慢且沉淀不完全，并使已沉淀的金反溶解，锌的消耗量增大。

为了减少浸出液中的氧对锌粉沉金产生的副作用（耗锌、金反溶），在加锌粉前要先脱气（脱氧）。脱气在真空脱气塔（如图11.2所示）中进行。脱气塔是一个容积为0.5～$1m^3$的圆柱体，排气管与真空泵相连。浸出液从塔顶进入塔内，由进液管喷洒在木格条之上，与木格条相撞被溅起而形成微细水珠，使溶液的表面积增大。这时在真空泵的吸引下，溶液中溶解的氧被真空泵抽出而实现除气，气体由排气口排出。为使除气液在塔中保持一定的水平，塔内装有浮标，它通过平衡锤与进液管上的蝶阀连接而自动调整液位，液面高低控制蝶阀的启闭。经脱气的液滴，汇集于塔体下部，由排液口排出，经离心泵送去加锌粉沉金。

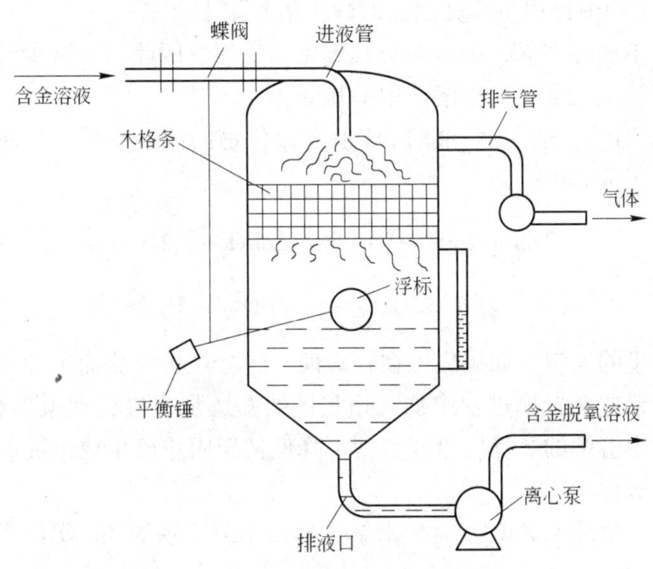

图 11.2 脱气塔构造

有的除气塔在圆锥部分安装排液活塞，并使该活塞与进液管活塞相连。塔内的真空度为79.99～86.66kPa（600～650mmHg），除气后的溶液含氧量为0.6～0.8mg/L。当使用克劳塔除气时，进入塔内的溶液呈稀薄的膜状，在压力大于93.33kPa（700mmHg）的塔内通过后，可除去溶液中95%的溶解氧，除气后溶液含氧量小于0.5mg/L。新近使用的双层真空水冷除气器，能将溶液中的含氧量降至0.1mg/L以下。

11.1.2 锌置换沉淀的物理化学作用

锌置换沉金就是将金属锌加入净化、脱氧后的贵液中，贵液中的金经过置换反应被置换成金属状态而沉淀，锌则溶解于碱性的氰化液中。

此过程是电化学反应过程。在氰化物溶液中，锌的标准电位为 -1.26V，比金（-0.68V）、银（-0.31V）的电位低，因此，锌很容易从氰化物溶液中置换出金、银，其反应为：

$$2Au(CN)_2^- + Zn = 2Au + Zn(CN)_4^{2-} \qquad K = 1.0 \times 10^{23}$$

$$2Ag(CN)_2^- + Zn = 2Ag + Zn(CN)_4^{2-} \qquad K = 1.4 \times 10^{32}$$

然而，氰化物溶液中还存在很多反应，如在氰化物和碱浓度较高的溶液中，锌能将水还原放出氢：

$$Zn + 4CN^- + 2H_2O \longrightarrow 2Ag + Zn(CN)_4^{2-} + H_2\uparrow$$

还能将溶液中的氧还原成 OH^-（即锌被氧化）：

$$2Zn + 8CN^- + O_2 \longrightarrow 2Zn(CN)_4^{2-} + 4OH^-\uparrow$$

这两个副反应将大量消耗锌和溶液中的 CN^-。按置换金的反应计算，沉淀 1g 金仅需 0.19g 锌，但实际生产中锌用量要高出此值数十倍甚至上百倍。

另外，氰化液中还存在氧，金可能被其氧化而反溶。因此为了减少锌的消耗以及防止金的反溶，加锌沉淀金之前，应把溶液中的氧除去。

锌被氧化后生成的产物，与溶液的 pH 值和氰化物的浓度有关，当氰化物浓度不够高而碱浓度较高时，形成 ZnO_2^{2-}：

$$2Zn + 4OH^- + O_2 = 2ZnO_2^{2-} + 2H_2O$$

$$Zn + 2OH^- = ZnO_2^{2-} + H_2\uparrow$$

以上反应中产生的氢气，如果集中在锌表面，将会产生极化而迫使置换反应停止，但若锌中含有少量的铅或在置换过程中加入适量的铅盐，那么极化现象将会减少或者消失。同时这些氢与溶液中溶解的氧反应生成水，可降低甚至阻止已生成沉淀的金发生反溶，也可使金属锌不再被氧化。

当碱度稍低时，生成的 ZnO_2^{2-} 发生水解，形成不溶于水的 $Zn(OH)_2$ 沉淀：

$$ZnO_2^{2-} + 2H_2O = Zn(OH)_2\downarrow + 2OH^-$$

在氰化物浓度不够高时，$Zn(OH)_2$ 与锌氰配合物作用生产氰化锌沉淀：

$$Zn(CN)_4^{2-} + Zn(OH)_2 = 2Zn(CN)_2\downarrow + 2OH^-$$

所以，从碱和游离 CN^- 浓度均不够高的溶液中用锌沉淀金、银时，生成的 $Zn(OH)_2$ 和 $Zn(CN)_2$ 会在金属锌表面形成白色薄膜沉淀物，妨碍金、银从溶液中完全沉淀析出。

为防止生成上述白色沉淀，待处理的贵液应有足够浓度的碱和氰化物，同时应预先脱氧。不脱氧时，为防止生成白色沉淀，氰化物和碱的浓度均应为 0.05% ~0.08%，若预先脱氧，则可降为 0.02% ~0.03%。

提高金的沉淀速度的方法有：强化搅拌、增加 $Au(CN)_2^-$ 的扩散速度以及增加锌的比表面积等。

氰化液的搅拌，可能对置换反应产生如下多方面的影响：（1）加快金的置换沉淀；（2）增加了锌的无益消耗；（3）有可能使析出的金从金属锌上过早脱落，使金受溶液中氧的作用而出现反溶。所以，氰化液的搅拌强度应适当。

此外，由于铅与锌结合能改善金的沉淀，实践中广泛采用的一种措施是在置换过程中加入适量的可溶性铅盐（醋酸铅、硝酸铅）溶液。这样就在锌粉表面置换沉淀出一层疏松且比表面积十分大的海绵铅，从而大大加快了金的沉淀。但是，过量的铅同样会发生许多边缘反应，导致锌的消耗量增加、金的沉淀缓慢且不完全，或产生的 $Pb(OH)_2$ 沉淀污染金沉淀物。故实际应用中一般每吨贵液仅加入 5 ~10g 硝酸铅。

11.1.3 影响锌置换沉金的因素

11.1.3.1 氰化物浓度和碱度

锌置换沉淀金的过程中要求氰化物浓度和碱度保持一定的值，这样才能使锌溶解而暴露新鲜表面。过低的氰化物浓度和碱度，不但会降低金的置换速度，更重要的是会使锌氰配合物分解，生成不溶氰化锌沉淀覆盖在锌的表面，阻止金与锌的接触；锌的消耗量随溶液中 NaCN 浓度的增加而增加，过高的氰化物浓度和碱度，虽然有利于贵液净化和置换过滤，但锌的溶解速度加快、耗量增大，造成不必要的浪费。所以生产实践中，一般控制氰化物浓度为0.04% ~0.06%、碱度为0.01% ~0.02%。

11.1.3.2 氧的浓度

溶液中含有氧将不利于金的置换，因为氰化液中有氧存在时，已经被置换的金有可能被重新溶解。同时溶液中有氧还会加速锌的溶解，生成氢氧化锌沉淀而降低置换效果。因此，贵液置换前一定要脱氧，并要求脱氧后溶液中的含氧量低于0.05mg/L。实验表明，当氰化液中的金含量为15mg/L、w(NaCN) 为0.015% ~0.07%、w(NaOH) 为0.015%、氧含量为0 ~3.1mg/L、锌的添加量为1g/L时，金的沉淀率与氧含量关系密切。当氧含量为1mg/L时，金的沉淀率达97% ~100%；氧含量增加到3mg/L时，金的沉淀率仅为78% ~80%。

在实际生产中，大多数氰化液先进行脱氧处理。采用脱氧处理的贵液以渗滤方式通过锌粉层，完成沉淀金的过程。在这种过滤置换设备中，含金、银最富的溶液与活性最差的（已置换沉淀了金、银的）锌粉接触，而最贫的溶液随着过滤进入最新鲜、活性最好的锌粉层，即按逆流原理进行反应，从而确保了金沉淀的速度和完全程度。

11.1.3.3 锌的用量与品质

用锌置换金时，其用量与品质对置换效果都起着决定性作用。锌用量的多少，除了与溶液中氰化物浓度和碱度、氧与杂质（包括杂质离子、悬浮物等）含量、温度等因素有关外，更重要的是与锌的比表面积有关。由于金的置换是在锌的表面进行的，因此，锌的比表面积越大，置换速度就越快、效果越好，锌的耗量也就越少。显然用细的锌粉比锌丝置换沉淀金的速度要快得多。按反应式计算所用锌的量很少，但实际生产中由于诸多因素的影响，锌的用量为理论计算值的几十倍甚至几百倍。一般每立方米贵液消耗锌丝200 ~400g、锌粉15 ~50g。锌的品质也是影响置换效率的重要因素，无论是锌丝还是锌粉，含锌量必须大于98%。并要求严防受潮、结块、高温烘烤或氧化，更不能被酸水或碱水浸泡；同时要求锌粉粒度 -325 目大于95%，锌丝细而薄（宽1 ~3mm，厚0.2 ~0.4mm），并且切削后不能久置。

11.1.3.4 温度

锌置换金的反应速度取决于金氰配离子向锌表面扩散的速度，温度增高，扩散速度加快，锌置换金的反应速度也相应加快。但生产实践表明，反应最适宜的温度为15 ~30℃。温度低于15℃时，反应变慢，温度低于5℃时，反应速度将变得很慢；当温度高于30℃时，贵液中的杂质离子变得活跃，不但增加了锌的消耗，而且还会加快其他杂质离子的置换沉淀。

11.1.3.5 贵液清洁度及杂质的含量

贵液进入置换反应前必须清澈透明，如果含有浑浊物或油类物将会污染锌表面或形成薄膜而覆盖于锌的表面。因此加强贵液的澄清与净化过滤，使其中的悬浮物小于5mg/L，是提高置换效率的有力措施。夏秋季气温高时，宜增加碱度，提高贵液 pH 值，抑制杂质的生成，保证置换反应顺利进行。

另外，还存在的一些杂质离子，大多数会对置换过程产生不良影响。

例如，贵液中存在的铜，易与锌发生置换反应，不仅消耗锌，而且沉淀的铜覆盖在锌的表面上，妨碍金的沉淀。当铜的浓度足够高时，有可能使金的沉淀反应停止。为此，有时先将含铜高的氰化液与纯锌反应以沉淀去除大部分铜，然后再用铅处理过的锌沉淀金。为了避免铜在氰化液中大量积累，沉淀金后的氰化贫液应进行再生处理。

另外贵液中的汞会与锌反应生成合金；由于氰化液中含有 Ca^{2+} 和 OH^-，因而要求镍的浓度不能超过 $90\times10^{-4}\%$；以亚铅酸根形式存在的铅，会在锌表面形成亚铅酸钙膜；S^{2-} 会生成 ZnS 和 PbS 沉淀而污染金属锌；硫酸盐、硫代硫酸盐和二价铁氰化物离子，对金的置换沉淀都有抑制作用；而锑离子和砷离子可能会与溶液中的 Ca^{2+} 在锌的表面生成不溶性的钙盐隔膜，显著降低金的置换效率，降低程度随其含量的增大而增大，甚至使反应停止。

某些干扰锌从氰化液中置换沉淀金的组分及其含量见表 11.1。

表 11.1 某些组分对于锌从氰化介质中沉淀金的影响

溶液组分	干扰锌沉淀的浓度/mg·L^{-1}		使锌沉淀停止的下限浓度/mg·L^{-1}
	影响小	影响大	
S^{2-}	0.01~0.6	>0.6	14
铜氰合物	>0.2	>25	850
Sb	—	>0.1	20
As	—	>0.1	17
Ni	5~150	150~1500	—
Co	>5	—	—
SO_3^{2-}	>10	—	—
SO_4^{2-}	>2000	—	—
$S_2O_3^{2-}$	>200	—	—
SCN^-	>150	—	—
Fe(Ⅱ)氰合物	>100	—	—

11.1.3.6 铅盐

锌中含有少量的铅或在置换前加入适量的铅盐，可以加速金的置换。铅的作用除了与锌形成电偶外，还可与溶液中的二价硫离子反应生成硫化铅沉淀。但过量的铅会覆盖在锌的表面，不但影响置换效率还会给下步工序带来危害，所以生产中每立方米贵液中宜加 10~100g 醋酸铅或硝酸铅。

11.1.3.7 锌丝置换沉淀法

锌丝置换法从氰化液中置换沉淀金的工艺始于 1888 年。此方法的主要设备为锌丝置换沉淀箱，贵液流经沉淀箱时，金与锌丝发生置换反应，金粉被置换出来而沉于箱底。沉淀箱如图 11.3 所示，一般用木材、钢或混凝土制成。通常分为 5~10 格，总长 3.5~7m、宽 0.45 ~ 1m、深 0.75 ~ 0.9m。下挡板 3 底部与箱体相连，略低于箱体上端，将沉淀箱分成若干格，每格中装有与箱上缘 2 相连的上挡板 4，相邻上、下挡板距离很近，形成氰化液流入锌箱的通道。氰化液在每格中由下部流进，从上部溢流而出。锌丝 7 置于装有 6 ~ 12 目筛网的铁框 6 中，每格中放一个铁框，铁框上的手柄 10 作搅动锌丝用，以除去其表面的气泡，使金粉脱落，沉到箱底，沉积金泥积累到一定数量，从排放口 9 排出。锌丝可用金属锌在车床上加工而成，其厚度为 0.02 ~ 0.04mm、宽度为 1 ~ 3mm，或者将熔融的锌连续均匀地倒于水冷却的高速旋转的生铁圆筒上制取。

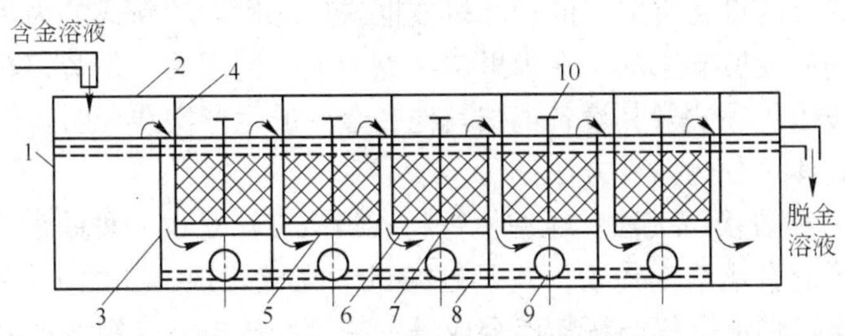

图 11.3　锌丝置换沉金箱

1—箱体；2—箱上缘；3—下挡板；4—上挡板；5—筛网；
6—铁框；7—锌丝；8—金泥；9—排放口；10—把手

沉淀箱第一格不装锌丝，含金氰化液首先进入第一格，在此加入氰化物等调整溶液浓度，使澄清氰化液，然后从下而上依次流过装有锌丝的各格，与锌丝接触时间共约 17 ~ 20min，约使 99% 以上的金置换下来。随着流动，氰化液中的含金量越来越低。最后的贫液，在装有新鲜锌丝的筛网的最后一格被沉淀置换，以提高沉金效率。筛网使用一段时间后，应逐格逆流上移，直到进入第一个盛锌丝的格子中。锌丝逐渐消耗而变细成碎末，沉金能力下降，需取出而淘洗，将较粗、较长的锌丝返回再用。沉到箱底的金泥，夹杂不少碎锌丝及其他杂质，取出后进一步处理。每产出 1kg 金需消耗锌丝 4 ~ 20kg（理论上沉淀 1kg 金需 0.19kg 锌）。

生产实践中，要定期将固定于筛网中心的把手轻轻提起上下抖动，可使锌丝松动并放出氢气泡，以及使金泥脱离锌丝而下沉槽底。经一段时间后，将箱内能继续使用的旧锌丝移至箱的前几格中，新锌丝则加入后面几格中，这样能使含金低的溶液与置换力强的新锌丝接触，提高金的沉淀率。装入锌丝时必须抖松后均匀铺撒，特别要留意每格中的四个角，以免溶液从空洞处流过，降低置换效果。沉淀箱通常每月出金泥 1 ~ 2 次。取出的锌丝经圆筒筛分脱离金泥后，供下批置换用。金泥由排放口放出，于过滤箱或压滤机过滤回收。

锌丝置换法，虽然具有设备简单，操作容易、不耗动力等优点，但此法的贵液一般不除气，锌在氧含量高的溶液中会被氧化生成白色沉淀，导致锌丝和 NaCN 消耗大，金泥中锌含量高且设备占地多。所以，大中型矿山多以锌粉置换法取代锌丝置换法。

11.1.3.8　锌粉置换沉淀法

锌粉法就是把锌粉与含金溶液混合，之后送去过滤，被置换出来的金粉与过剩的锌粉一起进入滤饼，脱金后分离。锌粉的比表面积要比锌丝大得多，因而锌粉沉金的置换沉淀速度快、效率比锌丝高得多。

所用的锌粉是通过蒸馏锌制取的，含锌 95% ~97%、铅 1% 左右，粒度小于 0.01mm（美国规定 -0.04mm 占97%），其中的粗锌粒和 ZnO 都会降低置换沉淀金的效果。因锌粉易氧化，贮存和运输时应将其装于密封容器中。

锌粉置换沉淀法的具体操作是：把用醋酸铅处理过的锌粉与脱气后的贵液混合，经过滤产生锌粉滤层，贵液通过该滤层时，发生置换沉淀形成金粉，金粉与过剩的锌粉作为滤饼（金泥）产出，滤液即脱金后的贫液。

锌粉置换沉淀金的设备有旧式的压滤机或框式过滤机；较新式的为带真空抽滤的搅拌式置换沉淀槽；稍后发展起来的、在梅里尔·克劳工厂使用的一整套锌粉置换沉淀装置是一种典型的最新技术。该法及其设备也被其他提金厂的生产实践证明是行之有效的。

锌粉置换法具体可分为四种方法：

（1）压滤机锌粉置换沉淀法。压滤机锌粉置换沉淀法是由一种胶带式或其他形式的给料器，连续向锥形混合槽给入锌粉，并于过滤机中完成置换，如图 11.4 所示。除气槽的除氧溶液部分放至锥形混合槽与锌粉混合成锌浆从槽底排出，与用潜水离心泵（离心泵浸入含金溶液池中，以防止吸入空气）抽送的其余除气液合并一起送压滤机或框式过滤机，与过滤机过滤的同时产出金泥并分离贫液。

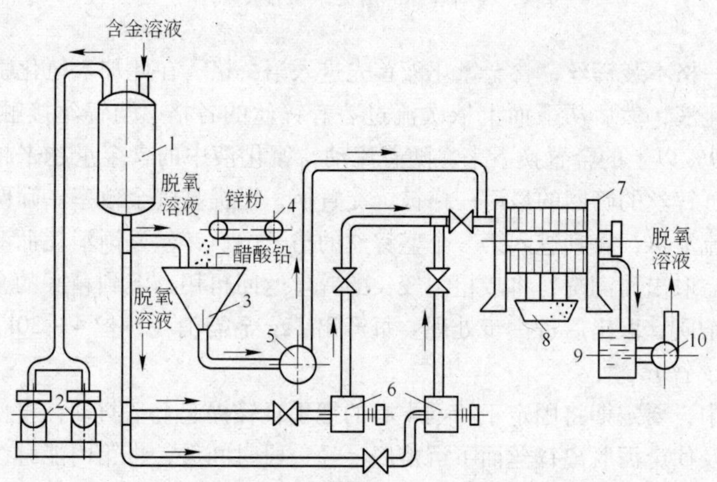

图 11.4 压滤机锌粉置换设备系统

1—除气塔；2—真空泵；3—锥形混合器；4—给粉器；5，10—离心泵；
6—潜水离心泵；7—压滤机；8—金泥槽；9—贫液槽

（2）置换槽锌粉置换沉淀法。置换槽锌粉置换沉淀法是一种于置换沉淀器中进行金置换和沉淀的方法。置换沉淀器，如图 11.5 所示，为一锥形底的圆槽。与槽内相对应的四壁安装有 4 只铺有布袋过滤片的框架，呈放射状固定于中心管上，框架呈 U 形，一端铺设过滤片，另一端与脱金贫液总管上的支管相连。脱金液总管环绕槽体外面，通过支管与滤框相通，总管则与真空泵和离心泵相连。

锌粉置换槽由混合槽和锌粉置换沉淀器等主要部分组成。经过脱气后的含金液用离心泵打入混合槽，同时由给粉器向槽内给入锌粉并加入适量的铅盐。含金液与锌粉在混合槽

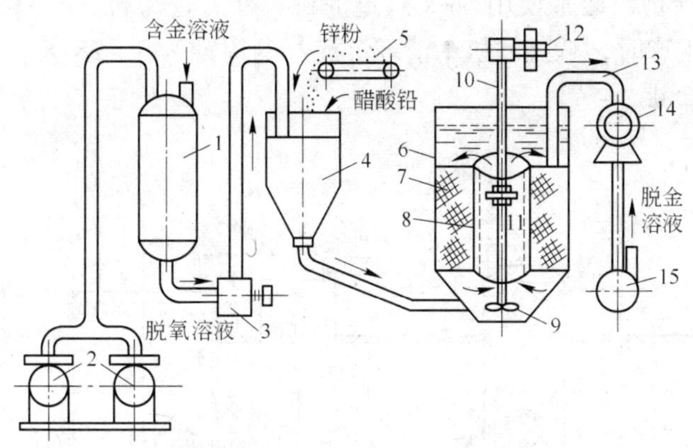

图 11.5 置换槽锌粉置换设备系统

1—除气塔；2—真空泵；3—潜水离心泵；4—混合槽；5—给粉器；6—置换沉淀槽；
7—布袋过滤片；8—中心管；9—螺旋桨；10—中心轴；11—小叶轮；
12—传动机构；13—支管；14—总管和真空泵；15—离心泵

混合成浆，由槽底自动流入锌粉置换沉淀器，锌浆在螺旋桨和小叶轮的作用下，沿中心管上升。下部的锥体空间中，受到螺旋桨的搅拌。在沉淀器中部的支架上，安有 4 个滤框，以有孔 U 形管为骨架。布袋过滤片一端堵死、一端接真空泵。锌浆搅拌后，在真空泵的抽力作用下，金泥沉积于滤布上，贫液透过滤布经支管抽出，而被沉淀出来的金粉与过剩的锌粉沉积在滤布上。含金溶液与滤布面上沉积的锌粉接触而发生置换沉金反应，当滤布表面沉积层达到一定厚度时，将其间歇卸出。为了使作业不因卸出金泥而间断，应备有 2 ~ 3 只置换沉淀槽，交替使用。

根据生产实践，金的置换沉淀主要不是发生在与锌粉混合的时候，而是发生在含金溶液穿过滤布表面锌粉层过滤的时候，为使置换沉淀槽开动之后能迅速在滤布表面上形成锌粉沉淀层，故须在开始过滤时，直接往敞口置换沉淀槽内加入形成锌粉沉淀层总量一半以上的锌粉，以利于金泥的沉淀。尽管置换沉淀槽是敞口的，空气直接与锌浆表面接触，但由于过滤速度很快，且慢速转动的螺旋桨和小叶轮（搅拌上层锌浆用）的搅拌力很弱，所以锌浆吸入氧不多。

硝酸铅或醋酸铅用滴液管从混合槽上滴入锌粉上，使其在锌粉表面生成铅膜以强化锌粉的置换能力。铅盐的加入量为锌粉质量的10%。当含金溶液中的 NaCN 和 CaO 分别低至 0.014% 和 0.018% 时，金的沉淀效果很好，脱金贫液每小时用比色法测定一次，如含金超过 0.15g/m^3 则返回重新处理。锌粉的消耗量为 15 ~ 50g/m^3（视含金溶液的含金量而定）。

（3）连续加锌粉置换沉淀法——梅里尔·克劳法。连续加锌粉置换沉淀法首先在梅里尔·克劳工厂中使用，其设备系统包括澄清机、克劳除气塔等，如图 11.6 所示。连续加锌粉置换沉淀法的过程如下：将除气后的贵液用潜水离心泵送入乳化槽；同时，通过锌粉加料机将锌粉连续加入乳化槽与贵液乳化，每吨贵液加入锌粉 15 ~ 70g。金的置换沉淀反应在加锌后立即发生；乳化后的溶液再与真空沉淀器中的锌进一步反应并沉淀出金。经过适当的反应时间，溶液中 99% 以上的金被还原沉淀，贫液中金含量约为 0.02g/t。从反应后的溶液中过滤沉淀物，通常使用 Sock 式过滤机、框式过滤机、压滤机或斯特拉（Steller）过滤机。连续生产时，从过滤机中清理沉淀物的周期为 3～28 天。清理出的沉淀物送冶炼厂熔炼成合质金锭。

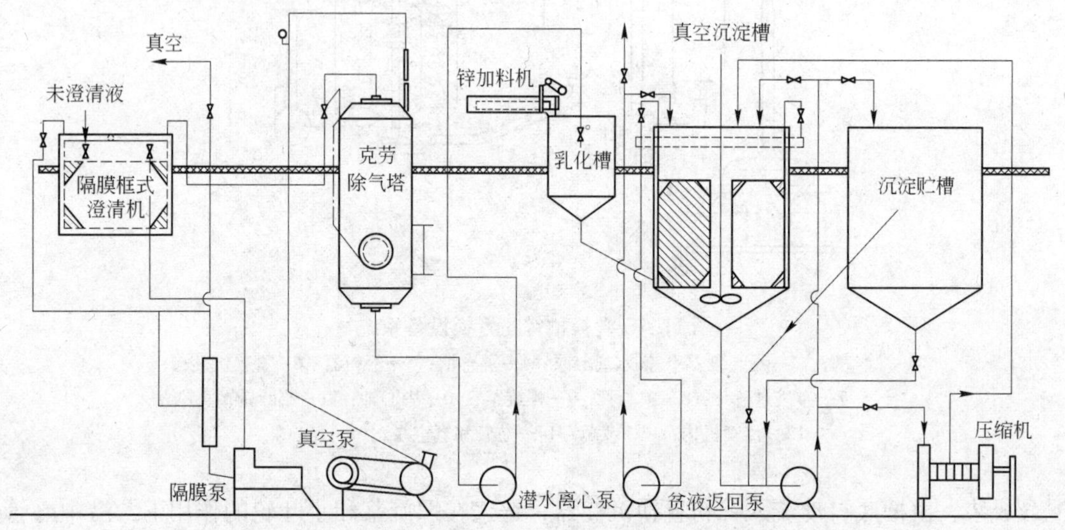

图 11.6 梅里尔·克劳法锌粉置换沉淀金的设备系统

采用计算机控制的梅里尔·克劳连续加锌粉置换金银的 MC2000 系统，已由湿法冶金工业公司开发完成，并运用于美国蒙大拿州格鲁布斯塔克金矿。该系统每隔 15min 自动取样一次，根据测定结果自动调节锌粉加入量，并自动控制各项作业。

（4）锌粉饼过滤置换法。采用压滤机锌粉饼过滤置换含金氰化液，可降低锌的消耗量，并能提高金泥的含金品位。经锌粉饼过滤置换的贫液中含金量可降至痕量。

用锌丝和锌粉从约 5.4 万立方米和 5.1 万立方米贵液中置换沉淀金以及对所得金泥进行火法冶炼成合质金的综合性技术经济指标见表 11.2。

表 11.2 火法冶炼成合质金的综合性技术经济指标

项 目	锌粉置换		锌丝置换	
贵液品位/$g \cdot m^{-3}$	18.03		17.50	
贫液品位/$g \cdot m^{-3}$	0.021		0.154	
置换率/%	99.89		99.12	
金泥量/kg	5649		10084	
金泥品位/%	17.13		8.60	
置换成本	单耗/kg	单位成本/元	单耗/kg	单位成本/元
锌	0.616	1.67	2.20	9.24
醋酸铅	0.206	0.76	0.20	0.74
滤 布	0.094m	0.25		0

由此可见，锌粉置换法与锌丝置换法相比，具有如下优点：

（1）金回收率高，金泥品位高。

（2）锌粉用量少，其费用不到后者的20%，即使包括动力在内的总费用，也只为后者的36.5%。

（3）金泥的火法冶炼费用低，仅为后者的53.2%，这是因前者的金泥品位高带来的好处。

（4）锌粉置换易实现自动化。

锌粉法的缺点是：设备多、投资大、电能消耗大。

11.1.3.9 锌置换提金厂实例

实例1 南非布莱沃特齐什特金矿提金厂

氰化矿浆用转鼓过滤机过滤，平均效率为8.28t/(m^2·d)，矿浆与洗涤液比平均为0.7∶1；贵液经斯特拉澄清器澄清、克劳塔除气、斯特拉锌粉置换沉淀器沉淀金，含金沉淀物经焙烧产出合质金。金的平均回收率为95%～98%，其中混汞回收率约50%。

实例2 加拿大卡罗来思金矿提金厂

浸出矿浆经浓密、洗涤后，浸出液和洗涤液混合泵送框式澄清器澄清、除气塔除气后，用锌粉及硝酸铅置换沉淀金，再用两台Perrin压滤机过滤金、锌沉淀物。该沉淀物经空气干燥后于单膛炉中加溶剂熔炼成合质金。整个过程中金的总回收率为83%。

实例3 我国某金矿提金厂

贵液经澄清、砂滤后送金柜进行锌丝置换，锌耗量为0.62kg/t。

11.1.4 氰化金泥的冶炼

我国黄金系统氰化金泥主要来自金精矿氰化锌粉置换和原矿全泥氰化锌粉置换。20世纪70年代，我国氰化厂氰化贵液置换，普遍采用锌丝置换。随着科学的进步，80年代初，我国广泛使用锌粉置换。氰化金泥质量大幅度提高。如招远金矿金精矿氰化采用锌丝置换时，氰化金泥品位为1.83%。采用锌粉置换后氰化金泥品位达10%以上。不仅如此，金泥冶炼工艺也由当时的简单硫酸除杂、焦炭坩埚炉炼合质金，发展到综合回收有价金属，提高合质金纯度。冶炼工艺由原来的简单方法发展到目前的火法冶炼，湿法冶炼等先进的工艺。

我国氰化厂由于采用金精矿氰化锌粉置换和全泥氰化锌粉置换处理的原矿性质不同，而产出的氰化金泥成分变化很大，加锌沉淀而产生出的金泥，含金一般不超过20%。主要成分变化范围是：Au 0.5%～20%，Ag 0.1%～10%，Cu 1%～25%，Pb 2%～30%，Zn 5%～50%，Fe 0.4%～15%。一般金精矿氰化锌粉置换工艺中金泥金的品位较高，含金在10%以上；一般在5%以下，全泥氰化锌粉置换工艺中金泥金品位含金较低，个别企业生产的金泥含金品位低于1%。表11.3为某厂的金泥成分。

表11.3 某厂金泥成分

元 素	Au	Ag	Pb	Cu	Zn	S	其他
质量分数 w/%	19.3	1.88	8.74	0.47	48.17	4.19	余量

由于锌粉置换工艺的采用，冶炼设备也由原来的焦炭炉、中频感应电炉、可倾坩埚电

炉、燃油坩埚炉发展到使用转炉、反应罐、过滤机，湿法冶炼设备由原来室外酸蚀、自然沉降分离，发展到使电解槽等先进手段和设备，实现了我国黄金企业冶炼的一次飞跃。

目前国内氰化金泥的冶炼方法主要有以下三种：

(1) 氰化金泥火法处理工艺。

(2) 氰化金泥湿法火法联合处理工艺。

(3) 氰化金泥湿法处理工艺。

这三方面氰化金泥冶炼方法，都是近十几年由企业和科研设计部门针对具体情况而采用的新工艺。每一种方法中又有不同的手段，而且都具有一定的先进性和实用性。

11.1.4.1 氰化金泥火法处理工艺

A 火法炼金工艺

火法炼金是将含金原料与熔剂（氧化剂和造渣溶剂）混合，然后置于火法炼金炉中，在1200~1350℃的温度下进行熔炼，得到金银合金。冶炼时，铜铅锌等杂质与熔剂（氧化剂和造渣熔剂）发生氧化反应并生成炉渣：

氧化反应：氧化剂与铜、铅、锌、铁等杂质反应生成金属氧化物，与硫反应生成气体放出。

$$6Cu + 2NaNO_3 \xlongequal{} 3Cu_2O + Na_2O + 2NO$$

$$3Me + 2NaNO_3 \xlongequal{} 3MeO + Na_2O + 2NO$$

上式是以硝石为氧化剂，Me 为 Zn、Pb、Fe 等。

$$S + 2NaNO_3 \xlongequal{} Na_2O + 2NO + SO_3\uparrow$$

造渣反应：造渣熔剂与金属氧化物反应生成炉渣。

$$mMeO + nSiO_2 \xlongequal{} mMeO \cdot nSiO_2$$

$$mMeO + nNa_2B_4O_7 \xlongequal{} mMeO \cdot nNa_2O \cdot 2nB_2O_3$$

上式是分别以石英和硼砂为造渣熔剂。由于炉渣密度只有 $2\sim3g/cm^3$，比金银密度（金 $19.32g/cm^3$，银 $10.5g/cm^3$）低得多，冶炼过程中炉渣会浮在上层而被排除。

溶剂与配料：

(1) 熔剂。炼金熔剂主要有苏打、石英砂、硼砂、硝石、氯化钠、氧化铅等。

苏打是一种碱性熔剂。其特点是能够改善炉渣的流动性，易与酸性物质二氧化硅生成硅酸钠，与硫化合生成硫化钠或硫酸盐，可作为脱硫剂。

石英砂是一种最强的酸性熔融剂，也是炉渣中的主要成分。它与金属氧化物化合生成硅酸盐，几乎是任何造渣的基础。当金泥中二氧化硅不够时，需加入硅石（石英砂）作熔剂，以保护坩埚或炉衬免受盐基性熔剂的侵蚀。用量过多会造成黏度增高，使金损失于炉渣中，同时使燃料消耗增加，所以要避免过量。一般可用碎玻璃代替二氧化硅。渣黏度还会随温度而变化，温度越高渣黏度就越低。

硼砂是一种流动性极强的酸性熔融剂，极易熔化。因为熔化时有体积膨胀的特性，若用量过多，可使炉料溢出坩埚外。在开始熔融时，往往产生大量气体，容易使部分含金物料被这些气体带走造成损失。硼砂的另外作用，在于帮助炉料造渣和主要降低各种炉渣的熔点，是金属氧化物的良好熔剂。当含金硅量多时，硼砂用量不宜过多，否则形成坚硬的玻璃质炉渣，不易于金银分开。

硝石是强氧化剂，因它在高温下分解时放出生态氧，其氧化能力极强，使金属的硫化物和银的氯化物以及砷和锑的化合物氧化。有时也采用二氧化锰作为氧化剂。

氯化钠（食盐）它是一种覆盖剂，因为食盐不能深入炉渣而悬浮在渣的上面，所以用于隔绝空气以及洗涤坩埚周边，防止金泥附着。

氧化铅是极易熔融的盐基性熔剂，也有氧化和除硫的作用。它被还原成金属铅后，可作为金银的捕收剂。氧化铅对硅石的亲和力极大。由于氧化铅价格较贵，且炉料中二氧化硅不足时，坩埚或炉衬易被腐蚀，所以一般不用氧化铅，只是在化验分析作业的火法试金中常用。

（2）配料。熔炼金的关键是造渣。渣型的选择极为重要，一般采用酸性炉渣。溶剂配料，主要依据金泥的性质和主要成分来确定。

（3）炼金对配料的要求。金泥或重砂和含金富集物料都含有许多杂质。配料的目的是把那些贱金属和非金属杂质与溶剂在1250～1300℃下进行反应，造成良好炉渣，以便有效地回收金银。其次是相对密度大的金、银在熔融体重下沉，在铸模中与炉渣分层。造渣是熔炼金的关键，它对经济技术指标起着决定性作用。因此，在炼金过程中对配料有如下要求：

在熔点不低于金银和造渣反应所必需的温度条件下，温度越低越好，一般应在1050～1150℃。熔点过高，需要更高的炉温才能熔化，燃料消耗势必增加。

炉渣应该具有较小的黏度。渣黏度高，渣与金银合金的分离就十分困难，导致金银回收率下降，并会影响炉子的生产能力，甚至熔体在炉缸内或坩埚内放不出来，发生事故。

要尽可能降低炉渣的相对密度。密度低的炉渣有利于熔融体中金和银下沉而炉渣上浮，使合质金与炉渣分离。

炉渣量越少越好。选择的熔剂越便宜越好。渣量越少，所需加入的溶剂越少，熔化渣的燃料消耗越少，经济性越好。

熔炼配料要适应造渣成分的需要，尽可能使金银以外的金属都造渣而不进入金银合金里。

总之，选择炉渣时，须把上述条件综合起来全面考虑，以保证最高的金银回收率。

B　氰化金泥火法冶炼

氰化金泥火法处理工艺，是把氰化金泥先进行火法熔炼，产出合金，然后再从合金中分离除杂，回收有价值金属和金的炼金技术。技术路线是，第一步把金泥进行火法熔炼，除去非金属化合物，如二氧化硅、氧化钙和大部分贱金属锌、铜、铅等；第二步，进行金属合金的除杂分离，进一步除去贱金属锌、铜、铅等，回收有价值金属和金。

金泥中的大部分杂质以氧化物状态存在，这些氧化物有酸性的、碱性的和两性的。某些氧化物自身的熔点是较高的，如：二氧化硅1710℃，氧化钙2570℃，氧化铝2050℃，氧化锌约1900℃。在熔炼过程中，铅、锌、铜等金属会与金生成其合金。所以熔炼时需加入必要的溶剂，便于造渣和除去其他贱金属。当配入一些溶剂熔炼时，这些杂质相互作用或与溶剂作用，形成硅酸盐和铝酸盐等化合物。当这些氧化物成为化合物的时候，其熔点会降低。在通常熔炼温度（1300℃）下，即可生成炉渣而浮在金属金的上层。将熔融物倾注在锥形模中，待冷却凝固后将渣层敲去，将金银合金再熔炼铸成金锭。炉渣中通常含有不少金银，需要另作处理。选择良好的炉渣成分和性质，对熔炼的效果有决定性的影响。易熔的炉渣不但可以减少燃料的消耗，而且可以在较短的时间内熔化并获得必要的过热，创造良好的金银与渣的分离条件。反之，如果炉渣是难熔的，则会使燃料消耗增加，且使作业时间延长，渣与金银难分离，使金银的回收率下降。因此，要根据矿石的性质和具体条件来决定炼金的方法，提高金银的回收率。

用于火法熔炼的炉子主要有转炉、可控硅中频感应炼金炉、可倾式坩埚炉、电弧炉、反射炉、膛式炉等。个别企业仍沿用焦炭炉、燃油坩埚炉和箱式电阻炉。

转炉一般用于金精矿氰化后的高品位金泥，它的最大特点是用油为燃料，一次性投料大，熔炼产品比较稳定，冶炼成本低，但操作环境和劳动强度较差。它主要进行的是氧化熔炼，可在熔炼过程中，能除去大部分贱金属，对合金后步处理有利。例如招远金矿、三山岛金矿和新城金矿。这些金矿是国内产金比较多的金矿，而且使用转炉熔炼比较早，对转炉熔炼有一套较完善的操作工艺。是黄金矿山有代表性的一种金泥冶炼方法。

中频感应电炉熔炼是20世纪80年代中期，在黄金矿山应用的一种新的冶炼工艺，一般用于全泥氰化和金精矿氰化锌粉置换金泥及电解精炼金泥的冶炼。最大的特点是电加热，操作环境好和劳动强度小，适用性强，与转炉熔炼相比，它主要进行的是还原熔炼，能够有效地除去非金属化合物，对于金属化合物熔炼除杂较差，如熔炼过程中铜、铅、锌除部分铅和大量的锌有挥发外，少部分金属进入渣相，大部分金属进入合金相中，给后续除杂工序带来处理量大的问题。它可一炉多用，既可作熔炼用，又可做加热炉铸锭用。但生产成本相对转炉要高，冶炼次数多，操作要求严格。国内应用中频感应电炉的单位有乌拉嘎金矿、海沟金矿、老柞山金矿等。大部分应用在全泥氰化锌粉置换工艺的企业中，也有一些中小型金精矿氰化锌粉置换的企业采用此工艺，是黄金矿山有代表性的一种金泥冶炼方法。

成品金熔炼铸锭工艺。该产品升温快，生产效率高；节能省电，冶炼成本低；炉温高坩埚密度大，冶炼回收率高。在国内黄金企业得到广泛应用。

可倾式坩埚电阻炉是90年代初研究的一种适用于中小型黄金矿山金泥冶炼的炼金炉。它的最大特点是可以进行氧化熔炼和还原熔炼，具备转炉熔炼合金含杂少、中频感应电炉一炉多用，和箱式电阻炉电加热控制和操作等优点，同时也存在冶炼成本比转炉成本高的问题和产品稳定性问题，要求工艺操作水平高，目前该炉型在黄金企业正逐步推广。

氰化金泥火法处理工艺另外一方面的技术问题是合金的除杂分离和有价金属金、银的回收问题。目前采用两种方法：一种是电解分金银；另一种是硝酸除杂回收银和金。

电解分金银实际上是进行银的电解。它适用于含银高的合金，有些企业为了采用银的电解，也在合金中补加金属银。目前看，只有转炉熔炼后的合金，补加银后，可进行电解金、银工艺。因为转炉进行氧化熔炼后合金中的贱金属杂质低，利于电解作业。

硝酸除杂回收银和金，是一种化学处理方法。对于转炉、中频感应电炉、可倾式坩埚电阻炉熔炼的合金及焦炭坩埚炉、燃油坩埚炉熔炼的合金都适用，是一种通用办法。但操作环境很差，这方面的研究工作还未进行。黄金矿山用此法很多。目前中频感应电炉熔炼的合金和可倾式坩埚电阻炉熔炼的合金，仍采用此方法处理。

中频感应炼金炉硝酸除杂工艺的应用：中频感应电炉熔炼金泥是近10年发展起来的

一种炼金方法，该方法属金泥熔炼除杂工艺。中频炉以往多用于金属材料铸造，金属熔化铸锭。黄金界仅用于铸金锭。如山东招远金矿，有色企业如沈阳冶炼厂金银车间等。通过改造中频炉用于黄金企业金泥冶炼在国内还属首创。目前已在黄金矿山推广，大有取代燃油坩埚炉、转炉的趋势。

中频炉熔铸金属材料或熔铸金锭，使用的坩埚一般为耐高温高铝质耐火材料或镁质耐火材料，而用于熔炼金泥的坩埚却是石墨材质，这一点与前者使用中频感应炉有所不同。熔铸金属材料或熔铸金锭，其物料本身为金属，在交变电场的作用下，物料本身产生“涡流”升温，而熔炼金泥，其物料本身除有金属外还有大量的非金属化合物，在交变电场的作用下产生的热量不能使之熔化。因此，必须选择具有发热性能的材料作为熔炼坩埚，这一点石墨材质可以解决。所以使用中频感应炉熔炼金泥，其坩埚为石墨材质，通常石墨坩埚外侧周围用耐火黏土或石英砂捣制，金泥在石墨坩埚内熔炼。

中频感应电炉熔炼金泥设备由吉林省冶金研究所研制并生产。该设备目前在我国黄金行业被大量采用。现以黑龙江省乌拉嘎金矿为例，介绍中频炉在金泥熔炼除杂工艺中的应用情况。

乌拉嘎金矿提金工艺为全泥氰化锌粉置换工艺，金泥采用中频炉熔炼，硝酸法除杂工艺。金泥的主要成分为：Au 3.9%，Ag 0.25%，Pb 18.36%，Cu 2.58%，Zn 40.52%，属低品位金泥。工艺中主要工序是中频炉熔炼金泥、炉渣重熔、水淬、硝酸除杂，最后铸锭。

金泥取出后，首先送烘干炉内烘干，烘干后的金泥按 Na_2CO_3∶硼砂 = 1∶2，金泥∶熔剂 = 1∶0.6 ~ 1.1 的比例配制混合后熔炼。

金泥熔炼后，所得炉渣全部返炉重新熔炼：炉渣重熔过程中，添加铅或氧化铅，用来捕收金银，最后的炉渣堆放处理。所得合质金全部返回中频感应电炉增涡内重熔，准备好水淬槽，待金属全部熔化后，小心慢慢倒入水淬槽中进行水淬。水淬后的金属珠粒收集后，送酸分处理，此时中频炉熔炼过程结束。通常该过程一次炉渣含金品位在 300 ~ 500g/t，二次炉渣含金品位在 30g/t 以下。熔炼反应为还原熔炼反应。

水淬后的珠粒放入不锈钢酸分槽中，加入少量水之后，加入浓硝酸进行除杂，反复多次，除杂后的反应物一起放入沉降槽内进行自然沉降，用虹吸法或人工办法倾倒浸杂液。沉积物取出后烘干送铸锭工序。酸液送反应罐内加入食盐沉淀银，氯化银加入锌粉置换。分离后，烘干银粉用箱式电阻炉铸锭。沉银后的熔液送入反应罐中加入纯碱，沉淀金属铅，形成的 $PbCO_3$ 送烘干炉内焙烧，生成 PbO，返回下批炉渣重熔工序。

除杂后的金粉加入少量纯碱和硼砂，用小黏土坩埚进行铸锭，可用箱式电阻炉，也可将中频炉倾倒后加热熔铸。整个金泥冶炼过程金的冶炼回收率在 99.0% 以上，合质金成色在 90% 以上，银回收率 99% 以上，银成色可达 99%。

需要一提的是黑龙江省乌拉嘎金泥冶炼设计工艺为转炉熔炼，投产后，合质金成色 50% 炉渣含金约 4000g/t，冶炼金回收率 97% ~98%，使用中频炉后，冶炼各项指标都达到了较好的水平。相比之下，对于全泥氰化锌粉置换工艺所产的金泥（一般属低品位金泥）采用转炉熔炼时需要先除杂后熔炼，按精矿氰化锌粉置换金泥的处理工艺采用转炉直接冶炼效果较差。这方面中频感应炉熔炼法解决了这一问题。

中频炉在熔炼操作、维护、环境噪声等方面优于转炉，但处理量小，反复多次才能完成熔炼，冶炼指标稳定性较差。另外，乌拉嘎金矿炉渣重熔靠铅捕收金银，虽然金银回收率可提高，最终炉渣金银品位低，但加入的铅对工人身体和操作环境都有害而无利。

中频感应电炉熔炼金泥酸分除杂工艺在我国黄金企业已被推广应用。如山东省乳山金矿、吉林省海沟金矿、安徽省铜陵市新桥硫铁矿选金厂、河北东坪金矿、朝阳黄金冶炼厂、内蒙古撰山子金矿等一些单位先后使用了该工艺。虽然该工艺仍有不足之处，需要进一步调整和完善，增加酸分处理设备，确保机械化水平，但该方法为我国低品位金泥冶炼开辟了新的道路。

C 火法冶炼的其他应用

a 重矿（精矿处理）处理

重选回收的精矿再用重选摇床精选。最终精矿平均含金 50%，把它送到粗炼厂。加硼砂、硝酸钠和石灰熔炼。倒出炉渣，产出成色 780 粗金银锭。称重后，贮存供下一步精炼。

b 载金炭灰

像弗马尼厂那样载金炭不用酸洗，而是用水漂洗以除去夹带的矿浆；排出载金炭，在普通的干燥箱中干燥，温度为 110～120℃；按 30kg/盘送入燃烧炉；在空气存在下，650℃煅烧 3d，炭变成灰，其重量为原载金炭的 8%，灰含金量达 60000g/t。

熔炼在类似于马弗炉中进行，浇铸成多尔金锭，多尔金锭成色 900，供下一步精炼。

11.1.4.2 氰化金泥湿法火法联合处理工艺

氰化金泥湿法火法联合处理工艺，就是先进行酸溶除杂，使可溶性成分从金泥中分离出来，产出富集金泥，然后焙烧去除金泥的水分，最后进行熔炼，回收有价金属和金的炼金技术。

此工艺最大的特点是先除去贱金属，熔炼量少，约是原金泥的一半左右，为火法冶炼创造有利条件。与氰化金泥火法处理工艺相比，可产出较纯的金银合质金，且炉渣量少，炉渣含金绝对量少。但金泥除杂工作量大，前期除杂阶段工艺较复杂些。

联合处理工艺有代表性的冶炼厂如金厂峪金矿和招远黄金冶炼厂。除杂方面最大的差别是金厂峪金矿把金泥烘干后直接用硫酸和硝酸来浸铜、锌，而招远黄金冶炼厂把金泥进行氧化焙烧，改变金泥中贱金属的物相，然后直接用硫酸浸铜、锌。技术路线包括酸溶、焙烧和熔炼三步。

A 酸溶

所谓酸溶，就是以硫酸或者盐酸溶液为溶剂，使金泥中的锌、铜、铅等贱金属从金泥中分离出来，使有价金属进一步富集。

金泥中的锌易溶于稀硫酸；铜等可溶性物质，也可以溶解；银也有少量溶解。铅以硫酸铅形态留在渣中。某些情况下，可用盐酸代替硫酸。锌、铅、钙等几乎全部溶解。由于酸溶时会产生大量氢气，所以酸溶槽上部应有烟罩，使氢气及时排出。

金属铜不溶于硫酸和盐酸，所以含铜金泥需要先用硫酸除锌，然后再加入硝酸铵、二氧化锰、氯化铁等氧化剂，在硫酸中浸出，其中少量贵金属也会被溶解。用铁粉置换贵金属。氧化浸出可使氰化金泥中的含铜量降低到 1%～4%。

为了减少金泥中的锌量，酸洗前先用筛子把较粗的锌粒、锌丝筛去。为了防止反应过剧而引起喷溅，加入稀酸不宜过快，并应加入冷水降温。

如金泥含有砷，则会产生砷化氢气体；还可能产生氢氰酸气体。这些都是有害气体，所以酸溶槽须密封，并设有烟罩。

硫酸的消耗量一般为锌质量的1.5倍。酸溶时间一般为3h，澄清3h。

经酸洗后的金泥，成分发生显著的变化。表11.4为某厂经酸溶后的金泥成分（质量分数）。金泥经过酸溶水洗后，压滤成饼。

表11.4 某厂酸溶后的金泥成分

元　素	Au	Ag	Pb	Cu	Zn	S	其他
质量分数 w/%	52	4.58	24.23	1.49	4.32	2.63	余量

从表11.4看出，经酸溶后，金泥中含金量明显提高，含锌量明显降低；含铅量也升高，这是因为铅以硫酸铅形态留在金泥中。经酸溶后，进行液固分离，金泥再经水洗、压滤后，金泥成为滤饼。

B 焙烧

焙烧的目的是除去金泥中的水分，使金泥中的贱金属、硫化物氧化成对应的氧化物和硫酸盐，便于下一步除杂和熔炼。

南非工厂采用电炉焙烧，每炉分层放置6~12个铁盘，每盘装金泥60kg，焙烧时间为16h，温度保持在600~700℃，产品为砂状焙砂。因为焙烧和熔炼时易造成飞扬损失，有些工厂将焙烧温度改为840~860℃。

我国的氰化金泥厂置换的金泥，一般不进行焙烧，酸溶后的金泥在110~120℃下烘干后，直接去熔炼。烘干的金泥除部分铅以硫酸铅存在外，其余都是金属状态。

焙烧时将滤饼放在铁盘中，放进加热炉内缓慢加热，温度宜控制在碳酸盐、硫酸盐以及氰化物能解离的范围内，但应防止固体物料熔化，一般最高温度控制在600℃左右。

南非一些工厂的焙烧是在电炉中进行的，每炉可容纳6~12个铁盘，每个铁盘可装金泥60kg，焙烧时间16h，焙烧温度保持在600~700℃。

为了避免金泥受热而粘在铁盘上，可先在铁盘内壁涂上石灰等涂料。为了使杂质在焙烧时氧化，可往滤饼里加入适量的硝石作氧化剂。为了避免炽热的金泥飞散，焙烧过程不宜搅拌。如焙烧时温度过高，可缓慢加入冷料降温。

一些小厂焙烧金泥，可在铁锅中进行，用煤或焦炭加热，称之为炒砂子。焙烧后的金泥称为焙砂，焙砂将送去熔炼。

C 熔炼

熔炼是利用金相对密度较大而渣相对密度较小，以及金不溶于渣的性质，将金银与金泥中的杂质分开。

由于金不溶于酸，且金的化合物非常不稳定，酸溶干燥后的金泥中，金仍然是单质金属状态。

焙烧硫酸除铜锌火碱除铅的工艺实践：锌粉置换氰化液得到的金泥，品位高但杂质较多，主要成分见表11.5。金泥采用焙烧、酸浸、碱浸除杂后熔炼的冶炼工艺，具体工艺流程如图11.7所示。工艺的核心部分是除杂后熔炼，最突出的是金泥除杂。它的生产过程主要是除杂、熔炼、电解分金银、铸锭。

表 11.5 招远黄金冶炼厂金泥成分

元 素	Au	Ag	Pb	Cu	Zn	Fe
质量分数 $w/\%$	7~10	7~11	4~15	8~25	30~40	2~5

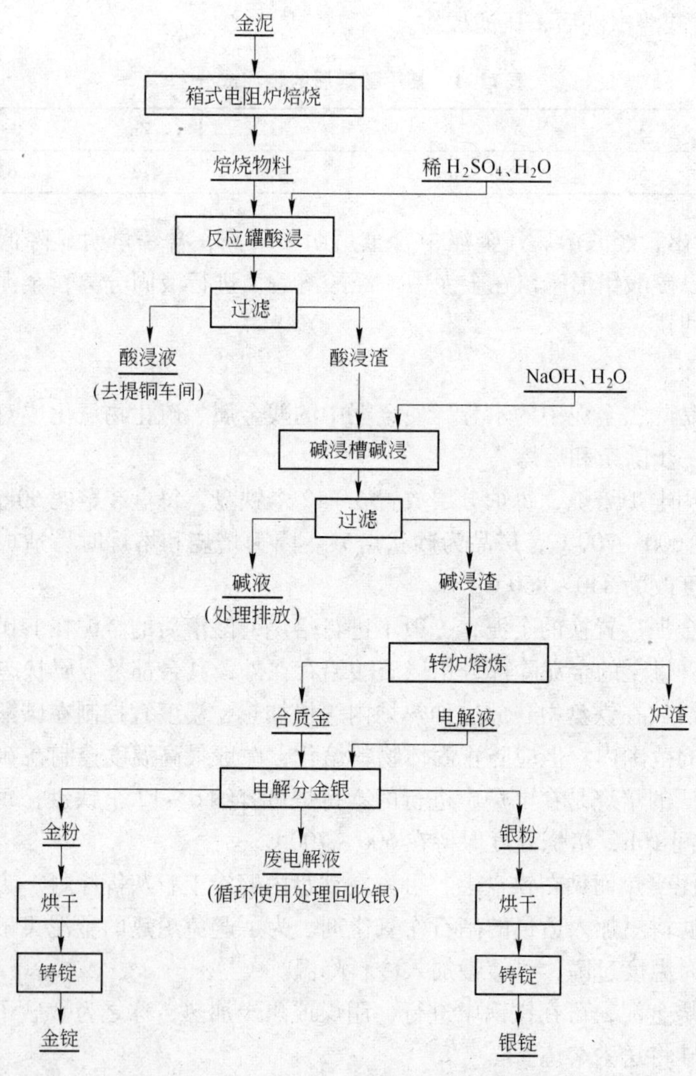

图 11.7 招远黄金冶炼厂湿法冶炼流程

该厂金泥产出后，将金泥放入金泥盘中送 5kW 箱式电阻炉内进行氧化焙烧，目的是转变贱金属 Cu、Pb、Zn 等的物相，即把单质金属转变成氧化物，在这一环节中，不仅烘干水分、除硫，而且破坏了金泥带来的氰化物，有利于下步工序处理。这一工序中大部分 Cu、Pb、Zn、Fe 等转变成金属氧化物，而金银不被氧化。

焙烧后的金泥装入 1000L 反应罐中，调整泥浆浓度，加入硫酸，反应过程中液固比为 1∶(8 ~ 12)，加热到 60 ~ 80℃搅拌，反应 6h，使金属氧化物生成可溶性硫酸盐类。

Cu、Zn、Fe 等氧化物生成硫酸盐进入液相，而 Pb 变成硫酸铅和金银一起留在渣中。过滤后，溶液送提铜车间，滤渣送碱浸工序。酸浸过程中为避免银的损失可加入适量的氯化钠。

酸浸渣装入 1000mm × 1500mm 铁制碱浸槽中，调浆加入氢氧化钠浸铅，该工序与金厂峪金矿相同，即把硫酸铅转变成偏铅酸钠，进入液相除去。反应时液固比 1：(5 ~ 8)，温度控制在 60 ~ 80℃，反应时间 6h，浸铅液处理排放，碱渣送熔炼工序。

经过焙烧、酸浸、除杂后，富集金泥（碱浸渣）的主要成分是：Au 35% ~ 50%、Cu < 3%、Zn < 1%、Pb < 3%、Fe < 1%、其他 2% ~ 15%。除杂后渣率为 15% ~ 25%，大大减少了熔炼量，为后续工序的处理创造了有利条件，金的回收率在 99.9% 以上。

除杂后的富集金泥后部处理工序采用转炉熔炼，电解分金、银，最后产出金锭和银锭。整个工艺冶炼直收率为 99.8%，炉渣含金品位 700g/t 以下。该工艺具备的特点是，Cu、Pb、Zn 等贱金属在熔炼前除去，大大降低了熔炼量，减少炉渣量，提高了冶炼直收率，避免了冶炼过程中“冰铜”的存在，同时减轻了电解分金银工序除杂的负担，延长了电解液的使用寿命，降低了冶炼成本。另外除铅后避免了工人在熔炼时铅中毒的问题，对环境保护有利弥补了先熔炼后除尘工艺中的缺陷，并回收了部分贱金属。但是除杂工艺流程较长，液固分离不好时容易造成机械损失，操作时要求严格。

山东某黄金冶炼厂是一座生产规模为 50t/d 的浮选金精矿氰化厂，其工艺流程为原矿脱药—氰化浸出—锌粉置换—金泥冶炼。金泥冶炼原采用火法造渣硝酸溶浸提金工艺流程。冶炼厂投产后，因浮选厂矿石性质发生变化，矿石含铜增加，致使金精矿含铜达 2.20%，因而金泥成分发生较大变化，含铜高达 49.21%，而金品位只有 3.5%。经过一系列的探索，找到一种适合于处理该厂金泥的流程，即湿法一火法联合处理流程，使金的回收率由原来的 96.78% 提高到 99.80%。其工艺为：（1）硫酸除锌；（2）硝酸除铜；（3）火法造渣；（4）硝酸分金；（5）熔炼、铸锭；（6）氯化钠沉淀高温熔融回收银；（7）铁屑置换回收铜。该厂还对火法、湿法，湿法—火法三种工艺进行比较，并在实际生产中证实湿法—火法联合流程的优越性。

11.1.4.3 氰化金泥湿法处理工艺

用火法冶金处理金泥，排出含铅和 SO_2 烟气，劳动条件差。火法冶金设备的处理能力偏小，设备利用率低。同时，不能直接产出纯的金、银产品。因此，有较多的工厂采用湿法。湿法工艺是近几年发展起来的新的炼金方法，其生产规模可大可小，生产周期短，无铅害，金银直收率和总收率较接近，可提高金银产品的纯度，一般情况下金银回收率可以达到99%，可以克服先熔炼后除杂所带来的气体污染，这是工艺的优点。其最大缺点是工艺连续性强，液体易污染，生产管理要求高，过滤洗涤较麻烦，需要有配套设备。

它的技术路线是用湿法冶金方法除杂。尽管各厂原料和浸出试剂不同，但除杂是共同的，除杂的目的一方面提高金泥的金品位，一方面用化学法改变有价金属的物相，然后对金银进行回收。除杂后的富集金泥，可直接浸出金，用还原剂还原成金粉最后铸锭；也可进一步分银，再次提高金泥中的金品位，最后进行金、银回收。从目前我国氰化金泥湿法处理的情况看，例如，焦家金矿和金翅岭金矿采用盐酸方法除铅、锌，中原黄金冶炼厂采用盐酸、控电氯化除杂，而内蒙古撰山子金矿工业试验采用硫酸、硝酸混酸除杂。除杂后湿法流程如图 11.8 和图 11.9 所示。

A 主要工艺技术条件

（1）稀盐酸脱铅和锌。反应温度 70 ~ 95℃；固液比 1：(8 ~ 10)；反应时间 2.5h；通

金泥
除Cu、Zn
液
渣
回收Cu、Zn
氯化
渣
液
氨浸浸银
还原
液弃
液
金粉
液
还原
铸锭
锌粉置换
液弃
AgCl
金锭
液弃
金泥
还原
铸锭
银锭

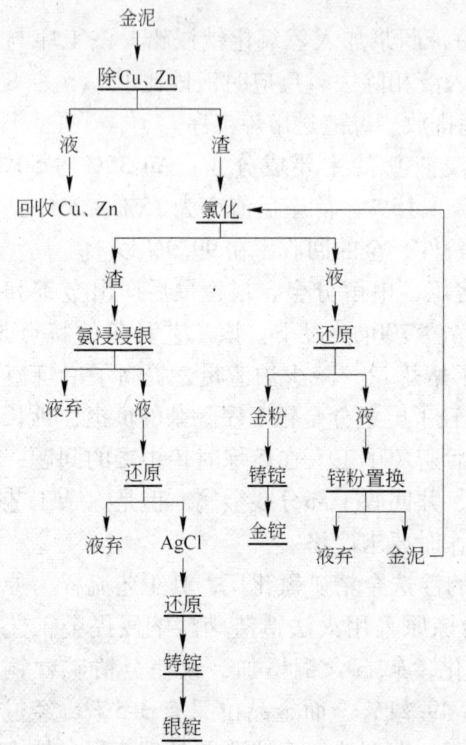

图 11.8 除杂后直接浸金湿法流程

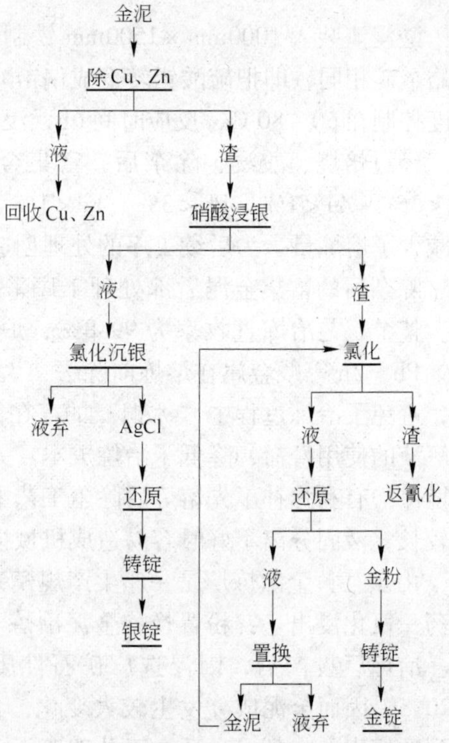

金泥
除Cu、Zn
液
渣
回收Cu、Zn
硝酸浸银
液
渣
氯化沉银
氯化
液弃
AgCl
液
渣
还原
还原
返氯化
铸锭
液
金粉
银锭
置换
铸锭
金泥
液弃
金锭

图 11.9 除杂后进一步分银湿法流程

气量以浸出液中有连续气泡溢出为准；盐酸浓度为 4N，该过程应注意温度控制和充气量调整，注意盐酸挥发及反应酸气处理。反应进行热过滤，滤液经冷却后析出 $PbCl_2$ 结晶，从而回收铅。滤渣经热洗涤后，进行硫酸脱铜作业。

（2）硫酸脱铜。脱铅锌渣经过滤，加入浓硫酸混均，在 250 ~ 300℃ 条件下进行硫酸化焙烧，目的使铜和银转变成硫酸盐，然后用稀硫酸脱铜，同时转化硫酸银为氯化银。

稀硫酸脱铜主要技术条件是：反应温度 90 ~ 95℃，固液比 1 :（4 ~ 5），硫酸浓度 280 ~ 320g/L，反应时间 4 ~ 5h，通气量 0.2m^3/min；氯化钠消耗 0.62kg/kg。

在稀硫酸脱铜过程中，硫酸浓度不能过低，如果过低，溶解速度慢，脱铜和银的转化效果也不会好，但浓度太高对材料浪费很大，因此须通过试验来确定。进行银的转化时氯化钠需磨碎后加入，防止氯化银结团，包裹未来得及溶解的铜和银，造成脱铜效果不好，银转化率低，以及金的成色不高的后果。

（3）硝酸浸银。硝酸初始浓度 300 ~ 400g/L；固液比：以终点含银 200 ~ 300g/L，H^+ > 50g/L 为准；温度 50 ~ 85℃。

（4）氨浸浸银。氨水浓度为 10% ~ 12%；温度为 20 ~ 30℃；固液比：以终点含银 20 ~ 30g/L 为准，反应时间 4h。

（5）银还原主要技术条件。温度为 50 ~ 60℃，$N_2H_2 \cdot H_2O$ 加入量为银量的 1/3。

（6）金氯化主要技术条件。温度为 80 ~ 90℃，氯化时间为 3 ~ 4h；始液酸度 H_2SO_4 为 50g/L；始液 NaCl 含量为 40g/L。

（7）金还原主要技术条件温度为常温。

控电氯化除杂是北京有色冶金设计研究总院根据20世纪80年代初期金川有色金属冶炼厂成功地从二次合金中采用控电氯化法进行贵贱金属分离及用水溶液氯化进行金银分离的技术成果，试图将这种新的全湿法流程移植于金泥处理中的一种新的处理方法。控电氯化就是在盐酸介质中通入氯气，形成一个强氧化气氛，利用金银和贱金属氧化电位的差异使贱金属进入溶液，贵金属留在渣中，达到贵金属和贱金属分离的目的，控电氯化除杂条件是根据金泥中的有关元素和氧化电位确定见表11.6。

表11.6 金属氧化电位

电　极	Zn^{2+}/Zn	Fe^{3+}/Fe	Pb^{2+}/Pb	$H^{+}/0.5H_2$	Cu^{2+}/Cu	Ag^{+}/Ag	$Cl^{-}/0.5Cl_2$	Au^{3+}/Au
$E^{\ominus}$/V	-0.76	-0.44	-0.13	0.00	0.34	0.79	1.36	1.42

B　金泥湿法处理产纯金工艺

为了溶解银和贱金属，金泥需要用酸预处理，并分出含金硅质残渣。

把1kg的金泥缓慢地加入10L、6mol/L HNO_3的溶液中，矿浆加热到85℃搅拌浸煮6h，热过滤。滤渣用水洗涤。洗涤水和酸性滤液合并，以回收其中的银。

往酸性溶液和洗涤液中加氯化钠使其沉淀，使银以氯化银形式产出。在室温条件下，超过化学计算量10倍的氯化钠（化学计算用量每克银需用0.54g NaCl），加到硝酸浸液中，轻轻地搅拌溶液5min，然后过滤。在滤液中，再加入1g NaCl。如果发现氯化银还在沉淀，那么以上的工序还要重复进行，直到看不见氯化银沉淀为止。在某些情况下，氯化钠用量可能要超过计算量的30倍。氯化银产品用蒸馏水洗涤，再用低温烘干（小于100℃）。

用王水浸出的方法从硝酸预先浸出过的硅质残渣中回收金。把硝酸浸出残渣分成两等份，一份用稀王水（稀王水是用36%浓度的盐酸150mL、70%浓度的硝酸100mL酸制成的）造浆，每100g试料加2L稀王水。溶液加热到90℃时，连续搅拌浸煮1h。然后用纤维滤纸热滤泥浆，除去酸性滤液，滤渣用蒸馏水洗涤，直到在滤液中看不见黄色为止。酸性滤液和洗涤水合并。第一次王水浸渣储存，待送到氰化工艺处理。硅质残渣第二份试料用酸性滤液造浆，处理工序与第一份硅质试料相同。第二次王水浸渣储存，待进一步用稀王水浸出。

用草酸从王水浸液中沉淀金属金。把含有$AuCl_3$的贵液（稀王水浸液）加热到80℃时，再按下述方法处理：

（1）缓慢地添加粒状尿素，每次加1g，直到有气泡出现为止。为了使金泥沉淀，所需要的草酸化学计算用量是取决于贵液中已知金的含量，或者估算金的含量（溶液中，每克金需要0.69g草酸）。在10min内开始沉淀，或者沉淀停止了，那么都需要加入30%浓度的氢氧化钠，以提高pH值，使之达到10。在温度为80℃时，浸煮溶液，直到沉淀结束为止。

（2）加入以计算量为10%的草酸。如果发现没有沉淀，或者停止沉淀了，那么都要再加氢氧化钠，使pH值达到10以上。浸煮溶液，直到沉淀停止为止。重复进行，直到溶液黄色消失为止。为放出夹杂的气体和刮掉容器侧面和底部的金，用刮刀把沉淀物刮在一起成为海绵体。收集金时，要倾析贫液，分析残渣的含金量。

(3) 用蒸馏水洗涤海绵金，在温度100℃时进行干燥。经分析，海绵金的成色为997~999。

C 控电氯化除杂处理金泥生产实践

1984年我国用控制电位氯化法处理金泥试验成功，其流程如图11.10所示，试验采用我国二矿金泥。金泥不经酸溶解，直接在4mol/L HCl介质中，通入氯气控制溶液电位为0.46V，在90℃及固液比1∶10的条件下浸出7h，Cu、Pb、Zn浸出率均在99%以上。

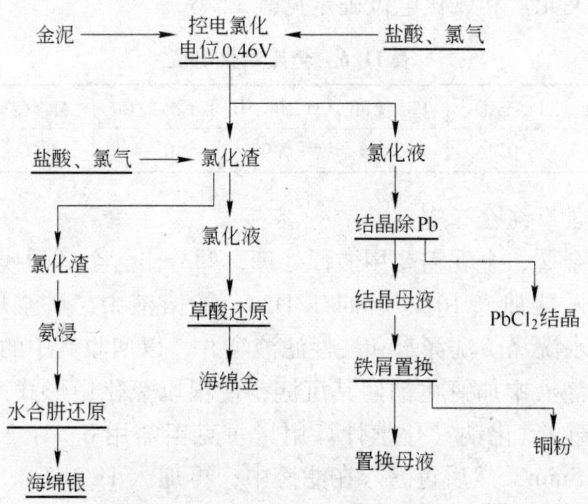

图11.10 控电氯化处理金泥流程

含Cu、Pb、Zn的氯化液，冷却至室温，结晶析出$PbCl_2$近90%，母液用铁置换出铜粉，水解法析出$Zn(OH)_2$后弃去。金、银的损失率分别为0.1%和0.3%，控电氯化渣率为30%~32%，氯化渣成分为：w(Au) 31.79%、w(Ag) 35.33%、w(Cu) 0.087%、w(Zn) 0.023%、w(Pb) 0.092%、w(Fe) 0.855%。

控电氯化渣在80℃ 1~3mol/L HCl中，通氯气6~8h。金呈$AuCl_4^-$溶入溶液：

$$2Au + 2HCl + 3Cl_2 = 2HAuCl_4$$

金氯化率为99.7%。银呈氯化银留于渣中，银回收率为99.5%。液氯化渣率为50%左右，其成分为：w(Au) 0.171%、w(Ag) 62.45%、w(Cu) 0.003%、w(Zn) 0.073%、w(Pb) 0.023%、w(Fe) 0.015%。

含金氯化液在70~80℃，pH值为1.5~2的条件下，加固体草酸还原金，得到的海绵金含金99%左右，还原率为99%以上。草酸还原后母液再加锌粉置换，金回收率可提高到99.9%以上。

含氯化银的氯化渣，在30℃下用含NH_4OH 125g/L的溶液浸出3~4h，银浸出率为99.6%：

$$AgCl + 2NH_4OH = Ag(NH_3)_2Cl + 2H_2O$$

得到含银35~40g/L的氨溶液，在50~60℃下加水合肼还原：

$$4Ag(NH_3)_2Cl + N_2H_2 \cdot H_2O + 3H_2O = 4Ag + 4NH_4Cl + 4NH_4OH + N_2$$

得到含银99%左右的海绵银，还原率达99.9%。

焦家金矿选冶厂采用浮选精矿氰化锌粉置换工艺，所产金泥采用盐酸除铅锌、稀硫酸除铜、氨浸银、熔炼金全湿法工艺。该矿金泥主要含杂为铅、锌，同时含银较高，是较典型的金精矿氰化金泥。金泥主要成分是：$w(Au)$ 25.23%、$w(Ag)$ 19.74%、$w(Cu)$ 2.54%、$w(Pb)$ 12.68%、$w(Zn)$ 23.46%、$w(Fe)$ 11.3%、$w(S)$ 1.13%、$w(SiO_2)$ 2.35%。最后的浸渣主要含金。采用直接熔炼铸锭的办法，可直接产出金锭。

整个金泥冶炼工艺所得金锭纯度，一般在95%～98%，银锭纯度一般在99.5%以上。在进行该流程的操作过程中，特别应注意洗涤过滤环节。因为各工序如果洗涤过滤不彻底，会造成产品质量下降和金属流失。因此各工序应严把此关。另外，该过程所用化学药剂都是强酸，腐蚀性大，所以在选择工艺设备时要特别注意防腐性能。最后还应注意通风、排毒。

D 用氯化法处理氰化金泥生产实践

氰化金泥用30%～32% HCl溶液处理两次，这时Zn、Pb、Fe、CaO及其他酸溶性杂质都可溶解。经过洗涤和干燥后，渣加入熔剂熔炼金银合金。从盐酸溶液和洗涤水中再次回收贵金属，然后利用锌粉置换出铅和铜。

用水解净化法除铁后，从溶液中沉淀出碳酸锌，进而锻烧成氧化物。这种流程可以保证较高的贵金属回收率（Au 99.9%和Ag 99.4%），并可副产回收锌、铅和铜，作为相应成品送至有色金属冶炼厂。这种金泥处理流程的主要缺点是不能制取纯金。用硫酸处理氰化金泥，使酸溶性的杂质溶解。所得浆液（不过滤）用氯气进行氯化。结果，全部金（99.8%）可以溶解：

$$2Au + 2Cl^- + 3Cl_2 = 2AuCl_4^-$$

银呈AgCl形式留在不溶渣中。氯化后浆液进行过滤，利用SO_2气体从滤液中沉淀金属金：

$$2AuCl_4 + 3SO_2 + 6H_2O = 2Au + 12H^+ + 8Cl^- + 3SO_4^{2-}$$

所得金再熔铸成金锭。用5% NaCN溶液从氯化处理后的残渣中浸出银和少量剩余金。所得溶液进行电解，沉积出金属银。金作为杂质同时沉淀。阴极银送去进行精炼。按此流程，不能回收的金损失率不超过0.04%。这一流程的优点是可以制取999.5成色的纯金属金，在很多情况下，不需要补充精炼。

11.1.5 硫脲金泥的冶炼

用铁板置换得到的硫脲金泥，金品位较低，且含有大量的铜、铁、硫等杂质，因此，必须经过除杂处理方可熔炼成合质金。

11.1.5.1 硫脲金泥的化学组成及试验条件

硫脲金泥的化学组成见表11.7，试验条件：

（1）硫酸化焙烧：温度380～400℃，时间90min。

（2）浸出除铜、铁、硫：浸液硫酸浓度1.56%，液固比1∶8，浸出温度90～95℃，时间8h。

(3) 熔炼合质金与熔剂配料比：碳酸钠 1，二氧化硅 0.2，硼砂 0.1，硝石 0.1，熔炼温度 1250℃。

表 11.7 硫脲金泥的化学组成

成 分	Au	Ag	Cu	Fe	S	CaO	MgO	SiO_2	Al_2O_3
含量(质量分数)/%	4.0	1.61	14.14	15.66	21.06	0.71	2.02	18.84	2.95

11.1.5.2 硫酸化焙烧—稀酸除杂—熔炼工艺

(1) 铜浸出率 99% 以上，铁浸出率 50%，金银几乎无损失，金泥含金品位富集到 10% 左右。

(2) 造渣熔炼金回收率为 99.75 %，银的回收率为 93.65%，获得合质金含金 74.55%，含银 24.18%，渣中残存金品位 0.013%。

(3) 综合回收铜为 99.81%，铜粉含铜为 81.55%。

通过试验可证明，如果采用直接熔炼，会由于金泥中大量的铜、铁、硫杂质，造成熔时产生冰铜，而金、银将富集于冰铜之中，再从冰铜中提金是不合算的。至于除铜、铁、硫的方法可采用先焙烧后用稀硫酸浸出除铁、铜、硫，也可采用不经焙烧而用硫酸高铁和硫酸把硫化铜溶出，除去 95.92% 的铜，再用硫脲浸出金一电解沉积金全湿法流程，其硫脲浸出率为 98.5%，电解回收金为 99% 以上；熔炼得合质金，含金品位为 80% 以上，银为 13% 以上；还可以用混酸除铜铁；再用稀王水溶金，然后用亚硫酸钠、亚硫酸、氯化亚铁、二氧化硫还原沉淀金。

采用硫酸化焙烧、稀酸除杂不仅工艺可行，而且也是比较经济的。

11.1.5.3 硫脲金泥的液氯化处理

峪耳崖金矿采用硫脲法提金，金泥曾用坩埚熔炼法熔炼，铸锭。经生产实践证明，坩埚熔炼法冶炼金泥存在劳动强度大、工艺条件不佳、合质金品位低、金熔融分布不匀，冶炼回收率较低、冶炼成本高等缺点。通过试验改用液氯化法从硫脲金泥中提取黄金并用于生产。

A 液氯化法提金试验

a 金泥成分分析

硫脲金泥是含金硫精矿经过硫脲浸出、铁板置换所得的黑色沉淀物，它是一种成分复杂的混合物，其化学成分见表 11.8。

表 11.8 硫脲金泥的化学分析结果

元 素	Cu	Fe	S	CaO	Mg	SiO_2	Al_2O_3	Au	Ag
含量(质量分数)/%	6.5	15.66	20.36	0.33	0.35	19.42	2.95	9550g/t	4400g/t

b 氯化浸出条件

经过条件试验后，找到固液比 1∶2、起始酸度为 0.6mol HCl、温度为 60 ~ 80℃、时间为 4h，搅拌下通入氯气，其氯化率达 99.7%。如果硫脲金泥经过焙烧后再通氯气浸出，时间可以缩短至 2h。而氯气耗量与金泥重量等同。

由于硫脲金泥较细（ -325 目，占 90% ），加上在氯化后有些两性元素水解，形成胶体，给过滤造成困难，因此在氯化泥浆过滤之前加入丙烯酸胺絮凝，加快了过滤速度。过滤滤液为贵液，从氯化贵液中提出，采用在还原之前先搅拌驱氯2h，再加入还原剂亚硫酸钠，其加入量为贵液中金含量的两倍。获得的还原沉淀物及还原后贫液用活性炭捕收的金，总回收率为99.7%。

B 液氯化法与坩埚熔炼法的比较

液氯化法与坩埚熔炼法对比分别见表11.9～表11.11。

表11.9 液氯化法提金工业生产指标

金泥含量 /g·t^{-1}	尾渣含金 /g·t^{-1}	氯化率/%	贫液含金 /g·m^{-3}	还原与活性炭捕收率/%	总直收率/%
12460	65	99.48	0.2	99.99	99.40

表11.10 液氯化法与坩埚熔炼法技术指标对照

提金方法	渣内含金/g·t^{-1}	合质金品位/%	直收率/%
坩埚法	>1000	20～30	94～96
液氯化法	<100	97～99	99以上

表11.11 处理100kg金泥两种方法材料消耗比较 （元）

提金方法	材料消耗				合计
坩埚法	石墨坩埚	硼砂	碱面	柴油	480
	130	60	25	65	
液氯化法	氯气	亚硫酸钠	盐酸	滤纸	40.4
	35	0.4	3.00	2.00	

通过工业实践证明，液氯化法具有设备简单，容易实现，劳动强度低，成本低，直收率高等优点。

11.1.6 汞膏的冶炼

汞膏含汞高达30%，必须首先回收其中的汞后才能冶炼。汞膏的处理一般包括汞膏洗涤、压滤和蒸馏三个主要作业。

11.1.6.1 汞膏分离与洗涤

从混汞板、混汞溜槽、捣矿机和混汞筒获得的汞膏，尤其是从抽汞器和混汞筒得到的汞膏混杂有大量的重砂矿物、脉石及其他杂质，须经分离和洗涤后才能送去压滤。

从混汞板刮取的汞膏比较纯净，只需进行洗涤就可送去压滤。汞膏洗涤作业在长方形操作台上进行，操作台上敷设薄铜板，台面周围钉有20～30mm高的木条，以防止操作时流散的汞洒至地面上，台面上钻有孔，操作时流散的汞可经此孔沿导管流至汞承受器中。从汞板上刮取的汞膏放在瓷盘内加水反复冲洗，操作人员戴上橡皮手套用手不断搓揉汞膏，以最大限度地将汞膏内的杂质洗净。混入汞膏中的铁屑可用磁铁将其吸出。为了使汞膏柔软易洗，可加汞进行稀释。用热水洗涤汞膏也可使汞膏柔软易洗，但会加速汞的蒸发，危害工人健康。在安全措施不具备条件时，不宜采用热水洗涤汞膏。杂质含量高的汞膏呈暗灰色，洗涤作业应将汞膏洗至明亮光洁时为止，然后用致密的布将汞膏包好送去压滤。

从混汞筒和捕汞器中获得的汞膏含有大量的重砂矿物和脉石等杂质，通常先用短溜槽或淘金盘使汞膏和其他重矿物分离。国外较常采用混汞板、小型旋流器等各种机械淘洗混汞筒内产出的汞膏。图 11.11 所示为南非许多金矿山使用的尖底淘金盘结构图，其圆盘直径为 900 ~ 1200mm，盘底下凹，周边高 100mm，圆盘后部与曲柄拉杆相连，圆盘前端支承在可滚动的导辊上，经伞齿轮传动，借曲柄机构使圆盘做水平圆周运动，将混汞筒产出的汞膏置于圆盘中，由于圆盘的旋转运动和水流的冲洗作用，汞膏中央带的脉石被送至盘的前端经溜槽排出，密度大的汞膏聚集于圆盘中心，经排出口排出。每台直径为 1200mm 的尖底淘金盘每日可处理 2 ~ 4t 混汞筒产物。

我国研制的重砂分离盘的结构与尖底淘金盘相似，圆盘直径为 700mm，周边高 120mm，作业时间为 1.5 ~ 2.0h，一次可处理 60 ~ 120kg 混汞筒产物。

国外还有一种汞膏分离器，其结构如图 11.12 所示。将被分离的物料送入料斗，经筛网除去粒度较粗的脉石，通过筛网的细粒物料落入前端捕集箱，在此箱内用水流强烈冲洗物料，使细粒脉石颗粒经阶段格条进入末端捕集箱中，汞膏则留在前端捕集箱和格条中，用机械设备初步清理出来的汞膏送去进行洗涤，其洗涤方法与洗涤混汞板汞膏的方法相同。

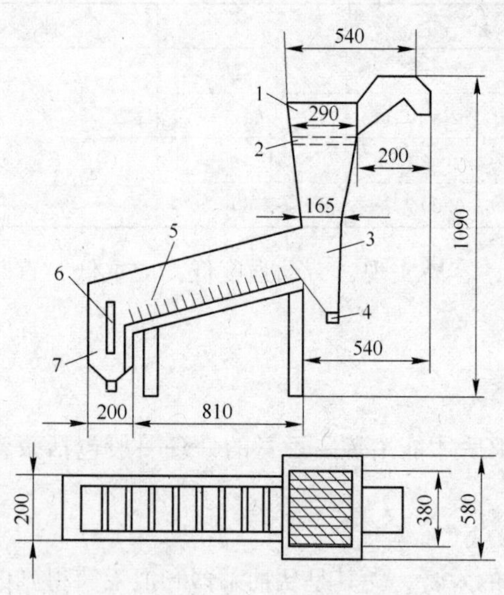

图 11.11 尖底淘金盘

1—尖底圆盘；2—拉杆；3—曲柄机构；4—导辊；5—伞形齿轮；6—溜槽；7—汞膏放出口

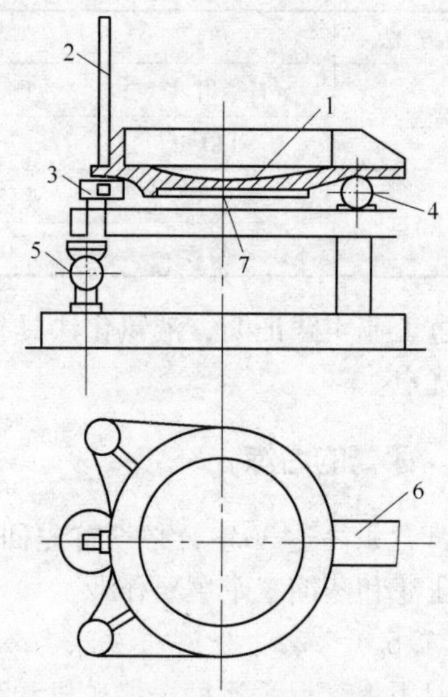

图 11.12 汞膏与重砂分离器

1—受料斗；2—筛网；3—前端捕集箱；4—螺帽；5—格条；6—闸门；7—末端捕集箱

11.1.6.2 汞膏压滤

汞膏压滤作业是为了除去洗净后的汞膏中的多余汞，以获得浓缩的固体汞膏（硬汞膏），常将此作业称为压汞。压汞作业所用的压滤机视生产规模而定。生产规模小时，常用手工操作的螺杆压滤机或杠杆压滤机。生产规模大时，可用气压或液压压滤机。压滤机结构简单，各金矿山均可自制。

金矿山常用的螺杆压滤机的底盘上钻有孔并可拆卸。操作时将包好的汞膏置于底盘上，并与圆筒牢固固定，旋动手轮使螺杆推动活塞下移挤压汞膏，汞膏中的多余汞被挤出，经底盘上的圆孔流出并收集于压滤机下部的容器中。拆卸底盘即可取出硬汞膏。

硬汞膏的金含量取决于混汞金粒的大小，通常金含量为30%～40%。若混汞金粒较粗，硬汞膏的金含量可达45%～50%。若混汞金粒较细，硬汞膏的金含量可降至20%～25%。此外，硬汞膏的含金量还与压滤机的压力及滤布的致密程度有关。

汞膏压滤回收的汞中常含0.1%～0.2%的金，可返回用于混汞。回收汞的捕金能力比纯汞高，尤其当混汞板发生故障时，最好使用汞膏压滤所得的回收汞。当混汞金粒极细和滤布不致密时，回收汞中的金含量较高，以致回收汞放置较长时间后，析出的金沉于容器底部。

11.1.6.3 汞膏蒸馏

由于汞的汽化温度（356℃）远低于金的熔点（1063℃）和沸点（2860℃），常用蒸馏的方法使汞膏中的汞与金进行分离，金选厂产出的固体汞膏可定期进行蒸馏。操作时将固体汞膏置于密封的铸铁罐（锅）内，罐顶与装有冷凝管的铁管相连口将铁罐（锅）置于焦炭、煤气或电炉等加热炉中加热，当温度缓慢升至356℃时，汞膏中的汞即气化并沿铁管外逸，经冷凝后呈球状液滴滴入盛水的容器中加以回收。为了充分分离汞膏中的汞，许多金选厂将蒸汞温度控制在400～450℃，蒸汞后期将温度升至750～800℃，并保温30min。

汞时间约5～6h或更长，蒸汞作业汞的回收率通常大于99%。

蒸汞设备类型因生产规模而异。小型矿山多用蒸馏罐，大型矿山多用蒸馏炉。小型蒸馏罐的结构如图11.13所示。其技术规格见表11.12。

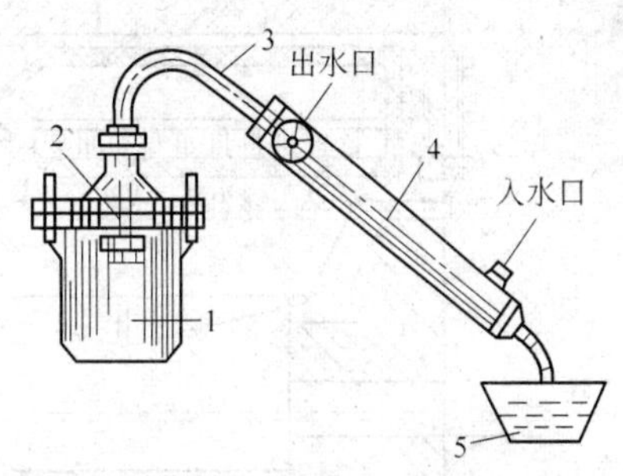

图11.13 汞膏蒸馏罐
1—罐体；2—密封盖；3—导出铁管；4—冷却水套；5—冷水盆

表11.12 汞膏蒸馏罐技术规格

罐 形	规格/mm		汞膏装入量/kg	设备质量/kg
	直 径	长 度		
锅炉型蒸馏罐	125～150	200	3～5	38
圆柱型蒸馏罐	200	500	15	70

用蒸馏罐蒸馏固体汞膏时应注意以下几点：

（1）汞膏装罐前应预先在蒸馏罐内壁上涂一层糊状白垩粉或石墨粉、滑石粉、氧化铁粉，以防止蒸馏后金粒黏结于罐壁上。

（2）蒸馏罐内汞膏厚度一般为40～50mm，厚度过大易使汞蒸馏不完全，延长蒸馏加热时间，汞膏沸腾时金粒易被喷溅至罐外。

（3）汞膏必须纯净，不可混入包装纸，否则，回收汞再用时易发生汞粉化现象。汞膏内混有重矿物和大量硫时，易使罐底穿孔，造成金的损失。

（4）由于$AuHg_2$的分解温度（310℃）非常接近于汞的沸点（356℃），蒸汞时应缓慢升温。若炉温急剧升高，$AuHg_2$ 尚处于分解时汞即进入升华阶段，易造成汞激烈沸腾而产生喷溅现象。当大部分汞蒸馏逸出后，可将炉温升至750～800℃（因 Au_2Hg 的分解温度为402℃，Au_3Hg 的分解温度为420℃），并保温30min，以便完全排出罐内的残余汞。

（5）蒸馏罐的导出铁管末端应与收集汞的冷却水盆的水面保持一定的距离，以防止在蒸汞后期罐内呈负压时，水及冷凝汞被倒吸入罐内引起爆炸。

（6）蒸汞时应保持良好通风，以免逸出的汞蒸气危害工人健康。

大型金矿山可用蒸馏炉蒸汞，蒸馏炉的类型较多。图11.14所示为其中的一种，该炉的蒸馏缸为圆筒形，直径为225～300mm，长900～1200mm，蒸馏缸前端有密封门，相对的另一端与引出铁管相连，引出铁管带有冷却水套。将汞膏置于多孔铁片覆盖的铁盒中，再将铁盒放入蒸馏缸中。

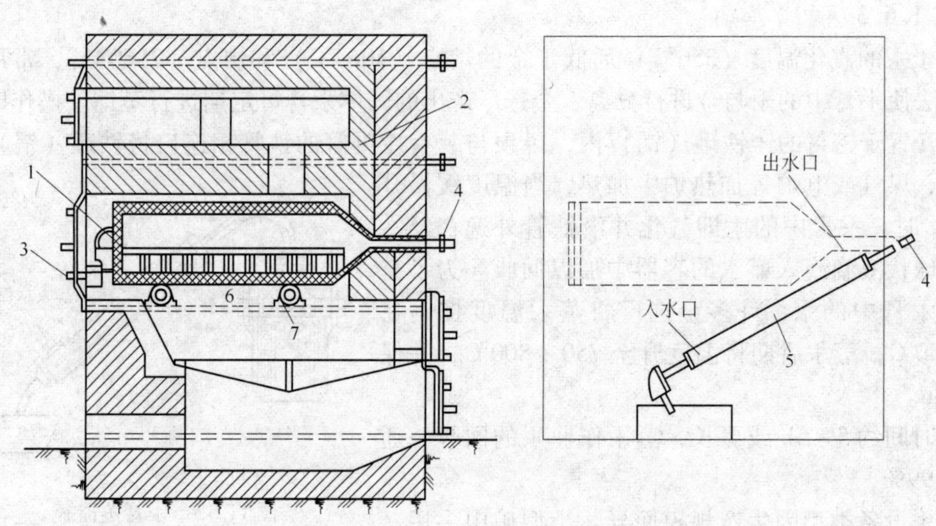

图11.14 汞膏蒸馏炉

1—蒸馏缸；2—炉子；3—密封门；4—导出铁管；5—冷却水套；6—铁盒；7—管形支座

蒸馏回收的汞经过滤除去其中机械夹带的杂质后，再用5%～10%的稀硝酸（或盐酸）处理以溶解汞中所含的贱金属，然后将其返回混汞作业再用。

汞膏蒸馏产出的蒸馏渣称为海绵金，其金含量为60%～80%（有时高达80%～90%），其中，尚含少量的汞、银、铜及其他金属。海绵金一般采用石墨坩埚于柴油或焦炭炉中熔炼成合质金。若海绵金中金银含量较低，二氧化硅及铁等杂质含量较高时，熔炼时可加入 Na_2CO_3 及少量 $NaNO_3$、硼砂等进行氧化熔炼造渣，除去大量杂质后再铸成合质金。大型金矿山也可采用转炉或电炉熔炼海绵金。当海绵金中杂质含量高时，也可预先经酸浸、碱浸等作业以除去大量杂质，然后再熔炼铸锭。金银总量达70%～80%以上的海绵金可铸成合金板送去进行电解提纯。

11.1.7 钢绵的冶炼

不管采用什么样的浸出工艺，都要从贵液中用锌粉置换，或者是炭吸附，炭解吸和电积法等来回收溶解中的贵金属。一些较大的氰化厂，在处理钢绵阴极时都采用火法冶炼铸成合质金锭。这些合质金锭可以销售给冶炼厂，或者就地炼成纯的金锭和银锭。而大多数小金矿不能建一个黄金冶炼厂，必须把钢绵阴极销售给某一个冶炼厂。销售时因金银含量低，在价格上带来损失，同时还要花化验费、包装费、运输费和运输保险费，这与就地冶炼的费用和效益相比较，使得一些小金矿的收益有所下降。

11.1.7.1 钢绵阴极湿法处理

本节介绍美国一个大型金矿用湿法冶金方法从钢绵阴极中产出高纯金的方法。用常规火试金法分析样品，钢绵阴极含量，金为20.65%、银为4.84%、铜为0.14%。经过试验推荐的工艺流程如图11.15所示。

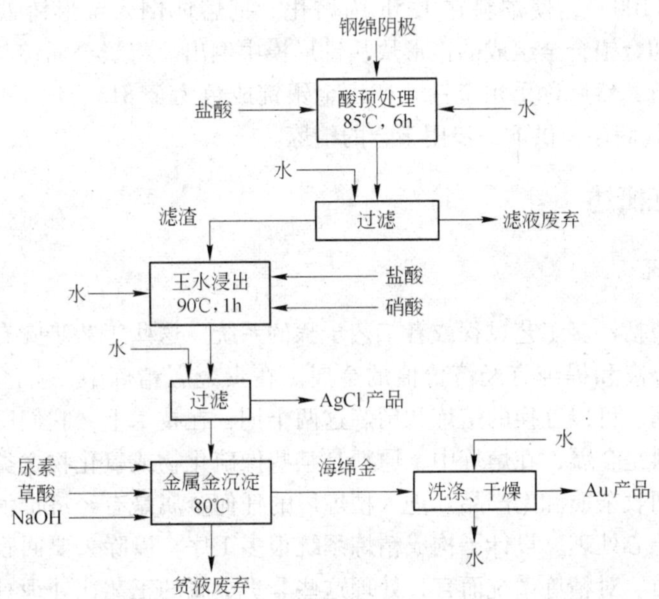

图11.15 用化学法处理钢绵阴极工艺流程

为了溶解钢绵，需要用盐酸预处理阴极。把1kg钢绵阴极缓慢地加到10L、0.5mol/L的HCl溶液中，搅拌的同时，使温度达到90℃，矿浆浸煮1h，然后进行热滤，用蒸馏水洗涤。

为了回收金和银，需要用王水浸出盐酸预处理过的阴极残渣。把这些残渣分成两等份试样，一份试样用王水造浆。每100g试样用2L王水（王水用浓度为36.5%的盐酸100mL和浓度70%的硝酸150mL制成的）。矿浆加热到90℃，搅拌浸煮1h。用玻璃纤维滤纸进行热滤。除去酸性滤液，滤渣再用蒸馏水连续洗涤，直到洗涤水滤液没有黄色为止。将酸性滤液和洗涤滤液合并。滤渣（第一次王水浸出的残渣）是AgCl产品，其含银可以达到70%~74%。

盐酸浸渣第二份试样用滤液造浆按上述方法处理。第二次王水浸渣储存，待用稀王水进一步处理。用 $(COOH)_2$ 从最后的溶液中沉淀出金属金的处理工序与处理金泥相同。

11.1.7.2 钢绵阴极的火法处理

霍姆斯特克公司莱德厂，从炭浆工艺系统来的电积阴极由沉积在3.2kg中等级别钢绵上的金和银所组成。此阴极重约45kg，约含75%金和15%银，其余是铜。回收金银的熔剂有：

熔剂名称	硝酸钠	硼 砂	石 英
占阴极质量分数/%	30	40	30

炉料由各占一半的阴极和混合熔剂所组成。把炉料放在装有125号炭的碳化硅坩埚中，此坩埚则放在煤气加热的可倾式MUNARGH炉中。为保证炉料尽可能完全熔化，坩埚中放少量钢绵，然后加一满勺熔剂。重复操作，直到所有钢绵阴极和熔剂都放到坩埚中为止。炉温上升到1100℃，使炉料在1.5h内熔化。把熔体倒入锥形铸铁模中，使之冷却1.5h。把由炉渣和金银合金组成的锥形块从锥形模中倒出。将贵金属锭与炉渣分离，送取样处钻孔取样分析，然后称重粗金锭。产出金银锭成色为金815、银170。此锭占精炼厂原料的15%。将其储存，供下一步用于金的精炼。

11.2 金的精炼概述

11.2.1 精炼系统

精炼是一个包括许多工艺过程或者工艺步骤的系统。这些工艺步骤有三个作用：第一个作用是富集、分离和提纯有经济价值的金属。在贵金属精炼中，有经济价值的金属是金、银和铂族金属。可以互换的熔炼和精炼这两个词，在技术上，它们所指的是操作的不同。在精炼中原料是金属，在熔炼中，原料是某些像硫化物或氧化物之类的混合物。第二个作用是分离和回收杂质和副产品。进入精炼厂的任何金属是有经济价值的、必须像对待有价金属那样来小心处理。设计了构成精炼系统很多工序，以除去要回收的或以副产品形式销售的特殊杂质。对精炼系统而言，处理这些非贵金属的工艺比处理有价的贵金属的工艺步骤对总成本产生的影响更大。第三个作用是残渣的安全处理。未经加工的原料中，不属上述的头两类的任何物质仍然必须用许可的满意的方法回收和处理。用原料和进入精炼厂杂质的混合物的组成来限定精炼作业的总成本。一旦特殊杂质进入精炼厂，就要采用“现在付钱或者以后付钱”的方法。在预精炼过很中，在精炼阶段或者在粗炼阶段之后，在废水处理的辅助操作中，可以除去杂质。精炼工艺的趋向是把残渣的量减至最小。残渣可能是需要土地填埋的和使产品或副产品产量最高的危害物。

有两种基本类型的精炼方法，即一次性使用化学药品和在稳定状态或在半稳定状态下重复使用化学药品。一次性使用的化学药品不需要进一步解释。在稳定状态工作，特殊的成分或化合物的浓度在特定的工艺步骤中仍保持不变，应将浓度保持在预定的水平。显而易见，在一个工艺步骤中，由于杂质的积累，需用其他步骤除去它们。并且为了恢复期望的成分要加入纯物质。在半稳定状态工作，该作业开始非常干净，即杂质很少，该作业一直到累积杂质到最高浓度为止。在这个工序中停止作业，清除所有的物质，然后又开始新的周期。因此在稳定状态与半稳定状态之间的差别在于前者，杂质排放出和纯物料的补充或多或少是在连续的基础上。在后一种情况下，杂质排出是在周期结束时进行的，纯物料补充是在周期开始时进行。很多稳定状态工序采用很多倍化学药剂，并且在经济上和环保上比一次性作业效率更有效。

11.2.2 精炼原料

精炼的原料来自两种资源类型：原生资源和再生资源。按定义，原生资源来自地球，原生金是一种用采矿技术直接从地下提取的。再生资源包括非采矿资源的精炼原料。精炼厂的原料是各种各样的。熔炼处理过的金—锌渣，汞膏蒸馏后的海绵金，砂矿及矿石选别所得的重砂以及从硫脲再生液制得的钢绵阴极粗金，大部分金呈合金形式。上述物料的化学成分相当复杂。除金和银之外，还含有杂质铜、铅、汞、砷、锑、锡、铋及其他元素。杂质含量达200成色以上。金银合金是在精炼粗铅和处理铜电解阳极泥时制取的。这些合金一般含金和银总量为97%～99%。除上述形式的原料外，送往精炼厂的还有各种合金、生活及工业废料、钱币等。在个别原料中，铂系金属数量也很可观。送往精炼厂的某些产物成分见表11.13。在我国一些厂由氰化金泥获得的粗金，含金量可达15%～37%，最高也不超过50%；汞膏蒸馏后炼出的粗金含金在50%～70%左右，重砂炼得的粗金含金量可达80%～92%。因为粗金含杂质较多，因此需要进一步精炼。

表11.13 精炼厂原料成分

物 料	含量（成色）			
	Au	Ag	Pt	Pd
处理金—锌渣的合金	700～900	50～250		
汞膏蒸馏后的海绵金	700～900	50～250		
重 砂	750～950	10～250		
硫脲再生液的阴极粗金	750～950	50～150		
炼铅厂合金	1～35	450～995	0.01	0～0.1
铜电解阳极泥合金	10～100	850～950	0～1.5	0～3
废料、钱币	0.1～1	500～850		

11.2.3 精炼方法

金的精炼方法有火法、化学法、溶剂萃取法和电解法。目前主要采用电解法，其特点是操作简便，原材料消耗少，效率高，产品纯度高且稳定，劳动条件好，且能综合回收铂族金属。溶剂萃取法提纯是在适应于电子工业对纯度要求越来越高发展起来的，在贵金属领域已引起普遍重视。化学法是采用化学法提纯，主要用于某些特殊原料和特定的流程中。火法为古老的金银提纯工艺，目前使用得不多。

金精炼的经典方法是电解和火法氯化法，也有些用化学法。目前，我国主要采用：电解（占80%以上）、湿式氯化和溶剂萃取法精炼（约5%），新（改）建企业采用溶剂萃取法的逐步增多。

精炼方法有：

（1）火法精炼。将氯气鼓入熔融金液中，使银及其他金属变成氯化物而除去。因此方法产品质量不稳定，劳动条件又差，所以现在已很少使用。

（2）化学精炼法。这是一种广泛应用的方法。其中有硝酸法、硫酸法、王水法等三种方法。产品中的金含量可达98%～99.9%。

（3）电解精炼法。此法分两步进行，第一步是银电解，第二步是金电解精炼。此方法产品中含金高达99.99%。

11.2.4 金银成品标准

金含量的常用表示法为百分含量表示法，我国YB116—1970、YB117—1970规定的金银成品的质量标准见表11.14。

表11.14 金银成品质量标准

名称	代号	化学成分/%			规格		
		金或银不小于	杂质	杂质总和不大于	形状	尺寸/mm	质量/kg
高纯金		99.999		0.001	粒状或锭		
1号金	Au-1	99.99	Ag、Cu、Fe、Pb、Bi、Sb	0.01	锭		10.89～13.30
2号金	Au-2	99.95	Ag、Cu、Fe	0.05	锭		10.89～13.30
高纯银		99.999		0.001	粒	瓶装	0.05
特号银	Ag-01	99.99	Au、Cu、Fe、Pb、Bi、Sb、C、S	0.01	锭	370×135×30	15～16
1号银	Ag-1	99.95		0.05	锭	370×135×30	15～16
2号银	Ag-2	99.9		0.1	锭	370×135×30	15～16

首饰业、金币和金笔制造业中常用开（K）表示黄金的成色。K金按成色高低分为24K、22K、20K、18K、14K、12K、9K、8K等。1K的含金量为4.1666%。24K金的含金量为99.998%，视为纯金，22K金的含金量为91.6652%。

我国民间判断金成色的谚语为：七成者青、八成者黄、九成者紫、十成者足赤。自古有“金无足赤”之说，即使是6个“9”的高纯金也含有微量的铜、锌、锡等杂质。

11.2.5 熔铸成品金锭

熔铸成品金锭的材料主要为电金以及达标准要求的化学法、萃取法提纯产出的纯金。一般采用柴油地炉熔化以提高炉温，地炉的构造与煤气地炉相同。采用60号坩埚，经烘烤并检查无损坏后，每埚每次加入电金35～60kg，逐渐升温至1300～1400℃，待金全部熔化并过热时，金液呈赤白色，加入化学纯硝酸钾和硼砂各10～20g造渣。

锭模为敞口长方梯形铸铁平模。加工后的内部尺寸为：长260mm（上）、235mm（下），宽80mm（上）、55mm（下）、高40mm。用柴油棉纱擦净锭模，置于地炉盖上烘烤，烘烤温度为150～180℃，点燃乙炔，熏上一层均匀的烟，水平放置（用水平尺校平），待浇铸。

经造渣和清渣后，取出坩埚，用不锈钢片清理净对埚口的余渣，在液温1200～1300℃，模温120～150℃下，将金液沿模具长轴的垂直方向注入模具中心。浇铸速度应快、稳和均匀，避免金液在模内剧烈波动。金液注入位置应平稳地左右移动，以防金液侵蚀模底。

为了保证锭面平整，避免缩坑，某厂浇完一块锭后立即用硝酸钾水溶液浸透纸盖，再用预热至80℃以上的砖严密覆盖，动作应快而准确。待锭冷凝后，将其倾于石棉板上，立即用不锈钢钳将其投入5%稀盐酸缸中浸泡10～15min，然后，将其取出用自来水洗刷净，并用纱布抹干后再用无水酒精或汽油清擦表面。质量好的金锭经清擦后应光亮如镜。每坩埚铸锭3～5块，化验样3～4根，金锭含金99.99%以上，每块重10.8～13.33kg。经厂检验员检验合格后，用钢码打上顺序号、年、月，按块磅码（精度百分之一克），开票交库。废锭重铸。

许多厂已改铸小锭，不盖纸和砖。在敞日平模内铸成厚5～25mm的薄锭。由于厚度小，冷凝快不形成缩孔，但常在锭面中间出现凹陷和锭面气泡。某些厂用小型坩埚熔铸金铸，一坩埚一块，先称好重量再加入。金液注入模中后，在金锭表面撒少许硼砂以氧化杂质，再浇冷水，用嘴反复吹动，可洗去浮渣和使金锭表面光冷却，避免缩坑。浇水动作应轻和适时，应在锭面生成冷凝膜后浇水以免将锭面冲成坑。

11.3 金的精炼方法

11.3.1 火法精炼

通常把金、银的火法精炼称为坩埚熔炼法。此法是分离和提纯金的古老方法。由于劳动强度大，环境差，生产效率低，原材料消耗量大，产品纯度不高，近代已很少采用。其方法主要有：

（1）硫黄共熔法。该法是将金银合金加入硫黄中进行共熔炼，此时银及铜等重金属成硫化物进入渣中，金仍以金属状态沉于坩埚底部，从而达到分离的目的。然后再通过还原熔炼硫化物以回收其中的银。

（2）辉锑矿共熔法。此法是将一份金银合金，加入两份辉锑矿（Sb_2S_3）中进行共熔炼，待全部物料熔化后，倾入预热的模中。此时，金锑合金便沉于模子底部，含少量金的硫化银、硫化锑等聚于模子上部。冷却后分离，再将硫化物进行几次熔炼，以完全分离金。金锑合金经氧化熔炼除去锑后，再加硼砂、硝石和玻璃一起熔炼，使残留的杂质造渣，以提高金的纯度。最后还原熔炼硫化物以回收其中银。

（3）食盐共熔法。该法是将金银合金粒与食盐、粉煤混合进行熔炼，银即生成氯化银浮起，金不被氯化而留在坩埚底部。分离后，再还原熔炼氯化银以回收其中的银。

（4）硝石氧化熔炼法。该法是将含有杂质的金银合金与硝石进行共熔炼，在熔炼过程中少量铜等重金属被氧化造渣，而银或金银合金便得到提纯。

（5）氯化熔炼法。氯化时间根据杂质含量和被处理的金属量来决定，例如精炼20kg含90%的金需要1h，12kg含60%的金需2.5h。这样，只要在坩埚中覆盖一层30～40mm的硼砂就可把金、银熔化，然后往熔体中通氯，并控制温度不超过1250℃，则Zn、Pb、Cu、Bi等均可氯化挥发除去，而银以AgCl熔体状态覆盖在金熔体上面。将AgCl熔体倒入模中，从坩埚中取出金，表面净化再熔化。金质量分数可达到99.65%、Ag可达0.35%、Cu可达0.05%～0.06%及其他重金属。AgCl用铁置换法提取金属银。

高温氯化法也称Miller法，是在感应炉内融化粗金，然后经耐熔管向熔体通氯气。由于各种金属与氯作用的化学亲和力不同，可选择性地把杂质金属分别氯化除去。金属生成氯化物的反应自由焓见表11.15。

表 11.15 金属氯化物性能

氯化反应	ΔG/kJ	熔点/℃	沸点/℃
$Au + \frac{3}{2}Cl_2 = AuCl_3$	−32.34	288	407
$Au + \frac{1}{2}Cl_2 = AuCl$	−35.15		
$Bi + \frac{3}{2}Cl_2 = BiCl_3$	−212.84	233	439
$Ag + \frac{1}{2}Cl_2 = AgCl$	−219.41	455	1564
$Cu + \frac{1}{2}Cl_2 = CuCl$	−236.0	429	1212
$Pb + Cl_2 = PbCl_2$	−314.0	498	954
$Zn + Cl_2 = ZnCl_2$	−369.28	317	732

金属氯化顺序为：Zn、Pb、Cu、Ag、Bi、Au。这样，就可选择性地使杂质和银氯化而金不被氯化。另外，从表中还可以看出，$AuCl_3$ 的熔点和沸点都很低，但金不易氯化，所以氯化过程很容易防止 $AuCl_3$ 的形成。银虽较铋易于氯化，但 AgCl 的沸点很高，可以控制温度，不让它气化；其他金属易于氯化。生成的氯化物不仅熔点低，沸点也较低，均可利用控制温度的方法使它们的氯化物气化除去。

最初，形成以铁、锌和铅为主的易挥发性贱金属氯化物，它们必须与未反应的氯气一道在气体清洗装置中加以捕收。接着形成不挥发的、呈熔融状的铜和银的氯化物，由于它们密度低于金属相熔体，因而浮在熔体表面而被收集。如果氯化作用继续到高金浓度时，出现红棕色烟雾，证明产生了易挥发的氯化金。为使金损失减至最小，Miller 法工厂很少生产 995 以上纯度的金。大多数工厂使用其他方法如电解精炼法生产 99.9 的金锭。Miller 盐，即浮在熔体上部的熔融氯化混合物是氯化的主要产物。通常将其放进保温炉中使夹带的金微滴结合和沉降。然后将盐制粒，氧化浸出除去铜及其他贱金属氯化物。留下氯化银及痕量金和贱金属，随后还原为金属银，并送银精炼厂精炼。由于 Miller 法所用的物料都必须熔化，因此除选用套装在石墨坩埚中的适应的黏土坩埚外，对物料的物理形态没有要求。同时，可容许的化学组成范围较宽。银浓度较高时，除必须使用更多的氯气外，对 Miller 法不造成困难。含大量铁和锌时也可处理，但由于易挥发物的形成产生气泡，操作时应以较低流速注入氯气。含金 50% 或更多的物料最好在 Miller 炉内操作。

11.3.2 化学精炼

金的化学法精炼，是基于金不溶于硝酸或者煮沸的浓硫酸，而银以及其他金属能溶解其中的基本原理。主要有硫酸浸煮法、硝酸分银法、王水分金法等方法。

11.3.2.1 硫酸浸煮法

此法适用于含金量不大于 33%、含银量小于 10%、含铅量不大于 0.25% 的金银合质金的精炼。在高温下用浓硫酸进行浸煮，使合金中的银和铜等贱金属形成硫酸盐而被除去，以达到提纯金的目的。此法浓硫酸的消耗量很大，约为合质金质量的3~5倍。

浸煮时，先将合质金熔化并水淬成粒状或铸（或压制）成薄片，置于铸铁锅中，分多次加入浓硫酸，在160~180℃下搅拌浸出4~6h或更长时间。浸煮中，银及铜等杂质便转化成硫酸盐。浸煮完成后，冷却，倾入衬铅槽中，加热水2~3倍稀释后过滤。并用热水洗净除去银、铜等硫酸盐。再加入新的浓硫酸进行加温浸出，经反复浸出洗涤3~4次，最后产出的金粉经洗净烘干，金的品位可达95%以上，干燥后加熔剂熔炼，产出的金成色可达99.6%~99.8%。浸出的硫酸盐溶液和洗液，用铜置换银（如合金中有钯时，被溶解的钯也和银一起被还原）后，再用铁置换铜。余液经蒸发浓缩除去杂质后回收粗硫酸。

11.3.2.2 硝酸分银法

硝酸分解的速度快，溶液含银饱和浓度高，一般在自然条件下进行（不需加热或在后期加热以加速溶解），故被广泛采用，通常采用1∶1的稀硝酸溶解银。为最大限度地除去银，硝酸分银前应预先将合金水淬成粒状或压制成薄片状，并要求合质金中含金量不大于33%，以加速银的溶解和提高金的成色。

硝酸分银作业，可在带搅拌的不锈钢或耐酸搪瓷反应釜中进行。加入水淬合金后，先用少量水润湿，再分次加入硝酸，加入硝酸后，反应便很剧烈，放出大量棕色的二氧化氮气体，加入硝酸不宜过速，以免反应过于剧烈而冒槽。在一般情况下，当逐步加完硝酸，反应逐渐缓慢后，抽出硝酸银溶液，加入一份新硝酸溶解。经反复2~3次，残渣经洗涤烘干后，再加入硝石于坩埚中进行熔炼造渣，便可获得纯度99.5%以上的金锭。

硝酸银溶液可用食盐处理得到氯化银沉淀，再用锌和硫酸还原银，加熔剂熔化即可得纯度达99.8%左右的纯银锭。也可用铜置换回收，如合金中含有铂钯，在溶解过程中进入溶液，在用铜置换时，铂钯与铜一起被还原。

11.3.2.3 王水分金法

该方法适用于含银量低于8%的粗金，用王水溶解金，使银成氯化银沉淀而被分离出去。

王水溶金的作用，是由于硝酸将盐酸氧化生成氯和氯化亚硝酰：

$$HNO_3 + 3HCl = NOCl + Cl_2 + 2H_2O$$

氯化亚硝酰是反应的中间产物，它又分解为氯和一氧化氮：

$$2NOCl = 2NO + Cl_2$$

氯与金作用，生成氯化物进入溶液。其总反应式为：

$$Au + HNO_3 + 3HCl = AuCl_3 + NO + 2H_2O$$

王水分金，是将不纯粗金水淬成粒状或轧制成薄片，置于耐烧玻璃容器或耐热瓷缸中进行，按每份金分数次加入3~4份王水，在自热或后期加热下进行溶解，溶解完后进行静置、过滤，再浓缩赶硝，然后用硫酸亚铁、亚硫酸钠或草酸进行还原，得到海绵金。海绵金经洗涤、烘干、铸锭，可产出99.9%或更高成色的纯净黄金。

产出的AgCl可用铁屑或锌粉置换回收银，还原金后液，用Zn粉置换产出铂、钯精矿，集中送分离提纯铂族金属。

11.3.2.4 草酸还原精炼法

草酸还原精炼的原料，一般为粗金或富集阶段得到的粗金粉，含金品位80%左右即可。先将粗金粉溶解使金转入溶液，调酸后以草酸作还原剂还原得纯海绵金，经酸洗处理后即可铸成金锭，品位可达99.9%以上。其流程如图11.16所示。

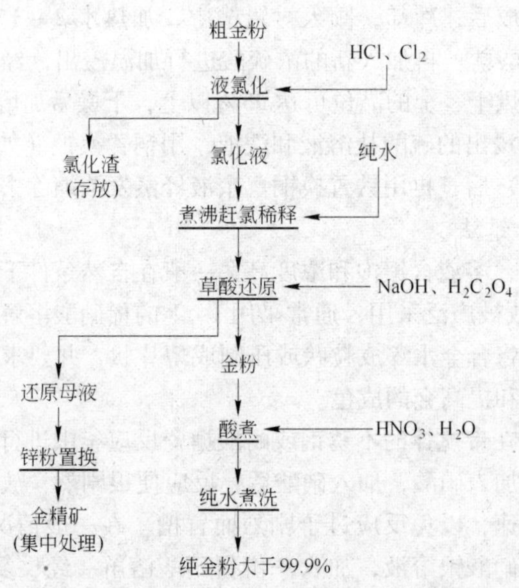

图11.16 某厂草酸还原精矿流程

11.3.2.5 自动催化还原精炼新方法

不采用电解的方法使金沉积下来，一般使用自动催化还原法。1981年美国发明了一种能自动催化还原得到化学沉积金的新方法。呈$KAu(CN)_2$形式的可溶金盐溶液，含有周期表中少量的Ⅲ、Ⅳ、Ⅴ族金属，尤其含有这几族内的铅、镓、铟、铊、锗、锡、铅、铋和砷等金属为宜。所用这些金属呈可溶性，其浓度在0.05～100mg/L之间。把这些呈可溶性盐的金属加入到沉积槽中，槽内放置由黄铜制成的网配，含0.1～20g/L可溶性金盐，最好为1～10g/L，通过加入足够的碱金属氰化物使沉积槽达到稳定（氰化物浓度为0.1～50g/L），还原剂氢硼化物或二甲氨基甲硼烷（DMAB），缓冲剂磷酸盐或硫代硫酸盐，使作为稳定剂的氢氧化钾，氢氧化钠或氰酸钾、氰酸钠，在强碱介质中保持着BH_4^-和$BHOH_3^-$之间的化学平衡($BH_3OH^- + 3Au(CN)_2^- + 3H_2O \rightarrow BO_2^- + 3/2H_2 + 2H_2O + 3Au + 6CN$)，调整pH值大于10，同时加入配合剂氮川三醋酸（NTA）或1,2-二氨基环己烷四醋酸（DCTA）等配合Ⅲ、Ⅳ、Ⅴ族的金属，并加入乙二胺或乙酰丙酮等稳定剂，以便稳定已配合的金属盐。升高温度至70～90℃，缓慢搅拌，在不同的时间内即可沉积出不同量的金，此金质量为“分析纯”。

11.3.3 电解精炼

电解精炼法用于金电解的原料一般含金量都在90%以上，如铜阳极泥经银电解处理所得的二次黑金粉，金矿经银分离所得的粗金粉以及其他粗金等。实际操作中将粗金配以硝石、硼砂熔铸成阳极板，经电解得到纯金；银则从阳泥中回收。与化学法精炼相比，电解法具有生产费用低，产品纯度高，操作安全清洁，无有害气体，并可附带回收铂族金属等优点。

11.3.3.1 金电解精炼原理

金电解精炼：以粗金作阳极、纯金片作阴极，用金的氯化配合物水溶液和游离盐酸作电解液。电解过程可近似地用下列电化学系统表示：

$$Au(纯) \mid HCl, HAuCl_4, H_2O \mid Au(粗)$$

其中的金氯氢酸是强酸，可完全电离：

$$HAuCl_4 = H^+ + AuCl_4^-$$

$AuCl_4^-$ 可部分电离为 Au^{3+}：

$$AuCl_4^- = Au^{3+} + 4Cl^-$$

但其电离常数很小，$K = 5 \times 10^{-22}$，因此，可以认为金在电解液中呈 $AuCl_4^-$ 状态。$AuCl_4^-$ 离子在水溶液中可水解：

$$AuCl_4^- + H_2O = [AuCl_3(OH)]^- + H^+ + Cl^-$$

但是在酸性溶液中实际上不会发生水解。因此，可以认为电解液中金以 $AuCl_4^-$ 阴离子形式存在。

A 阴极反应

阴极发生还原反应，金被还原，其主要反应为：

$$AuCl_4^- + 3e = Au + 4Cl^-$$

该反应的标准电位为 +0.99V，因此，与这一反应竞争的氢还原反应实际上被排除。

由于电解液中还存在 $AuCl_2^-$，故在阴极还有一价金的还原反应：

$$AuCl_2^- + e = Au + 2Cl^-$$

该反应的标准电位为 1.04V，与三价金很接近并且有同时放电的可能，但增大电流密度就可减少一价金离子的生成。

由上可知，若以三价金计算阴极电流效率，结果可能会超过 100%。

B 阳极反应

阳极金溶解进入溶液，反应如下：

$$Au + 4Cl^- - 3e = AuCl_4^- \qquad E^{\ominus} = 1.0V$$

由于氯和氧的标准电位比金的电位正得多：

$$2Cl^- - 2e = Cl_2(气) \qquad E^{\ominus} = +1.36V$$

$$2H_2O - 4e = 4H^+ + O_2(气) \qquad E^{\ominus} = +1.23V$$

所以在正常电解条件下，阳极不可能析出氯和氧。但是，金的最典型也是最重要的阳极行为就是它的钝化倾向。当金转化为钝化状态时，阳极停止溶解。阳极的电位向正电位方向移动，直到可析出氯气为止（由于 O_2 在金上的超电压高于 Cl_2，故先析出 Cl_2）。

金的这种钝化倾向对电解炼金极为不利：在阳极不是发生金的有效溶解过程，而是发生氯离子氧化的有害过程，这使得电解液中发生金贫化，并毒化车间空气。

图 11.17 所示为金的阳极溶解极化曲线图。由图可知，金转为钝化状态取决于电解液的温度和盐酸的浓度，其中后者影响更大。例如，在 $HAuCl_4$ 溶液浓度为 0.1mol/L 且不含游离盐酸条件下温度为 20℃ 电流密度很低，如图 11.17 所示曲线 6 的情况下，金开始钝化，而在同样溶液中含 1mol/L HCl，甚至在电流密度为 1500A/m^2，如图 11.17 所示曲线 1 时，金活性仍然很强。因而，为避免阳极钝化和析出氯气，电解液必须有足够高的酸度和温度。在这种情况下，阳极电流密度越大，电解液中盐酸的浓度就应该越高，温度也应该越高。提高盐酸的浓度和温度，不仅可以消除金的钝化，而且还能提高电解液的电导率，从而减少电能消耗。

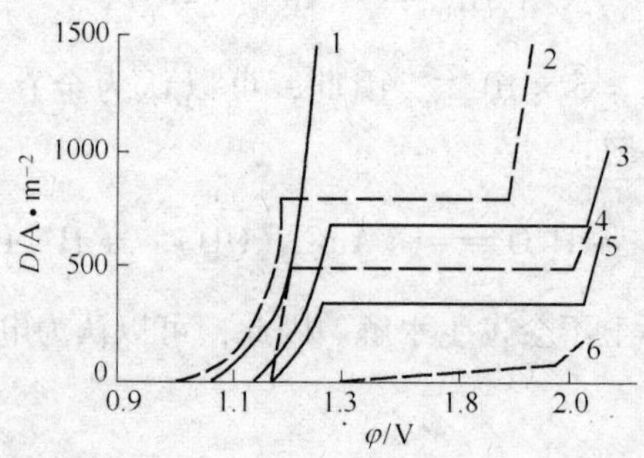

图 11.17　不同 HCl 浓度和温度下 0.1mol/L $HAuCl_4$ 溶液中金的阳极溶解极化曲线

1—1mol/L HCl，20℃；2—0.1mol/L HCl，80℃；3—0.25mol/L HCl，20℃；
4—0.1mol/L HCl，50℃；5—0.1mol/L HCl，20℃；6—不加 HCl，20℃

电解精炼金的另一个重要特性，是阳极溶解时金不仅以阴离子 $AuCl_4^-$ 的形式转入溶液，而且也以阴离子 $AuCl_2^-$ 的形式转入溶液：

$$Au + 2Cl^- = AuCl_2^- \qquad E^\ominus = +1.11V$$

阴离子 $AuCl_4^-$ 和 $AuCl_2^-$ 之间有平衡关系，两者之间发生如下歧化反应：

$$3AuCl_2^- = AuCl_4^- + 2Au + 2Cl^-$$

但这一歧化反应的平衡常数相当小，实际上阳极生成的 $AuCl_2^-$ 的浓度超过了平衡值，上述不成比例的反应平衡式向右移动。同时，部分金呈细粉状沉入阳极泥中。由于从阳极泥中回收金需要增加工序，因此，应尽可能防止金粉生成。实践证明，进入阳极泥的金量随着电流密度的增大而减少。

C　杂质行为

金电解精炼过程中，阳极上的杂质金属，如银、铜、铅及铂族金属，凡比金更具负电性的，都会发生电化溶解而进入电解液，只有铂族金属中的铑、钌、锇、铱等不溶而进入阳极泥中。进入电解液中的杂质，有些因浓度不高，一般也不易在阴极上析出；有些（如 $PbCl_2$）在电解液中溶解度低而沉淀到阳极泥中；铜的浓度一般较高，有可能在阴极析出，影响金的质量。因此，阳极中的铜量宜控制在不超过2%；铂、钯进入电解液后，积累到一定程度时，就应处理加以回收。

阳极中最有害的成分是银。银可以电化溶解，但银与盐酸很容易生成 AgCl，AgCl 难溶于电解液，当银的数量不多时，可从阳极脱落，沉入阳极泥中；如银的数量较多，则会附着在阳极表面上，造成阳极钝化，使电解精炼难以进行。在金的电解精炼过程中，为了消除银的危害，通常采用在向电解槽中输入直流电的同时输入交流电，以形成非对称性的脉动电流的方法。

一般要求交流电的 $I_{交}$ 应比直流电的 $I_{直}$ 大，两者比值为 1.1～1.5，这样得到的脉动电流的 $I_{脉}$ 随着时间的变化，时而具有正值，时而具有负值。当其达到峰值时，阳极上瞬时电流密度突增。此时，阳极上有大量气体析出，AgCl 薄膜即被气泡冲击，变疏松而脱落；当电流成负值时，电极的极性也发生瞬时变化，阳极变成阴极，AgCl 的形成将受到压抑。使用脉动电流，不仅可以克服 AgCl 的危害，还能提高电流密度，从而减少金粉的形成，同时还可以提高电解液的温度。脉动电流的电流和电压可用下列公式计算：

$$I_{脉} = \sqrt{I_{直}^2 + I_{交}^2}$$

$$E_{脉} = \sqrt{E_{直}^2 + E_{交}^2}$$

11.3.3.2 金电解精炼实践

A 阴极片的制作

金电解精炼的阴极片用纯金制成。纯金片可用轧制法或电积法制取。

轧制法是在金电解精炼时，用轧制板作阴极，并在轧制板上涂一层薄蜡，边部涂厚蜡，进行电解，金在极板上析出成一薄片后，即把薄片剥下，然后加工成电解精炼用的纯金阴极片。近年来，多数工厂都采用轧制法制取阴极片。

B 粗金阳极板的熔铸

电解前先将金原料熔铸成粗金阳极板。当原料为合质金或其他含银高的原料时、应在熔铸前先用电解法或其他方法分离银。

粗金阳极板，一般盛装在石墨坩埚内于柴油地炉中熔铸。地炉和坩埚容量的大小、视生产量规模而定，一般常用 60～100 号坩埚。如用 100 号坩埚，则每埚熔炼粗金 75～100kg。为提高阳极板的纯度，需往原料中加入少量硼砂和硝石，在约 1300℃温度下熔化造渣 1～2h。原料熔化后，还可根据造渣情况加入少量硝石等氧化剂进行造渣。在过程中由于强烈的氧化和碱性炉渣的侵蚀、坩埚液面的部位常会受到严重侵蚀，甚至被烧穿。为此，可视坩埚情况加入适量洁净干燥的碎玻璃，用以中和碱渣来保护坩埚，并吸附液面的渣。熔炼造渣完成后，用铁质工具清除液面浮渣，取出坩埚，浇铸于经预热的模子内。浇铸时不要把阳极模子夹得太紧，以免阳极板在冷凝时断裂。由于金阳极小，冷凝速度快，因此除要烤热模子外，浇铸的速度亦要快。阳极板的规格各厂不一，在某些工厂为 160mm × 90mm × 10mm，每块重 3～3.5kg，含金在 90% 以上。待阳极板冷凝后，撬开模子，趁热将板置于 5% 左右的稀盐酸液中浸泡 20～30min，除去表面杂质，洗净晾干送金电解精炼。

C 电解液的制备

制取金电解液有两种方法：一是用王水溶金法；另一种是隔膜电解法。

王水溶金法，是把王水（HCl∶HNO_3 = 3∶1）与金片置于容器中加热至沸，使金溶解而成，然后把硝酸驱去。此法虽较简便，但赶硝比较麻烦。

隔膜电解法，是用粗金作阳极，用纯金作阴极，用稀盐酸作电解液进行电解。电解槽为陶瓷或塑料槽，阴极槽中电解液用HCl∶H_2O = 2∶1配成，坩埚中电解液用HCl∶H_2O = 1∶1配成。坩埚内液面高于电解槽液面5～10mm。通入脉动电流，阳极粗金溶解，金以Au^{3+}进入阳极电解液（即电解槽中的电解液）中，由于受坩埚隔膜的阻碍，Au^{3+}不能进入阴极电解液（即素陶瓷坩埚中的电解液）中，而H^+、Cl^-可以自由通过。这样，阴极上无金析出，而只放出氢气，Au^{3+}便在阳极液中积累起来，最后可制得含金250～300g/L，含盐酸约250g/L，相对密度为1.33～1.4的溶液。可用此溶液配成金电解精炼的电解液。

D　电解槽

金电解精炼用的电解槽，可用耐酸陶瓷方槽，也可用10～20mm厚的塑料板焊成的方槽。为了防止电解液漏损，电解槽外再加保护套槽。槽子构造及尺寸如图11.18所示。

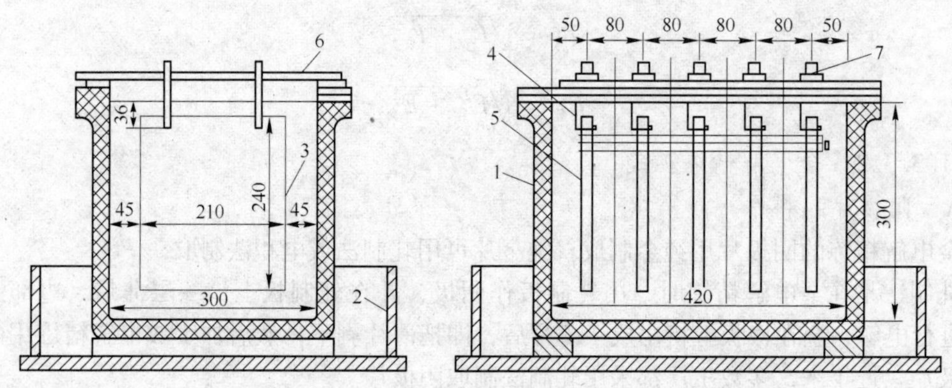

图11.18　金电解槽

1—耐酸陶瓷槽；2—塑料保护槽；3—阴极；4—阳极吊钩；
5—粗金阳极；6—阴极导电棒；7—阳极导电棒

E　电解操作

在电解槽中，先注入配好的电解液，然后把套好布袋的阳极，垂直挂入槽中，再依次相间挂入阴极片。槽内的两极是并联的，而槽与槽之间是串联的。电极挂好后，再调整电解液，使液面略低于阳极挂钩。送电后要检查电路是否畅通，有无短路、断路现象，测量槽电压是否正常。待阴极析出金到一定厚度后，可取出另换新阴极片。阳极溶解到残缺时不能再用，应取出更换新阳极。阳极袋中的阳极泥，要精心加以收集。

F　金电解精炼的技术经济指标

金电解精炼的电解液，一般含Au 250～350g/L，HCl 200～300g/L；在高电流密度作业时，含金宜高些；电解液中含铂不宜超过50～60g/L，含钯不宜超过5g/L。电解液的温度，一般为50℃，如采用高电流密度可高达70℃，电解液不必加热，只靠电解的电流作用即可达到上述温度。

电流密度应尽量高些，一般为704A/m^2，国外有的厂高达1300～1700A/m^2。如采用高电流密度，宜提高阳极品位、电解液中金、盐酸的浓度。电流效率主要指直流电的电流效率，因电金的析出是靠直流电的作用。一般工厂的阴极电流效率可达95%。

槽电压与阴极品位、电解液成分和温度、极间距、电流密度等有关，一般为0.3～0.4V。

电能消耗是指直流电的单耗，即每生产1kg电金所消耗的直流电量。

表11.16列出了某些工厂金电解精炼的主要技术经济指标。

表11.16 某些工厂金电解精炼技术经济指标

项目		1厂	2厂	3厂
阳极含金/%		90	>88	96～98
电解液成分	Au/g·L^{-1}	250～300	250～350	250～350
	HCl/g·L^{-1}	250～300	150～200	200～300
电解液温度/℃		30～50	50～70	50～70
阴极电流密度/A·m^{-2}		200～250	500～700	450～500
极间距/mm		80～90	120	90
电流效率/%		95	—	>98
槽电压/V		0.2～0.3	0.1～0.8	0.4～0.6
残极率/%		20	—	15～20
阴极金品位/%		99.96	99.95	99.98

G 金电解精炼产品及处理

a 电金

出槽后的阴极金，称为电金，应先用净水冲洗，去掉表面的电解液、洗液，但不能弃去。电金送去铸锭。熔铸在坩埚中进行，熔化温度为1300℃。熔化后金液表面，宜用火硝覆盖（勿用炭覆盖）。铸模宜预热，熏上一层烟火，以利脱模。浇注应特别小心，防止金液外溅。铸成的金锭脱模后，要用稀盐酸淬洗，并用洁净纱布蘸上酒精，擦拭金锭表面，使之发亮。电金成色在999.6以上。

b 残极

电解一定时间后，阳极溶解到残缺不堪，称为残极。残极取出后，要精心清洗，收集其表面的阳极泥，然后送去与二次黑金粉一起熔铸成新的阳极。

c 阳极泥

金电解精炼的阳极泥产出率为阳极重量的20%～25%，其主要成分为金、银，也有少量铂族金属。一般送去与一次黑金粉或二次黑金粉一道熔铸。

d 电解废液

金电解精炼的电解液，含铂、钯量超过50～60g/L时，宜送去回收铂、钯。但电解液中仍含有金250～300g/L，所以回收铂、钯之前，应先将金回收。回收的办法有加锌置换法和加试剂还原法。多数工厂用后一种方法。所用的还原剂为硫酸亚铁或二氧化硫。

11.3.3.3 电解精炼金闭路循环新工艺——J工艺

金精炼技术有很长的历史，电解法和王水法是著名的方法。电解法的一大优点是在相对投资小的条件下，容易获得99.95% ~99.99%的金。缺点是大量黄金必须以电解液和电极形式储存，工艺速度比王水法慢；在大规模生产中，电解槽存金涉及大量资金、利息。

在王水法中，用王水溶解金（粗金），用化学试剂部分还原溶液中所含的金，以得到纯度为99.99%的金。要求：(1) 必须知道溶液中可溶金的总量；(2) 适当调整还原条件的酸度；(3) 进行部分还原（一般为理论值的80% ~90%）。王水法的主要优点是不需要像电解液和电极那样储存金，投入至产出的时间非常短。缺点是产生一氧化氮和氯化氢废气和大量的强酸性废水。为保证满意的环境条件，必须有废气洗涤器和废水处理设备。

在金精炼工艺中通常使用强酸（王水、盐酸等等）和有毒的化学药品（氰化物等），这些都影响生态环境。J工艺是在这样的背景下发展起来的，该工艺的特点是环境清洁，工艺速度快。J工艺是一种金精炼新工艺，其工艺要点概述如下：

(1) 再生返回系统溶液以便在隔膜电解槽里生产化学试剂（I_2，KOH）；

(2) 用碘和碘化物溶液溶解粗金；

(3) 去掉不溶解杂质；

(4) 用强碱（KOH）选择还原金；

(5) 从溶液中分离金粉；

(6) 用电沉积法除去可溶杂质（铂、银、钯等）；

(7) 系统溶液返回。

J工艺的优点是：

(1) 不产生废气和废水；

(2) J工艺只用电能操作，不加化学药剂；

(3) 工艺速度比电解法快约3 ~5倍；

(4) 从纯度为99.5%的粗金中经处理可获得纯度高于99.99%的金。

A J工艺流程

J工艺流程如图11.19所示。

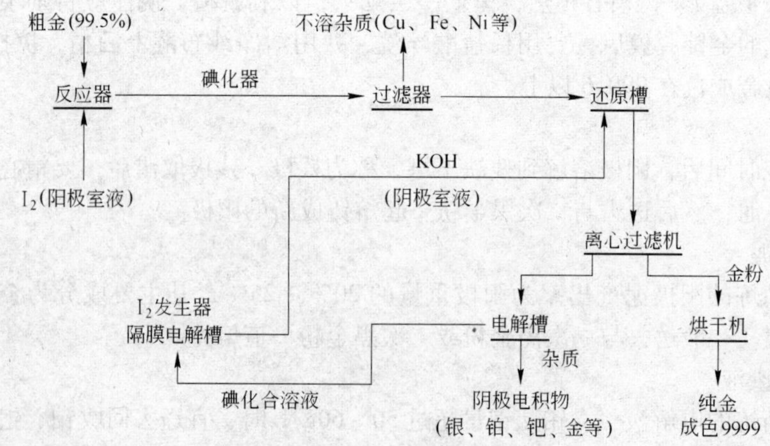

图11.19 J工艺流程

在I_2发生器中用电解法从系统溶液中生产化学试剂（I_2，KOH）。在反应槽里，用碘和碘化物溶液把粗金溶解成碘化金。用过滤器除去不溶杂质，在还原槽时，用从I_2发生器产生的强碱（KOH）选择性的还原碘化金。以纯金粉形式沉淀。用离心过滤器从溶液中分离金粉，并用烘干机烘干。溶液（滤液）在电解槽里电解，可溶性杂质（铂、银、钯等）在阴极上沉积，无杂质溶液以系统溶液形式返回。

B J工艺的构成

（1）系统溶液包含碘化钾（KI），碘酸钾（KIO_3）和氢氧化钾（KOH）。KI 用于制造使金溶成碘酸钾的碘。金从 KIO_3 溶液中被还原。在 I_2 发生器里电解碘酸钾溶液以便在阴极把碘酸钾分解成碘化钾。氢氧化钾用于把系统溶液的 pH 值调节到 12～14，在此 pH 值范围内还原碘化金。

（2）I_2 发生器用隔膜电解技术设计 I_2 发生器，I_2 发生器一般用于苏打工业。I_2 发生器用隔膜将阳极室和阴极室分开，每室的溶液不能混合，阴极和阳极都是镀铂板，隔膜是一种阳离子交换膜。在阳极碘由系统溶液的碘化钾中制取，碘酸钾不进一步氧化。在阴极，系统溶液的碘酸钾被还原成碘化钾和氢氧根，不产生氢气，因为碘酸钾氧化还原电位比产生氢气的电位低，如果产生氢气，J 工艺的物料平衡就被破坏，不可能存在封闭的化学系统。阳极室溶液中剩余的钾离子，由于电位梯度通过阳离子交换膜转移到阴极室。在阴极室内制备 KOH 溶液。这些反应式如下表示：

（阳极室） $$3KI \longrightarrow \frac{3}{2}I_2 + 3K + 3e$$

（阴极室）

$$\frac{1}{2}KIO_3 + \frac{3}{2}H_2O + 3e \longrightarrow \frac{1}{2}KI + 3OH^-$$

$$3K^+ + 3OH^- \longrightarrow 3KOH$$

1）反应器。反应器是一个装有 300kg 粗金粒的柱，把从 I_2 反应器来的碘和碘化物溶液装入，通过反应器的底部并到达顶部。粗金溶解速度取决于碘供应量，此反应如下所示：

$$Au + \frac{3}{2}I_2 + KI \longrightarrow KAuI_4$$

2）过滤器。过滤器从碘化金溶液中除去不溶杂质，含金溶液调整到微碱性，贱金属（铁、镍、铜等）将变成不溶的氢氧化物或碘化物。在这个作业中，除去大部分贱金属。

3）还原槽。在还原槽中，碘化金溶液用 I_2 发生器的阴极室溶液中的碱选择性地还原，获得高纯金粉。在这个作业中，溶液由强碱组成，与系统溶液的碱度相同。还原反应式如下：

$$KAuI_4 + 3KOH \longrightarrow Au + \frac{7}{2}KI + \frac{1}{2}KIO_3 + \frac{3}{2}H_2O$$

还原槽安装在工厂的最高位置。槽的底部连接到一个离心过滤机。

4）离心过滤机。从反应槽底部把金泥排到离心过滤机中，金粉和溶液分离，金粉用纯蒸馏水彻底清洗，并转入干燥机上。蒸馏液作清洗水返回再用，滤液返回到系统溶液里。

5）干燥机。干燥机是一自旋转式干燥机，湿金粉约在5min内完全干燥。

6）电解槽。这是作为溶液净化系统。离心过滤机的滤液含有可溶杂质（铂、银、钯等）和未还原的碘化金。以致杂质（铂、钯、银等）和未还原金在电解槽阴极上沉积，并从溶液中分离。在这个作业后，溶液可再用，并作为溶液返回。

C J工艺的物料平衡

J工艺的各种反应式如下：

碘发生器和碱溶液（I_2-发生器）。

阳极室：

$$3KI \longrightarrow \frac{3}{2}I_2 + 3K + 3e$$

阴极室：

$$\frac{1}{2}KIO_3 + \frac{3}{2}H_2O + 3e \longrightarrow \frac{1}{2}KI + 3OH^-$$

$$3K^+ + 3OH^- \longrightarrow 3KOH$$

粗金溶解（反应器）：

$$Au + \frac{3}{2}I_2 + KI \longrightarrow KAuI_4$$

碘酸钾金反应（反应容器）：

$$KAuI_4 + 3KOH \longrightarrow Au + \frac{7}{2}KI + \frac{1}{2}KIO_3 + \frac{3}{2}H_2O$$

上述每个反应式的左边之和为：

$$3KI + \frac{1}{2}KIO_3 + \frac{3}{2}H_2O + 3e + 3K^+ + 3OH^- + Au + \frac{3}{2}I_2 + KI + KAuI_4 + 3OH^-$$

每个右边之和为：

$$\frac{3}{2}I_2 + 3K^+ + 3e + \frac{1}{2}KI + 3OH^- + 3KOH + KAuI_4 + Au + \frac{7}{2}KI + \frac{1}{2}KIO_3 + \frac{3}{2}H_2O$$

每个左边之和正好等于右边之和，所以，J工艺化学反应能组成一个极好的封闭系统，J工艺控制只需用电力，不需再增加化学试剂。

D J工艺的金的质量

J工艺可从99.5%粗金中获得99.995%金或纯度更高的金。工厂粗金和纯金的试金分析结果见表11.17。

已经确定J工艺可以提供环境污染问题极好解决的办法。工业规模的工厂能在短短的3h之内以50kg/h的速度使99.5%粗金提纯到99.995%纯金。

表 11.17 J 工厂投入粗金与产出纯金的分析结果

序号	金/%	Ag/%	Cu/%	Pt/%	Pd/%	Fe/%	Ni/%	Pb/%
1	投入 99.59	4000×10^4	38×10^4	10×10^4	$<5\times10^4$	12×10^4	—	$<10^4\times10^4$
	产出 99.998	5×10^4	1×10^4	$<5\times10^4$	$<5\times10^4$	$<1\times10^4$	—	—
2	投入 99.93	380×10^4	50×10^4	43×10^4	110×10^4	87×10^4	—	4×10^4
	产出 99.997	6×10^4	1×10^4	$<5\times10^4$	$<5\times10^4$	$<1\times10^4$	$<1\times10^4$	$<1\times10^4$
3	投入 99.98	110×10^4	12×10^4	15×10^4	28×10^4	8×10^4	—	—
	产出 99.999	$<1\times10^4$	$<1\times10^4$	$<5\times10^4$	$<5\times10^4$	$<1\times10^4$	—	1×10^4

11.3.4 溶剂萃取精炼

11.3.4.1 碱性氰化溶液中金的萃取

在湿法冶金工业中，溶剂萃取法从浸出液（或浸出矿浆）中提取有价组分的应用很广泛，特别是在铀、铜等工业中已应用多年。金的溶剂萃取至今只有少数间接的应用，如在金的化学分析中作为预富集手段，在贵金属精炼中用以使氯化物溶液中 Au(Ⅲ)、Pt(Ⅳ)和 Pd(Ⅱ)的配合物与其他贵金属配合物的分离。在提金工业中最常用的碱性氰化介质中，金的溶剂萃取虽早有研究，但都远未达到工业应用的阶段。其主要原因是缺乏适当的萃取剂，即使有一些能从碱性氰化液中萃取金的有机溶剂，但因氰化液中金浓度过低、萃取剂损失过高不能实际应用。最近的开发及研究，只是取得了引人注目的进展，距工业应用仍有很大一段距离。

A 改性胺萃取剂

胺是比较常用的一类萃取剂，包括伯、仲、叔胺，它们均为弱碱。它们的碱性强弱反映在质子化能力上。碱性强，才能在较高 pH 值下质子化，从而可在较高 pH 值的碱性氰化液中萃取 $Au(CN)_2^-$。然而，以往市售胺都只能在酸性或中性溶液中进行质子化，即只能在这些溶液中萃取阴离子。由于生产上金的氰化浸出液 pH 值为 10 ~ 12，因此这些胺基本上不能从碱性氰化液中萃取金。另外，弱碱性胺从微碱性的氰化液中对各种金属的氰配合阴离子缺乏选择性。

研究发现，向胺溶液中加入强路易斯碱，如有机磷氧化物，可以将胺改性，即增加对某些阴离子尤其是 $Au(CN)^-$ 的表观碱性，也增加它萃取 $Au(CN)^-$ 的 pH 值。不同有机磷氧化物对 Adogen 283 改性的效果见表 11.18。

表 11.18 改性剂对 0.5mol/L Adogen 283 二甲苯溶液萃取 $Au(CN)_2^-$ 的影响

改 性 剂	结构式	pH_{50} 值	ΔpH_{50} 值
无		7.15	0
磷酸三丁酯 10% TBP	$(RO)_3P=0$	7.83	0.68
磷酸三丁酯 50% TBP	$(RO)_3P=0$	9.85	2.70
磷酸三辛酯 10% TOP	$(RO)_3P=0$	约 10.50	3.35
磷酸二丁基丁基酯 10% DBBP	$(RO)_2RP=0$	8.40	1.25
次磷酸丁基二丁基酯 10% BDBP	$(RO)\ R_2P=0$	8.84	1.69
三丁基氧化磷 10% TBPO	$R_3P=0$	9.90	2.75
三辛基氧化磷 10% TOPO	$R_3P=0$	9.45	2.30

注：pH_{50} 值表示萃取率为 50% 时的 pH 值。

可见，加入改性剂可使胺类萃取金氰配合物的 pH 移向高值。不同改性剂增加胺萃取 $Au(CN)^-$ 的 pH50 的顺序为：磷酸酯＜膦酸酯＜亚膦酸酯＜膦氧。这与改性剂的路易斯碱性即给电子能力增加的顺序一致，表明改性剂的作用在于改善胺盐的溶剂化。改性胺萃取金氰配合物的反应可表示为：

$$(R_3N + m\text{RPO})_O + (H_2O + Au(CN)_2^-)_A \longrightarrow ((R_3N)H^+ \cdot Au(CN)_2^- \cdot m\text{RPO})_O + (OH)_A^-$$

式中，脚注 O 表示有机相；A 表示水相；R 为烷基或烷氧基。由于 $Au(CN)_2^-$ 的水合程度比其他金属的氰配合离子低，加入改性剂后它的 pH_{50} 的增加比其他阴离子高得多，因此提高了金的萃取选择性。

各种金属氰配合阴离子的 pH_{50} 的顺序为：

$$Au(CN)_2^- > Ag(CN)_2^- \sim Zn(CN)_4^{2-} > Ni(CN)_4^{2-} > Cu(CN)_4^{3-} > Fe(CN)_6^{4-}$$

改性胺虽然可在 pH 值为 10 左右的氰化浸出金液中选择性萃取金，但是萃取金的分配系数（D）不太高。另个问题是，改性剂的溶解损失太大。

现今最佳的改性胺体系是 0.5mol/L Adogen 283 +50% ~70% 磷酸三辛酯（TOP）的煤油溶液。TOP 在萃余液中的损失为 $20 \times 10^{-4}\%$。然而，从总的经济考虑，仍无法在工业上使用。

B 季铵盐萃取剂

季铵盐 R4NX 是一种强碱，它对金氰配合物有很强的亲和力。它对金氰配合物的萃取和反萃取与强碱性季铵型阴离子交换树脂的吸附与解析反应类似。通过以下的阴离子交换反应萃取金：

$$(R_4N^+X)_O + (Au(CN)_2^-)_A \rightleftharpoons (R_4N^+Au(CN)_2^-)_O + (X^-)_A$$

季铵盐能在 pH 值为 11 左右的碱性氰化液中有效地萃取 $Au(CN)_2^-$。另外，季铵盐萃取金氰配合物的能力相当高，这是它的又一优点。

用季铵盐从氰化介质中萃取金氰配合物，早在 20 世纪 60 年代已有研究，由于当时使用直链烃作稀释剂等原因，致使含季铵盐的有机相同碱性氰化浸出液接触时，产生严重的乳化现象；另外还发现，季铵盐中同氮原子相连的碳氢链较长时，乳化较轻，但萃取容量较低。后来研究发现，对于 R8(CH3)N+X 型季铵盐，R 为碳原子 8 ~10 时，如市售的 Aliquat 336（三烷基（C8-C10）甲基氯化铵），其萃取性能最佳，而且用芳烃 Solvessol 150 作稀释剂，仅需对该有机相用氯化钠溶液彻底洗涤，然后再同金的氰化浸出液接触，就不会乳化，而且相分离性能良好。

对于加拿大安大略省两种金矿浸出液见表 11.19，用 Solvesso150 作稀释剂、含不同浓度 Aliquat 336 的有机相进行了萃取研究，所得主要结果如下。

表 11.19 季铵萃取金试验用氰化浸出金液组成 (mg/L)

溶液编号	Au	Cu	Fe	Ni	Zn	Ag	Co	As	Sb	Ca
1 号 Camplell Red Lake 料液	10	85	31	43	34	1.2	2.1	3.3	1.8	27
2 号 Teck-Corona HemLo 料液	6	5	14	2	0.2	0.2	0.1	0.3	2.3	115

注：两种溶液的 pH 值均为 10.5。

（1）萃取金的等温线表明该有机相的金容量较高。

（2）对常见的多种金属氰化配合物的亲和力顺序为 Au > Zn > Ni > Cu > Fe。

（3）在连续逆流萃取系统中进行的萃取结果如图 11.20 和图 11.21 所示，进一步证明了该萃取剂萃取金的选择性很好，对铁几乎不萃取，对铜微量萃取，对镍、锌萃取稍多，对 CN^- 和可能存在的 SCN^- 萃取也不多。另外，季铵盐在萃余液中的溶解量较低，一般低于 10mg/L。

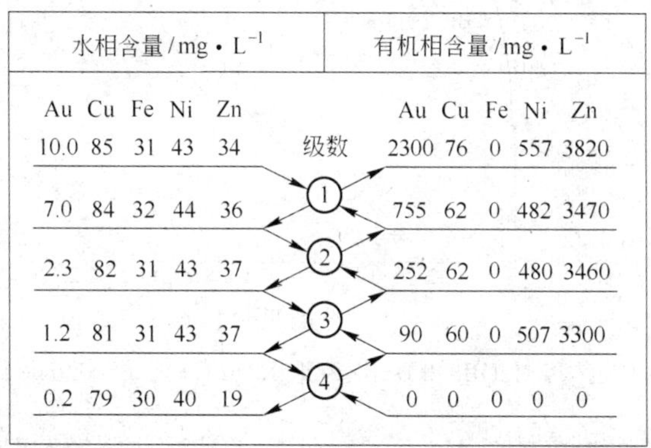

图 11.20 10% Aliquat 336 从 1 号料液中连续萃取结果

（相比 $A/O = 200/1$）

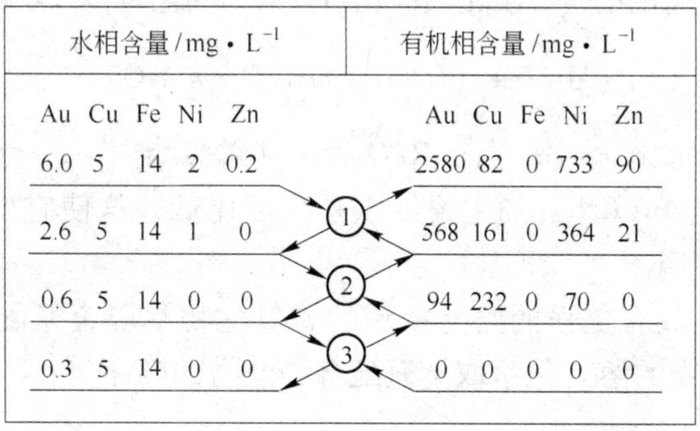

水相含量/mg·L⁻¹ Au	Cu	Fe	Ni	Zn	级数	有机相含量/mg·L⁻¹ Au	Cu	Fe	Ni	Zn
6.0	5	14	2	0.2		2580	82	0	733	90
					1					
2.6	5	14	1	0		568	161	0	364	21
					2					
0.6	5	14	0	0		94	232	0	70	0
					3					
0.3	5	14	0	0		0	0	0	0	0

图 11.21 5% Aliquat 336 从 2 号料液中连续萃取结果

（相比 $A/O = 400/1$）

（4）负载有机相先用 0.5mol/L H_2SO_4-0.05mol/L HCl 混合液洗涤，可去除大部分的 Ni、Zn 而不洗下金，然后用 0.5mol/L 硫脲-0.5mol/L H_2SO_4 混合液在通入空气的条件下可彻底反萃取，金呈硫脲配合阳离子进入水相，同时生成的 HCN 被空气带出（另外用碱液吸收后返回使用），反萃取贵液中的金适宜用电积法回收，其贫液可返回萃取用。

用 Aliquat 336 从氰化浸出金液中萃取金，不仅可行，而且有一系列优点，如萃取金的选择性高、速度快、容量高、分相容易和水溶性小等。同传统工艺相比，该溶剂萃取法使金在系统中的滞留量大大减少，产品金纯度高，金的精炼步骤简单等。该法可处理澄清后的堆浸贵液，同时也促使人们去进一步研究矿浆萃取提金工艺。

C 磷类萃取剂

在研究用有机磷酸酯作胺萃取金氰配合物的改性时发现，这些有机磷酸酯本身也可作为金氰配合物的溶剂化萃取剂，只是需要水溶液中有较高的离子强度。当离子强度足够时，磷酸三丁酯（TBP）和丁基磷酸二丁酯（DBBP）都能有效地从碱性氰化液中萃取金，如图 11. 22 所示。

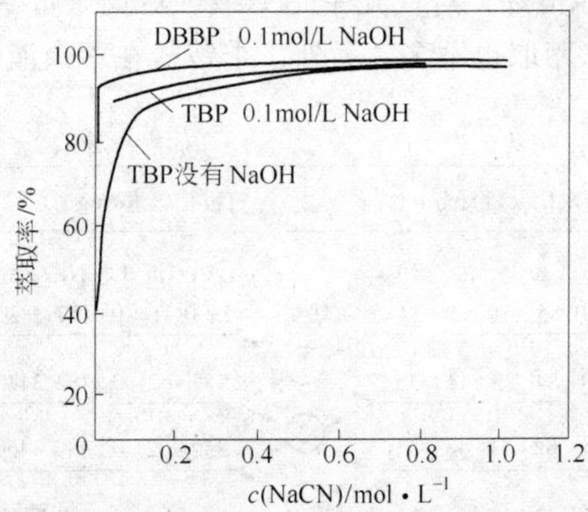

图 11. 22 NaCN 浓度对 TBP 和 DBBP 萃取 $KAu(CN)_2$（5. 07mmol/L）的影响

在该体系中，金是作为离子对 $Me+\cdots Au(CN)_2^-$ 被这些强路易斯碱萃取剂通过溶剂化作用而萃取的，水分子也可能参加该溶剂化反应。总的萃取反应可一般地表示为：

$$(mRPO)_0 + (Me^+ + Au(CN)_2^- + nH_2O)_A \longrightarrow$$
$$(Me\cdots Au(CN)_2 \cdot mRPO \cdot nH_2O)_0$$

式中，Me^+ 为阳离子，如 K^+、Na^+ 等；RPO 为烷基磷酸酯。

TBP 和 DBBP 萃取 $Au(CN)^-$ 的主要缺点是分配比低，这使它们很难在常规金氰化浸出液那样稀的溶液中使用。

另外，研究发现，具有更强的路易斯碱的膦氧化物萃取金氰配合物的能力比 TBP 和 DBBP 强。有机磷氧化物的溶剂化萃取金氰配合物能力的顺序为：

磷酸酯 < 膦酸酯 < 膦氧

这与它们作为改性剂增加胺的碱性的顺序是相同的。

D 胍类萃取剂

ΔG 为使萃取剂既能在 pH 值为 11 左右的碱性氰化液中萃取 $Au(CN)_2^-$，又能用最简单的试剂（如用 mol/L NaOH 溶液）进行反萃取，美国 Henkel 公司选择了胍官能团而开发了一类全新的胍类萃取剂。胍官能团的通式为：

$$\begin{array}{c} \qquad\qquad N-R_5 \\ \qquad\qquad\ \| \\ R_1\qquad\qquad\qquad R_3 \\ \quad\ \rangle N-C-N\langle \\ R_2\qquad\qquad\qquad R_4 \end{array}$$

首先开发了 LIX79，即 N, N-二(2-乙基己基) 胍。它萃取金的等温线如图 11. 23 所示。

由图可见，该萃取剂可在 pH 值为 11. 5 左右的氰化液中有效地萃取金。另外，可以用

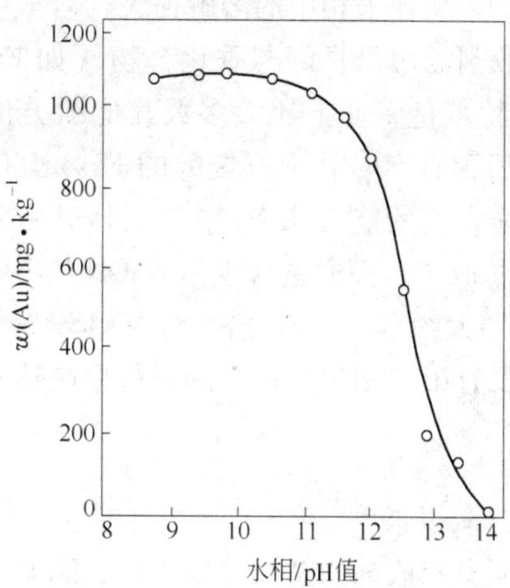

图 11.23 LIX79 萃取金 pH 值等温线

约 1mol/L NaOH 溶液（pH 值约为 14）反萃取金。其萃取和反萃取的反应式如下：

$$[(R_1R_2N)_2C═══NR_3]_0 + H_2O + Au(CN)_2^- \underset{pH = 14\ 反萃取}{\overset{pH \leqslant 11.5\ 萃取}{\rightleftharpoons}}$$

$$[(R_1R_2N)_2C═══NR_3H^+ Au(CN)_2^-]_0 + OH^-$$

该萃取剂在碱性氰化液中萃取金属的选择性顺序为：

$$Au \sim Zn \sim Hg >> Ag > Ni >> Cu \sim Fe$$

它对金氰配合离子有很好的萃取选择性，而对铜氰配合离子的萃取能力很低，这一点很重要，因为铜是氰化提金厂中常见的有害元素。另外，该萃取剂的萃取动力学性能很好，在常用的混合澄清器中，采用 2min 的混合时间足矣。

LIX 79 从 pH 值为 1.0 的氰化液中萃取的结果见表 11.20。可见，该萃取剂在 pH 值为 11.0 的氰化液中，仅对 Au、Zn 有极高的萃取率，对 Ag、Ni、Cu 的萃取率均较低，对铁不萃取。另外，专门考察该厂萃取剂对含铜特别高的氰化液中金、铜的萃取，结果见表 11.21。可见，即使在含大量铜的情况下，也不能阻止金进入有机相。

表 11.20 LIX 三段萃取结果

元 素	Au	Ag	Zn	Ni	Cu	Fe	pH 值
料液含量/mg·L⁻¹	1.3	1.1	28.0	4.2	1.0	0.7	11.0
萃取率/%	>92.3	29.1	92.5	16.7	4.0	0.0	

表 11.21 LIX79 对金、铜的萃取情况

序 号	项 目	Au	Cu	Cu/Au	pH 值
1	料液/mg·L⁻¹	4.5	106	23.6	10.48
	萃取率/%	94.44	3.8		
2	料液/mg·L⁻¹	5.7	1100	193	10.7
	萃取率/%	94.7	0.9		

为了克服在萃取过程中 LIX79 在水相中的溶解损失，合成了 N,N′-二（十三烷基）胍萃取剂，试验表明，该种萃取剂需用昂贵的芳香化合物（如 Exxon 150）作稀释剂。还合成了 MX18999 胍萃取剂，其特点是工业上比大多数其他胍类化合物容易生产得多，也经济得多。这种胍萃取剂需采用含有 50g/L 十三烷醇的 Exxon150 芳香化合物作稀释剂。采用这种有机相，其萃取金氰配合物的能力比 N,N′-二(十三烷基）胍强。它可从金浓度仅为 1.5mg/L 的氰化浸出液中萃取金，而通过含少量 NaON 的 NaOH 溶液反萃取后，反萃贵液中金浓度可达 118 mg/L，即大约富集了 80 倍。对 MX18999 胍萃取剂进行的现场连续萃取。试验表明，萃取过程中没有第三相生成；金的回收率高达 99%；该萃取剂对金属氰配合物的选择性顺序为：

$$Au > Zn > Ag > Cu > Fe$$

从上述已试验过的三种胍类萃取剂的结果可以肯定，胍基官能团是非常适宜于制取从碱性氰化液中提取金的萃取剂。但是，胍萃取剂的具体结构即胍基上的烷基结构还需继续研究，以便能采用价廉易得的脂肪族稀释剂代替较贵的芳香族稀释剂。

氰化浸出金液中，金的浓度特别低。回收一定量的金需处理特别大量的溶液，萃取剂损失费用势必很大。这是溶剂萃取法提金工业应用的最大困难问题之一。

11.3.4.2 酸性溶液中金的萃取精炼

金矿工业上几乎都用技术成熟的氰化法浸出，用活性炭从氰化液或直接从氰化矿浆中吸附 $Au(CN)_2^-$ 或用锌置换法得到的金泥。目前用工业实践的原液多为金和铂族金属的混合溶液，如含金的铂族金属精矿、铜阳极泥、金矿山和氰化金泥及各种含金边角料等。其品位低至百分之几，高至百分之几十，将其溶解转入溶液后，金均以金氯酸形式介质居多，其次就是最常见的碱性氰化液介质，此外也有酸性硫脲等其他介质。

由于传统方法且对低金液（小于 5mg/L）的富集提取问题难以突破。20 世纪 80 年代以来对 $Au(CN)_2^-$ 的萃取研究十分活跃，但都存在一些缺点，至今只有少数研究进行过中间试验，尚未达到应用阶段。硫脲无毒等优点，被人们用于硫酸溶液中溶解金，试图替代氰化法浸金。但目前对于萃取 $Au[CS(NH_2)_2]^+$ 还只处于实验室研究阶段。溶剂萃取法因其设备简单、操作灵活、分离效率高、易实现生产自动化等优越性而备受青睐。萃取法提纯金效率高，工序少，产品纯度高，返料少，操作简便，适应性强，生产周期短，金属回收率高，不但可用于金的提取，还可用于金的精炼。

金溶剂萃取技术的研究工作现在已取得较大进展，溶剂萃取最早的应用可追溯到 19 世纪末期，20 世纪 60 年代以来进展很快。60 年代初，沈阳冶炼厂开始研究乙醚提金流程，并用于工业，生产出 99.999% 高纯金。但直到 70 年代中期，南非国立冶金研究所的两个试验厂在贵金属溶剂萃取方面取得良好试验结果的基础上，朗候（Lonrho）铂精炼厂才实现了溶剂萃取的工业生产，但金的回收仍然采用 SO_2 还原沉积法。1971 年加拿大国际镍公司阿克顿（Acton）精炼厂用二丁基卡必醇（即二乙二醇二丁醚），从氯化物溶液中萃取金，1980 年该厂又用二丁基卡必醇、二辛基硫醚和磷酸三丁酯（TBP）连续萃取分离金、铂、钯，获得 99.99% 成品金。1983 年金川有色公司冶炼厂也成功地投产二丁基卡必醇萃取分离金、铂、钯工艺。上海冶炼厂和邵武冶炼厂相继使用仲辛醇从铜阳极泥氯化物溶液萃取金。

在铂族金属冶金过程中，主要是酸性氯化物介质中萃取金，即金以 $AuCl_4^-$ 形式存在。这种单电荷配合物在所有贵金属氯阴离子中萃取顺序优先于其他贵金属和有色金属氯配阴离子，是第一个被分离的。金氯化配合物的萃取剂有许多，多种中性、酸性或碱性有机试剂，如醇类、醚类、酯类、胺类、酮类、磷酸三丁酯和含硫试剂均可作为金的萃取剂。它们都能与 Au(Ⅲ)形成稳定的配合物，这些配合物又能很好地溶于有机溶剂中，这为 Au(Ⅲ)的萃取分离提供了有利条件。

金的被萃取机理可分为溶剂化萃取、离子缔合萃取和配位配合萃取三类。近代，中国对金的萃取剂也进行了大量的试验研究工作并逐步应用与生产。用于金的萃取剂很多，除二丁基卡必醇、二异辛基硫醚、仲辛醇及乙醚外，胺氧化物、甲基异丁基酮、磷酸三丁酯以及石油亚砜、石油硫醚等均是金的良好萃取剂，都可以从复杂溶液中直接萃取分离而获得纯金。但是由于与金伴生的某些元素往往会和金一道萃取进入有机相，而降低了萃取的选择性；加之金的配合物较稳定，要将它从有机相中反萃取出来比较困难。因而，金的萃取分离工业化正在克服这些不利因素发展着。随着新的配合剂的出现和实验工作的进展，近年来，金的萃取分离用于工业生产的实践越来越多。

综合考虑各种因素，目前仍认为二丁基卡必醇较好，且已在中国铂族金属生产中长期使用。二丁基卡必醇的主要缺点是：补充溶剂的费用较高；萃取剂的水溶解度较高，约为 3g/L，每个循环中萃取剂损失达 4%。

此外，磷酸三丁酯（TBP）与十二烷的混合液，TBP 与氯仿的混合液，仲辛醇等均可萃取分离金和铂族金属，金的萃取率达 99.0%，有机相与草酸溶液加热还原即可反萃金。用乙醚和长碳链的脂肪醚在酸度不高的条件下萃取，也能生产高纯金。用甲基丁酮从金和铂族金属萃取金，萃取率可达 99.0%，异癸醇既适用于金和铂族金属与贱金属的分离，又适于从高浓度原液中萃取金。

当用醚、醇、酮萃取金时，铜、镍等贱金属均不被萃取或少量萃取，载金有机相中夹带的贱金属用酸洗涤即可除去。因而，可以用于从存在大量贱金属的溶液中，选择性地提取金或回收金。

为保证有较高的经济效益，工业上用溶剂萃取法提纯金的原液，金浓度常在 1 ~ 20g/L。

本章主要是介绍有工业价值的精炼工艺，尤其是含氧萃取剂，如二丁基卡必醇、仲辛醇、混合醇、乙醚、甲基异丁基酮、二仲辛基乙酸胺（N503）；含硫（如二异辛基硫醚）和含磷萃取剂近年来也给予极大关注。磷类与胺类的开发，人们的出发点在于从氰化溶液中萃取金，这方面前面金的提取与回收已有介绍。精炼的手段已开始将几种工艺联合起来，如氯化—还原萃取—电解等。本章还介绍南非用 Minataur™溶剂萃法精炼金的新工艺，但遗憾的是该文章没有详细萃取剂资料，甚至连名称都保密。

11.3.4.3 二丁基卡必醇萃取提纯金

工业上多使用较弱的中性萃取剂来优先萃取金，以减少其他金属的萃取。阿克腾精炼厂和我国金川厂都用二丁基卡必醇（DBC）萃取金。二丁基卡必醇（dibutyl Carbito）全称为二乙二醇二丁醚，简称 DBC。DBC 实际是多醚，结构式为：$C_4H_9OC_2H_4OC_2H_4OC_4H_9$。$M=218$，$d=0.888$，无色或淡黄色液体，低毒。有类似洗涤液的清爽气味，低挥发性、高闪点。水中溶解度为 0.3%，具有较高的稳定性。1968 年英国 Brunel 大学研究了 DBC

的萃金性能，1971 年开始将 DBC 试用于金的萃取生产。在盐酸溶液中 DBC 对金的萃取能力很强，选择性较好，如图 11.24 所示。能从复杂料液中（如铜阳极泥、铂族金属浓缩）萃取金。因此，DBC 是金的优良萃取剂。

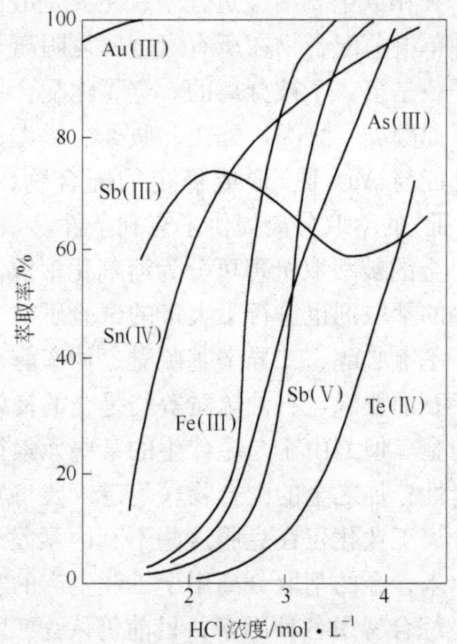

图 11.24 盐酸介质中二丁基卡必醇萃取金

萃取 $AuCl_4^-$ 的分配比随盐酸浓度增加而提高，如 0.038mol/L 的金在 1mol/L 的 HCl 中的分配比为 464；在 3mol/L 时为 1820，而在 6mol/L 时达 10000 以上。因此，根据料液的金浓度，选取适当的酸度，可以达到很高的回收率。有少量 Fe(Ⅲ)、Sb(Ⅲ)、As(Ⅲ)、Sn(Ⅳ)、Te(Ⅳ)被共萃，可以用 0.5～1.5mol/L 的 HCl 洗涤。

负荷的金不易反萃，但是可以用热草酸溶液从有机相中还原，直接沉淀为片状单质金。金片须经仔细清洗去除有机物。卡必醇的缺点是水溶性大，达到 3g/L，需从萃余液中蒸馏回收，能耗较大。

A 二丁基卡必醇萃取金的性能

实验在水相酸度 1mol/L HCl，相比 1∶1，萃取时间 1min 时，改变水相中金离子浓度（由 400～3000μg/10mL）观察到 DBC 萃取的效率都在 99.9%；而水相酸度从 1mol/L 增至 6mol/L，萃取率有点下降（0.16%），因此酸度宜于 1～2mol/L；另外在没有添加稀释剂时，萃取在 1min 即达到平衡。

a 稀释剂存在下二丁基卡必醇的萃金性能

稀释剂与 DBC 组成的萃取体系对金的萃取产生了重要影响。实验选用环已烷、三氯甲烷、二甲苯、液状石蜡、正辛烷、磺化煤油等六种稀释剂，除液状石蜡由于本身黏度大外，其他的都能达到很快分层。其中二甲苯和磺化煤两种体系，当 DBC 含量为 70% 时，对金的萃取率已达到最高值。磺化煤油价廉，所以是首选稀释剂。

b 协萃剂存在下二丁基卡必醇的萃金性能

实验观察 TBP、正辛醇、异戊醇、甲基异丁基酮（MIBK）作为 DBC 的协萃剂的作用，发现这四种协萃剂其萃取率都达到高峰值，分层也很迅速，其中以异戊醇及 MIRK 组成的协萃体系更好。

B DBC 体系反萃取及再生萃取金性能

用 2% 的 $NH_3 \cdot H_2O$-1% 的 Na_2SO_4 作为反萃取剂，对 DBC 100%、DBC 70%—煤油、DBC 70%—二甲苯、DBC 80%—正辛烷负载金的饱和体系进反萃取实验，实验结果表明，所选用的三种稀释剂体系对金的萃取与未稀释的 DBC 一致，反萃取效果也较好，但再生萃取时，只有 DBC—煤油与 DBC 未稀释一致。在此还应指出的是使用亚硫酸钠溶液时，可以在常温进行反萃取，这比用草酸溶液更为经济。

C DBC 萃取金的选择性

为了提取金的实际需要，这里仅考察DBC对铜、铁、银的萃取能力。实验结果，DBC对铜不萃取；在1mol/L HCl酸度下，对铁基本上不萃取。因此，通过萃取可以分离除去铜、铁。对银的处理在浸出时将金、银分开或先萃取后再进行分离。

D　二丁基卡必醇萃取精炼金的应用实例

实例1　金川蒸馏锇钌残渣中萃取金

二丁基卡必醇对金具有优良的萃取性能，在萃取时两相中金的平衡浓度如图11.25所示。从图11.25可见，当有机相中Au^{3+}的浓度高达25g/L时，萃余液Au^{3+}浓度不到10mg/L，其分配比为2500。实验表明，金几乎可完全萃取。不同酸度下各种金属的萃取情况如图11.26所示。从图可见，除Sb，Sn外，在较低酸度下其他金属萃取甚微，均可与金有效地分离。

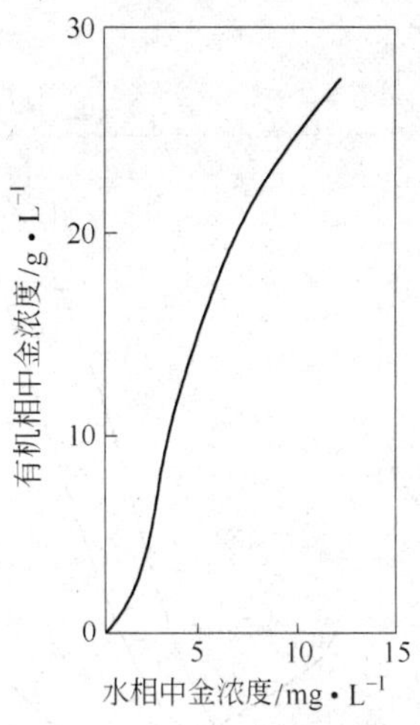

图11.25　金在两相中的浓度

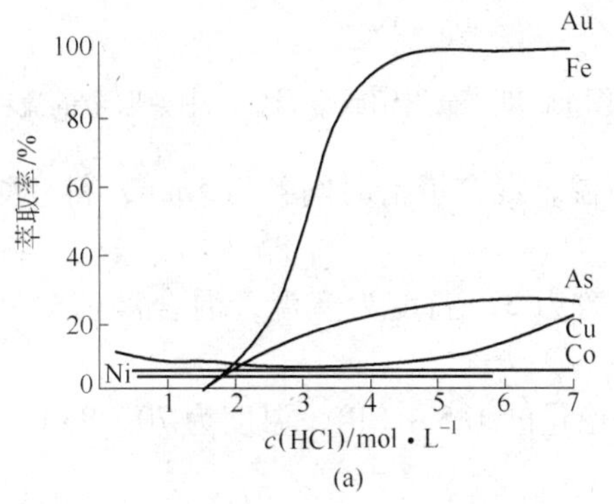

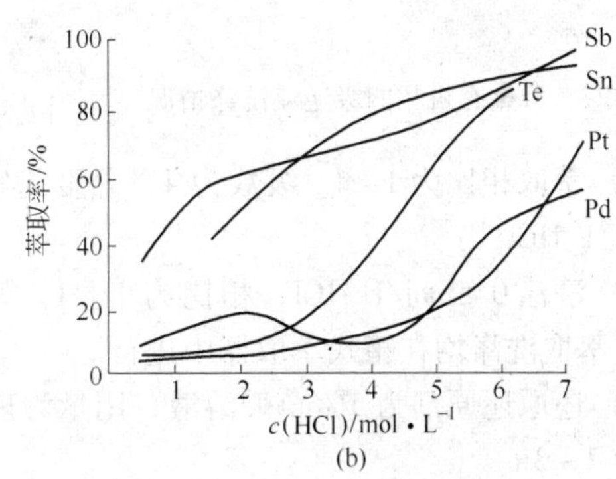

图11.26　不同盐酸浓度下金的萃取率

（a）不同盐酸浓度下金、铁、砷、钴、铜、铂的萃取（萃取条件：相比1∶1）；
（b）不同盐酸浓度下铂、钯、锑、锡、碲的萃取（萃取条件：相比1∶1）

二丁基卡必醇的萃取速度很快，30s即可达到平衡。对金的萃取容量在40g/L以上。有机相中夹带的杂质，可用0.5mol/L HCl溶液洗涤除尽，相比为1∶1，如图11.27所示。

二丁基卡必醇萃金，因其分配比大，故反萃困难。可将载金有机相加热至70～85℃，用5%草酸溶液还原2～3h，金即可全部被还原，得到金黄色海绵金。经酸洗、水洗、烘干，即可熔铸成锭，品位99.99%。具体工艺流程如图11.28所示。

（1）料液组成，见表11.22。

表11.22　料液组成

料　液	Au	Pt	Pd	Rh	Ir	Fe	Cu	Ni
组成/g·L^{-1}	3	11.72	5.18	0.88	0.36	2.39	6.32	5.60

（2）操作条件。

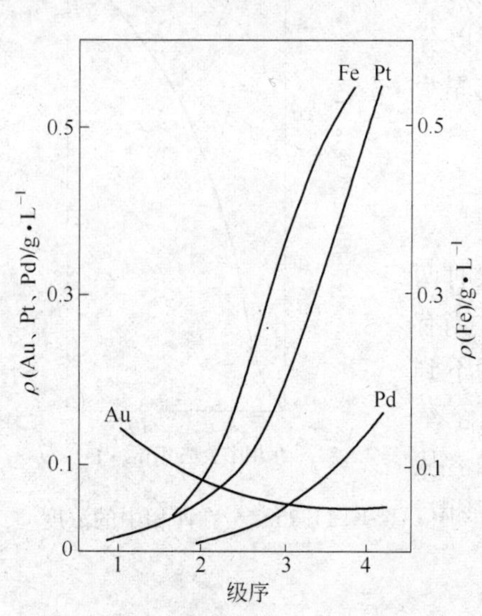

图 11.27　载金有机相四级逆流洗涤情况

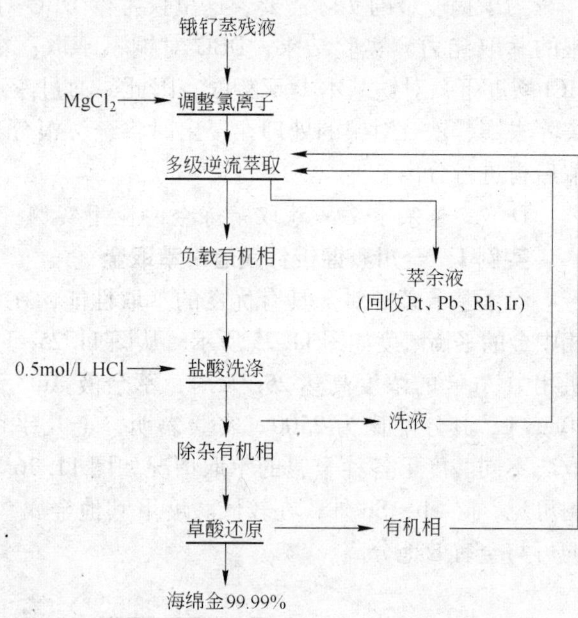

图 11.28　金川铂族金属生产中萃取金的流程

1）萃取相比为 1∶1，级数为 4，温度为室温，混合澄清时间各为 5min，料液酸度为 2.5mol/L HCl。

2）洗涤 0.5mol/L HCl，相比为 1∶1。级数为 3，温度为室温，混合澄清时间各为 5min，萃取洗涤均在箱式萃取器中进行。

3）还原还原剂为 5% 草酸溶液，用量为理论量的 1.5～2 倍，温度为 70～85℃，搅拌时间为 2～3h。

4）结果金萃取率大于 99%，金回收率为 98.7%，金产品纯度为 99.99%。

实例 2　（加拿大）国际镍公司（INCO）阿克顿精炼厂

采用中性的二丁基卡必醇（DBC）进行二级逆流萃金，萃余液含金小于 1×10^{-6}。对负载有机相用 1～2mol/L HCl 溶液、1∶1 相比、三级逆流洗涤，然后用热的草酸溶液还原析出金。

阿克顿生产流程如图 11.29 所示。

料液组成为：Au 4～6g/L，Pt、Pd 各 25g/L，Os、Ir、Ru 微量，Cu、Ni、Pb、As、Sb、Bi、Fe、Te 等总量不超过 20%，盐酸浓度 3mol/L，Cl^- 总浓度 6mol/L，相比 1∶1。萃取混合器 200L，QVF 玻璃制成，配有 QVF 玻璃高速涡轮搅拌器。萃取澄清后，从底部排出水相，有机相留于萃取器内，再进行新液萃取。一般在有机相含金达 25g/L 时即为终点。载金有机相用 1.5mol/L 盐酸洗涤 3 次，除杂后送还原器还原。

还原反应器外部以电阻丝加热，并带有搅拌桨与排气装置，还原温度不小于 90℃。反应结束后，经冷却、澄清将有机相虹吸排出返回场使用，再过滤分离金粉。产出的金粉先用稀盐酸洗涤除杂，再用甲酸洗涤吸附的有机相，最后熔融、水淬成金粒，其纯度达 99.99%。

实践证明，上述流程较过去采用的硫酸亚铁还原—电解流程周期短，成本低。但是有

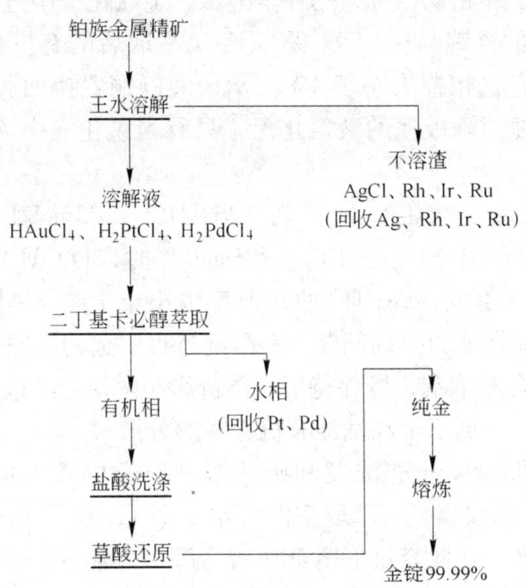

图 11.29　阿克顿精炼厂萃金流程

机相在萃取过程中损失率高达4%，在生产成本上占有很大比重。

在英国 Acton 的 Inco pgm 精炼厂，从 1971 年以来一直使用二丁基卡必醇萃取金，有机相用 1.5mol/L HCl 溶液洗涤，除去共萃金属。洗涤过的有机相用草酸溶液直接还原回收金：

$$3(COOH)_2 + 2HAuCl_4 = 2Au + 6CO_2 + 8HCl$$

反萃取是分批进行的，金呈粗砂沉到反应器底部。

Inco 法的缺点是萃取剂在水相溶液中溶解度较高，需要对工艺液流进行反萃取以回收溶解的萃取剂；溶剂萃取过程不能使有机相超负载，否则有机相比水相重，会发生相倒转。

E　醇类萃取提纯金

仲辛醇化学分子式为 $C_8H_{17}OH$，其结构式为 $CH_3(CH_2)_5$-CHOH-CH_3。密度0.82，沸点178～182℃，无色、易燃，不溶于水。在强酸溶液如在盐酸溶液中即形成 $[CH_3(CH_2)_5\text{-}CH_2OH\text{-}CH_3]^+Cl^-$ 氯化缔合物，之后与 $HAuCl_4$ 形成盐提取入有机相，萃取反应为：

$$[C_8H_{17}OH]^+Cl^-_{(o)} + HAuCl_4 = [C_8H_{17}OH]AuCl_{4(o)} + HCl$$

$[CH_3(CH_2)_5\text{-}CH_2OH\text{-}CH_3]AuCl_4$ 与草酸的还原反应是：

$$2[CH_3(CH_2)_5\text{-}CH_2OH\text{-}CH_3]AuCl_4 + 3H_2C_2O_4 \longrightarrow 2Au\downarrow + 2C_8H_{17}OH + 8HCl + 6CO_2\uparrow$$

采用相比 $O/A = 1:5$，萃取温度 25～35℃，萃取率约 99%，萃取容量可大于 50g/L。但萃取平衡速度较慢，混相需 30～40min，澄清分相约需 30min，因此，只能单槽间断分批萃取。含金 40～50g/L 的有机相需用高温下草酸还原，产出的海绵金纯度高于 99.95%。全过程 Au 的回收率 99%。有机相用 2mol/L HCl 洗涤平衡后可返回使用。

上海冶炼厂使用与上述相同条件，用仲辛醇从含金氯化液中进行两级逆流萃取，金萃取率在99%以上，获得的金锭品位为99.98 %。反萃取后的有机相同等体积2mol/L HCl洗涤返回使用，过程中有机相损失小于4%。萃余液以铜置换回收其中的金、铂、钯等。实验表明，用仲辛醇处理铜阳极泥的液氯化液，只有当氯化液中 Au：Pt + Pd > 50 时，对金才有较好的选择性。

混合醇萃取金，用磺化煤油作稀释剂，当[HCl] > 3mol/L 时，金的萃取率大于99.4%，但 Pt、Pd 共萃约3%；当[HCl] < 3mol/L 时，Pt(Ⅵ)、Pd(Ⅱ)、Rh(Ⅲ)、Ir(Ⅲ)、Cu、Ni 等均不被萃取，Fe(Ⅲ)的萃取率也小于10%。但单独使用混合醇萃金，存在载金有机相对金的保持能力差的问题，在酸洗过程中金的洗脱率高。通过在混合醇中加入一部分TBP形成混合萃取剂，既保持了长碳链脂肪醇对金的高选择性萃取，又提高了有机相对金的保持能力，降低了金在洗涤有机相时的分散。

用混合醇—煤油萃取金，盐酸浓度和硫酸浓度对金的萃取的影响行为相似，如图11.30和图11.31所示。萃取容量与萃取率的关系如图11.32所示。图上两条曲线相交处的金容量为实际控制容量。在此容量下用40%混合醇—煤油进行3级逆流萃取，金的萃取率可高于99%。

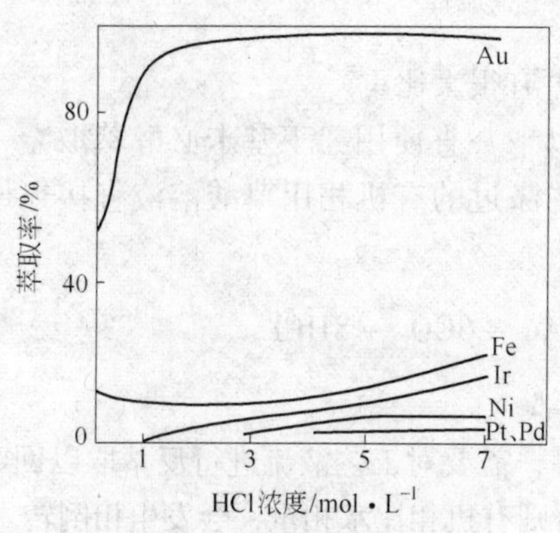

图11.30 盐酸浓度对萃取的影响

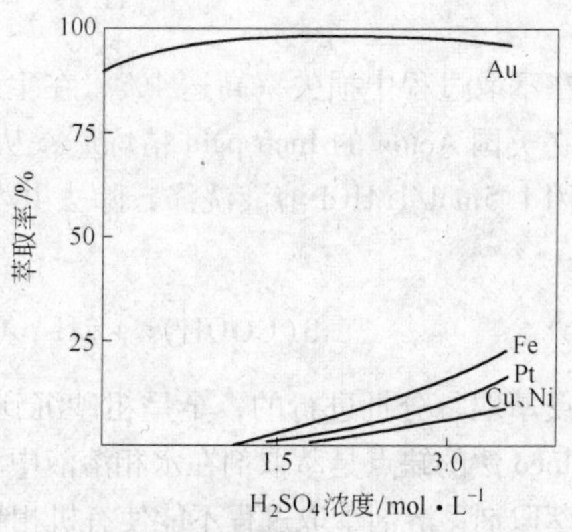

图11.31 硫酸浓度对萃取的影响

工业料液含 Au 0.70g/L、Pt 4.63g/L、Pd 1.7g/L 以及铑、铱和铜、镍等，硫酸和盐酸总酸度为3mol/L。以40%混合醇—煤油作萃取剂，经3级逆流萃取，金的萃取率大于99%，铂和钯的萃取率为1%～3%，铑、铱和铜、镍基本不萃取。载金有机相用3mol/L HCl洗涤，铜、镍、铁的洗脱率均近100%。用草酸溶液、亚硫酸钠溶液、酸化去离子水或蒸馏水反萃取金，反萃取率也都接近100%。反萃取液加热还原得到的金属金，先后用1mol/L HCl和1mol/L HNO_3 煮沸1h，获得金的纯度大于99.95%。

我国蔡旭琪等人用工业副产的混合醇为萃取剂萃取金，后又有人改进，加入TBP，以煤油为稀释剂，组成有机相。醇类从盐酸介质中萃取金，分配比高，而且选择性好，可与其他贵金属及有色金属分离，仅少量Fe(Ⅲ)共萃，如图11.33所示。共萃的铁可用盐酸—硫酸混合稀溶液洗涤。负荷的金以草酸铵还原反萃，获得99.99%的纯金。

用混合醇加TBP萃金的水相介质可以是 H_2SO_4 + HCl，或稀王水。室温下混相3～5min，相比 O/A = 5 ～ 15：1，萃取级数3～6级，萃取率可达99.9%，有机相萃金容量达

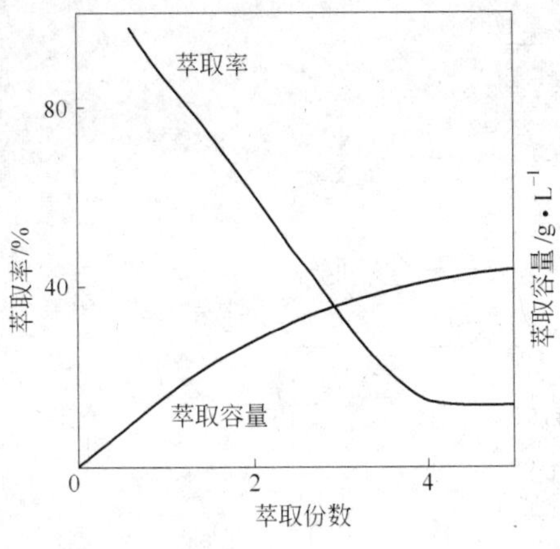

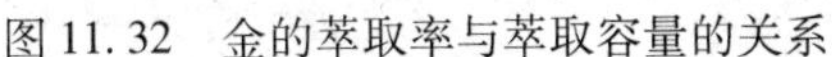

图 11.32 金的萃取率与萃取容量的关系

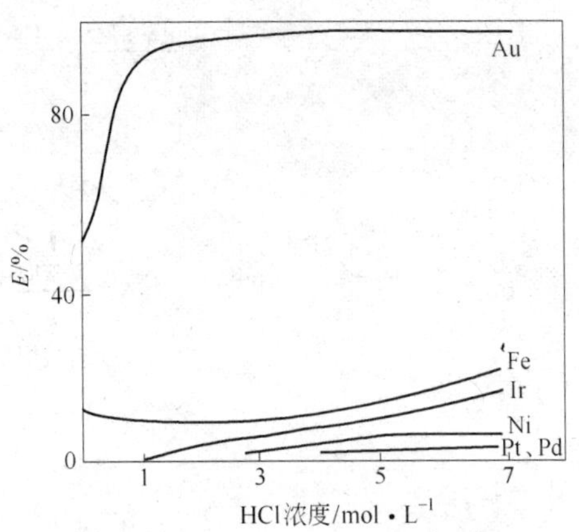

图 11.33 混合醇从盐酸溶液中萃取金

43.69g/L 以上，用 0.5mol/L 的 H_2SO_4 或 HCl 洗涤，随后用草酸氨还原，获得 99.99% 纯度的金，直收率大于 99%。此工艺已获得中国专利，并已在重庆冶炼厂、太原铜厂等多处推广使用。

F 乙醚萃取精炼高纯金

载金有机相转入蒸馏器，按相比 *O/A* 加入纯蒸馏水，缓慢升温至 70～80℃，同时进行蒸馏回收乙醚和金的反萃，冷凝回收的乙醚返回萃取，底液即为含 Au 约 150g/L 的反萃液。反萃液再次重复以上操作，二次反萃液调整酸度至 3mol/L，Au 浓度 80～100g/L，用经过浓硫酸和氯化钙洗涤净化过的二氧化硫气体室温下还原出海绵金，海绵金用纯硝酸煮沸 30～40min，用纯水洗涤至水呈中性，烘干即为高纯金，全过程金回收率高于 98%。

乙醚的缺点是其毒性大、挥发性强造成空气污染、燃点低使操作不安全等，所以只用于制取高纯度的金。

晶体管、各种集成电路及精密仪表等电子技术需用纯度高于 99.999% 的高纯金。通常将 99.9% 金（金粉或阴极金）用王水溶解或电解造液的办法制备较纯的氯金酸溶液，再用乙醚萃取，经反萃后以二氧化硫还原，即可得到品位 99.999% 的高纯金。

乙醚使用前先用 HCl 平衡，含金 150g/L 的溶液用盐酸调整酸度至 2mol/L，在室温下按 *O/A* = 1 与乙醚搅拌混相约 10min，澄清分相 10min 左右。萃取 $AuCl_4^-$ 形成中性盐缔合离子对的反应为：

$$HAuCl_4 + (R_2O \cdot H) + Cl^-_{(o)} \Longleftrightarrow (R_2O \cdot H)AuCl_{4(o)} + HCl$$

其萃取生产工艺流程如图 11.34 所示。

a 乙醚萃金机理

乙醚（$C_2H_5OC_2H_5$）为无色透明易挥发液体。沸点为 34.6℃，其蒸气与空气混合极易爆炸，属一级易燃体，密度为 0.715。乙醚萃金是基于在高浓度盐酸溶液中能与酸形成锌（yang）离子（R 代表 C_2H_5）：

$$[R{-}O{-}R]^+ + H^+ \rightleftharpoons [R{-}\overset{\displaystyle H}{\overset{|}{O}}{-}R]^+$$

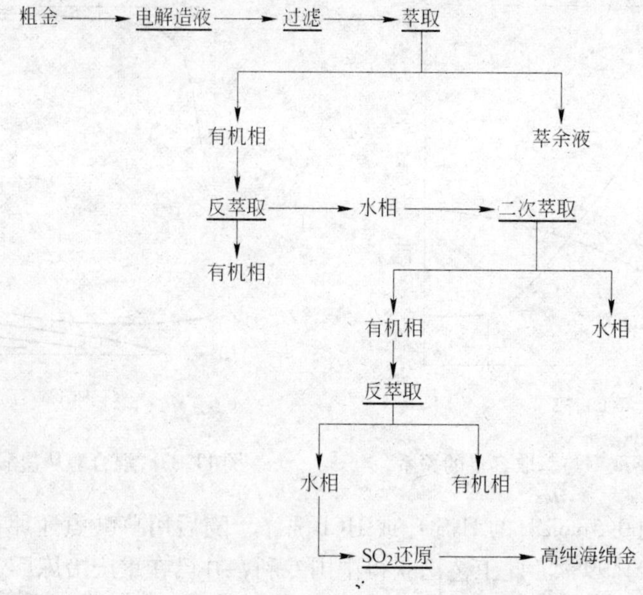

图 11.34 乙醚萃取精炼高纯金生产流程

鉾（yang）与配阴离子 $[AuCl_4]^-$ 结合形成中性鉾盐：

$$\left[R-\overset{\overset{\displaystyle H}{|}}{O}-R\right]^+ + AuCl_4^- \rightleftharpoons \left[R-\overset{\overset{\displaystyle H}{|}}{O}-R\right]^+ AuCl_4^-$$

此鉾盐可溶于过量的乙醚，从而转入有机相与水相中杂质元素分离。鉾盐只能存在于浓盐酸溶液中，遇水后鉾盐即分解，乙醚被取代出来，Au^{3+} 便又转入水相：

$$\left[R-\overset{\overset{\displaystyle H}{|}}{O}-R\right]^+ AuCl_4^- \xrightarrow{HOH} R-O-R + \left[H-\overset{\overset{\displaystyle H}{|}}{O}-H\right]^+ AuCl_4^-$$

在盐酸溶液中乙醚萃取多种金属氯化物的效率见表 11.23。

表 11.23 在 6mol/L HCl 中乙醚对各种金属的萃取率

金属离子	Fe^{2+}	Fe^{3+}	Zn^{2+}	Al^{3+}	Ca^{2+}	Ti^{+}	Pb^{2+}	Bi_2^{+}
萃取率/%	0	95	0.2	0	97	0	0	0
金属离子	Sn^{2+}	Sn^{+}	Sb^{5+}	Sb^{3+}	As^{5+}	As^{3+}	Se	Te
萃取率/%	15～30	17	81	66	2～4	68	微量	34

b 高纯金的制取

（1）萃取原液的制备：以 99.9% 金（海绵金或工业电解金）用王水溶解法或隔膜电解造液法制取。电解造液法是将 99.9% 金铸成阳极，经稀盐酸（HCl : H_2O = 1 : 3），浸泡 24h，用去离子水洗至中性，然后进行电解造液。

（2）造液条件：电流密度为 300～400A/m²，槽电压为 2.5～3.5V。初始酸度为 3mol/L

HCl，至阳极溶完为止，最终溶液含 Au 为 100 ~ 150g/L。调酸至 1.5 ~ 3mol/L 的 HCl，待萃取。

（3）萃取与反萃取。萃取条件：相比 1∶1，室温，搅拌 10 ~ 15min，澄清 10 ~ 15min。将有机相注入蒸馏器内，加入 1/2 体积的去离子水，用恒温水浴的热水（开始 50 ~ 60℃，最终 70 ~ 80℃）通过蒸馏器，同时进行乙醚的蒸馏与金的反萃。蒸馏出的乙醚经冷凝后返回使用。反萃液含金约 150g/L。调酸至 1.5mol/L 的 HCl，进行二次萃取与反萃，条件与一次同。二次反萃液调酸至 3mol/L 的 HCl，含金 80 ~ 100g/L，待二氧化硫还原：

$$2HAuCl_4 + 3SO_2 + 3H_2O = 2Au\downarrow + 3SO_3 + 8HCl$$

为保证金粉质量，二氧化硫气体还原前需洗涤净化。SO_2 属有毒气体，还原操作应在通风橱内进行，还原尾气需以 NaOH 溶液吸收处理，以防污染。

还原所得海绵金经硝酸煮沸 30 ~ 40min，去离子水洗至中性、烘干、包装即为产品。我国某厂已有十几年生产经验，生产高纯金品位均在 99.999% 以上，金总回收率大于 98%。

G 二异辛基硫醚萃取精炼金

二异辛基硫醚为无色透明的油状液体，无特殊气味，与煤油等有机溶剂可无限混溶。分子式：$C_{16}H_{32}S$，相对分子质量 258，密度 0.8485g/cm^3（25℃），沸点 > 30DC，黏度 35200Pa · s(25℃)。其萃取反应式为：

$$HAuCl_4 + nR_2S = AuCl_3 \cdot nR_2S + HCl$$

式中，R_2S 代表 $C_{16}H_{32}S$。

实验得知，酸度对 Au^{3+} 的萃取基本无影响，在很低酸度下也可达到定量萃取金，而 Pt^{4+}、CO_2^{+}、Cu^{2+}、NI_2^{+}、Sn^{2+}、Sn^{4+} 均不被萃取，Fe^{3+} 只在盐酸 2mol/L 时才有少量被萃取，Pd^{2+}、Hg^{2+} 明显地与 Au^{3+} 共萃取。因此，若无 Pd^{2+}、Hg^{2+} 存在，则萃取 Au^{3+} 的酸度范围较宽，并能有效地使金与其他杂质分离。

萃取剂浓度以 50% 硫醚为宜，硫醚浓度太低易出现第三相，含金有机相不易保持稳定，这是由有机相的萃取容量与相比所决定的。

实验还表明，温度的变化对萃取率影响不大，从 13 ~ 38℃ 金的萃取率均在 99.98% 以上。但低于 30℃ 时容易生成第三相。萃取若要在常温下进行，可在有机相中添加一定量的醇作为三相抑制剂。

二异辛基硫醚的萃金速度相当快，实验表明，金在 5s 内就可达到定量萃取。

萃金的有机相经稀盐酸洗涤除杂后，用亚硫酸钠的碱性溶液作反萃取剂，在室温下即可使有机相中的金以金亚硫酸根配合阴离子完全转入水相，其反应是：

$$AuCl_3 \cdot nR_2S + 2SO_3^{2-} + 2OH^- \rightleftharpoons AuSO_3^- + SO_4^{2-} + 3Cl^- + H_2O + R_2S$$

再用盐酸将含金反萃液酸化，使亚硫酸钠体系转为亚硫酸体系，金即从亚硫酸钠溶液中析出，经过滤得到海绵金，稀盐酸洗涤后，烘干铸锭。

有机相经稀盐酸再生可反复使用，故萃取剂消耗甚少。

我国某厂也进行了实践，其生产流程主要包括：王水溶解、两级萃取、洗涤，两级反萃取加浓 HCl 酸化析金。然后洗涤烘干，海绵金熔铸等过程。其萃取条件是原液含金 50g/L，酸度 2mol/L HCl，有机相为50% 二异辛基硫醚－煤油（含三相抑制剂），相比为1∶1，级数为2，温度为常温，萃取时间为1min，金萃取率 99.99%。

洗涤用 0.5mol/L 的 HCl。

反萃取条件：反萃液为 0.5mol/L NaOH + 1mol/L Na_2SO_3，两相接触时间为 5～10min，级数为2，反萃取率为 99.1%。

萃取和反萃均在离心萃取器内进行。

酸化条件：温度 50～60℃，盐酸用与亚硫酸钠等当量的盐酸。金析出率为 99.97%。

在上述条件下，金的回收率可达 99.99%，纯度与电解金相当，见表 11.24。

表 11.24 萃取精制金的光谱分析

杂质元素	Mg	Cu	Ag	Pb	Sn	Fe	Ni	Bi	Sb	Al	Pd	Pt	Rh	Ir
含量(质量分数)/%	0.58×10^4	0.23×10^4	约 30×10^4	$<5\times10^4$	$<10\times10^4$	6.5×10^4	$<4\times10^4$	$<4\times10^4$	$<10\times10^4$	$<10\times10^4$	8.5×10^4	$<5\times10^4$	$<5\times10^4$	$<10\times10^4$

H 甲基异丁基酮萃取金

甲基异丁基酮为无色透明液体，属中性含氧萃取剂，分子式 $(CH_3)_2CHCH_2COCH_3$，沸点 115.8℃，闪点 27℃，易燃，密度 0.8006g/cm³，在水中溶解度为 2%。在氯配金酸溶液中萃金时形成不稳定的铧（yang）盐离子缔合物 $[(CH_3)_2CHCH_2COCH\#H]^+AuCl_4^-$。同样它易于被草酸还原。

甲基异丁基酮沸点、闪点低，易燃，需蒸发冷凝再生。目前国内尚未用于生产。南非 MRR 公司采用甲基异丁基酮（MIBK）萃金，但未详细报道条件和指标。MIBK 属于中性含氧萃取剂，与 $AuCl_4^-$ 形成不稳定的铧盐离子缔合物将金萃取入有机相。萃取反应为：

$$(CH_3)_2CHCH_2COCH_3(o) + HAuCl_4 \xlongequal{} [(CH_3)_2CHCH_2COCH_3H]^+ AuCl_4^-(o)$$

MIBK 萃取时各元素的分配系数 DA^0 与酸度的关系如图 11.35 所示。由图可见，在高酸度下，Fe(Ⅲ)、Te(Ⅵ)、As(Ⅲ)、Sb(Ⅳ)、Se(Ⅳ)等元素及少量Pt(Ⅳ)与 Au(Ⅲ)共萃，其他贵金属留在萃残液中。从含 HCl 0.5～5.0mol/L 的料液中萃取 Au(Ⅲ)的分配系数大于 100，萃取率高于 99%，萃取容量大于 50g/L。在铂族金属萃取分离工艺中萃金作为起始工序，高酸度下萃取 Au(Ⅲ)同时共萃其他杂质元素，可排除它们对后续铂族金属萃取分离过程的干扰，反而成为 MBIK 萃取金的一个优点。

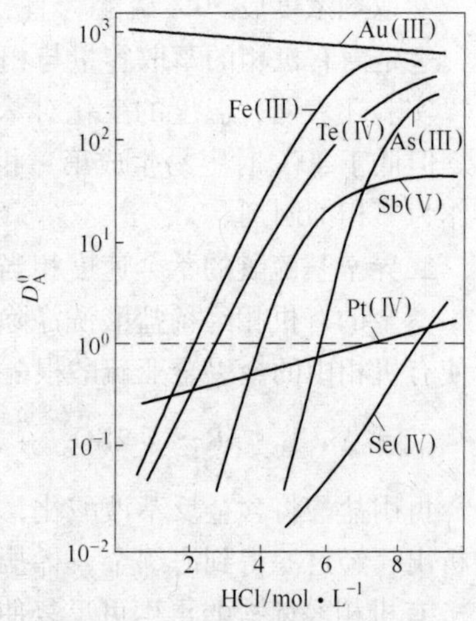

图 11.35 MIBK 萃取时各元素 DA^0 与 HCl 的关系

对于金川公司含 HCl 0.5mol/L 及金属成分很复杂的料液（Au 含量为 0.87g/L），用 MIBK 萃金，相比 *O/A* = 1～2，三级逆流，每级混相 5min，金的萃取率达 99.9%。用 0.1～0.5mol/L HCl 作洗涤剂洗涤载金有机相，相比 *O/A* = 1～2，二级逆流，每级混相 5min。用5%草酸溶液分批在 90～95℃搅拌下还原金并蒸发有机相，有机相完全挥发后得金粉。海绵金纯度高于

99.9%，金回收率99.8%。另外，萃取后的载金有机相也可用稀盐酸洗涤除去共萃的杂质元素后，直接用铁粉从有机相中置换出粗金，有机相返回使用。

MBIK的缺点是水溶性大（水中溶解度2%），闪点低挥发损失大。若将MBIK中的甲基换成异丁基，改性为二异丁基甲酮（DIBK）则可克服上述缺点，水中溶解度降至0.05%，闪点升至55℃，但对金的萃取能力有所下降，选择性则提高了，降低了Pt(Ⅳ)、Fe(Ⅲ)的共萃比例。

我国某厂曾用甲基异丁基酮从含多种贵金属溶液中萃取分离金，相比1∶1，12级逆流萃取，萃取原液酸度5mol/L HCl，萃取金的萃取率为99%～99.9%。

二仲辛基乙酰胺（N503）萃取提纯金：N,N-二仲辛基乙酰胺，原名N,N-二(1-甲基庚基）乙酰胺，即二仲辛基乙酰胺，代号N503。结构式为：

$$
\begin{array}{ccl}
 & & CH_3 \\
 & & | \\
 O & & CHC_6H_{13} \\
 \| & \diagup & \\
CH_3-C-N & & \\
 & \diagdown & \\
 & & CHC_6H_{13} \\
 & & | \\
 & & CH_3
\end{array}
$$

它具有稳定性高、挥发性低、选择性好、价格便宜、无毒等优点，属含氧萃取剂，是目前国内正在推广应用的弱碱类萃取剂之一。

N503是一种酞胺类化合物，质量分数大于95%，密度在25℃时为0.8514～0.8700g/cm^3，折光率1.4540～1.4560，黏度τ25℃下为18500±1000Pa·s，凝固点－54℃，闪点158℃，燃点190℃，在水中溶解度不大于10mg/L(25℃)；毒性LD508.98/kg，属无毒。

金川镍钴研究设计院与上海有机所用N503对金川锇钌蒸残液中的金，进行萃取纯金的半工业试验。试验结果表明：N503对金具有优良的萃取性能，萃取的主要技术性能可与现行生产用的DBC工艺媲美，还有其水溶性小、价格低、试剂来源广等优点，是萃金较为理想的工业型萃取剂，现介绍如下：

（1）不同盐酸浓度对N503萃取金的影响。

金在不同酸度条件下均有较高的萃取率，而其他金属在低酸度条件下萃取率较低，在3mol/L HCl以上随着酸度的增加萃取率上升，由此N503萃取金的原始水相以1～3mol/L为宜，金的萃取率大于99%，酸度低于2mol/L，铂族金属的萃取率较低，贱金属几乎不被萃取，所以只要在洗涤过程控制好酸度，载金有机相的铂、钯和贱金属都可被洗脱除去，而金的洗脱率极小。

实验结果表明：N503萃取金的选择性与二丁基卡必醇（DBC）萃取金的选择性很相似。萃余液含金N503为0.003g/L，DBC为0.009g/L；萃金率N503为99.77%，DBC为99.16%，两者也很相近。另外，N503和DBC萃金的机理都属离子萃取，是以离子缔合的鲜盐萃取，金是配阴离子$AuCl_4^-$形式被萃入有机相。因此，N503有可能用于锇、钌蒸残液中萃取金。

（2）N503萃金半工业试验。

1）试验物料。

萃取剂N503-磺化煤油；料液：金川公司冶炼厂锇钌蒸残液，成分见表11.25。

酸洗剂：0.2～1.0mol/L 盐酸；反萃取剂：NaAc；酸平衡液；1.5mol/L HCl。

表 11.25 锇钌蒸残液成分

编号	酸度 /mol · L⁻¹	成分/g · L⁻¹							
		Au	Pt	Pd	Rh	Ir	Cu	Ni	Fe
A-1	2.7	0.49	4.11	1.84	0.178	0.197	6.84	3.17	2.00
A-2	2.5	2.17	6.95	3.05	0.347	0.335	0.10	5.32	2.98
A-3	1.96	2.21	4.85	3.34	0.322	0.249	8.42	7.35	3.82
A-4	2.27	1.65	4.46	3.54	0.220	0.239	6.03	7.35	3.94

2）试验条件。

萃取：流比 $O/A = 1 : 2$，三级萃取，常温。

反萃取：流比 $O/A = 3 : 1$，三级，常温，反萃取 NaAC。

洗涤：酸洗剂 0.2～1mol/L HCl，流比 $O/A = 5 : 1$。

酸平衡：反萃后的有机相用 1.5mol/L HCl 洗一次，此酸反复使用，随每批料液更换。

检测方法：萃余液含量控制，用结晶紫—萃取分光光度法进行半定量检测。

3）试验结果。

①萃取及反萃取。整个萃取及反萃取过程，基本稳定，两相分层快，界面清晰，结果见表 11.26～表 11.28。

表 11.26 各级萃取和反萃结果

编 号	料液金浓度 /g · L⁻¹	萃取段水相金浓度/g · L⁻¹			反萃取段水相金浓度/g · L⁻¹		
		第一级	第二级	第三级	第一级	第二级	第三级
A-1	2.09	0.15	0.009	0.005	5.07	2.83	0.019
A-2	1.44	0.11	0.0047	0.002	9.175	5.00	0.41
A-3	1.44	0.622	0.062	0.0026	6.08	2.24	0.27

表 11.27 N503 萃取金结果

编 号	原液			萃 余 液			萃取率/%
	体积/L	金浓度 /g · L⁻¹	含金量/g	体积/L	金浓度 /g · L⁻¹	含金量/g	
A-1	552.3	0.49	270.63	655.00	0.002	1.31	99.52
A-2	276.7	2.17	600.44	384.30	0.003	1.15	99.81
A-3	229.0	2.21	506.09	367.50	0.003	1.10	99.78
A-4	481.6	1.65	794.64	524.40	0.0005	0.26	99.97

表 11.28 金反萃取结果

编 号	金反萃取液			反萃取率/%	从脱胶液反萃取直收率/%
	体积/L	金浓度/g·L^{-1}	含金量/g		
A-1	165.20	1.62	269.24	99.97	99.48
A-2	124.00	4.83	598.92	99.94	99.75
A-3	109.00	4.63	524.67	99.94	99.72
A-4	92.80	8.55	793.44	99.98	99.85

从表 11.26 可以看出，萃取一级，萃取率达 90% 以上。从表 11.27 和表 11.28 可以看出，萃取率和反萃取率均在 99.5% 以上，萃取两级就可以达到金的定量萃取，反萃取三级可使金反萃完全。

另取一份载金 3.47% 的有机相，用 5% 草酸溶液在 80℃ 恒温水浴中搅拌，还原反萃金，金还原速度极快，30min 后有机相黄色消退，1h 后将有机相过滤送样分析，反萃后有机相含金 0.0068g/L，反萃取率达 99.72%。使用草酸还原反萃取金，反萃取率较高，但存在流程不能连续的问题。

②洗涤效果与产品质量。根据盐酸浓度对 N503 萃取 Au、Pt、Pd、Rh、Ir 和 Fe、Ni、Cu 的影响，当料液在 1～6mol/L HCl 之间，金的萃取率均大于 99%，酸度低于 2mol/L 铂族金属的萃取率较低，贱金属几乎不被萃取。所以只要控制洗涤过程的酸度，酸洗液控制在 2mol/L 以下，效果最好。则载金有机相的金洗脱率极小，而铂、钯及贱金属都可以被洗脱除去。其洗涤过程为闭路循环。其洗涤效率见表 11.29。

表 11.29 各级洗涤效果

编 号	级 数	成分/g·L^{-1}							
		Au	Pt	Pd	Rh	Ir	Cu	Ni	Fe
A-1	第一级	0.221	0.053	0.016			0.019	0.0099	0.011
	第二级	0.208	<0.0005	0.0028			0.0079	0.0023	0.0044
	第三级	0.183	<0.0005	<0.0005			0.0071	0.002	0.0036
A-2	第一级	0.070	0.177	0.051	0.023	0.017	0.015	0.012	0.0088
	第二级	0.065	0.023	0.006	0.004	0.0039	0.0052	0.0012	0.004
	第三级	0.037	<0.0005	<0.0005	0.002	0.0011	0.0036	0.0008	0.0035
A-3	第一级	0.096	0.177	0.057	0.023	0.018	0.038	0.040	0.042
	第二级	0.093	0.021	0.0061	0.007	0.0039	0.0049	0.0012	0.0038
	第三级	0.078	<0.0005	<0.0005	<0.004	0.0012	0.0042	0.0012	0.0032

载金有机相经洗涤后进行反萃，因此反萃液中杂质甚微（见表 11.30）。既保证了成品金的质量，又使铂、钯不分散。由表 11.31 海绵金成分分析可见，除 A-1 浓缩过程操作不当带入微量的铁，使含金为 99.98% 外，其余含金均达 99.99%，符合国家一号金的标准。

表 11.30 金反萃液成分

编 号	成分/g·L^{-1}							
	Au	Pt	Pd	Rh	Ir	Cu	Ni	Fe
A-1	1.62	<0.0005	0.018	0.002	0.0001	0.0052	0.0046	0.0018
A-2	4.83	<0.0005	0.021	0.002	0.00005	0.0006	0.0006	0.0002
A-3	4.63	<0.0005	0.0009	0.0004	0.00006	0.0049	0.0019	0.0076
A-4	8.55	0.003	0.0008	0.00035	0.00073	0.0065	0.0007	0.0026

从表 11.29 和表 11.30 看出，洗涤第三级水相含铂钯已小于 0.0005g/L，金反萃液含铂为 0.003～0.0005g/L，钯 0.021～0.0009g/L；经多次使用后有机相的铂钯含量也小于 0.0005g/L，这些结果充分说明了 N503 萃金过程中有机相虽经多次使用，铂钯并不积累，因此不影响铂钯的回收。

成品金光谱定量分析结果见表 11.31。

表 11.31 成品金光谱金定量分析结果

编 号	杂质元素含量/%							
	Ag	Cu	Fe	Bi	Sb	Pb	Pt	Pd
A-1	0.0034	0.0016	0.01	0.0007	0.0007	0.0007	无	无
A-2	0.0034	0.0016	0.013	0.0007	0.0007	0.0007	无	无
A-3	0.0034	0.0016	0.013	0.0007	0.0007	0.0007	无	无
A-4	0.0034	0.0016	0.013	0.0007	0.0007	0.0007	无	无

③金的沉淀及回收率。金的反萃取液经自然过滤除去有机相后浓缩，煮沸加草酸还原，所得海绵金用稀酸煮洗，蒸馏水洗净，烘干得成品海绵金。从脱胶液至海绵金的平均直收率达 99.54%，总收率达 99.7%。

反萃后有机相中金浓度分析仅 0.039g/L 左右，只占金总量的 0.36%，由于有机相循环使用，不影响金的回收。

④有机相的损耗及抗氧化性。N503 在水中的溶解度极小，仅 10 mg/L，溶解损失可忽略不计，故有机相的损失主要是机械夹带和跑冒滴漏。

试验过程中，有机相与具有强氧化性的料液进行萃取，有机相经十多次循环使用，萃取率不变。用红外光谱检验此有机相，并与未使用的有机相比较，未发现有新峰产生，只在 3500cm^{-1}处，杂质二胺的吸收峰减小，这表明 N503 经长期使用后，由于二胺水溶性较大，逐渐被洗去，这不但不影响萃取率，还有利于提高选择性。这一结果说明 N503 具有较强的抗氧化能力和化学稳定性。

（3）N503 萃金与 DBC 萃金比较见表 11.32。

整个工艺流程简单易行，使用级数少，连续操作，工业生产易于实现，因此 N503 是一种良好的萃金萃取剂，是有工业价值的。

表 11.32 N503 与 DBC 萃金比较

技术指标	N503 萃金	DBC 萃金	技术指标	N503 萃金	DBC 萃金
萃取率/%	99.71	99.57	有机相来源	属定型产品	没有工业品
反萃取率/%	99.93	99.95	有机相合成方法	简单	较难
直收率/%	99.54	99.52	有机相价格	小于 4 元/kg（配好）	45 元/kg
总收率/%	99.70	99.57	毒性试验	无毒	有毒
成品金纯度/%	99.99	99.99	操作情况	直接反萃连续操作	间歇操作
在水中溶解度（25℃）	≤10mg/L	0.3%			

I Minataur™溶剂萃取法精炼金

Minataur™法（Mintek 法精炼金的替代技术）是一种采用溶剂萃取技术生产高纯金的新工艺，对于从银、铂族金属（PGMS）和贱金属中选择性萃取金，已显示出了明显的优势，有可能被用于从各种物料中精炼金。

1997 年，两个中间工厂以 5kg/d 的产量从精炼银的阳极泥和电积金的阴极淤渣中试生产高纯金。该工艺经中间工厂试验成功的证实之后，第一座采用这种方法的 Harmony 金矿精炼厂投入运行，该厂隶属于 Randg old 公司，位于弗里州金矿区，其设计能力为每月精炼黄金 2000kg。这种方法的工业应用不仅代表了金精炼技术的明显进步，而且也有助于推进在黄金市场合理调整方面的重要变革。

从中间工厂生产的金含量变化很大的产品中，经精炼得到纯度 99.99% 或 99.999% 的金。该工艺过程的构成为：固体物料的氧化浸出，从浸出液中选择性溶剂萃取金，去除杂质和高纯金粉的沉淀。本节对该工艺做了概述，介绍了从精炼银的阳极泥和电积金的阴极淤渣中以 5kg/d 产量生产高纯金的两个中间工厂试验的选择性结果，并提供了一些有关经济效益方面的资料。

a 生产工艺

Minataur™工艺由三个操作单元组成，如图 11.36 所示。用常规方法，在氧化条件下于 HCl 溶液中浸出不纯金物料，这时，大部分贱金属和铂族金属也被溶解。浸出液用溶剂萃取进行纯化，金被选择性萃入到有机相中，而其他可溶性金属离子则留在萃余液中。在

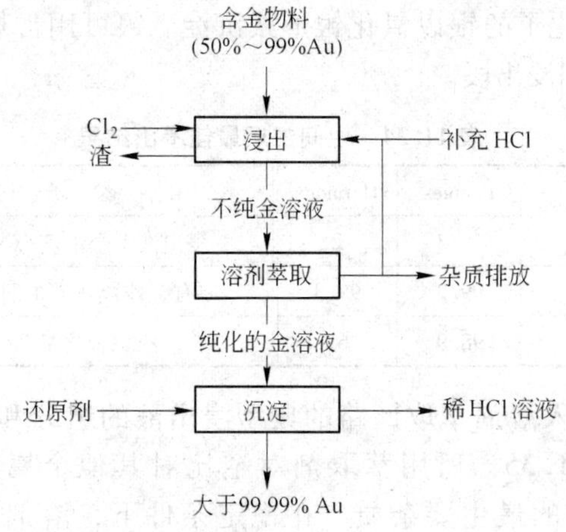

图 11.36 Minataur™工艺流程

反萃取负载有机相产生纯而浓的金溶液之前，应将少量共萃杂质从有机相上洗涤下来。反萃后的有机相返回到萃取回路中、萃取后富含 HCl 的萃余液返回浸出阶段，但排放少量以控制该液流中杂质的积累。

用直接还原法从负载反萃取液中回收粉状金。该工序得到的金还需要进一步精炼，所用还原剂的选择取决于所要求的纯度，用草酸沉淀生产出纯度为 99.999% 的金，而用二氧化硫沉淀则生产出 99.99% 的金。

b 中间工厂试验

Minataur™ 工艺已在两个生产能力为 5kg/d 金的中间工厂试验中得到了验证。第一个试验在墨西哥托雷翁的 Met-Mex-Penoles 银精炼厂连续进行了 3 个星期，所用条件适合生产 99.999% 的金。原料为电解精炼银回路中的含金阳极泥。该阳极泥通过热硝酸浸出银而得到浓集。该中间工厂试验期间所处理的物料经分析含 98.9% 金。

第 2 个试验进行了 5 个星期，处理了来自南非 Virginia Pandgold 的 Harmony 金矿的常规炭浆电积回路中的含金阴极淤渣。这种物料约含金 67%，其他组分为银、硅和各种贱金属。两个试验期间所处理的原料组成列于表 11.33。

表 11.33 中间工厂试验原料的平均组分

元素	Penoles/%	Harmony/%	元素	Penoles/%	Harmony/%
Au	98.9	67	Zn	0.003	0.7
Ag	0.9	8.6	Al		0.4
Fe	0.09	0.4	Si		5.1
Cu	0.002	3.6	Mg		0.2
Ni		0.5	Pt	0.021	
Pb	0.016	0.4	Pd	0.012	

(1) 浸出。浸出操作以间歇方式进行。原料在 6mol/L HCl 中浸出，同时将氯气连续喷入到浸出反应器中。浸出后，从含金溶液中过滤出固体渣。

中间工厂试验结果见于表 11.34。Penoles 原料金含量高，故产出很少量的渣。用 Harmony 原料时，大部分氯化了的银以氯化银形式沉淀。银可用常规方法进行回收，并使任何未溶解的金直接返回到浸出段。

表 11.34 中间工厂最佳浸出结果

参数	Penoles	Harmony	参数	Penoles	Harmony
浸出时间/h	2~3	2	浸出液中金浓度/$g \cdot L^{-1}$	74	65
金浸出率/%	99.2	99.3	原有金残留在渣中的量/%	0.85	0.67
原料含金量/%	98.9	67	渣中金含量/%	99.5	2.2

(2) 溶剂萃取。给入溶剂萃取回路的典型浸出液的组分和产生的相应负载反萃液 (LSL) 组分比较见表 11.35。所用萃取剂对金比对其他金属有明显的选择性，痕量 Se 是进入负载反萃液中的最主要杂质。在稳定条件下，溶剂萃取回路的操作效率见表 11.36。

表 11.35 浸出液和负载反萃液典型组成

元素	Penoles		Harmony	
	浸出液/$g \cdot L^{-1}$	负载反萃液/$g \cdot L^{-1}$	浸出液/$g \cdot L^{-1}$	负载反萃液/$g \cdot L^{-1}$
Au	73.6	124.0	73.1	88.5
Ag	0.53		0.63	
Al			0.15	
Cu	0.001		16.3	
Fe	0.12		0.58	
Mg			1.00	
Ni			1.06	
Pb			1.35	
Pd	0.005	<0.002	0.004	<0.002
Pt	0.031	<0.002	0.007	<0.004
Se	0.007	0.01	0.10	0.005
Si			0.08	
Sn		0.008	0.001	
Te	0.04		0.012	
Zn	0.004	<0.001	1.28	

表 11.36 溶剂萃取回路的操作效率

参数		Penoles	Harmony
萃取	金的萃取率/%	>99	>99
	负载有机相中的金/$g \cdot L^{-1}$	128	83
	萃余液中金的浓度/$mg \cdot L^{-1}$	<100	<100
反萃取	反萃率/%	94	>96
	负载反萃液中 Au/杂质总量/%	>99.988	>99.97

未尝试将萃余液中金浓度降低到 0.1g/L 以下，因为这种溶液的大部分可返回到浸出段。某厂家正在生产的金矿实施这种工艺时，通过将这种要排放的液流添加到主氰化浸出炭浆吸附回路中而加以回收利用。所排放的液流中，剩余的金也可在单独的沉淀段进行回收。处理高含金物料时，必须排放适当量的萃余液，以控制杂质含量至最低程度。

在两个工厂和实验室利用加速试验条件进行研究期间，严密监测了有机相的长期稳定性，其组成相当稳定，试验期间未观察到任何变化。通过工厂的合理设计和操作，试剂损失降到最低，估计生产成本降低 0.03 卢比/kg 金。

(3) 还原。在 Penole 试验期间，试验了以草酸和二氧化硫作还原剂从负载反萃液中沉淀金。使用草酸可使选择性进一步提高，能够获得纯度为 99.999% 的金，而使用二氧化硫气体时，还原速度较慢，成本高，难以控制，获得的金纯度为 99.99%。表 11.37 示出了两个试验所得金的典型分析结果，为进行比较也示出了 99.99% 金的 ASTM 规格，分析了 36 种杂质元素，其中大部分未测出。

表 11.37 高纯金的典型分析结果

元素（$\times10^{-6}$）	ASTM① 99.99%	Penoles②	Harmony②
Au/%	99.99	>99.999	>99.99
Ag	90	0.2	2
Cu	50	0.2③	0.8
Pd	50	0.1	<0.5
Fe	20	0.3	0.32
Pb	20	0.2③	<0.2
Si	50	0.3③	
Mg	30	0.1③	0.7
As	30	0.8③	
Bi			
Sn	10	0.2③	<0.5
Cr	3	0.1③	
Ni	3	0.4	0.9
Mn	3	0.1③	

① 可允许的最低金含量，可允许的最大其他杂质含量；

② 由差值法确定的金；

③ 分析方法检出限（ICP-MS）。

c 工艺的技术经济性

根据中间工厂试验数据，初步估算了生产能力为 24 t/a 的工厂的投资和操作费用，见表 10.37。费用估算从湿的、不纯金渣运到工厂开始，直到得到熔融的、可用于铸锭的纯金结束。估算中，假定原料中金、银比值为 9∶1，有完整的基本设施（现有厂房、公用设备、分析设备、安全设施、技术监控措施）。投资费用不包括所有的税金、股金、预生产费用、试验研究和所有试运行费用，但包括技术费用。估算固定资金时，仅包括直接分摊到精炼操作中的劳动工资。维修费和保险费不包括在内。假定按单班 8h 工作制，每年运转 330d，中和后的萃余液在工厂界区内排放。假定生产费用的投资偿还期为 5 年。

具有 24t/a 精炼能力的 Minataur™法工厂投资和生产费用估算见表 11.38。

表 11.38 Minataur™法工厂投资和生产费用估算

费用项目	费用①	费用项目	费用①
投资费（*R*）	3450000	固定的	417000
生产费用（*R/a*）		费用（*R*/kg Au）	32
可变的	359000		

① 引用国外数据。

值得注意的是，准确分析高纯金需要特殊的仪器，另外，高纯金获准高价出售需要有分析方法的认证书，装备一个分析实验室的费用，可适当地打入到工艺投资中。

由于溶剂萃取操作是连续的，少量的金残留于该回路中。

d 讨论

（1）其他物料。阳极泥含金（Penoles）平均约为99%，根据日常资料，而阴极淤渣组成中（Harmony）金在48%～82%之间变化。其他能令人满意地进行处理的物料包括锌沉淀固体物，金重选精矿和来自金冶炼厂生产线的废渣。小规模浸出试验已证实了这些物料的可浸出性，产出的浸出液适合于溶剂萃取。

在保证金可溶解方面，物料的矿物学是很重要的。物料粒度影响浸出动力学，因此，最好将物料磨细。

（2）金的滞留。金在回路中的滞留时间很大程度上取决于物料性质和工厂的运转情况。采用连续生产时，由于最小槽体积和最佳化工序，从加入物料到浸出，到生产出高纯度金粉，有可能使金的回路中的滞留时间减少到不足24h，然后干燥金粉，最后熔融并铸成便于运输和可出售的产品。

（3）与其他方法的比较。

1）Wohlwill 电解精炼法。

已确认的生产高纯金的主要技术是 Wohlwill 电解精炼法。在一般操作中，不纯金被铸成阳极，在 $HCl/HAuCl_4$ 电解液中电解精炼。阳极平均寿命为22h。22h之后，剩余的阳极材料再循环使用。所得金纯度一般为99.99%。

在 Wohlwill 工艺过程中，由于金需要铸成阳极，所以金的滞留是很显著的。金在电解液中的高度富集（约100g/L）和在回路中的有效循环，二者都消耗阳极（约25%），并损失到阳极泥中（达到30%）。Minataur™法在减少金在回路中的滞留时间（少于24h）和循环数量方面（约为日产量的一半）有明显的优点。如果需要，金的纯度可超过99.99%。

2）Inco 溶剂萃取法。

1972年，英国 Inco 欧洲有限公司在 Acton 贵金属精炼厂采用溶剂萃取法精炼金，使用的萃取剂是二丁基卡必醇。尽管用这种溶剂能从 HCl 溶液中定量萃取金（金负载达到30g/L）并对铂族金属具有选择性，但不易反萃取。洗涤之后，用草酸从负载有机相中直接还原回收金。因为不希望在连续溶剂萃取体系中形成第三相，尤其是固体相，所以反萃取以间歇方式进行。

这种方法的主要缺点是补充溶剂的费用较高。因为每个循环中溶剂损失达到4%，这种萃取剂的水溶解度较高（约3g/L），又相当昂贵，萃余液必须经蒸馏回收萃取剂。在从有机相还原金期间，溶剂也易于被金粉吸附。

比较而言，Minataur™法则使用的是廉价的、低水溶性的、容易获得的有机试剂。补充费用仅占工艺操作费用的很小一部分。从这种萃取剂上反萃取金较容易，不需要从负载有机相中直接还原金和省去了固体污物或有机相的分离。如果需要的话，可使还原连续进行。这种萃取体系对金的选择性比对贱金属和铂族金属的选择性要高，可获得很纯的负载反萃液，用廉价的还原剂可生产纯度为99.99%的金。

e 发展现状

根据两个中间工厂成功的试验和对技术经济与市场销售可行性的研究，在 Harmony 金矿建立了采用 Minataur™法的工业金精炼厂并已投入运转。工厂设计能力为每月精炼金2000kg。该工厂相当小，仅占地 $70m^2$（不包括大量试剂和气体的贮存）。除了生产金条、金粒、金粉以外，Randgold 公司还计划在原地建立一座珠宝加工厂。

历史上，南非所有的黄金都一直由 Rand 精炼厂精炼，通过南非储备银行单独销售。几年前，由于法规放宽，允许 Rand 精炼厂直接向国内市场出售其 1/3 的黄金。1996 年 11 月，Randgold 公司得到储备银行以及贸易工业部的许可，建立起自己的精炼厂，独立出售其 1/3 的黄金。这种管理有望对 Harmony 的投资结构起到积极作用，并提高其长期效益。

Harmony 金矿精炼金，包括熔融后生产多余金锭的现行费用是 267 卢比/kg 金。预计实施 Minataur™法后，该金矿每年将节省生产费用 3.6 百万卢比。

f 结论

采用溶剂萃取技术生产高纯金的新工艺已成功地用于各种不同特性的含金物料。这种方法的经济性相当有吸引力。第一座工业生产厂已投入运行。

Minataur™法与常规的电解精炼法相比，其优点在于明显地减少了金的滞留时间，容易操作控制，能够在非常宽松的回路中生产出高纯金。该方法对于含相当数量贱金属的物料特别有吸引力。

J 磷类、季铵、亚砜萃取

a 磷类萃取提纯金

磷酸三丁酯（TBP）和丁基磷酸二丁酯（DBBP）可从酸性和碱性溶液中萃取金。负载有机相可在低离子强度和高温条件下实现反萃取或直接电解反萃取。

在离子浓度足够大的碱性溶液中，TBP 和 DBBP 是金的有效溶剂化萃取剂。

TBP 萃取金受稀释剂的影响见表 11.39。大多数稀释剂与 TBP 组成的体系，金的萃取率均大于 90%。其中正丁醇—液状石蜡—煤油体系的萃取率和纯 TBP 相近。磺化煤油和正丁醇体系分相快，液状石蜡和纯 TBP 体系则难分相。稀释剂还影响金的反萃取。用 Na_2SO_3 反萃取时，所有稀释剂体系的反萃取率均接近 100%，但相分离良好的只有环已烷和磺化煤油体系。用 Na_2SO_3 反萃取时，环已烷、磺化煤油、二甲苯、液状石蜡和苯体系的反萃取率均大 70%，但只有前三种体系的相分离效果好。

表 11.39 稀释剂对 TBP 萃取金的影响

体 系	环已烷	磺化煤油	液状石蜡	二甲苯	苯	正丁醇	戊 醇	氯 仿	纯 TBP
萃取率/%	97.0	98.5	99.0	96.0	90.0	99.5	96.8	61.0	99.5

TBP 萃取金的选择性与本身浓度有关。100% TBP 对金的萃取没有选择性。50% TBP—二甲苯萃取金的选择性很好，可使 Au^{3+} 同 Sb^{3+}、Fe^{3+}、Zn^{2+} 及其他一些元素分离。

由于氰亚金酸盐离子具有独特的溶剂化特性，用 DBBP 萃取金氰配阴离子时，其萃取率随阴离子电荷降低而提高，电荷一定时随阴离子体积增大而提高，其选择性顺序为：$Au(CN)_2^- \gg Ag(CN)_2^- \gg Cu(CN)_2^{2-} \gg Zn(CN)_4^{2-}$、$Ni(CN)_4^{2-}$、$Fe(CN)_6^{2-}$。金的萃取选择性系数比过渡元素的氰化配阴离子高 1000 倍。

二(2-乙基已基) 二硫代磷酸（D2EHDTPA）萃取金的速度很快，达到平衡的时间仅需 2min。用 0.027mol/L D2EHDTPA—煤油从 41.4mg/L Au 的溶液中萃取金，结果表明，在广泛的酸度范围内有很强的萃取能力。硫脲溶液是金的有效反萃取剂。用含 1mol/L HCl 的 0.5mol/L 硫脲反萃取，可定量反萃取金。用 HCl/H_2O_2 为 9/1 的混合溶液也可以反萃取金。

利用 D2EHDTPA 在无机酸中对金的选择性可以分离多种伴生金属。

b 季胺萃取提纯金

胺对质子的亲和能力低，很难在高 pH 值下萃取金氰配阴离子。加入有机磷氧化物，如 TBP、DBBP，能使有机胺的碱度增大，提高其亲质子能力，使萃取的 pH 值提高，从而能从碱性溶液中萃取金。有机磷氧化物使 pH 值 1/2（即胺碱度）递增顺序为：磷酸酯 < 膦酸酯 < 亚磷酸酯 < 氧膦。DBBP 对胺碱度影响强度顺序为：叔胺 < 仲胺 < 伯胺。

加中性有机磷的胺类从氰化物溶液中萃取金，以叔胺为例，平衡反应可用下式表示：

$$Au(CN)_2^- + H^+ + R_3N_{(0)} + (3 \sim 4)TBP_{(0)} \rightleftharpoons R_3NHAu(CN)_2 \cdot (3 \sim 4)TBP_{(0)}$$

胺—有机磷体系萃取氰化物阴离子顺序，对仲胺—中性有机磷为：

$$Fe(CN)_6^{4-} < Fe(CN)_6^{3-} < Cu(CN)_4^{3-} < Ni(CN)_4^{2-} < Zn(CN)_4^{2-}$$

$$Ag(CN)_2^- < Au(CN)_2^-$$

季铵盐对金氰配离子有很大亲和力，萃取时发生交换反应：

$$Au(CN)_2^- + R_4N(X)_{(0)} \rightleftharpoons R_4NAu(CN)_{2(0)} + X^-$$

季胺 Aliquat 336 对金氰配阴离子的选择性比贱金属高。载金有机相中 Zn、Ni 可用 0.5mol/L H_2SO_4 ~0.05mol/L HCl 混合溶液洗涤除去。有机相中的金通常要在空气搅拌下用酸性硫脲才好反萃取，形成金硫脲配阳离子 $Au[CS(NH_2)_2]^+$ 而脱离季胺基团：

$$R_4NAu(CN)_{2(0)} + 2HX + 2CS(NH_2)_2 \rightleftharpoons R_4N(X)_{(0)} + Au[CS(NH_2)_2]^+ + 2HCN$$

式中，X 为 Cl^- 或 HSO_4^-。

反萃取时产生的氢氰酸 HCN 在水中的浓度高时，对反萃取不利，可通过空气搅拌除去。气流中的 HCN 经 NaOH 吸收后返回使用。

c 亚砜

亚砜有二烷基亚砜和石油亚砜。二烷基亚砜是二烷基硫醚氧化的产物。石油亚砜是由石油硫化物氧化得到的。亚砜是金的有效萃取剂，在亚砜中金的分配比为 10^3。

石油亚砜 PSO 是一种中性萃取剂，以磺化煤油作稀释剂，对金的萃取能力优于 TBP。石油亚砜—煤油萃取金的硫脲配阳离子溶剂化反应为：

$$Au[CS(NH_2)_2]^+ + 1/2SO_4^{2-} + 3PSO_{(0)} \rightleftharpoons Au[CS(NH_2)_2] \cdot 1/2SO_4 \cdot 3PSO_{(0)}$$

石油亚矾—TSP—甲苯萃取金有明显协萃效应，协萃过程反应为：

$$H^+ + AuCl_4^- + H_2O + 2PSO_{(0)} + TBP_{(0)} \rightleftharpoons H_3O^+ \cdot TBP \cdot 2PSO_{(0)} \cdot AuCl_{4(0)}^-$$

石油亚砜无毒、价廉，是一种潜在工业萃取剂。

11.3.4.4 常用萃取设备

氰化浸出液中金的浓度特别低，因此要求很大的水相对有机相的流量比，一般需在 100~1000，大大高于目前溶剂萃取工艺中的典型流比。而萃取剂的价格一般较贵，因此需要有新型的萃取设备以减少有机相的夹带损失。目前已试验过的一种专门设计的搅拌萃取柱，可提供在如此高的流量比下，在混合段内有机相为连续相，水相为分散相。该柱的上部 1/4 区段为萃取段，在这里有机相为连续相，水相自塔顶加入，借助泵混合型搅拌器的搅拌，水相成为分散相，并在重力作用下，不断下落至柱的下部。柱下部的3/4区段为澄清的萃余水相，并连续流入下一级萃取柱。有机相由泵定期送入上一级柱萃取，由此组成连续逆流萃取。

用于萃取操作的传质设备，能够使萃取剂与料液良好接触，实现料液所含组分的完善分离，有分级接触和微分接触两类。在萃取设备中，通常是某一相呈液滴状态分散于另一相中，很少呈液膜状态分散的。可用于萃取的设备种类、形式很多，并仍在不断发展和革新。萃取设备类型很多，对于铂族金属冶金，最常用的萃取设备是混合澄清器、萃取柱和离心萃取器这三类。贵金属在有机相的停留时间要短，以利于反萃，故近年来选用离心萃取机为主要萃取设备的报道增多。如用二异辛基亚砜从盐酸体系中萃取铂，选用10台离心萃取机串联，其中4级别为萃取段，2级用于洗涤，4级用于反萃。经过一年多的考核，设备运行稳定，分相良好，各项工艺指标均达到小试要求。

A 混合澄清器

混合澄清器属于分级接触传质设备，由混合室和沉降室两部分组成，如图11.37所示为最早研究和应用的萃取设备，目前仍在工业生产中广泛使用。这种设备具有效率高、制备简单、适应性强、运行稳定等优点。不足之处在于：两相接触时间长、达到稳态慢、液体滞留量大，每一级需要动力搅拌且占用一个大的空间，占地面积大。混合室内靠搅拌器使两相充分混合，有些搅拌器能从其下方抽吸重相，借此保证重相在级间流转。混合后的两相进入沉降室进行重力分相。沉降室是水平截面积较大的空室，必要时可装导板和丝网来加速液滴的分层。

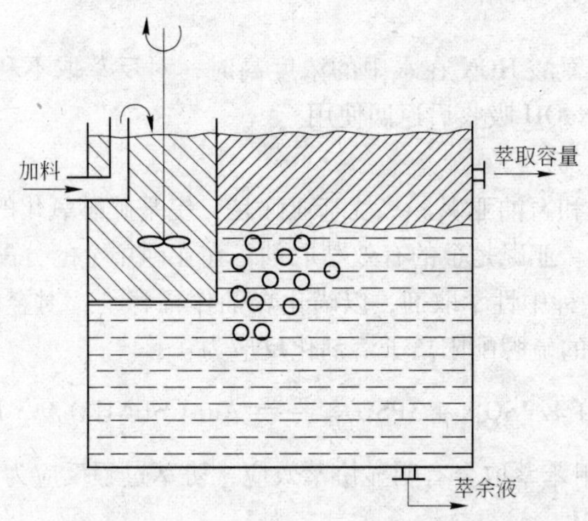

图11.37 混合澄清器

早期仿制的斜底箱式混合澄清器，如图11.38所示为参照萃取塔的两相逆流接触原理，将液液萃取的箱式混合澄清器改装成只有两个进出口并具有斜底的箱式矿浆萃取器而制成的。它与一般的箱式清液萃取器相比，主要不同点有：

(1) 澄清室内加置斜底，有利于矿浆下滑进入混合室，而不致形成矿浆沉积。

(2) 混合室没有假底。

(3) 混合室内有两个开口进出物料。

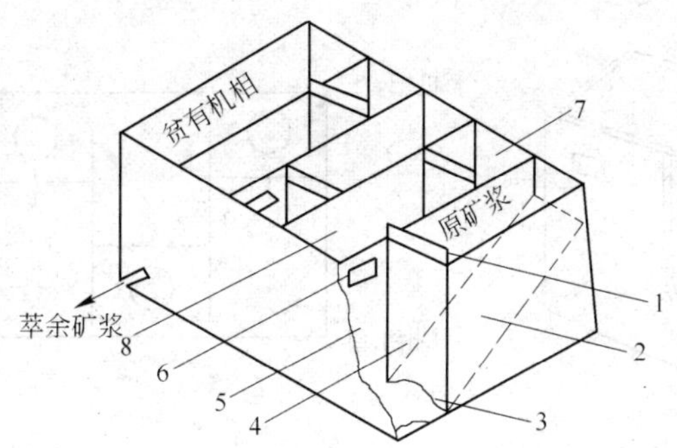

图 11.38 五级矿浆萃取槽——两孔斜底混合澄清器

1—插板；2—斜底；3—下相口（有机相出口，矿浆进口，也为混合相排出口，矿浆回流口）；4—室间隔板；5—级间隔板；6—上相口（有机相进口，矿浆出口，也为混合相排出口，有机相回流口）；7—混合室；8—澄清室

（4）混合室内的接触相比是由后一级澄清室内返回的有机相来保持的。

实践中发现，这种萃取器要在较强烈的搅拌条件下才能使两相充分混合而进行传质；液面和界面欠稳定。

混合澄清器可以单级使用，也可以组成级联。三种实用的混合澄清器的结构特点及使用范围见表 11.40。搅拌桨采用泵式和桨叶式，不但能使两相充分混合，还可实现将重相从次级澄清室抽入混合室。有机相则由上一级澄清室自行流入混合室，相互连接为多级萃取系统。同一级的两相是并流的，就多级系统而言，两相是逆流的。

表 11.40 混合澄清器的几种类型及其特点和适用范围

混合澄清器类型	特 点	适用范围
混合室集中在一端	处理量可大可小，操作可间断、可连续；液面好控制，无回流现象；混合室、高位槽集中在一端，操作、清槽、维修方便；液流管较长，易堵塞	多级萃取，萃取过程有结晶物析出时，需定期清槽
混合室、澄清室交替摆布式	液流管短，流速快，不易堵塞；液面不太好控制，有回流现象；不宜间断作业	多级萃取，连续作业；萃取过程不需要经常停车清槽
浅池挡板式	箱体内无管道连接，流速快，处理量大；液面不好控制；清槽困难	连续作业，大批量生产；萃取过程无结晶产生

生产中根据工艺需要将多个单机萃取器连接，也可按照要求设计为一个整体。箱式混合萃取澄清槽各槽级间通过相口紧密相连，操作时两相的活动呈逆流，如图 11.39（b）所示为 4 级串联搅拌交错排列的箱式混合萃取澄清槽。

混合室中装有搅拌器，搅拌器的作用是使两相充分接触，保证级间水相和混合相的顺利输送。混合室分上下两部分，下部为前室，它使水相连续稳定地进入混合区，前室和混合区通过圆孔相连，前室的一侧有水相进口与邻室的澄清室相通，借搅拌器的搅拌将邻室的水相从相口抽吸过来。混合室的另一侧有有机相进口，它与下一邻室的澄清室的溢流口

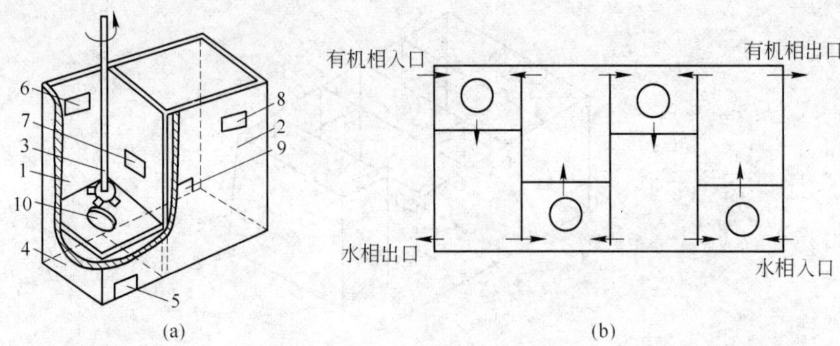

图 11.39 箱式混合萃取澄清槽

(a) 单级结构；(b) 4 级串联、槽搅拌室在两侧交错排列的两相流向

1—混合室；2—澄清室；3—搅拌器；4—前室；5—水相入口；6—有机相入口；7—混合相入口；8—有机相出口；9—水相出口；10—前室孔

相通，有机相以搅拌器搅拌造成的液位差从下一室流入混合室。本级混合室与澄清室间有混合相口，混合后的混合相由此进入澄清室分层。澄清室的作用是使混合相澄清分层，其一侧上部有溢流口，另一侧下部有水相出口，分别与上一级和下一级的混合室相通。因此，两相液流在同级作顺流流动，在各级间呈逆流流动。卧式混合澄清槽结构简单紧凑，操作稳定，易维修制造，但占地面积大，动力消耗大。

当级联逆流操作时，料液和萃取剂分别加到级联两端的级中，萃余液和萃取液则在相反位置的级中导出。混合室的工作容积可从料液和萃取剂的总流量乘以萃取过程所需时间算出。澄清室的水平截面积，可从分散相液体的流量除以液滴的凝聚分层速度算出。这些操作参数须经实验测定。一般认为单位体积混合室消耗相同的搅拌功率时，级效率大致相等。因此，在放大设计时，可按实测的萃取时间与分层速度设计生产设备。混合澄清器结构简单，级效率高，放大效应小，能够适应各种生产规模，但投资和运转费用较大。

B 萃取柱

萃取柱由一个在塔壳上有环形圆盘的垂直塔以及固定在垂直轴上的圆形转盘组成，转盘沿柱的垂直方向均匀隔在固定盘中间。中心轴转动造成两相分散接触、逆流漂移，从而在塔顶发生分相。还有一种是脉动柱，即由于脉动作用（由一个拆除逆止阀的往复泵产生）使两相通过横跨全柱的多孔板彼此分散。萃取柱占地面积小，但相对效率较低，应用较少。

C 离心萃取机

离心萃取机是新发展起来的一种高效液液萃取设备，靠机械搅拌混合，借助离心力分相；适用于传质速度快的萃取体系，平衡速度快，易达到平衡；溶剂一次装料量少，液体滞留量小，开车、停车方便；处理量大，设备占地面积小。但结构复杂，加工精度高，造价高，维修困难，成本较高。离心萃取机适合于连续作业、大批量生产，萃取过程无任何乳化结晶产生。该装置结构如图 11.40 所示。

由于可以利用离心力加速液滴的沉降分层，所以允许加剧搅拌使液滴细碎，从而强化

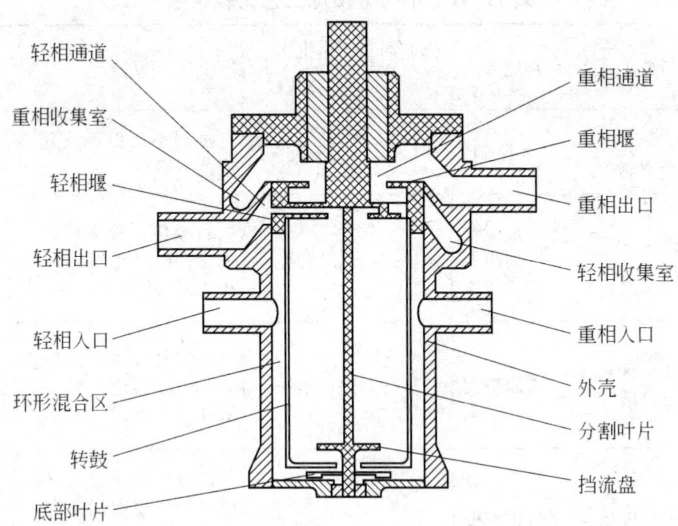

图 11.40　离心萃取设备

萃取操作。离心萃取机有分级接触和微分接触两类。前者在离心分离机内加上搅拌装置，形成单级或多级的离心萃取机，有路维斯塔式和圆筒式离心萃取机。后者的转鼓内装有多层同心圆筒，筒壁开孔，使液体兼有膜状与滴状分散，如波德比尔涅克式离心萃取机，如图 11.40 所示。离心萃取机特别适用于两相密度差很小或易乳化的物系，由于物料在机内的停留时间很短，因而也适用于化学和物理性质不稳定的物质的萃取。

由于贵金属价格昂贵，所用萃取剂的价格一般也较贵，因此希望设备中的滞留量小；更重要的是，贵金属在有机相中的停留时间要短，以利于反萃。近年来选用离心萃取器为主要萃取设备的报道增多。

11.3.5　精炼工艺比较

对各种金精炼工艺直接进行技术比较通常是不适当的。例如，很难在溶解/沉淀和氯化/电解之间直接进行选择。其他许多因素，如原料质量、性质、污染物类型、操作成本的现有基础和可变性都起作用。在电解精炼时，阳极的银含量限于 15% 以下，以防止阳极钝化。能允许较高浓度的铜，但溶液循环费用增加。高温氯化法可适用于成分较宽的合金，从约 80% 的铜或银到 99% 以上的金。从技术上讲，纯铜和纯银都能被氯化，但在金含量低的情况下，其他工艺更经济。含金 50% 或更高的合金，最适合工业化作业。

金合金在氯化物介质中的溶解受合金中银含量所限制。颗粒表面形成的氯化银层妨碍合金的进一步溶解。因此，含银高于 20% 的合金的溶解是无法进行的。对铜含量没有限制，因为铜在氯化物介质中溶解度很高。

然而，如果被处理物料由不同化学成分的细分散颗粒混合组成，则该工艺的适用范围将扩大。对银的溶解来说，高温氯化给出了更大的适应性，对可溶性杂质（如铜）含量高的物料，溶解适应性更高。表 11.41 给出了不同金精炼工艺比较结果。

表 11.41 不同金精炼工艺比较结果

工艺类型	原料要求	物理形式	作业周期/d	批次完整性	优缺点	环保要求
高温氯化法	$w(Au)>20\%$ 银不限制	不限制	1~2	不完整	过程不易控制，金成色不够高	需大的气体净化设备
溶解沉淀法	$w(Ag)<8\%$ 高度分散	表面积大	1~2	完整	易操作，易实现机械化，产品稳定达标在 Au-2 以上	气体净化，使用一次溶液
溶剂萃取法	$w(Ag)<8\%$ 高度分散	表面积大	2~3	也许	流程长，试剂消耗大，产品稳定达标在 Au-1	气体净化，使用一次溶液，有机污染
电解精炼法	$w(Au)>90\%$ $w(Ag)<6\%$	熔铸阳极 细粒	3~4	不完整	设备简单，运行平稳，产品稳定达标在 Au-1； 生产周期长，积压金	使用最少量溶液

第四篇 金的综合提取技术

12 金铜矿火法处理工艺

12.1 铜金矿石资源

12.1.1 铜矿石

铜在地壳中主要以化合物形态存在，自然界中的含铜矿物有200多种，常见的铜矿物可分为自然铜、硫化矿和氧化矿三种类型。自然铜在自然界中很少，主要是硫化矿和氧化矿。硫化矿分布最广，是主要的炼铜原料。铜的硫化矿中分布依次为黄铜矿、斑铜矿、辉铜矿。铜的氧化矿，以孔雀石分布最广。工业上常见的铜矿物见表12.1。

表12.1 工业上常见的铜矿物

矿物类别	矿物名称	分子式	$w(Cu)/\%$	密度/$g \cdot cm^{-3}$	颜 色
自然矿物	自然铜	Cu	100	8.9	红 色
硫化矿物	辉铜矿	Cu_2S	79.8	5.5~5.8	灰黑色
	铜 蓝	CuS	66.7	4.6~4.7	红蓝色
	黄铜矿	$CuFeS_2$	34.6	4.1~4.3	黄 色
	斑铜矿	Cu_4FeS_4	63.5	5.06	红蓝色
	硫砷铜矿	Cu_3AsS_4	49.0	4.45	灰黑色
	黝铜矿	$(Cu,Fe)_{12}Sb_4S_{13}$	25~45.7	4.6~5.1	灰黑色
氧化矿物	赤铜矿	Cu_2O	88.8	7.14	红 色
	黑铜矿	CuO	79.9	5.8~6.1	灰黑色
	孔雀石	$CuCO_3 \cdot Cu(OH)_2$	57.5	4.05	亮绿色
	蓝铜矿	$2CuCO_3 \cdot Cu(OH)_2$	68.2	3.77	亮蓝色
	硅孔雀石	$CuSiO_3 \cdot 2H_2O$	36.2	2.0~2.2	绿蓝色
	胆 矾	$CuSO_4 \cdot 5H_2O$	25.5	2.29	蓝 色

硫化铜矿石中，除了铜的硫化矿物外，还有黄铁矿、闪锌矿、方铅矿、镍黄铁矿等。氧化铜矿石中，常见的其他金属矿物有褐铁矿、赤铁矿和菱铁矿等。

铜矿石中的脉石，主要为石英，其次为方解石、长石、云母、绿泥石、重晶石等。脉

石主要成分为 SiO_2、CaO、MgO、Al_2O_3 等。铜矿石中还含有少量的砷、锑、铋、钴、硒、碲和金、银等。

原矿中含铜量一般较低，不适合直接提取铜，需经选矿处理得到含铜量较高的铜精矿，表 12.2 列出了我国某些铜矿山所产硫化铜精矿的化学成分。铜精矿常含有较多的 Au，Ag 及铂族元素等贵金属元素。

表 12.2 国内某些铜矿厂的铜精矿成分 (%)

成 分	w(Cu)	w(Fe)	w(S)	w(SiO_2)	w(CaO)	w(Al_2O_3)	w(MgO)
永平铜矿	16.27	34.10	41.20	2.40	0.53	1.63	0.33
铜陵凤矿	20.14	20.83	30.28	3.88	1.82	0.85	0.48
东川落雪	29.10	11.14	—	18.07	4.90	4.48	4.62
白银公司	16.29	28.64	30.79	7.82	2.08	1.20	0.64
胡家峪	24.92	28.26	24.90	1.58	0.72	1.38	7.76
云南狮子矿	29.10	20.70	23.50	3.86	2.32	2.74	11.98
东兴矿	17.46	39.38	34.89	0.15	0.15	1~2	3~5
德兴矿	25.00	28.00	30.00	7.0		—	—
铁山矿	13.21	38.76	38.06	1.98	0.67	—	—

12.1.2 铜金矿石

斑岩铜金矿石是金的重要来源，根据矿石氧化程度可分为硫化物矿石和氧化矿石（或部分氧化矿石）。按矿物组成不同可分为：

（1）含黄铁矿斑岩铜金矿石：矿石中金以自然金形式存在，其中部分金被黄铁矿或铜矿物包裹。铜矿物以黄铜矿为主，同时还含有少量的其他铜矿物和砷矿物。

（2）富含硫化物矿的斑岩铜金矿石：矿石品位低，矿物组成相当复杂并含有大量的黏土。金主要以自然金、铜金矿或碲酸盐共生等形式存在。主要铜矿物为黄铜矿、斑铜矿、铜蓝和辉铜矿。

（3）表生的铜金矿石：铜矿物主要为自然铜、辉铜矿和孔雀石。大量的金（达 50%）与石英共生。金也会出现在原生硫化铜中。

铜金矿石是较典型的难处理矿石，也是我国重要的黄金资源。我国产金基地山东、河南等省储藏大量含铜金矿石，长江中下游地区的江西、安徽、湖南等铜基地的铜矿石中普遍伴生金。

为同时回收铜金矿中的金与铜，通常通过重选、浮选等方法得到铜精矿，然后经火法冶炼提取铜，金最终从铜精炼产生的阳极泥中回收。

12.2 金铜矿的火法冶炼过程

火法冶金是生产铜的主要方法，目前有 80% 的铜是用火法冶金生产的，特别是硫化铜矿，基本上全是用火法处理。火法处理硫化铜矿提取铜的原则处理工艺流程如图 12.1 所示。铜精矿经过一个造锍熔炼过程得到铜锍，铜锍再经吹炼、精炼得到阳极铜和电铜。

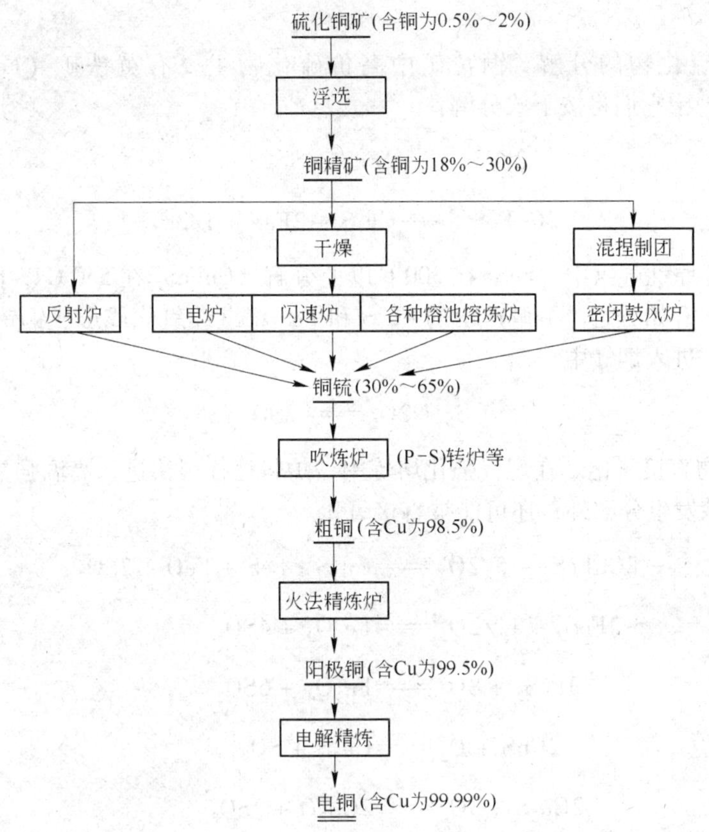

图 12.1 火法处理硫化铜矿提取铜的原则处理工艺流程

12.2.1 铜精矿造锍熔炼基本原理

造锍熔炼目前在工业上已经广泛应用。该工艺是在 1150～1250℃的高温下，使硫铜精矿和熔剂在熔炼炉内进行熔炼，炉料中的铜、硫与未氧化的硫化亚铁形成主要为 Cu_2S-FeS 同时溶有 Au、Ag 等贵金属和少量其他金属硫化物和微量铁氧化物的共熔体（铜锍），炉料中的 SiO_2、Al_2O_3 和 CaO 等脉石成分与 FeO 一起形成液态炉渣，炉渣是以铁橄榄石 $2FeO \cdot SiO_2$ 为主的氧化物熔体。铜锍与炉渣基本不互溶，且炉渣的密度比锍的密度小，因而可以实现分离。

造锍熔炼的基本原则是：(1) 在适当的温度和气氛（氧势）下，使铜尽量富集到铜锍中，而铁和精矿中的脉石成分则富集到炉渣中，使炉料中的有价元素依其物理化学性质不同分别富集到铜锍、炉渣和烟尘中，以利于进一步利用；(2) 要确保烟气中有足够的 SO_2 浓度，促进硫的回收利用；(3) 保持适当的熔体温度，既要保证熔体适当过热，又不能太高。

造锍熔炼的主要化学反应：造锍熔炼过程中的主要物理化学变化为：水蒸发，高价硫化物分解，硫化物直接氧化，造锍反应，造渣反应。

(1) 水分蒸发。目前除闪速熔炼、三菱法等处理干精矿的方法，其他方法的入炉精矿，水分都较高（为6%～14%）。这些精矿进入高温区后，矿中的水分将迅速挥发，进入烟气。

（2）高价硫化物的分解。铜精矿中高价硫化物主要有黄铁矿（FeS_2）和黄铜矿（$CuFeS_2$），在炉中它们将按下式分解：

$$2FeS_2 \longrightarrow 2FeS + S_2$$

$$2CuFeS_2 \longrightarrow Cu_2S + 2FeS + 1/2S_2$$

在中性或还原性气氛中，FeS_2 在300℃以上分解，$CuFeS_2$ 在550℃以上分解。在大气中 FeS_2 于565℃开始分解。分解产出的 Cu_2S 和 FeS 将继续氧化或形成铜锍，分解出的 S_2 继续氧化成 SO_2 进入烟气中：

$$S_2 + 2O_2 = 2SO_2$$

（3）硫化物直接氧化。在现代强化熔炼中，炉料往往很快进入高温强氧化气氛中，所以高价硫化物除发生分解外，还可能被直接氧化。

$$2CuFeS_2 + 5/2O_2 = Cu_2S \cdot FeS + FeO + 2SO_2$$

$$2FeS_2 + 11/2O_2 = Fe_2O_3 + 4SO_2$$

$$3FeS_2 + 8O_2 = Fe_3O_4 + 6SO_2$$

$$2CuS + O_2 = Cu_2S + SO_2$$

$$2Cu_2S + 3O_2 = 2Cu_2O + 2SO_2$$

在高氧势下，FeO 可继续氧化成 Fe_3O_4：

$$3FeO + 1/2O_2 = Fe_3O_4$$

（4）造锍反应。上述反应产生的 FeS 和 Cu_2O 在高温下将发生下列反应：

$$FeS + Cu_2O = FeO + Cu_2S$$

一般说来，在熔炼炉中只要有 FeS 存在，Cu_2O 就会变成 Cu_2S，进而与 FeS 形成锍。这是因为 Fe 和 O_2 的亲和力远大于 Cu 和 O_2 的亲和力，而 Fe 和 S_2 的亲和力又小于 Cu 和 S_2 的亲和力。

（5）造渣反应。炉料中产生的 FeO 在有 SiO_2 存在时，将按下式反应形成铁橄榄石炉渣：

$$2FeO + SiO_2 = (2Fe \cdot SiO_2)$$

此外，炉内的 Fe_3O_4 在高温下也能与 FeS 和 SiO_2 作用生成炉渣。

铜熔炼有关反应的 $\Delta G^{\ominus}$-T 图

在造锍熔炼等一系列冶金作业中，同时发生多种化学反应，为判定反应是否可以进行、进行的程度以及反应过程中的热量变化、反应条件的影响，需要探讨其化学热力学。热力学中反应的吉布斯标准自由能变化为等温等压下过程能否自发进行的判据。如果反应过程自发进行，则该过程的吉布斯自由能变化 $\Delta G<0$；反之，如果反应过程吉布斯能变化 $\Delta G>0$，则过程不能自发进行；当 $\Delta G=0$ 时，则过程正反两个方向进行的速度相等，即达到平衡状态。对于实际过程中多在等温等压下进行的冶金反应，讨论 ΔG 较为重要。

设反应为：

$$aA + bB = dD + hH$$

则反应的吉布斯自由能变化与温度的关系表示为：

$$\Delta G = \Delta G^{\ominus} + \Delta G_p$$

此式称为反应的等温方程式，式中：

$$\Delta G^{\ominus} = -RT\ln K_p$$

$$K_p = \frac{p_D^d \cdot p_H^h}{p_A^a \cdot p_B^b} \quad (平衡表达式)$$

$$\Delta G_p = RT\ln J_p$$

$$J_p = \frac{p_D'^d \cdot p_H'^h}{p_A'^a \cdot p_B'^b} \quad (压力商)$$

$\Delta G^{\ominus}$ 为反应的标准吉布斯自由能变化，即反应在标准状态下进行时的自由能变化。标准状态定义为反应体系中原始物（A 和 B）和产物（D 和 H）的分压各为 101kPa 的情况。此时，$P_A' = P_B' = P_D' = P_H' = 101\text{kPa}$，故 $\Delta G_p = RT\ln\frac{1}{1} = 0$。从而有：

$$\Delta G = \Delta G^{\ominus} = -RT\ln K_p$$

或

$$\Delta G^{\ominus} = -RT\ln K_p$$

在恒温下，K_p 是一个定值。

等温方程将恒温下反应的自由能变化与反应的平衡常数以及实际阶段体系中各物质的分压联系起来，根据反应的 K_p 和 J_p 值对比判断反应进行的方向：

$J_p < K_p$，则 $\Delta G < 0$，反应自发向右进行；

$J_p > K_p$，则 $\Delta G > 0$，反应不能自发向右进行；

$J_p = K_p$，则 $\Delta G = 0$，反应向左和向右进行的速度相等，反应达到平衡状态。

从上述分析可知，若想要使反应向右进行，可以采取措施：（1）减小产物分压或增大反应物分压，使 $J_p < K_p$；（2）改变温度，使 K_p 值增大，从而使 $J_p < K_p$。也可以同时采取这两种措施，使 $J_p < K_p < 0$。

图 12.2 所示为铜熔炼过程中有关反应的 $\Delta G^{\ominus}$-T 图，由图可看出相关造锍熔炼反应，例如 FeS 氧化成 FeO，Fe_3O_4；Cu_2S 氧化成 Cu_2O；以及 $Cu_2O + FeS \rightarrow Cu_2S + FeO$ 等向右进行反应的趋势大小；有关铜锍吹炼过程 $Cu_2S + 2Cu_2O \rightarrow 6Cu + SO_2$，$Cu_2S + O_2 \rightarrow 2Cu + SO_2$ 向右进行的趋势大小；有关 SO_2 被 C、CO 还原制取元素硫的趋势；有关 FeS 还原 Fe_3O_4 的困难程度等。

12.2.1.1 M-S-O 系化学势图

M-S-O 系化学势图是用于表征金属硫化物 MS 在有 O_2 参与的化学平衡状态的热力学平衡状态图，广泛用于硫化矿冶金过程，如硫化精矿的焙烧、硫化精矿的造锍熔炼和锍的吹炼等，可作为选择技术条件的依据。

在硫化物冶金过程中，当 M-S-O 系达到平衡时，各相中氧的化学势必须相等。在一定

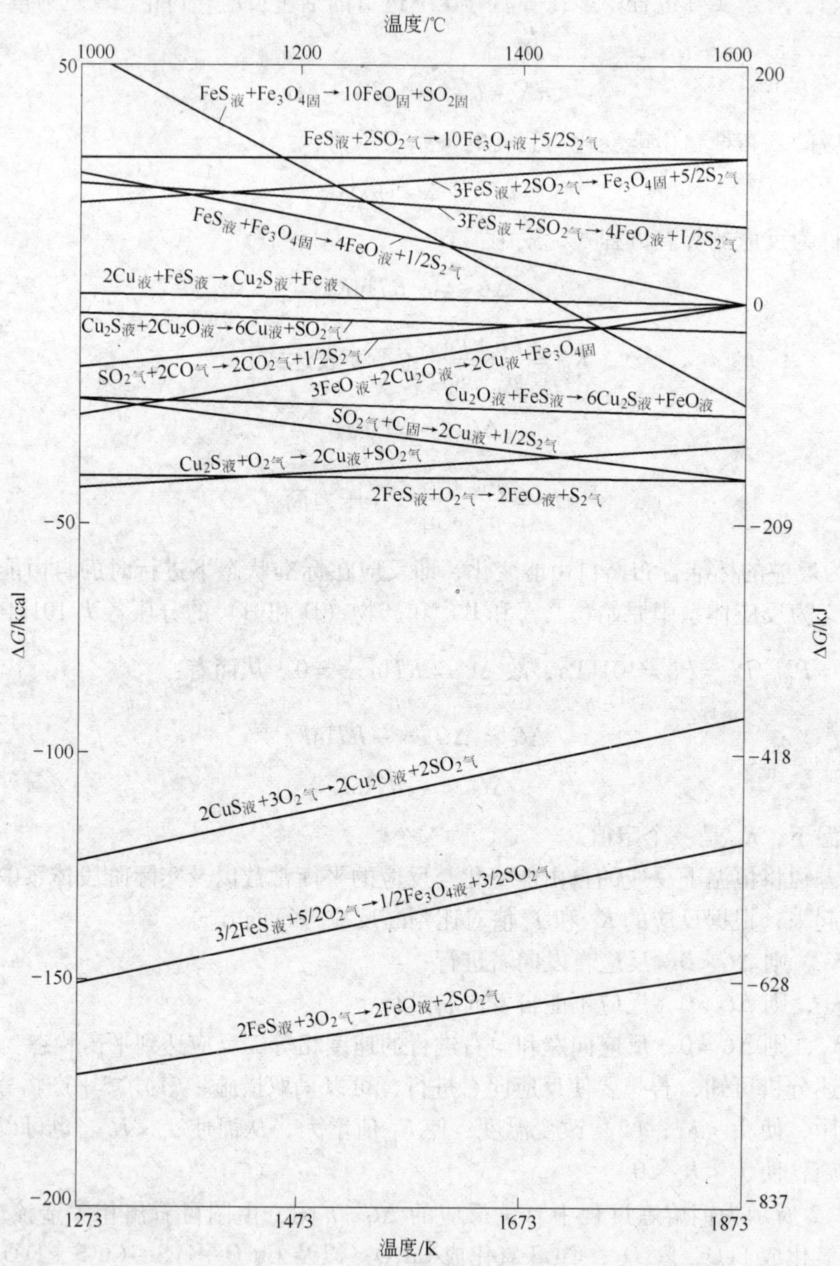

图 12.2 铜熔炼条件下有关的 $\Delta G^{\ominus}$-T 图

（反应物摩尔数见反应物）

的温度下氧势与气相中氧的平衡分压的对数 $\ln p_{O_2}$ 成正比。同样可知，M-S-O 系平衡时的硫势是与气相中硫的平衡分压的对数 $\ln p_{S_2}$ 成正比。在一定的温度下，当 M-S-O 系平衡时，气相和凝聚相中各组分的稳定性与其化学势有关，也就是说与气相中的氧势（$\ln p_{O_2}$）和硫势（$\ln p_{S_2}$）有关。作出以 $\ln p_{S_2}$-$\ln p_{O_2}$ 为坐标的 M-S-O 系平衡状态图，称为硫势氧势图。

在一定的温度下 M-S-O 系以 $\ln p_{S_2}$-$\ln p_{O_2}$ 表示的化学势如图 12.3 所示。图上的每一条线表示一平衡反应的平衡条件，如 2 线表示下面的平衡反应式：

$$M + O_2 \Longrightarrow MO_2$$

$$K = \frac{1}{p_{O_2}}, \quad \lg K = -\lg p_{O_2}$$

图上的每一区域表示体系中各种物相的热力学稳定区。如 1 线和 2 线与横轴、纵轴所包围的区域是 M-S-O 系中 M 相温度存在的区域。1、2、3 线相交的 a 点是 MS、M、MO 三凝聚相共存的不变点。

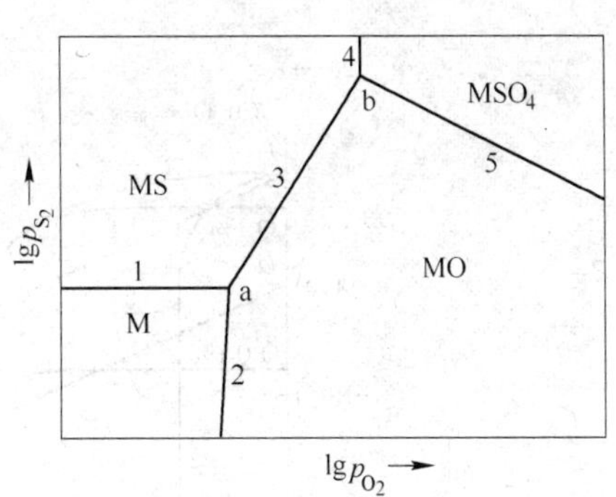

图 12.3 在一定温度下的 M-S-O 系化学势

平衡状态图的坐标，根据需要可以用 SO_2 和 SO_3 的分压或者 H_2S/H_2 的比值来代替 S_2 的分压，也可用 CO_2/CO 或 H_2O/H_2 的比值来代替 O_2 的分压。当有两种以上的金属硫化物同时参与同类反应时，便可将其叠加成四元系如 Cu-Fe-S-O 系、Cu-Ni-S-O 系等。如在 MS 的氧化熔炼过程中还有 SiO_2 参与熔炼造渣反应，则硫化铜精矿的造锍熔炼也可作出 Cu-Fe-S-O-SiO_2 五元系的硫势—氧势图。

12.2.1.2 矢泽彬的铜熔炼硫势—氧势图

20 世纪 60 年代，矢泽彬（Yazawa）提出的铜熔炼硫势—氧势状态图（也就是 Cu-Fe-S-O-SiO_2 系硫势—氧势图），如图 12.4 所示，一直是火法炼铜热力学分析的基本工具。

图中 *pqrstp* 区为锍、炉渣和炉气平衡共存区，斜线 *pt* 为 $p_{SO_2} = 10^5$Pa 的等压线，它是造锍熔炼中 SO_2 分压的极限值。*rq* 线是造锍熔炼中 SO_2 分压的最小值，即 $p_{SO_2} = 0.1$Pa。当进行空气熔炼时，p_{SO_2} 约为 10^4Pa，硫化铜精矿氧化过程可视为沿 *ABCD* 线（$p_{SO_2} = 10^4$Pa）进行，即炉气中 p_{SO_2} 恒定，但 p_{O_2} 逐渐升高，p_{S_2} 逐渐降低。*A* 点是造锍熔炼的起点，从理论上讲，在 *A* 点处，锍的品位为零，随着炉中氧势升高，硫势降低，锍的品位升高。当过程进行到 *B* 点位置时，锍的品位升高到 70%，显然 *AB* 段为造锍阶段。从图中可看出，在 *AB* 段，炉中氧势升高幅度虽然不大，但锍的品位升高幅度大。从 *B* 点开始，随着氧势的继续升高，锍的品位虽然也升高，但升高的幅度不大，可以认为从 *B* 点开始过程转入锍吹炼第二周期（造铜期）。当氧势升高到 *C* 点是炉中开始产出金属铜。这时粗铜、锍、炉渣和烟气四相共存，直到锍全部转为金属铜，即造铜期结束。当氧势进一步升高时，超过 *C* 点，过程进入粗铜火法精炼的氧化期，由此可见，*ABCD* 这条直线能表示从铜精矿到精铜的全过程。

图中的 *st* 线相当于铁硅酸盐炉渣为 SiO_2 和 Fe_3O_4 所饱和，其中 α_{FeO} 为 0.31。高于此线，铁硅酸盐炉渣不再是稳定的，便会析出固体的 Fe_3O_4。*qr* 线表示铜锍、炉渣与 γ-Fe 的平衡，相当于造锍熔炼的极限情况，是在低的 p_{S_2}，p_{O_2} 和 p_{SO_2} 还原条件下进行的，可以看作是炉渣的贫化过程。*rs* 线表示 Cu_2S 脱硫转变为液态铜，即铜锍的吹炼阶段，渣层上氧压的变化范围很大，从与 γ-Fe 平衡的 γ 点 $p_{O_2} = 10^{-6.6}$Pa 变化到 *s* 点的 $p_{O_2} = 10^{-0.8}$Pa，同时渣中饱和了 Fe_3O_4。

12.2.1.3 斯吕德哈、托格里和斯米尔诺夫的铜熔炼氧势—硫势图

应用图 12.4 氧势—硫势图分析铜熔炼过程的热力学是简明的。但是用它来分析一些

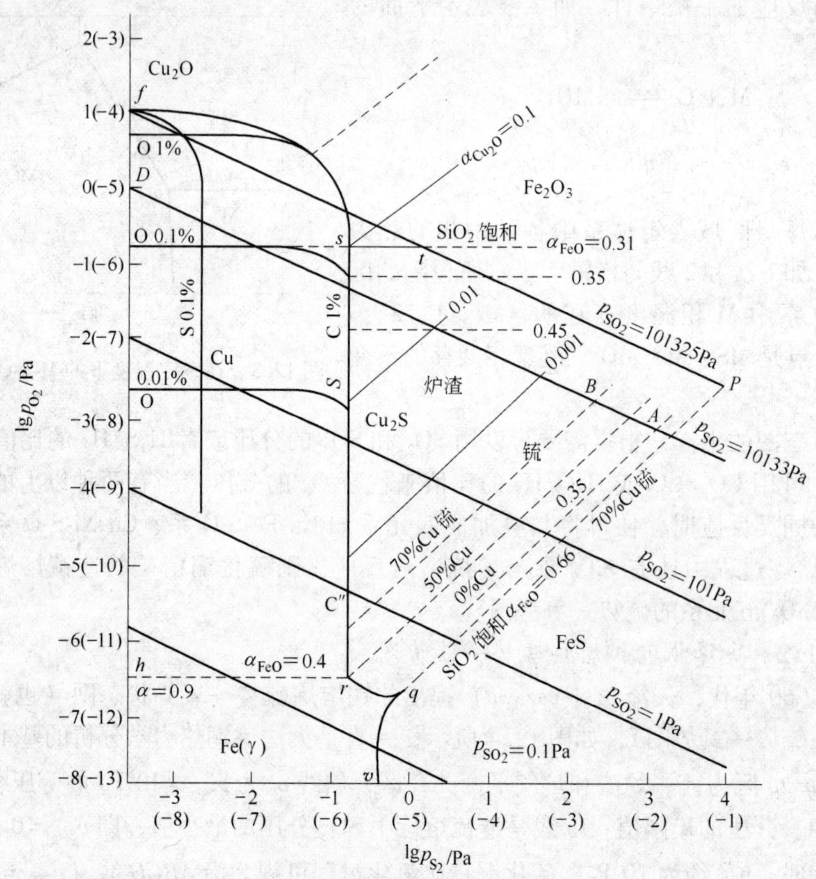

图 12.4 矢泽彬的铜熔炼氧势—硫势状态图（1573K）

实际生产现象也遇到问题。如各炼铜厂进行熔炼时，虽然硫的分压变化很大，但产出的铜锍品位相同，其中硫含量应该不同，但实际生产中，硫含量差别不大。又如图 12.4 表示当氧势相同时，可以产出不同品位的锍，意味着产出的平衡炉渣相中 Fe_3O_4 含量相同时，可以产出相同品位的硫。但生产数据表明，锍的品位不同时，渣含 Fe_3O_4 的量也不同。基于这些问题，斯吕德哈（R. Sridhart）等人对世界 42 家炼铜厂的生产数据，铜锍中铁含量与硫含量、铁含量与氧势、炉渣中的 Fe_3O_4 含量与氧势，以及渣含铜与铜锍含铁的关系，并结合有关热力学数据与实验室测定数据进行分析整理，提出了一种新型的比较实用的氧势—硫势图，又称 STS 图。

图 12.5 表示了各冶炼厂进行铜精矿造锍熔炼生产时，产出的铜锍品位与过程进行的硫势、氧势的关系，以及产出相应的炉渣中 Fe_3O_4，Cu，S 的含量。图中表示的熔炼区，硫势的变化范围很窄，$\lg p_{S_2}$ 值为 2.5 ~ 3.0，而氧势的变化范围很大，$\lg p_{O_2}$ 值为 −5.2 ~ −4.2。熔炼区中的符号标示了几种熔炼方法所处的硫势与氧势的位置。利用此图可以方便且较准确地预测和评价造锍熔炼过程。在应用这个图来评估生产结果时，其偏差在工业应用允许的范围内。某些炼铜厂的实际生产数据与 STS 图预测的数据列于表 12.3 中。

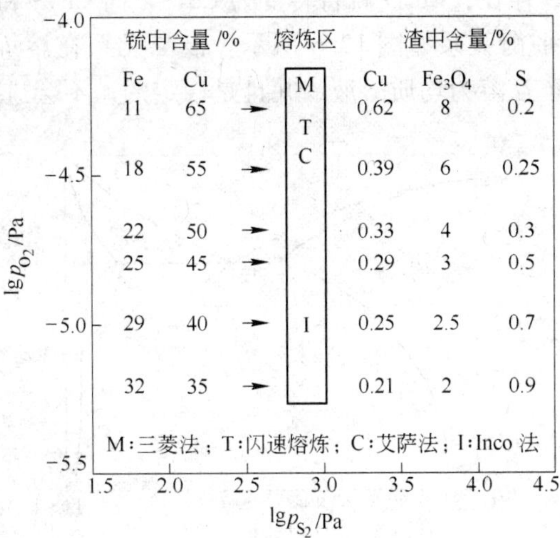

图 12.5 铜熔炼氧势—硫势图（STS-1300℃）

表 12.3 某些炼钢厂的实际数据与 STS 图预测数据比较

厂名与冶炼方法	斯吕德哈状态图数值/%						工厂实际数值/%				比 较
	Cu	S	[Fe]	(Fe_3O_4)	(Cu)	(S)	[Fe]	(Fe_3O_4)	(Cu)	(S)	
玉野闪速炉	60	23	14.5	7	0.51	0.23	15	6	0.55	0.8	基本吻合
菲利浦闪炉法	62	24	18.9	7.4	0.54	0.22	14		1.0	0.33 ~ 1.3	夹杂 Cu 为 1 - 0.54 = 0.46
奇诺闪炉法	55	24.2	18	6	0.39	0.25	18		0.7		夹杂 Cu 为 0.7 - 0.39 = 0.31
因科闪炉法	45	25	26	3	0.29	0.5	26	8	0.57		夹杂 Cu 为 0.28 分析为 0.25
直岛三菱炉	65.7	21.9	<11	~8	0.62	0.2	9.2		0.6		基本吻合
迈阿密艾萨炉	58	23.8①	14.5	~7	0.51	0.23	15.9		0.6	0.3	基本吻合
安纳康达电炉	52	24.2①	20	5	0.36	0.27	20		0.75	0.3	夹杂 Cu 为 0.39

①按(S%) = 28.0 - 0.00125 × [Cu%]^2 算出。

A 熔炼产物

造锍熔炼产物主要有四种产物：铜锍、炉渣、烟尘和烟气。

B 铜锍的形成及其特性

在高温熔炼条件下造锍反应可表示如下：

$$[\mathrm{FeS}] + (\mathrm{Cu_2O}) = (\mathrm{FeO}) + [\mathrm{Cu_2S}]$$

$$\Delta G^{\ominus} = -144750 + 13.05T(\mathrm{J})$$

$$K = \frac{\alpha_{(\mathrm{FeO})} \cdot \alpha_{[\mathrm{Cu_2S}]}}{\alpha_{[\mathrm{FeS}]} \cdot \alpha_{(\mathrm{Cu_2O})}}$$

该反应的平衡常数在1250℃时 lg$K$ 为9.86，说明反应在熔炼温度下急剧向右进行。一般来说只要体系中有 FeS 存在，Cu_2O 就将转变为 Cu_2S，而 Cu_2S 和 FeS 便会互溶形成铜锍（$FeS_{1.08}$-Cu_2S）。两者的平衡关系如图 12.6 所示。该二元系在熔炼高温下（1200℃），两种硫化物均为液相，完全互溶为均质溶液，并且是稳定的，不会进一步分解。

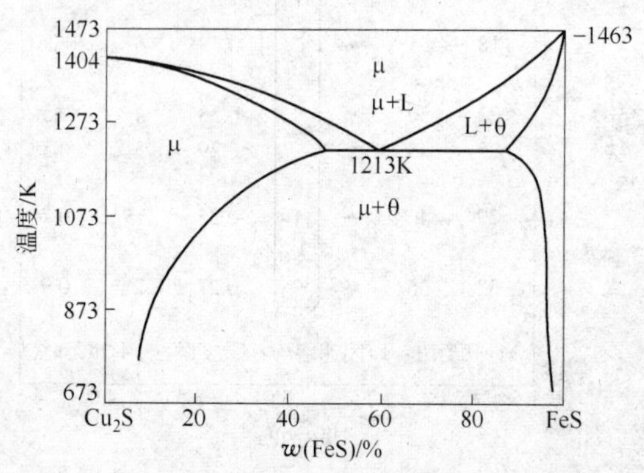

图 12.6 Cu_2S-FeS 二元系相图

FeS 能与许多金属硫化物形成共熔体的重叠液相组成，其简图见图 12.7。FeS-MS 共熔的这种特性，就是重金属矿物原料造锍熔炼的重要依据。

铜锍主要组成是 Cu、Fe、S，其三元系状态可用图 12.8 简单叙述。

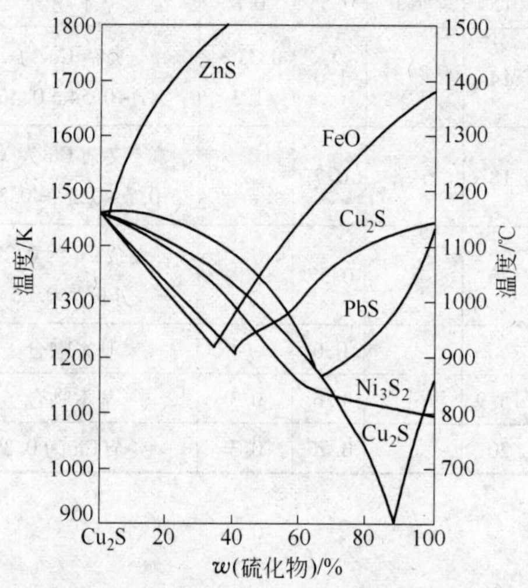

图 12.7 FeS-MS 二元系相图

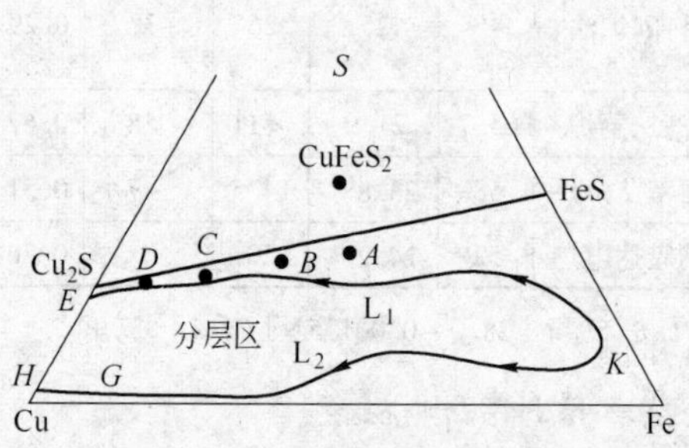

图 12.8 Cu-Fe-S 系简化状态

在 Cu-Fe-S 三元系中可以形成 CuS，Fe_2S 或 $CuFeS_2$ 等，所有这些高价硫化物在造锍熔炼高温（1200～1300℃）下都会分解，稳定存在的只有低价硫化物 Cu_2S 与 FeS。所以在 Cu-Fe-S 三元系状态图中，位于 Cu_2S-FeS 连线以上的区域，对于铜精矿造锍熔炼是没有意义的。因此，铜锍的理论组成只会在 Cu_2S-FeS 连线上变化，即铜锍中 Cu、Fe、S 的百分含量变化可在连线上确定。Cu-Fe-S 三元系状态图的另一特点是，存在一个大面积二液相分层区 *EFkgH*，L_1 代表 Cu_2S-FeS 二元系均匀熔体铜锍，L_2 为含有少量硫的 Cu-Fe 合金。当熔锍中硫含量减少到分层区时，便会出现金属 Cu-Fe 固溶体相。这是造锍熔炼过程中所不希望发生的。所以造锍熔炼产出的铜锍组成位于 Cu_2S-FeS 连线与分层区之间，才会得到单一均匀的液相。所以工业生产上产出的铜锍组成应该是位于此单一均匀的液相区，既不会发生液相分层或析出固相铁，也不会分解挥发出硫。工业生产中产出的铜锍中溶解有铁的氧化物，铜锍中部分硫会被氧取代，故工业铜锍中硫的含量应低于 Cu_2S-FeS 连线上的理论硫含量，如图中 *A* 点，此点可作为反射炉熔炼产出低品位铜锍的组成。当闪速熔炼产出品位为50%的铜锍时，铜锍中的 FeS 大部分被氧化造渣，则铜锍组成会向 *B* 点变化，FeS 继续被氧化，铜锍品位可提高到 *C* 点（Cu 65%），以至 *D* 点（Cu 75%），当 *D* 点铜锍进一步氧化脱硫至 *E* 点便会产出粗铜来。

各种品位的铜锍吹炼是沿着 *A-B-C-D-E-F* 的途径，使铜锍中的 FeS 优先氧化后形成硅酸盐炉渣，这一自发反应为：$[FeS]_{锍} + (Cu_2O)_{渣} = (FeO)_{渣} + [Cu_2S]_{锍}$ 的进行并不会使 Cu_2S 氧化。铜锍是金属硫化物的共熔体，工业产出的铜锍主要成分除 Cu、Fe、S 外，还含有少量 Ni、Co、Pb、Zn、Sb、Bi、Au、Ag、Se 等及微量 SiO_2，此外还含有 2% ~ 4% 的氧，一般认为熔融铜锍中的 Cu、Pb、Zn、Ni 等重有色金属时以硫化物形态存在，而 Fe 除以 FeS 存在外，还以 FeO、Fe_3O_4 形态存在。表 12.4 列出了某些炼铜方法所产铜锍的组成实例。

表 12.4 部分熔炼方法的铜锍化学组成

熔炼方法	化学组成/%						厂 名
	w(Cu)	w(Fe)	w(S)	w(Pb)	w(Zn)	$w(Fe_3O_4)$	
密闭鼓风炉							
富氧空气	41.57	28.66	23.79	—	—	—	金 昌
普通空气	25 ~ 30	36 ~ 40	22 ~ 24	—	—	—	沈 冶
奥托昆普	58.64	11 ~ 18	21 ~ 22	0.3 ~ 0.8	0.28 ~ 1.4	0.1(Bi)	贵 冶
	52.46	19.81	22.37	0.23	0.01(Bi)	—	金 隆
闪速熔炼	66 ~ 70	8.0	21.0	—	—	—	哈亚瓦尔塔
	52.55	18.66	23.46	0.3	1.8	—	东 予
诺兰达熔炼	69.84	6.08	21.07	0.64	0.28	—	大 冶
	64.70	7.8	23.00	2.80	1.20	—	霍 恩
白银法	50 ~ 54	17 ~ 19	22 ~ 24	—	1.4 ~ 2.0	—	白 银
瓦纽柯夫法	41 ~ 55	14 ~ 25	23 ~ 24	4.5 ~ 5.2(Ni)			诺利尔斯克
澳斯麦特法	44.5	23.6	23.8	—	3.2		
	41 ~ 67	12 ~ 29	21 ~ 24	—	—	—	侯 马
艾萨法	50.57	18.76	23.92	0.03(Ni)	0.16(As)		云 铜
三菱法	65.7	9.2	21.9	—	—	—	直 岛

统计表明，铜锍中 Cu + Fe + S + Ni + Pb + Zn 的总量占铜锍总量的95% ~98%。

随着铜锍品位的不同，铜锍的断面组织、颜色、光泽和硬度也发生变化，如表12.5所示。

表12.5 不同品位的铜锍断面性质

铜锍品位/%	颜色	组织	光泽	硬度
25	暗灰色	坚实	无光泽	硬
30 ~ 40	淡红色	粒状	无光泽	稍硬
40 ~ 50	青黄色	粒柱状	无光泽	
50 ~ 70	淡青色	柱状	无光泽	
70 以上	青白色	贝壳状	金属光泽	

铜锍的一些物理性质：

熔点：950 ~ 1130℃（Cu 30%，1050℃；Cu 50%，1000℃；Cu 80%，1130℃）。

比热容：0.586 ~ 0.628J/(g·℃)。

熔化热：125.6J/g（Cu_2S 58.2%）；117J/g（Cu_2S 32%）。

热焓：0.93MJ/kg（Cu 60%，1300℃）。

密度（固态、液态）如下：

铜锍品位		30	40	50	60	80	粗铜
密度/$g\cdot cm^{-3}$	20℃	4.96	4.99	5.05	5.46	5.77	8.61
	1200℃	4.13	4.28	4.44	4.93	5.22	7.87

注：粗铜含 Cu 98.3%。

黏度：约0.004Pa·s或由 $3.36\times10^{-4}\exp(5000/T_m)$ 计算。

表面张力：约为 330×10^{-3}N/m（Cu 53.3%，1200 ~ 1300℃）。

电导率：$(3.2 \sim 4.5)\times10^{2}\Omega^{-1}\cdot m^{-1}$（Cu 51.9%，1100 ~ 1400℃）。

FeS-Cu_2S 系铜锍与 $2FeO\cdot SiO_2$ 熔体间的界面张力约为0.02 ~ 0.06N/m，其值很小，故铜锍易悬浮于熔渣中。

铜锍除上述性质外，还有两个特别突出的性质，一是对贵金属有良好的捕集作用，二是熔融铜锍遇潮会爆炸。

铜锍对贵金属的捕集主要是由于铜锍中的 Cu_2S 和 FeS 对 Au，Ag 都具有溶解作用，如1200℃时，每吨 Cu_2S 可溶解金74kg，而 FeS 能溶解金52kg。一般来说，铜锍品位主要为10%左右，就可完全吸收 Au、Ag，但研究也发现当铜锍品位超过40%时，铜锍吸收 Au、Ag 的能力增长不大。

铜锍受潮会爆炸，主要是发生了下列化学反应：

$$Cu_2S + 2H_2O = 2Cu + 2H_2 + SO_2$$

$$FeS + H_2O = FeO + H_2S$$

反应产生的 H_2、H_2S 等气体与 O_2 作用很激烈，从而产生爆炸。在操作中，要特别小心铜锍的爆炸。

C 炉渣的组成及其性质

造锍熔炼所产炉渣是炉料和燃料中各种氧化物相互熔融而成的共熔体，主要的氧化物是 SiO_2 和 FeO，其次是 CaO、Al_2O_3 和 MgO。固态炉渣主要由 $2FeO \cdot SiO_2$、$2CaO \cdot SiO_2$ 等硅酸盐复杂分子组成。熔渣由各种离子（Na^+、Ca^{2+}、Mg^{2+}、Mn^{2+}、Fe^{2+}、O^{2-}、S^{2-}、F^- 等）和 SiO_2 等组成。表 12.6 列出了各种造锍熔炼工艺所产生的炉渣的化学组成实例。

表 12.6 典型熔炼炉渣的化学成分实例

熔炼方法	化学成分/%							
	$w(Cu)$	$w(Fe)$	$w(Fe_3O_4)$	$w(SiO_2)$	$w(S)$	$w(Al_2O_3)$	$w(CaO)$	$w(MgO)$
密闭鼓风炉	0.42	29	—	38	—	7.5	11	0.74
奥托昆普闪速炉（渣不贫化）	1.5	44.4	11.8	26.6	1.6	—	—	—
奥托昆普闪速炉（渣贫化）	0.78	44.06	—	29.7	1.4	7.8	0.6	—
因科闪速炉	0.9	44.0	10.8	33.0	1.1	4.72	1.73	1.61
诺兰达炉	2.6	40.0	15.0	25.1	1.7	5.0	1.5	1.5
瓦纽柯夫炉	0.5	40.0	5.0	34.0	—	4.2	2.6	1.4
白银炉	0.45	35.0	3.15	35.0	0.7	3.8	8.0	1.4
特尼恩特炉	4.6	43.0	20.0	26.5	0.8	—	—	—
艾萨炉	0.7	36.61	6.55	31.48	0.84	3.64	4.37	1.98
澳斯麦特炉	0.65	34	7.5	31.0	2.8	7.5	5.0	—
三菱法熔炼炉	0.60	38.2	—	32.2	0.6	2.9	5.9	—

$FeO-SiO_2-CaO$ 系状态如图 12.9 所示，从图可以确定某组成的炉渣的熔化温度是多少。利用这些氧化物的共晶组成，可以得到熔点最低的炉渣组成。例如 $FeO-SiO_2$ 系中 Fe_2SiO_4 铁橄榄石附近的熔点比较低，约 1200℃。加入 CaO 后，熔点有所降低，降至图 12.8 中的 *S-K* 点附近，熔化温度降至 1100℃左右。

图 12.10 表明，在 1300℃下，实线表示的 $FeO-Fe_2O_3-CaO$ 系液相区比虚线表示的 $FeO-Fe_2O_3-SiO_2$ 系液相区范围要宽得多，可见 $FeO-Fe_2O_3-CaO$ 系炉渣具有很大的容纳铁氧化物的能力，从而可避免高氧势下 Fe_3O_4 的麻烦问题。

炉渣的性质对熔炼作业的进行有着十分重要的意义。熔炼过程都希望得到流动性好即黏度小的炉渣。随着炉渣中 SiO_2 含量的增加，黏度也增加。因此应加入碱性氧化物 CaO 及 FeO 等来破坏炉渣的网状结构，使其黏度降低。图 12.11 表示 1573K 时 $FeO-CaO-SiO_2$ 系熔体的等黏度线。一般有色冶金炉渣的黏度在 0.5Pa·s（5 泊）以下便认为是流动性良好的炉渣，1Pa·s（10 泊）以上其流动性便很差。

结合炉渣的熔点与黏度来分析，$FeO \cdot SiO_2-2FeO \cdot SiO_2$ 组成附近的炉渣具有较低熔点

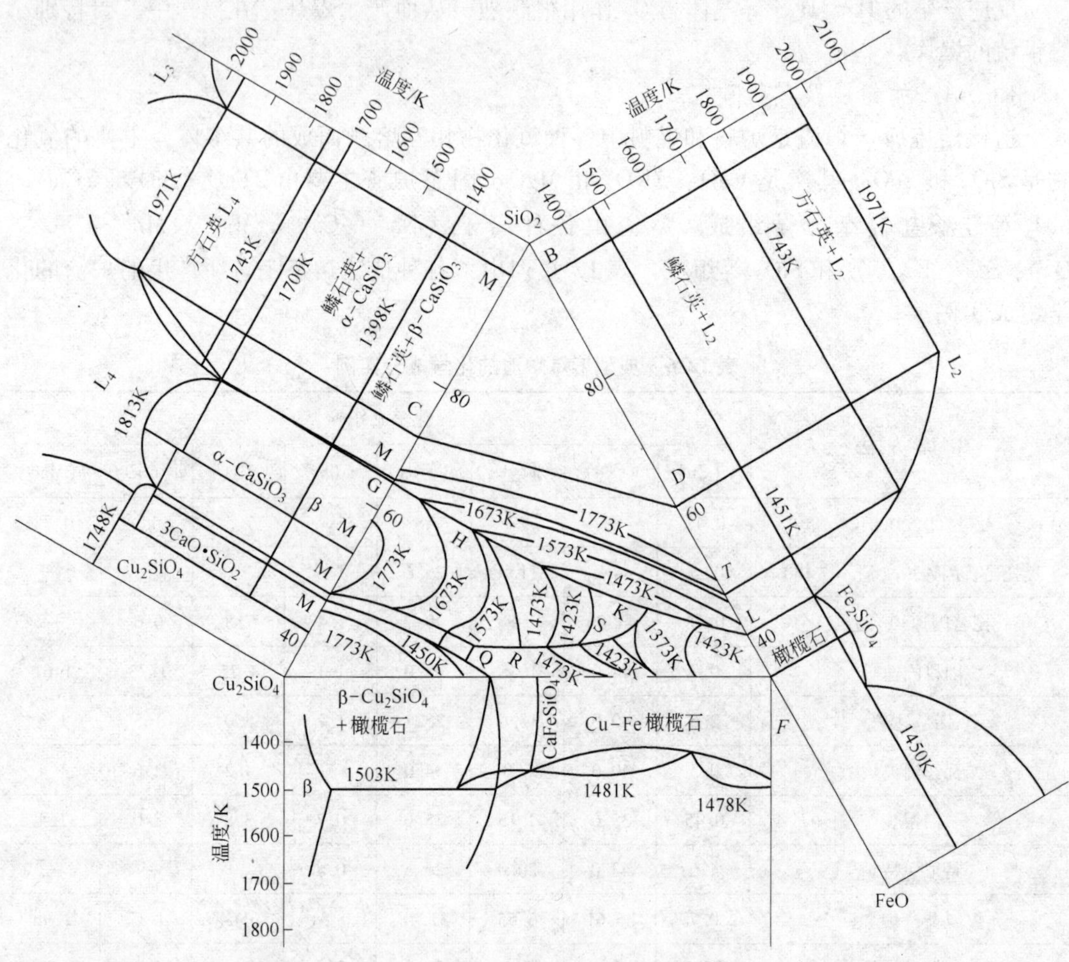

图 12.9 FeO-SiO_2-CaO 系状态

和较小的黏度。在此基础上增加过多的 FeO 量，虽可降低黏度，但熔点升高了。再提高 SiO_2 的含量更是不利，不仅熔点升高，黏度也增大。炉渣的黏度是随固相成分的析出而显著增大。所以应调整炉渣的组分以得到低熔点的炉渣，使其在熔炼温度下得到均一的熔体。添加氟化物（例如 CaF_2）对降低黏度非常有效。MgO、ZnS 在炉渣中的含量虽然不高，但也能升高熔点，增大黏度。少量的 ZnO 和 FeO_3(Fe_3O_4)存在使炉渣有降低黏度的趋势，过多的含量则会显著提高黏度。

炉渣的酸碱性过去多用硅酸度表示，它的含义是：

$$\text{炉渣硅酸度} = \frac{\text{渣中酸性氧化物中氧的质量和}}{\text{渣中碱性氧化物中氧的质量和}}$$

考虑造锍熔炼炉渣中的主要酸性氧化物是 SiO_2，所以，硅酸度的计算方式也可表示如下：

$$\text{硅酸度} = \frac{O_{SiO_2}}{O_{(CaO+FeO+MgO)}}$$

工厂为了方便，常用所谓硅铁比（SiO_2/Fe）来反映炉渣的酸碱性：

$$硅铁比 = \frac{渣中\ SiO_2\ 的质量(\%)}{渣中\ FeO\ 的质量(\%)}$$

硅铁比愈高，表示渣的酸性愈强。

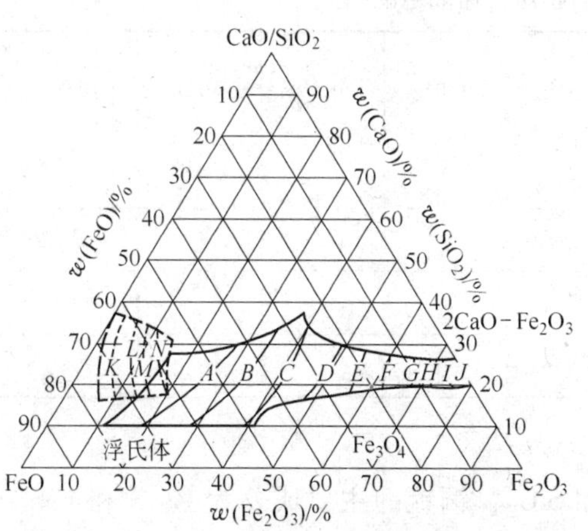

图 12.10　1573K 时 FeO-Fe_2O_3-CaO 系（虚线）和 FeO-Fe_2O_3-CaO 系（实线）的液相区和等氧势线（单位：Pa）

A—（-5）；*B*—（-4）；*C*—（-3）；*D*—（-2）；*E*—（-1）；*F*—0；*G*—1；*H*—2；*I*—3；*J*—4；*K*—（-5）；*L*—（-4）；*M*—（-3）；*N*—（-2）

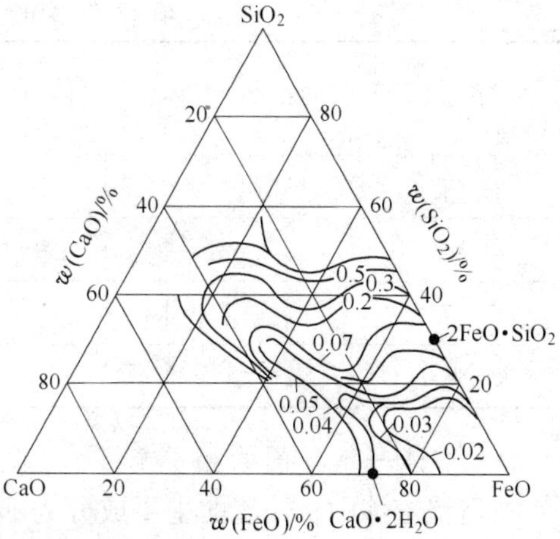

图 12.11　FeO-CaO-SiO_2 系熔体在 1573K 时的等黏度线（单位：Pa·s）

近年来，国外许多冶金学家认为不能只考虑二氧化硅。实际 Al_2O_3 也应归入酸性氧化物，所以建议用碱度来表示炉渣的酸碱性。渣的碱度计算式如下：

$$渣的碱度(K_v) = \frac{(FeO) + b_1(CaO) + b_2(MgO) + (Fe_2O_3)}{(SiO_2) + a_1(Al_2O_3)}$$

式中，(FeO)、(CaO) 等是渣中各氧化物的含量（%），a_1、b_1 等是各氧化物的系数。在工厂中常把 CaO、MgO 等分别简化为 FeO 和 SiO_2，则碱度简化为铁硅比即 Fe/SiO_2 比（或 FeO/SiO_2 比）。该比值是铜冶金炉渣性质的重要参数。$K_v = 1$ 的渣称为中性渣，$K_v > 1$ 的渣称为碱性渣，$K_v < 1$ 的渣称为酸性渣，在 1200℃，1300℃下，碱度 $K_v > 1.5$ 时，工业炉渣黏度都低于 0.2Pa·s。

炉渣的电导率对电炉作业有很大的意义。炉渣的电导率与黏度有关。一般来说，黏度小的炉渣具有良好的电导性。含 FeO 高的炉渣除了有离子传导以外，还有电子传导而具有很好的电导性。铜炉渣的热导率为 2.09W/(m·K)。铜炉渣的表面张力可由 $(0.7148 \sim 3.17) \times 10^{-4}(T_s - 273)$ 求得，其单位为 N/m。实测的熔锍-熔渣系的界面张力依铜锍品位而异，在 0.05～0.2N/m 之间变化，远远小于铜—渣系的界面张力（0.90N/m）。这表明熔锍易分散在熔渣中，这也就是炉渣中金属损失的原因之一。一般硅酸盐渣熔体的比热容为：1.2kJ/(kg·K)（酸性渣）或 1.0kJ/(kg·K)（碱性渣）。熔渣的热焓为：1250（1373K）～

1800(1673K)kJ/kg，熔化热为420kJ/kg。

炉渣成分的变化（即常称的渣型变化），对炉渣的性质有重要影响。但各成分对炉渣性质的影响情况非常复杂，某些成分的影响仍未弄清楚。表12.7列出了几种主要成分及温度对液态炉渣性质的影响。在一定渣成分范围内表中箭头表示提高某组分含量时，性质升高（↑）或降低（↓）。

表12.7 炉渣成分对炉渣性质的影响

性质＼成分	SiO_2	FeO	Fe_3O_4	Fe_2O_3	CaO	Al_2O_3	MgO	温度升高
黏 度	↑	↓	↑	↑	↓	↑	↑	↓
电导率	↓	↑	—	↓	↑	↑	↑	↑
密 度	↓	↑	↑	↑	↓	↓	↓	↓
表面张力	↓	↓	↓	↓	↑	↓	—	↓

D 炉渣—铜锍间的相平衡

在造锍熔炼中，炉渣的主要成分为FeO和SiO_2，铜锍的主要成分为Cu_2S和FeS。所以当炉渣与铜锍共存时，最重要的相间的关系为FeS-FeO-SiO_2和Cu_2S-FeS-FeO。图12.12为FeS-FeO-SiO_2三元相图（富FeO相）。

从图12.12可看出，无SiO_2存在时，FeO和FeS完全互溶，但当加入SiO_2时，均相溶液出现分层，两层熔体的组成用*ABC*分层线上的共轭线*a*、*b*、*c*、*d*表示。随着SiO_2加入量的增多，两相分层愈显著，当SiO_2达饱和时两分层相达最大。SiO_2饱和时，两相的组成分别用A(渣相)和B(锍相)表示。表12.8示出了SiO_2饱和时A、B两相的组成。

表12.8 饱和时Fe-O-S系两层液相的组成（1200℃）

体 系	相	组成(质量分数)/%					
		FeO	FeS	SiO_2	CaO	Al_2O_3	Cu_2S
FeS-FeO-SiO_2	渣	54.82	17.90	27.28			
	锍	27.42	72.42	0.16			
FeS-FeO-SiO_2 + CaO	渣	46.72	8.84	37.80	6.64		
	锍	28.46	69.39	2.15			
FeS-FeO-SiO_2 + Al_2O_3	渣	50.05	7.66	36.35		5.94	
	锍	27.54	72.15	0.31			
Cu_2S-FeS-FeO-SiO_2	渣	57.73	7.59	33.83			0.85
	锍	14.92	54.69	0.25			30.14

由表12.8所列数据可知，当渣中存在CaO或Al_2O_3时，将对FeO-FeS-SiO_2系的互溶

区平衡组成产生很大影响。它们的存在均降低 FeS 在渣中的溶解度，实际上它们的存在也使其他硫化物在渣中的溶解度降低。所以渣中含有一定量的 CaO 和 Al_2O_3 时，可改善炉渣与锍相的分离。

炉渣与锍相平衡共存时之所以互不相溶，从结构上讲是因为炉渣主要是硅酸盐聚合的阴离子，其键力很强。而锍相保留明显的共价键，两者差异甚大，从而为形成互不相溶创造了条件。向硅酸铁渣系中加入少量 CaO 或 Al_2O_3 时，它们也几乎完全与渣相聚合，因而它们的存在使渣相与锍相的不溶性加强。

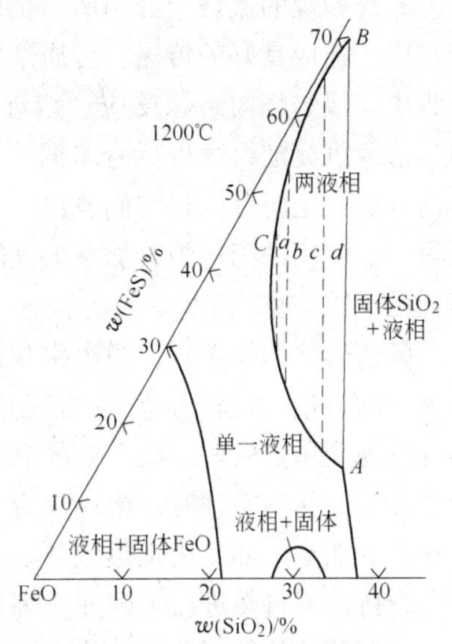

图 12.12 FeS-FeO-SiO_2 系相平衡图

12.2.2 铜精矿火法冶炼主要流程

火法炼铜是生产铜的主要方法，火法炼铜具有适应性强，能耗低，生产效率高的优点。硫化铜精矿火法熔炼，一般包括三个过程：第一个过程将铜矿熔炼成冰铜；第二个过程将冰铜吹炼成粗铜；最后的过程把粗铜精炼成纯铜。精炼分为火法精炼和电解精炼。

铜精矿熔炼成冰铜，根据所用炉子不同，可分为鼓风炉熔炼、反射炉熔炼、电炉熔炼、闪速熔炼以及其他熔炼。由于熔炼方法和设备不同，铜精矿熔炼前须经过混捏干燥、制粒、焙烧或烧结等，也可直接熔炼，熔炼后得到冰铜。

吹炼一般在转炉中进行，吹炼的原料是冰铜，产品是粗铜。

吹炼产出的粗铜，先经火法精炼，然后电解精炼产出纯铜，并回收金、银等有价金属。

12.2.2.1 熔炼技术（铜精矿→冰铜）

对硫化铜精矿进行熔炼，通过熔炼过程进行的氧化—还原反应，脱除硫、铁、铅、锌、锡、砷、锑、铋、镍等杂质和精矿中的大量脉石，得到冰铜或铜锍中间产品，同时还可以富集金、银、铂、钯、硒、碲等稀贵有价元素，铜锍的主要成分（%）为：Cu 30～65，Fe 10～40，S 20～25。20 世纪 70 年代以前，鼓风炉熔炼、反射炉熔炼和电炉熔炼等为主要的传统熔炼方法，但是这几种工艺均具有能耗大、硫利用率低、环境污染严重和劳动生产率低等缺点。20 世纪中叶以来全球性的能源和环境问题突出，能源日趋紧张，环境保护法规日益严格，以及劳动代价逐步上涨，促使铜冶金技术飞速发展，迫使传统的火法冶金方法不得不被新的强化熔炼方法来代替，传统的冶炼方法逐渐被淘汰。同时兴起以闪速熔炼和熔池熔炼等为代表的强化冶炼先进技术，其中最重要的突破是氧气或富氧的广泛应用。经过二三十年的努力，闪速熔炼与熔池熔炼已成为目前取代传统火法冶金最有前途的方法。据统计，目前世界铜产量中，这两类火法炼铜方法所产的粗铜分别占到总产量的 1/3。闪速熔炼与熔池熔炼的主要区别是闪速熔炼主要反应发生在炉膛空间，反应体系连续相是气相（炉气）；熔池熔炼主要反应发生在熔池内，反应体系连续相是液相（锍、金属或炉渣）。

闪速熔炼通过将硫化精矿悬浮在氧化气氛中，精矿中部分硫和铁氧化实现闪速熔炼，其方式与粉煤的燃烧十分相似。精矿和熔剂用工业氧或富氧空气或预热空气喷入专门的闪速炉中，造成良好的传热、传质条件，硫和铁的闪速燃烧获得熔炼温度，精矿在闪速燃烧过程中完成焙烧与熔炼反应。熔炼铜精矿生产过程中，悬浮在炉膛空间的物料颗粒熔融后，落入沉淀池继续进行造冰铜（铜锍）和造渣反应。反应生成的冰铜和炉渣，按密度在池内分层，定时分别将它们放出。含高浓度 SO_2 的炉气，可用以制取硫酸或单质硫。目前获得工业应用的闪速炉有加拿大国际镍公司的因科（氧气）闪速炉和芬兰奥托昆普公司的奥托昆普闪速炉。

闪速熔炼的优点有：脱硫率高，烟气中 SO_2 浓度大，有利于 SO_2 的回收，并可通过控制入炉的氧量，在较大范围内控制熔炼过程的脱硫率，从而获得所要求的品位的冰铜，同时有效地利用了精矿中硫、铁的氧化反应热，节约能量，所以闪速熔炼适于处理含硫高的浮选精矿。使用空气时，熔炼反应放出的热，不足以维持熔炼过程的自热进行，须用燃料补充部分能量，如使用预热空气、富氧空气或工业纯氧，减少炉气带出的热，可节省燃料，维持熔炼自热进行。闪速熔炼是近代发展起来的一种先进的冶炼技术，能耗低，规模大，具有劳动条件好、自动化水平和劳动生产率高的优点，其金属回收率甚至高于传统法工艺，还能处理难以分选的混合精矿，克服了传统火法炼铜无法克服的间接加热缺点。由于闪速熔炼具有上述优点，所以发展很快，全世界新建的大型炼铜厂几乎都采用这一方法。到 20 世纪 70 年代末，用闪速熔炼法生产的铜年产量已超过 100 万吨。除铜、镍冶炼外，用闪速炉处理高品位硫化铅精矿的试验也已取得良好成绩；有的工厂还用闪速炉处理硫化铁精矿，生产单质硫。闪速熔炼的主要缺点是渣含主金属较多，须经贫化处理，加以回收。贫化方法有电炉法和浮选法。有的厂在沉淀池后部安装电极加热，使贫化和熔炼在同一设备中进行。

熔池熔炼包括特尼恩特炼铜法、三菱法、澳斯麦特法、瓦纽柯夫炼铜法、艾萨熔炼法、诺兰达法、顶吹旋转转炉法（TBRC）、白银炼铜法、水口山炼铜法和东营底吹富氧熔炼法等多种。其中白银炼铜法、水口山炼铜法和东营底吹富氧熔炼法为我国研发拥有自主知识产权的国产化先进技术，其余先进技术的知识产权仍为外国掌握。熔池熔炼是在细小的硫化精矿加入熔体的同时，向熔体鼓入空气或工业氧气，供气方式有顶喷枪或通过埋入熔池的风口。由于鼓风向溶池中压入了气泡，当气泡通过熔池上升时，造成“熔体柱”运动，这样便给熔体输入了很大的功能。

熔池熔炼特点是：（1）具有很大的搅拌能，熔体与炉料的传热、传质速率很大，可使精矿迅速熔入熔体。如诺兰达炼铜法，精矿熔入熔体的速率达 $1.5t/(m^2 \cdot h)$。（2）硫化物氧化、造渣反应放出的热来源于熔体，传热在强烈搅拌的熔体内进行，而不是靠辐射或对流从外部供热，熔体与乳化状固体粒子之间的传热系数为 $56.78W/(m^2 \cdot K)$，传热效果优于闪速熔炼。（3）由于分散性的氧化性气泡和熔体间的接触面很大，传质系数和氧化反应速度也应很大，尽管气泡在熔池中的停留时间很短，但氧的利用系数很高。如诺兰达炼铜法，氧的利用率超过 98%。由于熔池熔炼过程中的传热与传质效果好，可大大强化冶金过程，达到了提高设备生产率和降低冶炼过程能耗的目的，因此 20 世纪 70 年代后得到了迅速发展。根据供风和加料方式的不同，熔池熔炼又可分为侧吹、顶吹和底吹三种类型，见表 12.9。

表 12.9 熔池熔炼的供风和加料方式

方式	熔池熔炼方法	供风方式 氧化性气体	加料方式 固体物料
侧吹	诺兰达法	浸没风眼	上部加制粒料
	瓦纽柯夫法	浸没风眼	上部加制粒料
	白银法	浸没风眼	上部加料
	特尼恩特法	浸没风眼	从风眼喷吹
顶吹	三菱法	顶吹喷枪	顶部喷枪
	艾萨熔炼法	浸没喷枪	上部加制粒料
	澳斯麦特法	浸没喷枪	上部加料
	顶吹旋转转炉法	顶吹喷枪	顶部喷枪
底吹	QSL 法	底吹喷枪	上部加制粒料
	水口山炼铜法	底吹喷枪	上部加制粒料
	东营富氧底吹熔炼法	底吹喷枪	上部加料

12.2.2.2 吹炼技术（冰铜→粗铜）

吹炼技术的任务是把火法熔炼工序获得的冰铜，在高温和氧化气氛下吹炼，进一步脱除硫和铁等杂质，产物为中间产品粗铜，含铜98%～99%，贵金属也进入粗铜中。铜锍的吹炼过程是周期性进行的，整个作业分为造渣期和造铜期两个阶段。在造渣期，从风口向炉内熔体中鼓入空气或富氧空气，在气流的强烈搅拌下，铜锍中的硫化亚铁（FeS）被氧化生成氧化亚铁（FeO）和二氧化硫气体；氧化亚铁再与添加的熔剂中的二氧化硅（SiO_2）进行造渣反应。由于铜锍与炉渣相互溶解度很小，而且密度不同，停止送风时熔体分成两层，上层炉渣定期排出，下层的锍称为白锍，继续对白锍进行吹炼，进入造铜期。在造铜期，留在炉内的白锍（主要以 Cu、S 的形式存在）与鼓入的空气中的氧反应，生成粗铜和二氧化硫。粗铜送往下道工序进行火法精炼，铸造合格的阳极板。吹炼生产的烟气（SO_2）经余热锅炉回收余热后，进入重力收尘和电收尘器收尘，处理后的烟气送去制酸。转炉吹炼过程是周期性作业，倒入铜锍、吹炼和倒出吹炼产物三个操作过程的循环，造成大量的热能损失；产出的烟气量与烟气成分波动很大，使硫酸生产设备的工作条件难以稳定，导致硫的回收率不高。

传统成熟的吹炼技术包括 PS 转炉吹炼、固定反射炉侧吹式连续吹炼。实际应用推广的先进高效吹炼技术包括闪速炉吹炼、三菱法吹炼、澳斯麦特炉吹炼，很有发展前景和潜力的先进高效吹炼技术为艾萨炉吹炼法、诺兰达炉吹炼法和富氧底吹炉吹炼法。从发展趋势看，传统吹炼技术正在逐步让位于先进高效吹炼技术，目前先进吹炼技术的知识产权仍主要为外国掌握。

12.2.2.3 火法精炼先进技术（粗铜→阳极铜）

铜锍吹炼后产出的粗铜，含铜量一般为98.5%～99.5%，粗铜的机械性能与导电性，均不能满足工业应用的要求，必须进行精炼除去其中的杂质，提高纯度使其含铜达到99.95%以上。同时粗铜中金银含量较高，对粗铜精炼可以回收粗铜中金银及其他有价元素。

现代各炼铜厂采用的粗铜精炼方法，是先经火法精炼除去部分杂质，然后进行电解精炼产出符合市场要求的纯铜。火法精炼主要是在高温条件下把吹炼工序获得的粗铜进一步精炼，进一步脱除杂质，获得适合铜电解的阳极铜或阳极板。火法精炼的一步流程如图12.13所示。

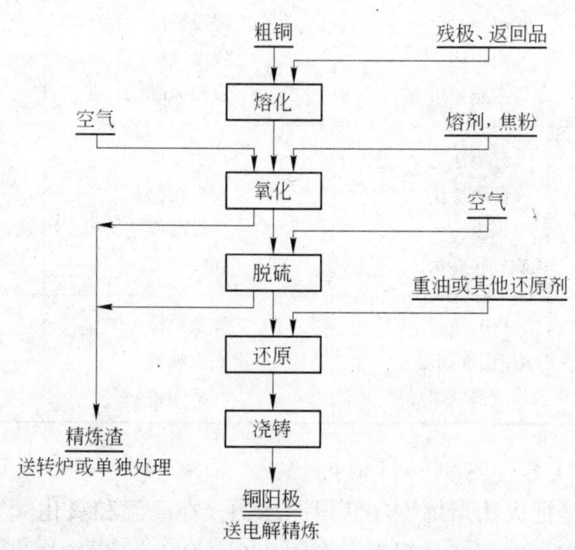

图12.13 粗铜火法精炼的一步流程

铜火法精炼的精炼炉有回转炉、反射炉与倾动炉，国内外实际应用推广的先进火法精炼技术包括回转式阳极炉和铜阳极板全自动定量浇铸圆盘机组，传统的火法精炼技术固定式反射炉和机械式圆盘机+人工浇铸方式正在逐步被先进火法精炼技术取代。

(1) 回转式阳极炉是相对于固定式阳极炉而言的一种火法精炼炉型，两者的工艺原理相同，但构造与作业方式完全不同，我国目前已有3台，其中江西铜业集团2台是从国外成套引进的，大冶有色公司1台是在消化引进技术基础上自行设计的。与固定式阳极炉相比，回转炉阳极炉是一种先进的精炼炉型，是与现代化大生产方式相适应的新的精炼炉型，尤其适合生产量大、机械化自动化程度高的条件下应用。

与冰铜吹炼转炉相似，回转式阳极炉的炉体横卧在四组托轮上，可在一定的范围内转动，回转阳极炉作业时其转动角度大约130°，为了满足出渣和出铜时炉体角度微量调节的需要，回转炉设置了快速驱动和慢速驱动，炉体转速分别为0.56r/min和0.05r/min，相差10倍。另外考虑到交流停电事故，为了使出铜口和氧化还原口能够离熔体，还要备有事故复位。贵冶阳极炉的事故复位单独采用专门的气动马达，动力源是储存在气罐中的高压空气。有的厂则把事故复位与慢速驱动合二而一，用小功率的直流电机，电源是蓄电池，这种设计更简明而实用。回转阳极炉的重油燃烧器由重油烧嘴与配风器组成，为方便清打燃烧喷口的黏结物，一般只把配风器固定在端盖上，而重油烧嘴只是套装在配风器中，便于拆卸。出烟口与燃烧口相对，S形的出烟短管一端固定在端盖上，与出烟口对正，另一端为自由端，但与炉体轴线同心，因而不论炉体怎样转动，它都与余热锅炉的进烟口对齐。回转式阳极炉主要有氧化、出渣、还原、燃烧等项操作，回转式阳极炉通常用重油作燃料，适于用气态还原剂，如液化石油气、氨气等。

与固定式阳极炉相比，回转炉的优点主要体现在其氧化、出渣、还原的操作方式上。固定式阳极炉的上述作业，要依靠人工插管、人工扒渣来完成，劳动条件恶劣，劳动强度大；同时由于人力条件的限制，炉子不能做得太宽，熔池也不能太深，因而炉子的容量也受到制约。回转炉式阳极炉的氧化还原喷管嵌在炉衬之中，需要氧化或还原时，只要导入足够压力的空气或还原剂，然后把炉体转到一定位置上，使喷口浸没在熔池面下400～500mm深，即可自行进行氧化或还原，操作者只需调节有关的操作参数。出渣时，打开炉口盖，把炉体转到炉口下沿与熔体面相平的位置，这时在氧化空气的鼓动下，熔池表面的浮渣被一阵一阵地推涌到炉口处自行流下来。回转阳极炉的氧化、出渣与还原的操作比固定式阳极炉优越得多，也正因为这一点，炉子的尺寸不受人工插管与扒渣的限制，容量可以做到两三百吨以上，从而大大提高了生产效率，取得较好的技术经济指标，这是回转阳极炉发展迅速的原因之一。

具体优点：

1）劳动条件好，操作方便。由于整体密封好，因此除了还原期间内基本上不冒黑烟，即使在还原期，也可以采用微负压操作，把大部分黑烟吸入烟道，以减少厂房低空污染。回转式阳极炉由于取消了人工插管、人工扒渣，工人劳动强度低，因而深受工人欢迎。

2）回转式阳极炉出铜时，可以转动炉体来调节出铜口的高度，使铜水流出的速度和浇铸速度保持同步。利于阳极浇铸采用自动生产线，缩短出铜作业时间。

3）回转式阳极炉最突出的优点是其公称能力大，因而生产效率高，能耗低，重油耗也可降到60～70kg/t铜（包括还原用重油），经济效益好，这是固定式阳极炉无法相比的。

目前，我国回转式阳极炉已经国产化，设计成熟，设备精良，操作已实现标准化。这种阳极炉，大大改善了氧化、还原与出渣的操作条件，炉子容量大，技术经济指标先进，劳动生产率高，炉体密封较好，有利于保护环境。出铜时由于可以随意调节出铜口的高度，可与浇铸作业保持同步。

回转式阳极炉的优点：1）集中体现在大型化和能力大上，大型化是回转炉发展的趋势；2）回转式阳极炉配备有一套稳定、可靠、准确的自动控制系统，使其作业控制在最佳状态下；3）适应了大阳极板电解工艺的发展方向。

我国回转式阳极炉工艺实践中存在的需要继续改进问题：1）不适宜处理冷杂铜；2）氧化还原喷管使用寿命不长（只用一个炉），更换喷管，既费力，又占用了作业时间，还消耗较多的钢管与氧气；3）风口区域炉衬损坏快；4）回转阳极炉适宜于快速出铜，需要配备先进高效可靠的浇铸设备；5）热损失仍然较大，除了炉口水套耗热、炉口处烟气外溢损失外，炉衬较薄导致炉壳温度高，辐射散热较固定式炉大；6）回转式阳极炉只有与现代化大生产方式相适，只有在生产量大、机械化自动化程度高的条件下，其优点才能得到最充分的体现，而缺点也才能得到有效的控制，否则难以取得良好的效益。

（2）铜阳极板全自动定量浇铸先进技术。传统生产阳极板的浇铸通常采用半自动化的圆盘浇铸机，它由蜗轮蜗杆减速机驱动的圆盘浇铸机、人工控制浇铸包及捞取板三部分组成。这种方式的缺点是采用机械驱动式的圆盘浇铸机，需要车轮沿路轨转动，没有刹车制动，存在摩擦力大，车轮和路轨易磨损，启动和停止时机组因惯性而造成摆动大，运行稳定性差，容易使阳极板产生毛刺飞边等等严重质量问题。人工控制浇铸包更是落后的浇铸方式，人为因素影响大，人员劳动强度大，易疲劳，阳极板单重和厚度均匀性差，误差大，物理规格不合格率高，给电解工序和产品质量造成了极大影响，也影响了技术经济指标的优化。此外这种传统圆盘浇铸机还存在可靠性能差、自动化信息化水平落后、维修保养工作量大、生产效率低等缺点。

目前国内外先进企业普遍应用全自动定量圆盘浇铸机技术，它是芬兰奥托昆普公司研制的技术，为当代世界上先进的铜阳极板生产技术。它由定量浇铸系统、圆盘浇铸机、取板系统和计算机控制系统四大部分组成。定量浇铸实现了浇铸包动作全自动化，阳极板重量或厚度精确度高；圆盘浇铸机集成了液压驱动、液压制动刹车和光电控制等新技术，无路轨行走，启动、行走和停止的平稳性大大提高，有效地克服了阳极板的毛刺飞边等严重质量问题。此外浇铸系统、圆盘机系统和取板系统通过 PLC 实现计算机集成在线控制，使浇铸作业实现了顺序控制和全自动化，对提高生产效率、保证高质量的阳极板生产发挥重要作用，目前该技术在国内外铜电解厂得到了广泛应用。我国 20 世纪 80 年代中期由江西铜业集团从芬兰奥托昆普公司首家成套引进，经近 30 年的消化吸收和再创新，目前该技术已经完全国产化，它对提升铜电解工序和产品质量、实现高效节能及改善电解工序的技术经济指标是重要的支撑。

国内目前应用该技术的厂家接近 10 家。包括江西铜业公司、安徽金隆铜业公司、云南铜业公司、湖北大冶有色公司、金川集团铜冶炼厂和山东祥光铜业公司等。中国有色金属报［2009-6-1］报道，江西华正新技术有限公司为山东祥光铜业设计制造的全自动定量圆盘浇铸机经过 3 个月的试生产，已经通过验收。该全自动定量圆盘浇铸机是具有世界先进水平阳极铜浇铸设备，自主开发的定量浇铸系统具有完全自主知识产权，定量精度达到 ±2kg 即 ±0.533%（阳极板质量 375kg），具有定量精度高、性能稳定、适应性强等优点，能够生产出满足高品质阴极铜生产所需要的阳极板。

12.2.2.4 电解精炼技术（阳极铜→电解铜）

火法精炼一般能产出含铜 99.0% ~99.8% 的粗铜产品，但质量仍然不能满足电器和其他工艺要求，必须经过电解精炼除去火法精炼难以除去的杂质。电解精炼是在电解槽中通入直流电，把阳极板精炼成纯度更高和用途更广的成品电解铜。铜电解生产工艺目前划分法为：传统法（常规法）和现代法，大极板长周期工艺和小极板短周期工艺。

传统法铜电解精炼工艺，不管是大极板长周期电解，还是小极板短周期电解，其阴极均用厚度为 0.6mm 左右的薄铜片制成，又称始极片。一片始极片的使用寿命只有一个阴极周期，所以传统法的工厂都配备一定数量的种板槽和始极片加工机械，生产制作始极片，传统铜电解工艺是一种有种板或始极片的铜电解法。传统法铜电解生产中始极片的制作与组装是一项劳动强度大、消耗人工多的生产环节，所需的工作量占全部极板处理作业工作量的 50% 以上，其缺点是工人劳动强度大、机械化自动化水平低、生产效率低、工艺质量、产品质量和技经指标的优化难于保证和实现，一般适合中小规模企业生产，目前仍为国内外绝大多数中小企业采用。

现代铜电解工艺为永久不锈钢阴极电解法，也称无种板或无始极片的铜电解工艺。永久不锈钢阴极法是适应铜电解产业大规模、高效率、低成本、大极板（阴极板规格长×宽 =1000mm×1000mm）、高电流密度和高纯阴极铜方向发展而开发的当代世界最先进铜电解技术。它是以不锈钢阴极技术为核心，集成了当今铜电解领域的各项先进技术而衍生的先进铜电解技术，它整体上解决了传统铜电解工艺存在的问题，并衍生出了一系列成套高效能、高自动化和信息化的技术和装备，包括不锈钢阴极技术和装备、成品阴极剥离技术和装备、阳极校正技术和装备、残阳极洗涤技术和装备、电解专用吊车、添加剂自动探测监控技术、电解槽短路和槽电压自动探测监控技术、新型电解液循环方式、电解液精细过滤技术等。永久不锈钢阴极电解法使工人劳动强度大大减少，机械化自动化水平、生产效率低、工艺质量、产品质量和技经指标等得到了显著的优化和提升。目前永久不锈钢阴极电解法关键核心技术仍为外国公司掌握，世界上拥有永久不锈钢阴极法知识产权的有澳大利亚 PTY 铜精炼有限公司研制的 ISA 法、加拿大鹰桥公司开发的 KIDD 法和芬兰 Outokumpu 公司开发的 OK 不锈钢阴极法三种。并且三种方法均得到了商业化应用。

永久性阴极铜电解技术最早由澳大利亚芒特艾萨（Mount Isa）矿业公司汤斯维尔精炼厂（CRL）在 1978 年研制成功并投入生产，称为艾萨（ISA）电解法。芒特艾萨公司从 1978 年开始把艾萨技术卖到国际上，至 2003 年世界上有 54 家得到芒特艾萨公司的专利许可证，用艾萨法生产阴极铜总能力已达 500 万吨/年，占全世界总阴极铜产量的 33%。目前国内采用永久性阴极铜电解技术唯一工厂是江西铜业公司贵溪冶炼厂，该厂三期电解采用 ISA 电解法，设计能力为 20 万吨/年，并于 2003 年投产。使用 ISA 电解法的最大工厂是德国北德精炼厂，阴极铜生产能力达 37 万吨/年。

1986 年加拿大鹰桥公司的 Kidd Creek 冶炼厂也开发了另一种不锈钢阴极生产工艺，称为 KIDD 法。1992 年 KIDD 工艺技术实现商业化，到目前为止，采用 KIDD 工艺的电解厂共有 8 家，生产能力达 245 万吨/年；其中最大工厂是智利楚基卡马塔冶炼厂，阴极铜生产能力达 87 万吨/年。

芬兰奥托昆普公司利用其先进的不锈钢生产与制造技术，以及在阳极机组、阴极剥片机组、行车等方面的良好业绩，近年来开发的 OK 不锈钢阴极法也已投入了工业化生产。国内的山东阳谷铜业公司选择了 OK 不锈钢阴极法。

我国不少企业和学者进行了永久阴极铜电解技术和传统铜电解工艺的工程投资和经济效益详细论证分析比较，阐明了永久阴极铜电解技术的先进性，从而提出永久阴极铜电解技术是我国大中型铜电解工厂的发展方向，永久不锈钢阴极电解法可以应用于铜精矿或废杂铜为原料的冶炼厂。如图 12.14 所示。

自 20 世纪 60 年代以来，世界铜冶金技术有了长足的进展，主要表现是：(1) 传统的冶炼工艺正迅速被新的强化冶炼工艺所取代，到目前为止世界上约有 110 座大型炼铜厂，其中采用传统工艺的工厂仅剩下 1/3，其余 2/3 的工厂已采用新的强化工艺进行铜的生产。现在，奥托昆普闪速熔炼和各种熔池熔炼工艺（澳斯麦特/艾萨法、诺兰达法、特尼恩特法、瓦纽柯夫法等）已成为主流炼铜工艺。(2) 氧气的利用更为广泛，富氧浓度已大大提高。(3) 各炼铜厂的装备水平和自动化程度都有较大的提高。(4) 以计算机为基础的 DCS 集散控制系统已为更多的炼铜厂采用，使冶炼工艺的控制更为精确。(5) 冶金工艺参数（如温度、加料量等）的测定手段更为先进，测得的数据也更可靠，如艾萨炉熔池，温度直接连续测定的实现可使熔池温度控制在 ±5℃左右。(6) 有价金属的综合回收率进一步提高，综合能耗进一步降低，劳动生产率进一步提高，冶金环境进一步改善。(7) 湿法炼铜工艺有了更大的发展，现在世界上已有 20% 的铜用湿法生产。

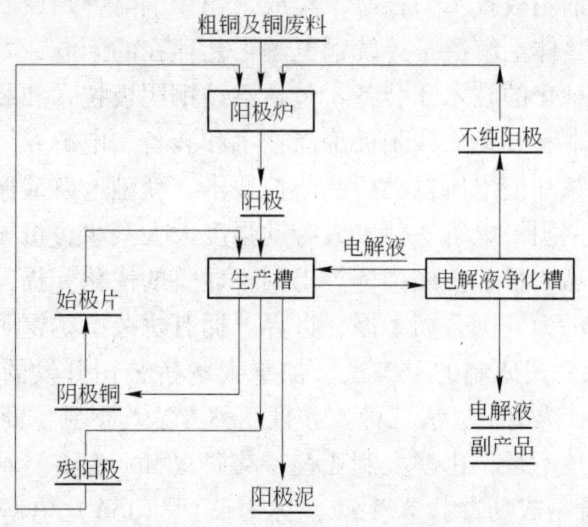

图 12.14 铜电解精炼工艺流程

闪速熔炼技术经过 50 多年的改进，在技术装备上更加完善，近 20 年来，最大的改进是鼓风中富氧浓度大大提高，现在最高已达 90%，其次是炉体强化冷却结构更加先进，越来越多的工厂采用中央精矿喷嘴，实行“四高”（高投料量、高富氧浓度、高热强度、高锍品位）操作，使单炉生产能力大大提高，如美国犹他冶炼厂新建的闪速炉，富氧浓度为 80% ~85%，锍品位为 69%，单炉精矿处理量高达 160 ~170t/h。

近 10 年来新开发的浸没顶吹熔池熔炼工艺（包括艾萨法和澳斯麦特法），迅速被世界上很多工厂采用，其推广速度超过了原有的诺兰达法和特尼恩特法的推广速度。特别是艾思达（Xstrata）公司的艾萨法更为成熟、可靠，受到大家的重视。印度思特来特公司炼铜厂新建的艾萨炉采用的富氧浓度达 78% ~80%，产出的锍品位为 65%，精矿投入速度平均达 137t/h。单炉产铜能力达 30×10^4t/a。到目前为止全世界已有四台大型艾萨炉在运转中，还有三台炉正在建设中。特别是南秘鲁的依罗冶炼厂原计划采用的是闪速熔炼炉和特尼恩特炉生产铜，但是他们在改造现有炼铜工艺的时候毅然关闭反射炉，改用艾萨炉，规模为年处理铜精矿 120 万吨，很值得深思。除艾萨熔炼外，澳斯麦特法近几年也在炼铜方面有较大进展。现在，已有两台澳斯麦特炉在进行生产。

三菱法是世界上唯一的真正的连续炼铜法，虽然早在 20 世纪 70 年代已开发成功，但是由于多种原因，始终推广不开，近几年有了惊人的变化，特别是 1998 年在经济欠发达的印尼投产了一座年产 20×10^4t 铜的设备后，使人们对三菱法的认识有了变化，现在世界上已有 4 座三菱法工厂在运转。

近 20 年来国内的铜工业，可以说发生了翻天覆地的变化。2009 年我国产电铜 410.9 万吨，除三菱法外，我国铜冶炼生产所采用的方法几乎涵盖了世界上所有铜冶炼工艺。白银炼铜法、氧气底吹炼铜法是中国自己独有的。从产能看，闪速炉熔炼 6 台（套），产能 130 万吨/年，其次是顶吹熔炼，投产的有 6 台（套），产能为 70 万吨/年，同时有白银炉 3 台、底吹熔炼炉 3 台、诺兰达炉 1 台、瓦纽柯夫炉 1 台，产能总计 56 万吨/年，其余为传统的密闭鼓风炉熔炼。其产能为 30 万吨/年。

贵溪冶炼厂（以下简称贵冶）和金隆公司的闪速炉熔炼经过改造，技术水平有了更大的提高。如贵冶的闪速炉熔炼已采用中央精矿喷嘴，实行常温富氧熔炼和“四高”操作，锍品位从50%提高到63%，富氧浓度从50%提高到70%，精矿投入量已从1128t/d提高到3488t/d，矿铜生产能力已达30×10^4t/a。云铜已用艾萨法取代了电炉熔炼，金昌冶炼厂和侯马冶炼厂已采用澳斯麦特法生产铜，特别是云铜的艾萨炉一次顺利投产成功，各项指标均达到世界同类工艺先进水平。葫芦岛东方铜业公司也正准备用浸没顶吹熔炼工艺取代密闭鼓风炉熔炼工艺。我国自己开发的白银炼铜法，也取得了较大的进展，他们正准备进一步改造，大冶的诺兰达炉自投产以来，运转一直正常。

我国自主研发的氧气底吹炼铜工艺开发成功后，目前已经成功在4家冶炼厂推广应用。即越南大龙冶炼厂、山东东营鲁方金属材料有限公司、山东恒邦冶炼股份有限公司以及包头华鼎铜业公司。从投入运行情况看，以东营鲁方年产阳极铜10万吨的能源动力消耗为例，消耗煤、燃料油（含厂内运输用油）、电、水合计折合年消耗标煤19483.86t，阳极铜单位产品能耗（不含制酸，标准煤）小于195kg/t。“氧气底吹熔炼技术”阳极铜单位产品能耗低于国内平均水平，且处于至今所报道的世界最低值，堪为世界领先水平。研究人员指出需要加快该技术推广以替代国外进口工艺，形成自主知识产权新技术，开发底吹连续炼铜新工艺，技术核心是由一个底吹炉将精矿熔炼成冰铜，冰铜连续注入第二个底吹炉吹炼成合格粗铜。该工艺开发成功后，可使目前国内约30多万吨采用鼓风炉落后工艺产能的技术得到升级改造。并可有效解决PS转炉存在的SO_2逸散现象等世界性难题，从而使该工艺成为世界一流的新工艺。

氧气底吹炼铜工艺的另一个优点是可以处理复杂铜精矿，对于富含贵金属的铜精矿经炉底喷吹的冰铜反复冲洗，Au、Ag回收率比其他炼铜工艺提高1%～20%。另外，对含Pb、As、Hg、Sb的伴生元素，通过底吹70%～90%富集在烟尘中，烟尘通过单独处理，可以综合回收这些元素，已测试到As的挥发率达到89%。该工艺的综合回收水平好于其他所有炼铜工艺。

12.3 金铜矿提取工艺及其应用实践

氧气底吹熔炼技术是我国自主开发的新一代熔池强化熔炼技术。该技术已成功运用于铅冶炼，应用于铜熔炼也已经实施，同时利用锍对贵金属的捕集作用，可以应用于贵金属冶炼。富氧底吹熔池熔炼“造锍捕金”利用冰铜及铜为金、银优良的捕集剂，在火法炼铜过程中将复杂金精矿与低品位铜精矿进行混合配矿，保证铜含量在适度范围内，经过氧气底吹炉熔炼，生成铜锍，在氧气底吹炉底部高速氧气搅动下，铜锍反复冲洗上部熔体，从而使绝大多数贵金属溶解到铜锍中，完成造锍捕金过程。铜锍经过吹炼、精炼、电解后从阳极泥中回收贵金属。

12.3.1 富氧底吹造锍捕金原理

关于富氧底吹造锍捕金过程的原理乃至锍捕集贵金属的原理尚无定论，文献报道较少，从热力学计算或通过实验进行研究均有较大难度。有学者认为贱金属捕集贵金属的原理是“铂族金属和金、银与铁及重有色金属铜、镍、钴、铅具有相似的晶格结构和相似的晶格半径，可以在广泛的成分范围形成连续固溶体合金或金属间化合物，因而熔融状态的贱金属及其二元或多元合金是贵金属的有效而可靠的捕集剂”。另外，有学者指出原子半径也起一定作用，指出"铜是心立方结构，原子半径也与铂族金属接近。与铂、钯、铑都能形成固溶体，且可溶解一定量的铱"。还有学者提出了贱金属捕集贵金属是一种高温萃取过程的观点，并以二硫化碳可以从含碘的水溶液中萃取碘为例，认为铅可以捕获贵金属是因为贵金属易溶解在铅中，像碘易溶解在二硫化碳中一样。

云南大学化学科学与工程学院陈景指出这些观点均是以贵金属和贱金属的晶型、晶胞参数、原子半径等物理特性参数相同或相近，作为贱金属可以捕集贵金属的"原理"，但他认为这些参数不能作为捕集原理的必充条件。他从微观层次讨论火法熔炼过程中贱金属相及锍相捕集贵金属的原理，指出捕集作用的发生是由于熔融的渣相和贱金属相两者的组成结构差异很大。渣相由脉石矿物成分 SiO_2、MgO、CaO 以及熔炼中产生的 FeO 所组成，它们形成熔融的硅酸盐，是一种熔融的玻璃体。渣相靠共价键和离子键把硅、氧原子和 Ca^{2+}、Mg^{2+}、Fe^{2+} 等离子束缚在一起，键电子都是定域电子。因为贵金属的价电子或原子簇表面的悬挂键不可能与周围的定域电子发生键合，贵金属原子在熔渣中不能稳定存在。而金属相靠金属键把原子束缚在一起，原子间的电子可以自由流动，贵金属的键电子可以和周围贱金属原子的键电子发生键合，分散进入具有无序堆积结构的熔融贱金属相中，并且可降低体系自由能。锍在高温下具有相当高的导电率（数值在 $10^3 \sim 10^4$S/cm 范围），且温度系数呈负值，属电子导电。因为熔锍的性质类似金属，因此，在造锍熔炼过程中，贵金属原子进入熔锍而不进入熔渣。并且由于贵金属的电负性及标准电极电位高，贵金属化合物在还原熔炼中将先于贱金属化合物被还原；在氧化性熔炼中将后于贱金属被氧化。因此，在硫化矿的冶炼过程中，贵金属原子先进入锍相，后进入粗金属，最后进入阳极泥。

12.3.2 富氧底吹造锍捕金工艺及实践

氧气底吹熔炼工艺用于炼铜对原料适应性很强，保证铜含量在适度范围内，可以处理复杂多金属矿。曲胜利研究富氧底吹造锍捕金工艺流程如图 12.15 所示。

原料为不同矿源的金精矿和铜精矿的混合料，混合矿组成为含 Au 17.40g/t、Ag 504.80g/t，其余元素成分（%）：Cu 16.10、S 25.23、Fe 27.12、SiO_2 25.84、CaO 1.72、Pb 1.81、Zn 2.07、As 1.12、Sb 0.66、Bi 0.07、Ni 0.03。富氧底吹炉规格为 Q 4.4m × 16.5m，炉底中心线上分布 6 支氧枪供氧，富氧浓度 75%，氧料比 130m^3/t，氧压 0.5MPa，空气压力 0.65MPa。混合精矿通过给料机入炉，每小时处理复杂含铜金精矿 60t。炉温控制在 1180℃左右，若炉温不稳定可配煤提温，炉渣性质通过加熔剂调控。

曲胜利研究了块煤对冰铜成分的影响，指出在造锍熔炼过程中，块煤的加入量对熔炼产出冰铜品位影响很大。冰铜品位随块煤加入量增加而增加，当块煤加入量超过 0.9t/h，冰铜品位开始下降，而冰铜中铁含量在逐渐增加。冰铜中贵金属的含量随铜品位的升高而上升。随着冰铜中铁含量的增加，贵金属含量下降，特别是银含量下降较为明显。块煤的加入会导致炉渣性质的急剧变化。当块煤加入量高时，由于煤灰大量进入炉渣，导致炉渣中 SiO_2 明显增加，铁含量逐渐降低，Fe/SiO_2 急剧下降，炉渣性质恶化。由于富氧底吹熔池熔炼完全自热，加入块煤通常是用于调整渣性。氧化钙能够改善炉渣的性质，在熔体中还原硅酸亚铁、磁性铁，促使 $Cu_2O \cdot SiO_2$ 和 $Cu_2O \cdot Fe_2O_3$ 氧化态铜的分解，减少渣含氧化态铜含量，并降低渣中铜的溶解损失，使渣含硫化态铜损失降低。氧化钙还可以降低炉渣密度和黏度，有利于冰铜和炉渣的分离。铜渣 Fe/SiO_2 对炉渣性质和冰铜成分影响较

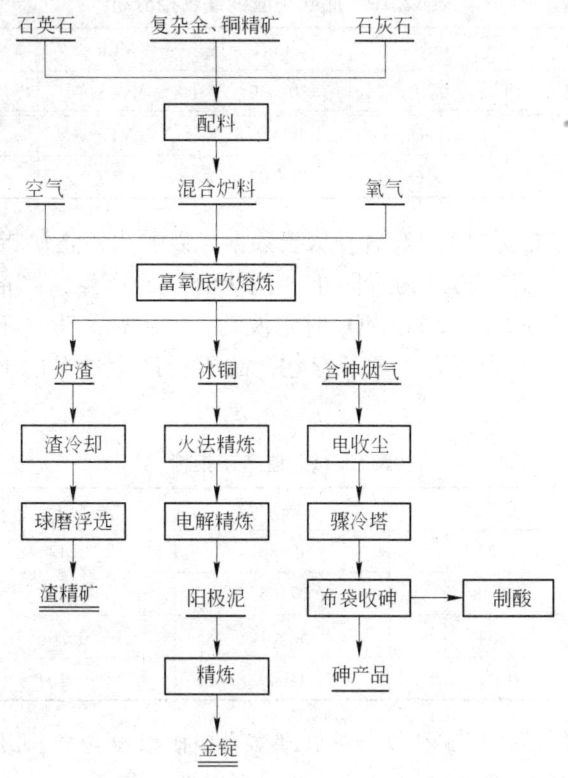

图 12.15 复杂金精矿处理工艺流程

大。当炉渣中铁含量一定时，Fe/SiO_2 越大，则炉渣中 SiO_2 越小，熔炼过程中产生的渣量小。而当 Fe/SiO_2 大时，将导致炉渣性质恶化、渣锍分离条件变差、渣中铜的机械夹杂增多，因而使得渣含铜明显升高。

山东恒邦冶炼股份有限公司应用富氧底吹造锍捕金技术利用复杂多金属矿，报道指出工程于 2010 年 4 月投料生产一次性成功，并经过了近 5 个月的试生产。处理的混合炉料成分为：w(Cu) 15%，w(S) 22% ~25%，w(Fe) 27%，w(SiO_2) 12%，Au 2g/t，Ag 600g/t。富氧浓度保持在 73% ~75% 之间，而底吹熔炼氧的利用率高，几乎可达 100%，单位时间、单位容积处理炉料量大。熔炼强度以反应区容积计算，已达到 14t/(m^3 · d)。正常生产时氧压达到 5.5kg/m^2，空气压力稍高，在氧枪出口处会形成 Fe_3O_4。“蘑菇头”可以很好地起到保护氧枪的作用，故氧枪寿命较长。但当空氧压力过高时，蘑菇头形成较长、通风孔径小，需要停车清理或提高炉温将其熔掉。

氧气底吹熔炼实现了完全自热熔炼。当投料量达到 35t/h 时，炉内就已经达到了能够维持自热熔炼的热平衡。由于排出的烟气量小，炉子的散热面积小，带走的热量少，因此很容易实现自热熔炼，最大限度地利用了一切热能。在现有的熔炼工艺中，无论是闪速熔炼还是其他熔池熔炼工艺，都需要配入一定的燃料来补热，而氧气底吹熔炼在造锍熔炼过程中，可以做到不配煤，为改善渣性需配 0.5% 的石油焦。

考虑到处理的精矿金银含量高，将熔炼渣进行缓冷后选矿回收金、银、铜。底吹炉渣进行了物相分析，结果见表 12.10。

表 12.10 底吹炉渣铜铁物相分析 (%)

TCu	$CuSO_4$	Cu_2O	CuO	MCu	CuS	其他铜
4.58	0.18	0.10	0.040	0.28	3.87	0.11
TFe	Fe_2O_3	FeO	Fe_3O_4	MFe		
39.73	<0.02	19.68	19.02	1.62	—	

实际生产中渣选矿指标见表 12.11。从表数据可以看出，选矿指标非常好，铁精矿产率达到 50%，综合效益高。另外为了防止"泡沫渣"的产生，严格控制各项工艺参数，控制 Fe/SiO_2 在 1.5～1.8，尽管 Fe/SiO_2 时常波动，但未曾产生"泡沫渣"。由于"氧气底吹"吹的是冰铜层，因为总有 FeS 的存在，故不会产生过量的 Fe_3O_4，也就不易产生"泡沫渣"。

表 12.11 渣选矿指标

项 目	$w(Cu)/\%$	$w(Fe)/\%$	$Au/g \cdot t^{-1}$	$Ag/g \cdot t^{-1}$
熔炼渣	4.27	40.86	3.13	167.2
铜精矿	21.38	27.65	14.00	862.30
铁精矿	0.34	50.01	0.20	12.20
尾 矿	0.21	34.49	0.20	9.40

该项技术在处理低品位铜矿和复杂难处理多金属矿以及含金、银高的贵金属伴生矿方面适应能力极强，能够处理高硫铜精矿、低硫铜精矿、氧化矿、金精矿、银精矿、高砷矿、高硅矿、块矿等。但该工艺也存在如渣含铜较高，氧枪结构不甚合理的问题。

12.3.3 富氧底吹炉比较

底吹炉是富氧底吹造锍工艺中的核心设备和关键技术，对工艺效果的影响较大。现有公开的山东恒邦冶炼股份有限公司和国内某公司所采用的炼铜底吹炉结构示意图如图 12.16 和图 12.17 所示。对两家公司底吹炉设计异同及对运行效果的影响进行简单介绍如下。

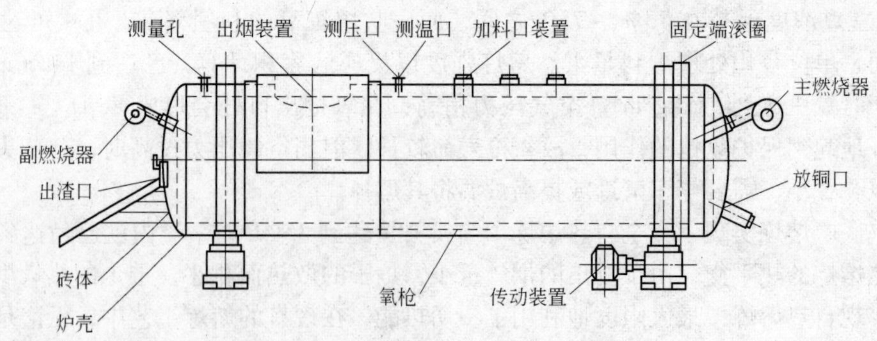

图 12.16 山东恒邦富氧底吹炉示意图

氧枪数量、分布及安装结构对造锍效果、渣的性质及操作有较大影响。对比恒邦公司底吹炉和某公司底吹炉，某公司底吹炉设计为 9 支氧枪，氧枪直径分别为 48mm 和 60mm，

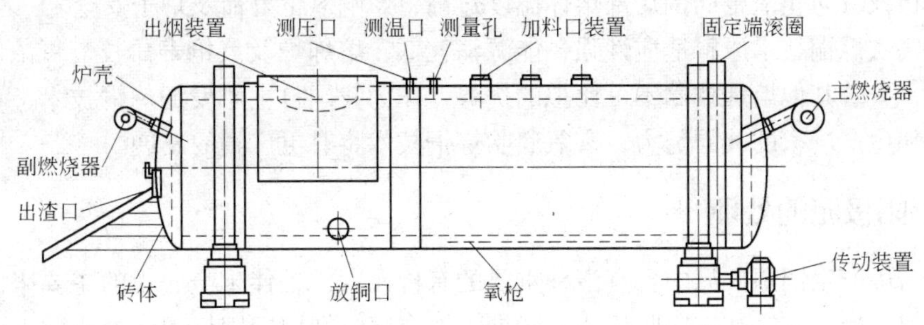

图 12.17 某公司富氧底吹炉示意图

9 支氧枪同时工作，氧枪安装在反应区的下部，分两排成 15°夹角布置。下排呈 7°，5 支氧枪；上排呈 22°，4 支氧枪。恒邦公司底吹炉设计为 6 支氧枪，氧枪直径为 75mm，其中 5 用 1 备，氧枪也安装在反应区，呈 0°单排直线排列。恒邦公司底吹炉氧枪数量少，相对来说增加了沉淀区的长度，有利于渣和铜的分离。实际生产中，5 支氧枪渣含铜控制在 4% 以下，曾有一段时间采用 4 支氧枪进行生产，渣含铜持续下降，一般在 2.5% 以下，最低时曾达到 1.5%。在采用 4 支氧枪生产时，并没出现因沉淀区较长而使熔体传质传热情况受到影响的状况，说明适当增加沉淀区的长度，有利于降低渣含铜。氧枪位置对操作过程有一定影响，中心线与下料口中心错开位于两只下料口水平位置的中间，与斜对着下料口相比可以在一定程度上避免熔体喷溅而堵塞下料口，减轻工人的劳动强度，当氧枪呈 0°单排直线排列，可以避免采用双排氧枪熔体叠加翻腾冲刷炉墙的可能，可以延长炉子的使用寿命。氧枪数量增加，单支氧枪的流通面积减小，氧气可均匀地喷射和分布在铜液内，反应更加均匀，有利于形成外观较好的蘑菇头，对炉子的工艺控制、安全运行越有利。

下料口的位置和设计对渣的排放影响较大，既应当避免下料口因结焦堵塞，也要避免承受负压或熔池剧烈反应撞击端墙造成喷溅。下料口大既能够满足加大下料量的要求，也便于清理加料口，在一定程度上也降低了下料口因结焦而堵塞的现象。同时下料口与氧枪的相对位置，也会影响氧料比，从而影响氧枪蘑菇头形成速度。

测量孔离反应区的位置远近对测量效果有一定影响，测量孔离反应区位置近，受到反应区的反应比较剧烈的影响，测量杆难于挂渣，冰铜与渣不能分层无法准确判断液面高度。测量孔若位于渣口一端，离反应区较远，测量时很容易挂渣，效果较好，测量杆上渣和铜分界线很清楚，最大程度地加强了对熔池液面的掌控，有利于指导生产。底吹炉传动装置应当尽量远离炉体，防止氧枪、炉体烧穿熔体漏出烧毁传动装置的危险。放铜口的位置和角度主要影响放铜操作。控制支管阀门维持单支氧枪合适的氧浓度，对抑制蘑菇头的生成以及延长氧枪和氧枪砖的使用寿命特别重要，尤其是在调节氧枪更换后新枪流量的偏差过程中作用显著。

恒邦公司富氧底吹炉的生产实践，提出了一些优化炉子设计的措施。优化炉体结构，增加炉体长度可以增加沉降分离时间，降低渣含铜。增加氧枪数量，减小单只氧枪供气能力要提高处理量，促进形成形状规则的蘑菇头延长氧枪的使用寿命，保证氧枪安全运行。完善单只氧枪气量的计量，控制支管气体流量的计量，避免支管气体流量总和与总管流量不相符的状况，防止氧枪周围局部熔体温度过高，影响氧枪寿命及炉子安全。

富氧底吹炼铜技术原料适应性强，能源消耗低，熔炼炉及氧枪寿命长，氧浓度高，熔炼强度大，有着其他熔炼技术不可比拟的优势。作为我国自主研发的炼铜技术，相信经过设计单位和生产厂家的共同努力，富氧底吹炼铜技术将有更广阔的发展。

12.4 铜阳极泥的处理

电解精炼产生铜阳极泥中含有多种重要的有价元素，是伴生金、银的主要来源，并且富含铂、钯、硒、碲等具有回收价值的元素，综合回收利用铜阳极泥，具有重大的资源和环境价值。

12.4.1 铜阳极泥的组成和性质

铜阳极泥是在铜电解精炼过程中生成的不溶于电解液的副产品，它是由铜阳极在电解精炼过程中不溶于电解液的各种物质所组成，其产率一般为0.2%~1%，其成分主要与铜阳极的成分、铸造质量和电解的技术条件相关。铜阳极泥的组成包括：Au、Ag、Cu、Pb、Se、Te、As、Sb、Bi、Ni、Fe、S、Sn、SiO_2、Al_2O_3、铂族金属及水分。铜阳极泥中Cu、Pb、Se、Bi、As等贱金属以及与之结合的非金属，约占总量的70%以上。表12.12列出了国内外工厂铜电解阳极泥的典型组分。铜阳极泥中主要元素含量分别为：Au 2%~10%，Ag 3%~25%，Cu 10%~50%，Pb 2%~15%，贵金属主要是铂族元素，含量较少。

表12.12 国内外工厂铜电解阳极泥组成

来源	云南冶炼厂	白银有色金属公司	加拿大铜精炼厂	芬兰奥托昆普公司	日本佐贺关冶炼厂
$w(Cu)/\%$	2.5	34.53	10~50	11.20	30
$w(Ag)/\%$	5~9	8.33	3~25	9.38	7
$w(Au)/\%$	0.02	0.271	0.2~2	0.5	1
$w(Pb)/\%$	—	3.41	5~10	—	—
$w(Se)/\%$	1~2	13.24	2~15	4.23	12.5
$w(Te)/\%$	—	0.62	0.5~8	—	22
$w(As)/\%$	2.0	—	0.5~5	0.7	—
$w(Sb)/\%$	—	—	0.5~5	0.04	—
$w(Bi)/\%$	0.5	—	0.1~0.5	2.62	—
$w(Ni)/\%$	—	—	0.1~2	45.21	—
$Pt/g\cdot t^{-1}$	3	—	—	—	—
$Pd/g\cdot t^{-1}$	10	—	—	—	—
$w(SiO_2)/\%$	—	1.44	1~7	2.55	—
$w(H_2O)/\%$	5~60	25~35	—	—	—

铜阳极泥的物料组成比较复杂，金属以各种形式存在，铜主要以 Cu、Cu_2S、Cu_2Se、Cu_2Te 形式存在；银主要为 Ag、Ag_2Se、Ag_2Te 及 AgCl；金以游离状态存在，也有与碲结合的金。铜阳极泥比较稳定，在室温下不会有明显氧化，在没有空气存在的条件下不与稀硫酸和盐酸作用，但能与硝酸强烈反应；有空气作氧化剂时，可缓慢溶解于硫酸和盐酸，并能直接与硝酸发生强烈反应。在空气中加热阳极泥，部分组分氧化形成氧化物，如亚硒酸盐和亚碲酸盐，Se 和 Te 转化为可挥发的 SeO_2 和 TeO_2。阳极泥与浓硫酸共热时，会发生氧化及硫酸化反应，铜、银及其他贱金属形成相应的硫酸盐，金不发生改变，硒的硫酸盐随温度升高可进一步分解成 SeO_2 挥发。

学者指出，研究铜阳极泥的物相组成、性质对阳极泥中金属的回收利用至关重要，如对阳极泥的浮选及贵金属元素的提取影响较大。阳极泥中贵金属及硒和碲等元素的存在形态决定了阳极泥的处理方法的不同。尽管铜阳极泥物相组成重要，但早期关于其物相构成的系统研究较少，直至 T. T. Chen 和 J. E. Dutrizac 等人对其深入研究，才对铜阳极泥的矿相组成有了详尽的研究结果。T. T. Chen 和 J. E. Dutrizac 对五家铜精炼厂的阳极泥物相进行研究指出，阳极泥中硒的存在对银的影响较大，电解过程中溶解的银能与 Cu_2S 形成 Ag-Cu 硒化物并富集。阳极泥中 Cu，Ag，Se，Pb 及 As 也以氧化态的形式存在，$CuSO_4 \cdot 5H_2O$，$CuSeO_3 \cdot 2H_2O$，砷酸铜及硫酸 Cu-Ag 等物相均存在于阳极泥中，硒化物的内核中还可以监测到硫酸铅等物相，分析指出其可能主要是阳极内含物中 Cu-Pb，Cu-Pb-As 或 Cu-Pb-As-Sb-Bi 氧化物的硫酸化所致。阳极泥中的碲主要形成碲化铅、碲化银等，极少量存在于含碲硒化物的内含物中。阳极泥中的金主要以细颗粒附于硒化物、五水硫酸铜或 AgCuSe 上。

12.4.2 铜阳极泥综合处理工艺

12.4.2.1 火法—电解处理工艺

火法—电解处理工艺一般称为铜阳极泥处理的传统工艺，主要包括焙烧脱硒、还原熔炼、贵铅氧化精炼、酸浸脱铜、银电解、金电解精炼等过程，具体流程如图 12.18 所示。

A 焙烧

铜阳极泥首先需要焙烧除硒，因为硒的存在会使火法熔炼阳极泥时金属与炉渣两相间形成一层含银很高的硒冰铜，从而需要延长吹风氧化时间回收硒冰铜中的银，延长生产周期。并且硒会分散于炉渣、冰铜和贵铅中，造成硒难以回收。

铜阳极泥硫酸化焙烧的主要目的是把硒氧化成可挥发的 SeO_2，SeO_2 进入吸收塔的水溶液中转变为 H_2SeO_3，然后被炉气中的 SeO_2 还原而生成元素硒粉；铜转化为可溶性的 $CuSO_4$，硫酸化焙烧渣通过水浸出（或稀硫酸）脱除铜。脱铜渣进入金银冶炼系统，浸铜液用铜板置换银，然后将粗银粉送金银系统，硫酸铜送至铜电解车间回收铜。

a 焙烧设备——回转窑及吸收塔

回转窑日处理阳极泥（湿泥）1.5t。回转窑由 16mm 锅炉钢板焊接制成，其尺寸为 4750mm × 10800mm，转速 65r/s，倾斜度不超过 2%，内壁无炉衬，为防止炉料粘壁，窑内装一 ϕ475mm 带耙齿的圆钢搅笼，翻动阳极泥。窑外用耐火砖砌一火室，采用外加热法，即整个窑身置于燃烧室内，用煤气（或重油）加热。窑和吸收塔用水环真空泵保持负压。吸收塔为铁塔内衬铅，吸收塔尺寸为 ϕ(1000 ~ 1200) mm × (600 ~ 800) mm。一般一塔

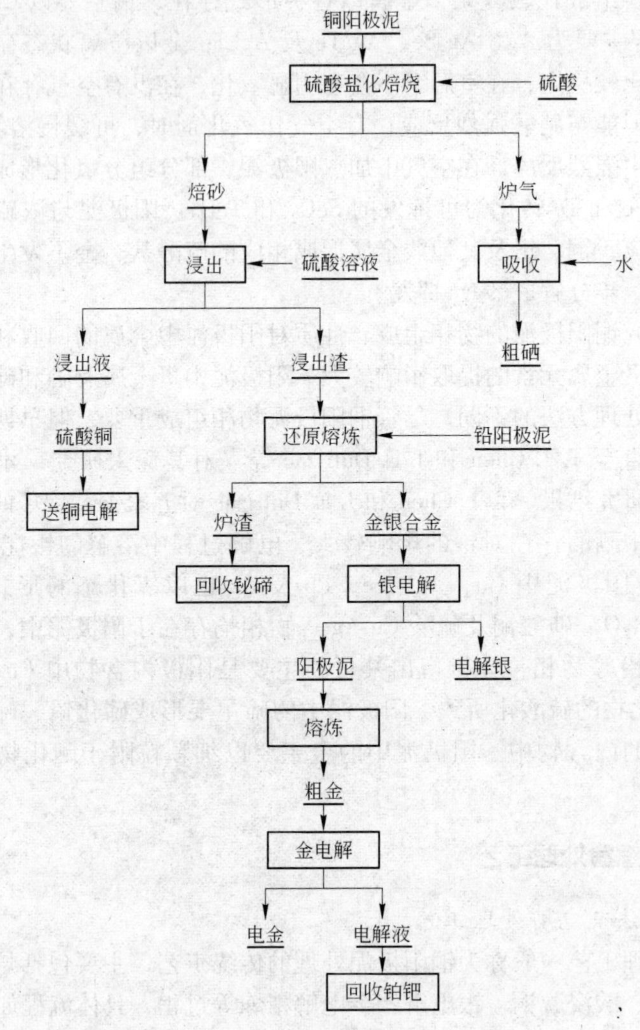

图 12.18 铜阳极泥火法处理工艺流程

为 ϕ120mm × 800mm，二、三塔为 ϕ1000mm × 600mm。

b 处理过程

将铜阳极泥（含水 20% ~40%）送入不锈钢混料槽，按 Cu、Ag、Se、Te 和硫酸进行化学反应所需理论量的 130% ~140% 左右，配加浓硫酸，机械搅拌成糊状，用加料机均匀地送入回转窑内进行硫酸化焙烧。回转窑用煤气或重油间接加热，温度自进料端至排料端逐渐升高。进料端温度 220 ~300℃，主要为炉料的干燥区；中部 450 ~550℃，主要为硫酸反应区；出料端为 600 ~680℃，硫酸化反应完全，SeO_2 挥发。窑内保持负压，进料端为 300 ~500Pa，物料在窑内（停留）3h 左右，硒挥发率可达 93% ~97%。窑渣（脱硒渣）流入贮料斗，定时放出，渣含硒 0.1% ~0.3% 左右。含 SeO_2 和 SO_2 的气体经进料端的出气管进入吸收塔。吸收塔分两组，每组 3 个串联，两组交换使用。塔内装水，炉气中的 SeO_2 溶于水形成 H_2SeO_3，并被 SO_2 还原成粉状元素硒，经水洗干燥得 95% 左右的粗硒。第一塔吸收还原率约 85%，第二塔约 7% ~10%，第三塔约 2% ~6%。塔液和洗液用铁置换后含硒低于0.05g/L弃之。含硒置换渣返回窑内处理。回转窑焙烧后的窑渣用水浸或稀硫酸浸出脱铜。浸出时固液比为1：（2~3），温度90℃以上，机械搅拌2~3h，$CuSO_4$和Ag_2SO_4和部分硫酸碲溶于水中，脱铜渣经水洗过滤，送金银冶炼系统。溶液输送到置换罐，加温至90℃，用铜片将Ag、Te（硫酸银、硫酸碲）置换，直至溶液加入盐酸不显白色沉淀为止。沉淀经洗涤过滤，粗银粉送金银冶炼系统，硫酸铜溶液用泵输送至铜电解车间回收铜。溶液含铜30~60g/L，浸出渣含铜1%~3%。经硫酸化焙烧挥发硒，提出脱铜后的浸渣成分列于表12.13。

表12.13 焙烧浸出脱铜后浸渣成分 （%）

厂别	w(Cu)	w(Pb)	w(As)	w(Sb)	w(Bi)	w(Se)	w(Te)	w(Au)	w(Ag)	$w(SiO_2)$	其他
一厂	<3	15~20	2.0~3.7	3~14	0.59	0.03~0.04	0.4	1~1.5	12~15	14.7	余额
二厂	1.48	9.53	0.86	0.41	2.03	1.62	0.13	0.14	21.86	9	余额

浸出与置换在不锈钢罐中进行。浸出罐ϕ1200mm×1600mm，机械搅拌。置换罐ϕ1500mm×1600mm。

焙烧除硒通常还有用氧化焙烧和苏打烧结焙烧方法。氧化焙烧根据实践证明与收尘设备有关，而且炉气中（从阳极泥中来的）所含的金属铜粉、没燃烧完的煤烟和SO_2等与亚硒酸作用，发生一系列副反应，把亚硒酸还原成金属硒，或生成不溶性的硒化物沉淀，而降低硒的回收率，且焙烧烟尘中往往导致贵金属的损失，因此氧化焙烧已较长时间不再使用。苏打烧结焙烧法硒的回收率在90%以上。但由于碲也大部分生成亚碲酸钠，当用热水浸出时，碲会和硒一道进入溶液，进而难以分离碲硒，不易获得高纯硒，因此苏打烧结焙烧法不适于处理含碲高的阳极泥。

B 还原熔炼产出贵铅合金

铜阳极泥脱铜浸出渣的熔炼，过去曾用反射炉或平炉。目前，国内外广泛使用转炉或电炉。浸出渣加入还原剂和熔剂，经还原熔炼，产出含金、银总量30%~40%的贵金属与铅的合金（俗称贵铅）。故熔炼作业的冶金炉俗称为贵铅炉。

a 设备——圆筒形卧式转炉

还原熔炼在转炉中进行，炉子的尺寸见表12.14，例如二厂转炉，外壳用16mm厚锅炉钢板卷焊而成，尺寸为ϕ2400mm×4200mm，炉床面积5.5m^2，出烟口620mm×520mm，床能力（处理阳极泥）1~1.2t/(m^2·d)，机械传动，转数12r/min。自炉壳向炉心衬以10mm石棉板两层，全炉径向立砌一层铝镁砖，炉底用镁砂粉、耐火泥焦粉混合物垫高400mm，炉寿命200炉（次）以上，炉子使用前应经烤炉和洗炉。新砌的转炉或修理或停产再生产，均应进行烤炉，使炉温逐渐升高，以保护炉内砌体，延长炉龄。洗炉是向炉内加入废铅或氧化铅烟尘（加烟尘洗炉应配入焦屑，碳酸钠和萤石等还原剂和熔剂），使炉内砖缝充满铅，以提高金、银的直收率。洗炉完毕，将铅放出铸锭供下次再用。

表12.14 转炉主要尺寸实例

名　称	一厂	二厂	三厂	四厂
炉子直径/mm	2500	2400	1200	1300
炉子长度/mm	2700	4200	1830	1800

续表 12.14

名称	一厂	二厂	三厂	四厂
加料量/t·炉$^{-1}$	2	5	0.4	0.25
操作周期/h·炉$^{-1}$	17	27	10	8~10
移动方式	机械传动	机械传动	手动	手动

b 脱硒脱铜后浸出渣的熔炼

熔炼脱硒、铜浸出渣是向洗炉后的炉中加入浸出渣，经还原熔炼产出贵铅锭。如某厂脱铜、硒浸出渣的组分为：H_2O 30%、Au 1%~1.5%、Ag 10%~15%、Pb 15%~20%、Cu<5%、Se<0.3%、Te 0.4%、SiO_2<5%。熔炼时配入8%~15%碳酸钠、3%~5%萤石粉、6%~10%碎焦屑（或粉煤）、2%~4%铁屑。苏打的加入量也可以按 SiO_2 含量的1.8倍或稍过量配入。在熔炼过程中，如炉结太厚或黏渣过多，则适当增加苏打量（若稀渣过多则减少）。由于贵铅熔炼是在微还原气氛中进行的，故还原剂（碎焦或煤粉）的加入量应按还原浸出渣中所含的铜、镍及部分铅的需要计算加入（实际生产中根据生产实际经验配料），不使其过量。如过量过大，则会使大量杂质一起还原进入贵铅中，而降低贵铅中金、银的含量。铜阳极泥经提硒脱铜后的浸出渣，配以石灰、苏打、萤石、铁屑作熔剂，煤粉或焦粉作还原剂，均匀混合后，经皮带运输机进入转炉内。炉内保持负压（30~100Pa）。以重油为燃料，重油预热至60℃以上，用压力为16kPa以上的空气送入炉内雾化燃烧。熔化期温度保持在1200~1300℃，氧化期温度保持在700~900℃，出装炉温度保持在700~900℃。炉料入炉后，逐渐升温，除去水分，氧化物（As、Sb、Pb等）相继挥发而进入炉气。炉料开始熔化。并发生造渣反应：

$$Na_2CO_3 = Na_2O + CO_2$$

$$Na_2O + As_2O_5 = Na_2O \cdot As_2O_5$$

$$Na_2O + Sb_2O_5 = Na_2O \cdot Sb_2O_5$$

$$Na_2O + SiO_2 = Na_2O \cdot SiO_2$$

$$PbO + SiO_2 = PbO \cdot SiO_2$$

$$CaO + SiO_2 = CaO \cdot SiO_2$$

同时，也发生还原反应：

$$2PbO + C = 2Pb + CO_2 \uparrow$$

$$PbO + Fe = Pb + FeO$$

$$PbSO_4 + 4Fe = Fe_3O_4 + FeS + Pb$$

$$PbS + Fe = Pb + FeS$$

$$Ag_2S + Fe = 2Ag + FeS$$

阳极泥中的金、银被还原出来的金属铅熔体所捕集，形成贵铅，其反应可用下式表示：

$$Pb + Ag + Au = Pb(Ag + Au)$$

贵铅熔体与炉渣互不溶解，密度差又大，故炉渣浮在熔池表面，贵铅沉于熔池下层。为了提高贵铅中金、银的品位，把炉渣放出，继续往贵铅熔体中鼓入空气，使其中的 As、Sb、Cu、Bi 等杂质氧化，As、Sb 形成低价氧化物时，挥发进入炉气：

$$4As + 3O_2 \longrightarrow 2As_2O_3 \uparrow$$

$$4Sb + 3O_2 \longrightarrow 2Sb_2O_3 \uparrow$$

若进一步氧化形成高价氧化物（$2Sb_2O_3 + 2O_2 \rightarrow 2Sb_2O_5$），可与碱性氧化物造渣：

$$Na_2O + Sb_2O_5 \longrightarrow NaO \cdot Sb_2O_3$$

全炉作业时间为 18～24h。贵铅产出率为 30%～40%，成分为：Au 0.2%～4.0%，Ag 25%～60%，Bi 10%～25%，Te 0.2%～2.0%，Pb 15%～30%，As 3%～10%，Sb 5%～15%，Cu 1%～3%。稀渣产出率 25%～35%，含 Au < 0.01%、Ag < 0.2%、Pb 15%～45%，送往铅冶炼系统回收 Pb，或者送鼓风炉富集后再入贵铅炉熔炼铜银合金。粘渣和氧化渣（后期渣）含 Au、Ag 较高，返回还原熔炼。烟气经湿法收尘后放空，所得的烟尘作提取 As、Sb 的原料。

c 日立冶炼厂阳极泥浸出渣的电炉熔炼

日本矿业公司日立冶炼厂为了提高金、银的直收率，减少中间产品、缩短熔炼工时及流动资金的积压，改用电炉熔炼阳极泥脱铜浸出渣并采用新的电炉配料，使电炉至分银炉熔炼过程中需返回处理的中间产品由 6 种（电炉冰铜、氧化铅贵铅、氧化铅冰铜、氧化铅、分银炉渣、硝石碳酸钠渣）减少至 3 种（氧化铅分银炉渣等），且大大降低了各中间产品的金、银含量。据改进配料后统计，炉料的金、银品位及产品的数量、品位和回收率都大大提高，金银回收率达 99.3% 以上。

C 贵铅的氧化精炼

还原熔炼所得贵铅金银一般在 35%～60% 范围内，其余为 Pb、Cu、As、Sb 等杂质，氧化精炼在转炉温度为 900～1200℃的条件下，鼓入空气和加入熔剂、氧化剂等，使绝大部分杂质氧化成不溶于金银的氧化物，进入烟尘和形成炉渣除去，得到含金银 90% 以上，适合于银电解的阳极板。

在贵铅氧化精炼过程中，贵铅中各种金属的氧化顺序为：Sb、As、Pb、Bi、Cu、Te、Se、Ag。贵铅中一般含铅较多，也易氧化，所以氧化精炼时，实际上主要以 PbO 充当氧的传递剂，把砷、锑氧化：

$$2Pb + O_2 \longrightarrow 2PbO$$

$$2Sb + 3PbO \longrightarrow Sb_2O_3 + 3Pb$$

$$2As + 3PbO = As_2O_3 + 3Pb$$

这些砷、锑的低价氧化物和部分 PbO 易于挥发而进入烟气，经布袋收尘后所得烟尘返回熔炼处理。As_2O_3、Sb_2O_3 亦可进一步氧化成高价氧化物（Sb_2O_5、As_2O_5）。并与碱性氧化物（PbO、Na_2O 等）造渣，或直接形成亚砷（或锑）酸铅（$3PbO + Sb_2O_5 \rightarrow 3PbO \cdot Sb_2O_5$，$2As + 6PbO \rightarrow 3PbO \cdot As_2O_3 + 3Pb$，$2Sb + 6PbO \rightarrow 3PbO \cdot Sb_2O_3 + 3Pb$），亚砷（锑）酸铅与过量空气接触时，也可形成砷（锑）酸铅（$3PbO \cdot As_2O_3 + O_2 \rightarrow 3PbO \cdot As_2O_5$）。由于 As_2O_5 的离解压比 Sb_2O_3 低，所以多数以砷酸盐形态进入炉渣，而锑则多数

挥发进入炉气。当砷锑氧化基本完成后（即不冒白烟），改为表面吹风继续进行氧化精炼，可以把铅全部氧化除去。

Cu、Bi、Te、Se 等是较难氧化的金属，即难以用 PbO 氧化。但当 As、Sb、Pb 都氧化除去后，再继续氧化精炼，铋就发生氧化（$4Bi_3O_2 \rightarrow 2Bi_2O_3$），生成含部分铜、银、锑等杂质的铋渣。经沉淀熔炼以降低含银量后，即作为回收铋的原料。

当炉内合金达到 Au + Ag = 80% 以上时，即加入贵铅量 5% 的 Na_2CO_3 和 1% ~3% 的 $NaNO_3$，用人工强烈搅拌，使铜、碲、硒彻底氧化：

$$2NaNO_3 \longrightarrow Na_2O + 2NO_2 + [O]$$

$$2Cu + [O] \longrightarrow Cu_2O$$

$$Me_2Te + 8NaNO_3 \longrightarrow 2MeO + 8NO_2 + TeO_2 + 4Na_2O$$

$$MeSe_2 + 8NaNO_3 \longrightarrow 2MeO + 8NO_2 + 2SeO_2$$

TeO_2 与加入的 Na_2CO_3 形成亚碲酸钠，即形成所谓苏打渣（碲渣）：

$$TeO_2 + Na_2CO_3 \longrightarrow Na_2TeO_3 + CO_2\uparrow$$

用作回收碲的原料。

最后当 Au + Ag 达到 95% 以上即浇铸成阳极板进行银电解精炼，得产品银和进一步提取金和铂钯。氧化精炼用重油加热，每炉作业为 45 ~72h。转炉用 12mm 锅炉钢板制成，外壳尺寸为 ϕ1600mm ×2240mm，炉床面积 1.5m²，床能力（贵铅）1.6t/(m²·d)，炉底垫高 100mm，径向立砌一层镁砖。

D 铂、钯的回收

金电解液使用一段时间（约 2 ~3 个月）后，杂质积累，不能再继续使用，其中的金用硫酸亚铁、草酸或二氧化硫还原沉出，铸成阳极板返回金电解。溶液含 Pt 5 ~15g/L，Pd 15 ~30g/L，进去回收铂、钯。首先用 NH_4Cl 沉铂得氯铂酸铵，经煅烧得铂精矿。溶液用锌片置换得钯精矿。铂、钯精矿经精炼提纯后即得纯海绵铂、钯。

E 其他有价成分的综合回收

铜阳极泥中除了贵金属外，还有一些有价成分，必须予以综合回收。一般，着重回收的有碲、铋、硒；对于砷、锑除本身价值外，更重要的是为了消除它们对环境的污染，故也必须予以回收。

（1）碲的回收：贵铅火法氧化精炼后期产出的苏打渣，含碲 5% ~15%，其余成分为：Se 0.2% ~1.0%，Cu 3% ~10%，Pb 3% ~8%，Bi 10% ~20%，SiO_2 5% ~15%。

苏打渣湿磨液固比为 2 ~3，室温磨 6h，至 -80 目；水稀释 4 ~5 倍浸出，加热至 80℃以上澄清过滤；溶液用 Na_2S，$CaCl_2$ 净化后渣返球磨，溶液以稀 H_2SO_4 中和至 pH 值为 5（>80℃），澄清过滤得含 65% 以上的 TeO_2；TeO_2 用水洗净后，用 NaOH 溶解制备成电解液（NaOH 90 ~100g/L，Te 150 ~300g/L，Pb <0.1g/L，Se <1.5g/L）电解，得阴极碲（含量大于 98%），然后铸锭，产出 99% ~99.9% 的碲。

（2）铋的回收：金银氧化精炼产出的氧化铋渣，组成为：Bi 14% ~35%，Pb 15% ~25%，Cu 10% ~20%，Sb 10% ~14%，As <0.005%，Ag 1% ~3%，SiO_2 15% ~25%。

氧化铋渣在转炉内还原熔炼 20 ~24h，配料一般为：苏打 3% ~4%，硫化铁 20% ~30%，萤石 3% ~4%，粉煤 <3%，每炉处理量为 5 ~6t。所得铋合金组成为：Bi 50% ~

65%，Pb 9% ~10%，Cu 9% ~25%，Sb 2% ~4%，Au + Ag 3% ~4%，Fe 微量。铋直收率 80% ~90%。在铸锅中（ϕ1000mm×900mm）处理，依次除去各种杂质，可得1、2号铋。

（3）砷的回收：湿法收尘收集的熔炼烟尘，一般成分为：As 10% ~25%，Sb 20% ~35%，Pb 8% ~ 12%，Fe 1%，Bi 2% ~ 4%、Te 0.2% ~ 0.4%，Au < 0.001%，Ag 0.2% ~0.4%，H_2O 25% ~35%。

熔炼烟尘拌苏打焙烧—浸出—过滤—滤液浓缩结晶得到砷酸钠产品。砷酸钠成分为：As 12% ~17.6%，Sb <0.1%，Fe <0.01%，Na_2CO_3 25% ~30%，Pb 微量，Bi 微量。结晶效率为 88% ~90%。

（4）锑的回收：熔炼烟尘浸出砷后，其成分为：As 1.7% ~3.0%，Sb 40% ~60%，Pb 13% ~20%，H_2O 30% ~40%，Na_2CO_3 5% ~7%。

浸砷后渣拌粉煤、苏打，经还原熔炼，氧化挥发，再还原、精炼得精锑。

12.4.2.2 铜阳极泥处理技术的进展

近年来，为了提高贵金属的回收率，改善操作环境，消除污染，国内外除对常规的火法电解工艺及装备进行改造和完善外，还研究了许多新的处理方法，有的已投产。

目前，国内外大型工厂仍使用火法流程。国外正向大型化集中处理的方向发展。例如：美国年产铜200万吨，有30家铜厂，而阳极泥处理仅有5家。中、小型冶炼厂正向湿法处理工艺发展。而新工艺的研究目标是：强化过程，缩短生产周期，减少铅害，提高综合经济效益。

A 选冶联合处理工艺

选冶联合流程是国外首先采用的新工艺。阳极泥经浮选处理后可以得到如下处理：(1) 阳极泥处理设备能力大幅度增加，原料中含有35%的铅，经过浮选处理基本上进入尾矿，选出的精矿为阳极泥量的一半左右，使炉子生产能力大幅度提高。(2) 回收铅，浮选尾矿可送铅冶炼厂回收铅，而且尾矿中含有的微量金、银、硒、碲等有价金属仍可在铅冶炼中进一步得到富集和回收。(3) 工艺过程改善，阳极泥经浮选处理产出的精矿，由于含铅和其他杂质极少，熔炼过程中不必添加熔剂和还原剂，且粗银的品位较高，使工艺过程得到较大的改善。(4) 烟灰和氧化铅量减少，采用浮选处理之后，大部分铅进入尾矿。在焙烧和熔炼过程中，烟灰的生成量大大减少，铅害问题基本得到解决。

选出的精矿直接在转炉中熔炼，先后回收硒、碲，最后熔炼成铅阳极送银电解。选冶联合流程最主要缺点是尾矿含金、银较高。

a 日本大阪精炼厂

目前，世界上采用选冶联合流程处理铜阳极泥的国家有芬兰、日本、美国、俄罗斯、德国、加拿大等。如日本大阪精炼厂处理阳极泥的特点是硫酸铅含量高，成分见表12.15。该厂每月产金723kg、银16409kg、硒11113kg、碲998kg。

表12.15 大阪精炼厂处理铜阳极泥成分

阳极泥	w(Cu)/%	w(Pb)/%	w(Se)/%	w(Te)/%	w(S)/%	w(Fe)/%	$w(SiO_2)$/%	Au/kg·t^{-1}	Ag/kg·t^{-1}
A	0.6	26	21	2.2	4.6	0.2	2.4	22.55	198.5
B	0.6	31	17	1.0	4.7	0.1	1.0	6.24	142

大阪精炼厂原用氧化焙烧脱硒—熔炼冰铜—贵铅—灰吹（氧化精炼）—银、金电解流程经对浮选铜阳极泥进行研究。浮选可除去铅，进入精矿的金、银、硒的实收率为85% ~95%。但除铅还不够理想，进一步改用塔式磨矿机进行两种磨矿方法研究。第一种为泥浆浓度20% ~30%，装入耐酸循环槽内，从分流口以4~6m/s速度喷射出来，使之互相冲击，经10~15h磨至3μm以下；第二种在磨矿机内装5片桨叶，并充填20mm的钢球，矿浆浓度为40% ~50%，经2~6h，可磨至3μm以下。后来又把脱铜和磨矿合并为一工序，以提高脱铜速度。工艺流程如图12.19所示。由于铜、铅的脱除，为下一步熔炼处理提供了有利条件。浮选用丹佛式浮选机（910型8段）；pH值为2，捕收剂208号黑药50g/t，矿浆浓度100g/L。浮选法处理铜阳极泥工艺流程简单，脱铜磨矿合并后可缩短处理流程。浮选时金、银、硒、碲、铂、钯进入精矿而得到富集，其浮选技术指标见表12.16，浮选精矿在同一个炉子内，连续进行氧化焙烧，熔炼和分银三个工序，且熔炼时不加熔剂和还原剂，产生的烟尘和氧化铅副产品也很少。

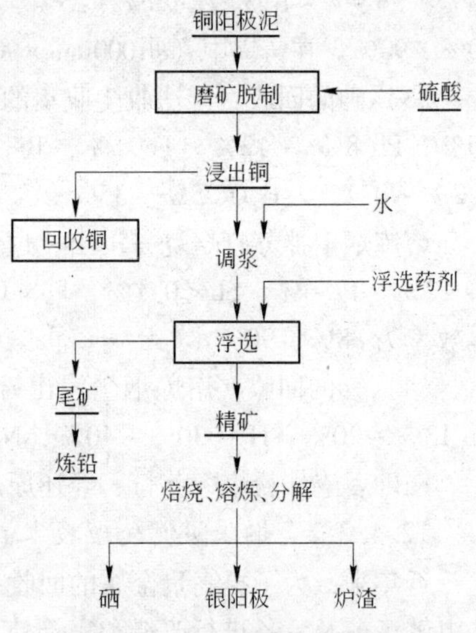

图12.19 大阪精炼厂浮选法

表12.16 大阪精炼厂浮选技术指标

过程	干重/kg	产率/%	品位									
			w(Pb)/%	w(Se)/%	w(Te)/%	w(As)/%	w(Sb)/%	w(Bi)/%	Au/kg·t^{-1}	Ag/kg·t^{-1}	Pt/kg·t^{-1}	Pd/kg·t^{-1}
给矿	19370	100	32.8	14.09	2.1	0.46	2.29	0.35	7.13	158.5	45	199
精矿	8720	45	7.14	31.22	4.6	0.15	1.10	0.42	16.1	351.5	132	410
尾矿	10650	55	53.79	0.08	0.05	0.75	3.26	1.02	0.03	0.6	10	27
在精矿中的实收率/%			9.8	99.69	98.7	14.1	21.6	25.2	99.77	99.79	91.5	92.5

b 俄罗斯莫斯科铜冶炼厂

俄罗斯莫斯科铜冶炼和电解厂也用浮选法处理铜阳极泥，其组成见表12.17，用丁基黑药250g/t作捕收剂和起泡剂，矿浆浓度为200g/L，浮选结果见表12.18。

表12.17 莫斯科铜冶炼和电解厂的阳极泥组成 (%)

序号	w(Pt)	w(Pd)	w(Ag)	w(Au)	w(Se)	w(Cu)	w(Ni)	w(Fe)	w(S)	w(SiO_2)
1	0.088	0.013	3.17	0.038	2.0	11.28	16.48		5.99	0.68
2	0.64	0.078	4.69	0.1	5.6	19.62	30.78	0.31	5.26	0.52
3	2.84	0.411	2.81	0.16	5.86	27.6	25.98	0.55		

表 12.18 浮选结果

项目		含量/%								分配率/%									
		w(Pd)	w(Ag)	w(Au)	w(Se)	w(Ni)	w(Cu)	w(Fe)	w(SiO_2)	Pd	Ag	Au	Se	Ni	Cu	Fe	SiO_2	Pd富集比	产品产率
泡沫产品	1	0.43	14.36		9.23	4.43	9.12			100.0	93.3		94.4	5.8	15.5			5.0	20.1
	2	2.16	15.95			14.2	21.64	0.21	0.26	98.9	98.5			13.5	32.2	18.7	17.9	3.33	29.2
	3	6.65	7.02	0.38	14.37	27.33	17.22			99.5	96.8	100	99.2	45.5	31.2			2.43	42.5
尾矿	1		0.35		0.18	22.39	4.76				6.7		5.6	87.0	24.6				60.9
	2	0.02	0.16			66.92	2.02	0.38	0.76	1.1	1.1			78.9	3.6	44.5	82.1		36.3
	3	0.04	0.31		0.15	56.45	5.06			0.5	3.2		0.8	51.3	6.0				33.8

从表 12.18 的结果可以看出，富集于精矿中的 Pd、Ag、Se 直收率达 94% ~99%，Au 100%。当其他条件不变时，精矿产率取决于阳极泥的成分。铜 60% ~65% 进入溶液，且与硫酸用量有关，当硫酸用量为 150g/L 时，可获得相当高的脱铜指标。

c 云南冶炼厂

云南冶炼厂铜阳极泥处理始于 1969 年，采用国内传统火法流程，多年工业实践表明，铅、硒对环境污染严重，操作条件恶劣，加工费用高，贵金属回收率低，仅为 65% ~82%。为此 1975 年与昆明冶金研究所合作，研究选冶联合流程，并于 1976 年进行工业试验，1977 年 6 月通过鉴定会。再通过 16 年的生产实践和不断的改进、完善，1991 年，金银回收率分别达到 99.51% 和 99.64%。1991 年阳极泥平均成分：Au 0.355%，Ag 15.48%，Cu 11.3%（其中水溶 Cu 4.97%），Se 2.62%，Te 1.28% ~2%，Pb 10% ~15%，Bi 0.3% ~1%，SiO_2 3% ~5%，Pt 5.3g/t，Pd 19g/t（还有 Sn）。现采用流程是用湿法将阳极泥中的铜、硒、碲、砷等溶解分离；而后通过浮选分离阳极泥中的铅、锑、铋及脉石成分，使银由 15% 富集到 45% ~50%。然后进入小转炉内熔炼，氧化精炼成金、银合金板，再通过电解合金板得到纯银。电解银的阳极泥采用液氯化法提取金、铂、钯。

具体工序如下：

（1）阳极泥预脱钢、脱硒碲、强化擦洗和浮选，工艺流程如图 12.20 所示。阳极泥用稀硫酸处理后，铜的脱除率达 90% 以上；脱铜后的阳极泥在反应釜中用 MnO_2、NaCl、H_2SO_4 脱硒碲，并以少量 $NaClO_2$ 调整终点，用铁屑进行回调，脱硒率大于 90%，脱碲率大于 50%；脱硒碲后矿浆入板框压滤机过滤，得到含金小于 0.001g/L 的含硒溶液，该溶液经铁屑置换得到粗硒碲渣，用于提取硒、碲，该滤饼经调浆强化擦洗后进行浮选。浮选药剂为丁基黄药、丁基铵黑药与六偏磷酸钠，以松醇油为起泡剂，经一次粗选、一次精选、五次扫选，得到矿浆和尾矿浆，分别经板框压滤机过滤。精矿含银 45% ~50%，含金 1.2% 左右，含铅 5%、含水 25% ~35%；尾矿含银小于 0.6%，含金小于 200g/t、铅 30% 左右、铋 0.74%、铜 0.039%、二氧化硅 5.33%，可单独处理。

（2）分银炉熔炼、银电解提银，其工艺流程如图 12.21 所示，浮选精矿适当地配入碳

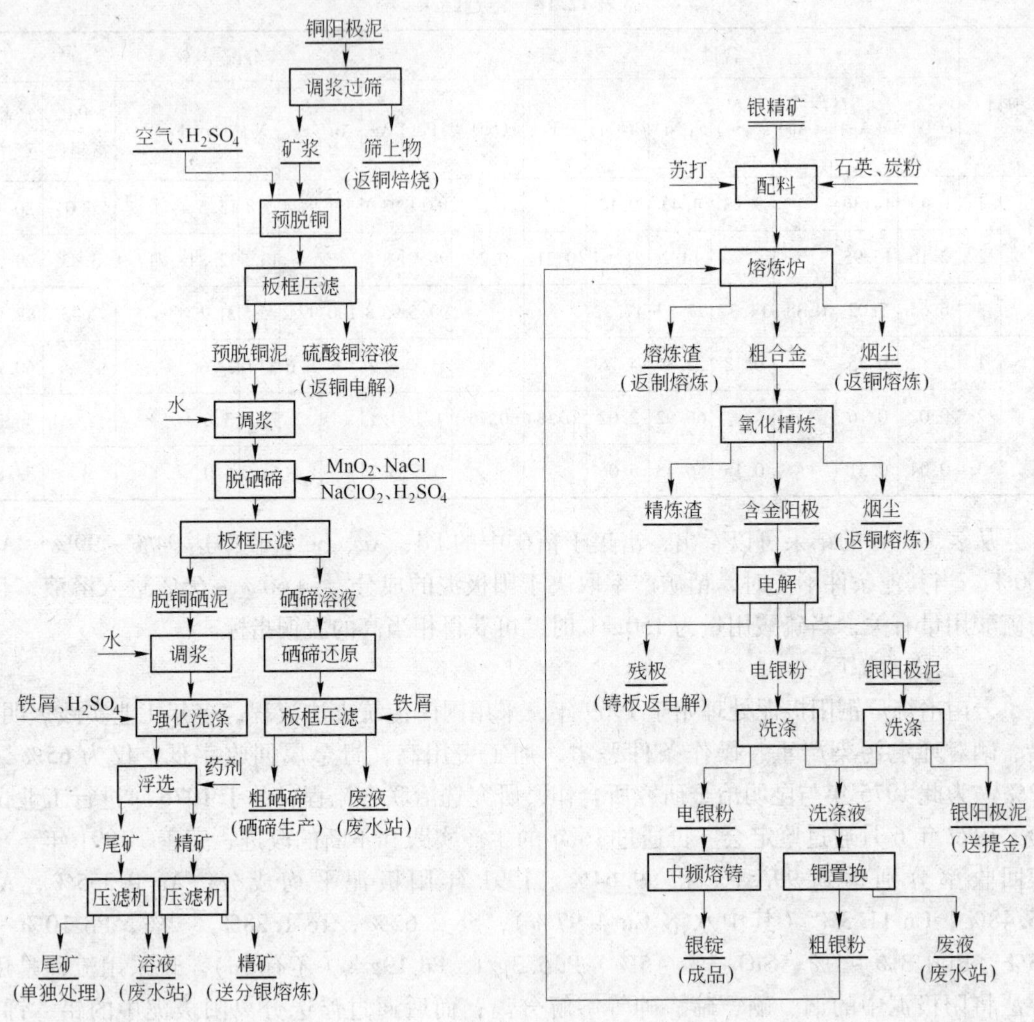

图 12.20 脱铜脱硒碲浮选工艺流程　　图 12.21 熔炼、精炼、电解工艺流程

酸氢钠 14% ~22%、铁屑 2% ~8%、炭粉 1% ~4%、石英砂 2% ~10%。萤石 2% ~5%，在转动分银炉中熔炼。分银炉熔炼分两阶段，第一阶段熔融得到含银 68% 以上的粗合金，放出熔融渣第二阶段吹风氧化进行氧化精炼，接着用氧气进行氧化氰合金，当合金中含银在 95% 以上时停止氧化，此时合金的金加银已大于或等于 98%，经调整合金熔体温度后浇铸成金、银合金板，即银阳极板。采用国内同行业通用电解工艺。阳极板尺寸：长 260mm，宽 190mm，厚 15mm，每块约 7.5 ~8.1kg，每杠阳极板 3 块阳极板，双层布袋。阴极尺寸为长 330mm，宽 660mm，每个电解槽 5 排阴极，4 排（杠）阳极。共 2 ~12 槽，串联时总电流为 300 ~400A。电解液成分，Ag 98 ~110g/L，酸 3 ~6g/L，可稳定生产 1 号电银。

（3）活性炭吸附银电解液中的铂钯，银电解液中含铂 0.05g/L、钯 0.12 ~0.35g/L，占阳极板中的铂钯总含量的 43.36% ~57.9%，吸附载铂钯的活性炭经燃烧还原后，以氯化，用铵中和制氯铂酸铵而达到铂钯分离，如图 12.22 所示，含金氯化渣合并于金的液氯

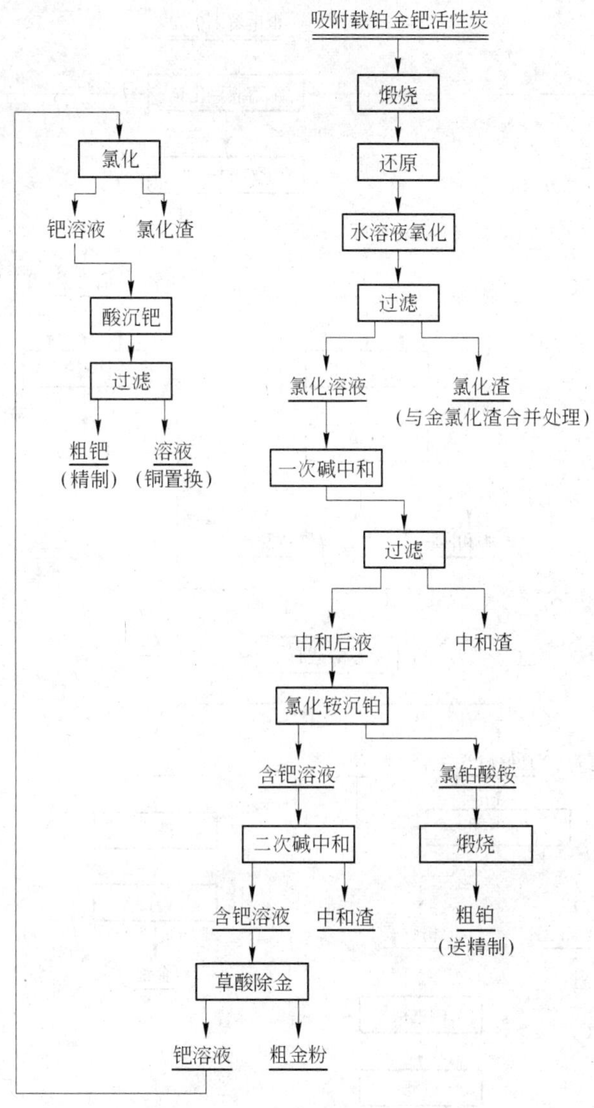

图 12.22 铂、钯分离工艺流程

化回收工序处理。

（4）银电解后的阳极泥，用盐酸、氯化钠、氯液氰化法浸出，氯化渣经铁粉置换回收银粉返回分银炉，氧化液中和草酸还原沉淀得金粉，经洗涤后金粉铸锭即得金锭，液氯化法提金工艺如图 12.23 所示。

（5）SeO_2 的回收：选冶联合流程处理铜阳极泥，1991 年金回收率达 99.51%，银回收率达 99.64%。由于流程和设备的原因，硒的回收率一直很低，1991 年也只有 40%。之后找到改进硫酸化焙烧的方法，以改进后的硫酸化焙烧和现有金、银浮选工艺相连接。脱硒前硒的含量 3.44%，经硫酸化焙烧脱硒后，硒的含量为 0.1%，硒的脱除率达 91.95%。硫酸化焙烧的条件是：温度不大于 400℃，时间 3～4h，料酸比 1∶1.32，焙烧料经过转化强化擦洗再进入浮选选矿，选矿尾矿含金、银与目前生产指标相一致，精矿产率 33%，尾

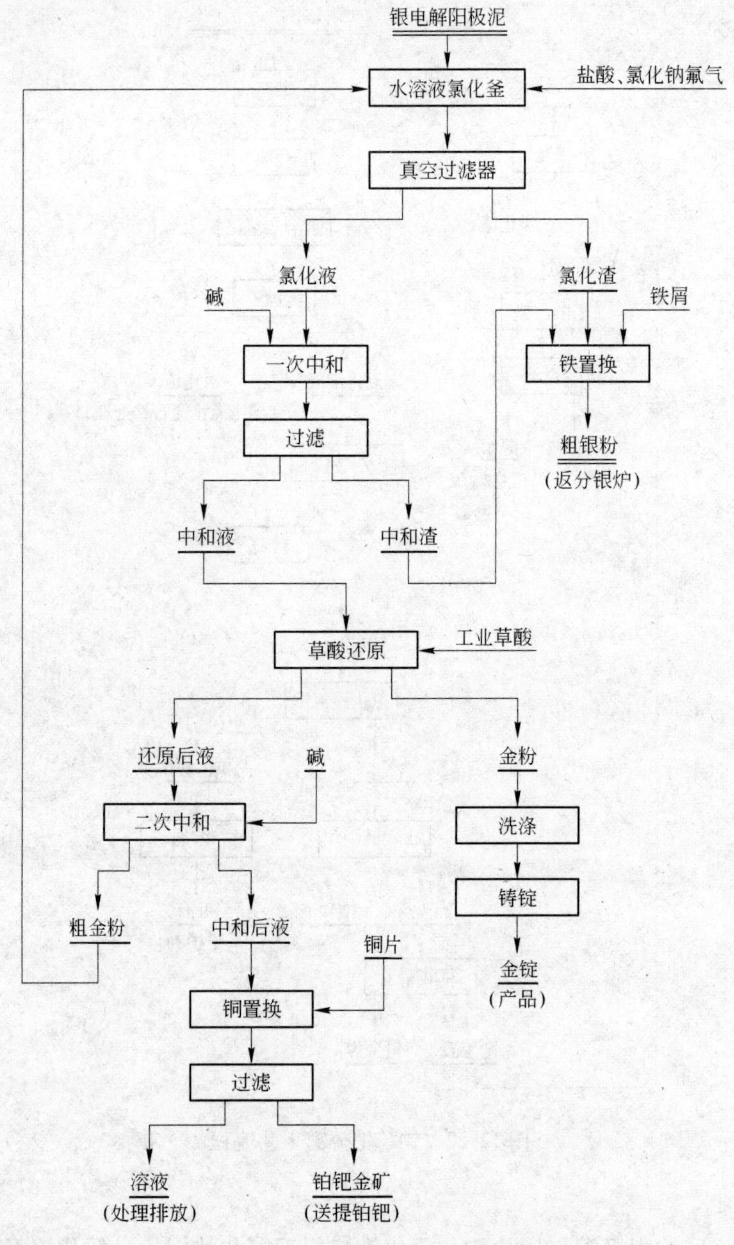

图 12.23 氯液氯化法提金工艺流程

矿产率66%，富集比大于4。经此调整后，铜电解阳极泥选冶联合新工艺保持了原来的优越性。硒的总直收率可提高50%以上，产出的粗硒含硒量可达85%以上，为下步硒的精制提供了高质量的原料，可消除原湿法脱硒含氯废气对环境的污染和危害，同时也消除了氯离子对设备的腐蚀，为碲富集于分银炉渣中创造了条件，有利于碲的回收。由于银精矿品位的提高，缩短了炉时，降低了能耗，提高了单炉处理能力。SeO_2 的生产流程如图12.24所示。

（6）浮选尾矿成分：Au 0.0289%，Ag 0.68%，Bi 0.74%，Cu 0.039%，Pb 30.5%，

Sn 8.85%，Se 微量，Te 微量，SiO_2 5.33%。此尾矿若返回铜粗炼系统，势必造成分散和损失，所以应单独综合回收。

(7) 银炉烟灰成分：Au 0.023%，Ag 2.01%，Sb 3.82%，Pb 20.93%，As 0.82%，此尾矿若返回铜粗炼系统，势必造成有价金属的分散与损失，故应单独处理回收。

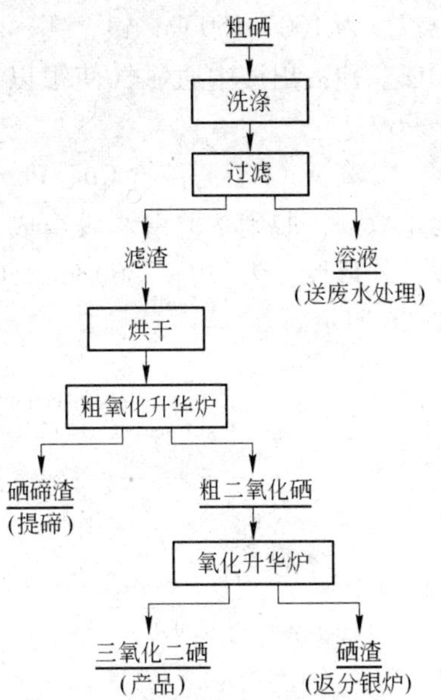

图 12.24 二氧化硒生产工艺流程

B INER 法

台湾核能研究所（INER）研究厂一种从铜阳极泥中回收贵金属的新方法，被称为 INER 法。这一工艺包括四种浸出、五种萃取体系及两种还原工序。已建成一座年处理能力为 300t 阳极泥的生产厂，其流程如图 12.25 所示。

a 醋酸盐浸出

阳极泥中存在大量的铅，使阳极中有价金属回收困难。研究表明，用醋酸盐溶液浸出脱铅，浸铅率随醋酸盐浓度和温度的升高而升高。用 5～7mol/L 醋酸盐溶液作浸出剂，在 20～70℃下浸出，可通过 LIX34 或 LIX64 萃取除去。

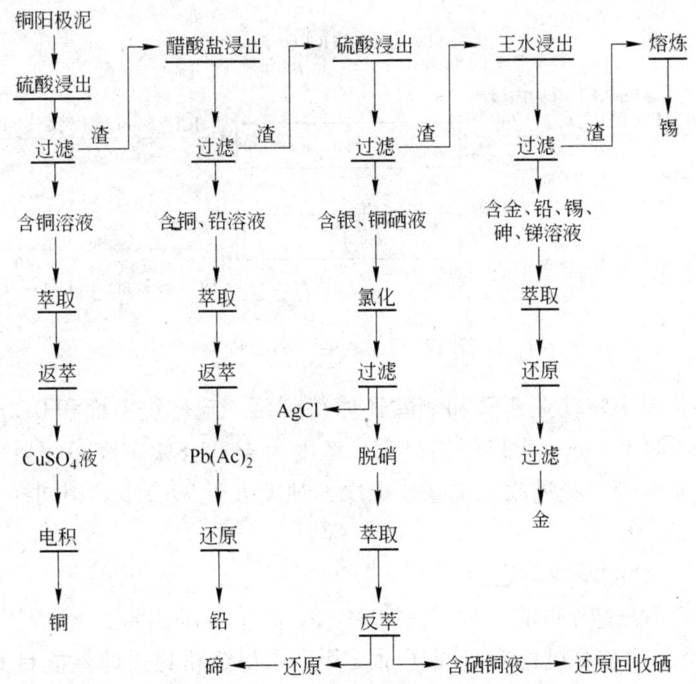

图 12.25 从铜阳极泥回收贵金属的 INER 流程

b 硝酸浸出

用硝酸溶解醋酸盐浸出残渣中的银和硒，在一个容积为 300L 的不锈钢槽中进行，浸出温度为100～150℃，银、铜、硒、碲的浸出率分别为：96.13%、大于99%、98.8%和70%。往浸出液中通氯气使银以AgCl形式沉淀而回收，AgCl纯度大于99%，回收率大于96%。

分离AgCl后滤液含Cu、Pb、Se、Te送脱硝、萃取工序。用75% TBP及25%煤油作为萃取剂，脱硝萃取由八段组成，酸回收或洗脱也用八段进行。混合澄清器用玻璃钢制成，外形尺寸为(80～330)cm×40cm，该设备相当于生产规模的1/5。中间试验流程如图12.26所示。

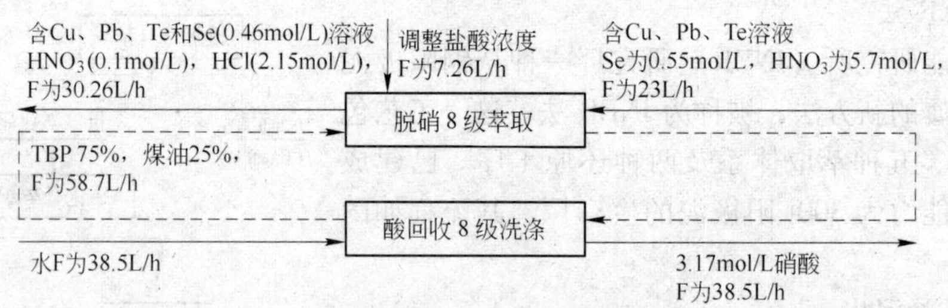

图12.26 脱硝、酸回收流程

将含铜、铅、硒、碲的氯化物溶液浓缩至含游离盐酸4～5mol/L，然后用30% TBP和70%煤油萃取分离硒碲，采用4级萃取，2级洗涤，4级洗涤，流程如图12.27所示，硒和其他杂质在混合澄清设备中分离很好。

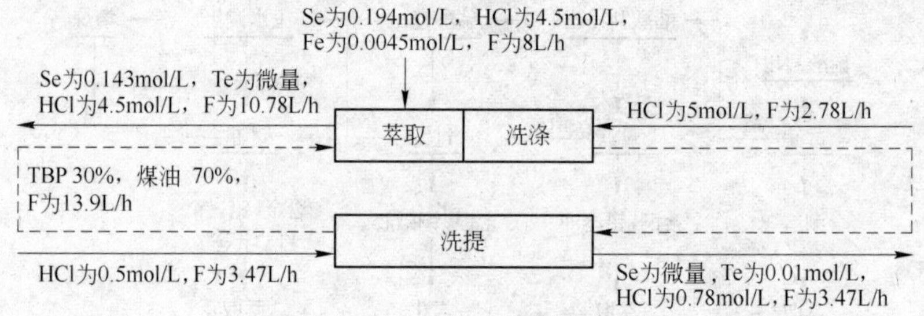

图12.27 硒碲分离流程

利用燃烧硫获得SO_2使亚硒酸和硒酸还原得到硒。硫燃烧室面积0.2m^2，硫消耗2～4kg/h，空气输入600L/min，燃烧器出口SO_2浓度为4%～8%，经净化后引入还原缸，在室温下还原得到元素硒，经过滤、洗涤、干燥，纯度大于99.5%。用同样方法可从碲的氧化溶液中沉淀碲。

c 王水溶解，金的萃取与还原

用王水溶解硝酸提出残渣，使渣中99%的金进入浸出液，然后用二丁基卡必醇（DBC）萃取提金。载金有机相用草酸还原反萃，获得金粉且过滤性能良好，金的回收率为99%，金纯度大于99.5%。

d 锡的回收

铜阳极泥经上述处理后，残渣中锡的含量从11.2%增加到35%。锡以SNO_2形态存在，这种锡精矿在1350℃下与CaO、炭和铁粉混合后，高温熔炼1h，从渣中很容易分离出粗锡。粗锡经两次精炼，第一次在温度为350℃的条件下进行，第二次的温度为230℃，得到高纯度的金属锡，锡的回收率为95%。

e “三废”处理

用硫化物和氢氧化物联合沉淀法处理“INER”流程中的废液，即用 $NaHSO_3$、$Ca(OH)_2$、FeS 通过中和、还原、沉淀、过滤等步骤，废液中的重金属可达到废水质量控制标准。“INER”流程中有少量 NO_x 气体产生，通过水和碱液吸收洗涤后，排入大气。

建一座年处理300t铜阳极泥的“INER”法工厂，估计需339万美元投资。此法与传统法相比，具有能耗低，排放物少，贵金属总回收率高（金99%以上，银98%），萃取作业操作方便，适于连续生产等优点。

C 加压氧浸法（热压浸出）

加拿大铜精炼厂采用加压氧浸使铜阳极泥中的铜和碲溶于热浓硫酸。该厂阳极泥成分为：Cu 16% ~22%，Se 9.6% ~15%，Te 1.0% ~1.6%，Pb 8% ~12%，Ni 0.45% ~1.0%，As 1.0% ~1.5%，Sb 1.2% ~2.3%，Bi 0.5% ~0.9%，Sn 1.25%，SiO_2 2.1%，Ba 2.2%，H_2SO_4 14.4%，Ag 221kg/t，Au 6.2kg/t，Pd 600g/t，Pt 40g/t。来自其他铜精炼厂的脱铜阳极泥成分为：Cu 0.4% ~2.5%，Se 0.2% ~2.8%，Pb 3% ~5.0%，As 0.05% ~0.2%，Sb 0.1% ~3.2%，Bi 0.1% ~0.5%，Te 0.02% ~0.4%，Sn 0.2% ~0.8%，Ag 75 ~325kg/t，Au 0.5 ~2.2kg/t。阳极泥处理工艺流程如图12.28所示。

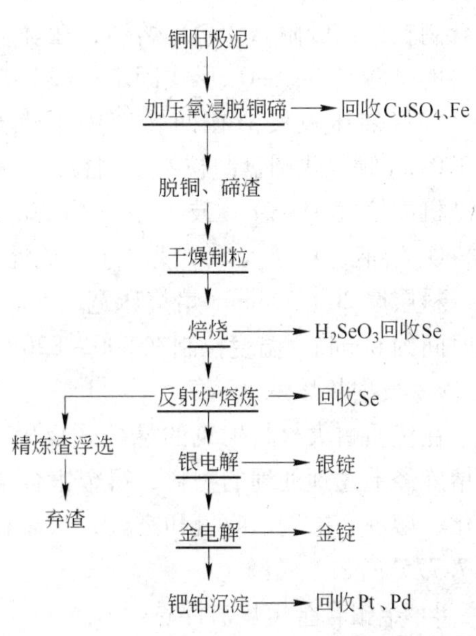

图12.28 加拿大铜精炼厂铜阳极泥处理工艺

a 铜、碲浸出

加压氧浸可使绝大部分铜、碲提出，而银硒仍留在渣中。反应为：

$$Cu + H_2SO_4 + 1/2O_2 \longrightarrow CuSO_4 + H_2O$$

$$Cu_2Se + 2H_2SO_4 + O_2 \longrightarrow 2CuSO_4 + Se + 2H_2O$$

$$2CuAgSe + 2H_2SO_4 + O_2 \longrightarrow 2CuSO_4 + Ag_2Se + Se + 2H_2O$$

$$2Cu_2Te + 4H_2SO_4 + 5O_2 + 2H_2O \longrightarrow 4CuSO_4 + 2H_6TeO_6$$

离心过滤阳极泥，滤饼用水和93%硫酸在搅拌槽中调浆，然后泵至高压釜（材质904L不锈钢）内。高压釜装有中心挡板和19kW电机驱动的6片叶轮透平搅拌器。物料加热到125℃，通入氧气压力为275kPa，每批物料总浸出时间为约3h。浸出泥浆送板框压滤机过滤，并用温水洗涤。浸出渣率为70%，其中含0.3% ~0.5%铜，0.56% ~0.9%碲。

压浸液中的碲用金属铜屑沉淀为 Cu_2Te，再用 NaOH 通空气浸出（生成可溶性 Na_2Te），加硫酸调pH值至5.7，沉出 TeO_2；用 NaOH 溶液再次溶解，形成碲的电解液。反应为：

$$H_6TeO_6 + 5Cu + 3H_2SO_4 \longrightarrow Cu_2Te\downarrow + 3CuSO_4 + 6H_2O$$

$$2Cu_2Te + 4NaOH + 3O_2 = 2Na_2TeO_3 + 2Cu_2O + 2H_2O$$

$$Na_2TeO_3 + H_2SO_4 = TeO_2 \downarrow + Na_2SO_4 + H_2O$$

$$Na_2TeO_3 + H_2O \longrightarrow (电解) Te + 2NaOH + O_2$$

b 干燥、制粒、焙烧

脱铜、碲后的阳极泥中，硒主要以元素或 Ag_2Se 存在；硒在217℃熔化，200～220℃燃烧，260～300℃生成 SeO_2 大量逸出；而 Ag_2Se 在410～420℃开始氧化为亚硒酸银，500℃迅速生成，约530℃时 Ag_2SeO_3 熔化，且在700℃以下分解较慢，从而使炉料熔结，阻碍了硒的氧化和挥发。对此可采用以下步骤来改善：（1）加5%～10%膨润土与阳极泥混合制粒，以吸附 Ag_2SeO_3 熔体，在烧结机上焙烧；（2）制粒加苏打焙烧，使硒以水溶或碱溶的硒酸钠 Na_2SeO_3 形式固定；（3）制粒后在静态床、强制循环的高温空气中焙烧。

如将加压氧浸渣在回转窑内干燥至含水8%，再与5%～10%膨润土混合，置于 ϕ1370mm倾斜式圆盘制粒机上制粒，球径10mm，制粒能力为675kg/h；生球粒在815℃的烧结机内焙烧1～2h，鼓入空气为30m^3/min。含 SeO_2 烟尘经水洗，生成Se 100g/L的 H_2SeO_3 溶液，再通入 SO_2 使之还原成元素硒；也可将湿粒在三个可移动床式焙烧机中焙烧，料层厚20～30mm。焙烧床宽7.5m，长12.2m，由床上、下方的煤气燃烧器加热，停留时间约60min。温度拉制在800～820℃，可使 Ag_2Se 迅速氧化。

c 反射炉熔炼

在优质耐火材料砌筑的悬挂式反射炉（内部尺寸为2.13m×6.17m，熔池深0.38m）内熔炼经上述预处理的物料，得金银合金。一般熔炼操作周期为50～60h，其中包括装料、熔化、熔炼、撇渣、吹氧和空气、吹氧和造苏打渣及铸造阳极。每炉铸阳极800个（每个重7.775kg）。

d 金银合金熔炼渣浮选

从熔炼炉中扒出的渣含有大量的冰铜和金属，通常返回铜熔炉，可提高杂质排除程度，但增加了金银的损失和结存。加拿大铜精炼厂安装了一个小浮选车间，已从积压的渣中回收6000kg银和90kg金，每日约产出80～90t的渣浮选尾矿。

e 顶吹转炉

加拿大铜精炼厂把传统的金银合金熔炼反射炉改用顶吹转炉，现用炉工作容量为1300L，可减少贵金属积压量（约22.6t银，0.6t金）和节约费用。但全部物料必须干燥，并尽可能制粒；但是，烟气系统负荷大，将氧化较多的银，而此部分银在炉渣浮选回路中不易回收。另外，还有较多的铅进入烟气，增加了铅循环的负荷。

f 分金

金银合金阳极在垂直式电解槽中电解。电解槽排列成12个组，每组串联5个槽，分组供电（1000A，22V）。沉积在钛阴极上的银粉用机械刮刀连续剥离，收集在阴极下悬挂的篮子里，经24h提起，卸出、冲洗、干燥后，在感应炉中熔炼，铸成31.1kg重的银条，成分为：Ag 99.99%，Se 0.0001%，Au 0.0011%，Cu 0.0041%，Pb 0.0003%，Pd 0.0003%。银阳极泥（金渣或称黑金粉）保留在银阳极的涤纶布袋中。

g 金精炼

金渣每3天排放一次，成分为：Au 39%～62%，Ag 24%～50%，Pb 3.5%～5.6%，

Cu 2% ~5%，Pd 0.2% ~0.6%。经清洗除去可溶性硝酸盐，再用浓硫酸在一个加热的铸铁罐内浸煮，把银降到合格的水平。金粉经过滤、洗涤，直到滤液不再含银，并在感应炉中熔炼，然后铸阳极进行金电解。

铂、钯和金一起从阳极上溶解下来，积累在电解液中，当 Pd 超过 70 ~80g/L 时，将在阴极上沉积并污染金，故必须经常进行净化。

h 铂、钯的回收

金电解废液用两倍水稀释，并用碱性溶液中和到 pH 值为 5 ~6。温度为 90 ~100℃，往溶液中加草酸，使金沉淀：

$$2AuCl_3 + 3H_2C_2O_4 \cdot 2H_2O \longrightarrow 2Au\downarrow + 6HCl + 6CO_2 + 2H_2O$$

溶液用蒸气加热并和沉淀金操作交替进行，直到反应停止，倾析；倾析液中和到 pH 值为 6，再次沉淀残余的金。

沉金滤液加热到 80℃左右，加入甲酸钠并搅拌，铂、钯易于沉淀，经洗涤、过滤、干燥得铂钯精矿，一般成分为：w(Pd) 20% ~85%，w(Pt) 5% ~12%，w(Au) 0.02% ~0.2%，w(Ag) 0.5% ~0.8%；其他铂族金属很少，约(10 ~50) $\times 10^{-4}$%。

D 住友法

日本新居滨研究所提出的“住友法”，可不用电解而获得 99.99% 的纯金锭，直收率超过 98%，缩短生产周期约一半。其工艺流程如图 12.29 所示。

a 控制焙烧温度

通过热重和差示热分析以及不同升温速度下，用 X 衍射分析矿物组成，确定物料 Ag_2SeO_3（熔点 531℃）熔化而易烧结，故焙烧应在 300 ~600℃之间缓慢升温，使 Ag_2SeO_3 分解。另外，考查了焙砂酸浸条件，确定铜、碲浸出率随硫酸浓度（100 ~250g/L）、温度（40 ~80℃）的升高而升高。

b 液氯化浸出

氯气浸出在 40℃、1h 即可浸出大于 99% 的金。提高温度、延长时间不能改变铂的浸出率（64.5% ~68.9%），而钯在 80℃时，可由 33.9% 剧增到 72.4%。

实际物料浸出结果，金浸出率 99.7% ~99.8%（浸渣含金 31 ~39g/t），钯 88.5% ~87.1%（200 ~211g/t）、铂仅 39.6% ~36.3%（298 ~300g/t），部分硒、铁同时浸出（分别为 49.1% ~51.3% 及 60.8% ~62.5%）；铜（14.2% ~12.0%）、砷（11.0% ~10.0%）较少；镍（1.2% ~1.0%）、锑（0.02%）、铋（0.1% ~0.6%）、铅（0.03% ~0.02%）微量，银不浸出。

c 富金氯化液可用 $FeCl_2$ 或 H_2O_2 还原

对成分为 Au 11.2g/L，Pd 0.74g/L，Pt 0.19g/L 的溶液，用 160g/L 浓度的 $FeCl_2$ 控制氧化还原电位 600 ~800mV 时还原，金粉在 1∶1 硝酸中煮沸 1h，加熔剂硼砂精炼铸锭；H_2O_2 还原的金粉纯度较高。硝酸处理主要是除去金中的银、钯和铋。

d 沉金后用甲酸还原铂、钯

在 80℃下还原 4h。原液成分（mg/L）为：Au 4.2，Ag 1，Pt 61，Pd 460，Fe 2.6，pH 值为 1.6，用 NaOH 调整 pH 值为 4 进行沉淀为宜。

原料为离心分离后经干燥的阳极泥。焙烧在外加热的回转圆筒中进行，温度在 700 ~

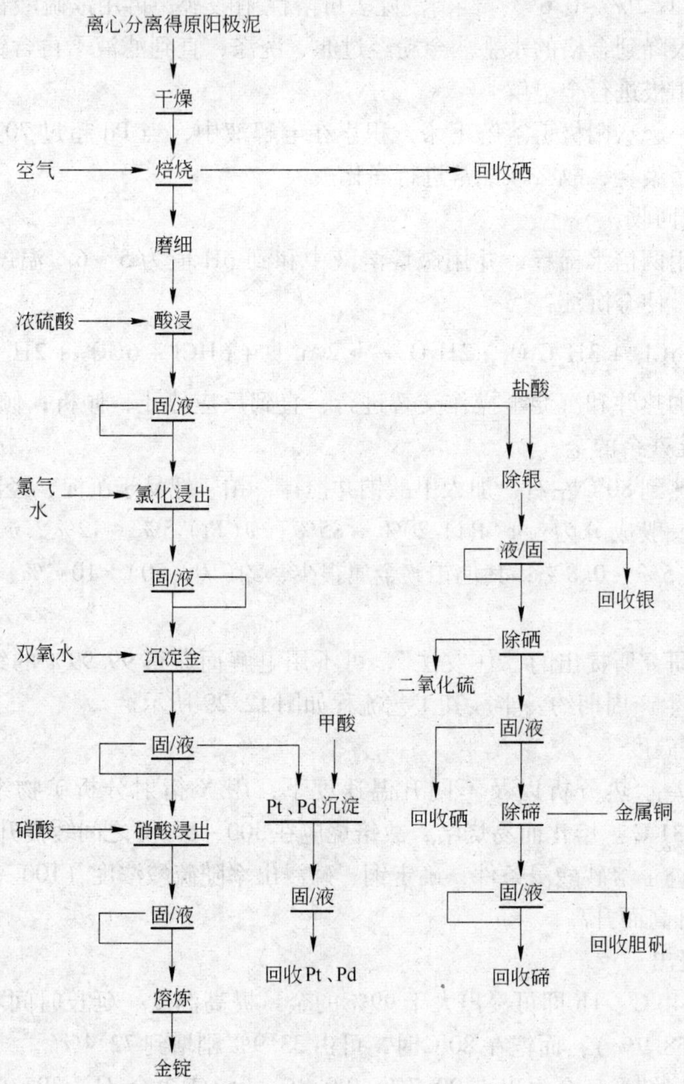

图 12.29 住友法工艺流程
（已通过试生产）

750℃范围内维持 1h。焙砂磨至 85% －40μm，在 $2m^3$ 槽中三次酸浸。在 50℃、压力 $(9.8\sim19.6)\times10^4$Pa 下，过滤速度为 9.5L/(m^2·min)，滤饼湿度为 22%～23%。

氯气浸出是在 200L 衬含氟树脂的槽中进行、每批酸浸渣 150kg。将 400L 氯气浸出液倒入 600L 玻璃纤维增强塑料槽，加热至 40℃，调 pH 值为 1.2，加入 22L、30% 浓度的过氧化氢溶液，2h 后溶液含金 1.8mg/L，最终 pH 值和电位分别为 0.91mV 和 630mV，得约 2kg 金粉。金粉用浓硝酸煮，然后加熔剂熔化铸锭。沉金液体积调到 450L，在氯气浸出槽（每次用 150L 溶液）中分 3 次沉淀铂、钯，条件为：温度 80℃，90% 的甲酸用量 420g/次，开始 pH 值为 4，停留 2h，最终溶液含 Pd 1.1mg/L、Pt 0.5mg/L、pH 值为 2，电位 230mV。

各工序中金的直收率为：酸浸大于 99%，氯气浸出 99%，金沉淀率大于 99.9%，硝酸处理大于99.9%，总直收率估计超过98%。由于省去了还原熔炼（生产贵铅）、多尔合金生产、钯电解和金电解，生产周期不到常规工艺的一半。

12.4.2.3 我国的湿法处理工艺

我国根据中、小冶炼厂特点，为改善操作环境，消除污染，提高金、银直收率，增加经济效益的要求，结合实际对铜阳极泥的处理做了大量研究工作，并取得很大成就。其主要方法有硫酸化焙烧蒸硒—湿法处理工艺等几种。

A 硫酸化焙烧蒸硒—湿法处理工艺

此工艺是我国第一个用于生产的湿法流程，其主要特点是：（1）脱铜渣改用氨浸提银，水合肼还原得银粉；（2）脱银渣用氯酸钠湿法浸出金，SO_2 还原得金粉；（3）硝酸溶解分铅。即将传统工艺的熔炼贵铅、火法精炼用湿法工艺代替，仍保留硫酸化蒸硒、浸出脱铜和金、银电解精炼。此工艺解决了火法工艺中铅污染严重的问题，且能保证产品质量和充分利用原有装备。工艺流程如图12.30所示。

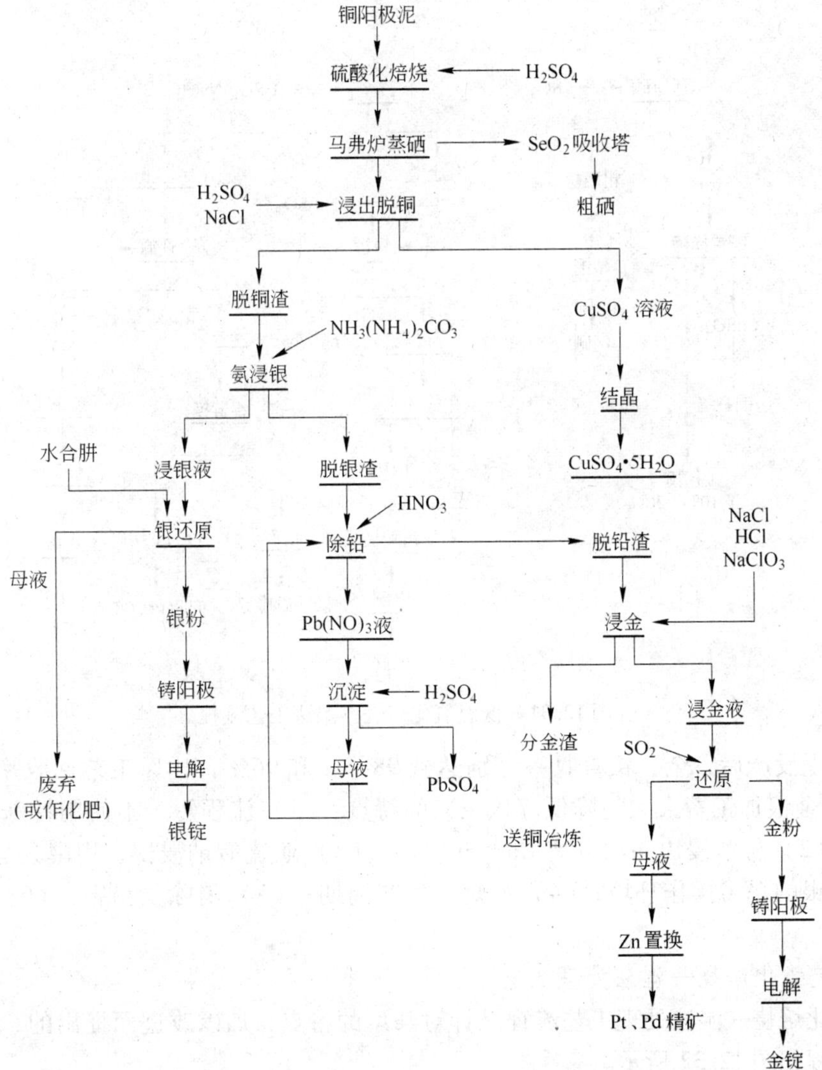

图12.30 硫酸化焙烧蒸硒—湿法工艺流程

采用此工艺后，金、银直收率显著提高，金由73%提高到99.2%，银由81%提高到99%，缩短了处理周期。经济效益明显。此工艺已在国内部分工厂中推广应用。

B 低温氧化焙烧—湿法处理工艺

该处理工艺是：低温氧化焙烧—稀硫酸浸出脱铜、硒、碲—在硫酸介质中氯酸钠溶解Au、Pt、Pd—草酸还原金—加锌粉置换出Pt、Pd精矿，分金渣用亚硫酸钠浸出氯化银，用甲醛还原银。工艺流程如图12.31所示。

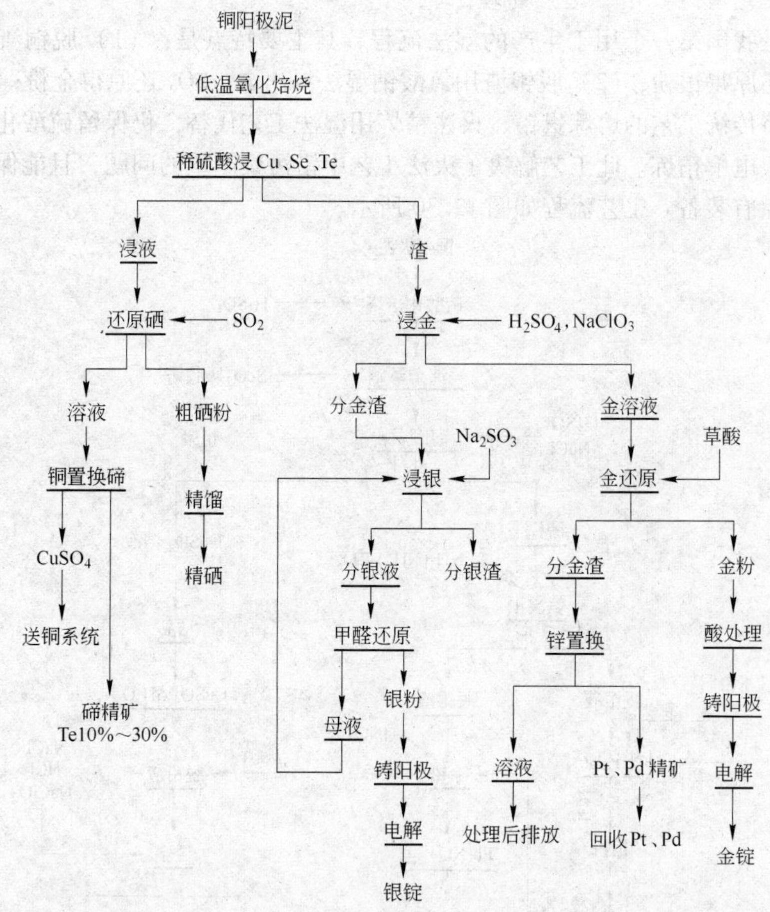

图12.31 低温氧化焙烧—湿法工艺流程

该流程投产后，金、银直收率分别达到98.5%和96%，比原工艺回收率提高12%及26%，金银加工费大大地降低。该工艺的特点：（1）流程短，不使用特殊化学试剂，成本低；（2）稀酸浸出一次分离Cu、Se、Te；（3）亚硫酸钠浸银，甲醛还原银，改善了用氨浸银的恶劣操作环境；（4）缩短了生产周期；（5）消除了铅害；（6）金属直收率高。

C 硫酸化焙烧—湿法处理工艺

硫酸化焙烧—湿法处理工艺流程是针对某厂的特点，加以改进而提出的，现已投产。其工艺流程如图12.32所示。

该工艺流程的硒挥发率大于99%，铜浸出率99%，银浸出率98%。流程的特点：

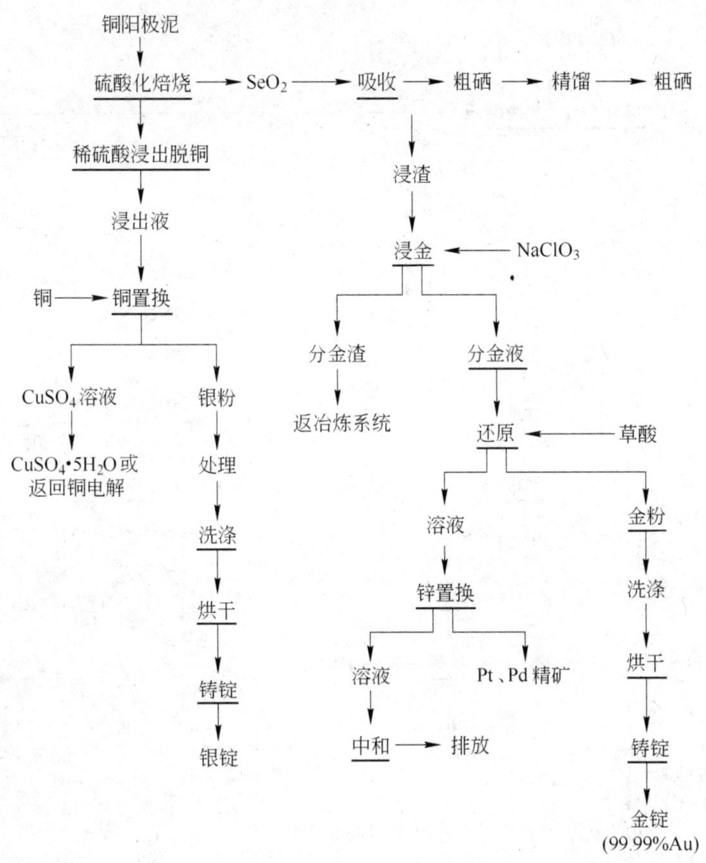

图 12.32 硫酸化焙烧—湿法处理工艺流程

(1) 硫酸化焙烧—稀硫酸浸出，一次性分离 Se、Cu、Ag；(2) 经铜置换，银无需电解可得到成品 1 号银；(3) 用草酸还原金，得金粉不需电解可得 99.99% Au；(4) 金、银不需电解大大地缩短了生产周期。

D 全湿法处理铜阳极泥工艺

该工艺采用稀硫酸、空气（或氧气）氧化浸出脱铜，再用氯气、氯酸钠或双氧水作氧化剂浸出 Se、Te，为了不使 Au、Pt、Pd 溶解，要控制氧化剂用量（可通过浸出过程的电位来控制）。最后用氯气或氯酸钠作氧化剂浸出 Au、Pt、Pd。氯化渣用氨水或 Na_2SO_3。浸出 AgCl，并还原得银粉。粗金、银粉经电解得纯金、纯银。工艺流程如图 12.33 所示。

E 其他工艺

天津电解铜厂针对其阳极泥中含铅、锡量高，采用选冶联合工艺，约有 2% Au 和 3.5% Ag 进入浮选尾矿，后来经试验，在铅锡焊料的形态回收铅锡，再从焊锡电解阳极中回收其中的金和银。金属回收率分别为：$w(Pb)>91\%$，$w(Sn)>88\%$，$w(Au)$、$w(Ag)$ 均达 99%，大大提高了 Au、Ag 回收率。中原冶炼厂采用硫酸化焙烧—氰化浸出流程，在氰化浸出之前进行酸浸，盐浸除去妨碍氰化浸出的 Cu、Pb、Zn，而后再氰化浸出金。长

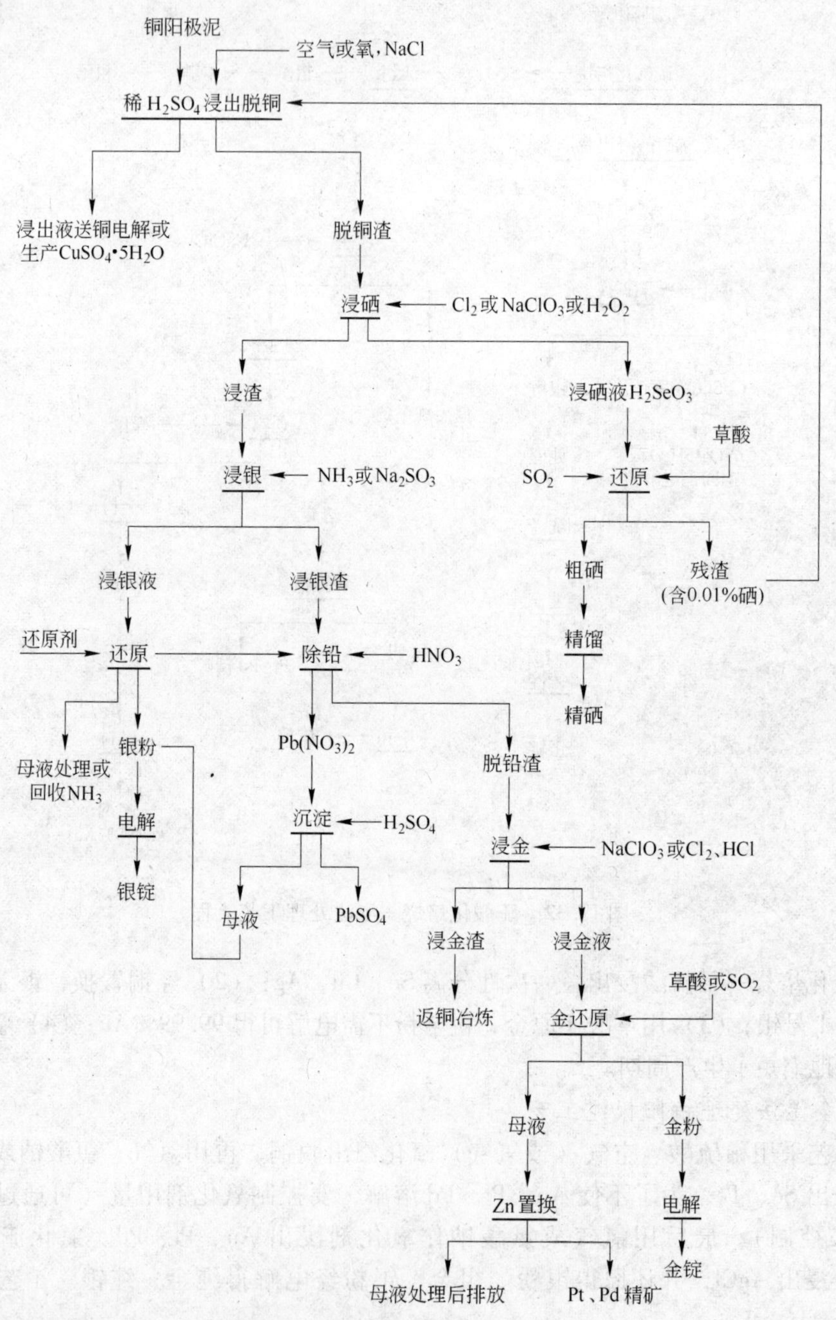

图 12.33 铜阳极泥全湿法处理工艺流程

沙有色冶金设计研究院，通过对铜阳极泥的分析，了解铜阳极泥中通常含铜 20% ~30%，这主要是夹带硫酸铜电解液所致，因此提出首先用加硫酸温水预处理，不但可浸出大部铜，还能浸出一部分碲，使阳极泥含铜量降至 3% ~6%。富春江冶炼厂想取消金、银电解，而试验了 TBP-正辛醇萃取金—草酸还原反萃金的工艺，使金的纯度大大提高。

12.4.3 铜阳极泥中金属利用文献进展

铜阳极泥中含有多种组分的金属元素，早在19世纪末期，俄罗斯科学家和技术专家发现铜阳极泥处理采用直接氧化回收的方法分离贵金属，但存在着金、银大量损失于渣中的缺点，随后发现对阳极泥进行预处理脱铜和烧结能够有效地提高金、银的回收率。为使浸出过程快捷有效，通常需对铜阳极泥进行预处理，使铜阳极泥中的Sb、Bi、Cu、Pb、As等杂质元素转化成易溶解的氧化物形态再经湿法处理而进入溶液，Au、Ag、Pt、Pb等贵金属元素留在渣中，从而实现贵贱金属的初步分离。基于不同的金属提取方法的差别，现对不同元素的处理方法进行总结如下。

12.4.3.1 锑、铋、砷

铜阳极泥中的铋、锑90%以上以氧化态（氧化物或氧化物复合盐）形式存在。在一定浓度的盐酸溶液中，加入适量的食盐，氧化态的铋、锑等杂质被盐酸溶解生成$BiCl_3$、$SbCl_3$，控制一定酸度及氯离子浓度，$BiCl_3$、$SbCl_3$将发生水解反应生成氯氧铋及氯氧锑。

王日研究了预处理脱除锑、铋的工艺，确定的阳极泥预处理最佳工艺条件盐酸质量浓度(135±10)g/L、氯离子质量浓度(100±10)g/L、温度75℃、时间1.5h时，铋、锑脱除率分别达85%、74%以上。

对含铋较多的阳极泥，胡少华采用在硫酸介质中添加氯化钠的方法浸出铋，确定最佳工艺条件为氯离子质量浓度25~30g/L、硫酸质量浓度(200±10)g/L、固液比0.38∶1、温度（85±5)℃、时间4~5h时，脱铋率达70%以上，脱铋渣含铋仅为0.5%~2.2%。

尹湘华研究湿法分铜时的脱铋工艺，经硫酸化焙烧蒸硒的阳极泥在湿法分铜时，将硫酸质量浓度由8g/L提高到120~150g/L，再加入一定量工业食盐和盐酸进行脱铋，蒸硒渣中的铋大量浸出，部分砷、碲也被溶出。

酸浸脱除锑、铋的方法可以取得较好的除杂效果，使得分金、分银工序渣率下降，固液分离效果好，得到的粗金粉、粗银粉的品位高，有利于金、银的电解精炼。但在处理过程中都采用较高的酸度。处理时应根据阳极泥中锑、铋的含量寻找最佳的处理条件，避免造成药剂的浪费。

关通研究了阳极泥的氨浸除杂工艺，用氨水浸出经酸处理后的阳极泥。可进一步去除杂质。在氨的混合液中，Cu以$Cu(NH_4)_4^{2+}$的形式存在；As、Te以AsO_3^{3-}和TeO_3^{3-}的形式存在。溶液经空气氧化后加石灰沉淀，砷以砷酸钙的形式沉淀于石灰渣中，氨循环使用。

周犇研究了铜阳极泥金、银提取过程中砷综合治理方法，将预脱铜液、分铜液和净化后的净化渣返回脱铜工序，在预处理脱铜工序的后期，将银还原后液加入到脱铜液中，将分碲中和后液按一定比例与铜净化后液混合，控制铜、砷摩尔比为29，最终溶液pH值为7，利用阳极泥中铜、砷元素合成了铜砷碱式盐。

Femhdez等人研究了碱浸阳极泥去除As、Sb的方法，在0.4mol/L KOH、温度为800℃、固液比为1∶10的条件下处理阳极泥，As和Sb的溶解率分别达到85%和80%，过滤后，滤液中的砷和锑，用硫化物沉淀法回收。

在选择预处理除杂工艺时，应综合考虑整个工艺流程，如采用氨浸、碱浸的方法会造成在后续工艺前必须调节酸度来满足后续工艺条件。增加了药剂损耗。采用综合治理方案。可以较好地解决阳极泥处理过程中的酸碱平衡问题，减轻了溶液膨胀的压力，降低了处理成本。

12.4.3.2 铅

铜阳极泥中铅一般先进行碳酸化处理，即用 NH_4HCO_3 或 Na_2CO_3 将 $PbSO_4$，$PbCl_2$ 转变为更难溶的 $PbCO_3$，然后再用硝酸溶铅，铅的碳酸化往往和氨浸分银工序同时进行，可以消除铅对金、银品位的影响。

Talip Havuzc 用 Na_2CO_3 处理脱铜后的阳极泥，采用 Taguchi method 得到最优条件 Na_2CO_3 浓度为2mol/L，反应温度50℃，反应时间600s，液固比0.5，浸出渣经硝酸洗涤，铅的浸出率达到97%。

Chu 等人在40℃时用7mol/L 醋酸铵溶液浸出阳极泥中的铅，浸出时间2h，可得到醋酸铅产品，铅的回收率达93.13%，醋酸铅纯度达99.9%，浸出渣进一步处理回收贵金属。

杨宗荣等研究用NaOH 预浸出分离铅的，将脱铜渣在100～300g/L 氢氧化钠溶液中，在固液比1:(8～20)、温度80～90℃的条件下，搅拌浸出1～6h，视铅含量不同选择氢氧化钠浓度和固液比，除铅率达到99%，在除铅的同时还浸出了大量的砷，浸出液中的砷和铅分别用结晶和电积的方法回收，得到砷精矿和铅精矿。

12.4.3.3 铜

国内铜阳极泥脱铜，广泛采用硫酸焙烧蒸硒—酸浸工艺方法。对于含铜高（20%以上）的阳极泥，在焙烧前添加充气酸浸预脱铜的工序。在10%～15%的 H_2SO_4 溶液中，用特殊结构的喷嘴对矿浆强烈充气，即使在室温铜也发生氧化作用，使阳极泥中铜降到5%左右。若采用通常的鼓风酸浸则溶液需加热至80～90℃。如在后续工艺中采取硫酸化焙烧蒸硒，可以将焙烧蒸硒吸收后液返回预处理工序，吸收后液中的硒被铜阳极泥中的铜置换出来，吸收后液返回预处理工序，充分利用吸收后液中的硒和酸。

Kucukkaragoz 等人完成在硫酸介质中通入氧气并添加硫酸铁浸铜的工艺试验，通过对比证明通入氧气和添加硫酸铁有助于 $Cu_{2-x}Se$，$Cu(Te,Se)_2$ 的溶解，提高铜的浸出率。在最佳的工艺条件为10%的硫酸溶液、温度80℃、氧气流速20L/min、硫酸铁的加入量按铜与硫酸铁反应式计算加入、浸出时间4h，铜浸出率达97%。

Buenyamin 等人选定反应温度、氧气流速、搅拌速度、硫酸浓度、固液比、反应时间、焙烧温度为参数，利用 Taguchi 实验设计方法，确定硫酸质量分数5.43%、浸出温度70℃、氧气流速 $1.24\times10^{-6}m^3/s$、搅拌速度450r/min、固体质量浓度0.125g/mL、反应时间1h、焙烧温度300℃，铜的浸出率达99.67%。

Jhumki 等人发现在硫酸介质中添加二氧化锰和氯化钠可以大大提高阳极泥中金属的浸出率。试验考察了温度、时间、酸浓度、固液比、添加剂的加入量对浸出效果的影响，并且对铜、硒、碲、金的浸出过程动力学进行了研究，提出了这几种元素的浸出动力学模型，并通过SEM进行了验证。

Jdjd 等人进行了氟硅酸浸铜的工艺试验。通过比较氟硅酸浸出、硝酸浸出、氟硅酸和硝酸混合浸出，比较三种浸出体系的浸出效果，确定了氟硅酸和硝酸混合体系为最佳的浸铜体系。在此体系下：氟硅酸浓度1.3～1.7mol/L、硝酸浓度4mol/L、时间3h、温度

65℃、液固比 12∶1 的最佳浸出工艺条件。通过两步浸出铜的浸出率达到了 99%，浸铜的同时还浸出大量的砷和锑，浸出率分别达到 97% 和 95%，硒和碲的浸出率均达到了 99%，可以用共沉淀的方法回收溶液中的硒和碲。

选择阳极泥处理脱铜工艺时，应根据铜在阳极泥中的赋存状态和含量选择合适的处理工艺。对赋存状态复杂或含铜高的阳极泥，通过在酸浸时通入氧气或添加氧化剂的方法，可取得很好的除铜效果。在选择浸铜工艺时同时结合浸出液中铜的回收方法和阳极泥处理过程中废液的利用来选择最佳的处理工艺，减少药剂消耗，降低生产成本。

12.4.3.4 金

目前，从阳极泥中提金大多采用氯化法，即用 Cl_2 或者氯酸钠作为氧化剂，在 HCl-NaCl 溶液或者 H_2SO_4-NaCl 溶液中浸出金，然后用二氧化硫、草酸或氯化亚铁还原金。

李运刚对脱除了铜、硒、碲的铜阳极泥进行了金的浸出研究，确定的浸金最佳工艺条件为：$m(NaClO_3):m(Au)=3$、温度 90℃、液固比 4∶1、浸出时间 7h、$m(NaClO_3):m(H_2SO_4)=12:2$，搅拌速度 400r/min 条件下金的浸出率可达 99.22%，直收率 98.4%，总回收率 99.2%。

Donmez 等人研究了氯气在水介质中浸金，用铜片置换金的方法，金的浸出率 99.78%，回收率 94.4%，反应的活化能为 19.51kJ/mol，指出此反应为扩散传质控制。

Sanuki 等人研究了阳极泥在 HNO_3-NaCl 溶液中的氧化浸出行为，对浸出过程进行了热力学分析，确定了最佳浸出金、铂、钯的硝酸和氯化钠的浓度为 2mol/L 和 1mol/L，并通过 XRD 分析了浸出过程阳极泥的物相变化。

Yannopoulos 等人研究用 HNO_3-$FeCl_3$-Cl_2 浸金的方法，将脱除铜和硒之后的阳极泥残渣与硝酸和三氯化铁混合，在固液比 1∶5、25～65℃的条件下，通入氯气浸出 5h，用活性炭吸附富集浸出液中的金。氯化提金工艺对一般的铜阳极泥及复杂铜阳极泥均有较强的适应性，并且克服了火法工艺的烟害与铅害，具有较好的社会效益。对含金量比较低的阳极泥，在浸出后结合萃取或活性炭吸附工艺，回收率提高。

12.4.3.5 银

从铜阳极泥中回收银方法主要有两种：氨浸分银—水合肼还原法、亚硫酸钠—甲醛还原法。李运刚对亚硫酸钠浸出、甲醛还原法进行研究，确定最佳浸出工艺条件亚硫酸钠质量浓度 250g/L、浸出温度 30℃、搅拌速度 400r/min、固液比为 1∶7、浸出时间 3h 下银的浸出率达 99.22%。甲醛还原银的最佳条件为：常温、还原时间 10min、溶液 pH 值为 14、m(甲醛)∶m(银)=1∶3。银还原率可达 99.1%，银的直收率达 98.4%，总回收率 98%。

可通过硝酸浸银的方法回收阳极泥中银，往硝酸浸出液中加入饱和氯化钠溶液，银呈氯化银沉淀，再经氨浸从氨浸液直接还原或用铜置换回收银。硝酸银溶液也可用 5% 的氢氧化钠或氨水局部中和，适当降低酸度后电解制取纯银。硝酸不溶渣中还含有残余的银和金，可用氰化钠溶液浸出，然后用铝置换。硝酸浸银也可在 40～105℃条件下，用硝酸浸出原始铜阳极泥，95% 的银转入溶液，硝酸银浸出液萃取脱硝，再沉淀得到氯化银。或在 200℃用氢氧化钠处理硫酸脱铜后的阳极泥残渣，使银生成氧化银，再用稀硝酸处理，使氧化银转变成硝酸银而溶解，最后用电解法制取纯银。

硫酸化焙烧使阳极泥中的银转变为硫酸银，再用硝酸钙将硫酸银转变为硝酸银，溶液中的硝酸银可用电解法回收银。用硝酸钙浸出，经加热加压、通氧气脱铜、硫酸化焙烧脱硒后的残渣，然后用氢氧化钙调整 pH 值纯化浸出液。在一定的 pH 值条件下，可充分使锑、铋等杂质从溶液中沉淀，而银不沉淀。添加硫酸铁到溶液中，在中和过程中形成氢氧化铁作为捕集剂可以增强杂质的去除，再添加碳酸钙调溶液 pH 值到 4.5，过滤、洗涤和干燥后，滤饼送去氯化提金，而滤液送去电沉积银。纯化后的滤液通过添加氢氧化钙的方法使银以氢氧化物的形式沉淀，银的回收率达 87%。

采用氯化法处理阳极泥回收银，阳极泥在 6mol/L 盐酸、温度 100～110℃条件下氯化，氯化银用氨水浸出，生成$[Ag(NH_3)]Cl$ 热分解回收氨，得纯氯化银。往氯化银中加质量浓度 114g/L 热氢氧化钠溶液，生成氢氧化银，再以葡萄糖还原成金属银。氯化过程中银的氯化率为 99.7%，银的回收率为 97.2%，纯度为 99.999%。

在选择提银工艺时，应考虑阳极泥中银的赋存状态及含量，选择合适的回收工艺。对银赋存状态复杂且含量高的阳极泥，可以选择硝酸浸银的方法，提高浸出效果，使其在沉银过程中完全以氯化银的状态存在，而以单一氯化银形态存在的银正是亚硫酸钠或氨浸分银过程中所需要的。分银、分金工艺的组合顺序由银的形态决定，如果银的氯化程度（AgCl 的转化率）不够高，则分金要放在分银之前。

12.4.3.6 其他金银回收方法

关通研究氰化提取阳极泥中金、银的方法，铜阳极泥经处理后，Au、Ag 在氰化物溶液中溶解成 $Au(CN)_2^{2-}$ 和 $Ag(CN)_2^{2-}$ 配合物离子，被锌等还原剂置换成金泥（也可以采用电积法生成金泥）。金泥经酸洗，粗炼成金银锭，再熔化水淬，用硝酸分银，金粉铸锭，用铜置换银后铸锭，再用铁置换铜。

刘晓瑭等人研究用硫脲法从阳极泥中提取金的方法。确定的最佳浸金条件：硫脲质量浓度 5.0g/L、硫酸铁质量浓度 6.0g/L、时间 8h、固液比 1∶4、温度 20～25℃、pH 值小于 1 下金的浸出率为 98.68%。

Yavuz 等人系统地的研究硫脲法回收阳极泥中金的工艺。为达到较好的金的回收效果，首先去除阳极泥中的铜、硒、碲和银，同时发现在硫脲介质中添加 Fe^{3+} 可以大大提高金的浸出率；在温度 30℃、固液比 1∶30、硫脲质量浓度 10g/L、Fe^{3+} 2.5g/L、pH 值为 1、浸出时间 2h 条件下，金的浸出率达到 99.9%。

Gaspar 等人研究了阳极泥在酸性硫脲介质中金、银的电位-pH 值图，并以此为依据研究了硫脲浸金工艺，确定的最佳浸金工艺条件为：硫脲质量浓度 10g/L、Fe^{3+} 5g/L、固液比 1∶6、浸出温度 25℃、浸出时间 1h、pH 值为 1 条件下金的浸出率达 99.8%，最佳浸出条件下的氧化还原电势为 500～523mV。

12.4.3.7 碲

碲的回收采用碱浸富集碲，将阳极泥先经硫酸化焙烧脱硒、酸浸或水浸脱铜后用苛性钠浸出碲，然后还原得到粗碲。Kyoun 等人研究碱浸后电解回收阳极泥中碲工艺，先用氢氧化钠浸出碲，然后加入硫化钠使溶液中的杂质沉淀，最后在氢氧化钠溶液中直接电解回收碲，碲的纯度达到了 99.9%。

酸浸还原法回收碲先将铜阳极泥低温氧化焙烧、酸浸使铜、硒、碲进入溶液，然后分

别用 SO_2 还原硒，用铜粉置换碲，置换后液用来生产硫酸铜。加压酸浸还原法回收碲通过加压浸出提高溶液中氧气的溶解量，提高了液相中氧化过程进行的速度，强化浸出过程。浸出后用铜粉还原或电解的方法回收碲，碲转化成金属碲回收。

张博亚等人研究加压酸浸脱碲，确定的最佳浸出条件：酸质量浓度 125g/L、温度 170℃、时间 120min、压力 1.0MPa、液固比 4∶1 下，达到了较高的碲脱除率。

Narinder 等人进行添加硫焙烧阳极泥回收碲的方法试验研究。试验发现在 475℃，添加硫焙烧 60min，可达到最佳的碲回收效果，XRD 分析处理和未经处理的阳极泥说明添加硫焙烧使铜的硒化物和碲化物转变为铜的硫化物和单质硒、碲。

Jueschke 等人研究从贵铅火法精炼产出的苏打渣中回收碲的方法。先用氢氧化钠浸出苏打渣，浸出液用双氧水处理使碲酸盐沉淀，沉淀用稀氢氧化钠溶液洗涤后，用硫酸调节溶液 pH 值接近 6，加入亚硫酸钠将 Te^{6+} 还原为 Te^{4+}，最后用硫酸调节 pH 值至 6.2～6.5，使 Te^{4+} 以二氧化碲的形式沉淀。

由于碲的化学性质比较特殊，具有较明显的两性特征，易分散，回收率较低。从阳极泥中回收碲时，建议采用在氧气存在下的加压酸浸法。由于碱浸法和苏打造渣法均需专门设置工序来提取碲，若在提取碲之前采用酸浸进行阳极泥的预处理，预处理后还需对阳极泥进行热水洗涤，洗去大量的残酸后才能进行碱浸，消耗的苛性钠量较大，造成浸出成本较高。苏打造渣法工艺流程较复杂，需要对苏打渣进行破碎、磨细处理，因为浸出时对粒度有一定要求，磨矿时间一般在 4～6h 才能达到符合碱浸的粒度。近年来发展起来的加压酸浸法，在浸出铜的同时还可以浸出大量的碲，流程较为简单。这种方法可将所有副产品液流循环使用，可降低环境污染。从工艺流程的简化和环保考虑，加压酸浸工艺是一个很好的选择。

12.4.3.8 硒

铜阳极泥中硒的处理分为两类，一类为火法处理，另一类为湿法处理。焙烧处理为火法处理方法，根据焙烧温度的高低，可分为高温焙烧处理和低温焙烧处理。在国外，当阳极泥焙烧温度达到 700～780℃，称为高温氧化焙烧，高温焙烧条件下，SeO_2 挥发进入气相后进入吸收塔回收。硫酸化焙烧还原法是常用的硒处理方法，通过硫酸化焙烧把硒氧化为 SeO_2，SeO_2 挥发进入吸收塔的水溶液中变为 H_2SeO_3，然后被炉气中的二氧化硫还原成单质硒。低温氧化焙烧酸浸还原法提取硒，阳极泥先经过低温氧化焙烧，焙砂用稀硫酸浸出，在浸出过程中加入适量的 HCl 或 NaCl 沉银，铜、硒、碲进入溶液，然后用二氧化硫或铜还原硒。Dutton 等人研究脱铜阳极泥的高温焙烧过程，利用热重分析确定控制脱硒速率的热力学和动力学因素，发现阳极泥中的 Ag_2Se 可直接与氧气反应生成 SeO_2，不一定要首先生成 Ag_2SeO_3 后再分解生成 SeO_2，减小气体中 SeO_2 的浓度，可减慢 Ag_2SeO_3 的生成速率并加快其分解速率。Mamani 等人对阳极泥氧化焙烧和硫酸化焙烧过程中，硒的物相随温度变化过程进行了研究，并对其进行了热力学分析，提出二氧化硫代替硫酸取代传统硫酸化焙烧工艺。

湿法处理铜阳极泥中的硒主要通过酸、碱或添加氧化剂或者加压等工序强化浸出效果。Ibrahim 研究阳极泥中的硒在硫酸浸出时的溶解性，指出增加浸出时间、提高温度均有利于硒的溶解，但最高只能溶解阳极泥中 80% 的硒。采用氧化法脱硒，将预脱铜的滤饼调浆后在反应釜中用二氧化锰、食盐及盐酸脱除硒、碲和残存的铜，同时加入少量黄铜屑或铁屑和活性炭粉使转入液相的贵金属沉淀，过滤后从滤液中回收硒、碲和铜。Mahmoud 选定浸出温度、浸出时间、酸浓度为参数，利用 Taguchi 实验设计的方法，确定了最佳的浸硒工艺条件硝酸浓度 4mol/L、浸出温度 90℃、浸出时间 60min 下，硒的浸出率达 99%。John、梁刚等人研究以 H_2O_2 作氧化剂，在弱酸性溶液中氧化浸出硒和碲的工艺，在弱酸性环境中用 H_2O_2 氧化硒和碲，固液分离后调节 pH 值使碲形成亚碲酸盐沉淀，过滤分离硒和碲，盐酸酸化后用 SO_2 或 Na_2SO_3 还原硒和碲。硒、碲氧化的最佳 pH 值为 3，硒、碲分离的最佳 pH 值为 6，硒和碲还原的最佳盐酸浓度分别为 3mol/L 和 4mol/L，硒和碲回收率分别为 99% 和 98%，纯度均可达 99%。

Subramanian 等人研究加压氧化碱浸法回收硒工艺，在 200℃、0.5MPa 氧气、添加按化学计量所需 5 倍氢氧化钠的浸出条件下，硒的浸出率达 99%，浸出液经过纯化、中和后用二氧化硫还原可得到单质硒。Gu 提出处理高硒阳极泥的工艺，阳极泥中的硒经过氢氧化钠浸出、沉淀、纯化等工序，直收率达 90%，纯度达 99.5%。确定的最佳浸出条件为：氢氧化钠质量浓度 250g/L、温度 80～85℃、固液比 1∶4，并确定了沉淀过程的最佳 pH 值和还原剂，最后通过纯化过程去除了粗硒中的铅和碲，回收到了很高纯度的硒。Semion 等人将阳极泥在 pH 值 7.5 的条件下，添加碳酸钠浆化，然后将浆化后的阳极泥制成粒状，在 400～500℃的条件下焙烧 4h 后，用热水浸出硒，硒的回收率达 99.0%。Davis 研究用电解法回收阳极泥中硒的方法，先将阳极泥与碳酸钠混合，焙烧后用水浸出，浸出液用硫酸调节 pH 值至 6.5 沉淀碲，滤液加入过量的 H_3BO_3，在165～175℃的条件下反应 30min，使硒化物转变为硒酸盐和亚硒酸盐，用氢氧化钠调节 pH 值至 8 后电解回收硒。

回收阳极泥中硒的方法有多种。采用预先硫酸化焙烧或氧化焙烧的方法，存在设备较复杂、动力设备维修费用高，二氧化硫气体对人体和环境危害较大，硒、碲回收率和纯度不高等缺点。采用加压氧化碱浸或在酸性溶液中氧化浸硒工艺，避免了焙烧工序，可缩短工艺流程和生产周期，有利于提高金属回收率。因此建议采用氧化浸硒法回收硒。

12.4.3.9 铂、钯的回收工艺

范建熊研究直接从浸金液中回收金、铂、钯的工艺，主要工艺流程包括：金、铂、钯的富集，金、铂、钯的造液，金的提取，铂的提取，钯的提取。胡建辉等人研究从金还原后液中置换铂、钯的工艺优化。对金还原后液采用先水解沉铋，调酸后再以锌粉置换铂、钯工艺，可提高铂、钯精矿品位，同时获得高纯度副产品氯氧铋。张钦发等人通过试验比较预处理铂、钯精矿的方法，确定采用预浸出—氨浸—硫酸浸出工艺可除去 95% 的杂质元素，且可把金、铂、钯的溶解损失率均降低到 1% 以下，同时金、铂、钯的富集比可达 20 倍。王爱荣等人研究从铜阳极泥生产的铂、钯精矿中提取金、铂、钯的工艺，工艺步骤包括氧化焙烧、酸浸除杂、盐酸氯化分金。亚硫酸钠还原金，氯化铵沉铂、钯，铂钯精炼。目前，从铂、钯精矿中回收铂、钯的工艺直收率不高，尾渣中含铂、钯高，成品中杂质含量也比较高，这些问题都值得进一步研究探讨。

12.4.3.10 铜阳极泥利用技术展望

20 世纪 70 年代以来，国内外针对铜阳极泥处理做了大量的探索改进和研究工作。近年来，对铜阳极泥处理工艺和设备进行了深入研究，主要研究目标包括：

（1）最大限度地回收贵金属。

（2）工艺中滞留的金属量减到最少。

（3）能够彻底分离出少量有价值的元素如硒、钯。

（4）工作环境好。

（5）排放出对环境有污染的气体和液体量少。

（6）药剂和能源消耗少。

铜阳极泥处理技术有了较大进展，如反射炉逐渐被高炉和转炉等（Kaldo furnaces and TROF converters）取代，如 Kaldo furnaces（Boliden，Sweden）能同时实现阳极泥熔炼、氧化、二氧化硒升华。但是传统的熔炼处理方法仍然会伴随着贵金属及碲的损失以及工作环境安全等问题，采用湿法处理阳极泥的趋势变得更加明显。

13 高银金矿处理工艺

13.1 高银金矿的资源及特征

富银金矿石是指金矿中银与金共生，组合成银金矿或金银矿，此类矿石中金银常与黄铁矿密切共生。金—银矿石除含金外，每吨矿石还含有几十到几百克银，而银除自然银外，银还呈各种银矿物，如螺状硫银矿、深红银矿、脆银矿、硫锑铜银矿、淡红银矿、角银矿等存在。某些硫化物，如方铅矿、黄铜矿、黄铁矿和辉锑矿中也常富集微粒银。表13.1为我国主要银金矿及其金银品位。

表13.1 我国主要银金矿及其金银品位

银金矿名称	$Au/g \cdot t^{-1}$	$Ag/g \cdot t^{-1}$
安徽铜陵鸡冠石银（金）矿床	3.42	787.56
甘肃南泉银金矿床	1.4	0.542
河北牛圈银（金）矿床	1.94	517
河北省小石门银金矿床	6.32	594.82
胶东焦（家）—新（城）金矿	6	3.13
冀北万全寺银金矿	0.47～54.19	860～4500
江西万年虎家尖银（金）矿	1.15	238.2
江西仙山岗银金矿	8.9	162
江西九江联盟银金矿	13	368
庞西垌银金矿	0.00339	0.34
银洞沟银金矿	1.8	176.6
山西高凡银金矿	10.52	128.24

13.2 高银金矿的选矿预处理

由于银在金—银矿石中常常呈多种状态出现，多采用两种或多种方法组成的联合工艺流程处理。银在矿石中的特性及其回收方法见表13.2。

表13.2 银在矿石中的特性及其回收方法

银的特性	回收方法
粗粒（大于0.1～0.2mm）的自然银和自然合金	重选
	氰化
呈游离和连生体的细粒（小于0.1～0.2mm）的自然银和自然合金	氰化
	浮选与下一步对精矿进行氰化或熔炼①
呈游离或连生体的角银矿颗粒	氰化①
呈游离和连生体的银的简单硫化物	浮选与下一步对精矿进行氰化或熔炼
	氰化①

续表 13.2

银的特性	回收方法
呈游离和连生体的银的碲化物，硒化物和复杂硫化物以及银铁矾颗粒	氧化焙烧或氯化焙烧与下一步对焙砂进行氰化
	浮选与下一步对精矿进行熔炼或焙烧，焙砂用氰化法处理
银包裹在方铅矿、黄铜矿、辉铜矿和其他有色金属硫化物中	浮选与下一步对精矿进行熔炼①
银包裹在铁的硫化物中	浮选与下一步对精矿进行氧化焙烧或氯化焙烧以及对焙砂进行氰化①

①矿物的粗粒部分可用重选法加以回收。

如日本持越金银选厂处理含金银石英脉型矿石。矿石多遭受黏土化作用，金呈银金矿（Au 50% ~60%）形态存在，银主要为辉银矿并与金一起存在于石英或黏土中。矿石金品位 0 ~ 12g/t，金银含量之比为 1：（15 ~ 30）。

该厂采用重选—混汞—氰化—浮选联合工艺流程回收金银，主要产出金银合金，混汞尾矿和浮选精矿分别作为单独产品出售，其生产工艺原则流程如图 13.1 所示。

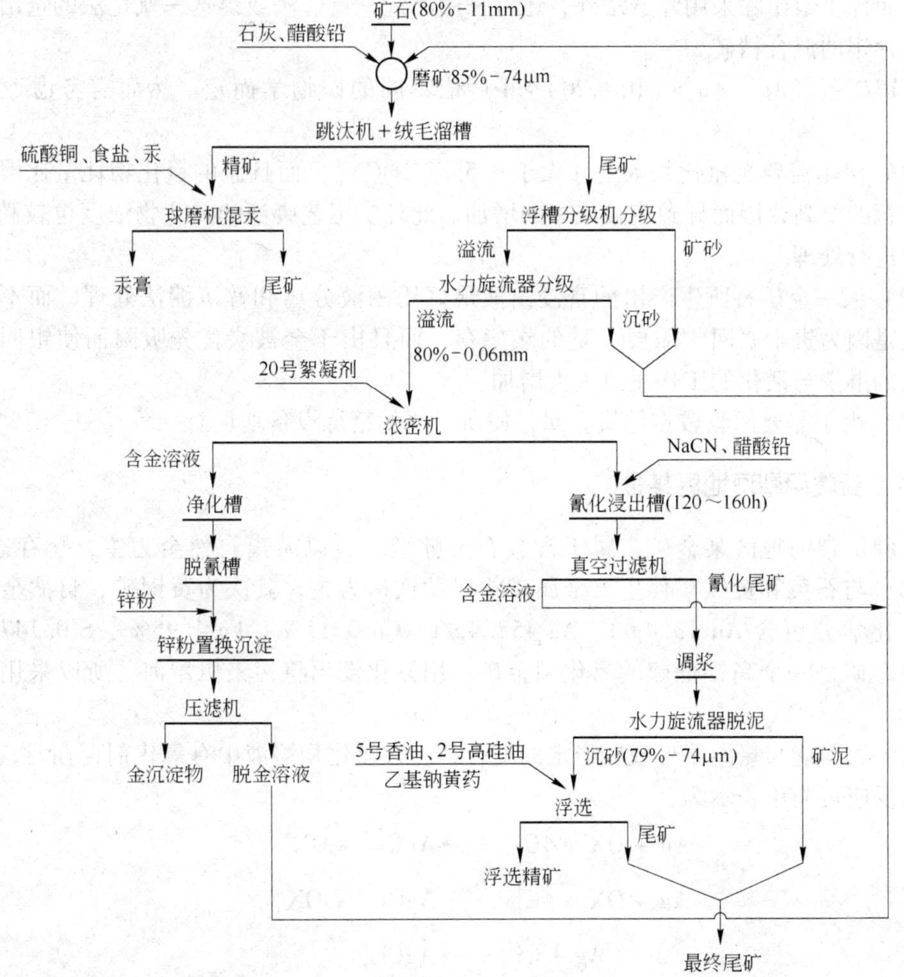

图 13.1 日本持越选矿厂矿石的生产工艺原则流程

该生产工艺的特点是：(1) 在磨矿、跳汰和分级作业中均使用循环的氰化脱金溶液。(2) 在磨矿分级回路中，用跳汰机和绒布溜槽回收粗粒金和硫化物。当原矿含 Au 7.8g/t、Ag 225g/t 时，重选精矿含 Au 405.8g/t，含 Ag 2406g/t，重选金回收率 10.85%，银则为 2.0%。(3) 重选精矿用混汞法处理，金回收率为 81.8%，银则为 53.4%。(4) 将 20 号凝聚剂（超短纤维）加入浓密机中，以防止矿泥上升并加快矿泥的沉降速度和提高圆筒真空过滤机的处理能力。(5) 由于大大减少含金溶液中矿泥含量，从而克服了锌粉置换沉淀工序中压滤机滤布孔隙堵塞现象，并降低了锌粉、燃料和溶剂的消耗。(6) 浓缩产品含 Au 6.3g/t，Ag 175g/t，经 120 ~ 160h 氰化浸出，金氰化回收率 93.9%，银 87.1%。(7) 为了更加充分回收金银，将氰化尾矿用水调浆并经水力旋流器脱泥后，其沉砂用浮选法处理回收金银。

13.3 高银金矿提取工艺实践

高银金矿中由于矿石中一般含金品位较低，必须先通过选矿富集以提高金的品位，然后再进行冶炼提取金。对于以生产银为主的单一银矿，基本上都是采用浮选法富集得出银精矿。而伴生银矿除采用浮选法外，还可采用浮选—重选法或浮选—氰化法的选冶联合流程得出含银的混合精矿。

富银矿石（Ag：Au >（10 ~ 20）：1）依不同的矿物学而定。然而需考虑下述某些特性：

(1) 浸出需要高氰化物浓度（大于 0.5g/L NaCN），而且总的氰化物耗量比浸出低银的金矿石的要高，因而导致直接成本的增加。此外，工艺废液的氰化物浓度也较高，需要对废液进行处理。

(2) 银—金矿石所生产出的富浸出液最好用固液分离和锌沉淀法处理，而不用炭浆法。这是因为贵金属回收需要大量的炭库存，而且由于金被炭优先吸附而使银回收率很低。炭的淋洗与活化的工作量也大大增加。

(3) 由于需要回收较多的贵金属，使所需要的精炼设备增加。

13.3.1 新疆伊犁河地区某金矿

新疆伊犁河地区某金矿，属于含金石英脉型。金以游离自然金为主，赋存态简单，绝大部分与石英和黄铁矿伴生。金属矿物以黄铁矿为主，其次为黄铜矿、自然金和方铅矿等。化学分析含 Au 13.4g/t、Ag 452.4g/t、Cu 0.11%、Fe 4.95%、S 0.147%。可见，该金矿是一个高银低硫的氧化型金矿。用氰化浸出将污染伊犁河，所以采用非氰化工艺。

金和银均能与氯离子形成较稳定的配合物。在氯化物溶液中有氧化剂存在时，金和银的浸出反应可简单表示为：

$$Au + OX + 4Cl^- \longrightarrow AuCl_4^- + OX'$$

$$Ag + OX + 4Cl^- \longrightarrow AgCl_4^{3-} + OX'$$

$$Ag + Cl^- \longrightarrow AgCl$$

$$AgCl + 2NH_3 \longrightarrow [Ag(NH_3)_2]^+ + Cl^-$$

式中，OX 为氧化剂，OX′为该氧化剂的还原态。

针对上述反应，探索在有氯盐或（和）氨存在下从该金矿石浸出金银的可能性，并通过控制适当的浸出条件，以达到分别浸出金银的目的。

13.3.1.1 $NH_3 \cdot H_2O$-NaCl 体系氯化浸出金和银

实验结果表明，在浸出条件：NH_3 7%、氧化剂 5%、NaCl 20%、液固比 10∶1、浸出时间 120min、温度 80℃时，用含氧氯化物作为氧化剂，有可能先选择浸出银，银的浸出率达 98%。而大部分金留在浸出渣中，便于单独处理。不足的是，约有 24% 的金同银一道被浸出进入溶液。要达到分别浸出金银的目的，尚需进一步改进浸出过程的选择性。

13.3.1.2 HCl-NaCl 体系氧化浸出金和银

为考察在 HCl-NaCl 体系中加入不同类型氧化剂同时浸出金和银的可能性，实验中浸出条件定为：液固比 10∶1、浸出时间 12min、温度 80℃时，氧化剂用量增加金浸出率增加不明显，而银浸出率影响则比较复杂。当氧化剂用量为 2% ~5% 时，银浸出率大于 96%，过多加入氧化剂将导致银浸出率下降，随后又有所上升。为了达到在该体系中同时浸出金和银的目的，曾探索添加不同氧化剂的实验，典型的实验结果见表 13.3。实验结果表明：在 HCl-NaCl 体系中，用一种金属离子和含氧氯化物作为氧化剂，能够同时浸出金和银，金浸出率达到 96%，银浸出率大于 98%。该浸出体系工艺简单，适于处理含银高的氧化型金矿。

表 13.3 添加不同氧化剂同时浸出金银的结果

温度/℃	浸出体系	添加氧化剂	金浸出率/%	银浸出率/%
80	$NH_3 \cdot H_2O$-NaCl	含氧氯化物	24.6	95.1
80	HCl-NaCl	金属离子	85.3	99.8
90	HCl-NaCl	含氧氯化物	91.7	99.7
90	HCl-NaCl	双氧化剂	92.5	99.8
90	HCl-NaCl	双氧化剂	96.1	99.9

液固比 10∶1，浸出时间 120min，搅拌转速 600r/min。

13.3.2 吉林宝力格银金矿

吉林宝力格银金矿含银较高，属于含砷（锑）高氧化矿石，难以选冶处理。

矿石中金属矿物以氧化次生矿物为主，其中褐铁矿、赤铁矿、黄钾铁矾占矿石矿物平均含量的 7.63%，臭葱石占 1.96%，白铅矿占 0.34%，铜蓝、孔雀石占 0.12%，菱铁矿占 0.09%，此外还有锑华等；原生金属矿物及硫化矿物含量较低，其中黄铁矿占 0.98%，毒砂占 0.46%，黄铜矿、黝铜矿占 0.02%，方铅矿占 0.08%，此外还有自然锑、闪锌矿等；贵金属矿物有自然银、银金矿、金银矿、辉银矿、深红银矿和自然金等，占 0.35%；自然锑、锑华占 0.58%；脉石矿物主要有石英（占 53.10%）、黏土矿物（19.80%）、长石（6.30%）、碳酸盐矿物（4.20%）等。原矿多元素化学分析结果见表 13.4。

表 13.4 原矿多元素化学分析结果 （质量分数/%）

元 素	含 量	元 素	含 量	元 素	含 量	元 素	含 量
Cu	0.11	Fe	9.36	Sb	0.50	MgO	0.37
Pb	0.24	As	1.51	Bi	0.05	Al_2O_3	3.97
Zn	0.03	C	0.58	SiO_2	57.12	Ag	350.00g/t
Mn	0.02	S	1.09	CaO	0.56	Au	1.20g/t

该矿石银矿物以自然状态系列银矿物（自然银、金银矿、银金矿）为主，占银矿物总量的 80.24%；其次为硫化银类（辉银矿、深红银矿），占 19.64%；氧化次生银矿物所见很少（且有角银矿），占 0.12%。金矿物为自然金，其次是银金矿和金银矿，均为小于 0.01mm 的微粒金，且主要赋存于臭葱石、脉石中和脉石的裂隙中。

试验进行了浮选、全泥氰化、浮选 + 氰化等多方案选冶工艺的探索试验，全泥氰化工艺较为适应该矿石性质，且银的浸出率较其他工艺高，故此确定采用全泥氰化法。全泥氰化条件试验主要考查了磨矿细度、石灰用量、氰化钠用量及浸出时间等因素的影响，最终其工艺条件为：磨矿细度 -0.074mm 含量占 98%，石灰用量 8kg/t（pH 值为 10~11）。氰化钠用量 2kg/t，浸出时间 48h，浸出矿浆浓度 33%。

对含砷（锑）氧化矿石进行氰化浸出工艺除了延长浸出时间外，采用预浸（加铅盐或加氧化剂）是行之有效的方法。因此，进行了氰化之前采用了加铅盐和加氧化剂的预浸试验。由试验结果得出，采用硝酸铅预浸对银的浸出率有大幅度提高，但在使用过程中应严格控制用量。采用高锰酸钾预浸也可提高银的浸出率，但不如加铅盐预浸。还采用了两种或两种以上预浸剂进行预浸，银的回收率并未提高。

试验流程及条件如图 13.2 所示。磨矿细度 -0.074mn 含量占 98%，试验结果：浸渣

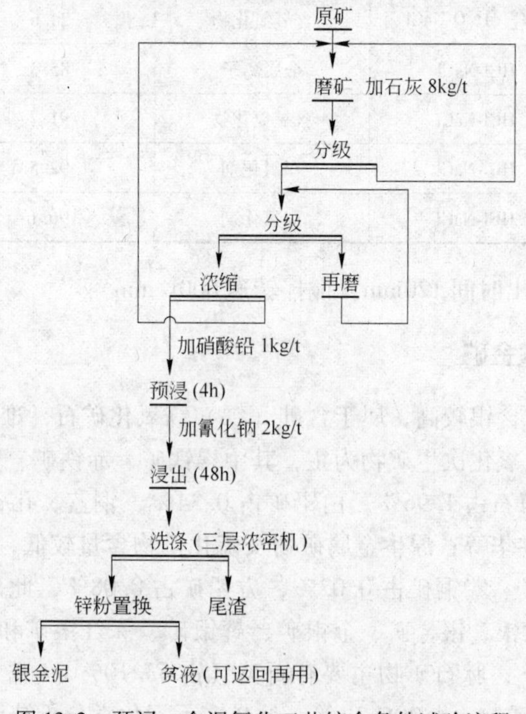

图 13.2 预浸—全泥氰化工艺综合条件试验流程

品位 Au 0.25g/t、Ag 76.00g/t；Ag、Au 浸出率分别达 77.50%、83.50%。

13.3.3 万年银金矿

万年银金矿于 1985 年 4 月建成，是我国第一座处理单一银矿石的 50t/a 选矿厂。选矿采用一段磨矿（细度 55% ~60% -200 目）和一粗、二精、三扫的优先浮选工艺流程，生产的银精矿产品外销给铅冶炼厂。选厂经一段时期生产实践表明：采用的工艺流程及条件不完全适应原矿性质，生产指标较低（β_{Ag} < 3000g/t、Ag 75% ~78%，β_{Au} 6 ~7g/t，Au 30%左右），尾矿中银和金的品位较高（Ag > 80g/t，Au 0.5 ~0.8g/t），且产品中含砷平均高达 10%以上。造成每年银精矿积压难以外销。选别指标低的主要原因是磨矿粒度偏粗，银矿物未能充分单体解离，有 42.86%银矿物呈连生，同时药剂制度、流程结构也不完全适应原矿特性。为此采用选冶工艺以降砷和提高银精矿品位。

原矿的工艺矿物学研究表明：矿石属高砷型单一银矿石。主要银矿物为银黝铜矿，约占银矿物总量的 75%，其次是深红银矿和辉锑银矿。银的主要载体矿物为方铅矿和闪锌矿，银矿物的嵌布粒度细。矿石中主要含砷矿物为毒砂。从试验研究结果，砷精矿中的金回收率高达 66%以上，可以看出，毒砂是金的主要载体矿物。

由于原矿中其他元素含量太低而不足以单独回收，故银、金是选别回收的主要矿物。而砷是影响产品质量的主要有害元素。原矿多元素、银物相、铅锌物相分析，矿物相对含量及粒度测定结果、原矿多元素分析见表 13.5。

表 13.5 原矿多元素分析结果

元　素	Cu	Pb	Zn	Fe	Mn	Sb	As	S
含量/%	0.037	0.29	0.28	4.2	1.02	0.081	1.31	2.68
元　素	SiO_2	Al_2O_3	CaO	MgO	Sn	Ag	Au	
含量/%	70.11	7.9	0.52	0.82	0.06	292g/t	1.16g/t	

采用一段磨矿、中矿再磨工艺流程，并在原 50t/d 选厂进行工业试验结果也得到了证实（结果见表 13.6）。但精矿含砷仍高达 12%以上。

表 13.6 一段磨矿、中矿再磨工艺流程工业试验结果

流　程		精矿品位/g·t^{-1}			回收率/%			精选石灰用量/kg·t^{-1}
		Ag	Au	As	Ag	Au	As	
一段磨矿 85% -200 目		3119.45	7.1	9.19	87.03	56.19	55.8	0
中矿再磨 93% ~97% -300 目	一段 60% -200 目	5199.44	9.47	13.7	82.81	55.48	59.16	3.47
	一段 85% -200 目	5485.04	10.91	13.07	86.15	60.73		3.47
中矿再磨工业试验一段 70.8% -200 目，再磨 97% -300 目		5128.2	8.57	>12.0	87.39	54.11		粗选 1.0 中矿粗选 1.0

精矿降砷浮选试验，在不同药剂条件下，银精矿中含砷可以从12%以上降至3%左右，精矿含银品位高达13kg/t，但银的回收率大幅度下降，仅50%左右。试验采用选矿的方法难以有效达到降砷目的。为此处理这类矿石宜采用选冶联合工艺。

银矿物的嵌布粒度最细。在粗磨时，细粒级银和金都难以单体解离。但作为银、金的主要载体矿物则相对较粗，易于单体解离。设计在考虑合理的一段磨矿细度时，不仅要考虑银、金矿物，更需要考虑银、金的主要载体矿物的回收。因此采用一段磨矿、中矿再磨工艺流程。其一段磨矿细度：-200目在60%和85%之间，此时银精矿品位提高了2000g/t。为此，一段磨矿细度确定为70% -200目，经计算，一段磨矿设备选用直径1.5m×3.0m溢流型球磨机2台（2个系列）。设计流程如图13.3所示。

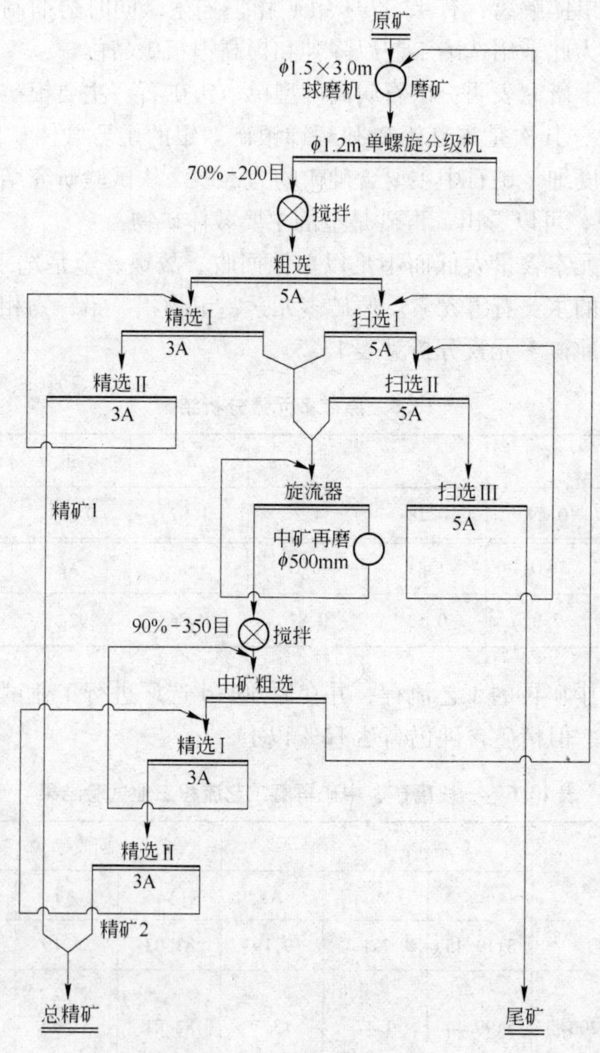

图13.3 设计中矿再磨流程

试验的中矿再磨细度为93% -300目，中矿产率仅3.5%~7%。采用常规磨机显然是不经济的。塔式磨机在选厂处理各类矿石的中矿再磨和精矿再磨，具有磨矿效率高，节能、低耗等特点，根据计算选用国内生产的直径500mm塔式磨机2台（2个系列）作为中矿再磨设备。经投产调整后的工艺流程如图13.4所示。采用回转窑焙烧脱砷工艺处理万年高砷银精矿，将回转窑焙烧脱砷工艺从处理高砷金精矿领域拓展到高砷银精矿处理领域。小型回转窑直径0.16m×1.8m，焙烧试验结果见表13.7。试验条件：窑转速8～10r/min。窑温控制在750℃，物料在窑内停留时间约1h，采用碳矽棒供电加热（加热带长1.0m）。

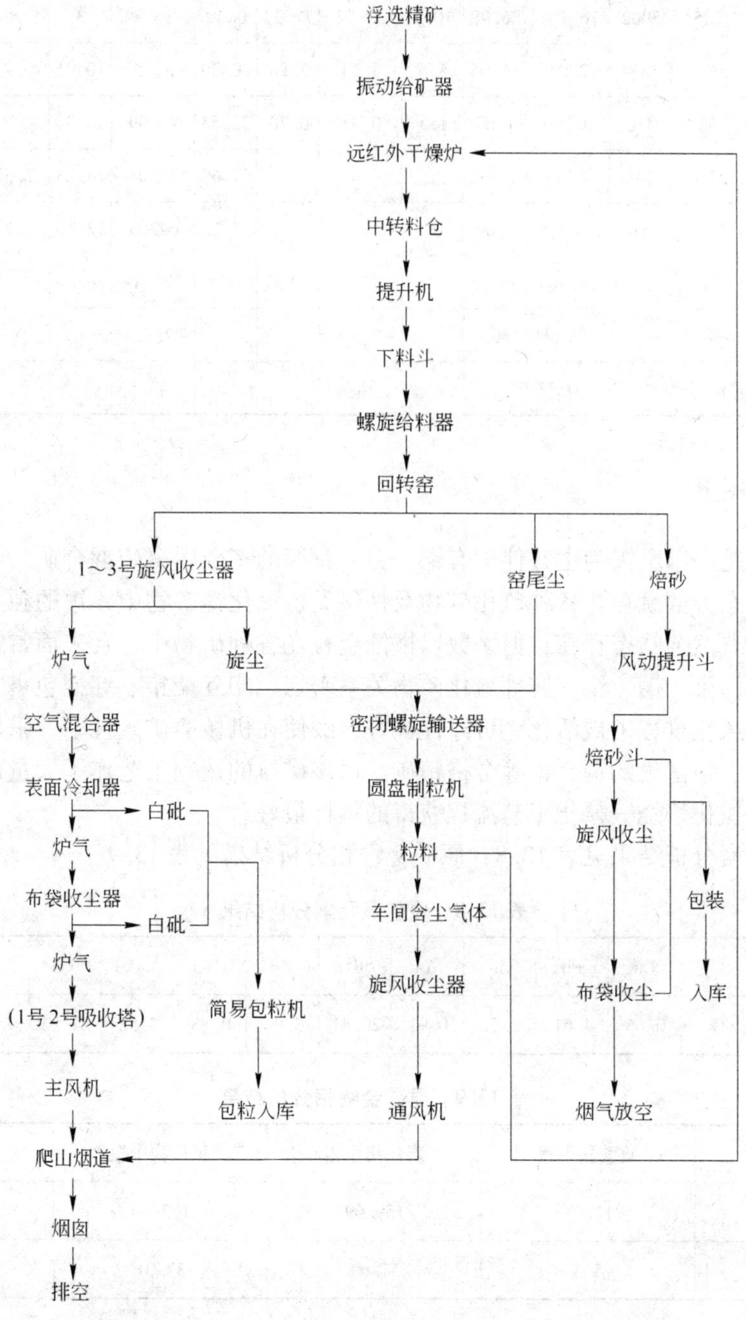

图13.4 回转窑焙烧脱砷工艺流程

表 13.7 焙烧物料平衡表

项目		物料/g	Ag			Au			As			S		
			品位	金属量	分布	品位	金属量	分布	品位	金属量	分布	品位	金属量	分布
			g/t	g	%	g/t	g	%	g/t	g	%	g/t	g	%
加入精矿		5000	3709	18.515	100	8.67	43.35	100	10.54	527	100	2.26	1213	100
支出项	焙砂	3225	5002	16.131	86.98	10.4	33.54	77.37	0.49	15.8	3	0.89	28.7	2.37
	窑尾尘	561	3654	2.05	11.05	5.6	3.14	7.24	10.26	57.5	10.91	19.73	110.68	9.12
	表冷尘(1)	256	776	0.199	1.07	1.3	0.33	0.76	33.63	86.09	16.34	9.54	24.42	2.01
	表冷尘(2)	121.4	141	0.017	0.09	微			61.69	75.01	14.23	2.5	3.03	0.25
	表冷尘(3)	112	61	0.007	0.04	微			57.22	64.09	12.16	1.7	1.9	0.16
	合计			18.404	99.23		37.01	85.37		298.49	56.64		168.73	13.91
收支平衡	金属量			-0.141	6		-6.34mg			-228.51			-1044.27	
	差额/%			-0.77			-14.63			-43.36			-86.09	

13.3.4 某银金矿

某银金矿是一以金银为主并伴生有铜、铅、锌等的多金属氧硫混合矿。原矿中银主要以类质同象状态分散赋存在各种硫化矿物及铁矾类、氧化锰矿物中，银的独立矿物含量极少。金主要以自然金状态存在，但多数以极细金粒在各种矿物中，且表面常被褐铁矿、黏土矿物包裹、污染。铜、铅、锌等硫化矿物关系密切、相互交错、穿插包裹，且铅、锌矿物表面在矿床风化过程中被活化、可浮性极好，致使在机械磨矿条件下，采用常规选矿方法难以得到金、银富集的铜、铅等合格精矿。对该矿石的选别工艺作了大量研究，结果表明氧化焙烧—氯化焙烧—氰化工艺流程获得的指标最好。

原矿多元素分析结果见表 13.8，原矿金物相分析结果见表 13.9。

表 13.8 原矿多元素分析结果

元素	Cu	Pb	Zn	As	SiO_2	Mn	CaO	Al_2O_3	Fe	Au	Ag
含量(质量分数)/%	0.66	4.61	2.52	0.91	20.41	3.98	0.85	3.58	24.22	65g/t	276.8g/t

表 13.9 原矿金物相分析结果

化学相	硫酸盐中银	硫化物中银	氧化物中银	合计
$w(Ag)/g \cdot t^{-1}$	14.67	159.69	102.44	276.8
银分布率/%	5.3	57.69	37.01	100

由于原矿组分复杂，含有铜、锌、硫、砷等阻碍氰化浸出或消耗氰化物的有害成分，

为提高金、银回收率，必须通过矿石预处理，除去有害成分或者消除有害成分的影响，使矿石性质变得适于氰化浸出，故采用原矿氧化焙烧—氯化焙烧—氰化工艺流程，其工艺流程如图 13.5 所示，指标见表 13.10。

表 13.10 原矿氧化焙烧—氯化焙烧—氰化工艺指标

产品名称	品位/g·t^{-1}		回收率/%	
	Au	Ag	Au	Ag
浸渣	0.3	17.4	4.62	6.29
浸液			95.38	93.71
原矿	6.5	267.8	100	100

原矿氧化焙烧—氯化焙烧—氰化工艺流程，首先，氧化焙烧使硫化矿物氧化，物料变得疏松多孔，从而使以类质同象存在黄铜矿、黄铁矿等硫化物中的银尽可能暴露出来，以利于氰化，但原矿氧化焙烧后，金银仍会被铜、铅、砷等氧化物所包裹或覆盖，尤其是方铅矿在氧化焙烧过程中，易分解为硫酸矿、包裹着金、银，使氰化难以进行，原矿中一部分砷氧化物在焙烧过程中不易挥发，有部分砷（如雌黄）生成不易挥发的砷酸盐（如砷酸铁）覆盖在金表面，从而阻碍金在氰化过程中的溶解。因此在对原矿进行氧化焙烧，使金属硫化物先变成氧化矿后再进行氯化焙烧，使氧化矿物（如氧化铜）与 HCl 气体作用生成金属氯化物（如氯化铜等），它们易溶于水从而使包裹在其中的银暴露出来，使之有利于银的氰化浸出，该流程获得了金浸出率 95.38%，银浸出率 93.71% 的指标。

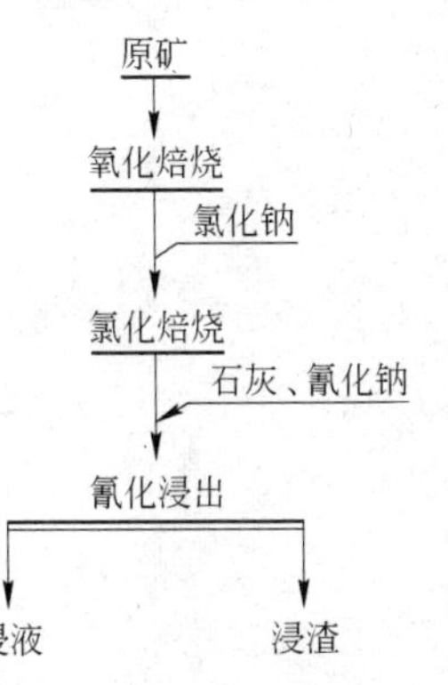

图 13.5 原矿氧化焙烧—氯化焙烧—氰化工艺流程

13.3.5 山东金洲矿业集团有限公司

山东金洲矿业集团有限公司（简称金洲公司）采用边磨边浸、富氧氰化工艺处理金精矿。金精矿中金矿物主要为自然金和银金矿。其中，自然金占 80.61%，银金矿占 19.39%。氰化浸出后，氰化浸渣中自然金占金矿物 37.54%，银金矿占 62.46%。由此可见，强化银金矿浸出，可进一步提高金浸出率。为此进行了氰化助浸探索研究，在常规氰化基础上，直接将助浸剂加入浸出体系。研究结果表明：在氰化浸出过程中，氨水可以促进银金矿浸出，提高了银金矿中的金、银浸出率，同时也抑制了铜浸出，提高了氰化钠有效利用率。

氰化原料中金主要以细粒金为主，占 56.07%；中粒金占 30.37%；微细粒金占 13.56%。通过电镜下检测金矿物赋存状态，金精矿中金以包裹金、粒间金和裂隙金状态产出。自然金中所见到的包裹金主要以黄铁矿包裹为主，占 72.86%，脉石包裹占 7.75%。银金矿占金矿物含量的 19.39%，存在于黄铁矿裂隙中，被碲银矿包裹，嵌存于黄铁矿、碲银矿、脉石粒间。金精矿多元素分析结果见表 13.11，金矿物物相分析结果见表 13.12。

表 13.11 金精矿多元素化学分析结果

成 分	Cu	Pb	Zn	Fe	Al_2O_3	MgO	SiO_2	S	Au	Ag
w/%	0.83	0.072	0.131	22.78	6.52	1.75	31.34	21.72	49.52g/t	192g/t

表 13.12 金矿物物相分析结果

样 品	自然金含量/%	银金矿含量/%	合 计
金精矿	80.61	19.39	100
氰 渣	37.54	62.46	100

氰化生产工艺流程如图 13.6 所示。

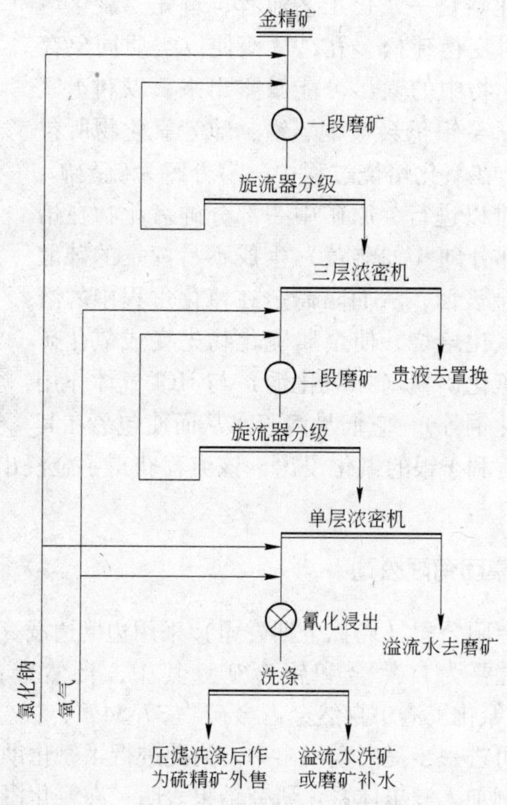

图 13.6 氰化生产工艺流程

生产工艺主要参数及指标见表 13.13。

表 13.13 氰化生产工艺流程主要参数及指标

项 目	数 值
处理量/t · d^{-1}	60 ~ 70
磨矿细度(-400 目)/%	94

续表 13.13

项　　目		数 值
浸出矿浆浓度/%		35
游离氰根质量分数/%		0.55~0.6
氰化钠用量/kg·t^{-1}		12.4
矿浆 pH 值		11~12
浸出时间/h		32
氰化原料	Au 品位/g·t^{-1}	49.52
	Ag 品位/g·t^{-1}	192
	Cu 品位/%	0.82
氰化浸渣	Au 品位/g·t^{-1}	2.72
	Ag 品位/g·t^{-1}	28.2
	Cu 品位/%	0.66
Au 浸出率/%		94.51
Ag 浸出率/%		85.31
Cu 浸出率/%		19.51

强化银金矿氰化浸出首先进行了助浸剂的选择。主要选择氨类助浸剂，考察了碳酸氢铵、硫酸铵、氨水对浸金、银浸出率的影响。

试验按照图 13.6 所示的氰化工艺流程进行。在一段磨矿分别添加了碳酸氢铵、硫酸铵、氨水做助浸剂进行对比试验，结果见表 13.14。

表 13.14　助浸氰化浸出试验结果

助浸剂名称	氰渣品位/g·t^{-1}		浸出率/%	
	Au	Ag	Au	Ag
碳酸氢铵	2.65	25.1	94.65	86.93
硫酸铵	3.32	35.6	93.3	81.46
氨　水	2.4	16.5	95.15	91.41

注：助浸剂的用量均为 1.2kg/t。

由表 13.14 结果可知，加入碳酸氢铵、硫酸铵对改善氰化浸出率效果不理想，而氨水作为助浸剂能够明显降低氰化尾渣金、银品位，金、银浸出率可分别达到 95.15% 和 91.41%。

助浸剂添加地点选择。试验按照上图所示的氰化工艺流程，分别在一段磨矿、二段磨矿、氰化浸出作业添加氨水，结果见表 13.15。

表 13.15 助浸剂添加地点选择试验结果

添加地点	氰渣品位/g·t⁻¹		浸出率/%	
	Au	Ag	Au	Ag
一段磨矿	2.41	16.2	95.12	91.56
一段磨矿	2.51	17	94.89	91.15
搅拌浸出	2.73	20	94.44	89.58

由表 13.15 可知，在一段磨矿添加氨水氰化浸出效果明显好于加在二段磨矿和搅拌浸出作业。试验确定氨水加在一段磨矿。

助浸剂用量。试验在一段磨矿添加不同量的氨水，比较浸出效果，结果见表 13.16。

表 13.16 氨水用量试验结果

氨水用量/kg·t^{-1}	氰渣品位/g·t^{-1}		浸出率/%	
	Au	Ag	Au	Ag
0.8	2.7	18.4	94.55	90.42
1	2.58	17.6	94.79	90.83
1.2	2.4	16.5	95.15	91.41
1.4	2.45	16.8	95.05	91.25
1.6	2.5	17	94.95	91.15

由试验结果可知，最佳氨水用量为 1.2kg/t，金、银氰化浸出率分别达到 95.15%、91.41%，与不加氨水相比，分别提高了 0.64%、6.10%。

工业试验：自 2010 年 10 月 7 日开始，在一段磨矿分级之前加入氨水进行工业试验，氨水添加地点如图 13.7 所示。

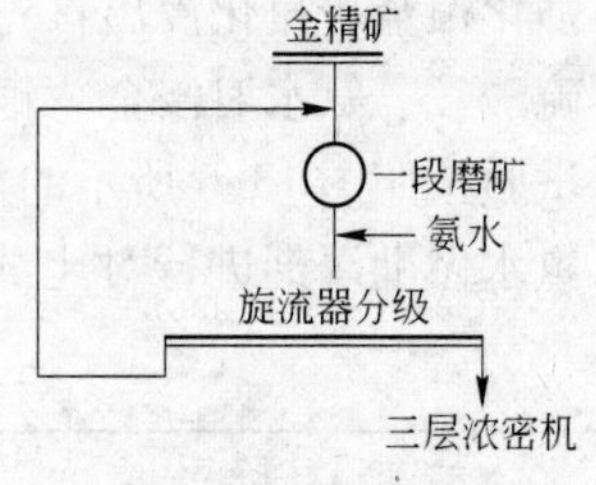

图 13.7 氰化工艺氨水加入地点示意图

在生产中添加氨水试验前后的氰化技术指标见表 13.17。

表 13.17 氨水前后生产技术指标

条 件	氰原品位			氰化浸渣品位			氰化浸出率/%		
	Au/g·t^{-1}	Ag/g·t^{-1}	Cu/%	Au/g·t^{-1}	Ag/g·t^{-1}	Cu/%	Au	Ag	Cu
不加氨水	49.16	195	0.81	2.72	27.5	0.65	94.33	85.89	19.75
加氨水	47.77	183.3	0.83	2.44	16.1	0.72	94.8	91.22	13.25

由工业试验中加氨水前后对比结果可知：加氨水金浸出率提高 0.47%，银浸出率提高 5.33%，铜的浸出率降低了 6.50%。

氨水在氰化过程中起以下作用：

（1）强化了银金矿的浸出。根据氰渣矿物学研究，氰渣中银金矿中的金分布率为62.46%，这说明在原氰化工艺浸出过程中，银金矿中的金浸出效果不好，氰渣中金大部分在银金矿中。加入氨水后，银的浸出率提高幅度较大，强化银金矿浸出，达到了提高金、银浸出率目的。

（2）抑制铜的浸出。在氨氰体系中可抑制铜对氰化的影响。首先氨与铜离子反应为：

$$4NH_3 \cdot H_2O + Cu^{2+} \longrightarrow Cu(NH_3)_4^{2+} + 4H_2O$$

铜与氨的配合反应减少了铜与氰根的配合反应量，在一定程度上降低氰化钠的耗量。加入氨水之后，金精矿中的铜浸出率有所降低，由19.75%降到13.25%。氨水的加入，抑制了氰化浸出铜的作用。

（3）提高氰化钠有效利用率。通过抑制铜的浸出，降低了铜的浸出率，也减少氰化钠的消耗，提高氰化浸出过程中氰化钠的有效利用率。加入氨水前后，氰化过程中氰化物平均消耗量分别为12.4kg/t和11.6kg/t。

13.3.6 遂昌金矿

遂昌金矿氰化冶炼工程1989年3月投入试生产，1991年1月投入正式生产。由于该矿所处理的矿石为银金矿，金银比达1∶20以上。而氰化所处理的是浮选精矿，金、银品位很高，最高曾达金190.32g/t，银12692.12g/t。进入置换作业的贵液金银总量最高达1390.10g/m³。

遂昌金矿属于低温热液贫硫化物含金银石英脉类型矿石。主要有用矿物是：金、银、铜、铅、锌、硫，非金属矿物主要为石英。金属矿矿物含量和非金属矿物含量见表13.18，原矿化学分析见表13.19。

表13.18 金属和非金属矿物含量

<table>
<tr><th colspan="2">矿物种类与名称</th><th colspan="3">相对含量/%</th></tr>
<tr><td rowspan="4">金　属</td><td>黄铁矿</td><td>4.95</td><td rowspan="4">5.49</td><td rowspan="8">6.74</td></tr>
<tr><td>闪锌矿</td><td>0.37</td></tr>
<tr><td>方铅矿</td><td>0.07</td></tr>
<tr><td>黄铜矿</td><td>0.1</td></tr>
<tr><td rowspan="4">矿　物</td><td rowspan="3">自然银、自然金、辉银矿、金银矿、辉银矿、辉铅铋矿、辉碲铋矿、辉碲铋银矿</td><td>0.12</td><td rowspan="3">0.05</td></tr>
<tr><td>0.04</td></tr>
<tr><td>微　量</td></tr>
<tr><td>磁铁矿</td><td>1.2</td><td>1.2</td></tr>
<tr><td rowspan="3">非金属矿物</td><td>石　英</td><td colspan="2">70</td><td rowspan="3">93.26</td></tr>
<tr><td>斜长石、蔷薇辉石、方解石、白云石</td><td colspan="2">约23</td></tr>
<tr><td>绿泥石、绢云母、黑云母、高岭土</td><td colspan="2">约1</td></tr>
</table>

表 13.19 原矿化学元素分析

元 素	Cu	Pb	Zn	Fe	S	SiO_2	Au	Ag
含量/%	0.036	0.067	0.289	4.34	3.38	78.15	11.32g/t	339.36g/t

金主要赋存在金银矿中，少量赋存于银金矿和自然金中。金矿物粒度最大为0.2mm，平均为0.048mm，主要集中在0.074～0.01mm区间，属中细粒金。金矿物的含量及分布率见表13.20。

表 13.20 金矿物的含量及分布率

矿 物	矿物相对含量/%	金分布率/%
金银矿	94.4	89.4
银金矿	1.1	1.3
自然金	4.5	0.3

银主要赋存于辉银矿中，占56.1%；其次赋存于金银矿和银金矿中，该部分占42.2%，还有一部分赋存于方铅矿和其他硫化物中，少量赋存于硅酸盐矿物中，这部分矿物中的银占1.7%左右。

原矿经阶段磨浮作业后，产生金银混合精矿，金、银富集比为10倍左右。混合精矿进入氰化作业，为氰化原料。氰化原料中金属矿物以黄铁矿为主，有少量的闪锌矿、方铅矿、黄铜矿、白铁矿和极少量的磁黄铁矿。而脉石矿物以石英为主，其次为绢云母、绿泥石、正长石、少量的方解石、铁白云石等。其化学多元素分析见表13.21。

表 13.21 混合精矿多元素分析

元 素	Cu	Pb	Zn	Mn	TFe	TiO_2	总S	SiO_2
含量/%	0.37	0.61	2.01	0.33	30.27	0.35	33.37	23.85
元 素	Al_2O_3	CaO	MgO	游离C	Au	Ag	Te	
含量/%	6.89	0.476	0.182	0.65	98.27g/t	2984.77g/t	10g/t	

根据遂昌金矿氰化原料的特殊性质，在经过实验室小型试验论证后，同时参照国内外矿山成熟经验，设计了浮选精矿CCD工艺，其流程和设备配置如图13.8所示。该工艺的设计指标见表13.22。

表 13.22 遂昌金矿氰化车间设计指标

指标名称	浸出率/%		洗涤率/%		置换率/%		氰化总回收率/%	
	Au	Ag	Au	Ag	Au	Ag	Au	Ag
指标数值	97.18	98.16	99.80	99.80	99.50	99.50	96.50	92.50

流程中的浸出作业布置为：预浸用一台直径3000×3500双叶轮浸出槽，一浸、二浸均用3台直径3000×3500双叶轮浸出槽。日处理精矿为33～35t/d，浸出浓度控制在最佳区域40%～45%，总浸出时间为42～44h，磨矿细度则控制在－200目占90%～95%。生

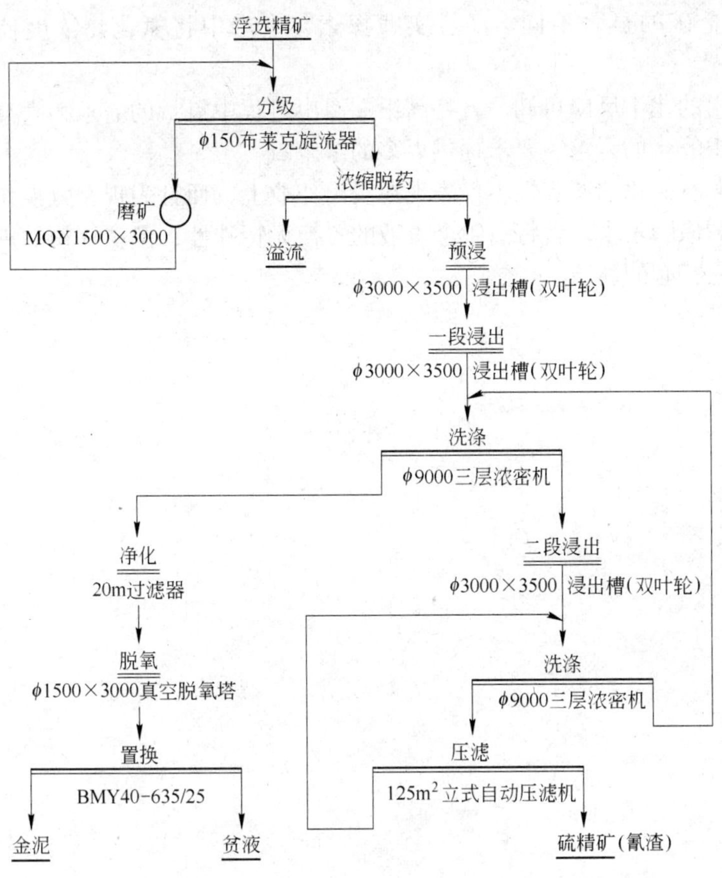

图 13.8 遂昌金矿氰化流程和设备

产工艺、浸出时间、浸出浓度、磨矿细度均处于较佳状态。

图 13.9 所示为生产实践中金银浸出率与氰化物浓度的关系曲线。由图可知，高浓度（氰化物浓度大于 0.15）的氰化物有利于高银金矿石的浸出。这是含特高银金矿在氰化物

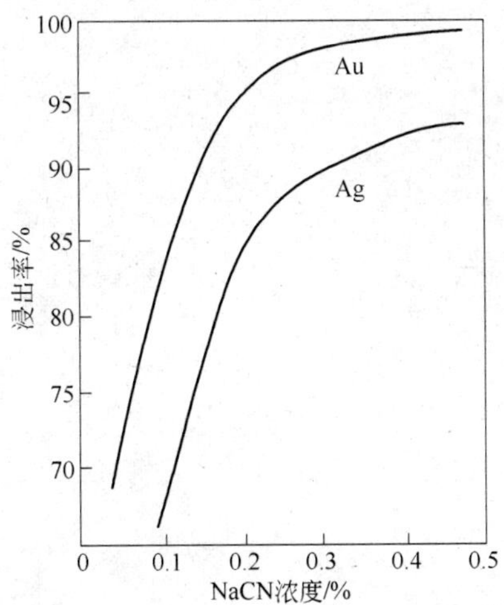

图 13.9 氰化物浓度对浸出率影响曲线

浓度上与一般金矿的显著不同。经过实践探索，生产中将氰化物浓度控制在0.25%～0.35%。

由金银浸出的化学反应可知，含特高银在浸出过程中氧量的需求大大高于金的浸出或银的浸出溶液中氧量的需求，要求提供更多的溶解氧。

特高银金矿石氰化的特殊性不仅表现在浸出作业上，而且表现在置换作业上。在影响贵液置换效果的诸因素中，含特高银金贵液的置换无特殊性，但在锌粉的用量和质量要求上，却表现出它特有的性质。

14 其他类型金矿处理工艺

14.1 铅锌伴生金矿提取工艺

14.1.1 铅锌伴生金矿的资源

铅锌矿石伴生金银的综合回收是指可供选矿回收的目的矿物有铅锌硫化矿物及其含有伴生金银的矿石，通过选矿，生产出铅精矿和锌精矿，伴生金、银主要富集到铅精矿中，少部分富集到锌精矿中综合回收。含铅锌铜等多金属硫化物金矿石是在矿石中，除金外，还有相当数量（约10% ~20%）的铜铅锌银锑等的硫化物矿物。自然金除与黄铁矿关系密切外，还与铜、铅等矿物密切共生，自然金粒度较粗，但变化范围大，分布不均匀。

铅锌矿石伴生金银的综合回收，根据矿石中硫化铁矿物的含量和其回收价值，可把伴生金银的铅锌矿石分为生产铅、锌两种精矿产品和生产铅、锌、硫三种精矿产品的两大类。

14.1.2 铅锌伴生金矿的选矿预处理

生产铅、锌两种精矿产品的伴生矿山有柿竹园有色金属矿、桥口铅锌矿、东波铅锌矿柴山选矿厂、会理锌矿、会东铅锌矿、柴河铅锌矿、澜沧锌矿和天台山铅锌矿等。其中澜沧铅矿只生产铅精矿一种产品，天台山铅锌矿只生产铅锌混合精矿一种产品。伴生金银由于其嵌布状态和主载体矿物的不同，除主要富集到铅精矿中外，会理锌矿和会东铅锌矿中的伴生银则主要富集到锌精矿中。

铅锌伴生金矿的主要选矿技术指标见表14.1。

表14.1 铅锌伴生金矿的选矿技术指标

矿山名称	工艺流程	产品名称	精矿品位（质量分数）			回收率/%		
			Pb/%	Zn/%	$Ag/g \cdot t^{-1}$	Pb	Zn	Ag
柿竹园有色矿	优先	铅精矿	59.56		1450	80.5		59.93
		锌精矿		45.54	232	4.17	84.88	12.65
桥口铅锌矿	优先	铅精矿	64.02	6.82	993.9	86.2	20.27	65
		锌精矿	2.49	48.82	165	1.55	67.3	5
东波铅锌矿柴山选矿厂	优先	铅精矿	64.28	5.97	1557	82.22	6.94	55.25
		锌精矿	1.15	42.1	222	2.48	82.4	213.27
会理锌矿	优先	铅精矿	67.10	5.93	1468	60.03	0.79	19.89
		锌精矿	1.46	54.4	376	17.25	87.39	65.38
会东铅锌矿	优先	铅精矿	61.48	6.8		52		

续表 14.1

矿山名称	工艺流程	产品名称	精矿品位（质量分数）			回收率/%		
			Pb/%	Zn/%	Ag/g·t^{-1}	Pb	Zn	Ag
会东铅锌矿		锌精矿	1.15	56.66	243		83.37	84.6
柴河铅锌矿	优先	铅精矿	58.35	5.416	1178.5	85.48	3.24	58.69
		锌精矿	1.244	42.59	139.6	5.91	83.11	22.63
澜沧铅矿	浮选-重选	铅精矿	33.31		412.17	57.83		57.14
天台山铅锌矿	分步浮选	铅锌混合精矿	13.71	35.18	2510	78.67	76.35	89.27

生产铅、锌、硫三种精矿产品的伴生矿山有凡口铅锌矿、黄沙坪铅锌矿、青城子铅锌矿、西林铅锌矿、水口山铅锌矿、康家湾铅锌矿、厚婆坳多金属矿、锡铁山铅锌矿、会泽铅锌矿、东波铅锌矿野鸡尾选厂、赫章铅锌矿等。其中青城子铅锌矿、水口山铅锌矿、康家湾铅锌矿、东波铅锌矿野鸡尾选厂、锡铁山铅锌矿，除综合回收伴生银外，还综合回收伴生金，其主要选矿技术指标见表 14.2。

表 14.2 选矿技术指标

矿山名称	工艺流程	产品名称	精矿品位（质量分数）				回收率/%			
			Pb/%	Zn/%	Au/g·t^{-1}	Ag/g·t^{-1}	Pb	Zn	Au	Ag
凡口铅锌矿	优先	铅精矿	56.1	4.5		662	79.47	2.75		39.24
		锌精矿	1.73	50.4		257.5	7.43	93.43		46.31
黄沙坪铅锌矿	等可浮	铅精矿	73.89	3.24		788	92.27	2.36		47.37
		锌精矿	0.611	44.71		91.99	2.16	92.19		15.66
青城子铅锌矿	混合	铅精矿	67.5	1.567	15	1304	90.42	4.05		77.47
		锌精矿	0.89	54.295		185.33	0.82	87.5		4.17
西林铅锌矿	优先	铅精矿	58.34			1110	88.52			60.35
		锌精矿		50.26		85		82.83		6.77
水口山铅锌矿	等可浮	铅精矿			6.79	1057.85			23.7	61.06
		锌精矿			1.29	110.39			11.04	15.6
康家湾铅锌矿	优先-混合	铅精矿	69.15	3.18	5.51	1400	92.28	2.99	13.34	71.18
		锌精矿	0.33	56.39	0.98	135.03	0.77	94.01	4.2	12.16
厚婆坳多金属矿	混合	铅精矿	46.02	4.83		2597.4	81.78	8.98		63.73
		锌精矿	3.35	42.53		597.4	0.575	58.13		5.94
锡铁山铅锌矿	等可浮	铅精矿	72.17	3.03	2.6	645	87.74	1.6	22.52	70.42
		锌精矿	0.56	50.58	0.52	25	2.23	87.49	14.77	8.83
会泽铅锌矿	混合	铅精矿	59.2	5.15		602.94	87.61	3.3		73.51
		锌精矿	1.45	50.09	66.9	6.01	89.86	19.08		
东波铅锌矿野鸡尾选厂	等可浮	铅精矿	58.81	3.42	20.64	1800	81.43			61.07
		锌精矿	0.75	40.02	0.07	140		75.61		
赫章铅锌矿	部分混合	铅精矿	59.53	3.345		205	79.1	1.13		14.67
		锌精矿	1	57.84		200	6.21	91.4		66.93

14.1.3 铅锌伴生金矿的冶炼过程

矿物有铅锌硫化矿物及其含有伴生金银的矿石，通过选矿，生产出铅精矿和锌精矿，伴生金、银主要富集到铅精矿中，少部分富集到锌精矿中综合回收。

生产金属铅的方法，可以分为火法冶金与湿法冶金如图 14.1 所示。铅的冶炼几乎全是火法，湿法炼铅至今仍处于试验阶段。火法炼铅普遍采用传统的烧结焙烧—鼓风炉熔炼流程，该工艺约占世界产铅量的 85%。铅锌密闭鼓风炉生产的铅约为 10%，其余约 5% 是从精矿直接熔炼得到的。直接熔炼的老方法有沉淀熔炼和反应熔炼。沉淀熔炼是用铁作沉淀（还原）剂，在一定温度下使硫化铅发生沉淀反应，即：

$$PbS + Fe \longrightarrow Pb + FeS$$

从而得到金属铅。

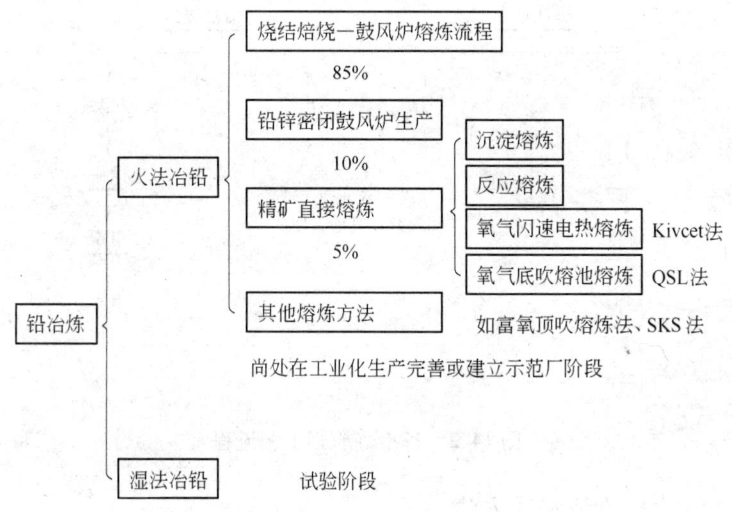

图 14.1 铅的冶炼方法

反应熔炼是将一部分 PbS 氧化成 PbO 或 $PbSO_4$，然后使之与未反应的 PbS 发生相互作用而生成金属铅，主要反应为：

$$PbS + 2PbO \longrightarrow 3Pb + SO_2$$

或

$$PbSO_4 + PbS \longrightarrow 2Pb + 2SO_2$$

这两种炼铅方法金属回收率低、产量小、劳动条件恶劣，现在大型炼铅厂已不采用。20 世纪 80 年代以来开始工业应用的直接炼铅方法主要是氧气闪速电热熔炼 Kivcet 法和氧气底吹熔池熔 QSL 法，它将传统的烧结焙烧—还原熔炼的两个火法过程合并在一个装置内完成，提高了硫化矿原料中硫和热的利用率，简化了工艺流程，同时也改善了环境。其他的熔炼方法如富氧顶吹熔炼法、SKS 法等均可以达到简化流程、改善环境的目的，但目前尚处在工业化生产的完善或建立示范厂的阶段。

锌冶炼方法有火法冶炼和湿法冶炼两种，其原则工艺流程如图 14.2 所示。火法炼锌有横（平）罐和竖罐炼锌、密闭鼓风炉炼锌以及电热（炉）法炼锌；湿法炼锌有传统的两段浸出法，即浸出渣用挥发窑处理及热酸浸出流程，即渣处理采用黄钾铁矾法、针铁矿法、赤铁矿法等，还有全湿法流程加压氧浸工艺等。由于湿法炼锌技术不断发展，目前世界上采用湿法炼锌产出的锌金属量已超过80%，我国占67%。一般新建的锌冶炼厂大都采用湿法炼锌，其主要优点是有利于改善劳动条件，减少环境污染，有利于生产连续化、自动化、大型化和原料的综合利用，对产品质量的提高、综合能耗的降低、经济效益的增加等方面也较为满意。下面将几种主要铅、锌冶炼方法作一简述。

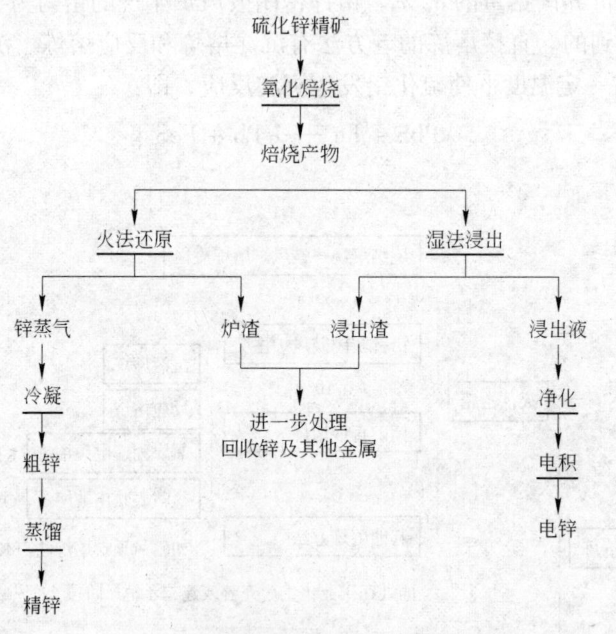

图 14.2 锌冶炼原则工艺流程

14.1.3.1 铅精矿冶炼常用方法

铅的冶炼方法见图 14.1，下面进行简单介绍，关键是冶炼过程中金的走向。

A 烧结焙烧—鼓风炉熔炼法

该法属传统炼铅工艺，我国现有的铅生产厂几乎都采用这一传统工艺流程。此法即硫化铅精矿经烧结焙烧后得到烧结块，然后在鼓风炉中进行还原熔炼产出粗铅。图 14.3 所示为鼓风炉熔炼工艺原则流程图。

烧结—鼓风炉炼铅法虽然工艺稳定、可靠，对原料适应性强，经济效果尚好，但该工艺致命的缺点是烧结烟气 SO_2 浓度低，采用常规制酸工艺难以实现 SO_2 的利用，严重地污染了大气环境。此外，烧结过程中发生的热量不能得到充分利用，在热料多段破碎、筛分时工艺流程长，物料量大，扬尘点分散，造成劳动作业条件恶劣。为了改变炼铅厂的这种状况，20 世纪 80 年代以来，许多新的直接炼铅工艺引起了广泛兴趣，近年已在工业上得到完善与发展。本法有被硫化铅精矿直接熔炼法完全取代的趋势。

B 硫化铅精矿氧气底吹直接熔炼法

QSL 法即氧气底吹熔池熔炼法，是直接炼铅法之一。它与传统炼铅工艺比较省去了烧结工序，故而具有流程短、热利用率高、烟气中 SO_2 浓度高、硫利用率高并较好地解决了

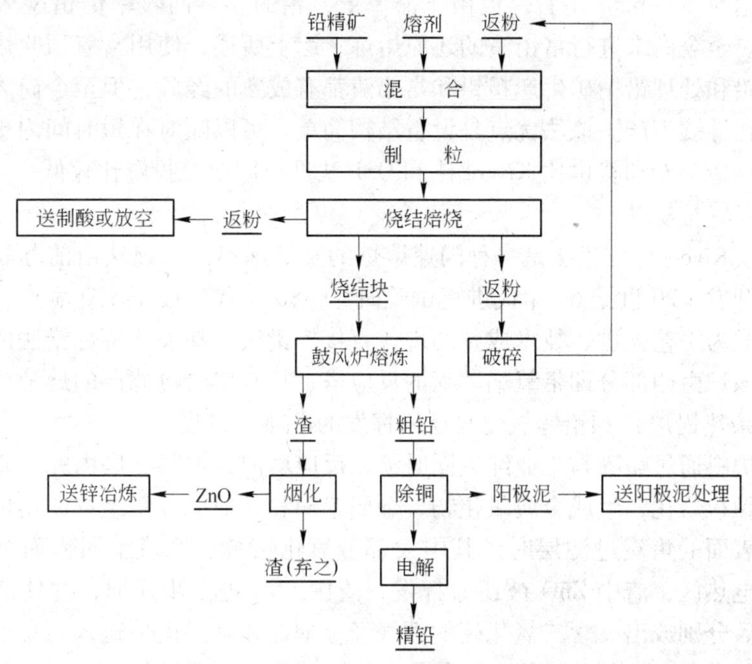

图 14.3 烧结焙烧—鼓风炉还原熔炼铅冶炼工艺流程

环保问题等优势。QSL 法是将铅精矿与熔剂、烟尘、粉煤等按一定比例，经混合和制粒后直接加入反应器，在一个反应器中先后完成脱硫及还原过程，产出粗铅和炉渣。熔炼连续进行，依靠反应器底部的喷枪（氧枪及还原枪）供给氧化剂与还原剂，以维持氧化和还原的进行。德国 Stolberg 和韩国 Onsan 分别采用了不同隔墙结构的 QSL 反应器，已经通过多年的生产实践，目前铅生产能力已由初期 60kt/a 提高到 100 ~ 110kt/a。我同西北铅锌冶炼厂是最早购买该技术建成了一座年产 50kt/a 的炼铅厂，虽然已经过 5 月试生产，但仍存在一些技术问题有待完善。

C 水口山氧气底吹炼铅法

该工艺也属于底吹熔池熔炼。该工艺的研究是我国“七五”计划的重点科研项目，由科研、设计、院校、企业合作共同攻关。在经过小试、单元试验的基础上，历经 15 次的半工业性试验，试验最终推荐的流程为氧气底吹熔炼产出富铅渣和富铅渣经鼓风炉还原熔炼产出粗铅。该工艺的主要特点是以底吹熔池熔炼过程代替铅烧结焙烧过程，以提高烟气中 SO_2 浓度，便于制酸。

D 硫化铅精矿富氧熔池熔炼

富氧顶吹熔池熔炼工艺又称赛罗炼铅法，该专利技术属澳大利亚的 Mount Isa 和 Ausmelt 两家公司所有。该工艺可以采用一台炉间断作业，也可采用两台炉（一台氧化，一台还原）连续作业。顶吹炉是一个固定立式圆筒形炉子，设有一个浸没式喷枪供给炉子的富氧或部分燃料，顶吹炉补热所用的燃料为气体、液体或固体，不同燃料加入方式不一样。现已建成 10 余座工业生产炉，主要用于处理含铅的二次物料以及二次物料和铅精矿的混合料。德国 Nordenham 处理含高铅精矿及废蓄电池料，入炉物料含铅在 70% 以上，虽然产出富铅渣含铅达50%～60%左右，但由于渣率低，铅的直接回收率仍超过90%，富铅渣经水淬后出售。至今尚未进行富铅渣的还原熔炼。综上所述，使用富氧顶吹熔炼方法处理废蓄电池回收铅和处理铅精矿生产粗铅和富铅渣都有成熟的经验，但至今尚无一座单处理铅精矿的工厂在继续生产。该法优点是设备结构简单，可以随时在短时间内更换，大部分设备可以国内制造，专利费也比 Kivcet 法和 QSL 法低，因此总投资比较低。

E 基夫塞特熔炼法

基夫塞特（Kivcet）炼铅法是一种闪速熔炼的直接炼铅法。该法由前苏联全苏有色金属科学研究院开发，20 世纪 60 年代进行试验研究，80 年代建设了工业生产工厂，经多年生产运行，已成为工艺先进、技术成熟的现代直接炼铅法。基夫塞特炼铅法的核心设备为基夫塞特炉。该炉由四部分即带氧焰喷嘴的反应塔、具有焦炭过滤层的熔池、冷却烟气的竖烟道（立式余热锅炉）和铅锌氧化物还原挥发的电热区组成。

干燥后的炉料通过喷嘴与工业纯氧同时喷入反应塔内，炉料在塔内完成硫化物的氧化反应并使炉料颗粒熔化，生成金属氧化物、金属铅滴和其他成分所组成的熔体。熔体落下通过浮在熔池表面的焦炭过滤层时，其中大部分氧化铅被还原成金属铅而沉降到熔池底部。炉渣进入电热区，渣中 ZnO 被还原挥发，渣中 PbO 进一步还原，并使渣与铅进一步沉降分离，然后分别放出。含二氧化硫的烟气经竖烟道和余热锅炉送入高温电收尘器，而后送酸厂净化制酸。电炉部分烟气经捕集氧化锌的滤袋收尘器后排放。基夫塞特炼铅法可处理各种不同品位的铅精矿、铅银精矿、铅锌精矿和鼓风炉难以处理的硫酸盐残渣。湿法炼锌厂产出的铅银渣、废铅蓄电池糊、各类含铅烟尘等都可以作为原料入炉冶炼。由于基夫塞特炼铅法对原料有广泛的适应性，能以较低的费用回收原料中的有价金属，并可以满足日益严格的环境保护要求，该法有着良好的发展前景。

综上几种炼铅法进行比较发现，除烧结焙烧—鼓风炉熔炼法外，其余四种新的炼铅法均有效地解决了污染环境和能耗高、硫利用率低的弊病。

14.1.3.2 铅精矿的烧结焙烧工艺

烧结焙烧是硫化物在高温（800℃以上）条件下经氧化脱硫转为氧化物，并烧结产出具有多孔和一定强度的烧结块的过程。烧结过程应尽可能提高烟气中 SO_2 浓度，以利于制酸，同时力求富集原料中易挥发的有价金属，以便综合利用。

烧结设备有烧结锅、烧结盘和带式烧结机，带式烧结机适用于规模在 20000t/a 以上的大中型冶炼厂。带式烧结机又分为吸风和鼓风两种形式。烧结机吸风烧结、烧结锅烧结和烧结盘烧结所产烟气含 SO_2 浓度低，一般在 2.0% 以下，难以制酸，排入大气严重污染环境，因而仅在极少数老厂或小厂还保留使用。烧结机鼓风烧结产出的烟气，含 SO_2 浓度可达4%～7%，可进行制酸，有利于环保，因此目前多采用烧结机鼓风烧结焙烧。

鼓风烧结对原料的适应性大，可处理高铅物料，烧结过程料层阻力小、透气性较均匀、烟气二氧化硫浓度较高，基本排除了炉料熔结而堵塞风箱和黏结箅条的现象，故大大减轻了工人劳动强度和改善环境卫生条件，因而在目前的铅和铅锌烧结中被广泛应用。

为尽量提高鼓风烧结烟气的二氧化硫浓度，减少漏风，鼓风烧结机渐趋于大型化。在生产中采取返烟提浓，富氧空气烧结或抽取烟罩内二氧化硫浓度较高的部分烟气等办法，以满足制酸要求。

铅精矿与铅锌混合精矿烧结焙烧的一般工艺流程如图 14.4 所示。

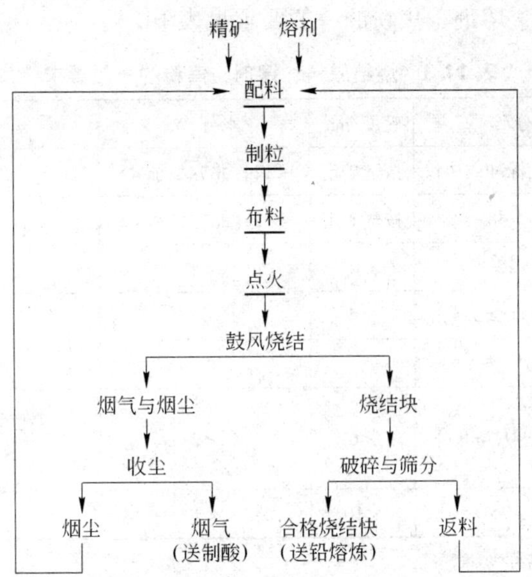

图 14.4 烧结机鼓风烧结焙烧一般工艺流程

铅精矿和铅锌混合精矿烧结工艺流程实例如图 14.5 所示。

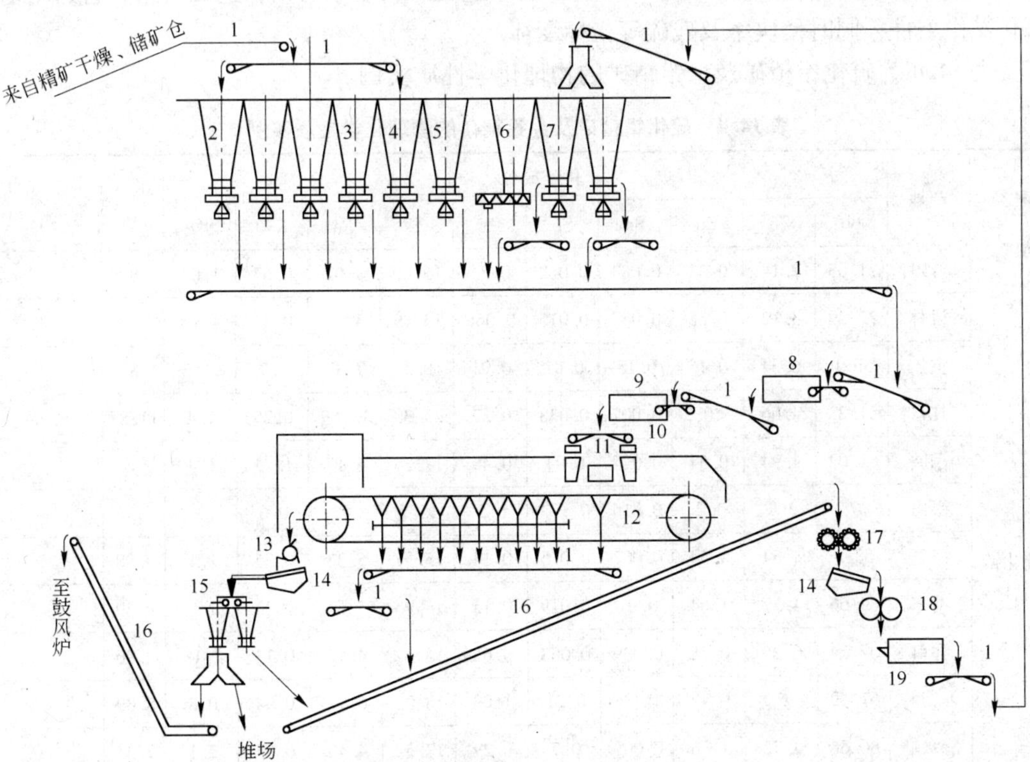

图 14.5 铅精矿烧结工艺流程实例

1—胶带运输机；2—精矿仓；3—石英仓；4—石灰石仓；5—焦炭仓；6—烟尘仓；7—返粉仓；8—圆筒混合机；9—圆筒制粒机；10—梭式布料机；11—点火炉；12—70m^2 烧结机；13—单辊破碎机；14—振动给料机；15—双辊分级机；16—链板运输机；17—波纹辊破碎机；18—平面辊破碎机；19—圆筒冷却机

铅精矿烧结对原料、熔剂、焦粉的一般要求见表14.3。

表14.3 烧结原料、熔剂、焦粉的一般要求

物料名称	化学成分/%	粒度/mm	水分/%	备 注
铅精矿	按国家（部）标准或协议	按选矿定	<12，北方冬季<8	含砷不大于0.5%
铅锌混合精矿	Pb+Zn>48	按选矿定	<12，北方冬季<8	含砷不大于0.5%
铅块矿（杂矿）	含Pb>25	<10	<2	含铜不大于1%
石灰石	CaO≥50；MgO≥3.5； $SiO_2+Al_2O_3\leqslant 3$	<6	<2	
石英石	$SiO_2\geqslant 90$；$Al_2O_3\leqslant 2\sim5$	<6	<2	以河沙或含金石英砂作熔剂时，SiO_2含量可适当降低
焦 粉	固定碳>75	<10	<1	

注：表中粒度系指配料工序的要求。

硫化铅精矿：生产中，为了保证烧结混合料含Pb 40%～45%，要求铅精矿一般含Pb 50%以上，最好为55%～60%。精矿含铅过低将增加熔剂的加入量，增大渣量，渣含铅升高。但精矿含铅过高，如含Pb达70%时，烧结过程炉料易于熔结，造成风箱、管道堵塞，恶化操作条件，同时使块率及残硫等指标变坏。

表14.4为硫化铅精矿及金铅精矿的物理化学性质实例。

表14.4 硫化铅精矿及金铅精矿的物理化学性质实例

种类	产地	化学成分/%										水分/%	堆积密度/$t\cdot m^{-3}$
		Pb	Zn	Cu	Sn	Sb	As	S	Fe	CaO	SiO_2		
硫化铅精矿	黄沙坪	71.63	2.14	0.33	0.083	0.042	0.24	15.89	4.02	0.67	1.03	8	
	桃林	72.29	3.12	0.68	0.007	0.015	0.065	13.89	3.29	0.43	4.16	7.8	
	宝山	59.1	6.34	0.46	0.15	0.81	0.91	18.51	7.37	0.7	1.53	8	
	凡口	51.22	4.66	<0.2	0.007	0.038	0.37	25.39	13.69	0.25	1.4	11.87	2.5
	东波	61.02	4.94	0.54	0.077	0.21	0.49	17.35	6.17	1.33	1.4	8.62	
	银山	7	3.7	1.2	0.015	0.173	0.5	15.5	4	0.6	2		
	河三	68.3	4.54	0.54	0.007	0.015	0.14	15.97	5.33	0.25	2.1	8.88	
	衢东	67.66	4.27	1.64	0.01	0.019	0.15	15.98	3.66	0.45	2.8	8.39	
	乔口	67.14	6.26	0.78	0.029	0.053	0.63	15.67	4.18	0.13	2.18	8.96	
	香花岭	61.49	6	0.72	0.05	0.21	1.09	18.03	6.17	0.94	0.8	8.89	
	清水塘	66.66	4.72	1.76	0.007	0.7	0.29	17.52	4.49	0.56	2.1	7.37	
	普安	70.27	4.54	<0.2	0.001	0.053	0.29	16.05	3.34	1.33	1.66	8.03	
	青城子	66	1	0.2	0.05	0.09	0.45	17.5	8	0.7	2	8.99	2.33
	柴河	57	11	0.2	0.006	0.1	0.04	16.5	4	1	1	8.45	2.46

续表 14.4

种类	产地	化学成分/%										水分/%	堆积密度/t·m^{-3}
		Pb	Zn	Cu	Sn	Sb	As	S	Fe	CaO	SiO_2		
硫化铅精矿	西林	54	6	0.3	0.02	0.06	0.15	18.5	13.5	0.6	0.2	5.79	2.48
	水口山	65.7	5.82	1.13		1.19	0.49	1.82	4.47	0.13	1.02		
	温州	63.14	8.4	0.5				15.3	2.97	6.03			
	元阳	60.4	1.97	1.29	0.37		微	13.9	4.76	4.06	13.08		
	岫岩	67.5	4.5	0.64	0.01	0.038	0.08	14.5	3	0.4	4.2		
金铅精矿	文峪	35.3	0.8	Au 13~110 g/t	Ag 40~84 g/t	17.22	10~23	0.5~8	6~10				
	东阁	30.35	0.39		Au 40~50 g/t	280~430		15.05	15.12		2~7		

烧结焙烧产物为烧结块，对烧结块化学成分的主要要求是铅与锌的品位和残硫量，其他造渣成分则按鼓风炉熔炼的要求加入一定量的熔剂。铅鼓风烧结烧结块一般含铅42%~45%，但根据原料情况也可高到48%~50%。残硫视含铜量而定，一般为1.5%~2.0%。铅锌烧结时要求烧结块含铅16%~20%，含锌30%~40%，残硫小于1%，二氧化硅含量一般要求不小于3%，否则会影响烧结块强度。

铅烧结块的块度一般为50~150mm，小于50mm和大于150mm的数量合计不超过25%；铅锌烧结块的块度一般为30~100mm。

表14.5为烧结块的化学成分与块度实例。

表 14.5 烧结块的化学成分与块度实例

种类	编号	化学成分/%							块度/mm
		Pb	Zn	S	Fe	SiO_2	CaO	Cu	
铅烧结块	1	42~48	4.5~5.5	1.6~1.7	9.5~12.5	8~10	7~9	0.4~0.45	40~150
	2	43.5	6.27	1.48	11.44	11.18	8.45		50~200
	3	43.39	6.45	2.06	12.88	11.56	8.28	0.8	50~150
	4	40.5	5.75	3.13	13	16.28	8.5	0.5	30~150
铅锌烧结块	5	16.11	33.5	1.01	16.78	5.4	5.56		30~100
	6	19.1	39.1	0.6	9.65	3.68	4.77	0.19	30~100
	7	17.63	39.26	1	9.05	4.59	6.3		30~100

烧结过程中各元素分布烧结过程中元素分布的参考数据列入表14.6。

表 14.6 烧结过程中各元素分布

项目		Pb	Zn	Cu	Cd	As	Sb	Bi	In
铅烧结	烧结块	96	99	98	66~93	90	92	93	92~99
	烟尘	4	1	2	7~34	10	8	7	1~8

续表 14.6

项目		Pb	Zn	Cu	Cd	As	Sb	Bi	In
铅锌烧结	烧结块	85 ~ 95	99.5		10 ~ 50	93	93		
	烟　尘	5 ~ 15	0.5		50 ~ 90	7	7		
项目		Tl	Se	Te	Hg	Ge	Au	Ag	
铅烧结	烧结块	15 ~ 45	65 ~ 75	60 ~ 80	1	98 ~ 99	99.4	97 ~ 99	
	烟　尘	55 ~ 85	25 ~ 35	20 ~ 40	99	1 ~ 2	0.6	1 ~ 3	
铅锌烧结	烧结块				2	85	100	98	
	烟　尘				98	15		2	

烧结焙烧过程中 Au、Ag 富集在铅烧结块中。

14.1.3.3 铅鼓风炉熔炼技术工艺

铅烧结块、氧化铅团矿和氧化铅富块矿都可以用鼓风炉进行还原熔炼。在熔炼过程中，炉料中的氧化铅、硅酸铅和铁酸铅被还原成粗铅；炉料中的脉石成分和锌进入炉渣；炉料中的贵金属富集在粗铅中；铜一般也富集于粗铅中，当含铜高时，为了不使粗铅含铜过高，熔炼时要造铜锍（铅冰铜），使部分铜进入铜锍中；当含砷、锑高时，可造黄渣排除掉大量的砷锑，降低粗铅中的砷、锑含量（粗铅精炼时除砷、锑会容易些）；镍、钴通常富集在黄渣中，故如镍、钴含量高，亦可造黄渣使其富集，以便回收。

目前鼓风炉普遍采用汽化水套，以节约用水并副产蒸汽。料车、箕斗加料方式已实现自动化，并用微机控制。渣铅在炉内分离的基础上，实现了炉外分离；炉外渣铅分离的鼓风炉又称无炉缸鼓风炉，这种鼓风炉操作稳定，故障少，工人称其为“傻瓜炉”。炉外渣铅分离在国外工厂多用活动小前床，国内工厂则用电热前床，炉渣进烟化炉吹炼回收其中的锌、铅、锗和铟等有价金属。

在国外，鼓风炉趋向于采用双排风口和具有椅形水套的炉腹结构，即所谓“皮里港”型鼓风炉，其生产能力可提高一倍，炉结减少。

日本、美国和前苏联一些工厂，鼓入炉内的空气的温度在 250 ~ 430℃。鼓热风后，焦点区集中，炉顶温度下降，炉况稳定，生产能率提高 10% ~ 30%，焦耗降低 30%，渣含铅略有降低。热风熔炼的结果列入表 14.7。

表 14.7　热风熔炼的结果

项　目	佐贺关	甲厂	乙厂	丙厂	丁厂
热风温度/℃	200 ~ 250	250	290	430	360
加热用燃料	重　油			天然气	重　油
生产率提高/%	30	46	44	20	70
焦炭消耗降低率/%	30	18	34	20	50 ~ 57
渣含铅/%					0.89①
料面温度/℃	降　低				160
燃料费用降低率/%		14	32		
烟尘率	降　低				

①原渣含铅 1.33%。

在鼓风炉炉料中，自熔性烧结块一般占80%以上，其他除焦炭外，根据具体情况，添加少量熔剂、铁屑、返渣等物料。

一般要求进料烧结块孔隙率不小于50% ~60%；块度为50 ~150mm，小于50mm部分与大于150mm部分之和不超过25%。

对烧结块化学组成的要求如下：

(1) 含铅以42% ~45%为宜（个别厂在特殊情况下达52%）。

(2) 造渣成分的含量应符合鼓风炉熔炼选定的渣型。

(3) 烧结块含铜在1.5%以下时，烧结块含硫以1.5% ~2.0%为宜；当含铜量在1.5%以上时，则含硫应适当提高。

氧化矿团矿成分实例见表14.8。

表14.8 氧化矿团矿成分实例 （质量分数/%）

Pb	Zn	S	Fe	SiO_2	CaO	Cu
38.89	1.45	0.59	11.68	3	5.23	0.23
37.98	1.45	0.6	12.35	5.57	4.89	0.03
36.42	2.76	0.74	15.07	3.2	5.26	0.07
33.02	2.61		12.3	8.6	6.14	0.08

表14.9为烧结块性能测定实例。

表14.9 烧结块性能测定实例

测定项目		实例序号								
		1	2	3	4	5	6	7	8	9
物理性能	软化初始温度/℃	730	780	905	1015	860	855	760	890	875
	软化终了温度/℃	995	860	1025	1070	1015	975	1060	1020	1025
	软化区间/℃	225	80	120	55	155	120	300	130	150
	熔化温度/℃	1027	988	1105	1257	1257	1227	1167	1155	1100
	转鼓指数(+6.3mm)/%	64.17	55.3	67.67	74.87	66.8	69.93	61.7	65.73	67.93
	耐磨系数(+6.3mm)/%	11.1	15.13	18.63	23.07	31.1	28.03	14	14.37	20.9
	有效孔率/%	16.13	24.4	18.02			17.32	16.62	18.63	
化学成分（质量分数）/%	Pb	46.37	48.88	46.87	45.32	47.36	48.63			
	Zn	6.83	6.67	6.88	7.38	7.2	6.8			
	Fe	8.69	8.71	9.26	9.32	8.51	9.32			
	SiO_2	6.18	6.34	8.39	7.8	5.88	6.69			
	CaO	8.78		9.12	9.97	9.56	7.88			
	MgO			0.4	0.06	0.07	0.38			
	Al_2O_3			0.15	1.1	1.01	<0.1			

表14.10为铅烧结块中铅物相分析实例。

表 14.10 铅烧结块中铅物相分析实例（以金属铅质量分数计） （%）

物 相	No. 1	No. 2	No. 3	No. 4
PbO	28.7	28.7	26.94	27.4
金属铅	3.83	3	3.64	4.1
$PbO \cdot SiO_2$	8.65	9.7	8.82	8.3
$PbO \cdot Fe_2O_3$	0.12	0.1	0.12	0.1
PbS	3.63	3.07	4	3.71
其他铅	1.50	2.63	2.9	3.13
总 铅	46.43	47.2	46.42	46.74

产物为粗铅。鼓风炉产出的粗铅，一般品位为95% ~98%，其余为铜、砷、锑、锡、铋、金和银等。

鼓风炉粗铅的产出率与炉料含铅量和操作制度有关，一般为35% ~55%。粗铅放出时的温度为800 ~980℃。

表14.11为铅鼓风炉产粗铅成分实例。

表 14.11 铅鼓风炉产粗铅成分实例 （%）

厂 名	Pb	Sb	Sn	As	Ag	$Au/g \cdot t^{-1}$
沈 冶	96 ~96.7	0.3 ~0.9	0.02 ~0.06	0.4 ~0.6	0.18 ~0.26	5 ~30
株 冶	95.7 ~97.0	0.4 ~0.75	<0.07	0.4 ~0.6	0.18 ~0.22	1 ~20
水口山三冶	96 ~98	0.2 ~0.4	<0.02	0.2 ~0.3	0.12 ~0.22	5 ~8
鸡街冶	95 ~96.7	0.2 ~1.0	2.1 ~3.1	0.1 ~0.3	0.11 ~0.15	
济源冶	95	0.8 ~0.9	<0.02	0.3 ~0.4	0.1	60 ~70
皮里港	97 ~98.15	0.5 ~0.93		0.2 ~0.25	0.143	1.25
邦克希尔	95	1.8	0.01	0.5	<0.5	<3.0
细 仓	98.47	0.43		0.08	0.179	4.5

14.1.3.4 铅的电解精炼工艺流程

铅的电解精炼技术在我国、日本和加拿大等国家获得广泛的应用。当前，用电解方法生产精铅量约为火法精炼铅量的1/5。

由于铅的电化当量比较大，标准电极电位又较负，给粗铅电解精炼创造了有利的条件。常温下，盐酸和硫酸只能与铅的表面作用形成几乎不溶解的氯化铅和硫酸铅表面薄膜。因此，铅的电解精炼不可能在盐酸或硫酸溶液中进行。用硝酸或醋酸溶液进行的铅电解精炼试验研究也未获成功，主要是因为在这两种溶液中电解时不能产出密实块状的铅沉积物；且硝酸电解液电解时，一部分硝酸根会在阴极上还原成氮化物。直至1901年，柏兹（Betts）采用硅氟酸溶液做电解液进行粗铅电解精炼实验并获得成功。1903年，以硅氟酸和硅氟酸铅混合并添加少量胶类添加剂的水溶液作电解液的柏兹法铅电解精炼技术被用于工业生产。

硅氟酸对铅的溶解度大，导电率较高，稳定性也较好，且价格相对较低，是其在铅电解精炼中得到应用的主要原因。在锗和锡的电解精炼中也采用硅氟酸型电解液。

在铅的电解精炼中，除了硅氟酸型电解液外，在德国和意大利还有采用硼氟酸和氨基磺酸水溶液进行铅电解精炼的实践。然而，硼氟酸的价格相对较高而限制了它的广泛采用；而氨基磺酸虽在粗铅电解精炼过程中脱锡效果较好，但由于它容易分解且导电率较低等不足，影响了它的推广应用。

与火法精炼相比，铅电解精炼的流程简单，中间产物少，铅的产品质量和回收率都比较高，阴极铅纯度可大于 $w_{Pb}=99.99\%$。粗铅中绝大多数的锡和贵金属都富集在阳极泥中。阳极泥量一般为溶解铅量的 $w_{阳极泥}=1\%\sim4\%$，所以锗和贵金属在阳极泥中可富集25～100倍。因此，电解精炼特别适用于处理含铅和贵金属较高的粗铅。然而，铅电解精炼的设备投资较大，耗电量较高，金属周转慢等，是其不足。

铅电解精炼的一般工艺流程如图14.6所示。

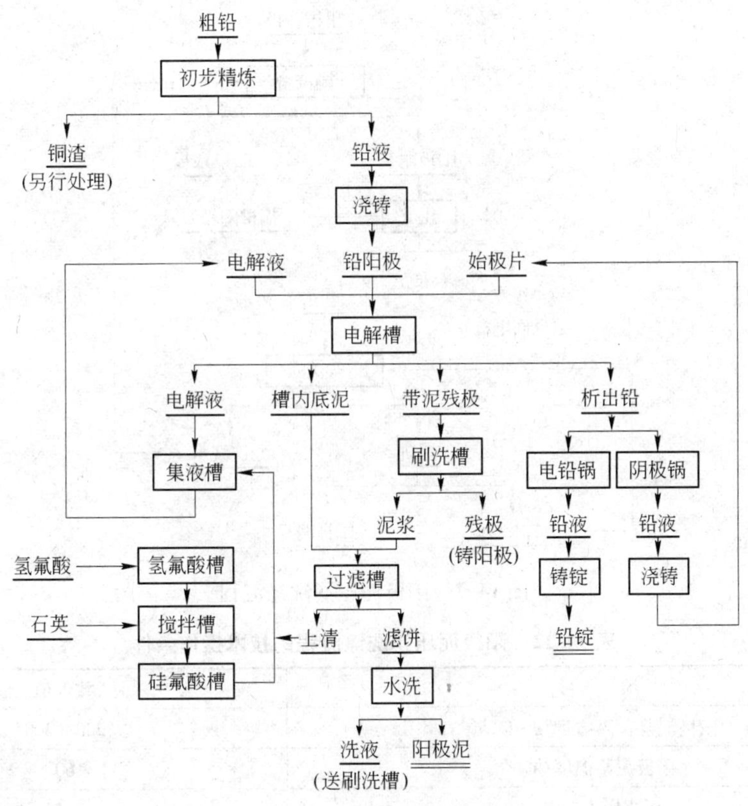

图14.6　铅电解精炼工艺流程

粗铅品位一般为 $w_{Pb}=96\%\sim99\%$，杂质含量为 $w_{阳极泥}=1\%\sim4\%$。电解精炼前，粗铅通常要经过初步火法精炼，以除去电解过程不能除去或对电解过程有害的杂质，同时调整铅中的砷锑含量，然后铸成阳极。阴极则是电解过程本身产出的阴极铅浇铸成的始极片。电解液为硅氟酸铅和硅氟酸的水溶液。电解过程中，金属铅在阳极上失去电子变成铅离子进入电解液，铅离子在阴极上得到电子而析出铅。阳极中的杂质除一小部分与铅一道溶入电解液外，绝大部分不溶而形成阳极泥，黏附在阳极表面。阴极铅经洗涤后，熔化并进行氧化精炼除去微量的As、Sb、Sn等杂质，然后铸成成品铅锭。另一部分阴极铅则用于浇铸始极片。除去阳极泥后的残极重新熔铸成阳极。阳极泥经处理回收其中的金、银、铋等有价金属。

阳极泥的过滤与洗涤：在铅电解精炼过程中，阳极泥大都黏附在阳极表面，只有小部分落入电解槽底。残极出槽后，用残极洗刷机将其表面上的阳极泥洗刷下来，电解槽底部的阳极泥可定期用真空泵抽出。为了回收阳极泥中夹杂的水溶铅和硅氟酸，并为阳极泥的进一步处理做好准备，阳极泥必须进行过滤和洗涤。

由于阳极泥层内的电解液含铅较高，含酸较低，含杂质也较高。因此，过滤所得的滤液含杂质较高，不宜直接返回电解液循环系统，最好净化后再返回，以确保析出铅质量。

图 14.7 所示流程的技术操作条件见表 14.12。过滤洗涤后的阳极泥是回收金、银和铋等金属的原料，其化学成分见表 14.13。

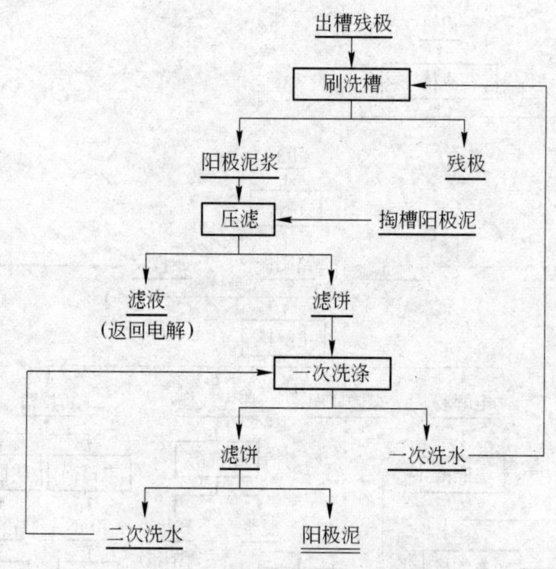

图 14.7 阳极泥压滤洗涤流程

表 14.12 阳极泥压滤洗涤流程的技术操作条件

项 目	数 值
阳极泥浆含固体量/$g \cdot L^{-1}$	200~300
阳极泥浆温度/℃	60
压滤压力/MPa	0.25
洗水用量/$t \cdot t^{-1}$	3
洗水温度/℃	80
洗水含铅/$g \cdot L^{-1}$	12~18
洗水含酸/$g \cdot L^{-1}$	7~10
压滤速度/$m^3 \cdot (m^2 \cdot h)^{-1}$	0.9~1.8
洗涤压滤速度/$m^3 \cdot (m^2 \cdot h)^{-1}$	0.3~0.6
压滤时间/min	40~60
阳极泥含铅 $w(Pb)$/%	6.4~6.8
阳极泥含水 $w(H_2O)$/%	40~45

表 14.13 铅阳极泥化学成分 (%)

No.	w(Pb)	w(Bi)	w(Au)	w(Ag)	w(Te)	w(Sb)	w(Cu)	w(As)	w(Se)	w(Sn)
1	8~10	5~8	0.32	15.35	0.43	45~55	0.6	2~3	<0.2	
2	8~10	约12	0.051	10.25	0.43	20~30	1.63	12~13	0.2	1~2
3	20	10	0.02	5	0.1	18	0.8		<1~3	
4	10	5~6	0.0025	14~16		38~40	5~7	0.3		
5	10~15	3~5	0.03	1.0~1.5		15~25	1	15~20		15~20

14.1.4 从铅阳极泥提取金

铅阳极泥是提取贵金属和综合回收 Sb、Bi、Cu、Pb、As 等金属的重要原料。处理铅阳极泥的方法分为火法和湿法，这两种方法各有其优缺点。火法处理量大，生产稳定，原料适应性强。但投资大，物料滞留时间长、资金占用多、直收率低、返渣多，有价金属回收过程复杂等。湿法投资小，工艺设备简单、规模不受限制、生产周期短，但工艺适应性不强，试剂耗量大。

14.1.4.1 电解阳极泥的成分及特点

电解铅时约产出粗铅质量 1.2% ~1.75% 的铅阳极泥。粗铅阳泥中所含的金、银和铋几乎全部进入阳极泥中，而砷、锑、铜等则部分或大部分进入阳极泥中。阳极泥的成分主要决定于所使用的粗铅阳极板，各种组分有较大的波动范围，但银、铅、锑、铋以及铜、砷等元素的总含量一般达到 7% 以上。新产出的铅阳极泥中元素赋存状态大多为金属状态或金属间化合物。银基本上无单质存在，少部分以 AgCl 存在，大部分以 Ag_3Sb 状态存在。含金量一般很低，金颗粒嵌布极细。堆存的铅阳极泥能进行自然氧化升温达 70℃ 以上，经 10d 左右，阳极泥含水可降至 10% 左右，阳极泥中的铅、锑、铋等元素基本上能以氧化物的形态存在。这为铅阳极泥的还原熔炼或湿法酸浸提供了很好的基础。但火法熔炼时铅阳极泥不需要很完全的氧化程度。表 14.14 列出了国内外某些工厂铅阳极泥的主要成分。

表 14.14 国内外某些厂铅阳极泥的主要成分

厂 名	成分/%							
	Au	Ag	Pb	Cu	Bi	As	Sb	Te
沈阳冶炼厂	0.03~0.05	8.0~15.0	10~25	0.5~15	6~15	5~10	10~30	0.1~0.5
株洲冶炼厂	0.0305	6.65	10.24	3.4	8.46	17.2	33.12	0.38
韶关冶炼厂	0.0025	14~16	10	5~7	6~8	0.5	38~40	—
济源冶炼厂	0.5~0.8	7~12	11~21	2~5	3~12	1~5	18~41	—
池州冶炼厂	0.0069	9.82	11.78	2.73	19.32	3.82	33.02	0.62
新居滨冶炼厂	0.2~0.4	0.1~0.15	5~10	4~6	10~20	—	25~35	—
细仓冶炼厂（日本）	0.021	12.82	8.28	10.05	—	—	43.26	—
特莱尔冶炼厂（加拿大）	0.016	11.5	19.7	1.8	2.1	10.6	28.1	—
奥罗亚冶炼厂（秘鲁）	0.01	9.5	15.6	1.6	20.6	4.6	33.1	0.74

铅阳板泥的成分因各地含铅矿石及冶炼工艺不同而有较大的差异，综合考虑铅泥中主要回收对象：金、银，及工艺中需特别认真对待的元素：砷，可将铅泥大致分为三种类型：

（1）低金高砷型：它是国内外最典型的铅泥，多来源于单一的硫化铅矿。大致成分为：Au 0.005%～0.05%、Ag 10%～15%、As 10%～35%、Cu 1%～3%、Sb 20%～40%、Bi 2%～10%、Pb 10%～20%、Se 和 Te 微量。加拿大特莱尔冶炼厂、国内的沈冶、株冶、昆冶等所产出的铅电解阳极泥，其成分就有如上特点。

（2）低金低砷型：它多产自铅锌混合硫化矿，此类铅泥的成分一般为：Au 0.002%、Ag 14%～16%、As 0.5%、Cu 5%～7%，Sb、Bi、Pb 与（1）型相近。韶关冶炼厂的铅泥即属此种类型。

（3）高金低砷型：它产自含金的铅锌混合矿，使用小秦岭地区含金铅矿物的济源冶炼厂的铅阳极泥属此类。其一般成分为 Au 0.2%～0.8%、Ag 7%～12%、As 0.8%～5%，Cu、Bi、Sb、Pb 与（1）型相近。

这三类铅泥的湿法处理显然第一种最为困难，其主要难点为如何最大限度地使砷浸出而不影响金银的直收率和解决砷在浸出液中与锑铜铋等的分离和回收。

14.1.4.2 国内外铅阳极泥处理

现在国内外处理铅阳极泥仍以传统火法流程为主，并针对火法工艺的不足，开展了新工艺的研究。

A 火法工艺

（1）传统的火法工艺：原则流程如图 14.8 所示，与铅泥相比，铜阳极泥一般都含有

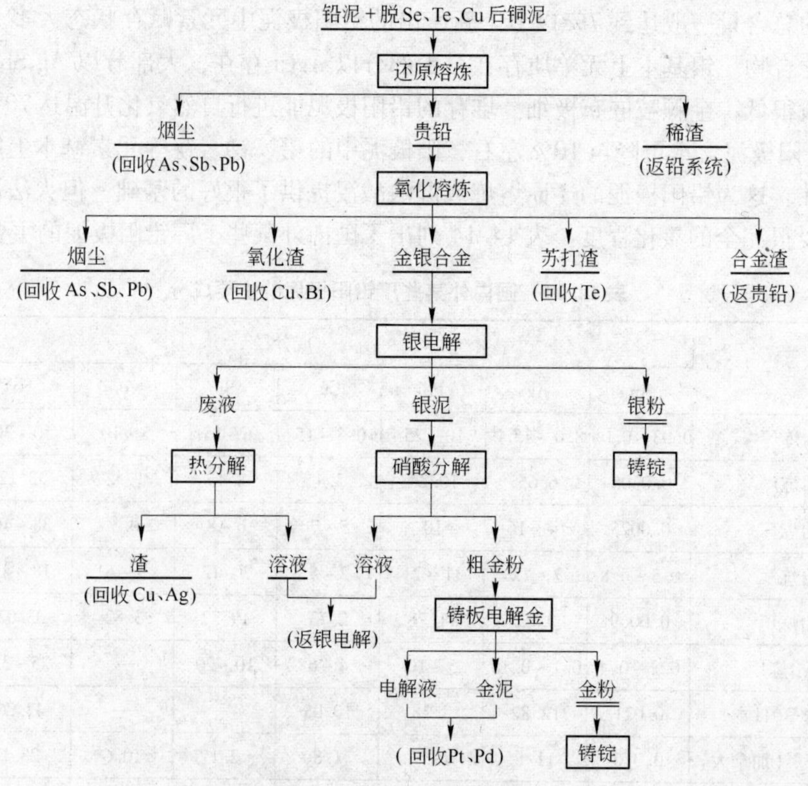

图 14.8 火法处理铅泥原则流程

较高的硒、碲及铜。所以在与铅泥合并之前，需预先脱去其中的硒、碲、铜，然后与铅泥混合，经还原熔炼成贵铅。贵铅氧化除杂质得金银合金。金银合金电解后银泥回收金，而金电解液回收铂族金属。

在火法过程中，各元素的分布大体如下：

金：从铅泥始（下同）到银电解阳极泥直收约97%，稀渣中约0.5%，氧化渣中约0.5%，损失约0.5%～1%。即冶炼回收率98.5%～99%，至成品直收85%～88%。

银：至合金板直收率88%～92%，稀渣约0.5%，氧化渣约2%～4%，烟尘2%～5%，损失约0.5%～1%；即冶炼回收率98.5%～99%，至成品直收率85%～88%。

金银以外的杂质元素，从铅泥始在贵铅及分银熔炼中的分布率见表14.15。

表14.15 主要杂质元素分布 （%）

项目品种	稀 渣	氧化渣	苏打渣	烟 尘	损 失
铜	3～5	88～90	1	—	2～4
锑	10～15	2～4	—	80～85	1～2
铋	0.5～1	85～90	1～2	8～10	1～2
铅	30～35	32～38	—	30～35	1～2
砷	15～20	1～2	—	75～80	2～4
碲	—	9～13	75～85	3～5	3～5

火法处理工艺尽管有处理量大，对物料的适应性强，生产设备、工艺成熟等优点，但中间产物多，并存在以下一些不足：

1）银直收率只有85%～88%，除电解积压的周转物料外尚有大量银积压在氧化渣及烟尘中难以回收。

2）综合回收比较复杂：铜、锑、铋、铅、砷分散在氧化渣、稀渣、烟尘等物料中，且各元素在这些中间产物中的互含大，相对富集率最多80%～90%，从而使得综合回收复杂化，特别是烟尘中的砷、锑尚无理想的分离技术，大都堆存待处理，易造成环境污染。

（2）传统火法工艺的发展随着科学技术的发展和对综合回收效益的认识，传统的火法工艺也不断发展。在国内着重于流程的补充和完善，例如从火法产出的稀渣及氧化渣中回收铜、铋、铅以及分散于其中的金银，已用于生产的有：沈冶、株冶从氧化法中回收铜、铋、银的火法工艺；昆冶湿法处理氧化渣回收铜、铋银的生产工艺以及株冶从熔炼转炉砖中回收金银的湿法工艺等等。此外，将烟尘中的砷锑熔炼成As-Sb合金作为玻璃添加剂的试验也曾做过大量工作，但尚未用于生产。

氧化渣火法处理的工艺为：氧化渣转炉造冰铜（底层为粗铋）—粗铋氧化除砷锑—氯化除铅—加锌除银—高温除微量铅及氯—精铋产品。从氧化渣至精铋直收率约80%，若从铅泥计则铋直收率为70%左右。

氧化渣湿法处理工艺为：氧化渣硫酸浸铜—盐酸浸铋（浸渣返贵铅熔炼以回收银）—铁置换得海绵铋—熔化后火法精炼（过程同上述火法粗铋精炼）—精铋产品。从氧化渣到精铋直收率约70%，若从铅泥计则铋收率为60%左右。

国外由于处理量大，主要在改进设备、强化冶炼过程方面取得了较大的进展，如顶吹转炉可使铅泥处理量达34t/d以上，加上烟尘、熔炼法的综合回收系统的建立，大大提高了生产效率。

总的来说，近年来，研究改进的重点是：强化和完善火法工艺条件，提高金银直收率，改进设备及加强综合回收，减少环境污染。例如，熔炼处理含 Au + Ag 18.05%，As + Sb 30.48%，Pb 20.05%，Bi 26.31%的铅阳极泥，加热到1150℃，用喷枪以70°~90°向熔体表面喷入压缩空气，精炼 40h 可获得 Au + Ag 93.01%、As + Sb 0.52%、Pb 2.51%、Bi 3.01%的合金。

(1) 某冶炼厂在贵铅吹炼炉上加装了吹氧系统来强化冶炼过程；而某厂用电炉代替反射炉，处理每吨铅阳极泥的成本可节省27%。

(2) 用蒸馏—还原—冷凝法，从 Cu、Pb 阳极泥冶炼烟尘中生产 As-Sb 合金（Pb + As + Sb > 99%，Cu + Fe + Bi + Zn ≤ 1%）。

(3) Cu、Pb 阳极泥精炼产出的 Bi 渣，用反射卧式转炉粗炼得铋合金后，再在球墨铸铁锅中精炼产出 99.97% ~99.994% 的精铋。

(4) 采用苏打焙烧、水浸、浓缩结晶流程处理烟尘生产砷酸钠。

(5) 高砷烟尘加氯化铅作辅集剂直接熔炼产出 As-Sb-Pb 合金可用作蓄电池的铅栅极材料，合金回收率大于90%。

(6) 贵铅熔炼炉的废耐火砖平均含 Ag 2.12%，用重选法处理回收银，银精矿品位 Ag 18.56%，直收率 78.21%。

上述工艺条件及设备改进，对提高金银直收率及伴生金属的综合利用率，降低成本，改善劳动条件起到积极作用。但不能完全克服金银直收率低、污染环境等缺点。

B 湿法处理新工艺

火法处理铅阳极泥的实践指出：铜、铋是最难排除的杂质元素。在氧化精炼时，只有靠提高温度和强化氧化条件才能将其氧化造渣，但又由于铜铋渣黏度较大，不可避免地导致金银损失。为了得到符合电解要求的合金板，在氧化熔炼后期还要加入少量硝石深度脱铜、铋，产出的合金渣银20%以上。铅泥一般又会有较高的锑、铅、砷，虽然它们可以在熔炼贵铅和贵含铅分银熔炼时通过烟尘和稀渣有效排除，但锑、砷烟尘的处理又尚未很好地解决。尽管在改进设备及提高金银回收方面有不断地发展，但金银直收率不高、综合回收系统十分庞杂的缺点并未从根本上得到解决。

铅阳极泥湿法处理工艺的基本框架是先浸出分离贱金属，再从富集了贵金属的浸出渣中提取各个贵金属元素，如图 14.9 所示。为使浸出过程快捷有效，需进行预处理，使铅阳极泥中金属态的 Sb、Bi、Cu、Pb、As 等杂质元素转化成易溶解的氧化物形态。已使用的几种预处理方法是：（1）自然堆放氧化法：此法简便易行，不会过氧化。但时间长（大于 20d），需有专用场地，金银物料积压，资金占用量增大。（2）烘料氧化法：烘料脱水时自然氧化，氧化效果不稳定。在 100 ~220℃温度下，烘料 4 ~5h 氧化效果仍不理想。当烘料温度超过 250℃时，大部分 Sb 将转化成难溶解的高价氧化锑（Sb_2O_3 等），反而增加了浸出的难度。（3）强化氧化法：选用特殊试剂 A 在 300℃温度下强化焙烧 2h，约 99% 的 Sb 转化为可浸出的状态。该法快速有效，但处理量大时涉及能耗、试剂消耗等问题。（4）堆放时效法：利用铅阳极泥堆放自然氧化原理，通过监控堆放时效的方式，只需保持一定的湿度，堆放 8 ~15d，即取得满意效果。方法简单，时间短，节省设备及能耗。最佳堆放时间需根据阳极泥中 Sb、Bi、Cu、Pb、As 含量、堆放量及周围环境条件选定。

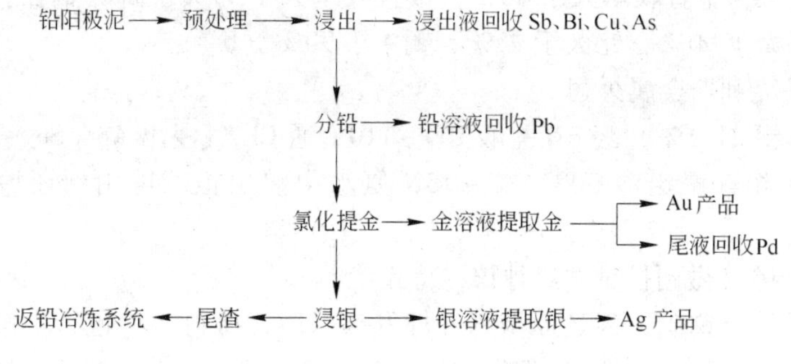

图 14.9 铅阳极泥湿法处理原则流程

湿法处理工艺中，几乎99%的 Sb、Bi、Cu 都溶解进入酸浸液，通常用选择性沉淀法回收，分别以 SbOCl、BiOCl 和 $Cu(OH)_2CO_3$ 渣形式产出，Cu 也可用置换法回收得到粗铜粉。常温操作，方法简便，但共沉淀和机械夹带会造成金属间分离不彻底，产品质量不高，直收率降低。Pb 除有25%～35%进入酸浸液，经冷却析出 $PbCl_2$，或分散沉淀于锑、铋、铜渣外，其余以分铅液沉铅渣形式产出，或残留于提 Au、Ag 尾渣。上述湿法工艺的共同特点是金银直收率高，Au 97%～99%、Ag 95%～97%，消除了火法工艺对环境的污染，处理周期短，生产规模灵活，可综合回收伴生有色金属，易实现工业化。不足之处是尾渣中残留的 Au(≥10g/t) 和 Ag(0.1%～0.5%) 难以直接再回收，大规模生产时设备体积庞大，且有大量废水需要处理。目前，高砷铅阳极泥湿法处理工艺研究已取得可喜进展。新氯化水解法采用新氯化剂浸出 Sb、Bi、Cu、As，浸出液用锑粉还原 As^{5+}、Sb^{5+}、Cu^{2+} 为 As^{3+}、Sb^{3+}、Cu^{+}，然后蒸馏回收 $AsCl_3$、Cu_2Cl_2 和盐酸。除砷率99%，较好地解决了砷的出路及回收方法；但蒸馏设备及防腐材料还有待深入研究解决与完善。加压碱浸法处理含 As 15%～33%的铅阳极泥，As 脱除率95%～99%，渣含 As <1，脱砷液冷却结晶析出砷酸钠，母液可返回复用；但需进行扩大试验验证和解决工程化技术。

当前研究的湿法处理工艺有：

(1) 韶关冶炼厂（待投产）。

韶关冶炼厂所产出铅泥是较典型的低金低砷型铅泥。此铅泥在4N 盐酸介质中氯化浸出，控制电位400～450mV 可以将98%以上 Cu、Bi、Sb 一次浸出，金、银及铅则留在渣中，由于铅泥含铜高，浸出液在水解沉淀锑后，先将铜配合共中和沉淀铋，再氧化解配、中和沉铜，达到了提高铋、铜直收率的目的。沉铜残液清亮无色，pH 值为9，残余金属离子浓度基本达到了排放标准。主流程中，酸浸渣经脱铅后得到含银50%以上的富银渣，富银渣熔炼得粗银。主要技术指标为：银至粗银直收率大于97.5%；金在粗银中直收率大于98%；铜至铜精矿直收93.7%；锑至锑铜精矿直收81.9%；铋至粗铋直收78.5%。

(2) 池州冶炼厂（待投产）。

该厂的铅阳极泥成含碲较高，浸出条件为7N 盐酸，通氯气并控制体系电位400～450mV，铜、锑、铋浸出率均大于98%，碲浸出率85%左右。残留于渣中的碲再经一次碱浸，可使碲浸出总量达95%以上，进入溶液中的碲用二氧化硫还原沉淀得碲精矿，之后采取水解-中和的方法回收锑、铋、铜。碱浸渣进一步脱铅后含银40%～60%，经熔炼得粗银。从铅泥至粗银，金直收率大于98%；银直收率大于97%。锑铋铜在各自精矿中的直收率分别为：锑大于90%；铋大于95%；铜大于90%。

(3) 美国马克利斯金属公司。

阳极泥（含银21.1%）经6N盐酸100～110℃通Cl_2气浸出Au、Se、Te、Pt，浸渣用热酸性盐水浸出铅；浸铅渣30℃，2～15N氨水中浸出银，再用糖还原银，银回收率为97.2%。

(4) 湘西金矿（做到扩试并经评议，待投产）。

湘西金矿系含金锑矿，经还原熔炼并挥发锑以后，所得贵铅进行电解，阳极泥成分为：Au 0.8%，Ag 300g/t，As 0.7%，Cu 2%～4%，Sb 70%～72%，Pb 12%～14%，Ni 0.3%～0.7%，是铅泥中的特例，按前述铅泥分类可算作第三类高金低砷类型。其原则流程为：盐酸介质控制电位氯化浸出，使铜镍锑铅全部转入溶液，再分别中和回收之；浸渣盐酸介质氯化溶金，还原得粗金产品。金直收率98%，铅泥中300g/t银未考虑回收。

(5) 河南济源冶炼厂（已投产三年）。

河南小秦岭地区有一富金矿带，在硫铁矿、铅锌矿中均含金较高。属于高金低砷类铅泥。

该铅泥在盐酸介质中将铜锑铋全部浸出，再水解回收锑，中和沉淀铋，铁置换沉淀铜；浸渣硫酸介质氯化溶金，还原得粗金产品；提金渣氨浸银，水合肼还原得粗银产品。金直收率97%，总收率99%；银直收率95%，总收率99%；锑精矿中锑直收率87%；铋精矿中铋锑直收率92%；铅直收率77%，经济效益明显。

(6) 株洲冶炼厂（一般性研究）。

铅阳极泥在$5(NH_4)_2SO_4+2NH_4Cl$介质中，90℃通SO_2气体浸出，液固比8∶1，可以使98%以上的As、Sb、Bi转入溶液。通入SO_2的目的在于抑制银进入溶液。一次浸出渣在4N NaCl+1N HCl溶液中浸出1.0h，液固比8∶1，温度90℃，有99%的Pb进入溶液。二次浸出渣含银57.8%，含金0.178%，它与一定量的Na_2CO_3混合，在1100℃下熔炼，得到含银82.51%、含金0.30%的含金阳极板。浸出液还原沉淀砷，N503萃锑，N235萃铋。

(7) 上海冶炼厂（做到扩试）。

铅泥在5.5N盐酸中，80～90℃通氯气浸出，使砷锑铋铜锡入液，然后用P350萃锡，P235萃锑，中和沉淀铋，石灰乳沉砷，浸出渣法氨浸银，水合肼还原得粗银粉；提银渣用NaCl溶液浸铅，沉淀为碳酸铅再制成醋酸铅产品。

(8) 昆明冶炼厂（曾建车间，后因故停产，改作湿法处理氧化渣回收铋）。

铅泥自然氧化半年后磨细，用$3(NH_4)_2SO_4+Cl_2(g)+NaClO_3$氧化浸出，将Au、Cu、Bi、As转入溶液，浸出液活性炭吸附金，铁置换铜铋，二氧化硫沉淀砷；浸出渣浮选得到金银精矿送火法熔炼。

其他还有电氯化浸出、碱性甘油浸出等。

以上湿法处理工艺原则上基本一致，即：首先将铜铋锑砷等贱金属元素全都浸出，差异在于浸出条件和达到的工艺指标。一般来说，一步浸出使铜铋锑砷的浸出率达到98%以上并非难，如盐酸介质控制电位氯化、氯化铁或其他氧化剂的浸出均能达到目的。主要问题是：（1）金银分散可能达到2% ~5%或更高，且进入溶液的金银视介质的不同，其回收有难有易；（2）浸出液用通常的水解—中和、置换法回收锑铋铜含量较高，可达5% ~10%，增加了综合回收产品提纯的难度；（3）特别是高砷铅泥，浸出液中的砷以现有的处理方法均不理想，砷在最后沉淀之前已大量分散于水解中和或萃取所得的各种精矿中，造成二次污染。这些是处理高砷铅泥的关键。

浸出渣的处理视其所含金银的量而定：对于含金高的铅泥，如湘西金矿铅泥（Au 0.8%）、济源冶炼厂铅泥（Au 0.76% ~0.8%、Ag 7% ~12%），中原黄金冶炼厂铅泥（Au 0.6%、Ag 7%），宜直接湿法提金，再提银；但对银产量大且含金低的铅泥则可将富银渣熔炼成粗银，再电解产出纯银。

以上铅泥湿法处理的研究情况说明，低砷铅泥的实践问题大体已得到解决，对高砷铅泥尚未见实践例证，其原因大致如下：

（1）高砷铅泥湿法处理的工艺研究虽起步较早，但由于追求铜铋锑砷铅等所有杂质元素的完全浸出，因而浸出条件较苛刻，金银损失较大，直收率不高。

（2）对浸出液中砷的开路缺乏有效措施，通 SO_2 沉砷不可能彻底，石灰乳沉砷则是在工序的最后步骤，砷必然大量分散于锑、铋精矿中。

（3）高浓度（5 ~7N）盐酸介质，加温（80 ~90℃）浸出，设备的防腐蚀问题难以解决。

实践表明，低砷铅阳极泥综合利用湿法工艺已较成熟，生产设备条件已基本解决，环境影响小，技术经济指标合理，可结合实际在中小型企业推广选用。高砷铅阳极泥湿法处理工艺及设备尚需进一步研究完善，需经规模化生产性试验验证，为工业应用打下基础。大型冶炼厂铅阳极泥处理的技改方案如简单追求全湿法工艺则并不合理，应以湿法冶金为主，吸收传统工艺的熔炼、银电解等合理部分，充分利用原有厂房及设备，组成湿、火法联合工艺才是稳妥的选择。我国韶关冶炼厂建成的控电氯化浸出贱金属，碱转态脱铅，熔炼，银电解及银阳极泥提取金工艺是大型冶炼厂湿、火法联合流程处理铅阳极泥技改方案的成功实例。采用铅阳极泥混酸浸出 Sb、Bi、Cu，盐浸脱 Pb，熔炼及精炼提取 Au、Ag，溶液回收 Sb、Bi、Cu、Pb 的湿、火法联合工艺，经产业化应用，也取得了满意结果。综上所述，以湿法冶金为主的湿、火法联合工艺研究和产业化并重是今后铅阳极泥处理工艺的研究方向。

14.1.5 从铅阳极泥提取金工艺实践

粗铅电解精炼产出约占粗铅重量0.2% ~0.75%的铅阳极泥，铅阳极泥特点是含 Au 量较低（0.02% ~0.09%）、含银量高（8% ~24%）、含铅10% ~20%，尚含有一定量的 Cu、Sb、Bi、As，以及少量的 Te、Se 等，铂族金属的含量较少。铅阳极泥处理的传统方法是火法冶炼，即熔炼贵铅，然后电解精炼回收贵金属。其优点是对原料的适应性强、处理能力大，但生产周期较长、能耗较高，并存在砷、铅烟尘的环境污染问题。因此，国内外均在开发湿法冶金处理铅阳极泥的工艺流程，例如有 $FeCl_3$ 浸出法、HCl-NaCl 浸出法、液氯浸出法、氢氧化钠处理法等。较典型处理铅阳极泥的湿法冶金工艺流程如图 14.10 所示。

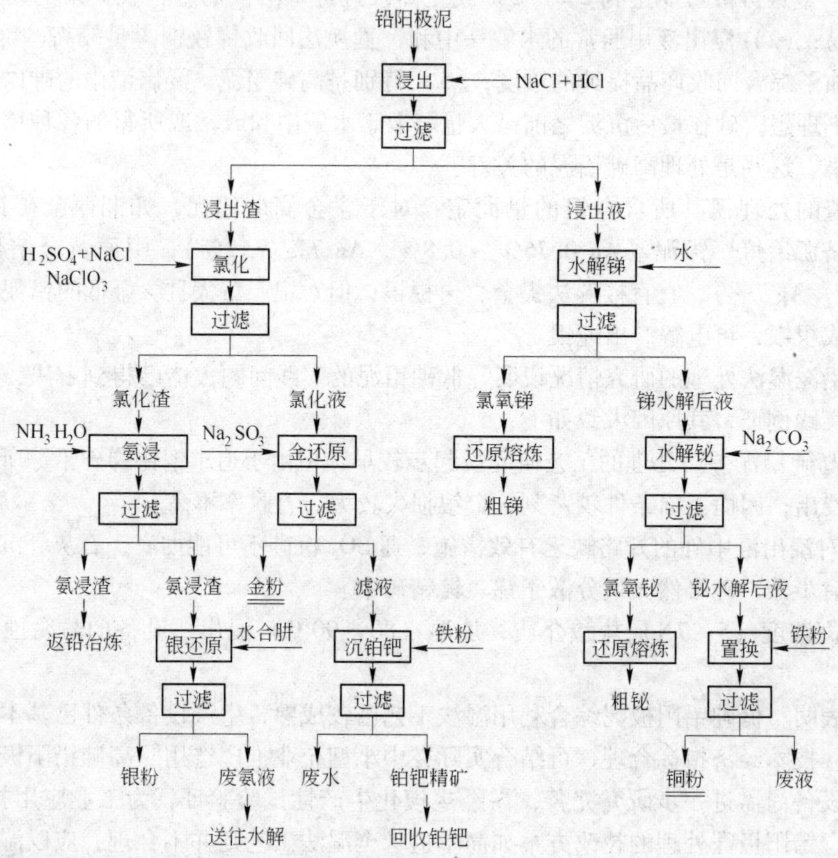

图 14.10 处理铅阳极泥的湿法冶金工艺流程

14.2 碳质劫金矿处理

随着富矿和易处理矿的日益减少和枯竭，复杂、难处理金矿石已逐渐成为主要的黄金生产资源。在我国已探明的黄金储量中，约有1/3属于难处理金矿资源，而含碳金矿在现行开采利用和已探明的金矿储量中占到20%以上，碳质金矿的处理工艺已受到广泛的关注与重视。

14.2.1 碳质劫金矿的资源

碳质金矿是指含有无定形碳、石墨、褐煤或高碳氢比有机物的一类金矿石。碳质金矿中的碳质物可分为固体（元素）碳、有机酸（如腐殖酸）和长键碳氢化合物，后两者合称为有机碳。其中，固体碳（特别是无定形碳）和有机酸（类似于腐殖酸）对金有“劫持”作用，而长键碳氢化合物本身并不与 $Au(CN)_2^-$ 发生反应，且大多存在于活性炭表面，因此，长键碳氢化合物对于“劫金”作用在一定程度上甚至起到反作用。由于碳质物对氰化溶解金有强烈的吸附作用，使得碳质金矿直接氰化过程中，金的提取率明显降低，即出现“劫金”现象。当矿石中碳质物含量较高或活性较高时，“劫金”现象将更为明显，甚至可使金的浸出率降至零。一般认为原生金矿中含有0.2%以上的有机碳化合物时，将会严重干扰金的氰化提取。除了碳质物之外，碳质金矿中的绿泥石、黄铜矿和层状硅酸盐（如层状硅酸盐矿物叶蜡石、高岭土、金云母和伊利石）均会产生一定的“劫金”作用。

产于黑色（或含碳）岩系和沉积岩系中的金矿是世界重要金矿类型之一。21 世纪初以来，黄金工业界就已认识到金矿中的碳质物对氰化浸出的有害影响。从金的提取冶炼角度，“碳质金矿”最初定义为“一种含有机碳的难浸矿石，矿石中的有机碳能和金氰配合物发生作用，因而不能用常规氰化法加以处理”。最有名的碳质金矿包括美国的卡林金矿和乌兹别克斯坦的穆龙陶金矿，加拿大、澳大利亚、新西兰及我国均发现了相当多的大型碳质金矿床。

国内外的研究认为，在微细粒金矿原生矿床的形成过程中，尤其以沉积岩为容矿岩石的金矿形成过程中，碳质具有重要作用。卡林金矿、我国四川的东北寨金矿及黔桂滇金三角的一些金矿床中都含较高的碳质和有机碳。我国几个微细浸梁型金矿床的矿石中碳质和有机碳的分析结果列于表 14.16。

表 14.16 我国主要微细浸梁型金矿床的矿石中碳质和有机碳

矿床名称	规 模	碳质/%	有机碳/%	金品位/$g \cdot t^{-1}$
东北寨	大	2.8～2.96	0.47～0.59	1.9～5.0
戈 塘	大	1.01～6.80	0.77～3.85	1.14～27.34
丫 他	中	0.25～1.10	0.22～0.85	2.03～23.79
板 其	中	0.05～1.10	0.006～0.86	1.78～86.44
烂泥沟	特大	0.06～1.13	—	3.78～10.70
紫木函	特大	0.26～1.75	0.08～0.54	3.35～8.89
金 牙	大	1.54～2.33	0.11～0.26	1.55～7.16
高 龙	大	0.17～3.87	—	1.99～12.93
明 山	中	0.15～1.47	0.11～0.45	1.04～12.14

14.2.2 碳质劫金矿的选矿预处理

碳质劫金矿石可分为中含碳质矿石和高含碳质矿石。两类矿石所需加工过程不同。中含碳质矿石含有少量的有机碳，总有机碳一般低于 1%。浸出中这些碳质能从溶液中吸附金。然而，这种吸附作用可在浸出中采用炭浆法同时回收金而使其降低，或是采用加入适合的碳氢化合物（如煤油）以钝化吸附表面。高含碳质矿石中含有机碳一般高于 1%，有机碳强烈吸附金而使浸出中金的回收率严重降低。这些矿石中的碳质组分必须用氯化法处理使其钝化，或是用焙烧方法使其破坏，从而促进在氰化浸出中金的提取。

氯化法预处理在金解离的最佳细磨粒度时采用。在氰化之前用氯及次氯酸盐或是让其自然分解，或使其破坏。焙烧常用于较粗的粒度，焙烧后通常要再细磨。两种方法预处理后的物粒进行氰化浸出。其处理流程方案如图 14.11 所示。

含碳质矿石用氯化法处理时，由于有消耗氯的硫化物存在而变得复杂，因而也增加了加工费用。为此：

（1）将包括硫化物在内的矿石用碳酸钠（苏打灰）浸出，后进行氯化氧化的双氧化过程，然后再氰化。

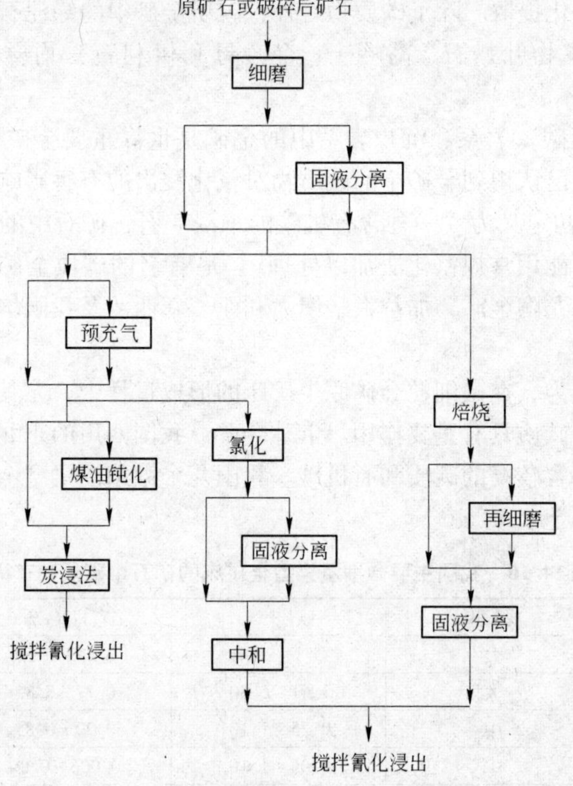

图 14.11 含碳质矿石处理流程方案

（2）焙烧和氰化。

14.2.3 碳质劫金矿冶炼工艺

经过多年来国内外矿冶工作者对碳质金矿提金工艺的研究，目前，人们已探索出多种碳质金矿石的处理方法，主要可划分为氰化法和非氰化法如图 14.12 所示。

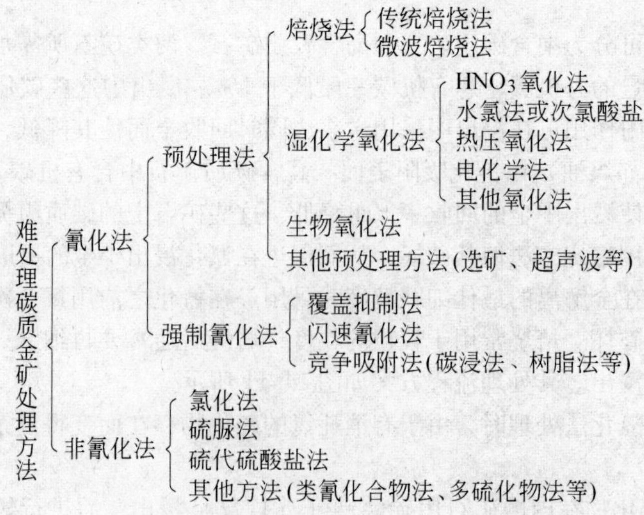

图 14.12 难处理碳质金矿提取金工艺方法

目前，氰化法研究较多的主要有焙烧氧化法、微波焙烧法、化学氧化法、生物氧化法和覆盖抑制法，传统氧化焙烧法、湿法化学氧化法和浮选法是处理碳质金矿石的三种基本方法；而非氰化法有应用的主要是碳氯法。

14.2.3.1 氰化法

A 焙烧法

a 传统焙烧法

传统焙烧法是目前预处理难处理金矿的最主要方法之一，焙烧可使碳质金矿石（或精矿）中的碳质物氧化或失去活性，同时破坏载金硫化物（主要是黄铁矿和砷黄铁矿）和石英对金的微细粒和显微状态的包裹，使金最大限度地暴露出来，有利于氰化浸出，同时也有利于微细粒金的团聚。焙烧法技术可靠、维护简单、适应性强，特别适用于既有硫化物包裹，又有碳质物“劫金”的难处理矿石。

王成功等研究发现，焙烧温度达600℃时，碳质物已基本被灰化（灰化率达90%），而黄铁矿也几乎完全被氧化成赤铁矿及针铁矿（氧化率92%），同时产生金团聚现象。在对碳质金矿石（Au含量为10.6×10^{-6}，C含量为1.18%，S含量为4.80%）进行焙烧—氰化试验时发现，对先在450℃、通入少量空气（氧气体积分数为5%～10%）的条件下焙烧1h，然后在650℃、通入充足空气的条件下焙烧2h后的焙砂进行直接堆浸提金是切实可行的，堆浸金的浸出率达84.8%。辽宁丹东某地含碳金矿石属于含砷少硫化物石英脉金矿石，矿石的多元素分析见表14.17，X射线衍射分析结果见表14.18。

表14.17 原矿多元素化学分析 （质量分数/%）

Cu	Pb	Zn	Fe	S	SiO_2	MgO	CaO	As	C	Au	Ag
0.008	0.002	0.017	1.66	4.8	80.45	0.75	4.5	0.37	1.18	10.6g/t	32.5g/t

表14.18 焙砂岩矿鉴定与X射线衍射分析结果

焙烧温度/℃	硫化物氧化情况	氧化率/%	碳灰化率/%	金的析出情况	备注
400	有部分黄铁矿残留，赤铁矿、磁铁矿清晰可见	70	65	未见金粒析出	岩矿鉴定是利用双目镜下对氧化焙烧样品粉末经团矿制片后进行测定的
500	尚有少量黄铁矿残留，赤铁矿、磁铁矿均可见	85	79	未见金粒析出	
600	以赤铁矿居多，较少见到黄铁矿颗粒，有的赤铁矿以黄铁矿假象出现	92	90	见到一粒金析出，粒度约为0.001mm	X射线衍射样品是用－0.18mm＋0.15mm的焙砂磨至－0.074mm制成样品的
700	以赤铁矿居多，较少见有残留的黄铁矿，针铁矿呈黄铁矿假象	98	97	见到两粒金析出，一粒金约为0.02mm，另一粒金约为0.001mm	X射线衍射分析表明：石英在500～1000℃下焙烧尚未发现相变，始终处在α相

续表 14.18

焙烧温度/℃	硫化物氧化情况	氧化率/%	碳灰化率/%	金的析出情况	备 注
800	多为赤铁矿、针铁矿，未见残留黄铁矿	100	100	见到两粒金析出，一粒金约为 0.12mm，另一粒金约为 0.04mm	焙烧是在高温箱式电阻炉中进行的，温度、时间及气氛均匀
900	主要为赤铁矿、针铁矿，未见残留黄铁矿	100	100	见到一粒金析出，粒度约为 0.04mm	
1000	主要为赤铁矿	100	100	见到一粒金析出，粒度约为 0.04mm	焙砂每隔 20min 翻动一次

注：1. 焙烧矿石的粒度为 -3mm。

2. 先在 450℃、少量通入空气条件下焙烧 1h，脱砷，然后通入充足空气，在不同温度的条件下焙烧 2h。

适宜的氧化焙烧条件为，先在 450℃通入少量空气条件下焙烧 1h 脱砷，然后在通入充足空气条件下，在 650 ~ 700℃的温度下焙烧 2h。

表 14.19 为焙砂直接堆浸综合条件试验结果，堆浸 7d 时金的浸出率达 84.6%。NaCN 的质量分数、焙砂粒度及喷淋强度是影响堆浸提金效果的主要因素，适宜的 NaCN 的质量分数为 0.10% ~0.15%，喷淋强度为 15.0L/(m^2·h)，焙砂的粒度小一些为好，但焙砂的粒度太细会使金的浸出速度降低，适宜的焙砂最大粒度为 3 ~ 5mm 为宜。

表 14.19 焙砂直接堆浸综合条件试验结果

堆浸时间/d	1	2	3	4	5	6	7	8	9	10
浸出率/%	32.3	46.6	57.3	68.4	76.7	82.4	84.6	84.7	84.8	84.6

碳质金矿石预氧化焙烧直接堆浸提金的原则工艺流程如图 14.13 所示。

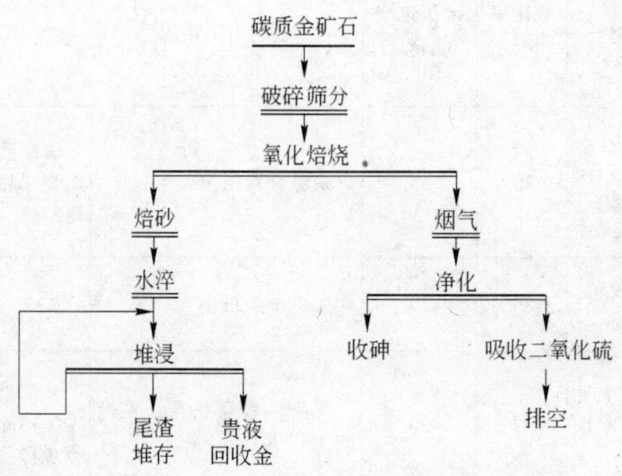

图 14.13 焙砂直接堆浸提金原则流程

刘升明对某碳质金矿矿石（Au 含量为 5.68×10^{-6}，碳质含量达到 12%）采用常规全泥氰化浸出工艺，金浸出率仅为 33.63%。而采用焙烧—氰化工艺时，金的浸出率为

92.61%。王婷等对镇沅某含砷锑碳质金矿石（Au 含量为 43.88×10^{-6}，C 含量为 4.08%，As 含量为 0.75%，Sb 含量为 1.53%）的提取研究表明，经焙烧后，金的氰化浸出率为 77.67%；加入助剂焙烧后，金的氰化浸出率为 82.31%；若在氰化反应体系中加入 2kg/t 增浸剂后，金的氰化浸出率为 87.63%～93.22%，金的氰化浸出速度得到提高。林仲华等在处理甘肃某碳质金矿（Au 含量为 6.08×10^{-6}，总 C 含量为 1.10%，有机 C 含量为 0.86%）时发现，对原矿直接进行氰化浸出时金的浸出率只有 21.22%，采用 600℃ 氧化焙烧—氰化工艺时，金的浸出率为 91.61%；采用选矿焙烧—氰化联合工艺时，可获得 86.35% 的金浸出率。

四川松潘东北寨金矿石的自然类型为黄铁矿化碎粒岩型金矿石和雄黄—黄铁矿化碎粒—角砾岩型金矿石。矿床的工业类型为卡林型金矿床。矿石化学组成见表 14.20。

表 14.20 东北寨金矿多元素分析结果

元素	Al_2O_3	As	Fe	MgO	S	SiO_2	C(有机)	Au	Ag
含量/%	10.3	1.52	3.63	1.85	2.68	50.54	0.5	5.15g/t	3.47g/t

采用阶段磨矿、载体浮选的流程结构，以丁黄药与丁铵黑药（$W=3:1$）为捕收剂加强对含金矿物的回收，浮选流程及药剂制度如图 14.14 所示。按图 14.14 流程结构及药剂

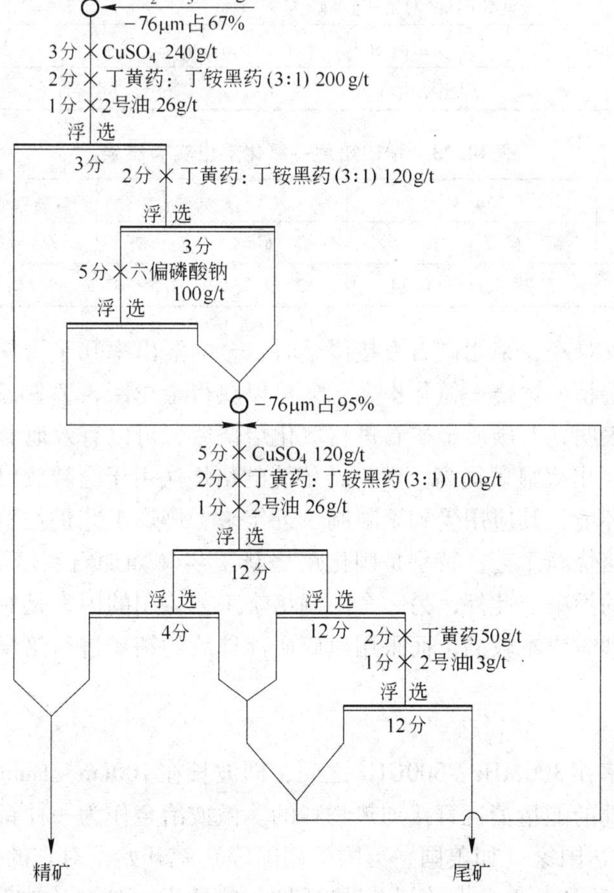

图 14.14 浮选工艺流程

制度进行实验室闭路试验，获得金品位18.02g/t，金回收率91.52%、产率26.10%的最终精矿。

浮选精矿化学分析结果列于表14.21中。

表14.21 浮选精矿化学分析结果

元素	S	As	Sb	Fe	Al_2O_3	SiO_2	CaO	MgO	C(有机)	Au
含量/%	8.89	5.28	0.185	8.77	12.6	39.19	2.01	1.44	2.71	18.02g/t

对浮选精矿采用两段焙烧法，焙烧及氰化浸出条件列于表14.22中，实验结果列于表14.23中。经两段焙烧后金的浸出率达93.23%。

表14.22 精矿焙烧—氰化浸出条件

焙 烧	温度/℃	500（一段），700（二段）
	时间/h	1（一段），3（二段）
氰化（RIL）	焙砂粒度（$-44\mu m$产率）/%	100
	液固比（L/S）	3
	添加剂用量（对原矿）/$kg \cdot t^{-1}$	4.7
	pH值	12
	NaCN用量（对精矿）/$kg \cdot t^{-1}$	1.5
	浸出时间/h	8
	树脂浓度/$g \cdot L^{-1}$	10

表14.23 精矿焙烧—氰化浸出实验结果

S/%		As/%		Au/$g \cdot t^{-1}$		脱硫率/%	脱砷率/%	浸金率/%
精 矿	焙 砂	精 矿	焙 砂	焙 砂	浸 渣			
8.89	1.09	5.28	0.74	22.9	1.55	87.74	86	92.23

东北寨金矿极其难浸，采用矿石直接浸金时，金的浸出率几乎为零，在提金前必须进行预处理。采用浮选精矿焙烧—氰化提金工艺可以获得金总回收率85.32%的良好指标。

大量试验研究表明，对碳质金矿石进行氧化焙烧后，可以有效地消除其中碳质的“劫金”效应，使金的浸出率显著提高。然而，传统的焙烧法由于会释放出大量含硫、砷和锑等有害气体，污染环境，其应用受到了限制。近年来，焙烧工艺仍在不断发展，已研发出的富氧焙烧和固化焙烧新工艺，特别是固化焙烧新工艺（如加石灰焙烧工艺），基本消除了有害气体对环境的污染。此外，另一个限制焙烧工艺应用的因素是对不能实现自热焙烧的矿石进行焙烧处理时成本较高，而采用对碎矿浮选后的精矿进行焙烧的方法，可达到降低生产成本的目的。

b 微波焙烧法

微波是一种频率在300MHz～300GHz之间，即波长在100cm～1mm之间的电磁波，是通过微波在物料内部的能量消耗直接加热物料的。微波冶金作为一种新的冶金技术，自20世纪70年代一些发达国家（如美国、英国、德国等）就开始了对它的研究。Wong和Tingle按加热速度将单质和化合物划分为超热活性、热活性、加热困难和热惰性4种类型；

1967年，Ford和Pei采用微波（2450MHz，800W）对碳及17种氧化物和硫化物进行微波辐射，发现C（碳）属于超热活性，加热速度为100℃/s，最高温度可达到1000℃。美国矿山局曾对一些矿物和试剂级无机化合物进行微波加热试验，结果表明，采用微波频率为2450MHz，C（碳）加热1min即可升温至1283℃。Wong和Tingle的实验和美国矿山局的报道均证明了采用微波技术可在短时间内将C（碳）加热，使活性炭钝化或被氧化。目前，微波处理碳质金矿法即是运用该原理。加拿大EMR公司曾开展了微波处理碳质金矿的试验性示范研究，结果表明，处理每吨矿石的能耗为15kW·h，金的回收率超过95%。

Nanthakumar等人对Barrick's Goldstrike ore低品位难浸金矿（其中，Au含量为1.52×10^{-6}，C含量为5.95%，S含量为1.56%，Fe含量为1.89%）的微波预处理进行了研究。其结果表明，在功率为700W的条件下，经微波预处理的矿样中总碳可以降低60%以上，硫则基本被氧化为硫的氧化物。在随后的氰化物浸出试验中，金的回收率可达到95%以上，这与在580℃条件下焙烧后采用常规氰化物浸出26h的回收率相当。

谷晋川等人对难浸金矿的微波预处理进行了研究，试验所用物料A的Au含量为29.60×10^{-6}，S含量为20.69%，C含量为2.87%，As含量为1.12%。研究结果表明，微波预处理12min后氰化金浸出率（86.50%）比未经预处理直接进行氰化的浸出率提高了46%，与750℃焙烧4h后的氰化率（86.63%）相当。试验所用物料A（-74μm占88%）为含砷、含硫、含碳的难选冶金矿。该金矿含有黄铁矿、斜方砷铁矿、毒砂、石墨及非晶质碳等影响金浸出的矿物，且金的嵌布粒度微细，含有23%的包裹金。除Fe、SiO_2和Al_2O_3外，物料A所含影响浸金的主要成分见表14.24。

表14.24 试料A影响浸出金主要成分

成 分	S	C	As	Cu	Au
含量/%	20.69	2.87	1.12	0.05	29.6g/t

100g矿样A在不同的条件进行微波预处理，处理后矿样氰化浸出结果见表14.25。

表14.25 矿样A预处理-氰化浸出试验结果

编 号	试 验 条 件	微波功率/kW	处理时间/min	温度/℃	金浸出率/%
A-1	未预处理	0	0	—	40.69
A-2	常规焙烧（750℃）	0	240	750	86.63
A-3	直接微波预处理	5	12	550	86.5
A-4	加NaOH微波预处理	2	10	700	89.19
A-5	加$NaClO_2$，NaOH溶液微波预处理	1	15	95	68.63

魏明安等人对江西某难浸金矿的试验研究结果表明，采用微波预处理后，在液固比为2.5、pH值为11、NaCN用量5kg/t和室温的浸出条件下氰化4h，金的浸出率可达到90%左右。

由于焙烧过程中硫和砷容易形成SO_2和As_2O_3有害气体，因此科研人员借鉴氧化焙烧中的固化焙烧法，在微波预处理过程中加入添加剂，使硫和砷始终存于固相中，达到减少污染的目的。柯家骏等人对含砷碳质金矿进行微波处理的研究中，对该金精矿（Au含量10.6×10^{-6}，C含量1.18%，S含量4.80%）添加NaOH溶液和适量的氧化剂后经微波处理，再进行常规氰化，结果发现加入添加剂的实验中微波处理5min后金浸出率为85.5%，而未加添加剂的实验中微波处理20min后金浸出率只有77.3%。谷晋川等人对难浸金矿微波预处理进行了研究。试验所用物料B（Au含量48.69×10^{-6}，S含量38.58%，C含量1.39%，As含量0.062%），研究结果表明，添加15% $NaNO_3$ + 10% Na_2CO_3 溶液经微波预处理15min后氰化金浸出率为97.86%，添加4% $KMnO_4$ + 4% H_2O_2 溶液经微波预处理15min后氰化金浸出率为96.69%，而直接氰化金浸出率只有69.03%。

微波焙烧是对常规焙烧法的改进，它具有处理成本低、加热速度快、处理时间短、热效率高、加热均匀和无污染等优点，是一种环保、节能的新工艺，具有广阔的发展和应用前景。

B 湿法化学氧化法

湿法化学氧化法是通过添加氧化剂对金矿进行氧化预处理，所添加的氧化剂有Cl_2、NaClO、$NaClO_3$、O_3、H_2O_2、$KMnO_4$、MnO_2和HNO_3等。在碳质金矿的各种湿法化学氧化处理方法中，氯化氧化法能有效地抑制碳质物对金的吸附作用；氧化还原法（Nitrox和Arseno）能较为有效地消除碳质物对金吸附的影响；加压氧化法只能部分消除碳质物的有害影响。这些方法除了水溶液氯化法已实现实际应用之外，其他方法因存在一些与环保或经济效益有关的问题，目前尚处于研究阶段。

a 水溶液氯化法

水氯化法或次氯酸盐氧化法是碳质难处理金矿石氧化预处理的有效方法。其原理是，将Cl_2或次氯酸盐加入矿浆中，由于HClO或次氯酸盐（由Cl_2水或碱反应生成）具有强的氧化能力，能氧化或钝化活性碳质物，消除其对金的吸附作用，同时次氯酸盐还能够氧化硫化矿，使包裹金裸露，有利于下一步的氰化提金。

20世纪70年代初，水氯化法首先运用于预处理卡林型碳质金矿。经Cl_2处理后，金的氰化浸出率达83%～90%。对某卡林型碳质金矿石进行的半工业试验表明，次氯酸盐和Cl_2都可以使碳质矿石氧化，并使氰化过程中金的浸出率较高。Guay等人采用“双重氧化法”处理含碳黄铁矿金矿石。矿浆先用空气在80～86℃条件下进行氧化，然后再用Cl_2氧化，从而使黄铁矿和碳质物分别氧化。金矿石经双重氧化后金的氰化浸出率提高至85%以上。1986年，Newmont黄金公司研究出了“闪速氯化法”，用于处理难浸含硫化物金矿和碳质金矿。该工艺改进了Cl_2的喷入和混合装置，在较短时间内（15～30min）使Cl_2快速融入矿浆，延长了反应生成的HClO与矿浆反应的时间，从而提高了氧化效率和Cl_2的利用率（大于90%）。方兆珩对贵州某碳质金矿进行直接氯化提金研究发现，采用全泥浸出，矿石中金的直接氰化浸取率仅为16%左右，而碳质金矿矿石经氧化预处理之后，金的氰化浸取率可达90%左右。次氯酸盐氯化法更适于含较高碳酸盐矿物的碳质金矿，因为浸取在弱碱性介质中进行。贵州某矿产于沉积碳酸盐岩—泥岩系断裂含金蚀变带中，基岩主要为泥质灰岩和泥灰岩。金的平均品位5.06g/t。该金矿属超细微型，金的粒度小于0.01μm，矿石中含碳质0.1%～0.7%。试验用矿石样的多元素分析列于表14.26。

表14.26 矿石的多元素分析

元素	CaO	MgO	SiO_2	FeO	CO_2	C_T①	S	As	Au/g·t^{-1}
含量/%	34.93	1.76	19.74	4.67	29.65	0.56	1.16	0.22	4.01

①碳质总量，指碳酸盐外的其他类型的碳，包括各种元素碳和有机碳的总和。

在3%有效氯的次氯酸钠溶液中，在常温下进行4h的一段浸取后，分别试验了不同方法的二段浸出，包括一段浸渣的再磨及活性炭或离子交换树脂的矿浆浸出，试验结果列于表14.27。次氯酸盐水溶液常温常压下直接浸取细微粒碳质难处理金矿，一段浸取时，溶液中初始有效氯浓度3%以上，金的浸取率为80%；进行二段浸出可使金的浸出率达到85%～88%。

表14.27 次氯酸钠溶液浸渣的二段浸取结果

第二段浸取方法	S/%	$Au/g \cdot t^{-1}$	氧化率/%	浸取率/%
预处理—过滤—氰化	0.238	0.33	77.0	91.8
A	0.126	0.82	88.0	79.5
B	0.234	0.78	77.6	81.0
C	0.033	0.60	96.9	85.0
D	0.077	0.80	92.7	80.0
E	0.182	0.48	82.7	88.0

次氯酸盐氧化法是另一种水溶液氯化法，由于反应是在中性或弱碱性条件下进行，因而更适用于含较高碳酸盐矿物碳质金矿的处理。方兆珩曾对贵州某含碳原生金矿采用次氯酸盐进行氧化预处理，对处理后的矿浆进行氰化浸出，金的浸出率达到87%～91%。

b 其他湿法氧化法

矿浆电化学氧化法是利用电解氯化物生成次氯酸盐进而氧化碳质金矿的一种预处理方法。金矿石经电化学氧化处理后的氰化浸出率可达80%～86%。但由于电解时生成的HClO浓度太低，因此对碳质金矿的氧化过程时间较长。$FeCl_3$氯化法是利用氯的强配合能力和Fe^{3+}的强氧化性对矿物进行预处理的方法，该方法更适用于高硫碳质金矿或含铜难处理金矿。张德海在对东北寨难浸金矿（Au含量为5.15×10^{-6}，S含量为2.68%，有机C含量为0.5%）进行提金研究时发现，采用硝酸预处理—氰化工艺可获得95.80%的金浸出率。热压氧化还原法也可以有效消除碳质物对氰化浸金的影响。如利用硝酸在高温下的强氧化能力可将碳质物氧化或钝化，从而提高金的氰化浸出率。国外中试试验结果表明，采用氧化还原法处理含C 3.2%的金精矿，控制条件为180～200℃、氧分压0.35～0.70MPa时，金的氰化率高达96%～99%。

C 生物氧化法

Brierley和Kulpa曾经报道，很多来自假单胞菌家族的异养细菌在自然界中与金矿石共生，它们可以使含碳化合物上的活性质点去活性，提高氰化过程中金的浸出率。Portier等人也曾用其他异养细菌和一些真菌来分解含碳基质，达到提高金的回收率的目的。

Amankwah等人选用组合细菌对双重难处理金矿进行了预处理研究。该研究选用硫氧化硫杆菌、氧化亚铁微螺菌和多毛链霉菌三种细菌来处理双重难处理金矿，但由于多毛链霉菌是嗜中性的，而另外两种细菌是嗜酸性的，因此不能进行一段氧化。Amankwah等人选择两段细菌预处理，第一段用矿质化能营养细菌（硫氧化硫杆菌和氧化亚铁微螺菌）氧化和破坏硫化物；第二段用多毛链霉菌分解含碳基质。试验发现，降低矿浆浓度和提高矿浆温度有利于去除碳基质。在23℃条件下，当矿浆浓度为20%时，经细菌处理14d后，碳基质去除率为59.4%，当矿浆浓度为5%时，接触14d后，碳的去除率为80%；温度提高到45℃时，碳基质去除率分别提升至76%和85%。同时，由于该试验采用分批体系，研究者作出预测，在连续体系中，停留时间可能要缩短，碳的去除率可能提高。对经两段细菌预处理后的金矿进行氰化提金发现，金的浸出率由直接氰化的13.6%提高到94.7%。另外，美国纽蒙特黄金公司报道已培养出组合细菌，可将有机碳的“劫金率”从68%降至5%。金矿的生物预处理如图14.15所示。

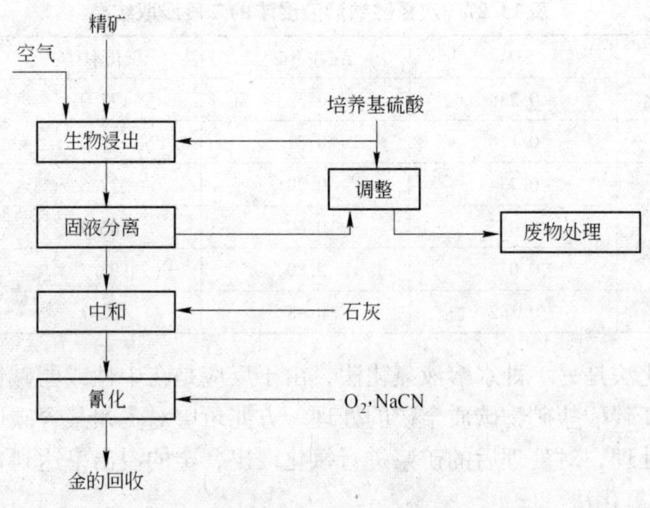

图14.15 金矿的生物预处理

生物氧化法的优点在于对环境友好，不会产生 SO_2 和 As_2O_3 等有害气体，且成本较低、安全洁净、操作简便；缺点是氧化速度较慢，对矿浆浓度、酸碱度和温度等条件要求较为苛刻。

D 覆盖抑制法

金矿浮选过程中，煤油经常作为碳质矿物的主要捕收剂，这是因为煤油与碳质有较强的亲和力，能够将碳质包裹并浮出。1979年，加拿大的一项专利首次将煤油加入到石墨型碳质金矿的磨矿循环水中，并由此提高了后续氰化金的浸出率。其后，文献相继报道了对硝基偶氨水相酸、多羟基芳烃衍生物等数十种有机物和无机物对碳质物吸金能力的抑制作用，但是其提高金浸出率的效果均未超过煤油，部分化合物反而使金的浸出率降低。但煤油有一个缺陷导致其不能被广泛应用，即当其用量较少时，浸出率提高幅度不大；其用量较多时，又会导致活性炭“中毒”，使吸金能力明显减弱。多年来，矿冶研究人员一直在寻求一种能有效抑制碳质金矿“劫金”行为的抑制剂（见表14.28）。

表14.28 碳质金矿浸出结果对比

矿名	矿　型	矿样	Au/%	有机碳/%	常规氰化 Au 浸出率/%	加 WGY 氰化 Au 浸出率/%
戈塘	硅碳角砾岩	原矿	5.79×10^{-4}	1.20	57.20	87.30
老柞山	少硫硅卡林型	原矿	3.37×10^{-4}	2.47（总C）	72.10	94.70
七星河	少硫硅卡林型	原矿	4.66×10^{-4}	4.28（总C）	74.60	95.20
四平	石墨黄铁矿	精矿	13.80×10^{-4}	10.00	70.00	96.10
吉山	—	原矿	4.43×10^{-4}	—	71.10	93.50

续表 14.28

矿名	矿 型	矿样	Au/%	有机碳/%	常规氰化 Au 浸出率/%	加 WGY 氰化 Au 浸出率/%
龙水	石墨黄铁矿	精矿	33.60×10^{-4}	8.22	82.80	90.10
长坑	—	原矿	10.00×10^{-4}	—	71.30	84.70
马鞍桥	石墨片岩	原矿	4.77×10^{-4}	6.50	84.50	95.50
拉尔玛	碳质片岩	原矿	1.94×10^{-4}	—	31.80	53.50
丹寨	毒砂黄铁矿	原矿	2.85×10^{-4}	1.41	1.28	20.70
东北寨	雄黄黄铁矿	原矿	3.45×10^{-4}	2.04	0.00	19.40

Pyke 等人选用了 16 种试剂进行钝化实验，选用活性炭作为强劫金碳质物与含各种表面活性剂（钝化剂）的亚金氰酸盐溶液进行接触，用于判断各种钝化剂的钝化效果。在 100mg/L 钝化剂和 0.75g/L 活性炭条件下，试验所选用的钝化剂多数能起到一定的效果，其中，NP10、空气溶胶、十二烷基硫酸钠、石油磺酸钠、Sacresote 和 NP10/煤油钝化效果较好。增大钝化剂用量至 500mg/L，NP10、十二烷基硫酸钠和石油磺酸钠均能抑制 70% ~80% 的金吸附，而 NP10/煤油乳化剂则能抑制 80% ~100% 的金吸附。当选用劫金强的页岩矿石代替活性炭进行试验时发现，NP10、十二烷基硫酸钠和石油磺酸钠能达到 50% ~80% 的抑制金吸附效果，其中，十二烷基硫酸钠的抑制效果最好，达 77.5%。

王槐三等人选用萘衍生物、苯衍生物取代甲、乙烷、表面活性剂和碱性氢氧化物自行研制了复合高效抑制剂（WGY），并用该复合高效抑制剂对十余个不同类型的碳质金矿矿样进行抑制吸金作用研究。研究结果表明，复合高效抑制剂能在极短的时间内使碳质物的吸金能力基本丧失，同时还能够将已被碳质物吸附的金置换出来，效力大大高于煤油，同时用量很少；采用高效抑制剂技术以后多数矿样的浸出率都可提高 6% ~25%，适用于包裹金含量不高的各种碳质金矿的处理。

14.2.3.2 非氰化法

A 碳氯浸出法

碳氯法实质是将浸出工序与碳吸附工序合在一起同时进行的一种提金方法，这与氰化提金中的碳浆法或碳浸法相似。该体系中的氯源具有两个作用：氧化作用（可加入其他合适的氧化剂）和配合浸金作用。由于氯气有可能将加入的活性炭氧化或钝化，因此，尽管碳氯浸过程有几种形式，但先氯化后加入活性炭并持续进行氯化更为合适。因为这样一方面能保证矿石中的原生有机碳钝化却不会使大量的活性炭失活；另一方面能使金不断浸出并吸附到活性炭上，从而实现碳质物和硫化物的氧化、金的浸出与回收同时进行。而当无活性炭时，随着 ClO^- 浓度的下降，矿石中的有机碳会重新活化，金会重新被吸附到碳质物上，因此，碳氯法所需 $NaClO_3$ 的浓度（量）要高于水溶液氯化法，一般是水溶液氯化法 NaClO 用量的 2 倍。对两种碳质矿进行碳氯浸时，金在炭上的回收率分别为 90% 和 92%，而常规氰化的金浸出率仅分别为 5.5% 和 46%。

吴敏杰等人对载金炭进行电镜分析发现，在碳氯浸出的条件下，金被还原成单质金吸附到炭上，从而预测解吸可能比标准 Zadra 法要困难一些。另外，由于在碳氯浸过程中，活性炭的活性虽未完全丧失，但会受到一定程度的影响，使得活性炭吸附金的作用会降低。

B 硫脲法

与氰化法不同，硫脲法是在酸性（一般控制 pH 值小于 1.5）介质中通过加入氧化剂（多用 Fe^{3+}），使硫脲与金配合成配离子进入溶液从而达到溶解金的目的。其反应式可表示为：

$$Au + 2CS(NH_2)_2 \xrightarrow{Fe^{3+}} Au[CS(NH_2)_2]_2 + e^-$$

近年来，我国也进行了许多硫脲法提金方面的试验研究。对某矿的含金碳泥质氧化矿采用硫脲法提金，工艺如下：经浮选产出的金精矿于 650℃焙烧后细磨，再加硫酸调浆控制矿浆 pH 值在 1.5～2.0 之间，在 6 台串联的 ϕ1.2m×1.2m 搅拌槽中加硫脲浸出；在用硫脲浸出的同时，使用铁板回收金，每立方矿浆中插入 3m^2 左右的铁板置换回收已溶解的金；吸附金泥的铁板每 2h 左右用机械提出 1 次，经自动洗刮金泥后再插入矿浆中继续吸附金；洗刮下的金泥经过滤后用火法焙铸成含碳质金锭。该实验中，金浸出率为 95.57%，置换回收率为 98.99%，总回收率为 98.82%。其中，硫脲与 H_2SO_4 消耗量分别为 1.5～2.0kg/t 和 70kg/t，处理这种矿石时该方法比氰化法的成本更低。

硫脲法浸金与氰化法相比具有毒性小、选择性好和溶金速度快等优点。但该方法也存在硫脲不稳定、药剂用量大、成本高而且不适宜处理含碱性脉石较多的矿石等缺点，因此硫脲法在近期内还很难替代氰化法。

C 硫代硫酸盐法

硫代硫酸盐提金法是研究比较多、有希望工业应用的另一种非氰化提金方法。硫代硫酸盐提金法与硫脲法不同，提金溶液介质为氨性溶液，适合处理碱性组分多的金矿，尤其适用于含有对氰化敏感的金属铜、锰和砷的金矿或金精矿。硫代硫酸盐浸出法具有速度快、选择性高、试剂无毒、价格低和对设备无腐蚀性等优点。

对美国内华达 Freeport-McMoran Jerrit Canyon 金矿的碳质金矿石（Au 含量为 12.2×10^{-6}，有机碳含量为 2.5%）在高压釜中采用硫代硫酸盐浸金的实验研究发现，在最佳浸出条件下，即 O_2 分压 103kPa，$T = 35$℃，pH 值为 10.5，$[NH_3] = 3.0$mol/L，$[S_2O_3^{2-}] = 0.18$mol/L，$[SO_3^{2-}] = 0.01$mol/L，$t = 1$h，金的浸出率为 68.9%。实验证明，高压釜中硫代硫酸盐法可以在短时间内把金从碳质金矿中浸出。除此之外，还有石硫合剂法、溴化法及类氰化合物法等非氰化提金方法。

14.2.3.3 小结

碳质金矿石中往往含有活性碳质物和有机酸，其对金具有强烈的吸附作用，会严重干扰氰化提金，导致金的浸出率不高，因此必须进行消除。从技术上划分，消除活性碳质物和有机酸的方法主要有两种：一是消除或分解矿石中的碳质物；二是使碳质物失去吸金活性（钝化）。具体的工艺方法有焙烧法（包括传统氧化焙烧和微波焙烧）、化学氧化法、生物氧化法、浮选法和覆盖抑制法等。目前，传统氧化焙烧法、湿法化学氧化法和浮选法是处理碳质金矿石的三种基本方法，这三种预处理方法各有优缺点。微波焙烧法是近年来发展起来的一种新的冶金技术，具有加热选择性好、加热速度快且均匀、热效率高及便于自动化控制等优点。另外，由于碳属于超热活性物质，它能够很好地吸收微波进行加热，因而可以在很短的时间内被加热氧化。因此，微波辐射技术有望成为一种新的碳质金矿石预处理方法。生物氧化法还处于研究阶段，对于消除碳吸附作用的原理尚不清楚，但生物

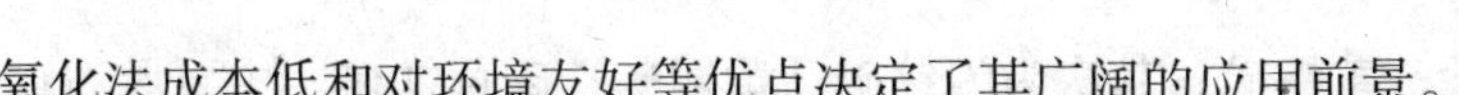

氧化法成本低和对环境友好等优点决定了其广阔的应用前景。

由于氰化提金存在巨大安全隐患，非氰提金工艺越来越受重视。目前研究较多的非氰浸金剂有硫脲、硫代硫酸盐、次氯酸盐、溴和碘等，尽管硫脲法和硫代硫酸盐法提金具有无毒、选择性好和溶金速度快等优点，但由于试剂用量大、生产成本高制约了这两种方法的工业推广应用；卤化法的选择性相对较差。找到一种高效、环保的非氰提金试剂将是广大矿冶研究人员今后的探索课题。

14.2.4 含碳质矿石处理工艺实践

含碳金矿石虽较少见，但金矿石中的碳常可吸附氰化液中的金，致使氰化渣中金的含量提高，降低金的氰化浸出率，增加金、银在氰化尾矿中的损失。处理含碳金矿石时，应首先测定矿石中的碳对金的吸附性能。金被碳吸附的量取决于矿石中碳的含量、碳对金的吸附能力、磨矿细度及氰化浸出时间等。磨矿细度愈高、碳的粒度愈细，其表面吸附活性愈高。氰化浸出时间愈长，碳吸附金的时间也愈长，金的吸附量愈大。

含碳金矿石可采用重选和浮选的方法处理。在浮选和氰化前可用溜槽、跳汰机和摇床等重选设备回收单体游离金，重选精矿可用混汞法就地产金。

浮选法主要用于处理可直接废弃尾矿的含碳金矿石。矿石中的含碳物质用起泡剂即可浮起，有时加入水玻璃、三聚磷酸钠等脉石抑制剂。碳物质精矿含金，可直接氰化提金或将其氧化焙烧后进行焙砂氰化提金，焙砂中的碳含量应小于0.1%。有时也可将浮选的含金碳物质精矿直接送冶炼厂处理。浮碳后的尾矿用黄药类捕收剂回收金及含金硫化物。含金硫化物精矿，据矿物组成，再磨后直接氰化或氧化焙烧后焙砂再磨氰化提金。

含碳金矿石直接氰化时，可先用掩遮剂降低碳的吸附能力，可用茜黄素P（用量为1kg/t，与物料搅拌2h）、甲酚酸（用量为0.67kg/t搅拌25min）及煤油、重油、石油、松节油（用量1~2kg/t，加入磨机中）等作掩遮剂，它们可选择性吸附于碳质颗粒表面形成疏水膜，不仅可以降低碳对金的吸附能力，而且碳物质常漂浮于搅拌槽或浓缩机的浆面上并随溢流排出。含碳金矿石直接氰化时常采用较高的氰化钠浓度，采用两段或三段氰化浸出工艺。若氰化尾矿中碳吸附金的量较高时，可用贫液、新的氰化物溶液、硫化钠溶液（浓度为0.2%~0.15%），碱液、热氰化液和浓氰化液进行洗涤，以提高金的氰化浸出率。

含碳金—砷硫化物矿石可用混合浮选或优先浮选的方法处理。混合浮选时，采用硫酸铜、丁基黄药和2号油等药剂获得含碳金—砷精矿。优先浮选时，先用起泡剂选出含碳金精矿，然后采用硫酸铜、丁基黄药和2号油选出金—砷精矿，再将此两种精矿合并为含碳金—砷精矿。处理含碳金—砷精矿常用焙烧—氰化工艺就地产金。含碳金—砷精矿的氧化焙烧一般分两段进行，在温度为500~600℃和空气给入量不足的条件下进行第一段焙烧，将焙砂中的砷含量降至1%以下。然后在温度为650~700℃和空气过量系数大的条件下进行第二段焙烧，以将碳、硫除净。为了将碳烧净，不仅须给入过量的空气和相当高的温度，而且还需较长的焙烧时间。进行沸腾焙烧时，焙烧过程较迅速，碳、硫的脱除率高。为了实现自热焙烧，精矿中的硫含量应达22%~24%。

14.2.4.1 加纳阿里斯顿—高尔德—马英兹选矿厂含碳金矿石处理流程

加纳阿里斯顿—高尔德—马英兹选金厂处理含碳金矿石，处理能力为1200t/d，矿石中的主要金属矿物为金、毒砂、黄铁矿；其次为闪锌矿、黄铜矿、磁黄铁矿。主要脉石矿物为石英，其次为方解石、铁白云石、金红石以及碳质页岩或碳质千枚岩。原矿含金9～11g/t，含碳1%。一部分金呈游离状态被包在石英中，其余部分金则与黄铁矿和毒砂共生。该厂的生产工艺流程如图14.16所示。采用重选—浮选—浮选精矿焙烧—焙砂氰化的

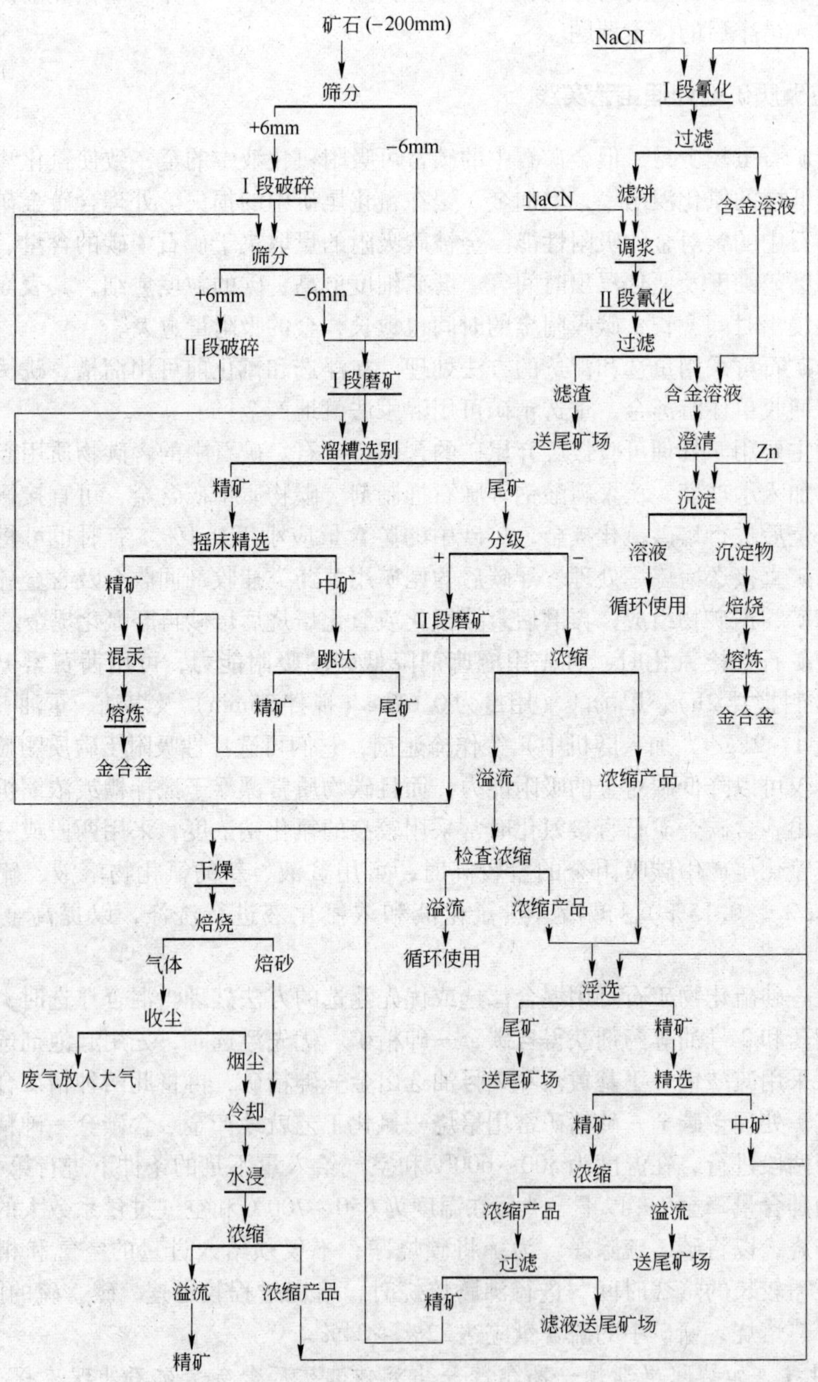

图14.16 加纳阿里斯顿—高尔德—马英兹选金厂生产工艺流程

联合流程就地产金。原矿经两段破碎至 -6mm，然后进行两段磨矿。第一段磨矿磨至55% -0. 074mm，第三段磨矿磨至 65% -0. 074mm，在磨矿-分级循环中用溜槽、摇床和跳汰机回收游离金，金的回收率可达60%。重选尾矿进行浮选、浮选精矿送焙烧。焙砂氰化就地产金，浮选、焙烧和氰化过程金的收率为 30%。浮选精矿含金 85g/t，还含大量的硫化物及碳质物质。浮选精矿经浓缩、过滤、干燥后，用艾德瓦尔德斯双动焙烧炉进行氧化焙烧，排料端温度为 800℃。焙砂经圆筒冷却机冷却、并用水进行冲洗。浓缩后的焙砂用搅拌浸出槽进行第一段氰化浸出，氰化钠浓度为 0. 08%，浸出时间为 24h。第一段氰化矿浆用过滤机过滤，贵液送沉金作业，滤饼经制浆后送去进行第二段氰化，第二段氰化的浸出时间为 72h。两段氰化浸出所得贵液经澄清后送锌粉置换沉金，氰化尾矿送尾矿场。该厂金总回收率为 90%，两段氰化尾矿平均含金约 1g/t，浮选尾矿含金为 0. 7 ~0. 8g/t。

14. 2. 4. 2 加拿大安大略省玛克因尔矿含碳金矿石处理工艺

加拿大安大略省玛克因尔矿含碳金矿，矿石中主要金属矿物为琥珀金、黄铁矿，其次为金红石、闪锌矿、黄铜矿、磁黄铁矿、针铁矿、钛铁矿、赤铁矿、磁铁矿及铜蓝等。脉石矿物主要为石英，其次为云母、绿泥石、黑石墨矿物、方解石、白云母及长石等。金在矿石中呈琥珀金形态存在，琥珀金为金银合金，其金银比为 3∶1。原矿含金 14. 6g/t、含银 4. 7g/t、85% 的琥珀金为黄铁矿包体金，其余 1% 的金被包裹于脉石矿物中。琥珀金粒度一般 0. 001 ~0. 06mm，其中小于 0. 02mm 的金占 30%。原矿含碳 3%，其中呈石墨和其他有机碳为 1%，呈方解石和白云石等碳酸盐者为 2%；大部分石墨呈细粒被包在脉石矿物中。黄铁矿多半为游离状态，并在矿石中与琥珀金致密共生。为实现就地产金，该矿曾进行多次工艺试验方案比较，推荐的工艺流程如图 14. 17 所示。原矿磨至 100%

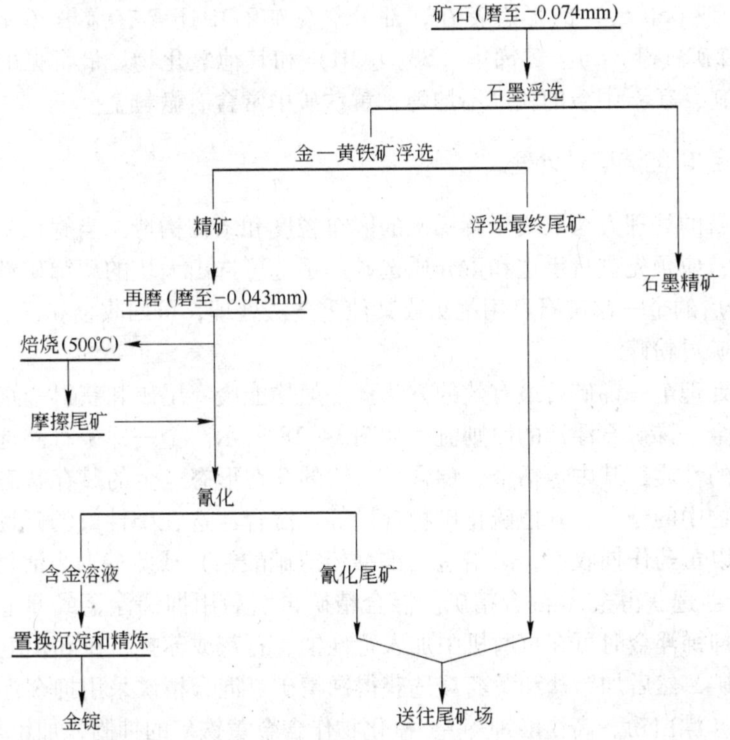

图 14. 17 加拿大玛克因尔矿山含碳金矿石的试验流程

-0.074mm，在 pH 值为 8.1 条件下加入起泡剂 MIBC（用量为 22.68g/t）优先浮选石墨，石墨精矿产率为 3%，石墨脱除率可达 45%~50%；石墨精矿含金 6.6g/t，金在石墨精矿中的损失率为 1.4%。石墨浮选尾矿加入戊基钾黄药作捕收剂（用量为 272g/t）进行金—黄铁矿浮选。金—黄铁矿精矿产率为 16.2%，含金料 84.9g/t，金的回收率为 94.1%。浮选尾矿含金 0.8g/t，尾矿中金的损失率为 4.5%，金—黄铁矿精矿再磨至 100% -0.043mm，在氰化钠用量为 0.68kg/t，氧化钙用量为 0.453kg/t 的条件下氰化浸出 48h，金浸出率可达 85.1%。氰化尾渣含金 8.1g/t，余在尾渣中的损失率为 9%。若将金—黄铁矿精矿再磨至 100% -0.043mm 后经脱水，然后在 500℃条件下氧化焙烧 1h，焙砂碎散磨矿后在氰化钠用量为 0.068kg/t，氧化钙用量为 0.453kg/t 的条件下氰化浸出 48h，金的浸出率可达 93.6%。氰化尾渣含金 0.6g/t，金在尾渣中的损失率为 0.5%。因此金—黄铁矿精矿采用氧化焙烧—焙砂氰化工艺与金—黄铁矿精矿直接氰化工艺比较，金的氰化浸出率可提高 8.5%。

14.3 锑化物金矿处理

含锑硫化物金矿石，无论是与含锑矿物伴生的金还是独立存在的锑矿物，都会对工艺选择和生成条件造成影响。以方锑金矿、辉锑矿等矿物形态存在的锑，常使金矿难于直接混汞或氰化，所以这类矿石可用浮选、精矿焙烧，然后氰化提取。

14.3.1 金—锑矿的资源和选矿

金—锑矿石中通常含金大于 1.5~2g/t，含锑 1%~10%。金主要以自然金形态存在，锑主要呈辉锑矿（Sb_2S_2）的形态存在，部分氧化矿石中还含有锑华（Sb_2O_3），锑赭石（Sb_2O_4）、方锑矿（Sb_2O_3）、黄锑华（Sb_3O_4OH）和其他氧化物。最常见的伴生矿物有黄铁矿和砷黄铁矿。矿石中金的粒度不均匀，黄铁矿中常含有微粒金。

14.3.2 金—锑矿的选矿预处理

金—锑矿石的处理方法取决于辉锑矿的嵌布粒度和结构构造。当辉锑矿呈粗粒嵌布或呈块矿产出时，应预先进行手选和重介质选矿。手选可选出大块的辉锑矿精矿，锑含量可达 50%，磨碎后的金—锑矿石可用跳汰或其他重选法处理，可回收金和锑。碎磨过程中应设法防止辉锑矿过粉碎。

浮选法是处理金—锑矿石最有效的方法。一般均能废弃尾矿和获得金精矿和锑精矿两种精矿产品。金—锑矿石浮选的原则流程如图 14.18 所示。金—锑矿石浮选流程的选择主要取决于矿石的性质，其中包括金、锑含量、锑的存在形态、金的赋存状态、金的嵌布粒度及其在各矿物中的分布、其他硫化矿物含量等。混合浮选在中性或弱碱性（pH 值为 8）介质中进行，以黄药作捕收剂，以铅盐（醋酸铅或硝酸铅）或硫酸铜为活化剂，加起泡剂进行金-锑混合浮选获得金-锑混合精矿。混合精矿再磨后用抑锑浮金或抑金浮锑的方法进行浮选分离。抑锑浮金时可在再磨机中加入苛性钠、石灰或苏打，在 pH 值为 11 的条件下浮选获得金精矿，然后加铅盐和黄药浮选获得锑精矿。混合精矿采用抑金浮锑的方法分离时，以氧化剂（漂白粉、高锰酸钾等）、氰化物作含金黄铁矿的抑制，加铅盐活化辉锑矿，用丁基铵黑药作捕收剂进行浮选获得锑精矿，然后用黄药作捕收剂获得金精矿。

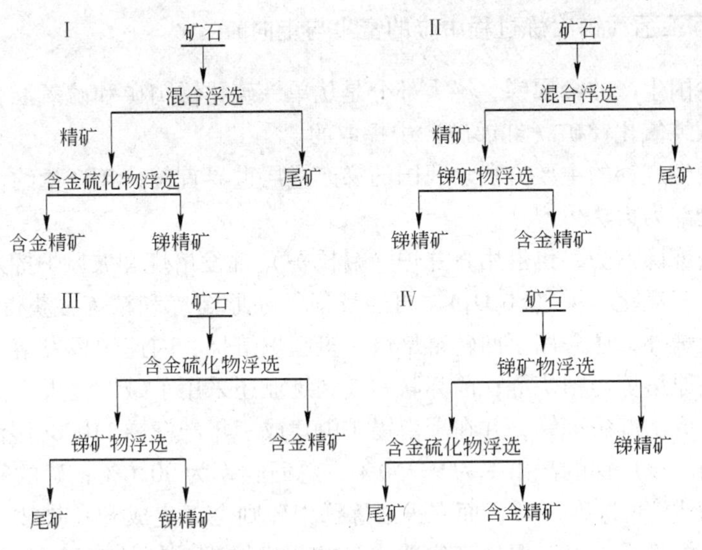

图 14.18 金—锑矿石优先浮选原则流程

采用先选金后选锑的优先浮选方案时，可在磨矿机中加入苛性钠，以实现高碱介质磨矿。加入硫酸铜活化黄铁矿和毒砂，控制 pH 值为 8 ~ 9，用黄药和起泡剂浮选得金精矿，然后加入铅盐活化辉锑矿，再加黄药和起泡剂浮选得锑精矿。若优先浮锑时，可用铅盐作活化剂，硫酸作调整剂，以丁基铵黑药作捕收剂，在自然 pH 值或弱酸介质中加 2 号油浮选得锑精矿，然后用丁黄药和 2 号油浮选得金精矿。

若矿石中的锑主要呈氧化物形态存在时，则须采用阶段重选和浮选的联合流程。浮选过程中可采用黄药（高用量）与中性油的混合物、弱酸介质（pH 值为 6）中的阳离子捕收剂、脂肪酸等作捕收剂，以铅盐、氟化钠、淀粉等作活化剂，以苏打、水玻璃、硫酸、氟硅酸钠等作调整剂进行浮选。金—锑精矿先经两段焙烧（第一段温度为 500 ~ 600℃，1h；第二段温度 1000℃，2 ~ 3h），三氧化锑用收尘器加以捕收，焙砂先用稀硫酸浸出后，再用氰化法浸出回收金。个别情况下，用湿法难处理的金—锑精矿可直接送冶炼厂熔炼。

选矿技术指标见表 14.29。

表 14.29 生产技术指标

产 品	产率/%	品 位			回收率/%		
		WO_3/%	Sb/%	Au/g · t^{-1}	WO_3	Sb	Au
合质金				98.40%			13.75
金-锑精矿	7.43	0.21	41.66	61.25	2.47	96.59	72.87
白钨精矿	0.71	73.2			84.42		
废 石	2.12	0.045	0.17	1.41	0.09	0.18	0.50
尾 矿	89.74	0.081	0.076	0.8	11.02	3.23	12.88
原 矿	100	0.631	3.205	6.246	100	100	100

14.3.3 锑冶炼工艺（锑冶炼过程中金的富集与走向）

目前世界各国生产的金属锑，绝大部分是从单一硫化锑精矿和硫氧混合锑精矿中提炼的，极少量是从纯氧化锑矿（红锑矿）中提取的。

火法炼锑是生产锑的主要方法。我国的锑产量居世界首位，年产量约占世界总年产量的一半，几乎全部为火法生产。

我国的火法炼锑方法，仍沿用直井炉（赫氏炉）挥发焙烧和鼓风炉挥发熔炼，以产出锑的氧化物——三氧化二锑（Sb_2O_3），再经反射炉还原熔炼和精炼，获得纯净的金属锑，国外除沿用赫氏炉外，还采用了回转窑焙烧、多膛炉焙烧、闪速炉挥发熔炼、鼓风炉还原熔炼以及电炉还原熔炼与精炼等；前苏联和玻利维亚还采用了碱性湿法炼锑和电解精炼。

我国已试验成功湿法炼锑，并在湖南锡矿山建成了年产精锑11000t湿法炼锑厂，1978年试产基本成功。该厂锑的浸出率为93.50%，总回收率为90.6%；硫的利用率试验数据为80.87%，生产实践为70.5%，而在火法炼锑中硫则全部生成SO_2排放，不仅是经济损失，更严重的是污染了大气。但生产实践中每吨阴极锑需消耗烧碱1.1～1.2t，直流电消耗达2857kW·h。由于碱价、电价高，生产成本高于火法炼锑，故未继续生产。

世界上火法炼锑的方法很多，表14.30列出世界各国火法炼锑的主要方法。表中所列方法的共同特点是：利用硫化锑矿易氧化挥发的特性进行熔炼。Sb_2S_3的氧化在200～400℃时已急剧发生，450℃左右时达到最大值，因此各种火法炼锑通常是首先挥发焙烧，使硫化锑挥发氧化，从而与脉石及其他杂质分离，生成锑的氧化物，与烟气一道进入冷凝收尘系统收集；然后进行还原熔炼与精炼，获得纯净的金属锑。

表14.30 世界各国火法炼锑的主要方法

序号	主要生产方法	处理锑矿石种类	采用的国家
1	直井炉或赫氏炉挥发焙烧—反射炉还原熔炼与精炼	单一硫化锑块矿或硫氧混合锑块矿	中国 玻利维亚
2	鼓风炉挥发熔炼—反射炉还原熔炼与精炼	单一硫化锑精矿或硫氧混合锑精矿或高品位硫化锑块矿或含金辉锑矿精矿	中国 泰国
3	沉淀熔炼—反射炉精炼	高品位硫化锑块矿或精矿	中国 前苏联
4	液态炉焙烧—反射炉还原熔炼与精炼	铅锑复合精矿或脆硫锑铅精矿	中国
5	回转窑挥发焙烧—闪速炉挥发熔炼—反射炉精炼	硫化锑精矿或硫氧混合锑精矿	意大利
6	旋涡炉挥发熔炼—短窑还原熔炼—反射炉精炼	硫化锑精矿	玻利维亚
7	鼓风炉还原熔炼—反射炉精炼	硫化锑精矿	玻利维亚
8	回转窑挥发焙烧—反射炉还原熔炼与精炼	硫化锑精矿	玻利维亚 南斯拉夫
9	多膛炉焙烧—电炉还原熔炼—反射炉精炼	硫化锑精矿	美国 玻利维亚
10	多膛炉焙烧—电炉熔炼—转炉吹炼	锑金精矿	美国
11	回转窑焙烧—反射炉还原熔炼—鼓风炉富集金	含金高砷锑精矿或含金低砷锑精矿	前捷克斯洛伐克

我国炼锑工业主要采用直井炉挥发焙烧富硫化锑块矿，采用鼓风炉挥发熔炼浮选硫化锑精矿或含金硫化锑精矿，采用反射炉还原熔炼和精炼，获得纯净的金属锑锭。熔炼浮渣返回鼓风炉处理，精炼所产砷碱渣单独处理，提取其中的锑和砷。图 14.19 所示为我国火法炼锑的原则流程。

14.3.3.1 直井炉挥发焙烧概述

中国的直井炉又称为锑氧炉，是在赫氏炉的基础上，经过对炉体结构和技术操作不断改进而形成的。

它是利用辉锑矿易于氧化挥发的特性，在 800 ~ 1000℃ 的温度下进行焙烧，直接获得较纯净的三氧化二锑粉末。

该工艺主要优点：设备简单，投资少，建设和收效快；不需要复杂的原料制备过程，原矿经手选即可入炉；水、电、燃料消耗少，生产成本较低，故宜于小规模生产和处理分散小锑矿。

该工艺主要缺点：炉床能力小；适应性差，只能处理块矿，不宜处理硫氧混合锑矿和含有低熔点矿石；渣含锑较高，回收率低；劳动强度大，废气含低浓度 SO_2 易污染环境。我国大中型炼锑厂已逐渐淘汰这种工艺。

直井炉挥发焙烧的工艺流程如图 14.20 所示。

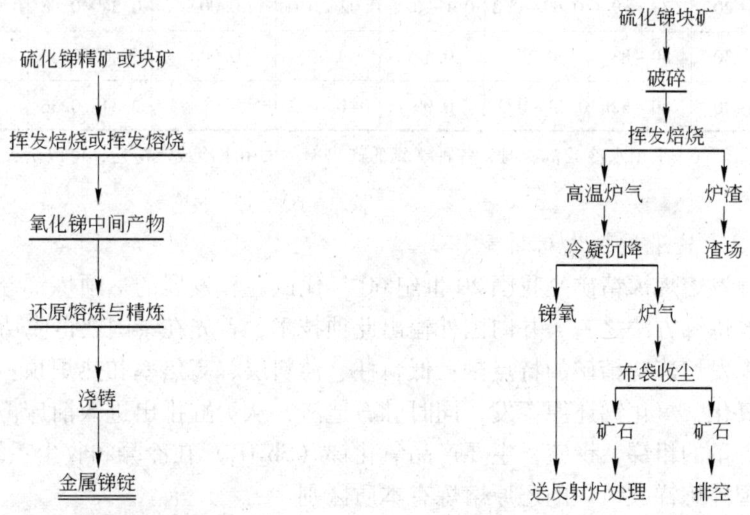

图 14.19 我国火法炼锑的原则流程　　图 14.20 直井炉挥发焙烧工艺流程

表 14.31 为锡矿山矿务局直井炉炉料配比实例。

表 14.31 锡矿山矿务局直井炉炉料配比实例

炉料样号	炉料种类	含锑品位/%	块度/mm	配比/%
1	富块矿	15 ~ 20	20 ~ 80	85 ~ 90
	碎　矿	15 ~ 20	<20	10 ~ 15
	焦　炭		30 ~ 60	5 ~ 6

续表 14.31

炉料样号	炉料种类	含锑品位/%	块度/mm	配比/%
2	贫块矿	>7	30~150	>80
	浮选精矿	>40	5~10	<15
	焦　炭		20~60	5~6
3	贫块矿	>10	30~150	>80
	生锑渣	>30	<100	<15
	焦　炭		20~60	5~6

注：焦炭的配比系指入炉矿量的百分数。

烟气冷凝系统和布袋收尘器收集的锑氧，视冷凝条件不同而获得不同形态的产物，分别俗称为：结氧、粉结氧、粉氧、纤维氧及红氧（又称水氧）。直井炉产出各种锑氧的产出率及其化学成分列于表 14.32。

表 14.32　各种锑氧产出率及其化学成分　（%）

锑氧种类	产出率	Sb	As	Fe	Pb	Se	SiO_2	CaO	S
结氧	15~20	75~78	0.05	0.1~0.4	0.03	0.001~0.06	0.07~1.3	0.7~0.79	0.5~0.7
粉结氧	10~20	78~79	0.09~0.2	0.1~0.2	0.02~0.04	0.002	0.24~0.68	0.06~3.0	0.6~0.7
粉氧	25~30	80~83	0.27	0.14	0.05	0.003	0.6~0.8	1	0.14~0.3
布袋氧	30~40	80~82	0.33~0.37	0.09	0.1~0.2		0.34~0.36	0.46	0.2

注：产出率系烟气未采用水冷或汽冷时，各种锑氧的产出率；采用水冷或汽冷后，可以消灭结氧减少粉结氧的产出。

14.3.3.2　鼓风炉挥发熔炼

鼓风炉挥发熔炼锑精矿是我国 20 世纪 60 年代试验和发展的一项炼锑新成就，目前已成为我国主要炼锑方法之一，并向国外输出此项技术，首先在泰国获得成功。

鼓风炉挥发熔炼锑精矿的特点是：低料柱、薄料层、高焦率和热炉顶：在熔炼过程中硫化锑挥发氧化，氧化锑还原挥发，同时脉石造渣，从炉缸排出进入前床澄清分离，产出大量弃渣和少量的粗锑、锑锍，主要产品氧化锑（Sb_2O_3）在冷凝和收尘系统设备内收集。这种方法与国外炼锑鼓风炉的还原熔炼有本质区别。

此种鼓风炉既适宜于处理硫化锑精矿，也能处理硫氧混合锑精矿，品位愈高，经济效果愈好，入炉锑精矿或块矿含锑品位最好高于40%，还可掺和处理炼锑厂的中间产品或其他含锑较高的物料，如泡渣、锑渣、生锑渣、砷碱渣及修炉拆下来的含锑砖块等。因此，它的适应性较强，锑的实收率可达 95%~96%，除炉渣含锑（1%~2%）损失外，其余的锑可全部进入氧化锑中。

鼓风炉与直井炉比较，有下列优点：

（1）对原料适应性强，除可处理上述多种含锑物料外，还可冶炼含金锑精矿，95% 的金进入粗锑中而被提取，直井炉则不可能。

（2）处理能力较大，炉床能率可达 25~30t/(m^2·d)，直井炉则只有 2~3.5t/(m^2·d)。

（3）金属回收率较高，可以达到 95%~96%，而直井炉则只能达到 80%~90%。

(4) 便于机械装备，劳动卫生条件远比直井炉好。

缺点是：

(1) 焦率高，处理精矿团块时焦率为 30% ~40%；处理高品位锑块矿时焦率达 40% ~50%。

(2) 熔体在炉内过热不足，当炉渣熔点较高时，过渣道易堵死，前床易冻结。

(3) 炉寿较短，炉缸和过渣道易被冲刷侵蚀。目前过渣道寿命只有 6 ~9 个月，炉子每年需大修一次。

(4) 烟气含硫量大，但 SO_2 浓度低（收尘器出口只有 0.8% ~1.0%），不易处理，放空对环境污染严重。

图 14.21 所示为鼓风炉挥发熔炼通用的工艺流程。

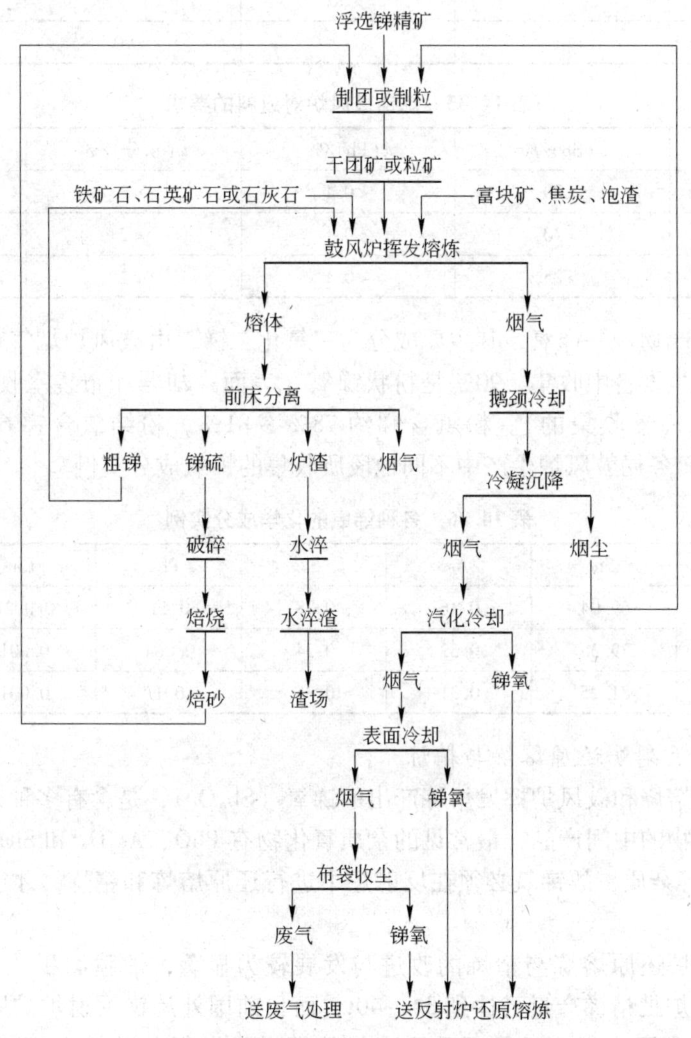

图 14.21 鼓风炉挥发熔炼工艺流程

鼓风炉挥发熔炼的主要炉料是由浮选锑精矿制成的粒矿或压成的团矿，其次为返料，如烟气冷凝系统产出的烟尘结块，反射炉还原熔炼产出的泡渣，生锑炉产出的生锑渣等；

按选用的渣型配入适量的熔剂，如铁矿石、石灰石或石英石等。对原料、返料和熔剂的一般要求分别列于表14.33～表14.35。

表14.33 炼锑鼓风炉对原料的要求

原料名称	w(Sb)/%	w(Pb)/%	w(As)/%	w(水分)/%	粒度/mm	备 注
浮选锑精矿	>40	<0.1	<0.2	<5	>10	制粒后的粒度
锑块矿	>30	<0.1	<0.2	<2	20～80	破碎后的块度

表14.34 炼锑鼓风炉对熔剂的要求

熔剂名称	w(FeO)/%	w(CaO)/%	w(SiO_2)/%	粒度/mm
铁矿石	>55			20～60
石灰石		>50		20～60
石英石			>90	20～60

表14.35 炼锑鼓风炉对返料的要求

返料名称	w(Sb)/%	w(Pb)/%	w(水分)/%	粒度/mm
烟尘结块	>20	<0.1	<2	20～60
泡 渣	>30	<0.1	<2	20～60
生锑渣	>25	<0.1	<2	20～60

鼓风炉主要产物——锑氧，其主要成分为三氧化二锑，由鼓风炉烟气带出，在烟气冷凝系统和布袋收尘设备中收集，90%是粉状锑氧（表面冷却器和布袋室收集的），10%左右为粉结氧（水冷器收集的）。粉氧含锑约78%～81%，粉结氧含锑68%～70%。表14.36为锡矿山矿务局鼓风炉生产中不同地段所收集的锑氧成分实例。

表14.36 各种锑氧的化学成分实例 （%）

项 目	Sb	As	S	Pb	Cu	Fe
水冷却器锑氧	69.04	0.16	0.38	0.11	0.0021	1.21
表面冷却器锑氧	79.36	0.32	0.34	0.064	0.001	0.19
布袋室锑氧	81.25	0.31	0.35	0.1	0.001	0.063

14.3.3.3 反射炉还原熔炼与精炼

直井炉挥发焙烧和鼓风炉挥发熔炼产出的锑氧（Sb_2O_3），是含有多种杂质的金属氧化物和非金属氧化物的中间产品，最常见的杂质氧化物有PbO、As_2O_3和SiO_2等，还有少量的Cu、Fe和S等杂质，故锑氧必须在反射炉中进行还原熔炼和精炼，才能获得较纯净的金属锑锭。

我国的反射炉还原熔炼与精炼的改进与发展较为显著，炉膛面积从3～5m^2扩大到11～12m^2，每一炉批精锑产量已达到34～40t；而目前国外炼锑反射炉炉膛面积大都尚为3～5m^2，产量较我国小很多。我国采用廉价的烟煤作燃料，燃料率逐渐减少到35%～40%；精炼只消耗少量纯碱，即可获得高质量的一级精锑；且能分离粗锑中最难除去的杂质：铅，获得精锑和少量高铅锑；从含金的粗锑中提取黄金的提取率达到98%～99%。

图14.22所示为反射炉还原熔炼与精炼的生产工艺流程。

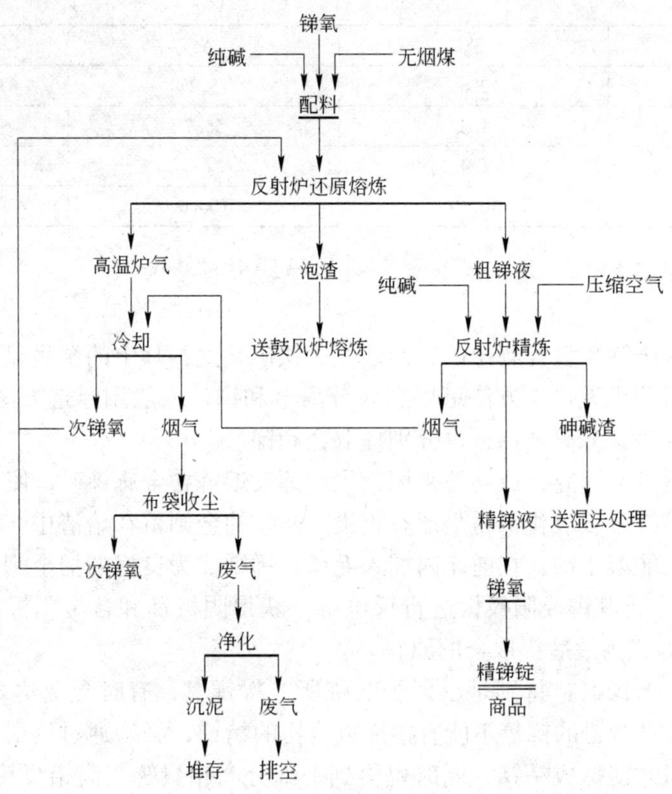

图 14.22 反射炉还原熔炼与精炼工艺流程

反射炉还原熔炼与精炼的主要炉料为各种锑氧、还原剂—无烟煤和熔剂—纯碱。

反射炉还原熔炼与精炼对直井炉、鼓风炉所产各种锑氧和反射炉所产二次锑氧的质量要求列于表 14.37。

表 14.37 反射炉对各种锑氧的质量要求 (%)

元素	直井炉锑氧			鼓风炉锑氧			反射炉次氧		
	粉结氧	粉氧	布袋氧	粉结氧	粉氧	布袋氧	粉结氧	粉氧	布袋氧
Sb	>78	>9	>80	>76	>78	>79	>75	>75	>79
S	<0.1	<0.2	<0.3	<0.1	<0.3	<0.5			
Fe	<0.5			<0.5			<0.5		
Pb			<0.2			<0.2			<0.2

反射炉还原熔炼与精炼的产物主要有精锑、次锑氧、浮渣、砷碱渣和烟气。其主要成分锑、砷、铅在各产物中的分配平衡百分比列于表 14.38。

表 14.38 还原熔炼与精炼锑、砷、铅的分配平衡比 (%)

产物名称	Sb	As	Pb
精锑	78.6	13.9	52.2
次锑氧	15.9	25.2	1.3

续表 14.38

产物名称	Sb	As	Pb
泡渣	2.6	5.2	
砷碱渣	1.5	55.7	
其他	1.4		46.5
合计	100.0	100.0	100.0

14.3.3.4 从炼锑鼓风炉熔渣和含金高铅锑氧中富集金

A 概述

我国蕴藏的含金锑矿多为辉锑矿、毒砂、黄铁矿共生，其中的金呈显微和次显微自然金游离态存在，目前尚无选矿方法可以彻底分离金和锑，一般用浮选方法产出金锑精矿，然后用冶炼方法处理，分离金锑，再分别提取金和锑。

我国经过大量试验研究，成功地采用鼓风炉挥发熔炼含金辉锑矿，使95%以上的锑挥发氧化，在收尘系统中以氧化锑粉尘形态收集，98%的金则留在熔渣中，经保温前床富集于毛锑中。由于金能溶于锑，在前床内加入毛锑，锑则成为良好的捕金剂，可以使金富集到1000~2200g/t。将其铸成阳极板进行锑电解，获得阴极锑和含金阳极泥。阳极泥含金达10%~25%，即成为最后提取金的原料。

炼锑鼓风炉所产锑氧，特别是反射炉吹炼所产次锑氧，有时含金达8~12g/t，含Pb 0.5%~1.5%。这种含铅的锑氧不能直接炼成合格的精锑，必须通过反射炉还原熔炼与吹炼，获得合格锑氧才能炼成精锑，同时也得到一部分高铅贵锑。高铅贵锑再经熔化吹炼，获富金贵锑，铸成阳极板，进行铅电解，产出粗电铅和含金阳极泥。

本节只叙述金富集到阳极泥为止，锑和铅的电解以及阳极泥处理，请查阅相关章节。图14.23所示为从鼓风炉炼锑所产熔渣及含金高铅锑氧中富集金的工艺流程。

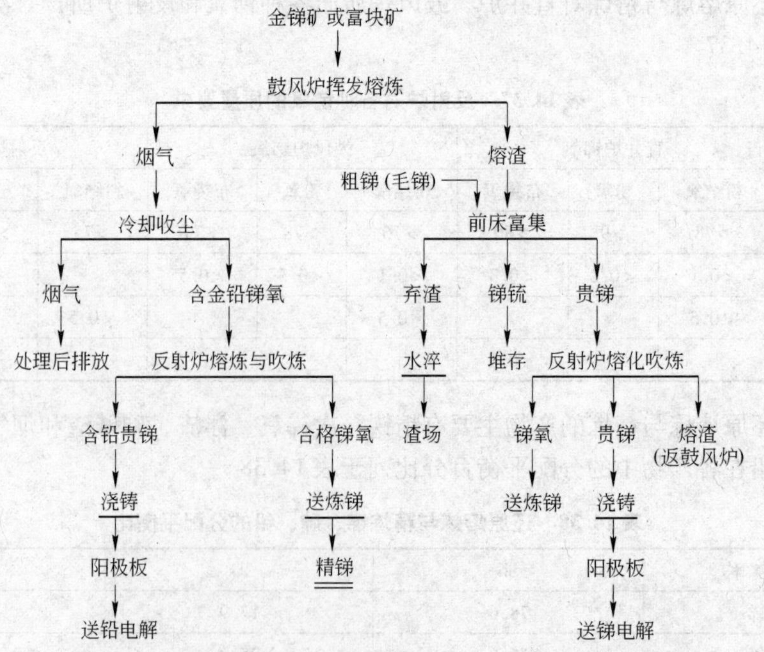

图14.23 从鼓风炉熔渣和含金高铅锑氧中富集金的工艺流程

B 鼓风炉前床富集金

a 鼓风炉熔渣成分

湘西金矿鼓风炉挥发熔炼含金辉锑矿，产出熔渣的化学成分列于表14.39。

表14.39 湘西金矿鼓风炉熔渣化学成分 （%）

样 号	Sb	SiO_2	FeO	CaO	Al_2O_3	备 注
1号	1.5	40.75	30.65	20.38	4.01	未投入毛锑前取样
2号	1.75	38.65	29.85	19.56	3.05	未化验金

b 捕金剂——毛锑（粗锑）

加入前床作为捕金剂的毛锑，一般采用贵锑电解产出的阴极锑，其成分见表14.40。

表14.40 湘西金矿鼓风炉熔渣化学成分

元 素	Sb	Cu	As	Fe	Ni	Au
质量分数/%	88～92	5～6	1～1.7	2～3	0.2～0.4	100～200g/t

c 产物

（1）贵锑。贵锑是鼓风炉前床产出的主要含金中间产物，一般含金1000～1500g/t，最高可达2200g/t，其成分列于表14.41。

表14.41 贵锑的化学成分实例

元 素	Sb	Fe	As	Pb	S	Cu	Ni	Au
质量分数/%	88～92	3～7	0.9～1.0	0.2～0.3	1～1.4	0.4～0.6	微	1230～1530g/t

（2）锑锍。锑锍主要由锑、铁、硫组成，由于锑的存在，常含金4～10g/t。湘西金矿炼锑厂产出的锑锍合金最高达20g/t，送往焙烧除去90%的硫，返回鼓风炉作熔剂，其中的金可全部进入渣中，以贵锑的形态回收。锑锍的主要成分见表14.42。

表14.42 锑锍的主要成分

元 素	Sb	Fe	S	Au
质量分数/%	88～92	58～67	24～26	4～10g/t

C 反射炉熔化吹炼再度富集金

（1）锑电解阳极板。

阳极板尺寸：540mm×520mm，2.0kg/块，其成分列于表14.43。

表14.43 锑阳极板化学成分实例 （%）

厂 别	Ag	Sb	Pb	Cu	Ni	Fe	As	S	Au
湘西金矿	0.0018	75～85	3～10	3～9	2～2.5	0.3～0.2	0.5～1.0	0.07	2000～2500g/t
新邵冶炼厂		73.28	0.01	11.29	4.32	<0.1	1.07		540g/t

（2）熔炼渣。贵锑熔化吹炼所产熔化渣和精炼渣合称为熔炼渣，其产率及成分随贵锑含铁高低而有较大差异。新邵冶炼厂含铁高，熔炼渣含金高，产出率高达贵锑投入量的50%；湘西金矿贵锑含铁低，渣含金低，渣产出率为18%左右。

湘西金矿熔化吹炼贵锑的熔炼渣成分列于表14.44。

表14.44 吹炼贵锑的熔炼渣化学成分实例

$w(Sb)/\%$	$w(Fe)/\%$	$w(Cu)/\%$	$w(Ni)/\%$	$w(Pb)/\%$	$w(As)/\%$	$w(S)/\%$	$Au/g \cdot t^{-1}$
15~25	25~40	0.1~0.2	0.008~0.01	0.2~0.3	0.5~0.6	8~10	200~400

（3）锑氧。吹炼过程产出的锑氧成分一般变化不大，其中含少量金。其主要成分为：Au 1~3g/t、Sb 80%~82%、Pb 0.2%~0.4%。

以上各种产物的产出率（对贵锑而言）及金、锑在产物中的分配比例列于表14.45。

表14.45 各种产物的产出率和金与锑的分配比 （%）

名称		阳极板	熔炼渣	锑氧	炉底料	损失①
产出率		3.2	18.1	71.67		
分配	$w(Au)$	90.5	8.01	0.5	0.9	0.09
	$w(Sb)$	4.2	8.4	85	1	1.4

①主要损失于布袋收尘和运输途中。

14.3.3.5 从贵锑中富集金

金锑矿石中金的赋存状态，除少量以单体金存在，并可用重选方法直接回收外，大部分金与锑矿致密共生，而用浮选方法产出金锑精矿，然后经冶炼处理，使金锑分离，获得金产品。从金锑精矿中回收金锑，工业上采用的方法有：多膛炉焙烧—电炉熔炼—转炉吹炼流程；回转窑焙烧—反射炉还原熔炼—鼓风炉富集金流程；鼓风炉挥发熔炼—贵锑电解流程。至于湿法冶炼流程（如硫化钠或苛性钠浸出—氰化提金流程），国内外曾有研究，但未付诸工业实践。

A 多膛炉焙烧—电炉熔炼—转炉吹炼流程

美国黄松选冶厂采用该流程处理金锑钨复合矿，其处理流程如图14.24所示。该矿矿石为含钨、锑、金的复合矿，先混合浮选得金锑混合精矿，尾矿浮选回收钨。混合精矿再分选出高砷金精矿（As 9%、Au 71g/t、Sb 4%、S 35%、Ag 85g/t）及低砷金锑精矿（As 1.8%、Au 17g/t、Sb 46%、S 22%、Ag 482g/t）。两精矿分别在直径5m的8层（金精矿）及10层（金锑精矿）焙烧炉中焙烧，其中75%锑呈Sb_2O_4形态残存于烧渣，25%随炉气带走收集于烟尘，金精矿焙烧所得高砷烟尘，用于制取三氧化砷产品。金精矿烧渣、金锑精矿烧渣及烟尘按25%∶45%∶20%比例配入石英10%进行电炉（2.2m×5.2m）熔炼，产出粗锑，随即在1.5m×2.1m反射炉以石油为燃料，加苛性钠进行精炼，精锑在两台特制转炉中吹炼，由安装在炉侧的四个不锈钢喷嘴送入燃料油和空气进行吹炼，由此制取的高质量三氧化锑及富集有贵金属的炉渣（含Au 7087.5g/t、Ag 90875.0g/t、Pb 20.0%、Sb 68.0%），均可直接销售。该流程由于使用的能源是石油和电能，能耗较高，故推广受

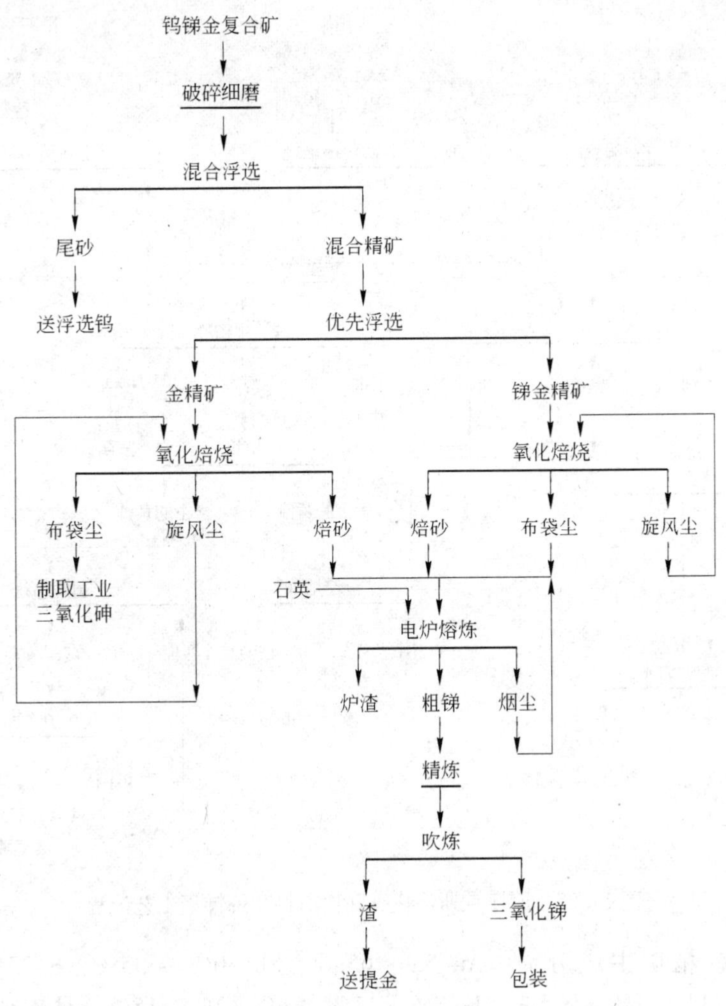

图 14.24 美国黄松选冶厂金锑钨复合矿处理流程

到一定限制。

B 回转窑焙烧—反射炉还原熔炼—鼓风炉富集金流程

原捷克斯洛伐克的瓦伊斯科瓦炼锑厂以此流程处理三种金、砷、锑复合精矿，工艺流程如图 14.25 所示。其低砷及高砷金锑精矿分别在直径 1.75m × 22m 及直径 1.1m × 8m 回转窑内焙烧，后者用木柴加热至 400℃，砷挥发率达 80% ~ 90%，所得高砷烟尘（As 26%，Sb 40%）用苛性钠浸出，锑残留于渣。含砷溶液用漂白粉氧化处理后使砷呈砷酸钙产出并销售，过程中获得锑氧，按常规熔炼-精炼得精锑产品。各含金渣则一并送往鼓风炉处理，金富集于黄渣中。黄渣（含 Sb 40%）加入反射炉内，鼓入空气使砷锑氧化挥发，得含 Sb 3% ~5%、Au 400 ~ 500g/t 富黄渣，此黄渣再进行熔炼产出含金产品的粗铜，含 Cu 40% ~50%，Au 2% ~3%，Ag 2%，可直接销给金银精炼厂。该流程特点是砷锑金需多次分离，影响金的回收率，并带来环保问题。

C 鼓风炉挥发熔炼—贵锑电解流程

该流程是我国 60 年代初的研究成果，国内已普遍用以处理金锑精矿。其工艺流程如

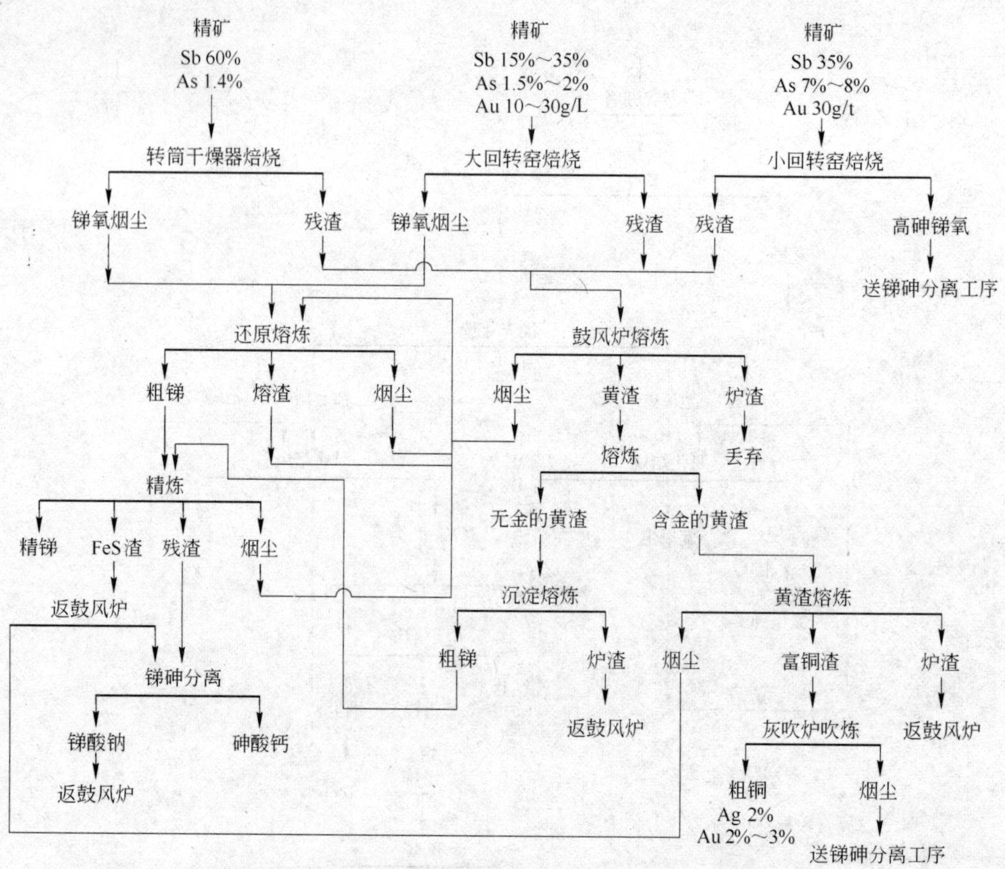

图 14.25 原捷克斯洛伐克瓦伊斯科瓦炼锑厂工艺流程

图 14.26 所示。精矿主成分为：Au 55 ~ 65g/t、Sb 30% ~ 35%，S 25% ~ 27%、As 0.7% ~ 2.5%、Pb 0.1% ~ 0.5%、Fe 8% ~ 11%、SiO_2 12% ~ 15%。精矿经制团、干燥后与黄渣、熔剂（铁矿石、石灰石）、焦炭、含金锑返料等配料进入鼓风炉熔炼。锑大部分以锑氧形态挥发，少量以锑锍、金属锑产出，并成为金的主要捕集剂进入鼓风炉前床。在此加入毛锑（粗锑）使金大部分富集其中，产得“贵锑”，此贵锑便成为提金的主要原料。鼓风炉熔炼所得锑氧因含一定的金、铅（Au 8 ~ 12g/t、Pb 0.4% ~ 1.5%），不宜直接炼锑，需通过烟化处理以获得合格锑氧及高铅贵锑（金富集于其中），锑氧采用常规反射炉还原熔炼-精炼制得精锑产品，高铅贵锑则经烟化挥发富集后铸成阳极送铅电解，产出含 Pb 95% 以上的电（粗）铅。电解所得阳极泥与贵锑合并处理。鼓风炉产出的锑锍经氧化焙烧后可代替部分铁矿石作熔剂加入鼓风炉，鼓风炉渣（Au < 2g/t，Sb < 2%）水淬弃之，其烟气（SO_2 0.8% ~ 1%）经石灰乳及选矿尾水两次吸收后排空。

由上述可见，原料中的金在该流程中最终都富集于贵锑。该贵锑经吹炼后铸成阳极进行锑电解，产出金阳极泥经酸处理后熔炼提金。

该流程的主要优点是适应性强（可处理精矿、块矿以及各种中间物），资源综合利用指标好，加工成本低。湘西金矿采用该流程的冶炼（从精矿至金锑产品）回收率见表 14.46。

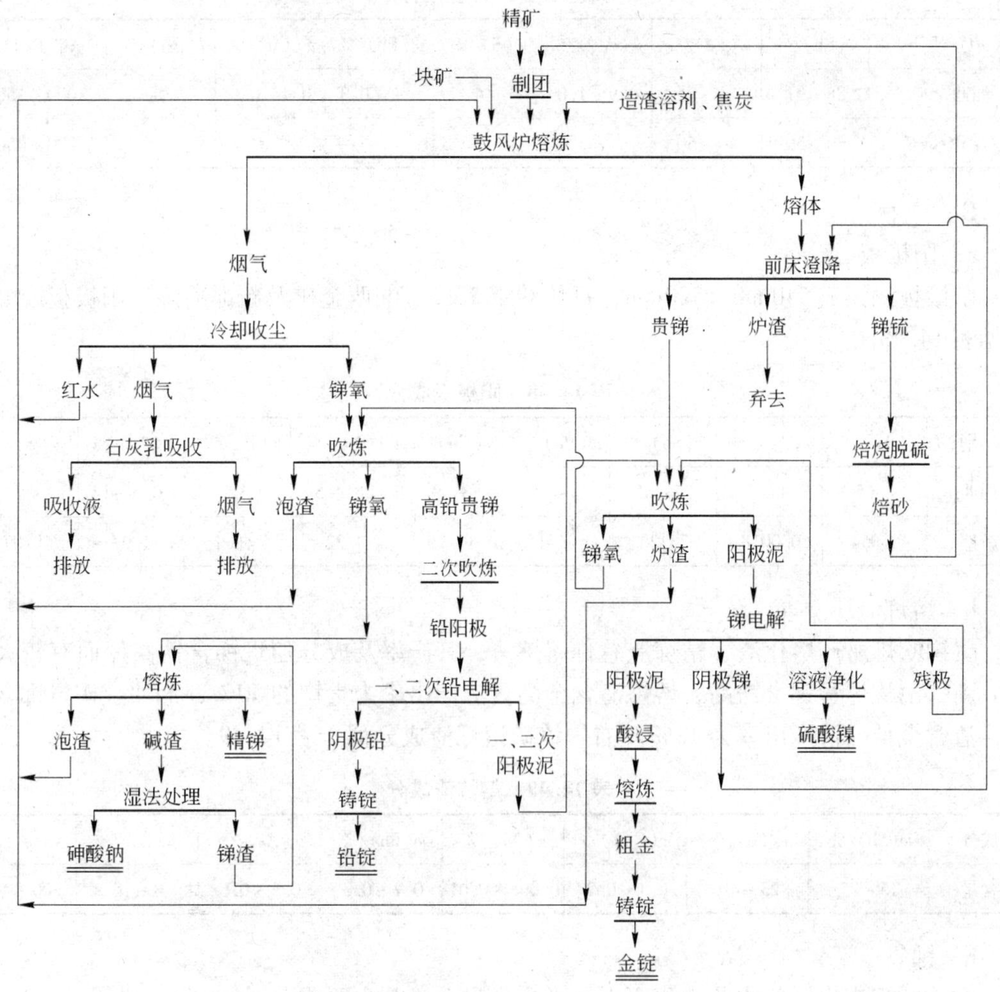

图 14.26 鼓风炉挥发熔炼—贵锑电解流程

表 14.46 金锑冶炼回收率

年 份	1975	1976	1977	1978	1979	1980	1981
金收率/%	94.93	94.01	95.22	95.31	95.54	95.07	93.79
锑收率/%	93.63	92.76	92.85	91.01	93.06	92.65	94.14

14.3.3.6 贵锑吹炼

贵锑吹炼是贵锑提金前的预处理过程，其目的是使金再度富集以便于下步回收。吹炼时往熔融贵锑中鼓入空气，并配入石英粉及纯碱，使贵锑中铁氧化造渣除去（一般铁可降至2%以下，除铁率98%以上），同时使锑再度氧化挥发，获得含 Au 2%以上的富贵锑，浇铸成阳极送锑电解。

A 原料

贵锑成分取决于鼓风炉所处理的金锑精矿（或块矿）成分，贵锑成分实例见表14.47。入炉前贵锑需破碎至150mm 以下。

表 14.47 贵锑成分

生产厂	w(Sb)/%	w(Fe)/%	w(As)/%	w(S)/%	w(Pb)/%	w(Cu)/%	w(Ni)/%	$Au/g \cdot t^{-1}$
湘西金矿	88 ~ 91	3 ~ 7	0.9 ~ 1.0	1.4	0.2 ~ 0.3	0.4 ~ 0.6	微	1000 ~ 1500
新邵冶炼厂	30 ~ 50	40 ~ 50						200 ~ 350

B 产物

a 阳极板

阳极板浇铸成540mm × 520mm，每块约重20kg。湘西金矿及新邵冶炼厂阳极板成分实例见表 14.48。

表 14.48 阳极板成分

厂别	w(Au)/%	w(Ag)/%	w(Sb)/%	w(Pb)/%	w(Cu)/%	w(Ni)/%	w(Fe)/%	w(As)/%	w(S)/%
湘西	2 ~ 5		75 ~ 85	3 ~ 10	3 ~ 9	2 ~ 2.5	0.3 ~ 2	0.5 ~ 1	
新邵	0.054	0.0018	73.28	0.01	11.29	4.32	<0.1	1.07	0.07

b 熔炼渣

贵锑吹炼所产熔化渣、精炼渣总称熔炼渣，其产率及成分随贵锑含铁高低而有较大差异。新邵冶炼厂贵锑含铁高，熔炼渣含金高，渣产出率为贵锑的50%，湘西金矿贵锑含铁低，渣含金低，清产出率为18%左右，该矿熔炼渣成分列于表 14.49。

表 14.49 熔炼渣成分

成分	w(Sb)/%	w(Fe)/%	w(Cu)/%	w(Ni)/%	w(Pb)/%	w(As)/%	w(S)/%	$Au/g \cdot t^{-1}$
含量	15 ~ 25	25 ~ 40	0.1 ~ 0.2	0.008 ~ 0.01	0.2 ~ 0.3	0.5 ~ 0.6	8 ~ 10	200 ~ 400

c 锑氧

吹炼过程产出锑氧成分变化不大，尚含少量金，其主要成分是（%）：Sb 80 ~ 82，Pb 0.2 ~ 0.40，As 1 ~ 1.5，Au 1 ~ 3g/t。

湘西金矿贵锑吹炼各产物产率（对贵锑而言）及金、锑在产物中分配比例见表 14.50。其中损失项系布袋收尘及运输过程损失。

表 14.50 吹炼产物产率及金锑分配 （%）

产物		阳极板	熔炼渣	锑 氧	炉底料	损 失
产 率		3.2	18.1	71.67		
分 配	w(Au)	90.50	8.01	0.50	0.90	0.09
	w(Sb)	4.2	8.4	85.0	1.0	1.4

14.3.3.7 贵锑电解

贵锑电解系1966年我国在湘西金矿首先投入生产应用的科研项目。作业在木质的内衬聚氯乙烯电解槽中进行。阳极为吹炼后贵锑，阴极为1.5mm 厚的紫铜板。电解液由氟氢酸、硫酸和锑氧配制而成，电解液采用下进上出的一级循环方式，电路联接为复联法，电解在室温条件下进行。

电解时，电位较锑为正的杂质铜、砷等将在阴极上析出。为避免铜进入阴极，通常让电解液通过装有锑片的置换槽，使铜脱除；铁的电位与锑相近，大约70%以上的铁将进入阴极，既影响阴极质量，又降低电流效率，因此贵锑吹炼时须除铁至2%以下；阳极上电位较负的铅、镍杂质，则与SO_4^{2-}生成$PbSO_4$和$NiSO_4$。$PbSO_4$与金一道进入阳极泥沉于槽底，因此铅的存在可降低电解液中SO_4^{2-}，从而提高槽电压。据测定，当阳极中含铅达17%时，其槽电压可升至2.5V。随着电解时间的增加，镍不断在电解液中积累。冬季，当Ni^{2+}浓度达40g/L时，便有可能因$NiSO_4$结晶析出而影响电解正常进行，此时，一般需进行冷却结晶除$NiSO_4$。

为获得较好电解指标，要求阳极表面平整、光滑、无穿孔、边沿无毛刺；每次取出阴极敲下阴极锑后，须用电解液洗刷干净，经平整处理后方能入槽，阴极使用寿命约1年左右。

A 原材料

阳极板：540mm×520mm，每块重约20kg；

阴极：600mm×530mm×1.5mm，紫铜板（电铜），每块有效面积0.318m×2m；

电解液制剂工业氟氢酸（浓度大于30%）；工业硫酸（浓度大于96%）；锑氧（Sb大于78%）。

B 技术操作条件

（1）装槽往电解槽注入1/3电解液后装入阳极，然后逐片插入阴极，每槽装阳极14块，阴极13块。对正极板，调整好极距，注满电解液并调整流量后接通电源。电解中须经常检查是否有短路及烧板现象，定期测定槽压及电解液温度。

（2）出槽电解周期一般为9～10d。出槽时先出阴极，用清水洗净酸液、晾干，敲下阴极锑；残阳极洗刷干净后回炉；阳极泥、用热水洗至中性、滤干、送去干燥后待处理。技术操作条件如下：

阳极成分：

Sb 75～95%，Pb<17%，Fe<2%

电解液成分：

Sb^{3+}	110～130g/L
SO_4^{2-}	360～400g/L
总F^-	70～75g/L
游离F^-	>20g/L
阴极电流密度	100～120A/m²
电解液循环速度	1.5～1.8L/min
槽电压	0.5～0.8V
电解温度	小于35℃
异极距	70～80mm
残极率	10%～15%

C 产物

a 阴极锑

阴极锑呈深灰色、易脆。湘西金矿产出阴极锑成分见表14.51。

表 14.51 阴极锑成分

$w(Sb)/\%$	$w(Cu)/\%$	$w(As)/\%$	$w(Fe)/\%$	$w(Ni)/\%$	$Au/g \cdot t^{-1}$
88 ~ 92	5 ~ 6	1 ~ 1.7	2 ~ 3	0.002 ~ 0.004	100 ~ 200

b 阳极泥

阳极泥产率随阳极中铅含量高低而变化，一般为 1.5% ~3%，最高达 10% ~18%，因而其成分也相差甚远。湘西金矿阳极泥成分见表 14.52。

表 14.52 阳极泥成分

$w(Au)/\%$	$w(Sb)/\%$	$w(Pb)/\%$	$w(Cu)/\%$	$w(Ni)/\%$
10 ~ 25	30 ~ 35	25 ~ 30	4 ~ 8	0.5 ~ 1.0

c 残极

电解残极率一般控制在 10% ~15%，残极可返回浇铸成新阳极。

14.3.3.8 高铅贵锑电解

A 原料制备

金锑精矿鼓风炉熔炼时，原料中 80% 的砷、70% 的铅氧化挥发进入锑氧，且 6% 以上的金也随之进入锑氧，造成锑氧含铅 1% 左右，含金达 4 ~ 12g/t。该锑氧不宜直接作为炼锑原料，由于铅高，产出精锑达不到质量标准，且其中的金也损失于锑中，因此，生产上需对此种锑氧进行还原熔炼与吹风氧化处理，产出贵锑，作业在反射炉中进行。先配入还原煤进行还原熔炼，然后向锑液表面吹风氧化，其技术条件如下：

炉温 700 ~ 860℃

吹风风量 初期 $160 \sim 180m^3/h$

中期 $200 \sim 220m^3/h$

末期 $250m^3/h$

富集比（与锑氧中锑金属量比）：5% ~8%。

氧化过程锑、铅分配见表 14.53。

表 14.53 氧化时锑、铅分配

产 物		高铅贵锑	锑 氧	熔 渣
分 配	$w(Sb)/\%$	6.20	93.00	0.80
	$w(Pb)/\%$	86.90	12.40	0.70

氧化过程产出的锑氧含 Pb <0.15%、Au <1g/t，可作炼精锑原料，产出的贵锑（氧化后留于熔池的熔体）成分为：Sb 80% ~85%、Pb 15% ~20%、Au 300 ~ 400g/t。该贵锑需置于专门的反射炉于 1000℃ 下再行氧化去锑，所得富铅贵锑的成分为：Pb 75% ~85%、Sb 10% ~20%、Au 6000 ~ 8000g/t，将其铸成阳极作铅电解原料。

B 技术操作条件

贵铅电解槽结构为每槽装入阳极（520mm × 540mm）18 块、阴极（535mm × 600mm）17 块，阴极由电铅浇铸而成。电解液由氟氢酸、石英粉及 PbO 粉配制，循环采取下进上出方式、技术操作条件如下：

电解液成分：

Pb^{2+}	60～70g/L
SiF_6^{2+}	320～350g/L
$F^-_{游}$	10～15g/L
异极距	50mm
阴极电流密度	70～80A/m²
电解液循环速度	1.5～2.0L/min
电解温度	<40℃
槽电压	0.2～0.5V
添加剂骨胶	

C 产物

高铅贵锑电解所得电铅含 Au 较高，须将其铸成阳极进行再次电解，以产出低金电铅外销，两次电解获得的阳极泥铸成阳极板送贵锑电解作业。第一、二次电解产物成分见表 14.54。

表 14.54 高铅贵锑电解产物成分

项目		w(Pb)/%	w(Sb)/%	w(Cu)/%	w(Fe)/%	w(Ni)/%	Au/g·t⁻¹
一次电解	阴极	93～95	2～3				60～80
	阳极泥	15～20	50～60	4～5	1～2	0.5～0.6	8000～16000
二次电解	阴极	96～96	1～2				8～20
	阳极泥	<15	<50	1～2	<1.0	<0.2	1000～2000

14.3.4 从锑阳极泥提取金

铅电解所产阳极泥因含锑较高，浇铸成锑阳极进行锑电解，因此，最终产出的仅有锑电解一种阳极泥。该阳极泥首先经硝酸浸出脱出铜镍，然后配入熔剂在坩埚炉中进行熔炼产出坩埚贵锑，最后在马弗炉中吹炼获得含金 94% 以上的合质金。

14.3.4.1 阳极泥酸浸

阳极泥装入瓷缸中用硝酸浸出，浸出液固比为 1∶(2～2.5)，浸出时间 4h，用人工搅拌，浸出矿浆澄清吸出上清后，浸渣用 60～80℃热水洗涤，洗水达到清亮为止，浸渣经干燥后送入下一步作业。

14.3.4.2 坩埚炉熔炼

浸渣按重量比配入纯碱 20%，还原煤 3%～5%，石英砂 15%～20%，氧化铅 10%～20%，混合均匀，加入耐火泥坩埚中，在坩埚炉内熔炼。坩埚炉用柴油作燃料，保持熔炼温度 1200℃，炉料熔炼好后注入铸模，冷却后将上层渣除去，获得含金 10% 以上的坩埚贵锑，坩埚渣因含金高达 1500～3000g/t，须再次进行熔炼。

14.3.4.3 马弗炉吹炼金

将坩埚贵锑打碎装入灰皿中，灰皿由铸铁模和 0.246mm（−60 目）灰组成，灰在模中用人工筑成锅底形，每个灰皿装入坩埚贵锑2500g在马弗炉中吹炼，马弗炉用焦炭作燃料，吹炼后得到粗金和灰皿渣。粗金配入纯碱熔铸成含金94%以上的合质金锭。灰皿渣含金800～1200g/t，经破碎、筛分后，筛上物返回坩埚炉熔炼，筛下物再次作灰使用。

14.3.4.4 技术经济指标

从阳极泥至产出合质金锭，金在各产物中的分配见表14.55。

表14.55 金在各产物中的分配 （质量分数/%）

进	出					
阳极泥	坩埚渣	灰皿渣	坩埚炉灰	合质金	浸出液	损 失
100	0.53	0.58	0.42	98.43	0.02	0.02

阳极泥处理技术经济指标是：

金直接收回率 98.43%

金总收回率 99.96%

每处理1t阳极泥消耗：

硝酸 2.5t

水 12～14t

纯碱 0.2t

还原煤 0.05t

氧化铅 0.15t

石英砂 0.15～0.2t

柴油 0.2～0.3t

焦炭 2～2.5t

14.3.5 锑化物金矿石处理工艺实践

14.3.5.1 南非康索里杰依捷德—马尔齐松矿厂处理工艺

南非康索里杰依捷德—马尔齐松选厂日处理量350t/d，矿石成分较复杂。原矿含金5.63g/t、含锑11.59%。该厂生产工艺流程如图14.27所示。采用重选—浮选联合流程。所得金—砷精矿经焙烧，焙砂氰化提金。从金—砷浮选后的尾矿中浮选锑得合格锑精矿。金—砷浮选前采用绒面溜槽和跳汰机补充回收粗粒金。金—砷浮选时添加硫酸铜50g/t、黄药25g/t、松油5g/t，浮选pH值为8，目的是将大部分含金硫化矿物（主要为毒砂）选入精矿中，将辉锑矿留在浮选槽内。然后再浮选辉锑矿，获得砷含量低的合格锑精矿。

金—砷精矿就地焙烧—氰化，金—砷—黄铁矿精矿在单床炉中焙烧，焙砂用三台间歇工作的空气搅拌槽进行氰化浸出。浸出时先将不含氰化物的矿浆（液固比为4：1）给入第一槽，充气搅拌并加入硝酸铅，以沉淀焙砂中可溶性硫化物中的硫离子。然后加入氰化物和一定量石灰，矿浆中的氰化物浓度为0.3%，矿浆pH值为10～12。浸出一定时间后，停止充气，矿浆自由澄清。澄清后的溢流进入第二槽进行倾析和过滤，过滤所得沉淀物进入第三槽进行再浸出。最终各浸出槽的矿浆均进行过滤，浸渣送尾矿场。

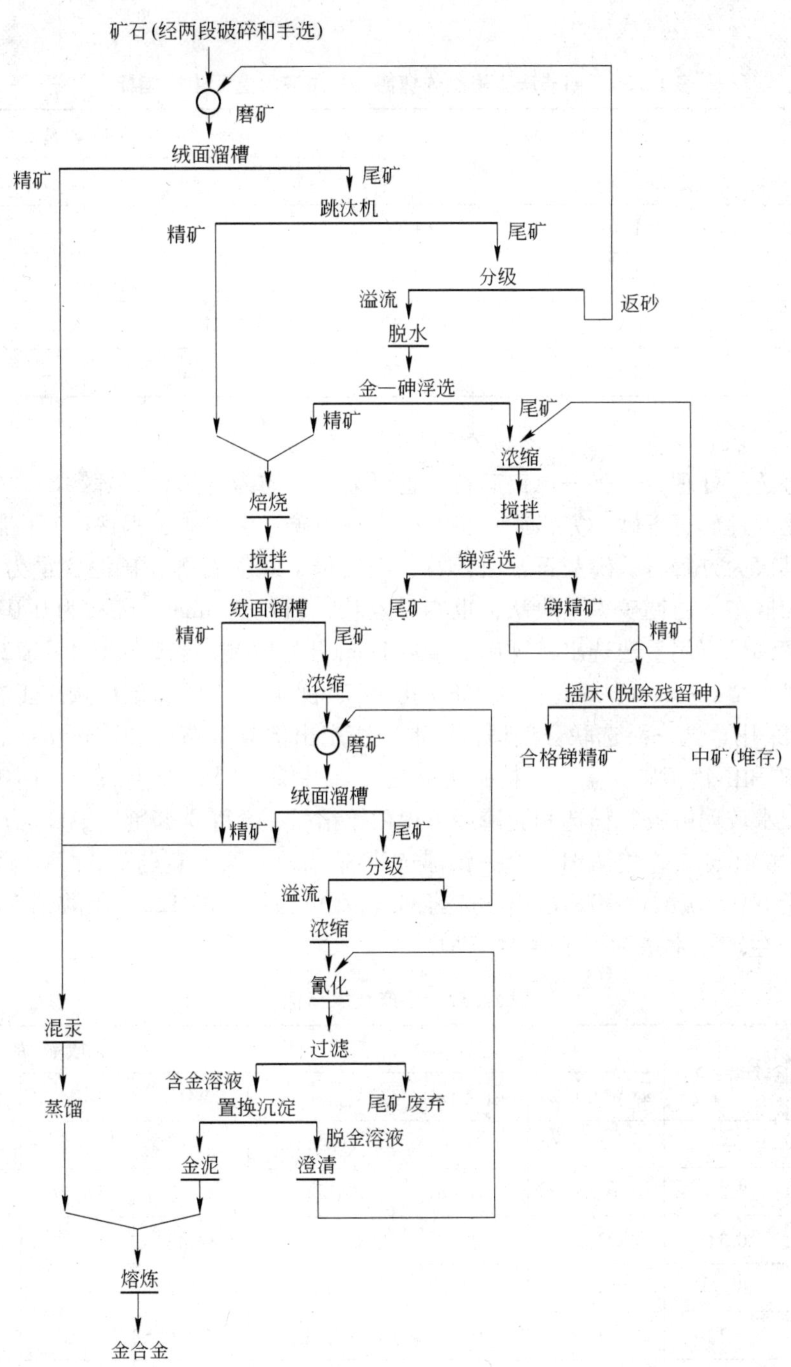

图 14.27 南非康索里杰依捷德—马尔齐松选厂金—锑矿石的生产工艺流程

贵液经砂滤池补充过滤后送锌粉置换沉淀提金器回收金。含金锌泥经焙烧、酸洗、熔铸得合质金。

富金重选精矿（主要为溜槽精矿）经混汞、汞膏蒸馏、熔铸得合质金。熔炼时的熔剂配比为：硼砂20%、萤石20%、氧化硅35%、铁2.5%。该厂生产指标列于表14.56中。

表14.56 南非康索里杰依捷德—马尔齐松选厂生产指标

产品	品位		回收率/%	
	Au/g·t^{-1}	Sb/%	Au	Sb
合格锑精矿	17.6	61.94	53.6	91.4
合质金			34	
尾矿	0.87	1.2	12.4	8.6
原矿	5.63	11.59	100	100

14.3.5.2 我国某金选厂锑化物金矿处理工艺

我国某金选厂处理金—锑—白钨矿石，主要金属矿物为自然金、辉锑矿、白钨矿、黄铁矿，其次为闪锌矿、毒砂、方铅矿、黄铜矿、辉钼矿、黑钨矿、褐铁矿等。脉石矿物主要为石英，其次为方解石、磷灰石、白云石、绢云母、绿泥石等，矿泥含量为3%。有用矿物呈不均匀嵌布。白钨矿多呈块状，也有星点状，粗粒达6mm，细粒为0.074~0.1mm基本解离。辉锑矿可用手选选出富锑矿，金从1mm开始解离，当磨至0.1~0.2mm时解离较完全。原矿含金6~8g/t、氧化钨0.4%~0.6%、锑4%~6%。该厂选矿工艺流程如图14.28所示。采用重选—浮选联合流程，用重选法产出部分金精矿和白钨精矿，用浮选法产出金-锑精矿和白钨精矿。金—锑精矿送火法冶炼并综合回收伴生的金。白钨粗精矿经浓缩、加温、水玻璃解吸、精选和脱磷后可得白钨精矿，金浮选药剂（g/t）为：黄药46、煤油8.2、硫酸46、氟硅酸钠91。金—锑浮选药剂（g/t）为：黄药200、黑药80、2号油适量、硝酸铅100、硫酸铜70。白钨浮选药剂（g/t）为：油酸120、碳酸钠3000~4000、水玻璃1000。生产技术指标列于表14.57中。

表14.57 生产技术指标

指标产品	产率/%	品位			回收率/%		
		$w(WO_3)$/%	$w(Sb)$/%	Au/g·t^{-1}	WO_3	Sb	Au/g·t^{-1}
金合金	—	—	—	98.40	—	—	13.75
金-锑精矿	7.34	0.21	41.66	61.25	2.47	96.59	72.87
白钨精矿	0.71	73.2	—	—	84.42	—	—
尾矿	89.74	0.081	0.076	0.8	11.02	3.23	12.88
废石	2.12	0.045	0.17	1.41	0.09	0.18	0.5
矿石	100	0.631	3.205	6.246	100	100	100

14.3.5.3 美国伊耶耳罗—派因金选厂锑化物金矿处理工艺

美国伊耶耳罗—派因选厂处理金—银—锑—白钨复合矿，处理量为2000t/d。原矿含金2.6g/t、银28.3g/t、锑1%、氧化钨(WO_3) 0.2%。金的主要载体矿物为黄铁矿和毒

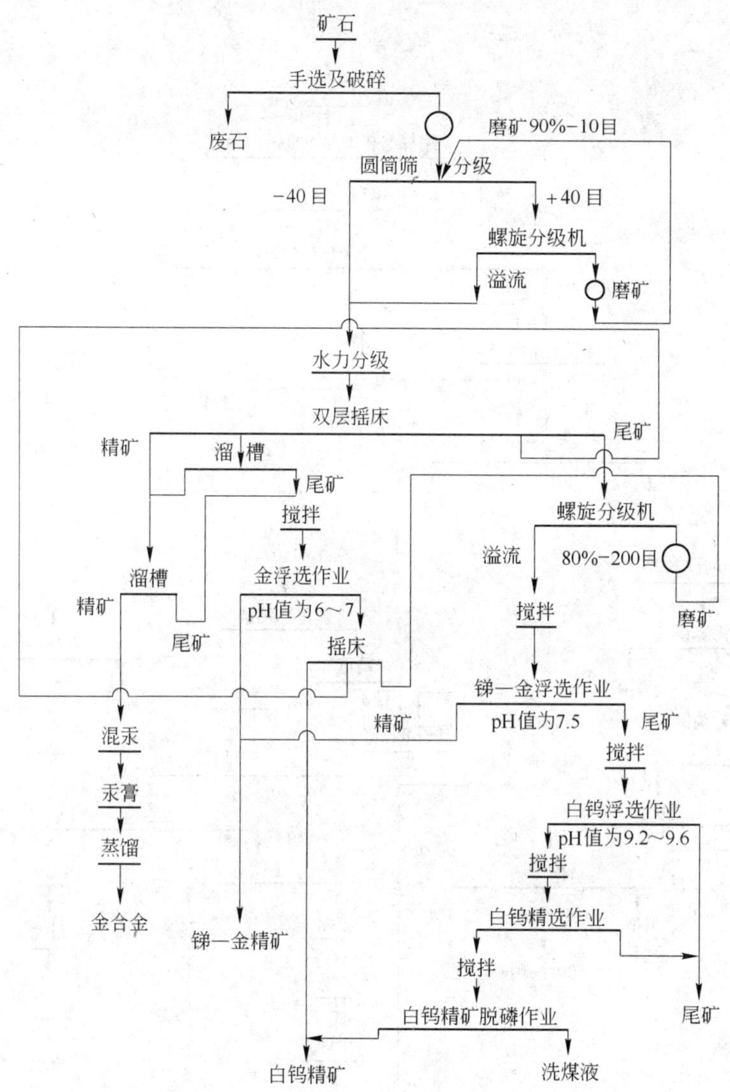

图 14.28 我国某选矿厂金—锑—白钨矿石生产工艺原则流程

砂。锑呈辉锑矿，钨呈白钨矿形态存在。选厂工艺流程如图 14.29 所示。采用浮选流程产出金精矿、锑精矿和钨精矿。原矿磨至 97% −0.3mm 后在 pH 值为 8.4 的条件下进行硫化矿物的混合浮选。混合浮选的药剂（g/t）为：碳酸钠 317、苛性钠 227、醋酸铅 180 ~ 340、硫酸铜 110 ~ 180、捕收剂 Z-1190-110。混合精矿再磨至 95% −0.074mm 后进行两次混合精矿精选，然后采用硫酸铜和苛性钠进行抑锑浮金的分离浮选，获得金精矿和锑精矿。金精矿组成（%）为：金 71g/t、银 85g/t、锑 4、砷 9、硫 35。锑精矿组成（%）为：金 17g/t、银 482g/t、锑 46、砷 1.8、硫 22。金总回收率为 48%，锑总回收率为 81.95%。金精矿和锑精矿分别用多床焙烧炉进行氧化焙烧。焙砂就地氰化产金。

金属硫化矿混合浮选后的尾矿进行白钨浮选。浮选药剂（g/t）为：水玻璃 450、艾德苏普 730。

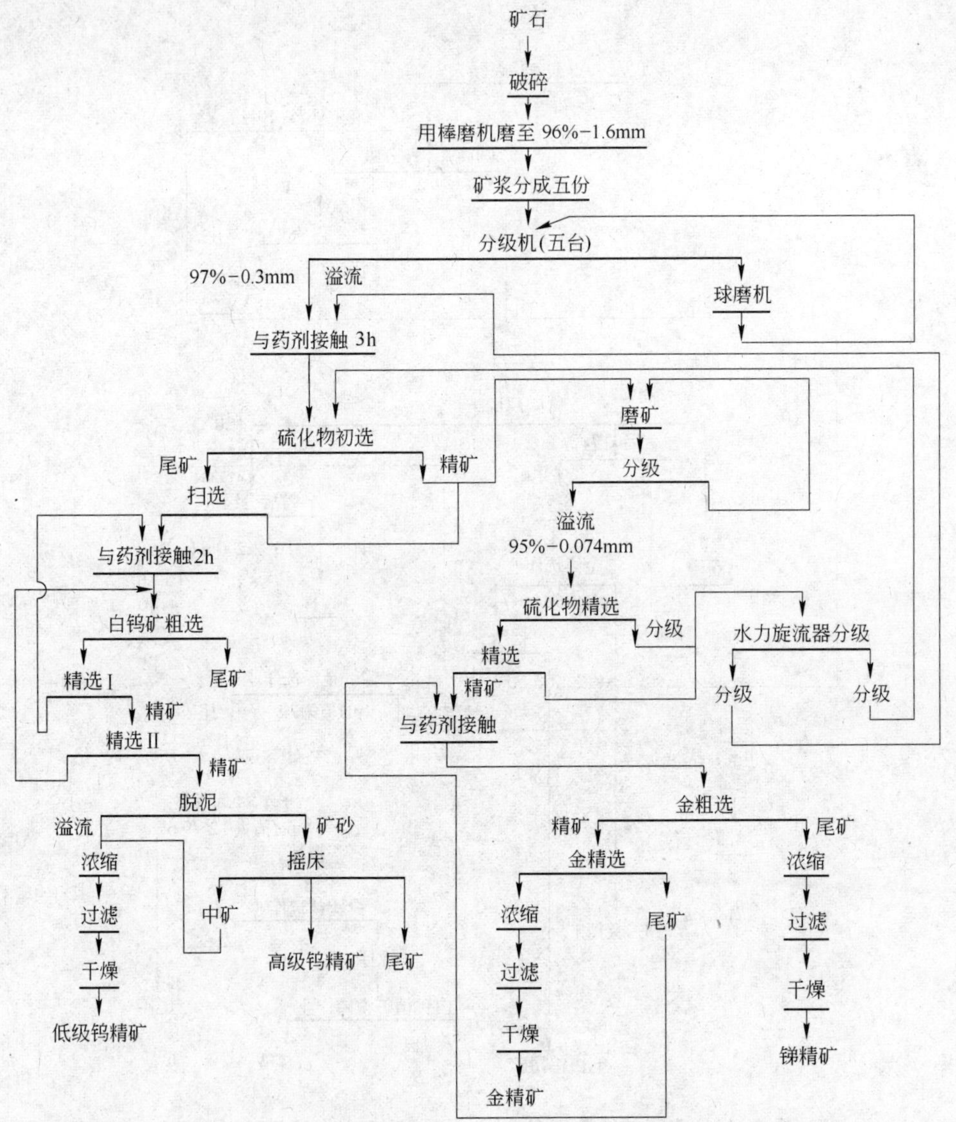

图 14.29　美国某选冶厂金—锑—白钨矿选矿流程

14.4　碲化物金矿处理

14.4.1　碲矿的资源

金的碲化物是除了自然金和金—银矿物之外，唯一有经济意义的金矿物。金的碲化物有一系列化学成分相当复杂的同类矿物，如针状碲金银矿（$(Au,Ag)Te_2$）、碲金矿（$(Au,Ag)Te_2$）、碲金银矿（$(Au,Ag)Te_2$），以及不常见的针状碲金银矿（$(Au,Ag)Te_4$）和板状金碲矿（Au_2Te_3）。金碲化合物常与自然金和硫化物矿物共生。由于含银或不含银的金碲化物在氰化溶液中溶解极慢，要获得有效的金提取率，通常需要一个预氧化阶段。

金碲矿物（Au_xTe_y）在碱性氰化物溶液中溶解缓慢，但在氧化的碱性氰化物溶液中，金碲化物分解生成金的氰化物和碲酸盐：

$$AuTe_2 + 2CN^- + 6H_2O \longrightarrow Au(CN)_2^- + 2TeO_3^{2-} + 12H^+ + 9e$$

但这种反应比自然金和金银合金的氰化物中的反应慢得多。因此对于碲化物矿石即使进一步细磨或超细磨，也很难达到较高的金浸出率。对于这类矿石或金矿要进行氯化或焙烧预处理。

碲化物矿物在许多金矿床中都有发现，如美国科罗拉多 Cripple Creek、斐济 Emperor、罗马尼亚 Rosia Montana 金矿床，我国的鲁南归来庄、河南小秦岭、浙江遂昌银坑山金矿床，以及四川大水沟独立碲化物矿床。黑龙江三道湾子金矿床是国内外首例独立的碲化物型金矿床，国内学者对该矿床进行了系统的矿物学研究，包括矿物学特征、矿物共生组合关系、成分分析、碲化物矿物形成时的硫逸度、碲逸度条件以及固溶体特征对成矿温度的指示，并在该矿床碲化物集合体中发现了新的 Au-Te 化合物——Au_2Te，碲化物型金矿床的矿物学研究更加深入。

14.4.2 碲矿的选矿预处理

金与银都或多或少地能与碲结合成化合物。金的碲化物用起泡剂就能浮选。但由于碲化物很脆，磨矿过程中易泥化，从而给碲化物的浮选造成困难。因此，处理金—碲矿石时，务必进行阶段浮选。

金—碲矿石的优先浮选原则流程如图 14.30 所示。首先，从矿石中回收金的碲化物和其他易浮矿物。在苏打介质（pH 值为 7.5 ~8）中只用松根油或其他起泡剂进行浮选，使一部分游离金进入精矿中，而尾矿则用巯基捕收剂进行硫化物浮选。金—碲精矿进行长时间氰化（4 ~5d）处理，而金—硫化物精矿则实行焙烧，而后对焙砂进行氰化。

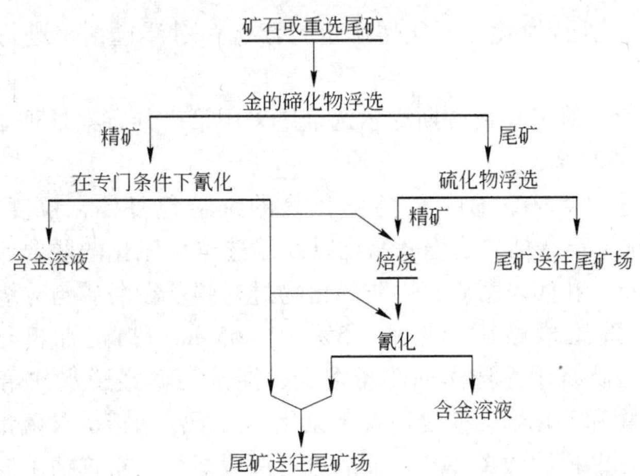

图 14.30 金—碲金矿优先浮选原则流程

另一个原则流程，如图 14.31 所示，是从混合浮选精矿及其氰化尾矿中分选出含碲产品。必要时，可对精矿进行再磨、洗涤和脱水，而后在苏打—氰化物介质中以碳氢油作为捕收剂进行碲化物浮洗。原矿磨细后以黄药类捕收剂进行混合浮选，混合精矿再磨、洗涤、脱水后在碳酸钠—氰化物介质中以中性油类捕收剂浮选碲化金。此流程可从含碲 10g/t（主

要为碲铋矿 $BiTeS_2$）的矿石中获得含碲达 4kg/t 的碲精矿，碲的回收率可达 61%。

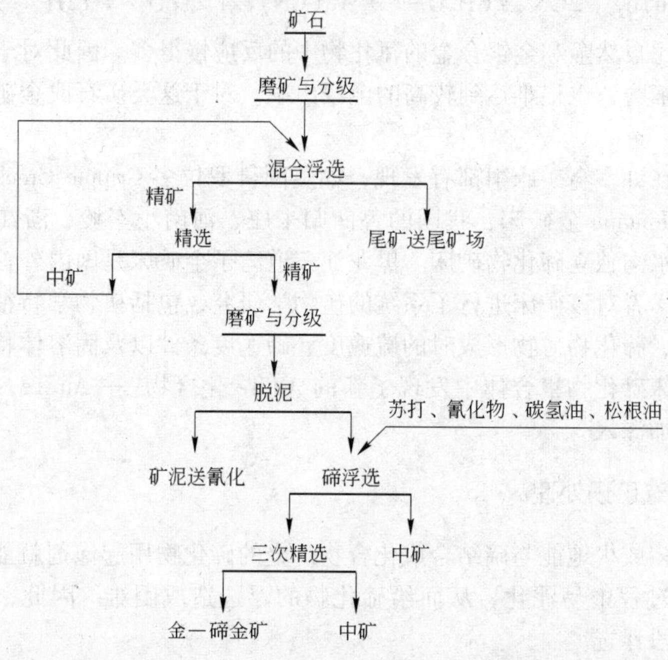

图 14.31 金—碲—黄铁矿矿石的混合——优先浮选流程

当前，金—碲矿石可用下列两种方案进行处理。

（1）将难溶金用浮选法选入精矿中，对精矿实行氧化焙烧，焙砂和浮选尾矿进行氰化。

（2）将矿石直接进行氰化，氰化尾矿进行浮选。对浮选精矿进行焙烧，其焙砂进行氰化。

澳大利亚的莱克—维尤恩德—斯塔尔选金厂采用第一种方案处理难溶金—碲矿石的选冶工艺流程如图 14.32 所示。

所处理矿石含金 7.5g/t，金主要为碲化物的细粒包裹体，粒度由微细到 5mm。图 14.32 为重选—浮选和浮选精矿焙烧—氰化以及浮选尾矿氰化的联合流程。矿石进行三段破碎（至小于 10mm）和四段磨矿，以防碲化物过粉碎。在磨矿与分级循环中先用绒布溜槽回收粗粒金，粗选溜槽给矿粒度为 15% -1.65mm，扫选溜槽给矿粒度为 20% +0.074mm。磨碎后的矿石用浮选法回收难溶金，浮选精矿经脱水并焙烧（500~550℃），以便解离含金硫化物和碲化物，使之适合于氰化。由于浮选精矿含硫量很高，所以进行单独焙烧，其焙砂先用溜槽回收单体金，而后进行两段氰化。重选精矿进行混汞。

该厂金总回收率为 94.2%。其中，原矿溜槽选别回收率为 13.02%；焙砂溜槽选别回收率为 20%；焙砂氰化回收率为 57.60%；浮选尾矿氰化回收率为 3.60%。

14.4.3 碲冶炼工艺

碲和硒是稀散金属中最早被发现的元素，它们常共生在一起。西方国家的硒矿源列于表 14.58。

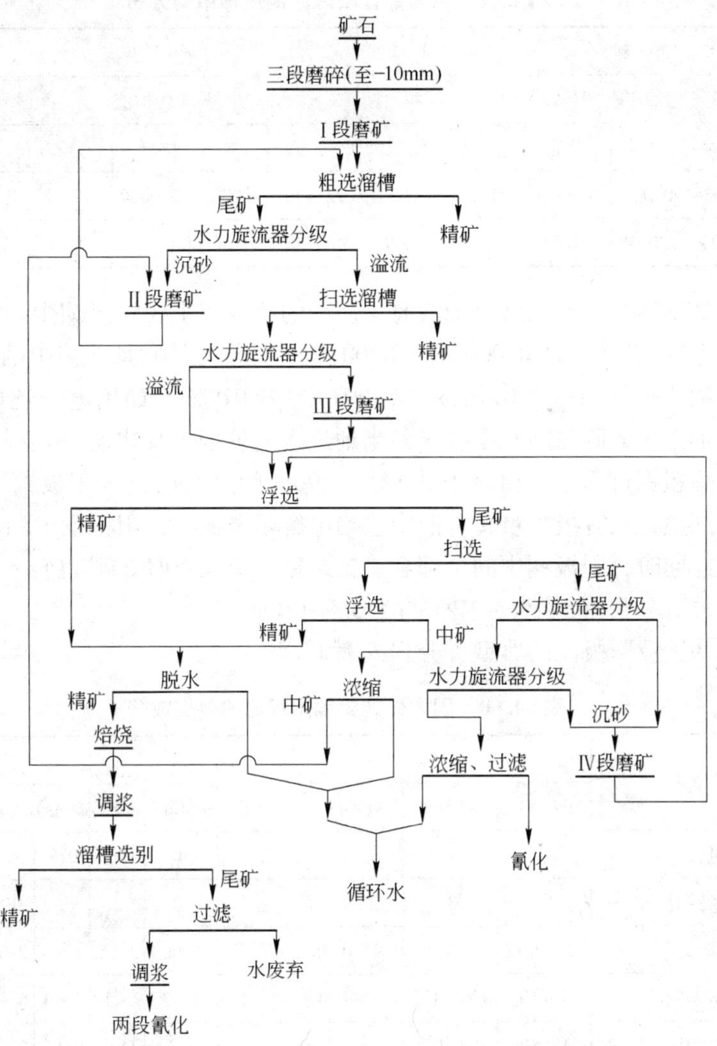

图 14.32 澳大利亚某选金厂处理难溶金—碲矿石的选冶工艺流程

表 14.58 西方国家产硒的矿源分布

资 源	斑铜矿	铜黄铁矿	铜镍矿	黄铜矿-斑铜矿	铜铅锌矿	铅锌矿
占有率/%	53.7	33.6	8.0	2.0	0.7	2.0

从表 14.58 可见，硒主要来自斑铜矿和铜黄铁矿，每生产 1t 铜即可回收硒 0.26 ~ 0.58kg 及碲 0.06kg。工业中提取碲和硒的原料，主要有铜电解阳极泥，其次是镍或铅电解的阳极泥，以及从生产硫酸或纸浆的烟气中收得的尘泥或淋洗的泥渣、金碲矿等。

14.4.3.1 从阳极泥中回收碲

反射炉熔炼铜矿时，部分硒与碲进入烟尘，约 60% ~80% 的硒转入冰铜。冰铜含硒约达 0.01%，当吹炼冰铜时，有 90%（为原矿的 60%）的硒转入粗铜。电解粗铜时，粗铜中的硒大部分转入铜阳极泥。在此过程中碲均匀分散在所有产物中，只是在转入烟尘中的碲得到一定的富集。硒与碲在吹炼冰铜产物中的分布列入表 14.59。

表 14.59 硒与碲在吹炼冰铜产物中的分布 (%)

元素	进料		产出物					
	冰铜		粗铜		转炉渣		烟尘	
	品位	分布	品位	分布	品位	分布	品位	分布
Se	0.0034~0.009	100	0.016~0.023	72~56	0.0004~0.0009	12~8	—	16~37
Te	0.0019~0.0038	100	0.005~0.0094	46~48	0.0005	34~11	—	20~24

用烟化炉处理转炉渣或铅鼓风炉渣时，渣中的硒与碲主要转入烟尘。如某厂转炉渣含硒0.0008%~0.001%，含碲0.0003%~0.001%，经烟化炉吹炼，渣中硒与碲基本进入烟尘，烟尘中含硒与碲分别达0.0175%与0.004%~0.019%。如用电炉还原熔炼含硒与碲的烟尘，则原烟尘中的硒与碲几乎各半各半地进入电炉烟尘及冰铜。

在火法精炼粗铜过程中，粗铜中约85%~90%的硒与碲进入阳极铜，约15%~10%的硒与碲进入烟尘，只有极少量转入渣中。当电解阳极铜时，阳极铜中的硒与碲均全部转入阳极泥。与此同时，阳极铜中的全部金、银及铅，以及40%的砷也转入阳极泥，阳极泥中硒与碲的品位可分别达到4%~12%与1.5%~10%。

世界上一些工业阳极泥的典型成分列入表14.60。

表 14.60 国内外铜铅镍阳极泥的典型成分

国家	厂名	产出率/%	成分/%										
			w(Se)	w(Te)	w(Au)	w(Ag)	w(Cu)	w(Pb)	w(As)	w(Sb)	w(Ni)	w(Fe)	w(S)
瑞典	波里顿	1.4	21	1	1.28	9.36	40	10.2	0.8	1.5	0.5	0.04	3.5
美国	肯尼科特铜厂	—	12	3	0.9	9	30	2	2	0.5	—	—	—
	巴拉的康铜厂	—	12~9.12	3~0.82	0.9~0.35	9~15.7	3~24.3	3.15	3.14	2.34	—	—	—
	卡门布尔电铜厂	—	4~10	0.6~1.3	0.1~0.4	1.25~1.9	2~3	9~18	3~4	5~7	0.6~4	0.25	—
苏联	基洛夫铜厂	—	13.59	1.1	—	—	22.33	11.1	0.61	3.61	—	—	—
	莫斯科铜厂	—	2	—	0.04	3.17	14.78	—	—	—	—	—	5.99
	北方镍厂	—	5.62	—	0.1	4.69	19.62	—	—	—	30.78	—	5.26
加拿大	诺兰达铜厂	0.65	28.42	3.83	1.98	10.53	45.8	—	0.33	0.81	0.23	0.4	—
	东蒙特利尔铜厂	0.95	20.54	2.92	1.08	15.4	37	—	0.57	0.48	0.17	0.6	—
	铜崖银厂	—	15.03	3.61	—	—	24.7	1.51	0.24	0.32	19.8	0.4	5.9
澳大利亚	肯布拉港铜厂	1	2.96	2.58	1.64	6.28	13.8	23.7	4.03	8.34	0.45	0.35	7.8
	蒙特伊莎铜厂	0.78	3.28	痕	0.17	0.94	66.23	1	0.7	0.05	0.05	—	9.88
津巴布韦	英亚蒂铜厂	0.14	12.64	1.06	0.03	5.14	43.53	0.91	0.27	0.06	0.27	1.42	6.55
芬兰	奥托昆布公司	0.38	4.33	—	0.44	7.34	11.02	2.82	0.7	0.04	45.2	0.6	2.32
日本	直岛银厂	—	19.2	1.35	0.0012	0.0159	0.37	24.9	—	—	—	—	—
	1厂	0.79	5.86	2.49	0.93	1.07	29.27	33.36	1.41	5.54	2.19	0.94	—
	2厂	—	4.02	1.35	0.31	8.09	21.78	16.51	1.36	5.52	1.56	0.15	—

续表 14.60

国家	厂 名	产出率/%	成分/%										
			w(Se)	w(Te)	w(Au)	w(Ag)	w(Cu)	w(Pb)	w(As)	w(Sb)	w(Ni)	w(Fe)	w(S)
中国	1厂	0.5~0.8	4.2	0.58	0.55	17.35	12.41	21.3	2.66	1.3	—	—	—
	2厂	0.2~0.8	5.8	0.5	1.65	13.5	11.5	20.5	3.1	14.5	2.8	—	—
	3厂	0.2~0.8	2.9	—	0.34	11.4	12.1	5	2	—	—	—	—
	4厂	0.2~0.8	12.5	0.6	0.2	6.9	37	4.95	0.95	0.5	0.17	—	6
	5厂	0.2~0.8	3.2	0.55	0.31	11.2	10.1	12.4	4.4	6.1	1.1	—	—
	6厂	1.4~1.8	—	—	0.003	18.14	4.6	10	0.12	39	—	—	—
	7厂	1.4~1.8	—	—	—	2.5	3.7	12.5	0.02	57.5	—	—	—

阳极泥中硒存在的形态为 AgSe（绿色）、Cu_2Se（黑色）、CuSe（灰色）、CuAgSe 及元素硫等，阳极中碲存在的形态为 Ag_2Te（灰色）、Cu_2Te（蓝或灰色）、$(Au,Ag)Te_2$ 及元素碲等。金、银与铜以元素状态以及主要以硒化物或碲化物状态存在，镍、铁与锌等主要以氧化物，其余的砷、锑、铅等以相应的氧化物或砷酸盐形态存在。脉石则主要以氧化物及盐等形态存在。它们的粒度一般都小于 0.15mm。阳极泥的产出率依处理原料不同而异，一般铜阳极泥率约为 0.2~0.8，而铅阳极泥率稍高，约为 1.4~1.8。

从阳极泥中回收碲时，必须考虑综合回收阳极泥中众多的有价金属金与银，以及随其主金属电解而带来的、含量较高的铜，铅与镍等。

A 硫酸化焙烧法

硫酸化焙烧法提取硒与碲的典型工艺流程如图 14.33 所示。

硫酸化焙烧是将阳极泥配以定量的硫酸，在一定温度下焙烧，料中硒与碲的化合物或元素状态的组分与硫酸作用而发生如下一些主要化学反应：

$$Se + 2H_2SO_4 \longrightarrow H_2SeO_3 + 2SO_2\uparrow + H_2O$$

$$Se + 2H_2SO_4 \longrightarrow SeO_2\uparrow + 2SO_2\uparrow + 2H_2O$$

$$Te + 2H_2SO_4 \longrightarrow TeO_2 + 2SO_2\uparrow + 2H_2O$$

$$2Ag + 2H_2SO_4 \longrightarrow Ag_2SO_4 + SO_2\uparrow + 2H_2O$$

$$CuSe + 4H_2SO_4 \longrightarrow SeO_2\uparrow + CuSO_4 + 3SO_2\uparrow + 4H_2O$$

$$Cu_2Se + 2H_2SO_4 + 2O_2 \longrightarrow SeO_2\uparrow + 2CuSO_4 + 2H_2O$$

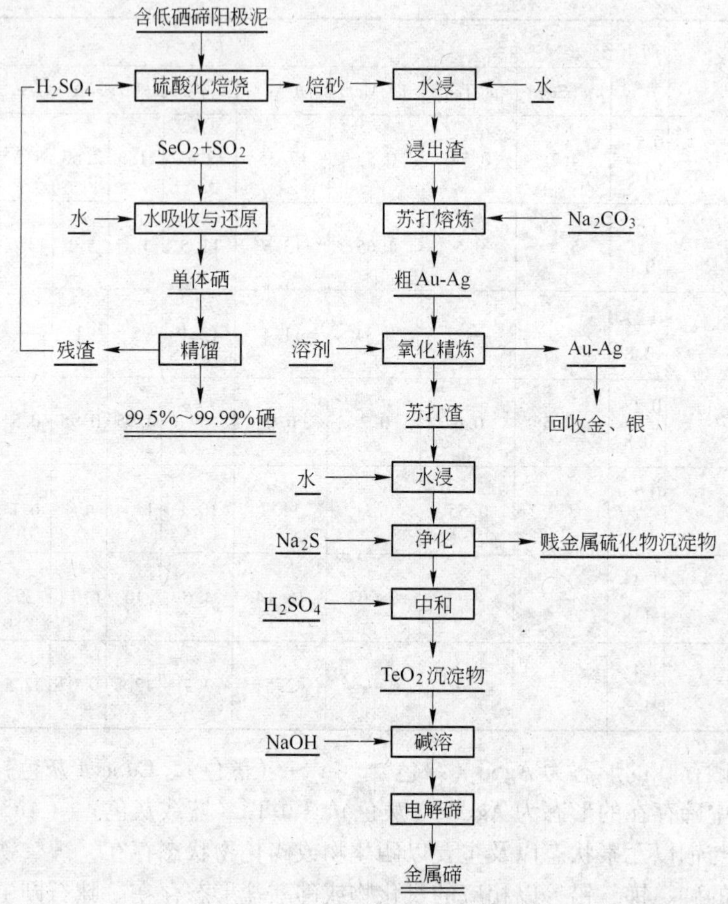

图 14.33 硫酸化焙烧法提取碲流程

$$AgTe + 2H_2SO_4 \longrightarrow Ag + TeO \cdot SO_4 + SO_2\uparrow + 2H_2O$$

$$AuTe_2 + 2H_2SO_4 + 2O_2 \longrightarrow Au + 2TeO_3 + 2SO_2\uparrow + 2H_2O$$

$$Ag_2Se + 2H_2SO_4 \longrightarrow 2Ag + SeO_2\uparrow + 2SO_2\uparrow + 2H_2O$$

$$Ag_2Se + 2H_2SO_4 + O_2 \longrightarrow Ag_2SO_4 + SeO_2\uparrow + SO_2\uparrow + 2H_2O$$

其他硒化物（Me′Se）及重金属（Me）等发生如下反应：

$$Me + 2H_2SO_4 \longrightarrow MSO_4 + SO_2\uparrow + 2H_2O$$

$$2Me'Se + 6H_2SO_4 \longrightarrow 2Me'SO_4 + 2SeO_2\uparrow + 3SO_2\uparrow + \frac{1}{2}S\downarrow + 2H_2O$$

$$Me'Se + 4H_2SO_4 \longrightarrow Me'SO_4 + SeO_2\uparrow + 3SO_2\uparrow + 4H_2O$$

含硒1.4% ~2.3%、碲0.2%及银10% ~15%%的阳极泥，配以0.78倍料重的浓硫酸，投入回转窑内，在500℃左右焙烧3~4h，过程中挥硒率达到95%以上。串联数级水吸收塔，控制塔内负压在400~1333.3Pa并保持第一塔吸收液含硫酸280g/L，吸收硒率可在90%以上。H_2SeO_3 旋即被烟气中的 SO_2 还原而析出纯度为96% ~97%的红色单体硒，硒回收率可达 86% ~93%。单体硒在 700 ~800℃下精馏，然后在25℃下凝结得纯度99.5%的硒。精馏后的废气经酸吸收后排空，精馏残渣因含硒约0.65%，宜作返料随回硫酸化焙烧。

硫酸化焙烧产出的焙砂多为硫酸盐，一般含碲0.4% ~1%，残含硒0.003% ~0.05%（约为原料中硒量的7%），并含金与银等有价金属，用热水浸出，$CuSO_4$ 等转入溶液，可送铜厂回收铜。浸出渣除含碲外，并富含金0.6% ~1%、银5% ~12%。此渣配以苏打在1100~1200℃进行碱熔炼 14~16h，便可获得含金 0.7% ~1.3%、银 12% ~20%及铅20% ~25%的产出率约30%的金银合金。此合金经受氧化精炼，其中的铅、砷及锑等被氧化而挥发入烟尘或转入炉渣中，从而与不易氧化的金银合金分离。当过程中熔炼得含金加银达70% ~80%的金银合金时，就加入 $NaNO_3$ 和 Na_2CO_3 碱熔造渣。使碲以 Na_2TeO_3 入渣而达到富集：

$$TeO_2 + Na_2CO_3 \longrightarrow Na_2TeO_3 + CO_2 \uparrow$$

这时得到含金加银多于85%的金银合金以及富含碲的苏打渣，从合金中回收金及银，从苏打渣中回收碲。

苏打渣用热水浸出，控制液固比5~8，在90℃下浸出数小时，Na_2TeO_3 转入碱溶液。向压滤后所得碱液加入 Na_2S 除贱金属，过滤除去贱金属硫化物后，用硫酸中和净化后的碱液到pH值为4~4.5，液中碲便以白色 TeO_2 形态沉淀析出（如有杂质共淀则产物带它色）。

$$Na_2TeO_3 + H_2SO_4 \longrightarrow TeO_2 + Na_2SO_4 + H_2O$$

用NaOH溶液溶解此沉淀，便制得含碲达200~300g/L及游离碱100g/L的 Na_2TeO_3 溶液，以它作电解液，在以不锈钢板作阴极，铁片为阳极的电解槽内，在电流密度50A/m^2、槽压1.6~1.8V下电解。得到性脆的阴极碲，从阴极敲下，经水洗后熔铸得精碲。回收率可达80% ~85%。

B 苏打熔炼法

苏打熔炼法是另一种广泛用于从阳极泥中回收硒与碲的方法。其优点在于：

（1）第一道作业中就能使贵金属与硒和碲良好分离。贵金属回收率高。

（2）获得纯硒的工艺简易可行。

（3）可以综合回收碲与铜。

（4）苏打可再生返用。

（5）设备无需设置防酸衬里等。

将阳极泥配以料重40% ~50%的苏打，投入电炉内，在450~650℃下进行氧化熔炼过程中硒与碲转变为易溶于水的硒（碲）酸盐或亚硒（碲）酸盐：

$$2Se + 2Na_2CO_3 + 3O_2 \longrightarrow 2Na_2SeO_4 + 2CO_2$$

$$Cu_2Se + Na_2CO_3 + 2O_2 \longrightarrow Na_2SeO_4 + 2CuO + CO_2$$

$$2Cu_2Se + 2Na_2CO_3 + 5O_2 \longrightarrow 2Na_2SeO_4 + 4CuO + 2CO_2$$

$$CuSe + Na_2CO_3 + 2O_2 \longrightarrow Na_2SeO_4 + CuO + CO_2$$

$$2CuSe + 2Na_2CO_3 + 3O_2 \longrightarrow 2Na_2SeO_4 + 2CuO + 2CO_2$$

$$SeO_2 + Na_2CO_3 \longrightarrow Na_2SeO_3 + CO_2$$

$$2Ag_2O \longrightarrow 4Ag + O_2$$

$$Ag_2Se + Na_2CO_3 + O_2 \longrightarrow Na_2SeO_3 + 2Ag + CO_2$$

$$2Ag_2Se + 2Na_2CO_3 + 3O_2 \longrightarrow 2Na_2SeO_4 + 4Ag + 2CO_2$$

同时，也发生如下的副反应：

$$3Se + 3Na_2CO_3 \longrightarrow 2Na_2Se + Na_2SeO_3 + 3CO_2$$

$$3Ag_2Se + 3Na_2CO_3 \longrightarrow Na_2SeO_3 + 2Na_2Se + 6Ag + 3CO_2$$

碲及其化合物也发生类似的化学反应，生成相应的 Na_2TeO_3 及 Na_2TeO_4 等盐及贵金属银等。

苏打熔炼法综合回收硒与碲的典型工艺如图 14.34 所示。

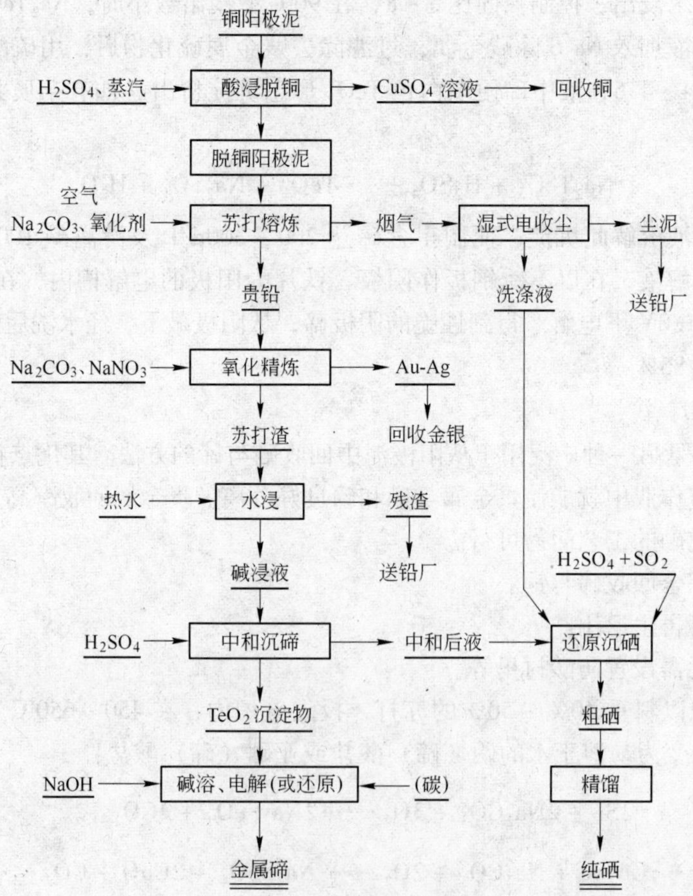

图 14.34 苏打熔炼法提取碲流程

14.4.3.2 从酸泥中回收碲

黄铁矿或硫磺矿一般都含有0.015%～0.05%的硒与碲，它们常以类质同象存在。在生产硫酸过程中，矿中的硒以SeO_2形态随SO_2转入烟气，随后在经过沉淀池、淋洗塔及电除雾等处溶于水而形成的H_2SeO_3，旋即被过程中的SO_2还原成硒，沉积在底部而成酸泥。表14.61为硒与碲在生产硫酸产物中的分布。

表14.61 硒与碲在生产硫酸产物中的分布 （%）

元素	焙砂		烟道气		干式电收尘		淋洗塔酸泥		湿式电收尘酸泥		过滤渣	
	品位	分布	品位	分布	品位	分布	品位	分布	品位	分布	品位	分布
Se	0.0019	17.6	0.0009	4.4	0.0012	1.6	1.4	37.1	61.1	4.6	62.2	34.7
Te	0.0035	54.4	0.005	40.4	0.0173	3.9	0.018	0.8	0.047	0.1	0.42	0.4

14.4.3.3 从金碲矿中回收碲

含碲化物的金银矿脉，如不先除去硒与碲便会妨碍提金的汞齐法或氰化法的正常进行。因为氰化金矿时，硒与碲也进入氰化物溶液，当溶液含CN^-由0.03%增到0.25%时，溶解硒量可由2.7%上升到31.1%；而溶液即使存有微量的NaOH，都会急剧增大硒的溶解量。在15℃下用锌片置换金的过程中，部分硒与碲也会沉积在锌的表面上，以及溶液中NaCNSe在弱碱介质中会离解出元素硒，都会危害金的置换，甚至导致氰化液中80%的金不能析出。

斐济碲化物浸出法：斐济于1975年创立此法，实现从金矿提碲，其工艺流程为选冶联合流程。磨碎了的含碲金矿，首经优先浮选得到碲金精矿，精矿配加苏打进行氧化焙烧。焙砂送去氰化提金，金进入溶液。浸出渣经洗涤回收残留在渣中的金后，便得到富含碲的碱浸出渣。此渣用Na_2S浸出，过滤后，向滤液加入Na_2SO_3还原沉出TeO_2。然后从TeO_2沉淀中进一步回收碲，碲的回收率达88%。该厂年产碲达3.27～4.22t。

某厂从阳极泥中回收碲的工艺与斐济帝国碲化物浸出法相似。先经苏打熔炼得富含碲的金银合金，然后再配以Na_2CO_3、$NaNO_3$及其他熔剂进行氧化熔炼，得到较高品位的金银合金和苏打渣。金银合金送去电解回收银与金。苏打渣含碲较高，在90～95℃下用15%～20%的Na_2S液浸出4h，使渣中碲进入碱液。过滤后向滤液加入稀硫酸中和到pH值为5～6，从溶液中沉淀析出TeO_2。获得的TeO_2沉淀物经NaOH溶解，得到含碲达180～400g/L、含NaOH 80～120g/L的电解液。以不锈钢片作电极，在25～70A/m^2电流密度及1.5～2.2V槽电压下电解，获得纯度99.99%的碲。

14.4.4 碲化物金矿石处理工艺实践

碲化物矿石的处理流程如图14.35所示。不同的含金碲化矿物对氰化浸出的反应变化很大，很难了解。然而，有些碲化物矿石可以直接用氰化法处理。多数碲化物矿石常用浮选法能产生富含碲的精矿，在浸出前必须对精矿进行氧化以解离所含的金。氧化方法有氯化法和焙烧法，氯化法最适合含硫化物低（硫化物矿中硫低于1%）的矿石，必要时可用弃气法钝化硫以免氯的高消耗。

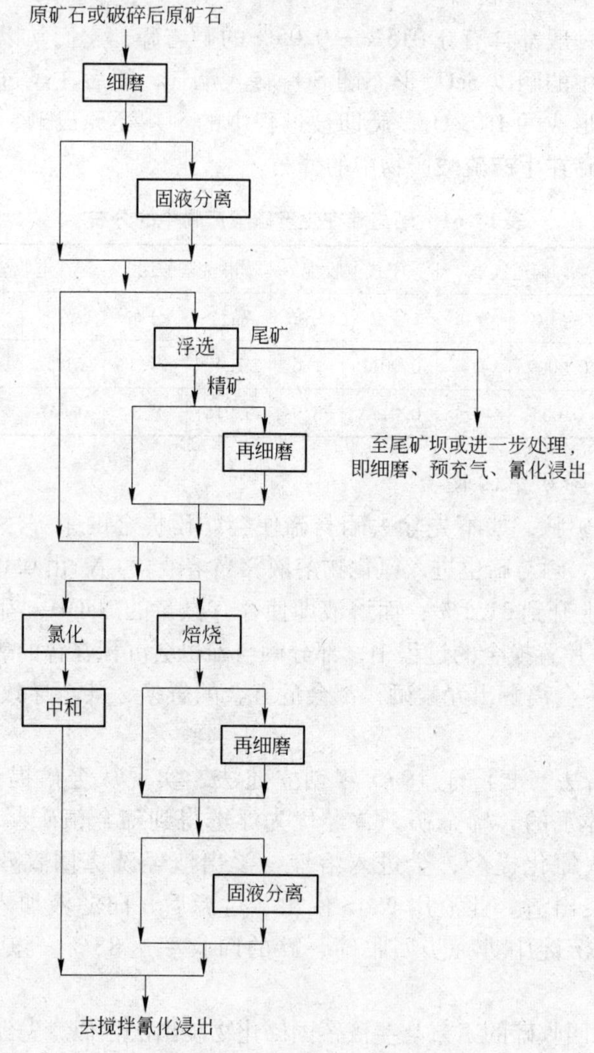

图 14.35 碲化物矿石处理流程方案

对高硫化物的碲矿石及浮选精矿可经焙烧后用氰化物浸出。必要时，焙烧后可对物料进行再细磨。

也可用硫化钠及亚硫酸钠沉淀法从碲矿石的氧化物料中回收碲。

金—碲精矿可直接进行氰化提金。由于金—碲矿石中金呈微细粒浸染，金的碲化物比游离金难溶于氰化物溶液。金的碲化物在氰化物溶液中的溶解度随溶液中氧和碱浓度的提高而增加。过氧化钠能分解碲化物；溴化氰能氧化和溶解贵金属及其化合物。因此，金—碲精矿直接氰化时，精矿应再磨，再磨细度常为99% -0.074mm；氰化浸出时间长达50 ~ 60h；矿浆碱度较高（CaO 含量高于 0.02%）；矿浆应强烈充气；可加入氧化剂（过氧化钠 200 ~500g/t）进行氰化提出或溴氰化浸出。溴氰化浸出时的溴化氰用量为氰化钠的 1/3。

金—碲精矿也可采用焙烧—焙砂氰化的方法提金。金-碲精矿焙烧时可脱除碲和硫。

焙烧过程中金的碲化物易熔化并吸收与其连生的金，氰化过程中只有将碲化物溶解后才能浸出其中的金，故此需要很长的氰化浸出时间。此外，金—碲精矿焙烧时，有部分金会损失于烟尘中。因此，金—碲精矿焙烧时应逐渐升温以消除上述不良影响。

当前，金—碲矿石可采用下列方案处理：

（1）将难浸金用浮选法获得金—碲精矿、精矿焙烧、焙砂和浮选尾矿进行氰化提金；

（2）金—碲矿石直接氰化，氰化尾矿进行浮选，浮选精矿再焙烧，焙砂氰化提金。

14.4.4.1 河南金渠黄金股份有限公司金渠金矿

河南金渠金矿含铜、碲金矿石采用“重浮氰”联合选矿工艺，金总回收率达到了95.35%。

矿石中含有多种元素，其主要有益组分是金、银、铜、硫、碲，含量见表14.62。

表14.62 原矿化学多元素分析结果 （质量分数/%）

化学成分	Cu	Te	S	C	Pb	Fe	SiO_2	CaO	Al_2O_3	Au/g·t^{-1}	Ag/g·t^{-1}
含量	0.11	26.38	1.98	0.35	0.036	3.58	80.58	1.12	6.38	3.95	7.17

金渠金矿于1991年建成200t/d选金厂，采用混汞+浮选工艺流程；1995年7月浮选金精矿直接氰化投产；2003年8月尼尔森重选代替混汞板减少汞危害，并将生产规模增加到750t/d。2010年选矿厂生产指标见表14.63。

表14.63 2010年选矿厂生产指标

指标名称	入选品位/g·t^{-1}	重选收率/%	浮选收率/%	再选收率/%	总回收率/%
生产指标	4.28	16.74	72.94	1.16	90.84

重选法回收粗粒金对提高选矿回收率非常有必要的。为取得实际生产效果，将金渠矿石运至公司另一个工艺为“跳汰机+浮选”的选矿厂进行生产试验。两个选矿厂重选指标结果见表14.64。从生产实际结果可以看出：随着重选回收率的提高，金总回收率可提高1.64%。

表14.64 重选生产指标对比

工艺类别	原矿品位/g·t^{-1}	精矿品位/g·t^{-1}	精矿产率/%	精矿金回收率/%	金总回收率/%
尼尔森+浮选	4.51	5726.13	0.011	13.95	90.14
跳汰+浮选	4.51	3941	4.08	35.73	91.78

用跳汰重选回收35%以上的粗粒金；在pH值为8~9黄铁矿受抑制情况下，浮选出高铜金精矿；浮选尾矿达到预先脱铜的目的，然后在碱浸预处理减轻碲影响的条件下，进行炭浆法回收金。

重选—浮选—浮尾氰化工艺流程如图14.36所示。

取跳汰重选后的矿样，加碳酸钠保证pH值为8~9，丁基黄药：丁铵黑药=3：1，黄药用量为75g/t，2号油用量为40g/t；浮选3min；再磨时加强磨碱浸，浸出时间36h。试验结果见表14.65。

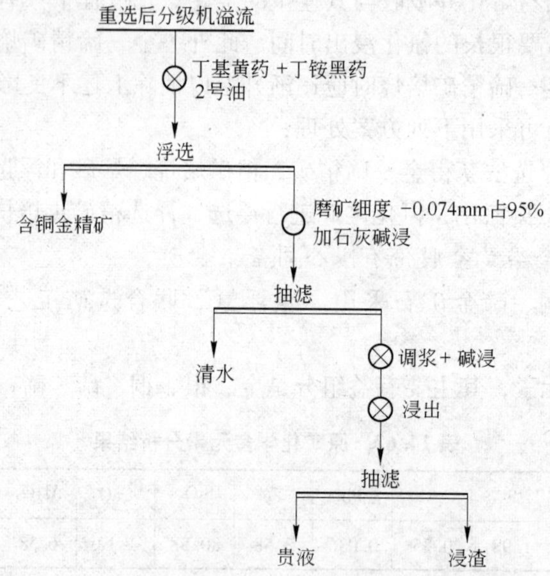

图 14.36 重选—浮选—浮尾氰化工艺流程

表 14.65 重选—浮选—浮尾氰化试验结果

浮原品位/g·t^{-1}	氰原品位/g·t^{-1}	浸渣品位/g·t^{-1}	浮选收率/%	氰化收率/%	总回收率/%
3.02	2.16	0.2	18.84	41.19	95.76

注：原矿品位为4.51g/t，浮选作业产率为1.2%，精矿品位73.93g/t。

浮选要求尽可能减少金产率又可把尾矿中铜含量控制在0.03%以下（不影响氰化程度），达到氰原预先脱铜的目的。从试验效果来看，脱铜率为64.87%，是较为理想的；铜品位达5%以上，起到了综合回收作用。

考虑炭吸附率则试验金总回收率为95.35%（炭吸附率按99.0%计算，解吸炭及电解贫液均返回流程，故均可视为100%）比同期生产金总回收率90.13%提高5.22%。

重浮氰联合工艺流程。特例矿与主体矿相比，主要是含泥较大对浮选的影响问题。若能在旋流器分级时，达到脱泥的目的，可从根本上解决这一问题。图14.37所示为建议生产采纳的工艺流程。

从附近几个全泥氰化厂测定数据，二段磨矿前分级底流金、铜品位一般为原矿品位的1.2~1.5倍。在二段磨矿后浮选、脱泥的同时，目的矿物可得到充分解离；又可提高精矿质量。浮选的产率视情况而定，如果浮选金精矿直接氰化，则增加精矿产量，以降低铜品位；如果销售冶炼厂，则要提高精矿质量。

14.4.4.2 澳大利亚莱克—维尤恩德—斯塔尔选金厂碲化物金矿石处理工艺

澳大利亚莱克—维龙恩德—斯塔尔选金厂处理金—碲矿石，处理能力为1800t/d，其工艺流程如图14.38所示。原矿含金7.5g/t，金主要呈碲化物的细粒包体形态存在，粒度由微细粒至5mm，呈不均匀浸染。该厂采用重选—浮选及浮选精矿焙烧—焙砂氰化和浮选尾矿氰化提金的联合流程。原矿经三段破碎和四段磨矿，以防碲化物过粉碎。在磨矿分级回路用凸纹布面溜槽回收粗粒金。粗选溜槽给矿粒度为15% -1.65mm，扫选溜槽给矿粒

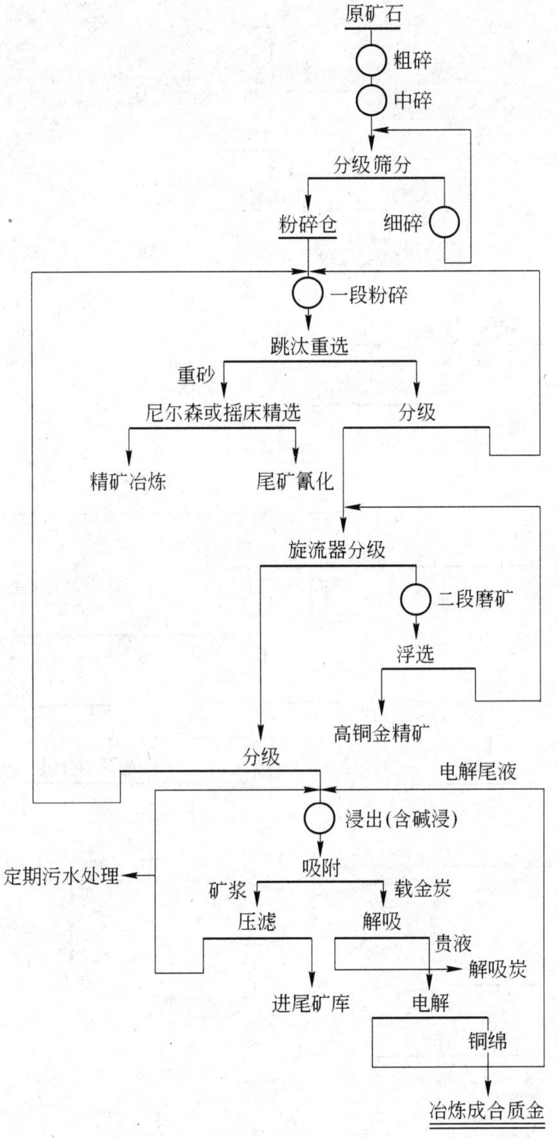

图 14.37 重浮氰联合选矿工艺流程

度为 20% +0.074mm。碎磨后的矿石用浮选法回收难溶金。浮选精矿脱水后用艾德瓦尔斯炉进行焙烧。焙烧温度为 500~550℃以脱除碲和硫及解离含金碲化物和硫化物。焙砂先用溜槽回收单体金，然后进行两段氰化。在两段氰化之间进行两次倾析和过滤。焙砂总氰化时间为 80~90h，氰化时的氰化钠浓度为 0.07%，氧化钙浓度为 0.002%，不含难溶金的浮选尾矿氰化时的氰化钠浓度为 0.02%，氧化钙浓度为 0.002%，氰化时间为 5h。重选精矿进行混汞、汞膏经蒸馏、熔铸得合质金。

该厂金的总回收率为 94.2%，其中原矿溜槽选别金的回收率为 13.02%；焙砂溜槽选别金的回收率为 20%，焙砂氰化金回收率为 57.60%；浮选尾矿氰化金回收率为 3.60%。

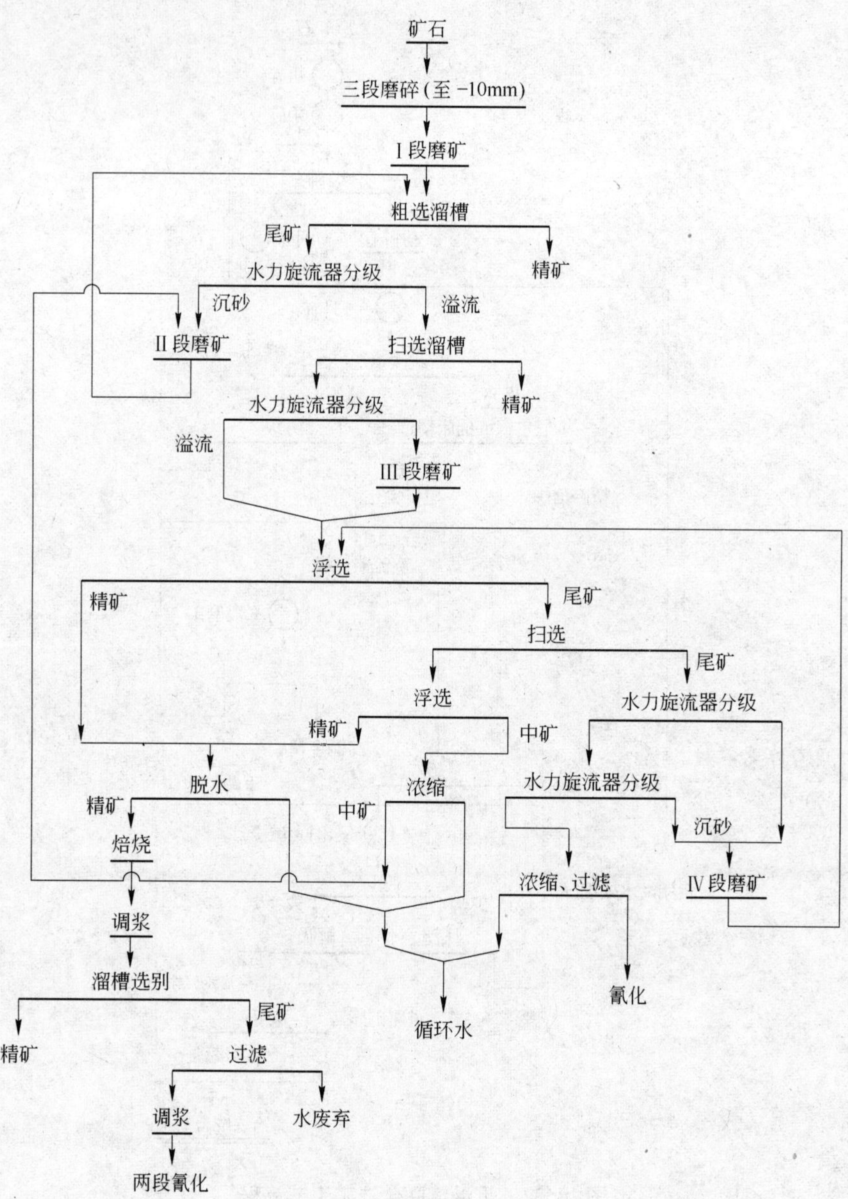

图 14.38 澳大利亚某选金厂处理难溶金—碲矿石的选矿工艺流程

15 金的综合回收处理

15.1 黄铁矿烧渣的回收利用

黄铁矿精矿和各种烧渣中含有金，对其溶解发现金的浸出率随着浸出物料中硫含量的增加而下降，这是由于物料的透气性，特别是由于金与其他导电矿物共生时，金的阳极溶解的钝化作用所致。这可以根据金氧化和溶解氧化还原的电流电位曲线来解释。

通常，与黄铁矿或砷黄铁矿共生的金，不适于用氰化法提取。为此，某些回收金的工厂采用浮选硫化物矿精矿，并将这种物料在700～850℃下焙烧。用这种方法游离出金，使其更适于浸出，并生成二氧化硫，最后使二氧化硫成为硫酸。

15.1.1 黄铁矿烧渣的性质及组成

黄铁矿烧渣是以黄铁矿为原料，经沸腾焙烧制硫酸后排出的工业废渣，又称硫酸烧渣、硫铁矿烧渣及烧渣等。在我国由黄铁矿生产的硫酸占75%左右，利用黄铁矿每生产1t硫酸就会产出0.8～1t烧渣，每年黄铁矿烧渣的排放量在2000万吨左右。黄铁矿烧渣中铁资源量巨大，同时还含有Au、Ag、Cu、Zn等有价金属。

黄铁矿精矿在制酸过程中经沸腾炉焙烧后，绝大部分S已转变成SO_2，并生成H_2SO_4，而少量S和几乎全部Fe及原来存在于精矿中的其他杂质元素均残存于烧渣中。烧渣中主要成分为Fe，含量为30%～50%，还含有硅、钙、镁、硫等其他元素，主要矿物为磁铁矿、赤铁矿、石英等。黄铁矿经900℃左右焙烧形成的黄铁矿烧渣不再是天然矿物，物理化学性质有较大改变。烧渣中磁铁矿和赤铁矿与脉石之间多以连生体形式存在，磁铁矿、赤铁矿呈浸染状、蜂窝状被细小的脉石充填，或者呈皮壳状包裹着脉石，这种复杂的连生结构严重影响选别精矿品位的提高。

采用弱磁选工艺提取磁铁矿时，烧渣中磁铁矿的疏松结构使之形成强烈的磁团聚，使脉石夹杂现象严重，大量脉石进入磁选精矿中。烧渣中铁矿物密度较天然铁矿物密度低，且多呈蜂窝状结构，其与脉石矿物的密度差较小，因此用重选工艺分选效果很差。如应用反浮选工艺虽可以取得一定的分选效果，但脉石很难上浮，仍不能获得理想的分选指标。

15.1.2 烧渣中浸出金的主要影响因素

15.1.2.1 *焙烧温度、残硫及硫酸化程度*

通常认为在高的焙烧温度下，颗粒会结块而形成物理胶囊包裹金，降低金的提取效率。残留的硫对浸出期间金浸出率的影响较多，其中包括在浸出液中消耗了氧：

$$FeS + 6CN^- + 2O_2 \longrightarrow Fe(CN)_6^{4-} + SO_4^{2-}$$

$$S_2O_3^{2-} + CN^- + \frac{1}{2}O_2 \longrightarrow SCN^- + SO_4^{2-}$$

即通过同一反应消耗了氰化物。在焙烧期间，局部生成了多孔氧化物结构（这意味着少量金暴露了），而在部分浸出金表面形成一层反应产物的薄膜，从而形成了钝化作用。

硫化（硫酸化）焙烧对下一步浸出金的影响尚不太清楚。不过，较低的焙烧温度似乎是影响下一步金溶解的主要因素。

众所周知，在氰化介质中金的溶解是电化学反应。阳极反应是金的溶解：

$$Au + 2CN^- \longrightarrow Au(CN)_2^- + 2e$$

而阴极反应是氧的还原：

$$O_2 + 2H_2O + 4e \longrightarrow 4OH^-$$

对阳极反应已经进行了深入研究，为此不再作详细论述，只是结合这两个反应过程对其影响因素加以讨论。

15.1.2.2 影响浸出金因素的试验研究结果

在试验中采用的物料和试验结果见表15.1。

表15.1 试样硫含量对浸出率的影响

物 料	原料含硫化/%	原料含金/$g \cdot t^{-1}$	金浸出率/%
烧 渣	43	3.56	17
局部焙烧的烧渣A	13.5	4.02	28
局部焙烧的烧渣B	6.7	4.10	40
烧 渣	0.1	4.35	82

从表15.1中可以发现各种原料中金的浸出率随着硫含量的增加而降低。其原因可用物理胶囊作用和电化学钝化作用来解释。

A 氰化物的消耗

浸出条件：物料50g，NaCN 2.5g，CaO 2.5g，H_2O 100mL，时间24h。

浸出局部焙烧的烧渣，氰化物的耗量比浸出完全焙烧的物料要高，见表15.2。在工厂实践中，假定所使用的氰化物稍微过量是造成金的浸出率较低的原因。实际上，在这些试验中所使用的氰化物大大过量，其提取率变化却不大，因此氰化物的耗量并不是金浸出率低的主要原因。

表15.2 氰化物的消耗对金浸出率的影响

物 料	开始的 NaCN/g	最终的 NaCN/g	金浸出率/%
烧 渣	2.5	2.25	82
烧 渣	0.25	0.13	82
局部焙烧的烧渣A	2.57	1.71	28

B 氧的消耗

浸出条件：物料50g，CaO 2.5g，H_2O 100mL，时间24h。

在某种情况下，是由氧的还原速度来控制烧渣中金的溶解。因此，氧含量的降低会使金溶解速度下降。如硫化铁的溶解反应就消耗氧，因此局部焙烧的烧渣中含有大量硫化铁时，溶液中有可能出现缺氧，但用氧代替空气作为氧化剂，24h后对反应程度没有影响。

如果氧不足是局部焙烧的烧渣中金浸出率低的原因，那么在氧充分的情况下，则金就可溶解得更多。

在第二组试验中，把25g局部焙烧的烧渣A和25g烧渣相混合后进行浸出，得到的金浸出率与分别处理物料的结果相同。假如，在浸出局部烧渣期间出现氧不足，那么在浸出混合烧渣时，也会影响到烧渣中金的溶解。因此，氧的消耗不是局部焙烧烧渣金浸出率低的主要因素。

C 物理胶囊（包裹）作用

当焙烧黄铁矿时，其体积和结构发生变化，颗粒成为多孔状态。由表15.3可以看出表面积增加对金浸出率的影响，说明金浸出率随着孔隙率的增加而提高。因此，从黄铁矿和局部焙烧的烧渣中浸出金，金的浸出率很低，可能是由于金的物理包裹作用所致。这种可能性，可以通过反应速度来证实。在实验中，对所有样品，开始浸出金的速度都很快，但1h后，都停止浸出，这说明一部分易浸出金已溶解，而残留的金不易在氰化物中溶解。

表15.3 焙烧和磨矿对表面积的影响

物 料	磨矿前		磨矿后	
	表面积/$m^2 \cdot g^{-1}$	金浸出率/%	表面积/$m^2 \cdot g^{-1}$	金浸出率/%
烧 渣	0.9	17	6.4	71
局部焙烧的烧渣B	2.1	40	7.5	72
烧 渣	3.0	82	7.9	87

当试样磨得很细时，金浸出率较高。尽管表面积较大，但从细磨的黄铁矿和局部焙烧的烧渣中浸出金，其浸出率仍然比从未细磨的烧渣中金的浸出率要低得多。这表明黄铁矿和局部焙烧烧渣中的金已暴露出来，或是已完全呈游离状态，因而使溶解度增加，但是，还有某些因素是造成金浸出率低的原因。然而，在焙烧过程中，使颗粒碎裂而让金暴露出来是非常重要的，因为它有利于提高金的浸出率，当然这并非是唯一要考虑的因素。

D 烧渣中金的钝化

浸出条件：物料50g，NaCN 2.5g，CaO 2.5g，时间24h。

氰化液中金的氧化是一个还未得到圆满解释的复杂反应。在这方面的所有文献表明，氧化初期遵循着正常的Tafel标准特性，但是，由于阳极电位改变，结果出现钝化作用。在钝化前达到的阳极电流取决于溶液中氰化物的浓度和杂质的含量。图15.1中的曲线B

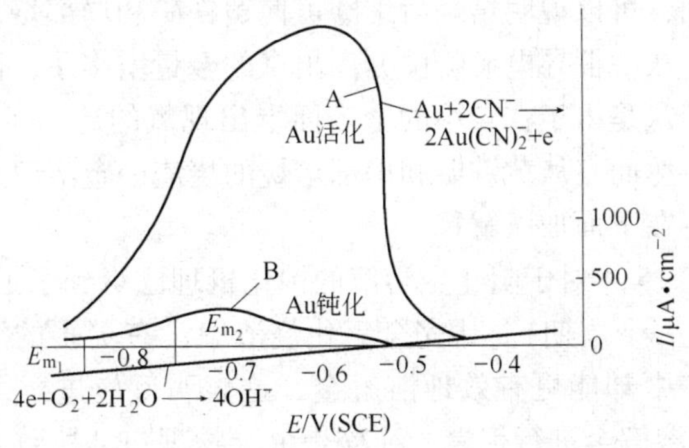

图15.1 金氧化和氧化还原的电流电位曲线

为电流电位曲线，这一曲线是通过刚刚抛光的金电极浸泡在纯溶液内而后扫描而成的。把电极浸于溶液中几分钟以后，或加入铅盐或铊盐时，得到电流电位曲线 A。金表面电位的扫描 A 至 -0.4V，随后立即从 -0.9V 进行另一个扫描，得到一条和 B 相似的曲线。之所以出现这种性质，原因还不完全清楚。但是对表面出现的这两种明显的形式，即对活化和钝化作了详细的叙述。当阴极电位保持到 -0.6V 时，通常，金就会由钝化转为活化。反之，当阳极电位达到 -0.6V 时，金就会由活化转为钝化。由金表面上氧化还原的电流电位曲线与金表面的钝化和活化的氧化曲线对比表明，在这种情况下，电流约为 200μA/cm^2 时，金发生溶解。由于烧渣中金颗粒的形状和大小不清楚，所以这个图像不能直接转换为浸出率。但是，很明显，这种速率显得相当高。

阳极条件：Au，0.2mol/L NaCN，pH = 12.4，氩气，500r/min，22℃，10mV/s。

阴极条件：Au，pH = 14，空气，500r/min，22℃，10mV/s。

对烧渣颗粒的矿物研究表明，金被周围的矿物紧紧包裹着。若接触的矿物导电，则在矿物的整个表面上发生氧还原。氧还原的电流数值可以超过当在阴极范围内达到金出现钝化的电位时金氧化的电流数值。这一点从图 15.2 中可以看出，在混合电位（金、氧电位）条件下金发生溶解，而混合电位移向阳极区，同时金的表面发生钝化。在这种情况下，金的溶解速度慢。精矿和烧渣中与金共生的矿物，像磁黄铁矿、黄铁矿和磁铁矿都具有很高的导电率，而赤铁矿却是个绝缘体。可以预见与磁铁矿、黄铁矿和磁黄铁矿共生的金会发生钝化，这是由于阴极电流增大的结果。

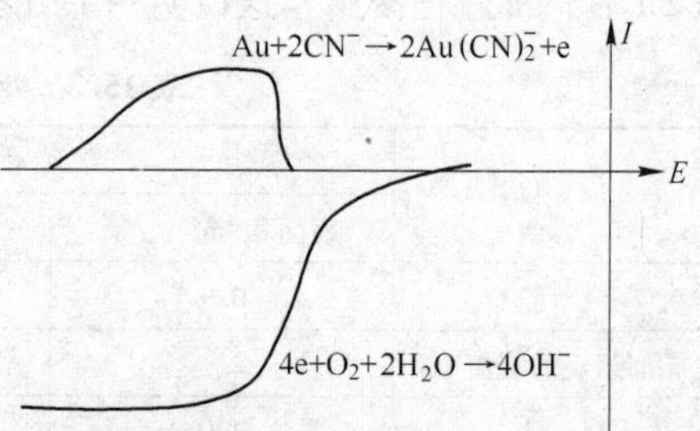

图 15.2 阴极区增加的情况下电流电位曲线

在完全氧化的烧渣中，仅有赤铁矿存在，因此，除了金的表面外不能发生氧还原，金的溶解不会受到阻碍。在其他导电矿物存在情况下（也就是在局部焙烧烧渣和黄铁矿中），预计金的溶解电流就会减少到 10μA/cm^2 以下。此外，烧渣中金颗粒的大小不清楚，这个数值不能直接转换为浸出率。但该溶解速率要比未钝化的金的溶解速率低得多。活化金的溶解可能只需几个小时，而钝化金的溶解需用几天。

单个矿石中可溶组分对金溶解速度的影响可能不大，已经发现钝化前金的溶解电流与溶液中的杂质有关（如铅、铊、汞和铋），它会使得金变成钝化状态的倾向发生改变。

根据金的钝化作用，可以说明焙烧后细磨可使黄铁矿和局部焙烧的烧渣中金的溶解加速。当物料被磨碎时，从一群导电矿物中分离出来的金量增多了，同时，在浸出期间内发生钝化时间不会太长，这是由于在较小的金表面上出现氧的还原所致。因此，在浸出 24h 内，金会很好地溶解。然而，从黄铁矿和局部焙烧的烧渣中金溶解率的下降不完全是因为这些原因所造成，这将在下面加以解释。

在两次试验中，表 15.4 对于阻止金溶解的钝化机理已得到了证实。在第一次试验中，头三种物料浸出 21d（一个周期）。从完全氧化烧渣中没有更多的溶解金，但是，从局部焙烧的烧渣中和黄铁矿中却能更有效地溶解金，这表明反应进行得很慢。如果在开始的 24h 内，从这些物料中溶解金进行很慢，纯粹是由于物理包裹所致，则无需额外增加浸出时间。因为延长浸出周期以后，从烧渣中金的浸出率没有变化，这说明残留的金不易被浸出剂浸出。像21d以后预料的那样，根据相对溶解的量，全部金被暴露，但钝化的金被溶解。从黄铁矿和局部焙烧的烧渣中浸出金，其浸出率比从烧渣中浸出金要低得多。这表明一部分金未暴露在浸出液中。这证明物理包裹作用是局部焙烧的烧渣中金浸出率低的原因之一。

表15.4 长时间内金的溶解

物 料	已浸出来的金/%	
	24h	21d
烧 渣	82	82
局部焙烧的烧渣B	40	65
黄铁矿精矿	17	82
还原的烧渣	60	未测定

注：浸出条件为：物料50g，NaCN 2.5g，CaO 2.5g，温度22℃，H_2O 100mL。

延长时间浸出后，溶液中贱金属的浓度明显不同于浸出24h以后的。因此，从黄铁矿和局部焙烧的烧渣中金的额外溶解，并不能认为是由于包裹金的矿物溶解所致。

在第二次试验中，烧渣试样是在氢气中于900℃下被还原成含有一部分磁铁矿的物料，虽然通过预处理未改变物料表面积，但是在24h内从这种物料中金溶解非常少，这是由于嵌布在磁铁矿中的金的溶解慢的缘故，因此它处于钝化状态。

在氰化物介质中金的钝化作用是人所共知的。Cathro用它来解释当气氛由空气变成氧时，金溶解速率为何下降。Mrkusic提出了有可能发生金浸出率低的几种可能的原因。

在上述实验中表明：局部焙烧影响到金的进一步溶解。这种局部焙烧还妨碍金暴露于浸出液中。实际上，选择烧渣下一步溶解金的最佳条件的唯一方法是生产完全氧化的烧渣，或在氰化前溶解掉局部氧化的物料。

从局部焙烧的烧渣中，浸出金的浸出率低，部分是由于孔隙结构发育不完全所致。不过，对于所看到的特性而言，金的浸出率低还有另外一个原因，这就是由于在某些金表面上发生氧还原，引起金的钝化而造成的。溶液中缺氧和过多地消耗氰化物，在所进行的试验中，对金的溶解都不起什么作用。在生产实践中，缺氧和过多地消耗氰化物可能会使金的溶解速率降低。

15.1.3 从黄铁矿烧渣提金的工业实例

河北省迁西县化工厂自1982年通过日处理量25t规模的含金黄铁矿烧渣工业试验，并转入工业生产，获得较好的技术经济效益。

15.1.3.1 物料性质

迁西县化工厂制酸原料基本上是金厂峪金矿的氰化尾渣。经沸腾炉焙烧脱硫后的烧渣为氰化浸出金的原料。烧渣中金属矿物多为氧化矿物。氰化尾渣中的金，其粒度非常细小，多在0.01mm以下，且极细的微粒金大多为包裹金，用单一的磨矿方法使金单体解离也是难以达到的。唯有经过焙烧及水淬作用后，才能用氰化法浸出其中的大部分。

15.1.3.2 提金工艺

工业生产流程是将制酸过程中沸腾焙烧脱硫后的烧渣，经水淬、磨矿、浓密脱水和碱处理后，采用常规氰化-锌丝置换的提金方法回收黄金。

（1）工艺流程。工艺流程如图15.3所示。

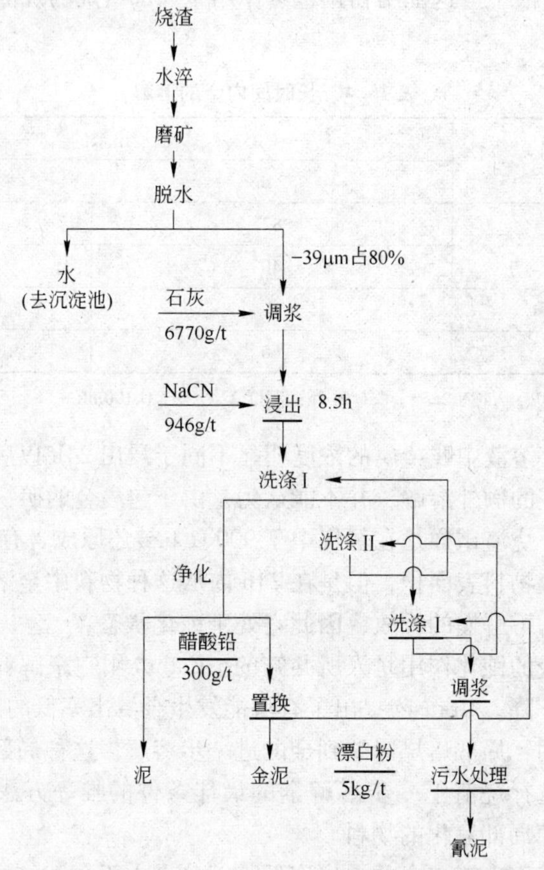

图15.3 从黄铁矿烧渣回收金流程

（2）工艺条件。焙烧温度为840～890℃；磨矿分级；溢流浓度为6%；分级溢流细度为-39μm占83%；排矿细度为-39μm占74%；ϕ6000浓密机给矿浓度为7.5%～8%；入浸原料细度为-39μm占80%，ϕ6000浓密脱水排出浓度为55%～60%，ϕ7000洗涤Ⅰ浓度排出浓度为55%～60%；ϕ1500搅拌调浆排出浓度为33%；浸出矿浆pH值为10.5～11。

ϕ2000搅拌浸出槽：叶轮线速度7.121m/s；充气量0.1～0.2m^3/(m^3·min)；NaCN浓度为0.025%～0.03%；CaO浓度为0.025%～0.03%；浸出时间为8.5h。

置换时间：79min。

氰化钠用量：946g/t。

石灰用量：6.77kg/t（pH=10.5）。

醋酸铅用量：300g/t。

漂白粉用量：5kg/t。

（3）试验获得金泥分析结果见表15.5。

表 15.5 金泥、锌丝头元素分析结果 (%)

元 素	Au	Ag	Cu	Pb	Zn	S	SiO_2	Mg	Fe
金 泥	0.3775	0.162	1.042	46.86	11.56	3.83	2.18	0.39	2.25
锌丝头	0.456	0.0127	0.824	6.57	83.91				

注：锌丝头已处理过。

试验获得的氰化金泥含金品位在0.4%左右。

（4）试验获得指标见表15.6。

表 15.6 试验获得指标 (%)

项 目	浸出率	洗涤率	置换率	氰化总回收率	冶炼回收率	金总回收率
指 标	77.00	98.02	99.83	75.35	95.00	71.58

每两黄金成本281.08元，按处理烧渣25t/d计算，每年可回收黄金703.72两，年利润15万元。

15.1.3.3 烧渣提金的工艺特点

含金烧渣氰化提金工艺具有以下特点：

（1）迁西县化工厂烧渣提金的焙烧制原料恰恰是氰化处理过的硫化铁，含金品位4g/t左右，其中金被黄铁矿和脉矿致密包裹着，只有通过焙烧使矿物产生裂缝、成孔隙、疏松，金才能解离出来。焙烧主要是温度影响，600～700℃是提金最佳温度，但又是产生SO_3的温度，对制酸不利；850～900℃是制酸的最佳温度，但对浸出金不利。本工艺是在不影响制酸的前提下，达到副产黄金的目的。

（2）烧渣的排放有干排与水排两种，本工艺采用使烧渣快速冷却，尤其将赤热的烧渣直接排入冷水中，达到骤然冷却，提高氰化提金指标。

（3）在工业试验中，各项指标较为稳定，具有投资少、见效快的特点，因此，可以在原料性质类似的化工厂推广应用。这对充分利用国家资源，加速黄金生产发展，具有现实意义。

国外黄铁矿品位普遍较高，含S达到45%～50%，经沸腾炉焙烧后的烧渣总Fe含量基本都高于60%，无需处理就可用作炼铁原料。但国内黄铁矿品位低，大多数黄铁矿制酸企业入炉前矿含硫35%～38%，因此烧渣中总铁的含量在40%～50%，并且烧渣中残留的硫量较高（一般都大于1%）。低品位的烧渣不能直接作为炼铁原料，利用率低，堆存填埋不仅占用大量土地、污染生态环境，而且严重浪费有价金属资源。

15.1.4 黄铁矿烧渣综合利用现状

我国从20世纪60年代起就开始展开了利用黄铁矿烧渣的研究，但由于烧渣品位较低，成分复杂，故迄今为止仍未找到在技术、经济上均可行的利用方法。据资料统计，国内黄铁矿烧渣利用工作开展缓慢，利用率较低。目前，除部分低硫烧渣用于炼铁、做助熔剂用于生产水泥、做掺和料用于建筑工程外，大部分未得到合理利用。而国外对黄铁矿烧渣的利用很重视，日本黄铁矿烧渣的利用率为70%～80%，美国为80%～85%，西班牙、联邦德国接近100%。在国外，对于黄铁矿烧渣的利用大部分是将其进行焙烧后再结合其他分选工艺将其开发为铁精粉作为炼铁原料，而我国黄铁矿烧渣由于大部分铁含量较低、硫含量较高，难以分选而未能得到很好的应用，焙烧工艺复杂，成本较高也不太适合我国国情。

针对国内黄铁矿烧渣的综合利用总结相关文献如下。

15.1.4.1 传统应用途径

黄铁矿烧渣的传统用途主要是用作水泥生产的副料、制砖和炼铁。水泥生产常需要加入铁品位30%以上的含铁物料作为助熔剂，以降低水泥的烧成温度、提高水泥的强度和耐腐蚀性能。由于水泥生产除对硫酸渣的铁品位有要求外，对渣的其他成分无特殊要求，因此含铁低或组成复杂难以处理利用的硫酸渣可直接利用，但用于水泥生产的黄铁矿烧渣量很少，价值低。江苏海安磷肥厂于1983年以烧渣为主要原料，以水泥作黏合剂，再加少量催化剂，经成型，在空气中养护或在养护室中以蒸汽养护，制得烧渣砖，其抗压、抗折、抗冻、耐热、耐水浸泡、耐候等性能均理想，无二次污染，成本比黏土砖低8.5%。广西北海化肥厂从1979年开始，用烧渣及硫酸污水配以石灰中和后产生的污渣，加水泥或石灰成型，自然养护28d左右，得成品砖。经测定其机械强度、放射性物质等均达到标准，且无二次污染。连云港硫酸厂以烧渣、石灰、石膏、煤渣配料，经成型后，在蒸汽中养护30h得成品砖，接近75～100号黏土砖标准。上海硫酸厂于1981年在烧渣中配以煤渣、煤灰、石灰、石膏，经陈化、轮碾、成型、养蒸等过程，制成一级品大型砖。

黄铁矿烧渣炼铁有直接高炉炼铁、与优质铁精粉掺烧炼铁、直接制团后炼铁或选渣后制团炼铁等。南化（集团）公司研究院用广东云浮硫铁矿浮选高硫精矿在规模为1万吨/a的硫酸试验车间进行了制酸中试，所得烧渣含铁量大于60%，杂质低于冶金部规定的炼铁原料入炉标准，将其制团后可直接用于炼铁。1975年，大连炼铁厂利用大连化工厂烧渣生产铸铁，合格率达98.8%。当硫酸渣中含铁品位较高且有色金属及硫含量较低时，可直接送入高炉炼铁或与优质铁精粉掺烧炼铁，鞍钢、首钢、本钢、马钢、昆钢、攀枝花钢铁公司等均有在烧结机中搭配硫铁矿渣炼铁的生产实践。该方法对缓解铁矿原料不足、综合利用铁资源和降低生铁成本有积极的作用。但是由于国内烧渣质量不好，铁含量低，硫、铅及二氧化硅等杂质含量高，难以直接利用，采用掺烧炼铁方法通常需要对渣进行预处理。品位低的烧渣经磁选及重力精选，可将铁富集。品位提高至符合炼铁要求后，用于制团炼铁尾渣仍可供给水泥厂做助焙剂。

15.1.4.2 综合利用新趋势

黄铁矿烧渣中含有很多有价资源，若不回收利用，会造成较大的资源浪费。近年来的研究热点集中于综合回收利用黄铁矿烧渣中的有价资源或者生产高附加值产品。

A 氯化法处理（回收贵金属）

高温氯化法是综合利用烧渣较为全面的方法之一，能回收烧渣中的铁及有色金属，适于处理有色金属含量高的硫酸渣。通过将烧渣与石灰混合，在圆盘造球机上加氯化钙溶液造球，湿球经烘干后在1150～1200℃高温下进行氯化焙烧。有色金属以氯化物形态挥发出来，通过湿法或干法收尘捕集氯化物溶液或氯化物烟尘，然后经湿法分离后回收铜、铅、锌等金属，焙烧后的球团可作为炼铁原料。高温氯化法中最典型的是日本的“光和法”。该法用$CaCl_2$作氯化剂，采用回转窑进行氯化挥发，用湿法处理烟气。该方法的优点是有色金属、贵金属的回收率高，球团的质量也好。但同时存在对烧渣质量要求高的缺点，如

要求烧渣中含 SiO_2 小于 7%、FeO 小于 5%、残硫小于 0.5%、Cu + Pb + Zn 小于 2.5% 等。南京钢铁厂于 1976 年从日本光和精矿公司引进一套年产 30 万吨光和法球团生产线。将烧渣配以氯化钙和少量消石灰制成球团，经干燥后，在变径回转窑内于 800～1200℃氯化焙烧，使烧渣中的有色金属、贵金属成为氯化物随烟气排出回收。焙烧后的球团含铁 60% 左右，送至高炉炼铁。该厂自 1980 年投产以来，实际平均年产量只有 10 万吨，仅为设计能力的 33%，而且每年还要花费 60～70 万美元从日本购置易损部件，投资太大，不适合我国国情。我国铜陵有色金属公司设计研究院于 1989 年完成了硫酸渣氯化还原处理回收铁精矿、铜精矿的半工业试验。该工艺近似日本“光和法”，已通过部级鉴定。试验结果表明，每吨 w(TFe) 50% 的硫酸渣，经氯化处理可获得 TFe63% 的铁精矿和相当产率的铜精矿。但该工艺较为复杂，投资很大，生产成本高，至今尚未形成工业化生产。

另外像加拿大国际镍公司采用的还原焙烧-氨浸-烧结法，美国伯利恒钢厂的硫酸化焙烧-水浸-烧结法等都既可生产炼铁原料又可从浸出液中回收 Ni、Co、Cu 等贵金属。

B 烧渣的选矿预处理

我国生产的硫酸烧渣普遍质量较低，通常需要经过选矿处理分离出合格的产品，使烧渣得到充分、合理的应用。选矿处理采用的方法包括：

(1) 磁化焙烧—磁选工艺：渣进行磁化焙烧，使烧渣中弱磁性的 Fe_2O_3 转变成强磁性的 Fe_3O_4，然后用弱磁场磁选机选出铁精矿产品。

(2) 磁选—浮选工艺：磁选法回收渣中的强磁性矿物，反浮选回收弱磁性铁矿物。

(3) 水力分级—磁选—重选工艺：磁选法回收烧渣中粗粒级铁矿物，重选法回收细粒铁矿物。

(4) 化学选矿工艺：主要用于回收黄铁矿烧渣中的金、银等贵金属。

李先祥等采用两段磨矿—磁选—重选—磁选工艺，从硫酸烧渣中得到了铁品位为 60.5%、回收率为 62.52% 的铁磁重介质。刘丹等针对云南省某地的硫酸烧渣，采用筛分—磨矿—磁选工艺流程，获得磁性矿物含量大于 90%、铁品位 60% 的合格选煤重介质。但是采用磁选工艺回收硫酸烧渣中的铁会受到烧渣中铁含量和铁的存在形式的限制，当渣中铁含量较低或磁性铁所占比例较少时，难取得理想的效果。且由于烧渣中的氧化铁颗粒常与脉石矿物包覆共生，分离困难。

许斌等利用硫酸烧渣进行了生产煤基直接还原团块的研究，在还原温度为 1200℃、还原焙烧时间为 2h 的条件下，获得了铁品位和铁回收率均达 90% 的磁选精矿。YangHuifen 等采用类似的工艺，并在煤基还原焙烧过程中添加石灰，当硫酸烧渣、褐煤、石灰的质量比为 10∶3∶1 时，在 1200℃下焙烧 60min，焙烧产品进行磁选，获得总铁含量 90.31%、金属铁含量 89.76% 的磁选精矿，总铁回收率达到 83.88%。LiChao 等用磁化焙烧-磁选法回收硫酸烧渣中的铁，将质量比为 1∶100 的煤和烧渣在 800℃下还原煅烧 30min，煅烧产物经磁选，获得含铁 61.3% 的铁精矿，铁的回收率达到 88.2%。与单纯的磁选工艺相比，还原焙烧-磁选工艺较为复杂，但经过还原磁化焙烧，烧渣中铁的限制作用减小。

C 从烧渣中回收贵金属和有色金属

我国制酸原料黄铁矿矿石和浮选硫精矿含有贵金属金、银和有色金属铜等，用这种原料制酸后排出的尾渣称为含金黄铁矿烧渣，利用价值很高。针对含金黄铁矿烧渣中的贵金属和有色金属的直接回收，研究人员采用不同的方法进行了试验。主要方法有应用硫酸渣浮选、烧渣精矿氰化或烧渣金泥氰化回收金，浮选回收铜的工艺。

如针对乳山县化工厂每年排出的烧渣金品位在4g/t左右的含金硫酸渣的利用，1983年建成日处理100t的提金厂，采用烧渣全泥氰化工艺，生产中回收了金及部分铁和银。针对烧渣中铜的回收，昆明理工大学采用细磨加浮选的方法，在原渣含铜0.5%时，铜精矿品位为17%，回收率达72%以上。烟台黄金设计研究院完成了常规浮选法从烧渣中回收金的研究，原矿含金1.6g/t，经一段粗选、三段精选最终得到的精矿金品位为68.88g/t，金的回收率为48.68%。左恕之采用常规浮选法处理金品位3.04g/t的黄铁矿烧渣，经3次精选得到含金13.04g/t的金精矿，金的浮选回收率66.46%。崔吉让等人提出采用疏水絮凝浮选工艺回收黄铁矿烧渣中微细粒金，从含金2.94g/t的烧渣中，获得含金126.3g/t的金精矿，金的浮选回收率53.35%。

马涌研究采用盐酸-氯化钠体系浸出硫酸烧渣中的有价金属，在试样为50g、NaCl浓度250g/L、双氧水用量3.93mL、盐酸用量10mL、液固比为4、浸出温度为60℃、浸出时间1h的最优条件下，Pb、Zn和Ag的浸出率分别为95.72%、75.70%和64.80%，渣含硫降到0.48%，浸出金属后的残渣含硫低于铁精粉的含硫要求。胡洁雪等人用硫代硫酸盐浸出剂从硫酸烧渣中回收金，当金品位为1.6~1.85g/t时，金的浸出率为68.8%。为提高金的浸出率，张泽强研究了预处理工艺，先用硫酸浸出烧渣中的铁暴露出金，然后用氰化法浸出金，浸出率明显提高。张金成采用硫酸加氯化钠的溶液预处理烧渣，强化预处理效果，增强金粒暴露，效果良好。高大明等研究氯化-炭吸附工艺从硫酸烧渣中提金的方法，经过连续15次氯化法浸金试验，能获得与氰化法、硫脲法相同的金浸出率。张泽强研究以硫铁矿烧渣为原料，通过添加活性还原剂，用废硫酸直接还原浸出铁并制铁黄，同时用以二-2乙基己基磷酸为主体的三元萃取剂萃取回收浸液中的铜，用全泥氰化和锌粉置换工艺从浸渣中提取金银，较经济有效地回收利用了烧渣中的有价金属，铁、铜和金的回收率分别达到了93.31%、80.78%和90.18%。库建刚研究了金银铜多金属黄铁矿烧渣综合回收，研究在试样未磨情况下，采用石灰调节矿浆pH值为10~11、矿浆浓度35%、浸出时间24h、氰化钠耗量6kg/t的条件，可以获得金、银浸出率分别为67.25、60.08%；采用浮选法处理烧渣可获得金品位8.6g/t、回收率为37.2%的浮选产品，其中银品位和回收率分别为100.3g/t、20.6%，对浮选尾矿直接进行氰化浸出，可获得金、银浸出率分别为96.5%、70.08%。吴海国等对氯化法回收黄铁矿制酸烧渣中金、银、铜、铅和锌等有价金属进行了研究，通过焙烧深度脱硫，焙砂细磨，氯化浸出，回收其中的金、银、铜、铅和锌。烧渣焙烧深度脱硫-两段浸出，浸出率分别为：Au 83.58%、Ag 80.56%、Cu 87.8%。

15.2 氰化尾渣的性质与处理

黄金冶炼行业氰化尾渣产量很大，年排放量达2000多万吨，尾渣中含有的金、银、铜、铅、锌、铁、砷、硫等有价元素，没有得到充分利用。氰化尾渣作为二次资源进行综合利用，可以为矿山创造经济效益，同时也可减少重金属的环境污染。

15.2.1 氰化尾渣的性质

氰化尾渣的来源有多种，由于矿石性质及提金工艺流程的不同，尾渣中有价金属元素及矿物的性质、种类、含量等也不相同。但普遍具有粒度细、泥化现象严重、有用矿物难活化、浮选分离困难、含有一定数量的 CN^- 和部分残余药剂等特点。这些因素导致部分矿物的可浮性大大降低，有价元素回收较困难。氰化尾渣中二次资源回收时，应根据尾矿和有用成分的差异、药剂残留情况等研究有针对性的回收方案。

氰化尾渣主要的金属矿物为黄铁矿、闪锌矿及方铅矿，其次为黄铜矿、氧化铁矿物，还有少量的黝铜矿及微量铜蓝；脉石矿物主要为石英，其次为长石、云母、黏土矿物等铝硅酸盐矿物，方解石、白云石等碳酸盐矿物，还有少量闪石、绿泥石等镁、铁硅酸盐矿物，以及碳质盐、磷灰石等。

15.2.2 氰化尾渣的处理现状

不同性质和来源的氰化尾渣中金属元素的赋存状态和含量各不相同，结合尾渣的性质有不同的回收方法。氰化尾渣的利用除重点回收尾渣中贵金属金和银等外，有些研究方法关注尾渣中 Pb、Zn 的回收，有些则关注 Cu、Fe 等的回收。

综合回收氰化尾渣中有价金属的方法有浮选、重选、磁选等多种，其中浮选法是研究应用最多的方法。通过浮选药剂首先富集尾渣中金、银、铜等有价金属的品位，然后进行下一步提取回收金属资源。北京科技大学的林海等人采用混合浮选-分离浮选工艺，从氰化尾渣中提取金、银、铜等有价金属。结合氰化尾渣中主要有价矿物黄铁矿和黄铜矿及大量的脉石矿物粒度均微细的特点，采取先混合浮选黄铜矿和黄铁矿除去脉石矿物，然后再进行黄铜矿与黄铁矿分离浮选以得到铜精矿和硫精矿的方案。氰化尾渣中贵金属元素金、银同时被富集到铜精矿中，铜精矿冶炼后回收，硫富集后可作硫精矿。内蒙古喀喇沁旗大水清金矿采用双回路循环浮选流程回收氰化尾渣中的有价金属铜、银和金等。在浮选-金精矿氰化提金流程中，增设了扫精选作业，解决氰渣浮选时存在的中矿恶性循环问题，同时建立合理的复合药剂制度及多点给药，增设矿浆缓冲系统、石灰乳化添加等手段保证氰渣浮选过程的稳定性。金厂峪金矿选矿厂在国内最早应用浮选法回收氰渣中金，1986 年 6 月正式投入使用，氰渣品位 3 ~ 4g/t，经一次粗选、一次扫选、三次精选后，得到品位为 80 ~ 100g/t 的金精矿，回收率 26% ~ 30%，相当于提高总回收率 1%，每年可回收黄金 9.4kg。广东矿产研究所的梁冠杰采用混合药剂浮选提取氰化尾渣中铜、铅、银等有价金属元素，可获得含铜 21.82%、回收率 96.58% 的铜精矿，含铅 58.20%、回收率 74.83% 的铅精矿。薛光等人采用加压氧化-氰化浸出方法处理氰化尾渣，氰化尾渣中金的品位高达 3 ~ 4g/t，尾渣中的金以硫化物包裹金为主。加压氧化-氰化浸金法综合运用流体力学的原理，利用空压机将压缩空气以分布式射流的方式均匀地射入到氰化矿浆中形成强力旋搅，氧化矿石中硫化物，加快包裹金的解离，加快浸金速度，缩短浸出时间，可以提高金的浸出率。贵州紫金矿业针对氰化尾矿品位高、金属量多、尾渣中金主要赋存于碳质物中的特点，采用一次粗选、三次扫选、三次精选闭路浮选流程回收金。2006 年的生产实践表明金回收率为 83.11%，回收黄金达 83.378kg，尾矿平均品位为 0.26g/t，浮选效果显著。

氰化尾渣中有价元素较多，现有利用趋势转向于尾渣中有价元素的全元素提取。根据尾渣中金属元素的存在形态，提取方法有所不同。如广东高要河台金矿的氰化尾渣中的铜矿物主要是以黄铜矿为主的原生矿物及次生硫化铜矿物，品位大于 4%，设置粗选 2 台、一次精选 2 台、二次精选 1 台、一次扫选及二次扫选各 1 台的浮选机组，通过加强精矿再磨管理，消除氰根离子对铜矿物浮选的影响、抑制黄铁矿，获得品位为 20% 左右的铜精矿。甘肃省天水金矿采用优先选铅后选铜的工艺流程获得合格的铜精矿和铅精矿，并回收了部分金、银，铜、铅、金、银的回收率分别为71.04%、77.59%、31.25%、81.04%。邹积贞等人研究黑龙江某金矿的氰化尾渣铜的回收，针对氰化尾渣含砷2.08%的情况，用拷胶抑制砷，优先浮选铜获得合格的铜精矿，铜精矿中金品位达20g/t。

氰化尾渣中的铅、锌等也是回收的重要元素，要通过浮选回收，同时也可回收金、银等。针对陕西小口金矿精矿氰化尾渣铅含量高的特点，且铅单体为解离充分的硫化物，采用一次粗选、一次精选和一次扫选的浮选铅流程，在适宜的氧化钙浓度下，不磨矿，不加温，不加活化剂，不破坏剩余氰化物，铅精矿品位达57.46%，回收率为79.7%，同时回收尾渣中的金和银。银坡洞金矿的王宏军首先用浮选方法对矿浆进行脱药降氰根预处理，而后进行一次粗选、二次扫选和三次精选的铅浮选工艺流程，产出铅精矿，再对采用一次粗选、二次扫选和三次精选工艺对铅浮选尾矿进行选锌浮选，产出的铅精矿品位达到6.259%，铅回收率达76.44%，锌精矿品位为50.79%，锌的回收率为74.53%。北京矿冶研究院针对某氰化尾渣中方铅矿主要以单体形式存在的情况，以YO作活化调整剂，采用异步混选新工艺经两次粗选、两次扫选、三次精选的工艺流程，最终获得的铅锌混合精矿（铅+锌）品位为52.56%，铅、锌回收率分别为85.15%和97.51%。徐承焱针对黄金冶炼厂氰化尾渣综合利用采用铅锌混合浮选富集-优先浮选富集铜-铜尾浮选富集硫方案，获得含Pb品位为30.29%、回收率为70.12%的铅精矿，含Zn品位为41.19%、回收率为74.93%的锌精矿，含铜7%的铜精矿和含硫40%~50%的硫精矿，在最佳的硫铁矿入炉品位、粒度、富氧程度下，获得全铁品位65%以上的铁精粉。宋翔宇根据云南某矿氰化尾矿中金、铜、铅、铁等有价元素的存在特点，首先通过提高磨矿细度和延长浸出时间，氰化尾矿金品位由0.83g/t降至0.35g/t，然后采用异戊基黄药和环烷酸皂混合捕收剂选铅，得到品位和回收率分别为46.83%和35.15%的铅精矿，采用Cl-5消除矿浆中游离氰以及铅浮选残留药剂对铜浮选的影响，活化剂AS-2和Na_2S活化铜，混合黄药T820、F-1黑药和$C_{5\text{-}9}$羟肟酸作混合捕收剂选铜，得到品位和回收率分别为17.72%和53.33%的铜精矿，磁选回收铁矿物，先弱磁后强磁，得到品位为64%和51%的两种铁精矿。谢建宏等针对氰化尾渣该氰化尾渣含铁较高，赤铁矿、褐铁矿、菱铁矿分布率大，采用磁化焙烧—磨矿—弱磁选工艺流程，得到品位55%，铁精矿产率50%左右的铁精矿。精矿中金品位4g/t左右，银品位30g/t左右，铁回收率75%以上，金回收率80%以上，银回收率65%。王洪忠利用混合添加剂两段焙烧、氰化前加入助浸剂共磨处理及含铜、砷浮选金精矿氰化尾渣，氰化尾渣金、银的浸出率分别为82.92%和61.54%，浸渣中金、银的最终品位分别降至0.55g/t和30g/t。赵战胜针对河南地区金品位达3g/t的可再回收利用的资源的氰化尾渣首先采用沉降分离法，富集含金黄铁矿，含金黄铁矿经封闭式焙烧炉焙烧，使金充分裸露，产出硫气体经冷却生成硫黄，对进一步提高金品位的焙砂采用充空气搅拌水浸后，压滤固液分离，滤液蒸发烘干后为$FeSO_4$产品，固体用常规氰化法浸金，尾渣中金的回收率达72.95%~91.91%。薛光等通过试验提出一种从焙烧氰化尾渣中回收金、银的工艺方法，将氰化尾渣加添加剂再磨至-38μm含量大于95%，除去矿样中的砷，使氰化尾渣中脉石包裹的金、银暴露，然后用30%除杂剂加热浸取杂质，并除去金矿物表面的钝化膜，处理后的矿样采用氰化法进行浸取金、银，氰化尾渣中金、银的氰化浸出率分别达到65.00%和41.49%。薛光、于永江等对山东招远黄金冶炼厂的焙烧氰化尾渣进行回收金银的试验研究，试验中采用添加 SC 焙烧氰化浸出的流程，回收了焙烧尾渣中的金、银，其浸出率 Au 在 60% 以上、Ag 在 65% 以上。

金矿氰化尾渣的利用除了较多关注有价金属铜、铅、锌的回收外，铁的回收利用价值也较大。目前氰化尾渣中回收铁的方法可分为火法和湿法两种工艺。火法工艺是对氰化尾渣进行还原焙烧，然后进行磁选回收铁。通过还原焙烧使氰化尾渣中的铁氧化物转变为磁性较大的四氧化三铁。张亚莉等针对氰化尾渣中高含量的铁，首先在低温条件下对氰化渣进行还原焙烧预处理，使渣中的铁氧化物转变成磁铁矿，然后通过磁选工序进行选矿，提炼出渣中的铁，送钢铁生产系统；再将磁选后的渣用氰化钠溶解，使金以配合物的形式进入溶液，固液分离后，以二氧化硅为主要物质的渣，送去水泥厂作原料，溶液用锌置换出其中的金。金的回收率为 50%，铁的回收率为 80%。尚德兴等以褐煤为还原剂，采用还原焙烧-磁选的方法回收氰化尾渣中的铁，获得了品位 59%、回收率 80% 的铁精矿。高远等针对氰化尾渣经选矿工艺获得的磁铁矿、褐铁精矿（TFe 品位约 55%）中砷、铜含量超标，难以用选矿手段进一步分离富集的难题，采用一步氯化挥发法脱除铜砷，适当配比制球，在焙烧温度 1160℃的条件下，尾渣中的铜砷脱除率达到 90% 以上，通过冷凝收尘回收铅、锌、银等有价金属，烧渣中铁的品位达到 64% 以上。湿法回收铁主要是采用浸出工艺，如高酸浸出和高锰酸钾浸出。翟毅杰等采用高锰酸钾对氰化尾渣进行预处理，在最佳反应条件下铁浸出率及矿样失重率分别为 92.82% 和 47.94%。翟毅杰等在酸性条件下用高锰酸钾对氰化尾渣进行预处理，在优化的工艺条件下铁浸出率达 93.33%。尚军刚采用高酸浸出对氰化尾渣进行处理，探讨了高酸浸出硫酸用量、浸出时间和浸出温度对氰化尾渣中铁浸出率的影响。结果表明：硫酸用量为理论量 3.5 倍、浸出温度 363K、浸出时间 4h 时，氰化尾渣中铁浸出率达 93.33%，氰化浸出高酸浸出渣，金、银回收率分别达到 90% 和 76.92%。

15.3 其他阳极泥中回收金

15.3.1 镍阳极泥

生产镍的原料主要为硫化镍（或硫化铜镍）和氧化镍矿物。此外，采用高炉法加蛇纹石生产钙镁磷肥的工厂，由蛇纹石中带入的镍被富集在高炉渣中，通过吹炼这种高炉渣（镍磷铁合金）可从中回收镍。镍精矿的冶炼和吹炼磷镍铁产出的粗镍中富集几乎全部的贵金属。贵金属经粗镍的电解进一步富集于镍阳极泥中。镍阳极泥的组成，随着生产镍的原料的不同，差别极大。通常，镍阳极泥主要含镍、铜、铁、硫和 SiO_2 等，含有的贵金属一般以铂族金属为主，金、银含量较少。某些镍阳极泥的典型组分见表 15.7。

表 15.7 国内外某些厂镍阳极泥的组分 （%）

产 地	Ni	Cu	Fe	Pb	S	Pt	Pd	Au	Ag	SiO_2	合计
1 厂（中国）	21.77	38.11	2.52	—	8.40	0.011	0.019	—	—	—	70.83
2 厂（中国）	14.40	5.52	4.46	—	26.46	0.002	0.003	0.0098	0.015	6.84	57.71
3 厂（中国）	23.40	16.58	少量	—	0.15	0.002	0.007	0.003	—	—	40.15
4 厂（俄罗斯）	27.6	15.0	1.8	0.1	8.8	4.0	12.2	0.20	0.10	5.60	75.80
5 厂（俄罗斯）	29.42	23.14	6.91	—	17.06	0.44	1.3	0.04	0.07	1.60	79.78

注：2 厂和 3 厂采油 NiPFe 原料生产的阳极泥。

早期常采用火法冶金来熔炼镍阳极泥，然后再从富集物中分离回收贵金属。近代由于湿法冶金技术的发展，一些工厂采用液氯化法处理镍阳极泥工艺。由于镍阳极泥中贵金属含量一般不多，故二次电解富集的回收贵金属工艺一直受重视。

从镍阳极泥富集贵金属的方法，与铜、铅阳极泥的处理方法相似。下面选择一些单独处理镍阳极泥的主要流程。

（1）镍阳极泥的二次电解富集和浓硫酸浸煮。加拿大柯尔邦港（Port Colborne）柯彼尔·克里夫工厂处理的镍阳极泥含35% Ni、20% Cu、2% ~3% Fe、0.5% ~0.8%贵金属。该厂将干阳极泥配入足以还原铜、镍的碳，于烧油的9t小反射炉（约4.7m×1.5m）中熔炼造渣，产出阳极板于硫酸镍电解液的单独电解系统中进行二次电解富集。富集了的贵金属的二次阳极泥，经筛分除去残极碎屑后，用浓硫酸浸煮，并浸出和洗涤除去铜及残余的部分镍、铁后，产出贵金属总量达45% ~60%的浸出渣，运往伦敦阿克顿（Acton）精炼厂精炼。浸出液加铜置换，回收其中的贵金属后，溶液送铜电解作电解液使用。

（2）二次镍阳极泥的液氯化法浸出。某厂产出的镍阳极泥，再经火法熔炼产出阳极板进行二次电解富集。二次电解是在单独的电解系统中，使用含硫酸200g/L的初始电解液，下槽电压3V，电流密度250A/m^2下进行。过程中，阳极溶解的铜于铜阴极片上析出，镍溶解后则呈硫酸镍进入溶液。经7d左右，可造出含镍90g/L、铜0.5g/L、游离硫酸10 ~15g/L的溶液，送制取结晶硫酸镍。阴极铜送熔炼铜阳极板。产出的二次电解镍阳极泥，含铂族金属总量的0.15% ~0.2%，按固液比1∶4加入到2.5 ~3mol/L HCl和10%的NaCl溶液中，加热至70℃左右，搅拌并通氯气氧化，产出的含银40%的氯化渣，送铜阳极泥工段处理。

加热氯化液至80 ~90℃赶氯3h后，加铜丝置换2 ~3h。产出的精矿用60g/L的硫酸高铁浸出除铜，再于600℃灼烧使硒呈二氧化硒挥发，最终铂精矿含贵金属40% ~50%。为了获得较纯的铂精矿，也可在加铜丝置换前，先用二氧化硫还原金。

15.3.2 磷镍铁电解阳极泥

磷镍铁为生产钙镁磷肥的副产品，经电解，除回收镍、钴、铜外，其阳极泥含金、银、铂、钯、钌等贵金属。Pt、Pd、Au总含量一般为150 ~250g/t。我国磷矿资源丰富，生产钙镁磷肥的厂家甚多。磷镍铁阳极泥无疑是生产贵金属的一种重要原料。

15.3.2.1 试验物料与工艺流程

试料为上海冶炼厂磷镍铁电解阳极泥，其主要成分为：Pt 50 ~60g/t，Pd 60 ~75g/t，Au 100g/t，Ag 1800g/t，$w(Cu)$ 10%，$w(Ni)$ 25% ~30%，$w(Fe)$约5%，$w(S)$ 10% ~15%，$w(Al_2O_3)$ 4%，$w(SiO_2)$ 4%。对此物料曾进行过二次电解氯化焙烧、Cu-Ni-Fe捕集、高压浸出，氯化液离子交换、N235和N263萃取等工作，但都存在着一些问题和缺点，不能用于生产实践。经反复试验和对比，昆明贵金属所与上海冶炼厂共同合作，提出了如图15.4所示的原则流程。

15.3.2.2 酸洗与焙烧预处理

按工艺条件是可以不经酸洗直接焙烧的，但为了减少焙烧量，将镍以较纯的溶液回镍提高贵金属品位，在焙烧前进行了酸洗。酸洗条件为：温度70 ~80℃，酸度1∶1盐酸，固液比为1∶6，时间6h。经酸洗后，贵金属一般富集1倍左右，除去50%以上的Ni、Fe，

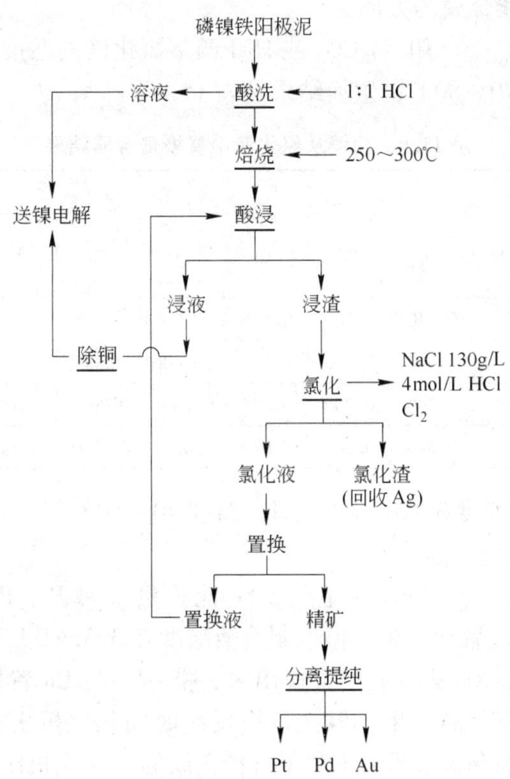

图 15.4　从磷酸铁电解阳极泥提取贵金属工艺流程

但除 Cu 效果较差，因而进行氧化焙烧除 Cu、Ni。通过试验结果选定焙烧温度为 250～300℃。时间为 4h。在 1.5mol/L HCl、温度 70～80℃、固液比 1∶6、时间 3h 的条件下进行浸出试验，铜的浸出率达 90.9% 以上，镍在 90.9% 以上，Fe 有 75.4% 被提出。浸后渣此时贵金属 Pt、Pd、Au 富集了 8～10 倍，品位达 3000g/t。

15.3.2.3　浸出渣液氯化浸出及氯化液的处理

阳极泥经焙烧，浸出所得的浸渣，在酸度 4mol/L HCl、NaCl 130g/L、温度 70℃～80℃、时间 6h 的条件下进行液氯化浸出，其结果见表 15.8。

表 15.8　液氯化浸出结果

焙烧条件	渣率/%	氯化率/%					氯化渣成分				
		Pt	Pd	Cu	Ni	Fe	Pt/g·L^{-1}	Pd/g·L^{-1}	Cu/%	Ni/%	Fe/%
不焙烧	66.0	81.1	77.6	78.0	83.5	53.0	85	175	0.63	5.1	5.6
500℃焙烧	62.5	84.1	87.5	52.5	49.3	45.0	105	105	1.3	15.8	7.3
400℃焙烧	56.0	95.4	98.1	—	—		36.4	18.8		—	—

从表 15.8 可看出，浸出渣不经焙烧或在 500℃焙烧都不如 400℃焙烧的氯化效果好，这可能是由于焙烧减少了氯化银对 Pt、Pd 的包裹，而在 500℃焙烧氯化率降低是由于 Pt、Pd 表面状态发生改变所致。该物料经液氯化浸出后，其氯化液所含贵金属很低，而贱金属很高，酸度又在 4mol/L 以上。针对此溶液特点，采用铜、铁置换法，不但可以在高酸

中进行，而且能达到贵贱金属的分离。

（1）铜置换铂、钯、金。用 Na_2CO_3 或 HCl 调整氯化液的酸度，再用经稀硫酸浸泡过的铜丝进行置换，温度 70～80℃，置换结果见表 15.9。

表 15.9 用铜从氯化液中置换贵金属结果

置换条件			氯化原液/$g \cdot L^{-1}$			置换后液/$g \cdot L^{-1}$			置换率/%		
酸度/$mol \cdot L^{-1}$	温度/℃	时间/h	Pt	Pd	Au	Pt	Pd	Au	Pt	Pd	Au
3.0	80	1	0.340	0.200	0.085	<0.0001	<0.0002	<0.0002	>99.9	>99.9	99.8
4.0	80	1	0.340	0.200	0.085	<0.0001	<0.0002	<0.0002	>99.9	>99.9	99.8
5.0	80	1	0.340	0.200	0.085	0.0002	0.0009	<0.0005	99.9	99.5	99.4
6.0	80	10	0.640	0.200	0.020	0.0004	0.0003	<0.0002	99.9	99.9	>99.0

从表 15.9 可见，在酸度 3～5mol/L HCl，温度 70～80℃时，Pt、Pd、Au 的置换率均大于 99%。

（2）铁置换铂、钯、金。按标准电位，Fe 能将贵金属 Pt、Pd、Au 及 Cu、Ni、Co、Sn、Sb、Pb 等贱金属一起置换出来，但控制溶液酸度在 3.5mol/L HCl 以上时，Cu、Ni 均不被置换，只有 Pt、Pd、Au 从溶液中置换出来，能达到与 Cu 置换相似的效果。实践证明，尽管能达到贵贱金属分离效果，但铁置换反应时间长，析出贵金属颗粒细，过滤困难，精矿品位低，并带入有害杂质，不利于有价金属的回收。相比之下，还是采用铜置换为宜。

在最佳条件下，用铜丝置换获得的精矿含金 40%、铂 13.5%、钯 28.9%，贵金属总含量达 80% 以上。对精矿的贵金属分离提纯可按常规方法进行。

16 电子废弃物中金的回收

16.1 电子废弃物中金的资源分布

电子废弃物是指废弃的电子电器设备及其零部件，其种类繁多，来源广泛，组分复杂。2009 年全球产生的电子废弃物多达 5000 多万吨，2014 年将达到 7200 万吨，预期 2020 年，发展中国家的产量将是 2007 年的 5 倍。贵金属金因高熔点、良好的化学稳定性和热传导性而广泛用于电子产品和家用电器中，尤其是在 IT 和通讯设备的制造中（约 300t/a）。电子废弃物来源广泛，所含元素种类繁多（60 多种），其中的贵金属含量因废料来源而异，但与天然金矿（Au 0.5 ~ 13.5g/t 矿）相比，电子废弃物中金的含量达到 10g ~ 10kg/t，远高于金矿中金含量。根据信息产业部统计，至 2004 年上半年我国平均每年淘汰近 7000 万部手机，产生约 7000t 电子废弃物，这表明每年有近 1.96t 金被废弃。回收金等宝贵资源意义重大，可以缓解日益枯竭的资源危机。在金属含量约占 30% 的电子废弃物中，贵金属在价值分配上占电子废弃物总价值的 40% ~70%，因此具有极高的回收价值。但电子废弃物中除含可资源化的贵金属外，还有多种有毒有害物质，如铅（Pb）、汞（Hg）、镉（Cd）、铬（Cr^{6+}）、多溴联苯（PBB）和多溴二苯醚（PBDEs）等溴系组。与典型金属矿物相对的电子废弃物的化学组成与价值分配见表 16.1。

表 16.1 与典型金属矿物相对的电子废弃物的化学组成与价值分配

类 型	Fe/%	Cu/%	Al/%	Pb/%	Sn/%	Ni/%	$Au/g \cdot t^{-1}$	$Ag/g \cdot t^{-1}$	$Pd/g \cdot t^{-1}$
价格①/$\$ \cdot t^{-1}$	525	9211	2298	242	25900	24180	4.9×10^7	1.06×10^6	2.68×10^7
印刷电路板 1	7 (0)	20 (10)	5 (1)	1.5 (0)	2.9 (4)	1 (1)	250 (64)	1000 (5)	110 (15)
印刷电路板 2	2.1 (1)	18.5 (10)	1.3 (0)	2.7 (0)	4.9 (7)	0.4 (1)	86 (26)	694 (4)	309 (51)
显示器 1②	0.04 (0)	9.2 (61)	0.75 (1)	0.003 (0)	0.72 (13)	0.01 (0)	3 (11)	86 (7)	3.7 (7)
显示器 2②	28 (5)	10 (28)	10 (7)	1 (1)	1.4 (10)	0.3 (2)	20 (30)	280 (9)	10 (8)
手机(1999 年)	5 (0)	13 (5)	1 (0)	0.3 (0)	0.5 (0)	0.1 (0)	350 (67)	1380 (6)	210 (22)
典型矿品位	25	0.5	30	5	0.5	0.5	1	—	—

注：括号内的数据为经济价值贡献百分数，单位为%。

① 金属价格来自伦敦金属交易所（LME）（2010.12.14）。

② 不含组件的制造商废弃物。

16.2 含金电子废弃物的回收处理流程

电子废弃物的处理可以分为三个层面，如图16.1所示，且均基于物质流。物质从第一处理层面流向第三处理层面，每一处理层面包括数种单元操作。第一处理层面的输出作为第二层面处理的输入，完成第三层面处理后，剩余物将在危险废物填埋场处置或对其进行焚烧处理。第一层面和第二层面的运作效率决定了进入危险废物填埋场或焚烧厂的剩余物量。其他国家的大多数电子废物处理设施中，包含位于某一位置的第一层面处理设施和第二层处理设施，而第三层面处理设施位于另一位置。第一层面电子废物处理主要完成电子废物的拆解和分离；第二层面电子废物处理主要包括破碎、粉碎和磁选、电选、重选等特殊处理工艺；第三层面电子废物处理为塑料再生、金属再生等。

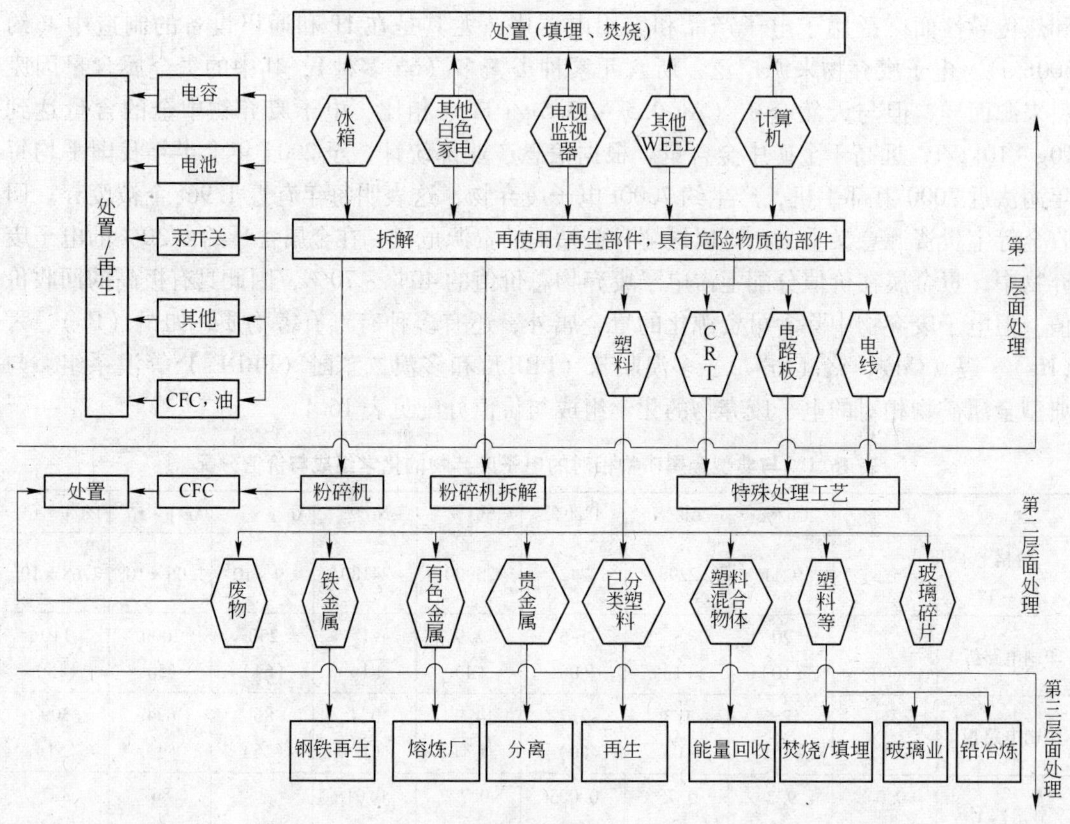

图16.1 电子废弃物处理方案示意图

图16.2是贵金属的再生回收工艺流程图。含低品位金的电子废弃物经过以上三个层面的处理后，贵金属金得到回收。

电子废弃物回收金的工艺可以总体分为以下三个主要步骤：

（1）收集；

（2）分类/拆解/机械处理（包括破碎、磁分离等）；

（3）后处理。

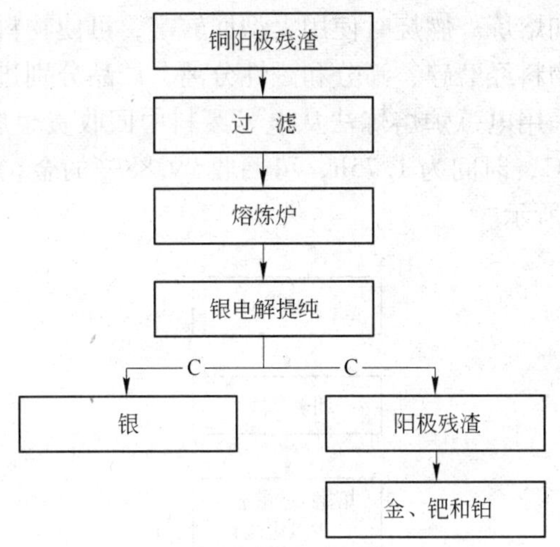

图 16.2 贵金属回收工艺

步骤（1）和（2）主要是机械处理方法；而后处理技术使用的是化学处理技术。工艺流程如图 16.3 所示。

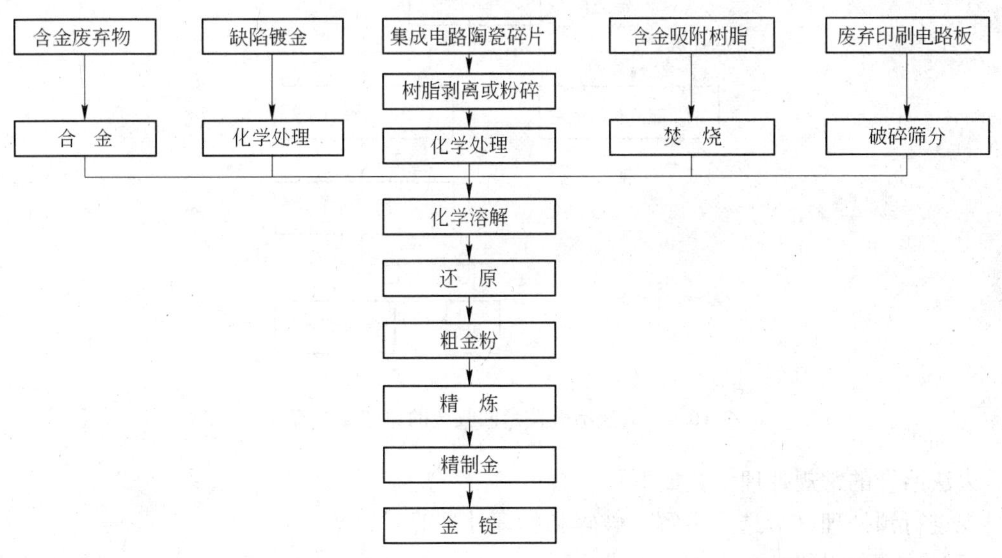

图 16.3 电子废弃物回收金的工艺流程

目前对电子废弃物的回收方法主要有火法回收、湿法回收、机械处理、电化学及生物回收等方法。回收技术的基本发展方向是实现包括铁磁体、有色金属、贵金属和有机物质的全部材料再利用。

16.3 含金电子废弃物的火法处理

16.3.1 含金电子废弃物的火法处理流程

火法富集具有很强的适应性，主要包括熔炼富集、火法氯化、高温挥发及焚烧等工艺，其主要过程为燃烧和熔炼。燃烧时使用大型回转窑，可使物料减重30%，窑尾附有废气净化装置。燃烧后的物料经磨碎、筛分和磁性分离，产品分别进入感应电炉熔炼、化学精炼或电解精炼。美国采用电弧炉熔炼法从电子废料中回收贵金属，以金属铜为捕集剂，熔炼温度为1400~1500℃，时间为1.75h，可回收99.88%的金。火法冶金技术回收金的原则工艺流程如图16.4所示。

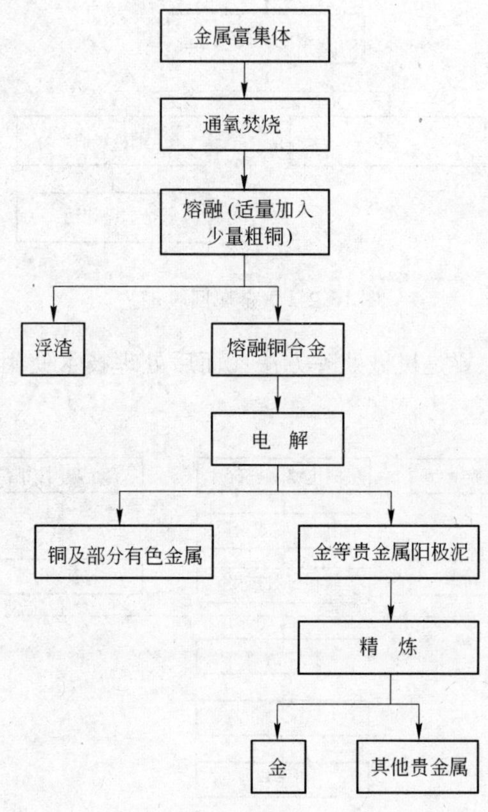

图16.4 火法冶金技术回收金的原则工艺流程

火法冶金的常规处理工艺如下：

先进行预处理（分选、拆解、破碎和物理处理等）富集：

（1）有毒组分的去除。

（2）粒度缩分，将除去有害组分的电子废弃物破碎成金属粉末，破碎后的物料再通过振动式输送机、振动台、交叉带磁铁、涡流电流和砂流流动单元以及其他的密度或磁分离方法进一步分离。在预处理过程中产生的粉尘被收集在袋式过滤系统中。这些粉尘可能含有高含量的贵金属组分，也可能含有大量污染物和塑料、纸屑以及木屑等烧失的灰分，所以需要送往熔炼工艺中回收贵金属。对于高品位电子废弃物则通常不经过机械破碎处理。例如，在Umicore，手机和电脑的电路板并不进行破碎处理，而是直接送入到熔炉中。

（3）样品化验，通过抽取具有代表性的电子废弃物样品来分析其中铜和贵金属的含量。

经上述处理的物料然后送入熔炉中进入后处理阶段：

（1）熔炼阶段：破碎的电子废弃物被送往一个集成熔炉，生成硫化铜和硫化亚铁溶液（冰铜），而铁和其他氧化物则形成硅酸盐溶液（矿渣）。贵金属含在冰铜溶液中，走向转化阶段。矿渣则通过使用一个铅鼓风炉、铅精炼和特殊金属装置来单独处理。值得一提的是高品位电子废弃物可以直接送往转化炉而无须通过熔炼过程。

（2）转化阶段："冰铜"转化成"砂眼铜"（不纯的铜）。

（3）阳极炉精炼：液相砂眼铜然后在阳极炉内精炼，铸成阳极。

（4）电解精炼：在这一过程中，铜阳极被精炼生产纯的铜阴极而金银等贵金属则沉淀在电解精炼装置的底部。

（5）贵金属精炼：残渣经过熔融、铸造和精炼生产贵金属条块。

16.3.2 含金电子废弃物火法处理的特点

含金电子废弃物火法处理工艺流程的明显特点是工艺简单、操作方便和贵金属回收率高（可达90%以上）。电子废弃物中的塑料组分由于阻燃剂、颜料和各种类型的塑料的混合而不能够轻易回收。然而，熔融过程可以使用塑料的潜能，这样电子废弃物进料中的塑料和其他可燃物料能够部分取代煤炭作为还原剂和能量源，从而节约了能源。但该工艺也存在一些问题：

（1）易造成有毒气体逸出，产生空气污染源。特别是卤素阻燃剂在焚烧过程中易产生有毒气体——二噁英及呋喃，造成严重的环境污染，电子废弃物中的贵金属也易以氯化物的形式挥发。

（2）电子废弃物中的陶瓷及玻璃成分使熔炼炉的炉渣量增加，易造成金属的损失。

（3）废弃物中高含量的铜增加了熔炼炉中固体粒子的析出量，减少了金属的直接回收。

（4）部分金属的回收率相当低，如锡、铅等；或在目前的技术经济条件下还无法回收，如铝、锌等。

火法冶金也可以采用直接冶炼技术，工艺流程如图16.5所示。

16.4 含金电子废弃物的湿法处理

16.4.1 含金电子废弃物的湿法处理流程与方法

湿法冶金主要是用来回收贵金属，主要包括浸出、固液分离和杂质的沉淀等净化程序、溶剂萃取、吸附和离子交换。由于金属元素通常被印刷电路板上各种塑料、陶瓷材料所覆盖或包裹，所以首先需要对其进行粒度缩分等机械预处理，从而使目标金属和浸出试剂充分接触反应，达到高的提取效果。由于金属以天然或合金的形式存在，需要采用氧化浸出工艺来有效提取贵金属。

$$Au^0 + 3H^+ \longrightarrow Au^{3+} + 3/2H_2(g) \quad \Delta G = 439.97\text{kJ/mol}$$

$$2Au^0 + 3/2O_2 + 6H^+ \longrightarrow 2Au^{3+} + 3H_2O \quad \Delta G = -84.23\text{kJ/mol}$$

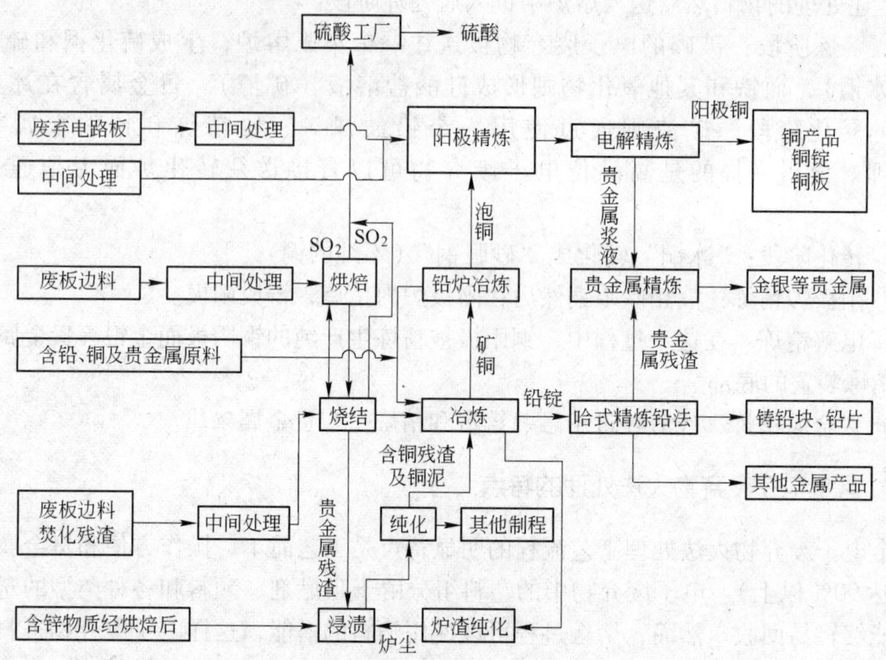

图 16.5 直接冶炼法从电路板中回收金属的流程

湿法冶金按浸取所用试剂的不同，可分为氰化法和非氰化法。

16.4.1.1 氰化法

鼓氧氰化法工艺流程示意如图 16.6 所示。氰化溶解法是回收废电脑中金的另一湿法冶金技术。金溶解的化学反应如下：

$$4Au + 8NaCN + O_2 + 2H_2O \longrightarrow 4NaAu(CN)_2 + 4NaOH$$

采用氰化法回收金时，必须在氰化物溶液中鼓入空气。在实际回收中，控制氰化物溶液中氰化物和氧气浓度对提高金的溶解速度非常重要。研究结果表明：金在氰化物中的溶解速度是氧消耗速度的 2 倍，是氰化物消耗速度的一半。在氰化物浓度较低时，金的溶解速度主要取决于氰化物的浓度。当氰化物的浓度较高时，金的溶解速度取决于氧的浓度。当$[CN^-]/[O_2]=6$左右时，金的溶解速度最快。在氰化物溶液中必须加入适量的碱（保护碱）并保持一定的碱度，可以大大降低氰化物的消耗量，同时也可以避免氰化物变成氰化氢气体进入大气，造成污染和中毒。温度对金的浸出有较大影响。金的溶解速度随温度的升高而增大（80℃达最大值），但氧在溶液中的溶解度随温度升高而下降；同时温度升高增加了氰化物的水解，其他非贵金属与氰化物作用加剧，氰化物的耗量大量增加。实际生产中控制氰化物溶液的温度在 30℃左右较为适宜。由于鼓氧氰化过程中氰化物处于过量状态，金粉还原后所得含氰溶液可以返回鼓氧氰化池重复使用数次。此法一方面可以降低氰化物的消耗量；另一方面也使最终废液中的游离氰含量大大降低，有利于环境保护。鼓氧氰化法的最大问题是回收过程中要使用大量含氰物质，而且只能回收板卡表面的金、银，对包裹于元器件内部或印刷线路板内部的金、银很难溶解。

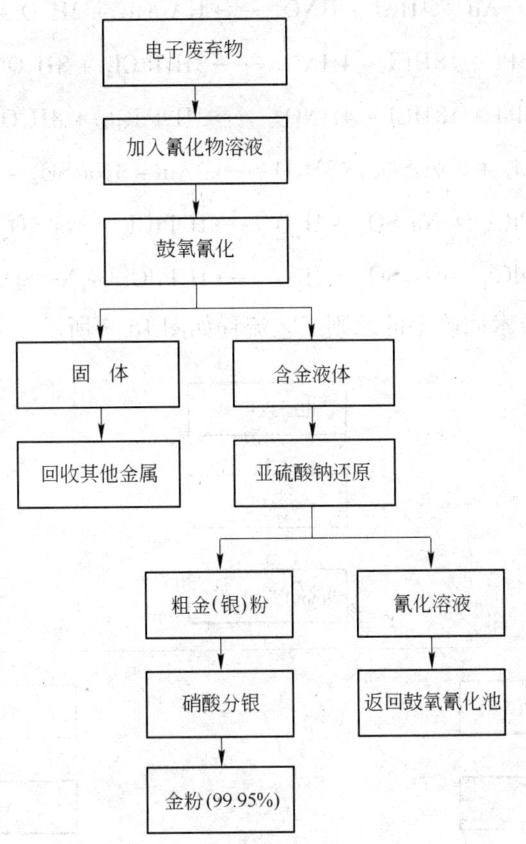

图 16.6 鼓氧氰化法湿法技术回收金的原则工艺流程

16.4.1.2 非氰化法

近年来氰化物的环境污染事故时有发生，因此研发对环境更为友好的非氰浸金法将是一种趋势。采用低污染、低毒工艺从废旧线路板中回收金等贵金属也成为工业生产中的迫切需求。非氰化湿法浸金按浸取工艺中使用试剂的不同，可分为王水法、硫脲法、硫代硫酸盐法、石硫合剂法等多种工艺。在本书的前面章节这些提金的方法都已系统的阐述，这里不再赘述。

A 硝酸—王水湿法技术

电子废弃物经人工分拣、挑选、拆卸后，含贵金属的印刷线路板经破碎至一定粒度先在高温 400℃下通氧焚烧，去除树脂、塑料等有机物，然后用 9mol/L 的硝酸溶解 Ag、CuO、Al_2O_3、CdO、TiO_2、NiO、ZnO 等金属氧化物，过滤，得到含银及其他有色金属的硝酸盐溶液，电解回收银。含金的滤渣则用王水溶解、过滤、滤液蒸发、水稀释，然后用亚硫酸钠还原沉淀金、粗金经电解精炼回收。此工艺即为硝酸-王水湿法技术。它的缺点是工艺复杂，化学试剂消耗量大，后续处理难，对环境污染严重，在实际应用中还有许多方面需要改进和完善。回收金过程中该工艺发生的主要化学反应式可用下列反应方程式表示：

$$Ag + 2HNO_3 \longrightarrow AgNO_3 + NO_2 + H_2O$$

$$Au + 4HCl + HNO_3 \longrightarrow HAuCl_4 + 2H_2O + NO$$

$$3Pt + 18HCl + 4HNO_3 \longrightarrow 3H_2PtCl_4 + 8H_2O + 4NO$$

$$3Pd + 18HCl + 4HNO_3 \longrightarrow 3H_2PdCl_6 + 8H_2O + 4NO$$

$$2HAuCl_4 + 3Na_2SO_3 + 3H_2O \longrightarrow 2Au + 3Na_2SO_4 + 8HCl$$

$$H_2PtCl_6 + Na_2SO_3 + H_2O \longrightarrow H_2PtCl_4 + Na_2SO_4 + 2HCl$$

$$H_2PdCl_6 + Na_2SO_3 + H_2O \longrightarrow H_2PdCl_6 + Na_2SO_4 + 2HCl$$

硝酸—王水湿法技术回收金的原则工艺流程如图 16.7 所示。

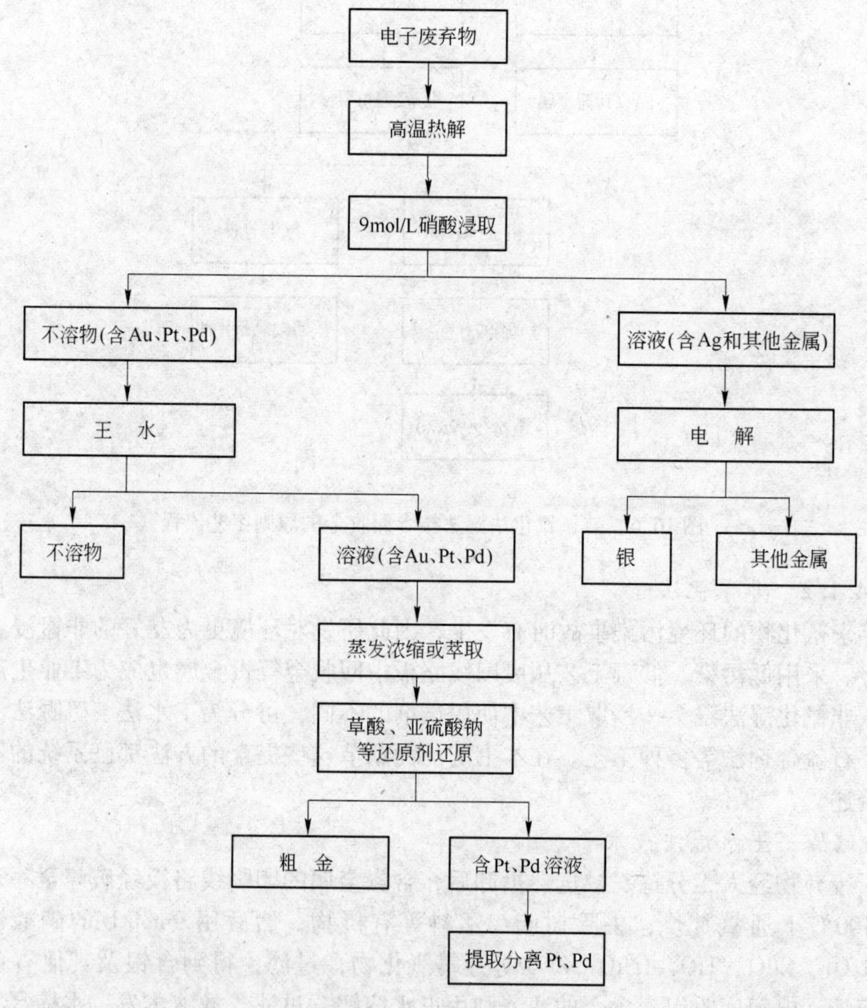

图 16.7 硝酸—王水湿法技术回收金的原则工艺流程图

硝酸—王水湿法技术回收金的典型工艺的步骤为：

（1）机械物理前处理。化学处理前有必要进行机械处理将电子废弃物转化成颗粒状。

（2）浸出。电子废弃物经过一系列的酸浸或碱浸将各个可溶性组分从固相中提取出来。

酸由于具有良好的溶解碱性、贵金属能力而成为最有效的浸出试剂。氰化物、卤化物、硫脲和硫代硫酸盐是最常用的浸出金的溶剂（见表 16.2）。硫脲可能是氰化物浸金的最佳取代物，金的回收率可以达到 99% 以上。

表 16.2 从电子废弃物中提取金的不同浸出系统的特征概括

浸出剂	试 剂	化学反应	种类和稳定性	条 件
氰化物	$CN^-/Air(O_2)$	$4Au + 8CN^- + O_2 + 2H_2O \rightarrow 4Au(CN)_2^- + 4OH^-$	$Au(CN)_2^-$ ($\lg K = 38.3$)	$E^{\ominus} = -0.67V$ pH > 10, 25℃
硫代硫酸	$S_2O_3^{2-}/NH_3/Cu^{2+}$	$4Au + 8S_2O_3^{2-} + O_2 + 2H_2O \rightarrow 4Au(CN)_2^- + 4OH^-$	$Au(S_2O_3)^3$	$E^{\ominus} = 0.274 \sim 0.038V$ pH > 8 ~ 11, 25℃

（3）分离和净化。浸出溶液经过分离和净化步骤后，实现了有价值金属和杂质的分离和富集。该步骤的方法包括溶剂萃取、活性炭吸附、离子交换、絮凝沉淀以及电解。下游净化和金属回收工艺的选择主要是从浸出试剂系统、金属离子浓度和杂质等方面综合考虑。

（4）贵金属回收。净化液中金等贵金属的回收可以通过电解精制、化学还原或结晶等单元操作来完成。

影响硝酸—王水湿法处理效果的因素众多，包括浇注密度、磁性组分的百分率、粒度分布、温度、时间、固液比和搅拌速度等。基于氧化酸浸—贵金属氰化，硫脲浸出的两段工艺可以被适当的发展来处理湿法冶金。然而，要开发新的节约成本的环境友好的新工艺，还需要作进一步研究。

与火法回收工艺相比，硝酸—王水湿法技术的特点是：废气排放少；提取贵金属后的残留物易于处理；经济效益显著。因此目前此技术比火法冶金回收技术应用得更为广泛和普遍。但是硝酸—王水湿法技术从金属富集体中回收金的化学试剂消耗量大，工艺复杂性比火法高，产生废水量比火法工艺多，实际应用中尚有许多方面需要改进和完善。它的主要缺点是：

（1）不能直接处理复杂的电子废弃物。

（2）部分金属的浸出药剂效率低，作用有限。贵金属的浸出剂只能作用于暴露的金属表面，当金属被覆盖或敷有焊锡时回收率较低，包裹在陶瓷中的贵金属更是无法通过湿法回收。

（3）浸出液及残渣具有腐蚀性及毒性，若处理不当，易引起更为严重的二次污染。

（4）这一方法只能回收电子废弃物中的贵金属及铜等金属，不能回收电子废弃物中的其他金属及非金属成分。

B 双氧水—硫酸湿法技术

双氧水—硫酸湿法工艺流程示意如图 16.8 所示。将经过拆解和挑拣含有贵金属的废电脑部件在 400℃左右加热以及粉碎至约 74μm，然后置于耐酸反应釜中，加入一定量的水、H_2O_2 和稀硫酸浸泡一段时间，待反应平衡后，进行固液分离。不溶的固体物质为金等贵金属、部分氧化物以及少量的高分子化合物；液体为铜、镍、铁、锡等金属的硫酸盐溶液。把取出的已剥离完的废料用王水溶解，过滤得到含金的王水溶液，用硫酸亚铁或草酸在加热条件下进行还原，得到粗金粉，再经过湿法或电解处理得到高纯度金粉或金锭。

此工艺中硫酸的浓度和用量对金的回收率有较大影响，随着硫酸浓度的增大，金和铜等有色金属的回收率也相应增加。随着双氧水用量的增加，金的含水率增加。试验结果表明，1kg 废电脑板卡中加入 2L 30% 的 H_2O_2 和2L 硫酸（1：3），当固液比为 1：2 且反应时间为 2h 时，金和铜等有色金属的回收率都可达到 98% 以上。

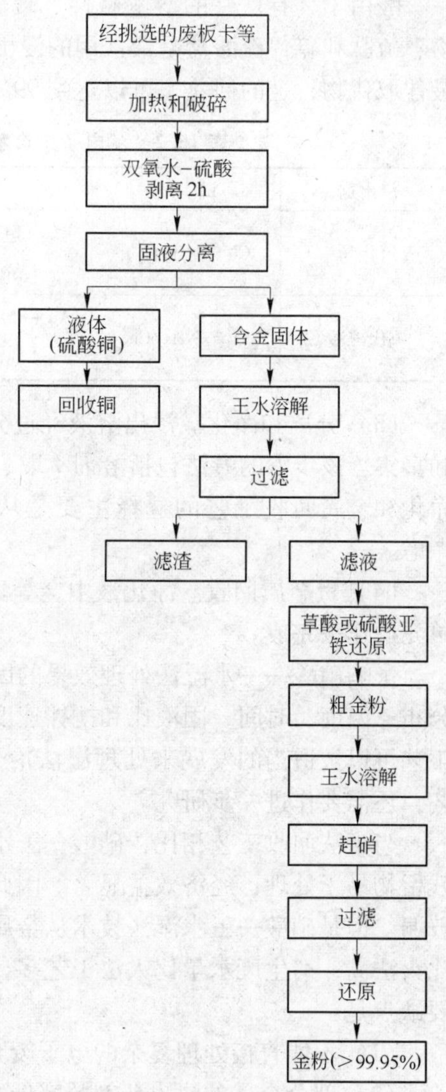

图 16.8 双氧水—硫酸湿法技术回收废电脑板卡中金的流程

C 组合的湿法冶金技术

组合的湿法冶金技术实现了从含有有机物的固体渣中将金、银、钯三种贵金属分步提取，具有一定的经济价值，如图 16.9 所示。

例如，将固体渣（显示器生产线、手机和计算机等线路板生产线上产生的固体渣）在 105℃下进行干燥，之后用球磨机进行粉碎，过筛后去除杂物。利用 X 射线荧光光谱仪（XRF）分析各个元素含量，以确定具体工艺参数。固体渣中有机物会在提取过程中消耗氧化剂，并会吸附贵金属，从而导致贵金属额外的损失。因此需将粉碎后的固体渣在马弗炉灼烧，温度控制在 450～500℃，温度太低灼烧不充分，温度太高导致金属钯氧化成氧化钯。氧化钯较难溶解，这将给提纯造成困难，灼烧时间可在 8h 左右。若固体渣中含有 SiO_2 和大量贱金属铁铜等，可用盐酸（体积比 1∶7）浸出，控制盐酸与固体渣质量比在 10：1，可加热至 90℃反应 1h，反复浸出几次，澄清后趁热去除上层清液，浸出过程控制液体电位低于 500mV，防止贵金属流失。脱除贱金属以后，加入硝酸体积比为 1∶4、液固比为 2：1，在 60℃下浸出 1h。浸出后进行固液分离，并用少量水洗涤滤渣。在滤液中加入 NaCl 直至不出现白色沉淀为止，过滤得到的沉淀为 AgCl，滤液中有部分钯。将 AgCl 温度升高至约 50℃，根据沉淀 AgCl 的量加入过量的 NaOH 固体和 1～2 倍量的甲醛（HCHO）溶液（1g 固体 AgCl 恰好与 0.22mL 36% 甲醛溶液、0.32g NaOH 反应），立即发生放热反应，混合物变黑，维持反应 5～12min，溶液变得澄清透明，过滤即可得到海绵银。将经过分银后的滤液适当浓缩，以减小体积。将滤液用氨水（$NH_3 \cdot H_2O$）调节 pH 值至 8.5～9，以配合钯，再加入盐酸（6mol/L）调节 pH 值至 1～2 析出，陈化 4h，过滤后得钯化合物沉淀。将提银后的固体渣，用 2.5mol/L 盐酸和 5g/L 氯酸钠溶解贵金属，溶解时液固比控制为 10：1，水浴温度控制在 90～100℃，浸出电位大于 1200mV，前后浸出三次。将三次浸出的滤液合并后滤液浓缩。加入盐酸调整滤液的盐酸浓度为 3～4mol/L，按照 $m(FeCl_2 \cdot 4H_2O) : m(Au) = 7$ 的比例加入制好的氯化亚铁（$FeCl_2$）溶液。当电位值

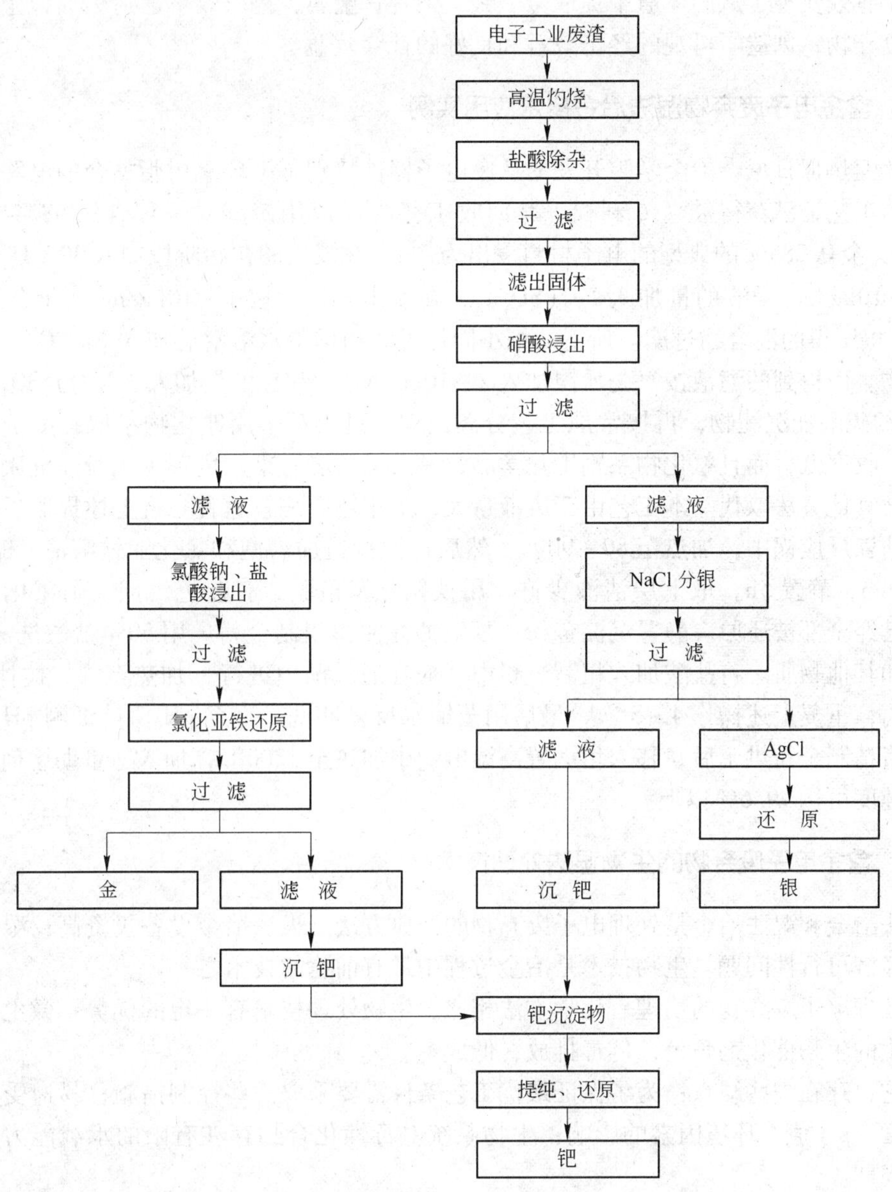

图 16.9　湿法冶金技术从电子工业废渣中提取金等流程

由 958mV 降至 624mV 时，静置 4h 后，过滤，洗涤滤渣至无氯离子为止。然后将金泥置于沸腾的 7mol/L HNO_3 中保持 30min，然后过滤，用水洗至近中性。干燥水分，即可得到纯度为 99% 以上的海绵金。向提金后的滤液中加入氯化铵（NH_4Cl），氯化铵的加入量为 100g/L，陈化 8h 后，过滤得到氯钯酸铵[$(NH_4)_2PdCl_6$]沉淀。将氯钯酸铵沉淀与之前得到的钯化合物沉淀合并，用浓氨水溶解，调节溶液 pH 值至 10，加热至沸腾，冷却后加入浓盐酸，小心、缓慢调节 pH 值至 1，陈化 4h，过滤，用 0.28mol/L 盐酸洗涤至滤液无色，可以重复上述操作，最后用水合肼还原得海绵钯。

相关工艺参数可以适当调整。去除有机物的干扰，分步得到金、银、钯的组合湿法冶金技术，有效实现了从固体渣中提取金、银、钯等贵金属，提取效率达到92%以上，充分利用了废弃物，创造了可观的经济效益和良好的社会效益。

16.4.2 含金电子废弃物湿法冶金技术应用实例

波兰涅热那日尼奇冶金学院开发的从废电子器件特别是由环氧树脂粘合的电路中回收金与镍的工艺，已获得波兰专利权。其回收工艺为（以用硫酸对一种含铁58.44%、镍40.39%、金0.285%的典型的电子材料浸出为例）：在浸出的初始阶段加入30% H_2O_2，随后按1～10kg/m^3 浸液的量加入 $Fe_2(SO_4)_3$，在浸出末期，按1～10kg/m^3 浸液的量加入 $CaCO_3$，将所得的混合物过滤。所得的细小固体过滤物用王水溶解后加入 Na_2SO_4，生成金的沉淀物。而得到的滤液按每公斤镍加入2～10kg $(NH_4)_2SO_4$ 的量加入 $(NH_4)_2SO_4$，得到 NH_4-Ni 的硫酸盐沉淀物，再按常规工艺分离出镍。过去都采用氰化物萃取，由于氰化物耗量大，收率低，而且氰化物系剧毒化学品，易造成环境污染，危害工人身体健康，现已经逐步被其他方法取代。本工艺由于废液量大，采用还原法较适宜。将上述提取后的废液置敞口搪瓷反应锅中，加热至80～90℃，然后边搅拌边加入饱和氯化亚铁溶液，略过量。搅拌30min，静置5h，取上层清液少许，用铁氰化钾检验，有蓝色沉淀，则氯化亚铁过量，金已经全部被还原。静置沉淀金粉，真空抽滤便得粗制金粉。用30%盐酸洗涤金粉，去除铁和其他物质。将盐酸加入粗制金粉中（应在通风橱中进行）加热至沸，搅拌5min，离心分离，重复上述操作4～5次，最后用蒸馏水反复冲洗，直至pH值试纸测pH值为7为止。将精制金粉烘干后，移入坩埚置高温电炉中加热至1200℃，加入适量助熔剂，熔化铸锭，纯度可达99.6%以上。

16.4.3 含金电子废弃物的生物湿法处理技术

火法冶金和湿法冶金是处理电子废弃物的经典方法。火法冶金设备投资高；湿法存在环保和经济可行性问题。生物技术是冶金过程中最有前途的技术之一。

与处理电子废弃物的物理、化学方法相比，生物处理技术有一定的优势：微生物扮演自然发生的生物催化剂角色；低毒排放；低成本。

但它也存在一些缺点：为了保证最优工艺条件需要采取一些控制措施；易遭受氧气氛围、温度、pH值等环境因素的影响；生物系统对毒性化合物存在有限的承载能力；需要较长的周期。

16.5 含金电子废弃物处理新技术

集成技术是将化学浸出和生物浸出等有机耦合在一起，发挥各自的优势，实现功能上的互补，从而快速高效地提取金属金的一种方法。先进科技材料股份有限公司已经开发了一种有选择性的化工工艺，该工艺根据绿色化学和绿色化工的理念从废弃的电路板、印刷线路板中回收贵金属。其任务是“提供一个从印刷线路板和集成电路中回收最高价值的经济可行、环保负责的安全工艺。”2012年11月ATMI首次提出名为eVOLV™的化工系统，旨在回收电子废弃物中的贵金属。开发的此闭路循环环保、安全、节约成本、全自动化，并且可以实现纯度99%、回收率99%的指标。其处理工艺如下：

（1）预分选。完整的印刷线路板被送往ATMI的小规模试验厂，不需要破碎或燃烧。

（2）拆焊。印刷线路板经过反复的拆焊步骤，时间 5～20min，温度 35～40℃。拆焊化学的选择性允许铜、金和贱金属留在线路板上，而拆焊条从印刷线路板上脱离并收集在一个容器里。

（3）金的浸出。拆焊后的线路板经过金的浸出过程，时间 5～10min，温度低于 30℃。一旦此化学过程被金所饱和，就将溶液泵送到电镀工具中，该装置从化学溶液中提取金。金被镀到碳阴极上，然后再从碳阴极上去除，熔融后铸成金条。该工艺产出的是裸玻璃纤维板和金条。AMTI 目前正在使用 eVOLV™系统在其总部的一个试验厂内处理印刷线路板。该厂房每小时可以处理 90.7kg 的印刷线路板，并且是全自动化，一条输送系统将板在整个化学过程中移动。预计在 2013 年夏季将有首批的两个产业化工厂利用 eVOLV 技术。并且 ATMI 也正在开展 eVOLV 二期试验项目，旨在从芯片和手机印刷线路板中回收有价值的组分。

16.6 含金电子废弃物火湿法联合生产技术

含金电子废弃物火湿法联合生产技术的工艺流程如图 16.10 所示。按常规方法将电子

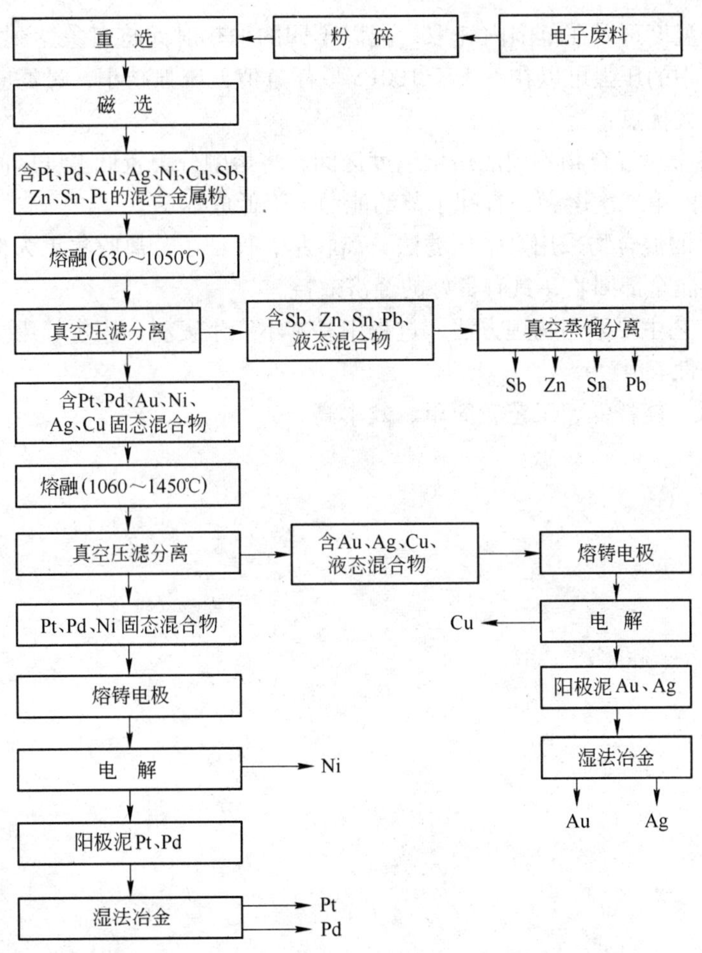

图 16.10 从电子废弃物中回收贵金属等的工艺流程

废料粉碎后经重选、磁选去掉混合金属粉中的 Fe 后，得到含有 Pt、Pd、Au、Ag、Ni、Cu、Sb、Zn、Pb、Sn 的混合金属粉。将该混合金属粉加入电热熔融炉的熔化池中，开启感应加热线圈，控制熔化池中的温度为 900℃，加热 2h。将熔点均低于 630℃的 Sb、Zn、Pb、Sn 充分熔化成液态后，开启真空泵，保持位于熔化池下方的液态金属收集器中的压强为 90Pa，使熔化成液态的 Pb、Sn、Sb 通过用 Ni 丝布制作的过滤网，进入液态金属收集器后送入真空蒸馏分离炉。利用金属元素在不同的温度和压力下具有不同的蒸气压，在气化状态下具有不同的冷凝点的特性，在真空蒸馏分离炉内设置不同的冷凝温度区冷凝，即可分别得到 Sb、Zn、Pb、Sn。Pt、Pd、Au、Ag、Ni、Cu 的熔点均高于 1060℃，呈固态，无法通过过滤网而留在熔化池中。对留在熔化池中呈固态的含有 Pt、Pd、Au、Ag、Ni、Cu 的混合物进行第二次熔融。开启感应加热线圈，控制熔化池温度为 1200℃，加热 2h。将熔点高于 1060℃的 Au、Ag、Cu 充分熔融成液态后，开启真空泵，保持液态金属收集器中的压强为 90Pa，使熔化的呈液态的 Au、Ag、Cu 通过用镍丝布制作的过滤网，进入液态金属收集器后即可按常规的方法铸成电极，用电解法提取 Cu 和利用湿法冶金术提取 Au、Ag。而 Pt、Pd、Ni 的混合物即可按常规的方法铸成电极，用电解法提取 Ni 和利用湿法冶金术提取 Pt、Pd。

此实例中的温度可以在范围内任取，配以不同的加热时间将对象达到完全熔融即可，液态金属收集器中的压强可以在不大于 100Pa 取任意值，压强越小，过滤时间将越短。本技术具有以下几大优点：

（1）利用各金属混合物不同的熔融温度区间，将熔融分为较低温度区间的第一次熔融和较高温度区间的第二次熔融，有利于节约能源，降低成本。

（2）熔融后的混合物采用真空压滤法分离收集，保证了分离收集更为彻底，可将电子废料中的各种金属全部回收，具有良好的经济效益。

（3）技术工艺主要采用物理方法，过程中基本不产生废渣、废水、废气、粉尘，具有很好的环境友好性。

（4）成本低、能耗低、工艺较简单、效率高。

17　其他含金废料中金的回收技术

含金二次资源除了前面介绍的电子废弃物之外，还包括以下几种基本类型：

（1）金匾、金字、神像、神龛、泥底金寿屏、戏衣金丝等贴金类废件。

（2）包括 Au-Si、Au-Sb、Au-Pt、Au-Pd、Au-Ir、Au-Al 和 Au-Pd-Ag 等金合金类废件。

（3）包括化学镀金的各种报废元件（含镀金电子类废件）的镀金类废件。

从这些含金二次资源中再生进行黄金回收，工艺简单且成本低，同时可以实现变废为宝。因此无论是从资源连续性的角度，还是从保护环境的角度，黄金二次资源的回收和利用都具有极其重要的意义。

17.1　厚膜涂层产品中金的回收

厚膜工艺过程中的金基废料（废浆料、棉球和电路元件）分别进行蒸发、燃烧和破碎，然后集中焙烧、焙渣用盐酸洗除可溶性杂质。用王水浸出金、铂、钯，用 Na_2SO_3 优先沉淀金。用锌粉共沉铂和钯、铂。钯、铂混粉用硝酸分离钯。王水浸出后的残渣经湿法还原钯后，再用王水提取残余的钯。金、铂、钯分离提纯后，再用于生产浆料。本工艺适用于含银少的金基废料的回收。

17.2　含金合金废料中金的回收

合金种类繁多，组分各异，回收方法也因此不同。回收前应排选分类，分别堆放，按类分别处理。从废合金中回收金的工艺，通常包括溶解（造液）、金属分离富集、富集液的净化及金属提取等主要过程。造液前，原料种类要单一，应除去油污和夹杂，大块物料需要碎化。

金和含金合金通常都可以用王水溶解再生回收。并且除 Au-Pt 合金需要预先通过 NH_4Cl 沉淀 Pt 外，其余基本上都可以用还原剂（SO_2 和 $FeSO_4$）还原回收溶出液中的金。以金为基的牙科合金，在镶牙过程中产生的废料，亦可用王水溶解回收。用王水溶解的物料，都可用水溶液氯化法溶解，从而避免过程的冗长繁琐和赶硝的操作流程，因此在大规模废料处理中已逐渐代替王水溶解。具体的方法介绍在本书的前文已经有详细介绍，此处不再赘述。

含金电子废弃物中的各种含金合金如 Au-Pt、Au-Sn 和 Au-Sb 采用王水溶解的流程如图 17.1 所示。

17.3　镀金废件中金的回收

在制造电子元件时，为了提高其表面的抗腐蚀能力和导电性能，往往要镀上一层黄金。电子工业对金元件的纯度要求高、用量大，回收提纯效益非常明显，因此它也是目前电子废料的主要回收目标。镀金废件上的金可用火法或化学法进行退镀。火法退镀有利用

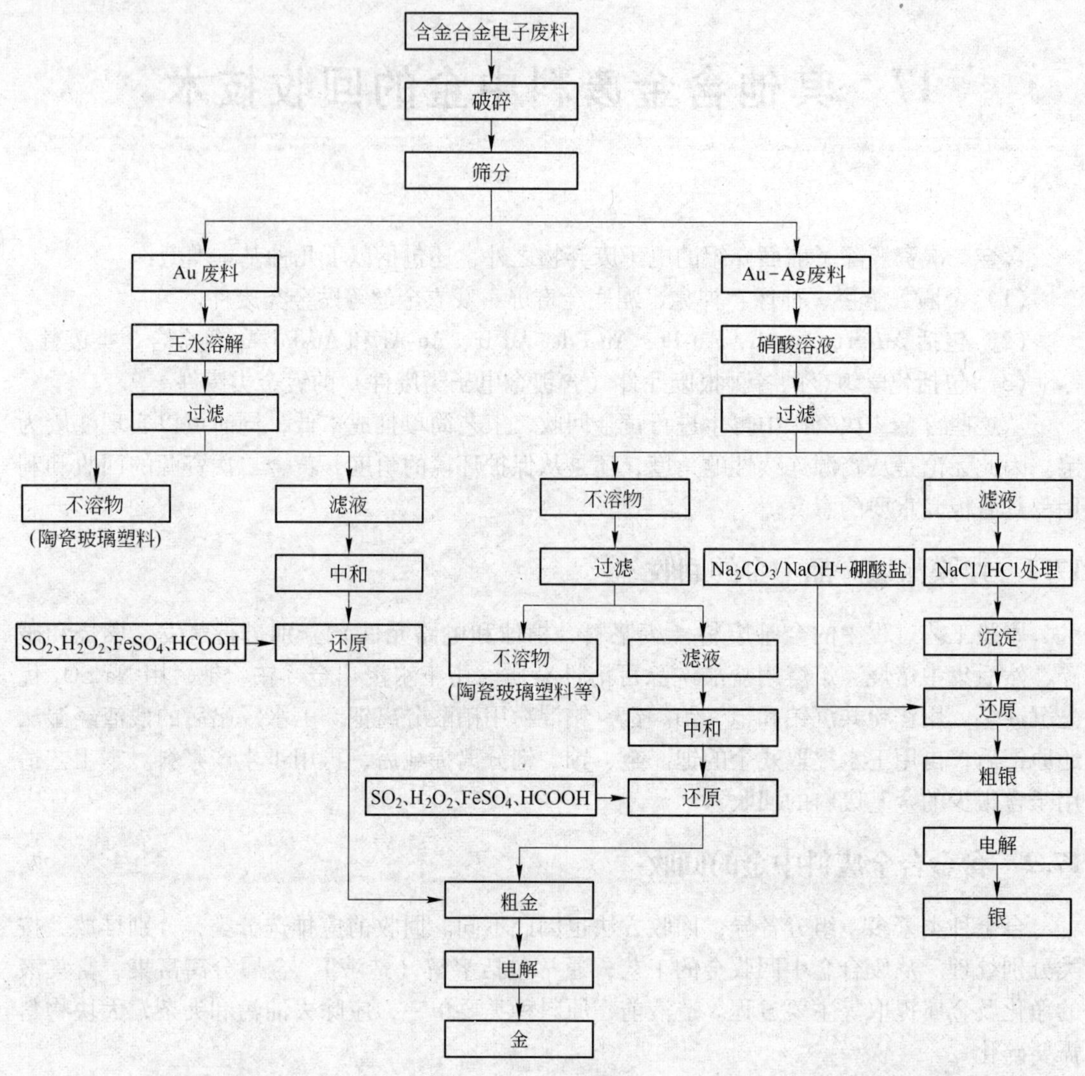

图 17.1 含金合金电子废料回收金工艺流程

熔融铅熔解贵金属的铅熔退金法、利用镀层与基体受热膨胀系数不同的热膨胀退镀法；化学法是利用试剂溶解的化学退镀法。

17.3.1 火法退镀金

(1) 铅熔法退镀金。铅熔法退镀金是将被处理的镀金件置于熔融的电解铅液中（铅的熔点为327℃），使金渗入铅中。取出退金后的废件，将含金铅液铸成贵铅板，用灰吹法或电解法从贵铅中进一步回收金。灰吹时，贵铅中可补加银，灰吹得金银合金，水淬成金银粒，再用硝酸分金，获得金粉，熔炼铸锭后得粗金。

(2) 热膨胀法退镀金。该法是根据金与管体合金的膨胀系数不同，应用热膨胀法使镀金层与管体之间产生空隙，然后在稀硫酸中煮沸，使金层完全脱落，最后进行溶解和提纯。例如，取 1kg 晶体管，在 800℃ 下的马弗炉内加热 1h，冷却。此时很薄的镀金层破裂，空气渗入管体并使管体氧化，镀金层与管体之间产生空隙。当把它放入带电阻丝加热器的酸洗槽中，加入6L 的 25% 硫酸液，煮沸 1h 后，由于稀硫酸溶解管体的氧化层及沸腾溶液的搅动作用，镀金层就很容易脱落下来，同时，有硫酸盐沉淀产出。稍冷后取出退掉金的晶体管。澄清槽中的溶液，抽出上部酸液以备再用。沉淀中含有金粉和硫酸盐类，加水稀释直至硫酸盐全部溶解，澄清后，用倾析法使固液分离。在固体沉淀中，除金粉外还含有硅片和其他杂质，再用王水溶解，经过蒸浓、稀释、过滤等工序后，含金溶液用锌粉置换，（或用亚硫酸钠还原）酸洗，可得纯度 98% 的粗金。热膨胀法回收金的流程如图 17.2 所示。

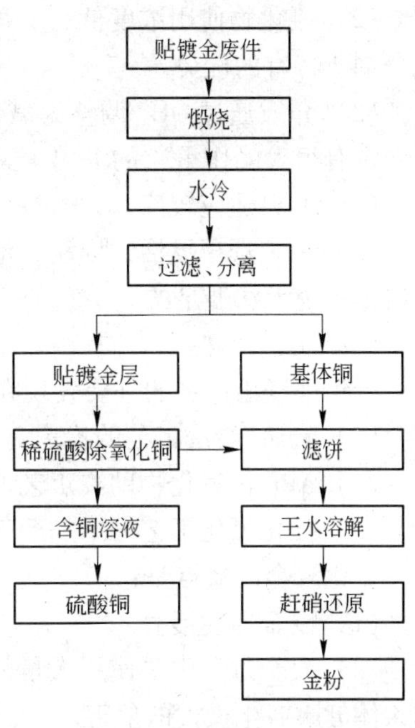

图 17.2 热膨胀法回收金流程

17.3.2 化学法退镀金

化学退镀是将镀金废件放入加热至 90℃ 的退镀液中，1～2min 后，金进入溶液中。配制退镀液时，称取氰化钠 75g、间硝基苯磺酸钠 75g 溶于 1L 水中，直到完全溶解后再使用。若退镀量过多或退镀液中金饱和，使镀金层退不掉时，则应重新配制退镀液。退金后的废件用蒸馏水冲洗三次，留下冲洗水作下次冲洗用。每升含金退镀液用 5L 蒸馏水稀释，充分搅拌均匀，用盐酸调 pH 值至 1～2。调 pH 值一定要在通风橱内进行，以免氰化氢中毒。然后用锌板或锌丝置换回收退镀液中的金，直至溶液无黄色时为止。抽去上清液，用水洗涤金粉 1～2 次，再用硫酸煮沸以除去锌等杂质，然后再用水清洗金粉，烘干，熔铸得粗金锭。用化学法退镀的金溶液亦可采用电解法从退镀液中回收金，电解尾液补加氰化钠和间硝基苯磺酸钠后，可再用作退镀液。电解法的最大优点是氰化物的排除量少或不排出，氰化液可继续在生产中循环使用，也有利于环境保护。

17.3.2.1 氰化法工艺（废电脑及其配件中金的回收）

氰化物是溶金的极好试剂，价格便宜，用量少。由于是在碱性介质中操作，氰化法在设备材质、浸出选择性和药剂消耗方面都有不少优越性，广泛应用于金矿浸金，故也适用于电子废弃物中金的提取，反应过程容易控制。利用碱金属氰化物将板卡等废电脑部件的金银溶解进入溶液，与板卡等部件的大部分物料分离，再通过还原剂使氰化溶液中的金银还原出来。在碱金属氰化物溶液中，它能与氰酸根离子生成稳定的氰金配合物，氰金配合物的稳定常数 K 为 38.30。在氰化反应过程中，被氧化的金能够不断和氰化物形成稳定氰金配合物，从而促使溶金化学反应进行。氰化物体系可简单地表述为（$CN^- + O_2 + OH^-$），金在氰化物溶解的化学反应为：

$$4Au + 8CN^- + O_2 + 2H_2O \longrightarrow 4Au(CN)_2 + 4OH^-$$

氰化浸金工艺特点表现在：

（1）只需大气中的氧而不必外加氧化剂，故操作方便、成本低。

(2) 氰化物使用浓度低，一般 1/1000 左右，有时可低至 3/10000，这是 CN^- 这种强配合剂所特有的优势。

(3) 介质通过 OH^- 调整为碱性，既抑制了伴性组分如氧化铁矿物（这种矿物在氧化矿中占有很大的比重）的溶出，又使浸出设备的防腐和维护十分简单。

(4) 原料适应较广。

(5) 工艺选择灵活，堆浸、泡浸和搅拌浸出任人选用；而堆浸和泡浸是任何已有的其他浸出系统无法涉足的。

(6) 工艺成熟。

近年来浸出体系的进展表现在：

(1) 炭浆/炭浸工艺的推广。

(2) APL 过氧化物助浸工艺的推广。

(3) 强化氰化工艺如增加药剂浓度和温度压力的管道化氰化工艺等陆续出现。

氰化浸金的缺点是：

(1) 浸金速度慢。

(2) 浸金过程中要使用大量的剧毒性含氰物质，若含氰废水处置不当，将对周围环境和人体健康产生极大的危害。

(3) 只能回收板卡表面的金银，对包裹于元器件内部或印制线路板内部的金银很难溶解。

由于人类对环保的要求日益提高，因此研究非氰化提金技术也就显得愈加紧迫。

17.3.2.2 酸性硫脲法

近十几年来，硫脲浸金方面取得了比较大进展，主要工艺有硫脲炭浆法、硫脲树脂法、硫脲铁浆法和硫脲电积法等。在有硫脲存在时，Au^+/Au 电对的电极电势由 1.68V 降为 1.038V，所以在酸性介质及氧化剂存在条件下，硫脲($SC(NH_2)_2$)与金很容易形成稳定的硫脲配合物。

$$Au + 2SC(NH_2)_2 \longrightarrow Au[SC(NH_2)_2]_2^+ + e^- \quad E^\ominus = 0.38V$$

$Au[SC(NH_2)_2]_2^+/Au$ 电对的标准电位（0.38V）与 $SC(NH_3)_2/SC(NH_2)_2$ 电对的标准电位（0.42V）很接近，因此要使金氧化溶解而又不氧化硫脲，就要选择合适的氧化剂，控制溶液酸度避免硫脲氧化而使金更有效溶解。硫脲法常用的氧化剂是 Fe(Ⅲ)类和空气氧。在酸性（$pH<1.5$）条件下，采用 Fe^{3+} 作为氧化剂，浸金反应如下：

$$Au + SC(NH_2)_2 + Fe^{3+} \longrightarrow Au[SC(NH_2)_2^+] + Fe^{2+}$$

硫脲本身也部分氧化，生成二硫甲咪，反应为：

$$2SC(NH_2)_2 \longrightarrow SC(N_2H_3)_2 + 2H^+ + 2e \quad E^\ominus = 0.42V$$

图 17.3 是采用从废弃线路板中回收金的工艺流程图。

硫脲浸金速率快，试剂易再生，并且毒性小，避免了使用氰化物对环境造成的污染，是值得推广的一种回收方法。硫脲浸金的缺点是：当 pH 值过小时，高浓度的硫脲易氧化；$pH>2$ 时，由于硫脲水解，其消耗量增大，金溶解速度减慢，故反应过程中控制溶液 pH 值非常重要。在酸性介质及氧化剂存在条件下，硫脲与金、银可形成稳定的硫脲配合物。废弃印刷线路板先经破碎，然后加入浓硫酸和 30% 的 H_2O_2，在加热条件下高分子有机物和铜、银、铝等金属与浓硫酸反应。然后再将浓硫酸处理后的残渣用蒸馏水冲洗干净，在

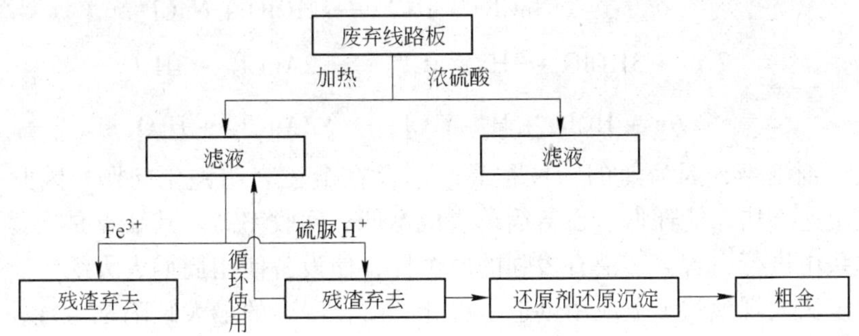

图 17.3 硫脲法提金工艺流程

Fe 存在下，加入硫脲试剂，调整溶液 pH 值在 1～2，硫脲与金配合。

17.3.2.3 硫代硫酸盐法

最常用的硫代硫酸盐是硫代硫酸钠和硫代硫酸铵，两者通常均为无色或白色粒状晶体。在有氧气存在的条件下，硫代硫酸盐与金能形成稳定的 $Au(S_2O_3)_2^{3-}$ 配合物，硫代硫酸盐在碱性溶液中的浸金化学反应方程式如下：

$$2Au + 4S_2O_3^{2-} + H_2O + \frac{1}{2}O_2 \longrightarrow 2Au(S_2O_3)_2^{3-} + 2OH^-$$

这是硫代硫酸盐浸金的基本反应。硫代硫酸盐浸金动力学的研究表明，在硫代硫酸盐法浸金过程中，铜离子和氨具有催化作用，原因是 Cu^{2+} 与 NH_3 形成的 $Cu(NH_3)_4^{2+}$ 在浸金过程中起氧化剂的作用。当溶液中存在 Cu^{2+}、NH_3、$S_2O_3^{2-}$ 时发生如下的反应：

$$Au + 5S_2O_3^{2-} + Cu(NH_3)_4^{2+} \longrightarrow Au(S_2O_3)_2^{3-} + 4NH_3 + Cu(S_2O_3)_3^{5-}$$

为了保持 $S_2O_3^{2-}$ 在溶液中稳定存在并使溶液中的铜成为铜氨配离子，必须保持一定数量的游离氨，浸出液也必须保持 pH 值大于 9.2。

在澄清的铜氨硫代硫酸盐溶金液中，加入金属锌粉，利用置换反应沉淀金。锌置换沉淀法也称为 Merrin-Corwe 法，金的回收率一般可达 97.5% 以上，且反应速度快，金滞留量小。该法的主要缺点是只能用在澄清液中，因而需要对矿浆进行高成本低效率的固液分离，并需在置换前对澄清液减压脱氧。

沉淀法在金的回收中用的最多，但是多数情况下铜与金的共沉淀会影响产品的品位。

17.3.2.4 氯化法

酸性条件下（pH < 1）下采用氯气或含氯试剂做氧化剂，可以快速溶金。氯浸金试剂有氯气、次氯酸、氯酸钠和次氯酸钠等含氯试剂。水氯化法浸金的化学反应方程式如下：

$$2Au + 3Cl_2 + 2HCl \longrightarrow 2HAuCl_4$$

在氯水溶液中，金被氯氧化并且与氯离子配合，因而此法被称为水氯化法浸金。用作水氯化法氧化剂的主要是氯及其含氧酸的盐。因为氯气比较容易泄漏，造成安全事故，所以现在研究得比较多得是用氯酸钠和次氯酸钠在氯盐体系中浸出金，称为次氯酸钠浸金。次氯酸钠浸金实质是次氯酸浸金，利用次氯酸钠的氧化性溶金。次氯酸钠浸金发生的化学反应方程式如：

$$NaClO + HCl \longrightarrow HClO + NaCl$$

$$2Au + 3HClO + 3H^+ + 5Cl^- \longrightarrow 2AuCl_4^- + 3H_2O$$

$$2Au + HClO + H^+ + 3Cl^- \longrightarrow 2AuCl_2^- + H_2O$$

用含氯试剂浸金，因为氯的活性很高，不存在金粒表明钝化问题，因此与氰化法相比，金的浸出速率快、能耗低、设备简单、成本低、回收率高。其缺点是次氯酸钠浸金需要在酸性体系中进行，含氯溶液有极强的腐蚀性，使设备使用周期大大缩短，不过塑料工业的发展给该法大规模的工业应用创造了可能。氯化浸金的最大缺陷是氯气易泄漏，造成安全事故。

17.3.3 电解法退镀金

采用硫脲和亚硫酸钠作电解液、石墨作阴极、镀金废件作阳极进行电解退金。通过电解，镀层上的金被阳极氧化成 Au(Ⅰ)，Au(Ⅰ)随即和吸附于金表面的硫脲形成配阳离子 $Au(SC(NH_2)_2)^{2+}$ 进入溶液。进入溶液的 Au(Ⅰ)被溶液中的亚硫酸钠还原为金，沉淀于电解槽底部。将含金沉淀物经分离提纯就可得到纯金。电解液由 2.5% $SC(NH_2)_2$、2.5% Na_2SO_3 组成。阳极用石墨棒（ϕ30mm，长 500mm）置于塑料滚筒的中心轴。阴极用石墨棒（ϕ50mm，长 400mm）放在电解槽两旁并列。电解槽用聚氯乙烯硬塑料焊接而成，容积为 164L。退金滚筒是用聚氯乙烯硬塑料板焊接成六面体，每面均有 ϕ3mm 的钻孔，以使滚筒起漏液和电解时电解液流通的作用。电解条件为：电流密度 200A/m²，槽电压 4.1V。电解时间根据镀金层厚度和阴阳极面积是否相当决定，如果相当，在合适的电流密度下，溶金速度是很大的，时间就可以短一点，一般时间为 20～25min 是适当的。电解法退镀的工艺如图 17.4 所示。电解法退镀金已得到广泛使用。

李德俊等采用电解法从废可伐镀金件中回收金，并已正式投入生产，其流程示意图如图 17.5 所示。

17.3.4 碘化法

碘法浸金工艺在国内研究报道不多，主要用在工业废料金的回收方面。碘化法溶金时体系中的主要化学反应如下：

$$I_2 + I^- \longrightarrow I_3^-$$

$$2Au + I^- + I_3^- \longrightarrow 2[AuI_2]^-$$

在 $Au\text{-}I_2\text{-}I^-$ 体系中，I_3^- 和 I^- 分别为使金溶解的氧化剂和配合剂。电子废弃物中的单质金与碘液接触后被氧化，以 $[AuI_2]^-$ 形式溶解于碘液中而被回收。在碘—碘化物溶金体系中加入一定量的辅助氧化剂双氧水，可以提高金的溶解速率，并能减少碘的用量。双氧水作为辅助氧化剂溶解金的反应为：

$$2Au + 4I^- + H_2O_2 \longrightarrow 2[AuI_2]^- + 2OH^-$$

反应中需要严格控制辅助氧化剂双氧水的用量，因为过量的双氧水会与 I^- 和 I_3^- 反应，使碘沉淀，影响金的溶解速率。随着溶金反应的进行，碘液中氧化剂 I_3^- 浓度逐渐下降。当 I_3^- 浓度降低到一定程度后，其溶金速度已无法满足生产需求，此时碘液需要再生。碘

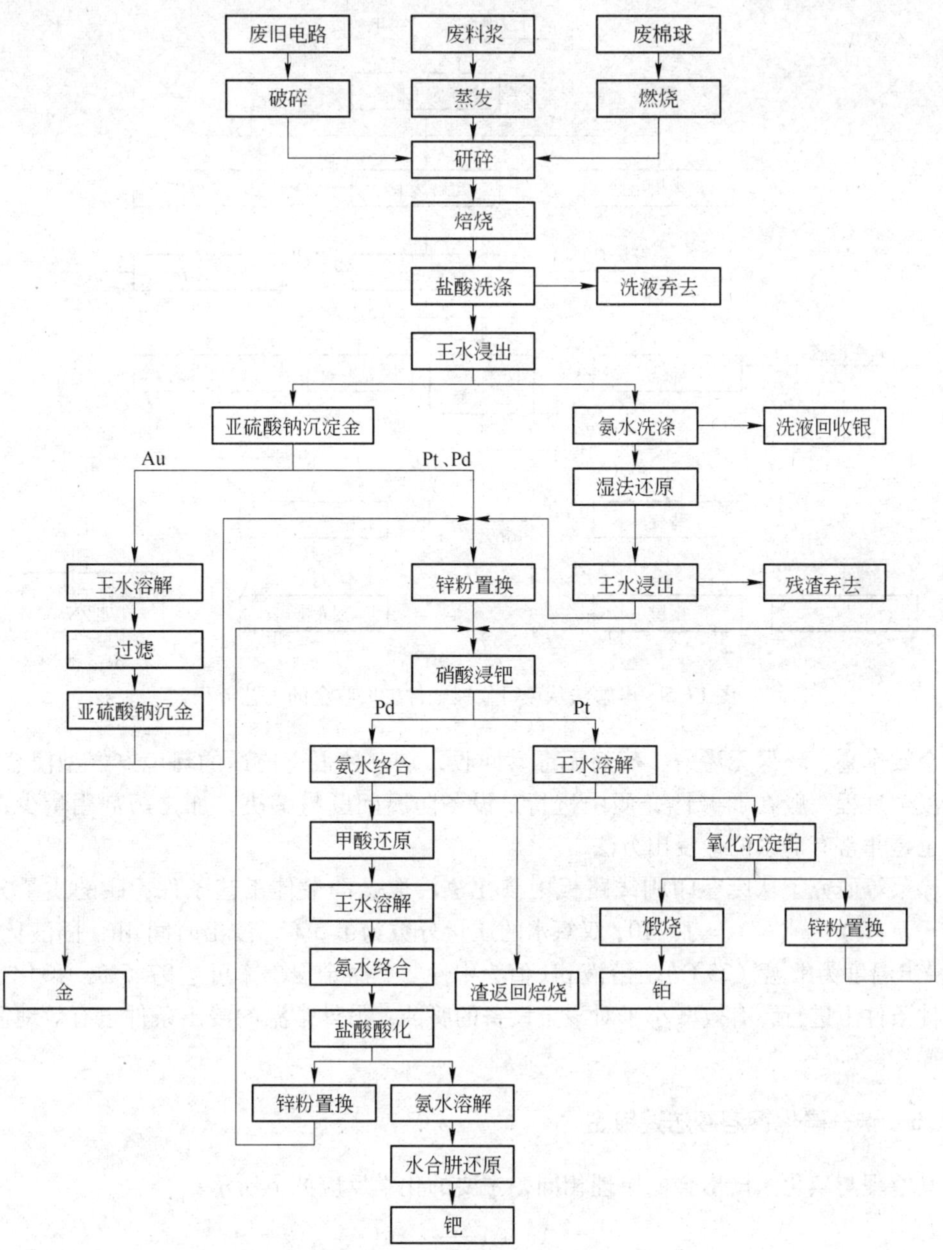

图 17.4 电解法的工艺流程

液再生是在维持溶液其他成分不变的前提下，使溶液中的 I^- 氧化为 I_2，即 I_3^-。电解法从碘液中沉积金，阴极区和阳极区由阳离子交换膜隔开。金在阴极沉积，同时在阳极沉积碘。其电极反应式为：

阳极区 $$2I^- - 2e \longrightarrow I_2$$

阴极区 $$2[AuI_2] + 2e \longrightarrow 2Au + 4I^-$$

电解过程中阳极沉积的碘会以 I_3^- 形式溶于碘液中，从而恢复碘液的溶金能力。碘化

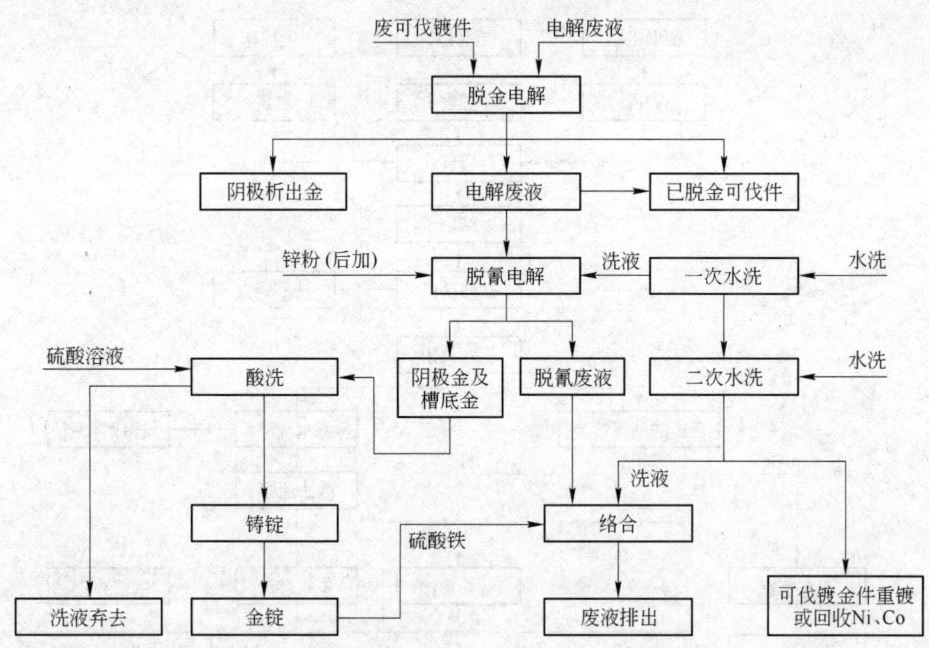

图 17.5 电解法从废可伐镀金件中回收金的工艺流程

法浸金效率高、环保无污染、药剂无毒易回收，是一种很有前途的环境友好型浸金方法。碘化浸金过程一般在弱碱性介质中进行，设备防腐问题易解决，加之药剂用量少，污染轻，也是非常有前景的金浸出方法。

徐渠等研究了从废弃印刷线路板中碘化法浸取金的最佳工艺条件：碘的质量分数为 1.1%，$m(I_2):m(I^-)=1:10$，双氧水的质量分数为 1.5%，浸出时间 4h，固液比为 1:10，浸出温度为常温（25℃），溶液 pH 值为中性，此时金浸出率可达 97.5%。碘化法浸金在中性条件下进行，有效减小了对浸金设备的腐蚀，另外常温的浸出条件也有效地简化了工艺操作。

17.3.5 碘—碘化钾溶液法退镀金

其原理与碘化法浸出金的原理相同，主要的化学反应如下所示：

$$Au + I \longrightarrow AuI$$

$$AuI + KI \longrightarrow KAuI_2$$

浸出 $KAuI_2$ 能被多种还原剂如铁屑、锌粉、二氧化硫、草酸、甲酸及水合肼等还原，也可用活性炭吸附、离子交换树脂交换等方法从 $KAuI_2$ 溶液中提取金。为使用于浸出的溶剂再生，通过比较，认为用亚硫酸钠还原的工艺较为合理，还原后液体可在酸性条件下用氧化剂氯酸钠使碘离子氧化成元素碘，使溶剂碘获得再生，同时可防止因排放废碘液而造成的还原费用增加和生态环境的污染。此法工艺操作简单方便，细心操作，还可使镀基体得到再生。具体工艺条件为：浸出液含碘 50～80g/L、碘化钾 200～250g/L；退镀时间视镀层厚度而定，每次 3～7min，须进行 3～8 次；贵液用亚硫酸钠还原提金，还原后液再生条件为硫酸用量是后液的15%，氯酸钠用量约20g/L。用碘—碘化钾回收金的工艺中，贵液用亚硫酸钠还原提金的后液，应水解除去部分杂质，才能氧化再生碘，产出的结晶碘需用硫酸共溶纯化后才可返回使用。为了退镀金和从所得溶液中回收金，使用一种阳极区和阴极区用多孔隔膜加以隔开的电解槽。隔膜的最好材料是孔大小为0.0001~0.001mm的多孔陶瓷，隔膜壁厚度为8mm。电解处理多碘溶液时，使用多孔隔膜的目的，是分离电极反应产物：

$$Au^+ + e^- \longrightarrow Au$$

$$I_2 + 2e \longrightarrow 2I^-$$

$$2H + 2e^- \longrightarrow H_2$$

$$2I^- - 2e \longrightarrow I_2$$

$$2OH^- - 2e \longrightarrow 1/2O_2 + H_2O$$

并可防止阴极上析出的海绵金在酸洗液中反溶解。电化学分离金的电极用玻璃碳制作。电解分离金过程在电压为4~5V、电流密度为20~30A/dm^{2}条件下进行，时间为2~3h，每g金的电能耗量为0.2~0.4kW·h，金回收率可达99%~99.8%。脱金废件送往制取有色金属，金泥经过滤后，送去熔炼，而阴极澄清液则返回工艺流程。

我国在20世纪70年代出现用碘—碘化钾—水系从镀金废料中回收金的新工艺，保持碘化钾浓度在200g/L以上，金完全溶退时间仅3~7min。溶液中的碘可用氯酸钾氧化回收。美国专利发明了用碘化物-碘溶液浸出含金物料的新方法，溶解的金在电解槽的阴极室还原为金属，碘则还原为碘化物。在阳极上碘化物再氧化为元素碘，使浸出液得到再生。

17.3.6 酸碱法退镀金

硝酸法退镀金的方法如下：将镀金废件置于30%~40%的硝酸溶液中，边加热边搅拌，使元器件镀层内部的金属与硝酸反应，表面黄金成片状薄皮松动脱落，取出废件。将含有废金皮的硝酸溶液静置，倾出上层溶液，金屑用蒸馏水洗净后溶于王水，再用硫酸亚铁还原成金粉。经反复洗净烘干后，烧结成块，即得粗金。

此外，对于金匾、金字、招牌等，可利用油脂与苛性碱作用生成肥皂的性质，使贴金脱落，即将贴金物件，每隔10~15min按顺序用热、浓苛性碱溶液浸洗润湿，当油腻子开始成皂时，以海绵或者刷子洗下贴金；收集、过滤、烘干、熔炼得到粗金。

17.3.7 镀金废件回收实例

实例1：

将电气接插镀金件废料、废旧手机、计算机的主板碎片、印刷电路板的边角料等放入马弗炉中，升温至450℃，灼烧1.5h，去除有机物，冷却后，原废料表层金箔与基体脱落。向混合体中冲水，停止冲水时可见金箔的沉降速度较基体慢，基体很快沉在容器底部，而金箔悬浮在水中逐渐下沉。此时倾倒容器的水，则金箔随水流出，基体留在容器中，实现了从废料中回收金。用酸溶解处理残留在金表面的一些金属，得到金的纯度约为99%。

实例 2：

将金属铜基体上镀金的废料及边角料放入马弗炉中，升温至 400℃，然后放入水中骤冷，因为基体热膨胀冷收缩系数不同，废料表层金箔与铜基体脱落。向金箔与基体剥离后的混合体中冲水，停止冲水时可见金箔的沉降速度较基体慢，铜基体很快沉在容器底部，而金箔悬浮在水中逐渐下沉。此时倾倒容器中的水，则金箔随水流出，铜基体留在容器中，实现了从废料中回收金。用酸溶解处理残留在金表面的铜金属，得到金的纯度约为 99.9%。本方法具有以下优点：

（1）避免了因使用氰化物等剧毒物质而造成的环境污染。

（2）设备简单、成本低，操作方便，回收快，纯度高，较少的投资产生明显的经济效益等。

（3）适用于所有的镀金废料。

第五篇　黄金冶炼过程污染治理技术

近年来，黄金产量持续增长，黄金生产工艺不断革新，伴随而来的环境问题也变得愈加严重。黄金冶炼工艺中产生的大量废水、废气、废渣，对环境及人类的生产和生活造成严重危害。寻找有效的污染治理途径，综合回收与利用有效资源，从根本上解决“三废”污染成为黄金冶炼行业的重大问题。

18　黄金冶炼过程的污染

黄金冶炼生产中的污染源有废水、废气、废渣。废水主要包括含氰废水、含汞废水、含砷废水及其他重金属废水、硫酸盐废水等。废气主要来源于焙烧产生的二氧化硫和三氧化二砷、汞蒸气、精炼过程中产生的氮氧化物等。废渣主要有氰化尾渣、尾矿等。其中，由于氰化物是金浸出过程中广泛采用的试剂，含氰废水产生的污染尤其突出。另外黄金原矿伴生元素众多（铜、铅、锌、汞、砷等），传统的混汞法还会大量使用汞，使得黄金冶炼过程中的重金属污染问题十分严重。此外，预处理和精炼工序中会有大量废气产生，也会对环境造成污染。

18.1　含氰废水及其环境污染

含氰废水主要来源于黄金生产的氰化提金工艺过程，不同的提金工艺产生不同形式的污染物。全泥氰化和堆浸工艺主要污染物为含氰尾矿浆，废水中氰质量浓度一般在 80 ~ 240mg/L。而金精矿氰化产生的污染物为贫液，氰质量浓度一般在 800 ~ 10000mg/L，硫氰酸盐的质量浓度一般为 500 ~ 12000mg/L。

氰化废水产生量大，一个日处理量 25t 金精矿的氰化车间每天要外排 80 ~ 100m^3 的含氰废水，其中含氰浓度在 50 ~ 500mg/L，有的高达 2000mg/L 以上。根据我国污水综合排放标准 GB/T 8978—1996 中的规定，氰化物属于第二类污染物，其总外排口排放标准浓度在 0.5mg/L 以下。氰化物属剧毒物，微量氰化物即可致人死亡，如果氰化车间的废水直接排入河流，会对水体造成重大污染，危害巨大。

18.2　酸性废水及其环境污染

黄金冶炼过程中，酸性废水主要来源于焙烧氰化系统净化稀酸和电解铜生产过程中提铜后的尾液、酸浸萃取过程中产生的酸性萃余液以及加压氧化、生物氧化工艺中的硫的氧化所产生的酸性废水以及含金属硫酸盐的废水；主要污染物为重金属和硫化物，其中重金属主要包括砷、铜、铅和锌等。其产生的危害主要包括以下几个方面：

（1）酸性废水的pH值一般为4.5~6.5，有的甚至低至2.5~3.0。酸性废水排入到附近的河流、湖泊等水体后，将改变水体的pH值，抑制或阻止细菌及微生物的生产，妨碍水体自净，危害鱼类和其他水生生物，并通过食物链危害人体。酸性污水渗透到地下，将使地下水污染。

（2）酸性废水排入农田后，会使农作物发黄甚至枯萎、死亡，还会使土壤盐碱化。废水的重金属在土壤中不易随水淋溶，不易被生物降解，能被生物富集于体内，严重影响农作物的产量和质量，同时随着食物链危害人类的健康。

（3）酸性废水的排放对人体的危害极为严重。废水中的重金属进入人体之后，能和生物高分子物质发生作用使其失去活性，能够在人体的某些器官积累，造成慢性中毒。居民如果吃了含有重金属离子的动植物，将引起中毒，导致皮肤癌和肝癌。

18.3 重金属及其环境污染

我国金矿石主要为多金属伴生矿，提取过程中伴生金属元素难以回收，而是以不同形态转化进入水、气、渣中，污染环境。如含砷金矿，在预处理过程产生含砷气体和含砷废水，主要组成有亚砷酸盐、砷酸盐和砷的氧化物。而采用传统工艺混汞法处理粗粒金，在混汞板的铺汞、刮汞、洗汞金、挤汞金等工序，汞容易挥发产生汞蒸气，对操作场地四周环境造成污染。重金属氰化尾渣、尾矿及含氰废水中各种重金属如铅、铜、锌、铁等也会对环境造成危害。

18.4 固体废弃物及其环境污染

在黄金冶炼行业产生的固体废物污染主要有：焙烧过程产生的焙烧渣；氰化提金工艺中所产生的含氰废渣；提金工艺各单元过程中产生的有害重金属的尾矿和尾渣；加压氧化、生物氧化工艺中硫的氧化所产生含金属硫酸盐的废渣等。

固体废弃物的堆积，不仅需要相当的资金投入，而且对生态环境造成一定的影响，同时还带来一系列的问题。如氰化物有剧毒，氰化尾渣虽然已经净化处理，但是还是有少量的氰化物，堆放过程中不仅占用大量的用地，而且污染矿区周围的大气、地表和地下水。尾渣中的残留氰化物及金属离子的扩散及流失，严重威胁着附近的生态环境。尾渣中还含有其他可以回收的有价金属及矿物。如金、银、铜、铅、锌、铁以及碳酸盐和硅酸盐，是宝贵的二次资源，可利用性高，如果能有效回收利用的话，不仅可以解决环境污染问题，还能为企业带来巨大的经济利益。

18.5 废气及其环境污染

金矿石和金精矿，通常需要采用氧化法分解含金硫化物矿物，在预处理过程中主要产生的是二氧化硫和含砷的废气，而汞齐蒸馏过程会产生含汞蒸气。当采用硝酸除杂法预处理氰化金泥，浸取金时采用的王水分金工艺，以及金的还原过程中选用的草酸还原法（浓缩贵液赶硝）等工艺都会产生大量氮氧化物（NO_x）气体，对人体及周围环境的影响很大（一般中型黄金矿山一次冶炼过程中排入大气中NO_x质量可达1.0×10^8mg以上）。

19 废水治理技术

黄金冶炼行业废水种类多、性质复杂，大量废水若不经有效处置会对环境造成严重危害。黄金冶炼行业没有专门的废水排放标准，废水排放执行中华人民共和国国家标准《污水综合排放标准》(GB/T 8978—1996) 的规定。规定指出第一类污染物总汞的最高允许排放浓度为0.05mg/L，总砷最高允许排放浓度为0.5mg/L，第二类污染物总氰化物最高允许排放浓度为0.5mg/L。GB/T 8978—1996 对其他重金属离子的排放也做出了明确的规定。实际上，由于废水排放量巨大，即便严格执行此排放标准，仍然会有大量的污染物质进入水体，造成严重污染。高效治理黄金冶炼行业废水、清洁利用废水中有价资源、实现废水零排放是处理黄金冶炼行业废水的迫切要求。

19.1 含氰废水治理技术

含氰废水主要来源于黄金生产的氰化提金工艺过程。金的提取和回收过程，无论是在提取过程中（CIL）还是在提取之后（CIP）把金吸附在活性炭上（或在离子交换树脂上），或者在置换沉淀体系中用金属锌置换出金，最终产生的尾液中都会含有残留的试剂。这些残留试剂最主要的是 CN^-，另外还有 SCN^- 及各种金属的氰配合阴离子 $Zn(CN)_4^{2-}$、$Cu(CN)_4^{2-}$ 等。日处理25t金精矿的氰化车间每天外排 80～100m^3 的含氰废水，其中氰浓度在 50～500mg/L 之间，有的甚至达到2000mg/L 以上。

氰化物有剧毒，对人的危害相当大，HCN 的人口服致死平均量为50mg。氰化物对鱼类及其他水生物也有较大的危害，水中允许的浓度为0.04～0.1mg/L，对浮游生物和甲壳类生物，CN^-最大容许浓度为0.01mg/L。短期内大量氰化物进入水体，污染水质引起鱼类、家禽乃至人群急性中毒的事例，国内外均有报道。

黄金矿山氰化厂产生的污水按含氰浓度高低分为三类：高浓度含氰废水，一般由浮选金精矿产生，氰化物浓度在350mg/L 以上；中等浓度废水，由组成比较复杂的矿石（如含 Cu、S 较高）全泥氰化产生，氰化物浓度为 150～350mg/L；低浓度含氰废水，由处理成分简单的氧化矿石的氰化厂产生，氰化物浓度在150mg/L 以下。

金矿污水的来源如图19.1 所示。氰化提金厂的含氰贫液，虽然在大部分工程已（或部分）返回循环使用，但是仍有部分不能回收。这主要是因为氰化过程中需要大量水（包括返回贫液）洗涤矿浆、载金炭和金泥等，这些洗液往往超过氰化作业所需的液量，不可能完全返回循环使用。而且返回循环使用的贫液，经过长时间使用，溶液中有害杂质积累至超过允许浓度，会降低金的回收率，这些溶液需要净化处理排放。

氰化厂排出的废液和残料中含有一定量氰化物，并且可能含有一定量的金、银、铜等金属离子，这些离子与氰呈配合物存在，破坏废液中氰化物，回收氰化物及金属离子，具有较大的经济效益和环境价值。

含氰废水的处理方法主要有两大类：一为氰化物直接破坏法，将 CN^-转化成对人体无

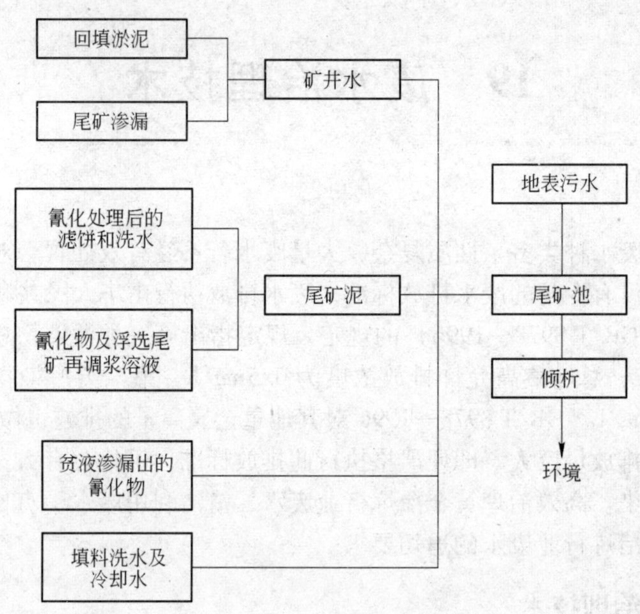

图 19.1 金矿污水的来源

害的 N_2 和 CO_2，以达到安全排放的目的，如氯氧化法、空气-SO_2 氧化法（Inco 法）、过氧化氢净化法、臭氧氧化法、自然降解法、微生物法以及电解氧化法等；二为综合回收利用法，如酸化回收法、活性炭吸附法、溶剂萃取法、离子交换树脂法、液膜法、酸化沉淀法等。

含氰废水处理方法众多，达到实用化阶段且普遍应用的是碱性氯化氧化法和酸化法，加酸曝气法属于大规模设施，电解法、配盐法可供小规模使用。近些年新发展的有空气-SO_2 法、活性炭吸附催化氧化法、管道曝气法、自然净化法、酸化法-氯化法-自然净化法联合流程。电化学法、内电化学法和离子交换法也处于发展应用阶段。氰化废水闭路全循环工艺由于其良好的经济效益、生态效益和社会效益，受到广泛的关注。但是具体采用哪种方法处理含氰废水均需要因地制宜，根据各矿的地理、气候、自然条件和生产规模，紧密结合矿石的性质、排放废水的组成特征决定。

19.1.1 氯化法处理含氰废水

19.1.1.1 碱性氯化法

碱性氯化法是所有能用于破坏工业废水氰化物方法中发展最快的方法。它被广泛应用于金属电镀和金选冶厂废水处理系统。加拿大、美国、前苏联等国均采用过此方法处理金矿山氰化厂含金贫液，并取得良好效果。

氰化物被氯氧化，需要保持溶液碱性，避免产生高度挥发性有毒气体氯化氢。氧化过程在不同的 pH 值下分两段进行。第一段，氰化物被转化为氰酸盐，毒性大致为 HCN 的千分之一。第一段分两步进行，第一步氰化物被氧化成氯化氰（CNCl），反应式为：

$$NaCN + Cl_2 \longrightarrow CNCl + NaCl$$

该反应瞬间进行，与 pH 值无关。第二步在高碱浓度中氯化氰水解成氰酸盐：

$$CNCl + 2NaOH \longrightarrow NaCNO + NaCl + H_2O$$

在 pH 值为 8.5 时，完成第一段反应需要 10 ~ 30min；在 pH 值为 10 ~ 11 时，反应时间缩短到 5 ~ 10min。氰化物氧化成氰酸，按理论计算，每份氰化物需要 2.73 份氯，实践中需要更高的氯/氰比例，多到5∶1。因为部分氯会与其他易氧化的物质反应，如硫氰酸盐和硫酸盐类。硫氰酸盐（CNS）是主要耗氯物质，因为金选冶厂溶液里含有大量的硫氰酸盐生成参与反应。按照反应：

$$NaCNS + 8Cl_2 + Ca(OH)_2 \longrightarrow 2NaCNO + 2CaSO_4 + 8CaCl + 10H_2O$$

每份硫氰酸盐消耗 4.9 份氯和 6.4 份熟石灰。

许多易解离的金属氰配合物按上述相似途径反应，主要差别为反应速度和形成金属氢氧化物沉淀。如锌氰配合物氧化按照下式进行：

$$Na_2Zn(CN)_4 + 10NaOH + 4Cl_2 \longrightarrow 4NaCNO + 8CaSO_4 + Zn(OH)_2 + 4H_2O$$

只有比铁和钴的氰配合物稳定性小的金属配合物适用于碱性氯化法。

碱性氯化法的第二段也按照两步进行，氰酸盐最终转化为碳酸氢盐和氮气。第一步（速控步骤）是氰酸盐被氯催化水解产生碳酸铵。

$$3Cl_2 + 2NaCNO + 4H_2O \longrightarrow (NH_4)_2CO_3 + Na_2CO_3 + 3Cl_2$$

在氯存在下，完成这一步反应需 1.5h。之后 $(NH_4)_2CO_3$ 迅速氧化成 N_2，而碳酸盐转化为重碳酸盐。这一反应在 pH 值为 7.0 ~ 7.5 时，需 20min；在 pH 值为 8.0 ~ 8.5 时，需 30 ~ 45min，在 pH 值大于 10 时，反应极慢。

氰化物氧化成氰酸盐，理论上每份氰化物需要 2.73 份氯和 3.34 份熟石灰，而完全氧化成 N_2 和碳酸盐，反应如下：

$$3Cl_2 + 6NaOH + (NH_4)_2CO_3 + Na_2CO_3 \longrightarrow 2NaHCO_3 + 6NaCl + 6H_2O + N_2\uparrow$$

每份氰化物总共需要 6.82 份氯和 8.35 份熟石灰。一般认为氧化到氰酸盐是满意的，因为氰酸盐对鱼类的毒性只是比 HCN 小两个数量级。更重要的是可以节省氰酸盐进一步氧化的操作费用，避免了更大的药剂消耗。

碱性氯化法的优点是：

（1）应用非常广泛，有经验可以借鉴；

（2）要处理的进料是碱性的；

（3）反应完全，速度合适；

（4）毒性金属能够去除；

（5）氯容易以不同形式得到；

（6）既容易实现连续操作，也容易实现间歇操作；

（7）基建投资较低；

（8）相对来说有较好的工作可靠性控制；

（9）在氰酸盐允许排放的基础上第一段氧化反应容易被控制。

其缺点主要是试剂消耗量大，尤其是需要完全氯化时，硫氰酸盐、硫代盐、氨等都是氯的额外消耗，试剂费用高，氰化物不能回收，铁和亚铁氰化物通常不能破坏。

19.1.1.2 酸性氯化法

以中国黄金总公司金厂峪金矿为代表，它是一个拥有采选冶综合配套日处理1000t矿石的黄金矿山，提金工艺采用浮选+金精矿氰化流程，日处理金精矿30t，氰化流程为二浸二洗。二次洗涤浓密机底流矿浆为最终氰尾，经氰尾选金作业后排入氰尾澄清池，含氰污水主要来源于氰尾澄清液和部分置换贫液。氰尾澄清液每天约有120m^3、含氰浓度约为550mg/L，每天约有170m^3、含氰浓度约为300mg/L的含氰废水需要进行净化处理。

氰化车间1970年投产，原设计污水处理工艺为漂白粉氧化法。由于漂白粉耗量大(22.5kg/m^3)，污水处理成本高，除氰效果差，1972年改为开路式碱性液氯法处理含氰污水工艺。实践证明，该工艺采用开路处理，反应不完全，氧化效率低，污水不能达标，于是1979年改为大循环处理工艺。1986年氰化工序增设了氰尾选金作业，浮选作业使用活化剂，使得氰化作业氰化钠用量相对增加，污水含氰浓度增高，污水性质恶化。鉴于碱液氯法存在的问题，经过分析，小试提出酸性液氯法除氰工艺。

酸性氯化法在酸性条件下处理含氰废水，溶液中主要是HClO起氧化作用。HClO是中性分子，比带负电性的ClO^-能够更容易地扩散到带负电性的氰根（CN^-）中去，加速氰根的氧化。酸氯法是创造条件，使氯在酸性溶液中水解后以HClO形式存在，加速氧化，提高次氯酸钠的利用率，从而达到降低氯耗的目的。

液氯法除氰主要依据氯气水解后的氧化性。氯气在常温下在水中溶解度为0.091mol/L，其中以溶剂形式存在的为0.061mol/L，以次氯酸形式存在的为0.03mol/L。

次氯酸为一种弱酸，在水溶液中的平衡为：

$$HClO \rightleftharpoons ClO^- + H^+, \quad K = 3.4 \times 10^{-8}$$

溶液中HClO和ClO^-的比例与pH值有关：当pH值小于5时，HClO几乎不解离，主要以HClO分子形式存在；当pH值等于7.5时，约有50%的HClO解离为ClO^-；当pH值大于10时，HClO几乎全部解离为ClO^-。

由此可见，在含氰废水处理过程中，采用碱性氯化法，溶液中主要是ClO^-起氧化作用，若在酸性条件下，主要是HClO起氧化作用。HClO是中性分子，比带负电荷的ClO^-更容易地扩散到带负电荷的氰根基团中，加速氧化氰根。所以酸性条件可以降低氯耗。

含氰废水中存在大量的硫氰酸根，按液氯除氰顺序，液氯首先与游离氰反应，然后与SCN^-反应，最后与配合氰反应。硫氰酸根是稳定的基团、不易分解，在碱性条件下处理含氰废水，要除配合氰，需先除去硫氰酸根，从而增加除氰困难。

酸性条件下，配合氰化物会解离成简单的氰化物，以$Zn(CN)_4^{2-}$为例：

$$Zn(CN)_4^{2-} + 4H^+ \longrightarrow Zn^{2+} + 4HCN \quad K = 10^{-16.9}$$

配合氰解离后，废水中的氰主要是以游离态的形式存在，简化了废水中氰化物的组成，充分利用氯气水解后生成HClO的有效时间，加速对氰化物的氧化，提高有效氯的作用率和氧化效率，降低了氯耗。

19.1.1.3 液氯氧化法

液氯氧化法处理含氰废水是含氰废水处理方法之一。液氯法处理与漂白粉氧化法相近。在反应过程中，要不断加入石灰，调节pH值。

第一阶段，不完全氧化时，理论加氯碱比为：

$$CN : Cl_2 : CaO = 1 : 2.73 : 2.15$$

第二阶段，完全氧化时，理论加氯碱比为：

$$CN : Cl_2 : CaO = 1 : 6.83 : 4.31$$

但由于其他耗氯物质的存在，实际投药比理论投药量高 25% ~59%。对于 Ag、Zn、Cu、Cd 及 Ni 等配合氰化物，氯的消耗量较大。

液氯法处理含氰废水的氧化还原时间一般控制在 30min 左右，pH 值控制在 10 以上。

19.1.1.4 次氯酸钠法

氰化炭浆提金厂的含氰尾矿浆，由于水量大，含氰量高，固液分离困难，其污水处理即采用液氯氧化法。从生产实践看，方法可行，但氯的二次污染严重，常出现跑氯现象，氯耗量大，控制困难，液氯供应紧张，政策生产没有保证。广州有色金属研究员利用自制的次氯酸钠发生器，提出使用新生次氯酸钠除氰法。

该法的原理是：碱性条件下，NaClO 氧化废水中的氰化物可分为两个阶段，首先把氰化物氧化成氰酸盐，再进一步氧化成二氧化碳、氨和氮气。

根据这种反应的性质，在处理含氰废水时，把氧化反应控制到完成第一阶段，然后让 CNO^- 水解成 CO_2 和 NH_3（称之为不完全氧化），而后投入足量的 NaClO，使 CN^- 彻底水解氧化成 CO_2 和 N_2（称之为完全氧化）。

试验是模拟矿山现用工艺条件：溶液中 CN^- 浓度为 200mg/L，pH 值为 12 ~13，而次氯酸钠浓度为 10 ~12g/L，先后观察次氯酸钠用量、次氯酸钠浓度和反应时间对除氰效果的影响。

在 NaClO 11g/L、反应时间 60min 时，次氯酸钠用量为 CN^-（质量比）为 2.5∶1（取 3∶1）结果尾液含 CN^- 为 0.33mg/L。而次氯酸钠浓度受电解设备和盐水浓度的限制，直接影响设备的选型和处理成本，从试验可知，在 NaClO∶CN^- = 3∶1、60min 时 NaClO 浓度由 9.3g/L 变化至 13g/L，对除氰效果几乎没有影响。对反应时间的观察，实际上 30min 足够。因此选定 NaClO∶CN^- = 3∶1、NaClO 11g/L、时间为 30min 作为最佳工艺参数进行扩大试验，除氰效果令人满意。

通过控制适当的工艺条件，采用不完全氧化法，可最大限度地减少投氯量，试验结果表明，排放废水含氰量达到国家排放标准。该方法具有反应快的特点，与现行的碱液氯法比较可减少反应槽的数量。

次氯酸钠法以水溶液形式加入，操作简单，易于控制，反应完全，尾液余氯低，避免洗涤操作，消除了液氯法中“二次污染”问题，同时石灰用量可减少近半。

19.1.1.5 氯氧化法处理工艺实践

金厂峪金矿是一个国内知名的大型黄金矿山，也是我国最早使用漂白粉和液氯处理含氰化物废水的黄金矿山，为黄金工业含氰化物废水处理积累了宝贵经验。金厂峪金矿日处理矿石 1000t，采用浮选—精矿氰化—锌粉置换工艺提取黄金，氰化采用两浸两洗工艺，因此，产生的贫液和氰尾澄清水氰化物浓度并不太高，属中等浓度含氰废水。

金厂峪金矿外排水经由赤道河流入长河水系，矿区附近和赤道河两岸均有村庄，人口较密集，居民常年饮用地下水，所以必须严格控制含氰废水的排放浓度。处理方法的选择关系到处理效果、处理成本、投资和药剂来源等问题，必须认真研究。

1970年氰化车间投产时，采用漂白粉处理废水，由于漂白粉的有效氯含量仅30%左右，而且在运输和保存过程中有效氯含量极易降低，因此生产中漂白粉加入量高达22.5kg/m^3，处理成本过高。1972年改为我国刚刚开始使用的以液氯为原料的氯氧化法，工艺流程如图19.2所示，实践证明，该工艺存在以下问题：

（1）由于采用开路处理，反应不完全，氧化效率低，氰化物去除率仅达到90%，车间排水不能达标。

（2）使用鼓风机调浆，无其他机械搅拌装置，故调浆不均匀，大量石灰沉积，反应pH值难以控制平稳，造成氯气、氯化氢逸出，污染操作环境。

（3）加氯机负压小，氯气加量不够，影响处理效果。

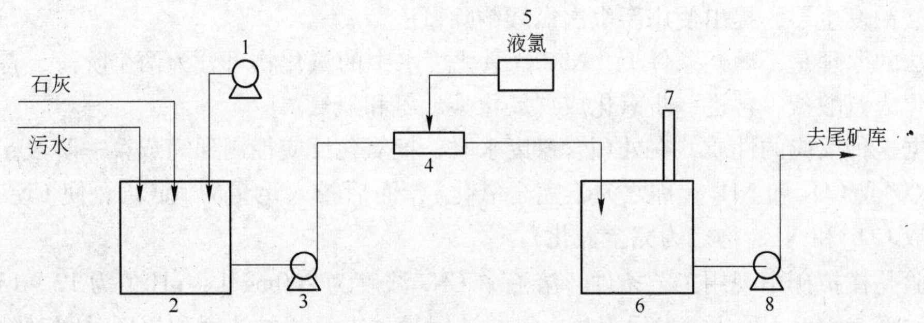

图19.2 1972年设计的氯氧化法工艺流程

1—鼓风机；2—调浆池；3，8—泵；4—加氯机；5—液氯瓶；6—反应池；7—排气管

鉴于上述问题，该矿从1979年开始对污水处理工艺和设备进行技术改造，增加了两台ϕ1500mm×1500mm搅拌槽作为反应槽，将原来的开路处理改为大循环处理，其工艺流程如图19.3所示。

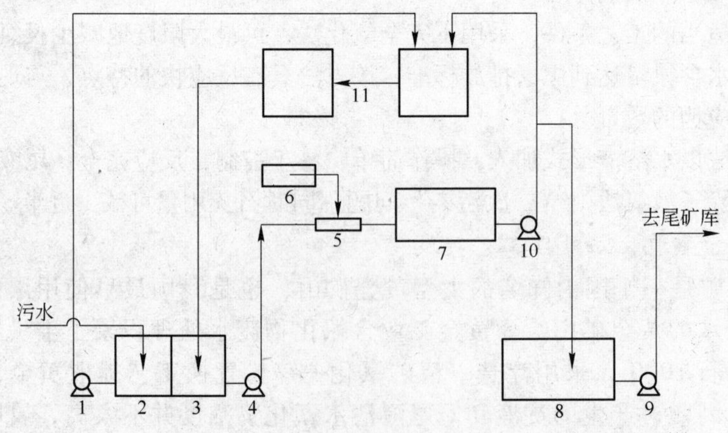

图19.3 1979年氯氧化法工艺流程

1，4，9，10—泵；2—污水池；3—调浆池；5—加氯机；6—液氯瓶；7—反应池；8—沉淀池；11—搅拌槽

改造取得了较好的效果，在处理能力为6m^3/h时，车间排放口废水氰化物浓度平均为0.3mg/L，达到国家规定的工业废水排放标准，1980年贫液多元素分析结果见表19.1。贫液pH=14。

表19.1 1980年贫液多元素分析结果

贫液中元素	CN^-	SCN^-	Cu	Zn	Fe	Au	Pb
含量/mg·L^{-1}	520	300	294	139	2.07	0.045	9.0

污水处理材料消耗见表19.2。

表19.2 污水处理材料消耗

材料名称	液 氯	石 灰	电 力	人 工
消耗数量	7.488kg/t	26.276kg/t	5~15kW·h/m^3	0.05人·d/m^3

改造后的工艺还存在以下问题：

（1）循环处理靠不断加氯增加氧化能力使污水中氰化物达标，造成氯耗过高，余氯有时高达1000mg/L，浪费了氯气，同时也增加了石灰用量，增加了处理成本。

（2）处理过程为间歇式，操作要求高，处理效果不稳定，成本提高。

（3）由于采用石灰与废水调浆后进入水射器加氯，加氯机水射器磨损严重，频繁更换配件，生产不稳定，稍有疏忽，就会发生氰化物超标或跑氯事故。

随着矿山生产能力的不断扩大，污水处理量也随之增大，现有的间歇式污水处理设施不能满足生产要求，必须进行技术改造。从1986年开始，金厂峪金矿的技术人员对氯氧化法机理进行了深入研究，改掉国内外氯氧化法控制反应pH值大于10的做法，提出在酸性条件下进行不完全氧化反应，在碱性条件下进行完全氧化反应的氯氧化法新工艺，以期达到提高反应速度和氰化物去除率、节约氯气的目的。

金厂峪金矿对氯氧化法的反应器也进行了改造。pH值小于5的酸性条件是靠氯气溶于废水产生盐酸而自然调整的，无需另外加酸。为彻底解决氯气和氯气氰化逸出污染操作环境的难题，酸性反应阶段采用全封闭防腐反应器，酸性反应后废液进入碱性反应器，用石灰乳调节反应pH值大于10，氯化氢水解生成氰酸盐，进而生成二氧化碳和氮气或生成碳酸盐和氨，达到了破坏氰化物的目的。金厂峪金矿氯氧化法新工艺的流程如图19.4所示，试验结果见表19.3。

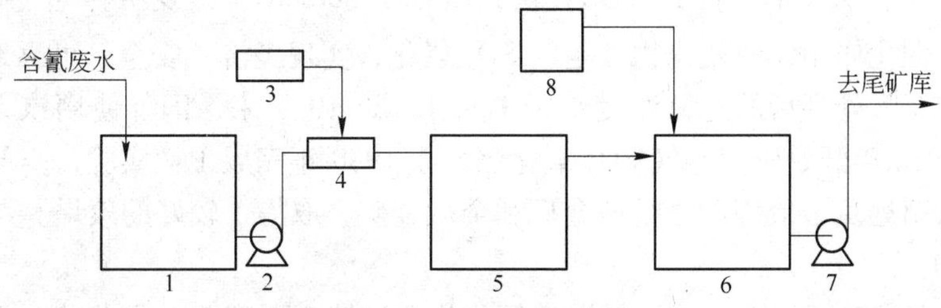

图19.4 金厂峪金矿酸性液氯法工艺流程

1—水池；2，7—泵；3—液氯瓶；4—加氯机；5—酸性反应槽；6—碱性反应器；8—石灰乳槽

表 19.3 金厂峪金矿氯氧化法新工艺实验数据

含氰污水		酸性反应阶段试验结果					
CN^-/mg·L^{-1}	pH 值	CN^-/mg·L^{-1}	pH 值	Cl^-/mg·L^{-1}	余氯/mg·L^{-1}	反应时间/min	氯化率/%
261	8	12.3	3	3756	532	2~3	95.29
261	8	1.02	6	4063	0	2~3	99.61
559	12	9.18	2	5256	727	2~3	98.36
580	12	5.84	2	4518	957	2~3	98.99
580	12	5.10	2	4713	1452	2~3	99.12
547	9	8.05	1	5617	816	2~3	98.53
547	9	18	1	4667	0	2~3	96.71

1990 年全年污水处理统计结果见表 19.4。实践证明，该工艺具有如下特点：

（1）氧化能力强，反应速度快，余氯低，氯耗量小，处理成本低。

（2）连续生产，不但污水得到了连续处理，而且采用五台加氯机并联加入氯气，解决了以前更换氯瓶时造成处理效果波动的问题，从而减轻了劳动强度，易于管理，处理指标稳定，处理能力增加到 16m^3/h，满足了氰化厂的生产要求。

（3）第一反应阶段采用全封闭反应器，解决了氯和氯化氢逸出污染操作环境的问题，保证了操作人员的健康。

（4）电耗小，由原来的装机容量 69kW 降低到 48kW，处理成本降低。

表 19.4 1990 年污水处理结果统计

项　目	处理量 /m^3·h^{-1}	污水性质		药剂消耗/kg·m^{-3}		处理结果		
		pH 值	CN^-/mg·L^{-1}	氯气	石灰	CN^-/mg·L^{-1}	pH 值	余氯/mg·L^{-1}
平　均	16	14	310	3.36	15	0.17	10.7	287

金厂峪金矿的这一技术，使我国黄金工业含氰污水处理技术取得了突破性的进展，打破了氯氧化法十几年徘徊不前的局面，使处理指标的稳定性有了很大的提高，适用于黄金工业产生的各种含氰废水的处理，环境效益、经济效益以及社会效益都相当可观。

19.1.2 空气-SO_2 法处理含氰废水

空气-SO_2 氧化法又称因科（INCO）法，由 G. J. Borbely 等人发明。空气-SO_2 氧化法是利用铜离子的催化作用，使氰化物被空气-SO_2 氧化，实现经济、安全、可靠地处理含氰化物溶液及矿浆，且处理后的总氰浓度小于 1mg/L。近 10 年来，国外使用该方法的矿山较多，我国于 1982 年开始研究空气-SO_2 氧化法，于 1988 年完成工业实验，空气-SO_2 氧化法已用于山东省招远黄金冶炼厂、新城金矿和金城金矿，取得了较好的效果。

19.1.2.1 化学原理

氰化物的氧化生成 CNO^-（包括游离氰化物和过渡金属配合的氰化物，不包括铁和铜的氰配合物的氧化），严格遵守下列总反应的化学计量原则：

$$CN^- + SO_2 + O_2 + H_2O \longrightarrow CNO^- + H_2SO_4$$

基于这一反应，氧化 1g CN^- 需 1.47g SO_2。氰化物的氧化反应被存在于溶液中的铜离子催化，通常所需的铜离子浓度在所处理的溶液流中已经足够，当铜离子浓度不够时，常常以硫酸铜溶液的形态加入。最佳作业 pH 值为 8～10。温度在 5～60℃的范围内对氰化物的氧化速率影响不大。空气中 SO_2 常采用的体积分数为 2 或小于 2（如果使用亚硫酸盐溶液，则等于 SO_2 的体积百分比），但空气中 SO_2 的体积百分比直到 10 为止均能成功地得到应用。

采用空气-SO_2 氧化硫代氰酸盐的动力学，在正常的作业条件下是缓慢的，通常只有不到 10% 的硫代氰酸盐被氧化。

目前，此法在加拿大被广泛地应用到黄金矿山含氰废水处理方面。该法与其他工业的或专利的净化氰化物方法相比，操作简单，安全可靠，试剂消耗与费用较低。

该法对金属氰化物的除去的顺序是：Zn > Fe > Ni > Cu。处理时用空气-SO_2 作还原剂，将溶液中的铁氰化物还原成 Fe^{2+}，生成不溶解的亚铁氰化金属配合物 $Me_2Fe(CN)_6$ 的形态沉淀析出（Me 代表 Cu、Zn、Ni）。除铁后，残留的 Cu、Zn、Ni 在反应的 pH 值下，将以金属氢氧化物的形态被除去。另外砷、锑等生产弱的氰化配合物，同样能在有铁存在的情况下，通过氧化沉淀除去。

19.1.2.2 中间试验

加拿大坎贝尔红湖矿石有限公司于 1982 年 2 月建立了空气-SO_2 法处理贫液的中间试验厂。采用液体二氧化硫进行含氰贫液的脱毒试验，系统中包括两台串联操作的反应器，以在各段间除去固体沉淀物。空气或焙烧炉气（约 1% 体积 SO_2）通过鼓风机给入反应器。若不采用焙烧炉气，即将 SO_2（液态）从 1t 的缸筒中计量给入空气流中。每一容器使用 pH 计控制石灰的加入量，以便保持 pH 值达到规定值。用监控装置（ORP）对 SO_2 和铜催化剂的给入速度进行监控。反应器的上部安装有风罩并与通风道相连，在风道中装有氰化氢检测器，并带有一个在作业过程中 HCN 超过 5×10^{-4}% 时就会触发的报警装置。

其流程如图 19.5 所示，在坎贝尔红湖矿和试验室内所获得的试验结果见表 19.5。这些结果表明，氰化物的除去，可从原液中的 890mg/L 降至 0.7mg/L；这时 SO_2 的供入量对 1g CN^- 是 3g 以上。同时也表明使用焙烧炉气作 SO_2 及空气的来源是可行的。铁和镍固体沉淀物在处理段之间被除去。

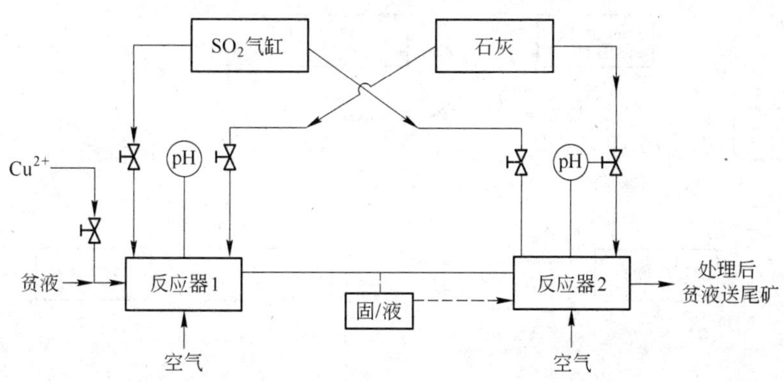

图 19.5 坎贝尔红湖矿的空气-SO_2 脱氰法示意图

表 19.5 坎贝尔红湖矿试验结果

场所	液流	pH 值	分析/mg · L^{-1}					试剂消耗/g · (g $CN_{总}$) $^{-1}$		
			$CN_{总}$	Cu	Fe	Ni	Zn	Cu^{2+}	SO_2	石灰
工厂	贫液	9.5	890	55	80	35	35			
	反应器 2 排放液	9.5	1.6	0.4	0.4	1.6	<0.2	0.11	2.2①	3.4
工厂	贫液	10.5	665	62	35	50	78			
	反应器 2 排放液	9.8	0.7	0.5	0.2	0.2	0.2	0.07	3.6	5.4
试验室	贫液	11.1	940	39	118	20	63			
	反应器 2 排放液	10.0	0.7	0.6	0.2	0.4	<0.2	0.15	3.0	5.1

① 焙烧炉气作 SO_2 来源。

19.1.2.3 应用实例

A 斯科堤金矿

斯科堤矿日处理200t 磁黄铁矿，矿石含金约14.2g/L。矿石用氰化物浸出，并在地下选厂中选矿，浸出尾矿洗涤后丢弃，贵液中金的回收运用锌置换法，每天排放贫液达 130m^3。斯科堤金矿在采用空气-SO_2 法以前，曾使用两台串联排列的搅拌槽对排出的贫液进行碱氯化处理，洗后的尾矿直接排放到尾库坝，排放液中总氰化物的含量达10%。

早先用于碱氯化的两台搅拌槽和第三台现有的槽子安装了空气分布器和搅拌机。虽然已采用液态 SO_2，但由于矿山相距较远所带来的运输问题以及出于该矿地下选厂安全方面的考虑，所以对 SO_2 的其他形态有所研究。曾选择过 SO_2 的两种固体形态，一种是亚硫酸钠（Na_2SO_3），另一种为硫代硫酸钠（$Na_2S_2O_5$）。这些试剂在小型的调整槽内溶解于水中，并以所要求的速度加入。

斯科堤金矿的工艺简图如图 19.6 所示。贫液在一个含有 Na_2SO_3 和 $Na_2S_2O_5$ 的反应器中进行处理。Na_2SO_3 的加入是按照贫液中氰的总重量成比例地加进去，$Na_2S_2O_5$ 仅当反应器中的 pH 值超过 9 时才加入，借助于 Clarkson 输液器从一个小型的贮液池内将硫酸铜溶液加到贫液中。反应器 1 处理过的贫液在反应器 2 中与尾矿再调浆后的洗涤尾矿水混合，并在有空气存在的情况下用 Na_2SO_3 和 $Na_2S_2O_5$ 溶液处理。反应器 2 的溢流进入反应器 3 并在此继续反应。试验室及工厂所取得的结果见表 19.6。

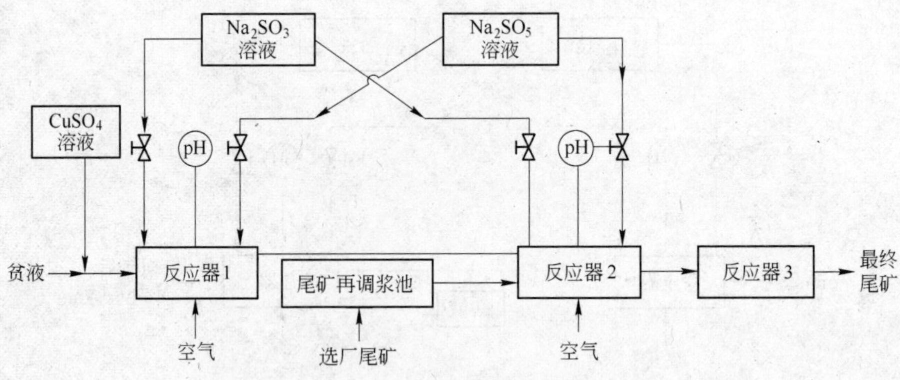

图 19.6 斯科堤金矿空气-SO_2 脱氰法示意图

表 19.6 斯科堤金矿试验结果

场所	液流	pH 值	分析/$mg \cdot L^{-1}$				氰化物分布/%
			$CN_{总}$	Cu	Fe	Zn	
工厂	贫液		450	35	1.5	66	75
	处理过的贫液	9.0	0.1	1~10	<0.5	0.5~2	0.4
	选厂尾矿（55%固体）		115	17	0.7	18	25
	最终排放液（35%固体）	8.0	0.1~1	0.2~2	0.02~0.3	<0.1	<0.5
试验室	贫液		340	44	1.0	71	75
	反应器 2 排放液	8.9	0.2	2	0.2	2	0.04
	选厂尾矿（40%固体）		48	12	1.4	10	25
	最终排放液（32%固体）	8.0	0.3	0.2	0.2	<0.1	0.2

斯科堤的液流处理，最有意义的是排放液含量如下：$CN_{总}$为 $0.2\times10^{-4}\%$、Cu 为 $0.2\times10^{-4}\%$、Fe 小于 $0.03\times10^{-4}\%$、Zn 小于 $0.2\times10^{-4}\%$，达到总氰含量低于 1mg/L 以下。

B 加拿大勘矿公司贝卡矿的杜邦选厂

该矿日处理 100t 金银复合矿石，金品位为 31g/t。用 NaCN 进行浸出，过滤产出的尾矿一般含有系统所排出氰化物总量的 20%，贫液和泵仓水约含其余的 80% 的氰化物。

在采用空气-SO_2 法以前，贝卡是用两个串联的反应器来处理贫液，在第一个反应器中使用 $Ca(OCl)_2$ 和 $Ca(OH)_2$，由于尾矿池容量不够，未能达到污水排放标准。

采用空气-SO_2 法时，是将现有的三台反应器改为空气分散装置。在第一个反应器内用 $Na_2S_2O_5$ 处理贫液，溢流进入第二反应器在此仅仅加入空气。因为第三个反应器收集有固体物而不可能被除去，因此这种尾矿固体物、泵仓水和处理后的贫液混合于第三反应器中并用 $Na_2S_2O_5$ 处理。

在更多的试验室研究结果的基础上选厂安装了一套经过改进的系统。在这一系统内尾矿浆是在两台串联作业的反应器内处理，往第一反应器中加入 $Na_2S_2O_5$，其作业情况如图 19.7 所示。两个反应器使用了专门的压缩机。采用贫液代替新鲜水洗涤尾矿固体物而无需另外的贫液，因为从尾矿滤液所含的水分中就能得到足够的贫液。

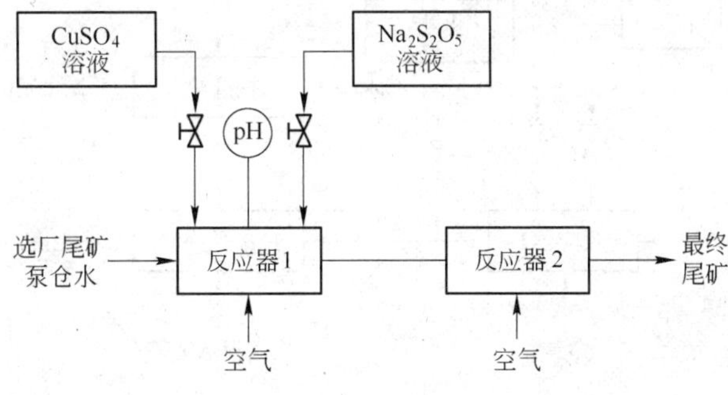

图 19.7 杜邦空气-SO_2 脱氰法示意图

试验室和工厂中所得到的结果见表 19.7，最终矿浆中 $CN_{总}$ 可达 0.1 ~0.3mg/L。

表 19.7 试验室和工厂试验结果

场所	液流	pH 值	分析/mg·L⁻¹				氰化物分布/%
			$CN_{总}$	Cu	Fe	Zn	
工厂	泵仓水 + 选厂尾矿	11.0	240	20	6	90	100
	最终尾矿	8.0	0.1 ~ 0.3	1 ~ 5	0.3	0.1 ~ 0.2	0.2
试验室	泵仓水 + 选厂尾矿	10.8	230	46	6.2	57	100
	最终尾矿	8.2	0.3	0.9	0.1	<0.1	0.12

C 卡洛林的拉德雷克里克选厂

卡洛林的拉德雷克里克选厂是最复杂的选厂，日处理能力为 1300t，矿石品位约为 3g/t。它采用浮选使金富集于硫化物精矿中，然后用氰化物浸出精矿，浸出尾矿送往扫选槽进行扫选，进一步回收石墨精矿。通常其日产贫液约 $150m^3$，工艺过程中使用的水是通过将尾矿坝的上清液再循环而获得。卡洛林为了获得最佳的贫液处理结果，采用碱氯化法曾做过大量工作，可尾矿坝溶液存在的铁氰化物使得从坝中排放贫液的速度受到限制，而且发现冬季这种铁氰化物增加，给卡洛林在春季的排放带来了严重的问题。

采用空气-SO_2 法后，尾矿坝贫液中产生的大于 90% 的铁首先得到处理。其流程如图 19.8 所示。试验工厂处理贫液结果差于试验室中处理贫液所得的结果，见表 19.8。这可能是由于工厂反应器中搅拌不充分和空气分散作用不够好所致。在卡洛林这种处理后的贫液中达到低的氰化物含量并不是关键，因为往处理后的贫液上清液中加 $Na_2S_2O_5$，再使这种上清液加入尾矿洗选箱中，还能使氰化物进一步除去。没有加过量的 $Na_2S_2O_5$，所有排向尾矿坝的尾矿中，$CN_{总}$含量是 15mg/L，加入 $Na_2S_2O_5$，氰化物进一步除去。具有代表性的尾矿处理所获结果见表 19.8。没有加过量的 $Na_2S_2O_5$，所有排向尾库坝的尾矿中，$CN_{总}$的含量是 15mg/L，而加进 $Na_2S_2O_5$，氰化物被进一步除去，排到尾矿坝的最终尾矿的氰化物浓度下降到 0.3 ~2mg/L。如果扫选槽再加入 $Na_2S_2O_5$，会有助于进一步改善尾矿排矿中 $CN_{总}$的含量。

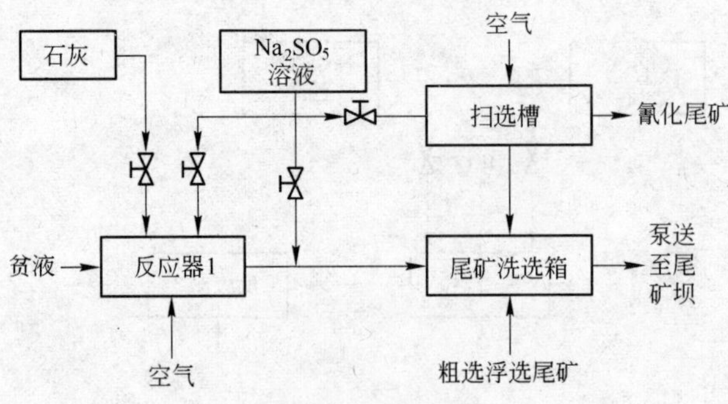

图 19.8 流程图

表 19.8 卡洛林的拉德雷克里克选厂试验结果

场 所	液 流	pH 值	分析/mg·L^{-1}			氰化物分布/%
			CN$_{总}$	Cu	Fe	
工 厂	贫 液	11.0	1500	350	75	91～84
	处理后的贫液	9.6	3～10	5～15	0.1～0.3	1
	选厂尾矿＋处理后的贫液	9.0	11～19	13～15	1.0～3.2	9～16
	排向尾矿坝的最终尾矿	8.7	0.3～2	0.5～5	0.1～0.3	<2
试验室	贫的排放液	11.8	2100	230	310	100
	处理后的贫液	9.0	1.4	1.4	0.4	0.07

D 烟台招远黄金冶炼厂

烟台市招远黄金冶炼厂位于招远市境内，1986 年 10 月由冶金部北京有色设计研究总院设计的采用金精矿焙烧—烧渣氰化—贵液锌粉置换工艺的 50t/d 提金车间投产，1987 年 10 月由冶炼厂自行设计的采用金精矿氰化—锌粉置换工艺的提金车间投产。两个氰化车间投产后，废水量总计 150～200m^3/d。

原设计的氯氧化法不能满足生产要求，污水处理问题亟待解决，鉴于废水含铜较高以及有二氧化硫烟气的有利条件，该厂与长春黄金研究所合作，决定采用当时国内尚未工业应用的空气-SO_2 法处理其含氰废水，在小试的基础上，总投资 48 万元，建成了处理废水能力为 300m^3/d 的工业装置，并于 1989 年 6 月完成了工业试验，取得了较好的技术经济指标。

为保证空气与废水充分接触，选用浮选槽式反应槽，含氰废水从第一反应槽进入，经过串联的六台反应槽的处理后排入尾矿库，每台反应槽都加入二氧化硫烟气（空气以一定比例混入烟气中）和石灰乳，控制反应 pH 值在 6～9 范围，进行除氰反应。

工艺条件见表 19.9。

表 19.9 工艺条件

项 目	处理能力	废水氰化物浓度	冶炼烟气中二氧化硫体积分数	加药比 [$w(SO_2)/w(CN_T^-)$]	反应 pH 值	反应槽总容积
指 标	300m^3/d	380～430mg/L	3.5%～5.5%	12.1	6～9	8m^3

废水氰化物浓度为 394mg/L 时，各反应槽除氰效果见表 19.10。

表 19.10 各反应槽除氰效果

反应槽顺序号	1	2	3	4
氰化物浓度/mg·L^{-1}	291	7.89	2.32	0.88

1989 年 6 月 7 日至 7 月 9 日进行了 30d 的工业试验，监测数据 1560 个，氰化物、锌、铅、pH 值达标率达 100%，铜的达标率为 95.4%（污水综合排放三级标准）。处理污水消耗的材料与电力见表 19.11。

表 19.11 污水处理消耗

材料名称	二氧化硫	石灰	电力
耗量	6.0kg/m^3	7.0kg/m^3	2.5kW·h/m^3

按1989年价格计算，处理污水成本为3.515元/m^3，与原氯氧化法处理成本相比，单位成本降低了9.445元，每年节约污水处理费用62万元。

工业试验证明，招远黄金冶炼厂用空气-SO_2法处理含氰污水具有投资小，成本低，效果好，利用的二氧化硫为该厂自产、来源有保障等优点。这项技术可在其他自产二氧化硫的冶炼厂中推广应用。

19.1.2.4 空气-SO_2法与碱氯化法操作费用比较

用来氧化选金厂排放液（贫液+尾矿）中氰化物的理论试剂消耗含量按$CN_{总}$ 250mg/L和SCN^- 250mg/L和$S_2O_3^{2-}$ 100mg/L计，试剂的理论消耗见表19.12。

表 19.12 试剂的理论消耗

种类	氧化1g $CN_{总}$所需试剂/g	
	$Na_2S_2O_5$	石灰
CN	3.73	1.42
SCN^-	0.67	0.38
$S_2O_3^{2-}$	0.17 4.57	1.67 1.67

对于SCN^-和$S_2O_3^{2-}$，试剂是基于平均氧化的10%和使$S_2O_3^{2-}$完全氧化成S_4O_6来计算的。采用经验的试剂效率，$Na_2S_2O_5$为90%（10%被空气氧化），石灰为75%（25%未起反应），对上述排放液试剂的需要量（对氧化1g $CN_{总}$而言）：$Na_2S_2O_5$为550加元/t，石灰为180加元/t，$CuSO_4 \cdot 5H_2O$为1320加元/t。

基于上述价格和试剂需要量，考虑到平均加入25mg/L Cu^{2+}，处理1m^{3}贫液的费用为0.95加元，对于日处理1000t矿石，1t矿石消耗0.91kg氰化钠的选金厂，没磨过的矿石的费用为1.9加元，每年试剂费用是693500加元。

另外，取Cl_2和石灰的经验效率为75%，则用碱氯法处理同样的贫液的试剂费用为2.72加元/m^{3}或5.44加元/t（温哥华市场Cl_2的价格为725加元/t）。这相当于每年试剂费用为1980000加元。因此，对于这种贫液采用空气-SO_2法就可节省1.77加元/m^{3}的贫液或3.54加元/t的矿石，即每年可节约1290000加元。这一计算认为碱氯法处于最佳状态，因为多数尾矿都会更多地与氯作用，造成较高的氯气费用。此外，如果SCN^-浓度超过250mg/L，那么氯气的消耗和费用就会相应增加。但空气-SO_2法的试剂费用却只有少量的增加，这是因为采用空气-SO_2法时，只有10%的SCN^-被氧化，而采用碱氯法时是100%被氧化，且贫液中的铁不能通过氯化除去。因此，不仅碱氯化法试剂费昂贵，而且排放的质量不如空气-SO_2法。

19.1.2.5 空气-SO_2除氰法的推广应用

空气-SO_2法自发明至工业应用仅花了两三年，1984～1989年先后有17家工厂使用此工艺，且INCO公司对50多种不同废液进行试验，均取得了成功。美国和加拿大许多金矿和银矿废水以及选矿尾液、金属抛光废液、炼焦炉和高炉洗涤水，都广泛使用此工艺。

19.1.3 过氧化氢氧化法

1974 年美国杜邦公司实现了用过氧化氢氧化法处理含氰废水。1984 年德国设计的过氧化氢氧化装置在巴布亚新几内亚的一个黄金氰化厂投入运行。目前，世界上约有 20 多个黄金矿山应用过氧化氢氧化法处理含氰废水。1997 年山东省三山岛金矿应用此法处理酸化回收法产生的低浓度的含氰废水，取得了较理想的效果。

过氧化氢首先把氰根氧化为氰酸根，然后氰酸根再水解成碳酸铵，反应式为：

$$CN^- + H_2O_2 \longrightarrow CNO^- + H_2O$$

$$CNO^- + 2H_2O \longrightarrow NH_4^+ + CO_3^{2-}$$

该反应十分迅速。H_2O_2 与氰反应后不产生任何有毒有害物质。

在常温、碱性、有 Cu^{2+} 作催化剂的条件下，用过氧化氢氧化氰化物。反应生成的氰酸盐通过水解生成无毒的化合物。Cu、Zn、Pb、Ni、Cd 的配合氰化物也因其中氰化物被破坏而解离，最终处理后废水中氰化物浓度可降低到 0.5mg/L 以下。由于 $Fe(CN)_6^{4-}$ 的去除率较高，使总氰化物大为降低，废水中 Cu、Pb、Zn 等重金属离子以氢氧化物及亚铁氰化物难溶物形式除去，废水可以循环使用。

地处人口稠密、水系发达的渔业水域区的湖北省某金矿采用过氧化氢法处理含氰废水。金矿堆淋尾水含氰化物 1.15mg/L，用漂白粉（碱氯化法）净化处理，可降至 0.26mg/L，低于工业废水排放标准（0.5mg/L），但远高于渔业水域区水质标准（0.02mg/L）。为保证人畜、鱼类和工农业生产不受危害或影响，湖北省地质实验研究所开展以过氧化氢净化含氰废水的研究。当含氰废水（CN 3.73mg/L）加入体积比为 1.0% 的过氧化氢时，处理后的净化液含氰低于 0.002mg/L。在添加稳定剂降低过氧化氢用量实验时，观察到过氧化氢用量由 0.01% 降低到 0.005%，稳定剂用量由 0.002% 提高至 0.005%，可使 2.2mg/L 含氰废水一次降到 0.003mg/L。

扩大试验使用现场尾水，对每立方米含氰废水加入 55g 过氧化氢和 55g 稳定剂，搅拌 0.5h，即可使总氰化物含量为 3.32mg/L 的尾水，一次净化降至 0.004mg/L，不仅低于渔业水域区域水质标准，而且低于国家源头水质标准（0.005mg/L）。

19.1.4 臭氧氧化法

臭氧氧化法是利用臭氧发生器产生的臭氧，将氰化物、硫氰酸盐氧化为无毒的 N_2。臭氧在水溶液中可释放出原子氧参加反应，表现出很强的氧化性，能彻底地氧化游离状态的氰化物。化学反应如下：

$$NaCN + O_3 \xrightarrow{\text{快速}} NaCNO + O_2$$

$$H_2O + 2CNO + O_3 \xrightarrow{\text{慢速}} N_2 + 2HCO_3$$

$$SCN^- + O_3 + H_2O \xrightarrow{\text{快速}} CN^- + H_2SO_4$$

臭氧加入含氰污水中，氰根立即被氧化生成氰酸盐，氰酸盐水解后，生成铵离子和碳酸根离子，成为无毒的溶液。氰化氢、氰化物离子及锌、镉、铜、硫氰酸盐等的配合均能迅速破坏。铜离子对氢离子和氰根离子的氧化分解有触媒作用，添加10.5mg/L左右的硫酸铜能促进氰化物的分解反应。

臭氧氧化法去除含氰废水操作管理方便，易控制，自动化程度很高，只需一台臭氧发生器即可，在整个过程中不产生二次污染，且因增加了水中的溶解氧而使出水不易发臭。在相关文献的研究中，含氰尾矿浆经臭氧氧化后，不需要进一步的处理，总氰化物质量浓度小于0.5mg/L，达到了工业废水排放标准的要求。但是臭氧氧化法成本极其昂贵、电耗高，臭氧发生器设备复杂，维修困难，适应性差，不能除去铁氰配合物。因此该法只能处理低浓度含氰废水或作为废水的二级处理。

19.1.5 硫酸亚铁法

大多数利用尾矿回填的金矿，是使用硫酸亚铁处理金厂的尾矿。溶液中的亚铁离子与游离氰化物反应，生成氰亚铁酸盐（$Fe^{2+} + 6CN \rightarrow Fe(CN)_6^{4-}$）。这个反应过程有一个缺点，是在高温、低pH值和紫外线照射条件下，生成的氰亚铁酸盐不稳定，在回填过程中，这种溶液也可能渗出，污染天然地下水。

当往含氰化物溶液中加入过量的硫酸亚铁时，氰化物变为一种不溶的沉淀物$Fe_4[Fe(CN)_6]_3$，即普鲁士蓝。除加硫酸亚铁外，有时加不溶的硫化亚铁，或者同时加铁加铜，生成的白色不溶的氰亚铁化亚铁，迅速从空气中吸收氧，转呈深蓝色，生成铁氰化铁。然而，由于普鲁士蓝视不同溶液条件有很多种，所以这个反应并不是这样简单。其中有一种“可溶普鲁士蓝”，即$MFe(Ⅲ)[Fe(Ⅱ)(CN)_6]$（M为K或Na），这种产物与水形成胶体溶液。此外，氢氧化铁的沉淀及氧化也是起作用的反应。因此用$FeSO_4$从溶液中除去氰化物的最佳条件，是找到生成可溶与不可溶化合物的过程。

实验首先研究$FeSO_4$与CN^-的反应生成普鲁士蓝的摩尔比，按化学式计量Fe与CN^-之比为0.39，但实验得出最佳摩尔比为0.5。沉淀普鲁士蓝的最佳pH值为5.5~6.5，而分解普鲁士蓝的pH值是10.5。氧的存在能将Fe^{2+}氧化生成氰亚铁酸盐和氰铁酸盐而不利除去氰化物。因为氰亚铁离子在酸性溶液中不稳定，生成五氰根亚铁配合物$[Fe(CN)_5 \cdot H_2O]^{3-}$，或迅速氧化成氰铁酸盐离子$Fe(CN)_6^{3-}$。在pH值低于4时，产生这些反应。过量$FeSO_4$和$CN^-$间反应生成的沉淀主要由不溶的普鲁士蓝$Fe_4[Fe(CN)_6]_3$组成。在pH值为1~7时，普鲁士蓝沉淀稳定；但在碱性溶液中则不稳定，迅速在溶液中分解生成$Fe(CN)_6^{4-}$。在pH值高于7时，普鲁士蓝也形成各种不溶的铁氧化物$Fe_2O_3 \cdot nH_2O$（$n=1 \sim 3$）。按照环境保护法规要求溶液中的氰化物应降到一个特定水平，但不涉及固体中的氰化物，因此必须使$FeSO_4$法最佳化，以便生成普鲁士蓝沉淀而不生成可溶性的氰亚铁酸盐。用$FeSO_4$除氰化物最佳条件是pH值为5.5~6.5，Fe与CN^-比为0.5。

19.1.6 电解氧化法

电解氧化法处理含氰废水是在直流电场的作用下，使简单氰化物和配合氰化物中的（CN^-）在石墨阳极上氧化生成氰酸根离子，氰酸根离子不稳定，部分水解生成铵与碳酸根离子，部分继续电解氧化为二氧化碳和氮气。化学反应如下：

$$2OH^- - 2e \longrightarrow H_2O + [O]$$

$$CN^- + [O] \longrightarrow CNO^-$$

$$CNO^- + 2H_2O \longrightarrow NH_4^+ + CO_3^{2-}$$

$$4OH^- - 2e \longrightarrow 2H_2O + O_2 \uparrow$$

$$4CNO^- + 4OH^- - 6e \longrightarrow CO_2 \uparrow + H_2 \uparrow + 2H_2O^-$$

氰化物氧化过程常添加氯化钠，加强溶液的导电性，同时产生活性氯离子，在阳极放电生成氯气，氯气水解生成次氯酸，强氧化氰根，加强净化效果。

加拿大和美国用 HAS（高表面积）电化学槽装置处理氰化废水。HAS 技术由于独特的电化学反应器设计，用碳纤维丝作为电极材料，在小尺寸电极上提供巨大的表面积，既提高溶液流通量，又提高电效率，但是不能消除亚铁氰化物。

19.1.7 酸化回收法

酸化回收法是金矿和氰化电镀厂处理含氰废水的传统方法，是一种具有 60 多年历史的经典方法。1930 年加拿大 FlinFlon 矿就采用此法处理含氰废水。国内于 20 世纪 70 年代开始研究，80 年代首先应用于招远金矿。

酸化回收法是在酸性条件下，简单氰化物和铜、锌等金属的配合氰化物解吸、挥发出氢氰酸（HCN），利用 HCN 沸点低、易挥发的特点，借助空气的吹脱作用，使 HCN 从液相中吹脱，再用碱液吸收，循环利用。

（1）酸化阶段。

$$2NaCN + H_2SO_4 \longrightarrow Na_2SO_4 + 2HCN \uparrow$$

$$Na_2Zn(CN)_4 + 3H_2SO_4 \longrightarrow ZnSO_4 + 2NaHSO_4 + 4HCN \uparrow$$

$$2Na_2Cu(CN)_3 + 4H_2SO_4 \longrightarrow Cu_2(CN)_2 + 4NaHSO_4 + 4HCN \uparrow$$

$$Na_2Cu(CNS)(CN)_2 + 2H_2SO_4 \longrightarrow Cu(CNS) \downarrow + 2NaHSO_4 + 2HCN \uparrow$$

$$Na_2Ag(CNS)(CN)_2 + 2H_2SO_4 \longrightarrow AgCNS \downarrow + 2NaHSO_4 + 2HCN \uparrow$$

氰化亚铜与污水中的硫氰酸盐反应，生成稳定的硫氰化亚铜沉淀。反应式为：

$$Cu_2(CN)_2 + 2NaCNS \longrightarrow Cu_2(CNS)_2 \downarrow + 2NaCN$$

（2）吹脱阶段。酸化处理后的溶液，充分暴露在空气中，借助空气流的作用，把各反应式中生成的氰化氢从液相中挥发逸出并随气流带走，使污水中氰化物的净化率达 96%以上。

（3）吸收阶段。挥发逸出的氢氰酸随空气流带走，用氢氧化钠溶液中和，生成氰化钠回收。

$$NaOH + HCN \longrightarrow NaCN + H_2O$$

（4）沉淀过滤阶段。酸化、吹脱处理后废液中的乳白色沉淀，如 $Cu_2(CNS)_2$、$Cu_2(CN)_2$以及少量的 AgCNS 等化合物，可用浓缩过滤的方法回收。浓缩溢流或滤液经再处理（中和残酸或再处理残氰）后，排放到尾矿库或污水池。

酸化回收法最重要的工艺之一为 AVR（酸化—挥发—再中和）工艺，即：

（1）酸化，解离金属氰配合物中的 CN，并转化成 HCN。

（2）强烈的空气鼓泡挥发 HCN，同时用石灰液反复循环回收放出 HCN。

（3）充气后的酸性贫液再中和除去金属离子。

这一方法在一系列鼓泡器和吸收塔中进行。废贫液的 pH 值首先用 H_2SO_4 降到 2.5 ~ 3，随即酸化溶液由上而下通过叠网鼓泡塔，气流从下面逆流上升。从氰离子、锌、铜、镍的氰配合物生成的 HCN，被空气流带入吸收塔内。HCN 与雾状弥散的稀石灰浆接触。吸收塔石灰液反复循环直到积累成氰化需要的氰化物浓度，再返回到氰化流程。

这个过程中，硫氰酸盐和铁氰酸盐不能被分解。但后者可以与金属氰配合物释放出来的其他金属生成沉淀而除去。在废弃的氰化物溶液中有大量的固体生成，这些固体是硫酸钙，还有一些碳酸钙。铜的氰化物和硫氰酸盐以及锌、铜、镍、铁的氰化物是否以固体存在，取决于给入贫液的组成、被处理液的最终 pH 值和接触时间。锌、铜、镍、铁也可能保留在溶液中。

工业实践证明，酸化回收法具有如下优点：药剂来源广、价格低、废水对药剂影响小；可处理澄清的废水，也可以处理矿浆；废水中氰化物浓度高时具有较好的经济效益；易实现自动化；除了回收氰化物外，处理澄清液时，亚铁氰化物、绝大部分铜、部分锌、银、金也可得到回收。其缺点有：废水中氰化物浓度低时，处理成本高于回收价值；经酸化回收法处理的废水一般还需要进行二次处理才能达到排放标准。

19.1.8 SART 法 + 酸化沉淀法（半酸化法）

酸化沉淀法即先用酸（硫酸或盐酸）将贫液或含氰废水酸化，使废水中的铜与硫氰化物反应生成难溶的硫氰化亚铜，亚铁氰化物与重金属离子反应生成难溶的亚铁氰酸盐，锌以氰化锌形式存在。将难溶物固相与含氰化物及锌的液相分离开，向液相中加入石灰使之呈碱性，硫酸根与钙离子生成难溶的硫酸钙沉淀物。液固分离后，液相用于氰化。贫液中铜的去除率高，而且由于与铜共沉淀，贫液中的硫氰化物去除率也较高。

SART 法即先用酸（硫酸或盐酸）将贫液或含氰废水酸化，pH 值控制到 5 或者以下，然后加入硫化物或硫氢化物沉淀铜、银、锌等，同时氰化物转化为氢氰酸。

初级反应罐中反应化学式表示如下：

$$2Cu(CN)_3^{2-} + S^{2-} + 6H^+ \longrightarrow Cu_2S + 6HCN$$

$$2Ag(CN)_2^- + S^{2-} + 4H^+ \longrightarrow Ag_2S + 4HCN$$

$$Zn(CN)_4^{2-} + S^{2-} + 4H^+ \longrightarrow ZnS + 4HCN$$

这部分反应迅速，氰以氢氰酸的形式存在于溶液。一般情况下，通过初级反应罐的固体水含量较大，因此常在后续过滤之前增加一个浓缩环节，浓缩池底流的溶液可以部分返回初级反应罐充当晶种利于新相沉淀。通过合适的循环和混凝，浓密池底流的固体含量可达 10% ~15%。沉淀通过洗涤、过滤和干燥，可以得到 Cu_2S、AgS 及 ZnS 固体作为副产品。

浓密池溶液中 HCN 进入二级反应罐，加入石灰乳或苛性钠中和生成 $Ca(CN)_2$ 或 NaCN 返回浸出流程。所有反应罐及浓密池均保持密封，挥发的气体进入石灰乳淋洗系统捕集挥发的 HCN 或 H_2S。硫酸根与钙离子生成难溶的硫酸钙沉淀物进入下一级浓密池浓缩过滤，浓密池底流回流进入二级反应罐中加速沉淀。

二级反应罐中反应如下：

$$2HCN + Ca(OH)_2 \longrightarrow Ca(CN)_2 + 2H_2O$$

$$HCN + NaOH \longrightarrow NaCN + H_2O$$

$$H_2SO_4 + Ca(OH)_2 \longrightarrow CaSO_4 + 2H_2O$$

SART 法适合含氰贫液的处理，也适合于炭吸附前母液中除铜。

19.1.9 吸附法

19.1.9.1 活性炭吸附法

活性炭对氰化物的吸附和破坏作用很早就被人们发现了。由于氰化厂含氰废水一般都含有一定量的金、银，废水量又大，故采用活性炭吸附法除氰的同时，还可以吸附回收大量的金、银，经济效益十分可观。

1987 年黑龙江乌拉嘎金矿采用活性炭吸附法处理含氰废水的工业试验获得成功，并回收了废水中的黄金。乌拉嘎氰化厂原生产能力为500t/d（1991 年以前），采用全泥氰化-锌粉置换工艺。原设计污水处理系统建设总投资 138 万元，用氯氧化法处理氰尾，年处理费用 67.89 万元，处理后的废矿浆由管道加压输送到 3500m 外的尾矿库中，尾矿库澄清水经溢流井外排到小河中。生产中污水处理系统的处理效果不够理想，尾矿库外排水氰化物浓度超标，每年缴纳 10 万余元的排污费。

乌拉嘎金矿尾矿库建在山谷中，设计服务年限 23 年，容积较大，上部澄清水深 2m，设计废水停留时间为 25d，尾矿库有较强的自净能力。氰化物由入库时的 70mg/L 降低到尾矿库排水时的 1.5mg/L 左右。该矿提出尾矿库自净-活性炭吸附法除氰新工艺。新工艺用泵把外排水输送到两台串联的活性炭吸附柱中，氰化物和重金属被吸附在活性炭上，载金炭品位达 640g/t，载金炭焚烧后灰经火法冶炼，生产出合质金，吸附柱更换新活性炭。工艺处理污水同时回收金，杜绝了二次污染。

长春黄金研究所开发研究活性炭处理含氰废水的工艺和设备，并在河北省宽城县华尖金矿进行工业应用。吸附尾矿排水中已溶金的工艺流程如图 19.9 所示，两套吸附装置并联使用，每套装置内装直径 2.5mm 的煤质活性炭 1000kg，总投资 4.3 万元。工艺试验于 1990 年 4 月开始，处理废水量为 $130m^3/d$。1990 年 7 月，该矿氰化厂生产能力增大到 150t/d，处理废水量增加到 $300m^3/d$，8、9 月为雨季期间装置停止运行。至 1991 年工业试验结束，扣除洗炭时间，共运行 7 个月时间，获载金炭 3.2t，金品位（第一槽平均值）最高位 756.6g/t，平均品位为 576.5g/t，实践回收金量 1736g。

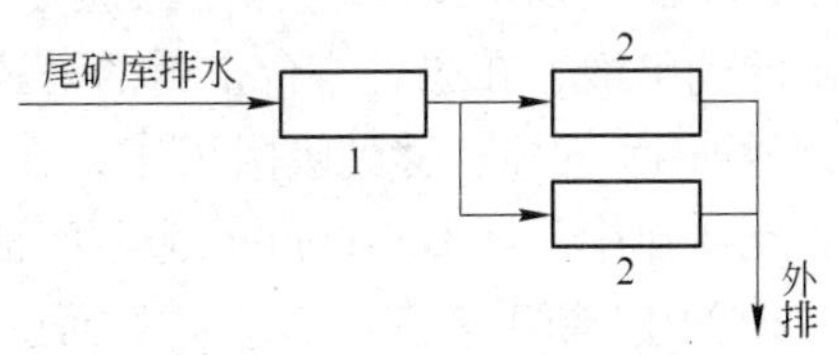

图 19.9 尾矿库排水中回收金工艺流程
1—尾砂池；2—吸附槽

实践证明，新型活性炭吸附装置有如下优点：

（1）每个吸附装置由 3 个串联的吸附单元构成，每个吸附单元的活性炭吸附层仅

1000mm左右，由于炭层较薄可在水流作用下产生松动，处理量可在较大范围内变化，非常适合于尾矿库排水流量变化大这一特点。

（2）由于炭层水阻力很小，仅需十几厘米的水位差即可使装置正常运行，通常不必使用水泵抽水，不存在水泵输水时存在的因流量不平衡而吸入泥砂或部分水流失的问题。

（3）当炭层有泥砂时可用水冲洗，使泥砂从专门设计的排污管中排出，保证炭层不堵塞、设备正常运行。

（4）当第一吸附单元中的活性炭载金量达到饱和时，取出进行解析，后边量槽的活性炭分别移到前一槽中，在最后一槽中装入新炭或者再生炭，使各槽高金品位炭层与废水金浓度高的部分接触，提高了吸附推动力，既取得了尽可能高的载金炭品位，又提高了金的吸附率。

（5）吸附槽高度仅1.3～1.5m，装卸炭方便、保温容易，冬季只要简单地用柴草等保温材料覆盖一层即能防止槽内结冰。

长春黄金研究所回收金的技术和设备投资小、回收率高、易于操作和管理，处理成本较低，具有良好的经济效益。

19.1.9.2 V912吸附法

Vitrokele 912（V912）是一种新型金吸附剂，它将金属螯合剂黏结在细粒的多孔基质（如玻璃或聚苯乙烯）上，用以从溶液中选择性地回收金，也可以回收氰化物和除去有毒金属。

A 用V912吸附剂回收氰化物

V912在北美早用于从工业废液中回收有毒金属，最近在澳大利亚Meekatharra地区Gabanintha金矿用V912进行试验，已证明V912是一种多功能吸附剂。因为这种吸附在交联度很高的聚苯乙烯树脂上含有几个配位基，因此它不仅能吸附氰化物，而且还能吸附很多金属氰配物。尤其适于回收金属氰配物，主要是它既不易受化学污染，同时也不易机械磨损。V912尽管密度和粒度都比较小，甚至比炭浆法中大多数吸附剂还要小，但在很稠的矿浆中仍能与矿浆达到很好的接触，并且筛分性能也较好。

例如在一套由4台串联的机械搅拌吸附槽构成的装置，炭浸车间的尾液以$10m^3/d$流过这组吸附槽后排放。从吸附槽中取出的吸附剂，用水洗涤后，再转移到解吸工序作两段解吸，一段用以从V912吸附剂上除去金属，另一段用以回收氰化物。由氰化物解吸工序排出的洗出液，在通过一台密封的塔式挥发器（在负压下操作）时，上升的空气流就使氰化物呈HCN气体转移到吸附塔中，在那里用NaOH吸收后生成氰化钠。废弃的洗出液排放到尾矿池中。在Gabanintha选金厂证明V912没受到明显的化学污染和机械磨损，并估算这种V912新工艺在经济效益方面也明显超过其他处理工艺。

B 用V912吸附剂回收金

V912金属螯合剂离子交换回收金的新工艺，也称为Devoe-Holbein（D-H）的方法，其工艺类似于炭浆法（CIP）和树脂矿浆法（RIP），故又称为VIP法（Vitrokele in pulp）。由德沃·霍尔拜因国际公司研制出的VIP提金新工艺，采用的是爱德华·利·贝利曼公司的澳大利亚试验室单独试验成功的技术，这项技术正在法国萨尔西根金矿考察其生产能力。那里堆存着700万吨含金1.6～2.08g/t的尾矿。

这项新工艺研究的最初方向是用于核废料和金属加工工业污水净化，以及从采矿工业的溶液中回收金。这项技术没有利用细菌或其他微生物，而是利用包含有固体的多孔基混合剂，如玻璃、聚氨基甲酸酯、聚苯乙烯等，紧紧地把金吸附住（配位体）。根据工业上不同的用途能制造出选择性独特、再生率很高的不同混合剂。1985 年 6 月德沃·霍尔拜因就研究出一种有效的、选择性的载金能力高的混合剂，并用于尾矿处理上。

新混合剂运用了化学技术和电子技术，既适用于堆浸法，也适用于矿浆法。与炭浆法相比，其回收费用可大大降低。德沃·霍尔拜因的新吸附剂除了在载叠能力相吸附动力学方面可与炭和离子交换树脂相匹敌外，在其他性能上也都能超过常用的吸附剂。这种新工艺一个非凡的优点是：它能从不纯的混合溶液中，使金的吸附能力超越合算的经济价值水平线，并不会造成吸附剂新污染和堵塞。吸附剂在载金状态下具有不可逆性，这表明化学反应非常有利于吸附状态，而炭吸附金依赖于吸附剂和溶液中金的浓度梯度。以上这两个性能是新吸附剂具有的主要优点。从大批量生产的前景看，反复地净化回收和基质的耐用性能的可控制性也具有很大的实用价值。

19. 1. 10 离子交换法

离子交换法是用阴离子交换树脂吸附废水中以阴离子形式存在的各种氰配合物，当流出液 CN^- 超标时对树脂进行酸洗再生，从洗脱液中回收氰化钠。一部分洗脱液经再生并重复用于树脂的酸洗再生，少部分洗脱液经过中和，沉淀出重金属后排放。

1956 年，南非中部丘陵地区高尔德布拉特公司首先开始用离子交换法处理法回收选金厂废水中的氰化物。采用一个装填 IRA400 离子交换树脂的吸附柱吸附金属氰配合物，后面接有一个用氰化亚铜处理过的树脂柱，利用树脂基体中亚铜氰化物的沉淀作业去除游离氰化物。Rohm 和 Hass 最新的 IRA958 强碱性丙烯型树脂，已被霍姆斯克特矿业公司用于选金厂废水除氰。但 IRA958 不能除去游离氰，在进行离子交换前，建议用 $Fe(OH)_3$ 与游离氰反应转化生产铁氰化物。

前苏联研究含喹啉（$AB_{\beta.\gamma}$-12Π）和含甲基吡啶（ABΦ-12Π）基团的树脂，获得对氰化物和硫氰酸盐浓度分别从 120mg/L 和 55mg/L 下降到 0. 06 ~ 0. 30mg/L，配合阴离子在离子交换树脂上饱和后，用苏打溶液洗脱，生产的碳酸锌返回使用，使简单氰化物转变为配合氰化物。但这种方法可能加入过量盐类，造成废水二次污染。采用预先处理离子交换树脂柱的方法，使配合过程在离子交换相中进行，可以取消产生大量污水的药剂处理。

离子交换法的优点是净化水的水质好，水质稳定，氰化物和重金属能降到很低的水平，同时能回收氰化物和重金属化合物；但树脂价格昂贵，经济性较差，且离子交换树脂容易被金属沉淀物堵塞，再生困难，操作较复杂，工作量大。

19. 1. 11 催化氧化法

催化氧化法处理含氰废水就是以活性炭为载体，在有催化剂存在的条件下，以氧气或空气为氧化剂处理氰化废水。催化剂通常为二价铜盐。在氰化物处理过程中，CN^- 首先被活性炭吸附，当有溶解氧存在时，在活性炭催化作用下，CN^- 被氧化成 CNO^-。二价铜盐的存在，加速了 CNO^- 的水解，从而实现氰化物的净化。其优点是成本低，能回收废水中贵金属；处理后废水可循环使用；无二次污染。但是其处理能力不高，吸附床容易堵塞，活性炭使用寿命短、再生频繁。韦朝海等对活性炭催化氧化含氰废水在三相流化床中的工艺进行理论研究，通过正交试验确立了工作条件，并进行了相关因素的影响程度分析。活性炭作载体的三相流化床处理含氰废水，因提高传质速度和解决深层供氧问题而加快吸附速度和催化氧化反应速度，明显提高活性炭对氰化物的处理效率。在相同条件下处理容量比固定床法高46.3%。

19.1.12 溶剂萃取法

1997年清华大学核研究院研究开发了溶剂萃取法处理氰化贫液的新工艺，并达到了工业规模的应用，在山东莱州黄金冶炼厂和广东某金矿成功运行。其原理是利用一种胺类萃取剂萃取废液中的有害元素Cu、Zn等，而游离的氰则留在萃余液中，负载有机相用NaOH溶液反萃。处理后的水相返回系统，以利用其中的氰和实现贫液全循环。这样不仅解决了贫液中杂质离子对浸金指标的影响，而且达到了污水零排放的目的，彻底根治了外排废液对环境的污染。

溶剂萃取法具有分离效果好，有机溶剂基本不损失，占地面积小，操作简单，劳动条件好，几乎没有废液排放，可以做到不污染环境等优点。但其成本较高，一般很少使用。采用溶剂萃取法处理含氰废水，可以回收其中的有用金属，并回收废水中的氰化物，但该法只适用于高浓度含氰废水的处理。也有研究采用超临界CO_2、有机磷以及超临界CO_2与有机磷结合作为萃取剂处理含氰废水。

有研究用溶剂萃取技术从含微量金的废液中回收金。试验结果表明，含氧萃取剂及二烷基乙酰胺（A101）均是萃金的有效萃取剂。用A101为萃取剂、二乙苯为稀释剂，金的回收率达97%以上，并获得含金99.99%的商品金锭。处理后的废水可并入常规的污水处理厂处理，符合环保要求。

19.1.13 膜处理法

最新发展起来的液膜法除氰采用水包油包水体系，液膜为煤油和表面活性剂，内水相为NaOH溶液，外水相为待处理的含氰废水。处理时先将废水酸化至pH值小于4，氰化物转化为HCN，滤去沉淀后加入乳化液膜搅拌。HCN通过液膜进入内水相与NaOH反应生成NaCN。NaCN不溶于油膜，所以不能返回外水相，从而达到从废水中除氰并在内水相中以NaCN富集的目的。经高压静电破乳后，油水即可分离，油相可连续使用，水相就是NaCN，从而净化了废水并使氰得到回收。该方法处理含氰废水有效率高、速度快、选择性好的优点。但液膜法处理成本高、投资大、电耗大，只适用于浓度较低、呈游离态存在的含氰废水的处理，因此，尚未见该法有工业应用的报道。

有的矿山采用了膜过滤分离技术，对氰化废液中的金属离子进行处理以便于氰化试剂的循环利用。如中空纤维膜脱氰回收技术，是在国外膜分离技术基础上开发的新一代氰化物回收技术。中空纤维膜是由疏水性的聚合物制成的纤维微孔膜，是一种具有选择性的分离膜。使用时，膜一侧流动的是酸化的含氰废水，另一侧流动的是除去杂质的液碱。在两侧氰化氢化学位差的推动下，废水中的HCN通过膜微孔向碱吸收液中扩散，并与吸收液中的碱（NaOH）反应生成NaCN而被吸收。这一过程连续、自发进行，直到废水中的HCN全部转移到吸收液中为止。山东省焦家金矿根据自身氰化工艺情况，待贫液中贱金属配离子累积到一定程度后，利用纳滤膜采取化学或电化学等方法集中处理。处理后的滤液返回氰化工艺流程，金属配离子富集液集中存放。该技术可减少氰化钠的单位耗量，降低生产成本，保证整个氰化浸出系统工艺的稳定，减少随氰渣带走的氰化钠和重金属离子。

19.1.14 微生物法

氰化物是剧毒的，但其分子构成是微生物代谢生长过程中所需要的两种主要营养成分而使含氰废水具有可生化性。微生物法原理是当废水中氰化物浓度较低时，利用能破坏氰化物的一种或几种微生物可以以氰化物和硫氰化物为碳源和氮源的性能，将氰化物和硫氰化物氧化为二氧化碳、氨和硫酸盐，或将氰化物水解成甲酰胺，同时重金属被细菌吸附而随生物膜脱落除去。微生物法根据其使用的设备和工艺不同，可分为活性污泥法、生物过滤法、生物接触法和生物流化床法等。美国宾夕法尼大学的研究结果表明，活性污泥法对氰离子（CN^-）的去除率达99%，细菌的适应需2~3周的时间。英国水污染研究所采用生物膜法处理含氰废水，氰化物去除率也达到99%。利用微生物处理含氰废水的工业实践在国外已取得显著成果。据报道，英美等国家用Cyan-Metabolizing细菌对含氰、重金属离子的污水进行处理，用脱氧白地霉处理含CN^- 30~50mg/L废水达到排放标准。1984年美国Homestake金矿投产了一个日处理能力为1.96万立方米的氰化废水处理系统。该系统脱氰分为2个阶段：第一阶段是在旋转生物反应器中除去氰化物和硫氰酸盐，这个阶段使CN^-转化为CO_2和NH_3，S转化为SO_4^{2-}，所用的微生物是假单胞菌。第二阶段为消化阶段，利用普通的亚硝化杆菌和硝化杆菌，使氨转变为亚硝酸盐，再变为硝酸盐。据资料介绍，该方法将硫氰酸盐、铁氰配合物几乎全部除去，氰化物的去除率达98%以上。而为了处理Homestake Nickel Plate Mine尾矿坝中的氰化废水，混合好氧-厌氧生物处理法及高密度泥浆法联合应用以去除残余的氰化物、硫氰化物、氨、硝酸根及金属离子。好氧活性污泥处理将SCN转化为NH_3再氧化为NO_3^-，NO_3^-在厌氧过程转化为N_2，高密度泥浆处理过程中通过硫酸铁处理沉淀去除As、SO_4^{2-}以及残余的金属。蓄水池中氰离子浓度较低，该方法取得很好的效果。

国内外利用微生物法处理焦化厂、化肥厂含氰废水的报道较多。该法的优点是可同时处理氰化物、硫氰化物、氨、金属等，重金属呈污泥除去，渣量少，外排水质好，成本低。但该法工艺较长，设备复杂，投资大；处理时间相对较长，操作条件十分严格；只适合低浓度含氰废水的处理，对氰化物浓度的大范围变化适应性较差，故对排水水质要求很高。由于低温条件下微生物处理氰化废水的效果较差，地处温带的氰化厂，使用微生物法比较适合。

19.1.15 自然降解法

利用自然发生过程除去氰化物的方法通常称为自然降解法。自然降解法是借助物理、化学、微生物及光的分解作用等联合过程，使氰化物解离、重金属离子沉淀。在这些过程中，氰化氢的挥发和金属氰配合物的化学离解是除去氰化物最主要的作用。废水从空气中吸收CO_2来降低pH值。铁氰配合物主要依靠紫外线辐射进行光分解。自然降解进行的速度受许多因素的影响，包括氰化物类型及其浓度、氰化物的稳定性、废水的pH值、温度、菌种、阳光、充气等。在自然降解法中，降解池的表面积是一个很重要的因素。凡设计和应用适当的地方，自然降解法可以产生满意的处理结果。因此，有些金矿把自然降解法作为一种独立方法有效地运用。加拿大的柯明克-康矿尾矿库很大，进入尾矿库的氰化废水含氰为60mg/L，在库内停留长达几个月的时间之后，最后排放时氰化物浓度可降至2.0mg/L。尾矿库的表面积，即水与空气接触的面积也是影响自然净化效果的一个主要因素。例如，加拿大北安大略某金矿的尾矿库从1987年的0.094km^2扩大到1988年的0.178km^2，而库的深度则相应减小，结果尾矿库排出水中的残余氰根浓度从6.1mg/L减少到0.1mg/L，铜浓度也从3.1mg/L降至0.2mg/L。

大部分金矿是将自然降解法以预处理或后处理形式与化学除氰法联合运用。该法特点是不需任何机械设备，不添加任何药剂即可达到处理目的，但需要有足够表面积的自然降解池。一般废水在降解池中滞留两年左右，绝大部分氰化物可除去。

19.1.16 氰化废水全循环工艺

含氰废水的传统处理方法的主要目标是处理含氰废水使其排放达标，但这些方法会造成氰化废水中的有价资源的浪费。为实现资源综合利用，最有效的方法是采用氰化废水全循环工艺。贫液全循环法在这里指的是以金精矿为原料的氰化厂产生的贫液全部循环使用的工艺，如图19.10所示。

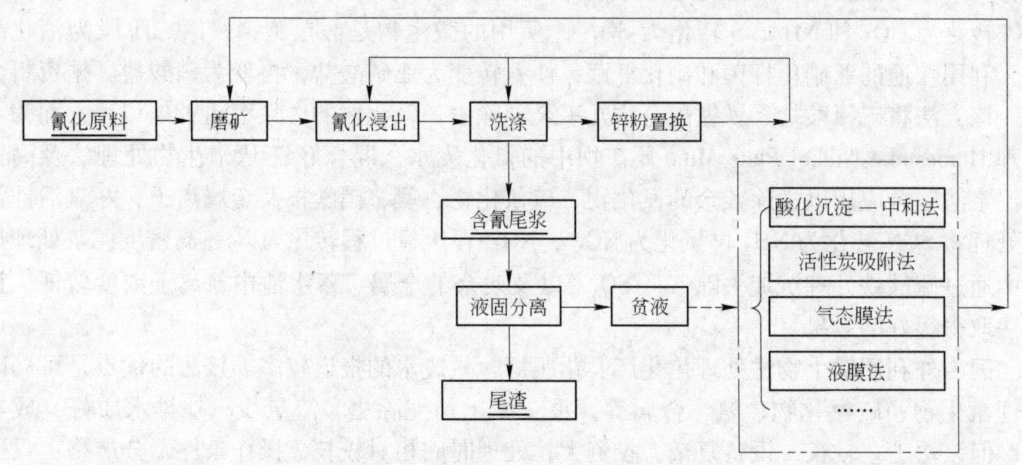

图19.10 全循环工艺流程示意图

辽宁省黄金冶炼厂在20世纪90年代中期开始对含氰废水采用闭路循环使用工艺。但是循环使用一段时间后，由于杂质逐渐积累，对正常生产造成了严重的影响，致使氰化回收率指标偏低。在90年代末进行技术改造，对压滤后的氰化尾渣采用干式堆存方式进行尾渣堆存管理。压滤后的含氰废水采用硫酸酸化处理—石灰中和沉淀净化方法循环使用。其中，酸化反应可以对氰进行有效回收，铜氰配合物的沉降反应（其他金属杂质也发生沉降反应）可以回收重金属离子，最后再用CaO对酸性液进行中和，这样可以使得氰化废液得以循环。金总回收率由技改前的95.48%提高到96.55%，同时累计节省污水治理费99万元，综合回收氰化钠36.2t，价值47万元，节约用水6万多立方米，一举多得。

福建紫金矿业股份有限公司黄金冶炼厂在废水治理方面采用了中和—碱氯—混凝沉降法联合工艺。中和法也是使用石灰作中和剂，使pH值维持在6~9之间，实际上一般控制在7~8之间，有利于去除金属离子，同时还可去除废水中悬浮物；碱氯氧化法中，使用的碱是廉价的石灰，使用漂白粉产生有效氯，由此去除废水中残余的总氰，去除率达到97.4%；混凝沉降法使用3种物质共同处理重金属，去除率达到98%以上，尤其对Cu^{2+}和Zn^{2+}去除率可达到100%。采用此处理系统及其工艺，该厂废水排放能达GB 8978—1996一级排放标准，外排至河口，不会对水质产生不利影响。

金渠金矿氰化厂工艺流程采用传统的"CCD"流程，即"一次闭路磨矿、二浸二洗、氰渣压滤、贵液锌粉置换"的流程，处理金精矿60t/d。系统用水为循环使用，生产污水"零排放"。由于原料金精矿中铜、铁、硫等杂质含量较高，氰化过程中部分杂质浸出进入氰化溶液，在水体中不断积累，增加了氰化物的消耗，影响了生产指标，使生产难以顺利进行。为了保证零排放且不影响生产，氰化厂于2008年9月，采用了酸化法+二氧化氯除氰和半酸化法相结合的工艺处理含氰污水。生产实践证明该工艺简单可行，可操作性强，既可以实现综合回收，又降低了氰化物消耗。经酸化法处理后的贫液中CN^-浓度在40~50mg/L，是国家规定的工业水排放标准（0.5mg/L）的100倍，采用二氧化氯进一步处理，可以使含氰废水达到国家规定的工业废水排放标准。半酸化法是指酸化反应后贫液，不经过空气吹脱、氢氧化钠吸收，而直接用氢氧化钠溶液中和后，返回氰化浸出系统。以上工艺流程处理含氰污水，当氰化生产液体中的铜离子浓度较高时，采用酸化法处理含氰贫液，当铜离子浓度较低时，宜采用半酸化法。该工艺基本实现了氰化厂含氰污水的零排放，并综合回收了贫液中的氰化钠和铜、银等其他有价组分，达到了综合回收的目的。

辽宁新都黄金有限责任公司采用焙烧-氰化浸金工艺处理难选冶金矿，对产生的含氰废水采用三步沉淀全循环法进行处理。该工艺采用硫酸酸化处理后，沉淀除去铜、铁等重金属离子，然后以氧化钙将酸化溶液中和至pH值等于7.5，沉淀溶液中的硫酸根、砷酸根等阴离子，最后在清液中加入除钙剂去除钙离子的方法，再将处理后的含氰废水返回氰化浸出阶段，实现全闭路循环。该工艺具有设备投资少、成本低、不污染环境等特点。利用处理后的贫液进行氰化浸出，其金、银的浸出率均有所提高，氰化成本降低，具有较好的经济效益和环境效益，是黄金冶炼厂进行废水处理改造的有效途径，具有推广价值。

19.2 酸性废水治理技术

重金属酸性废水主要来源于矿山坑内排水、废水堆渗滤水、选矿厂尾矿排水、冶炼厂除尘排水等。特别是老矿山，以硫化物为主体的金矿床，在采掘生产过程中，其采区内旧矿硐，竖井、斜井、平巷纵横交错，雨水渗入岩石裂隙，从上巷道流入下巷道，逐渐汇集于井下水坑中。在雨季，矿坑排水水量增大，矿山和废石堆中的硫化物在自然界微生物—氧化铁杆菌、氧化铁硫杆菌的作用下形成硫的氧化物溶解于水，成为硫酸和硫酸盐。

例如硫化铁的反应：

$$2FeS_2 + 7O_2 + 2H_2O \xrightarrow{\text{细菌}} 2FeSO_4 + 2H_2SO_4$$

又如，硫化铜的反应：

$$CuS + 4Fe_2(SO_4)_3 + 4H_2O \xrightarrow{\text{细菌}} CuSO_4 + 8FeSO_4 + 4H_2SO_4$$

实验证明，在细菌作用下，潮湿多雨的夏季，此反应进行迅速，这就是渗滤水、矿坑水成为含重金属酸性废水的主要原因。

重金属在水体中不能被微生物分解，只能发生各种形态之间的相互转化。大量的含重金属酸性废水污染地面水，甚至污染地下水。

重金属酸性废水处理方法如下：

（1）中和沉淀法。中和沉淀法是采用石灰石或者石灰作为中和剂进行中和处理，利用酸性中和反应生成难溶于水的氢氧化物沉淀，净化污水，提高废水的 pH 值。这一方法是处理酸性废水最常用的方法。其化学反应原理是：

$$H_2SO_4 + Ca(OH)_2 \xlongequal{} CaSO_4 + 2H_2O$$

$$Fe^{2+} + Ca(OH)_2 \xlongequal{} Fe(OH)_2 + Ca^{2+}$$

石灰中和沉淀法有干法投料和湿法投料。干法投料即将石灰直接投入到废水中。此法简单，但是反应不彻底，投料量一般为理论值的 1.4～1.5 倍，一般不予采用。

湿法投料是指当石灰用量在 0.5t/d 以下时，可用人工配制成浓度为 40%～50% 的石灰乳；石灰用量超过 0.5t/d 时，采用机械方法配制成浓度为 5%～10% 的石灰乳，加入到废水处理槽中。处理槽一般为两个以上交替使用。为防止沉淀，槽内安装搅拌机，转速一般为 20～40r/min。搅拌一般不宜采用压缩空气，因为空气中的 CO_2 易与 $Ca(OH)_2$ 反应生成 $CaCO_3$ 沉淀，既浪费中和剂又容易引起堵塞。

当废水成分、流量、浓度不稳定时，应设置废水调节池，其大小应根据实际情况来决定。废水中含有的重金属盐类及其他有害物质，根据除盐要求决定。沉淀时间一般在 1～2h 之间，泥渣体积是废水体积的 10%～15%，含水率一般为 90%～95%。

石灰中和沉淀法一般分为一次中和法、二次中和法和三次中和法。

1）一次中和法。这种方法国内采用得比较多。其优点是设备较少，操作方便；缺点是加药量难以控制，处理效果比较差，最好用 pH 值自控加药量。

2）二次中和法。这种方法一般使用于 pH 值很低、含二价铁盐较多的酸性废水。二次中和法的优点是石灰乳分两次加入，pH 值易于控制，一次中和槽 pH 值控制为 4～5，二次中和槽 pH 值控制在 6.5～8.5；废水中二价铁盐与石灰乳反应后，生产 $Fe(OH)_2$，再经曝气，氧化生成 $Fe(OH)_3$，易于沉淀析出，出水水质可以达标排放。其缺点是设备较多，基建投资大。

3）三次中和法。这种方法多用于 pH 值较低且变化较大、含有多种金属离子的酸性废水。为了使废水中金属离子能沉淀出来，在一次中和槽中将 pH 值调制在 7～9，在二次中和槽中将 pH 值调制在 9.5～11，经沉淀分离后，再在三次中和槽中将 pH 值调制在 6.5～8.5，达到排放标准后外排。

（2）硫化沉淀法。硫化物沉淀法是指通过添加硫化物沉淀剂使废水中金属离子生成硫化物沉淀而除去的方法。因为金属硫化物的溶解度比金属氢氧化物低几个数量级，硫化物沉淀法的效果常比氢氧化物沉淀法好。

常用的硫化剂有 Na_2S、NaHS、H_2S、$(NH_4)_2S$、CaS、FeS 等，与中和沉淀法相比，硫化物沉淀法 pH 值适应范围广，生成的金属硫化物比金属氢氧化物溶解度小、金属离子的去除效率高，且沉渣含水率低、沉渣量小，不易返溶造成二次污染。

（3）硫酸亚铁法（铁氧体沉淀法）。铁氧体沉淀法是利用亚铁盐除去废水中的金属，即在含重金属离子的废水中加入铁盐，控制废水体系 pH 值、氧化、加热等条件，使废水中的重金属离子与铁盐生成稳定的铁氧体共沉淀物、铁盐沉淀物、氢氧化物沉淀物的配合盐和重金属，经过滤并用磁力使沉淀物从溶液中分离出来。

（4）膜分离法。膜分离法是利用一种特殊的半透膜将溶液隔开，使溶液中的某些溶质或溶剂（水）渗透出来，从而达到分离溶质的目的。根据膜种类及推动力的不同，膜分离法可分为电渗析法、反渗透法、液膜法和超滤等。

（5）生物吸附法。生物处理法又称生物化学处理法，是通过微生物或植物的絮凝、吸收、积累和富集作用去除废水中重金属离子。生物法处理重金属废水主要通过生物转化、生物吸附两种生物化学过程。

重金属酸性废水处理的其他方法还包括离子交换法、电解沉积法、活性炭合成的聚合吸附法等。

19.3 含汞废水处理

我国黄金矿山生产与汞接触主要为混汞作业和汞膏的洗涤、过滤与蒸馏。其中混汞板的铺汞、挂汞、洗汞金、挤汞金等作业，目前仍是人工操作，人与汞接触频繁，厂内汞流失到废水中较大，使空气严重污染。含汞废水的处理方法很多，各种处理方法的效果取决于汞的存在形态的初始浓度、废水中共存离子以及出水水质要求达到的标准。汞及汞化合物的国家排放标准和水质标准见表 19.13。

表 19.13 汞及汞化合物的国家排放标准和水质标准

序 号	标 准	种 类	有害物名称	最高允许排放浓度/$mg \cdot L^{-1}$
1	《污水排放标准》（GB 8978—1996）	工业废水	汞及无机汞化合物	0.05（按 Hg 计）
2	《生活饮用水卫生标准》（GB 5749—2006）	生活饮用水	汞	不超过 0.001
3	《渔业水质标准》（GB 11607—1989）	渔业水质	汞	不超过 0.0005
4	《农业灌溉水质标准》（GB 5084—2005）	农田灌溉用水	汞	不超过 0.001

含汞废水的处理方法有：

（1）还原法。

1）硼酸钠（$NaBH_4$）—还原法。此法的化学原理是：非金属还原剂——硼酸钠，在 pH 值为 11 时与汞离子反应后主要生成汞和硼酸，放出氢气。

$$Hg^{2+} + BH_4^- + 2OH^- \longrightarrow Hg\downarrow + 3H_2\uparrow + BO_2^-$$

氧化还原半反应式为：

$$Hg^{2+} + 2e \longrightarrow Hg\downarrow$$

$$B^{5-} \longrightarrow B^{3+} + 8e$$

$$6H^+ + 6e = 3H_2$$

即在含汞废水中加入浓度为12%的非金属还原剂硼酸钠，再投入碱（污水pH值为9~11）混合，生成汞粒（直径约10μm），用水力旋流器分离回收。残留在溢流中的汞经水气分离后用直径5μm的滤器截留。排气中的汞蒸气用稀硝酸洗涤，返回原废水池中再次回收处理。

2）金属还原法。利用氧化还原电位低于Hg^{2+}的金属，如Cu、Zn、Fe、Mn、Mg、Al等的金属屑置换废水中Hg^{2+}。以铁为例：

$$Fe + Hg^{2+} = Fe^{2+} + Hg\downarrow$$

电对Fe^{2+}/Fe的$E^\ominus = 0.44V$，Hg^{2+}/Hg的$E^\ominus = 0.854V$，上述反应可以进行，置换速率与pH值、温度、金属纯度、接触面积等因素有关。

金属还原法还可以与其他方法联合除汞，如滤布过滤和在碱液中以铝粉置换的联合方法净化含汞水。例如国内某金铜矿（混汞—浮选流程）对铜精矿澄清水试验表明，澄清水含汞浓度为7.28mg/L时，滤布过滤除汞率为81.51%，总除汞率为97.64%。有机汞不能用金属直接还原、置换，通常先用氧化剂（如氯）将其破坏，转化为无机汞，然后再用金属置换。

（2）硫化法。此法是向pH值为9~10的含汞废水中加入硫化钠，使硫离子与废水中的亚汞离子结合，产生溶解度极小的硫化亚汞沉淀。化学原理如下：

$$S^{2-} + Hg^{2+} = HgS\downarrow$$

$$S^{2-} + 2Hg^{2+} = Hg_2S\downarrow = HgS\downarrow + Hg\downarrow$$

反应生成的硫化物溶度积很小。HgS的$K_{sp} = 4\times10^{-53}$；Hg_2S的$K_{sp} = 1.0\times10^{-45}$。

当废水中有过量的S^{2-}时，可补加硫酸亚铁（$FeSO_4$）与过量的S^{2-}生成硫化铁沉淀，即：

$$FeSO_4 + S^{2-} = FeS + SO_4^{2-}$$

投加部分Fe^{2+}还能与废水中的OH^-结合生成$Fe(OH)_2$和$Fe(OH)_3$，对数量少且微小的HgS悬浮微粒起共同沉淀和凝聚沉降作用。投加$FeSO_4$后，不会影响HgS的优先沉淀。

实际生产中，先用石灰调节pH值至8~9，废水呈碱性，再加$FeSO_4$。采用硫化钠法除汞，使废水中汞的浓度降至1~0.1mg/L；若再采用铁屑过滤、活性炭吸附、凝聚剂沉淀等，可使废水中汞的浓度降至0.05~0.01mg/L以下。

（3）吸附法。国内经常采用活性炭为吸附剂。具体的做法是采用静态吸附法，即先沉淀，后吸附。

首先采用硫化钠使汞离子转化为硫化汞而沉淀析出，同时除去废水中泥沙等悬浮物，用氢氧化钙调节pH值，以硫酸亚铁为絮凝剂，采用活性炭吸附泄漏的金属汞和汞的化合物，处理后的净化液含有残余汞可达到排放标准。

国外采用含丹宁的农副产品作为吸附剂，如核桃碎片、花生软皮、稻草、花生外壳、甘蔗渣、橄榄果核等，也有的采用经过处理的黏土。这类含丹宁物质的吸附剂，在含汞废水中含有其他金属时，对汞的吸附效果也不会受到影响，并且其吸附容量超过活性炭130%。

（4）凝聚沉淀法。凝聚剂采用石灰时，向含汞废水中投加石灰，生成 $Ca(OH)_2$。$Ca(OH)_2$对汞有凝聚吸附作用，当有三价铁离子存在情况下，效果更好。凝聚剂采用硫酸铝时，处理含汞废水效果也较好。经凝聚沉淀析出后出水水质含汞量的浓度降到0.05mg/L。

（5）溶剂萃取法及其他方法。国外目前有的采用三异锌胺/二甲苯对含汞废水进行萃取。经萃取后，净化液中残留汞的浓度在0.01mg/L以下。萃取汞后的萃取剂采用非酸性盐类反萃取以回收汞。

当前黄金矿山采用混汞作业提金，对于流失到外排废水中的汞未采取治理措施，靠汞自身重力作用、自然沉降后，从尾矿库出口处排入地面废水中，含汞量基本上能达到地面水的标准。

19.4 含砷废水处理

我国南方许多金矿的原矿中含砷普遍较高，常以毒砂（砷黄铁矿）形态存在，给金的提取带来不少困难，常需进行预处理。在预处理工艺中易产生含砷气体和含砷废水。含砷废水中主要含有亚砷酸盐、砷酸盐和砷的氧化物等。如果不加处理排入地面水体中，会对农田灌溉、人畜饮用、渔业用水带来严重危害。

含砷废水处理方法较多，常用的有石灰法、硫化法、软锰矿法、转化法等。当前，许多黄金矿山正在采用综合回收砷的新工艺。

（1）石灰法。石灰法一般适用于含砷量较高的废水。向废水中投加石灰乳，使其与砷酸或亚砷酸根离子发生反应生成难溶解的砷酸钙或亚砷酸钙沉淀，即：

$$3Ca^{2+} + 2AsO_3^{3-} \longrightarrow Ca_3(AsO_3)_2\downarrow$$

$$3Ca^{2+} + 2AsO_3^{3-} + O_2 \longrightarrow Ca_3(AsO_4)_2\downarrow$$

废水投加石灰乳混合沉淀，当石灰乳投加量适当、反应进行完全时，出水水质可达到污水综合排放二级标准（GB 8978—1996）。此法的优点是操作简单，成本低廉；缺点是沉渣量大，对三价砷的处理效果较差，砷酸钙、亚砷酸钙沉淀在水中，与空气中二氧化碳反应，转化为碳酸钙，并释放砷离子，使溶解度提高，容易造成二次污染。

（2）石灰—铁盐法。此法一般用于含砷量较低、pH值接近中性或弱碱性的废水处理，利用砷酸盐、亚砷酸盐能与铁、铝等金属形成稳定的配合物，并为铁、铝等金属的氢氧化物吸附，以沉淀除砷。以Fe为例：

$$2FeCl_3 + 3Ca(OH)_2 \longrightarrow 2Fe(OH)_3\downarrow + 3CaCl_2$$

$$AsO_4^{3-} + Fe(OH)_3 \rightleftharpoons FeAsO_4^- + 3OH^-$$

$$AsO_3^{3-} + Fe(OH)_3 \rightleftharpoons FeAsO_3^- + 3OH^-$$

当pH值大于10时，砷酸根、亚砷酸根与氢氧根置换，使一部分砷仅溶于水中，故终点pH值最好控制在10以下。

由于氢氧化铁吸附五价砷的pH值范围较三价砷要大得多，故在凝聚处理前，将亚砷酸盐氧化成砷酸盐，可以提高除砷的效果。但是砷酸铁的长期稳定性仍然有待进一步研究。

（3）硫化法。酸性条件下，砷以阳离子形式存在，加入硫化剂时，生成难溶的 As_2S_3 沉淀。

硫化法净化效果好，可使废液中含砷量降至 0.05mg/L 以下。但硫化法沉淀需在酸性条件下进行，否则沉淀物难以过滤；上清液中存在过剩的硫离子，排放前需进一步处理。

（4）软锰矿法。利用软锰矿（天然二氧化锰），使三价砷氧化为五价砷，然后投加石灰乳，生成砷酸锰沉淀，反应式如下：

$$H_2SO_4 + MnO_2 + H_3AsO_3 \longrightarrow H_3AsO_4 + MnSO_4 + H_2O$$

$$3H_2SO_4 + 3MnSO_4 + 6Ca(OH)_2 \longrightarrow 6CaSO_4\downarrow + 3Mn(OH)_2 + H_2O$$

$$3Mn(OH)_2 + 2H_3AsO_4 \longrightarrow Mn_3(AsO_4)_2\downarrow + 6H_2O$$

具体做法为废水加温至 80℃，曝气 1h，然后投加磨碎的软锰矿粉氧化 3h，最后投加 10% 石灰乳，调 pH 值至 8～9，沉淀 30～40min，水质中砷的浓度可降至 0.05mg/L 以下。

（5）转化法。

1）用 Na_2S-$FeSO_4$ 处理含砷废水。用硫化物硫酸盐法处理含砷废水是一种比较可靠的方法，可以排除砷渣的反溶解和避免砷从矿浆固体中渗出。试验证明 pH 值为 6～7 时，除砷效果最佳。在 pH 值为 6 时，药耗为 $Na_2S \cdot 9H_2O$ 1.5kg/m^3 和 $FeSO_4 \cdot 7H_2O$ 2.987kg/m^3。

2）用硫化亚铁处理含砷废水。用硫化亚铁作转化剂，通过难溶硫化物的转化，把废水中的五价砷（As^{5+}）和三价砷（As^{3+}）转变成硫化物沉淀而除去，还能部分除去重金属 Cu^{2+}、Ca^{2+}、Pb^{2+}、Hg^{2+}、Zn^{2+}。试验较佳的结果是 pH 值为 6～7，处理时间 15min，粒度 250～500μm，FeS 药耗为 1kg/m^3。

转化法兼有离子交换法、硫化物沉淀法、铁盐凝聚法和中和法的共同作用。在 pH 值为 2～10 范围内，含砷废水通过转换处理后，除砷效果能达到外排标准，在废水中所含有的铜、铅、镉、汞、锌等重金属离子也可同时被除去，pH 值常常在 5～9 范围内。

（6）化学沉淀法。用 CaO 作沉淀剂处理含砷废水的依据是砷酸钙的溶度积较小（$K_{sp} = [Ca^{2+}]^3[AsO_4^{3-}])^2 = 10^{-18.2}$。当废水中加入 CaO、pH 值为 12 时，除砷率达 70%～76%。这说明在某些黄金矿山含砷不太高（As 浓度为 1.05mg/L）的尾矿浆可采用此法。某些矿处理含砷废水的深度不够，如砷黄铁矿，砷主要以三价和五价的氧化态存在，为了改善 CaO 处理含砷矿浆的效果，加磷酸 250g/m^3 或加絮凝剂 1g/m^3，可保证处理后废水浓度小于 0.5mg/L。

（7）絮凝法。

1）用铁盐法处理含砷废水。废水中砷以 AsO_4^{3-} 和 AsO_3^{3-} 的形式存在，具有吸附于氢氧化物的性能。利用铁盐除砷，原理如下：

$$As_2O_3 + 3H_2O = 2H_3AsO_3$$

$$2H_3AsO_3 \longrightarrow 3H_2O + 2AsO_2$$

$$H_3AsO_3 + 2FeCl_3 + H_2O = 2FeCl_2 + H_3AsO_4 + 2HCl$$

$$H_3AsO_4 + FeCl_3 = FeAsO_4 + 3HCl$$

另外 AsO_4^{3-} 和 AsO_3^{3-} 还会在 $Fe(OH)_3$ 的絮凝状沉淀物上吸附，产生共沉淀。用 $FeCl_3$

在 pH 值为 8 时 As 浓度可降到 0.1mg/L 以下，药耗为 0.6kg/m^3。

用 $FeSO_4$ 除砷效果也较理想，由于 $FeSO_4$ 价格比 $FeCl_3$ 低，因而实用性更强。

2）用铝盐处理含砷废水。铝盐对 As(Ⅴ)有效，除砷率95%。去除机理是铝盐水解生成的絮状物吸附砷。聚合氯化铝与硫酸铝的除砷效果十分相似，Al^{3+} 的加入量为 As 的 50 倍，铝盐除砷不如铁盐。铝盐耗量为 1kg/m^3。

（8）综合回收。将含砷废水经蒸发、浓缩、结晶、离心脱水得到砷酸钠的流程，便是综合回收流程。这种处理措施不但减轻了水环境的砷污染，而且化害为利，具有一定的经济效益。

除了常规的处理方法，近年来针对浓度较高的含砷废水，如焙烧烟气洗涤废水，研究者们通过控制过饱和度，在常压和低于 100℃ 下结晶沉淀生成溶解度较低的臭葱石晶体，稳定性较好。总之，砷化合物在环境中的稳定性是砷化物处理的主要问题。

19.5 含浮选药剂废水处理

目前我国脉金矿与硫化物型金矿大都采用了浮选工艺选别，在浮选工艺中投加了大量的浮选药剂。这些药剂主要是丁基黄药、松节油，个别选金厂采用丁胺黑药，还有的用煤油做捕收剂。残留在浮选尾矿和浓密机脱水中的浮选药剂，未加处理外排于附近地面水体中，一般达不到排放标准，造成环境污染。

含浮选药剂废水处理方法有如下几种：

（1）化学法。

1）氧化分解。采用氧化剂液氯、漂白粉、次氯酸钠等进行氧化分解。其作用是“活性氯”破坏废水中的黄药，使之被氧化成无毒的硫酸盐，处理时 pH 值以 7～8.5 为宜。

$$2ROCSS + 16Cl_2 + 20H_2O = 2KOH + 3H_2SO_4 + 32HCl + 2CO_2$$

处理效果好坏，主要是试剂用量要掌握适当。投药量太少，处理不完全；投药量过多，净化液中有“活性氯”存在。

2）臭氧法。处理效果黄药较好，而且无“活性氯”存在，但电耗大，至今未能广泛应用于生产。

3）电解法。用白金做电极，直流电压为 0.5V、电流为 40mA 进行电解。

4）置换回收法。在控制 pH 值的条件下，向含有黄药并有重金属生成氢氧化物沉淀的废水中加入硫化钠，可将黄药置换出来加以回收利用。

5）酸化或简化法。在尾矿库入口废水中投加硫酸（浓度按 100～200mg/L），可破坏选矿废水中黄药，使其出水水质达到国家排放要求《地面水三级排放标准》。也可在尾矿库中投加石灰，随金属氢氧化物沉淀而吸附浮选药剂一起带入库地淤泥中。

（2）物理法。

1）曝气法。含浮选药剂废水于尾矿库储存停留一段时间，经过曝气处理，可使浮选药剂含量大大降低。

2）紫外线照射法。利用 250～550nm 紫外线照射，可破坏废水中浮选药剂，达到净化的要求。

（3）物理化学法。

1）吸附法。吸附剂采用活性炭、炉渣、高岭土等。如高岭土含量为 20g/L 时，丁基黄药去除率达到 89%，松节油去除率达 80%。

2）凝聚法。对含黄药的废水经沉淀、过滤、中和后通过 AB-17 型树脂或阳离子树脂可除去废水中的黄药。

当前黄金生产中公害污染以治理氰化物为主。而硫化物型金矿，多采用浮选药剂选别，浮选尾矿和脱药废水一般未经处理直接通过管道泵送入尾矿库，在尾矿库中存留一段时间便外排地面，因此地面水体中，松节油能达标、黄药未达到水质标准。然而黄金矿山至今还未发生过黄药引起人、畜、庄稼中毒事件，其原因是在尾矿库存留期间，松节油易分解、易挥发，黄药在水中易发生分解反应。黄药的水解反应速度与多种因素有关，一般尾矿库中废水含黄药浓度在 5mg/L 以下，如黄药全部分解所产生的 CS_2 浓度仅为 2mg/L 左右。

20 烟气治理技术

20.1 烟气治理技术概述

黄金生产排入大气中的污染源主要来自采掘生产中的炮烟、粉尘，选矿厂对矿石的破碎加工、干筛、干选及矿石输送过程中产生的粉尘，浮选车间的浮选药剂的臭味，焙烧车间的二氧化硫、三氧化二砷、烟尘，混汞作业、氰化法处理金矿石及炼金产生的汞蒸气，H_2、HCN、H_2S、CO_2 及 NO_2 等有害气体以及坑口废矿石和尾矿尘土等。在生产中通过喷水防尘、湿式作业、通风除尘、静电除尘、密闭除尘、吸气除尘等措施，可控制矿山空气污染。

矿山大气污染，地面不突出，地面只有在精金矿焙烧、金泥冶炼时，产生硫氧化物（SO_2、SO_3）、氮氧化物（NO、NO_2）、碳氧化物（CO、CO_2）、砷化氢、氰化氢，碱氯法处理含氰废水时产生 CNCl、Cl_2、HCN，混汞作业提金过程产生汞蒸气等构成大气污染。但是集中焙烧、冶炼是个别的单位，金选厂的金泥冶炼也不是每天进行，一般集中在每个月冶炼一至两次。矿山内空气污染大的是矿内空气污染。矿内空气污染主要表现为：

（1）氧含量低。矿内有机物和无机物的氧化、人员呼吸、各种燃烧过程等都直接消耗氧气，并生成其他的有害气体，相对地使空气中氧的含量降低。氧的含量降低到一定程度，对人产生危害。

（2）二氧化碳含量高。二氧化碳无毒，一般不把二氧化碳列为污染物，但在井下 CO_2 的浓度增大，相对造成氧气浓度降低，甚至会引起缺氧窒息。

（3）有毒气体。有毒气体的浓度随时间、地点的不同，变化很大。如井下柴油机工作时产生氧化氮、一氧化碳、醛类、油烟等，严重时会发生中毒死亡事故。

（4）粉尘。黄金矿山与其他金属矿山一样，粉尘中的二氧化硅含量一般较高。井下工作人员长期吸入含尘高的井下空气会患硅肺病。

（5）硫化矿石的氧化和自燃。硫化物矿石，如黄铁矿（FeS_2）、黄铜矿（$CuFeS_2$）、闪锌矿（ZnS）等，在空气中氧化时产生大量的 SO_2，其反应如下：

$$FeS_2 + 3O_2 = FeSO_4 + SO_2$$

$$4CuFeS_2 + 13O_2 = 2Cu_2O + 4FeSO_4 + 4SO_2$$

$$2ZnS + 3O_2 = 2ZnO + 2SO_2$$

20.2 汞气处理和回收

汞是唯一的液态金属，又是剧毒物质。金属汞几乎不溶于水，20℃时汞的溶解度仅为 20μg/mL，汞的密度为 13.55g/cm^3，二价汞离子有较强的氧化性。汞在常温下挥发性很大，产生的汞蒸气是单分子状态存在的，而且汞在空气中的饱和浓度较大，在 5～30℃时汞蒸气分压力是 0.04 ~ 0.37Pa，而饱和浓度是 3.52 ~ 29.5mg/m^3，汞的气化热为 271.96J/g。

汞的化合物一般都有毒。无机汞如氰化汞、硝酸汞、氯化汞等毒性极大。汞与有机物形成的有机汞，毒性较强，如甲基汞、乙基汞、氯化甲基汞、烷基汞等是剧毒物质。

用混汞法生产黄金的过程中，混汞、洗汞、挤汞、涂汞、蒸汞、冶炼等作业的周围，由于汞本身的挥发性强，汞暴露于空气中的几率大，操作场地四周环境都不同程度存在着汞蒸气污染。由于汞的物理、化学性质所决定，汞蒸气和水中汞的污染程度是不同的，且空气中汞蒸气有高度扩散性和较大的脂溶性，人吸入后可被肺泡完全吸收，并通过血液循环运转全身，长期工作在汞蒸气环境中会引起中毒。

汞蒸气的处理及回收有以下几种方法：

（1）碘配合法。碘配合法主要处理锌精矿焙烧脱硫的含汞蒸汽。它是将含汞和 SO_2 的烟气经吸收塔底部进入填充瓷环的吸收塔内，并由塔顶喷淋含碘盐的吸收液来吸收汞。循环吸收汞的富液，定量地部分引出电解脱汞，产出金属汞。

用碘配合法处理含汞和 SO_2 的烟气，除汞率达 99.5%，尾气含汞小于 0.05mg/m^3，烟气除汞后制得的硫酸含汞小于 1×10^{-6}，回收 1t 汞消耗碘盐 200kg，耗电 56kW·h。此法适合处理高浓度 SO_2 烟气脱汞。

（2）硫酸洗涤法。芬兰奥托昆普工厂从焙烧硫化锌精矿的烟气生产硫酸时，用硫酸洗涤法除去烟气中的汞。烟气先经高温电除尘除去烟尘，然后在装有填料的洗涤塔中用 85% ~93% 的浓硫酸洗涤。由于洗涤的酸与汞蒸气反应，生成沉淀物沉降于槽中，沉淀物经水洗涤过滤后送蒸馏。冷凝的金属汞，经过滤除去固体杂质，纯度可达 99.999%。沉淀物中汞的回收率为 96% ~99%。

（3）高锰酸钾吸附法。含汞蒸气的废气在斜孔板吸收塔内用高锰酸钾溶液进行循环吸收，净化后气体排空。断续地向吸收液中补加高锰酸钾，以维持高锰酸钾浓度。吸收后产生的氧化汞和汞锰配合物可用絮凝沉淀法使其沉降分离。化学原理如下：

$$2KMnO_4 + 3Hg + H_2O \longrightarrow 2KOH + 2MnO_2 + 3HgO$$

$$MnO_2 + 2Hg \longrightarrow Hg_2MnO_2$$

（4）固定床吸附除汞蒸气。吸附器为立式厚床吸附器，这种吸附器空间利用率高，不易产生沟流和短路，装填、更换吸附剂都比较方便。吸附剂放置于固定床上，约为 400mm 厚。吸附剂有含单宁的物质（对汞具有较高的吸附能力），如核桃、花生软皮、稻草、洋李核。活性炭具有吸附容量高、材料来源方便、强度好等优点。实际上经常采用强度大的煤质活性炭，用氯化氢或氯气能与汞发生化学反应。经过预处理过的活性炭作为去除汞蒸气的吸附剂，其除汞率平均为 95.37%（浸渍氯化氢的活性炭）和 96.11%（浸渍氯气的活性炭）。活性炭一般使用寿命平均为两年左右。

（5）汞蒸气的防护。汞板集气方式首先要保证集气效率高，使含汞蒸气的气体不外漏，并且当工人在进行汞板操作时，含汞蒸气的气体不经过工人的呼吸带，以免受汞的危害。集气方式有以下几种：

1）用于汞板两侧出入。这种集气方式是使清洁空气由上部、两侧进入集气罩内，从罩中间下部进入排气管，为形成气流，罩内中下部没有涡流区，含汞蒸气在罩内中下部滞留不住，操作工人呼吸带始终处于清洁空气中，因此操作工人免受危害。集气罩如果不开侧孔、顶孔，罩内就会有涡流区存在，涡流区内汞蒸气浓度也就越来越高。这样工人操作时，就会受到汞的侵害。

2）用于汞板只有一侧出入。这种集气方式使清洁空气从上部和一侧进入集气罩内，从另一侧下部经排气管排出，没有涡流区，操作工人不会吸入含汞蒸气的空气。

以上两种集气方式都需加风机连续运转在排风机间歇运行的地方，在侧面的孔洞加上开关。当风机停止运行时，关闭开关；当风机开启时，全部打开。

挤汞时，可将移动式捕集吸附的吸气口直接在汞齐挤压处抽吸。含汞蒸气的空气经吸附处理后直接排入大气中。

炼金时，可将移动式捕集吸附装置的排气管插入水中冷却，以防止汞蒸气的散逸。炼金结束后可将移动式捕集吸附装置的吸气口放入汞蒸气发生源直接抽吸，以捕集炼金时所产生的汞蒸气，经吸附器处理后再排出。

20.3 砷及粉尘的处理和回收

黄金冶炼的采选冶过程均会产生大量的废气。采矿废气污染源主要有凿岩粉尘、爆破扬尘、爆破烟气、运输扬尘、柴油设备和汽车尾气和排土场扬尘。采矿粉尘主要成分为矿岩和围岩细粉。矿石、废石运输扬尘有两部分：一部分是运输汽车车轮卷带起来的地面扬尘；一部分是运输的矿石、废石被风吹起来的细粉。选矿废气污染源主要有碎矿粉尘和尾矿库扬尘，其中碎矿粉尘是主要的污染物。冶炼过程产生的废气主要有含酸气体及各种烟气。

粉尘根据颗粒污染物粒径大小，治理方法可分为干法、湿法、过滤和静电等四种。其中，最常用的就是袋式除尘器（过滤）、旋风式除尘器（干法）、泡沫除尘器（湿法）等。近年来，随着对除尘效率要求的提高，静电除尘的使用也越来越广泛，同时新型复合电收尘技术取得较大进展。

对于一些砷黄铁矿型的黄铁矿难以浸出金矿，在焙烧过程中除了产生 SO_2 废气外，还有砷、汞、镉、铅等有害元素和烟尘，因此在除 SO_2 的同时，应该对这些有害元素和烟尘加以处理。本节主要探讨除烟尘和砷的处理。

20.3.1 含砷烟尘的处理与回收

任何焙烧操作过程都会产生一定数量的烟尘，烟尘的数量与粒度取决于炉料的粒度和焙烧条件。旋风除尘器用于从废气中回收烟尘，可是由于一些烟尘过细，用一般旋风除尘器无法回收。未回收的烟尘必须符合粉尘排放规定。在美国内华达州用于确定容许的粉尘排放量的公式是：

小于 30000kg/h 的干料给料速度时　　$E = 0.0193W^{0.67}$

30000kg/h 以上干料给料速度时　　$E = 11.78W^{0.11} - 18.14$

式中　E——容许的粉尘排放量，kg/h；

　　W——过程给料速度，kg/h。

用石灰净化废气以控制其中 SO_2 的方法可充分去除粉尘，使其符合空气排放规定；如果没能充分去除粉尘，必须采用电除尘器或布袋除尘器降低粉尘。

此外，如前所述，焙烧时产生的极细烟尘中的含金量通常比厚矿或精矿料的平均值高，用旋风器不能回收的细尘可能有大量的金的损失。因此，安装电除尘器或布袋除尘器可达到双重目的：减少向空气中排放的粉尘和增加金的回收。

20.3.2 含砷和汞气的处理与回收

目前被发现的许多难浸出金矿含有砷和汞的浓度低，而澳大利亚西部 Lancefield 砷黄铁矿的流态化焙烧，砷含量是很高的。对于低砷，美国内华达州规定：在紧靠通向焙烧操作的入口处最大容许砷浓度是阈限值（TLV）的 1/42，砷的阈限值为 0.2mg/m^3，按此计算砷浓度为 4.76μg/m^3。容许的汞浓度是阈限值的 1/42，汞的阈限值为 0.05mg/m^3，按此计算的汞浓度为 1.19μg/m^3。

如果把石灰、氢氧化钠或碳酸钠用于除 SO_2 时，可能还有些汞能从废气中去除。如果需要进一步去除砷和汞，以符合大气的规定要求，对于砷可用湿式除尘器，对于汞可用碳中浸渗有硫化合物的活性炭。

澳大利亚西部矿业公司就是在两段流化床焙烧器后使用气体清洗系统。此系统包括两段热旋风器和空气-空气热交换器，使气体在进入双区静电除尘器（ESP）之前冷却到 400℃。入口气体到静电除尘器有大约 38g/m^3 的烟尘负荷，典型的出口烟尘量在 100mg/m^3 以下。静电除尘之后，净化的气体用外部空气冷却到 105℃，并通入四间布袋除尘室。每间除尘室有 84 个长 5505mm、直径 130mm 的 Goretex 集尘袋。基于差压传感器的测量数据，用反向空气脉冲清理这些集尘袋，大约收集 92% ~95% 的 As_2O_3，可作商品出售。从布袋除尘室后面烟道排出的废气低于澳大利亚的 10mg/m^3 砷、锑、镉、铅、汞的排放标准。

布袋的材料，起初用的是聚丙烯腈布袋，后改用四氟乙烯，最后发现聚苯撑硫（Rytou）有令人满意的性能，且改善了物理卸除尘饼的情况，解除了砷害并回收了 As_2O_3。

20.4 二氧化硫处理

在黄金生产过程中，高硫黄铁矿、金精矿焙烧过程中会产生大量的二氧化硫气体，这些气体对人体、农田森林、设备等都会产生危害。处理或回收利用二氧化硫是环境保护的必然要求。

烟气中二氧化硫浓度不同，采用的处理工艺不相同。我国有色冶炼低浓度 SO_2 烟气的治理主要有 3 种途径：一是直接生产硫酸，代表工艺有非稳态转化工艺、WSA 湿法制硫酸工艺及采用焙烧含硫原料产生高浓度 SO_2 烟气与我国有色冶炼低浓度 SO_2 烟气混合后制酸工艺；二是因地制宜采用烟气脱硫工艺，在满足环保要求的同时回收烟气中的 SO_2，目前采用较多的脱硫剂有石灰、氨和氢氧化钠等；三是采用吸附、解吸技术回收烟气中的 SO_2，产生高浓度 SO_2 气体用于生产硫酸或其他硫化工产品，代表工艺有有机胺法、离子液吸收法和活性炭（焦）法等。

20.4.1 二氧化硫气体性质

（1）同水反应。SO_2 气体溶解于水中，生成亚硫酸。

$$H_2O + SO_2 \rightleftharpoons H_2SO_3 \rightleftharpoons H^+ + HSO_3^- \rightleftharpoons 2H^+ + SO_3^{2-}$$

（2）同碱反应。SO_2 气体溶于水极易与碱性物质发生化学反应，生成亚硫酸盐。当碱过剩时，生成正盐；当 SO_2 气体过剩时，生成酸式盐。

$$2MeOH + SO_2 \longrightarrow Me_2SO_3 + H_2O$$

$$Me_2SO_3 + SO_2 \longrightarrow Me_2S_2O_5$$

$$Me_2SO_3 + SO_2 + H_2O \longrightarrow 2MeHSO_3$$

$$MeHSO_3 + MeOH \longrightarrow Me_2SO_3 + H_2O$$

（3）同氧化剂反应（催化反应）。

$$SO_2 + 1/2O_2 + H_2O \xrightarrow{催化剂} H_2SO_4$$

（4）同还原剂反应。SO_2 气体在各种还原剂的作用下，可被还原成元素硫或硫化氢。

$$SO_2 + 2H_2 \longrightarrow S + 2H_2O$$

$$SO_2 + 3H_2 \longrightarrow H_2S + 2H_2O$$

$$SO_2 + 2H_2S \longrightarrow 3S + 2H_2O$$

20.4.2 二氧化硫烟气的净化

低浓度的二氧化硫常采用不同的吸收剂处理，如石灰石—石灰吸收、钠碱吸收、氨法吸收、双氧水吸收及吸附法等，脱除烟气中二氧化硫。

20.4.2.1 *石灰石—石灰法*

石灰石—石灰法是最早实现工业化应用的烟气脱硫技术，到现在已有三十多年的运行经验。其由于技术成熟、运行状况稳定，而且原材料石灰石分布极广、成本低廉，因此是目前使用最多的单项技术。采用石灰石粉（$CaCO_3$）或石灰粉（CaO）制成浆液作为脱硫吸收剂，与进入吸收塔的烟气接触混合。烟气中的 SO_2 与浆液中的 $CaCO_3$ 以及鼓入的强制氧化空气进行化学反应，最后生成石膏。脱硫后的烟气经过除雾器除去雾滴，再经加热后，由引风机送入烟囱排放。

虽然石灰净化废气能符合大气规定，但是存在 SO_2 与石灰反应产生的石膏固体废料的处理问题。产生的石膏，其中可能含有有害元素，如砷、镉、铅、汞等。

20.4.2.2 *钠碱吸收法*

钠碱吸收法采用 Na_2CO_3 或 NaOH 来吸收烟气中的 SO_2，并可获得较高浓度 SO_2 气体和 Na_2SO_4。

碱液吸收剂具有优点：

（1）吸收剂在洗涤过程中不挥发；

（2）具有较高的溶解度；

（3）不存在吸收系统结垢、堵塞问题；

（4）吸收能力高。

根据再生方法不同，钠碱吸收法有亚硫酸钠循环法、钠盐—酸分解法、亚硫酸钠法。其中，亚硫酸钠循环—热再生法发展较快。

亚硫酸钠循环法是利用 NaOH 或者 Na_2CO_3 溶液作初始吸收剂，在低温下吸收烟气中的 Na_2SO_3，Na_2SO_3 再继续吸收 SO_2 生成 $NaHSO_3$，将含 Na_2SO_3-$NaHSO_3$ 的吸收液热再生，释放出纯 SO_2 气体，可送去制成液态 SO_2 或制硫酸和硫，加热再生过程得到 Na_2SO_3 结晶，经固液分离，并用水溶解后返回吸收系统。

20.4.2.3 氨法

氨法脱硫过程大体可分为吸收和吸收 SO_2 后的富液的加工处理两个部分。氨法吸收过程发生的主要反应有：

$$2NH_3 \cdot H_2O + SO_2 \longrightarrow (NH_4)_2SO_3 + H_2O$$

$$NH_3 \cdot H_2O + SO_2 \longrightarrow NH_4HSO_3$$

$$(NH_4)_2SO_3 + H_2O + SO_2 \longrightarrow 2NH_4HSO_3$$

由于烟气中有少量的三氧化硫和氧气存在，还可能发生下列副反应：

$$(NH_4)_2SO_3 + O_2 \longrightarrow (NH_4)_2SO_4$$

$$(NH_4)_2SO_3 + O_2 \longrightarrow NH_4HSO_4$$

$$2NH_3 \cdot H_2O + SO_3 \longrightarrow (NH_4)_2SO_3 + H_2O$$

$$NH_3 \cdot H_2O + SO_3 \longrightarrow NH_4HSO_4$$

吸收了 SO_2 的富液的加工处理方法很多，主要有硫酸酸化法、硝酸酸化法、磷酸酸化法、硫酸氢铵酸化法、亚铵法、直接氧化法等。硫酸酸化法的主要化学反应为：

$$(NH_4)_2SO_3 + H_2SO_4 \longrightarrow (NH_4)_2SO_4 + H_2O + SO_2$$

$$2NH_4HSO_3 + H_2SO_4 \longrightarrow (NH_4)_2SO_4 + H_2O + 2SO_2$$

硫酸酸化法可将吸收了 SO_2 的富液加工成硫酸铵化肥和高浓度 SO_2。

20.4.2.4 吸附法

吸附法的吸附剂常用活性炭、活化煤、活性氧化铝、沸石、硅胶吸附 SO_2。吸附过程有物理吸附，也有化学吸附。吸附后可通过加热或减压将已被吸附的 SO_2 解析出来。

活性炭对烟气中的 SO_2 进行吸附，既有物理吸附，也有化学吸附，特别是当烟气中存在着氧和蒸汽时，化学反应表现得尤为明显。这是因为在此条件下，活性炭表面对 SO_2 与 O_2 反应具有催化作用，反应结果生成 SO_3，SO_3 易溶于水生成硫酸，因此使吸附量较纯物理吸附增大。

A 吸附

在氧和水蒸气存在的条件下，在活性炭表面吸附 SO_2，伴随物理吸附将发生一系列化学反应。

物理吸附（＊表示处理吸附态分子）：

$$SO_2 \longrightarrow SO_2^*$$

$$O_2 \longrightarrow 2O^*$$

$$H_2O(g) \longrightarrow H_2O^*$$

化学吸附：

$$SO_2^* + O_2^* \longrightarrow SO_3^*$$

$$SO_3^* + H_2O \longrightarrow H_2SO_4^*$$

$$H_2SO_4^* + nH_2O^* \longrightarrow H_2SO_4 \cdot nH_2O^*$$

总反应方程式：

$$SO_2 + H_2O + 1/2O_2 \xlongequal{\text{活性炭}} H_2SO_4$$

B 再生

吸附 SO_2 后的活性炭由于其内、外表面覆盖了稀硫酸，吸附能力下降，因此必须对其再生。常见的再生方法有：

（1）洗涤再生。用水洗出活性炭微孔中的硫酸，得到稀硫酸，再对活性炭进行干燥。

（2）加热再生。对吸附有 SO_2 的活性炭加热，使碳与硫酸发生反应，H_2SO_4 还原为 SO_2。

$$2H_2SO_4 + C = 2SO_2\uparrow + 2H_2O + CO_2\uparrow$$

再生时，SO_2 得到富集，可用来制硫酸或硫黄。而由于化学反应的发生，用此法再生必然要消耗一部分活性炭，必须给予适当补充。

（3）微波再生。针对吸附了 SO_2 后的载硫活性炭，可采用微波辐照方法再生，通过控制再生条件可以达到制取高浓度 SO_2 或回收硫黄的目的，为低浓度 SO_2 回收利用提供了一条有效途径。

20.4.2.5 有机胺法

有机胺液与烟气中 SO_2 水合后的弱酸 H_2SO_3 反应，氨基 $R_3\text{-}NR_4R_5$ 生成热不稳定性的胺盐 $R_1R_2N\text{-}R_3\text{-}NH^+R_4R_5$，其在不同温度条件下可以再生。

反应如下：

$$R_1R_2NH^+\text{-}R_3\text{-}NR_4R_5 + SO_2 + H_2O \rightleftharpoons R_1R_2NH^+\text{-}R_3\text{-}NH^+R_4R_5 + HSO_3^-$$

反应为热可逆反应，是有机胺循环使用不断吸收和解吸 SO_2 的核心化学反应。在约50℃以下，反应向右进行，胺液吸收 SO_2；加热至100℃左右，反应向左进行，解吸回收 SO_2 和再生有机胺 $R_1R_2N\text{-}R_3\text{-}NR_4R_5$。

有机胺液与强酸反应，胺基 R_1R_2N 生成热稳定性胺盐 $R_1R_2NH^+\text{-}R_3\text{-}NR_4R_5$，为热不可逆反应，反应如下：

$$R_1R_2N\text{-}R_3\text{-}NR_4R_5 + HX \longrightarrow R_1R_2NH^+\text{-}R_3\text{-}NR_4R_5 + X^-$$

式中，X^- 代表 Cl^-、NO_3^- 及 SO_4^{2-} 等强酸根离子。

$R_1R_2NH^+\text{-}R_3\text{-}NR_4R_5$ 是一种结构稳定的胺盐，不挥发、不可加热再生。热稳定性胺盐 $R_1R_2NH^+\text{-}R_3\text{-}NR_4R_5$ 聚集到一定浓度时，会降低有机胺液的吸收效率，甚至导致“吸附液中毒、失效”，所以过程中必须对有机胺液进行除盐再生，使有机胺液系统保持一定的平衡。除盐可以通过离子交换树脂装置再生有机胺。除热稳定性胺盐的反应如下：

$$R_1R_2NH^+\text{-}R_3\text{-}NR_4R_5 + X^- \longrightarrow R_1R_2N^+\text{-}R_3\text{-}NR_4R_5 + HX$$

有机胺脱硫技术是一种新兴的湿法脱硫新技术，目前在石油和天然气工业上有机胺法脱除硫化氢已经取得了巨大成功，并成为石油和天然气工业上脱硫的主要技术。但是有机胺法在脱除二氧化硫的技术上发展得不是很成熟。有机胺脱硫具有成本低、脱硫效率高、脱硫剂可以循环利用、二氧化硫可以回收利用、不产生二次污染、能有效地解决烟气制酸过程中生产的稳定性和连续性问题等特点，可以广泛地应用于冶炼厂、发电厂等企业。

20.4.3 二氧化硫烟气制酸

二氧化硫烟气中含 SO_2 体积分数在3.5%以上称为高浓度 SO_2 烟气。这类 SO_2 烟气可用于生产硫酸，免于外排大气中造成污染，同时回收烟气变成产品，既有经济效益，又净化了空气。

早期的烟气净化工艺流程主要为水洗和酸洗流程。20世纪60年代末，出于简化流程、减少投资、消除污水二次污染的良好愿望，出现了干法和热浓酸洗流程。转化流程因为烟气浓度低、烟量波动大等原因仍然是单接触流程。随着冶炼和制酸技术的进步以及环保要求的日趋严格，经过近20年的努力，国有大中型企业的冶炼烟气制酸工艺已基本淘汰了水洗、热浓酸洗和单接触流程，取而代之的是稀酸洗和双接触工艺。为适应某些因各种原因目前还不能淘汰的冶炼方法产生的低浓度（含 SO_2 1%~3%）烟气，还先后引进国外的非定态转化技术和WSA湿气体制酸工艺。

SO_2 非稳态转化工艺最初由苏联西伯利亚催化研究所于20世纪80年代初研究开发。该工艺利用非稳态转化器及催化剂兼具催化和蓄热作用，使低浓度 SO_2 烟气实现自热平衡转化，生产硫酸。该工艺具有工艺简单、投资省的优点，缺点是催化剂易粉化、转化率难以长期维持在90%以上。

WSA工艺是丹麦托普索公司于20世纪80年代中期开发的湿法制酸工艺。该工艺中 SO_2 湿气体经冷却进入 SO_2 转化器生成 SO_3，SO_3 和水蒸气进入冷凝器在较高温度下直接冷凝成酸。该工艺具有流程简单、能效高、原料气 SO_2 体积分数低于3%时仍可自热运行、硫回收率高的特点。

20.5 氮氧化物治理技术

国内外处理氮氧化物（NO_x）气体主要方法有传统吸收法、选择性催化还原法、非选择性催化还原法、NO_x 抑制法、过氧化氢氧化法、氧化还原法等。

福建紫金矿业采用碱液水喷射泵处理系统治理废气，考虑到 NO_x 的特点，采用碱液吸收装置，使气体在碱液中发生中和、氧化反应而被充分吸收，经处理后其排放浓度符合国家《大气污染综合排放标准》。此工艺中关键是液体的配置，在液体中加入两种强氧化剂，加强了对 NO_x 的氧化去除率。

对上海石油化工研究院在生产丙烯腈催化剂过程中产生的 NO_x 废气进行分析时发现，采用 γ-Al_2O_3 球为载体、铜盐为活性组分、以氨为还原剂选择性催化治理 NO_x，是一种行之有效的方法，且该方法处理效果较为明显，总净化率为74.0%~94.9%，平均净化率为85.7%，尾气完全符合国家排放标准。

韶关冶炼厂采用冷凝—稀释—DBS（固体的新型多组分复合吸附剂，由活性炭、碱性物质和其他多种组分组成）干法吸附技术治理高浓度氮氧化物烟气，进口气体 NO_x 质量浓度1389~9820mg/m^3，经DBS吸附剂处理后出口气体 NO_x 质量浓度降低到17~121

mg/m^3，净化率大于98%，尾气中 NO_x 质量浓度低于国家排放标准。该工艺处理系统设备操作方便，运行稳定，净化率高，失效后吸附剂无二次污染。

有时单一的处理方法只适合于处理硝酸厂尾气、锅炉烟气、汽车尾气等低浓度的氮氧化物（NO_x）气体。贵金属湿法冶炼过程中产生的气体中主要含有 NO_2、NO、HNO_3、HCl、水蒸气等。其中，NO_x 浓度高达到10000mg/m^3 以上，而且在剧烈反应过程中被气体带出大量的 HNO_3、HCl 气体严重地影响 NO_x 处理效果。由于 NO_x 浓度过高而且酸度较高，根据吸收动力学与化学反应动力学，要治理瞬间浓度极高而且含有大量的 NO 与 NO_2 的烟气，最佳工艺是吸收法和氧化还原法相结合。辽宁天利金业有限责任公司首先采用传统吸收法对尾气进行了综合回收，然后采用氧化还原法对剩余的氮氧化物气体进行深度处理，经深度处理后的气体可达标排放。在综合回收工艺中，可以回收大部分氮氧化物气体，同时抑制盐酸、硝酸、金粉等溢出；在深度处理工艺中剩余的氮氧化物气体经氧化还原反应后，形成肥料而回收利用。

不过，即使采用了非硝酸的处理工艺，如上面的氯酸钠浸取金银的工艺，的确是避免了氮氧化物气体的污染，但随后又产生氯气污染，因此需要进一步研究更先进的金、银湿法冶炼工艺，实现全流程无污染。

21 黄金尾矿利用技术

我国黄金矿山数量、规模日益增长，黄金矿山开采过程中排出大量的废石。废石因其产生量大、成分复杂、污染物滞留期长、危害性强，成为了环境领域的突出问题。据不完全统计，我国黄金矿山的尾矿排放量每年达2000多万吨。由于黄金矿石以伴生矿产资源为主，矿石中含有银、铜、锌、铅、硫等多种有价元素，这些伴生元素往往未得到综合利用，因而黄金尾矿中依然伴生各种金属资源。尤其是采用氰化法处理的金矿厂，产生大量氰化尾渣，氰化尾渣中含有大量可回收有价资源。因此对黄金冶炼行业固体废物的治理集中于综合利用黄金尾矿资源，综合利用黄金生产过程中的尾矿资源，既能创造经济效益，又能减少尾矿带来的环境污染，在环境形势严峻、矿产资源不断枯竭的今天具有重大的意义。

同时酸性废水治理过程中也会产生金属废渣，对这些废渣进行资源化、无害化、减量化处理意义也非常重大。

21.1 从尾矿中回收金及有价金属

目前我国黄金矿山中，尾矿中金品位在0.5g/t以上的厂家较多，尤其是老矿山，在黄金开发的初期，由于技术不成熟、生产工艺落后，尾矿金品位更高，有的甚至高达4g/t以上，同时尾矿中还含有一定数量的其他有价金属。对这些尾矿采用适宜的工艺流程，既能回收金又能综合回收一部分有价金属。

我国南方某金矿，自1955年来已堆存尾矿35万吨以上，其中金、锑、钨的平均品位分别为4.2g/t、0.8g/t、0.18%，金属储存量分别为1.437t、2571t、569t。根据老尾矿的性质，长春黄金研究院经过一系列试验表明，应采用浮选回收老尾矿中的锑和一部分金，对浮选尾矿进行氰化浸出再回收金。由于老尾矿中的锑大部分已氧化，浮选回收时，回收率并不高，剩余的锑对氰化浸出仍有影响。该院采用一种MNP氧化剂，对浮选尾矿进行预处理后再氰化浸出，取得较好的效果。最后对氰化尾渣再用浮选回收钨。金、锑、钨的回收率分别达到81.18%、20.17%、61.00%。按100t/d的生产规模，仅以金计算，每年可创产值1146万元，扣除成本，每年至少可得到利润588万元。如果再加上锑和钨的产值，利润还可再高。

灵丰县是我国第二大黄金生产县，据资料介绍其许多矿山都采用混汞—浮选工艺，每年排出的大量尾矿中金平均品位为1.2g/t左右。该地区的矿石主要为含黄铁矿类型，金以中细粒不均匀嵌布，自然金占总金量的60.11%。广州有色金属研究院对该地区三种尾矿分别进行了回收金的工艺流程研究，发现尾矿中残留金主要与黄铁矿连生，有的选矿厂因磨细度较粗，载金黄铁矿为单独解离，因而影响了金的回收。

对采金黄铁矿单体解离不够的B尾矿和C尾矿，采用再磨再选的工艺处理。其中对B尾矿（平均品位0.99g/t）先经水力分级，+74μm部分经再磨后，同-74μm部分合并，用浮选回收金，金精矿品位为30.47g/t，回收率为43.51%。对C尾矿（平均品位1.40g/t）则先用浮选粗选一次，然后将粗精矿进行再磨，再磨后进行精选时可得到品位为35.90g/t的金精矿，回收率为46.27%，若将粗精矿再磨后用氰化浸出回收金，则金的浸出率50.82%。

山东三山岛金矿目前是我国最大的金矿生产厂家。该厂的尾矿作为副产品硫精矿出售给制酸厂，年产尾矿（硫精矿）2.83万吨。曾由于尾矿中含Pb致尾矿积压。含有的氰化物虽对各种有色金属的硫化物起抑制作用，但却不能有效地抑制方铅矿。因此充分利用尾矿中含有的氰化物，再补加必要的抑制剂（如$ZnSO_4$），加强抑制作用，用浮选工艺从尾矿中分离铅。经过生产实践证明，由于浮选铅的工艺实施，每年可产铅2100t，创产值300多万元，解决了硫精矿的销售问题，同时还回收了部分金、银。

四川康定大渡河沿岸，有几十个混汞厂回收金，混汞后尾砂中含金一般都在3～5g/t，有的高达10g/t。以前这些尾矿大都排入大渡河中，这一方面造成资源浪费，另一方面尾砂中的汞也污染环境。从1993年开始，采用氰化法可回收尾砂中60%～90%的金，效果很好。氰化后的尾砂经过处理后再集中堆存，减少了环境污染。

21.2 砂金尾矿综合利用

目前我国已拥有各种采金船200多艘，年挖掘量达7000多万立方米，与采金船相配套的岸上精选厂年排尾矿量达25.2万吨。这些尾矿中所含有的磁铁矿、赤铁矿、钛铁矿和石榴石等，可供综合利用回收。另据统计调查，精选厂尾矿中金品位普遍较高。

近十年来，各砂金矿在综合利用尾矿方面都做了许多工作，收效甚大。安康金矿经过不断反复试验和试生产，采用三段干式磁选—摇床精选工艺，每年可从尾矿中分选铁精矿1700t，回收砂金2.187kg，共计年产值44.12万元。一年多时间则可收回用于处理尾矿的总投资。

陕南恒口金矿采用单一的ϕ600mm×600mm永磁单辊干选机，场强为87.58kA/m，从尾矿中可分选出品位为65%～68%的铁精矿，精矿产率达31.2%，每年可产铁精矿1100t，并采用摇床从中回收金1.5309kg，共创产值近30万元。

汉阴金矿根据尾矿性质，在试验基础上，选用场强为135.35kA/m的湿式磁选机从尾矿中分选铁精矿，其铁精矿品位为65%。1992年8月以来，年均生产铁精矿1700t，年创产值50万元。该矿还采用了筛分—焙烧—磁选—摇床重选的工艺，据初步计算，可年产钛铁矿360t，石榴子石468t和选铁未选净的磁铁矿216t，并回收细金屑1.218kg，创造产值共计可达170万元。

长春地质学院针对精选矿产尾矿中细粒砂金的特性，经过试验研究后采用重选—磁选—磁流体静力分选联合流程，金总回收率达85%以上，尤其是磁流体砂金精选机对细粒金回收效果好。在生产试验中对过去10kg灰吹尾矿用该机进行回收考查，选出砂金148.2g，其粒度均在0.2mm以下。1988年7～10月，在黑龙江萝北武警黄金一总队一支队二、三营所属的金选矿厂采用该联合工艺，将这两处的历年及当年的尾矿供给664t全部处理完，回收砂金22668kg，回收率达85%以上。扣除所有成本费用后，总盈利6万元。该院还对阳平关砂矿精选厂尾矿的综合回收进行了研究，推出了重选—磁选（摇床磁选机和重选同时进行分选）—强磁选—磁流体静力分选两张联合工艺，金回收率可达97.43%，铁回收率94.83%，锆石回收率79.2%。以每班处理3t尾矿估算，每年可回收细粒金5.4kg，磁铁矿129t，赤铁矿、褐铁矿、钛铁矿混合铁矿砂332t，锆石1140g，年纯利润8.9万元。

对于氰化尾渣而言，由于矿石性质及采用的提金工艺流程的不同，其有价金属元素及矿物的性质、种类、含量也均有不同。针对不同类型的尾渣，选用合适的综合利用技术，可以最大限度地回收其中的有价成分。

黄金矿山尾矿的综合利用主要包括两方面：一是回收，即将尾矿作为二次资源再选，综合回收有用矿物；二是利用，即将尾矿作为相近的非金属矿产直接加以利用。

在黄金生产的发展过程中，由于认识上的原因，许多矿山都致力于提高金的回收率和产量，而对其他有价元素的综合回收重视不够；由于受当时、当地选矿技术水平的限制，选矿工艺流程简单，技术手段落后，使大量有价值的元素随尾矿一起被排放，许多可作为副产品开发的材料被废弃。

黄金矿山现存尾矿的有用元素回收后，仍留下大量无提取价值的废料。废料仍含有可利用的物质，可将其视为一种“复合”的矿物原料加工制造成建筑材料加以利用。目前，对黄金矿山尾矿的综合利用主要表现在三个方面：

(1) 利用尾矿开发建筑材料。金矿尾矿中某些硅砂、砂岩或脉石可被利用。砖是最常见的建筑材料，用尾矿制砖也是很好的利用方法，尾矿还可以制造平板玻璃及各种保温、隔热、隔音材料。

(2) 作井下充填料。尾矿是一种较好的充填料，可以就地取材、废物利用，免除采集、破碎、运输等流程生产充填料碎石。

(3) 覆土造田。在土壤比较充足的地区可采用压10~20cm土的方法而后进行种植，覆土造田，扩大耕地面积，这种方法适用于呈山谷形的尾矿库。多年来，这种方法已得到肯定，但有的因压地土层较薄，造成了粉尘二次污染。

在黄金矿山的尾矿中，均不同程度地含有硅酸盐类、碳酸盐类或其他非金属矿物。这些在黄金行业被视为废弃物的矿物经过再加工，可成为建筑材料工业的廉价原材料，用来生产水泥、混凝土等多种产品。国内外科研工作者在这方面已经做了相关研究，为黄金尾矿的综合利用提供了一些参考经验。

山东某金矿在生产与排尾矛盾日益突出的情况下，投资建起了年产3000万块优质尾砂砖的建筑材料厂，不仅解决了尾矿排放的问题，而且每年获经济效益达116万元。我国某金矿在利用尾砂制砖的启示下，投资兴建了年生产20万吨道路水泥和抗硫酸盐水泥的水泥厂，产品远销东南亚许多国家。

参 考 文 献

[1] 李培铮．金银生产加工技术手册[M]．长沙：中南大学出版社，2003.
[2] 李培铮，吴延之．黄金生产加工技术大全[M]．长沙：中南工业大学出版社，1995.
[3]《中国黄金生产实用技术》编委会．中国黄金生产实用技术[M]．北京：冶金工业出版社，1998.
[4]《黄金生产工艺指南》编委会．黄金生产工艺指南[M]．北京：地质出版社，2000.
[5] 王胜云．岩金矿床地下开采基建探矿应注意的几个问题[J]．有色冶金设计与研究，1998，19(1)：5-8.
[6] 田书华．世界黄金生产的历史、现状和未来[EB/OL]．[2006]．http：//blog. sina. com. cn/s/blog_77655bd30100plsc. html.
[7] 夏光祥．难浸金矿提金新技术[M]．北京：冶金工业出版社，1996.
[8] 南君芳，李林波，杨志祥．金精矿焙烧预处理冶炼技术[M]．北京：冶金工业出版社，2010.
[9] 刘汉钊．难处理金矿石难浸的原因及预处理方法[J]．黄金，1997，18(9)：44-48.
[10] 杨凤云．难处理金矿石预处理工艺[J]．科技传播，2013，3：107-108.
[11] 闵小波，柴立元，钟海云，等．难处理金矿石预处理技术工业应用评述[J]．矿产保护与利用，1998，(6)：45-48.
[12] 马驰，卞孝东，王守敬，等．影响难处理金矿选冶的工艺矿物学因素[J]．现代矿业，2012(517)：17-20.
[13] 葛伟勋．关于金精矿沸腾焙烧炉湿法给料问题[J]．有色矿冶，1991(2)：37-40.
[14] 刘汉钊．国内外难处理金矿焙烧氧化现状和前景[J]．国外金属矿选矿，2005(7)：5-10.
[15] 夏德宏，吴永红，王金花．流化床金矿焙烧炉的节能增产改造技术[J]．工业加热，2003(1)：33-35.
[16] 邱定蕃．加压湿法冶金过程化学与工业实践[J]．矿冶，1994，3(4)：55-67.
[17] 柯家骏．湿法冶金中加压浸出过程的进展[J]．湿法冶金，1998，2：1-6
[18] 杨显万，邱定蕃．湿法冶金[M]．2 版．北京：冶金工业出版社，2011.
[19] 陈家镛，杨守志，柯家骏，等．湿法冶金的研究与发展[M]．北京：冶金工业出版社，1998.
[20] Mckay D R，Halpern J. A kinetics study of the oxidation of pyrite in aqueous suspension [J]．Transactions of the Metallurgical Society of AIME，1958，212：301.
[21] Forward F A，Warren I H. Extration of metals from sulfide ores by wet methods [J]．Metallurgical Reviews，1960，5：137.
[22] 陈家镛，储绍彬．硫化物溶解动力学——用示踪原子研究酸性溶液中黄铁矿晶体溶解时生成三氧化二铁的机理[J]．金属学报，1964，7(3)：281-284.
[23] 中国科学院化工冶金研究所．黄金提取技术[M]．北京：北京大学出版社，1991.
[24] 陈家镛．湿法冶金手册[M]．北京：冶金工业出版社，2005.
[25] 谢克强．高铁硫化锌精矿和多金属复杂硫化矿加压浸出工艺及理论研究[D]．昆明：昆明理工大学，2006.
[26] Zunkel A D. Principles of extractive metallurgy，Vol. 1 General Principles. Vol. 2 Hydrometallurgy by Fath：HABASHI[J]. American Scientist，1971，59(6)：775.
[27] 柯家骏．难浸金矿氰化提金的现状与问题[J]．黄金科学与技术，1998，6(1)：32-39.
[28] 中钢集团武汉安全环保研究院．深度冷冻法生产氧气及相关气体安全技术规程(GB 16912—2008)[S]．北京：中国标准出版社，2009.
[29] 浸矿技术编委会．浸矿技术[M]．北京：原子能出版社，1994.
[30] 孙全庆．难处理金矿石的碱法加压氧化预处理[J]．湿法冶金，1999(2)：14-18.

[31] 黄怀国，江城，孙鹏，等．碱性（石灰）热压氧化预处理难浸金矿工艺的机理研究［J］．稀有金属，2003，27(2):249-253.

[32] 聂树人，索有瑞．难选冶金矿石浸金[M]. 北京：地质出版社，1997.

[33] 夏光祥，段东平，周娥，等．加压催化氧化氨浸法处理坪定金矿的研究和新工艺开发[J]. 黄金科学技术，2013，21(5):93-96.

[34] Colmer A R，Hinkle M E. The role of microorganisms in acid mining drainage，a preliminary report[J]. Science，1947，106：253-256.

[35] 闵小波．含砷难处理金矿细菌浸出基础理论及工艺研究[D]. 长沙：中南大学，2000.

[36] 杨红英，杨立．细菌冶金学[M]. 北京：化学工业出版社，2006.

[37] 庄贺，沈俊剑，黎俊，等．氧化亚铁硫杆菌的分离鉴定及培养条件优化[J]. 微生物学通报，2013，40(7):1131-1137.

[38] 杨婷婷．氧化亚铁硫杆菌与氧化硫硫杆菌协同浸出黄铁矿及在铀浸出中的应用[D]. 西安：西北大学，2011.

[39] Rawlings D E，Tributsch H，Hansford G S. Reasons why 'Leptospirillum' -like species rather than Thiobacillus ferrooxidans are the dominant iron-oxidizing bacteria in many commercial processes for the biooxidation of pyrite and related ores[J]. Microbiology，1999，145：5-13.

[40] Guay R，Silver M. Thiobacillus acidophilus sp. nov.：isolation and some physiological characteristics[J]. Canadian Journal of Microbiology，1975，21(3):281-288.

[41] Norris P R，Kelly D P. Dissolution of pyrite（FeS2）by pure and mixed cultures of some acidophilic bacteria [J]. FEMS Microbiology Letters，1978，4(3):143-146.

[42] 杨少华，杨凤丽，余新阳．难处理金矿石的细菌氧化机理及影响因素[J]. 湿法冶金，2006，25(2):57-69.

[43] 钟慧芳，蔡文六，李雅芹．黄铁矿的细菌氧化[J]. 微生物学报，1987，27(3):264-270.

[44] 李海波，曹宏斌，张广积，等．细菌氧化浸出含金砷黄铁矿的过程机理及电化学研究进展[J]. 过程工程学报，2006，6(5):849-856.

[45] Fernandez M G M，Mustin C，Donato P，et al. Occurrences mineral-bacteria interface during oxidation of arsenopyrite tthiobucillus-ferrooxiduns[J]. Biotechnol. Bioeng.，1995，46：13-21.

[46] Heimuse B D，Hupo N M，Huodun J D. Biochemistry[M]. Science Book Concern，2000.

[47] 张振儒，杨思学．某些矿物中次显微金及晶格金的研究[J]. 地质找矿论丛，1987，2(4):70-76.

[48] 薛君治，白学让，陈武．成因矿物学[M]. 武汉：中国地质大学出版社，1991.

[49] 杨显万，沈庆峰，郭玉霞．微生物湿法冶金[M]. 北京：冶金工业出版社，2001.

[50] Ruitenberg R，Hansford G S，Reuter M A，et al. The ferric leaching kinetics of arsenopyrite[J]. Hydrometallurgy，1999，52(1):37-53.

[51] Jones C A，Kelly D P. Growth of Thiobacillus ferrooxidans on ferrous iron in chemostat culture：influence of product and substrate inhibition[J]. Journal of Chemical Technology and Biotechnology，1983，33(4)：241-261.

[52] Suzuki I，Lizama H M，Tackaberry P D. Competitive inhibition of ferrous iron oxidation by Thiobacillus ferrooxidans by increasing concentrations of cells[J]. Applied and environmental microbiology，1989，55(5)：1117-1121.

[53] Lizama H M，Suzuki I. Synergistic competitive inhibition of ferrous iron oxidation by Thiobacillus ferrooxidans by increasing concentrations of ferric iron and cells[J]. Applied and environmental microbiology，1989，55(10):2588-2591.

[54] Nikolov L N，Karamanev D G. Kinetics of the ferrous iron oxidation by resuspended cells of Thiobacillus fer-

rooxidans[J]. Biotechnology progress, 1992, 8(3):252-255.

[55] Harvey P I, Crundwell F K. Growth of Thiobacillus ferrooxidans: a novel experimental design for batch growth and bacterial leaching studies [J]. Applied and environmental microbiology, 1997, 63 (7): 2586-2592.

[56] 赖声伟. 国内外堆浸提金技术的发展与实践[J]. 国外金属矿选矿, 1997, 34(1):1-27.

[57] 谢纪元, 刘青廷, 朱战胜. 烟台市黄金冶炼厂金精矿生物氧化-氰化提金工艺[J]. 黄金, 2003, 24(9):31-32.

[58] 才锡民. 难浸金矿细菌氧化工艺的技术经济分析[J]. 矿产综合利用, 1993(6):43-47.

[59] 周爱东, 杨红晓. 金的生物冶金发展[J]. 有色矿冶, 2005, 21(3):25-27.

[60] 尚鹤. 含砷碳质难处理金矿生物预氧化菌种的选育驯化及群落分析[D]. 北京: 北京有色金属研究总院, 2012.

[61] 俞俊棠, 唐孝宣, 邬行彦, 等. 新编生物工艺学[M]. 北京: 化学工业出版社, 2003.

[62] 李新春. 新疆阿希金矿生物氧化提金工艺的应用[J]. 有色金属工程, 2013, 3(5):31-39.

[63] 王永东, 李广悦, 彭国文. 氧化亚铁硫杆菌的分离纯化和生长特性研究[J]. 铀矿冶, 2013, 32(3):148-153.

[64] 吕宪俊, 王志江, 杨云中. 氰化法提金概论[M]. 西安: 陕西科学技术出版社, 1997.

[65] 刘民元, 王燕龙, 吴尚清, 等. 贵州省兴义市雄武地区金矿石堆浸的工艺研究[J]. 矿物岩石地球化学通报, 2007, 26(4):371-375.

[66] 秦红群, 袁玉平. 虎山金矿堆浸工艺改造的实践[J]. 国土资源情报, 2011, 5: 49-52.

[67] 刘福成, 易国新. 浅谈阿希金矿树脂提金工艺特点[J]. 黄金, 1997, 18(3):38-41.

[68] 杨新华, 李涛, 王书春. 树脂矿浆法提金工艺研究及应用[J]. 黄金科学技术, 2011, 19(1):71-73.

[69] 谢朝学, 袁慧珍. 浅论堆浸提金工艺过程[J]. 云南冶金, 2006, 35(4):16-32.

[70] 孙克成. 紫金山金矿大规模堆浸生产实践[J]. 黄金, 2000, 21(7):33-35

[71] 贺日应. 紫金山金矿堆浸试验研究[J]. 矿业快报, 2006, 12: 14-16.

[72] 马驰, 卞孝东, 王守敬, 等. 金矿石的工艺矿物学研究[J]. 黄金, 2011, 10(32):47-51.

[73] 施俊法, 王春宁. 中国金矿床分形分布及对超大型矿床的勘探意义[J]. 1998, 12(6):616-619.

[74] 褚洪涛. 我国金属矿山大水矿床地下的开采采矿方法[J]. 采矿技术, 2006, 6(3):49-52.

[75] 夏光祥, 孙京成, 涂桃枝, 等. 硫脲法提金研究[J]. 化工冶金, 1987, 8(4):24-30.

[76] 王云燕, 柴立元. 硫脲在碱性介质中的电化学行为[J]. 中国有色金属学报, 2008, 18(4):733-737.

[77] 张静, 兰新哲, 宋永辉, 等. 酸性硫脲法提金的研究进展[J]. 贵金属, 2009, 30(2):75-82.

[78] 王同聚, 王瑞雪. 硫脲配合活性炭吸附原子吸收法同时测定金和银[J]. 黄金, 1998, 19(1):48-51.

[79] 冯月斌, 张锦柱. 金的分离富集[J]. 黄金, 2003, 24(7):43-48.

[80] 熊昭春, 彭红银. 难浸金矿预处理现状与应用前景[J]. 地质试验室, 1997, 13(3):208-214.

[81] 后藤佐吉, 梁学谦. 利用硫酸-硫脲溶液从矿石中浸出金银的研究[J]. 国外金属矿选矿, 1996, 1(6):1-6.

[82] 胡月华, 郭观发, 王淀佐, 等. 硫脲浸金机理的电化学研究[J]. 黄金科学技术, 1995, 3(2):43-48.

[83] 闫旭. 湿法冶金新工艺新技术及设备选型应用手册[M]. 北京: 冶金工业出版社, 2006.

[84] 岳俊偶. 锌粉置换金影响因素分析[J]. 中国科技博览, 2010, 32: 84.

[85] 朱萍. 溶剂萃取法从贵金属废料液中分离回收贵金属的研究[D]. 广州: 华南理工大学, 2003.

[86] 周一康．金的精炼工艺[J]．湿法冶金，1997，04：35-38.
[87] 秦晓鹏，胡春融，董德喜，等．浅谈我国黄金精炼技术与工艺[J]．黄金，2003，08：34-37.
[88] Koyolosky G A，许孙曲，许菱．从氰化浸出液中溶剂萃取金[J]．新疆有色金属，1997，03：54-58.
[89] M. G. 艾尔莫尔，黎林，李长根．金的硫代硫酸盐浸出法评述[J]．国外金属矿选矿，2001，05：2-19.
[90] W. 斯坦格，王晓宏．金浸出和炭浆法回路的工艺设计[J]．国外金属矿选矿，2000，05：2-10.
[91] 程飞，古国榜，张振民，等．溶剂萃取分离金川料液中的金钯铂[J]．中国有色金属学报，1996，02：34-37.
[92] 崔毅琦，童雄，何剑．从浸金溶液中回收金的研究概况[J]．有色金属（冶炼部分），2004，05：31-34，52.
[93] 杜学海，姚天永，程庞玉，等．黄金冶炼进口设备国产化改造[J]．设备管理与维修，2011，04：40-41.
[94] 谷文辉，杨峰．载金炭解吸技术的进展[J]．湿法冶金，2001，03：119-122.
[95] 黄怀国．从含铜金精矿综合回收金银铜硫的湿法冶金工艺研究[J]．黄金科学技术，2004，02：27-34.
[96] 黄美荣，王海燕，李新贵．高效金离子吸附剂[J]．同济大学学报（自然科学版），2008，01：57-61.
[97] 刘克俊，李剑虹，李长根．用硫代硫酸盐溶液浸出和回收金[J]．国外金属矿选矿，2005，03：13-18.
[98] 罗电宏，马荣骏．用溶剂萃取技术从含微量金的废液中回收金[J]．有色金属，2003，01：34-36.
[99] 水承静，杨天足，宾万达．金的溶剂萃取进展综述[J]．黄金，1998，03：35-38.
[100] 孙兴家．从张家口金矿引进炭浆提金工艺看我国的炭浆厂几个问题[J]．黄金，1988，01：31-37，57.
[101] 王翠民．国内外炭浆法提金概况[J]．新疆有色金属，1988，01：24-31.
[102] 王立斌，李健，徐晶，等．含金废液中金回收的研究[J]．通化师范学院学报，2000，02：27-30.
[103] 王耐冬，顾建慧，朱妙琴．以 n，N-二仲辛基乙酰胺萃取金(Ⅲ)[J]．化学试剂，1984，06：361-364.
[104] 王永录．我国贵金属冶金工程技术的进展[J]．贵金属，2011，04：59-71.
[105] 吴荣庆，张燕如，张安宁．我国黄金矿产资源特点及循环经济发展现状与趋势[J]．中国金属通报，2008，12：32-34.
[106] 吴松平．溶剂萃取法从二次资源中回收贵金属金、钯、铂的研究[D]．广州：华南理工大学，2002.
[107] 薛光，于永江．从电解金泥中综合回收金、银、铜的新工艺方法[J]．世界有色金属，2004，05：46-47.
[108] 杨汉国，李姗姗，李翠芹．硫脲浸金溶液中金的分离富集与回收[J]．贵州工业大学学报（自然科学版），2005，01：60-63.
[109] 杨坤彬，彭金辉，郭胜惠，等．提金活性炭的研究现状及其展望[J]．黄金，2007，01：46-50.
[110] 张昌义．炭浆法提金工艺[J]．江苏冶金，1988，04：36-40.
[111] 朱萍，古国榜．从酸性硫脲浸金溶液中回收金的方法[J]．黄金，2001，11：28-32.
[112] 朱岳麟，常增花，郑晓梅，等．蒸馏法与溶剂萃取法提取金柚果皮精油成分的比较分析[J]．植物科学学报，2011，01：130-133.
[113] 邹林华，陈景．溶剂萃取从碱性氰化物溶液中回收金[J]．贵金属，1995，04：61-67.
[114] 武薇，锌浸出渣的浮选精矿硫代硫酸盐提金试验研究[D]．昆明：昆明理工大学，2010.

[115] 雷力，硫代硫酸盐法从某含铜难处理金矿石中浸金试验研究[J]. 黄金，2012，10(33):40-43.

[116] 汤庆国，沈上越. 高砷金矿中金的非氰化浸出研究[J]. 矿产综合利用，2003，2：16-20.

[117] Barbosa-Filho O，Monhemius A J. Leaching of gold in thiocyanate solution. Part 1：chemistry and thermodynamics/Part 2：redox processes in iron（Ⅲ）-thiocyanate solutions. Transactions of the Institution of Mining and Metallurgy[C]. Section C-MINERAL PROCESSING AND EXTRACTIVE METALLURGY, 1994，103：C105-10/C 111-116.

[118] Kholmogorow A G，Kononova O N，Pashkov G L，et al. Thiocyanate solutions in gold technology[J]. Hydrometallurgy，2002，64(1):43-48.

[119] Zhang J，Lan X Z，Ding F，et al. LEACHING GOLD AND SILVER BY LIME-SULFUR-SYNTHETIC-SOLUTION. 2. TREATING ORES WITH THE LSSS[C]. Precious Metrals，1992，394-398.

[120] 陈怡，宋永辉. 某碳质金精矿石硫合剂法浸出试验研究[J]. 黄金，2012，3(33):43-46.

[121] 郁能文，张箭. 用石硫合剂（LSSS）法从高铅精矿浸出金[J]. 贵金属，1994，15(1):10-14.

[122] 金创石，张延安，牟望重，等. 液氯化法浸金过程热力学[J]. 稀有金属，2012，36(1):129-133.

[123] 金创石，张延安，曾勇，等. 液氯化法从难处理金精矿加压氧化渣中浸金研究[J]. 稀有金属材料与工程，2012，41：569-572.

[124] 宋庆双，李云巍. 溴化法浸出提取金和银[J]. 贵金属，1997，18(3):34-38.

[125] 庞锡涛，张淑媛，徐琰. 硫氰酸盐法浸取金银的研究[J]. 黄金，1992：13(9):33-37.

[126] 刘秉涛. 硫氰酸盐法从高铜硫化金矿中浸取金银的研究[J]. 华北水利水电学院学报，1994，4：53-57.

[127] 夏光祥，涂桃枝. 催化氧化酸浸法预处理团结沟金精矿的扩大试验研究[J]. 黄金，1989，10(12):33-38.

[128] 崔志祥，申殿邦，王智，等. 高富氧底吹熔池炼铜新工艺[J]. 有色金属（冶炼部分），2010(3)：17-20.

[129] Mastyugina S A，Naboichenkob S S. Processing of Copper-Electrolyte Slimes：Evolution of Technology[J]. Russian Journal of NonFerrous Metals，2012，53(5):367-374.

[130] Fernhdez M A，Segarra M，Spiell F E. Selective leaching of arsenic and antimony contained in the anode slimes from copper refining[J]. Hydrometallurgy，1996(41):255.

[131] 尹湘华. 高杂质铜阳极泥的处理[J]. 有色金属（冶炼部分），2005(5):16-18.

[132] 关通. 从石碌铜阳极泥中氰化提取金银[J]. 贵金属，2001，22(3):24-25.

[133] 刘时杰. 铂族金属矿冶学[M]. 北京：冶金工业出版社，2001.

[134] 黎鼎鑫，王永录. 贵金属提取与精炼(修订版)[M]. 长沙：中南大学出版社，2003

[135] 陈景. 从原子结构探讨贵金属在提取冶金过程中的行为[J]. 中国工程科学，1999，1(2):34-40

[136] Deqiang Lin，Keqiang Qiu. Removing arsenic from anode slime by vacuum dynamic evaporation and vacuum dynamic flash reduction[J]. Vacuum，2012，86(8):1155-1160.

[137] Talip Havuzc，Bünyamin Dönmeza，Cafer Celikb. Optimization of removal of lead from bearing-lead anode slime[J]. Journal of Industrial and Engineering Chemistry，2010，16(3):355-358.

[138] 卢宜源，宾万达. 贵金属冶金学[M]. 长沙：中南大学出版社，2004.

[139] Hoh Ying Chu，Lee Bao Dein，Ma Tieh，et al. Treatment of copper refinery anode slime：American, 4352786[P]. 1982-10-05.

[140] 杨宗荣. 从高砷铜阳极泥中提取金银及有价金属的方法：中国，1158905[P]. 1997-09-10.

[141] Kucukkaragoz C S. Recovery of copper from anodic slimes[J]. Prakt Metallogr，1997，34：240-245.

[142] Doenmez，Buenyamin，Celik Cafer，et al. Dissolution optimization of copper from anodes lime in H_2SO_4 solutions[J]. Industrial & Engineering Chemistry Research，1998，37(8):3382-3387.

[143] Hait Jhumki, Jana R K, Kumar Vinay, et al. Some studies on sulfuric acid leaching of anode slime with additives[J]. Industrial & Engineering Chemistry Research, 2002, 41(25):6593-6599.

[144] Jdid E A, Elamari K, Blazy P, et al. Acid and oxidizing leaching of copper refinery anodic slimes in hexafluorosilicic acid and nitic acid media[J]. Separation Science and Technology, 1996, 31(4): 569-577.

[145] 李运刚．湿法处理铜阳极泥工艺研究金（Ⅱ）的选择性浸出[J]．湿法冶金，2000，19(4):21-25.

[146] Bunyamin Donmez, Fatih Sevim, Sabri Colak. A study on recovery of gold from decopperized anode slime [J]. Chemical Engineering & Technology, 2001, 24(1):91-95.

[147] Sumiko Sanuki, Nrio Minami, Koichi Arai, et al. Oxidative leaching treatment of copper anode slime in a nitric acid solution containing sodium chloride[J]. Materials Transactions, 1989, 30(10):781-788.

[148] Yannopoulos John C, Borham Borham M. Treatment of copper refinery slimes: America, 4094668[P]. 1978-06-13.

[149] 刘晓瑭，张绣云，周师庸．用硫脲从铜阳极泥中提金的研究[J]．黄金，1995，16(6):37-41.

[150] Omer Y, Recep Z. Recovery of gold and silver from copper anode slime[J]. Separation Science and Technology, 2000, 35(1):133-141.

[151] Gaspar V, Mejerovich A S, Meretukov M A, et al. Practical application of potential-pH diagrams for Au-$CS(NH_2)_2$-H_2O and Ag-$CS(NH_2)_2$-H_2O systems for leaching gold and sliver with acidic ahiourea solution [J]. Hydrometallurgy, 1994(34):369-381.

[152] Singh Narinder, Mathur Sarvesh Beh ari. Recovery of selenium from copper refinery slimes: India, 142483[P]. 1977-07-06.

[153] Peker Ibrahim. The solubilities of Zn, Sb and Se found in anode slime[J]. Asian Journal of Chemistry, 1999, 11(3):929-986.

[154] Dutton W A, Vandensteen A J, Themelis N J. Recovery of selenium from copper anode slime[J]. Metallurgical Transactions, 1971, 2: 3091-3097.

[155] Abodallahy Mahmoud, Shafaei, Seid Ziadin. optimized leaching conditions for selenium from Sar-Cheshmeh copper anode slimes[J]. Iranian Journal of Chemistry & Chemical Engineering, 2004, 23(2): 101-108.

[156] 梁刚，舒万艮，蔡艳荣．从铜阳极泥中回收硒、碲新技术[J]．稀有金属，1997，21(4):254-256.

[157] Subramanian K N, Nissen N C, Illis, et al. Recovering selenium from copper anode slimes[J]. Mining Engineering (Littleton CO. United States), 1978, 30(11):1538-1542.

[158] Gu Heng. Study on selenium extraction from anode slime[J]. Journal of Guangdong Non-ferrous Metals, 2005, 15(2-3):622-626.

[159] 范建雄，肖志德，姚亚东．湿法回收铜阳极泥中的贵金属[J]．矿产综合利用，2000(3):44-45.

[160] 张钦发，龚竹青，陈白珍．从铂钯精矿中提取金铂钯的研究——铂钯精矿的预处理[J]．矿冶工程，2002，22(2):70-74.

[161] 王爱荣，李春侠．从铂钯精矿中提取 Au、Pt、Pd[J]．贵金属，2005，26(4):14-17.

[162] 朱训．中国矿情：金属矿产(第2卷)[M]．北京：科学出版社，1999.

[163] 王成文．吉林宝力格银金矿矿物学与选冶工艺研究[J]．矿产保护与利用，1999(6):44-45.

[164] 杨玉珠．某银金矿选矿工艺研究[J]．云南冶金，2000，3：1.

[165] 王吉青，林乡伟，秦贞军，等．氨水提高金精矿氰化金银浸出率的研究与应用实践[J]．黄金 2012，33(7).

[166] 马凤钟，特高银金矿氰化实践及其特点[J]．黄金，1992，13(1),21-26.

[167] 储国正，吴言昌，刘光华，等．安徽铜陵鸡冠石银（金）矿床地质地球化学特征[J]．地质地球化

学，2000，28(3)：31-40.

[168] 林森，李杰，东建星，等．甘肃南泉银金矿地球化学异常特征及找矿标志[J]．桂林工学院学报，2002，22(3)，349-353.

[169] 杨彦，司雪峰．甘肃南泉银金矿床控矿因素及找矿方向[J]．地质与勘探，2005，41(4)，34-37.

[170] 李永刚，王丽霞．河北牛圈银（金）矿床围岩蚀变研究[J]．地质找矿论丛，2002，17(4)：234-239.

[171] 郭鸿军，王艳辉，郭忠．河北省小石门银金矿床地质特征及成因探讨[J]．地质调查与研究，2008，31(2)：107-112.

[172] 王来军，刘云杰．河西金矿矿石物质组成及可选性[J]．黄金科学技术，2001，9(1)：25-29.

[173] 王宝德，牛树银，孙爱群，等．冀北万全寺银金矿床地质地球化学特征[J]．地质与勘探，2008，44(1)：15-20.

[174] 姚东良，王祖伟，周永章．庞西垌银金矿床分形性研究[J]．矿产与地质，1999，13(1)：20-23.

[175] 雷世和．银洞沟银金矿矿床地质特征及成因探讨[J]．地质与勘探，1998，34(4)：13-19.

[176] 胡楚雁，叶卫琴，余成华，等．山西高凡银金矿床黄铁矿的标型特征在预测深部矿体中的应用[J]．矿物学报，1993，13(1)：21-29.

[177] 熊宗国．铅阳极泥处理新工艺的研究[J]．有色冶炼，1994，23(5)：26-30.

[178] 邓锋，刘英杰．国外从阳极泥中回收金、银主要厂家工艺改进状况[J]．黄金，1998，19(5)：37-41.

[179] 林宏义．铅阳极泥湿法处理新工艺研究[D]．长沙：中南大学，2004.

[180] 王安庄，李敏．从铅阳极泥中回收金银新工艺[J]．资源再生，2007，4：10.

[181] 赵晓军．铅阳极泥常温湿法处理工艺研究[D]．昆明：昆明理工大学，2007.

[182] 李卫锋，张晓国，郭学益，等．阳极泥火法处理技术新进展[J]．稀有金属与硬质合金，2010，38(3)：63-67.

[183] 刘伟锋．碱性氧化法处理铜/铅阳极泥的研究[D]．长沙：中南大学冶金科学与工程学院，2011.

[184] Vinals J，Nunez C，Carrasco J. Leaching of gold，silver and lead from plumbojarosite-containing hematite tailings in HCl $CaCl_2$ media. Hydrometallurgy，1991，26(2)：179-199.

[185] Begum D，Islam M，Biswas R. A study on the dissolution of lead sulphate from waste batteries with ethanolamines. Hydrometallurgy，1989，22(1)：259-266.

[186] Petkova E. Mechanisms of floating slime formation and its removal with the help of sulphur dioxide during the electrorefining of anode copper[J]. Hydrometallurgy，1997，46(3)：277-286.

[187] Weifeng Liu，Tianzu Yang，Xing Xia. Behavior of silver and lead in selective chlorination leaching process of gold-antimony alloy[J]. Transactions of Nonferrous Metals Society of China，2010，20(2)：322-329.

[188] 吴敏杰，白春根．碳质金矿的氯化预处理[J]．黄金科学技术，1994，2(1)：34-39.

[189] 王槐三，游梦思．高效抑制技术提高碳质金矿石浸出率[J]．黄金，1995，16(10)：25-28.

[190] 林仲华，胡正珍．含碳质微细粒金矿石处理工艺的研究[J]．矿产综合利用，1992，2：2.

[191] 许晓阳．碳质难处理金矿浸出工艺研究进展[J]．黄金科学技术，2013，21(1)：82-88.

[192] Nanthakumar B，Pickles C，Kelebek S. Microwave pretreatment of a double refractory gold ore. Minerals Engineering，2007，20(11)：1109-1119.

[193] 刘升明．某碳质金矿提金方案比较[J]．矿产综合利用，1999，(2)：9-11.

[194] Kulpa C，Brierley J. Microbial deactivation of preg-robbing carbon in gold ore. Biohydrometallurgical Technologies，1993，1：427-435.

[195] 周一康．难处理金矿石预处理方法研究进展[J]．湿法冶金，1998，(3)：19-23.

[196] 方兆珩．碳质微细粒浸染型金矿的直接氯化浸出工艺[J]．黄金科学技术，2002，10(2)：29-34.

[197] 方兆珩．生物氧化浸矿反应器的研究进展[J]．黄金科学技术，2002，10(6):1-7.

[198] 王成功，周世杰，张淑敏．碳质金矿石预氧化焙烧堆浸提金的研究[J]．东北大学学报（自然科学版），2004，25(2):171-174.

[199] Amankwah R，Pickles C，Yen W T. Gold recovery by microwave augmented ashing of waste activated carbon[J]. Minerals Engineering，2005，18(5):517-526.

[200] Amankwah R，Yen W T，Ramsay J. A two-stage bacterial pretreatment process for double refractory gold ores[J]. Minerals Engineering，2005，18(1):103-108.

[201] 王金祥．难浸金精粉箱式静态生物氧化试验研究[J]．黄金科学技术，2002，10(6):20-24.

[202] 王婷，姚坡，罗建民，等．镇沅某砷锑碳质金矿氰化试验研究[J]．黄金科学技术，2006，4.

[203] 周以富，高振敏．次氯酸钠高碱高盐氧化分解贵州某难处理金矿载金流化床的研究[J]．黄金科学技术，2000，8(3):36-42.

[204] 董晓伟，吴晓松，周晓源．某含碳金矿焙烧扩大试验设计与结果分析[J]．有色金属工程，2012，2(4):41-45.

[205] 杨洪英，巩恩普，杨立．低品位双重难处理金矿石工艺矿物学及浸金影响因素[J]．东北大学学报（自然科学版），2008，29(12):1742-1745.

[206] 谷晋川，刘亚川，谢扩军，等．难选冶金矿微波预处理研究[J]．有色金属，2003，55(2):55-57.

[207] 王安，张永奎，刘汉钊．东北寨金矿碳质物的性质及其对金浸出的影响[J]．矿产综合利用，2000，3:4-8.

[208] 张广积，方兆珩．生物氧化浸矿的发展和现状[J]．黄金科学技术，2000，8(6):28-35.

[209] 魏明安，张锐敏．微波处理难浸微细粒包裹金的试验研究[J]．矿冶工程，2001，10(1):74-77.

[210] 乔江晖，宋翔宇，李翠芬，等．某碳质氧化金矿矿石性质及可选性试验研究[J]．矿冶工程，2010，30(5):49-51.

[211] 尚鹤，温建康，武彪，等．含砷碳质难处理金矿生物预氧化-氰化浸出研究[J]．稀有金属，2012，36(6):947-952.

[212] 蒋继穆，孙倬，王协邦．重有色金属冶炼设计手册：锡锑汞贵金属卷[M]．北京：冶金工业出版社，1995.

[213] 周令治．稀散金属冶金[M]．北京：冶金工业出版社，1988.

[214] 焦瑞琦．“重浮氰”联合工艺处理含铜碲金矿石技术探索[J]．中国矿山工程，2012，41(5):35-39.

[215] 化学工业部环境保护设计中心站．化工环境保护设计手册[M]．北京：化学工业出版社，1998.

[216] Zou Z，Xuan A G，Yan Z G，et al. Preparation of Fe_3O_4 particles from copper/iron ore cinder and their microwave absorption properties[J]. Chemical Engineering Science，2010，65：160-164.

[217] 卢世鲁．硫铁矿渣综合利用的新途径[J]．化学世界，1950，11(6):263-264.

[218] 姚福琪．由黄铁矿制酸矿渣生产黄色氧化铁[J]．河北化工，1989,(1):8.

[219] 陈吉春，陈永亮．硫铁矿烧渣还原酸浸制取硫酸亚铁[J]．矿产综合利用，2004(3):42-45.

[220] 温普红，宋周周．以硫酸渣为原料制备铁黑工艺研究[J]．无机盐工业，1994(2):31-33.

[221] 李登新，寇文胜，钟非文，等．一种含硫金精矿酸化焙烧渣制备铁红的方法：中国，200510030016.8[P].2006-05-17.

[222] 南化（集团）公司研究院．广东云浮硫铁矿综合利用试验总结[J]．硫酸工业，1992,(1):3-13.

[223] 高晔．硫铁矿烧渣资源综合利用的研究与实践[J]．硫酸工业，2008(5):23-28.

[224] 高霞，王晓松，朱伯仲，等．黄铁矿烧渣提取铁、金、银等工艺研究[J]．河南科学，2005，23(5):672-674.

[225] Forward F A，Warren I H. Extraction of metals from sulfide ores by wet methods[J]. Metallurgical Re-

views, 1960, 28(5):137-164.

[226] 李先祥，张宗华，张桂芳，等. 硫酸烧渣综合利用磁选试验研究[J]. 中国矿业，2005，14(9)：70-72.

[227] 刘丹，文书明. 用硫酸烧渣生产选煤重介质研究[J]. 矿冶，2010，19(1):19-21.

[228] Stamboliadis E, Alevizos G, Zafiratos J. Leaching residue of nickeliferous laterites as a source of iron concentrate[J]. Minerals Engineering, 2004, 17: 245-252.

[229] 许斌，庄剑鸣，刘国庆，等. 硫酸烧渣利用途径的研究[J]. 矿产综合利用，1999(4):44-48.

[230] Yang Huifen, Jing Lili, Zhang Baogang. Recovery of iron from vanadium tailings with coal-based direct reduction followed by magnetic separation[J]. Journal of Hazardous Materials, 2011, 185: 1405-1411.

[231] Li Chao, Sun Henghu, Bai Jing, et al. Innovative methodology for comprehensive utilization of iron ore tailings Part 1: The recovery of iron from iron ore tailings using magnetic separation after magnetizing roasting[J]. Journal of Hazardous Materials, 2010, 174: 71-77.

[232] 黄国忠，冯国臣. 从含金黄铁矿烧渣中提金的研究[J]. 黄金，1981,(3):7-11.

[233] 黄国忠，具滋范，赵国良. 含金黄铁矿烧渣提金的工业生产实践[J]. 黄金，1984,(3):32-35.

[234] 胡洁雪，龚乾. 用硫代硫酸盐法从含金烧渣中提金[J]. 黄金科学技术，1991,(2):26-28.

[235] 张金成. 白银公司三冶炼厂硫酸烧渣提金试验研究[J]. 甘肃有色金属，1997,(1):17-21.

[236] 高大明，吕春玲. 氯浸法从硫酸烧渣中提取黄金新工艺[J]. 黄金科学技术，2005，13(6):17-22.

[237] 库建刚. 金银铜多金属黄铁矿烧渣综合回收试验研究[J]. 福州大学学报（自然科学版），2012，40(2):261-264.

[238] 吴海国，李婕. 黄铁矿烧渣氯化法回收有价金属[J]. 有色金属工程，2012，6：55-58.

[239] 刘震东. 硫铁矿烧渣在环境保护中的应用[J]. 山东化工，1993(4):29-30.

[240] 张家涛，李文勇. 用黄铁矿烧渣处理含磷废水[J]. 化工矿山技术，1997，26(1):43-45.

[241] 姜华，罗罹，吕亮. 烧渣制备聚合硫酸铁及其对造纸废水的处理效果[J]. 中国给水排水，2008，24(19):80-83.

[242] 孙佩石. 硫酸烧渣制取硫酸亚铁的研究[J]. 化工环保，1990，10(4):227-229.

[243] 张玉林. 硫酸废渣与钛白废酸综合利用——饲料级硫酸亚铁生产[J]. 无机盐工业，1994(1)：41-42.

[244] 卢世鲁. 硫铁矿渣制硫酸高铁[J]. 化学世界，1960，15(2):83-84.

[245] 张龙银. 淄博钴厂以硫酸为中心的资源综合利用[J]. 硫酸工业，1991,(1):28-32.

[246] 郭宏，杨广军，张景和. 天水金精矿氰化尾渣综合回收铜铅的试验研究[J]. 黄金，1999，11：35-38.

[247] 魏兆民，张德奎，郎淳慧. 小口金精矿氰化尾渣综合回收铅的实验研究[J]. 吉林冶金，1996，4：8-10.

[248] 贺政. 氰化尾渣铅锌浮选试验研究[J]. 有色金属（选矿部分），2002，6：9-12.

[249] 王宏军. 超细粒氰化尾渣多金属浮选试验研究及实践[J]. 金属矿山，2003，7：50-52.

[250] 徐承焱，孙春宝，莫晓兰，等. 某黄金冶炼厂氰化尾渣综合利用研究[J]. 金属矿山，2008(12)：148-152.

[251] 宋翔宇. 某氰化尾矿中金铜铅铁的综合回收试验研究[J]. 黄金，2012，33(4):39-42.

[252] 谢建宏，张崇辉，李慧，等. 某焙烧氰化尾渣综合利用试验研究[J]. 金属矿山，2011，1：150-152.

[253] 楚宪峰，朱磊，吴向阳，等. 氰化尾渣资源化应用的清洁生产技术研究[J]. 环境科学研究，2008，21(6):72-75.

[254] 郑晔，冯国臣，邹积贞. 大水清金矿氰化尾渣综合回收利用研究[J]. 黄金，1998，1：43.

[255] 林海，营小东．氰化尾渣的综合利用[J]．矿产综合利用，1998，4：4-6.
[256] 梁冠杰．河南某氰化尾渣中有价金属的综合回收[J]．矿产综合利用，2001，6：35-37.
[257] 薛光，于永江，夏国进．某金矿氰化尾矿浮选回收金试验研究及生产实践[J]．有色金属（选矿部分），2008,(4):18.
[258] 赵战胜．从氰化尾渣中提取S、Fe、Au的方法[J]．黄金，2007，28(7):40-41.
[259] 薛光，李先恩．从焙烧氰化尾渣中回收金、银的试验研究[J]．黄金，2012，13(8):41-42.
[260] 尚德兴，陈芳芳，张亦飞，等．还原焙烧-磁选回收氰化尾渣中铁的试验研究[J]．矿冶工程，2011，31(5):35-38.
[261] 尚军刚，李林波，刘佰龙．高酸浸出处理氰化尾渣的实验研究[J]．金属材料与冶金工程，2012，40(1):30-32.
[262] 胡华龙，邱琦．电子废物综合管理[M]．北京：化学工业出版社，2011.
[263] Chancerel P, Rotter V S. Stop wasting gold——How a better mining of end-of-life electronic products would save precious resources[C]. World Resources Forum, 2009.
[264] Hagelüken C, Corti C W. Recycling of gold from electronics: Cost-effective use through "Design for Recycling" [J]. Gold bulletin, 2010, 43(3):209-220.
[265] 牛冬杰，马俊伟，赵由才．电子废弃物的处理处置与资源化[M]．北京：冶金工业出版社，2007.
[266] 王红梅，王琪．电子废弃物处理处置风险与管理概论[M]．北京：中国环境科学出版社，2010.
[267] Namias J. The future of electronic waste recycling in the united states: obstacles and domestic solutions [D]. New York: Columbia University, 2013.
[268] Chancerel P, Meskers C E M, Hagelüken C, et al. Assessment of precious metal flows during preprocessing of waste electrical and electronic equipment [J]. Journal of Industrial Ecology, 2009, 13 (5): 791-810.
[269] Tuncuk A, Stazi V, Akcil A, et al. Aqueous metal recovery techniques from e-scrap: hydrometallurgy in recycling[J]. Minerals Engineering, 2012, 25(1):28-37.
[270] Yamane L H, Moraes V T, Espinosa D C R, et al. Recycling of WEEE: characterization of spent printed circuit boards from mobile phones and computers[J]. Waste management, 2011, 31(12):2553-2558.
[271] Delfini M, Ferrini M, Manni A, et al. Optimization of precious metal recovery from waste electrical and electronic equipment boards[J]. Journal of Environmental Protection, 2011, 2(6):675-682.
[272] 徐秀丽．从电子废弃物中浸金的实验方法研究[D]．青岛：青岛科技大学，2011.
[273] 柴广全，沈培荣．涂料染色技术的开发应用[J]．印染，2001，27(1):17-19.
[274] 王本仪，唐苏英，丁桐森，等．常德县金矿浮选金精矿氰化浸出-炭吸附提金工艺试验研究[J]．铀矿开采，1991,(1):9-16.
[275] Dunning Jr B W, Kramer D A, Soboroff D M. Hydrometallurgical treatment of electronic scrap to recover gold and silver[M]. US Department of the Interior, Bureau of Mines, 1985.
[276] Park Y J, Fray D J. Recovery of high purity precious metals from printed circuit boards[J]. Journal of Hazardous Materials, 2009, 164(2):1152-1158.
[277] Kroschwitz J I. Kirk-Othmer concise encyclopedia of chemical technology[J]. John Wiley & Sons Inc, 1999.
[278] Habashi F. A textbook of hydrometallurgy[M]. Métallurgie Extractive Québec, 1999.
[279] Hiu J W, Lear T A. Recovery of gold from electronic scrap[J]. Journal of Chemical Education, 1988, 65 (9):802.
[280] Macaskie L E, Creamer N J, Essa A M M, et al. A new approach for the recovery of precious metals from solution and from leachates derived from electronic scrap[J]. Biotechnology and bioengineering, 2007, 96 (4):631-639.

[281] Brandl H, Faramarzi M A. Microbe-metal-interactions for the biotechnological treatment of metal-containing solid waste[J]. China Particuology, 2006, 4(2):93-97.

[282] Wang J, Bai J, Xu J, et al. Bioleaching of metals from printed wire boards by Acidithiobacillus ferrooxidans and Acidithiobacillus thiooxidans and their mixture[J]. Journal of hazardous materials, 2009, 172(2):1100-1105.

[283] Lee J, Pandey B D. Bio-processing of solid wastes and secondary resources for metal extraction-a review [J]. Waste Management, 2012, 32(1):3-18.

[284] Ting Y P, Pham V A. Gold bioleaching of electronic waste by cyanogenic bacteria and its enhancement with bio-oxidation[J]. Advanced Materials Research, 2009, 71: 661-664.

[285] Brandl H, Lehmann S, Faramarzi M A, et al. Biomobilization of silver, gold and platinum from solid waste materials by HCN^- forming microorganisms[J]. Hydrometallurgy, 2008, 94(1):14-17.

[286] Tay S B, Natarajan G, bin Abdul Rahim M N, et al. Enhancing gold recovery from electronic waste via lixiviant metabolic engineering in Chromobacterium violaceum[J]. Scientific reports, 2013, 3: 1-7.

[287] Creamer N J, Baxter-Plant V S, Henderson J, et al. Palladium and gold removal and recovery from precious metal solutions and electronic scrap leachates by Desulfovibrio desulfuricans[J]. Biotechnology letters, 2006, 28(18):1475-1484.

[288] Kratochvil D, Volesky B. Advances in the biosorption of heavy metals[J]. Trends in Biotechnology, 1998, 16(7):291-300.

[289] Ishikawa S, Suyama K, Arihara K, et al. Uptake and recovery of gold ions from electroplating wastes using eggshell membrane[J]. Bioresource technology, 2002, 81(3):201-206.

[290] 张思多，鞠美庭，谢双蔚，等．废旧电路板中贵重金属回收技术综述[J]．环境工程，2009：389-392.

[291] Chien Y C, Wang H P, Lin K S, et al. Oxidation of printed circuit board wastes in supercritical water [J]. Water Research, 2000, 34(17):4279-4283.

[292] Wang H T, Hirahara M, Goto M, et al. Extraction of flame retardants from electronic printed circuit board by supercritical carbon dioxide[J]. The Journal of Supercritical Fluids, 2004, 29(3):251-256.

[293] Cougall G J M, Fleming C A. Ion exchange and sorption processes in hydrometallurgy[J]. Johu Wiley and sous, 1987,(3):56-126.

[294] 周全法，朱雯．废电脑及其配件中金的回收[J]．中国资源综合利用，2003,(7):31-35.

[295] 徐渠，陈东辉，陈亮，等．废弃印刷线路板碘化法浸金研究[J]．环境工程学报，2009，3(5)：911-914.

[296] Chen M, Wang J, Chen H, et al. Electronic Waste disassembly with industrial waste heat[J]. Environmental science & technology, 2013, 47(21):12409-12416.

[297] NAREŠVS. Recycling of electronic scrap at Umicore precious metals refining[J]. Acta Metallurgica Slovaca, 2006, 12: 111-120.

[298] Yazlcl E, Deveci H, Alp I, et al. Characterisation of computer printed circuit boards for hazardous properties and beneficiation studies[J]. XXV INTERNATIONAL MINERAL PROCESSING CONGRESS (IMPC) 2010 PROCEEDINGS/BRISBANE, QLD, AUSTRALIA, 6-10SEPTEMBER 2010: 4009-4015.

[299] 李东光．废旧金属、电池、催化剂回收利用实例[M]．北京：中国纺织出版社，2010.

[300] 武正华．超临界 CO_2 处理含氰废水初步研究[J]．环境导报，1998,(5):15-17.

[301] Dictor M C, Battaglia-Brunet F, Morin D, et al. Biological treatment of gold ore cyanidation wastewater in fixed bed reactors[C]. Environmental Pollution, 1997, 97(3):287-294.

[302] Mudder T, Fox F, Whitlock J, et al. Biological treatment of cyanidation wastewaters: Design, startup,

and operation of a full Scale facility[M]. London: Mining Journal Books Limited, 1998.

[303] 高大明. 含氰废水治理技术20年回顾[J]. 黄金, 2000, 21(1):46-50.

[304] 杨旭升, 林明国, 童银平. 含氰废水综合治理闭路循环的应用实践[J]. 黄金, 2001, 22(7): 40-42.

[305] 厚春华. 三步沉淀全循环法处理焙烧—氰化工艺中含氰废水的应用[J]. 辽宁城乡环境科技, 2007, 27(3):49-51.